［韩］C2M教育研究所/编 ［韩］赵润雨/译

空间思维培养全书

2-1 平面规则 图形制作

己级

山东人民出版社·济南
国家一级出版社 全国百佳图书出版单位

《空间思维培养全书》

图形学习法

追求快速而准确的运算、对公式死记硬背与“套用”，将这样的学习方法作为重中之重的数学教育时代似乎正接近尾声。当下，只要掌握了最基础的数学原理以及搜索引擎的使用方法，我们就可以比以往任何时候都更加轻松、简单地求解一些数学问题。尽管如此，在数学领域中仍然有很多只能依靠人类的亲身经验与独立思考，而不是通过计算器或简单的搜索才能解决的问题。

相较于数理能力或语言能力，孩子们掌握的空间能力与他们在未来的创造力、革新能力方面的关系更加紧密。这里所说的空间能力，是指对二维或三维物体进行视觉化或操作的能力。但最大的问题在于，相比其他能力来说，空间能力的学习很难在短时间内得到有效提高。

2022年版义务教育数学课程标准确立了数学课程核心素养，其中，空间观念是数学核心素养的主要表现之一。空间观念有助于孩子们理解现实生活中空间物体的形态与结构，是形成空间想象力的经验基础。不过，不同的先天能力以及婴幼儿时期相异的学习经历，自然会导致孩子们在空间能力的掌握方面出现巨大的差距。而目前的现实是，关于空间能力的学习大多只是对不同图形或空间的简单体验，没有进一步提供解决空间问题所需的方法论或更多的实践。

这种情况带来的后果，就是在掌握空间能力方面，不同学生之间的差距越来越大，最终导致一些孩子因不熟悉图形而出现惧怕学习数学的现象。

基于这样的问题意识，我们在孩子们认识、学习图形的三个阶段中，选取了培养空间能力最为关键的学前、小学阶段，针对性地研发了新型图形练习书《空间思维培养全书》。编写团队以儿童的年龄特点以及学前教育、小学课程中的核心图形原理为基础，设计了更加科学、系统的图形学习方法，将图形细分为“平面规则”“图形制作”“立体设计”“空间认知”四大类别，循序渐进地提升孩子的空间智能，帮助孩子轻松打好数学学习的基础。

由于20世纪的人们在解决数学问题时更多地需要亲自计算，因此之前的数学教育更加侧重数理能力的学习。与此相反，在当今社会，利用空间能力来设计可知的未来将成为之后数学教育的新目标。然而，对于没有既定公式或指定解题方法的图形学习来说，许多孩子感到不知所措。我们期待《空间思维培养全书》图形练习书可以在空间能力提升方面为这些孩子提供学习指南。

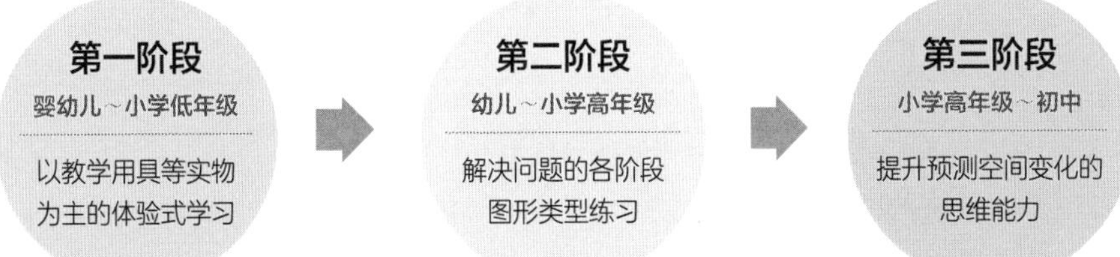

目录

2-1 平面规则

第1周：点与线的数量 3

第2周：各种图形 15

第3周：数一数 27

第4周：图形的规律 39

评价测试 51

2-1 图形制作

第1周：比较面积 65

第2周：不同的图形 77

第3周：旋转图形 89

第4周：制作图形 101

评价测试 113

2级

空间思维培养全书

2-1 平面规则

《空间思维培养全书》的结构与学习方法

· 每天花10分钟完成2页图形练习，轻松无负担！
· 每周5天进行每日练习，第5天再对每周重点图形进行巩固练习。
· 共5回评价测试，逐步提升空间能力！

每周学习内容

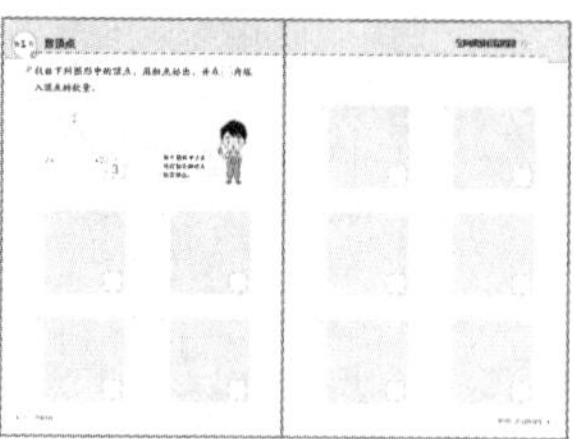

每日练习：
“小数学家”们的重点练习，通过给出的提示完成阶段性学习。

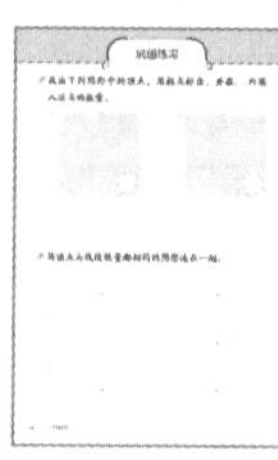

巩固练习：
复习重点内容，完成一周的学习。

第1周	第1天	第2天	第3天	第4天	第5天/巩固练习
	第4～5页	第6～7页	第8～9页	第10～11页	第12～14页

第2周	第1天	第2天	第3天	第4天	第5天/巩固练习
	第16～17页	第18～19页	第20～21页	第22～23页	第24～26页

第3周	第1天	第2天	第3天	第4天	第5天/巩固练习
	第28～29页	第30～31页	第32～33页	第34～35页	第36～38页

第4周	第1天	第2天	第3天	第4天	第5天/巩固练习
	第40～41页	第42～43页	第44～45页	第46～47页	第48～50页

评价测试内容

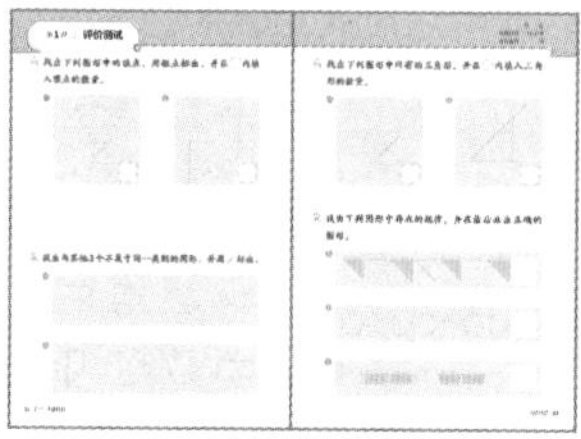

评价测试：
对4周的学习内容进行评价，看看自己在哪一方面还存在不足。

评价测试

第1回	第2回	第3回	第4回	第5回
第52～53页	第54～55页	第56～57页	第58～59页	第60～61页

第1周

点与线的数量

第1天：数顶点 …… 4

第2天：数线段 …… 6

第3天：顶点数量相同的图形 …… 8

第4天：线段数量相同的图形 …… 10

第5天：连一连 …… 12

巩固练习 …… 14

第 1 天

数顶点

找出下列图形中的顶点，用粗点标出，并在☐内填入顶点的数量。

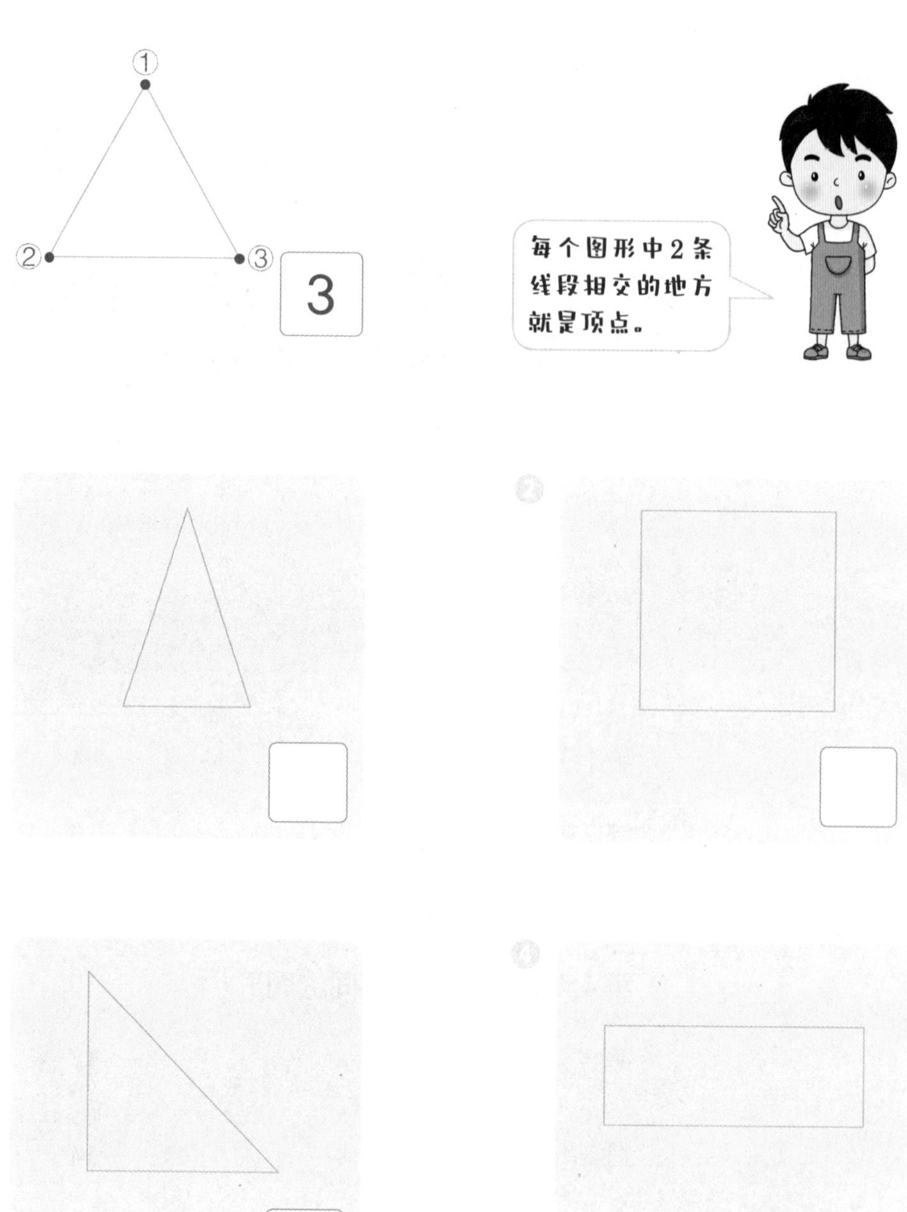

第 2 天

数线段

用○标出下列图形中的线段，并在□内填入线段的数量。

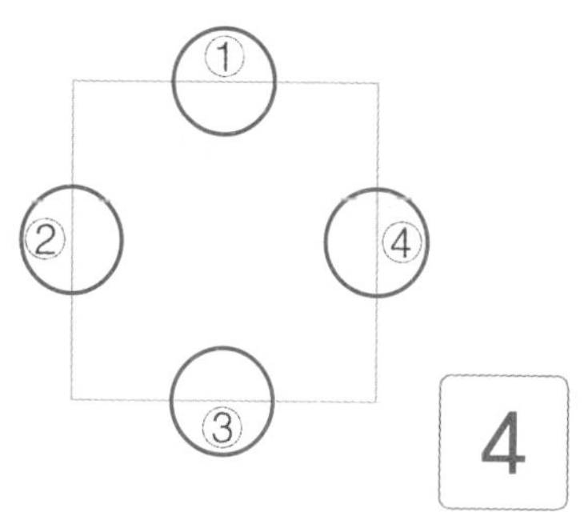

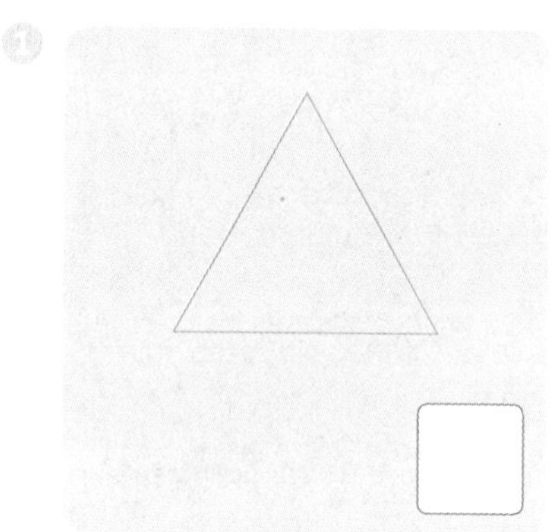

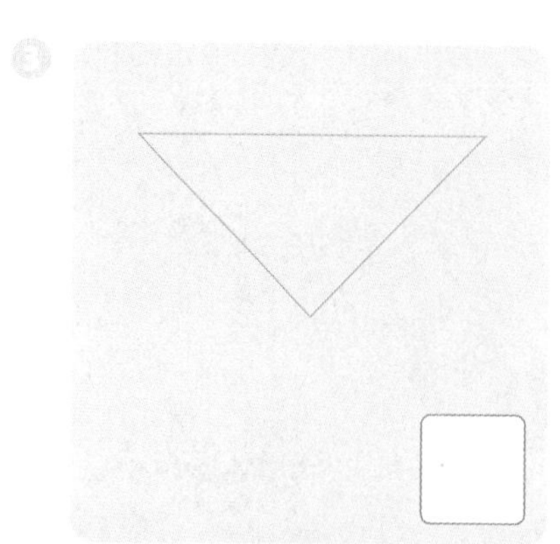

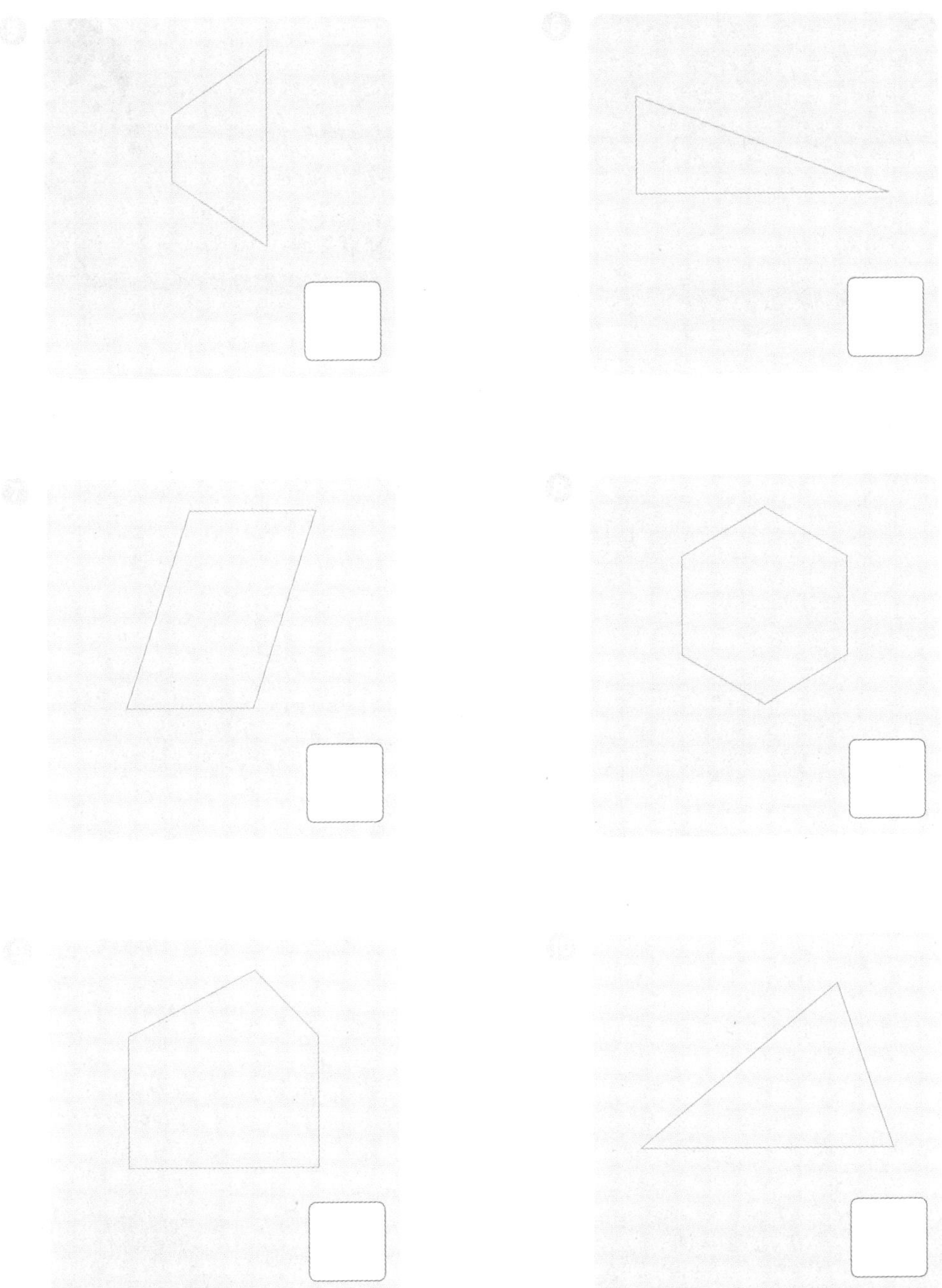

顶点数量相同的图形

找出与左边图形有相同顶点数量的图形，并用○标出。

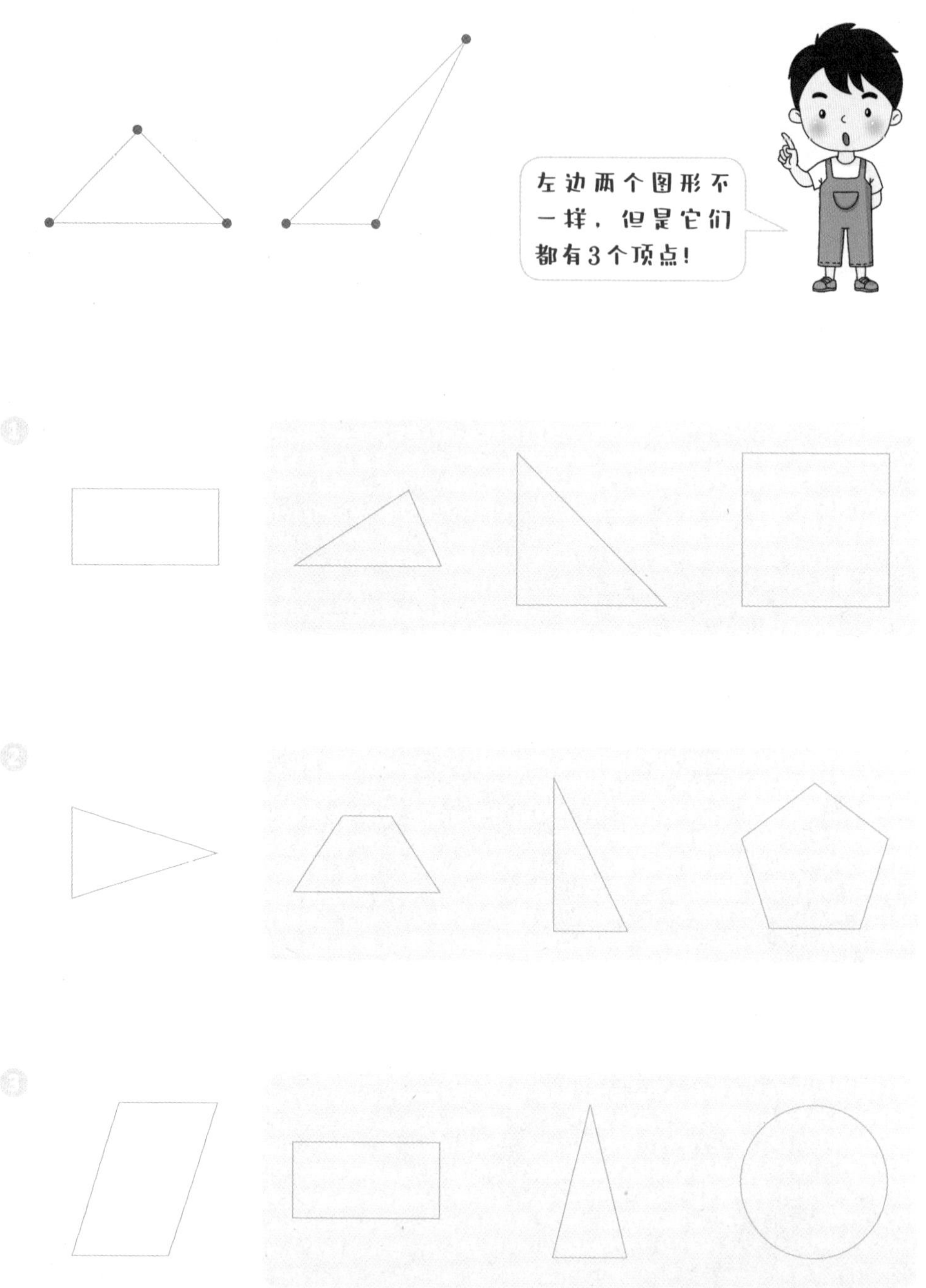

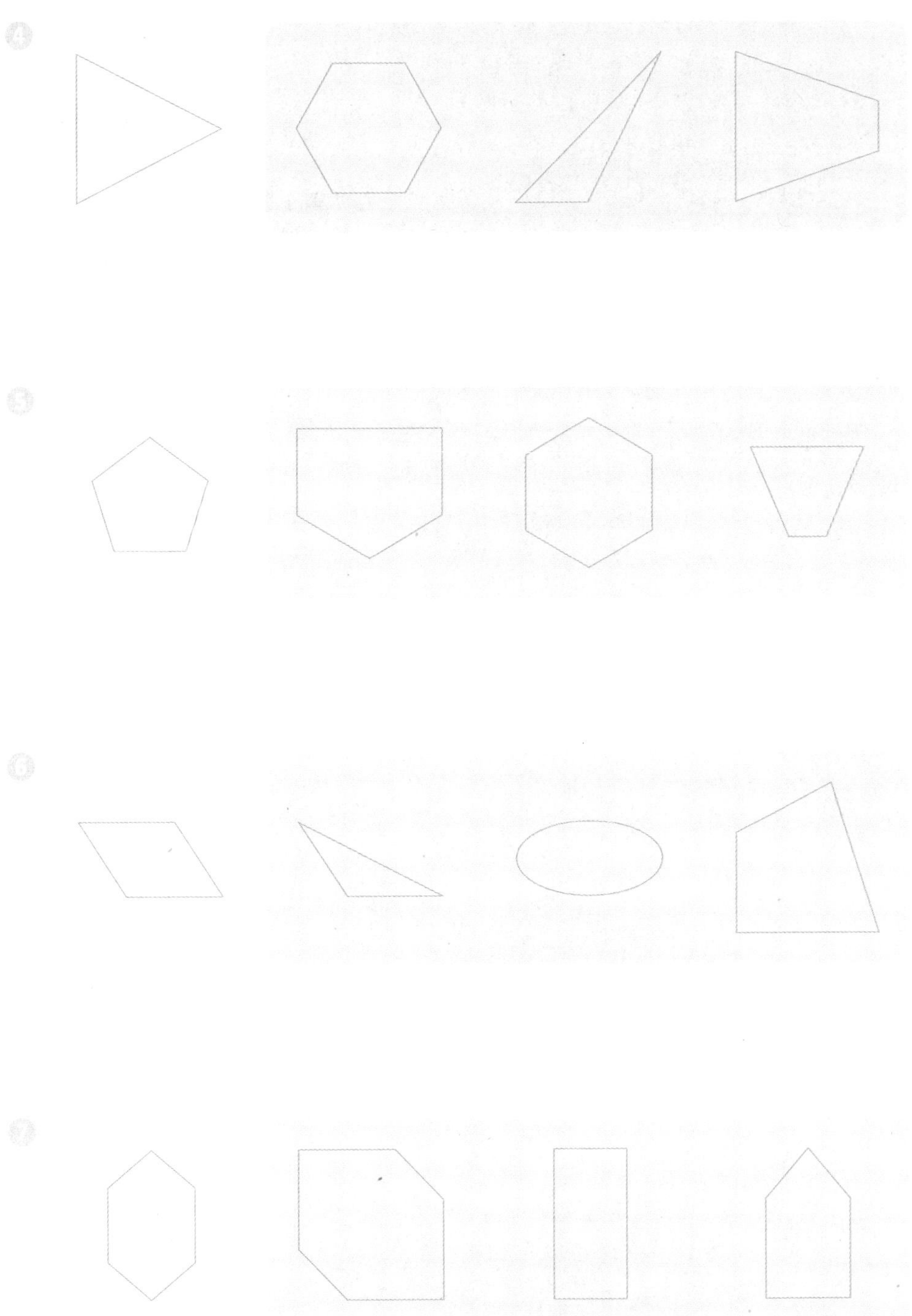

线段数量相同的图形

找出与左边图形有相同线段数量的图形，并用○标出。

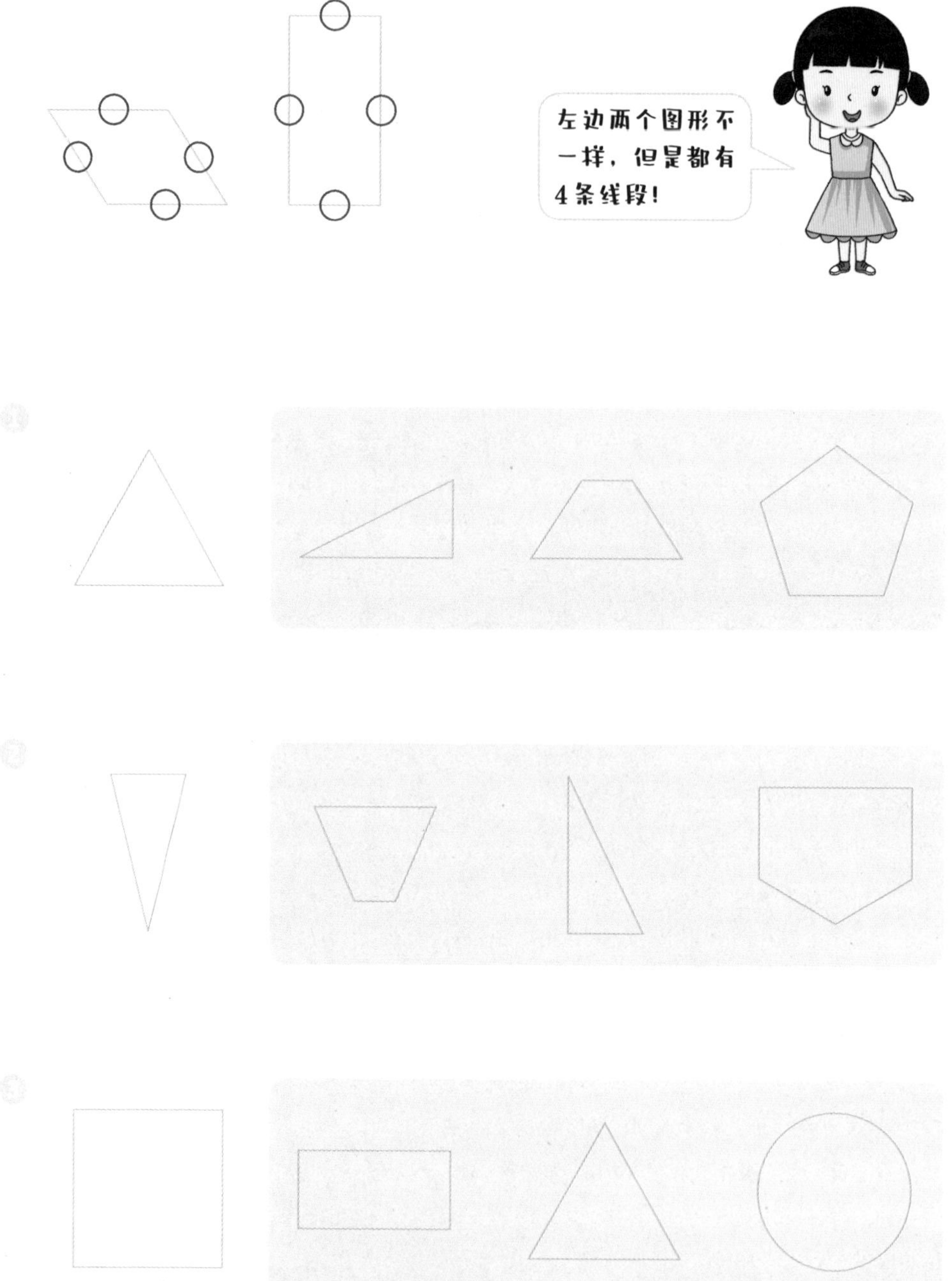

连一连

将顶点与线段数量都相同的图形连在一起。

1

2

3

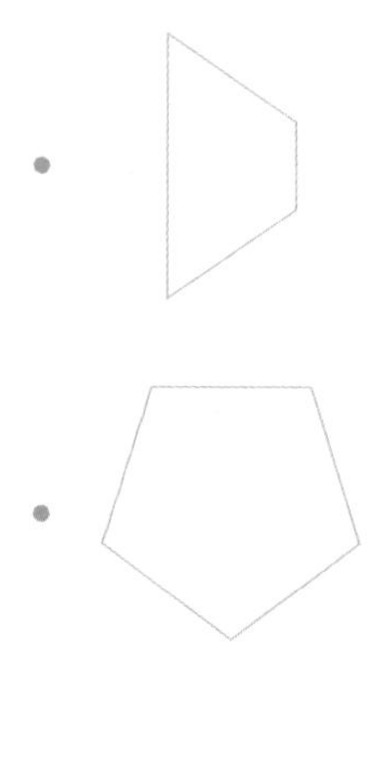

巩固练习

找出下列图形中的顶点，用粗点标出，并在□内填入顶点的数量。

将顶点与线段数量都相同的图形连在一起。

第2周

各种图形

第1天：找出不是三角形的图形 …… 16

第2天：找出不是四边形的图形 …… 18

第3天：给三角形涂色 …… 20

第4天：给四边形涂色 …… 22

第5天：找圆形 …… 24

巩固练习 …… 26

第1天 找出不是三角形的图形

找出与其他3个不属于同一类别的图形，并用 × 标出。

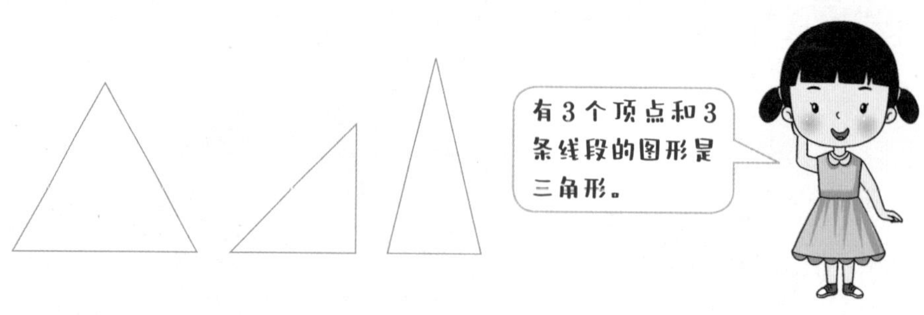

❶

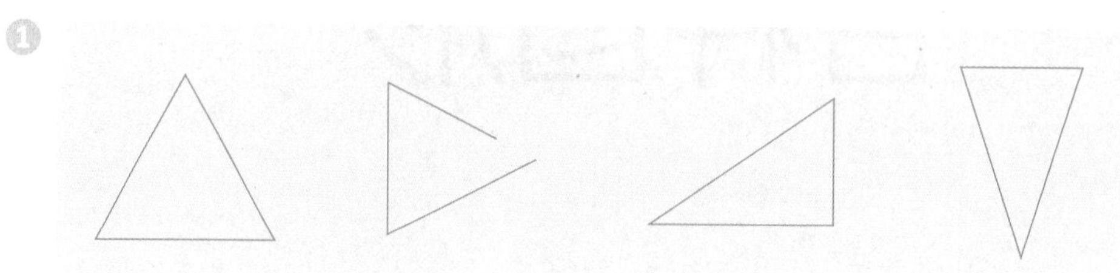

❷

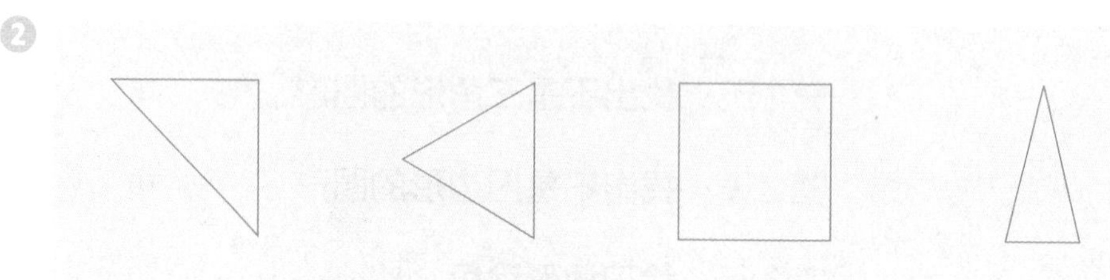

❸

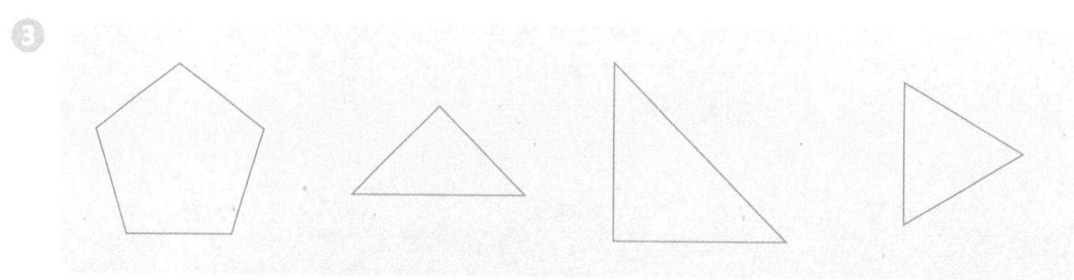

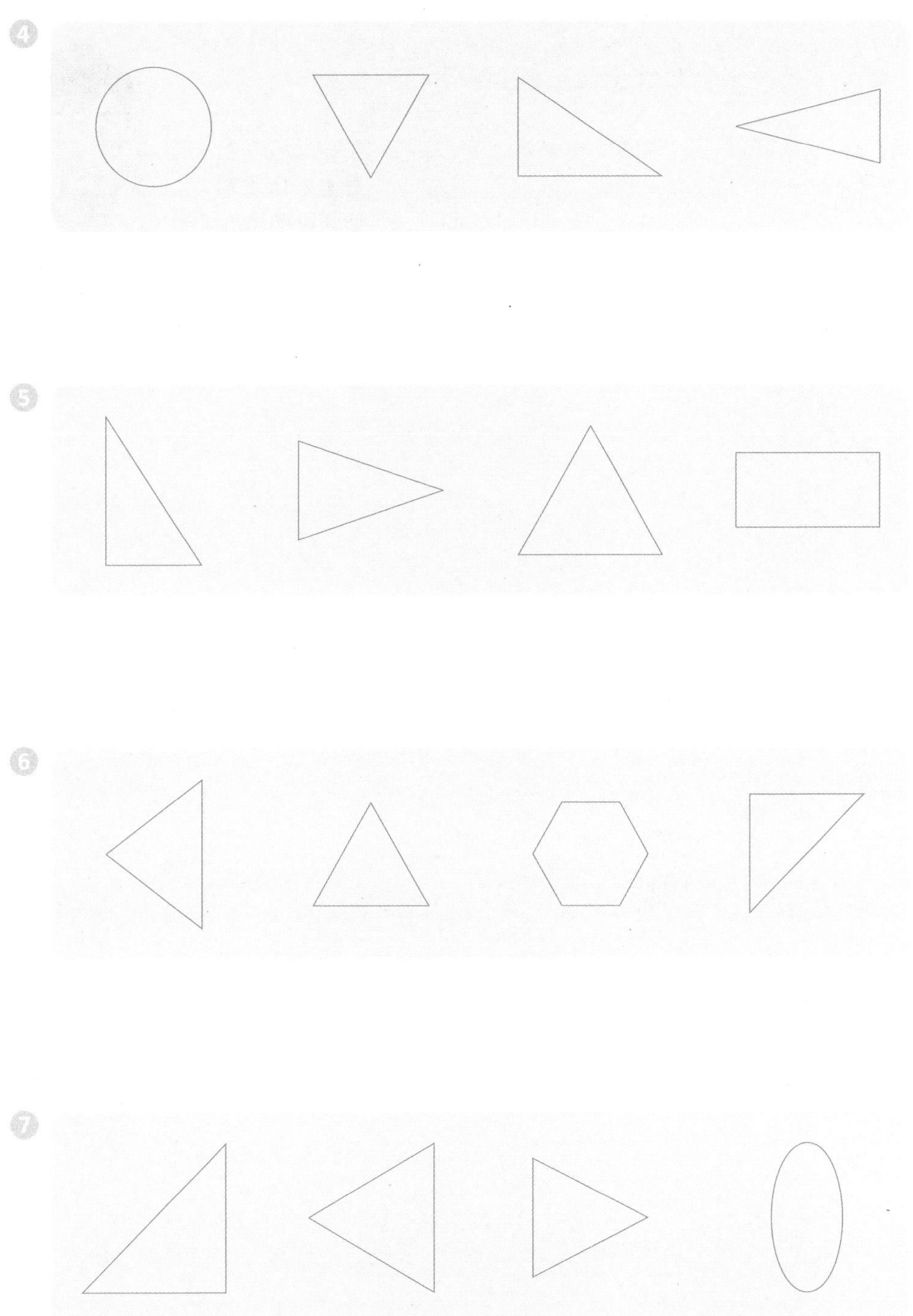

第2天 找出不是四边形的图形

找出与其他3个不属于同一类别的图形，并用 × 标出。

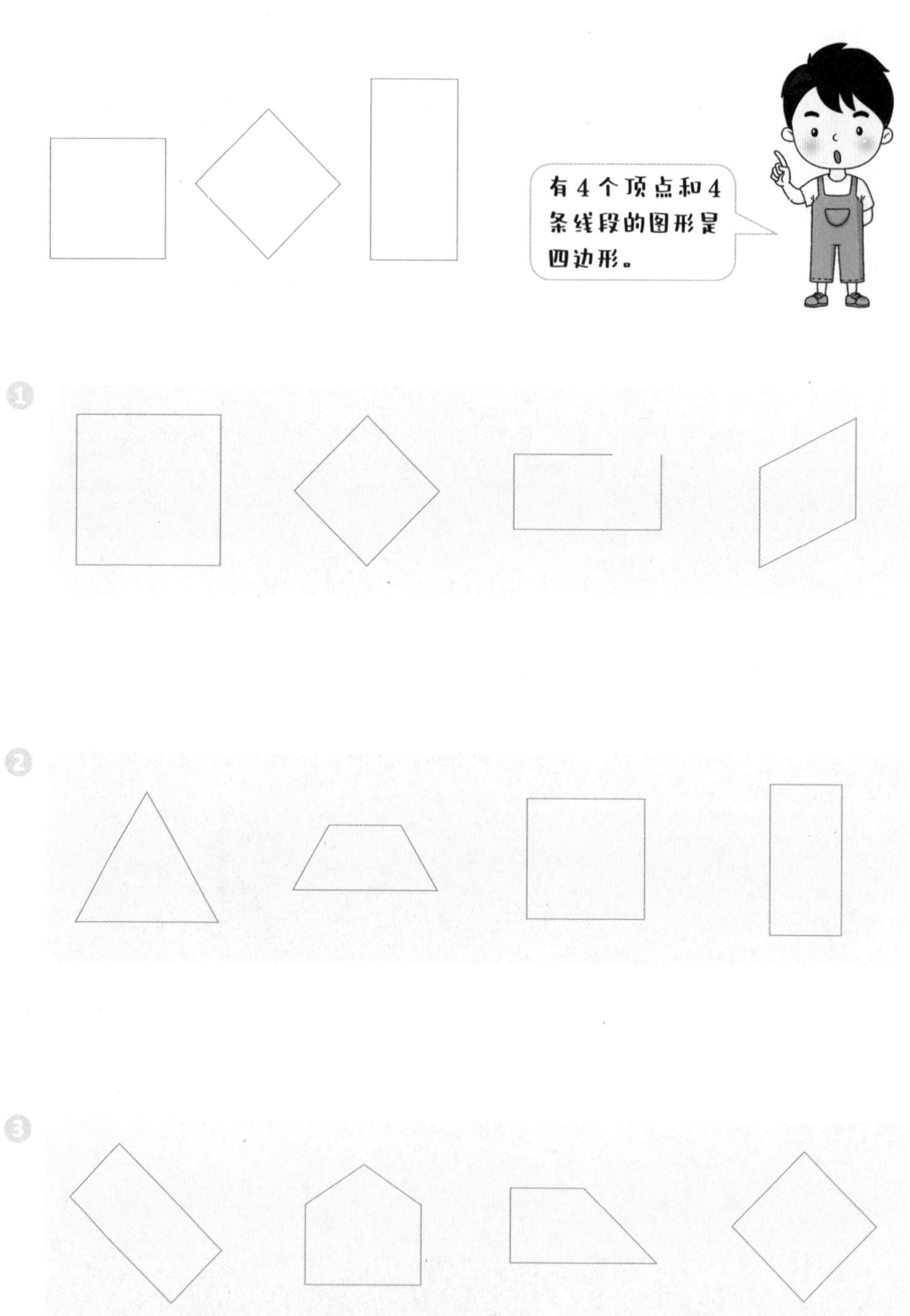

4
5
6
7

给三角形涂色

找出下列图形中所有的三角形，并涂上颜色。

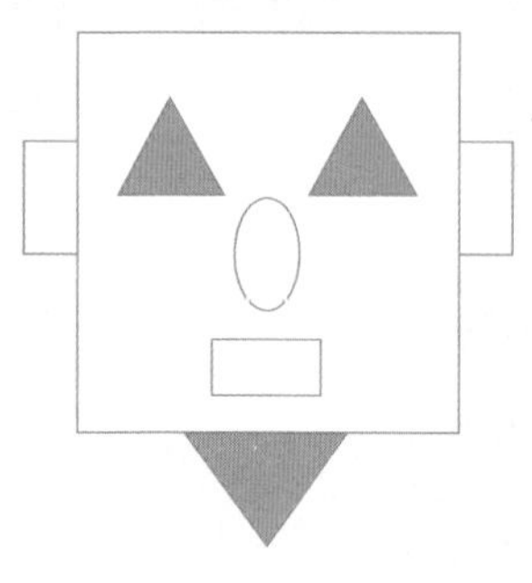

1

2
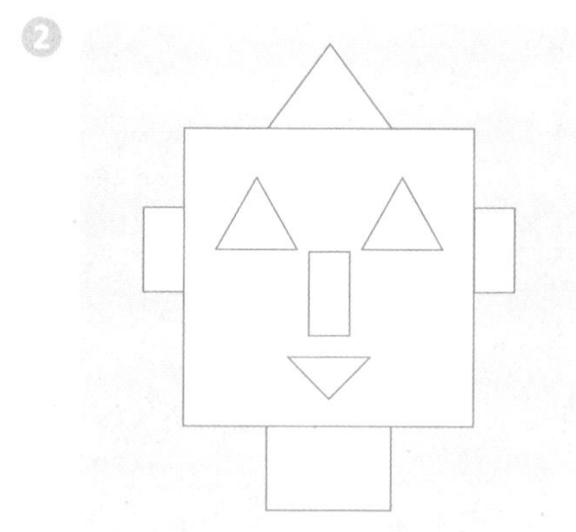

3

4

5

6

7
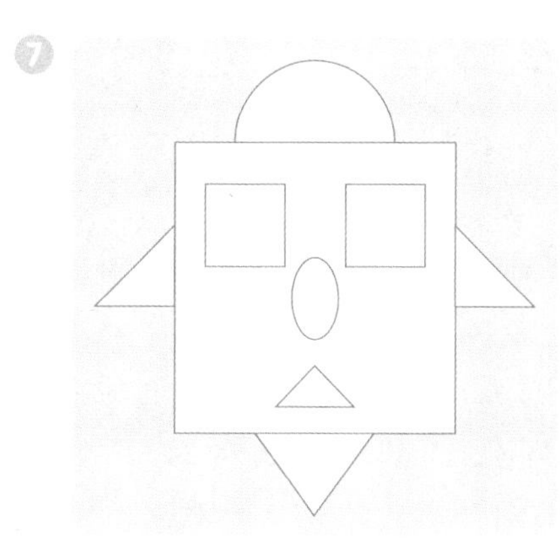

8

9
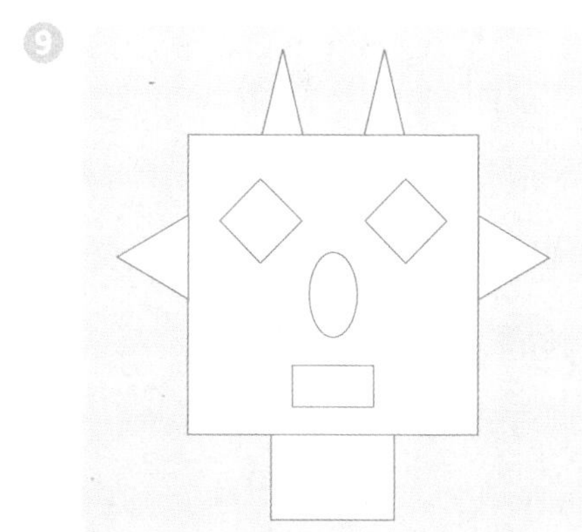

10

给四边形涂色

找出下列图形中所有的四边形，并涂上颜色。

1
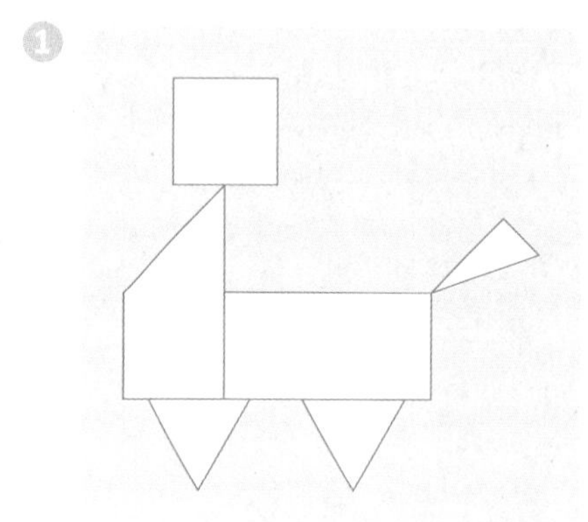

2
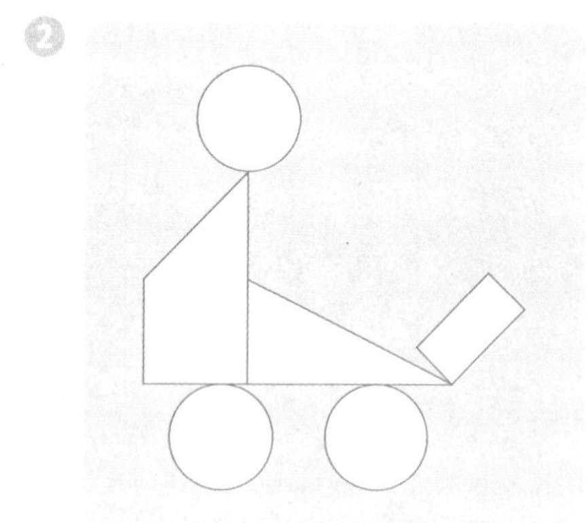

3

4
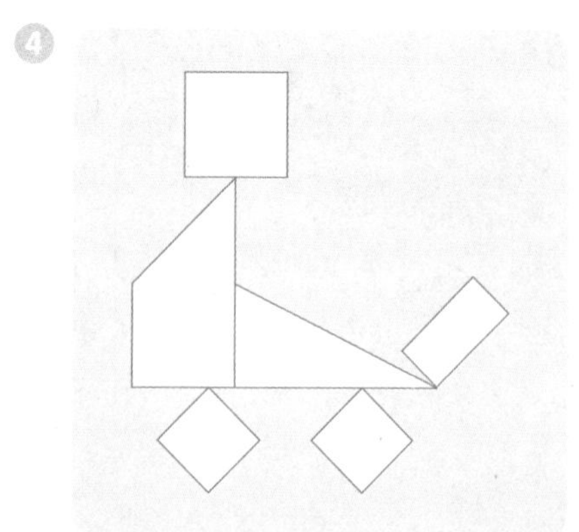

5

6
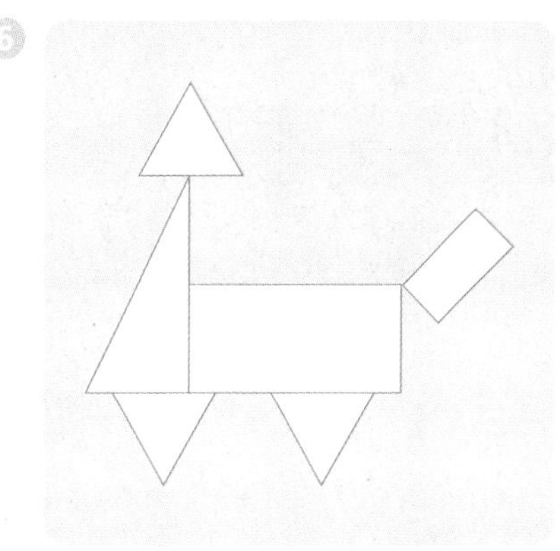

7

8
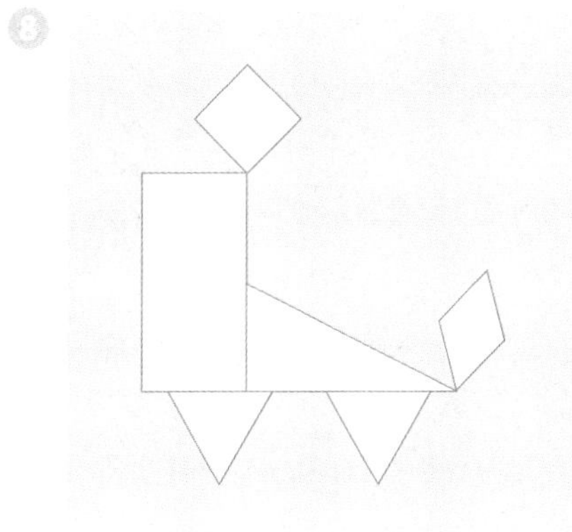

9

10

找圆形

找出下列图形中所有的圆形，并用○标出。

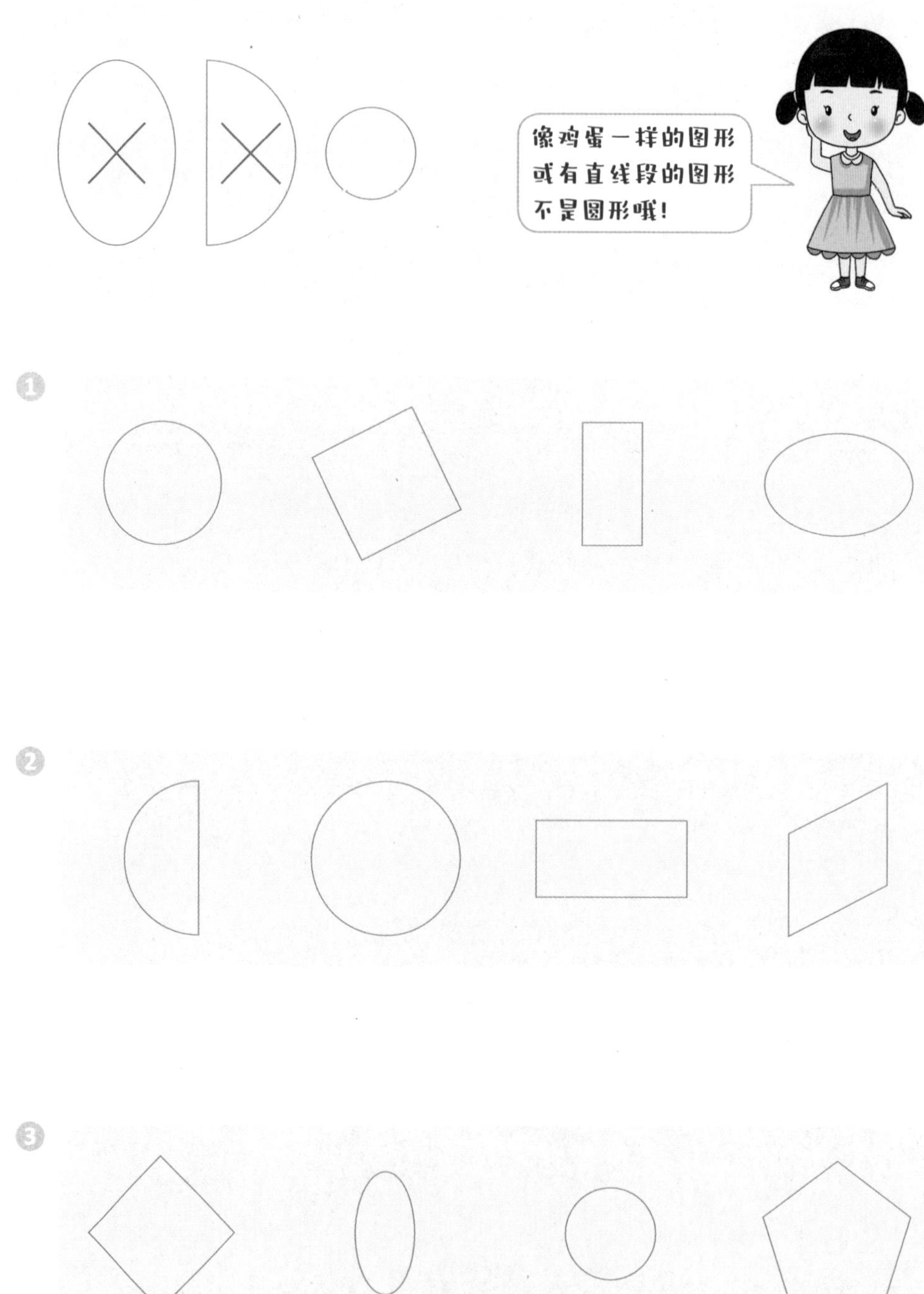

4

5

6

7

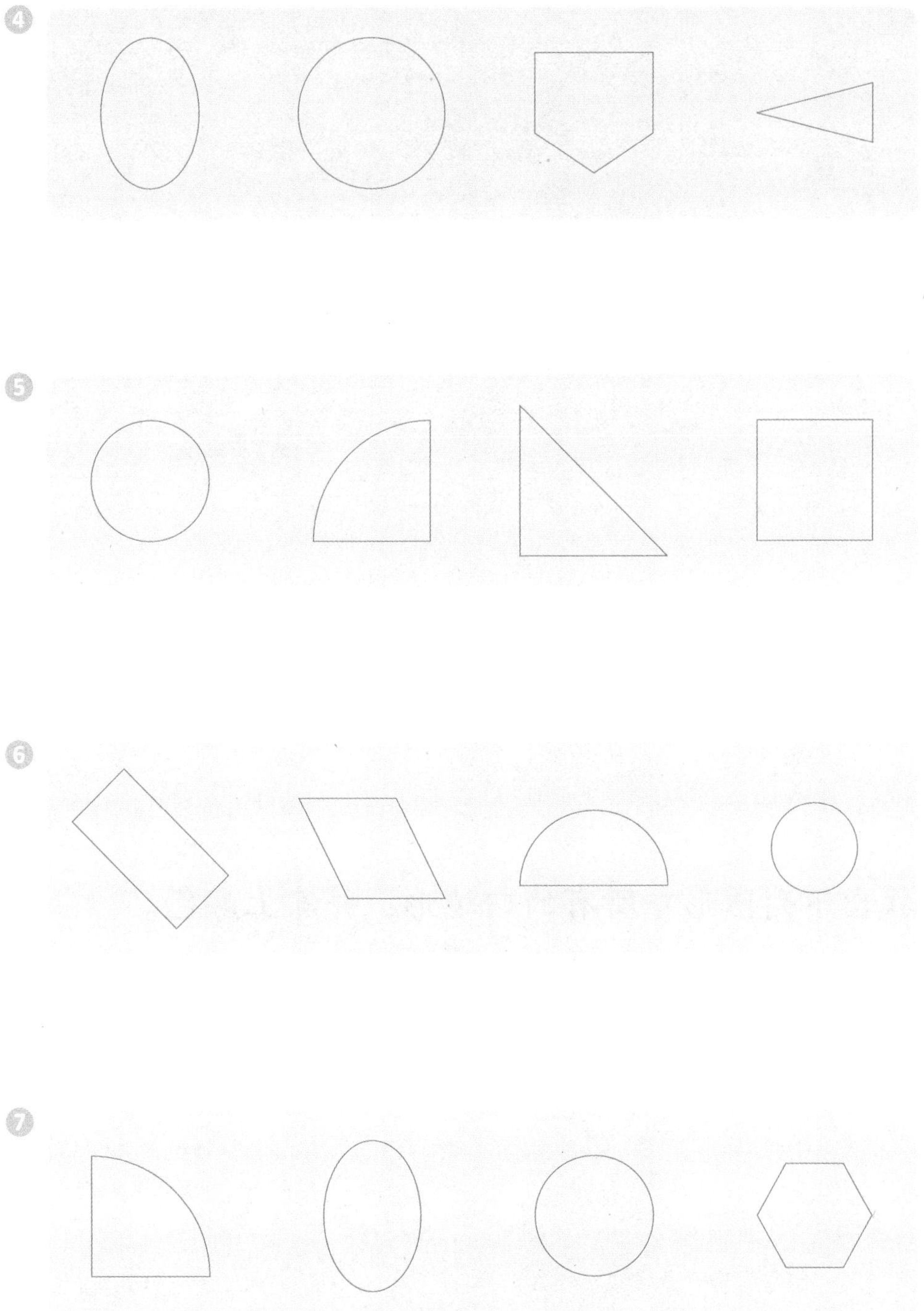

巩固练习

找出与其他3个不属于同一类别的图形，并用 × 标出。

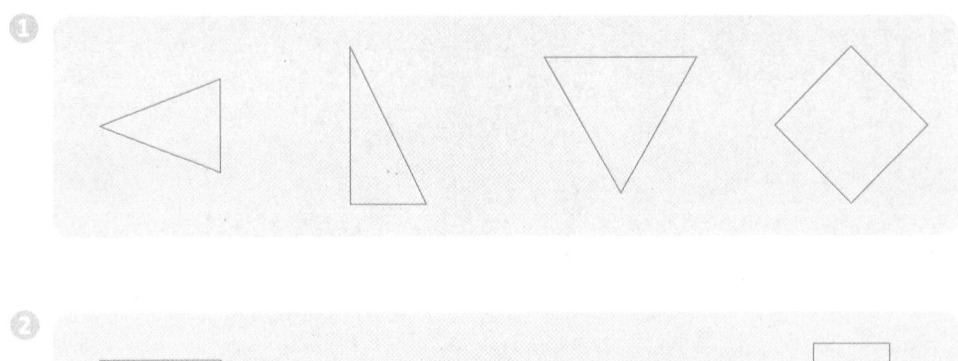

找出下列图形中所有的四边形，并涂上颜色。

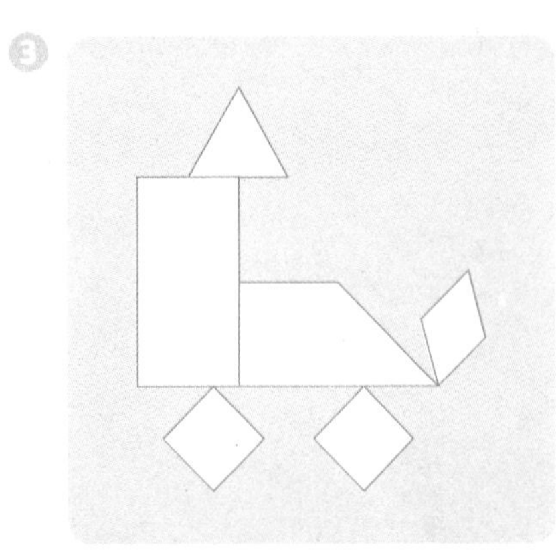

第3周

数一数

第1天：大小不同的圆形 …… 28
第2天：大小不同的三角形（1） …… 30
第3天：大小不同的三角形（2） …… 32
第4天：大小不同的四边形（1） …… 34
第5天：大小不同的四边形（2） …… 36
巩固练习 …… 38

第1天 # 大小不同的圆形

找出下列图形中所有的圆形，并在□内填入圆形的数量。

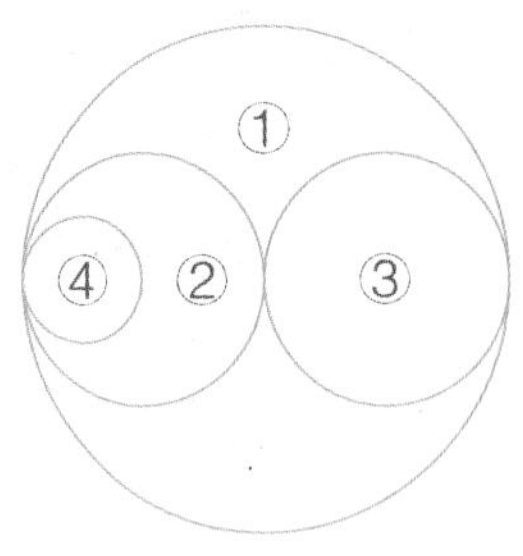

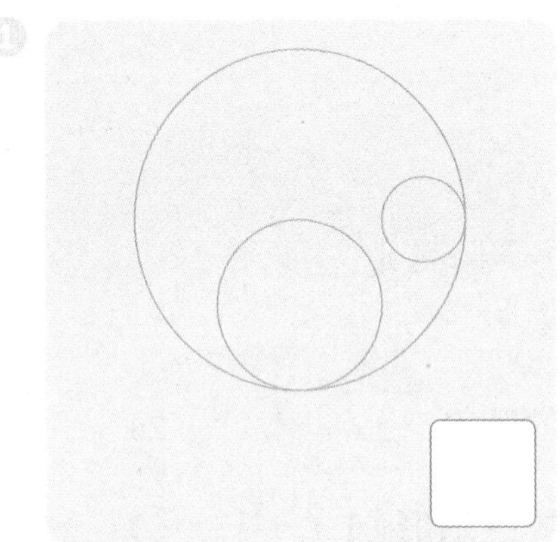

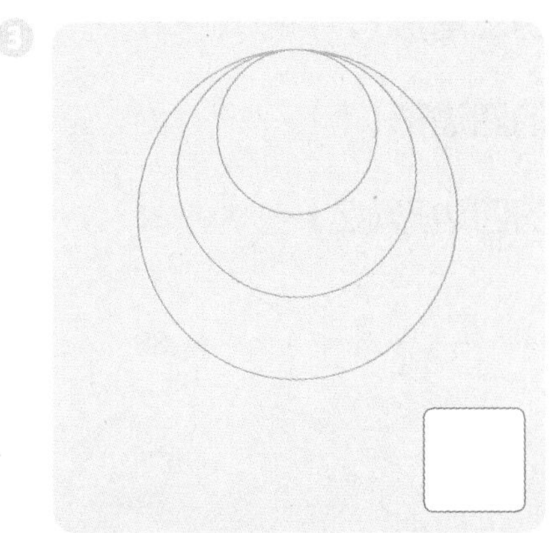

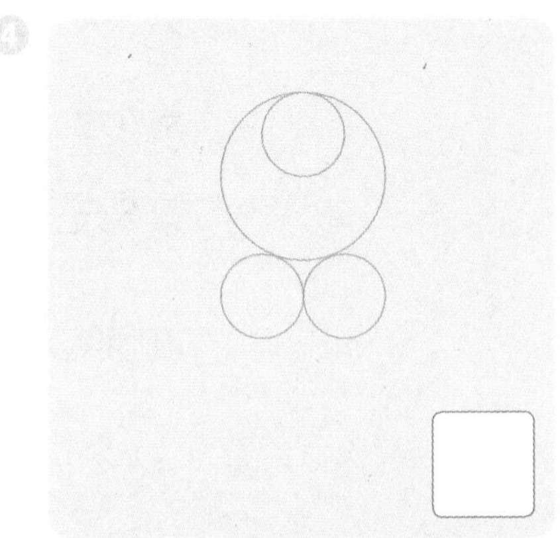

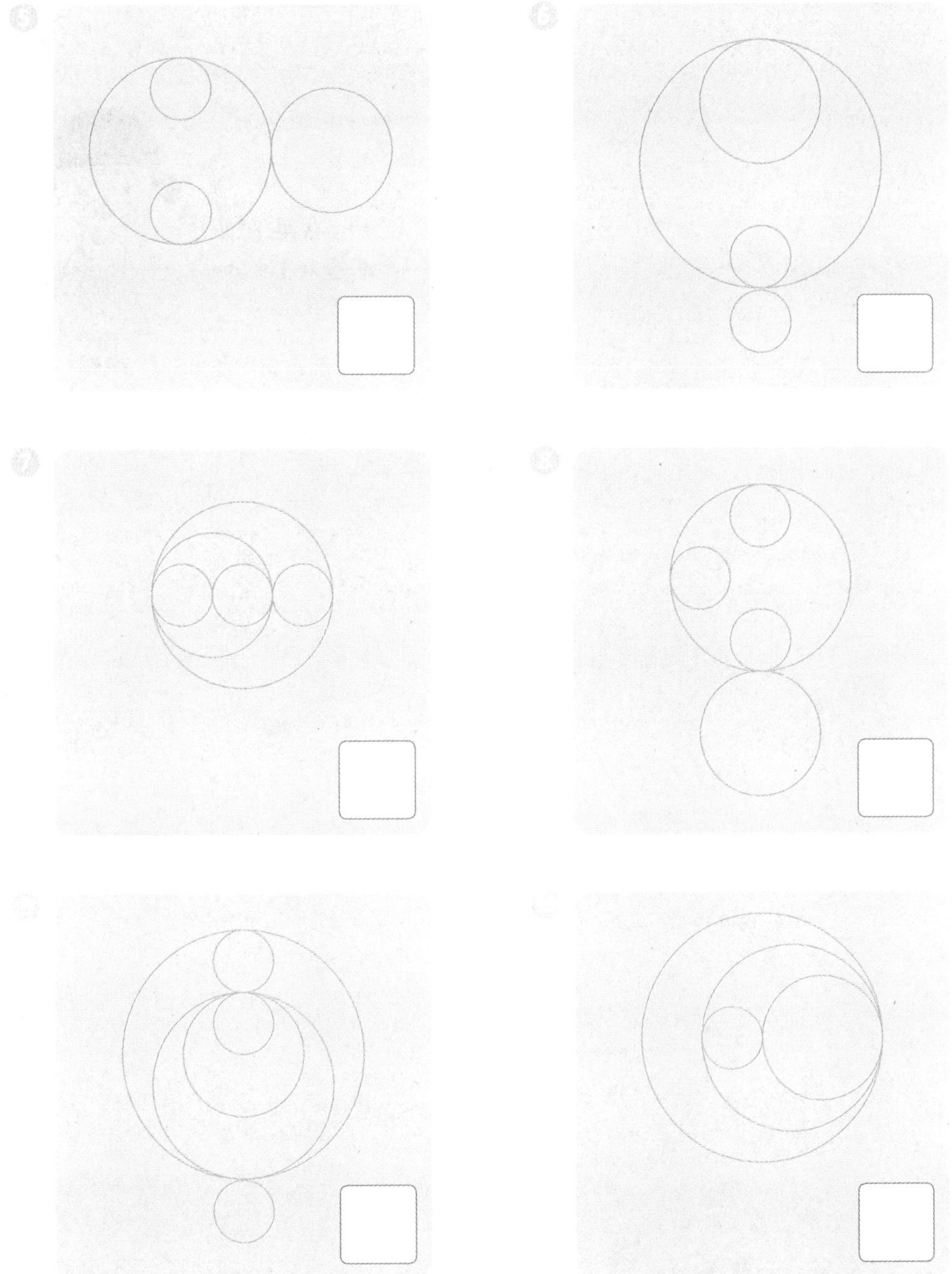

大小不同的三角形（1）

找出下列图形中所有的三角形，并在□内填入三角形的数量。

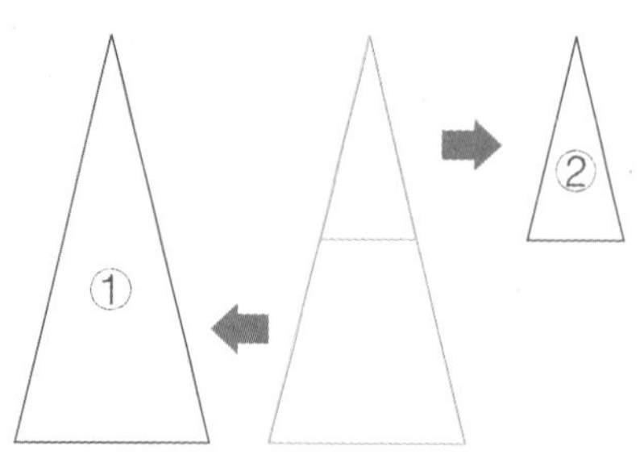

1

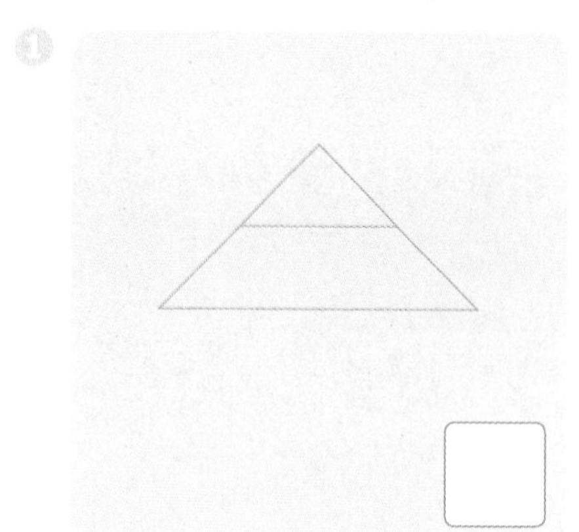

2

3

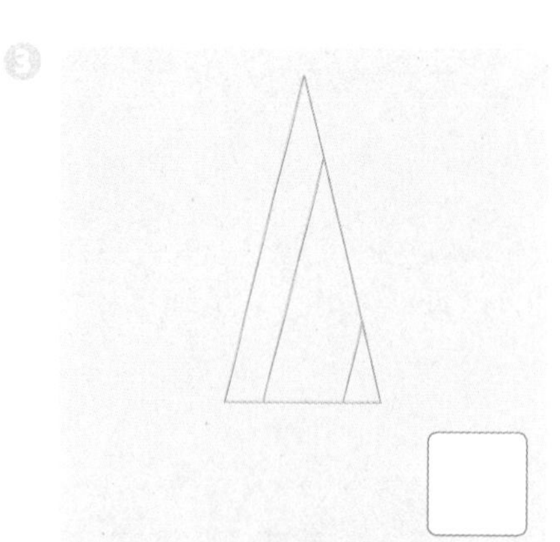

4

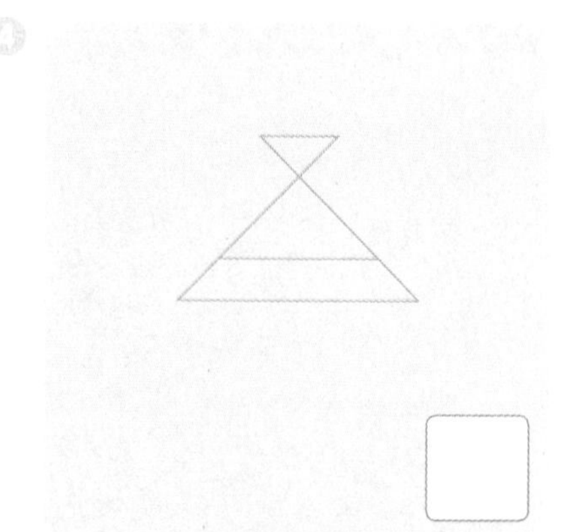

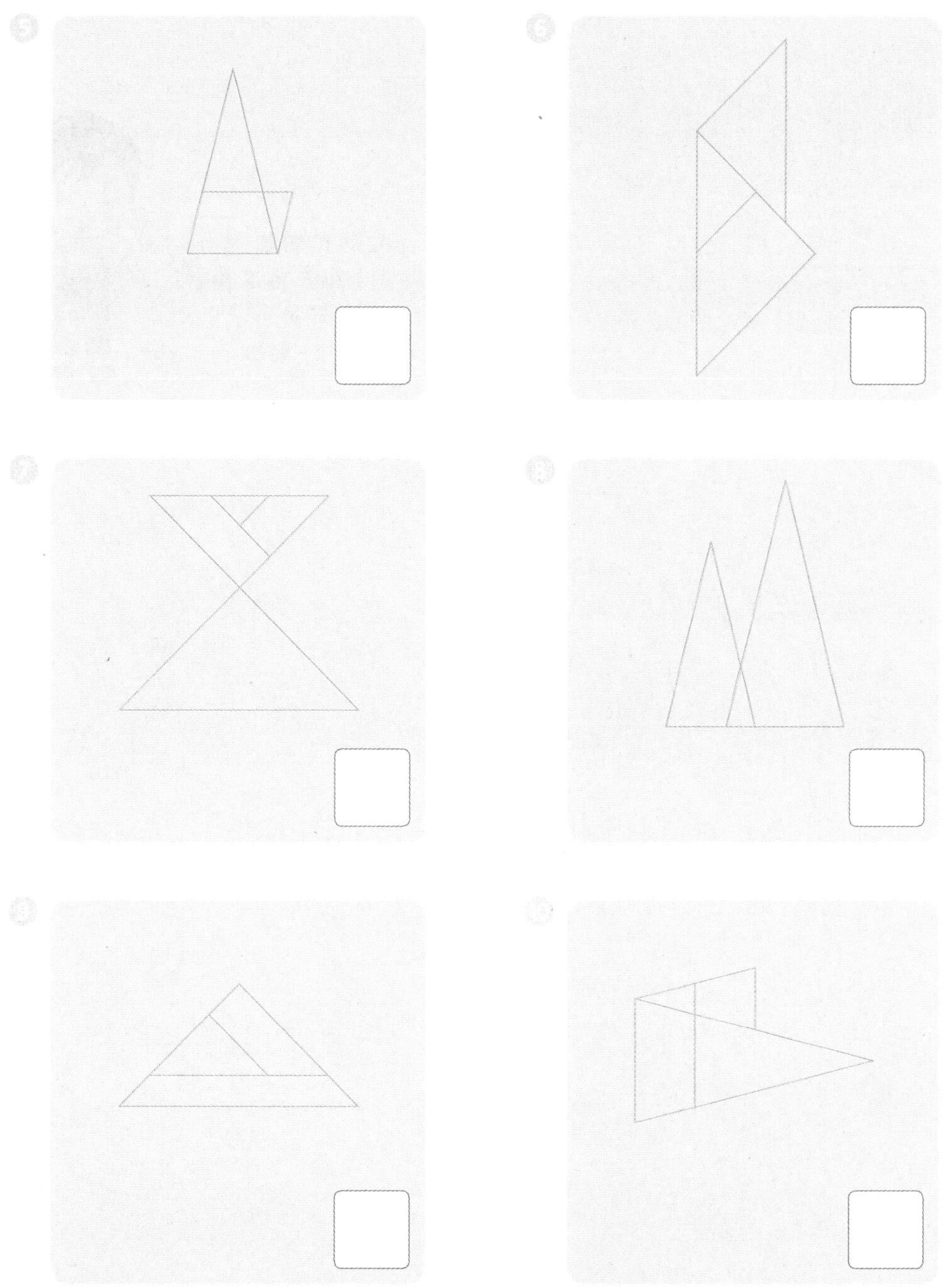

第3天

大小不同的三角形（2）

找出下列图形中所有的三角形，并在□内填入三角形的数量。

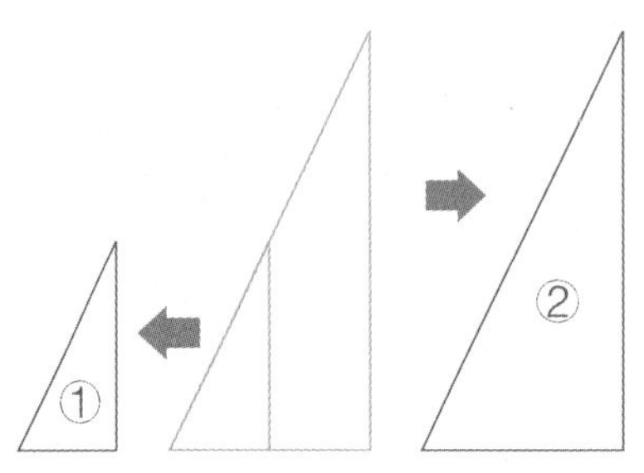

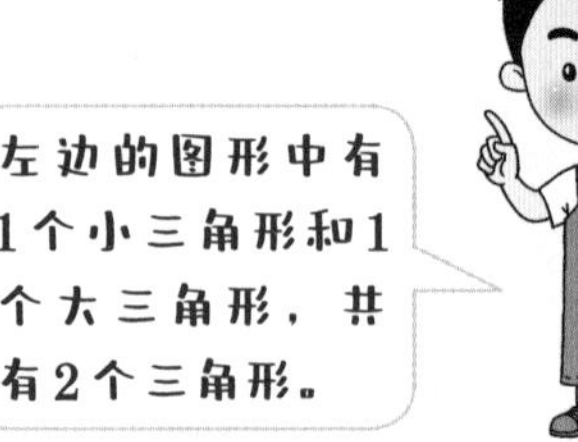

1
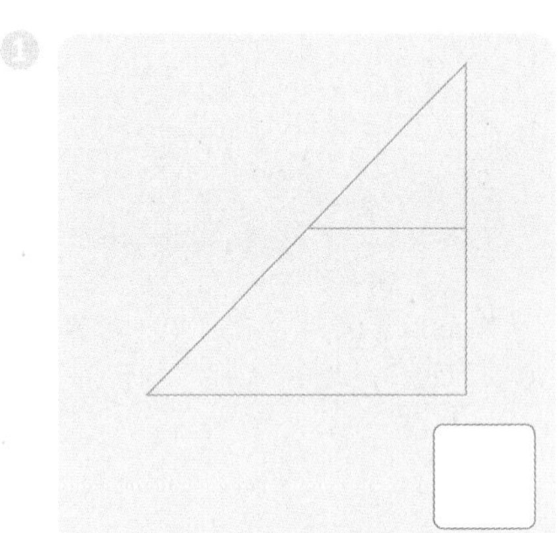

2
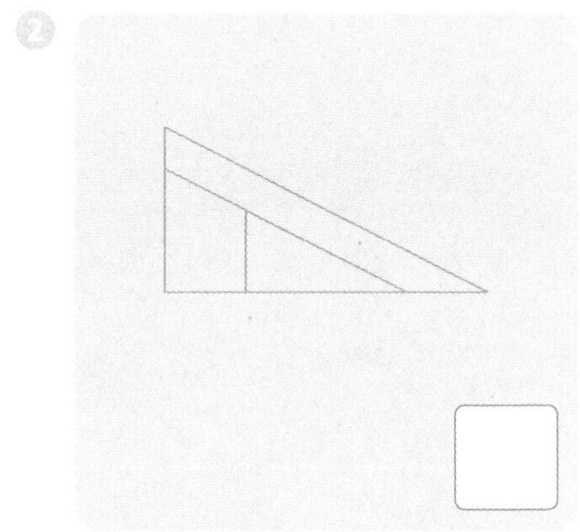

3
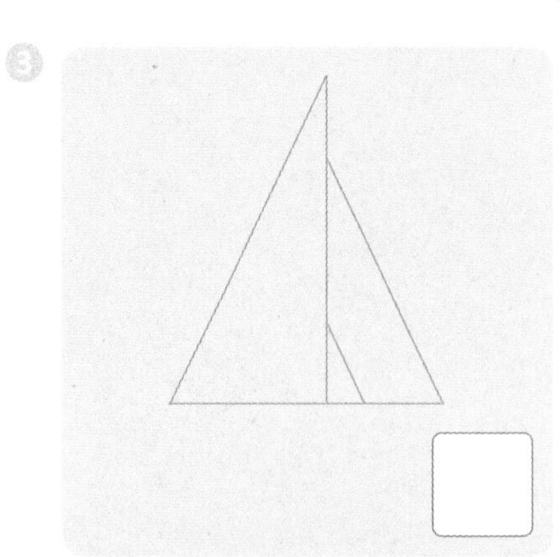

4
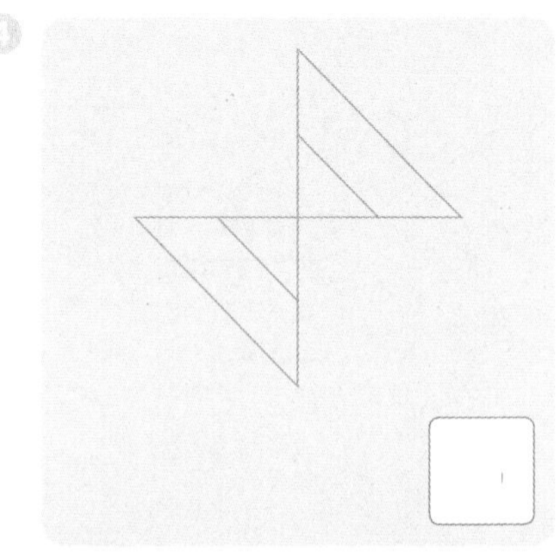

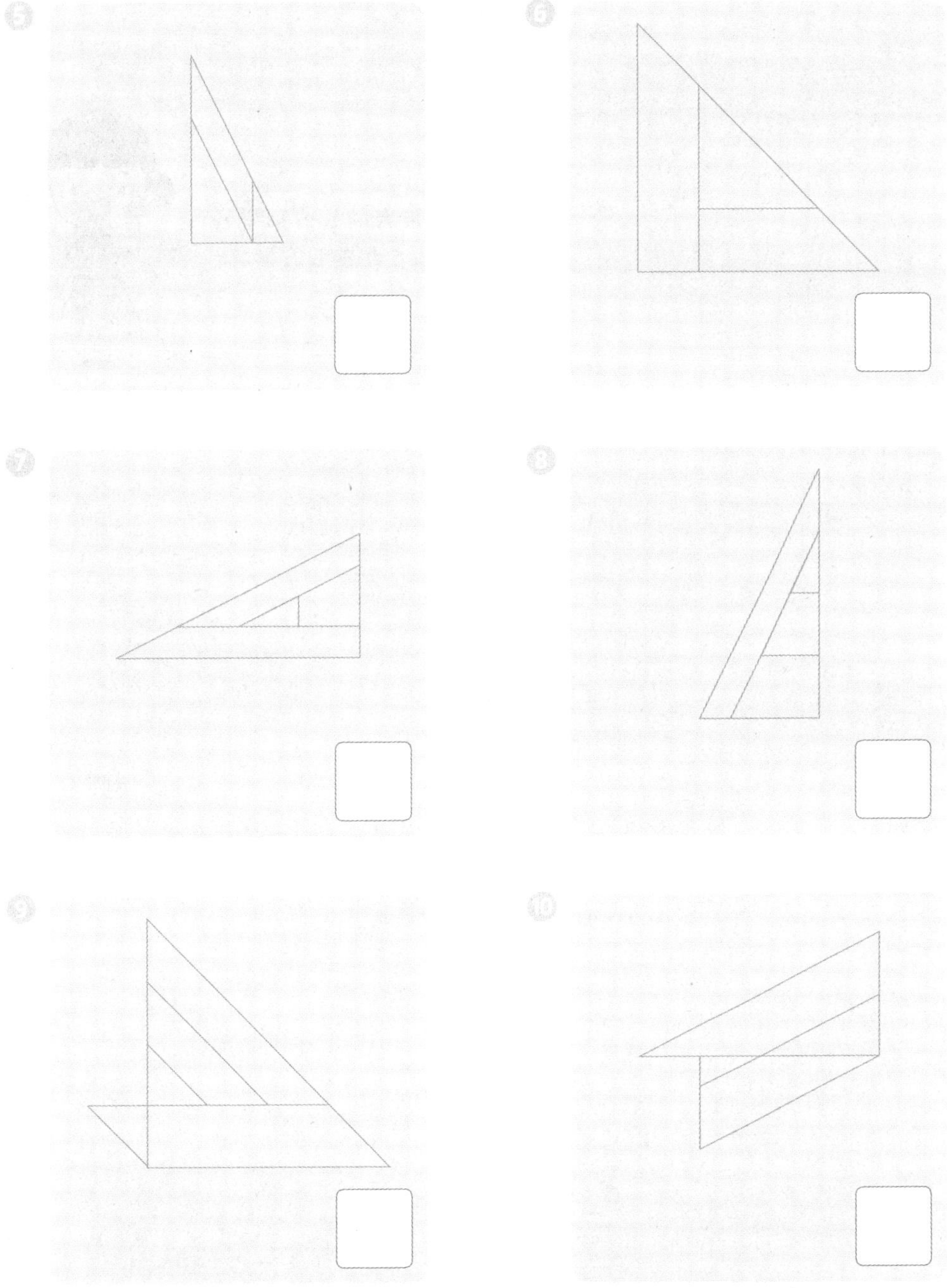
5
6
7
8
9
10

第4天 大小不同的四边形（1）

找出下列图形中所有的四边形，并在☐内填入四边形的数量。

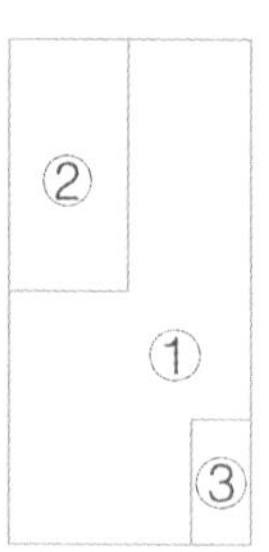

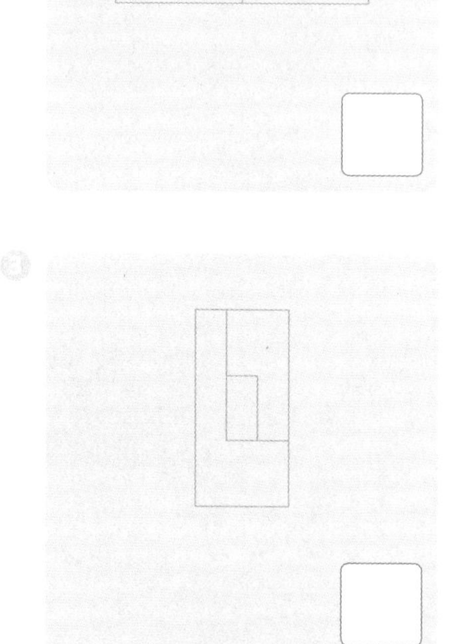

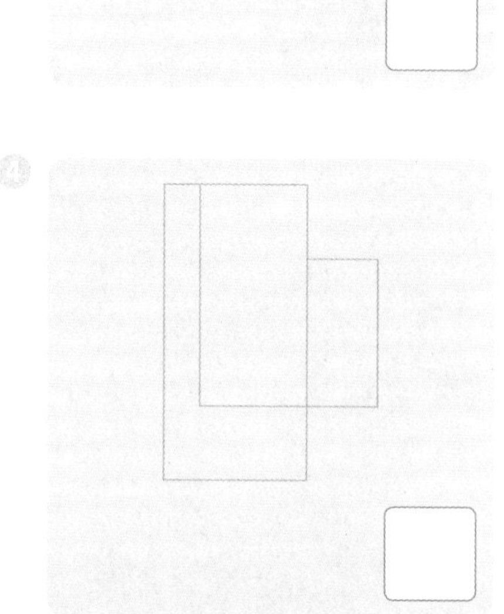

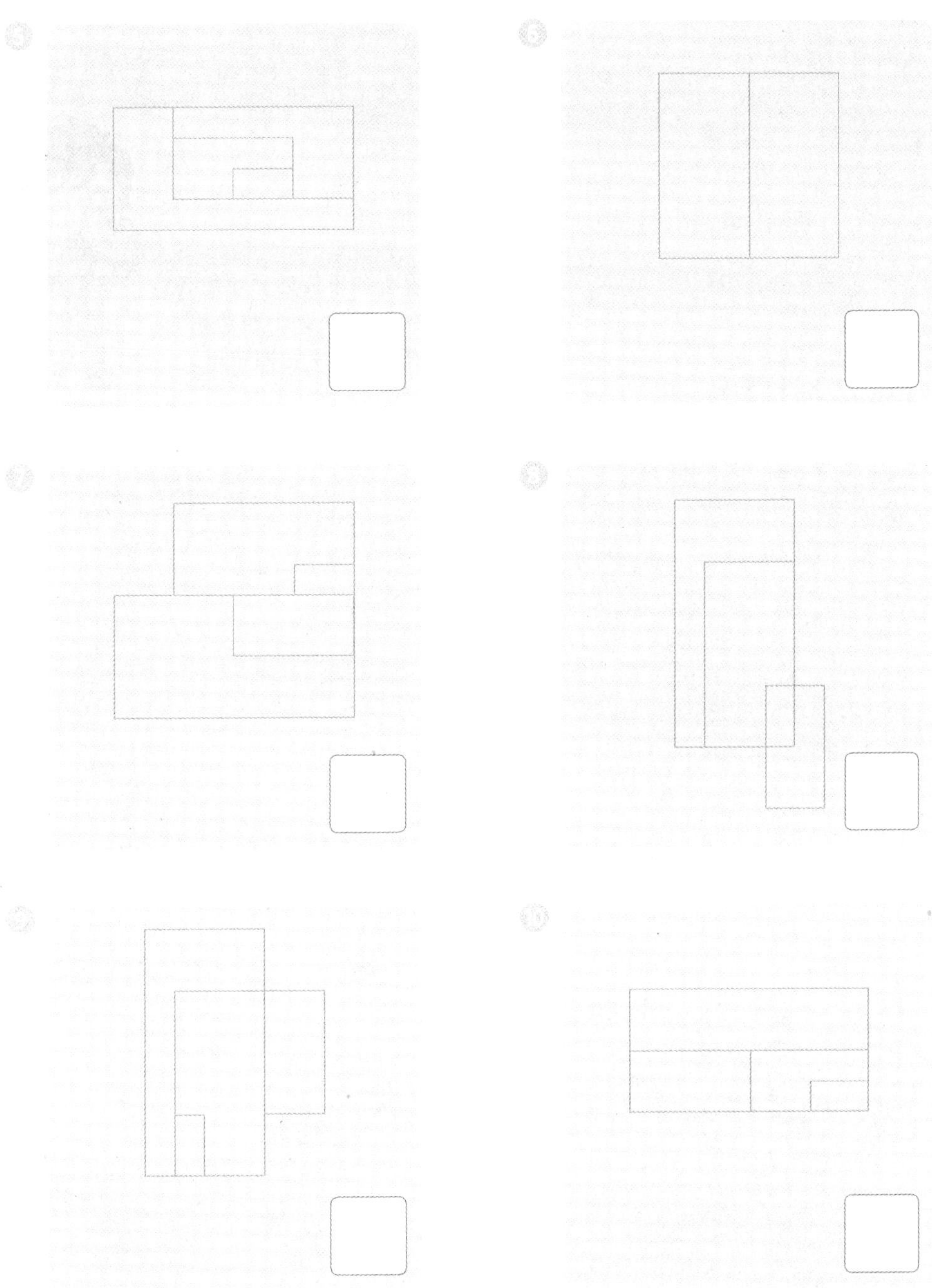

大小不同的四边形（2）

找出下列图形中所有的四边形，并在□内填入四边形的数量。

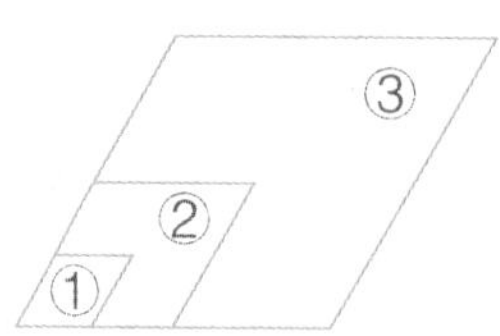

最大的平行四边形里还有2个小平行四边形，共有3个平行四边形。

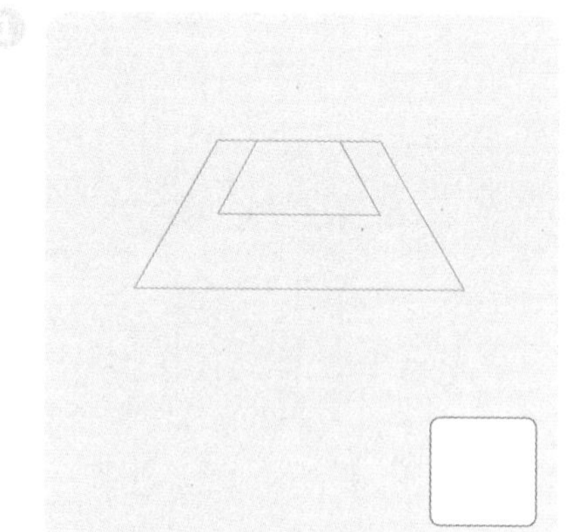

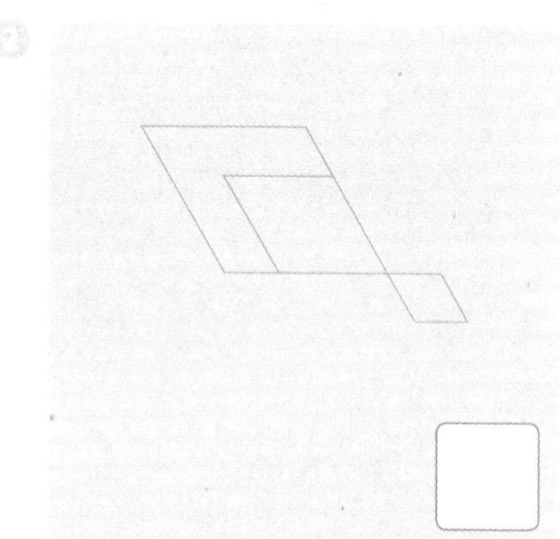

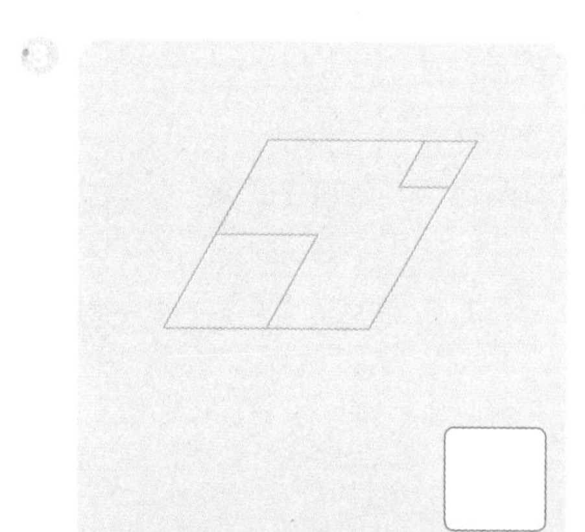

巩固练习

找出下列图形中所有的三角形，并在□内填入三角形的数量。

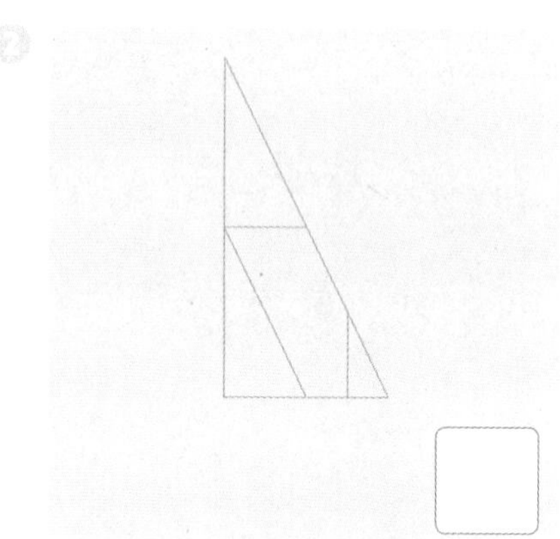

找出下列图形中所有的四边形，并在□内填入四边形的数量。

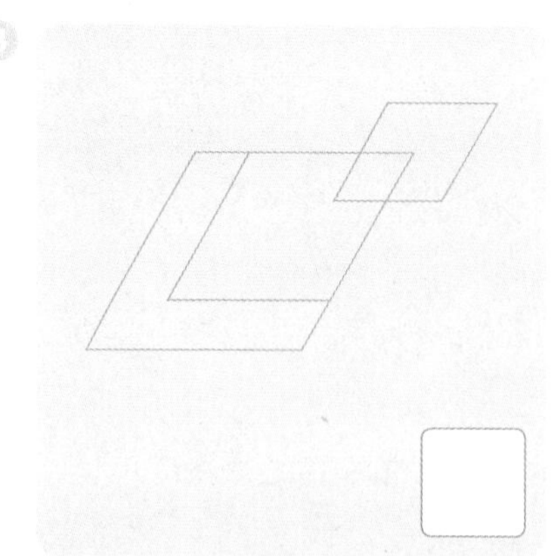

第4周

图形的规律

第1天：循环的形状 40
第2天：循环的颜色 42
第3天：循环的图形 44
第4天：会移动的色块(1) 46
第5天：会移动的色块(2) 48
巩固练习 50

第1天 循环的形状

找出下列图形中存在的规律，并在最后画出正确的图形。

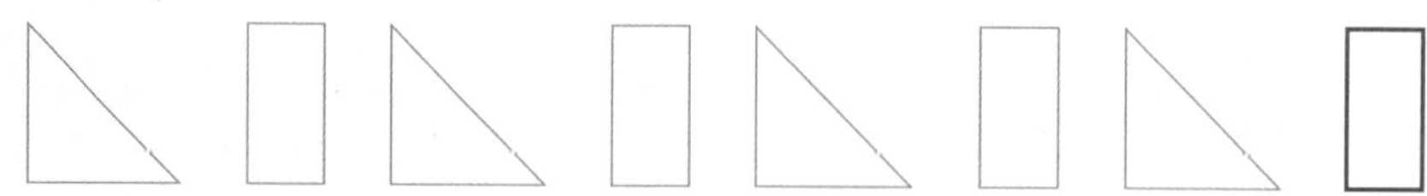

❶

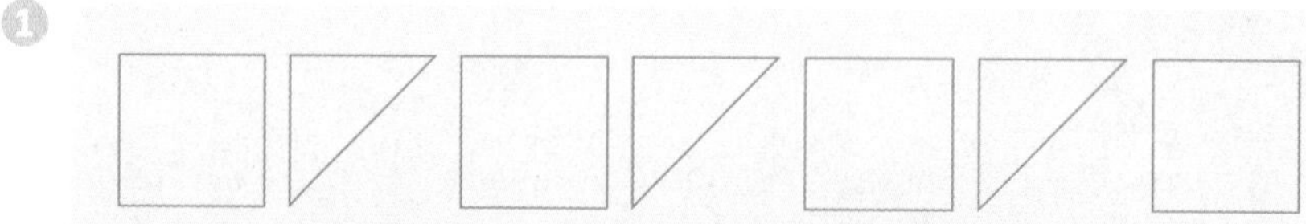

❷

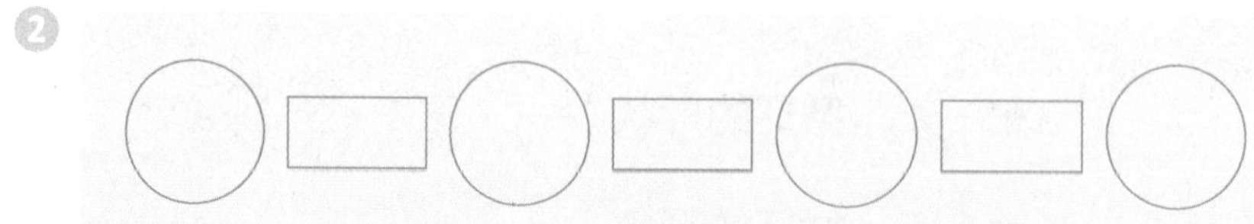

❸

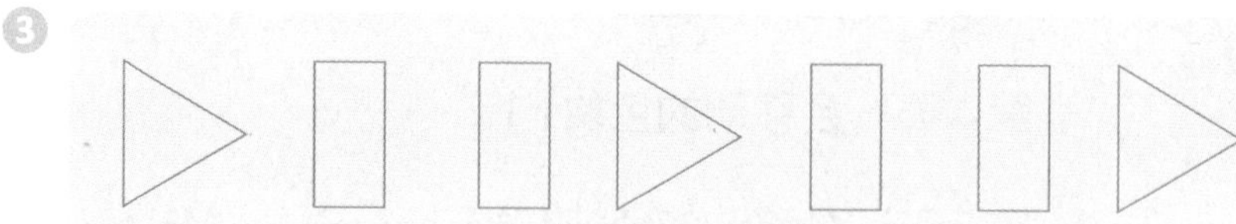

❹

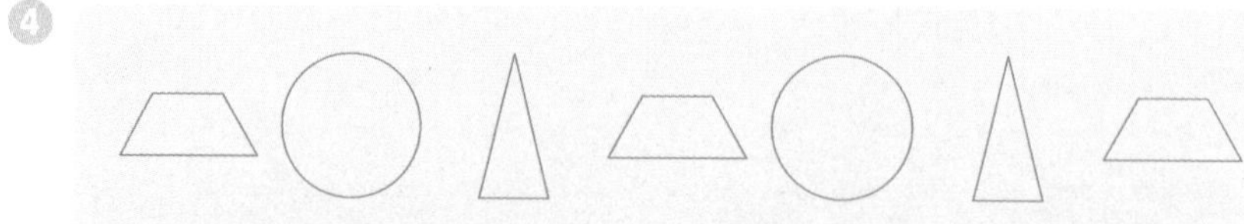

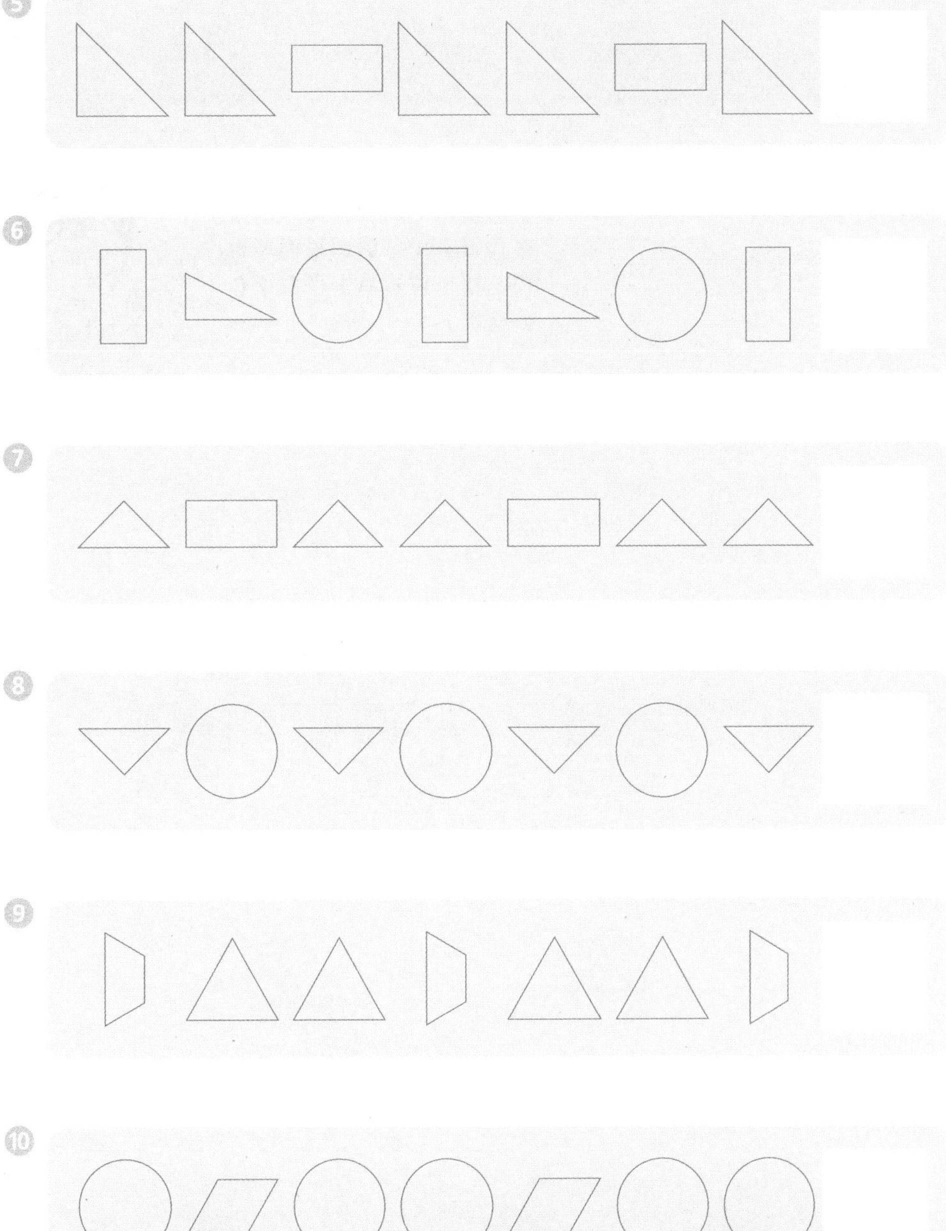
5
6
7
8
9
10

循环的颜色

✎ 找出下列图形中存在的规律，并在最后画出正确的图形。

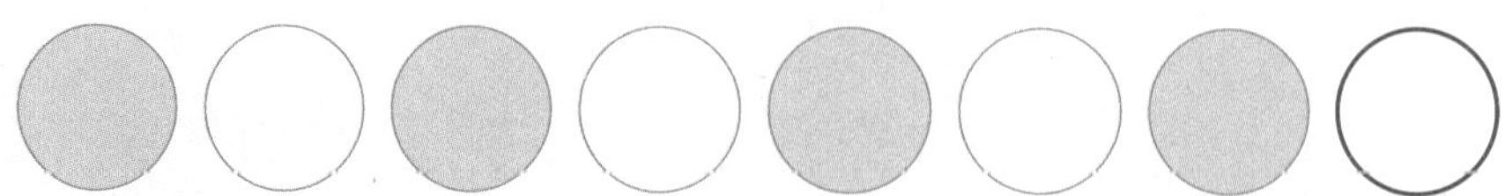

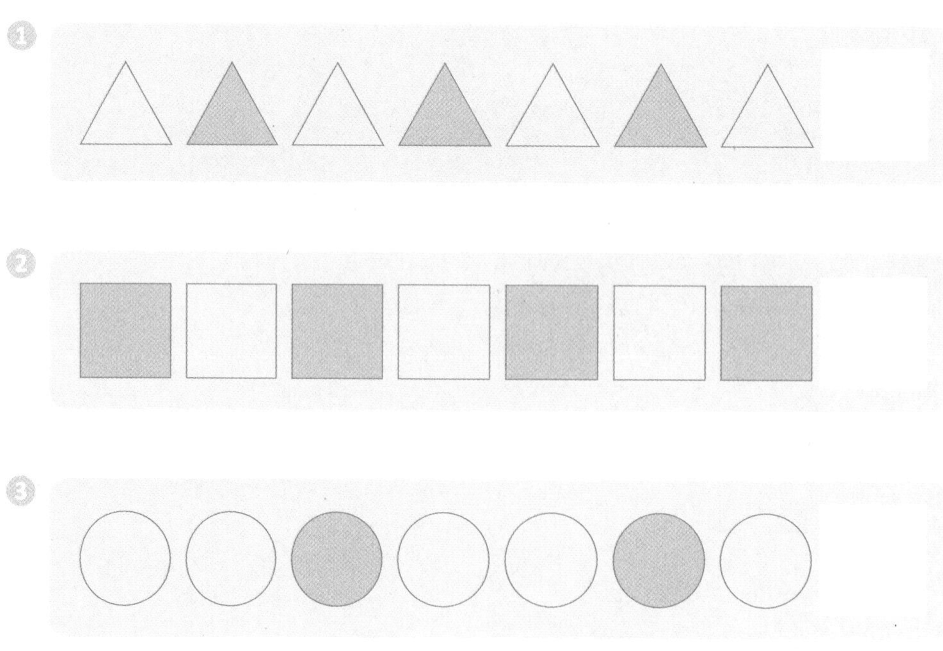

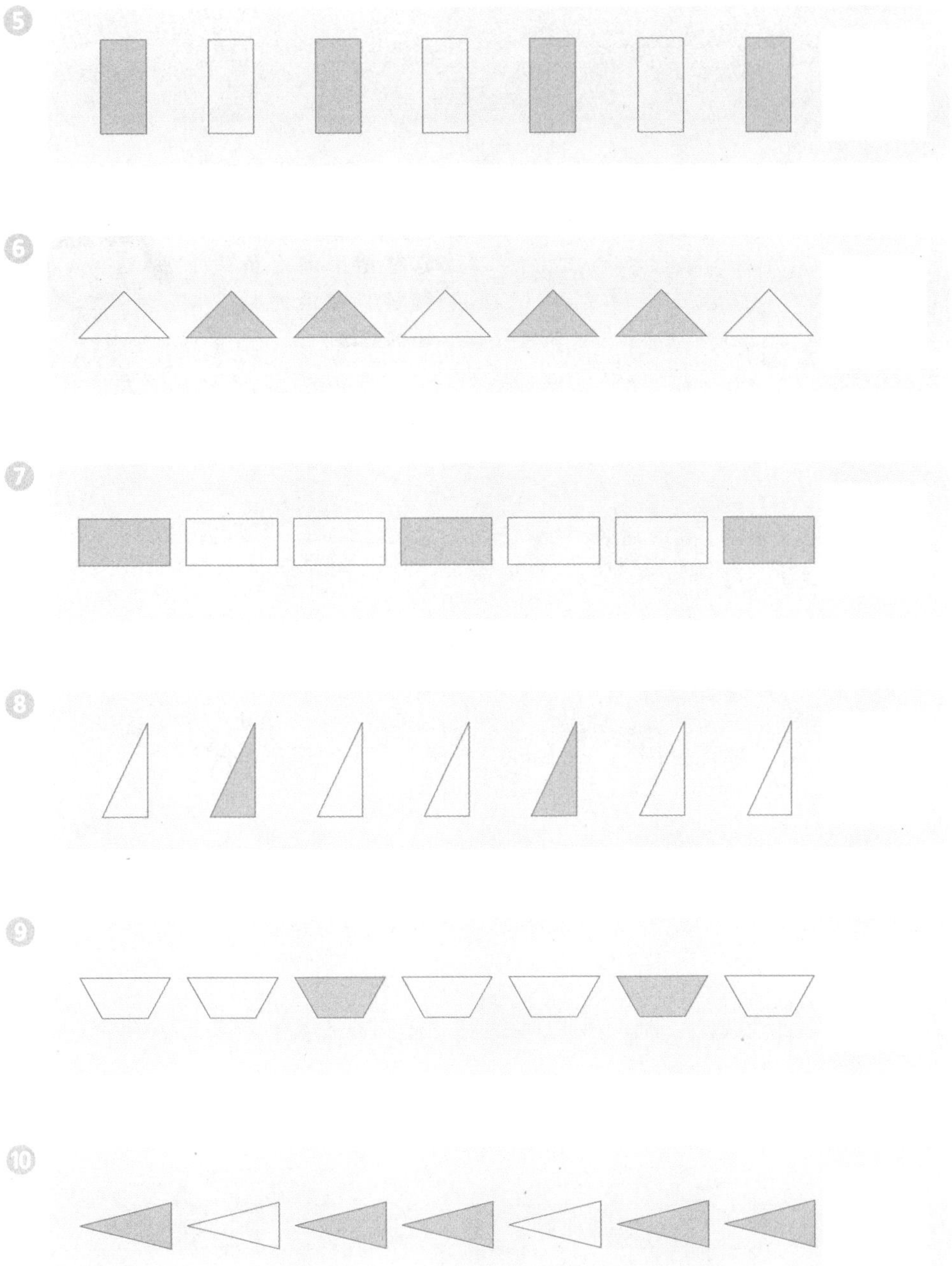
5
6
7
8
9
10

第3天 循环的图形

找出下列图形中存在的规律，并在最后画出正确的图形。

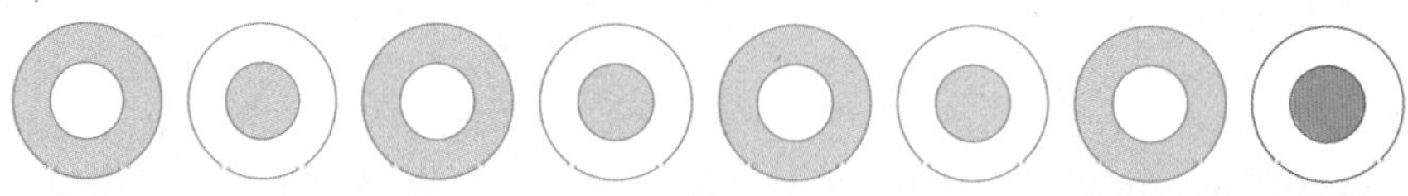

1

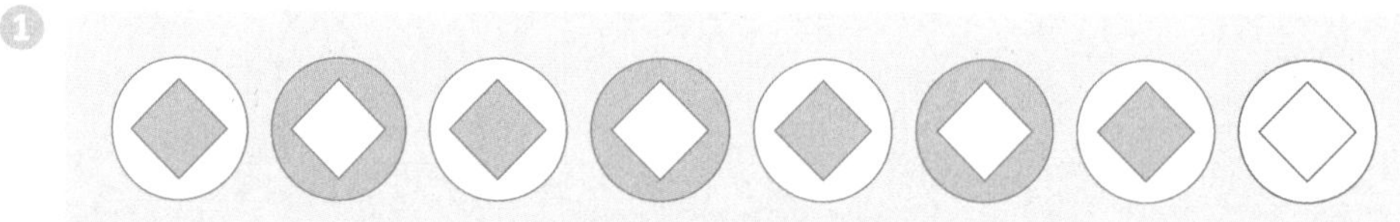

2

3

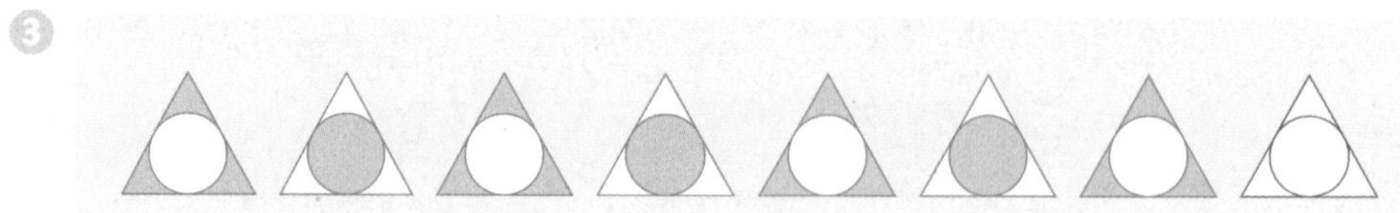

4

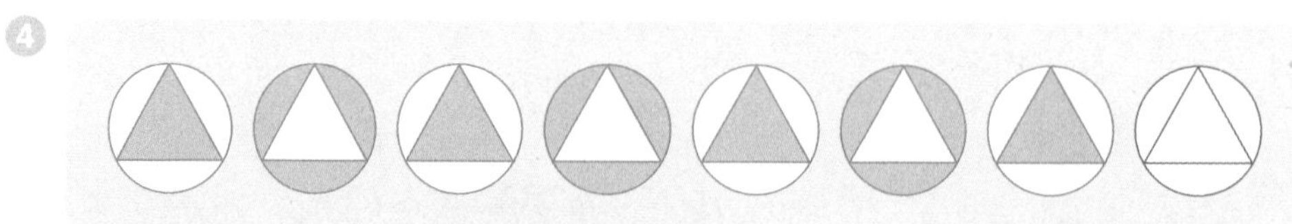

5

6

7

8

9

10

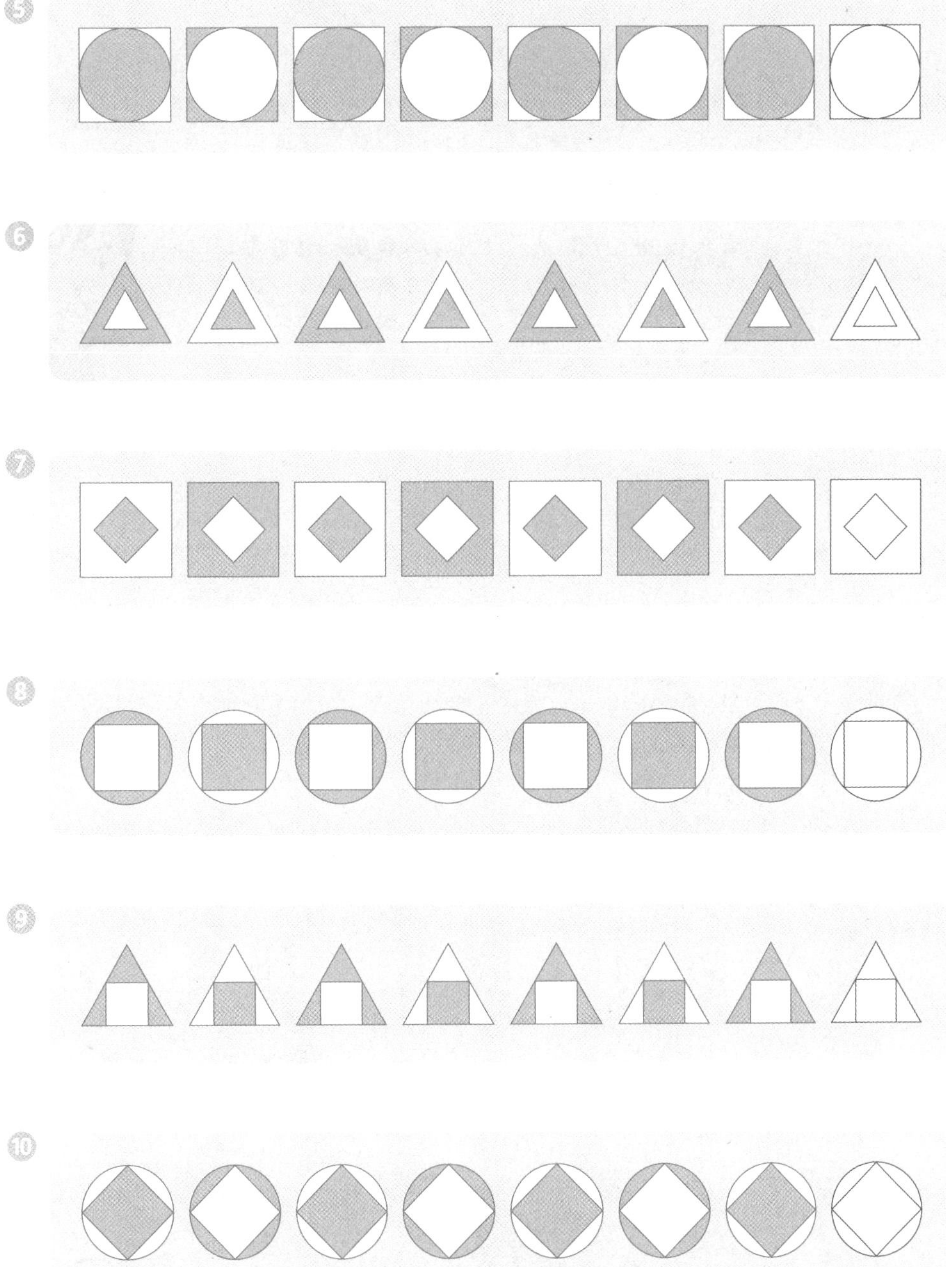

第4天 会移动的色块（1）

找出下列图形中存在的规律，并在最后画出正确的图形。

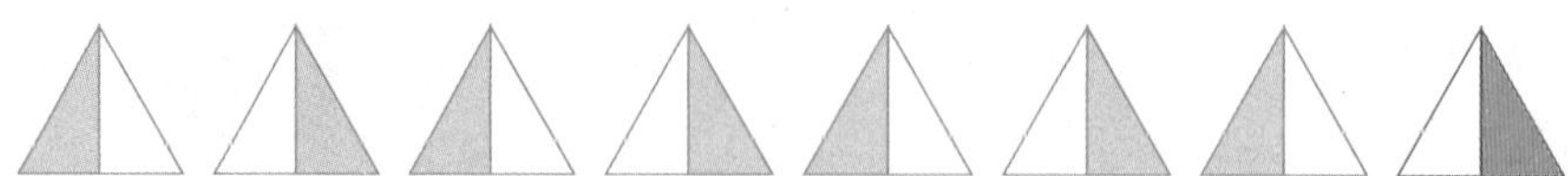

①

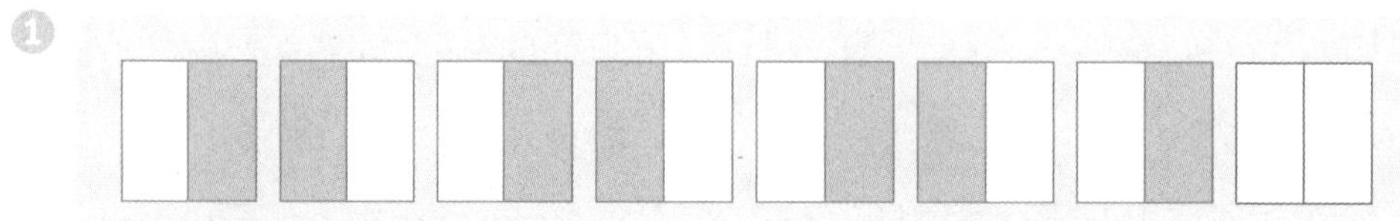

②

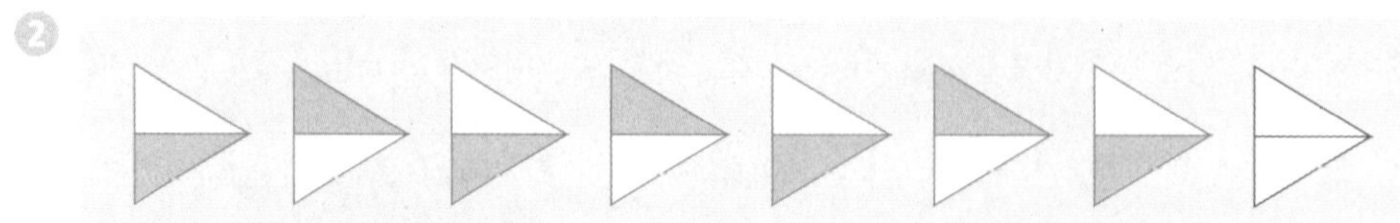

③

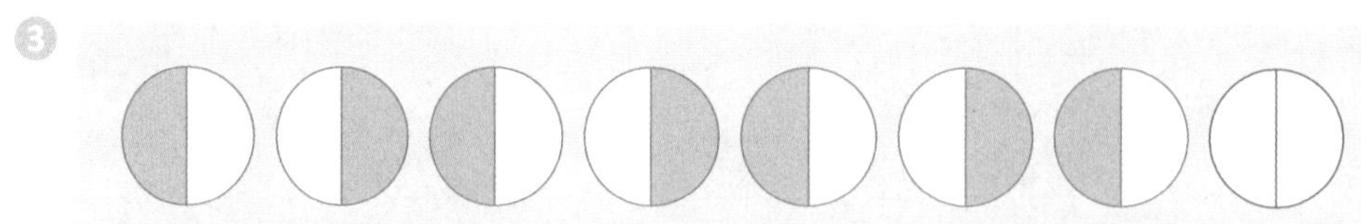

④

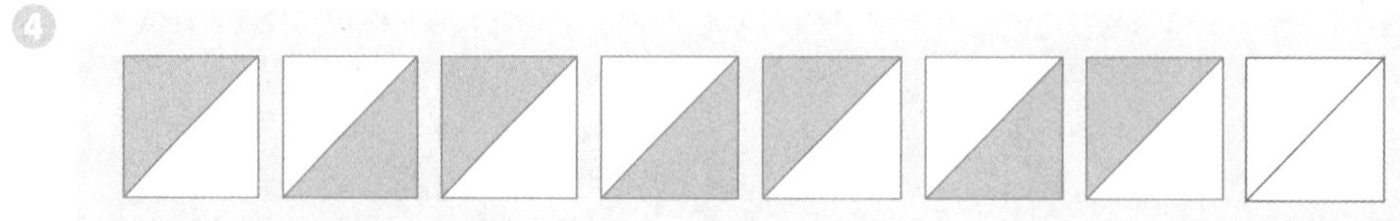

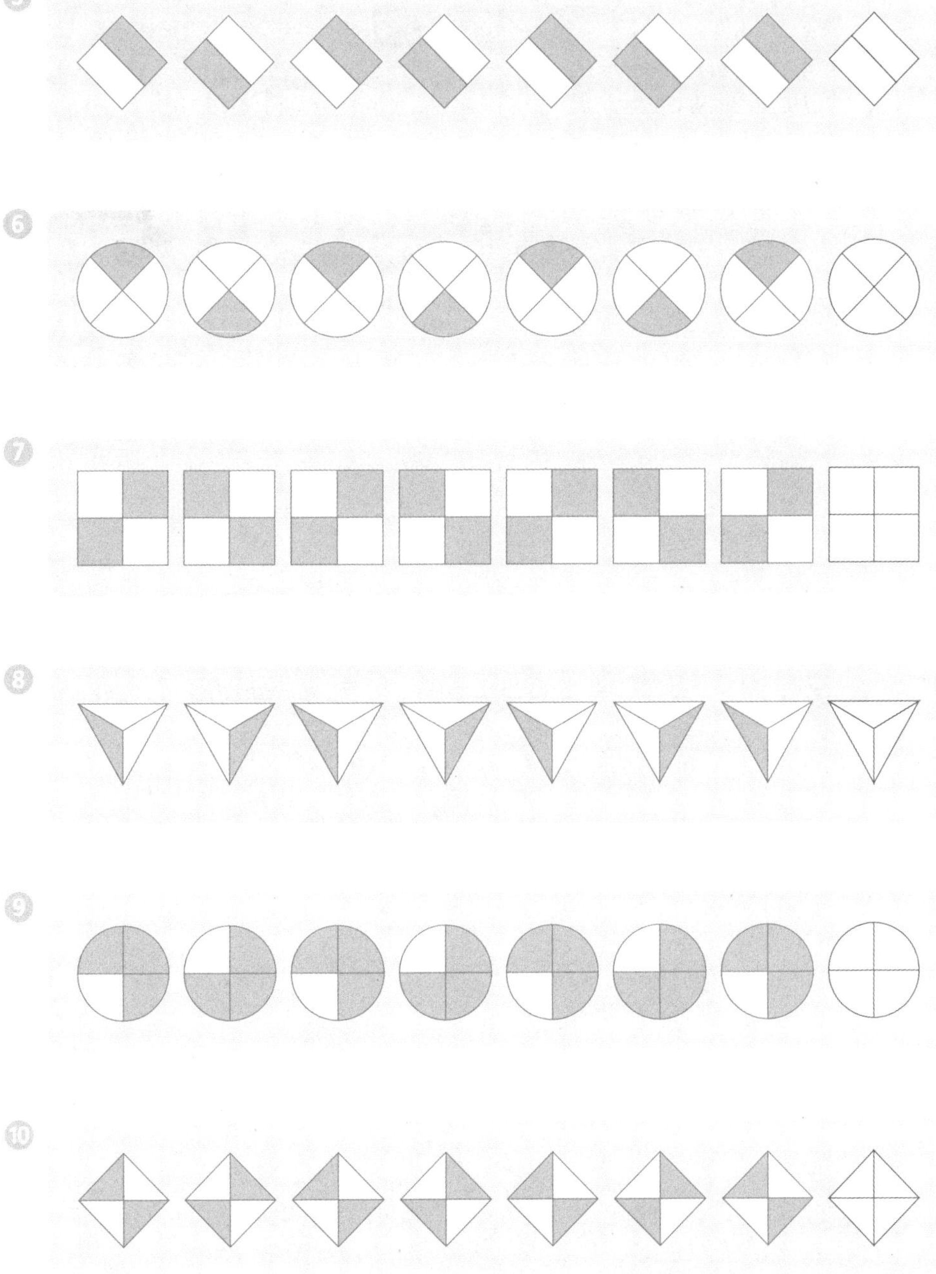
5
6
7
8
9
10

第5天 会移动的色块(2)

找出下列图形中存在的规律，并在最后画出正确的图形。

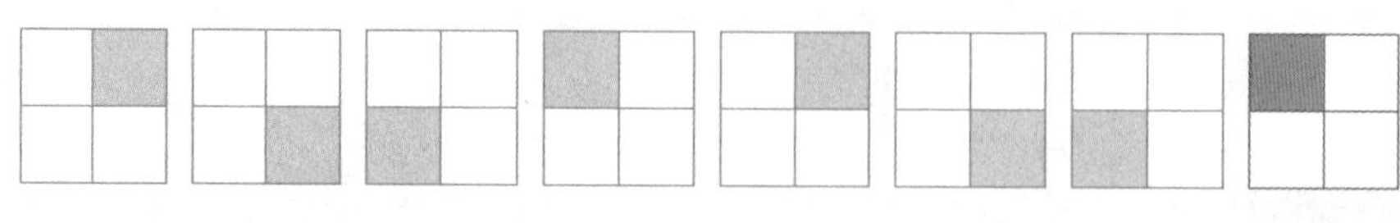

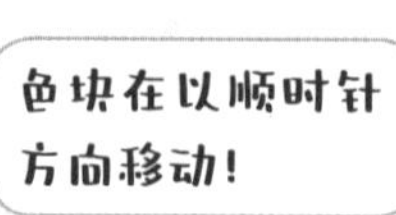

1

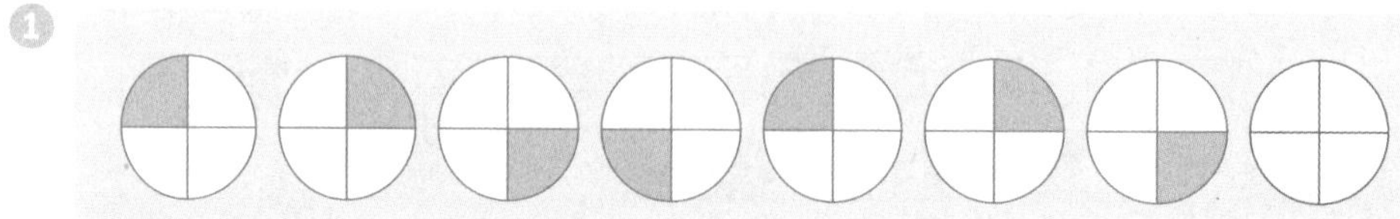

2

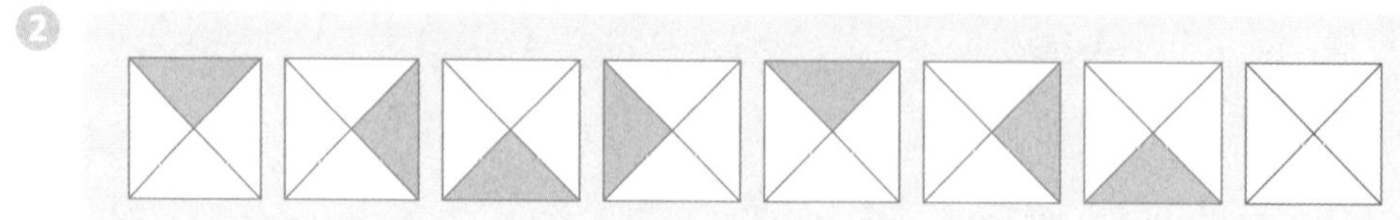

3

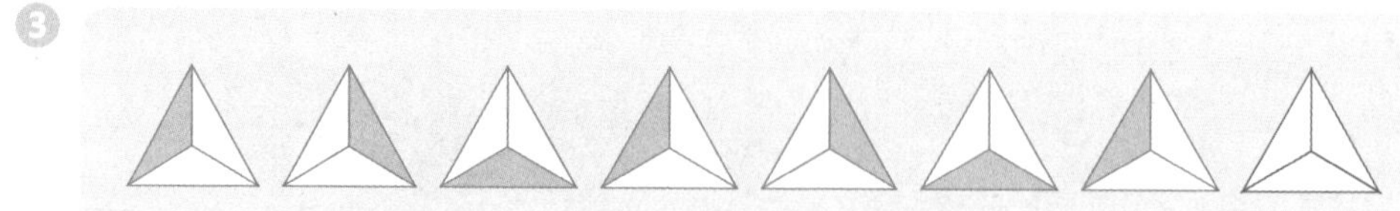

4

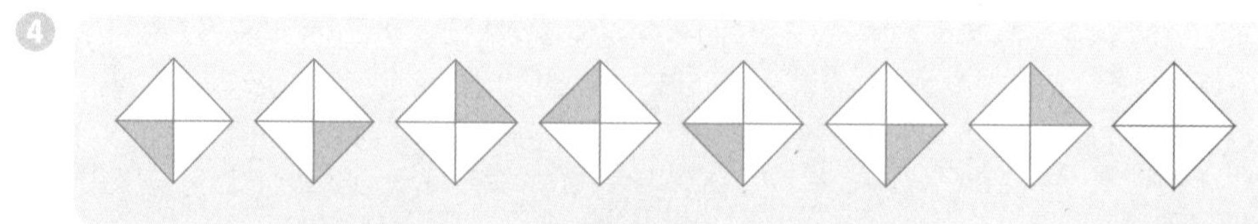

5
6
7
8
9
10

巩固练习

找出下列图形中存在的规律，并在最后画出正确的图形。

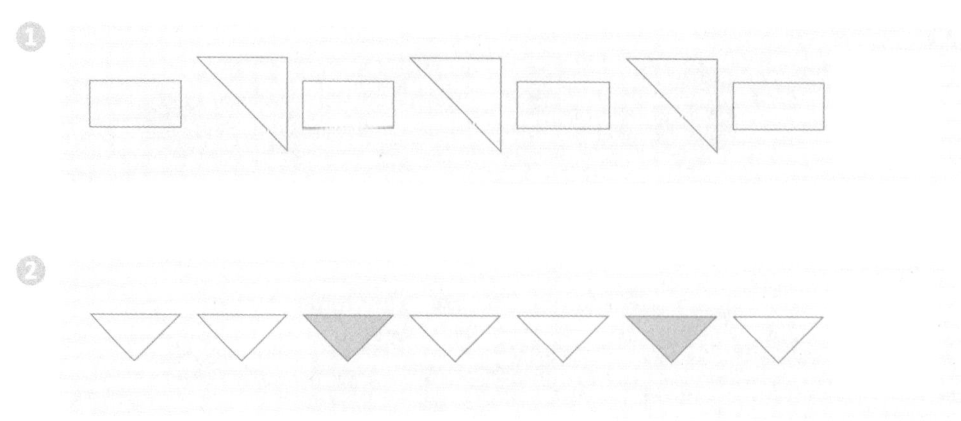

找出下列图形中存在的规律，并在最后画出正确的图形。

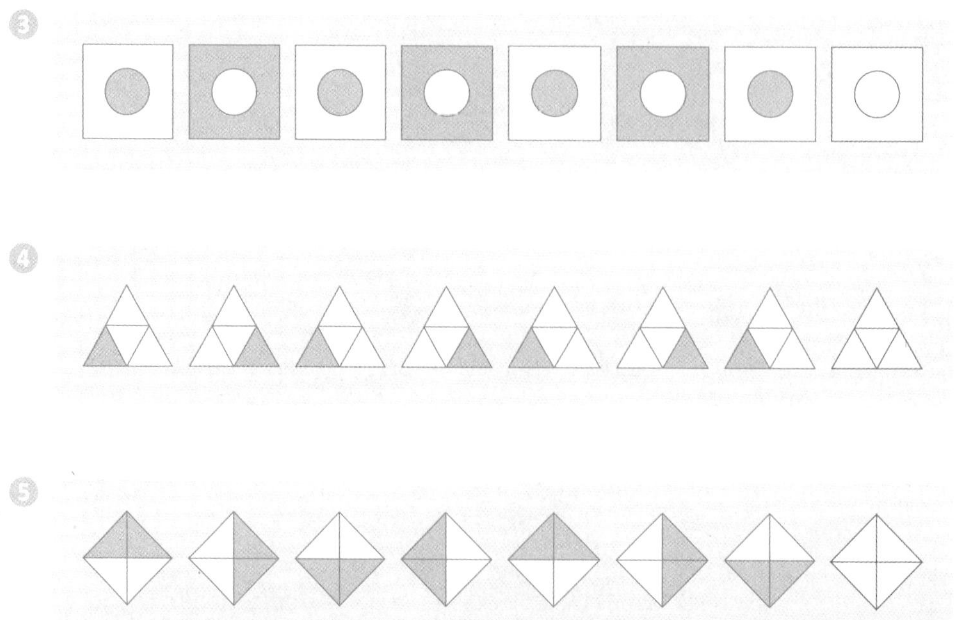

评价测试

此前4周的学习内容会出现在评价测试中。如果题目做错了，请确认是第几周的内容，并认真复习直到学会。

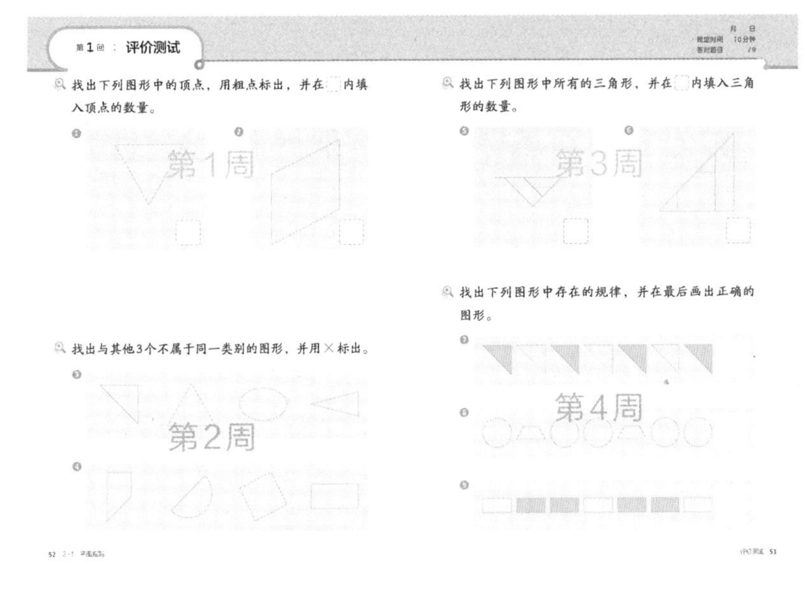
第1回：评价测试

月 日
规定时间 10分钟
答对题目 /9

找出下列图形中的顶点，用粗点标出，并在□内填入顶点的数量。

❶ ❷ 第1周

找出与其他3个不属于同一类别的图形，并用×标出。

❸ ❹ 第2周

找出下列图形中所有的三角形，并在□内填入三角形的数量。

❺ ❻ 第3周

找出下列图形中存在的规律，并在最后画出正确的图形。

❼ ❽ ❾ 第4周

第1回：评价测试

找出下列图形中的顶点，用粗点标出，并在□内填入顶点的数量。

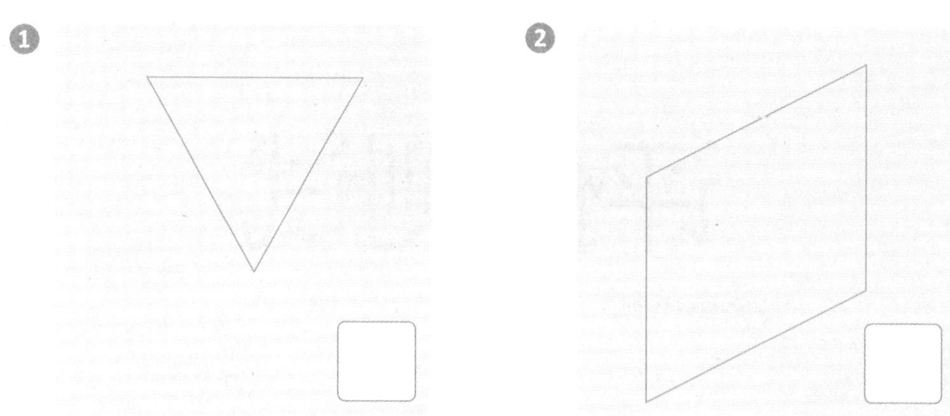

找出与其他3个不属于同一类别的图形，并用×标出。

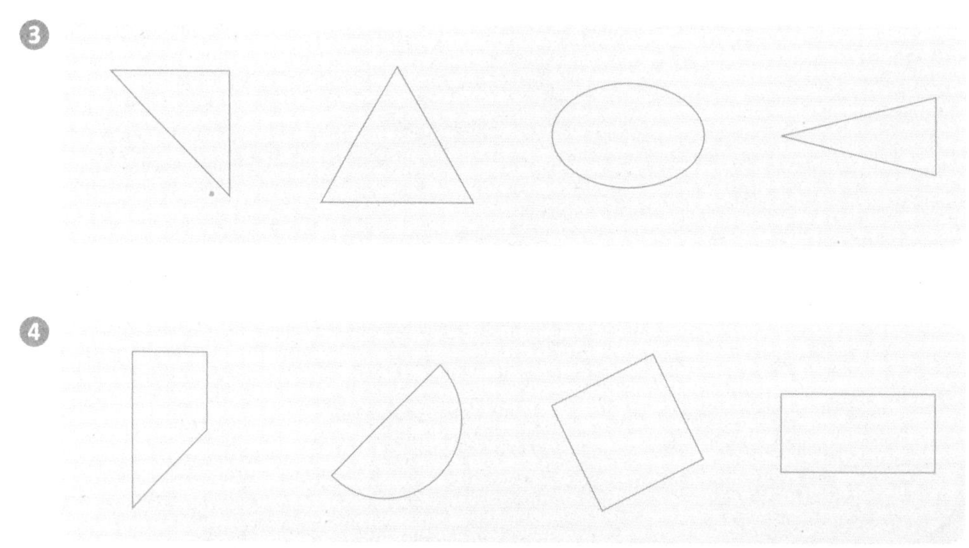

找出下列图形中所有的三角形，并在□内填入三角形的数量。

5 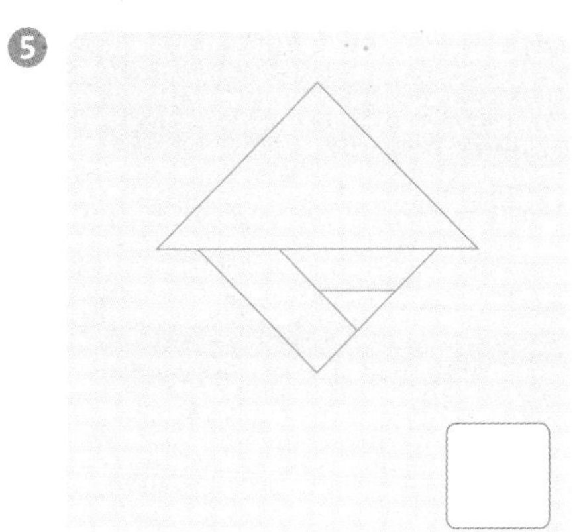

6 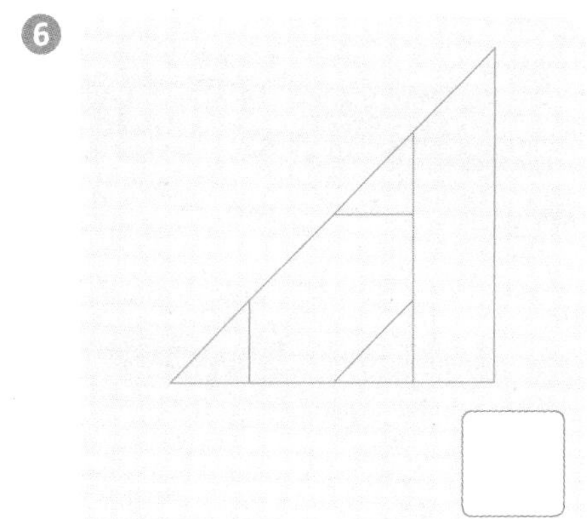

找出下列图形中存在的规律，并在最后画出正确的图形。

7 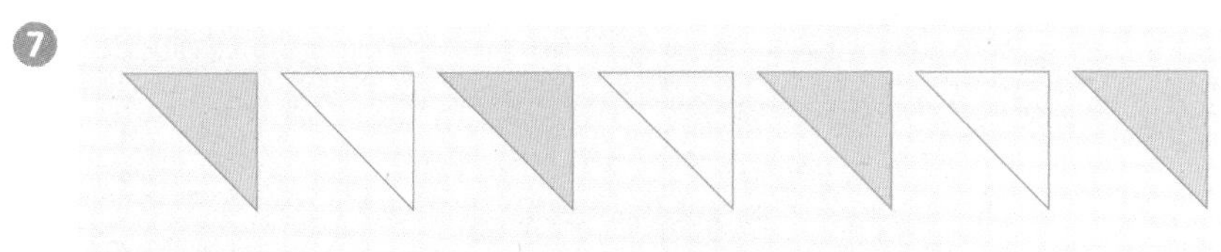

8 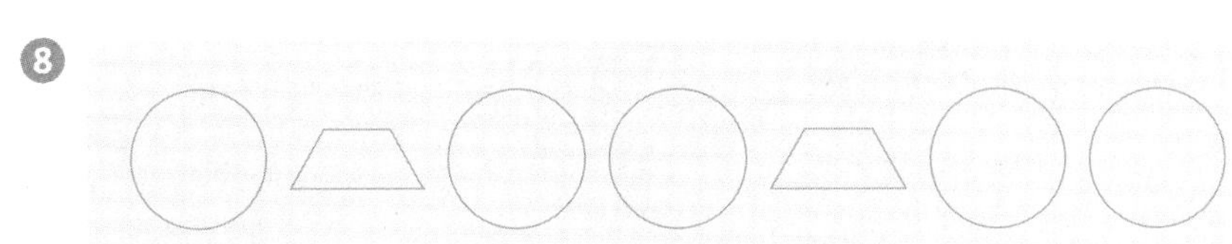

9 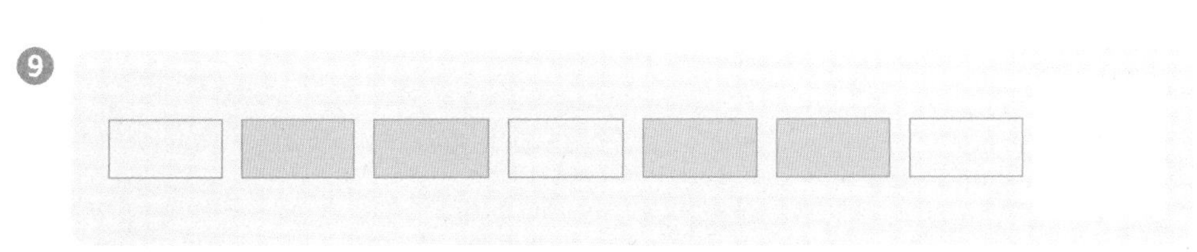

 将顶点与线段数量都相同的图形连在一起。

1

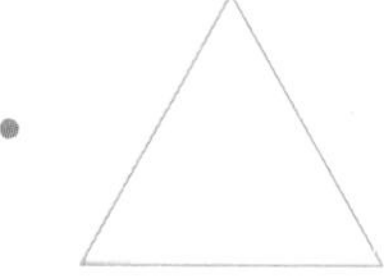

2

3

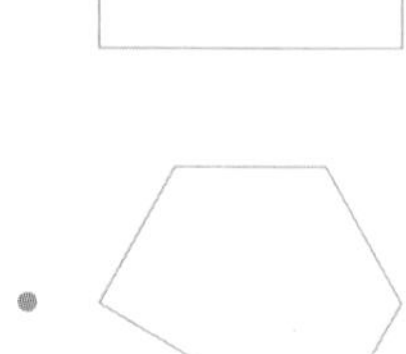

找出下列图形中所有的三角形，并涂上颜色。

4

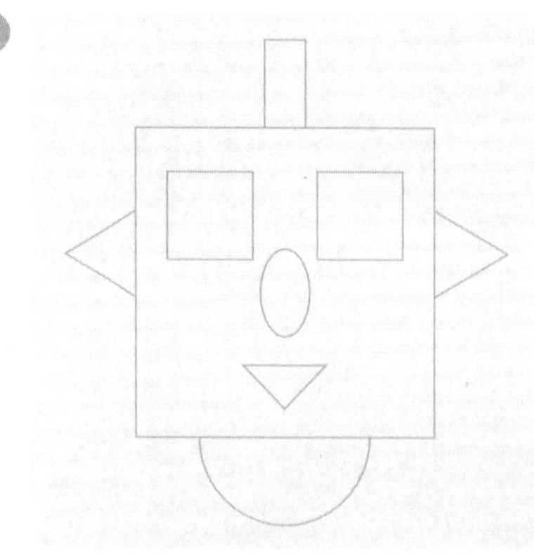

5

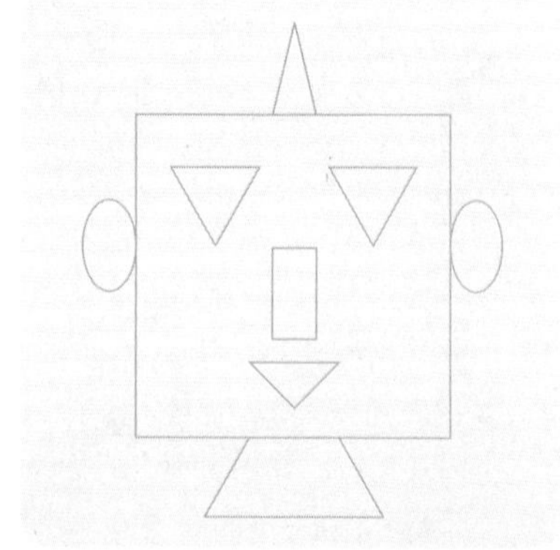

找出下列图形中所有的四边形，并在□内填入四边形的数量。

6
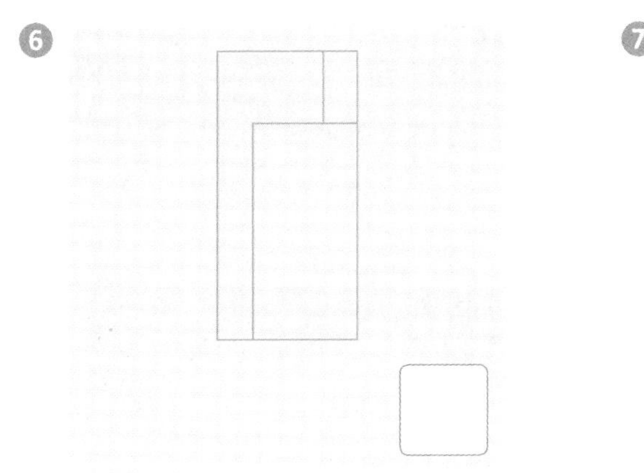

7
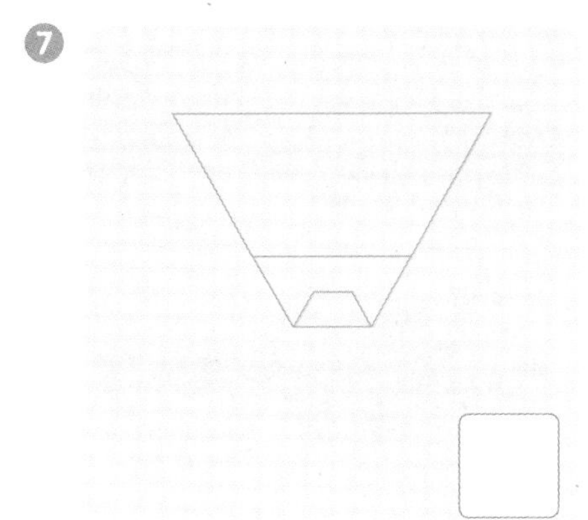

找出下列图形中存在的规律，并在最后画出正确的图形。

8
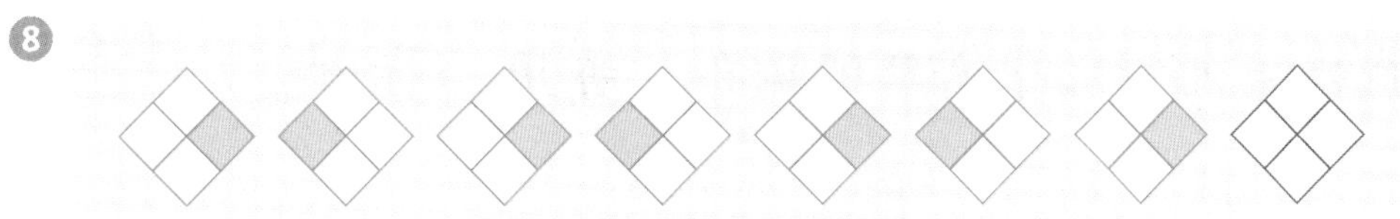

9
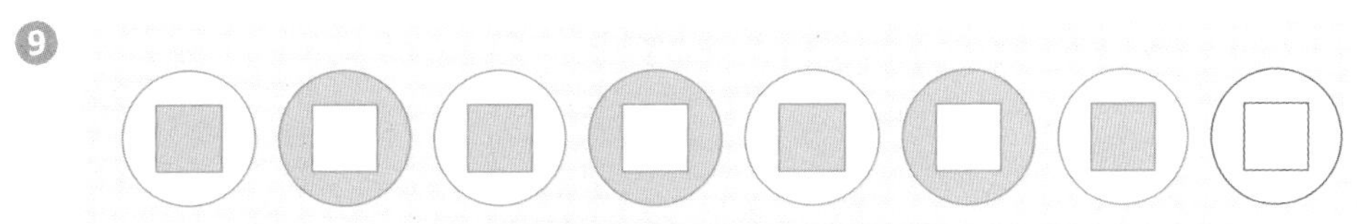

10
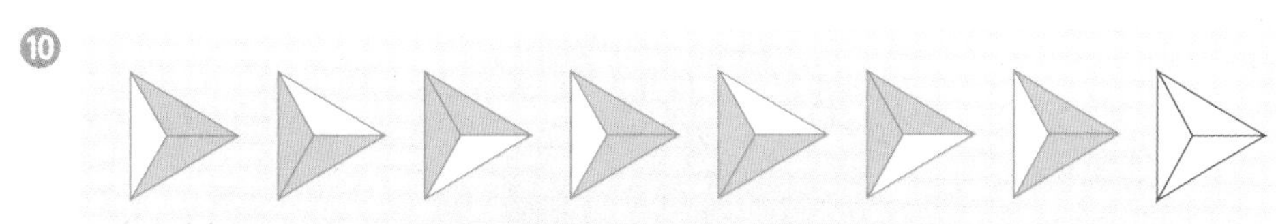

第3回 ：评价测试

用〇标出下列图形中的线段，并在□内填入线段的数量。

❶ ❷

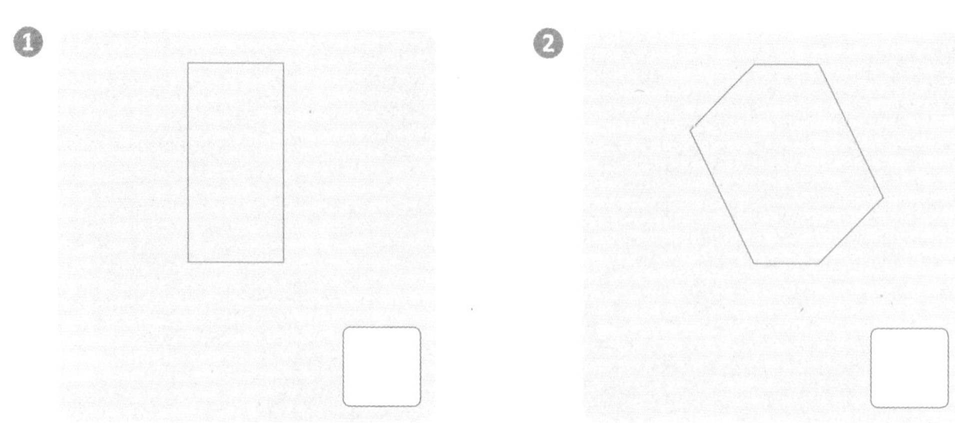

找出下列图形中所有的圆形，并用〇标出。

❸ ❹

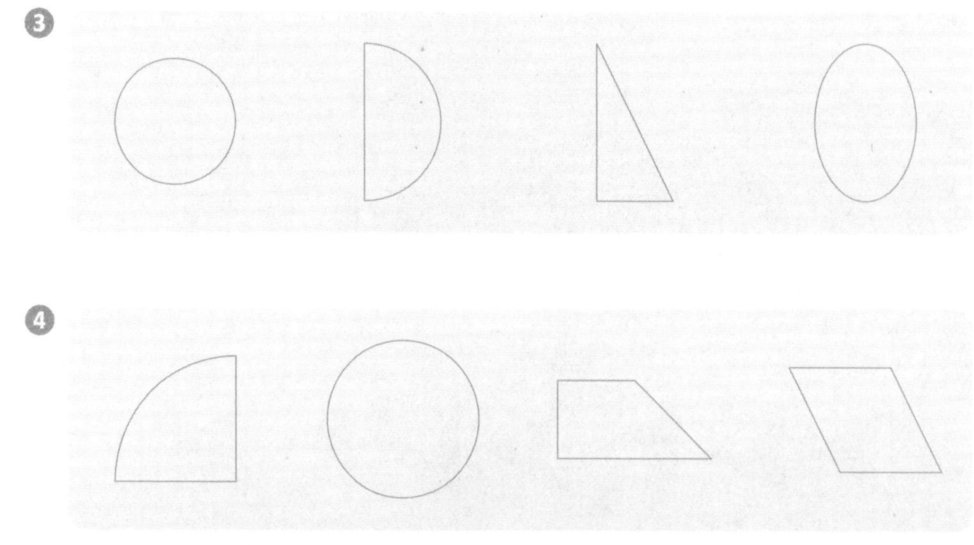

找出下列图形中所有的三角形，并在□内填入三角形的数量。

5
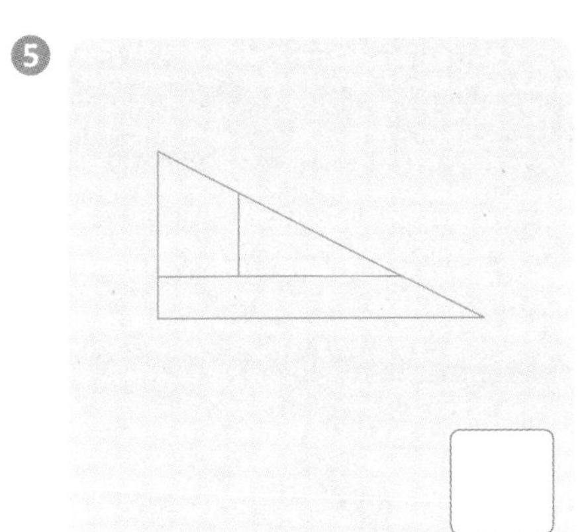

6
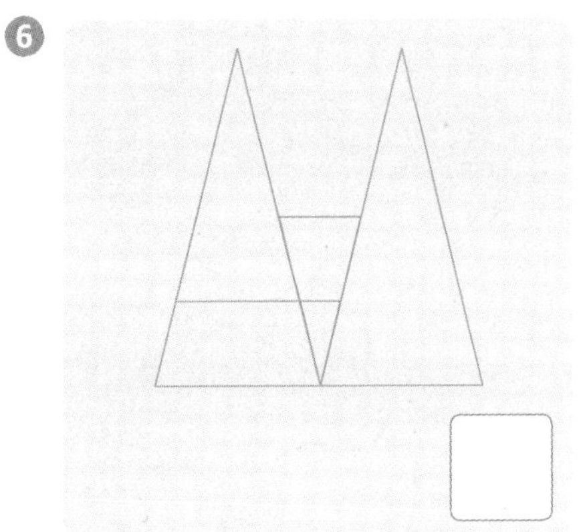

找出下列图形中存在的规律，并在最后画出正确的图形。

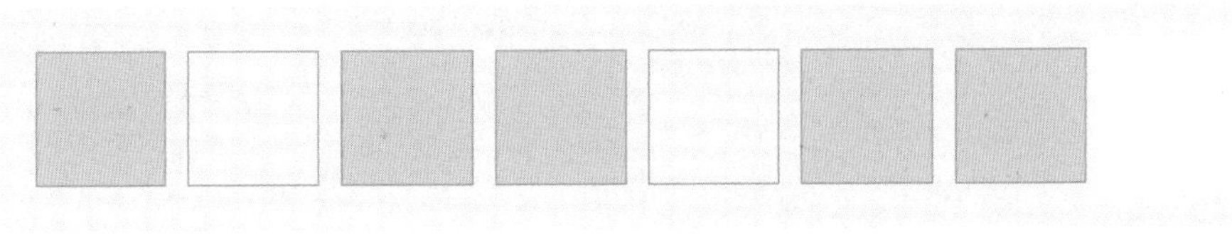

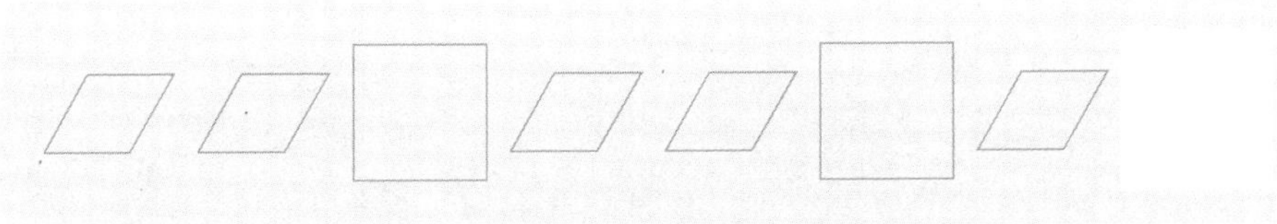

第4回：评价测试

找出与左边图形有相同顶点数量的图形，并用○标出。

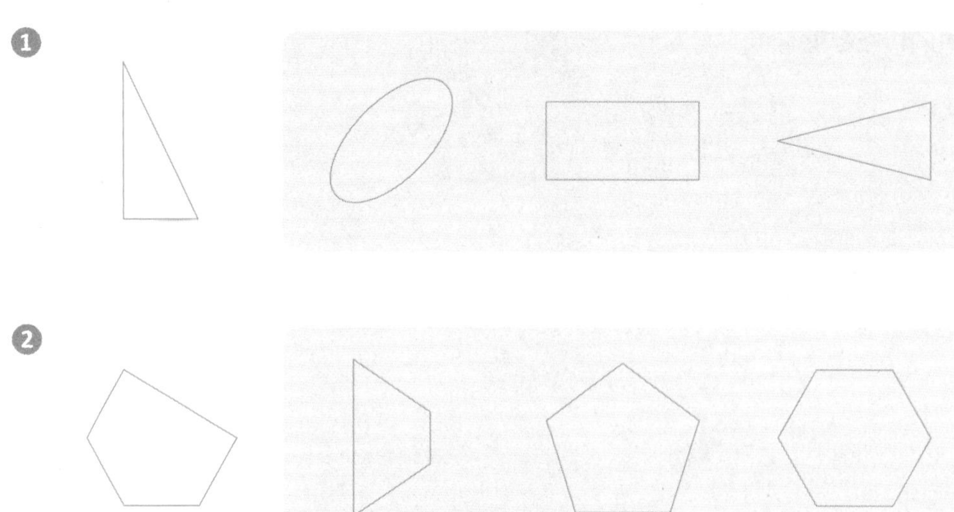

找出与其他3个不属于同一类别的图形，并用×标出。

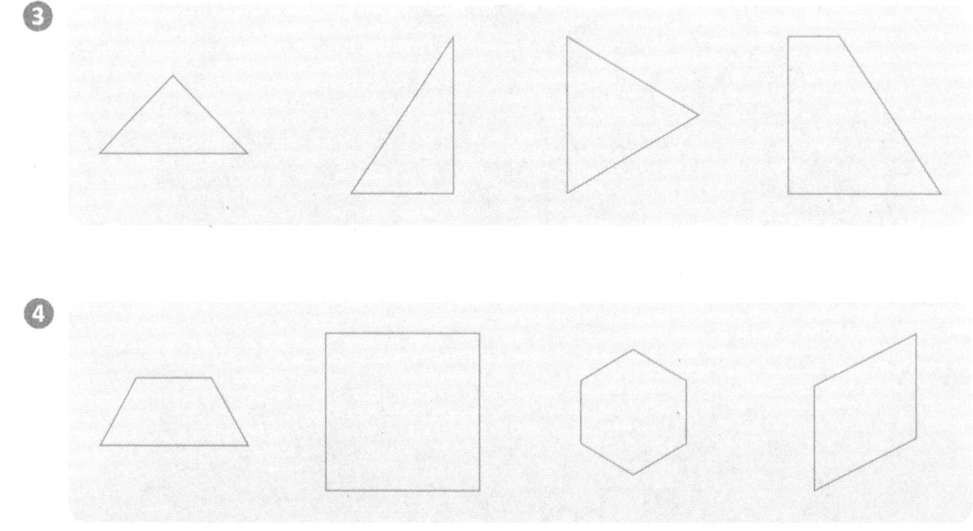

找出下列图形中所有的四边形，并在□内填入四边形的数量。

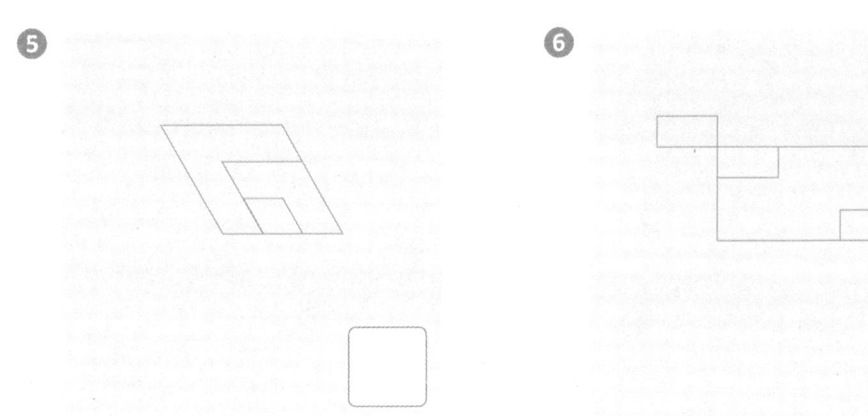

5

6

找出下列图形中存在的规律，并在最后画出正确的图形。

7

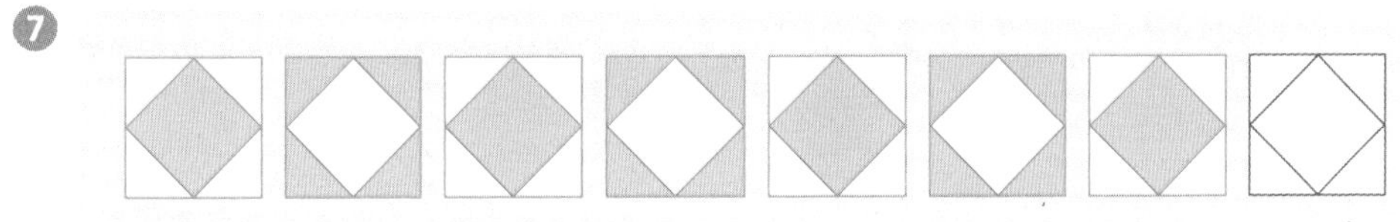

8

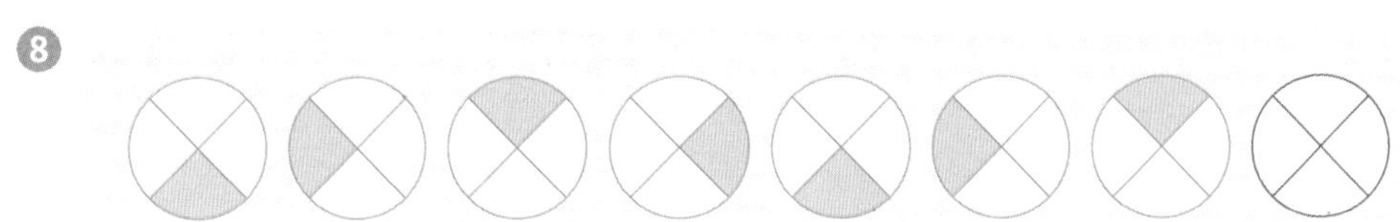

9

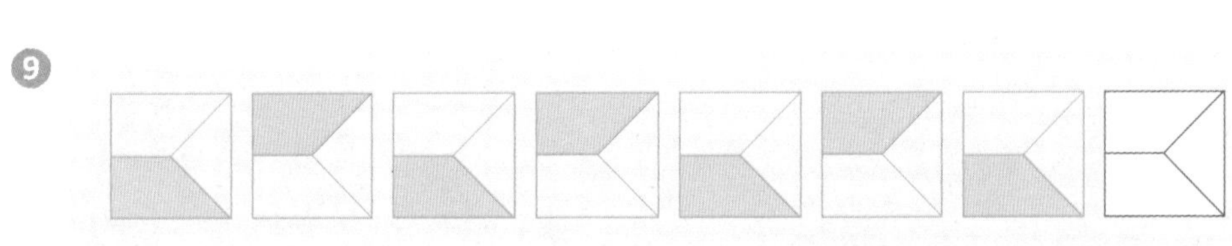

第5回：评价测试

将顶点与线段数量都相同的图形连在一起。

❶

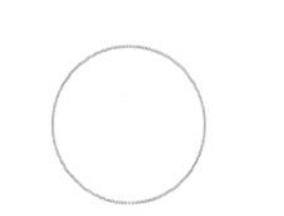

❷

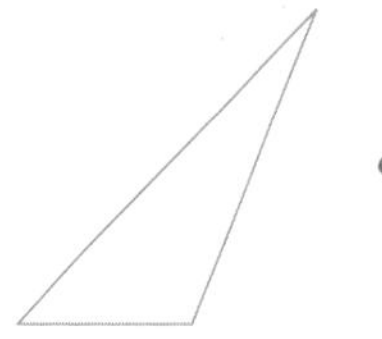

❸

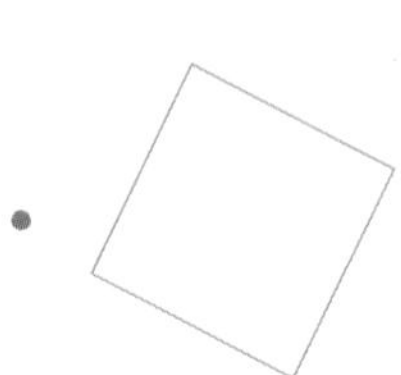

找出下列图形中所有的四边形，并涂上颜色。

❹

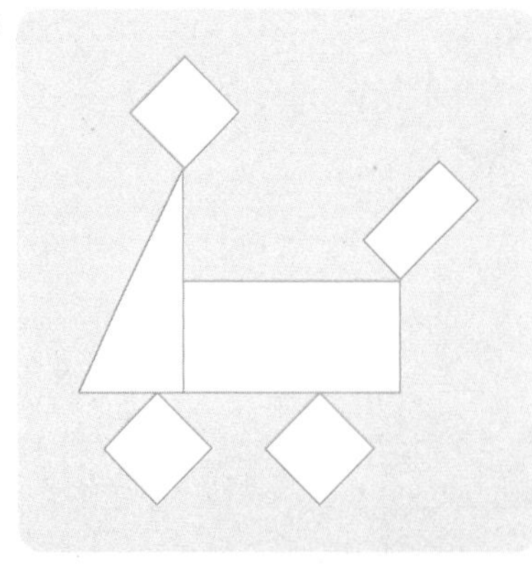

❺

找出下列图形中所有的圆形，并在□内填入圆形的数量。

6

7
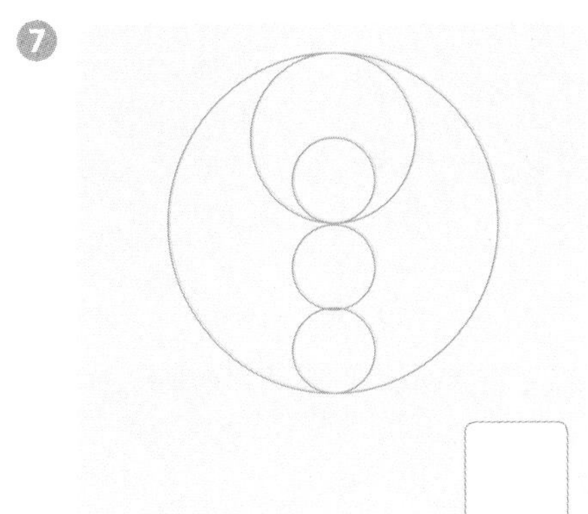

找出下列图形中存在的规律，并在最后画出正确的图形。

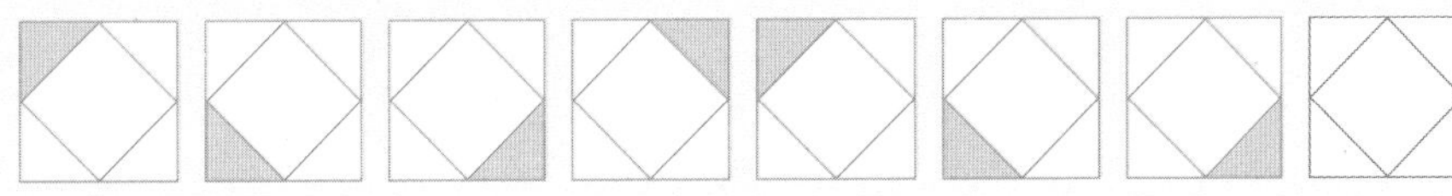

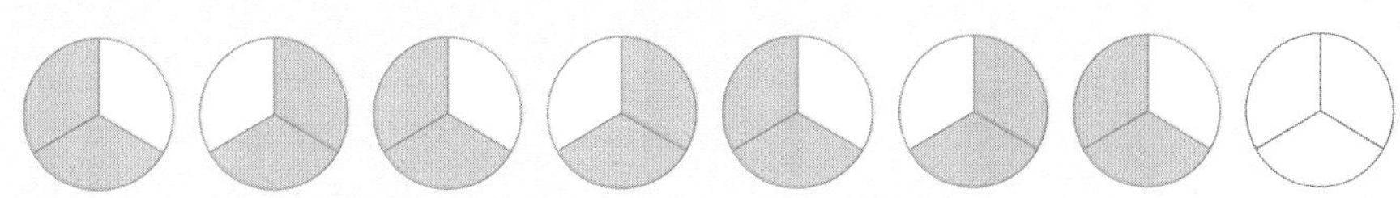

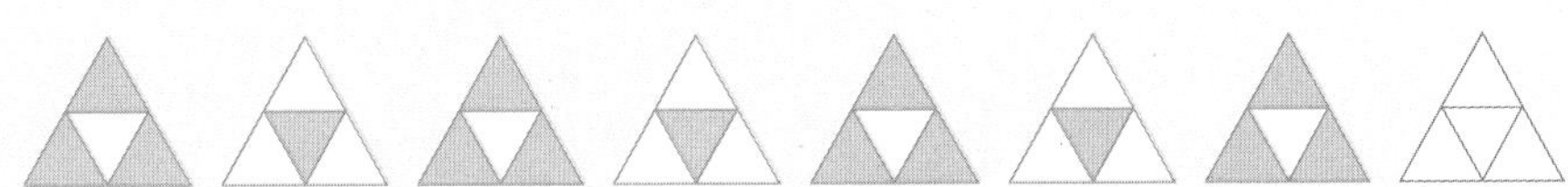

2级

空间思维培养全书

2-1 图形制作

《空间思维培养全书》的结构与学习方法

· 每天花10分钟完成2页图形练习，轻松无负担！
· 每周5天进行每日练习，第5天再对每周重点图形进行巩固练习。
· 共5回评价测试，逐步提升空间能力！

每周学习内容

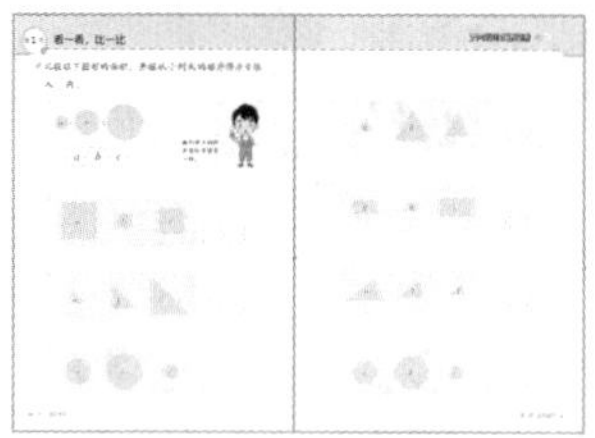

每日练习：
"小数学家"们的重点练习，通过给出的提示完成阶段性学习。

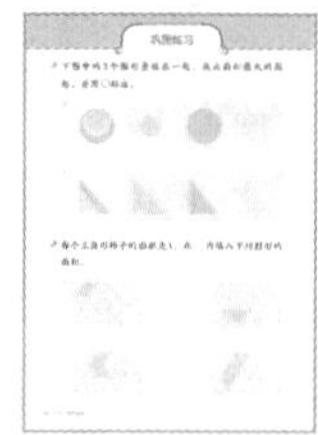

巩固练习：
复习重点内容，完成一周的学习。

第1周	第1天	第2天	第3天	第4天	第5天/巩固练习
	第66~67页	第68~69页	第70~71页	第72~73页	第74~76页

第2周	第1天	第2天	第3天	第4天	第5天/巩固练习
	第78~79页	第80~81页	第82~83页	第84~85页	第86~88页

第3周	第1天	第2天	第3天	第4天	第5天/巩固练习
	第90~91页	第92~93页	第94~95页	第96~97页	第98~100页

第4周	第1天	第2天	第3天	第4天	第5天/巩固练习
	第102~103页	第104~105页	第106~107页	第108~109页	第110~112页

评价测试内容

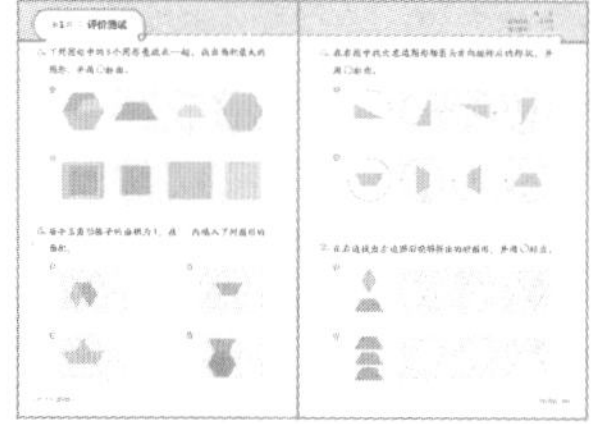

评价测试：
对4周的学习内容进行评价，看看自己在哪一方面还存在不足。

评价测试

第1回	第2回	第3回	第4回	第5回
第114~115页	第116~117页	第118~119页	第120~121页	第122~123页

第1周

比较面积

第1天：看一看，比一比 …… 66
第2天：叠一叠，比一比 …… 68
第3天：方形格子与面积 …… 70
第4天：三角形格子与面积 …… 72
第5天：面积相同的图形 …… 74

巩固练习 …… 76

看一看，比一比

比较以下图形的面积，并按从小到大的顺序将序号填入□内。

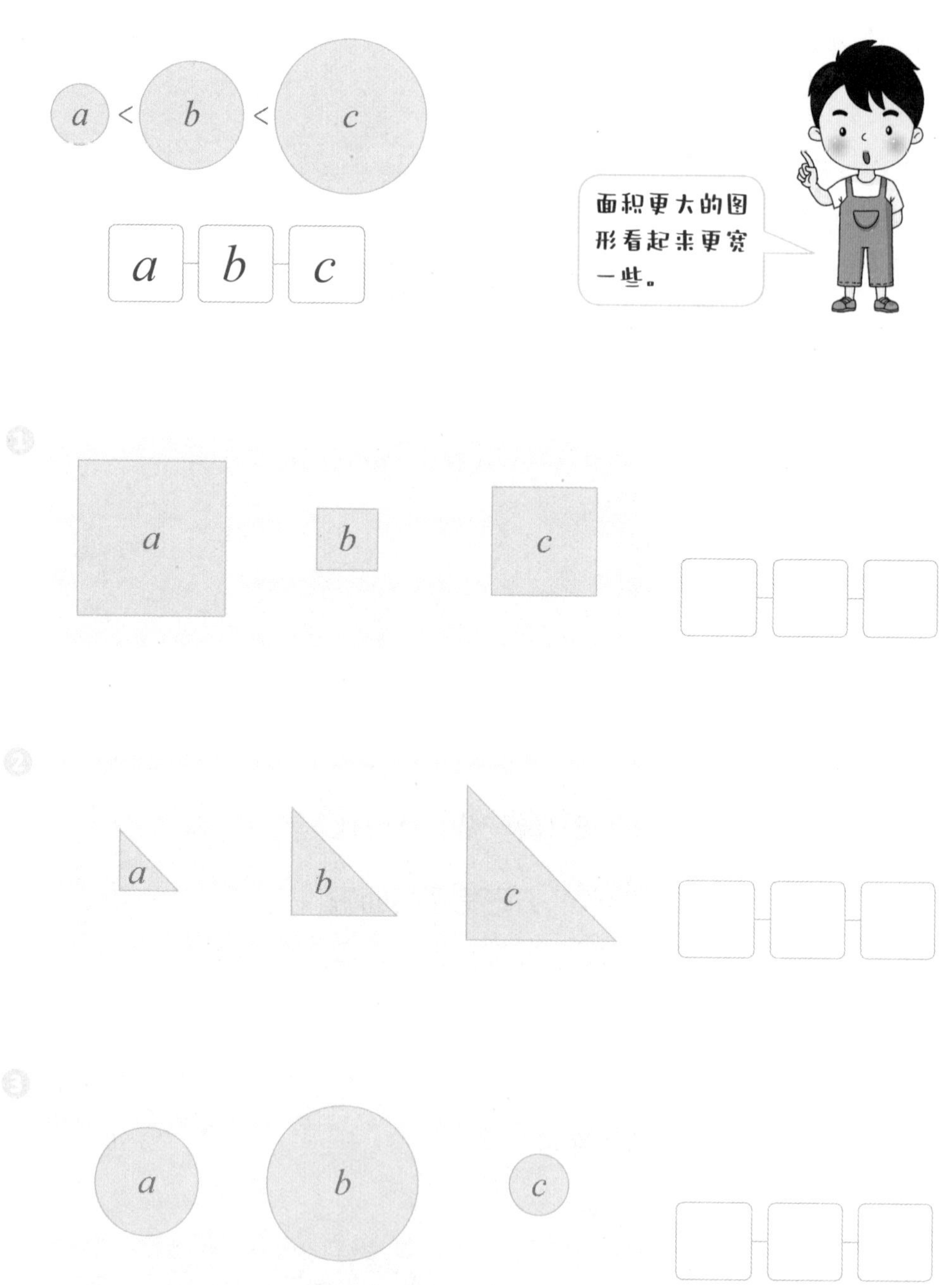

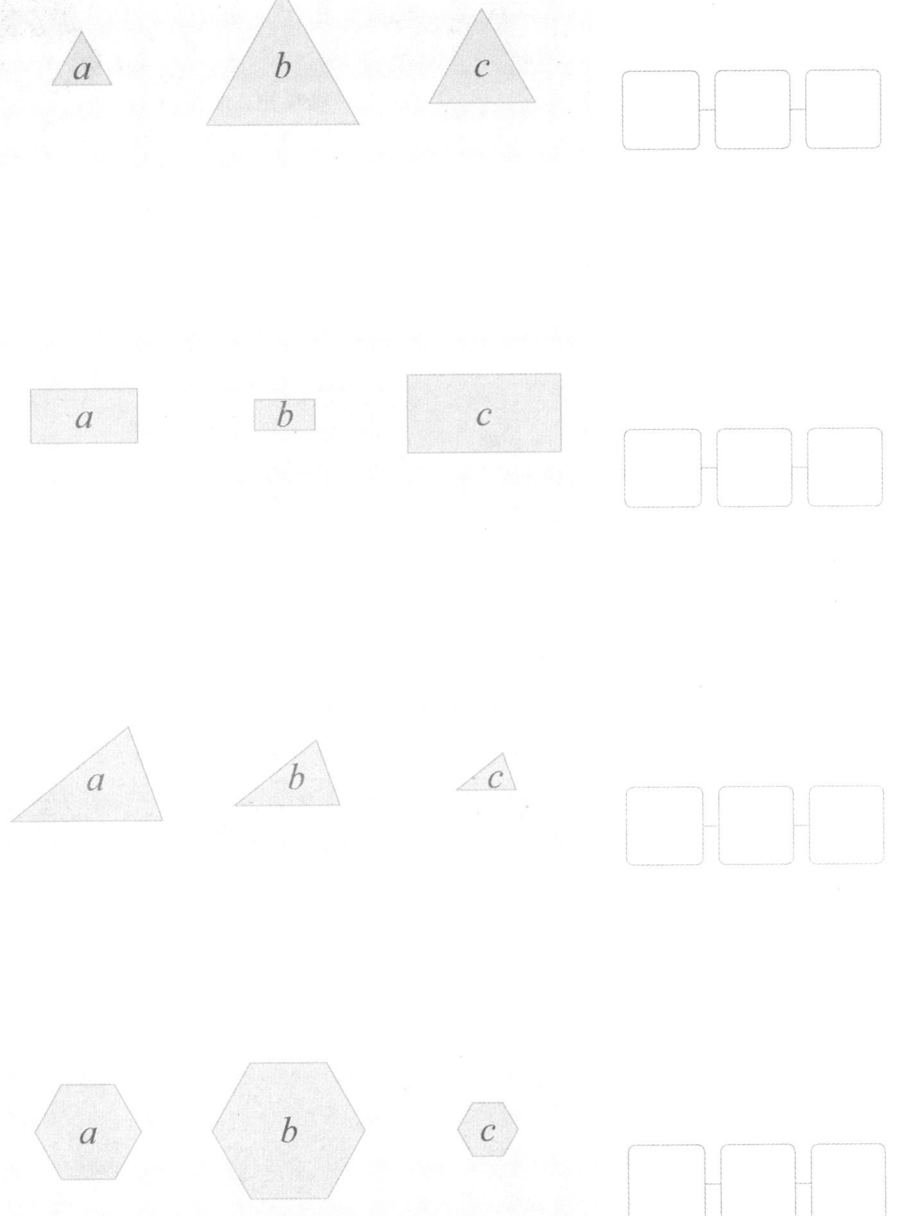
a
b
c
a
b
c
a
b
c
a
b
c

叠一叠，比一比

下图中的3个图形叠放在一起，找出面积最大的图形，并用○标出。

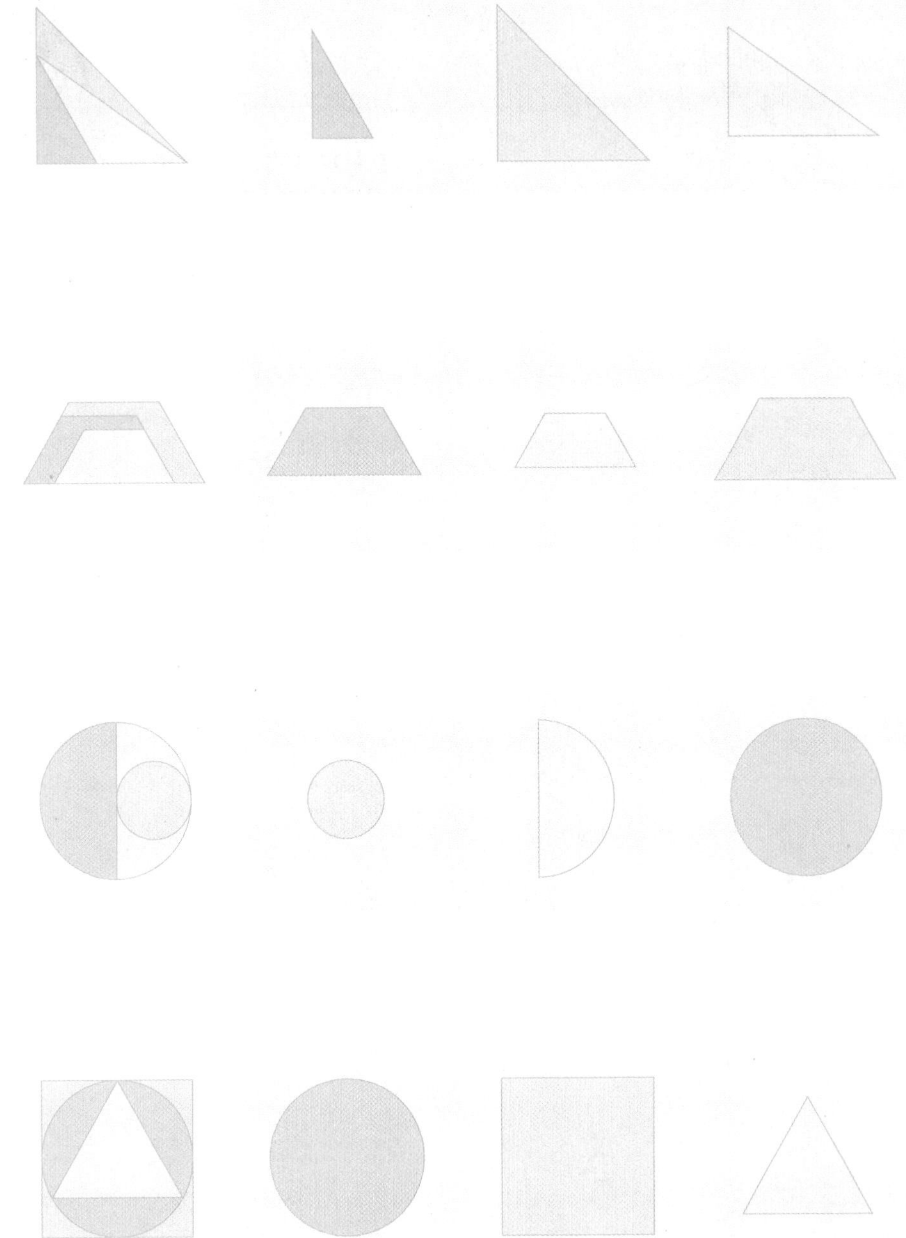

第3天 方形格子与面积

每个方形格子的面积是1，在□内填入下列图形的面积。

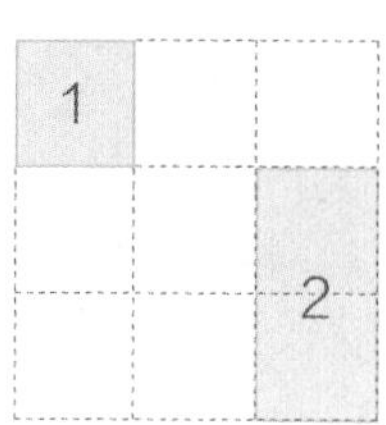

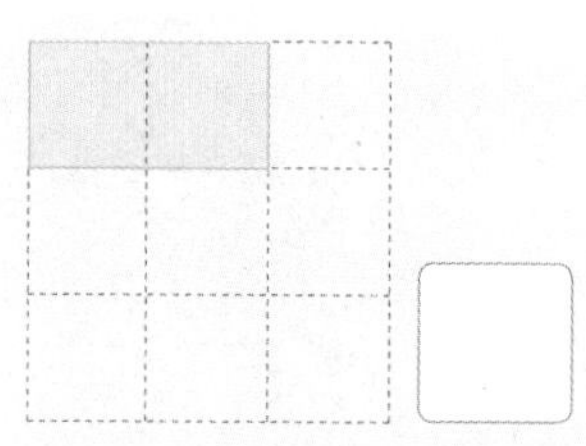

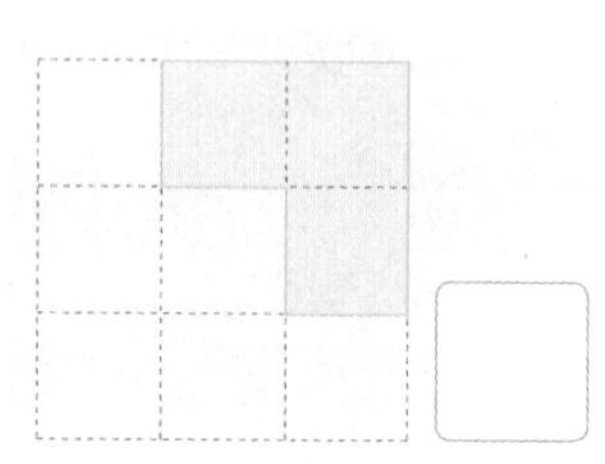

第4天 三角形格子与面积

每个三角形格子的面积是1，在□内填入下列图形的面积。

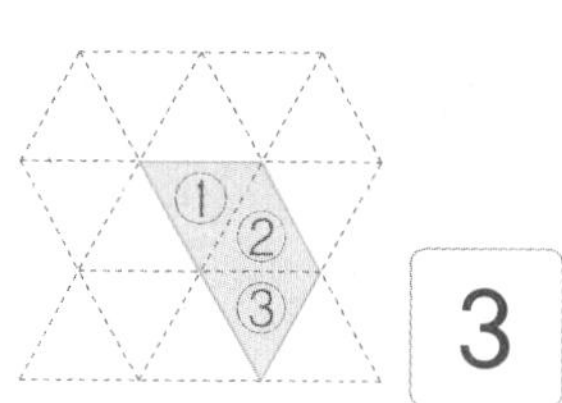

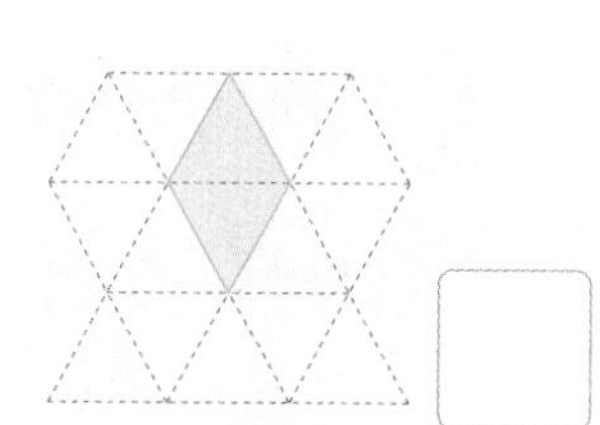

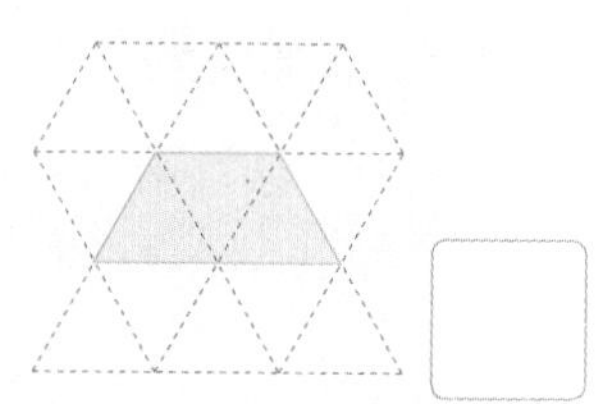

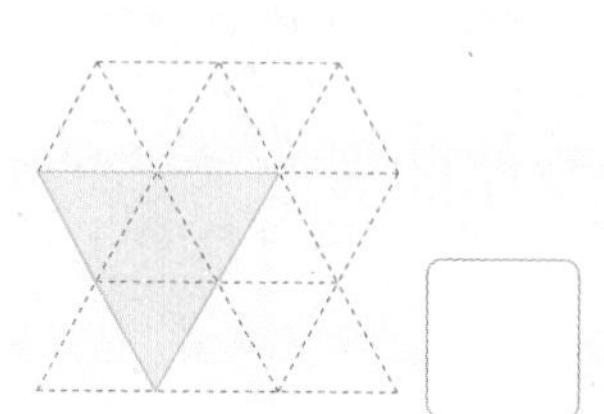

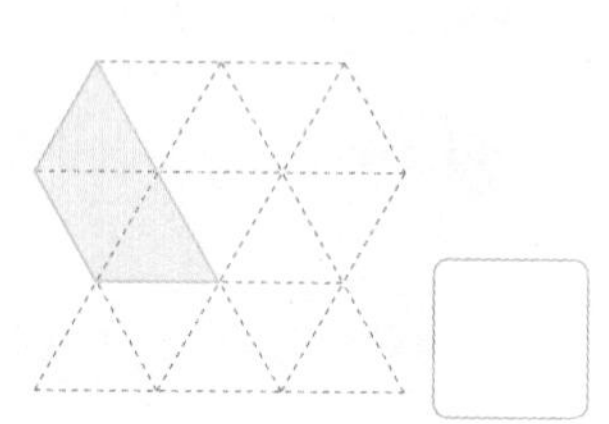

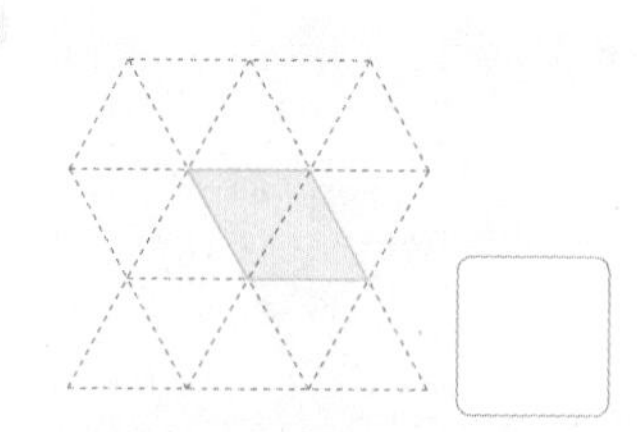

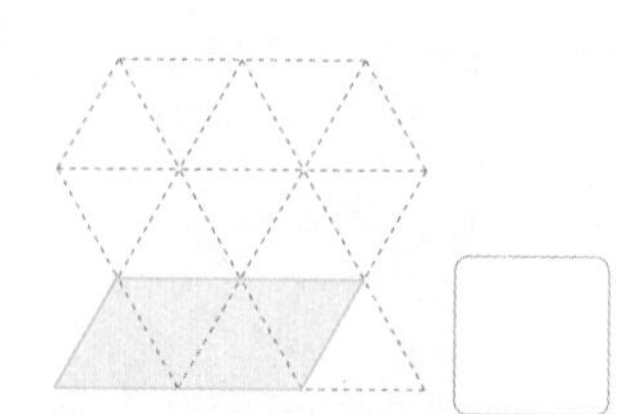

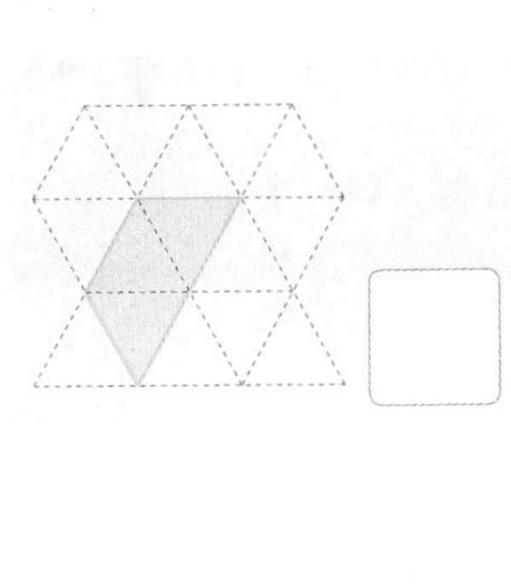

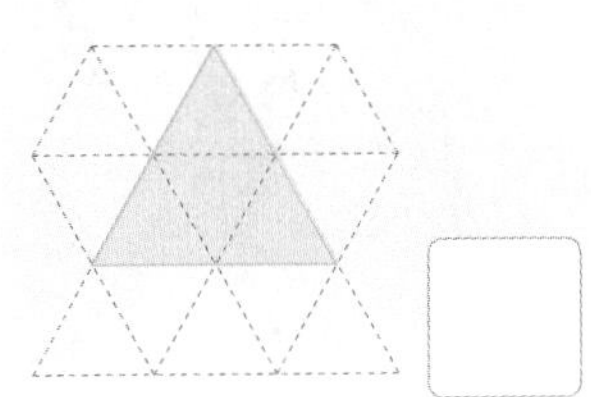

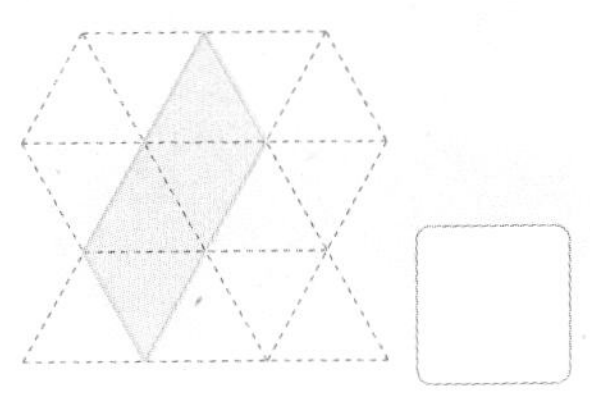

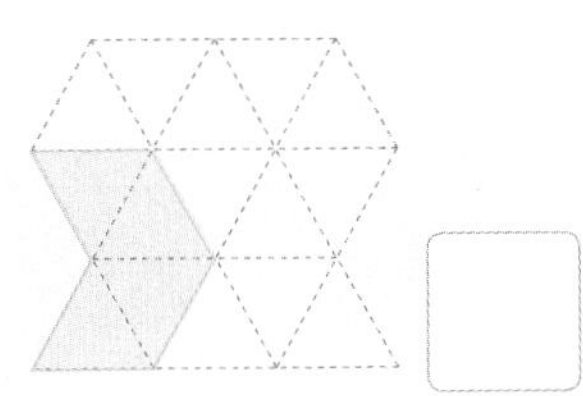

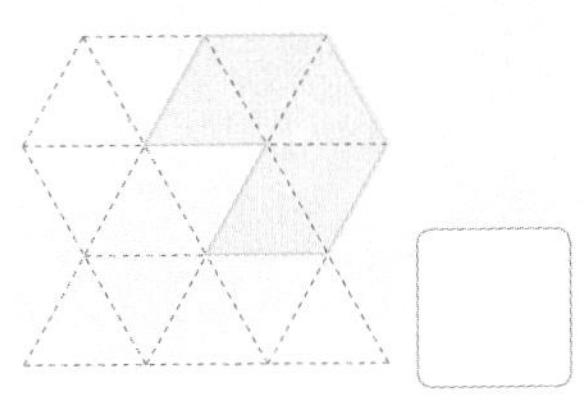

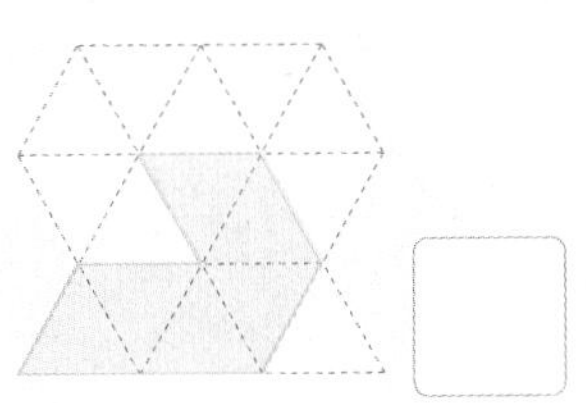

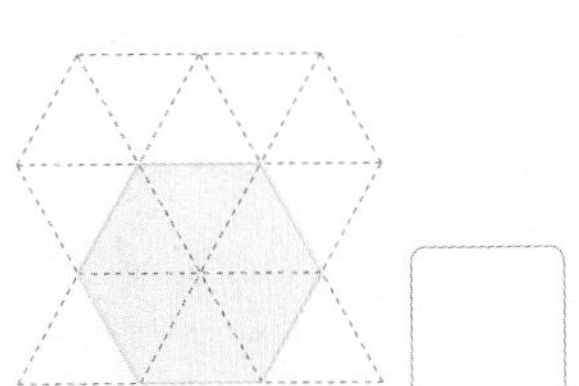

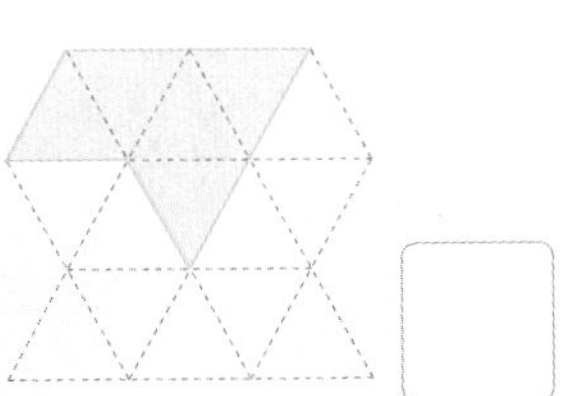

第5天 面积相同的图形

用○标出与左边图形面积相同的图形。

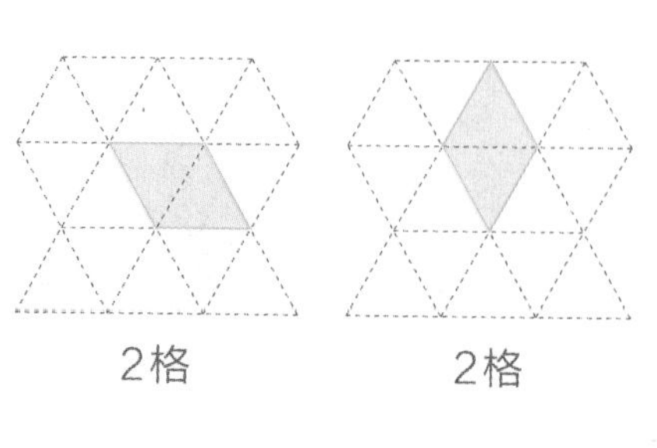

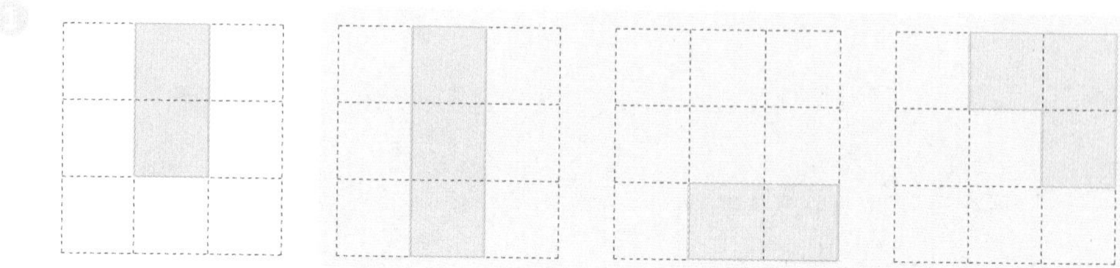

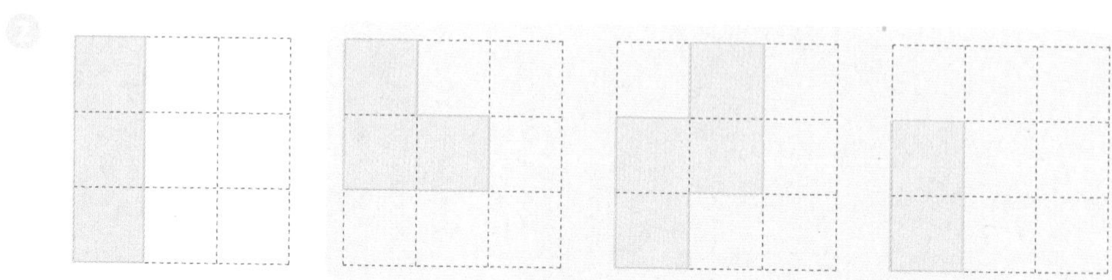

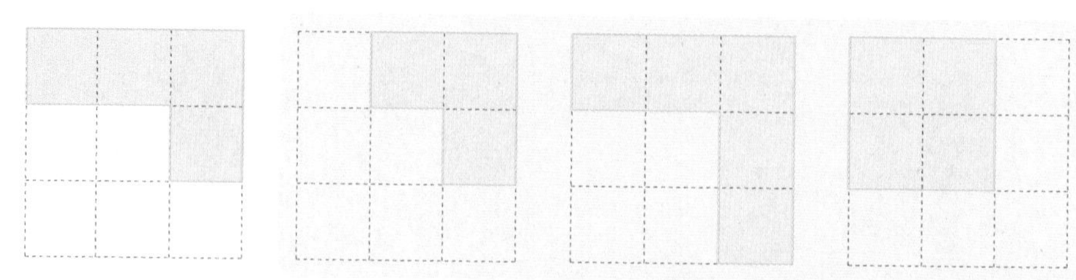

巩固练习

下图中的3个图形叠放在一起，找出面积最大的图形，并用○标出。

每个三角形格子的面积是1，在□内填入下列图形的面积。

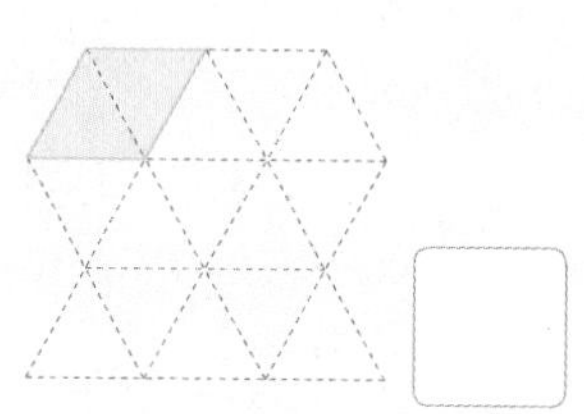

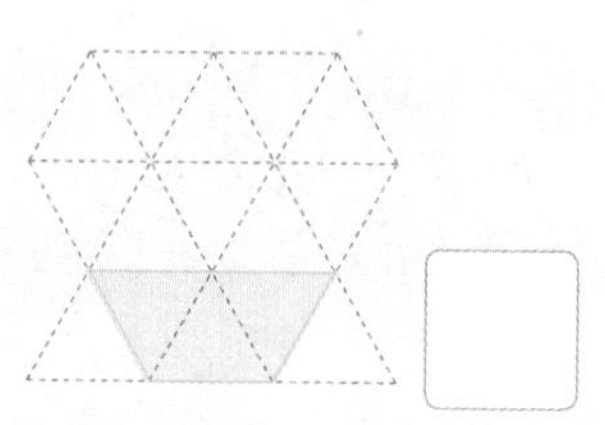

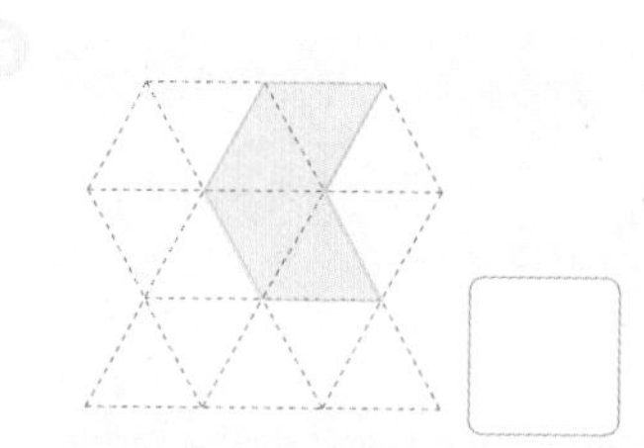

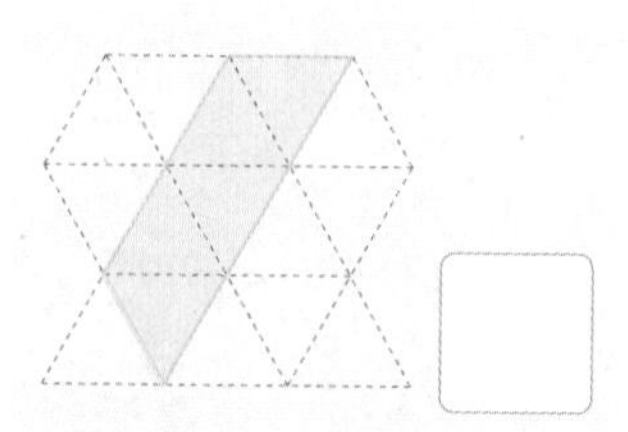

第2周

不同的图形

第1天：画一画 78

第2天：图形的面积 80

第3天：图形的拼接 82

第4天：画出图形（1） 84

第5天：画出图形（2） 86

巩固练习 88

画一画

在右边同样的位置画出与左边相同的图形。

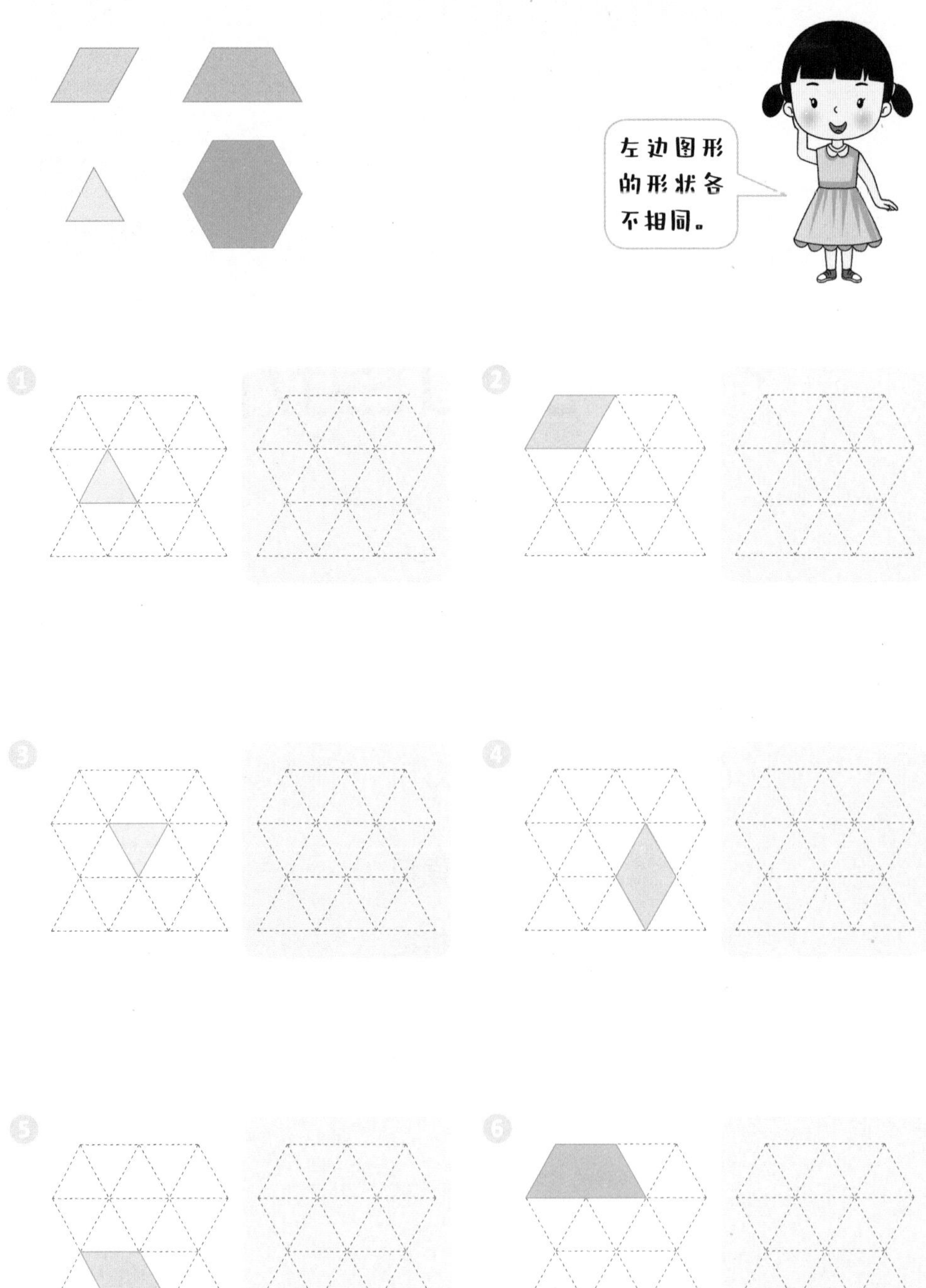

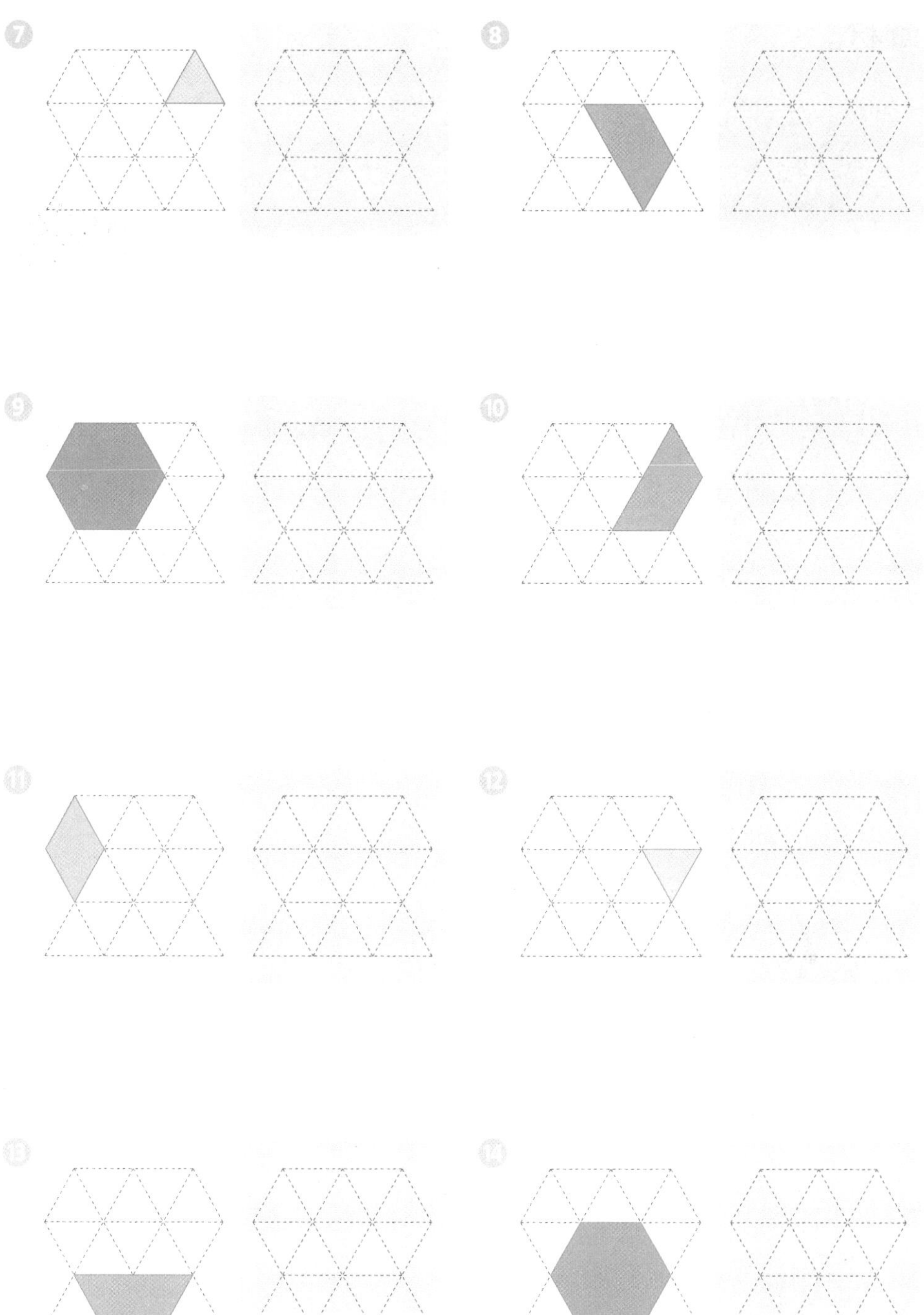
7
8
9
10
11
12
13
14

图形的面积

每个三角形格子的面积为1，在□内填入下列图形的面积。

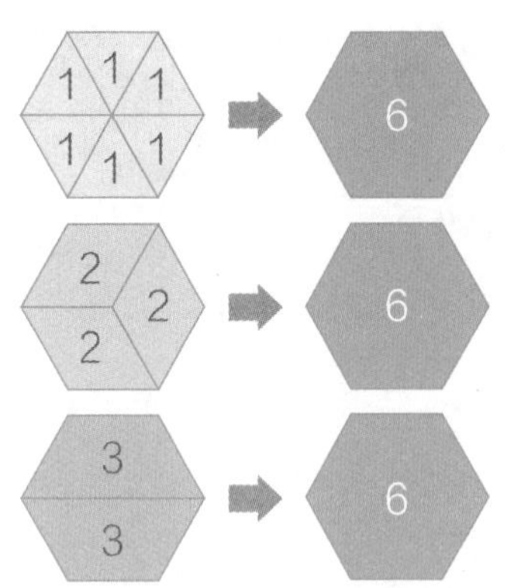

①

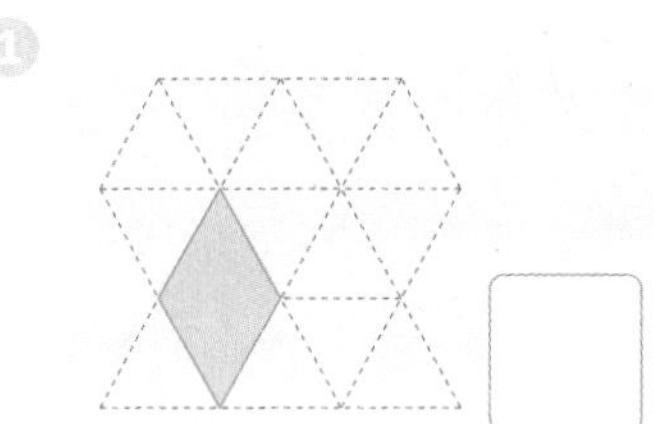

②

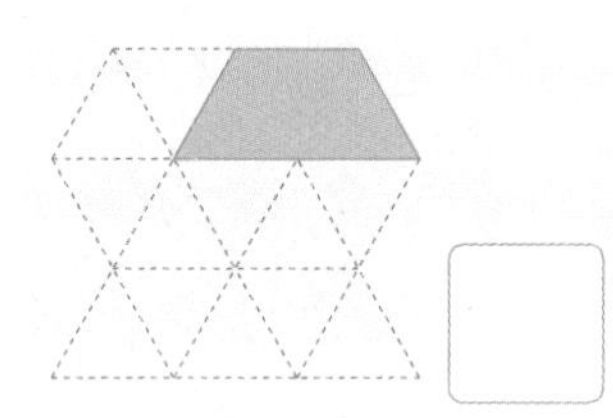

③

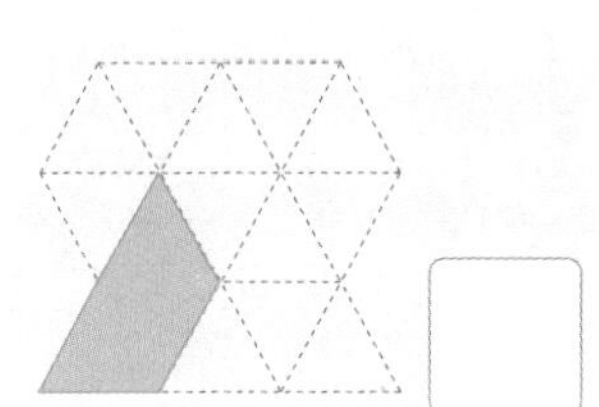

④

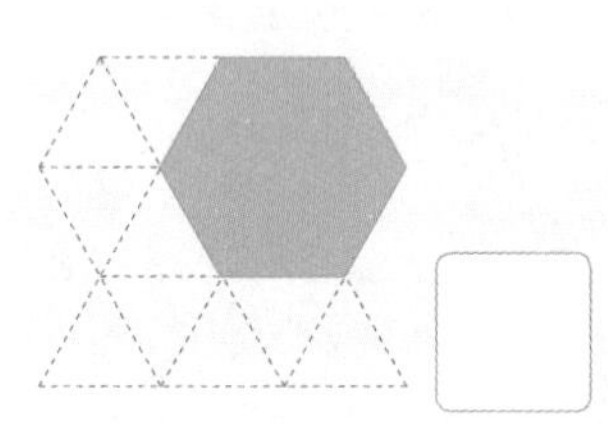

⑤

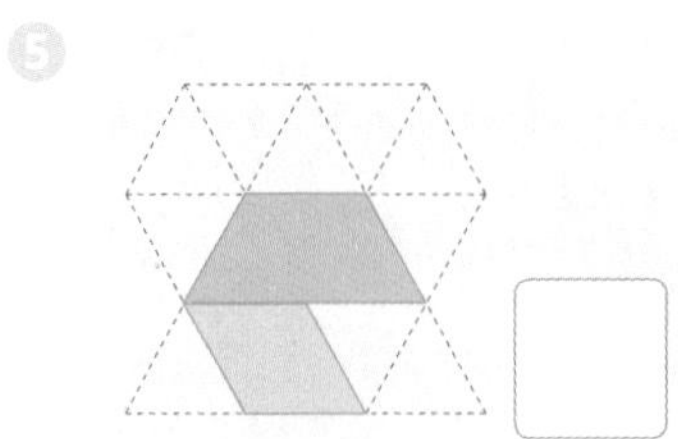

⑥

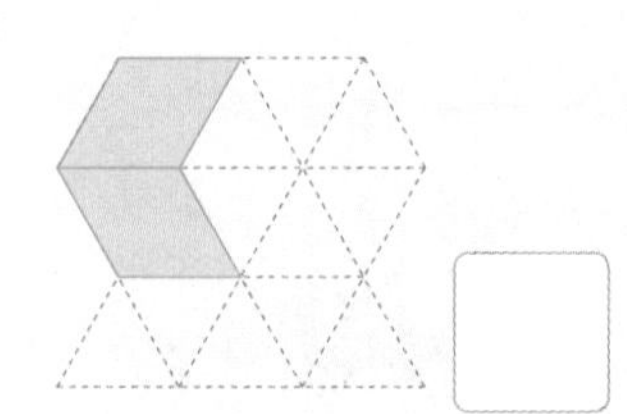

7
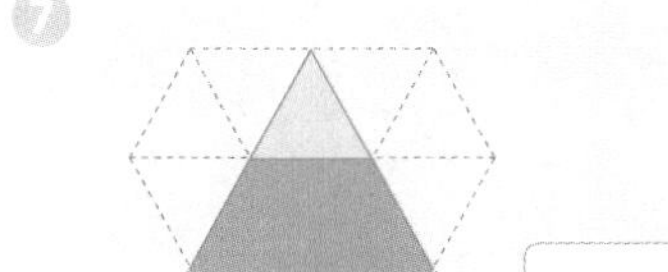

8
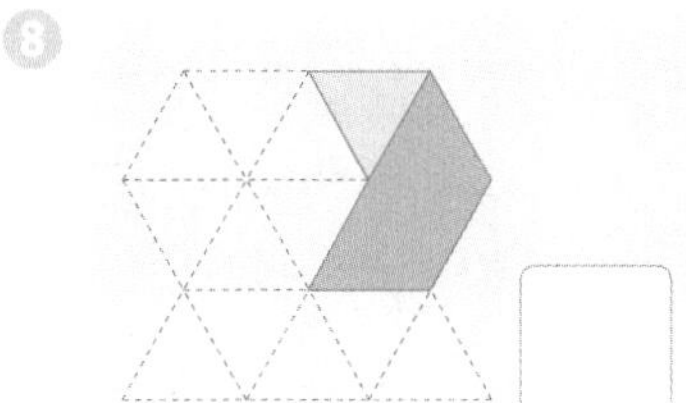

9
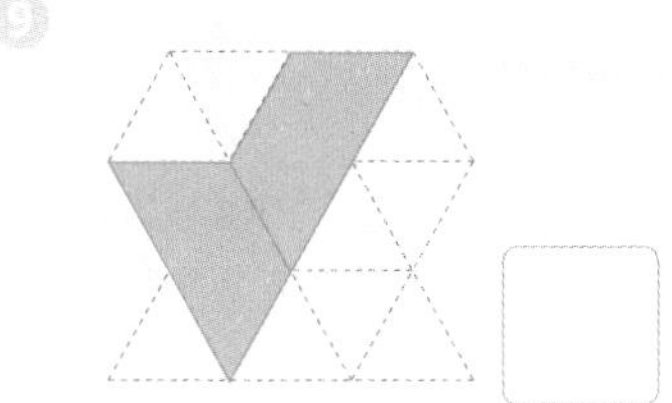

10
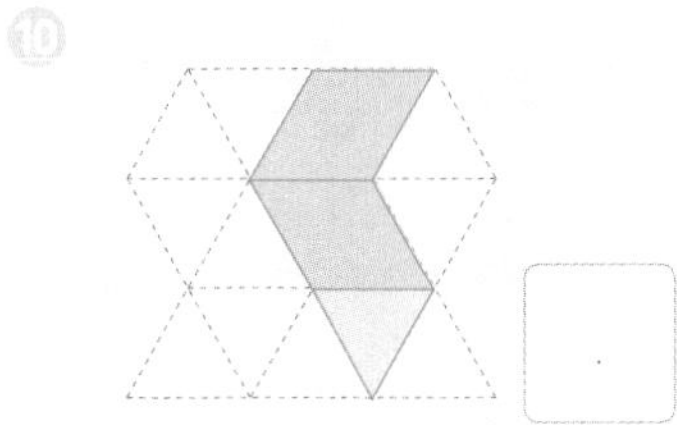

11
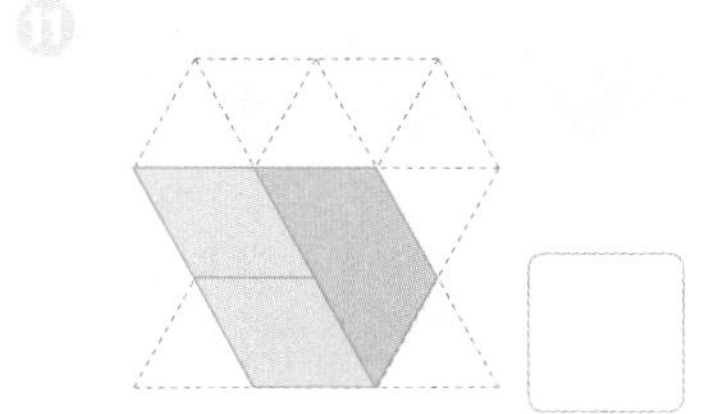

12
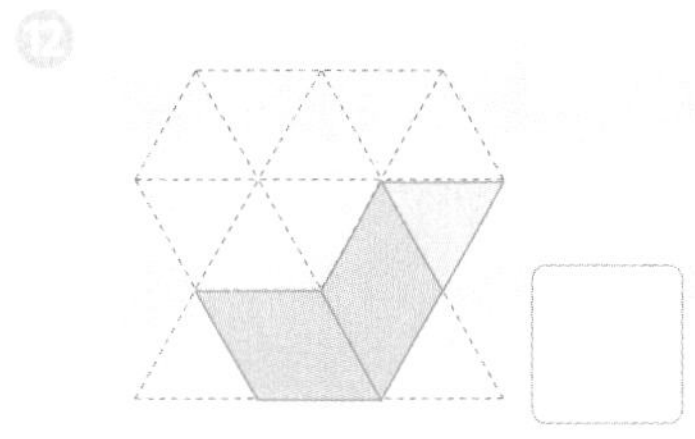

13
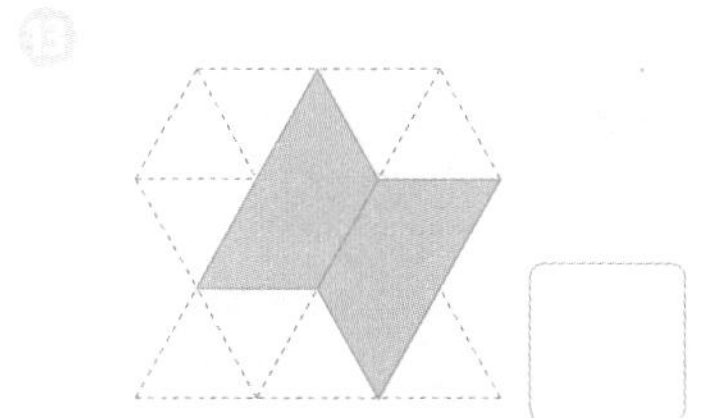

14
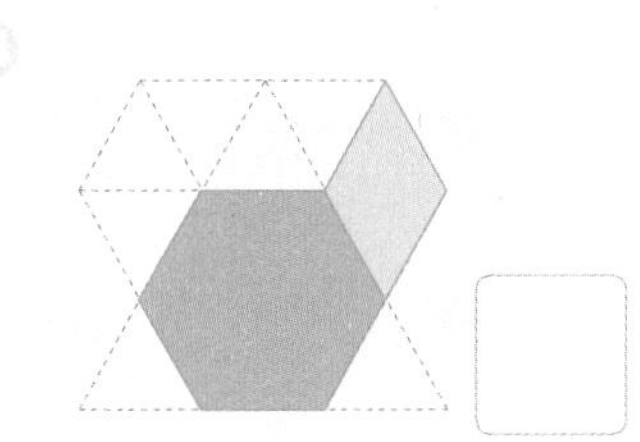

第3天 图形的拼接

在右边画出左边2个图形拼出的新图形的轮廓。

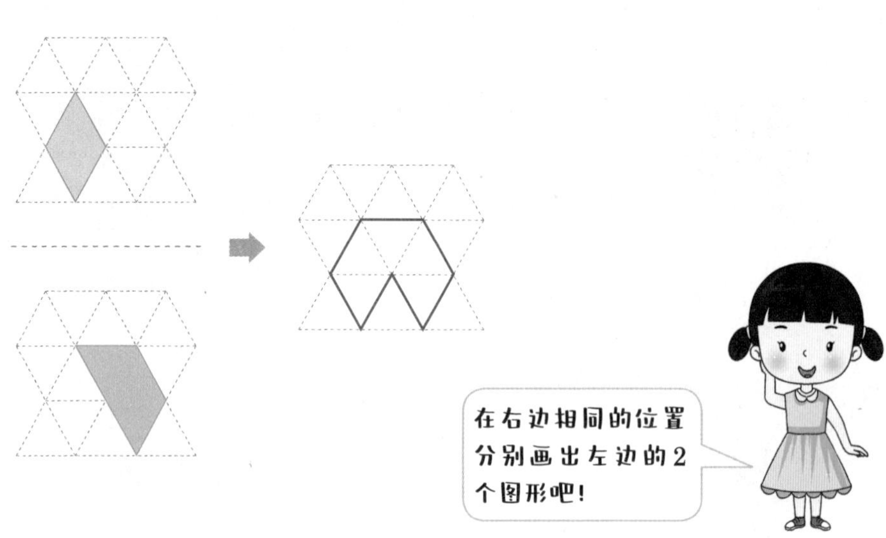

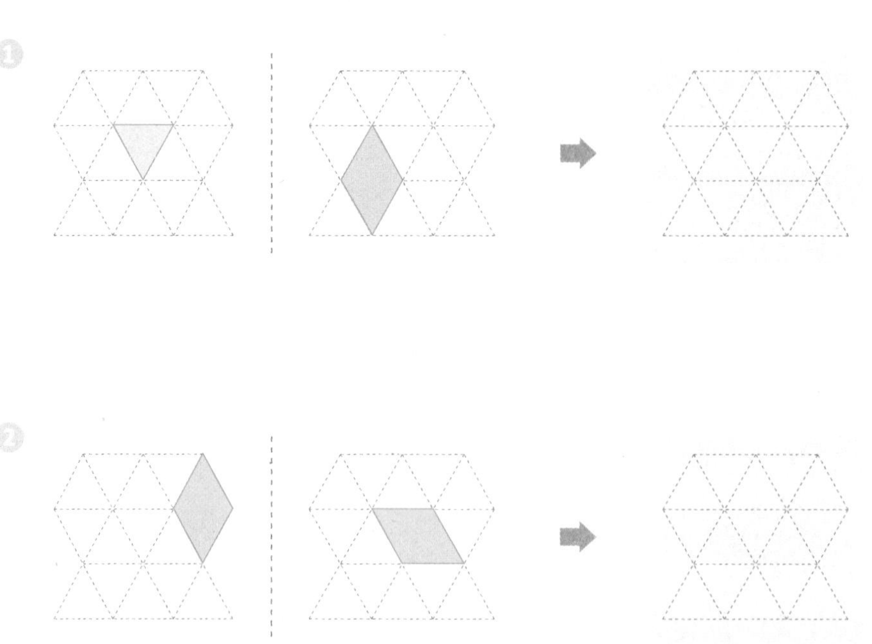

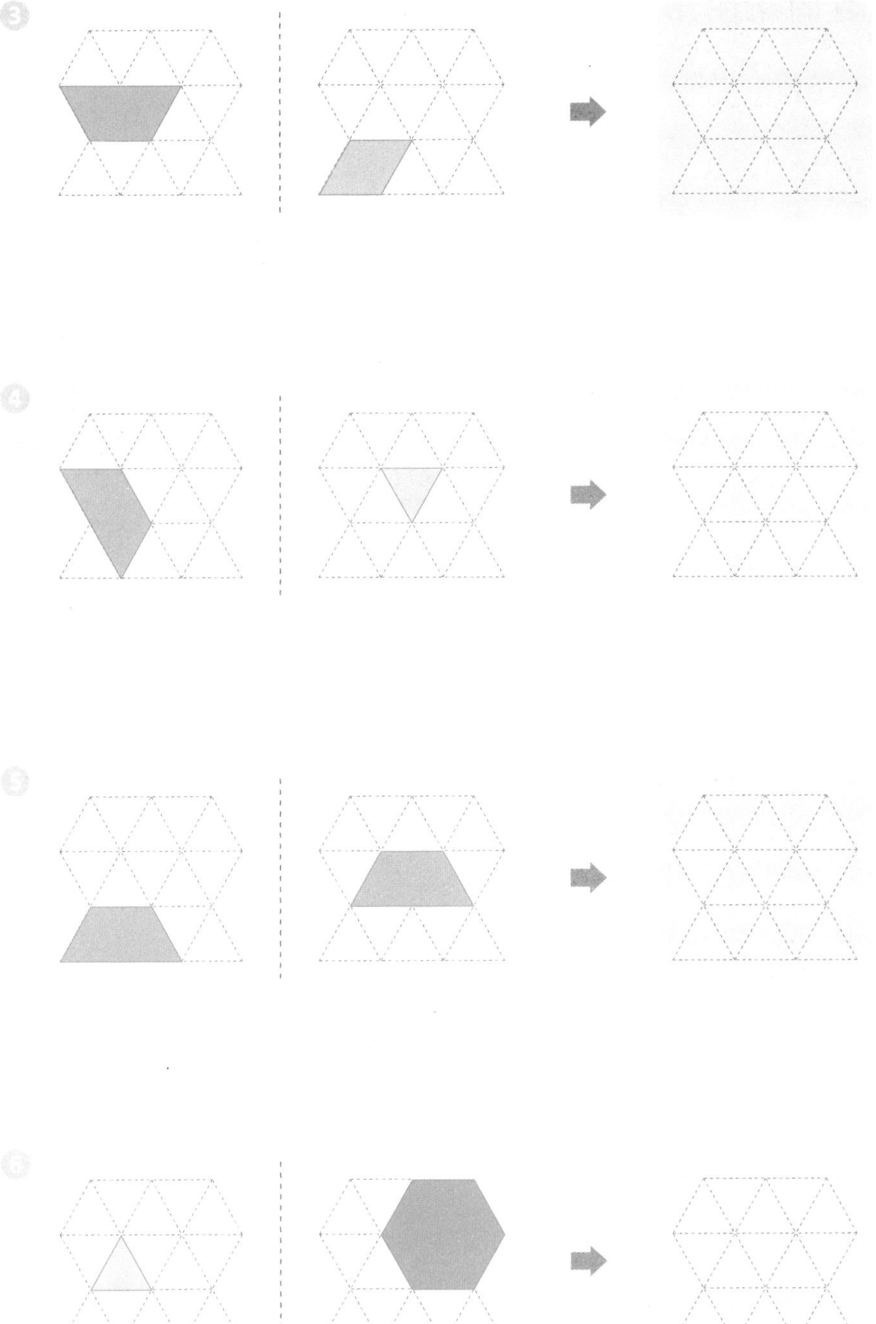

画出图形(1)

在左边空白处画出图形，使得左边2个图形能够拼接成右边的新图形。

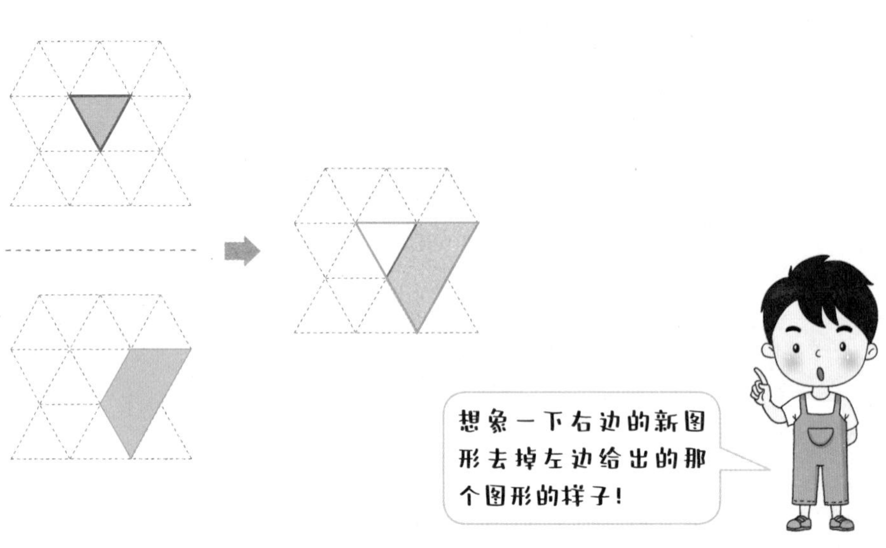

1
2

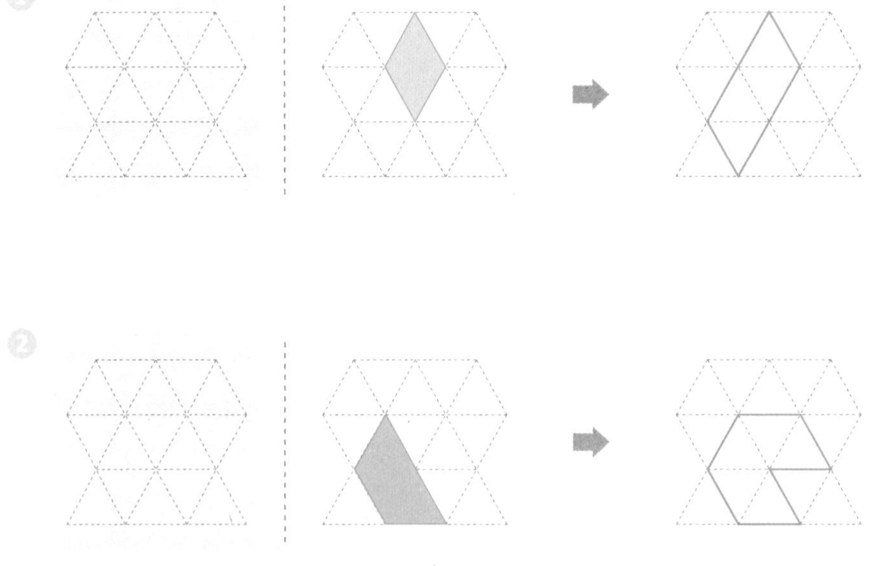

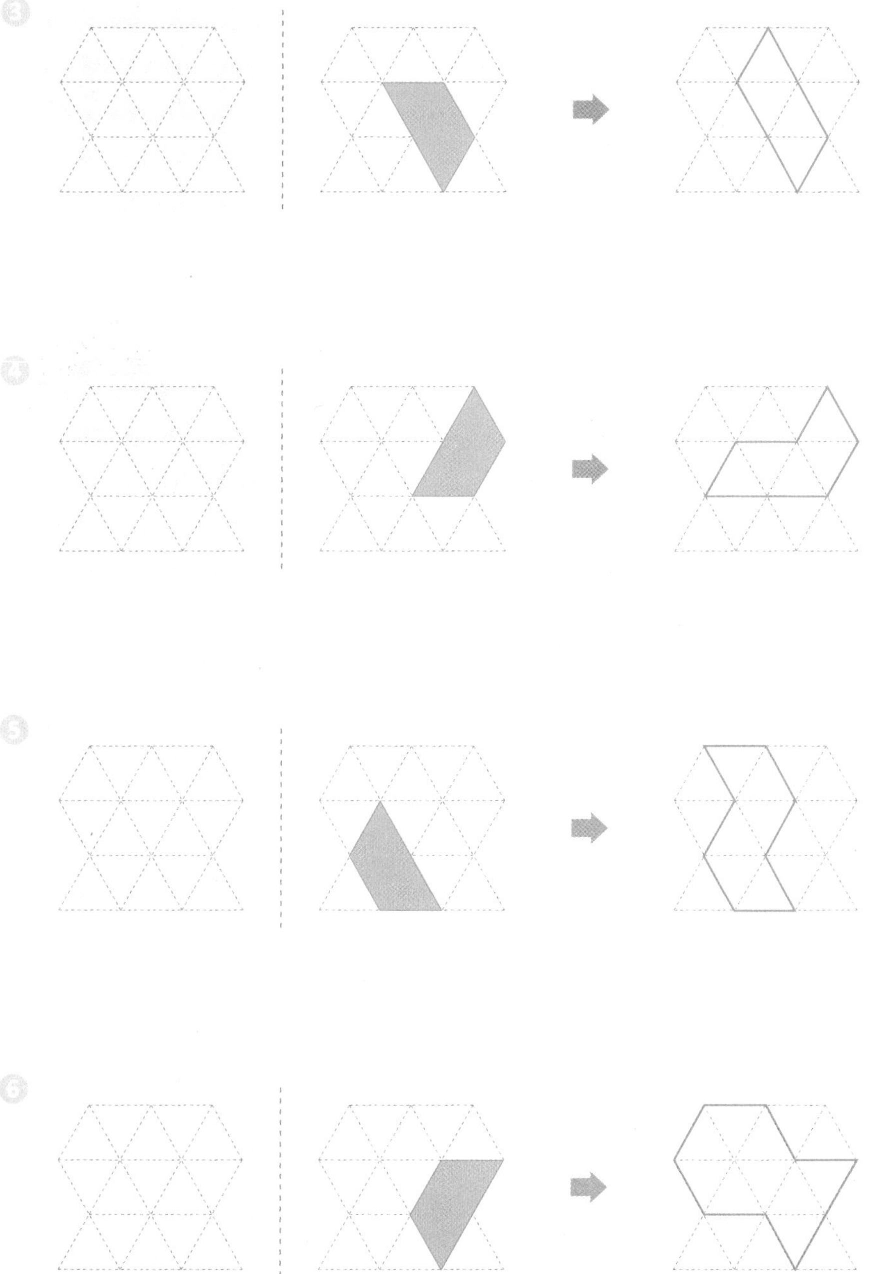

第5天 画出图形(2)

在左边空白处画出图形，使得左边2个图形能够拼接成右边的新图形。

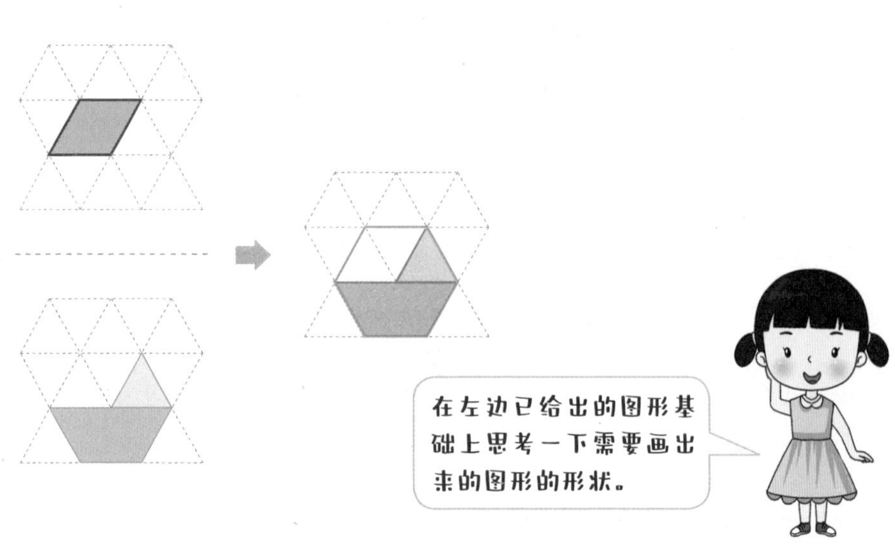

1

2

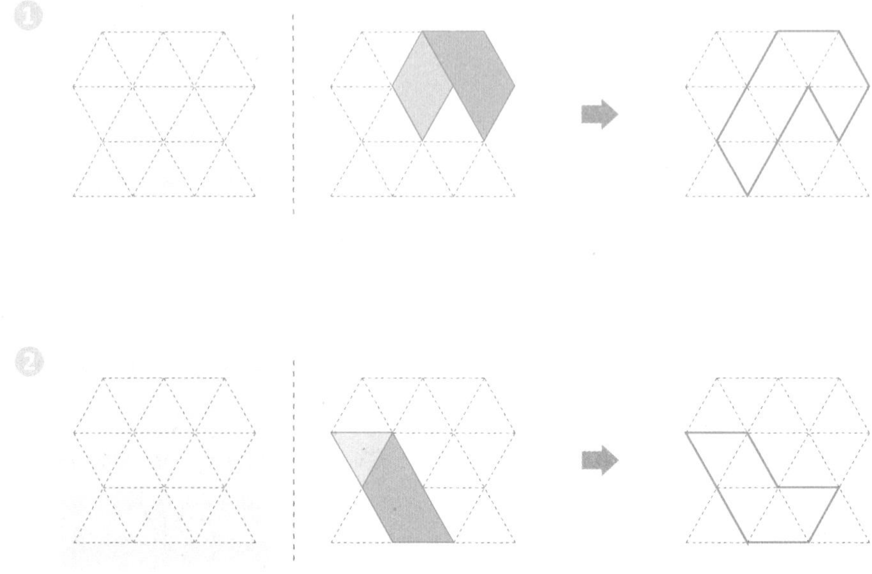

3

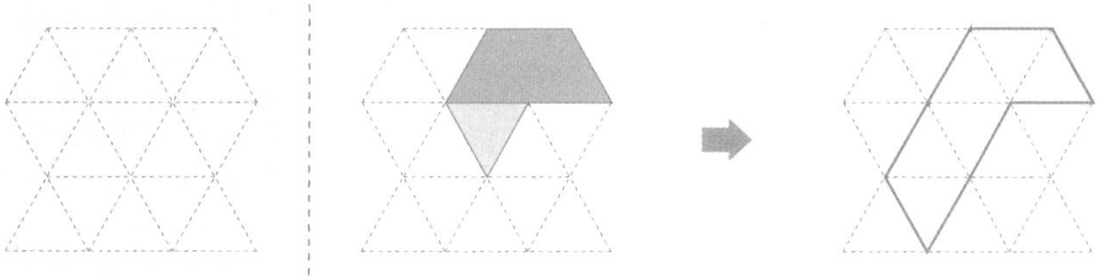

4

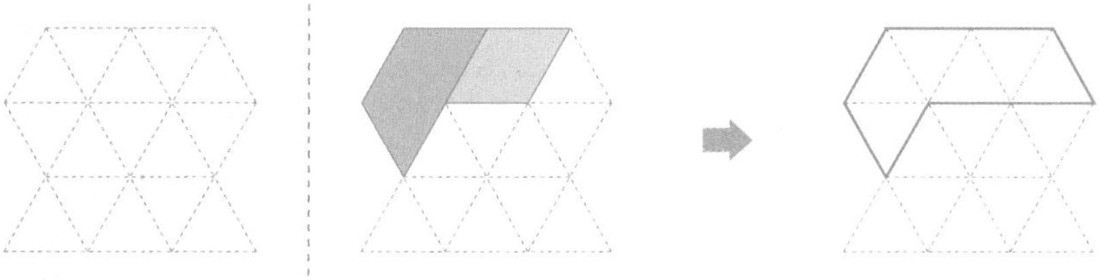

5

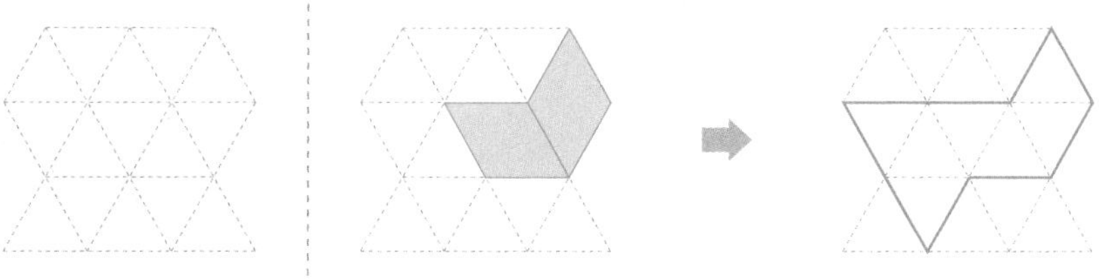

6

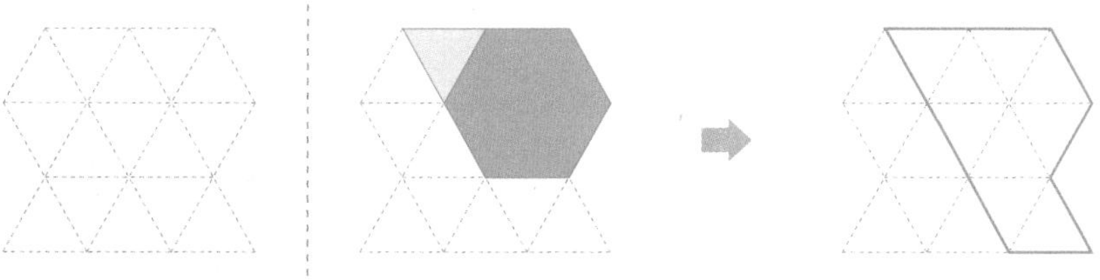

巩固练习

在右边画出左边2个图形拼出的新图形的轮廓。

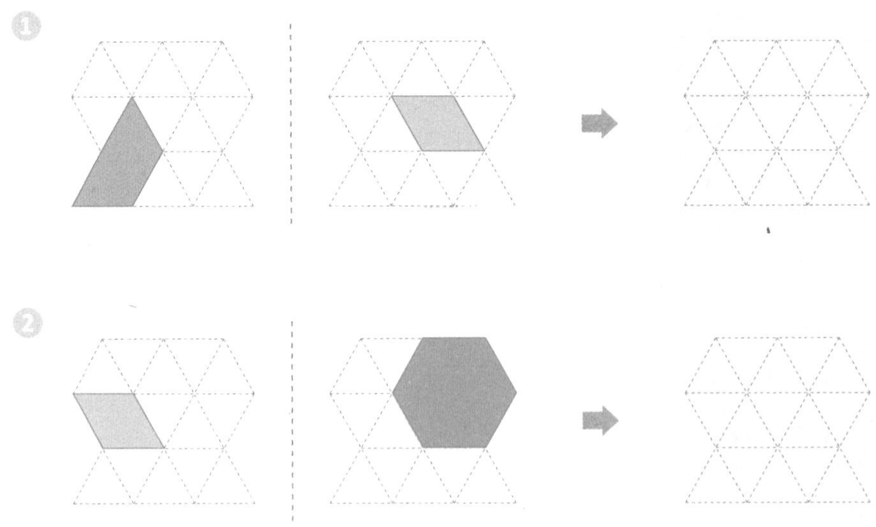

在左边空白处画出图形，使得左边2个图形能够拼接成右边的新图形。

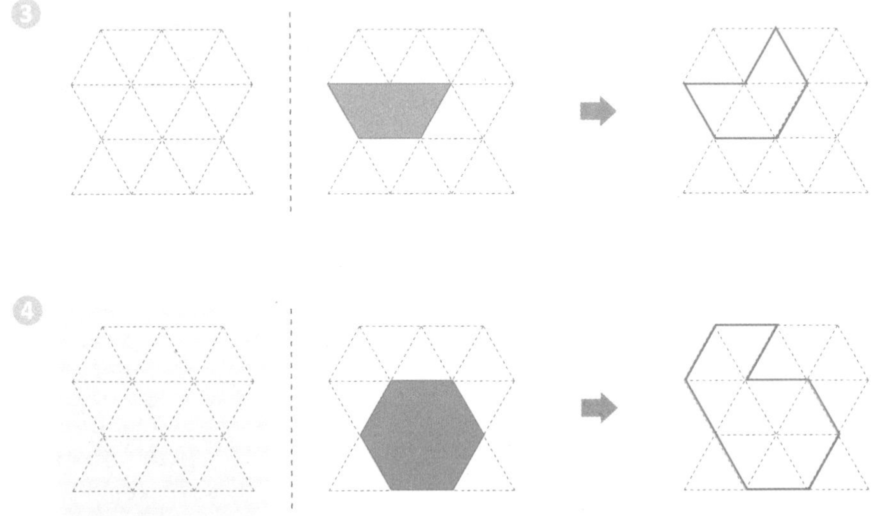

第3周

旋转图形

第1天：找出旋转后的图形（1）…… 90

第2天：找出旋转后的图形（2）…… 92

第3天：找出旋转后的图形（3）…… 94

第4天：旋转方格纸 …… 96

第5天：旋转三角形格子纸 …… 98

巩固练习 …… 100

找出旋转后的图形（1）

在右图中找出左边图形按箭头方向旋转后的形状，并用○标出。

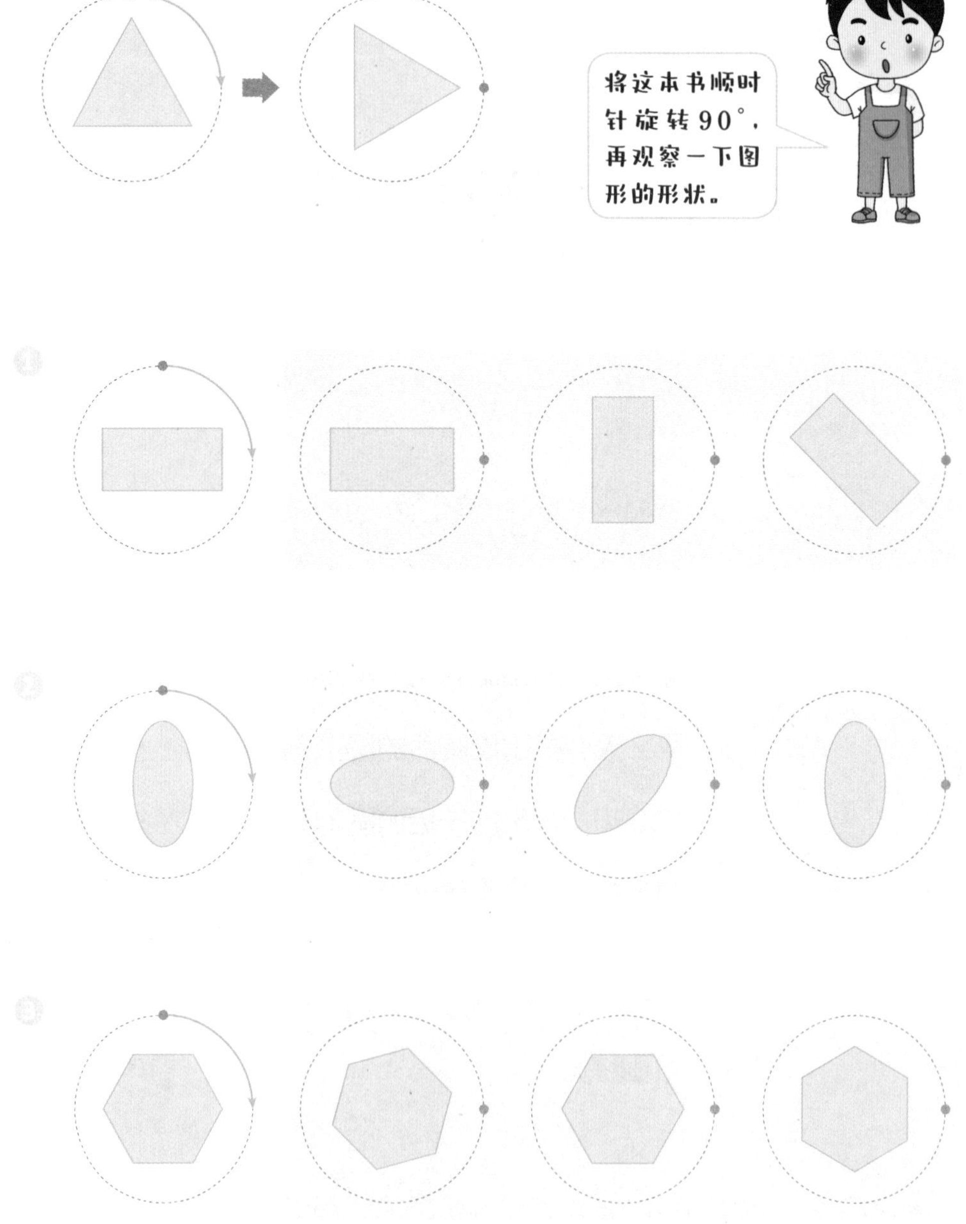

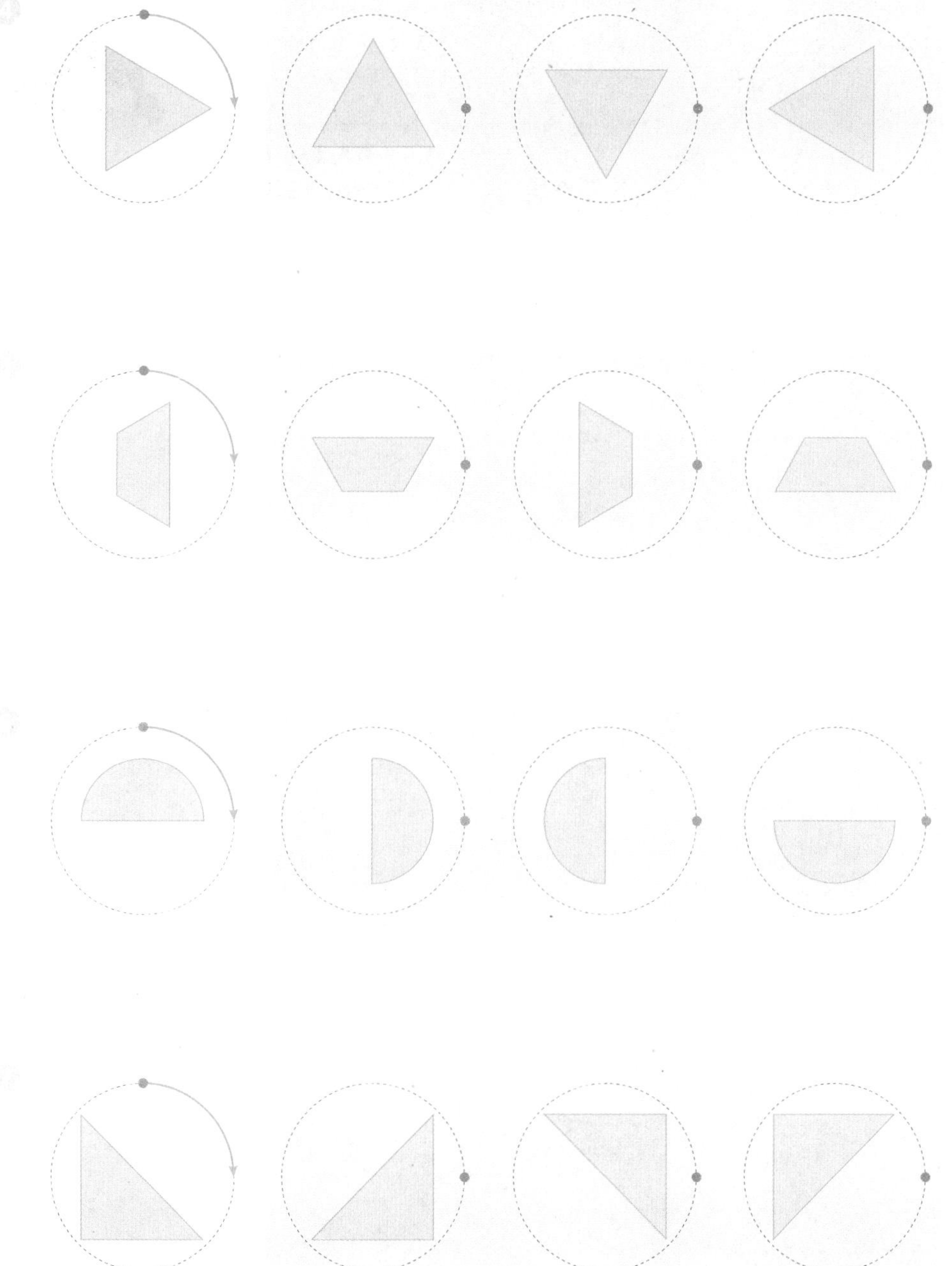

找出旋转后的图形(2)

在右图中找出左边图形按箭头方向旋转后的形状，并用○标出。

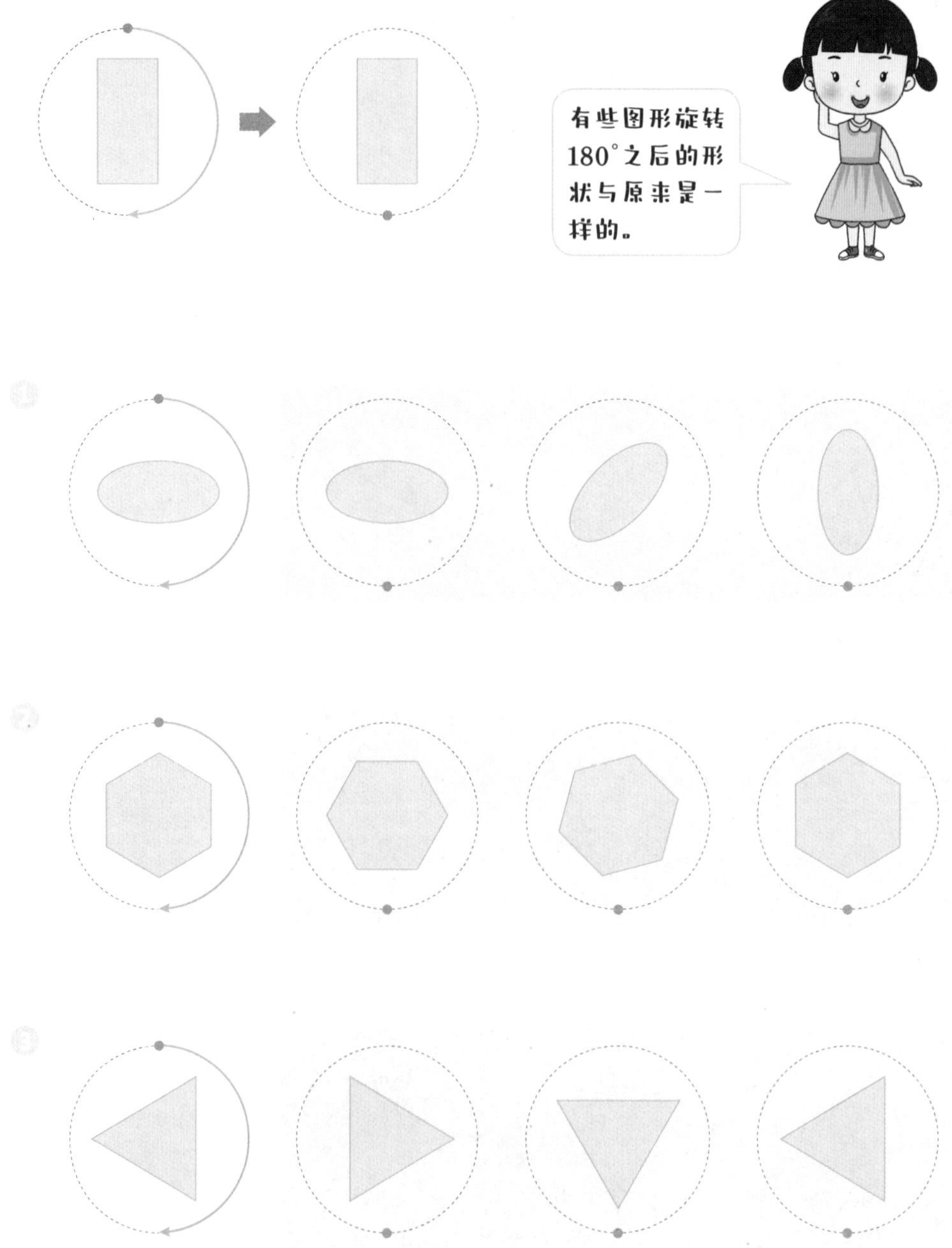

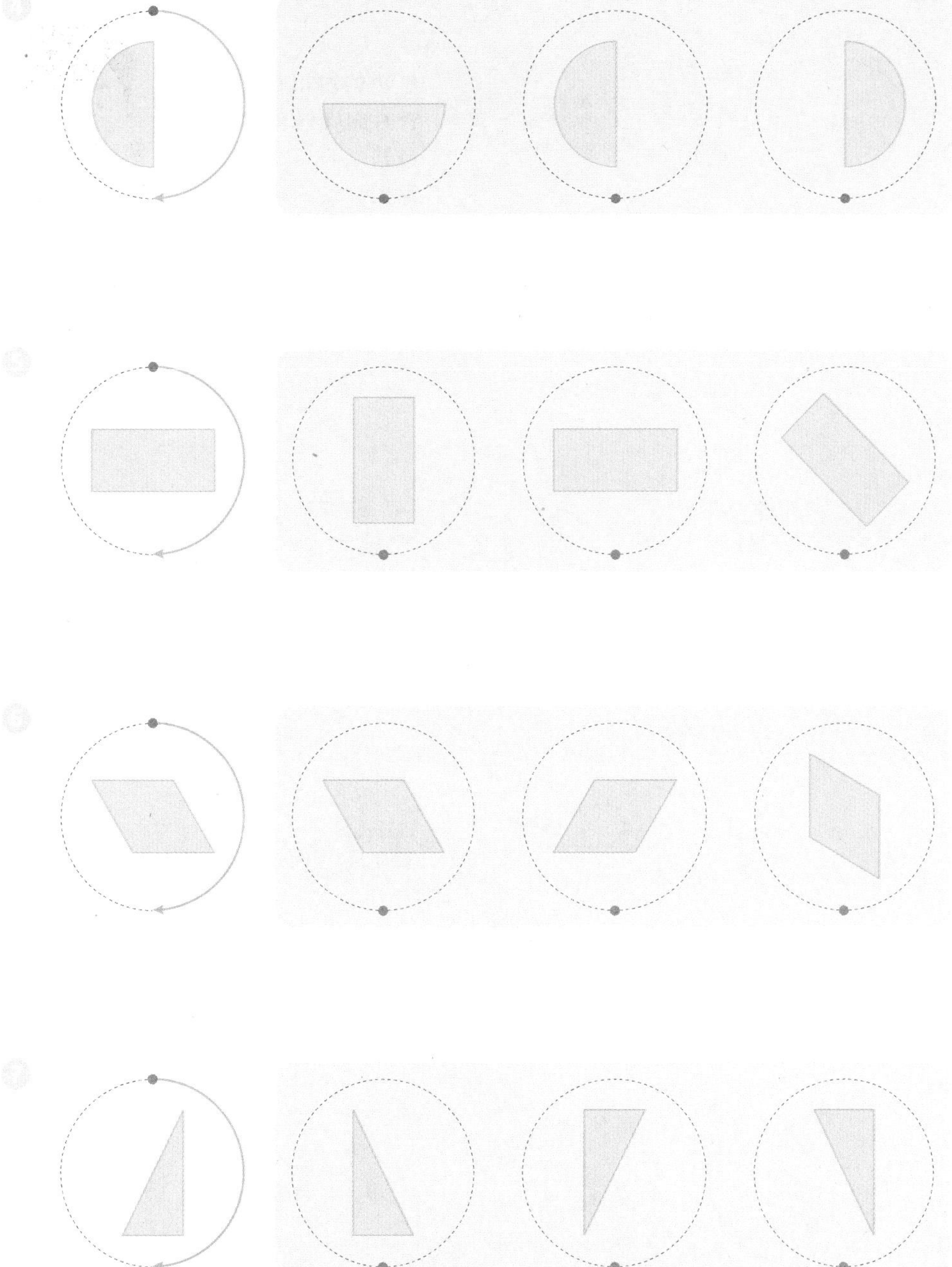

第3天

找出旋转后的图形(3)

在右图中找出左边图形按箭头方向旋转后的形状，并用○标出。

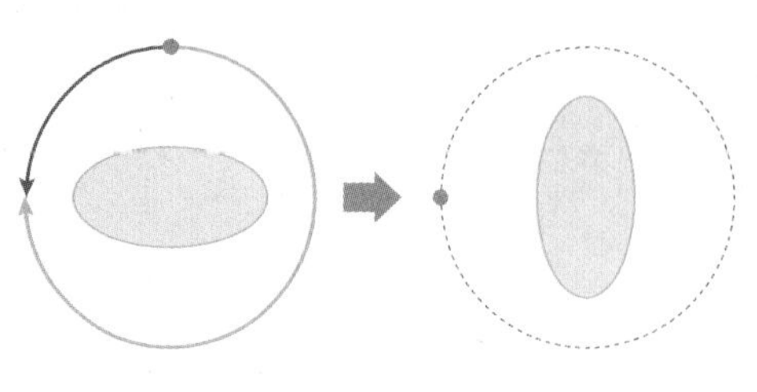

1

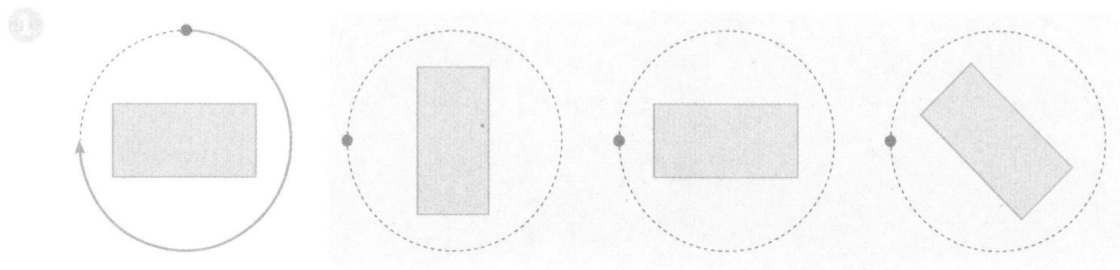

2

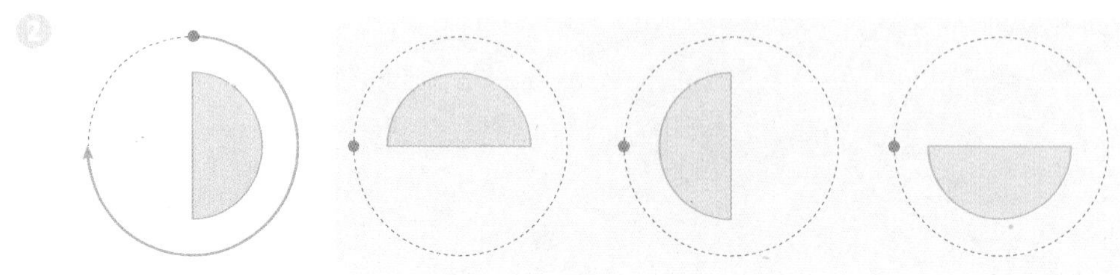

3

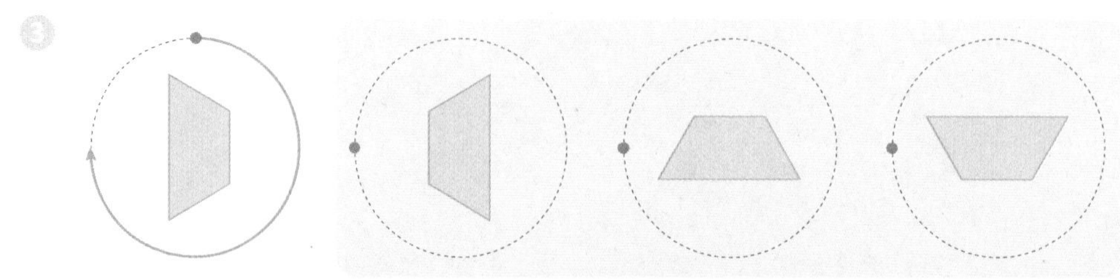

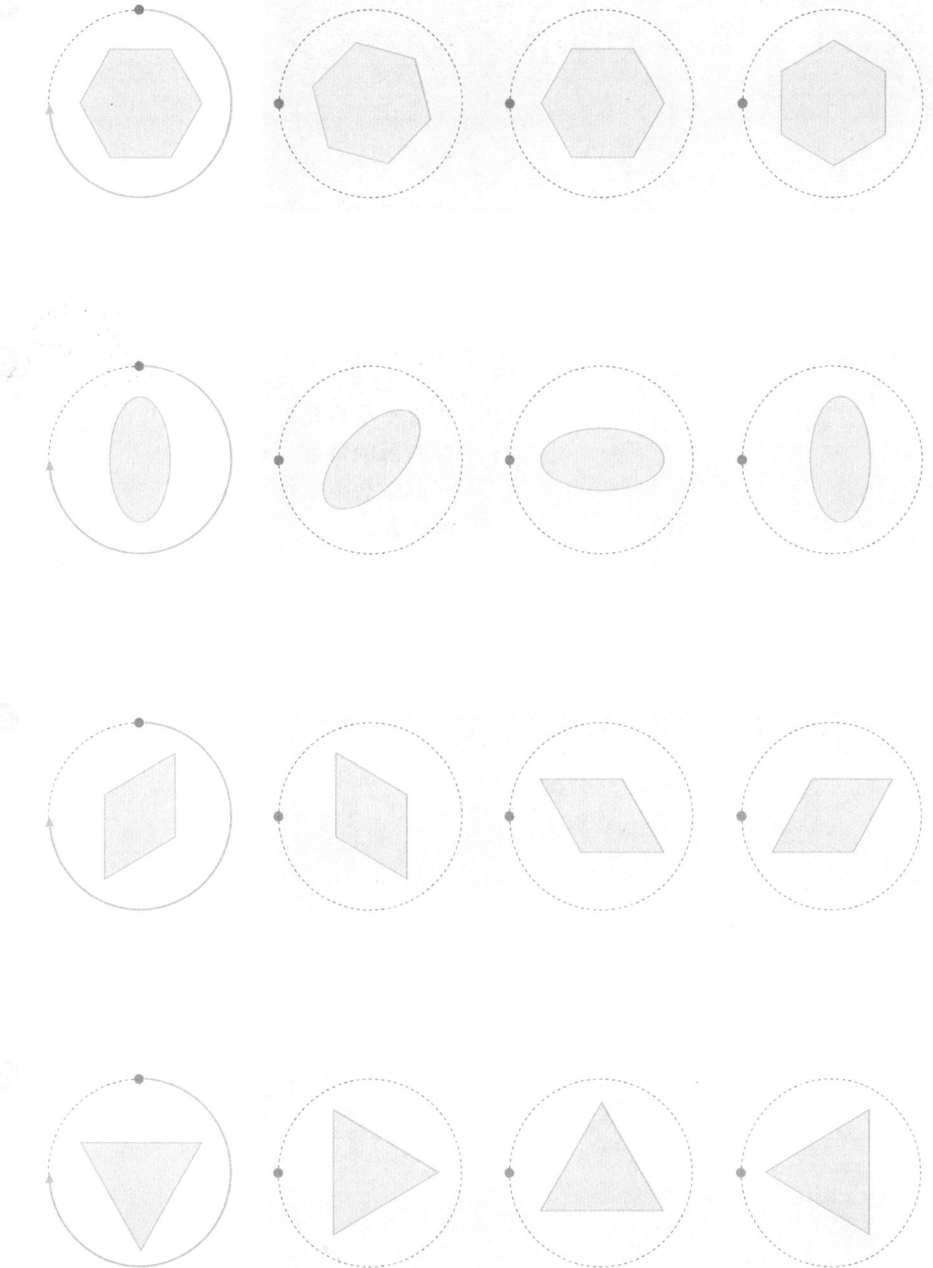

旋转方格纸

以下方格纸每次都按顺时针方向旋转90°，在空白处画出旋转后涂色图形的位置。

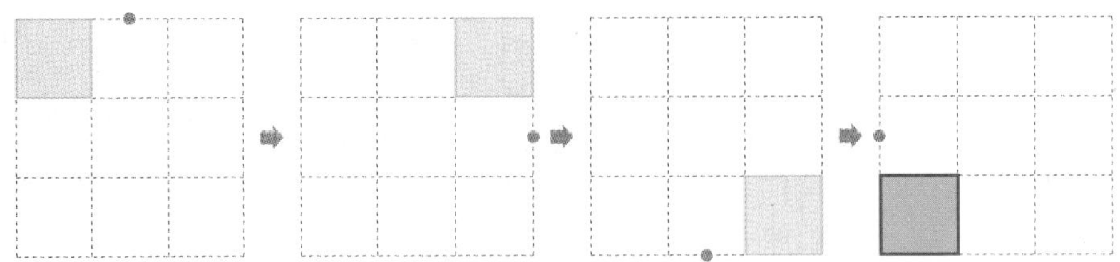

1

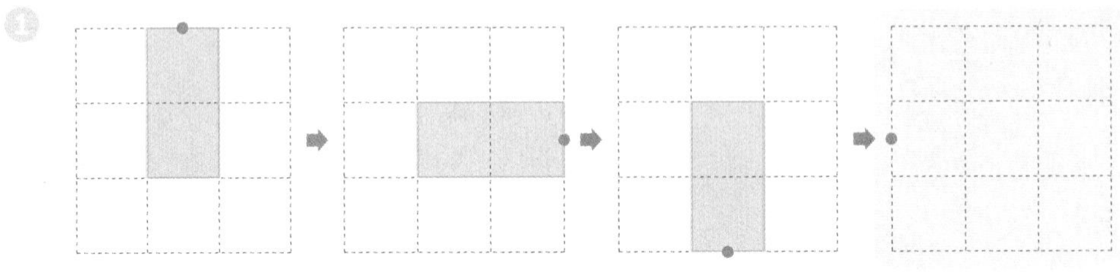

2

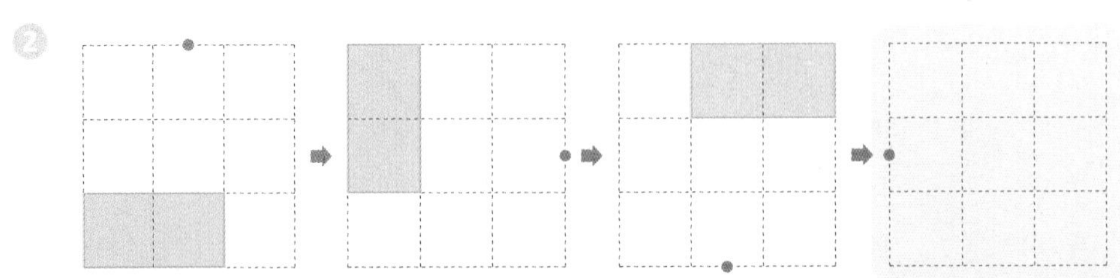

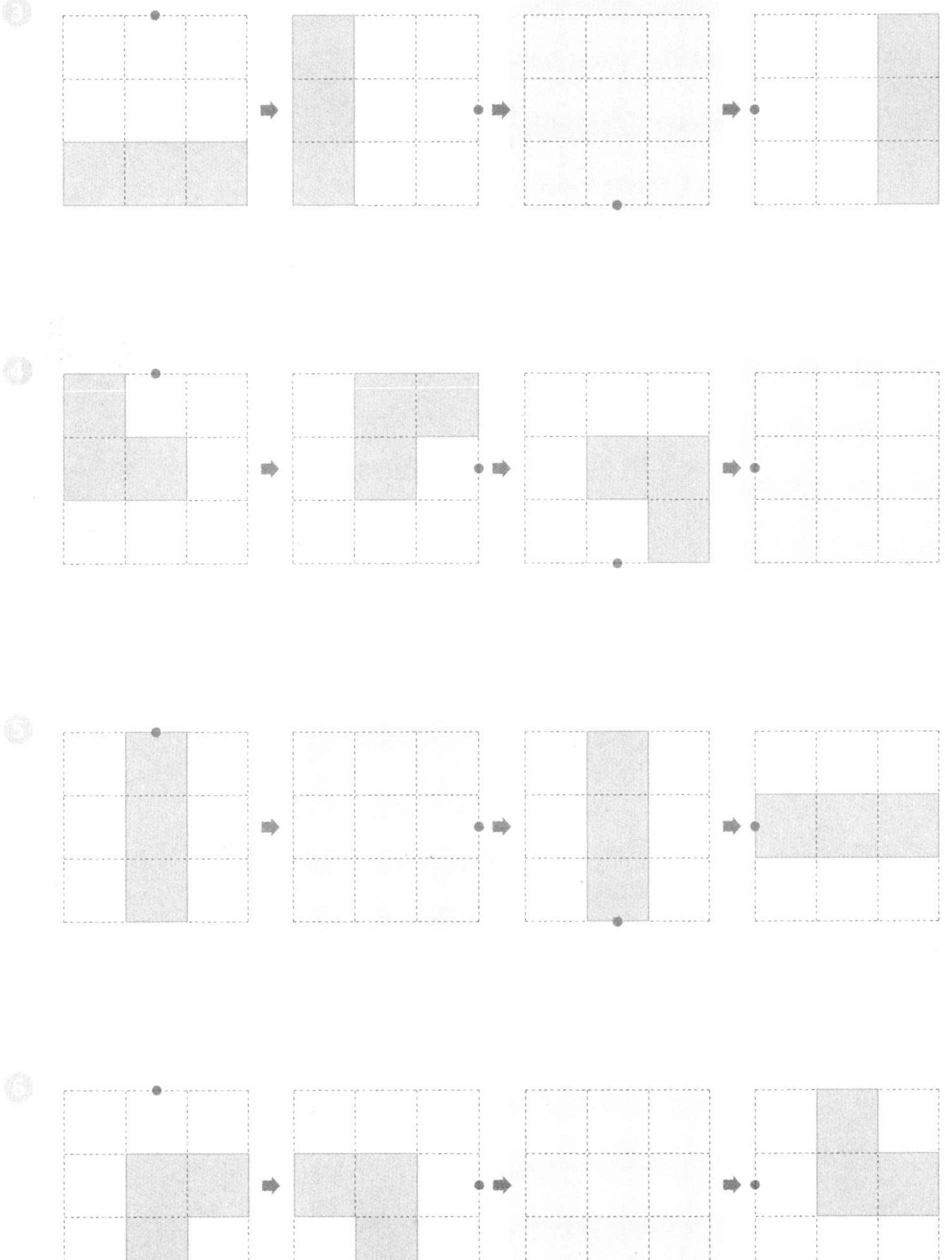

旋转三角形格子纸

以下三角形格子纸每次都按顺时针方向旋转90°，在空白处画出涂色图形的位置。

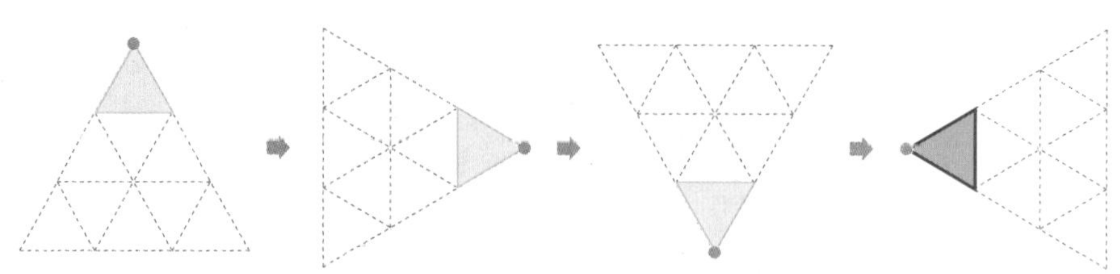

1

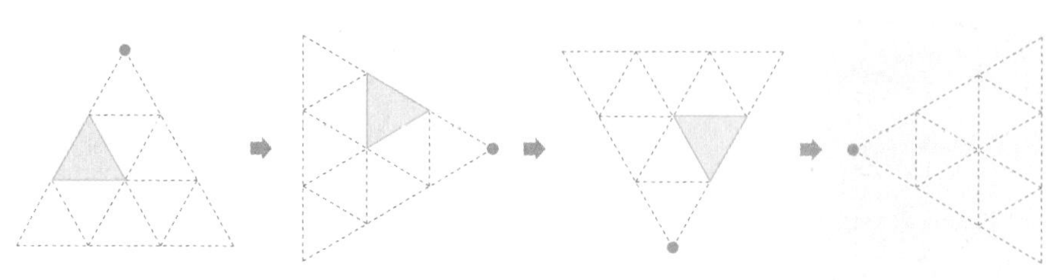

2

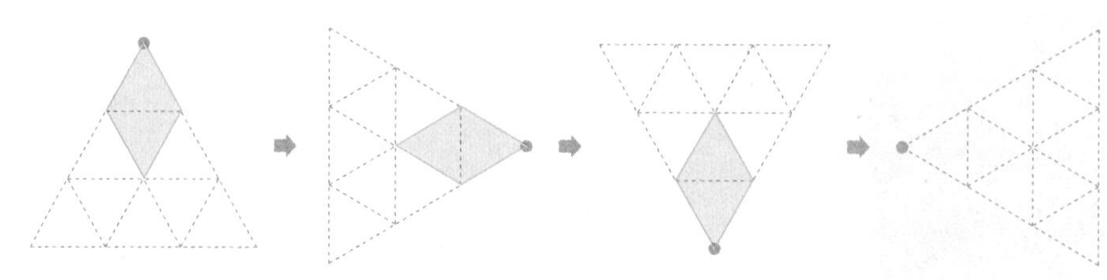

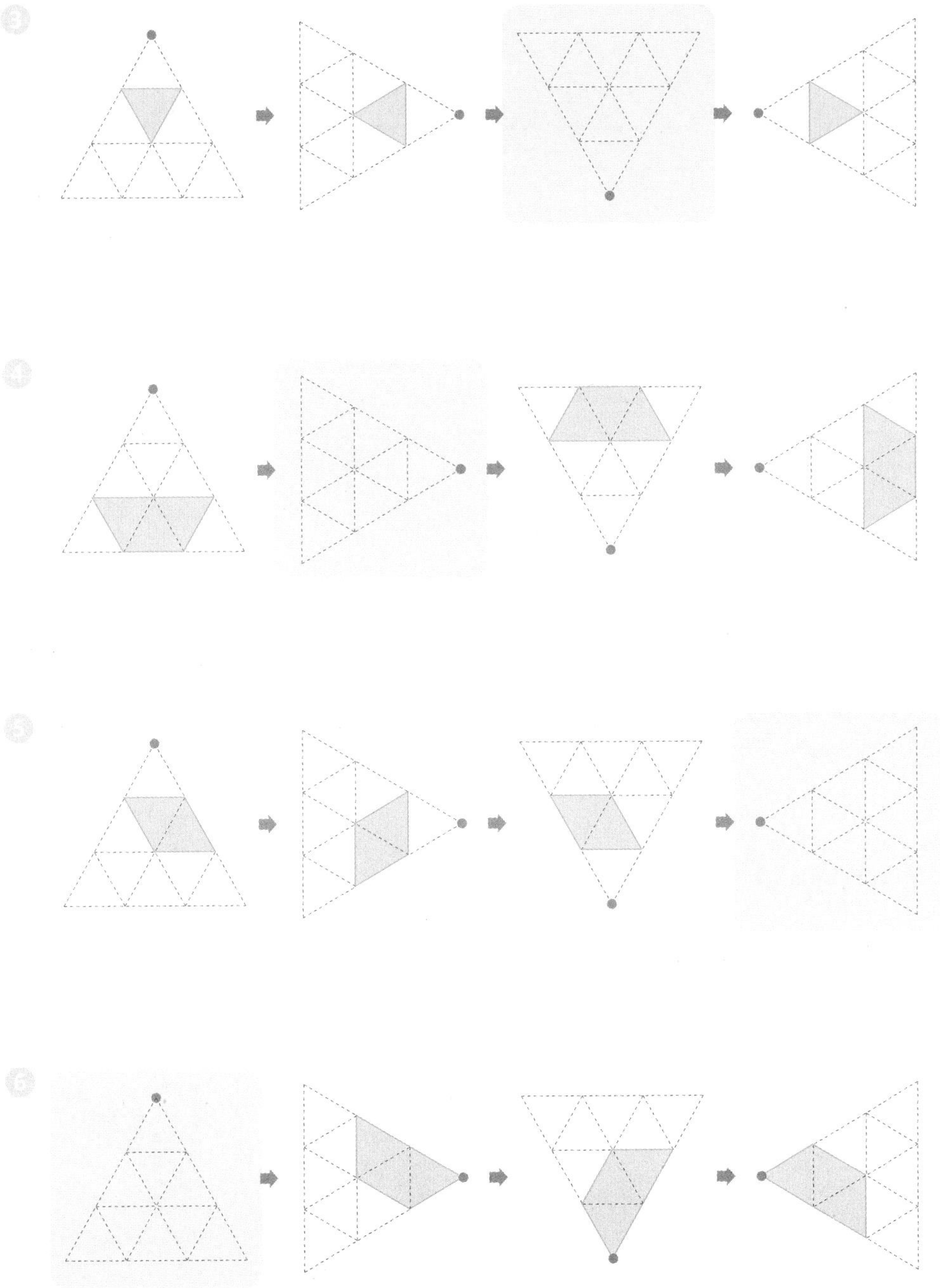

巩固练习

在右图中找出左边图形按箭头方向旋转后的形状，并用○标出。

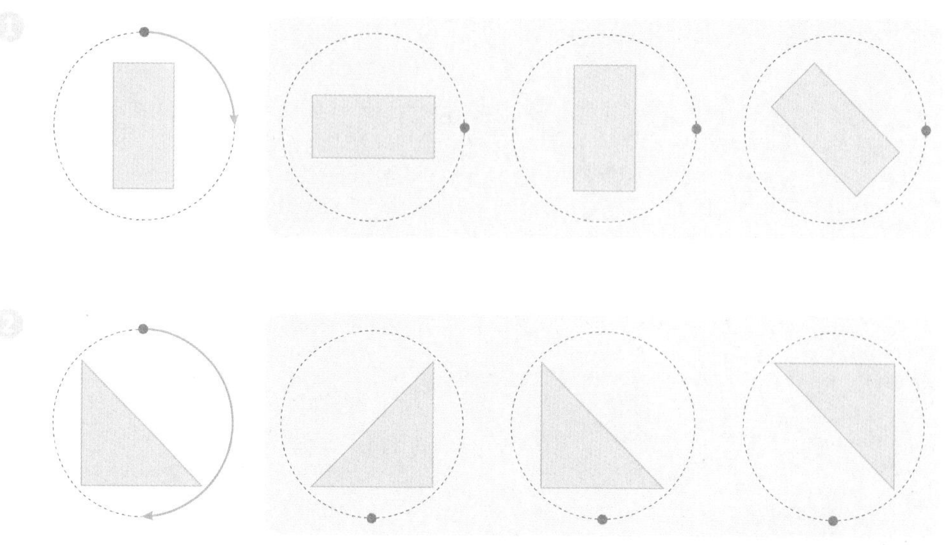

以下方格纸每次都按顺时针方向旋转90°，在空白处画出旋转后涂色图形的位置。

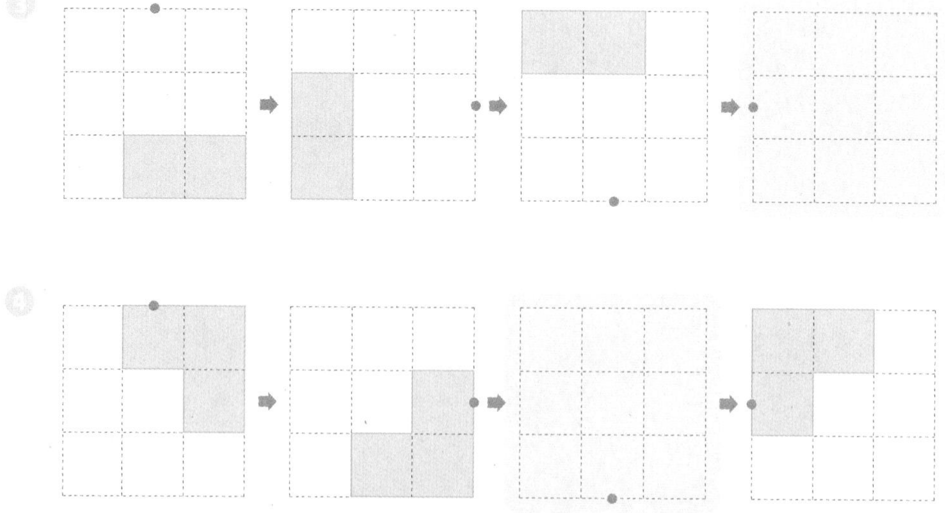

第4周

制作图形

第1天：画轮廓 102

第2天：图形的面积 104

第3天：图形的数量 106

第4天：拼接图形 108

第5天：无法拼出的图形 110

巩固练习 112

画轮廓

在右边空白处画出左边各图形拼接组成的图形的轮廓。

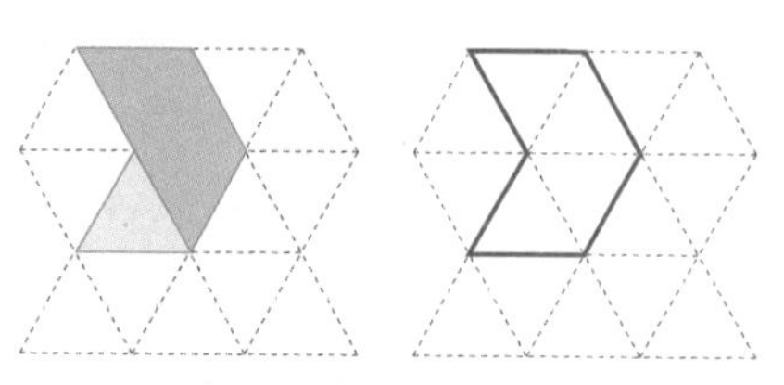

1

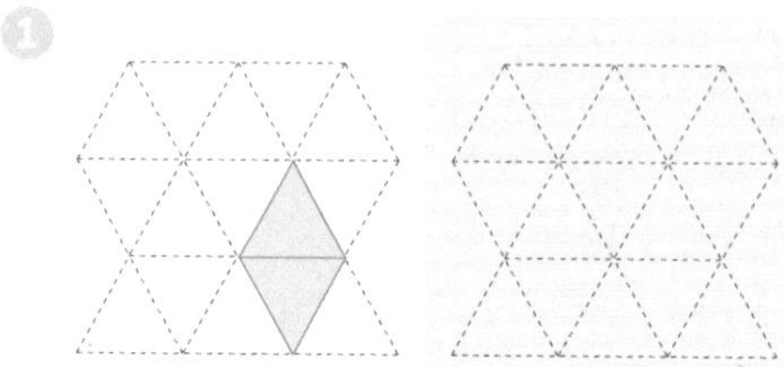

2

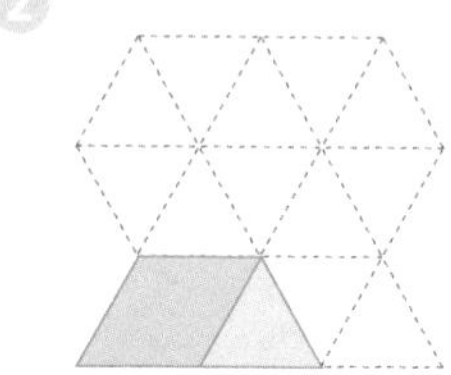

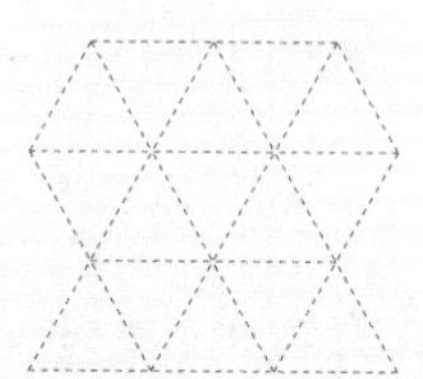

3

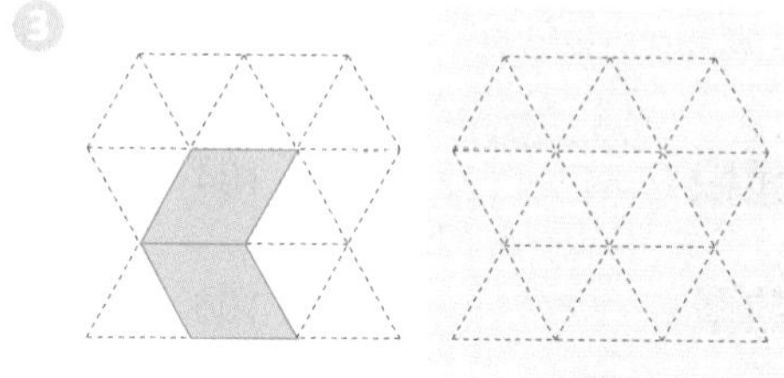

4

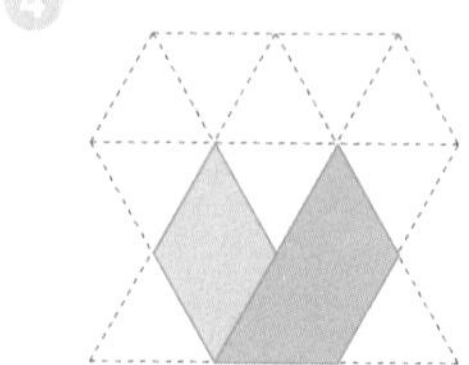

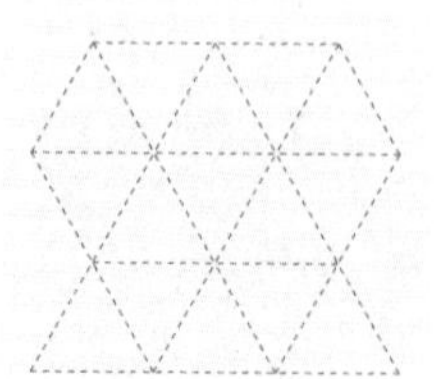

5

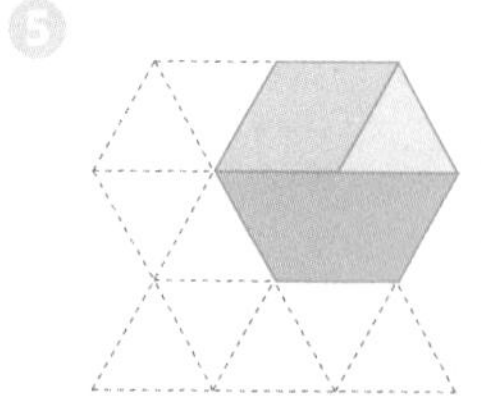

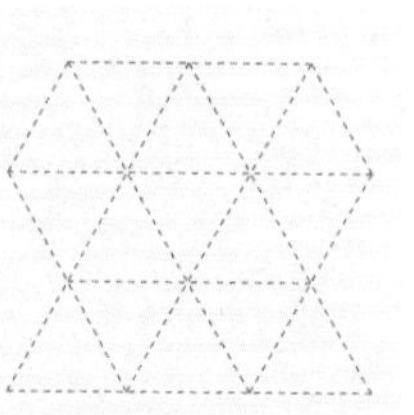

6

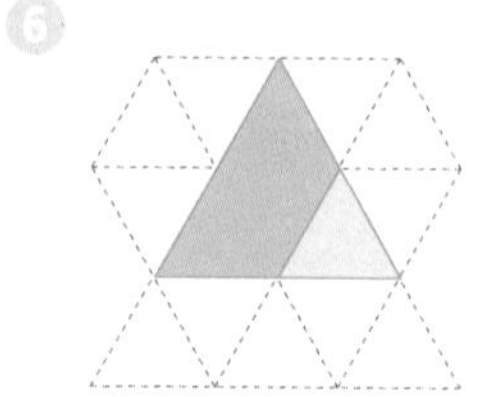

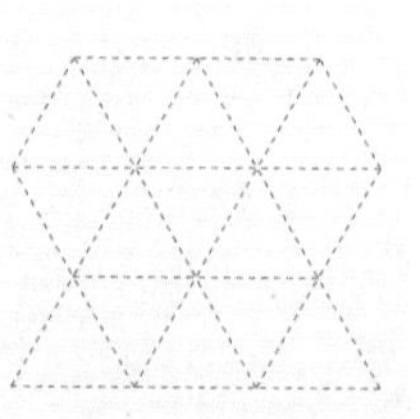

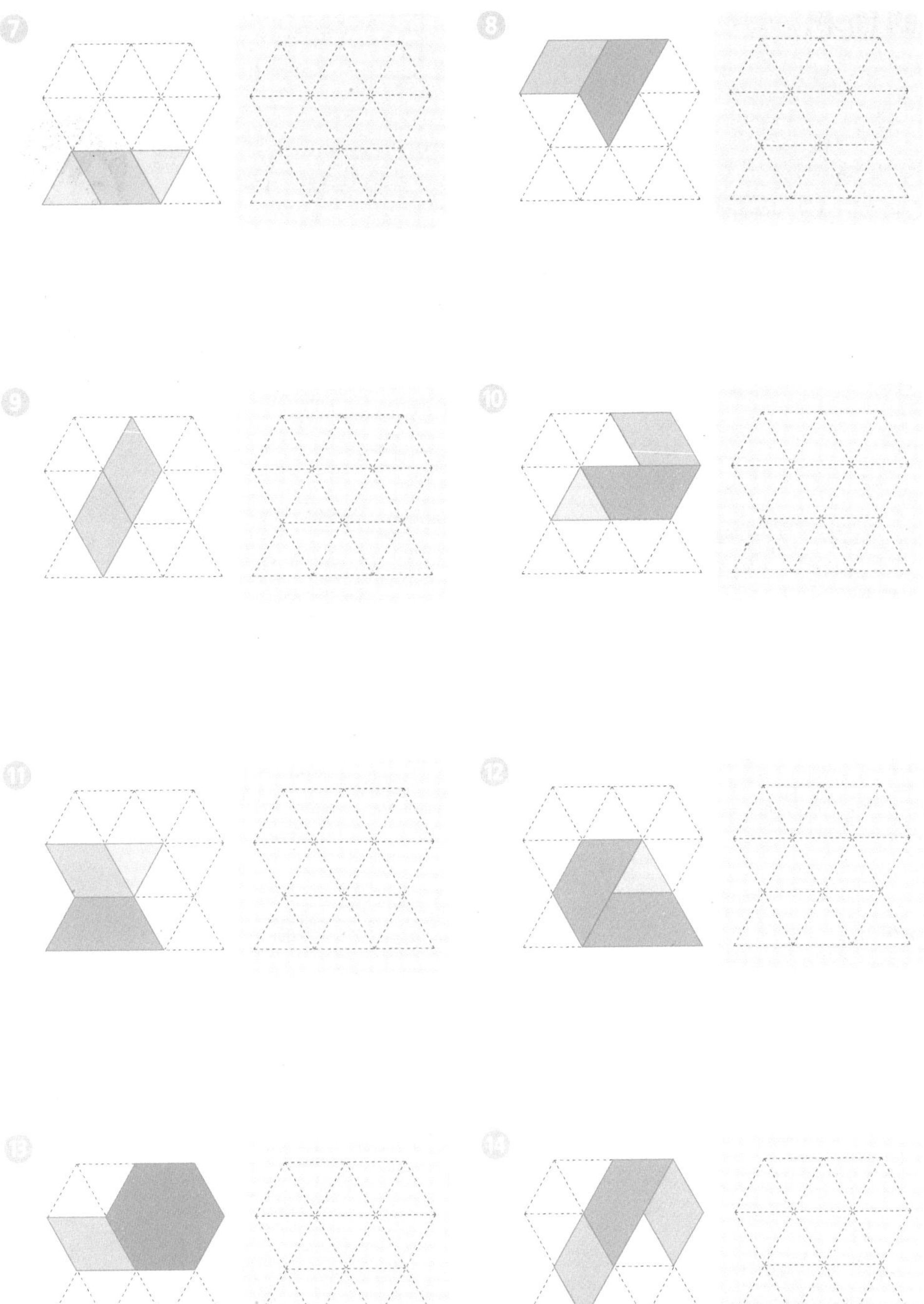
7
8
9
10
11
12
13
14

图形的面积

图中最小的三角形的面积是1，在□内填入下列图形的面积。

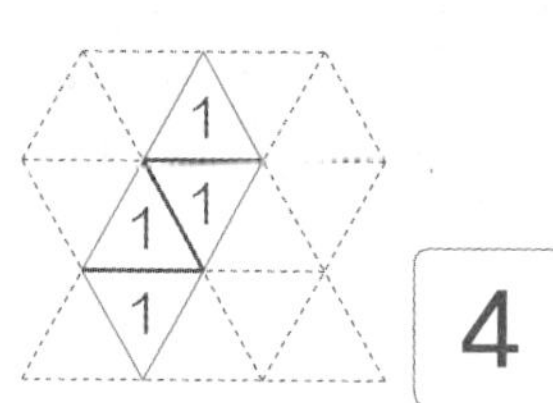

①
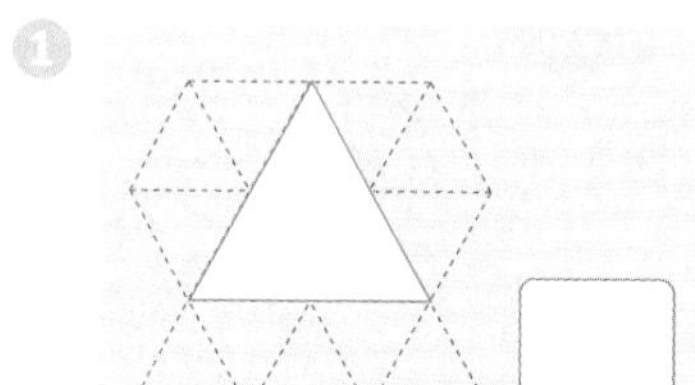

②
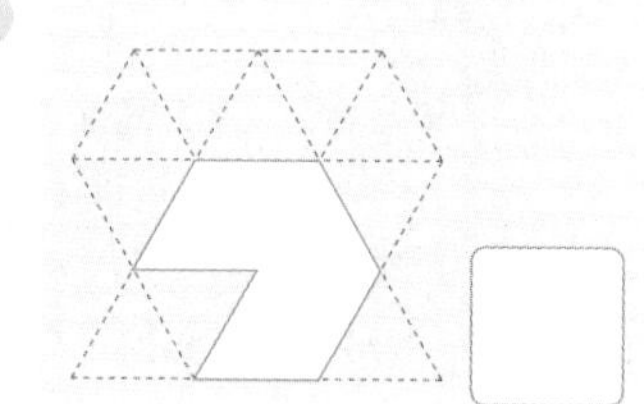

③
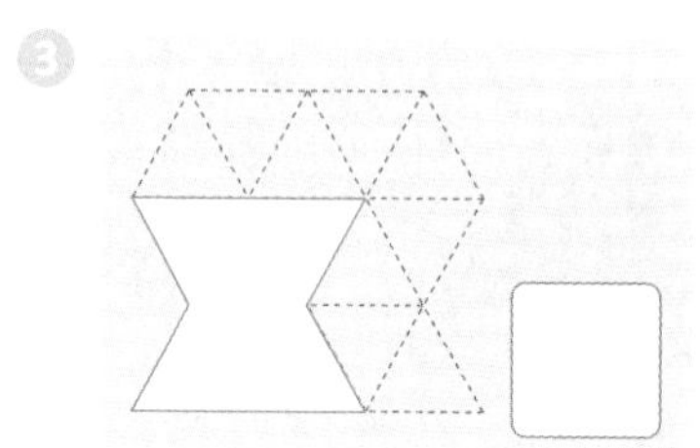

④
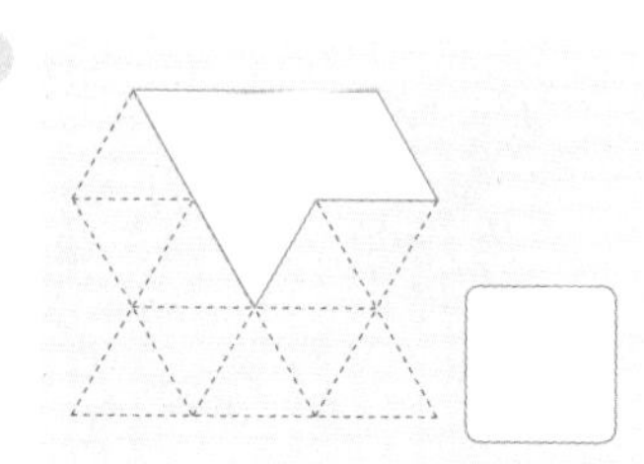

⑤
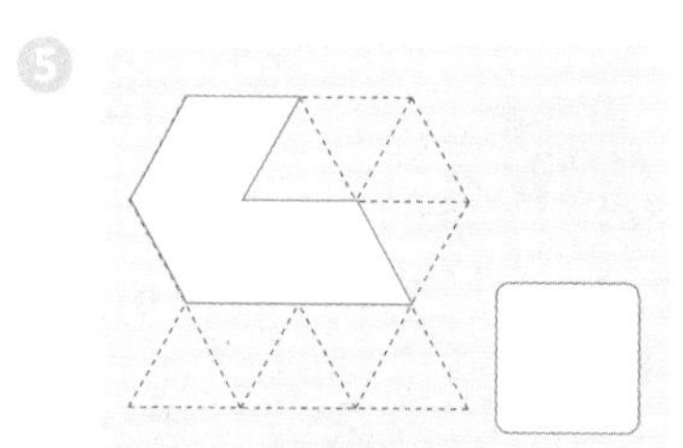

⑥
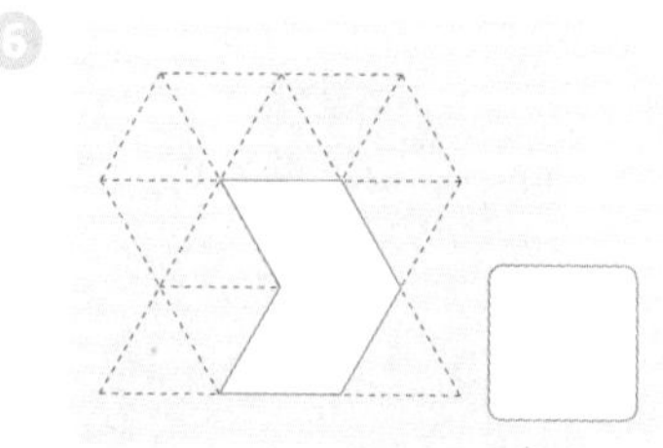

7
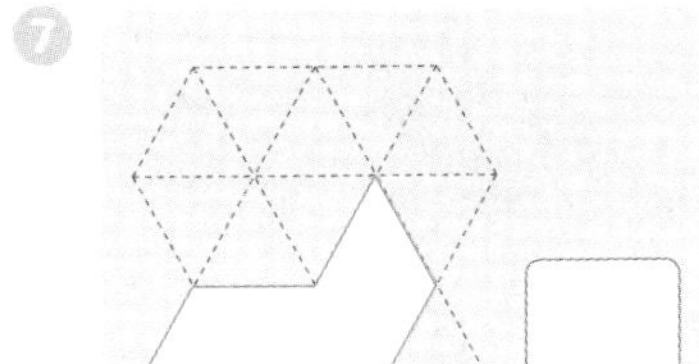

8
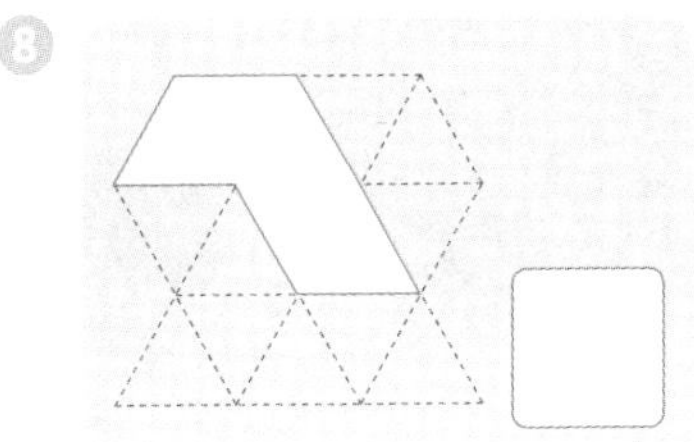

9
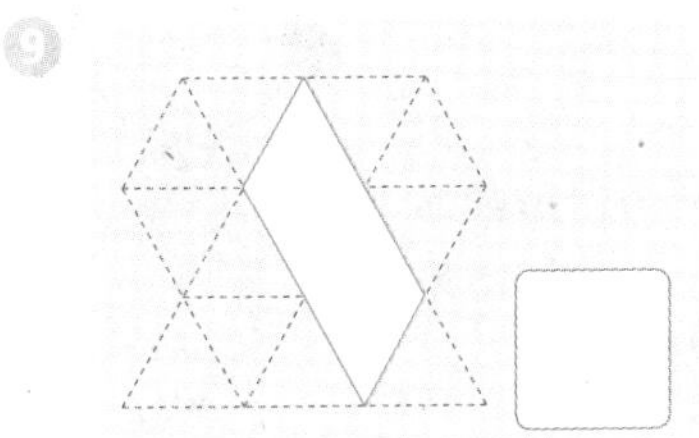

10
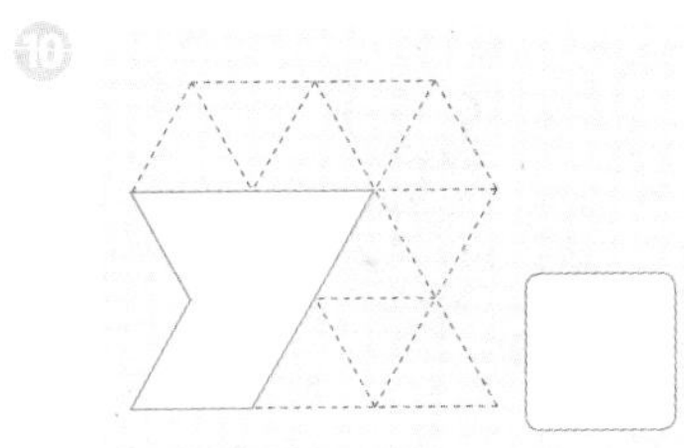

11
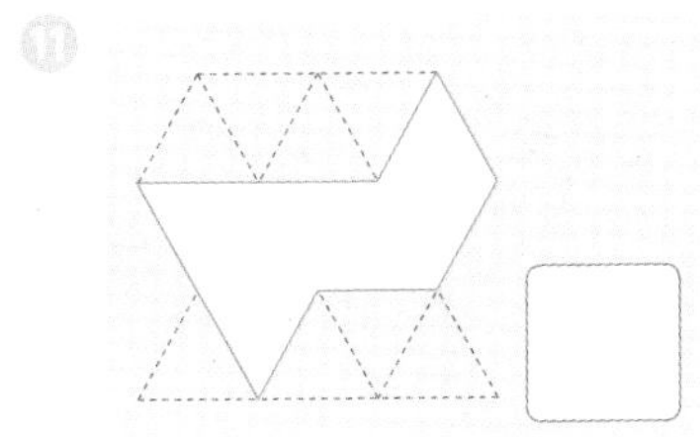

12
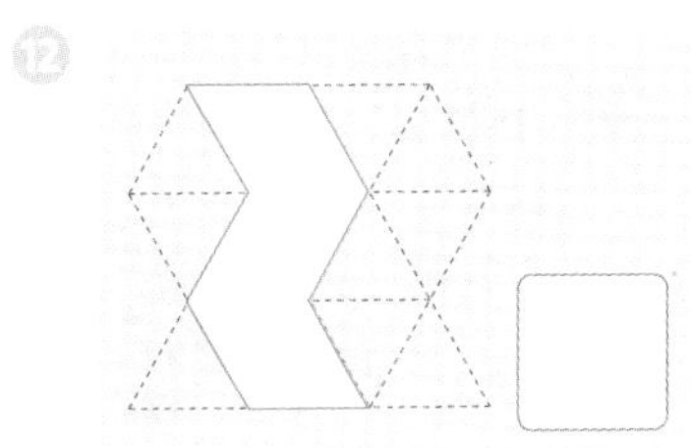

13
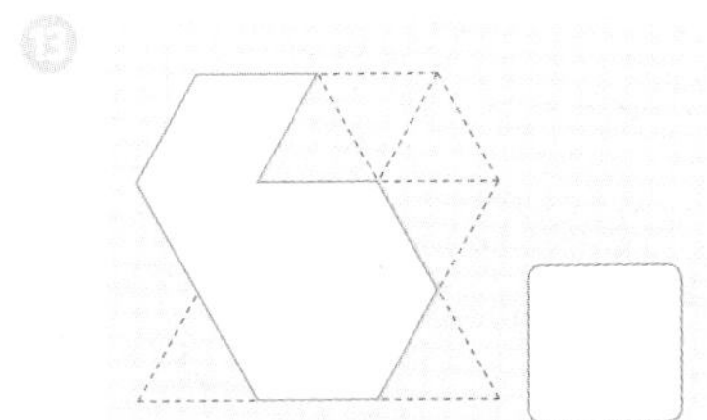

14
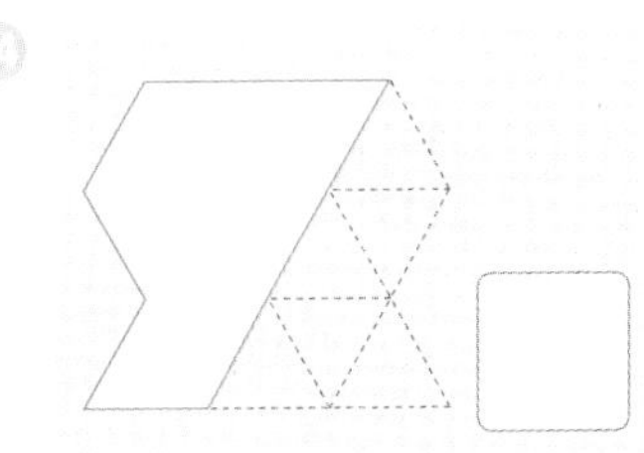

图形的数量

用左边的图形拼出右边的新图形，在□内填入所需左边图形的数量。

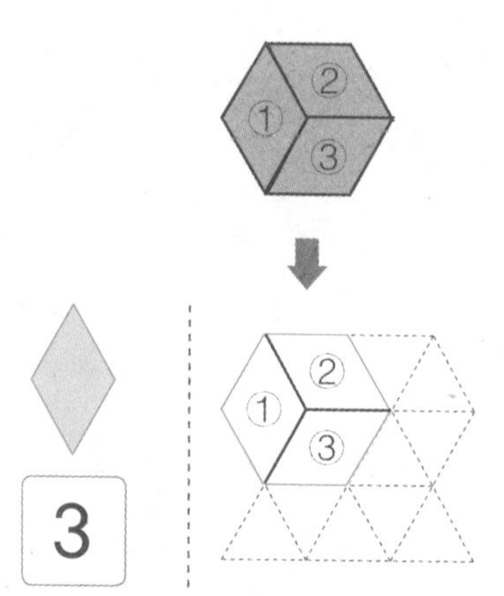

❶

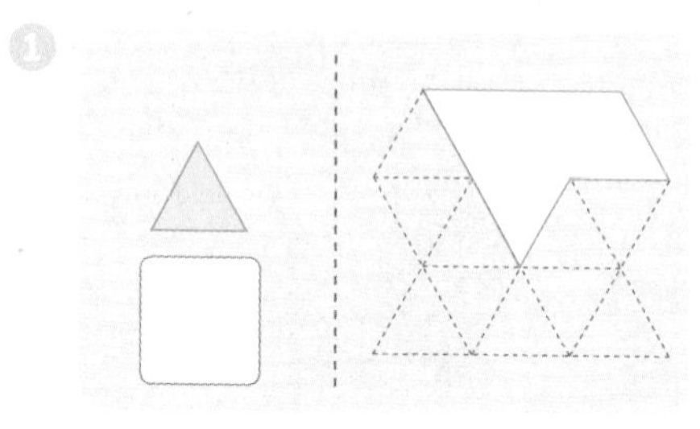

❷

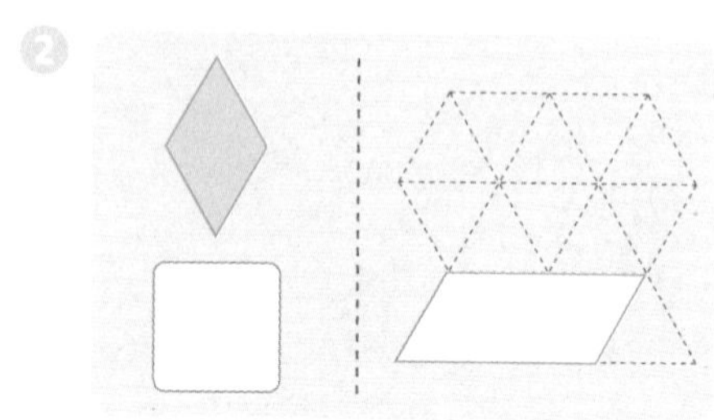

❸

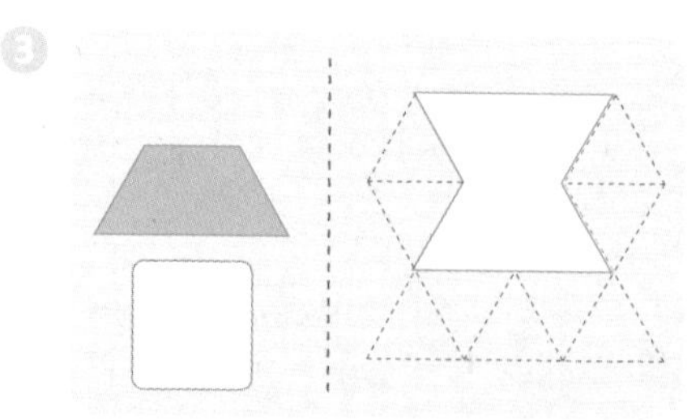

❹

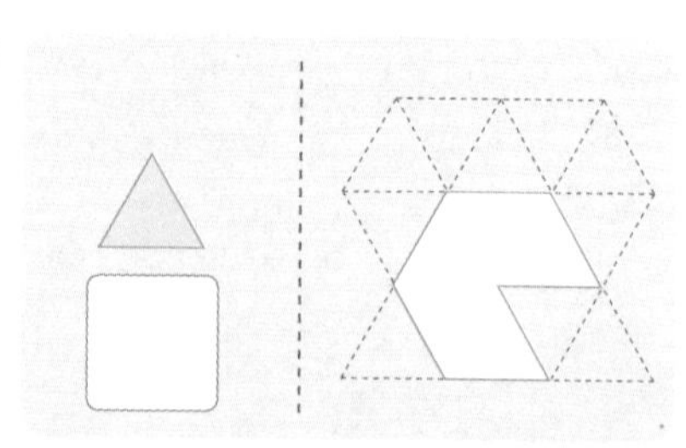

5
6
7
8
9
10
11
12

拼接图形

在右边找出左边图形能够拼出的新图形，并用○标出。

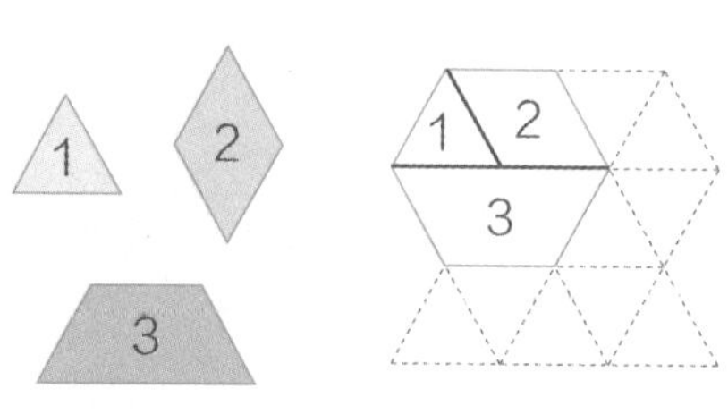

1

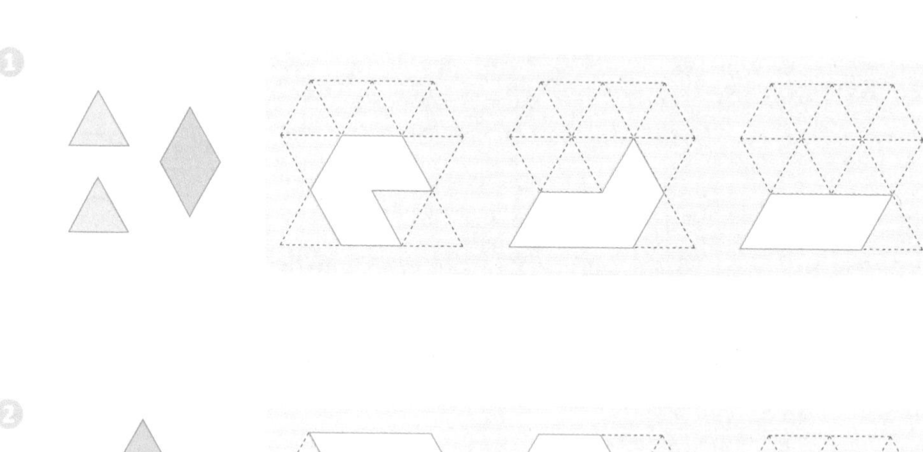

2

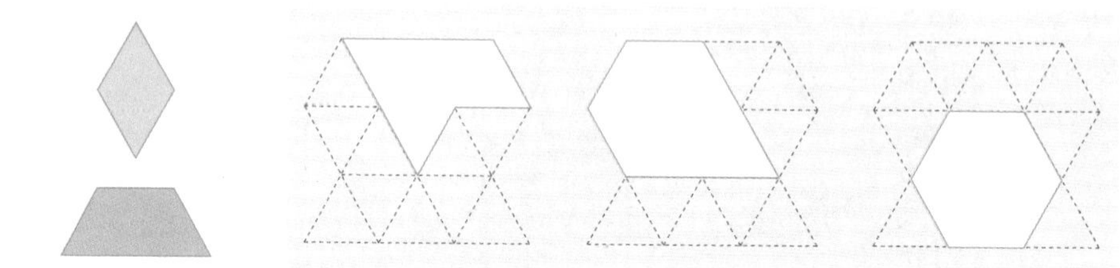

3

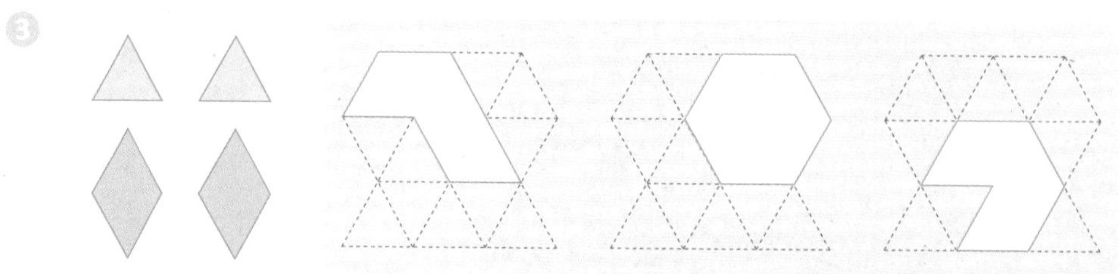

4

5

6

7

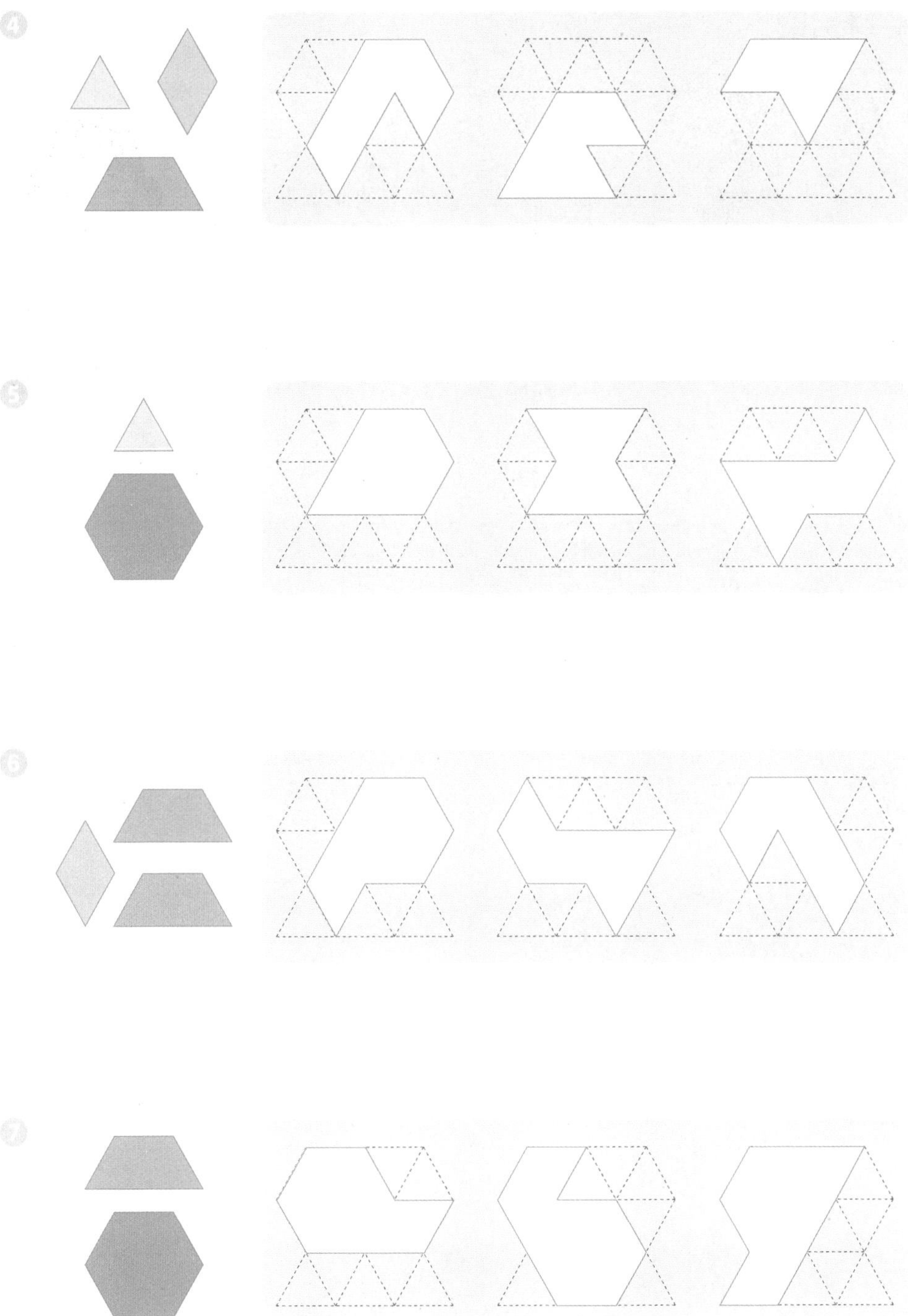

无法拼出的图形

在右边找出无法用左边的图形拼出的新图形，并用×标出。

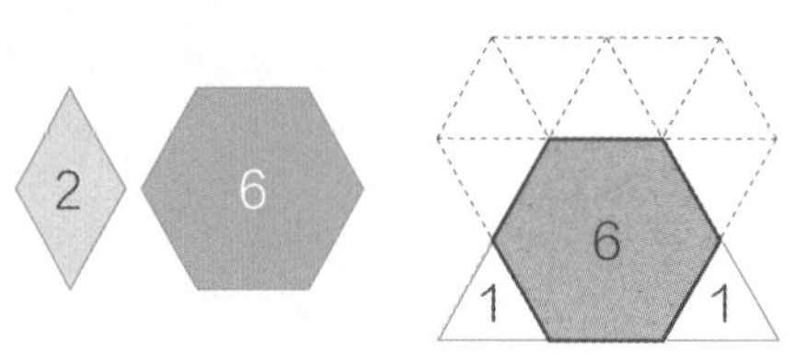

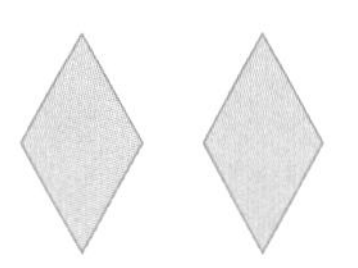

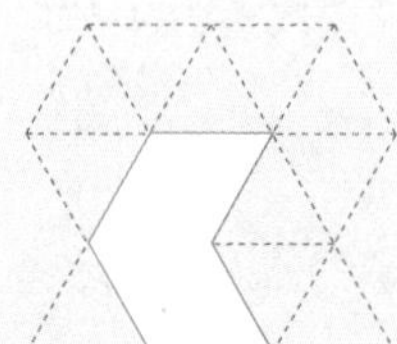

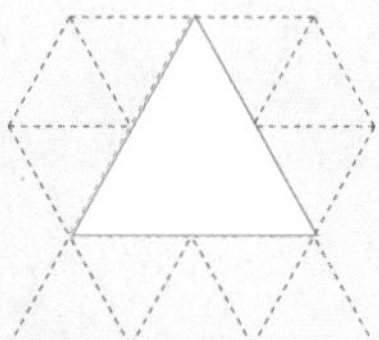

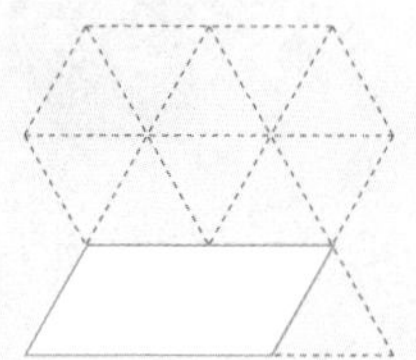

2

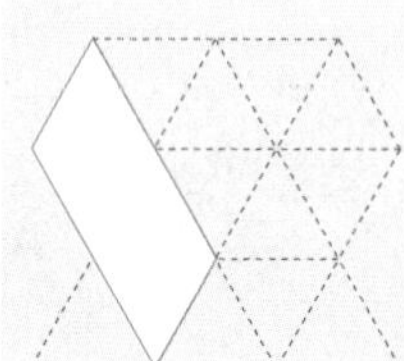

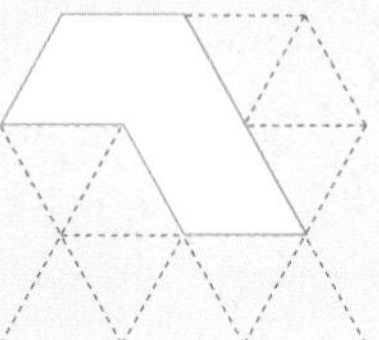

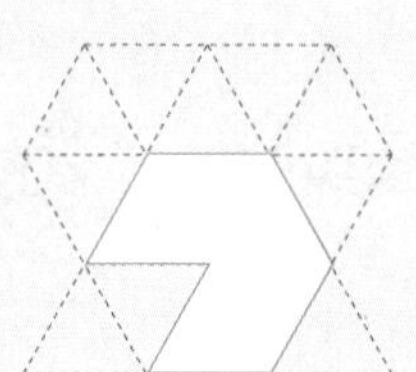

3

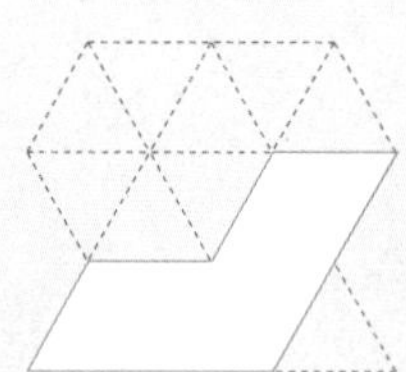

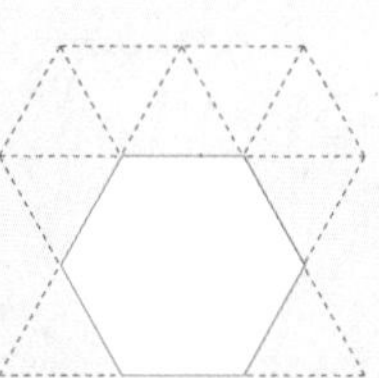

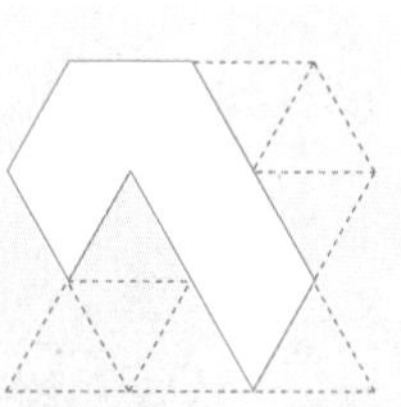

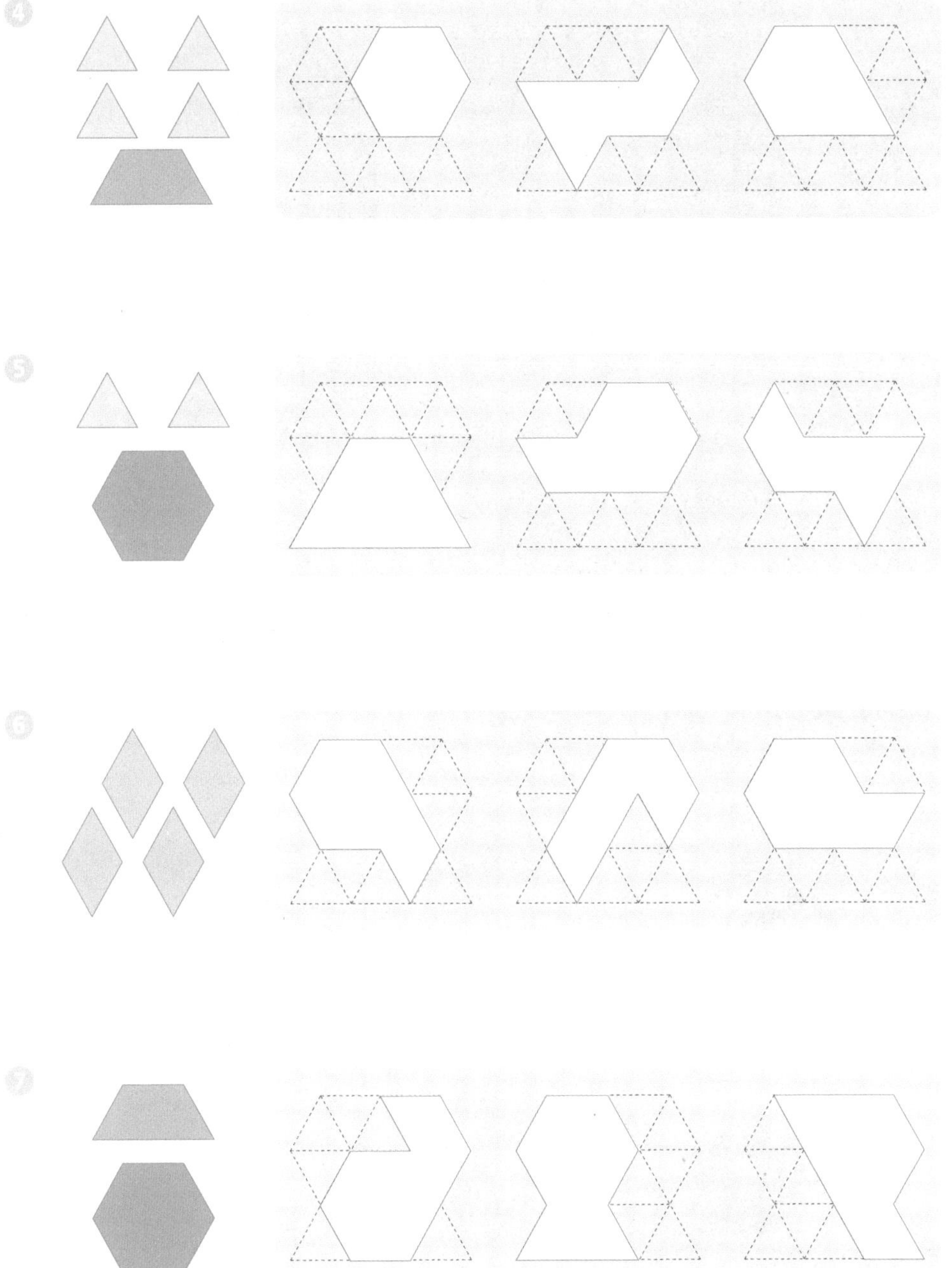

巩固练习

用左边的图形拼出右边的新图形，在□内填入所需左边图形的数量。

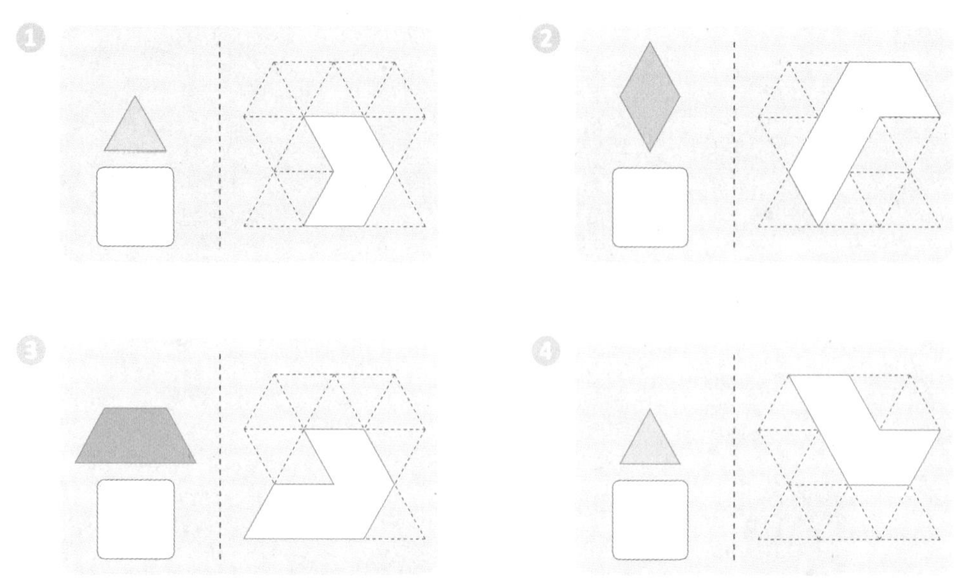

在右边找出无法用左边的图形拼出的新图形，并用×标出。

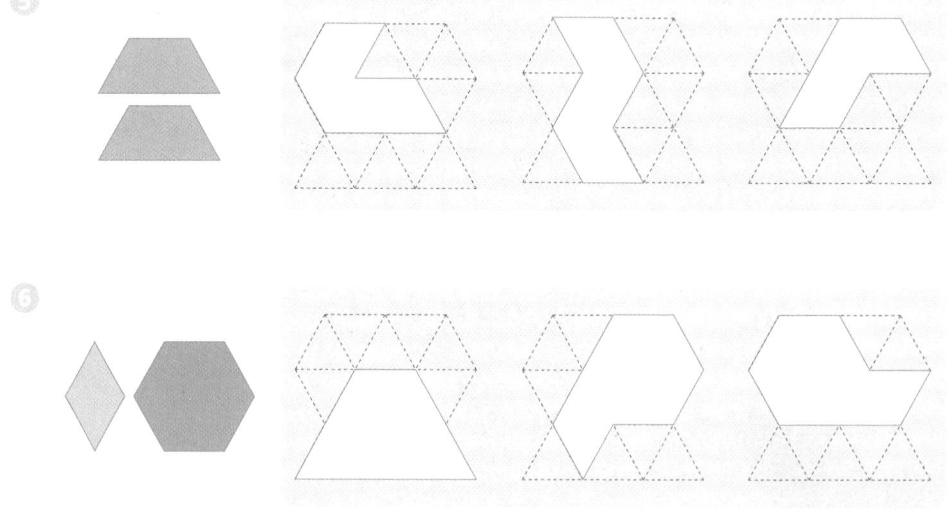

评价测试

此前4周的学习内容会出现在评价测试中。如果题目做错了，请确认是第几周的内容，并认真复习直到学会。

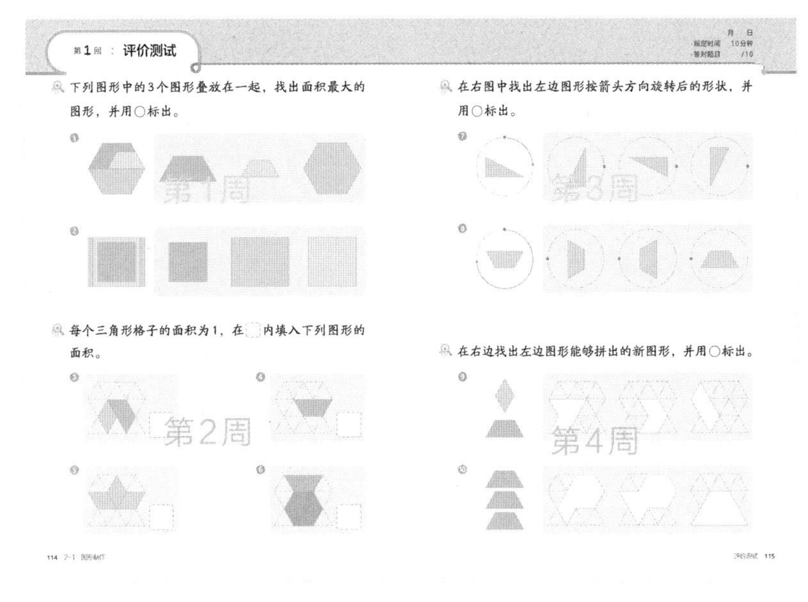

第1回：评价测试

下列图形中的3个图形叠放在一起，找出面积最大的图形，并用○标出。

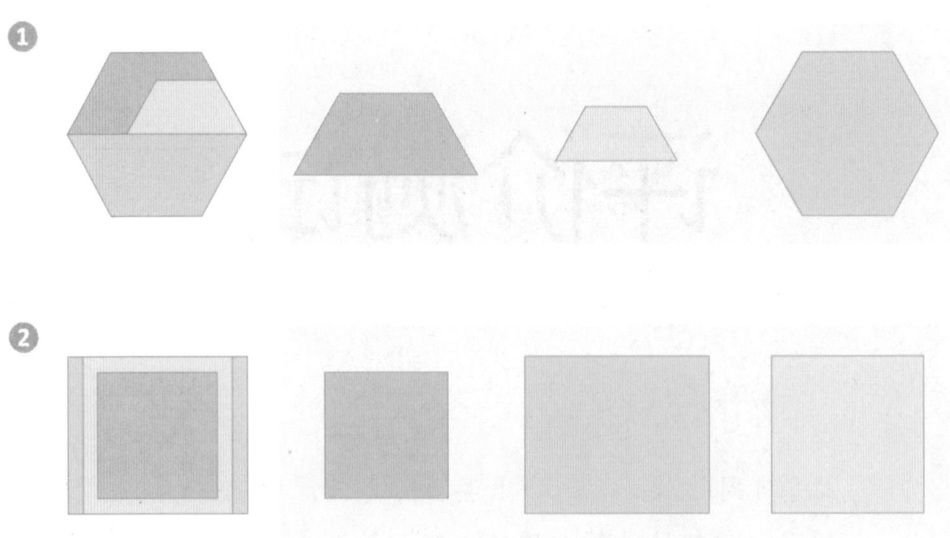

每个三角形格子的面积为1，在□内填入下列图形的面积。

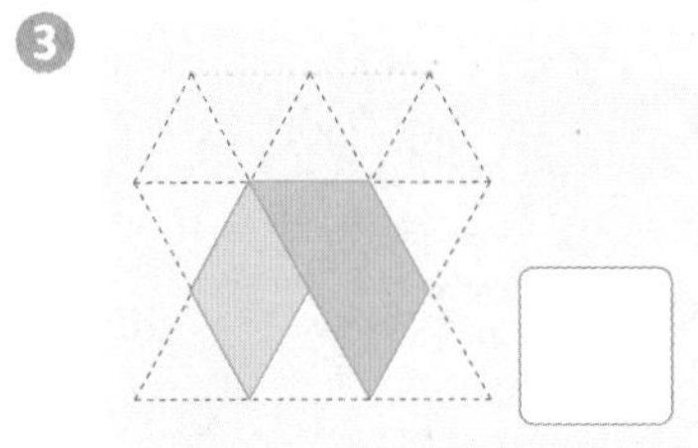

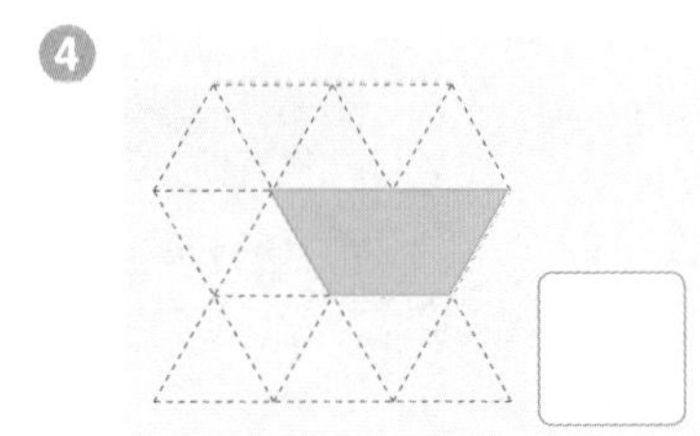

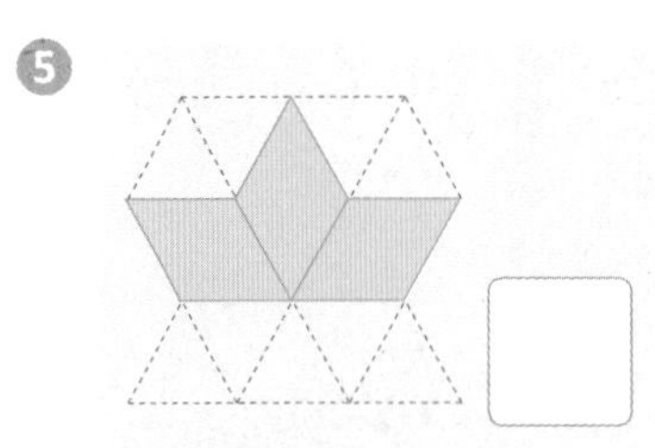

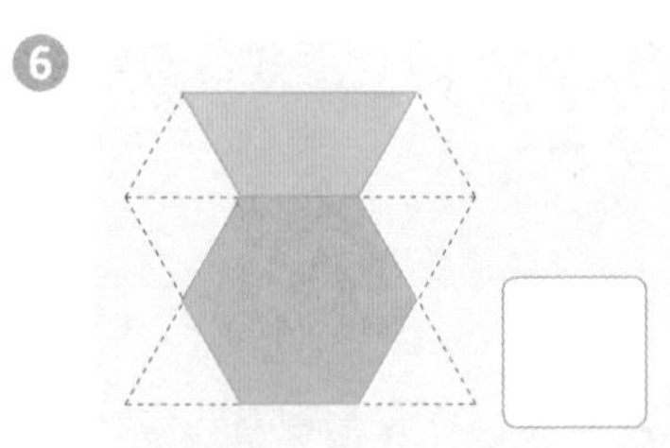

在右图中找出左边图形按箭头方向旋转后的形状，并用○标出。

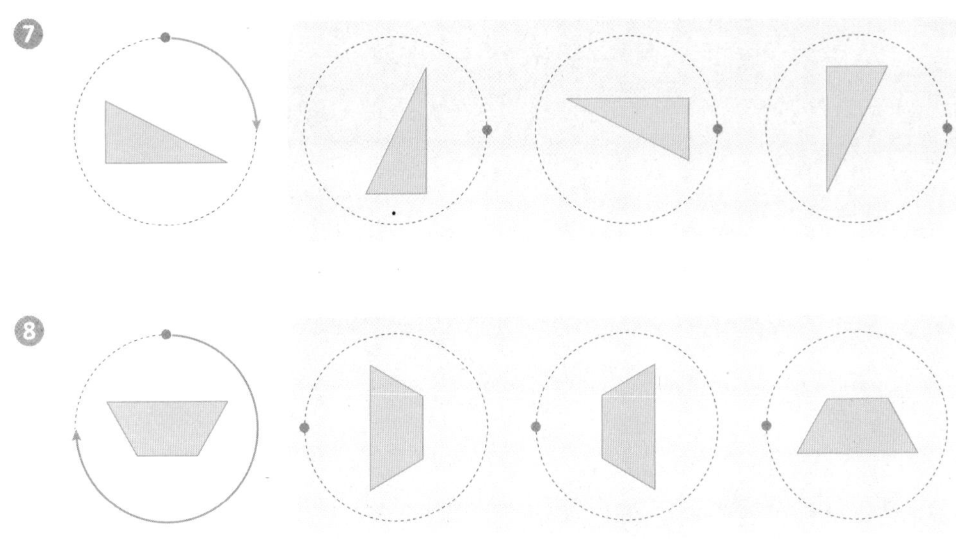

在右边找出左边图形能够拼出的新图形，并用○标出。

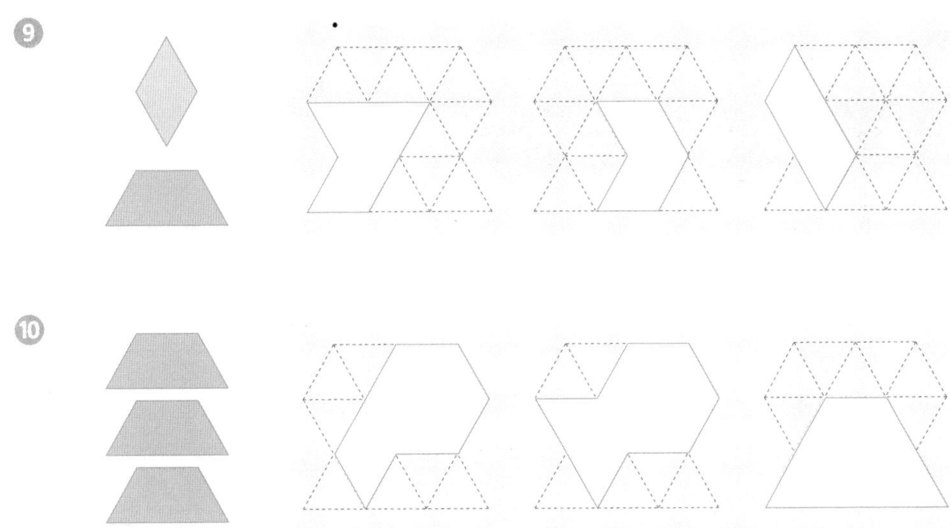

第2回：评价测试

每个方形格子的面积是1，在□内填入下列图形的面积。

❶
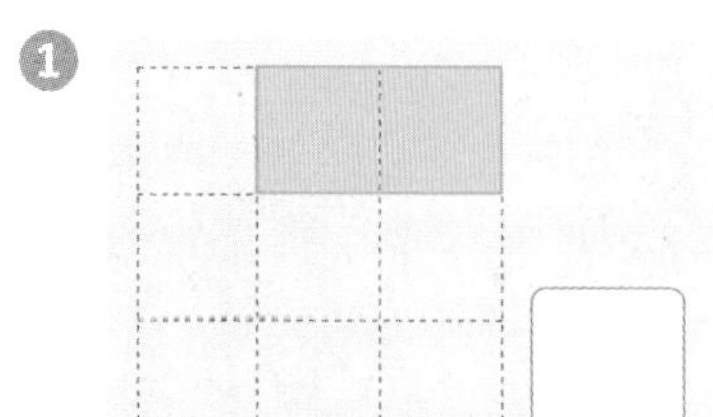

❷
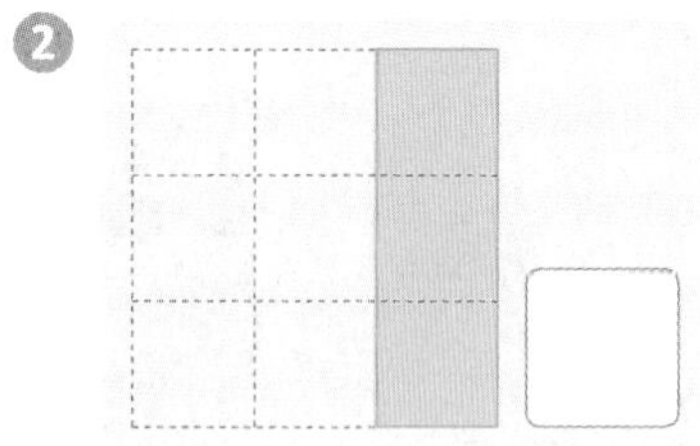

❸
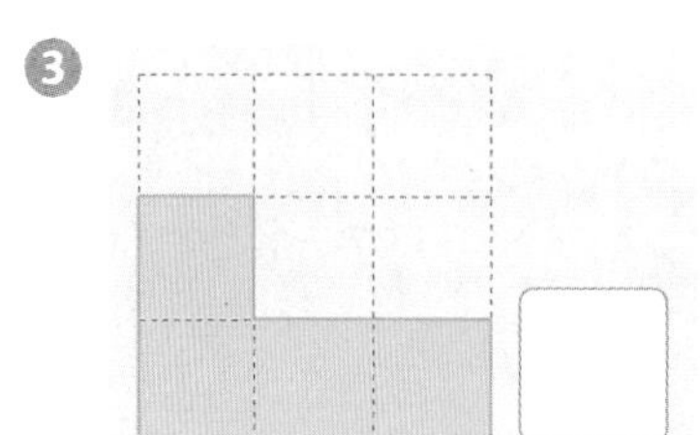

❹
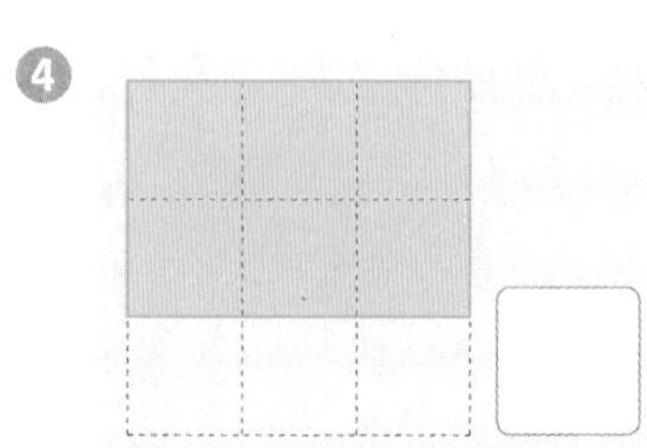

在右边画出左边2个图形拼出的新图形的轮廓。

❺
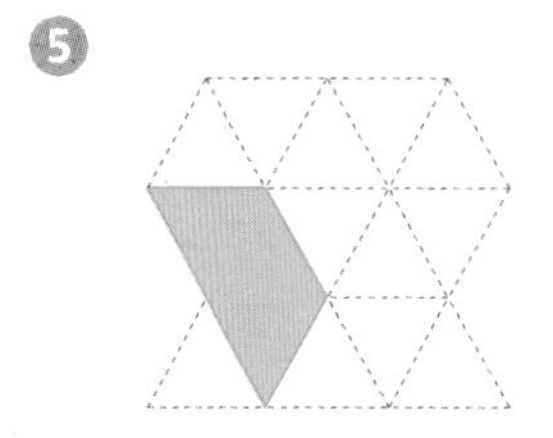
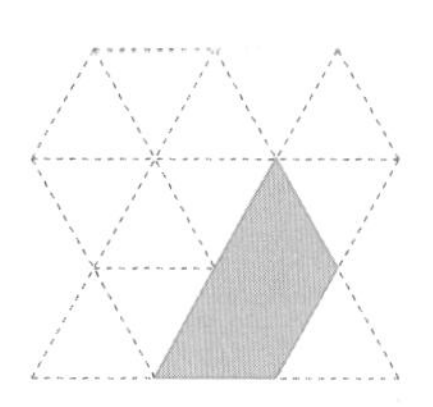
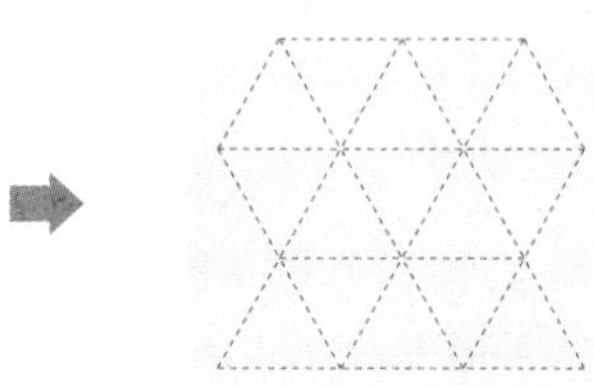

❻
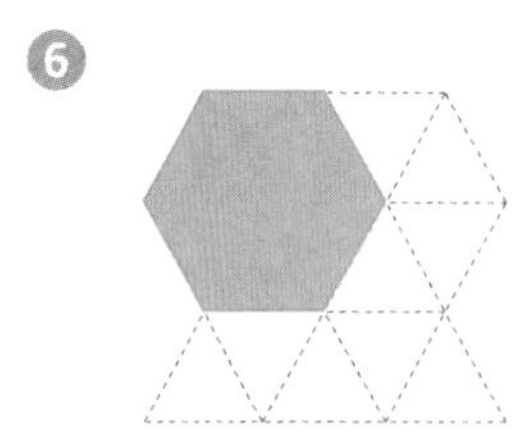
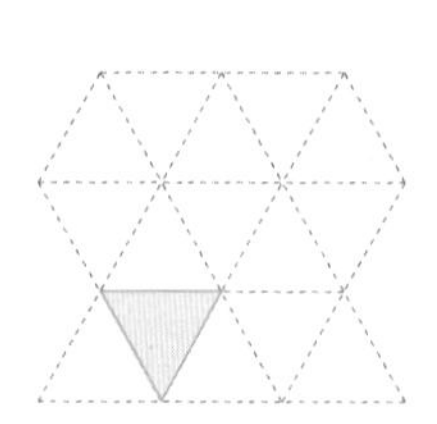
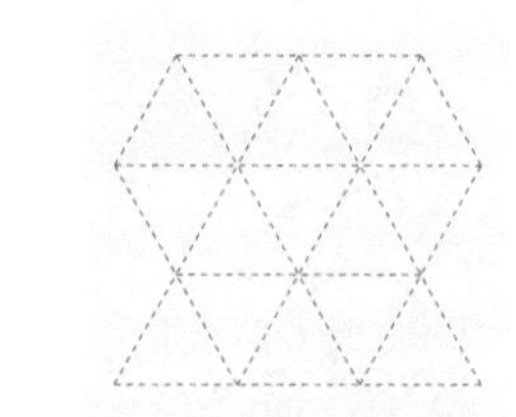

以下方格纸每次都按顺时针方向旋转90°，在空白处画出旋转后涂色图形的位置。

7
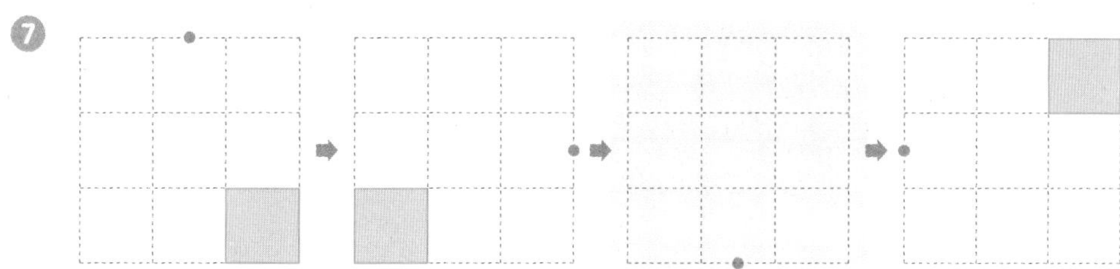

8
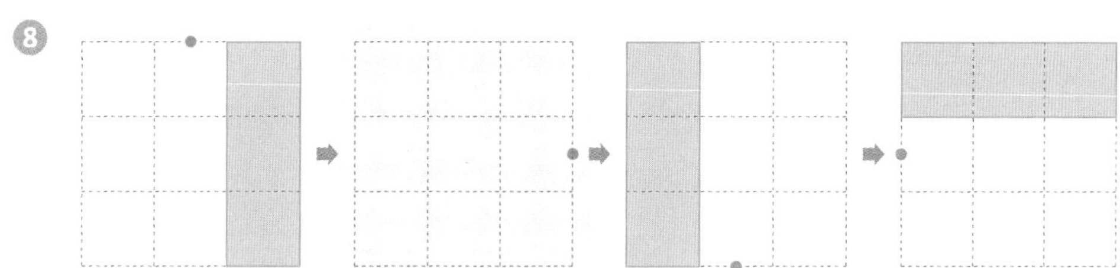

用左边的图形拼出右边的新图形，在□内填入所需左边图形的数量。

9　10
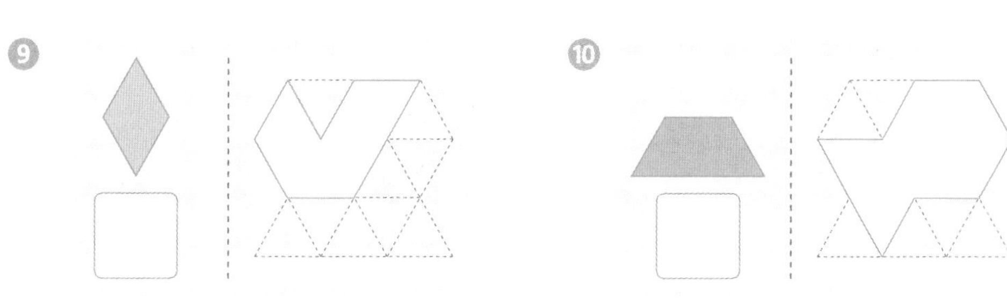

11　12
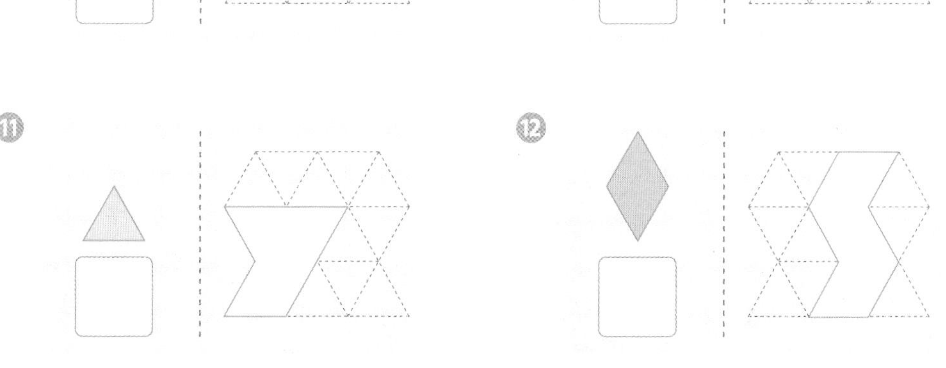

每个三角形格子的面积是1，在□内填入下列图形的面积。

❶
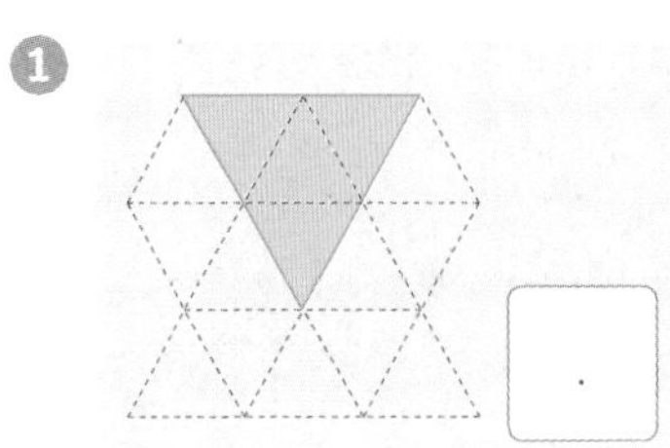

❷
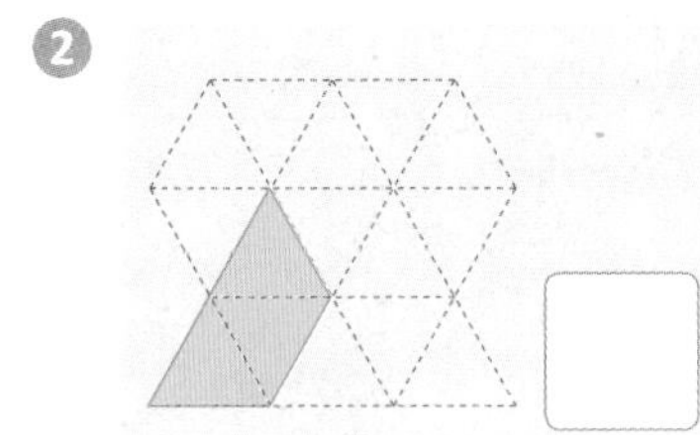

❸
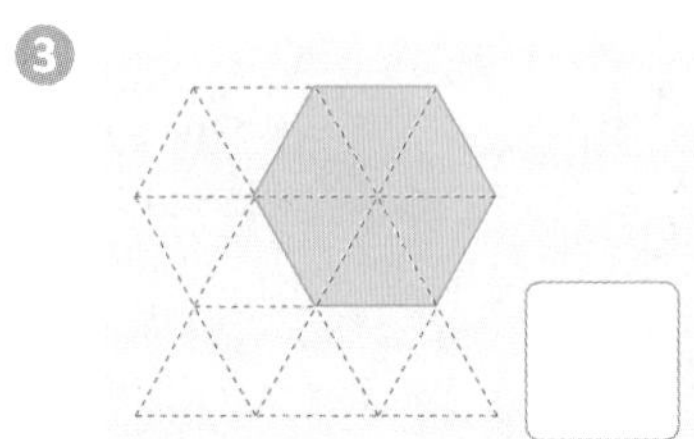

❹
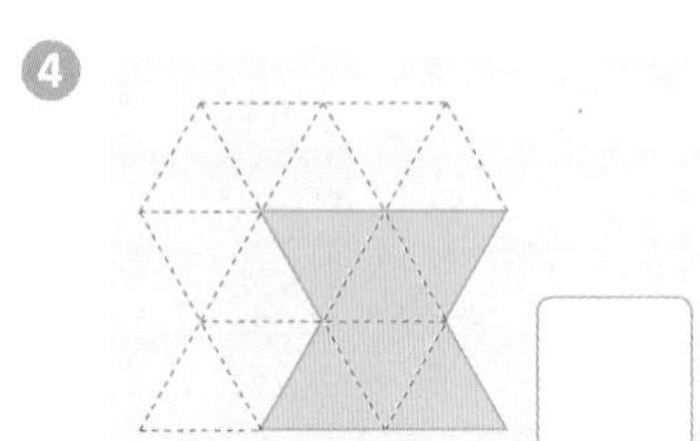

在左边空白处画出图形，使得左边2个图形能够拼接成右边的新图形。

❺
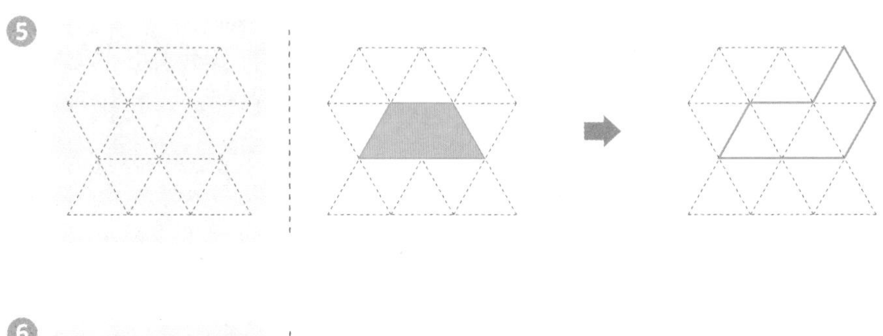

❻
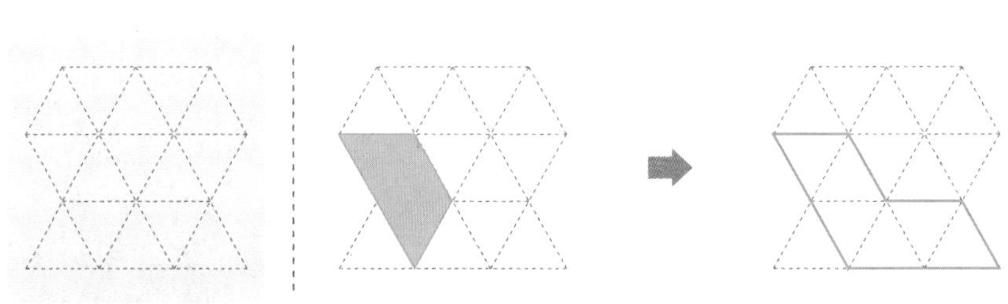

月 日
- 规定时间 10分钟
- 答对题目 /10

在右图中找出左边图形按箭头方向旋转后的形状，并用〇标出。

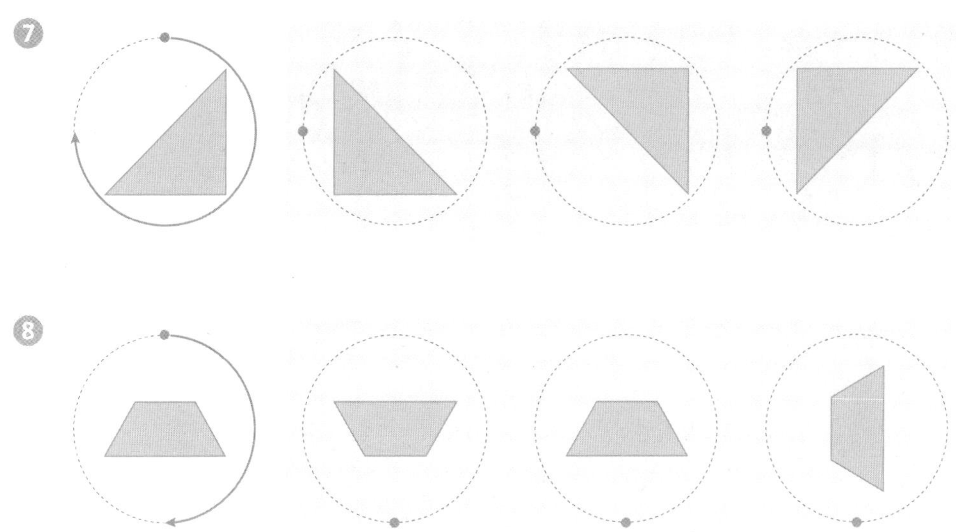

在右边找出无法用左边的图形拼出的新图形，并用×标出。

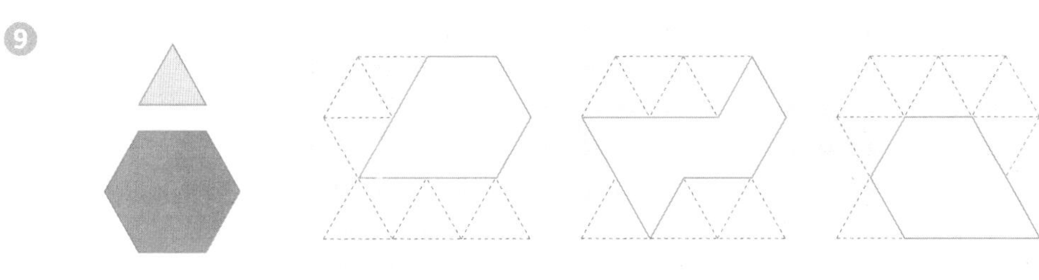

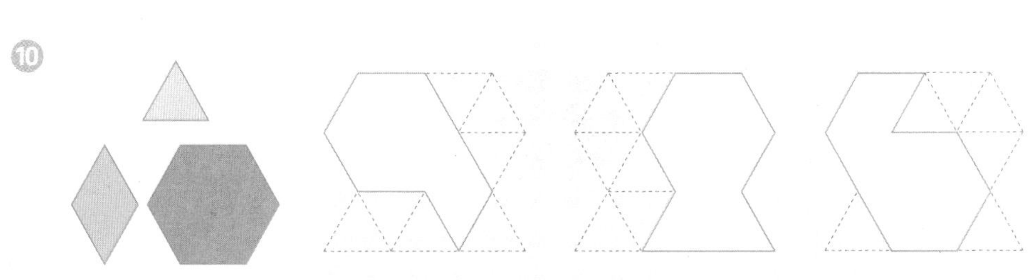

第4回 ：评价测试

每个方形格子的面积是1，在□内填入下列图形的面积。

❶ 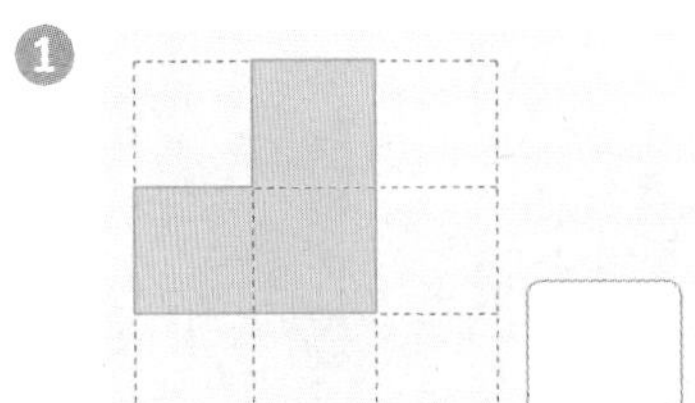

❷ 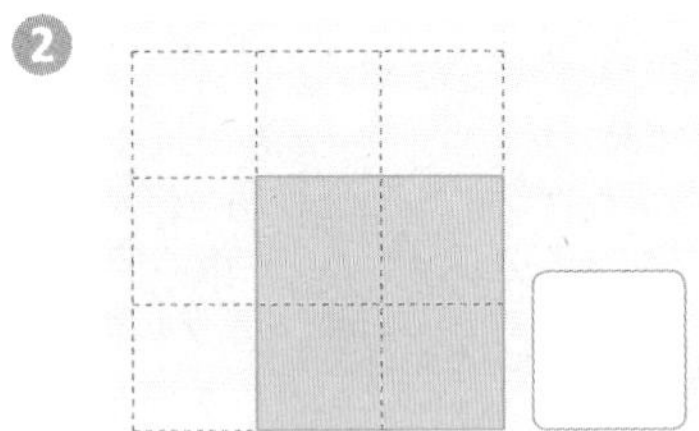

❸ 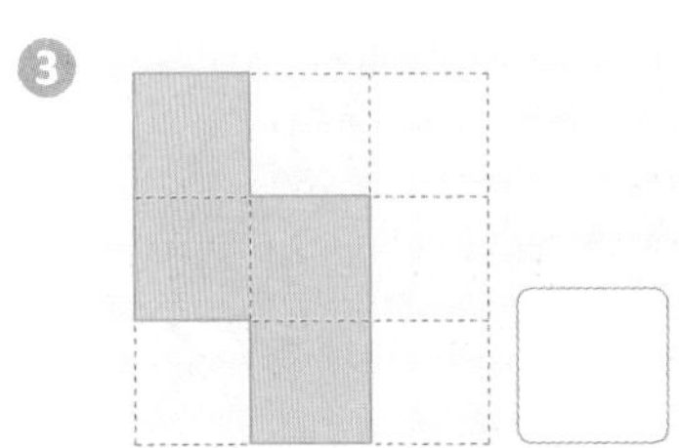

❹ 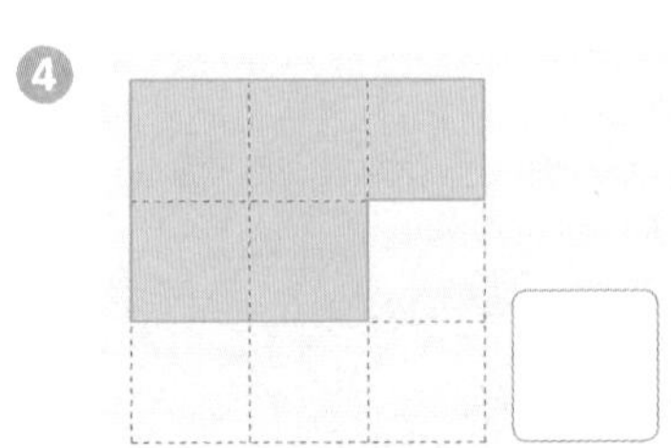

在右边画出左边2个图形拼出的新图形的轮廓。

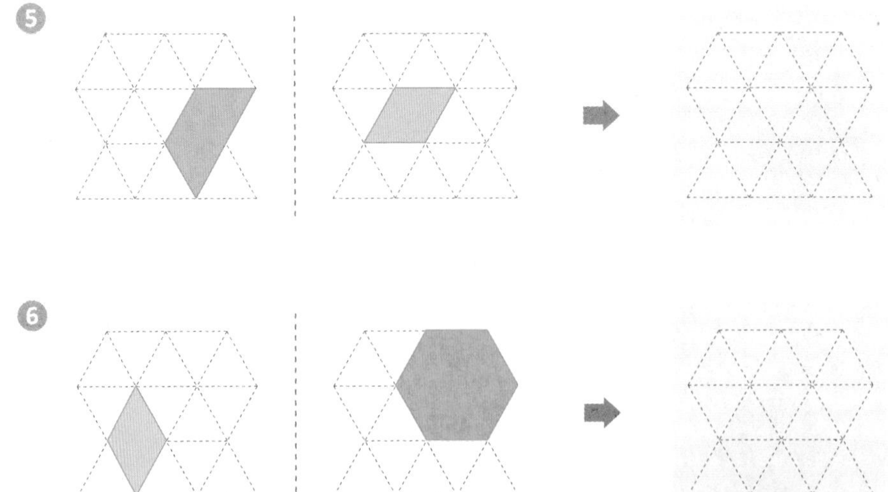

以下三角形格子纸每次都按顺时针方向旋转90°，在空白处画出涂色图形的位置。

7

8

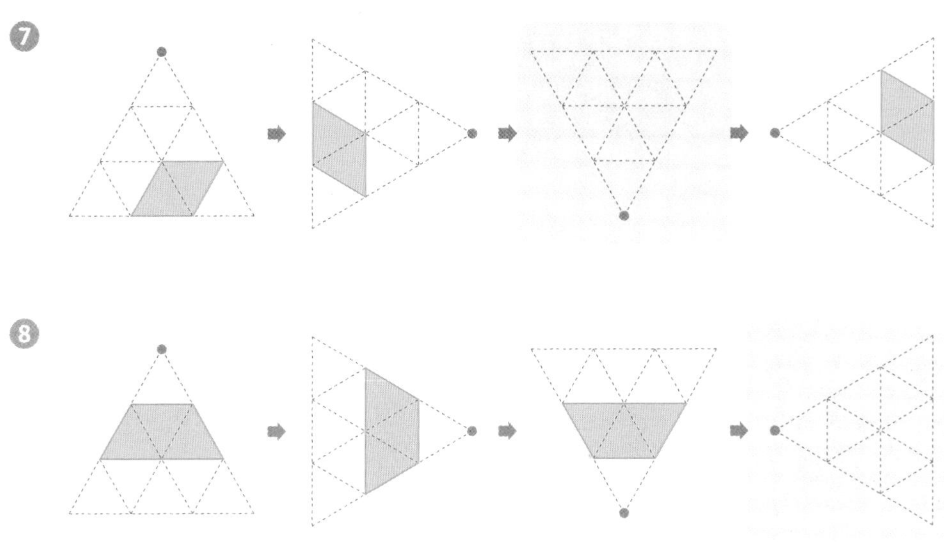

在右边找出左边图形能够拼出的新图形，并用○标出。

9

10

第5回：评价测试

用○标出与左边图形面积相同的图形。

1
2

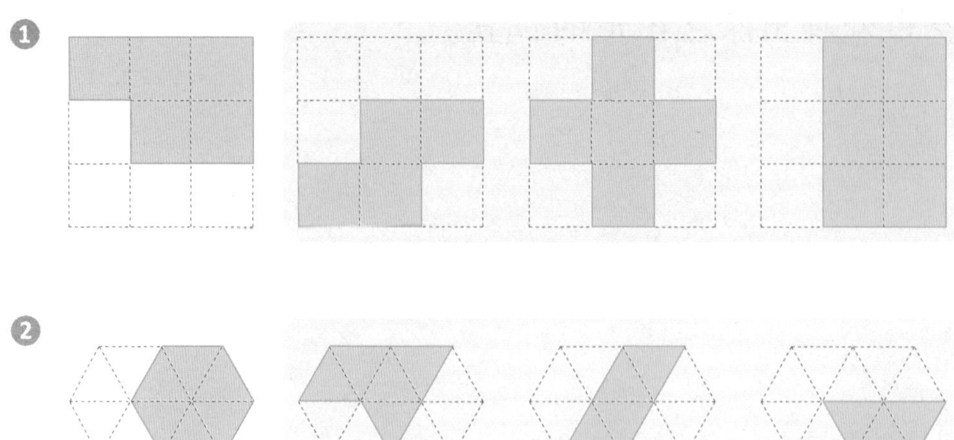

在左边空白处画出图形，使得左边2个图形能够拼接成右边的新图形。

3
4

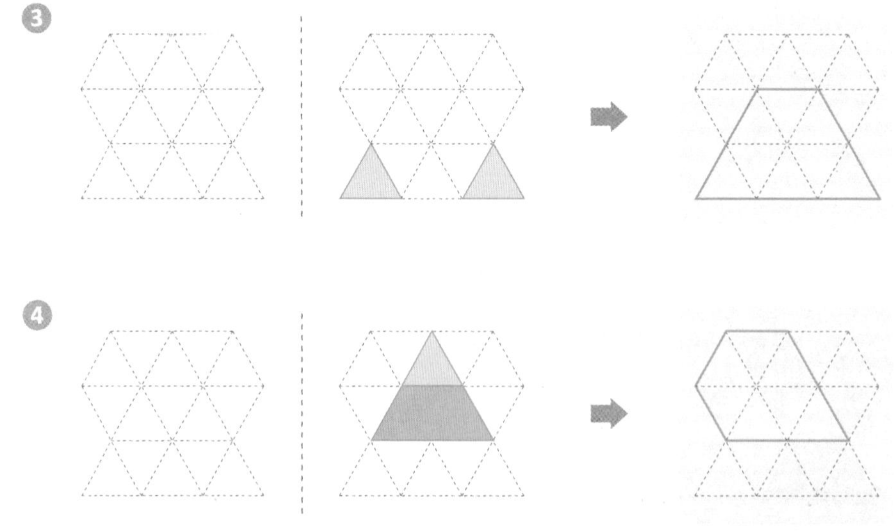

在右图中找出左边图形按箭头方向旋转后的形状，并用○标出。

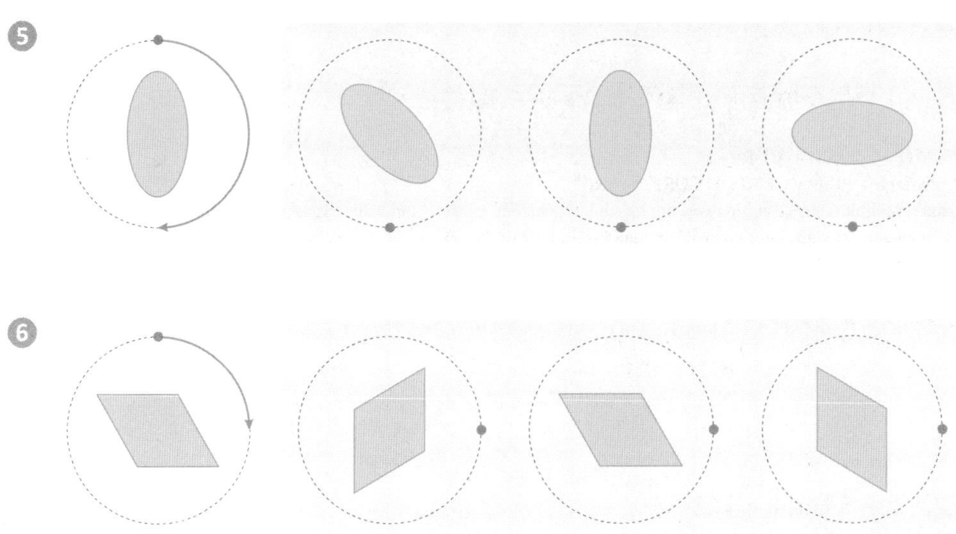

用左边的图形拼出右边的新图形，在□内填入所需左边图形的数量。

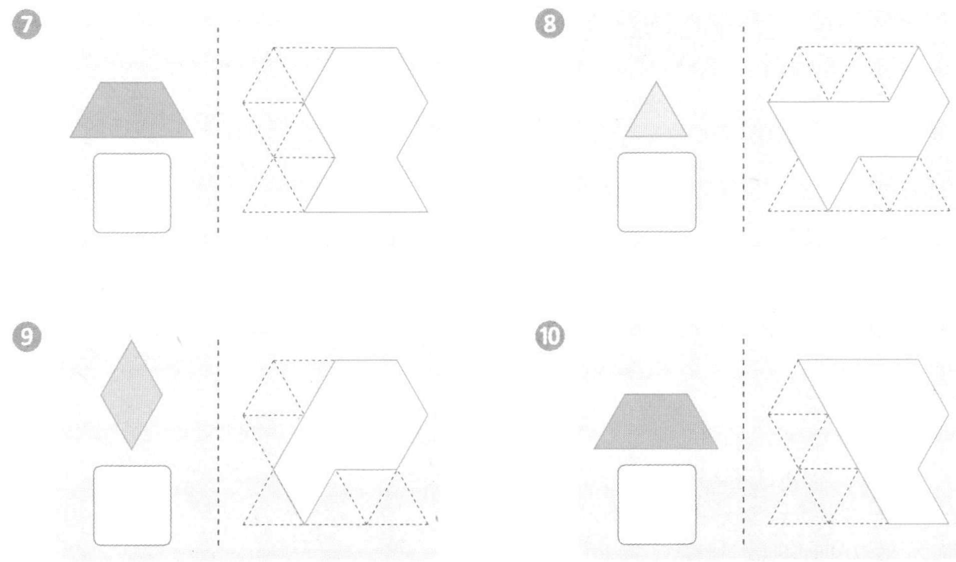

图书在版编目（CIP）数据

空间思维培养全书.2级／韩国C2M教育研究所编；(韩)赵润雨译.--济南：山东人民出版社，2022.11
ISBN 978-7-209-14016-4

Ⅰ.①空… Ⅱ.①韩… ②赵… Ⅲ.①数学－少儿读物
Ⅳ.①O1-49

中国版本图书馆CIP数据核字(2022)第158240号

山东省版权局著作权合同登记号　图字：15-2022-129

空间思维培养全书·2级
KONGJIAN SIWEI PEIYANG QUANSHU　2 JI
[韩]C2M教育研究所　编　[韩]赵润雨　译

主管单位　山东出版传媒股份有限公司
出版发行　山东人民出版社
出 版 人　胡长青
社　　址　济南市市中区舜耕路517号
邮　　编　250003
电　　话　总编室（0531）82098914
　　　　　市场部（0531）82098027
网　　址　http://www.sd-book.com.cn
印　　装　济南新先锋彩印有限公司
经　　销　新华书店

规　　格　16开（170mm×240mm）
印　　张　32
字　　数　230千字
版　　次　2022年11月第1版
印　　次　2022年11月第1次
ISBN 978-7-209-14016-4
定　　价　164.00元（4册）

如有印装质量问题，请与出版社总编室联系调换。

2级

空间思维培养全书

答案

2-1 平面规则 图形制作

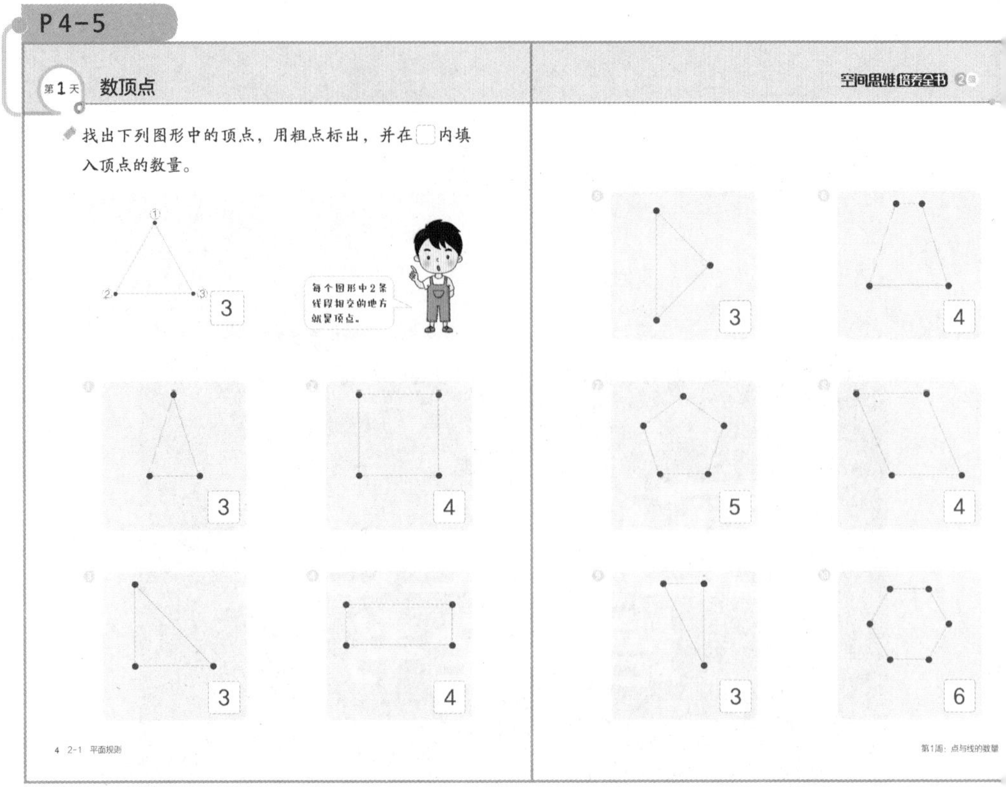

P 4-5

第1天 数顶点

找出下列图形中的顶点，用粗点标出，并在□内填入顶点的数量。

① ② ③ 3

① 3
② 4
③ 3
④ 4
⑤ 3
⑥ 4
⑦ 5
⑧ 4
⑨ 3
⑩ 6

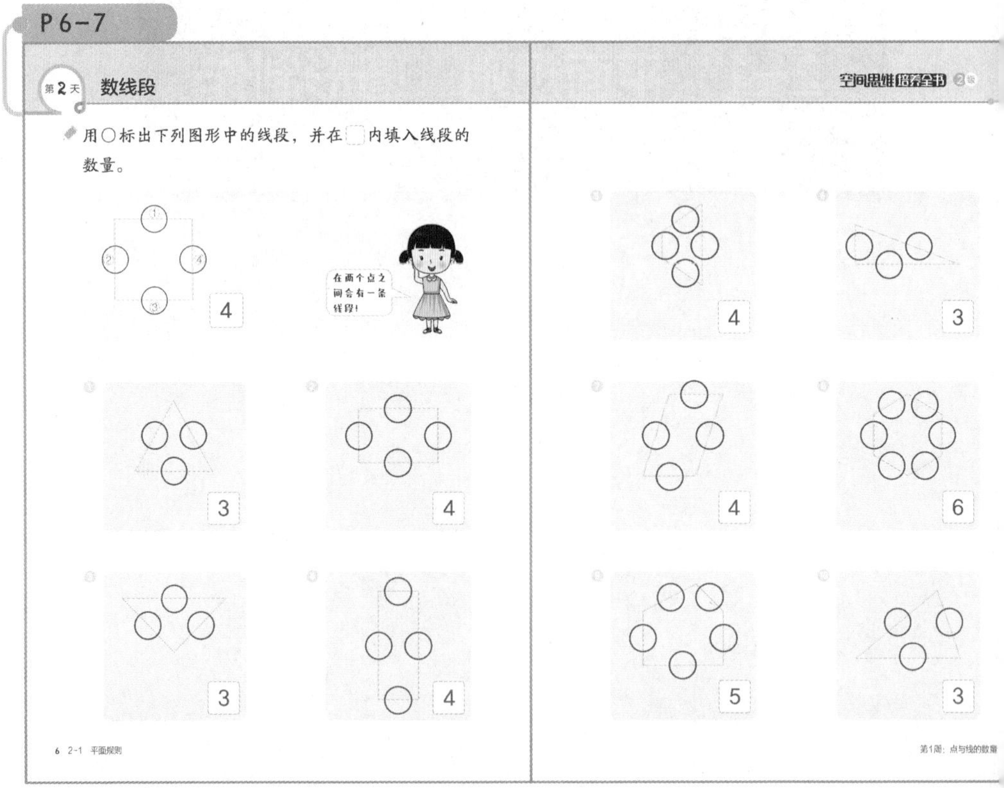

P 6-7

第2天 数线段

用○标出下列图形中的线段，并在□内填入线段的数量。

① ② ③ ④ 4

① 3
② 4
③ 3
④ 4
⑤ 4
⑥ 3
⑦ 4
⑧ 6
⑨ 5
⑩ 3

P 8-9

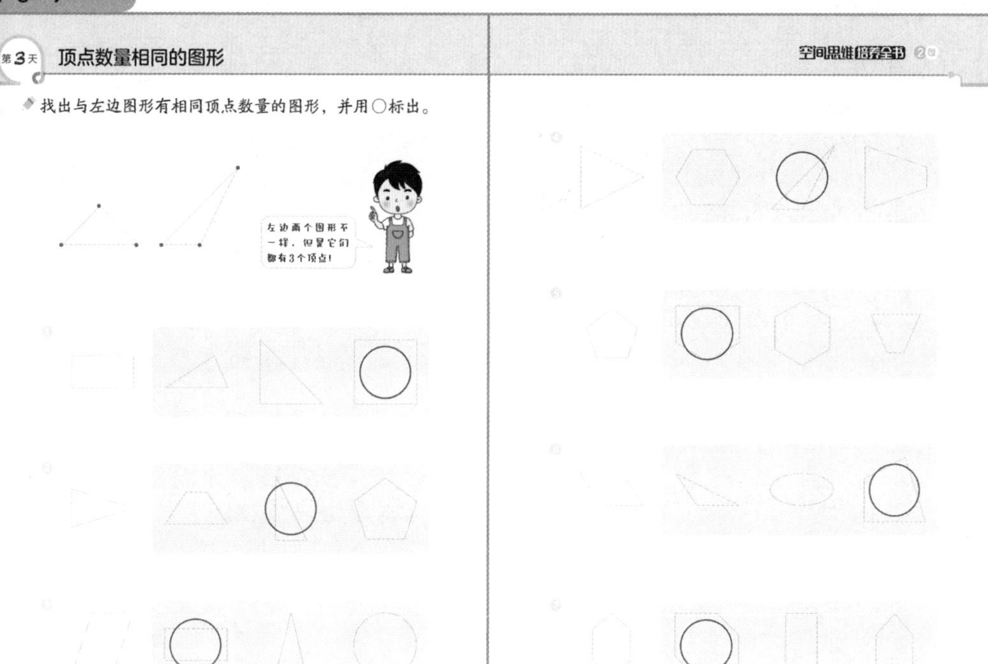

第3天 顶点数量相同的图形

空间思维培养全书 2

找出与左边图形有相同顶点数量的图形，并用○标出。

P 10-11

第4天 线段数量相同的图形

空间思维培养全书 2

找出与左边图形有相同线段数量的图形，并用○标出。

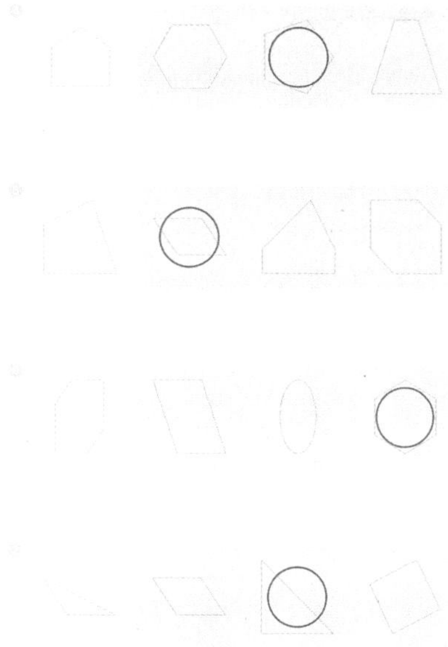

P 12－13

第5天 连一连

将顶点与线段数量都相同的图形连在一起。

还有一些图形像左边那样，既没有顶点也没有直直的线段。

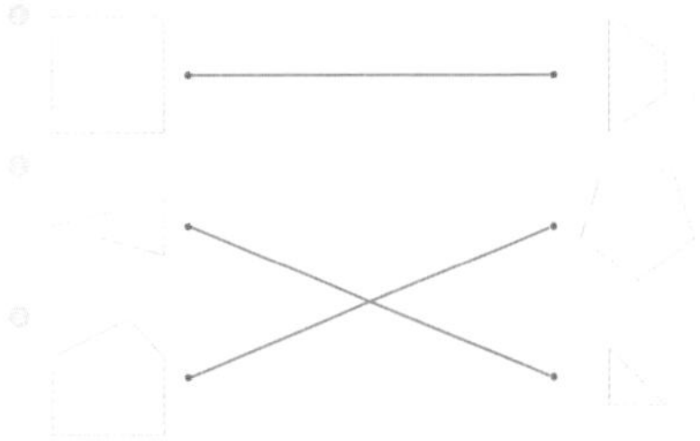

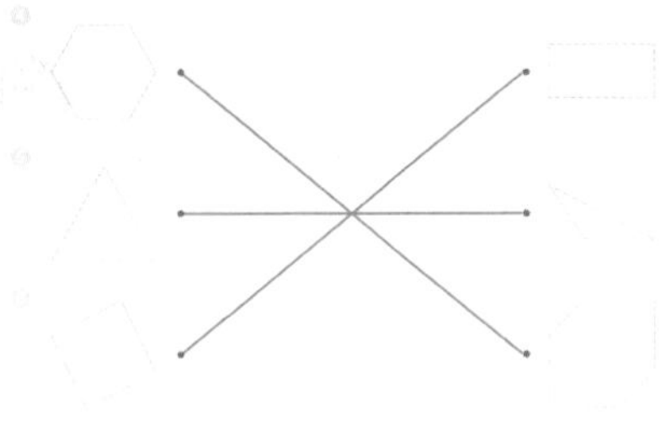

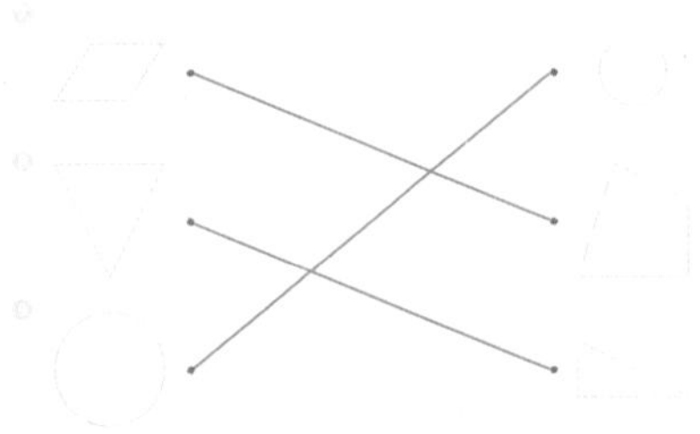

P 14

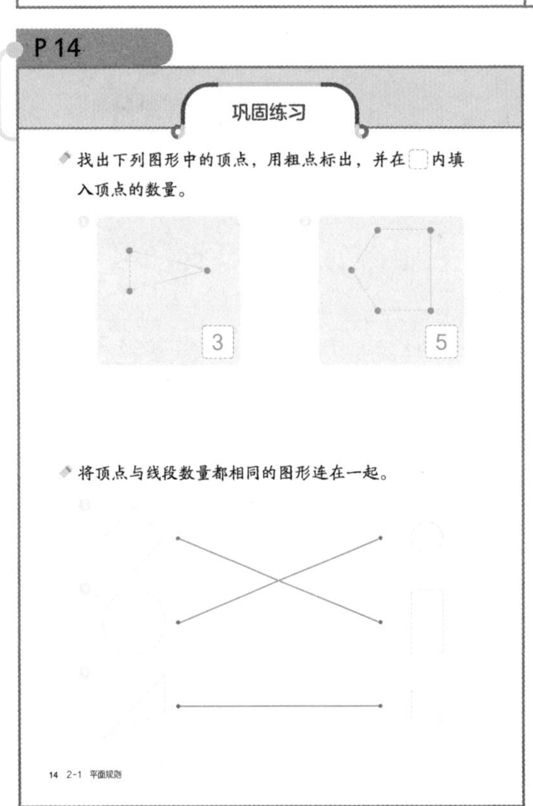

巩固练习

找出下列图形中的顶点，用粗点标出，并在□内填入顶点的数量。

3

5

将顶点与线段数量都相同的图形连在一起。

P 16−17

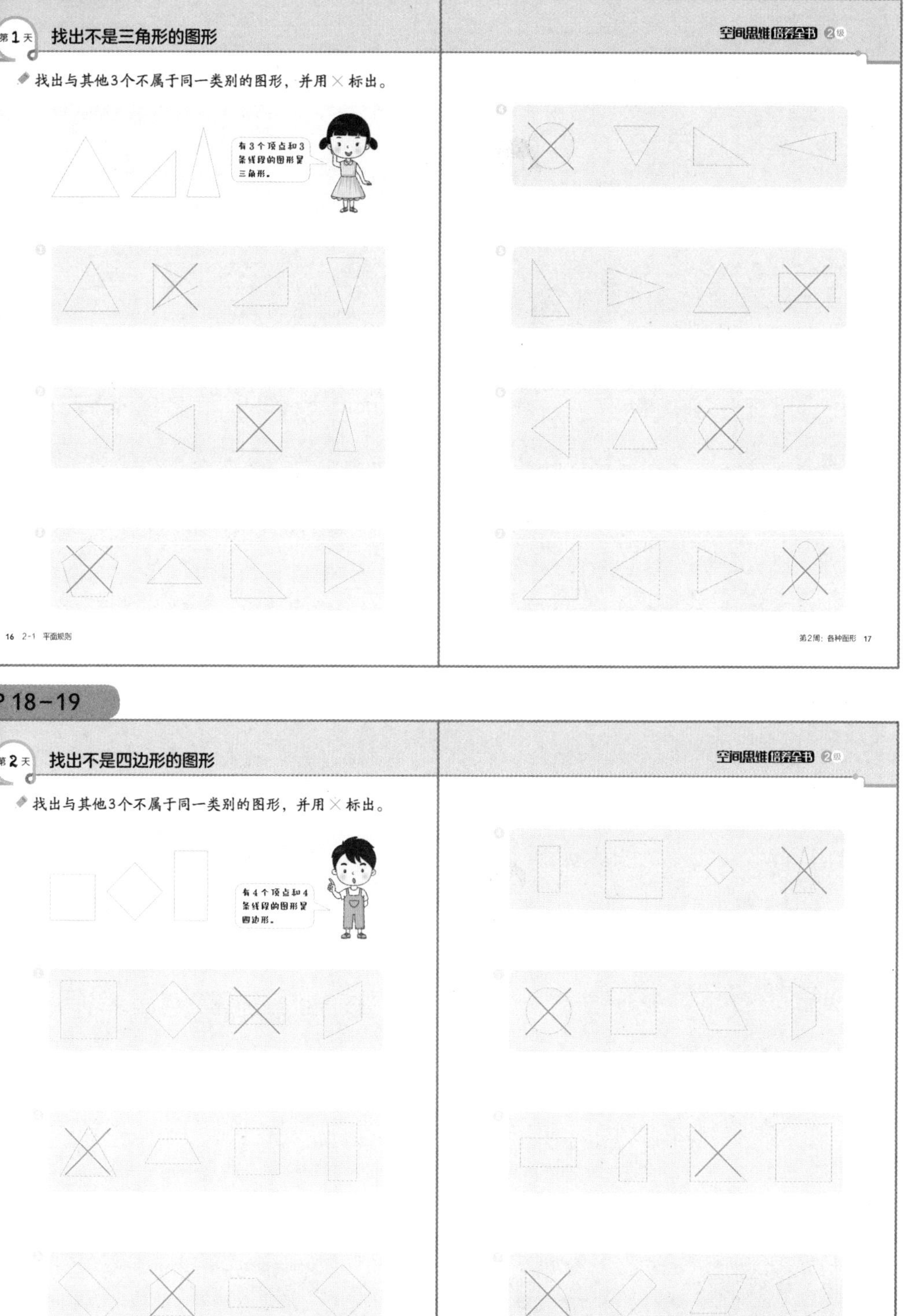
第1天
找出不是三角形的图形
空间思维培养全书 2级
找出与其他3个不属于同一类别的图形，并用×标出。
有3个顶点和3条线段的图形是三角形。
16 2-1 平面规则
第2周：各种图形 17
P 18−19
第2天
找出不是四边形的图形
空间思维培养全书 2级
找出与其他3个不属于同一类别的图形，并用×标出。
有4个顶点和4条线段的图形是四边形。
18 2-1 平面规则
第2周：各种图形 19

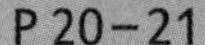
P 20-21

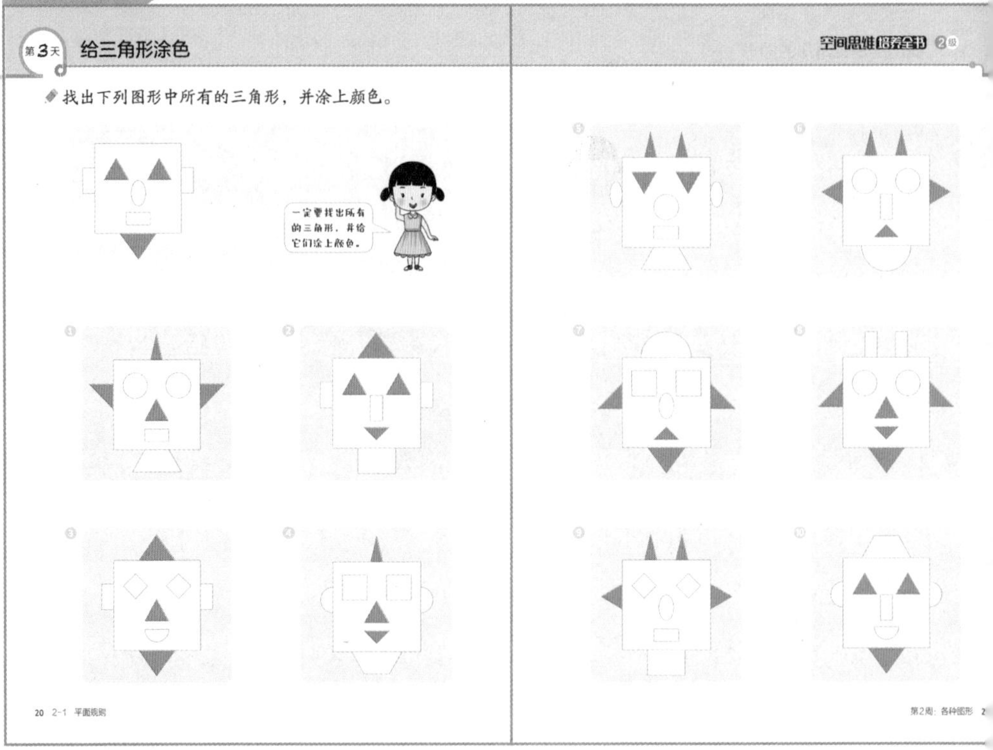

第3天 给三角形涂色

空间思维培养全书 2级

找出下列图形中所有的三角形，并涂上颜色。

一定要找出所有的三角形，并给它们涂上颜色。

20 2-1 平面规则

第2周：各种图形

P 22-23

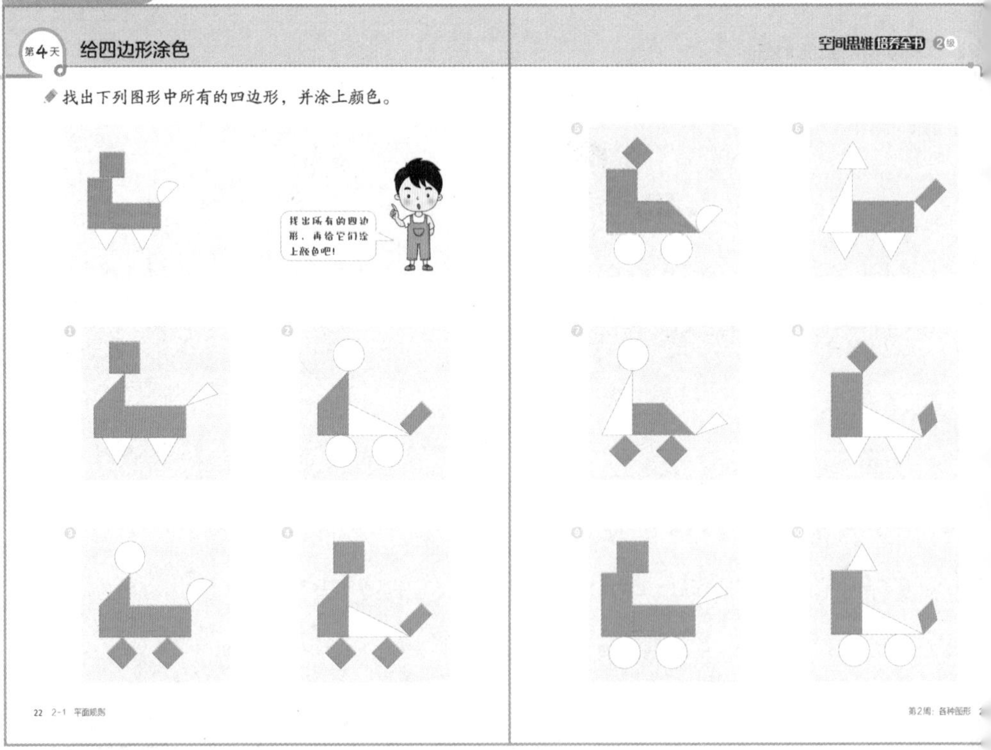

第4天 给四边形涂色

空间思维培养全书 2级

找出下列图形中所有的四边形，并涂上颜色。

找出所有的四边形，再给它们涂上颜色吧！

22 2-1 平面规则

第2周：各种图形

P 24-25

第5天 找圆形

找出下列图形中所有的圆形，并用○标出。

像鸡蛋一样的图形
或有直线段的图形
不是圆形哦!

1

2

3

4

5

6

7

P 26

巩固练习

找出与其他3个不属于同一类别的图形，并用×标出。

1

2

找出下列图形中所有的四边形，并涂上颜色。

3

4

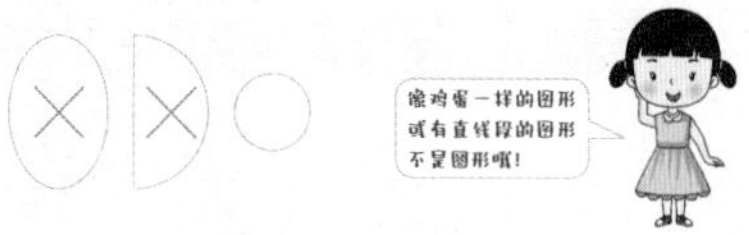

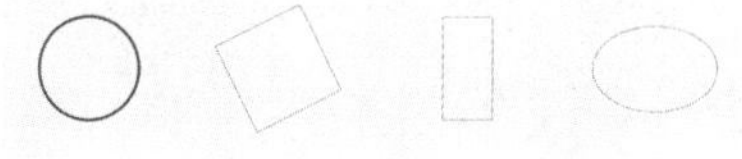

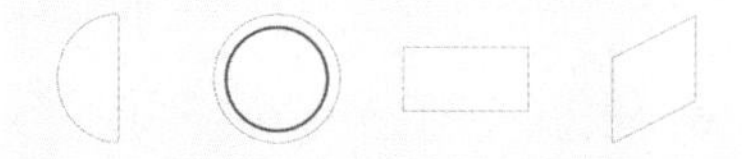

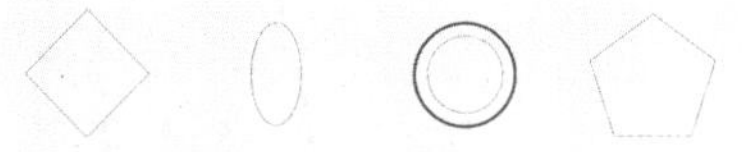

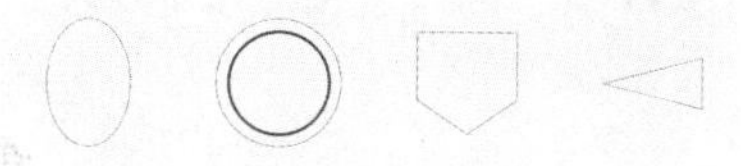

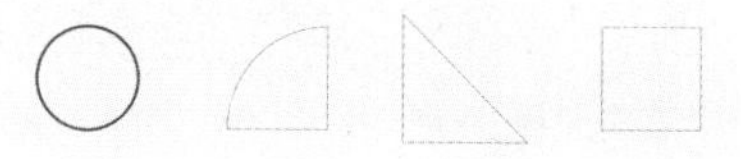

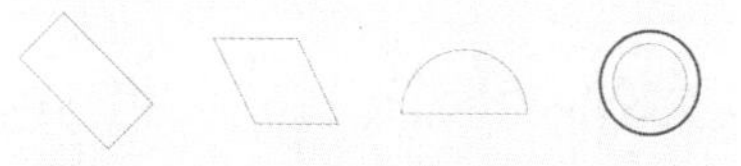

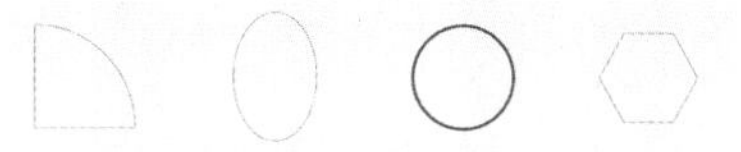

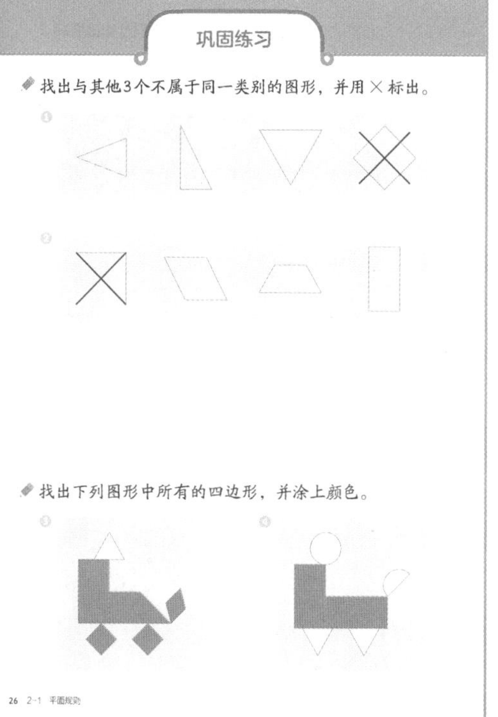

P 28－29

第1天 大小不同的圆形

找出下列图形中所有的圆形，并在 内填入圆形的数量。

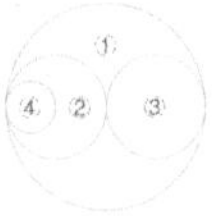

3 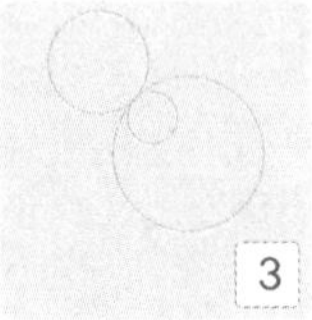　3

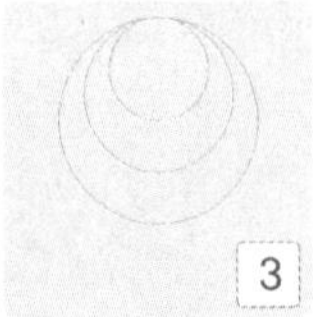

3 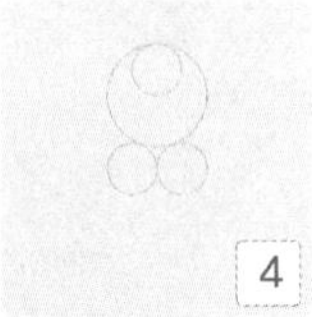　4

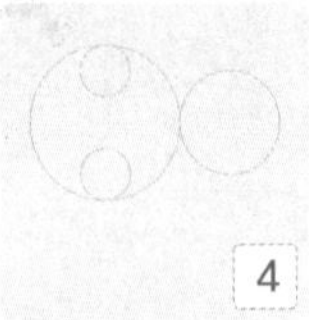

4 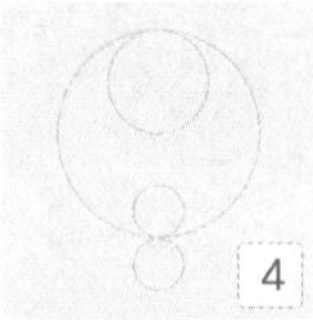　4

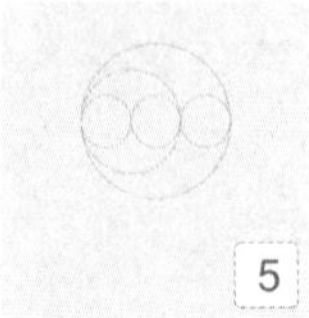

5 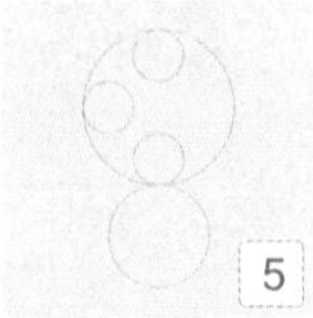　5

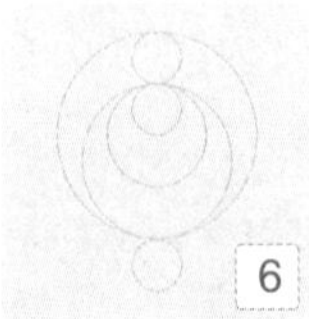

6 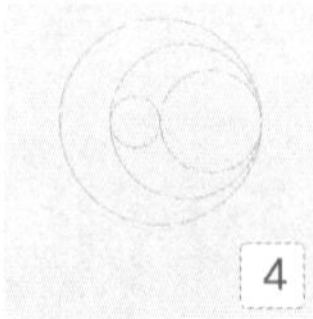　4

P 30－31

第2天 大小不同的三角形（1）

找出下列图形中所有的三角形，并在 内填入三角形的数量。

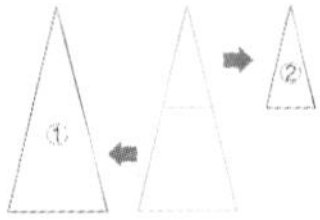

①
②
大三角形上部还叠着1个小三角形。

2 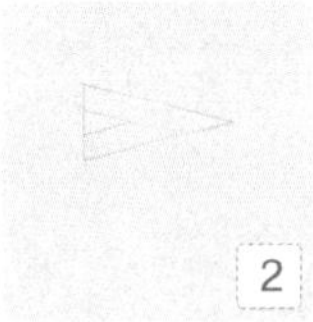　2

3 　3

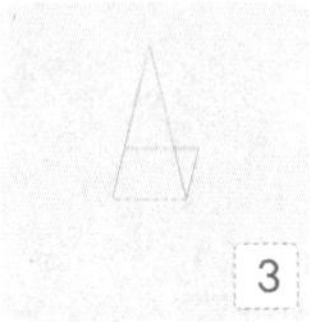

3 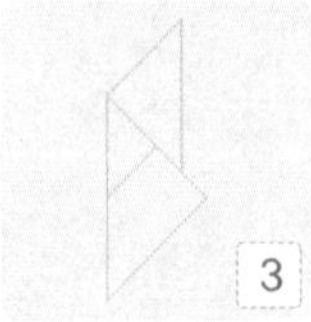　3

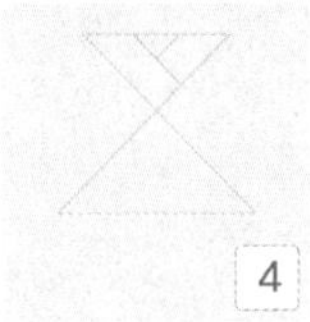

4 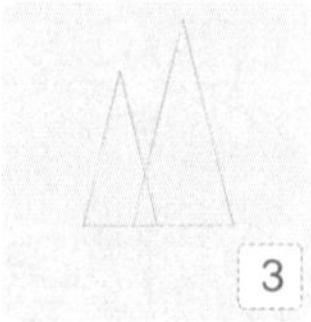　3

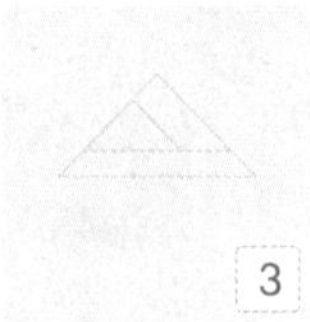

3 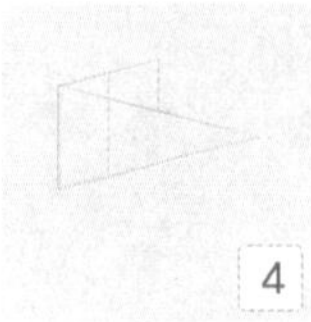　4

P 32-33

第3天 大小不同的三角形(2)

找出下列图形中所有的三角形，并在□内填入三角形的数量。

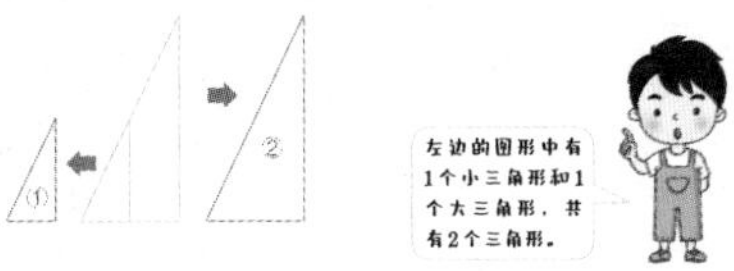

①
②
左边的图形中有1个小三角形和1个大三角形，共有2个三角形。

2
3
3
4

3
3
4
4
5
4

P 34-35

第4天 大小不同的四边形(1)

找出下列图形中所有的四边形，并在□内填入四边形的数量。

②
①
③
在最大的长方形里还有2个小的长方形。

2
3
3
3

4
3
4
4
4
6

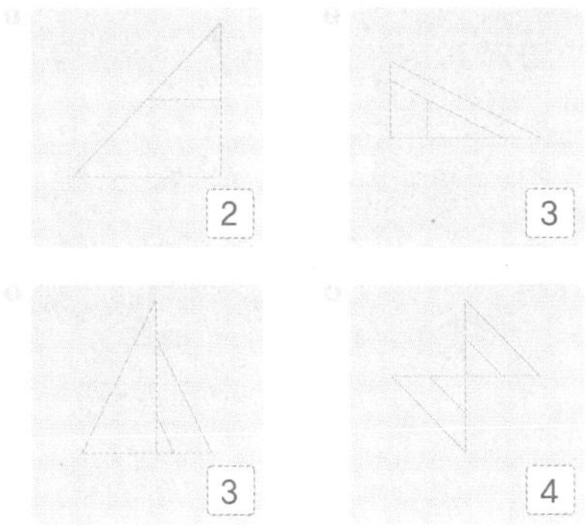

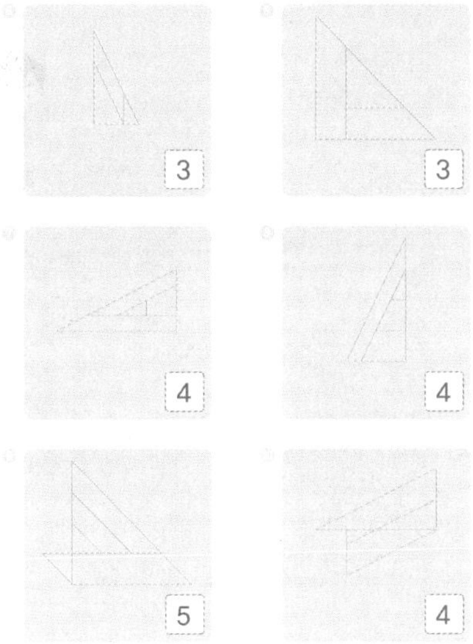

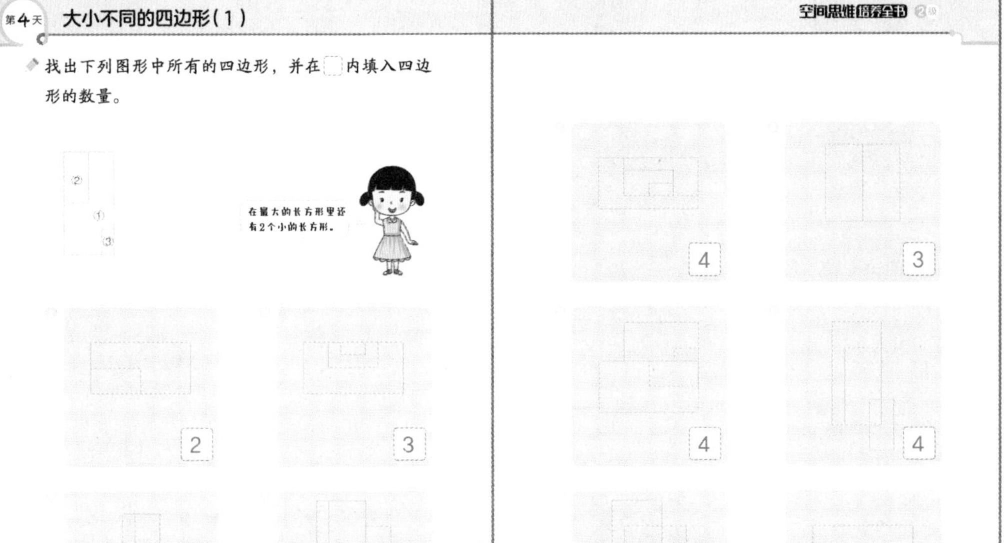

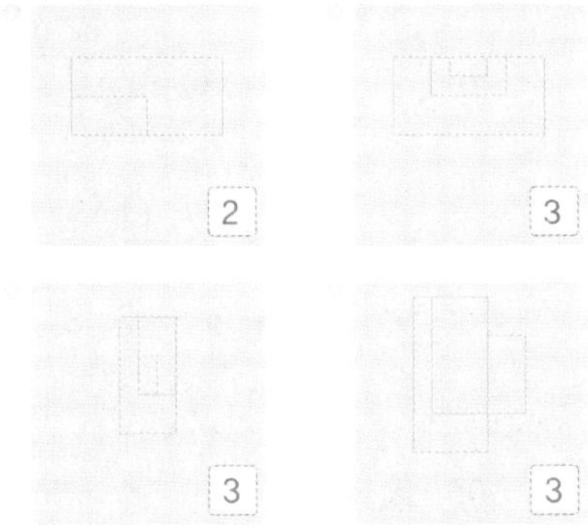

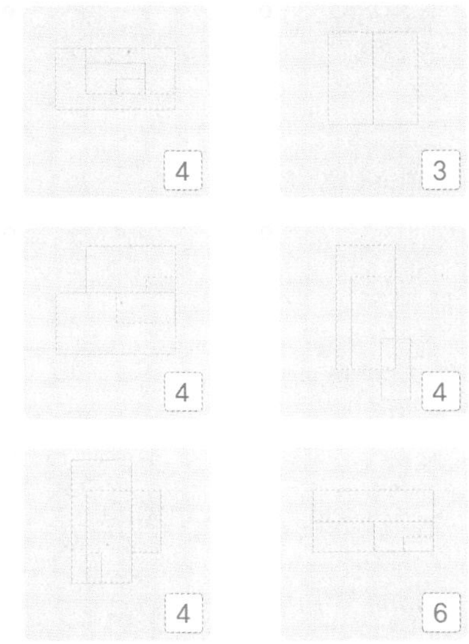

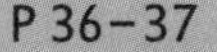

P 36－37

第5天 大小不同的四边形（2）

找出下列图形中所有的四边形，并在□内填入四边形的数量。

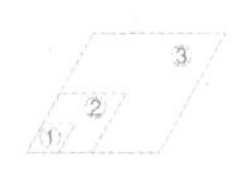
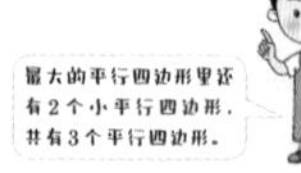

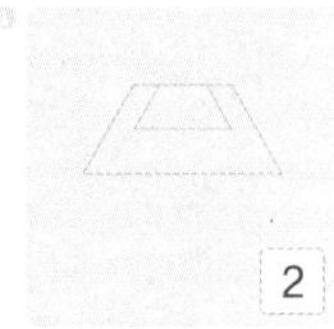
2

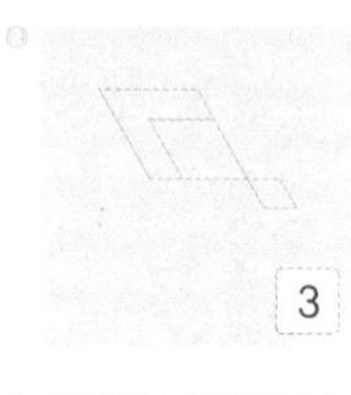
3

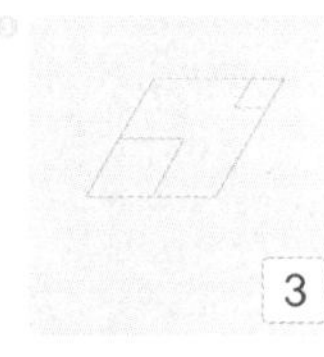
3

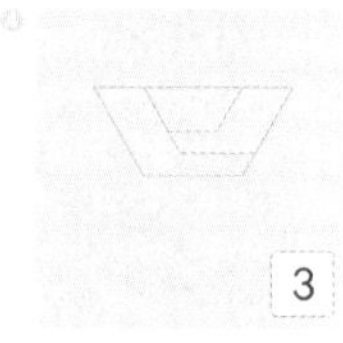
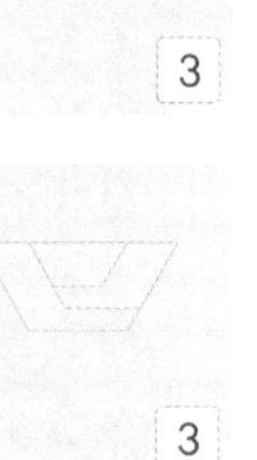
3

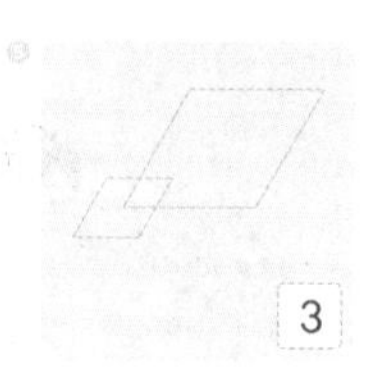
3

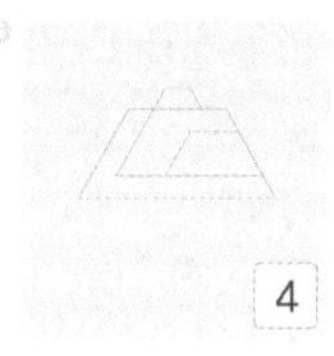
4

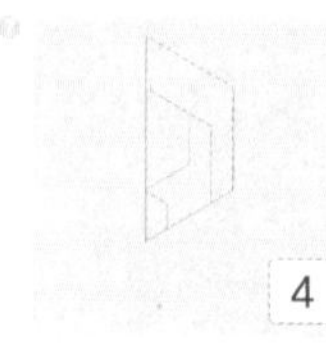
4

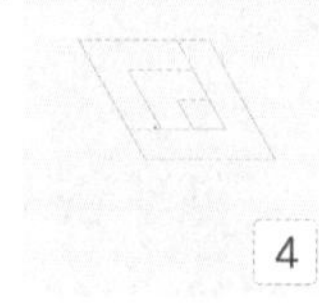
4

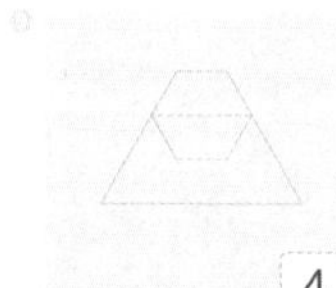
4

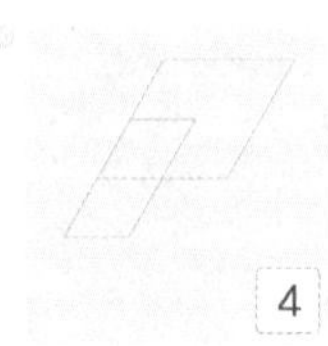
4

36 2-1 平面规则　　第3周：数一数 37

P 38

巩固练习

找出下列图形中所有的三角形，并在□内填入三角形的数量。

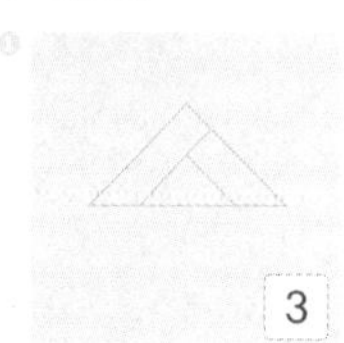
3

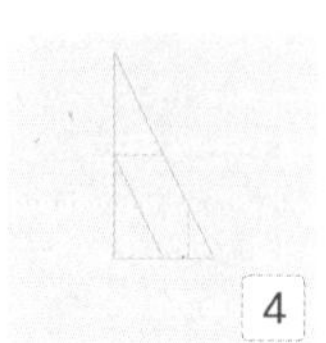
4

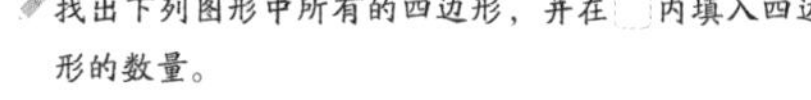

找出下列图形中所有的四边形，并在□内填入四边形的数量。

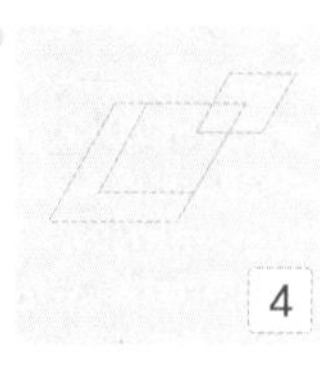
4

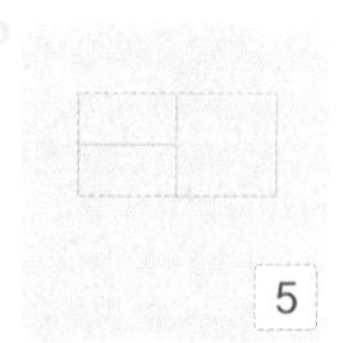
5

38 2-1 平面规则

P 40-41

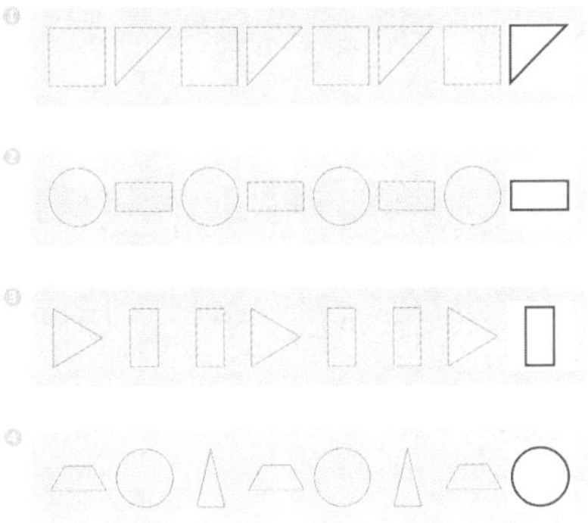

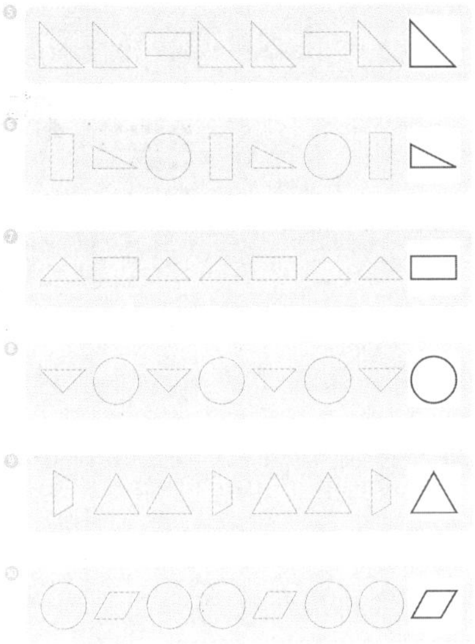

P 42-43

第2天 循环的颜色

空间思维培养全书 2级

找出下列图形中存在的规律，并在最后画出正确的图形。

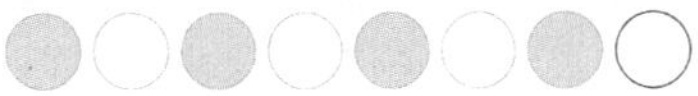

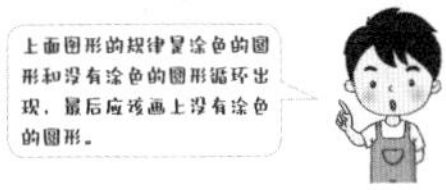

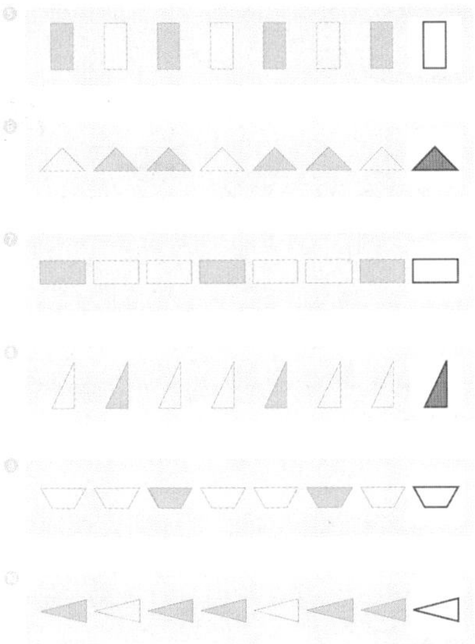

上面图形的规律是涂色的圆形和没有涂色的圆形循环出现，最后应该画上没有涂色的圆形。

1

2

3

4

5

6

7

8

9

10

42 2-1 平面规则

第4周：图形的规律 43

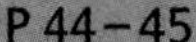

P 44-45

第3天 循环的图形

空间思维培养全书 2级

找出下列图形中存在的规律，并在最后画出正确的图形。

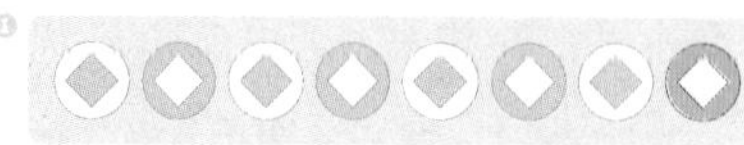

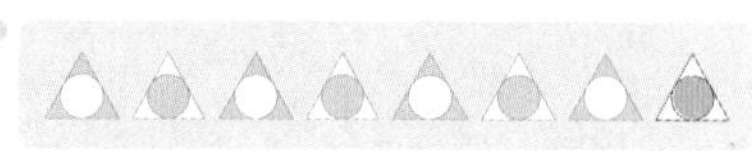

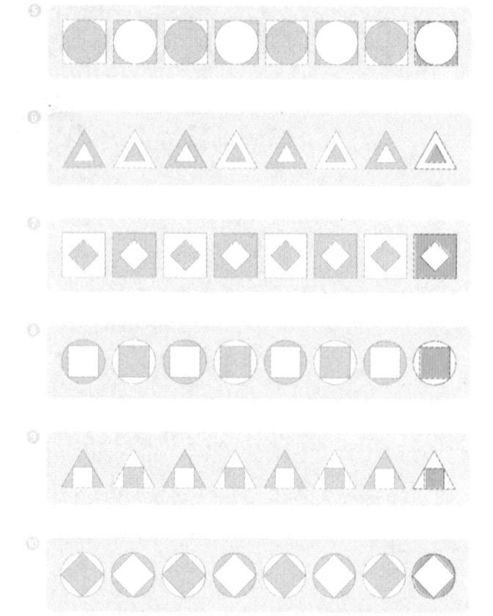

44 2-1 平面规则

第4周：图形的规律 45

P 46-47

第4天 会移动的色块(1)

空间思维培养全书 2级

找出下列图形中存在的规律，并在最后画出正确的图形。

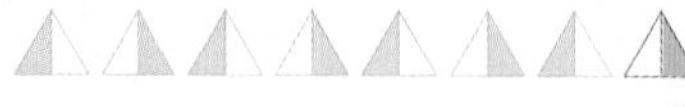

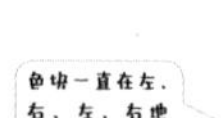

46 2-1 平面规则

第4周：图形的规律 47

P 48-49

会移动的色块(2)

找出下列图形中存在的规律，并在最后画出正确的图形。

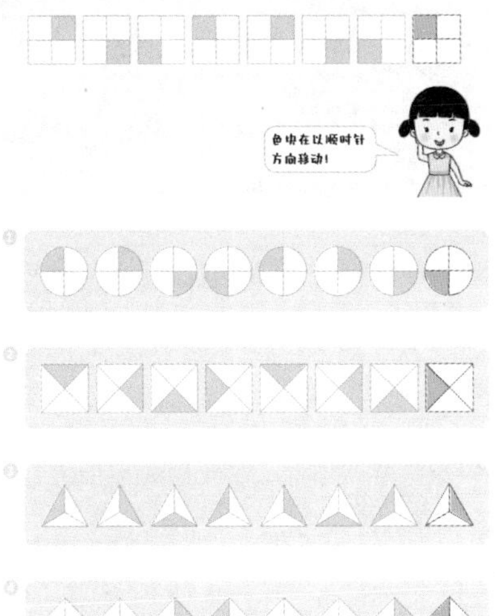

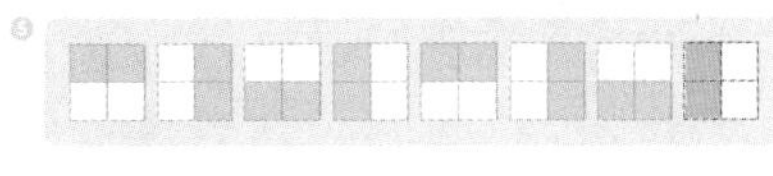

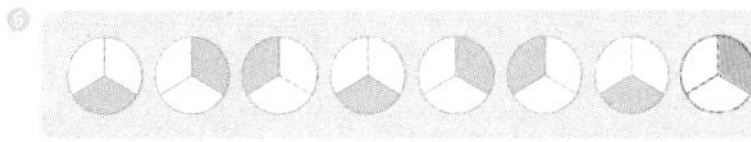

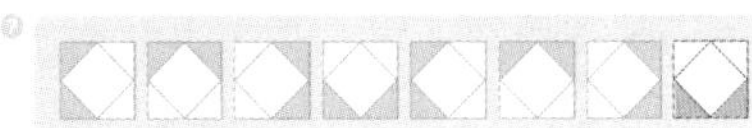

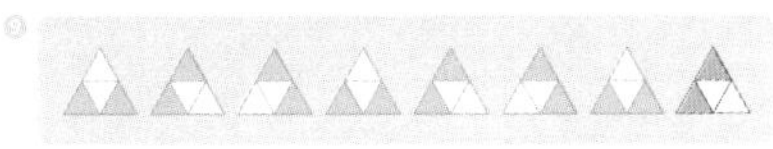

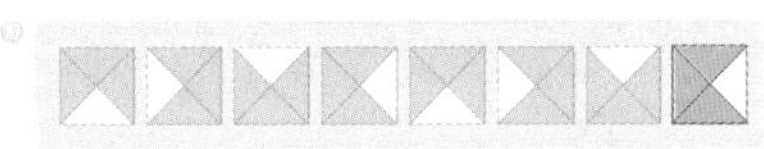

P 50

巩固练习

找出下列图形中存在的规律，并在最后画出正确的图形。

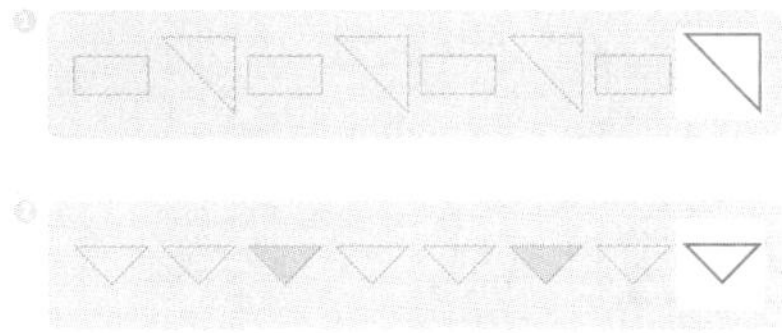

找出下列图形中存在的规律，并在最后画出正确的图形。

P 52-53

第1回 ：评价测试

月　日
规定时间　10分钟
答对题目　/9

找出下列图形中的顶点，用粗点标出，并在□内填入顶点的数量。

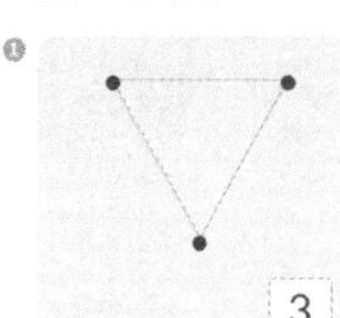

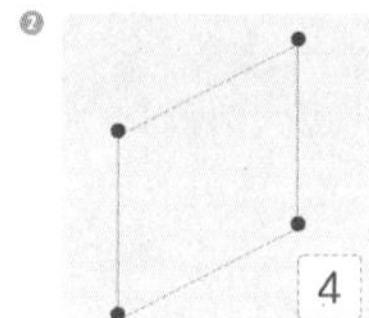

找出与其他3个不属于同一类别的图形，并用×标出。

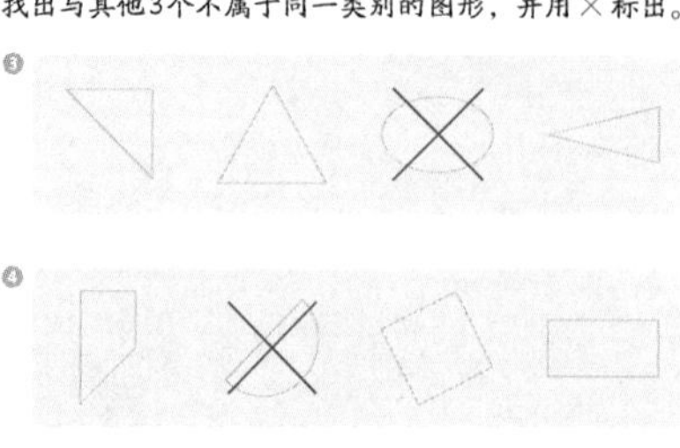

找出下列图形中所有的三角形，并在□内填入三角形的数量。

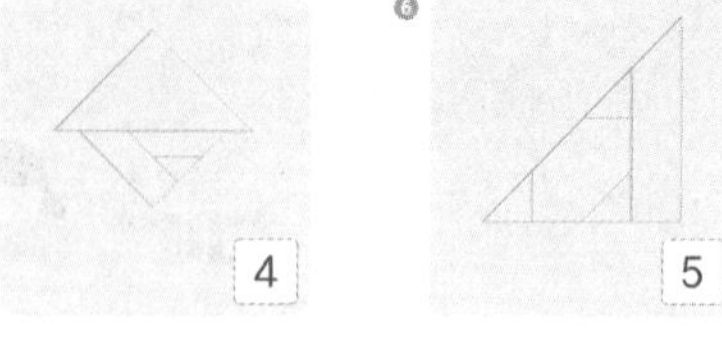

找出下列图形中存在的规律，并在最后画出正确的图形。

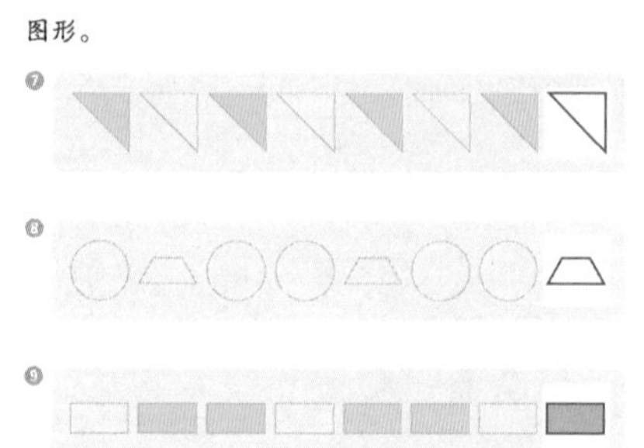

52 2-1 平面规则　　评价测试 53

P 54-55

第2回 ：评价测试

月　日
规定时间　10分钟
答对题目　/10

将顶点与线段数量都相同的图形连在一起。

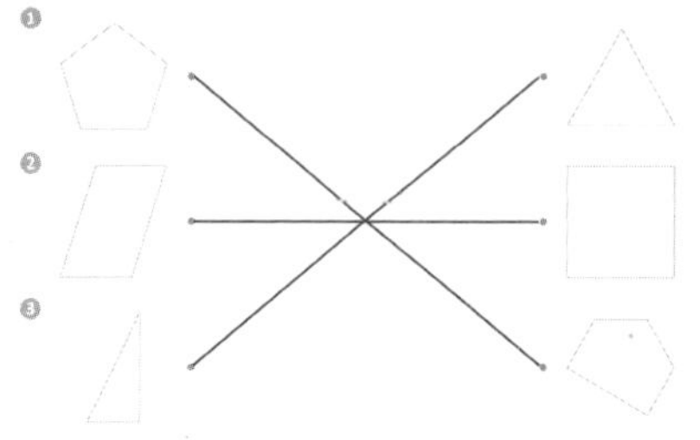

找出下列图形中所有的三角形，并涂上颜色。

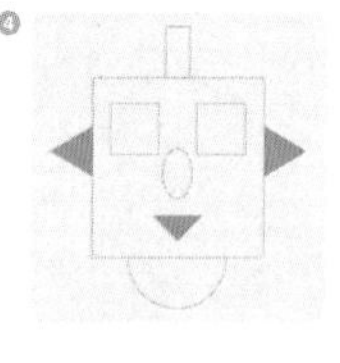

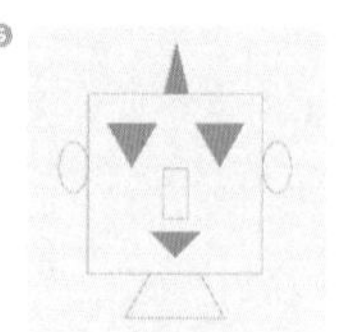

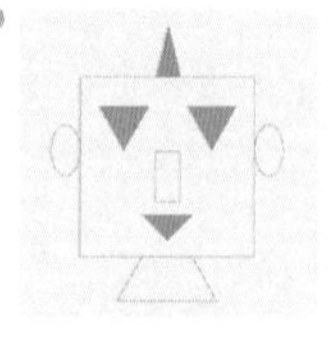

找出下列图形中所有的四边形，并在□内填入四边形的数量。

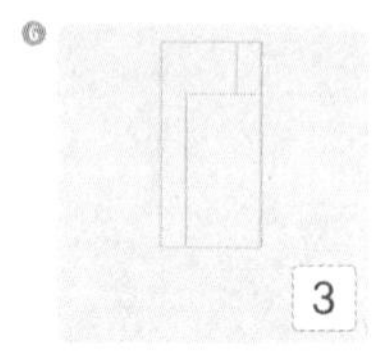

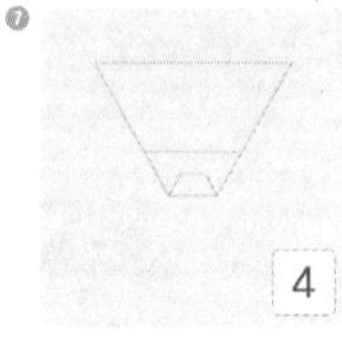

找出下列图形中存在的规律，并在最后画出正确的图形。

54 2-1 平面规则　　评价测试 55

P 56-57

第3回 ： 评价测试

月 日
·规定时间 10分钟
·答对题目 /9

用○标出下列图形中的线段，并在□内填入线段的数量。

❶ 4

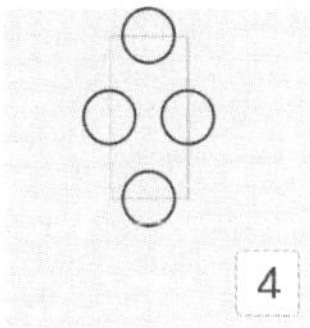

❷ 6

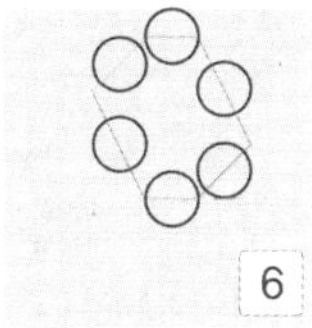

找出下列图形中所有的圆形，并用○标出。

❸

❹

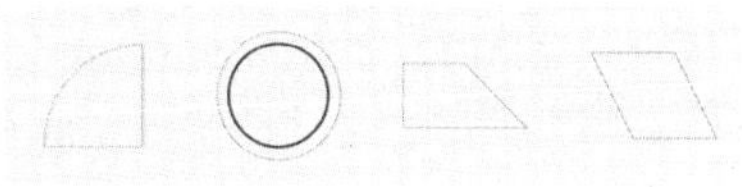

找出下列图形中所有的三角形，并在□内填入三角形的数量。

❺ 3

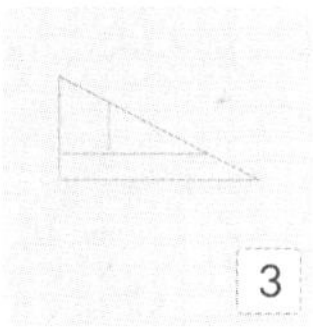

❻ 5

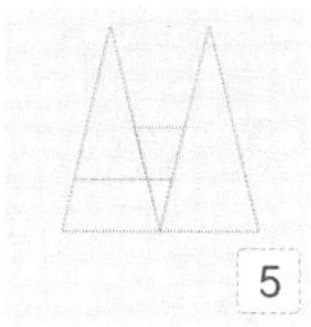

找出下列图形中存在的规律，并在最后画出正确的图形。

❼

❽

❾

56 2-1 平面规则

评价测试 57

P 58-59

第4回 ： 评价测试

月 日
·规定时间 10分钟
·答对题目 /9

找出与左边图形有相同顶点数量的图形，并用○标出。

❶

❷

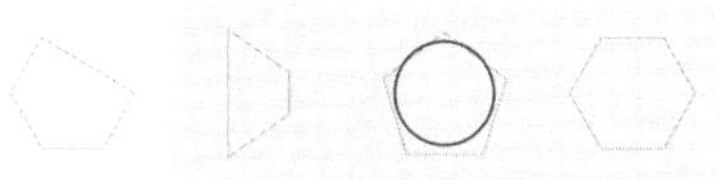

找出与其他3个不属于同一类别的图形，并用×标出。

❸

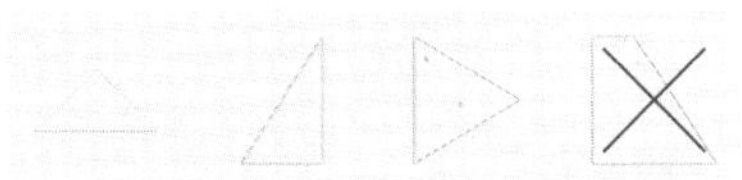

❹

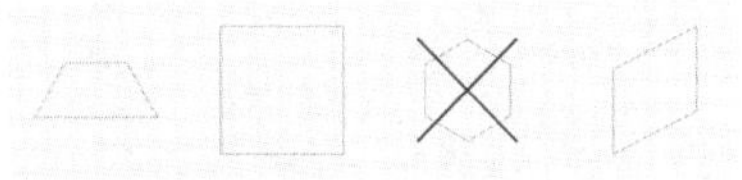

找出下列图形中所有的四边形，并在□内填入四边形的数量。

❺ 3

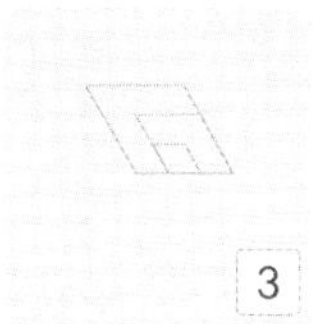

❻ 4

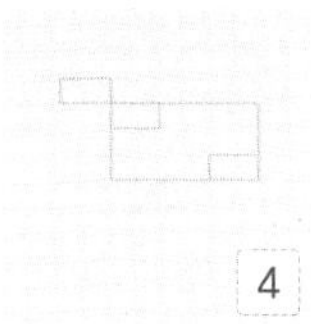

找出下列图形中存在的规律，并在最后画出正确的图形。

❼

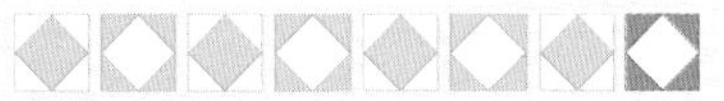

❽

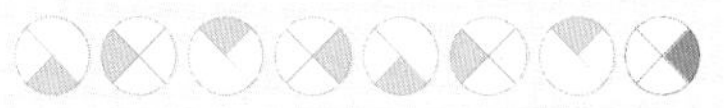

❾

58 2-1 平面规则

评价测试 59

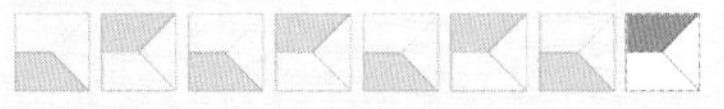

P 60-61

第5回：评价测试

月　日
规定时间　10分钟
答对题目　/10

将顶点与线段数量都相同的图形连在一起。

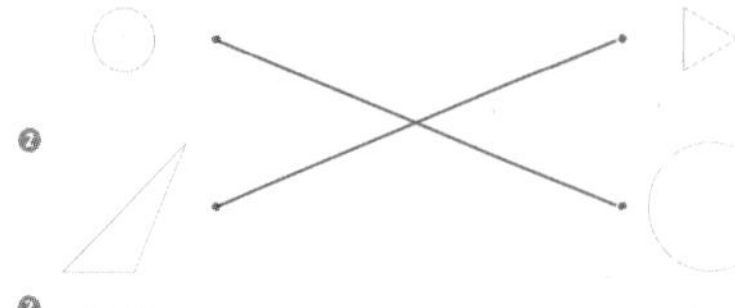

找出下列图形中所有的四边形，并涂上颜色。

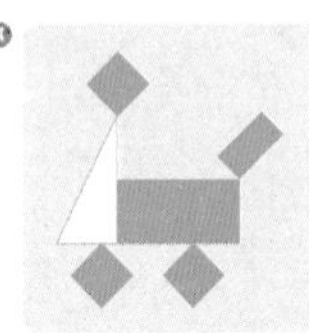

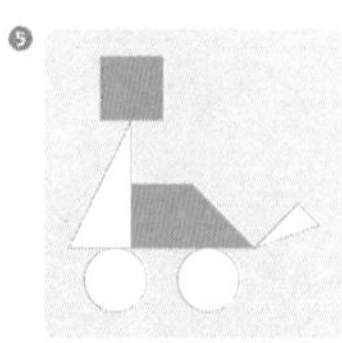

找出下列图形中所有的圆形，并在□内填入圆形的数量。

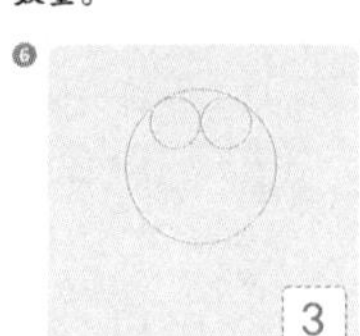

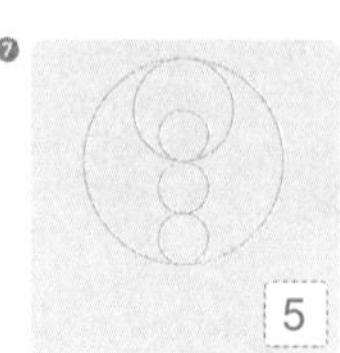

找出下列图形中存在的规律，并在最后画出正确的图形。

P 66-67

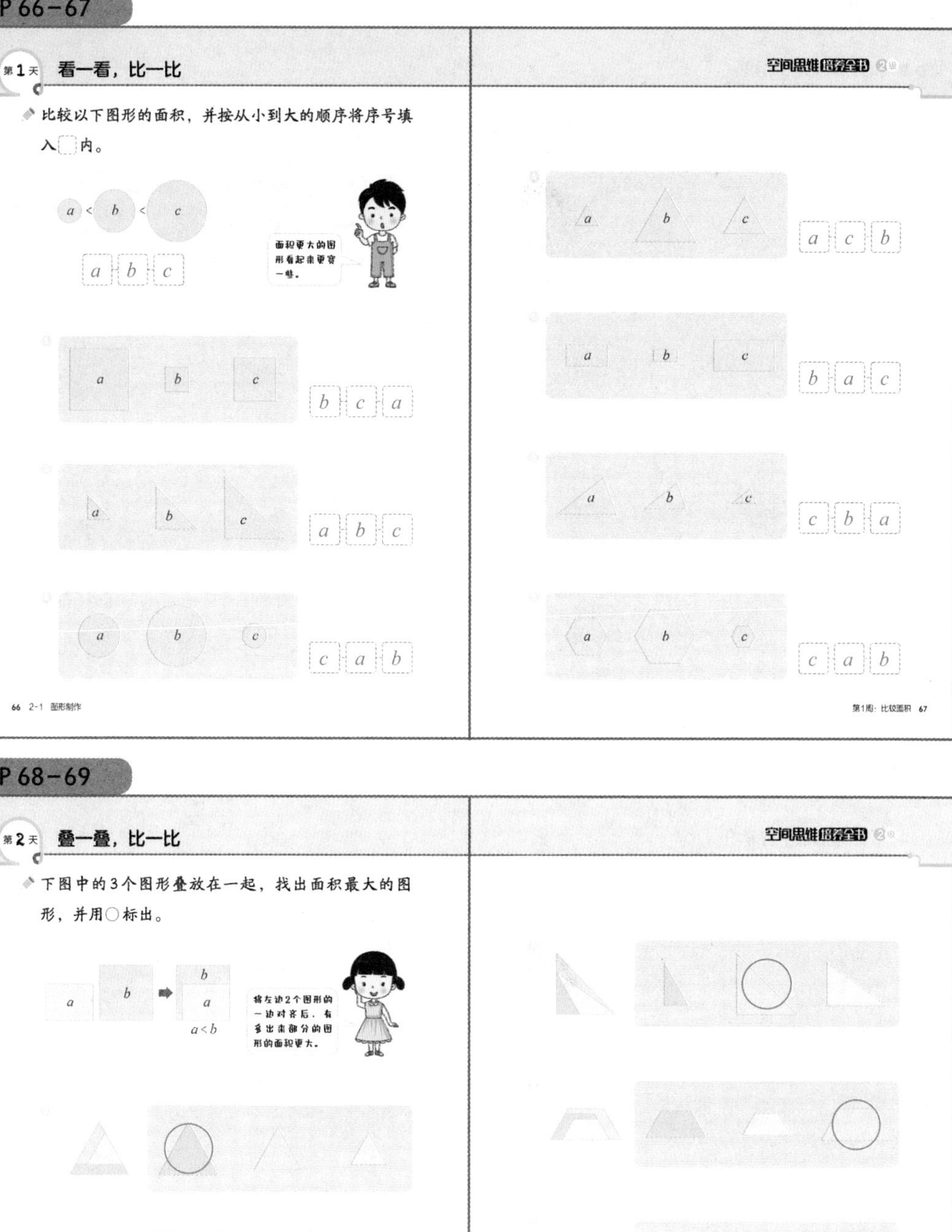

第1天 看一看，比一比
空间思维培养全书 2级
比较以下图形的面积，并按从小到大的顺序将序号填入□内。
a < b < c
a b c
面积更大的图形看起来更宽一些。
b c a
a b c
c a b
a c b
b a c
c b a
c a b
66 2-1 图形制作
第1周：比较面积 67
P 68-69
第2天 叠一叠，比一比
空间思维培养全书 2级
下图中的3个图形叠放在一起，找出面积最大的图形，并用○标出。
a<b
将左边2个图形的一边对齐后，有多出来部分的图形的面积更大。
68 2-1 图形制作
第1周：比较面积 69

P 70-71

第3天 方形格子与面积

空间思维培养全书 2级

每个方形格子的面积是1，在□内填入下列图形的面积。

① 2　② 3
③ 2　④ 3
⑤ 3　⑥ 4
⑦ 3　⑧ 4
⑨ 4　⑩ 4
⑪ 5　⑫ 6
⑬ 5　⑭ 5

70 2-1 图形制作　　第1周：比较面积 71

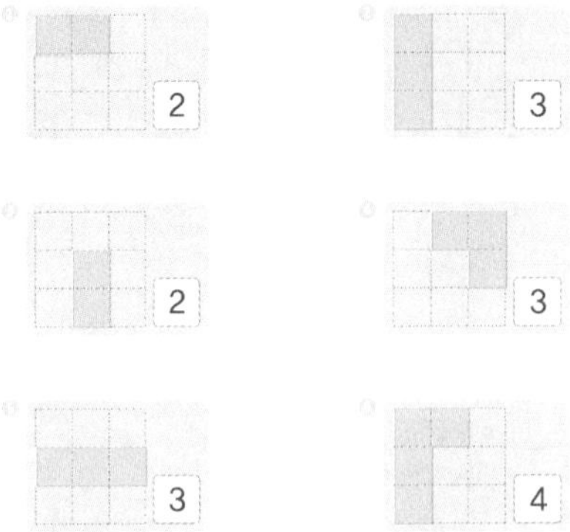

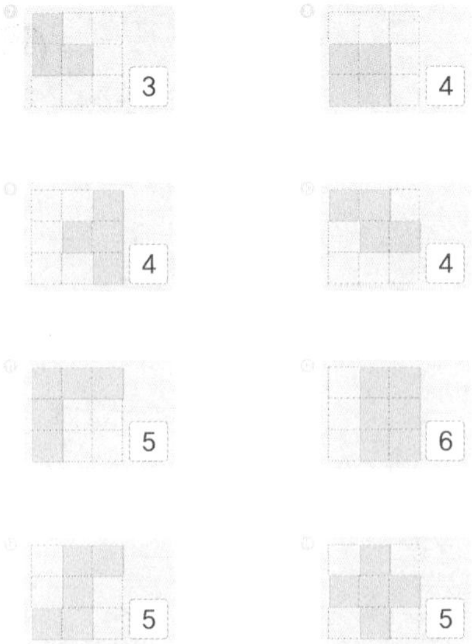

P 72-73

第4天 三角形格子与面积

空间思维培养全书 2级

每个三角形格子的面积是1，在□内填入下列图形的面积。

①②③ 3

数一数每个图形有几个三角形格子吧！

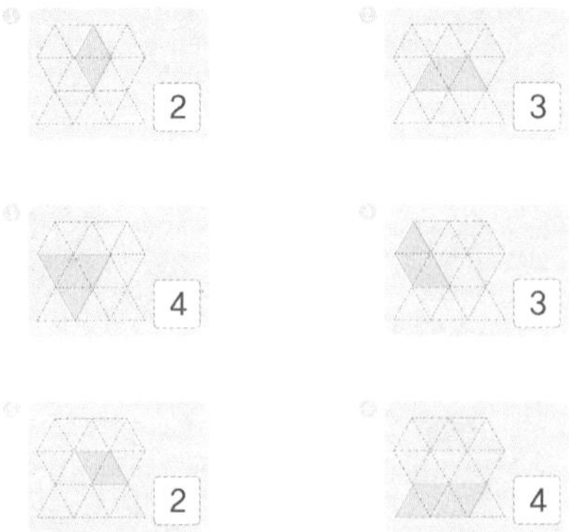

① 2　② 3
③ 4　④ 3
⑤ 2　⑥ 4
⑦ 3　⑧ 4
⑨ 4　⑩ 4
⑪ 5　⑫ 6
⑬ 6　⑭ 5

72 2-1 图形制作　　第1周：比较面积 73

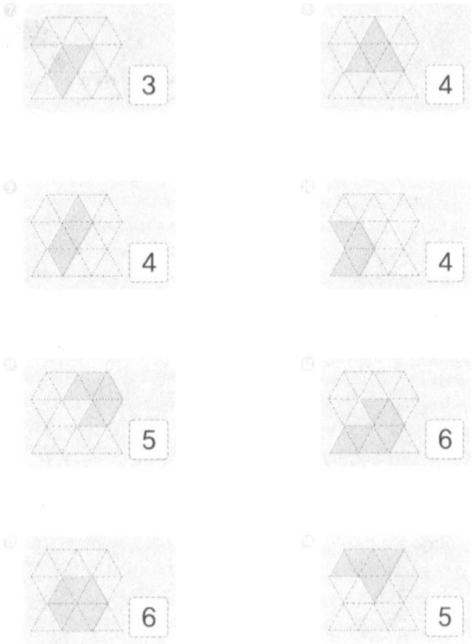

P 74-75

第5天 面积相同的图形

用○标出与左边图形面积相同的图形。

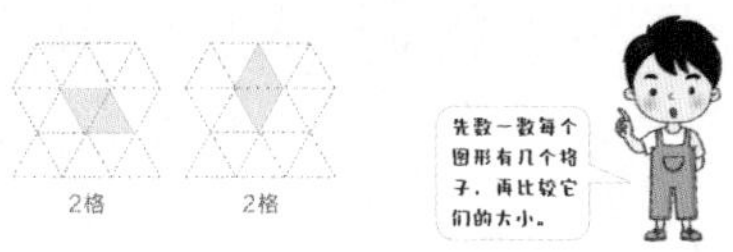

2格 2格

先数一数每个图形有几个格子，再比较它们的大小。

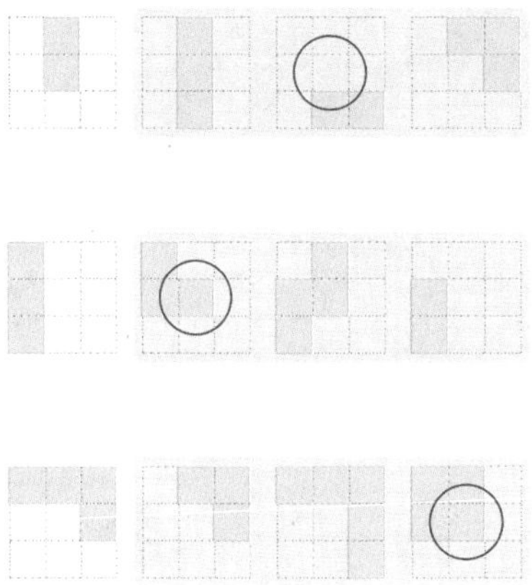

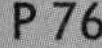

P 76

巩固练习

下图中的3个图形叠放在一起，找出面积最大的图形，并用○标出。

每个三角形格子的面积是1，在□内填入下列图形的面积。

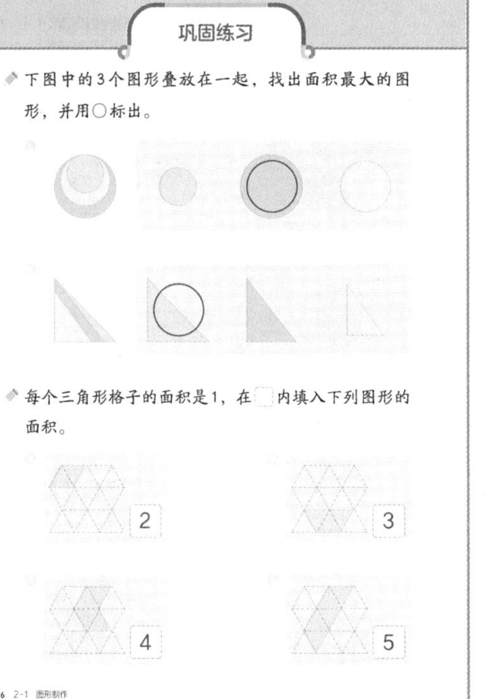

P 78-79

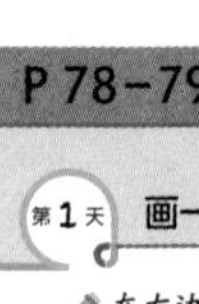

第1天 画一画

在右边同样的位置画出与左边相同的图形。

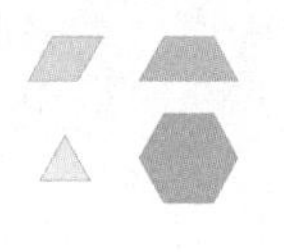

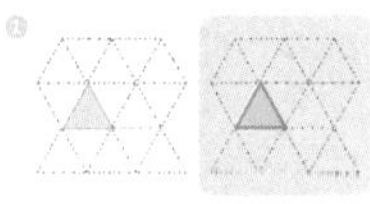

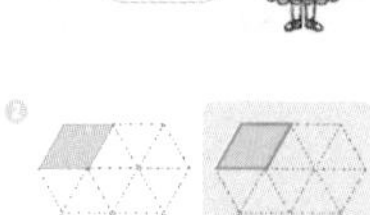

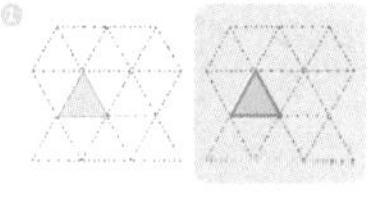

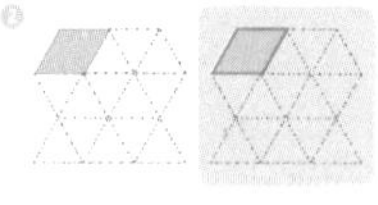

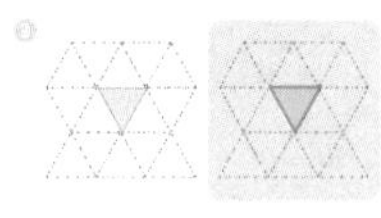

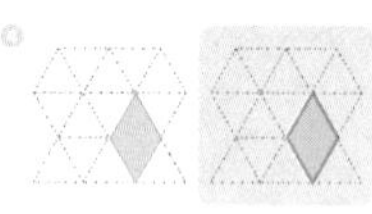

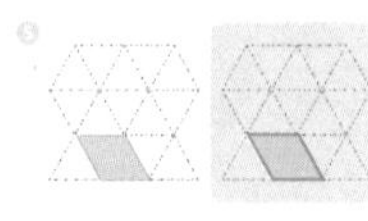

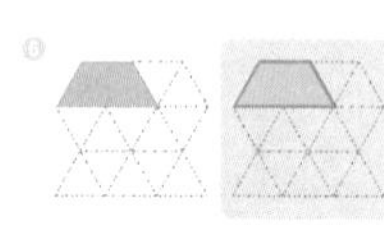

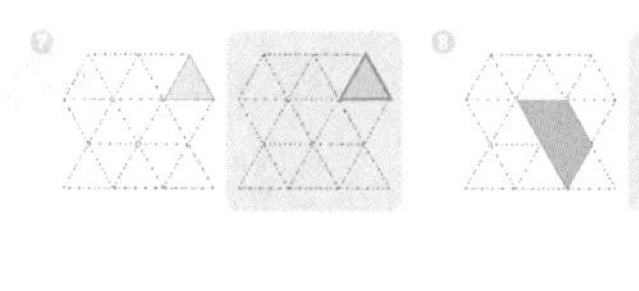

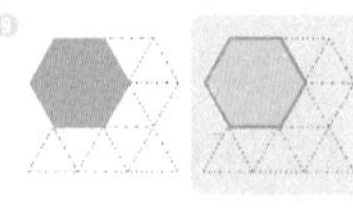

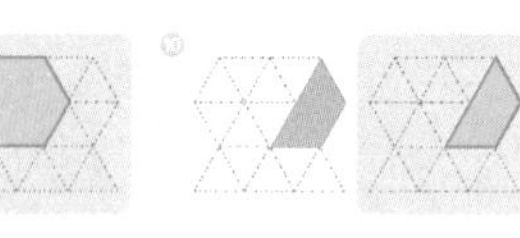

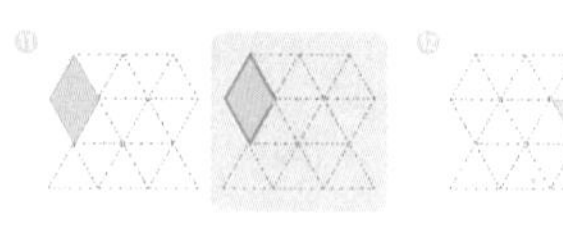

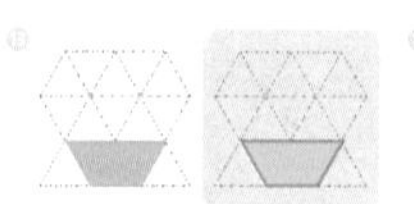

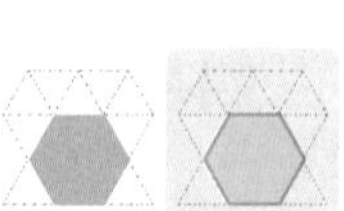

P 80-81

第2天 图形的面积

每个三角形格子的面积为1，在□内填入下列图形的面积。

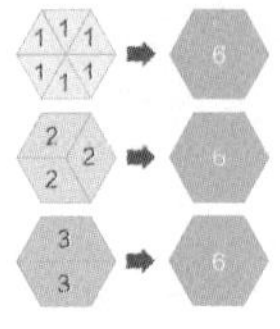

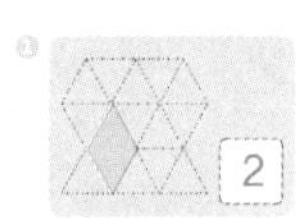

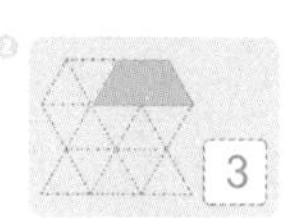

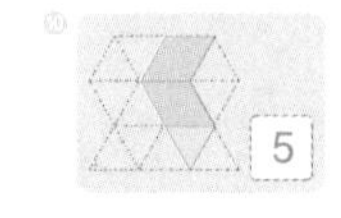

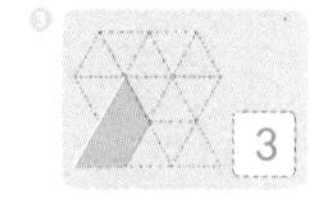

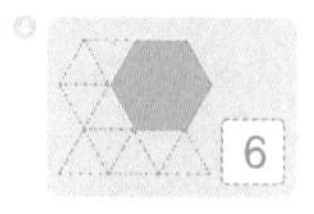

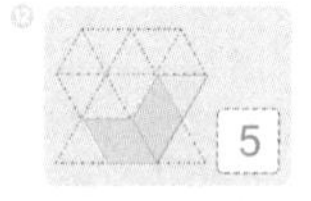

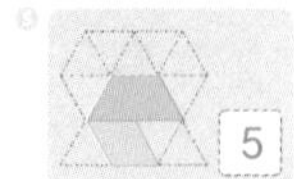

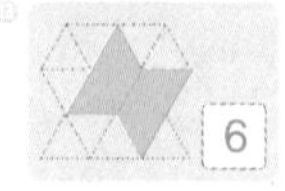

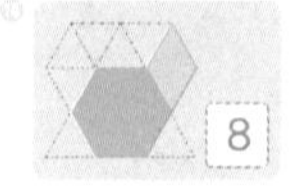

⑨ 6 ⑪ 7

P 82-83

第3天 图形的拼接

在右边画出左边2个图形拼出的新图形的轮廓。

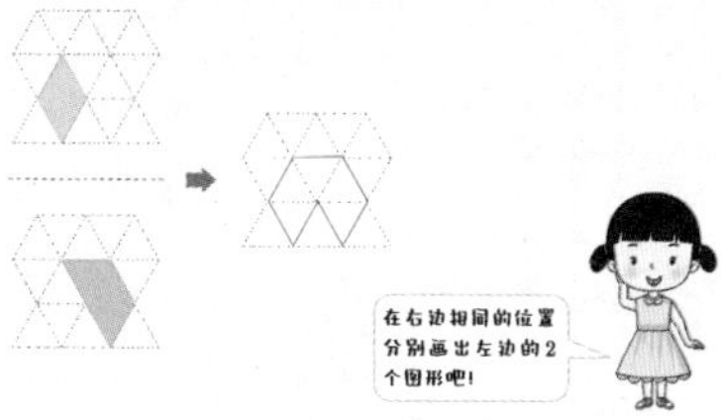

在右边相同的位置分别画出左边的2个图形吧！

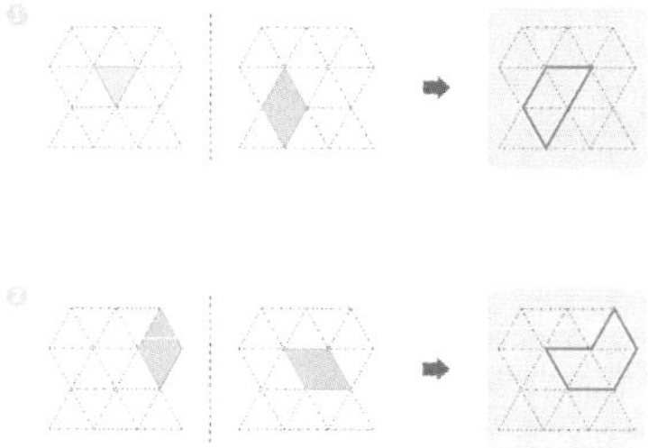

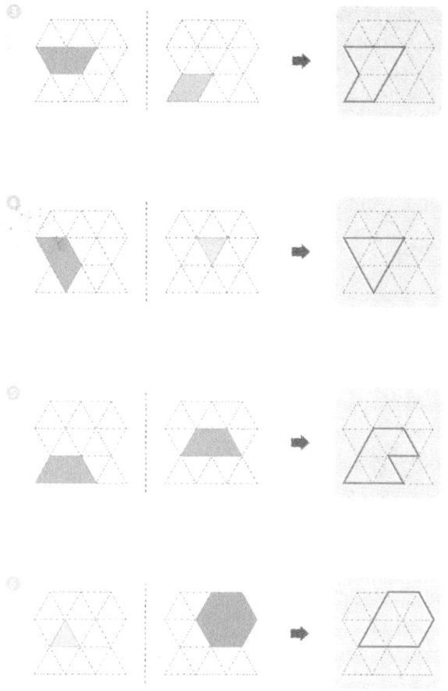

①

②

③

④

⑤

⑥

P 84-85

第4天 画出图形(1)

在左边空白处画出图形，使得左边2个图形能够拼接成右边的新图形。

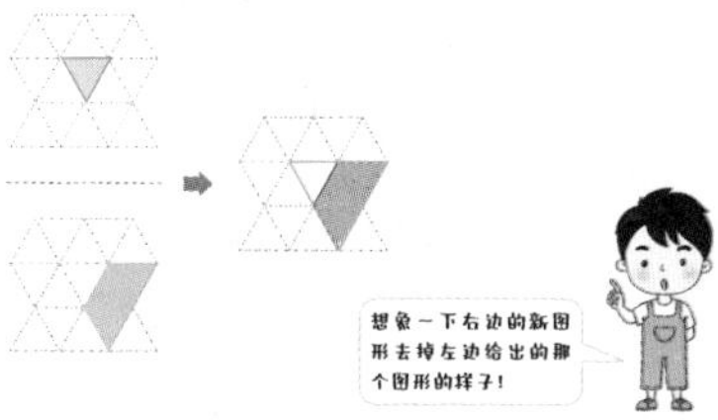

想象一下右边的新图形去掉左边给出的那个图形的样子！

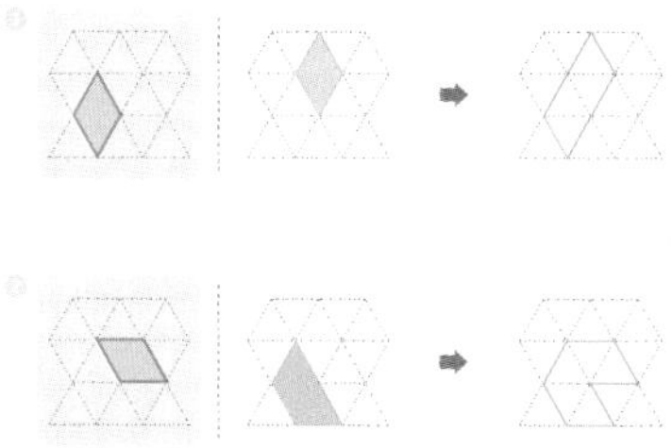

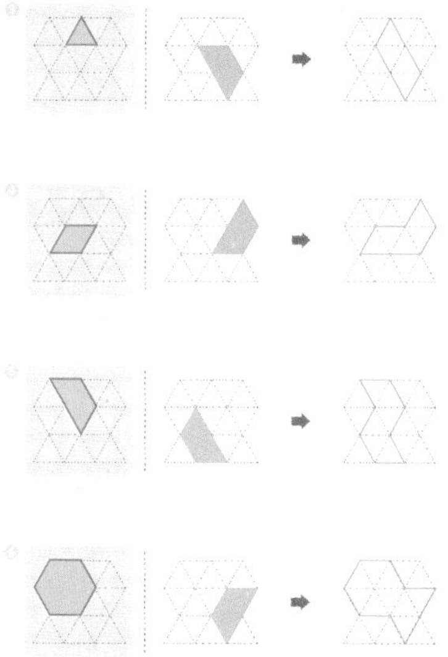

①

②

③

④

⑤

⑥

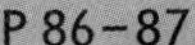

第5天 画出图形(2)

在左边空白处画出图形，使得左边2个图形能够拼接成右边的新图形。

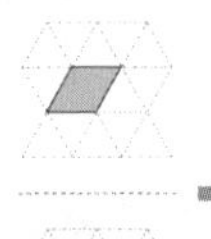

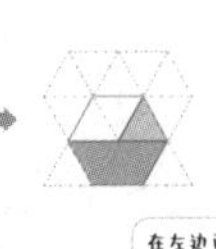

1
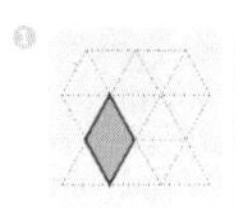
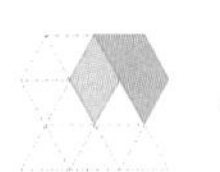

2
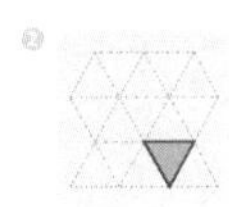

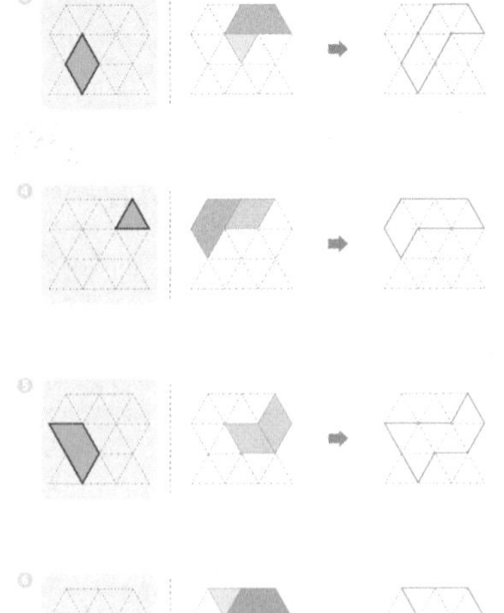

巩固练习

在右边画出左边2个图形拼出的新图形的轮廓。

1

2

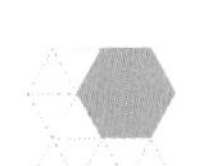
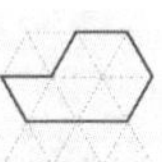

在左边空白处画出图形，使得左边2个图形能够拼接成右边的新图形。

3
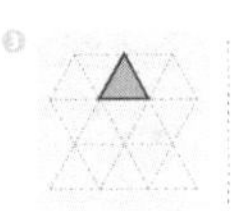

4
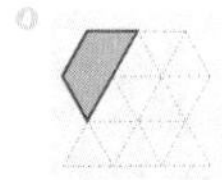
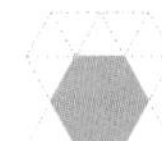

P 90-91

90 2-1 图形制作

第3周：旋转图形 91

P 92-93

第2天 找出旋转后的图形(2)

空间思维培养全书 2级

在右图中找出左边图形按箭头方向旋转后的形状，并用○标出。

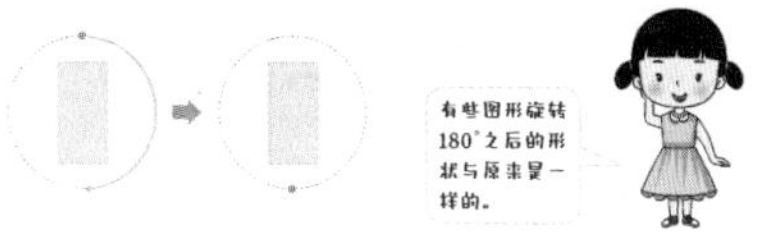

有些图形旋转180°之后的形状与原来是一样的。

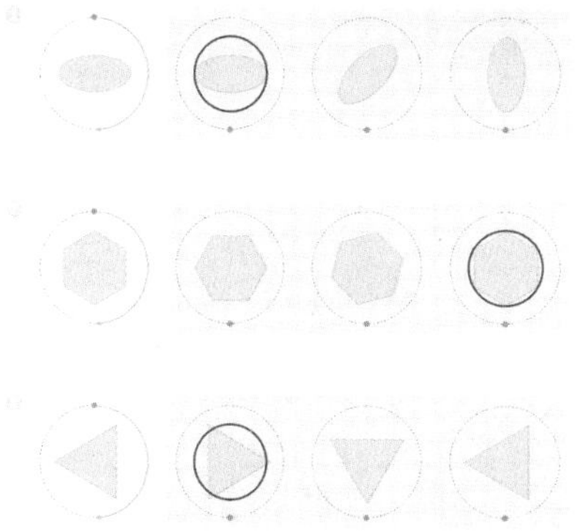

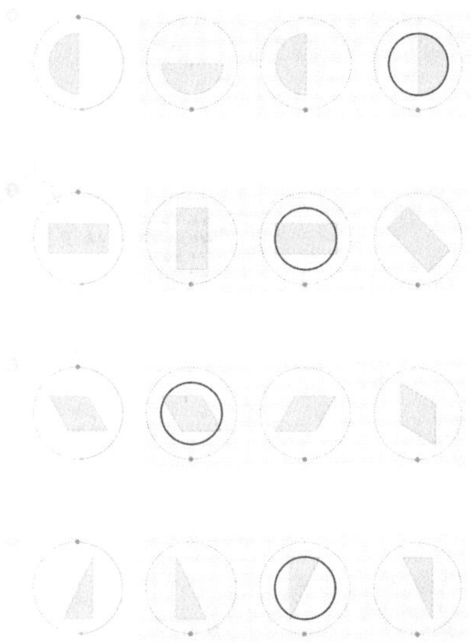

92 2-1 图形制作

第3周：旋转图形 93

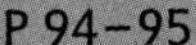

P 94-95

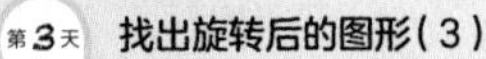

第3天 找出旋转后的图形(3)

空间思维培养全书 2级

◆ 在右图中找出左边图形按箭头方向旋转后的形状，并用○标出。

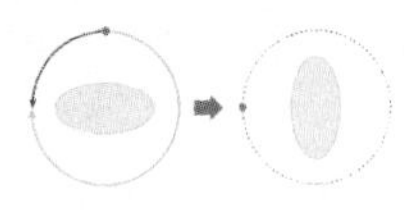

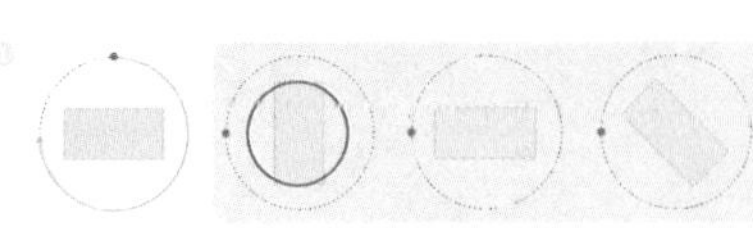

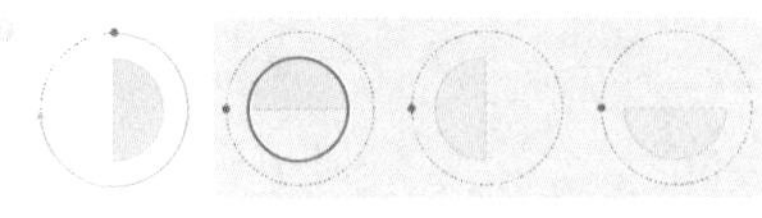

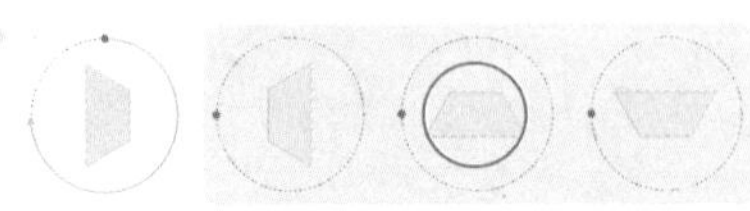

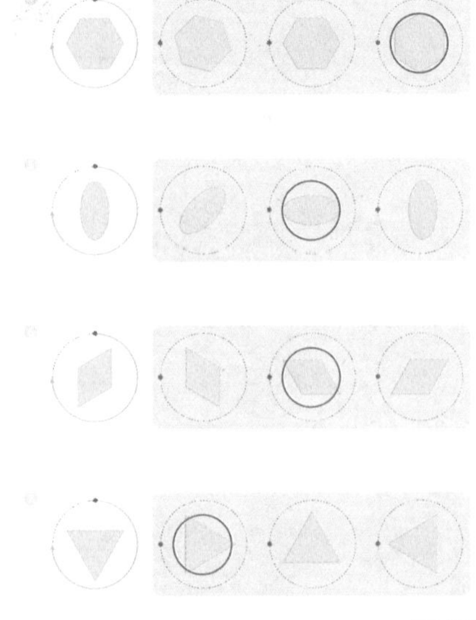

P 96-97

第4天 旋转方格纸

空间思维培养全书 2级

◆ 以下方格纸每次都按顺时针方向旋转90°，在空白处画出旋转后涂色图形的位置。

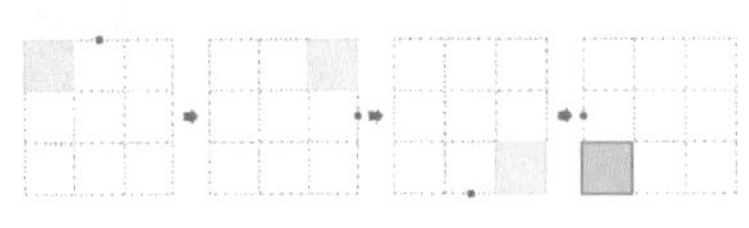

先看一看方格纸上的点旋转后的位置，再考虑一下怎么画出涂色图形的位置。

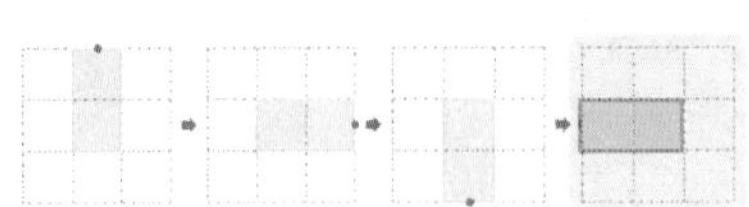

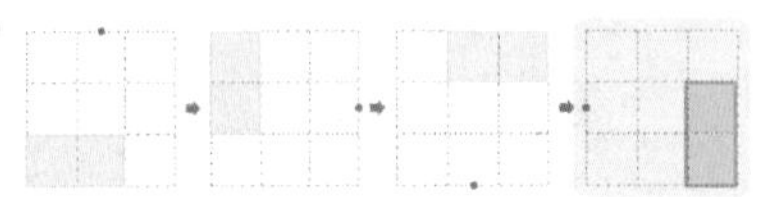

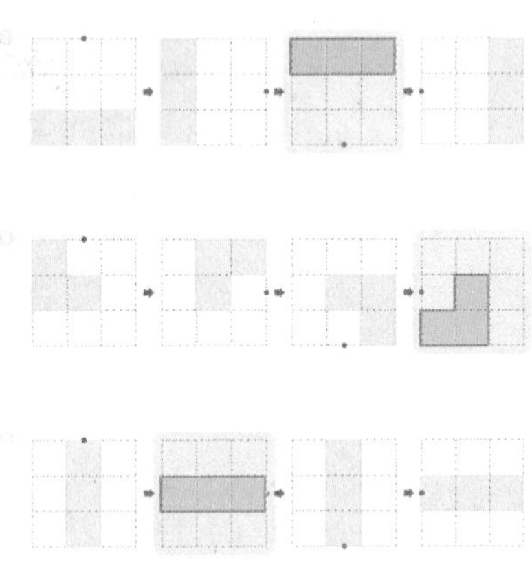

P 98－99

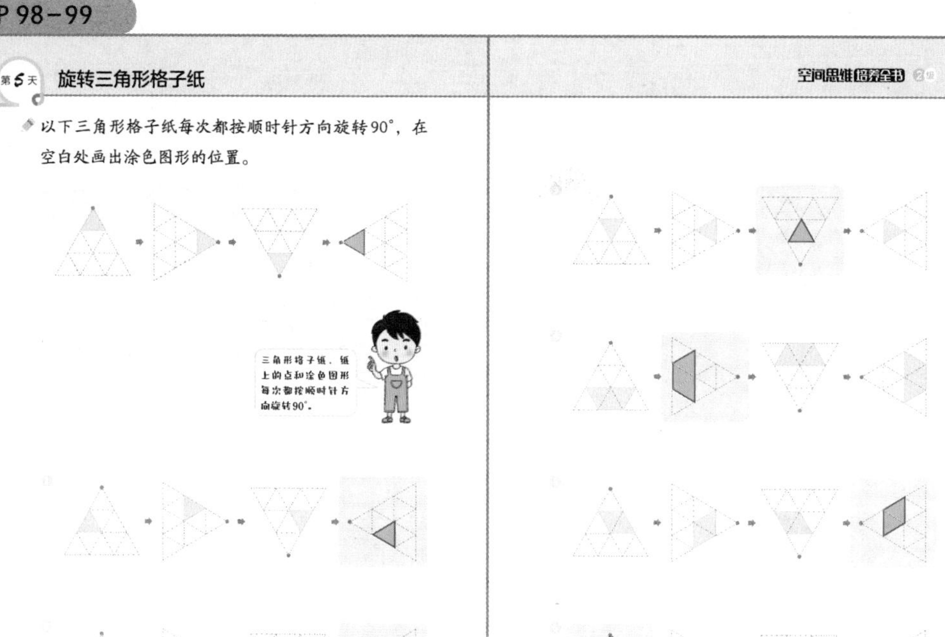

第5天
旋转三角形格子纸
空间思维培养全书
以下三角形格子纸每次都按顺时针方向旋转90°，在空白处画出涂色图形的位置。
三角形格子纸，纸上的点和涂色图形每次都按顺时针方向旋转90°。
98 2-1 图形制作
第3周：旋转图形 99

P 100

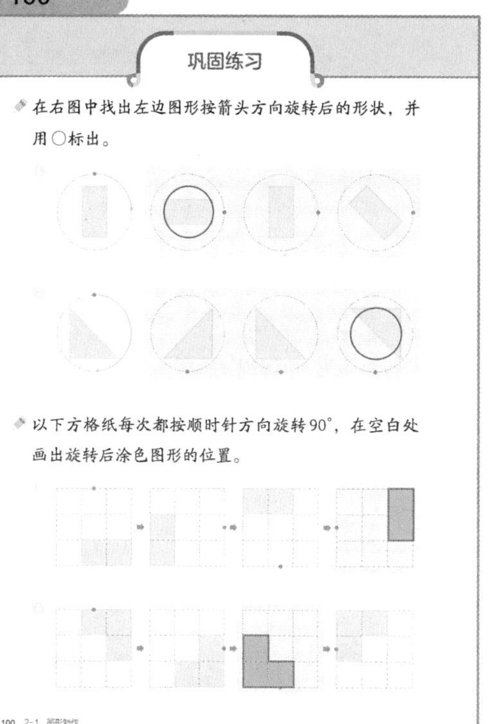

巩固练习
在右图中找出左边图形按箭头方向旋转后的形状，并用○标出。
以下方格纸每次都按顺时针方向旋转90°，在空白处画出旋转后涂色图形的位置。
100 2-1 图形制作

P 102－103

第1天 画轮廓

在右边空白处画出左边各图形拼接组成的图形的轮廓。

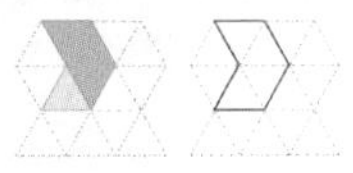

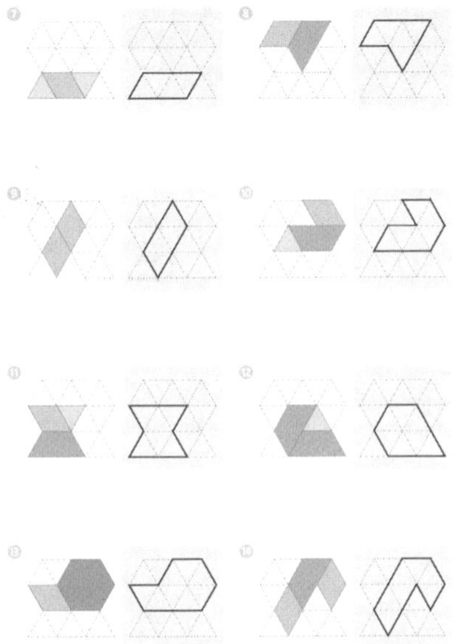

❶ ❷ ❸ ❹ ❺ ❻ ❼ ❽ ❾ ❿ ⓫ ⓬ ⓭ ⓮

P 104－105

第2天 图形的面积

图中最小的三角形的面积是1，在□内填入下列图形的面积。

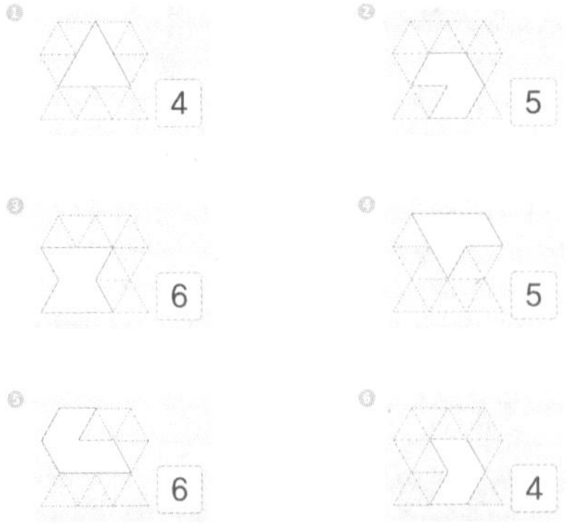

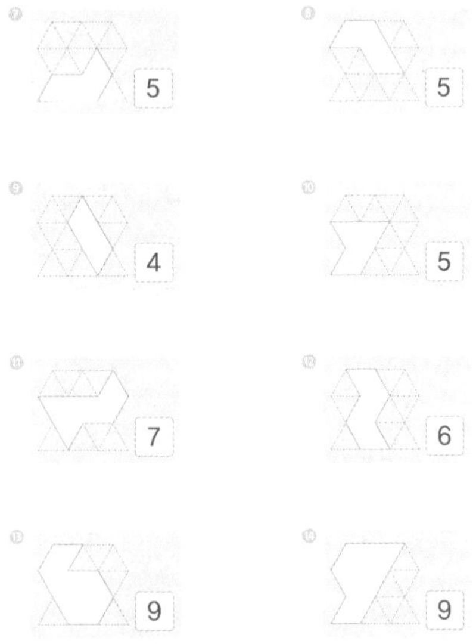

示例：4

❶ 4
❷ 5
❸ 6
❹ 5
❺ 6
❻ 4
❼ 5
❽ 5
❾ 4
❿ 5
⓫ 7
⓬ 6
⓭ 9
⓮ 9

P 106-107

第3天 图形的数量

用左边的图形拼出右边的新图形，在□内填入所需左边图形的数量。

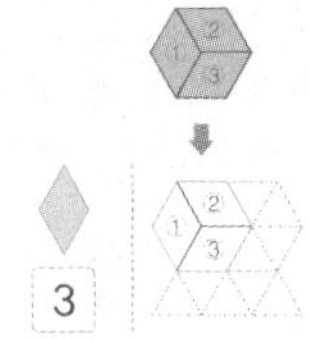

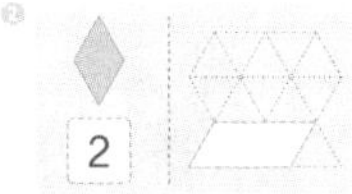

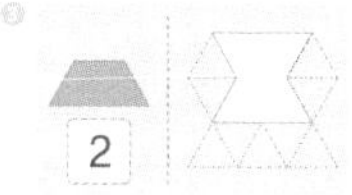

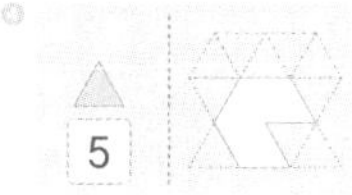

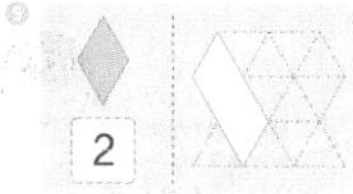

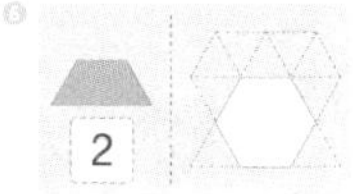

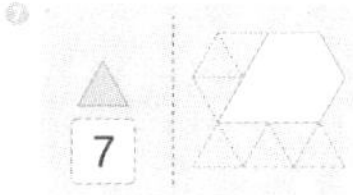

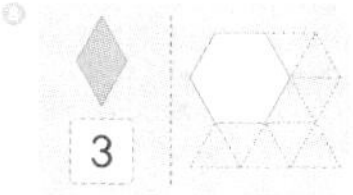

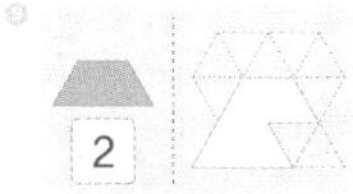

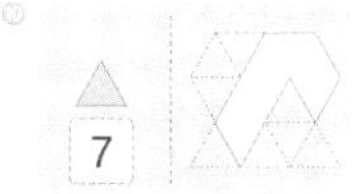

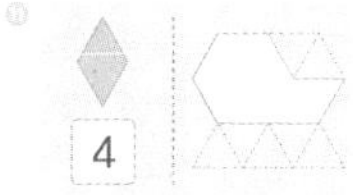

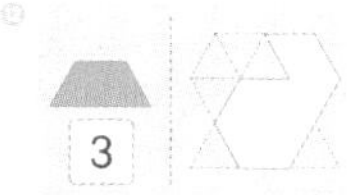

1 2 3

3

左边几个图形的面积等于右边新图形的面积呢？

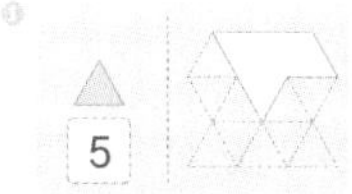

① 5
② 2
③ 2
④ 5
⑤ 2
⑥ 2
⑦ 7
⑧ 3
⑨ 2
⑩ 7
⑪ 4
⑫ 3

P 108-109

第4天 拼接图形

在右边找出左边图形能够拼出的新图形，并用○标出。

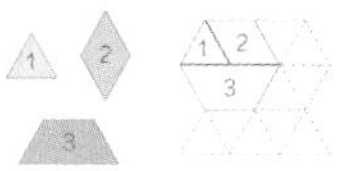

1 2 3

1 2 3

左边各图形的面积之和要与拼出来的新图形的面积相等才行哦！

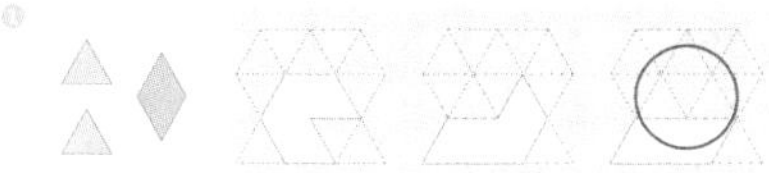

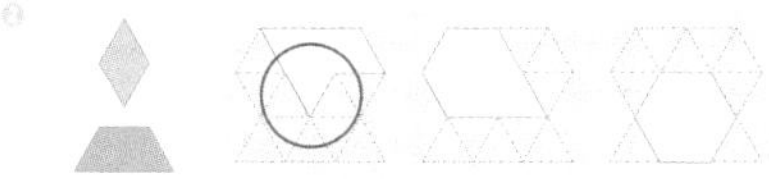

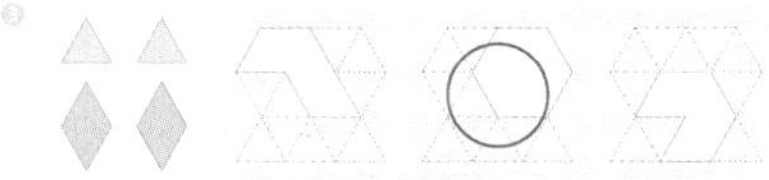

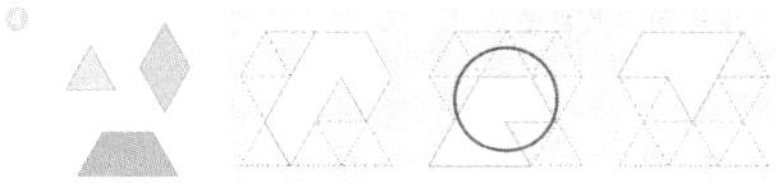

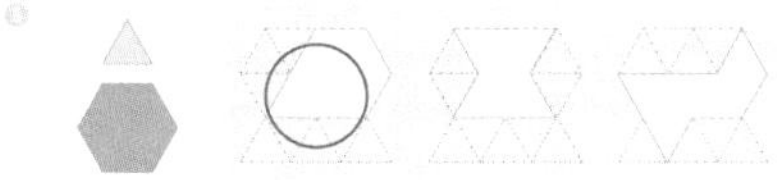

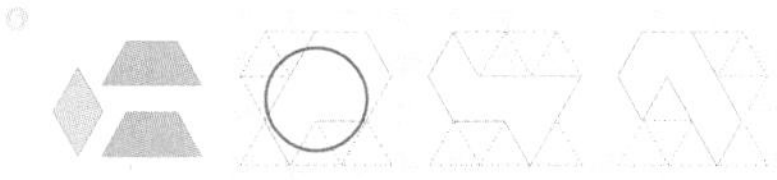

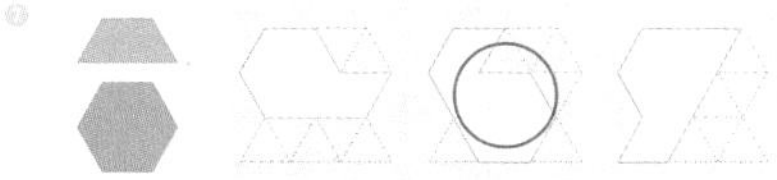

P 110~111

第5天 无法拼出的图形

在右边找出无法用左边的图形拼出的新图形，并用×标出。

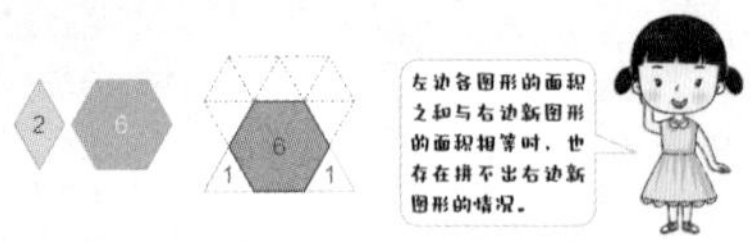

左边各图形的面积之和与右边新图形的面积相等时，也存在拼不出右边新图形的情况。

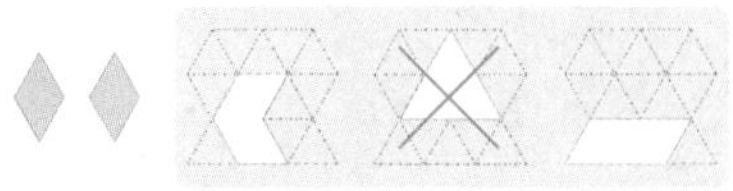

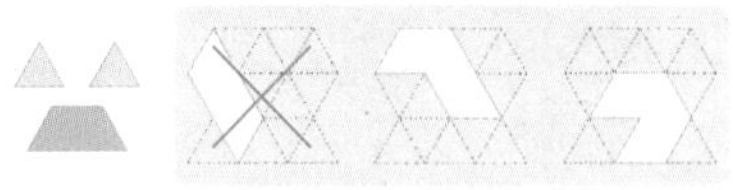

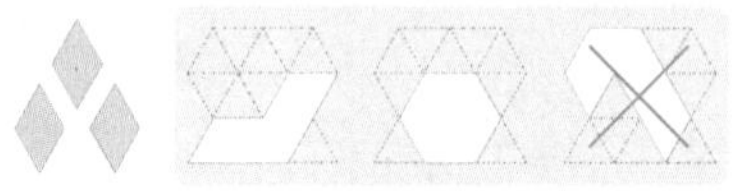

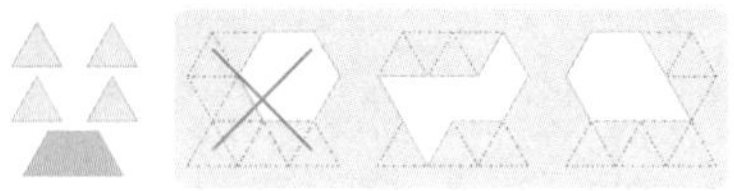

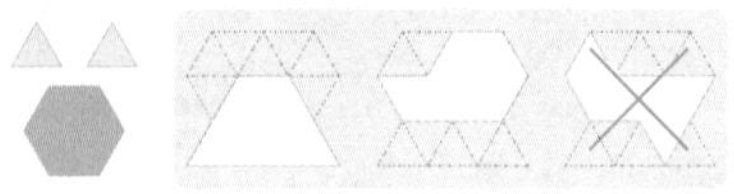

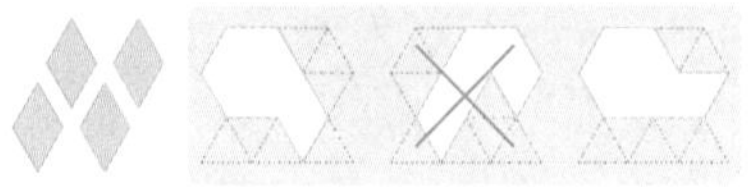

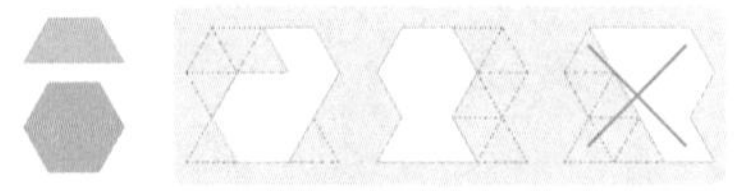

P 112

巩固练习

用左边的图形拼出右边的新图形，在□内填入所需左边图形的数量。

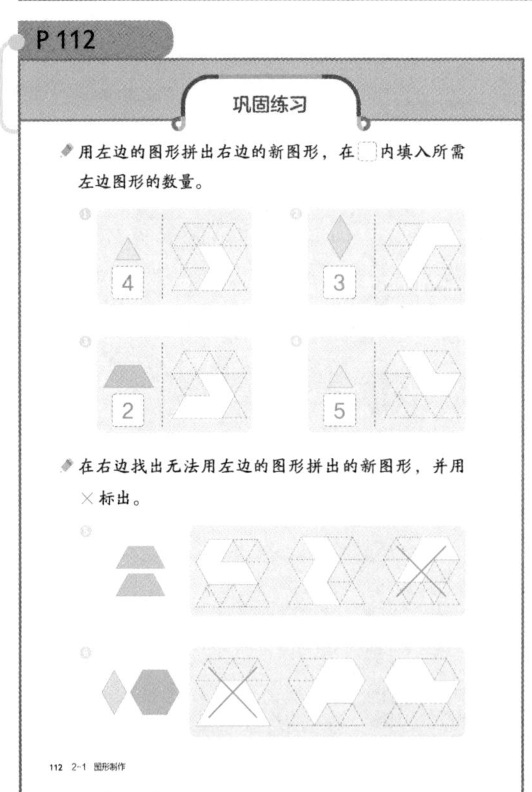

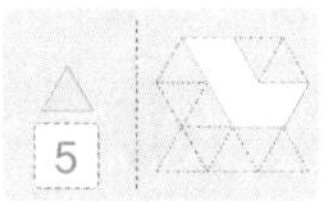

在右边找出无法用左边的图形拼出的新图形，并用×标出。

P 114-115

第1回 ∶ 评价测试

月 日
规定时间 10分钟
答对题目 /10

下列图形中的3个图形叠放在一起，找出面积最大的图形，并用○标出。

❶

❷

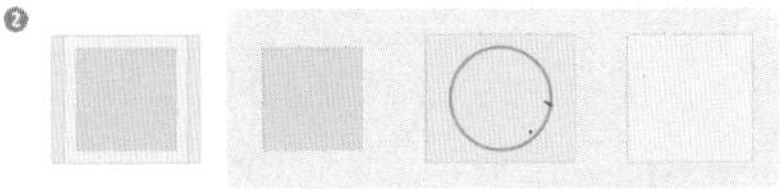

每个三角形格子的面积为1，在□内填入下列图形的面积。

❸ 5

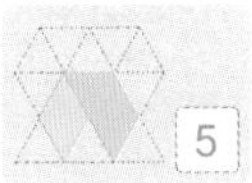

❹ 3

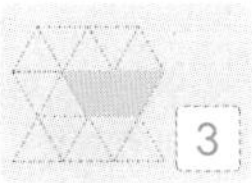

❺ 6

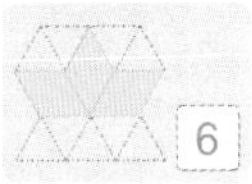

❻ 9

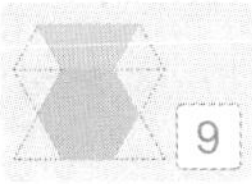

在右图中找出左边图形按箭头方向旋转后的形状，并用○标出。

❼

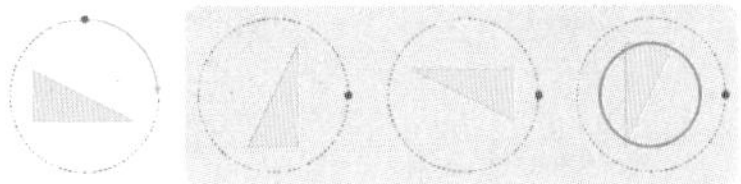

❽

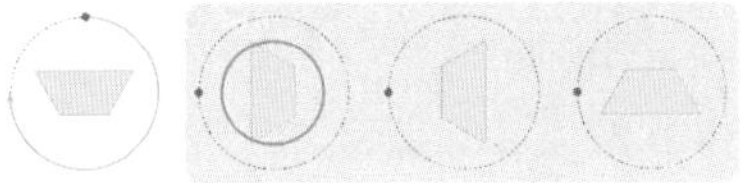

在右边找出左边图形能够拼出的新图形，并用○标出。

❾

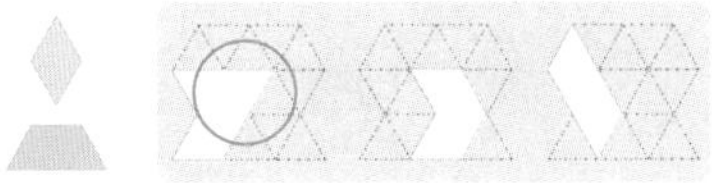

❿

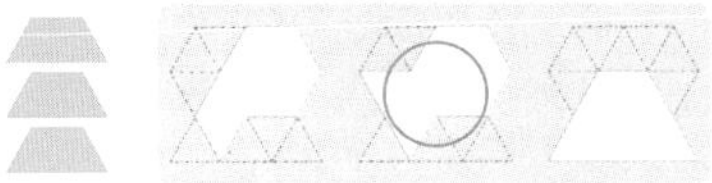

P 116-117

第2回 ∶ 评价测试

月 日
规定时间 10分钟
答对题目 /12

每个方形格子的面积是1，在□内填入下列图形的面积。

❶ 2

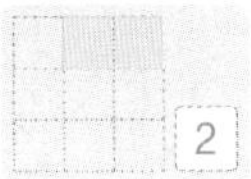

❷ 3

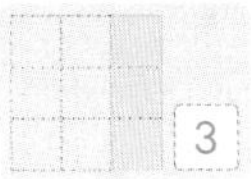

❸ 4

❹ 6

在右边画出左边2个图形拼出的新图形的轮廓。

❺

❻

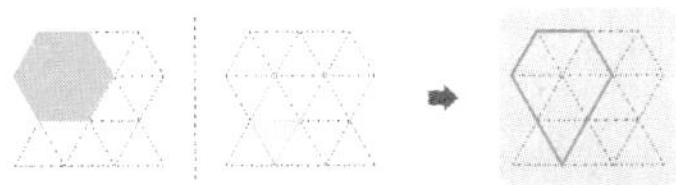

以下方格纸每次都按顺时针方向旋转90°，在空白处画出旋转后涂色图形的位置。

❼

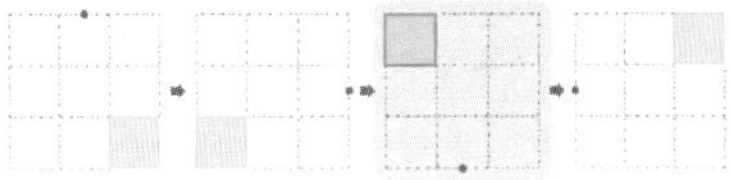

❽

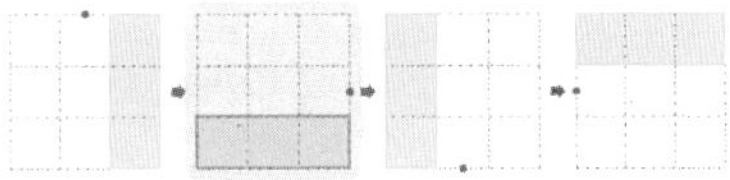

用左边的图形拼出右边的新图形，在□内填入所需左边图形的数量。

❾ 3

❿ 3

⓫ 5

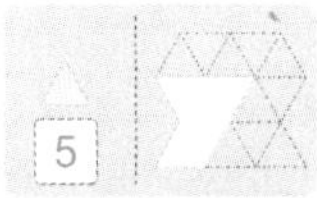

⓬ 3

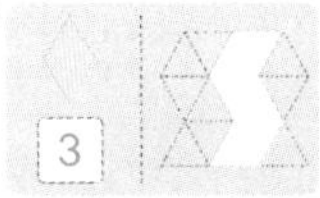

P 118－119

第3回 ： 评价测试

月 日 规定时间 10分钟 答对题目 /10

每个三角形格子的面积是1，在□内填入下列图形的面积。

❶ 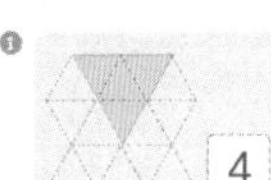
4

❷ 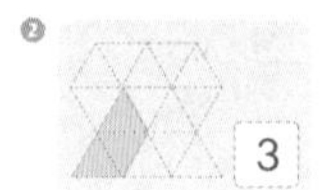
3

❸ 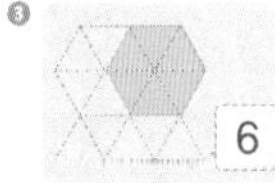
6

❹ 
6

在左边空白处画出图形，使得左边2个图形能够拼接成右边的新图形。

❺ 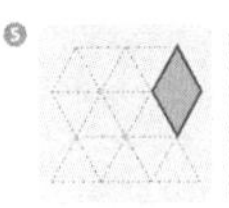  

❻ 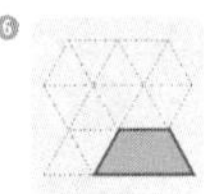  

在右图中找出左边图形按箭头方向旋转后的形状，并用○标出。

❼ 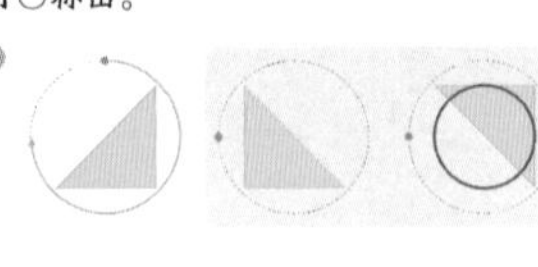

❽ 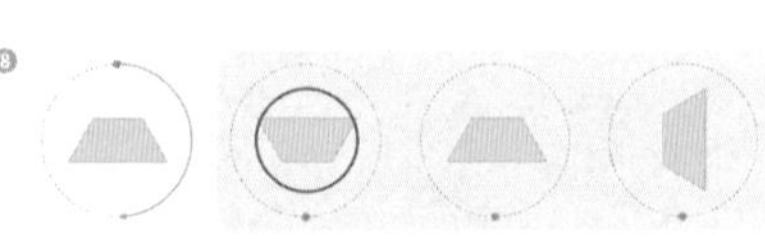

在右边找出无法用左边的图形拼出的新图形，并用×标出。

❾ 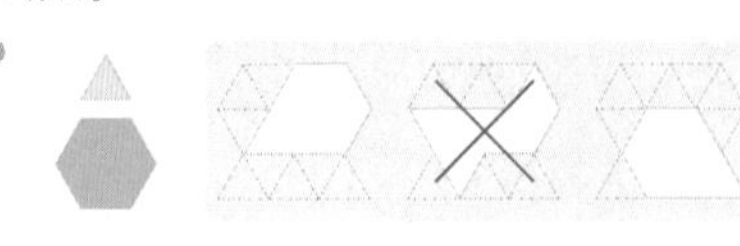

❿ 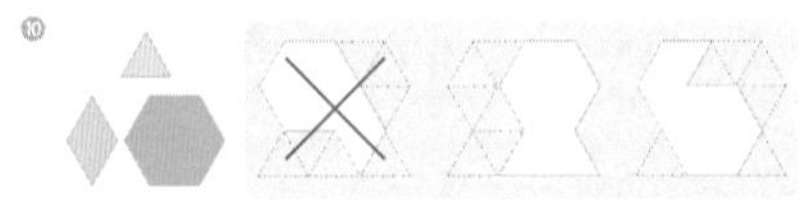

P 120－121

第4回 ： 评价测试

月 日 规定时间 10分钟 答对题目 /10

每个方形格子的面积是1，在□内填入下列图形的面积。

❶ 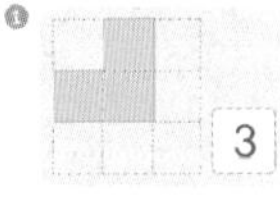
3

❷ 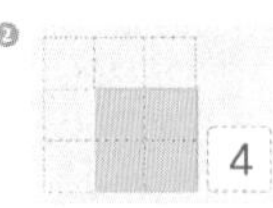
4

❸ 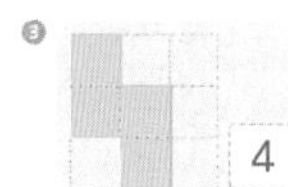
4

❹ 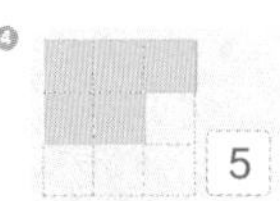
5

在右边画出左边2个图形拼出的新图形的轮廓。

❺ ❻ 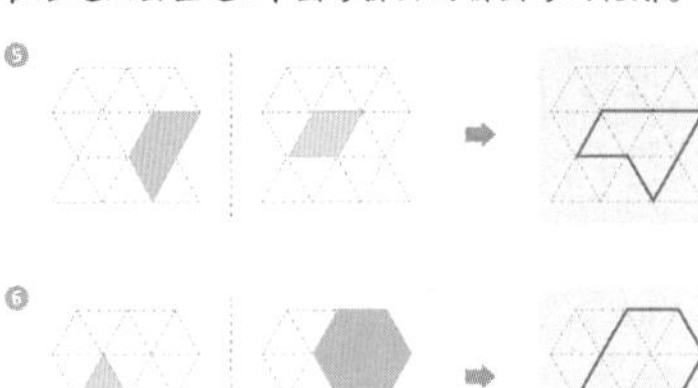

以下三角形格子纸每次都按顺时针方向旋转90°，在空白处画出涂色图形的位置。

❼ ❽ 

在右边找出左边图形能够拼出的新图形，并用○标出。

❾ ❿ 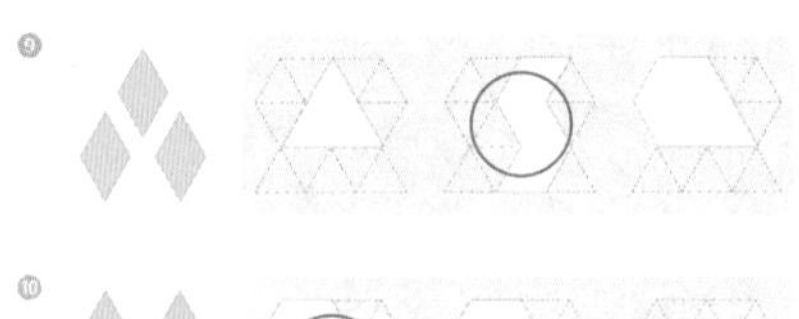

第5回 ： 评价测试

月　日
规定时间　10分钟
答对题目　/10

用○标出与左边图形面积相同的图形。

❶

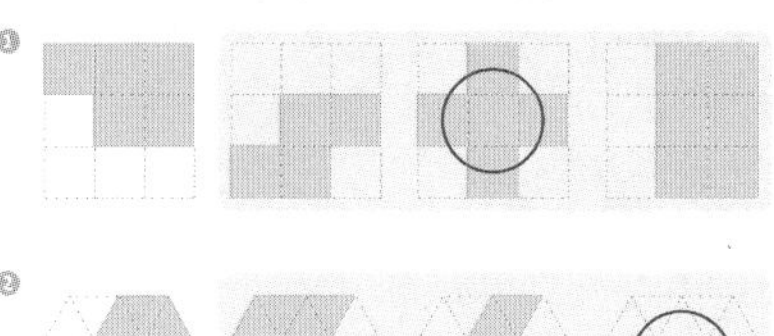

❷

在左边空白处画出图形，使得左边2个图形能够拼接成右边的新图形。

❸

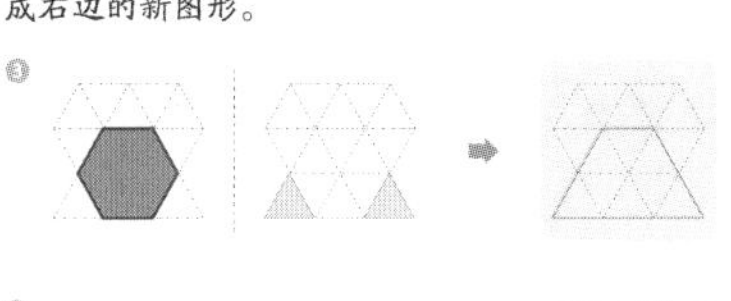

❹

在右图中找出左边图形按箭头方向旋转后的形状，并用○标出。

❺

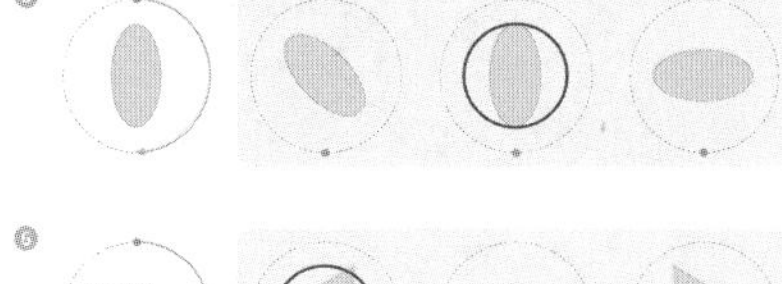

❻

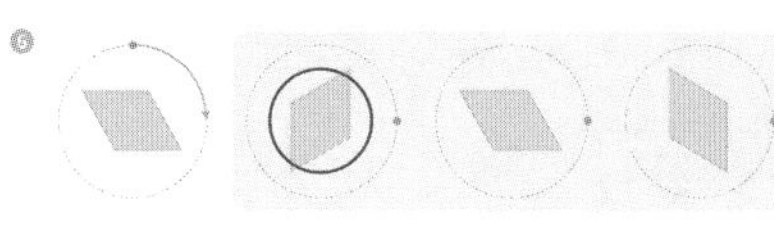

用左边的图形拼出右边的新图形，在□内填入所需左边图形的数量。

❼　❽

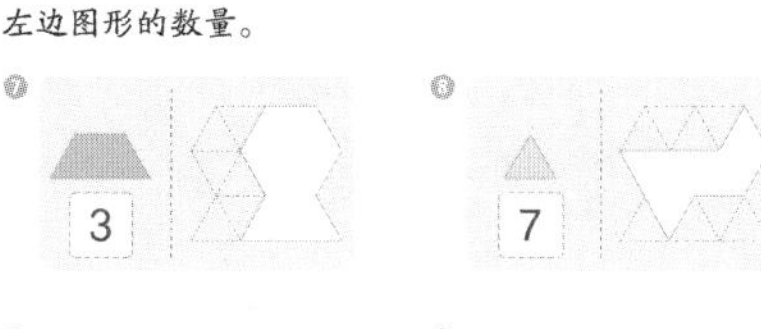

❾　❿

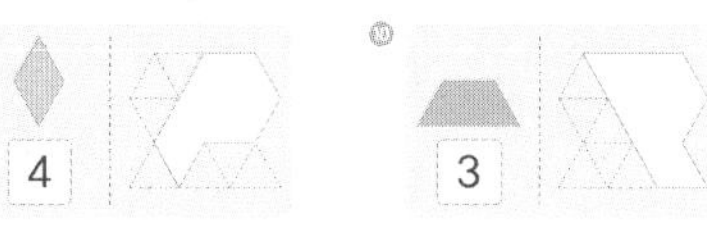

［韩］C2M教育研究所/编　［韩］赵润雨/译

空间思维培养全书

2-2 立体设计 空间认知

己级

山东人民出版社·济南
国家一级出版社 全国百佳图书出版单位

《空间思维培养全书》

图形学习法

追求快速而准确的运算、对公式死记硬背与“套用”，将这样的学习方法作为重中之重的数学教育时代似乎正接近尾声。当下，只要掌握了最基础的数学原理以及搜索引擎的使用方法，我们就可以比以往任何时候都更加轻松、简单地求解一些数学问题。尽管如此，在数学领域中仍然有很多只能依靠人类的亲身经验与独立思考，而不是通过计算器或简单的搜索才能解决的问题。

相较于数理能力或语言能力，孩子们掌握的空间能力与他们在未来的创造力、革新能力方面的关系更加紧密。这里所说的空间能力，是指对二维或三维物体进行视觉化或操作的能力。但最大的问题在于，相比其他能力来说，空间能力的学习很难在短时间内得到有效提高。

2022年版义务教育数学课程标准确立了数学课程核心素养，其中，空间观念是数学核心素养的主要表现之一。空间观念有助于孩子们理解现实生活中空间物体的形态与结构，是形成空间想象力的经验基础。不过，不同的先天能力以及婴幼儿时期相异的学习经历，自然会导致孩子们在空间能力的掌握方面出现巨大的差距。而目前的现实是，关于空间能力的学习大多只是对不同图形或空间的简单体验，没有进一步提供解决空间问题所需的方法论或更多的实践。

这种情况带来的后果，就是在掌握空间能力方面，不同学生之间的差距越来越大，最终导致一些孩子因不熟悉图形而出现惧怕学习数学的现象。

基于这样的问题意识，我们在孩子们认识、学习图形的三个阶段中，选取了培养空间能力最为关键的学前、小学阶段，针对性地研发了新型图形练习书《空间思维培养全书》。编写团队以儿童的年龄特点以及学前教育、小学课程中的核心图形原理为基础，设计了更加科学、系统的图形学习方法，将图形细分为“平面规则”“图形制作”“立体设计”“空间认知”四大类别，循序渐进地提升孩子的空间智能，帮助孩子轻松打好数学学习的基础。

由于20世纪的人们在解决数学问题时更多地需要亲自计算，因此之前的数学教育更加侧重数理能力的学习。与此相反，在当今社会，利用空间能力来设计可知的未来将成为之后数学教育的新目标。然而，对于没有既定公式或指定解题方法的图形学习来说，许多孩子感到不知所措。我们期待《空间思维培养全书》图形练习书可以在空间能力提升方面为这些孩子提供学习指南。

目录

2-2 立体设计

第1周：立体图形研究 3

第2周：各种立体图形 15

第3周：数小方块 27

第4周：立体图形推理 39

评价测试 51

2-2 空间认知

第1周：打了孔的纸 65

第2周：折一折，裁一裁 77

第3周：从不同方向观察 89

第4周：图形的重叠 101

评价测试 113

2级

空间思维培养全书

2-2 立体设计

《空间思维培养全书》的结构与学习方法

· 每天花10分钟完成2页图形练习，轻松无负担！
· 每周5天进行每日练习，第5天再对每周重点图形进行巩固练习。
· 共5回评价测试，逐步提升空间能力！

每周学习内容

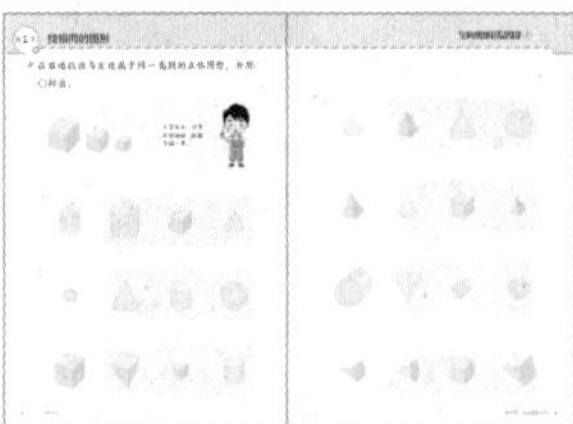

每日练习：
“小数学家”们的重点练习，通过给出的提示完成阶段性学习。

巩固练习：
复习重点内容，完成一周的学习。

	第1天	第2天	第3天	第4天	第5天/巩固练习
第1周	第4～5页	第6～7页	第8～9页	第10～11页	第12～14页

	第1天	第2天	第3天	第4天	第5天/巩固练习
第2周	第16～17页	第18～19页	第20～21页	第22～23页	第24～26页

	第1天	第2天	第3天	第4天	第5天/巩固练习
第3周	第28～29页	第30～31页	第32～33页	第34～35页	第36～38页

	第1天	第2天	第3天	第4天	第5天/巩固练习
第4周	第40～41页	第42～43页	第44～45页	第46～47页	第48～50页

评价测试内容

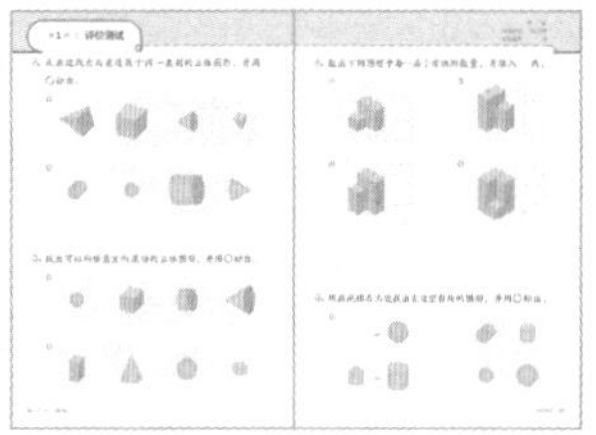

评价测试：
对4周的学习内容进行评价，看看自己在哪一方面还存在不足。

评价测试

第1回	第2回	第3回	第4回	第5回
第52～53页	第54～55页	第56～57页	第58～59页	第60～61页

第1周

立体图形研究

第1天：找相同的图形 4

第2天：找不同的图形 6

第3天：找尖角 8

第4天：找平面 10

第5天：找曲面 12

巩固练习 14

找相同的图形

在右边找出与左边属于同一类别的立体图形，并用○标出。

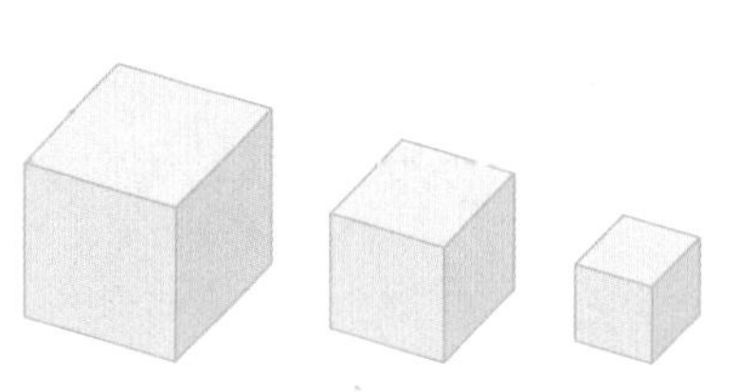

1

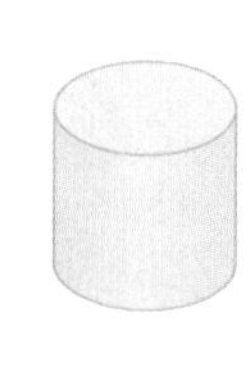
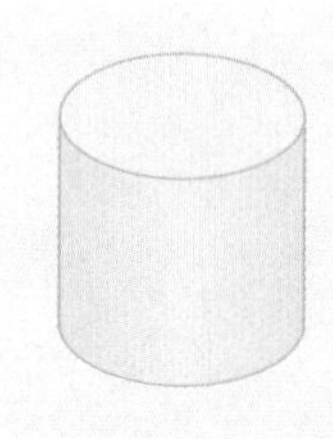
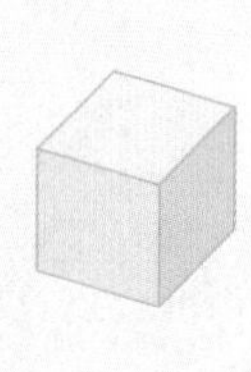
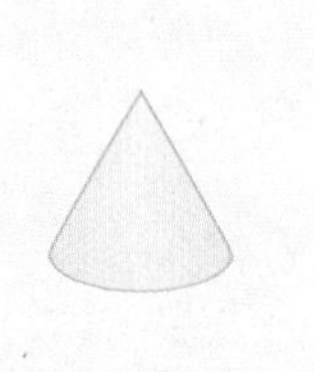

2

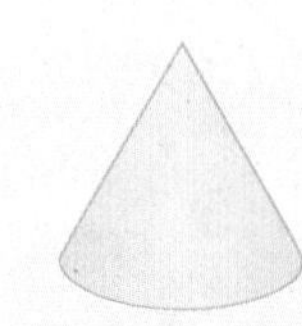
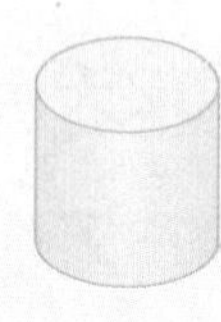

3

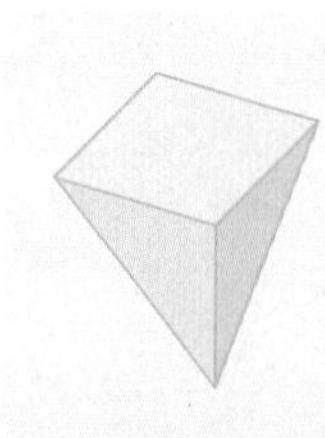

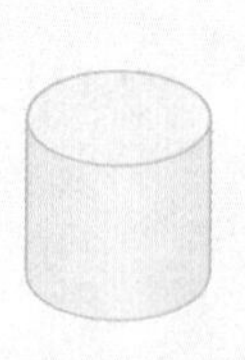

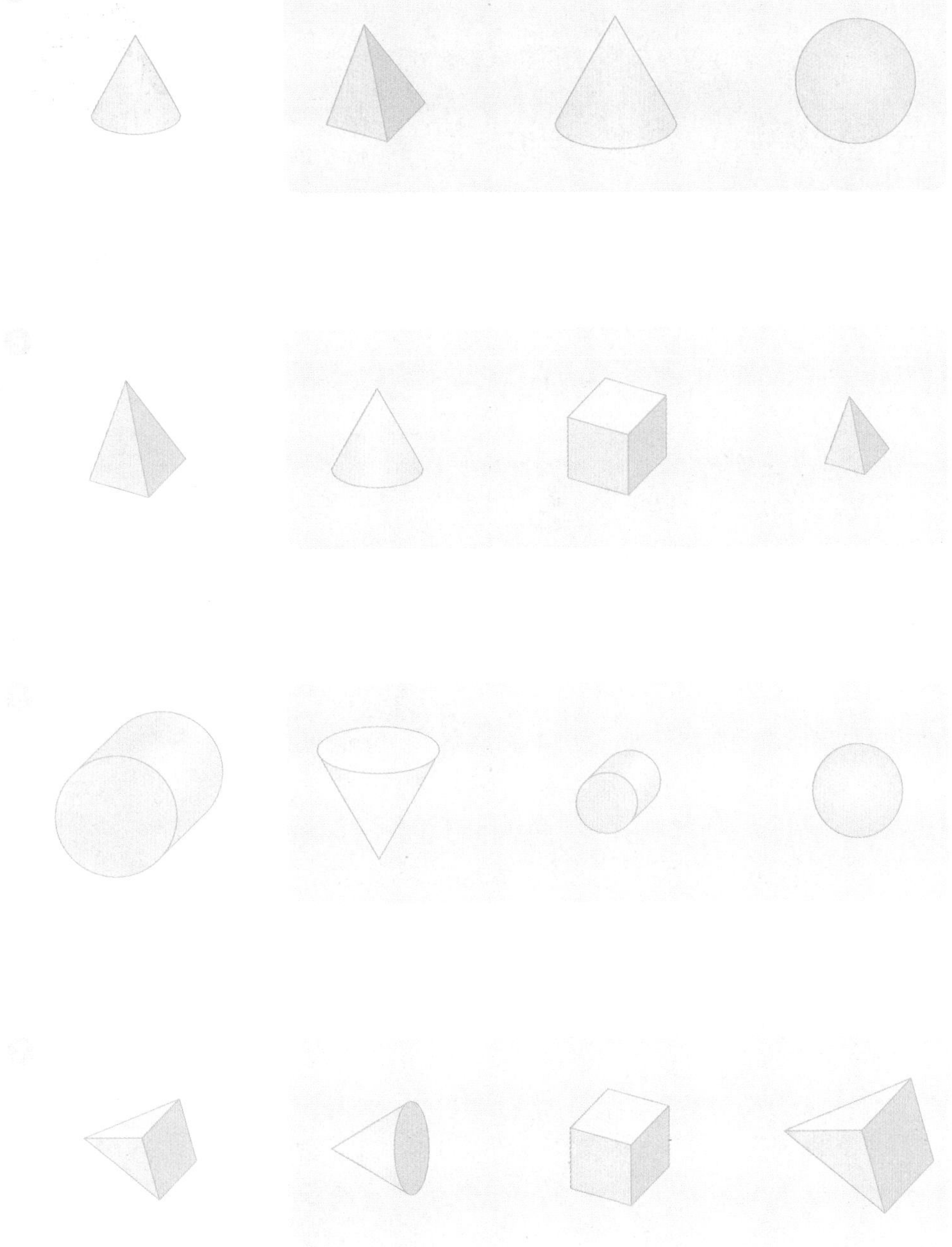

第2天 找不同的图形

找出与其他图形不属于同一类别的立体图形，并用 × 标出。

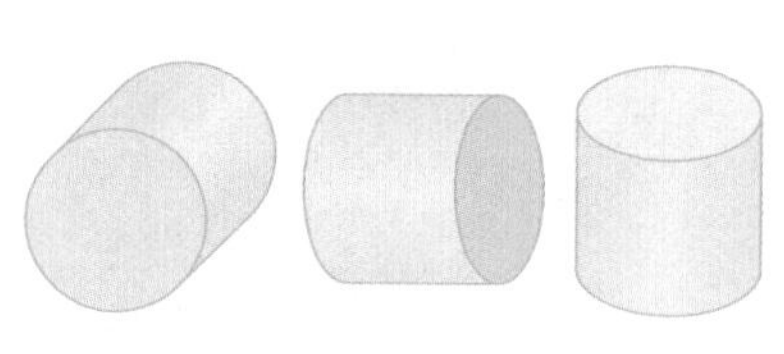

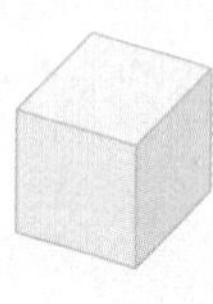 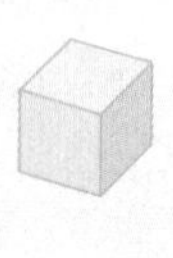 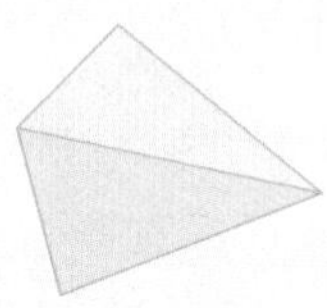 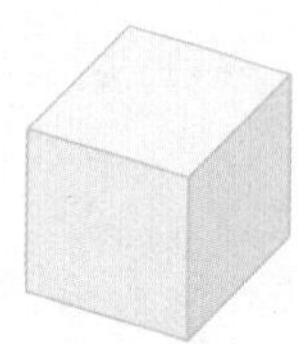

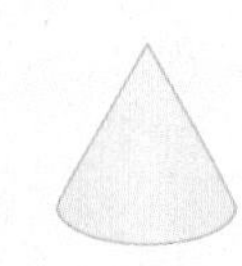  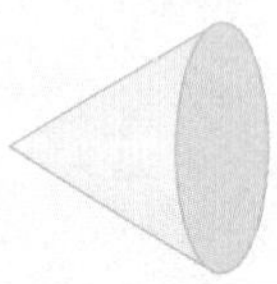 

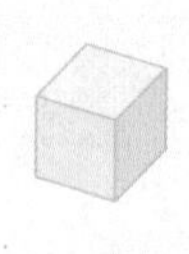 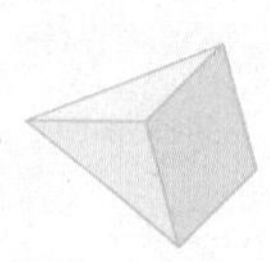 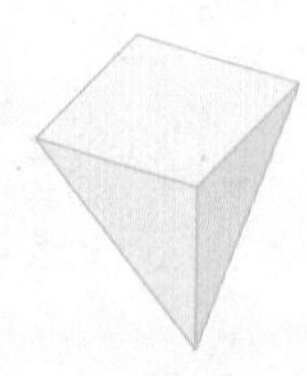 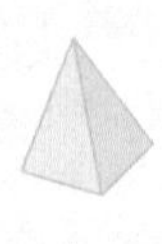

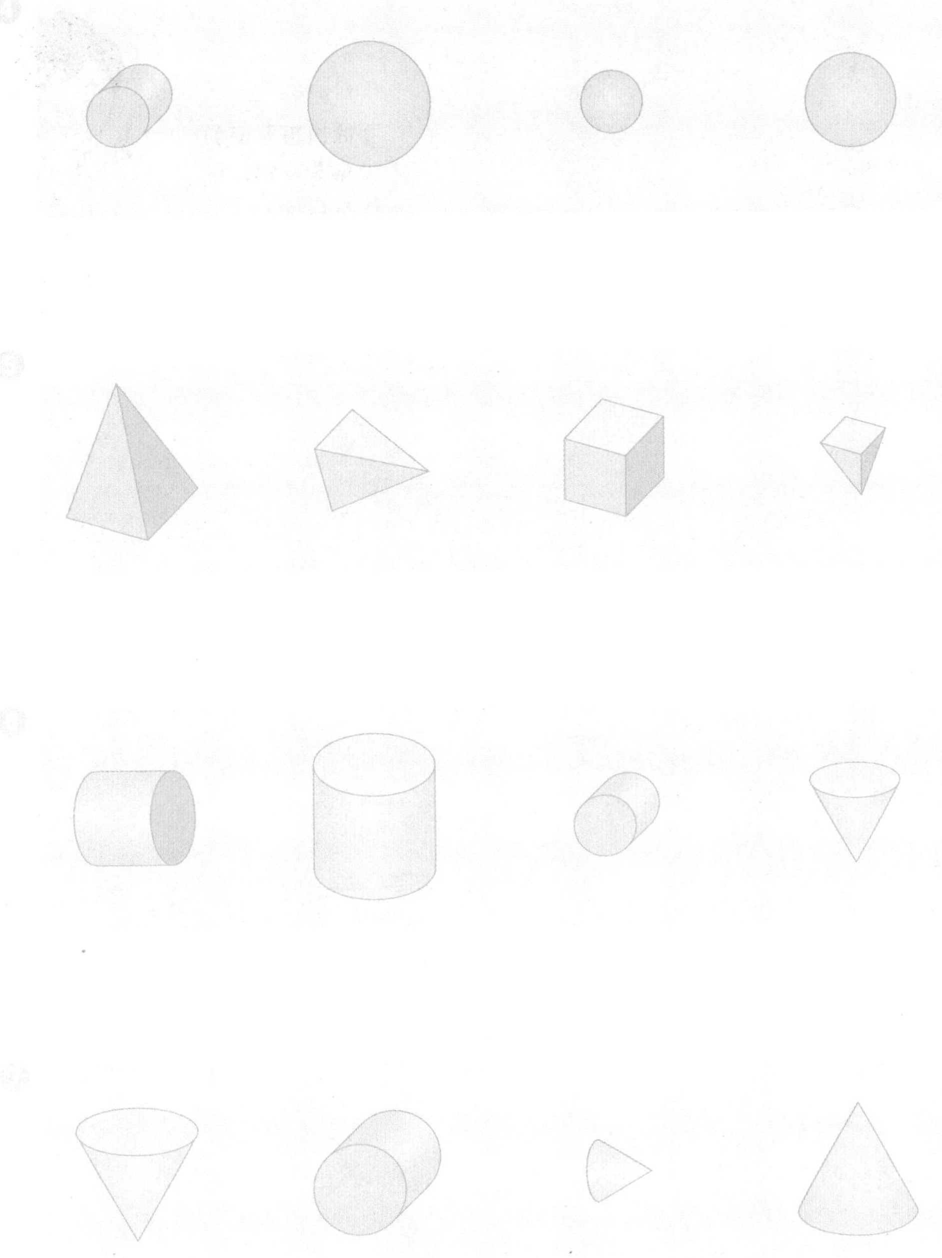

第3天 找尖角

用○标出下列立体图形的尖角，并用 × 标出没有尖角的立体图形。

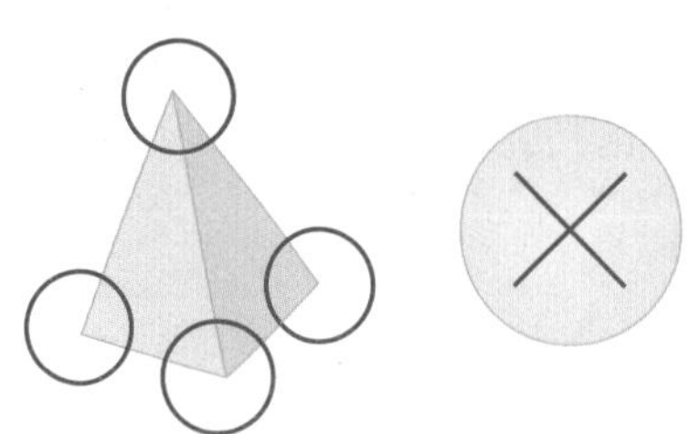

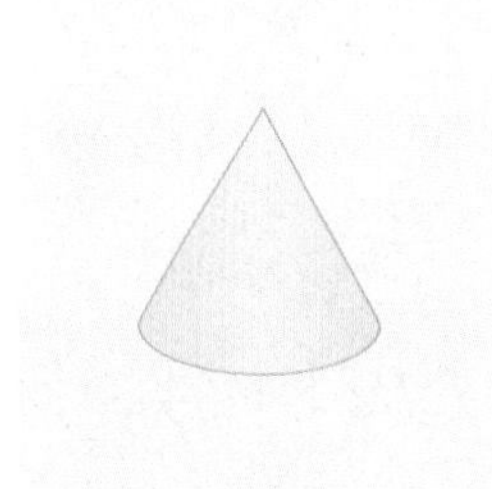

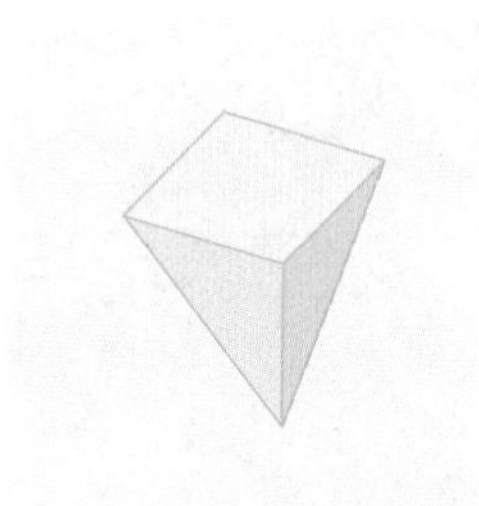

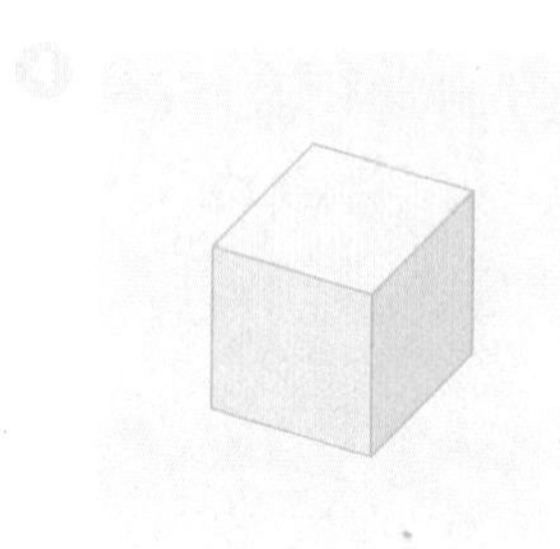

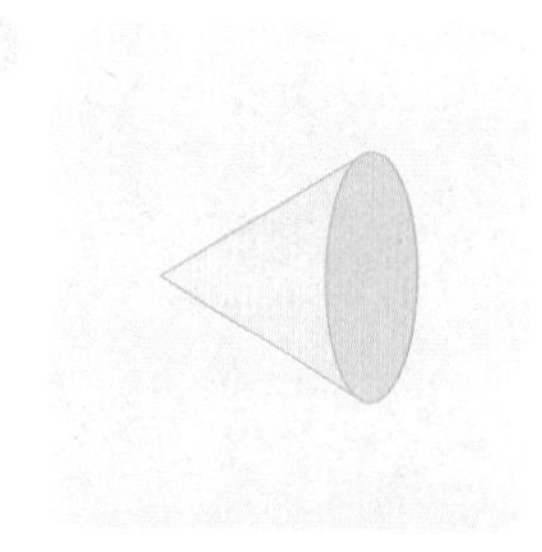

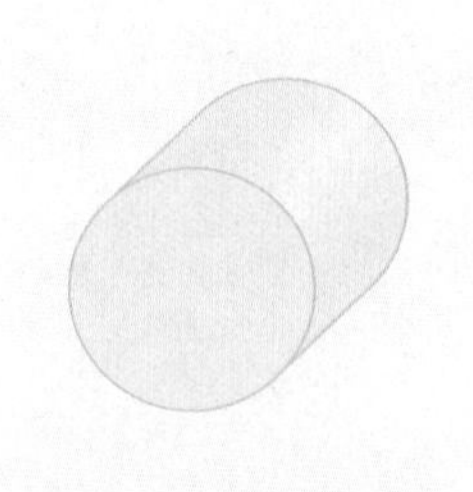

7
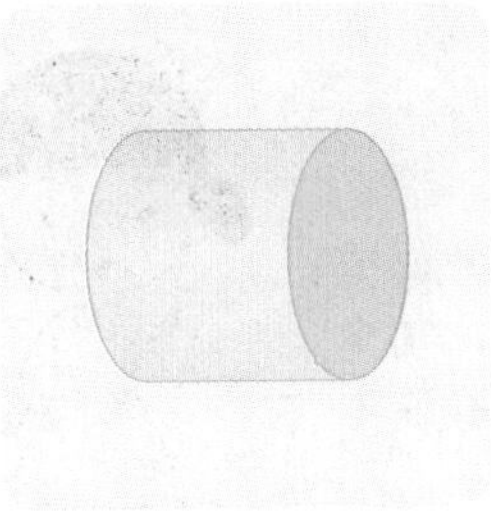

8
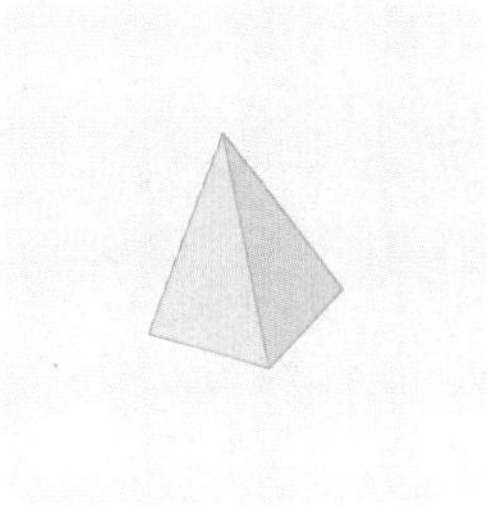

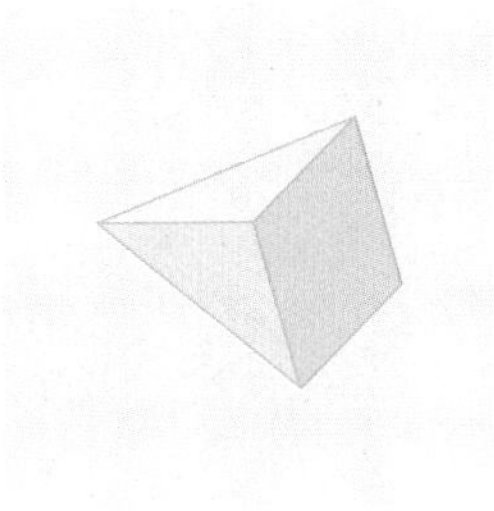

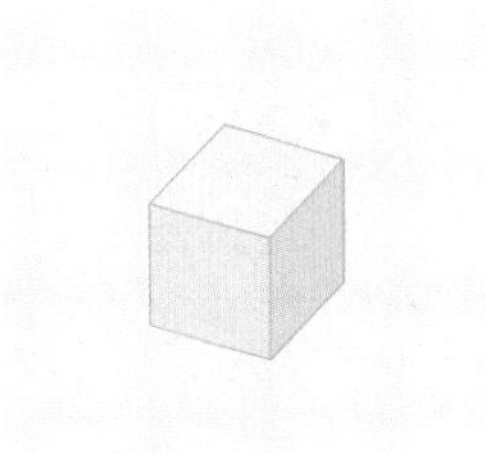

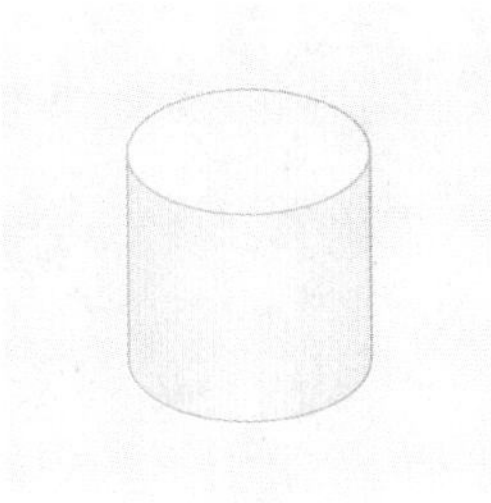

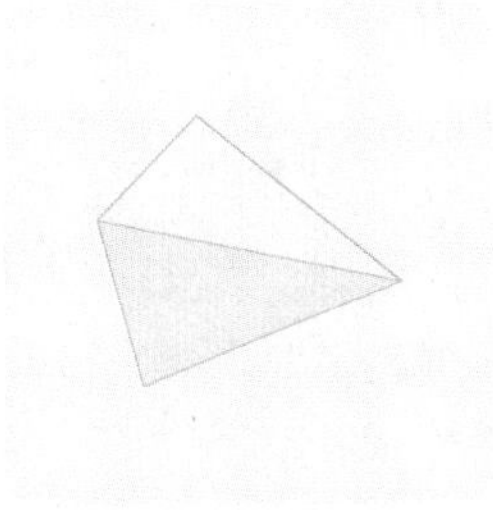

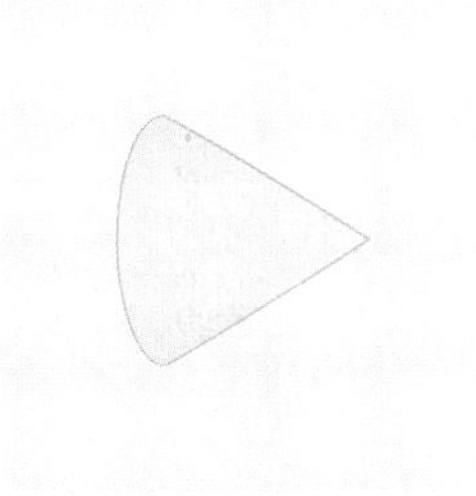

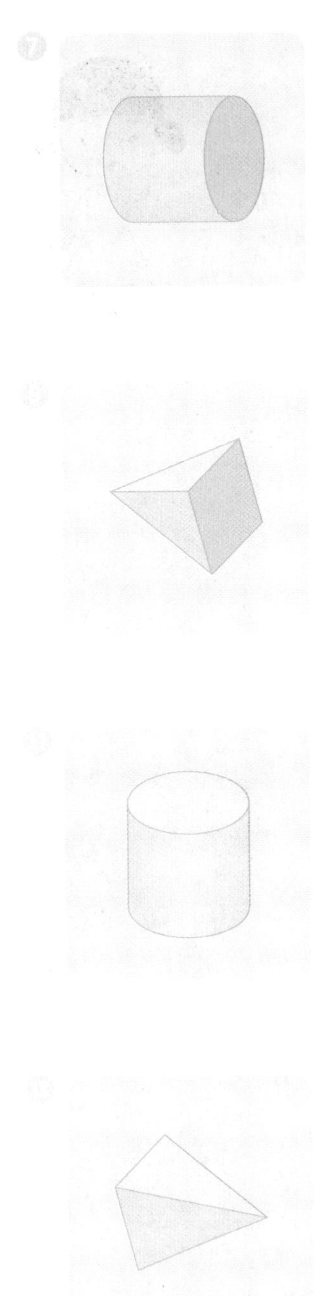

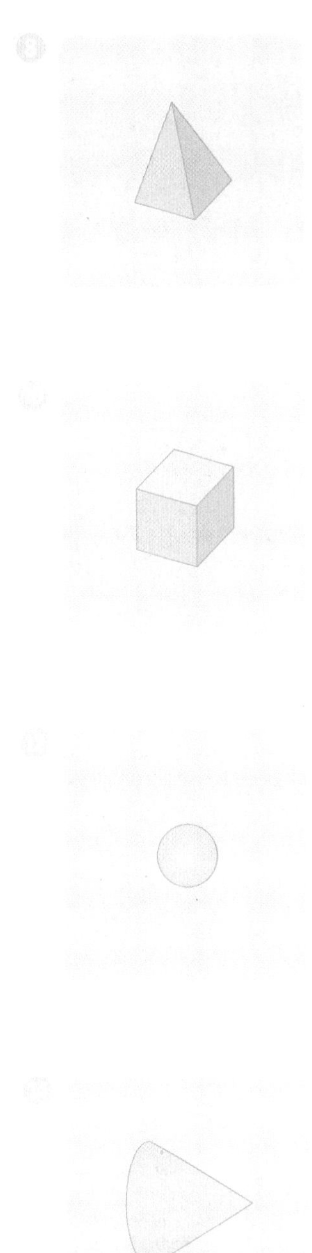

第4天 找平面

用○标出下列立体图形中所有的平面，并用×标出没有平面的立体图形。

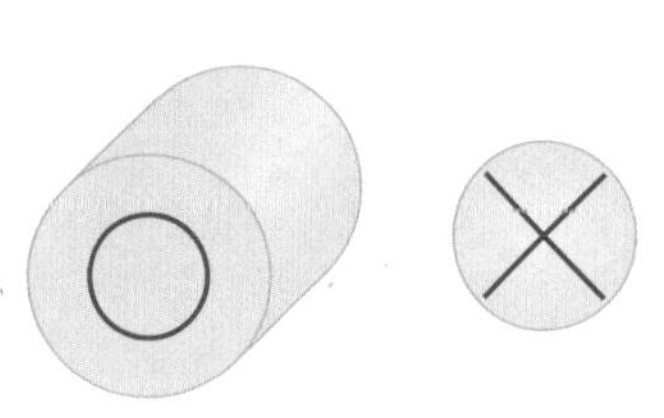

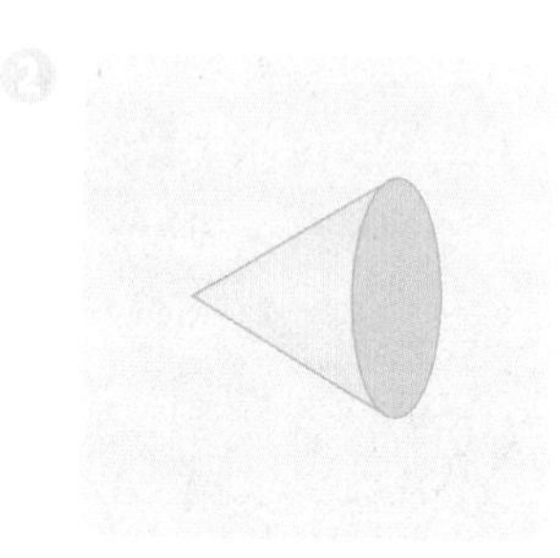

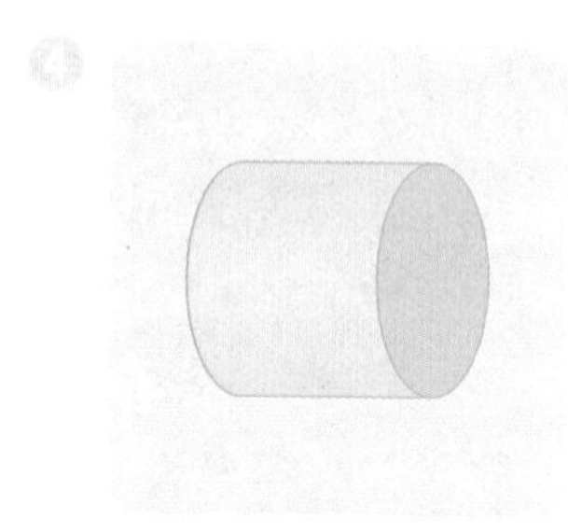

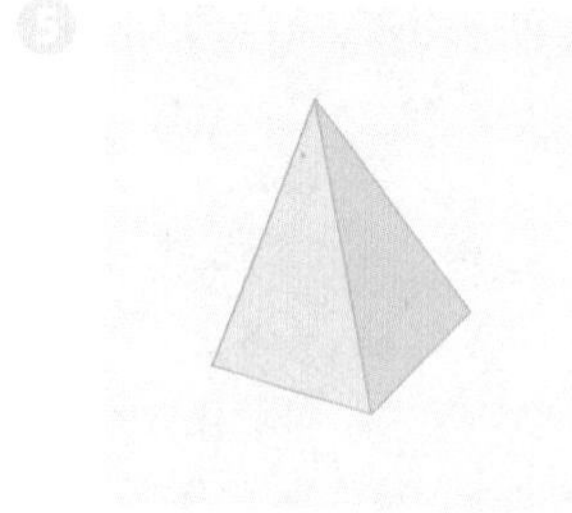

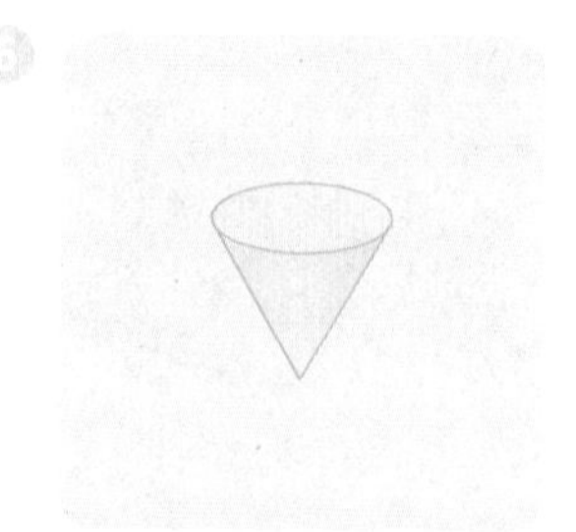

7

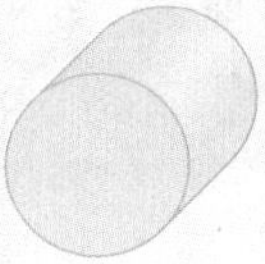

8

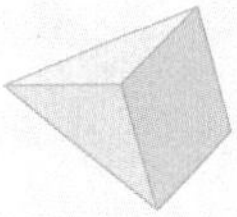

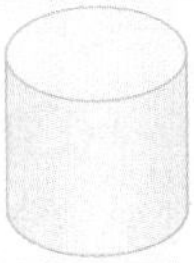

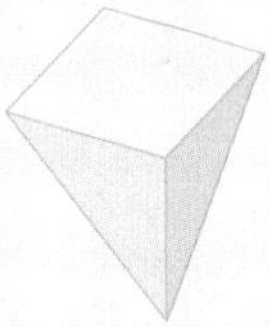

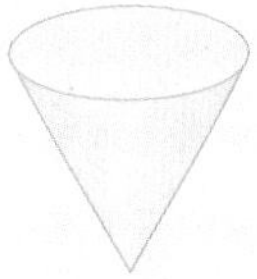

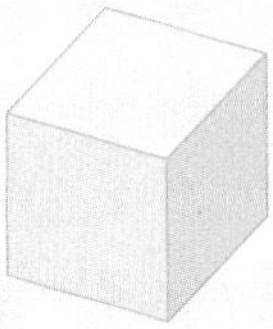

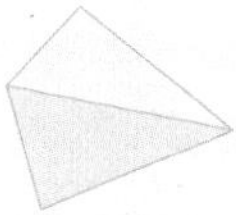

找曲面

找出有曲面的立体图形，并用○标出。

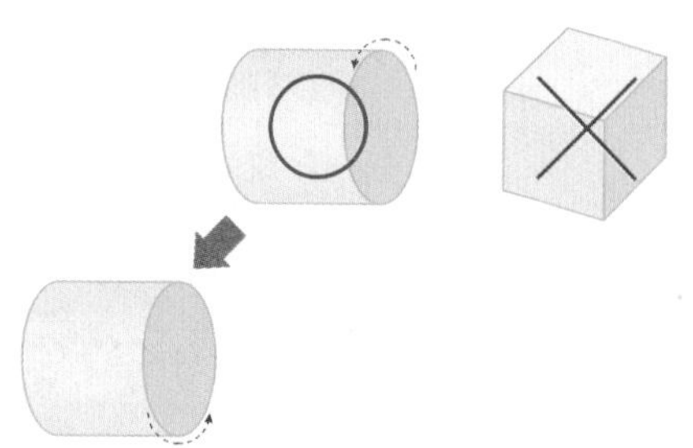

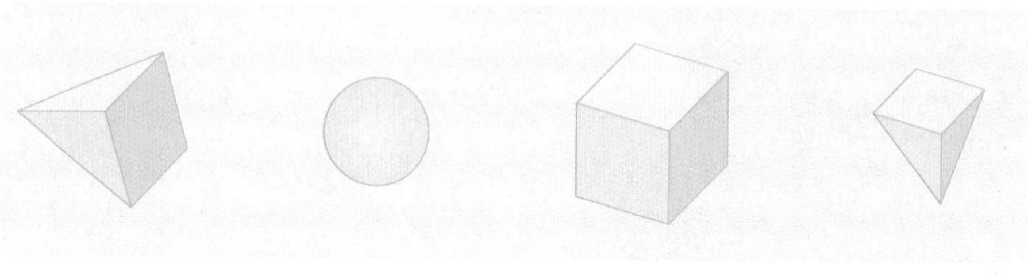

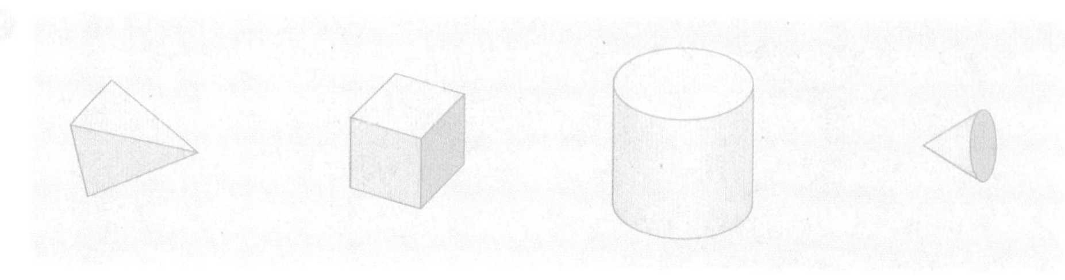

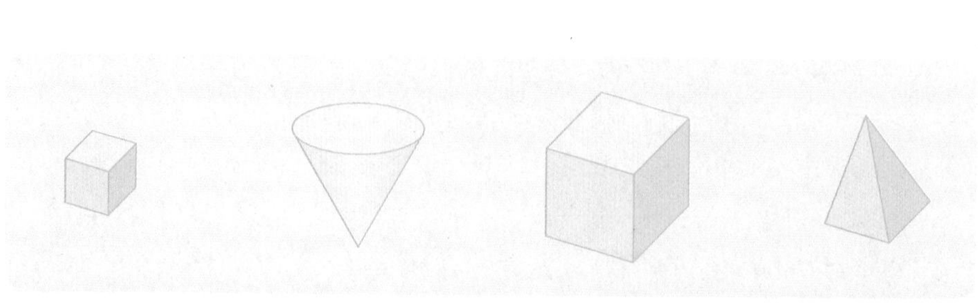

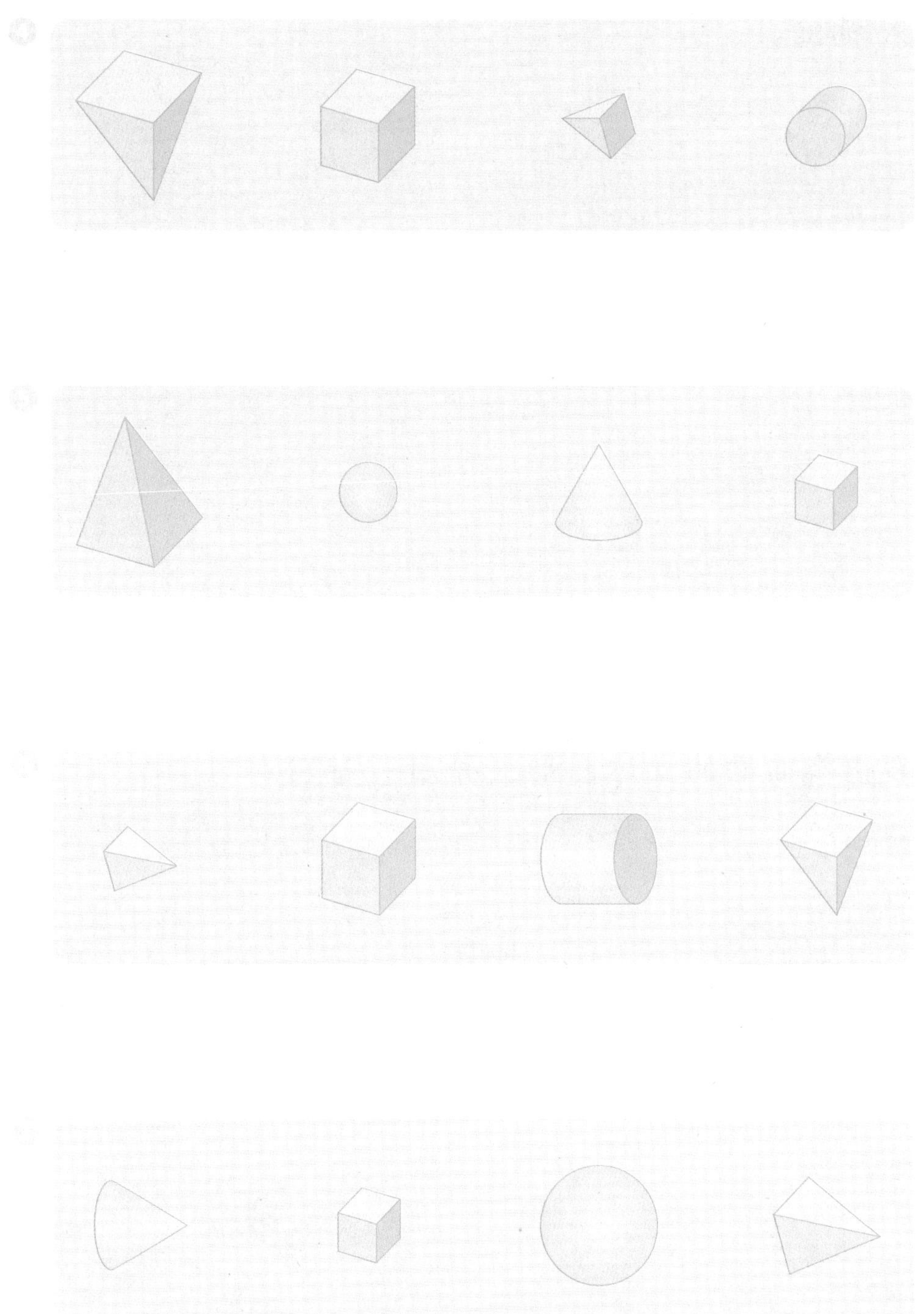

巩固练习

找出与其他图形不属于同一类别的立体图形，并用×标出。

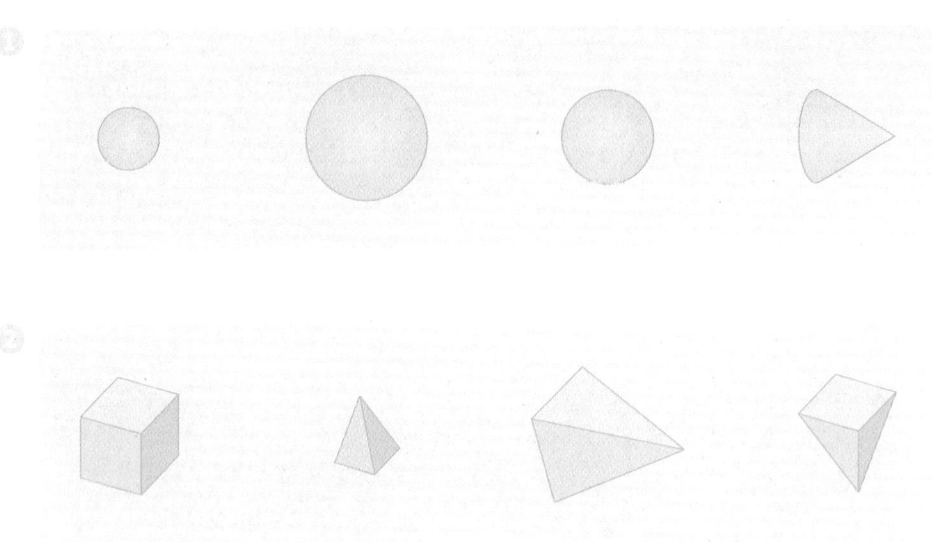

找出有曲面的立体图形，并用○标出。

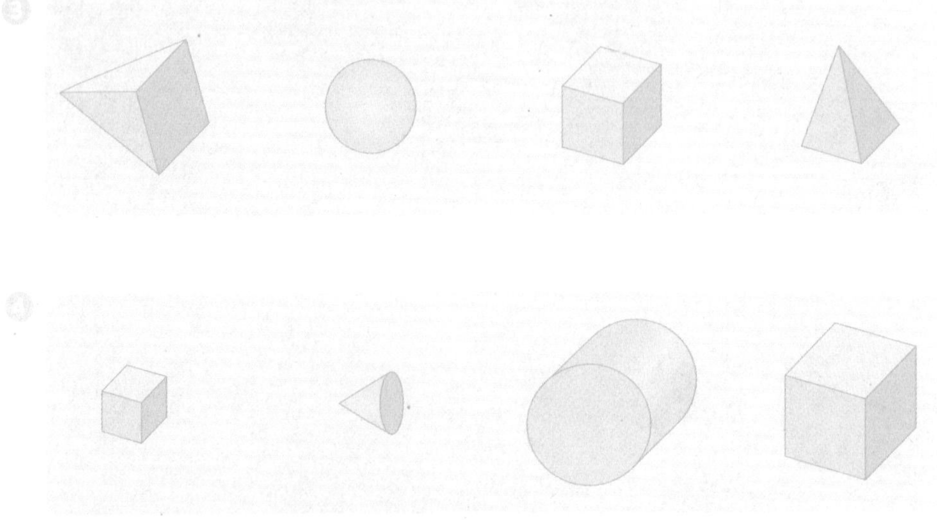

第2周

各种立体图形

第1天：球体 16

第2天：圆柱体 18

第3天：长方体 20

第4天：找不同的图形 22

第5天：无法拼搭的形状 24

巩固练习 26

第1天 球体

找出可以向任意方向滚动的立体图形，并用○标出。

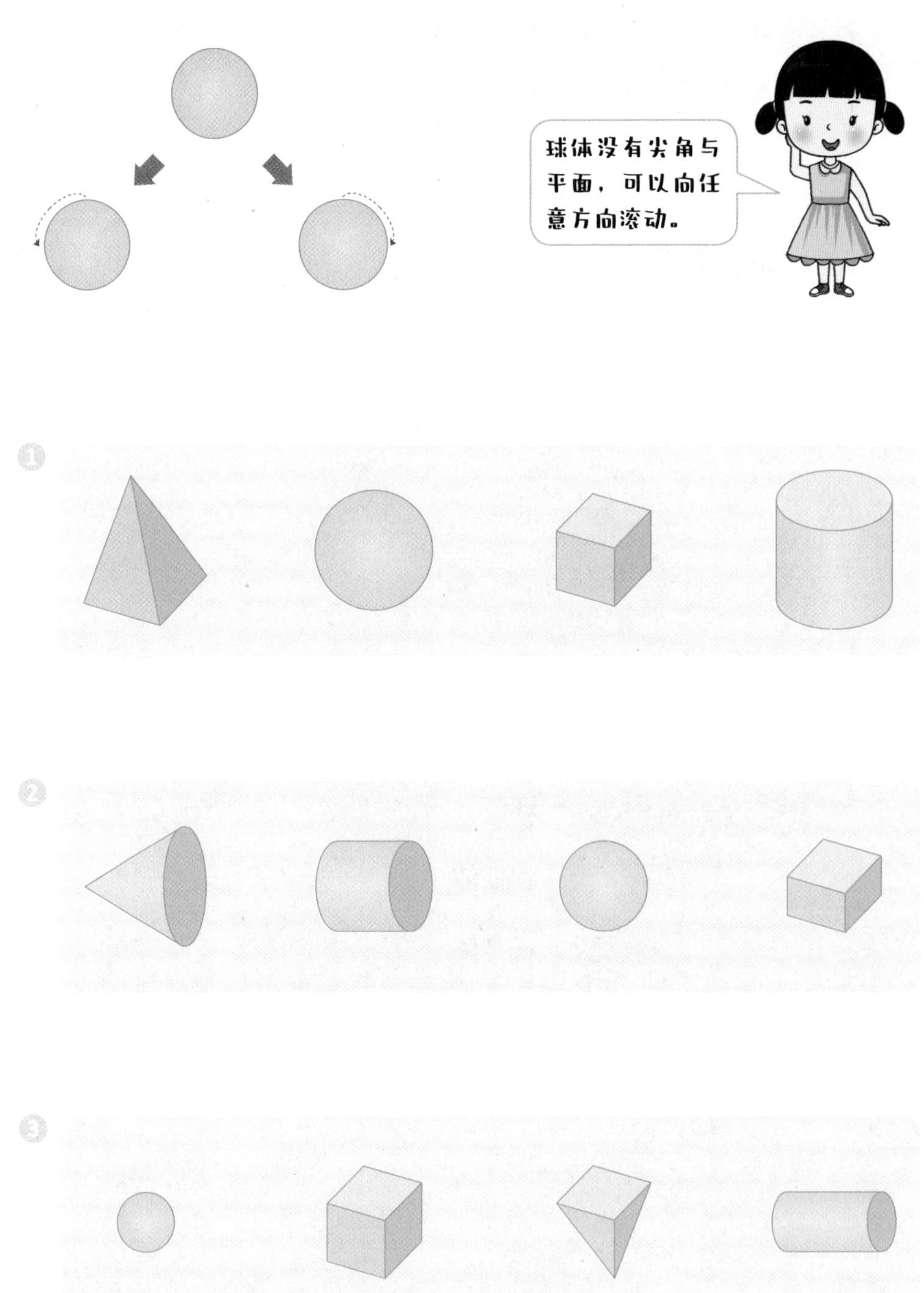

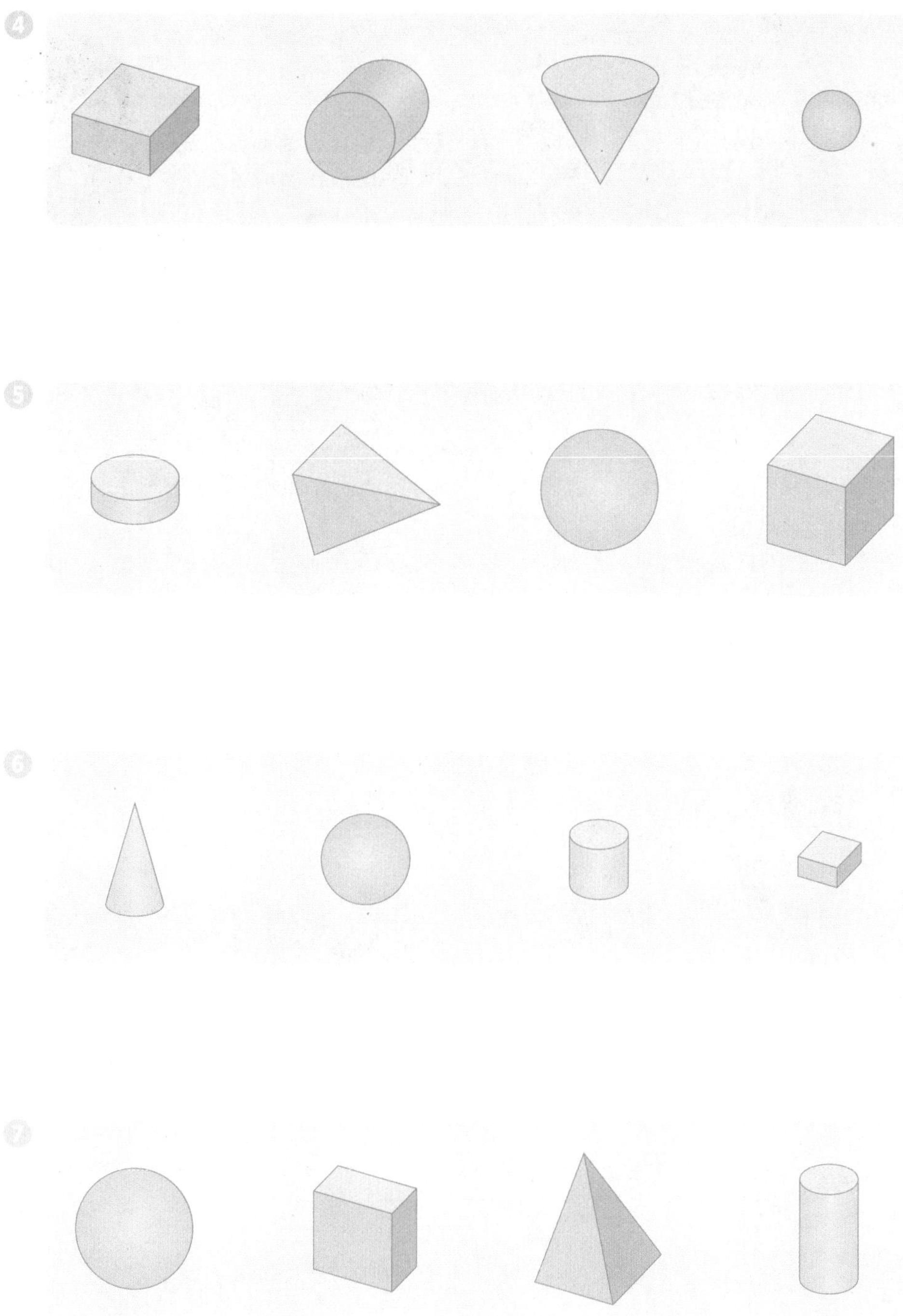

第2天 圆柱体

找出有2个平面且可以滚动的立体图形，并用○标出。

❹

❺

❻

❼

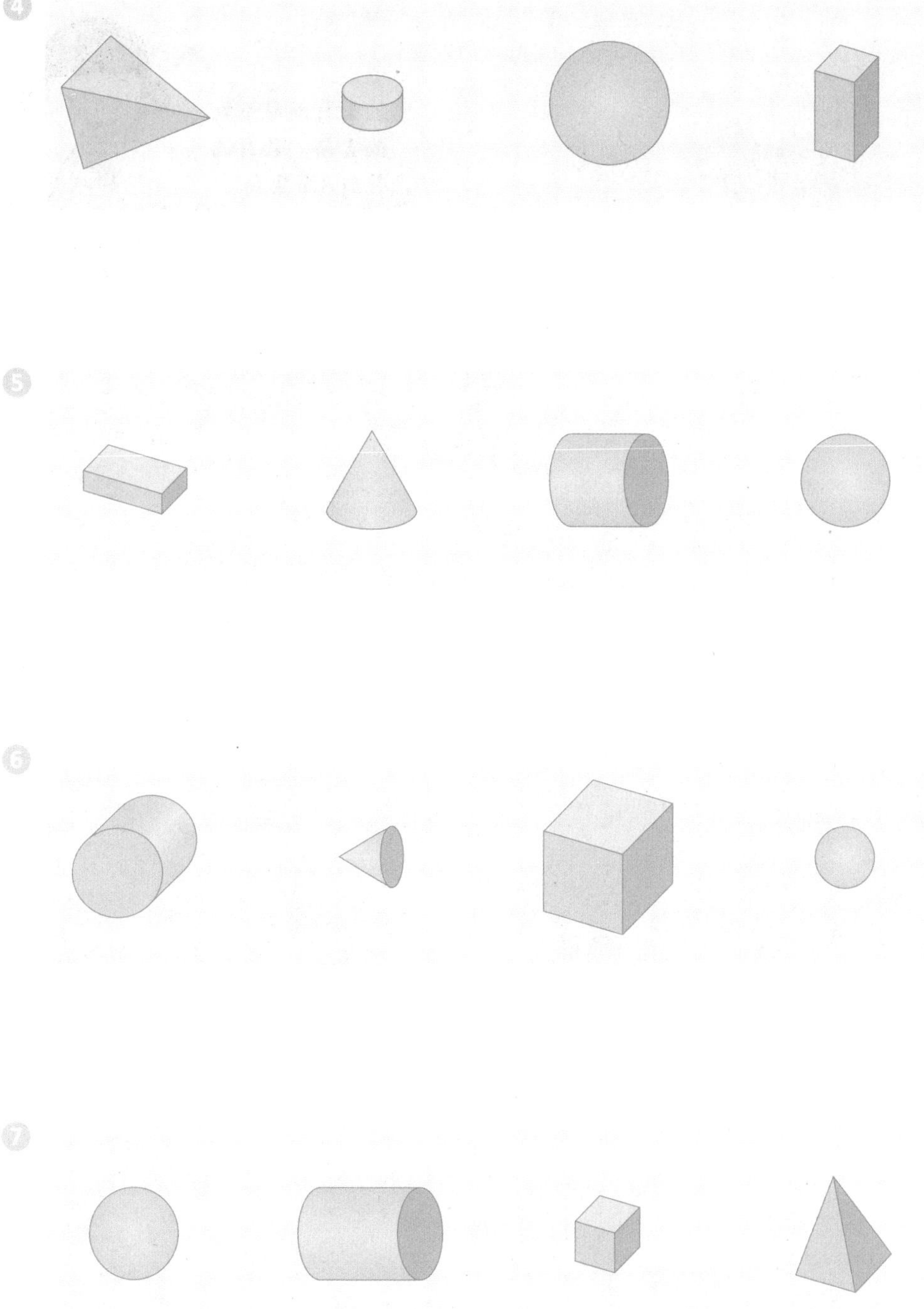

长方体

找出有6个平面的立体图形，并用〇标出。

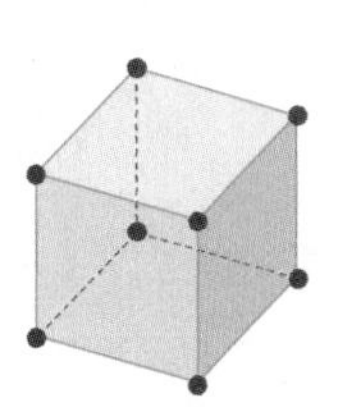

1

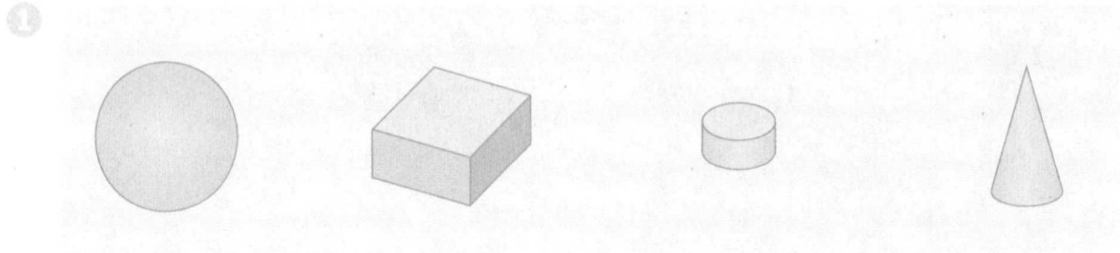

2

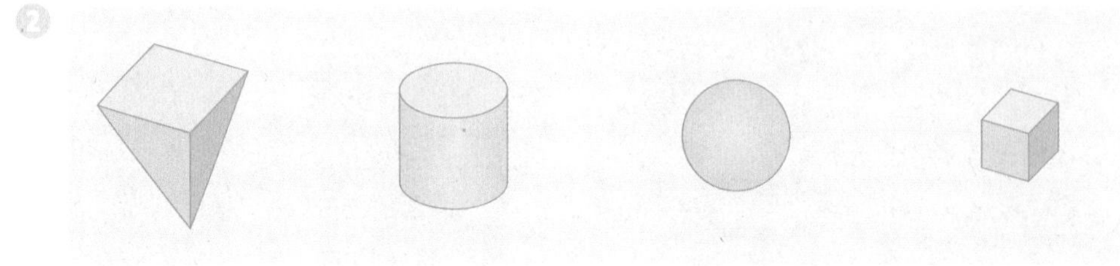

3

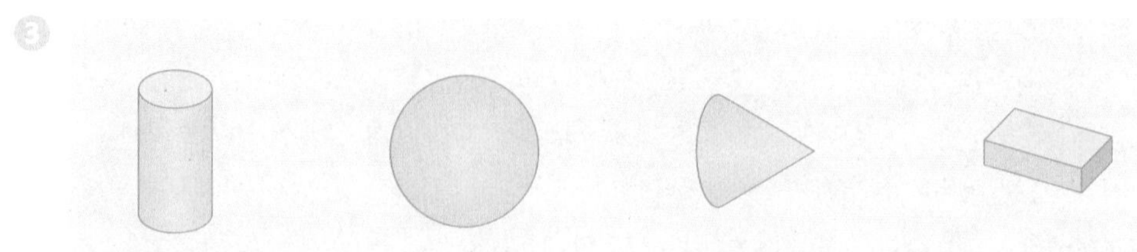

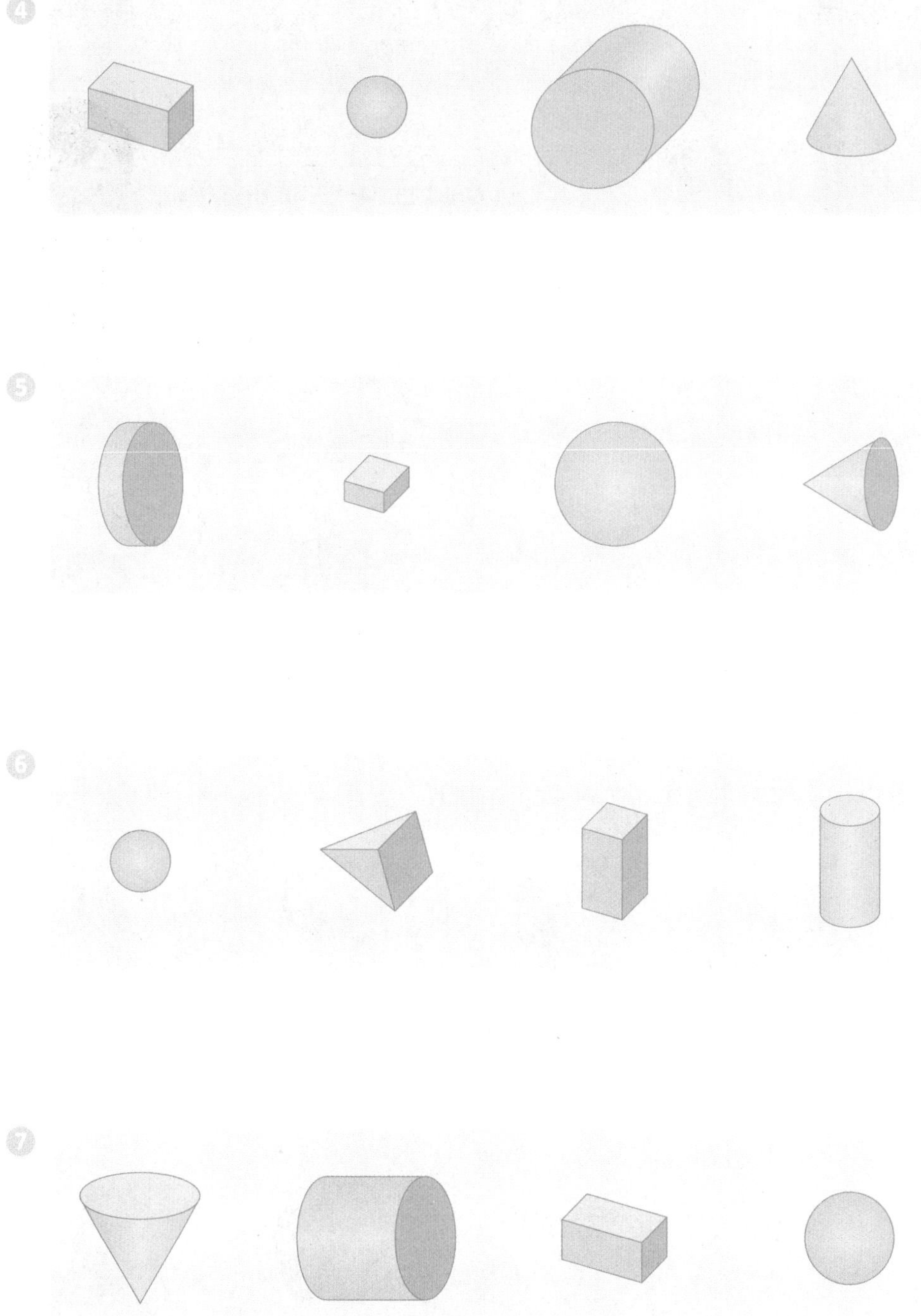
4
5
6
7

找不同的图形

找出与其他图形不属于同一类别的立体图形，并用×标出。

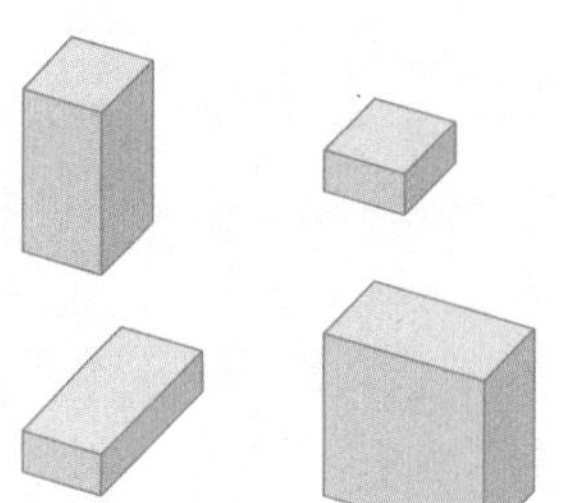

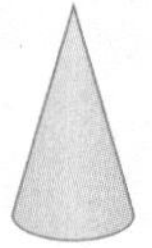   

2

 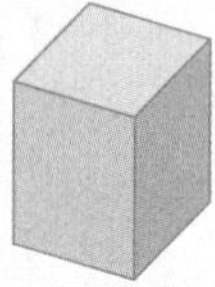 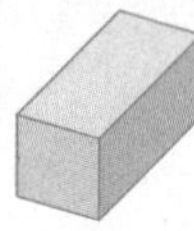 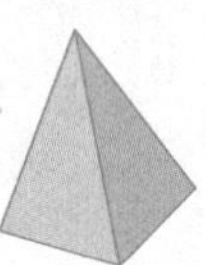

3

 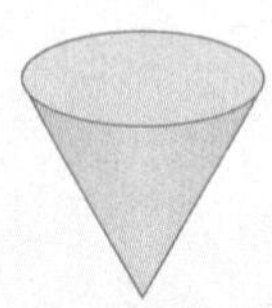 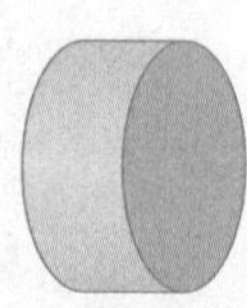 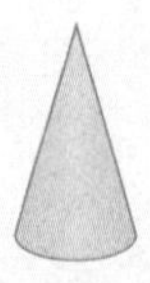

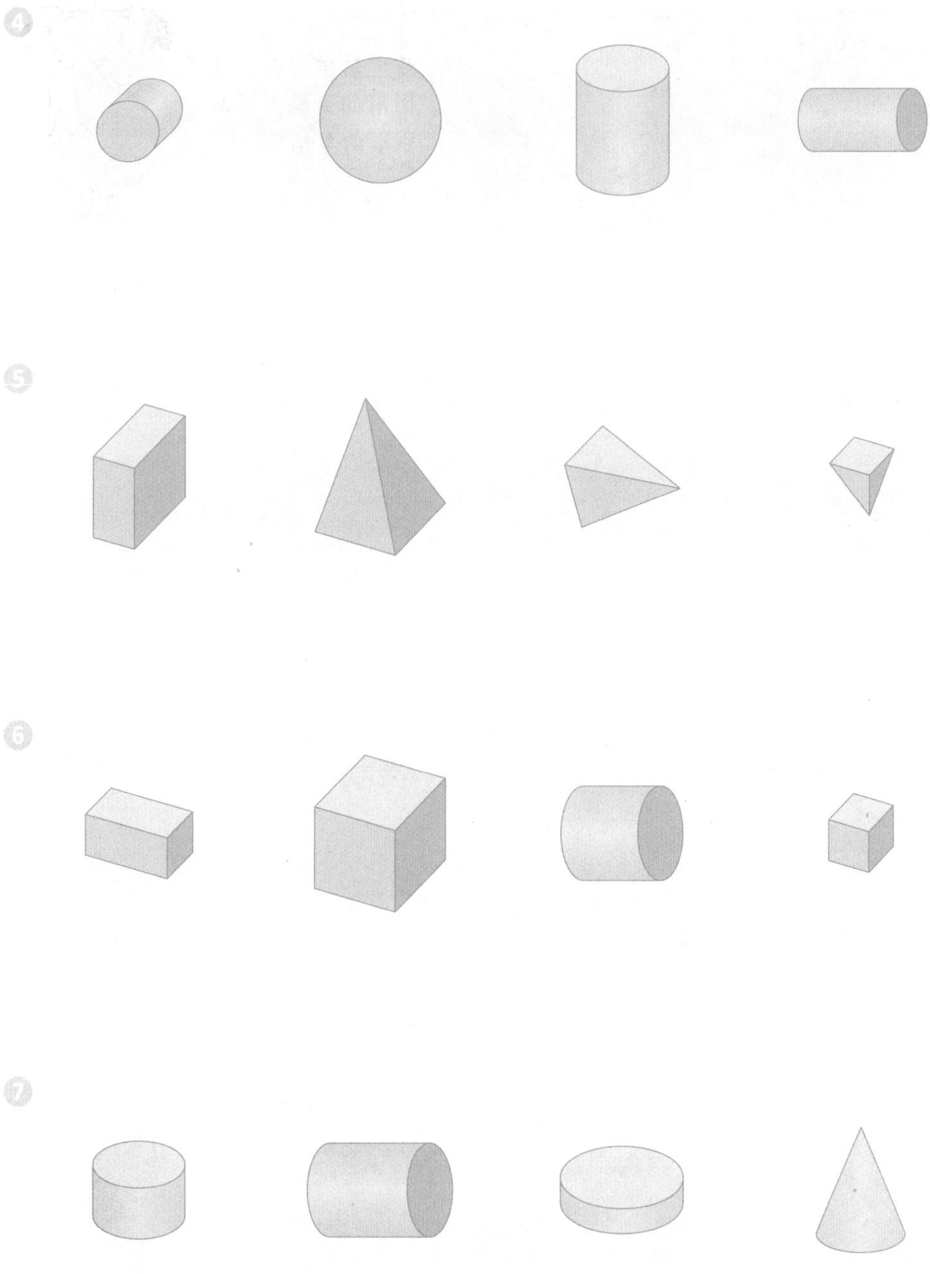
4
5
6
7

无法拼搭的形状

找出无法拼搭在一起的立体图形组合，并用 × 标出。

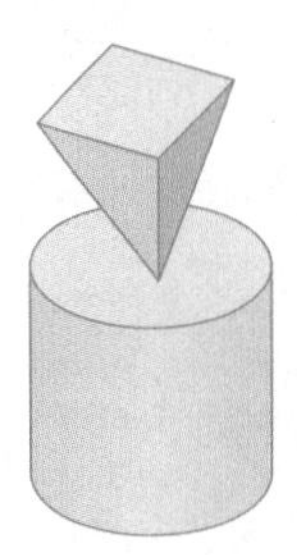

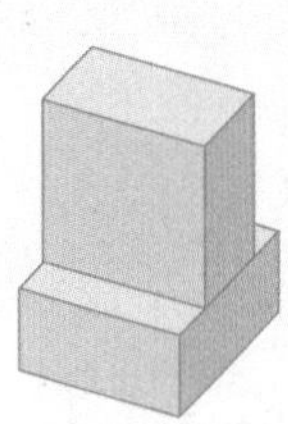

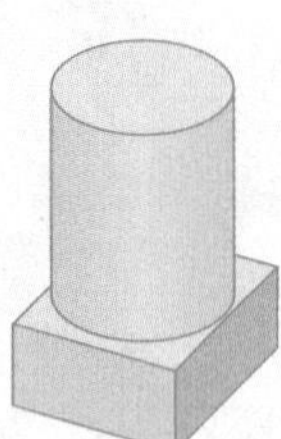

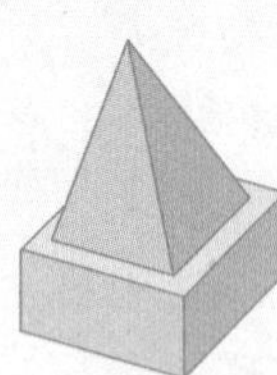

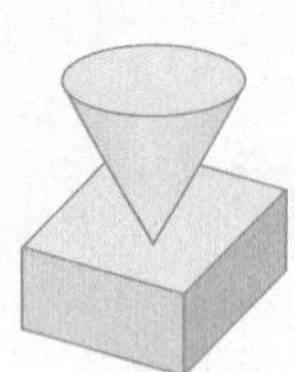

2

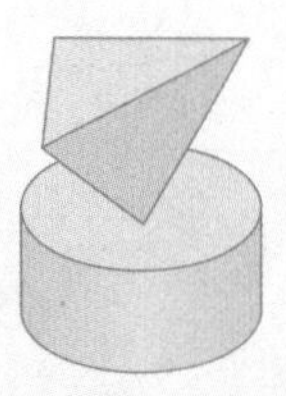

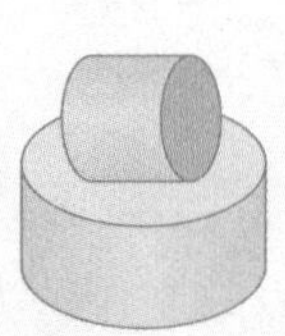

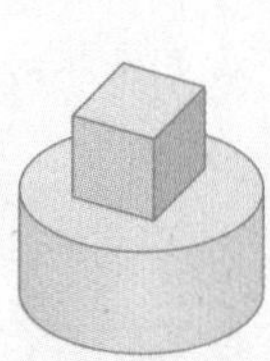

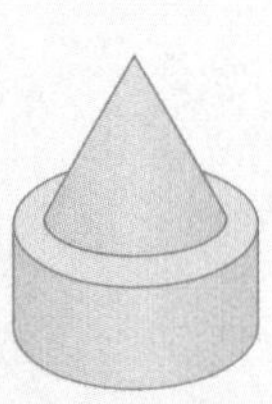

3

4

5

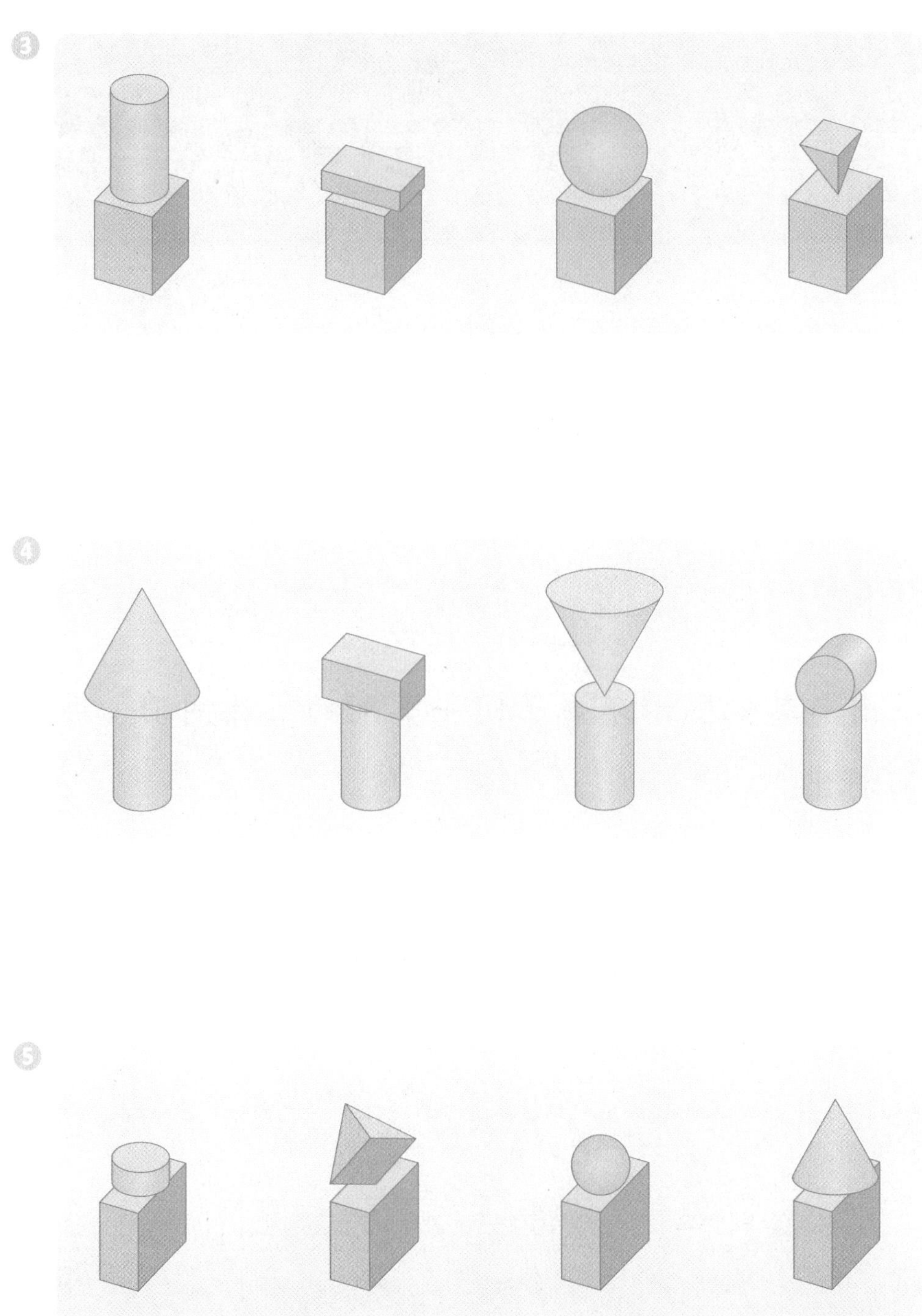

巩固练习

找出有6个平面的立体图形，并用○标出。

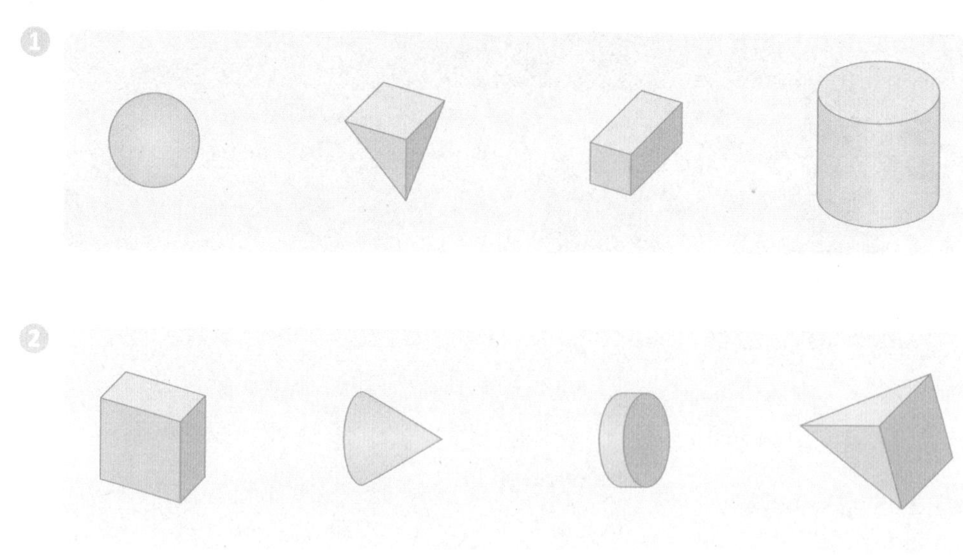

找出与其他图形不属于同一类别的立体图形，并用×标出。

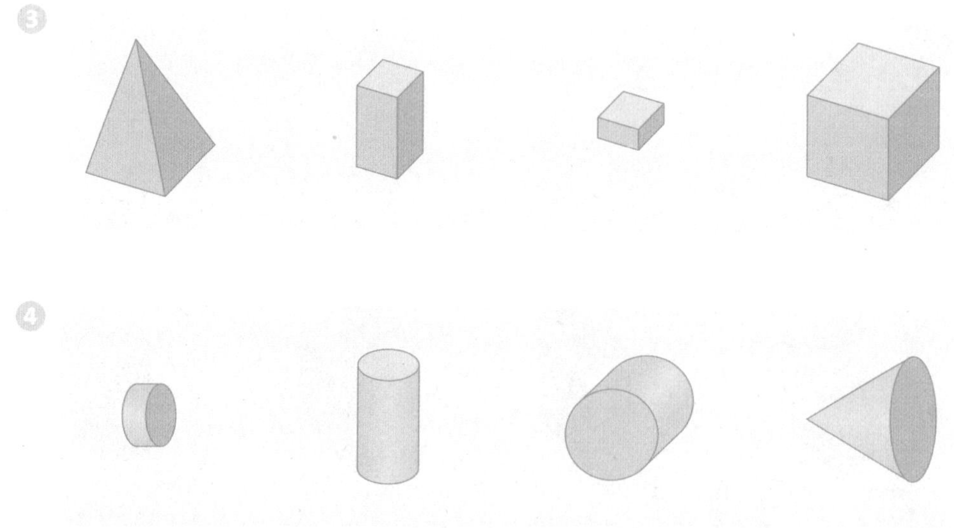

第3周

数小方块

第1天：每一层的数量 28
第2天：数小方块（1） 30
第3天：每一列的数量 32
第4天：数小方块（2） 34
第5天：数小方块（3） 36
巩固练习 38

第1天

每一层的数量

数出下列图形中每一层小方块的数量，并填入□内。

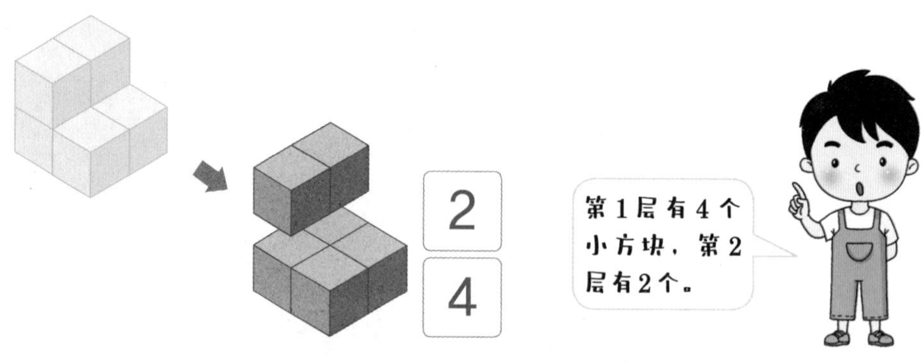

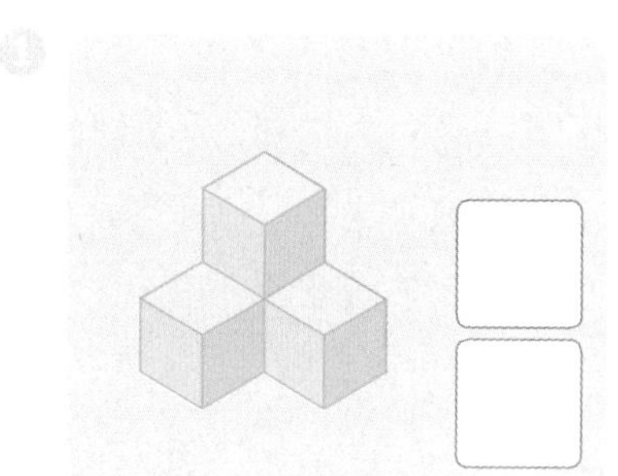

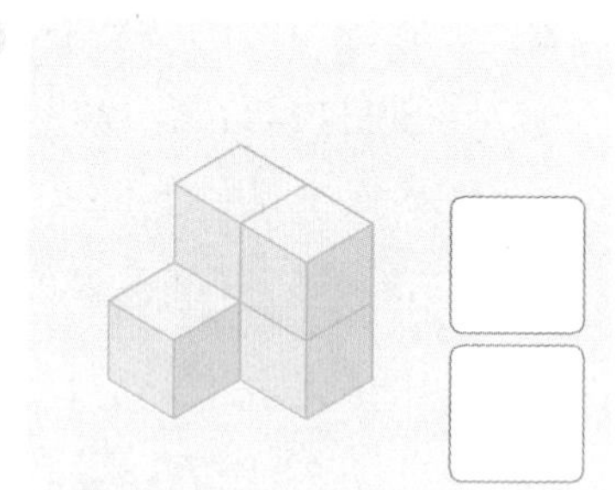

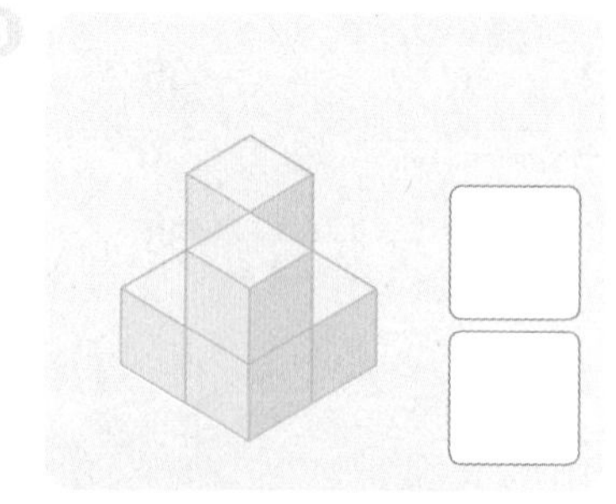

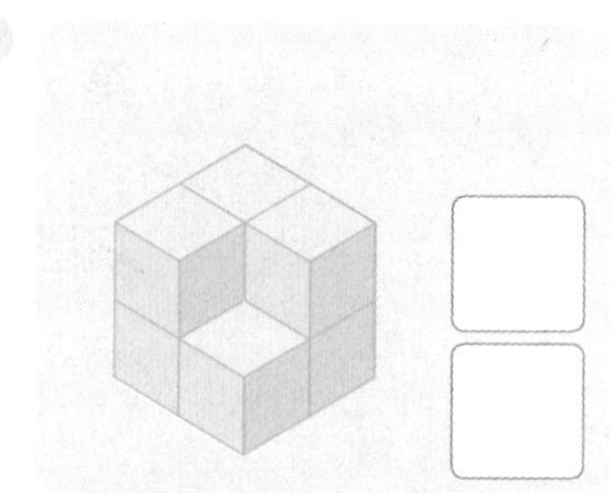

5
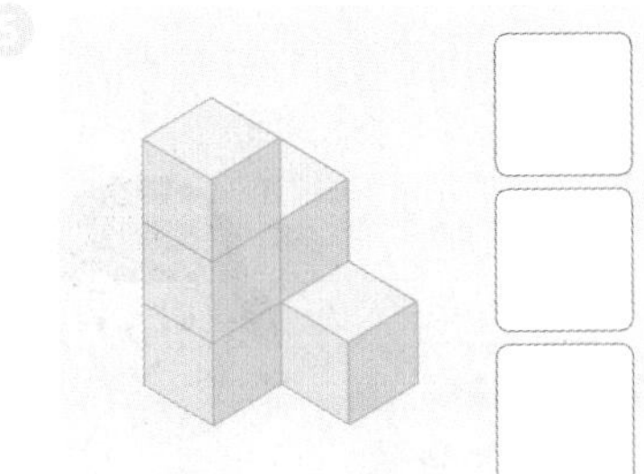

6
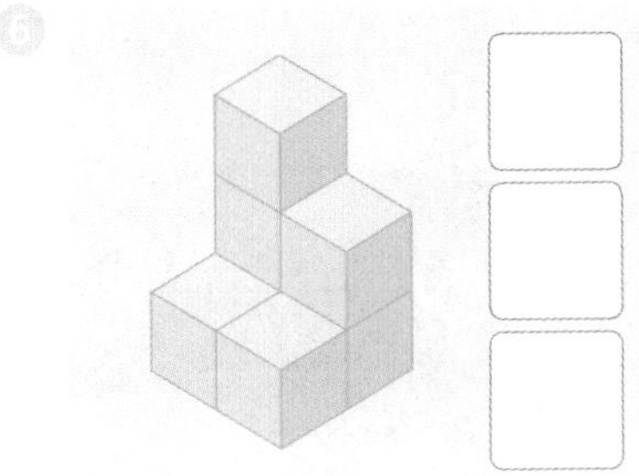

7
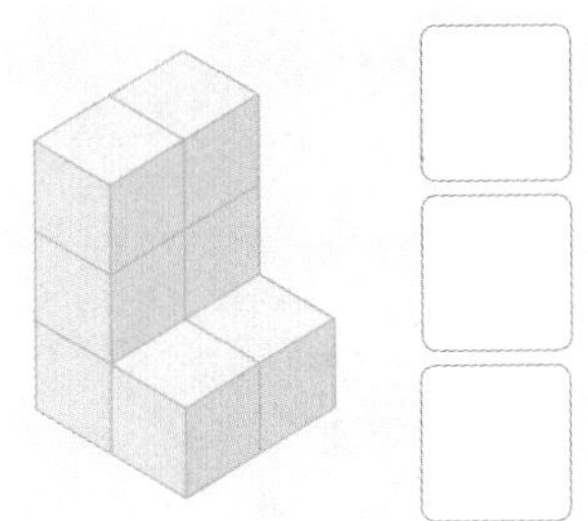

8
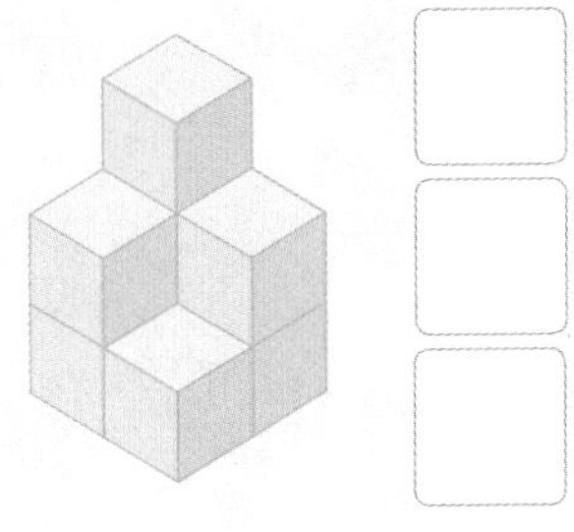

9
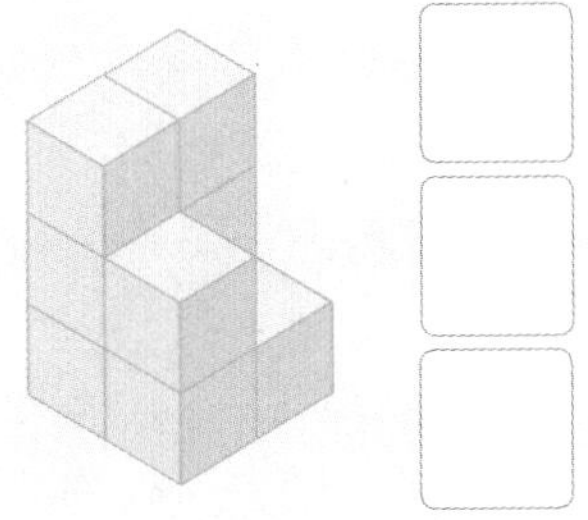

10
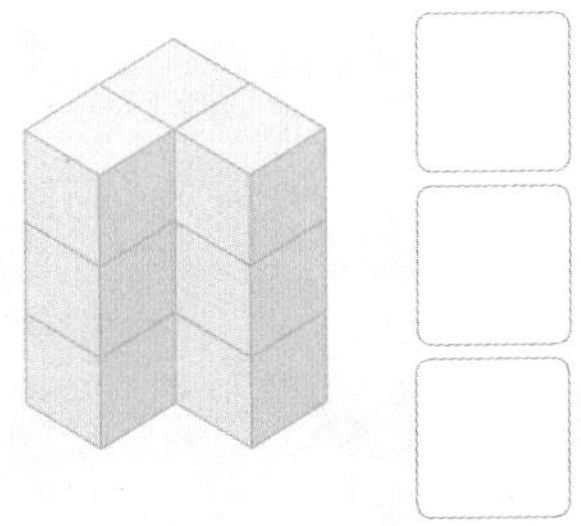

数小方块(1)

数出下列图形中所有小方块的数量，并填入□内。

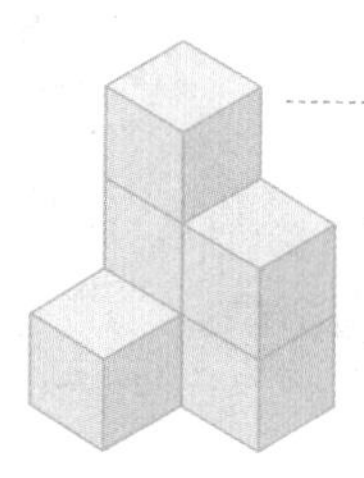

第3层：1个

第2层：2个

第1层：3个

3＋2＋1＝6

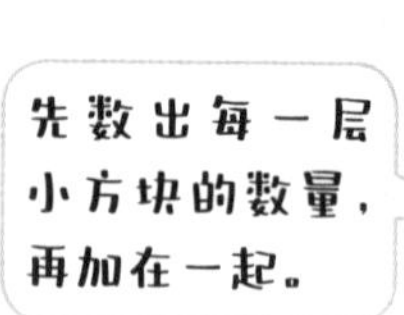

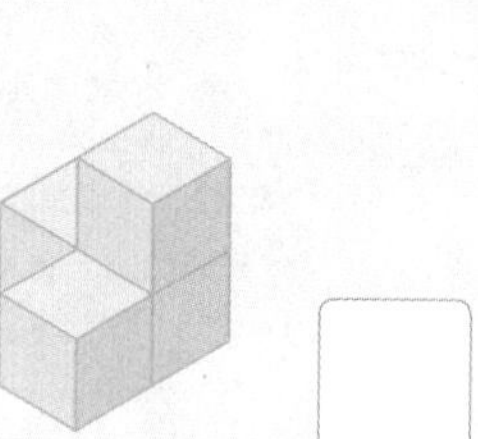

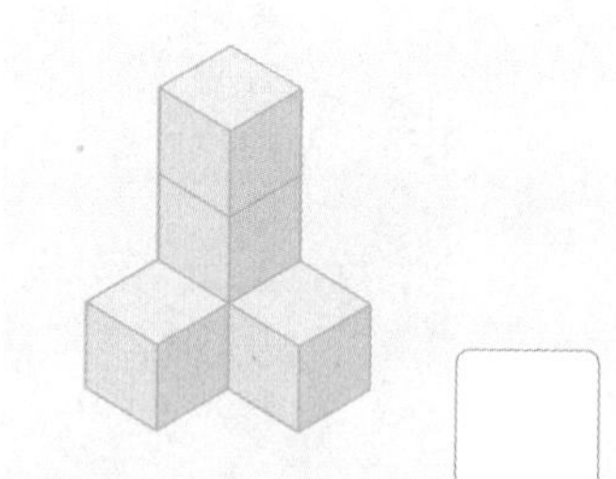

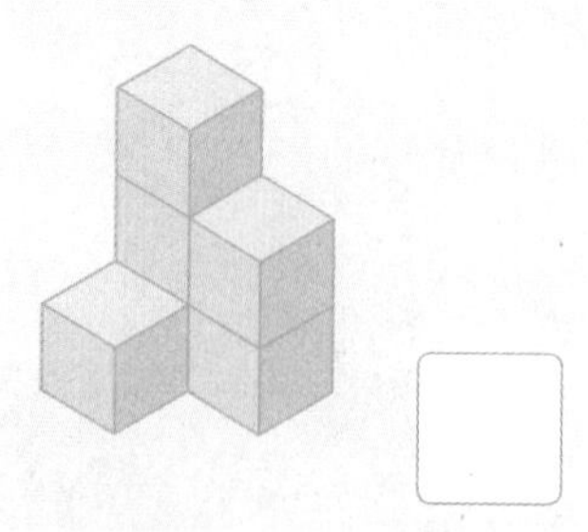

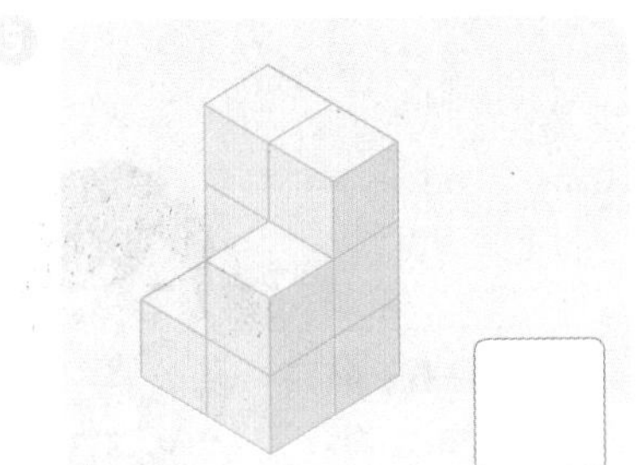

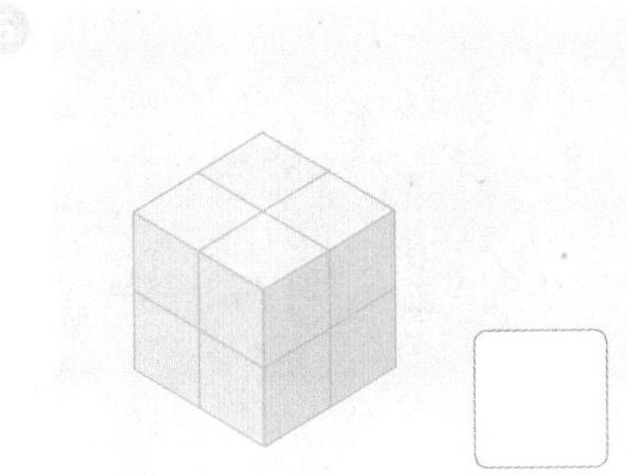

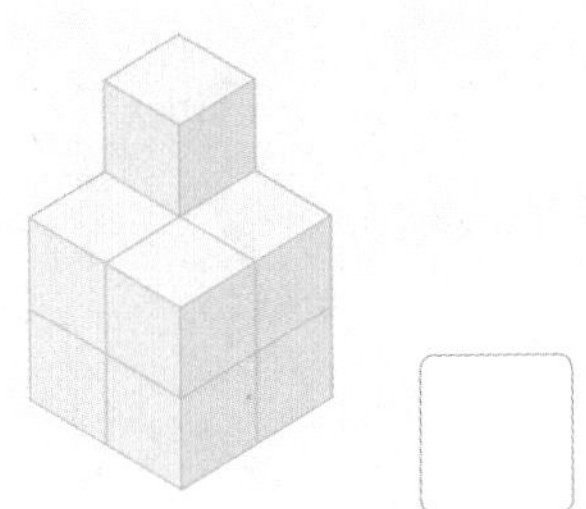

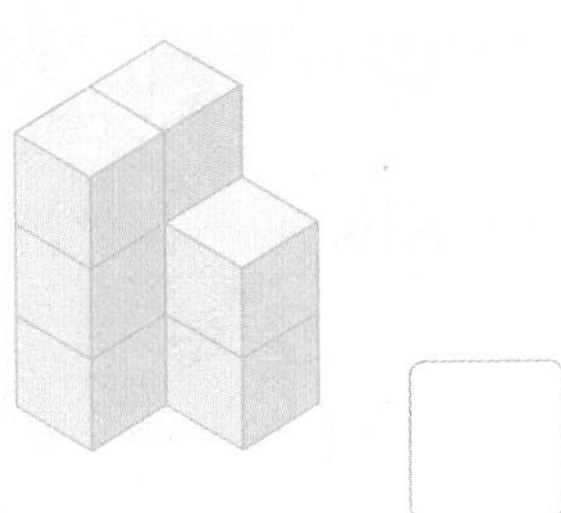

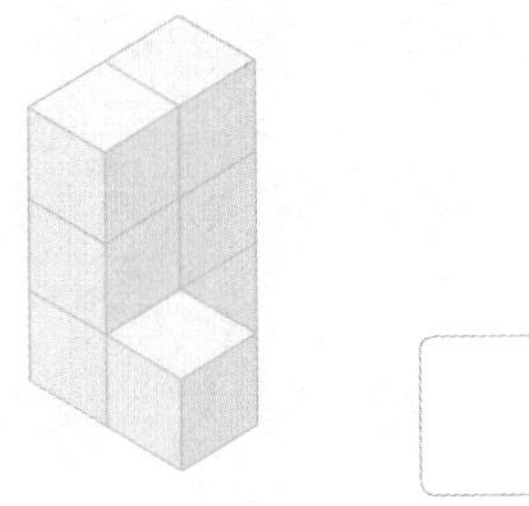

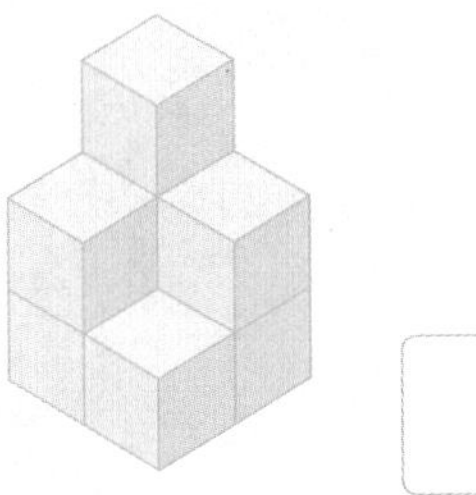

第3天

每一列的数量

数出下列图形中每一列小方块的数量，并填入□内。

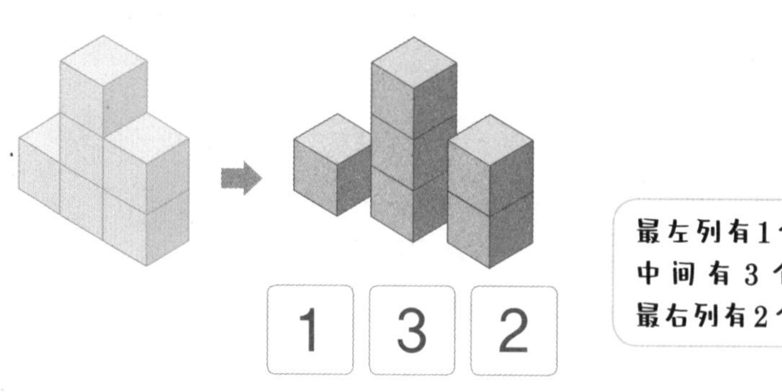

①

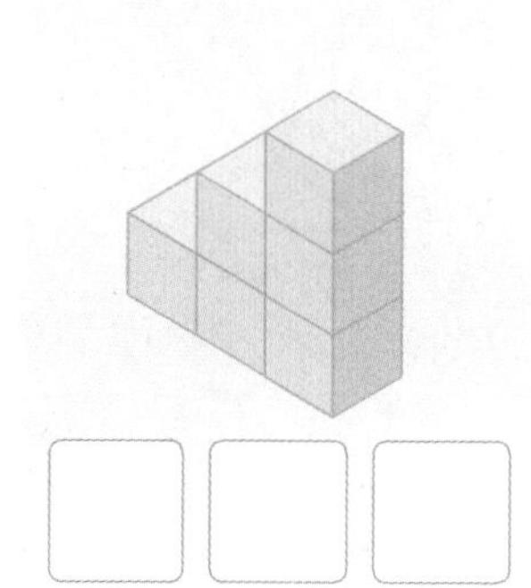

②

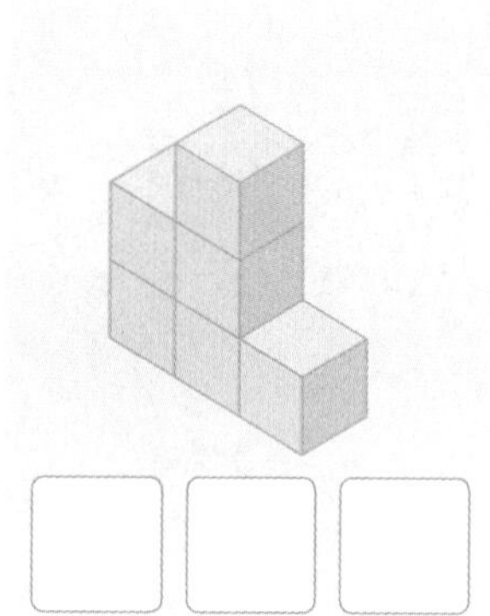

③

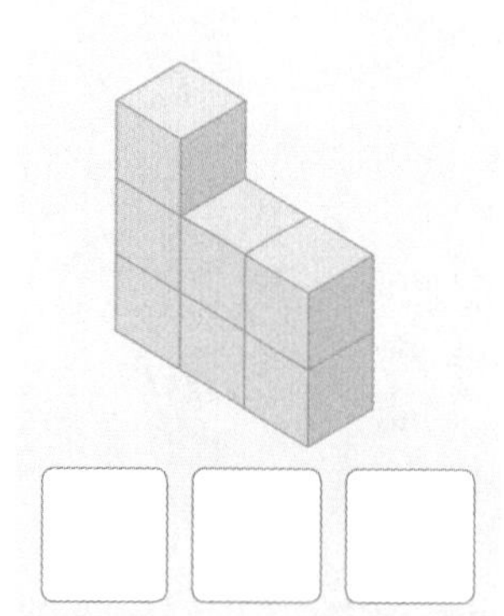

④

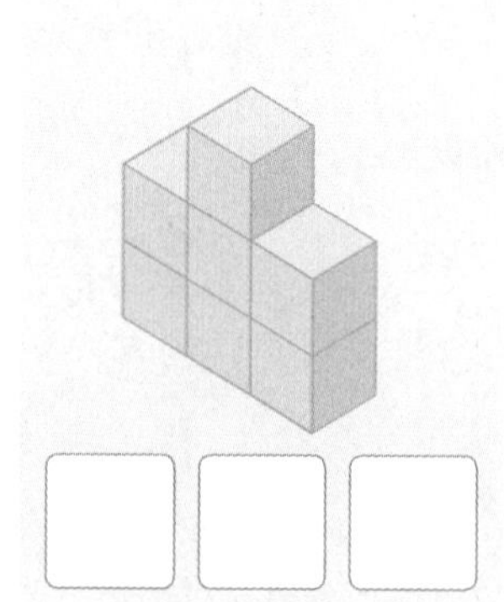

5
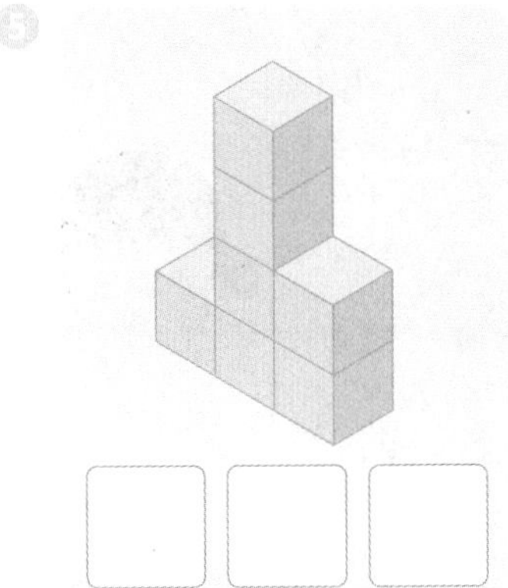

6
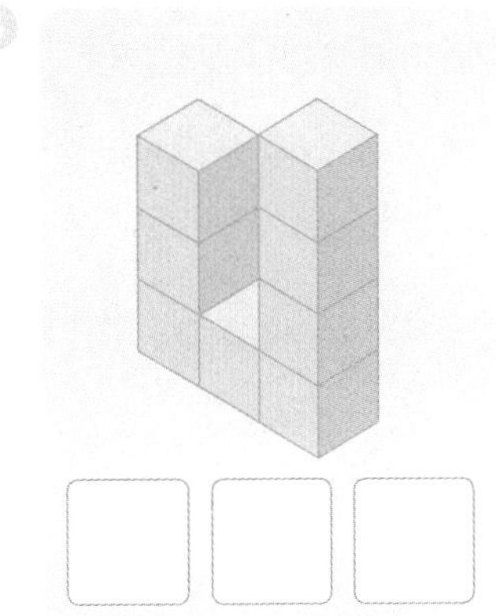

7
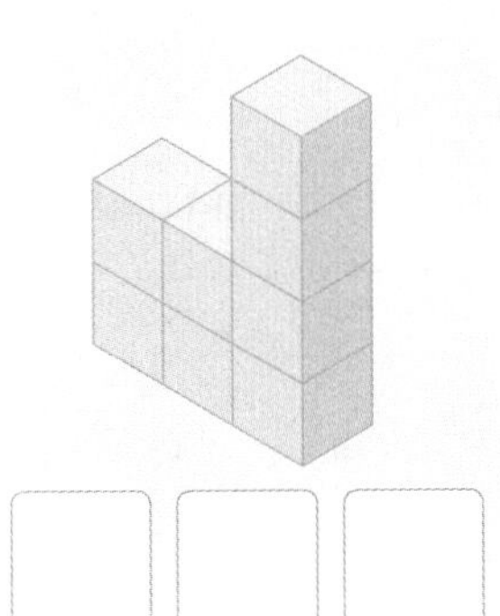

8
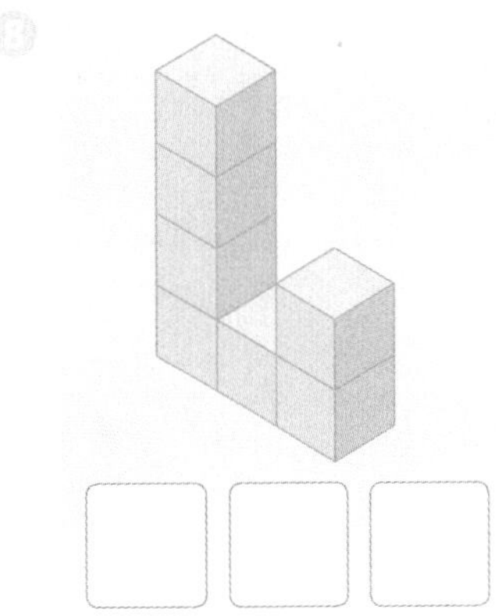

9
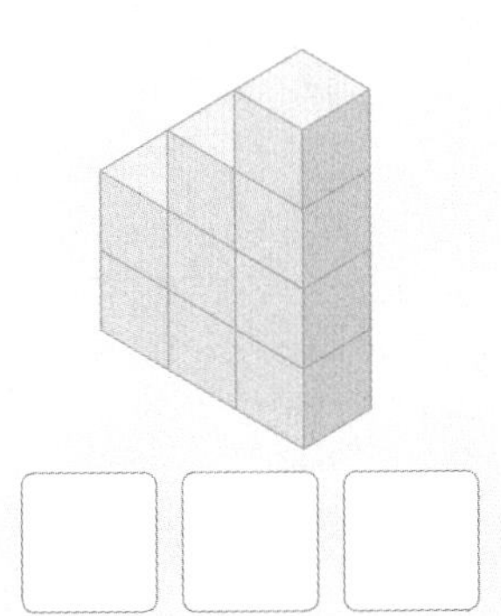

10
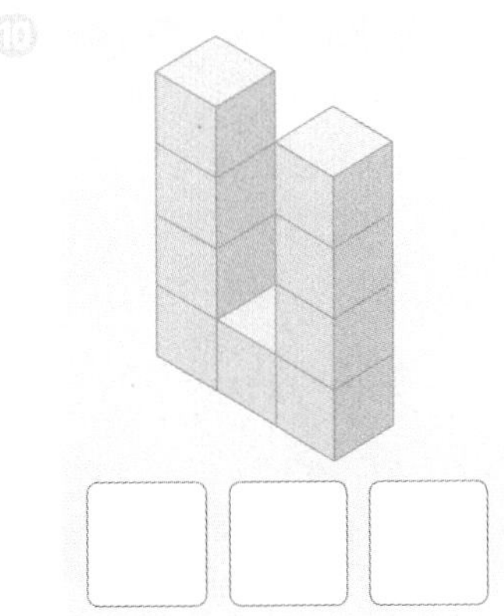

第4天 数小方块(2)

数出下列图形中所有小方块的数量，并填入□内。

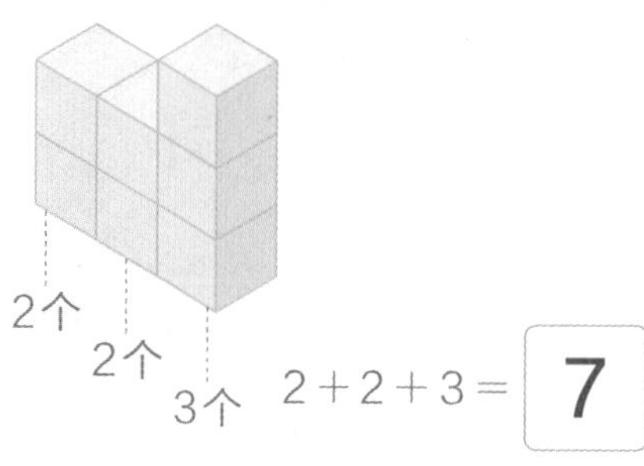

①

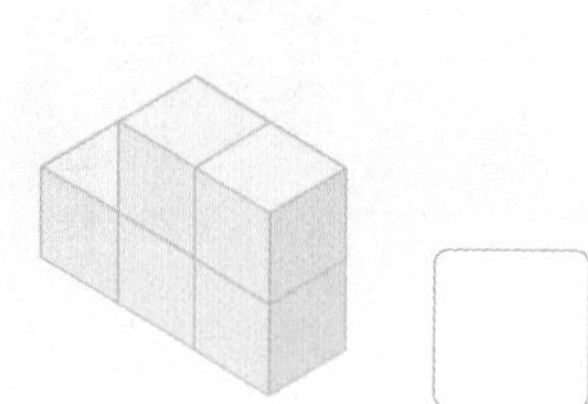

②

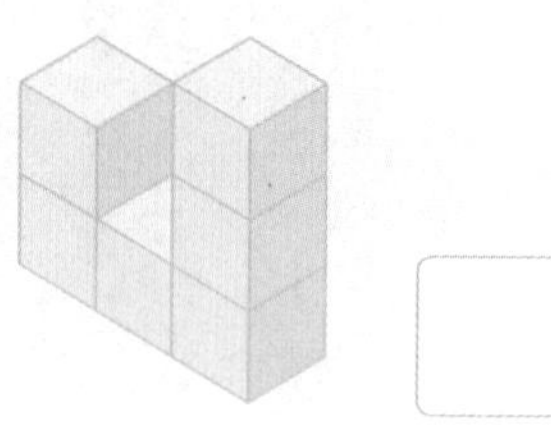

③

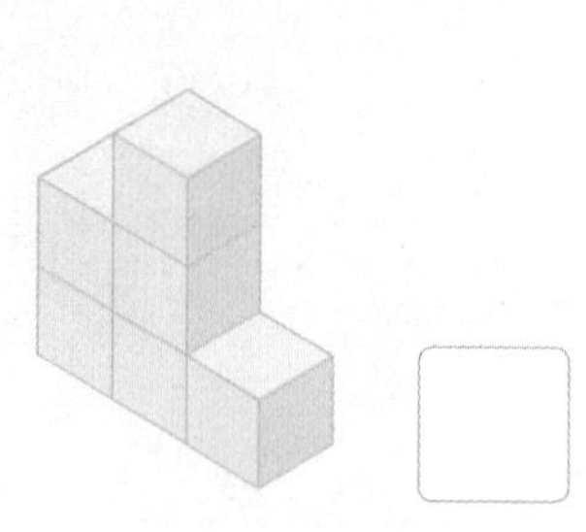

④

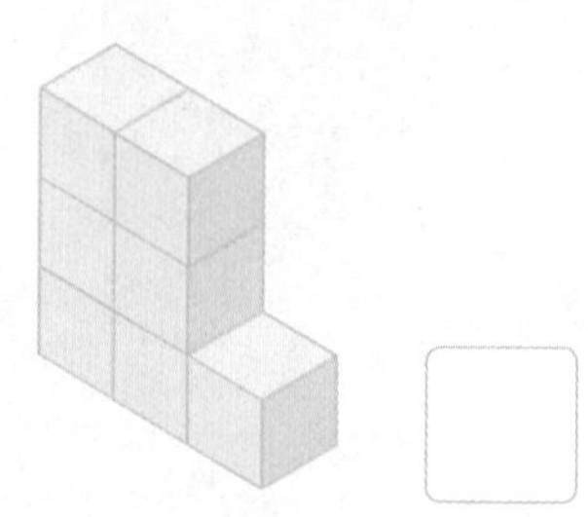

5

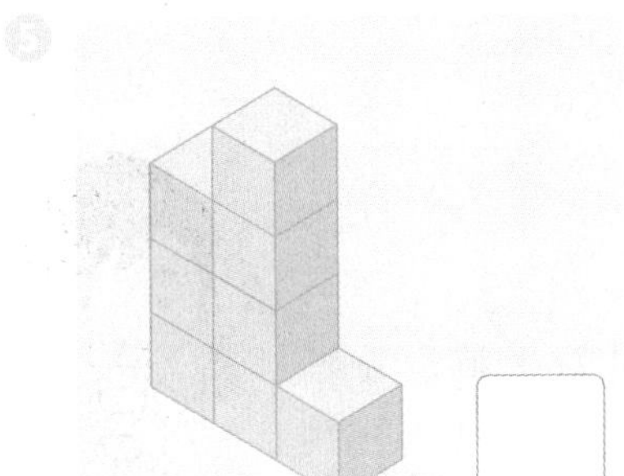

6

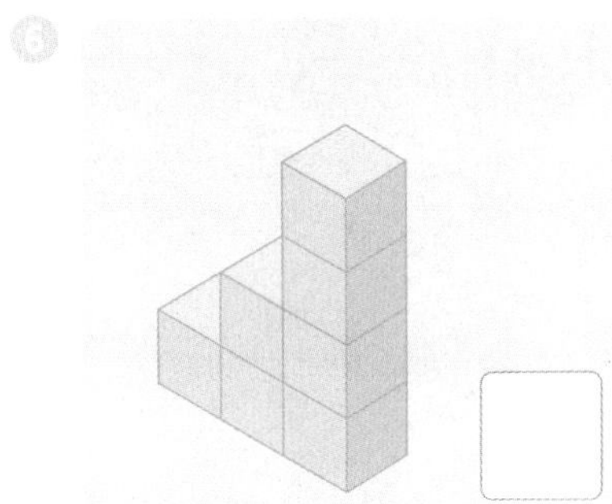

7

8

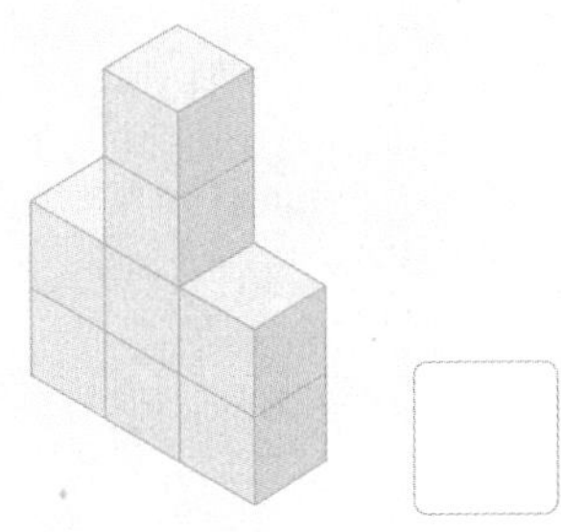

9

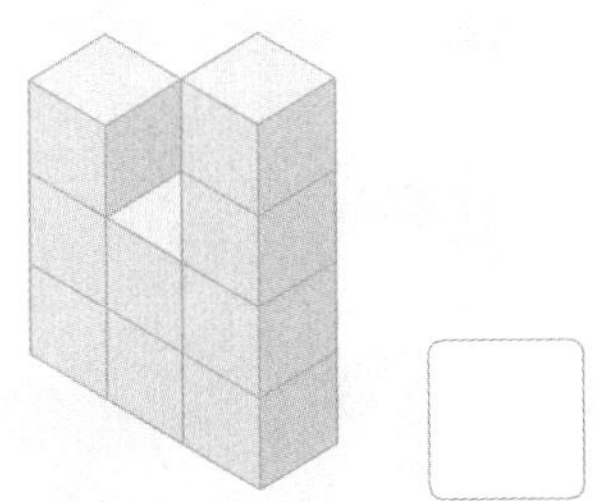

10

数小方块（3）

数出下列图形中所有小方块的数量，并填入□内。

数每层小方块的数量

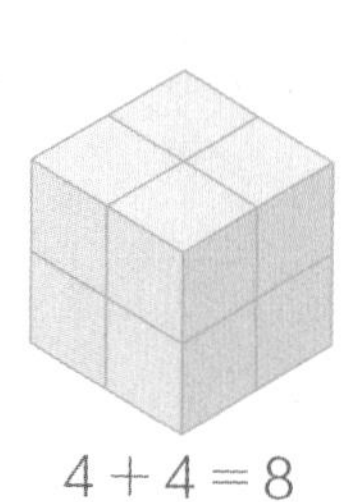

4＋4＝8

数每列小方块的数量

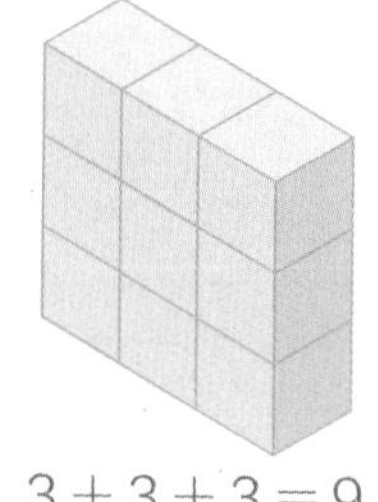

3＋3＋3＝9

数之前，先想一想用什么方式，是按层数还是按列数。

1

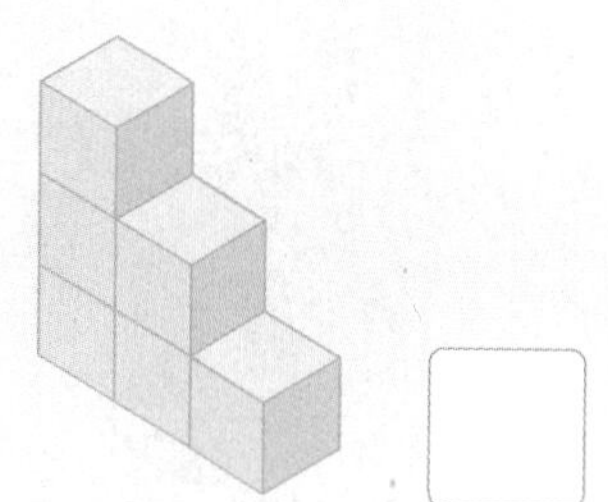

□

2

□

3

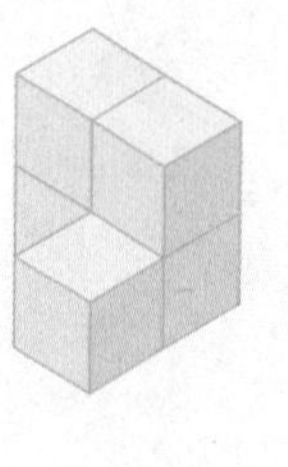

□

4

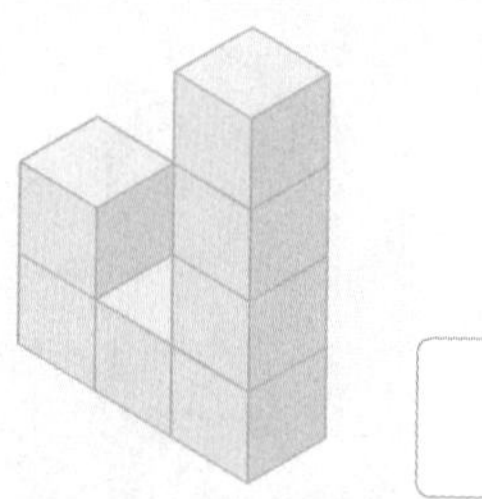

□

⑤

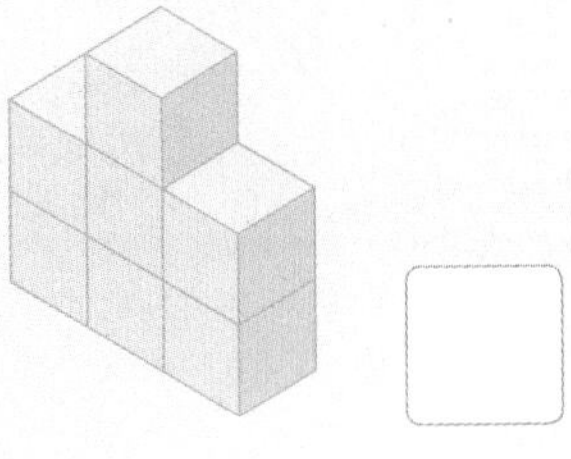

⑥

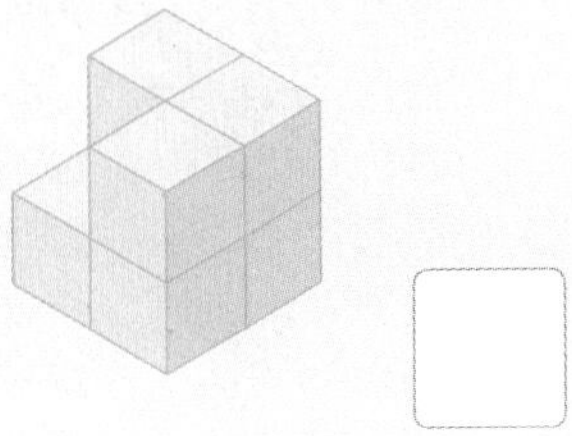

⑦

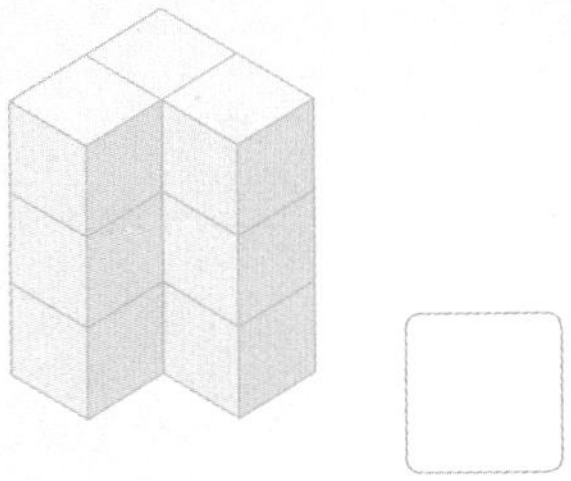

⑧

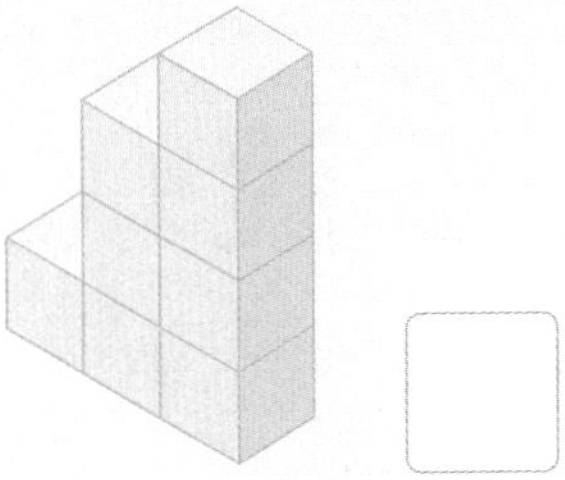

⑨

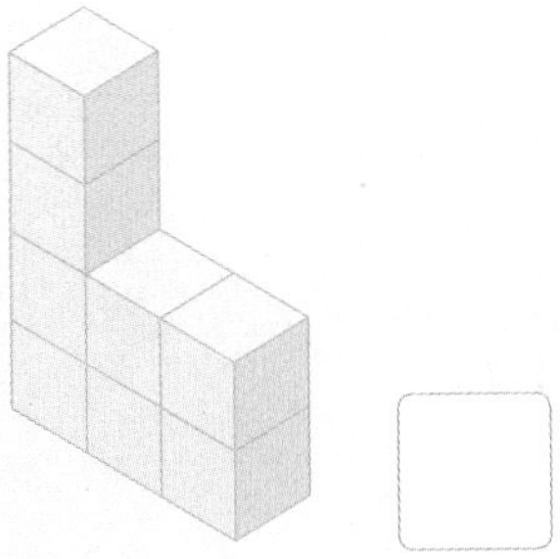

⑩

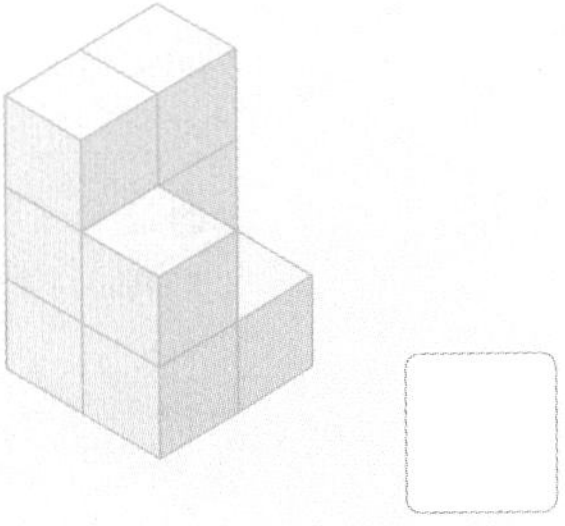

巩固练习

数出下列图形中所有小方块的数量，并填入□内。

①
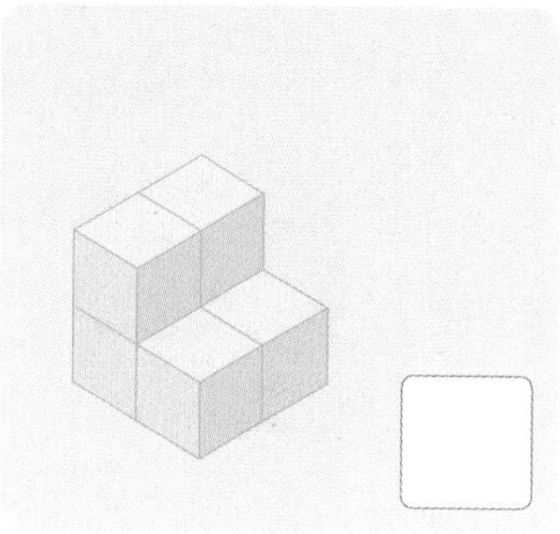

②
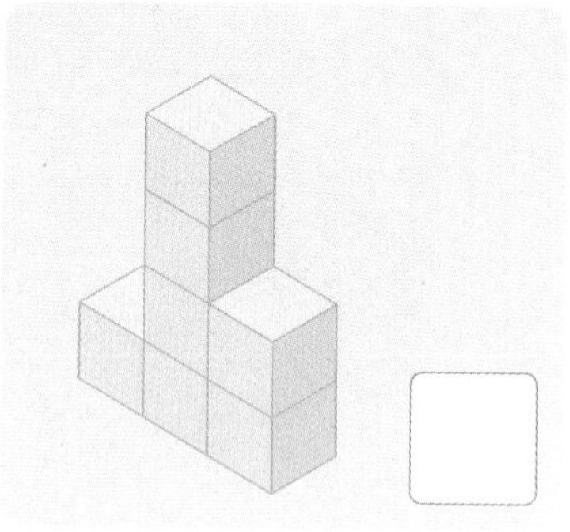

③
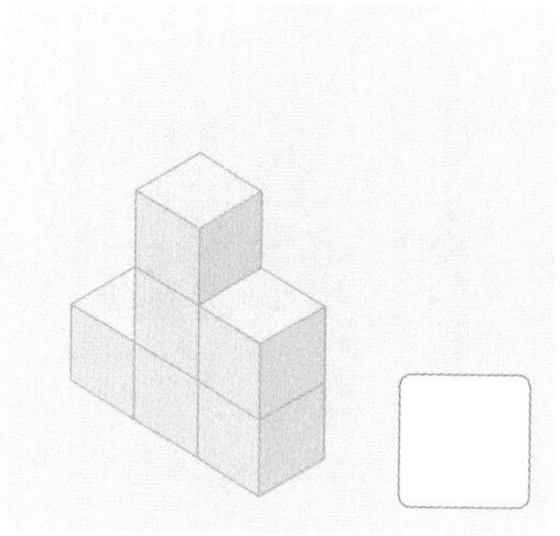

④
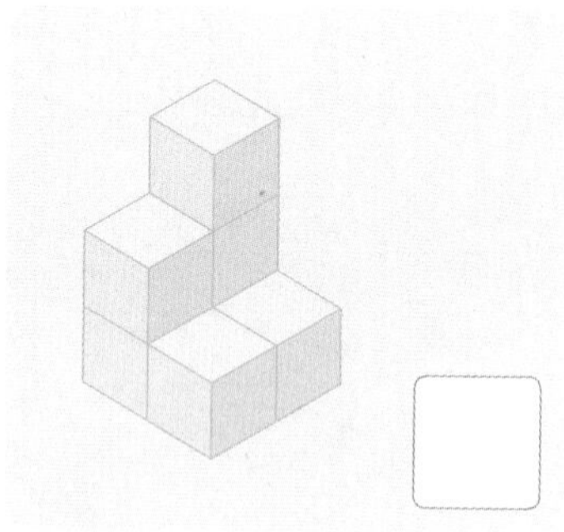

⑤
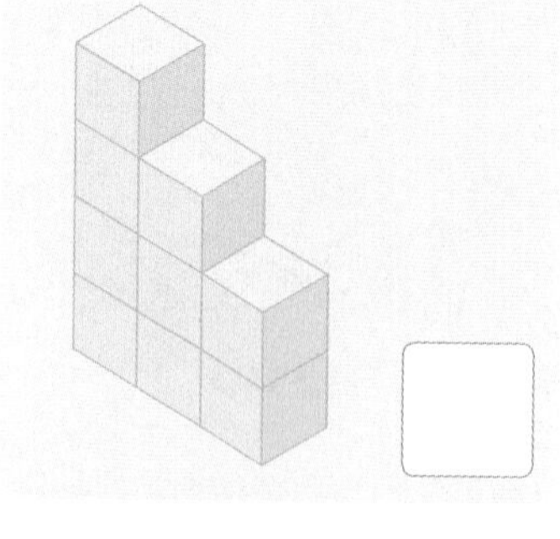

⑥
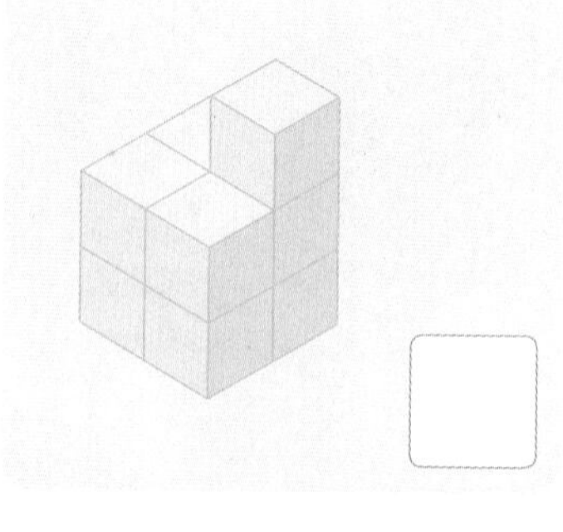

第4周

立体图形推理

第1天：推理大小 40

第2天：推理底面 42

第3天：推理高度 44

第4天：推理方向 46

第5天：推理立体—平面 48

巩固练习 50

推理大小

根据规律在右边找出左边空白处的图形，并用○标出。

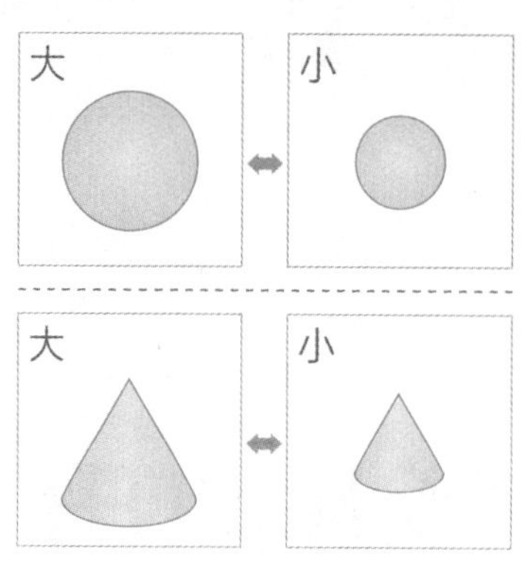

1

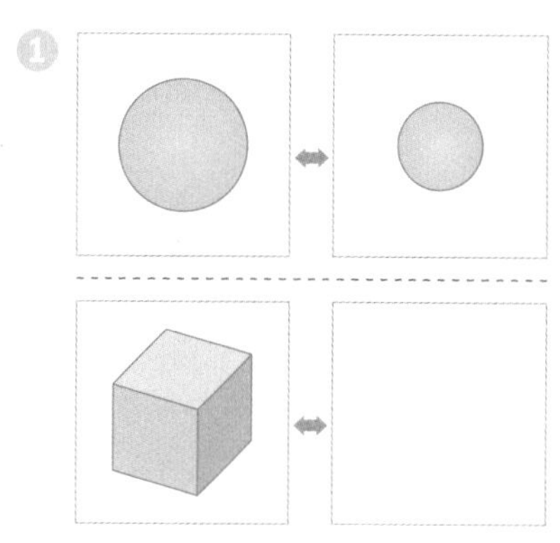

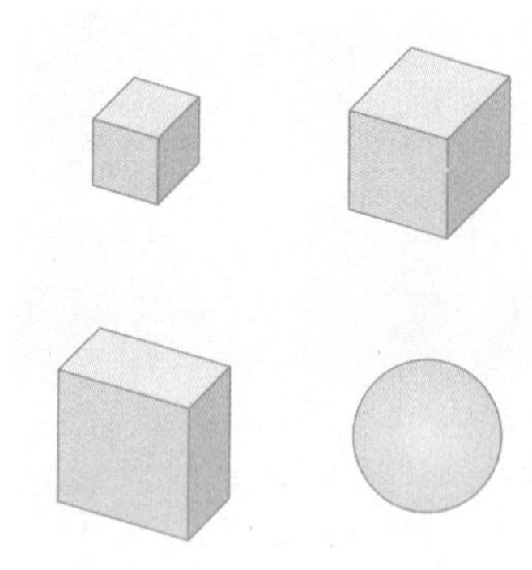

2

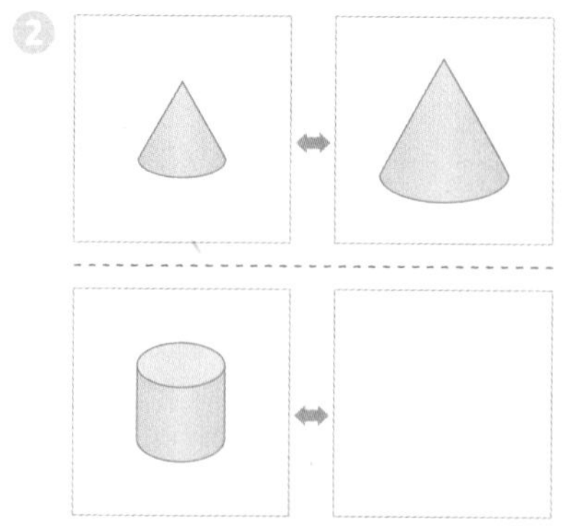

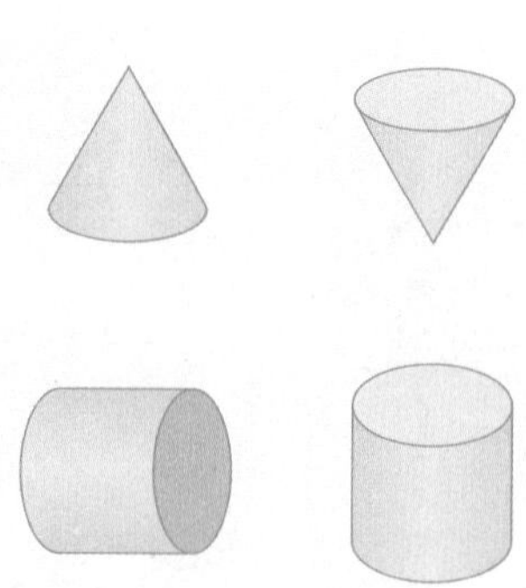

3

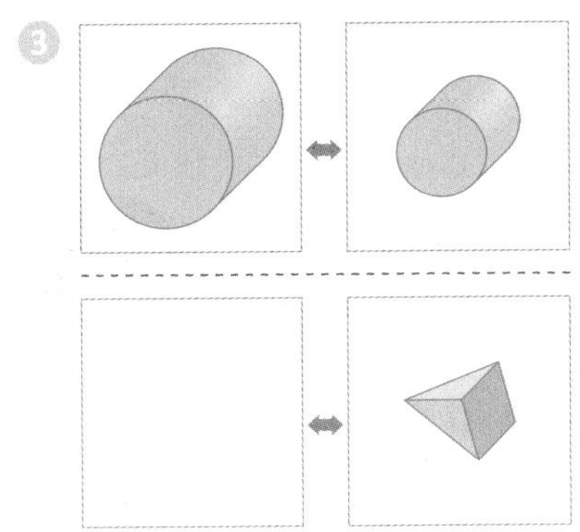

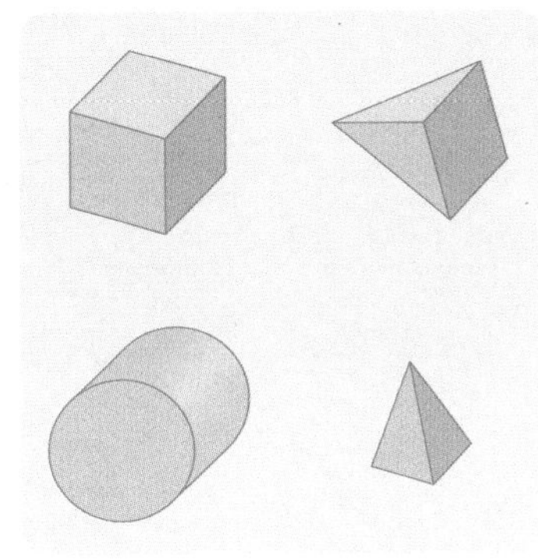

4

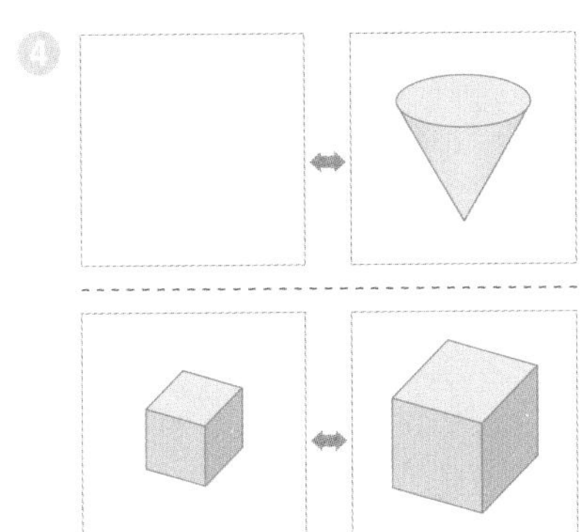

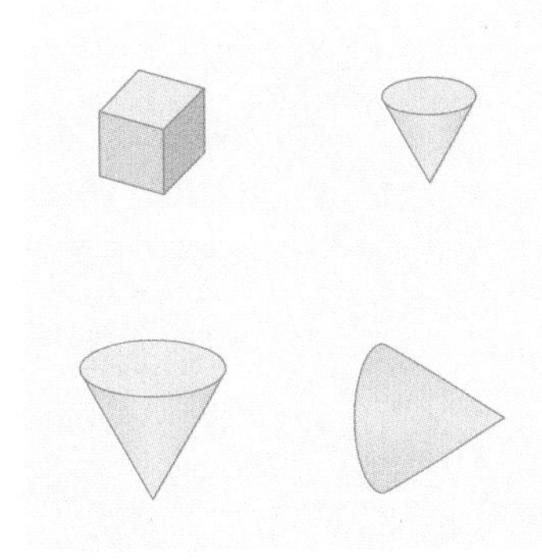

5

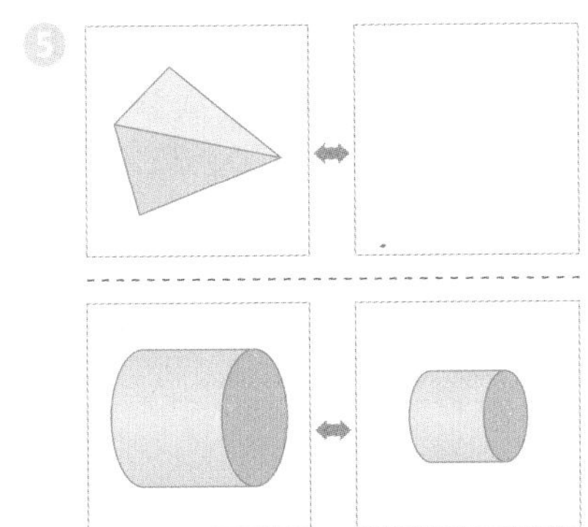

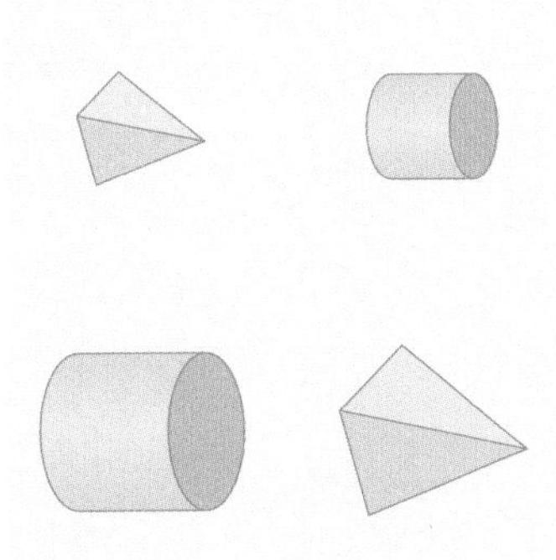

推理底面

根据规律在右边找出左边空白处的图形，并用○标出。

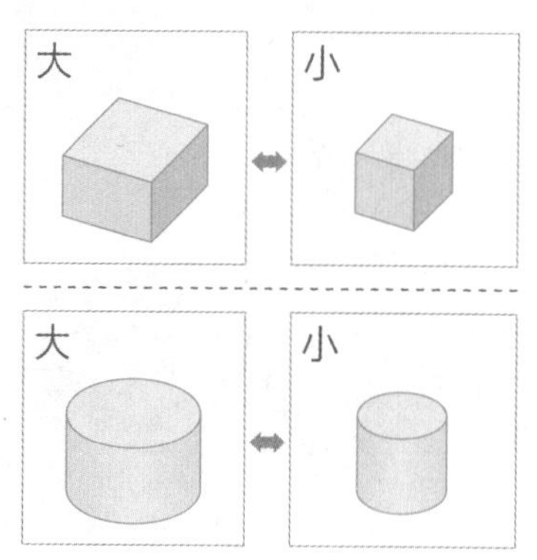

1

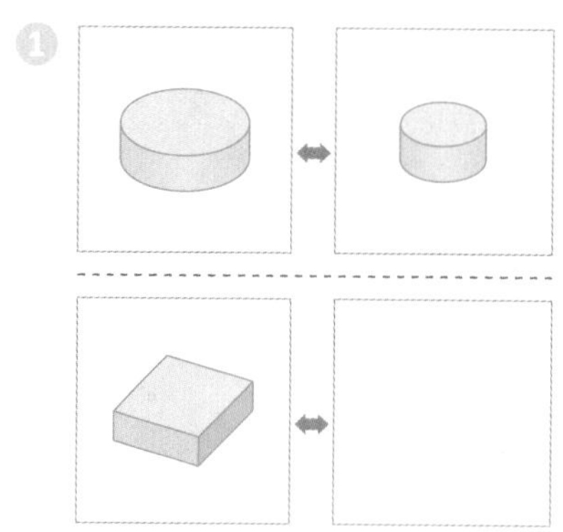

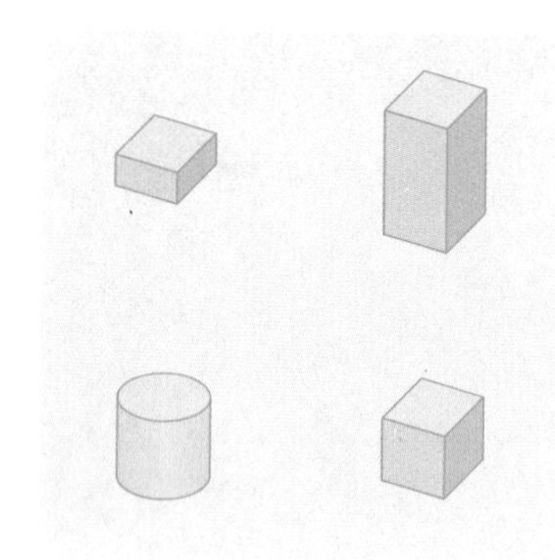

2

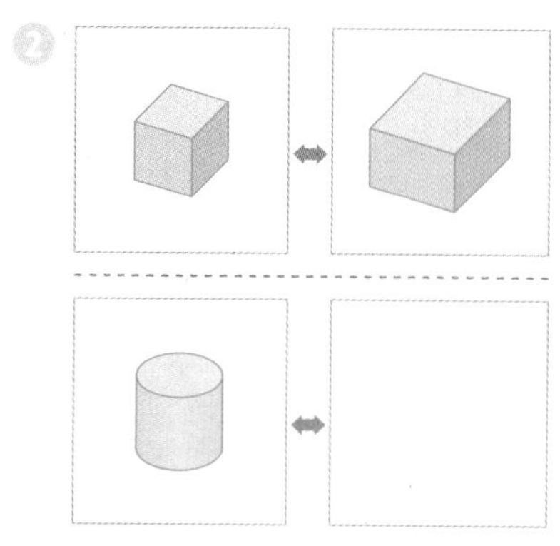

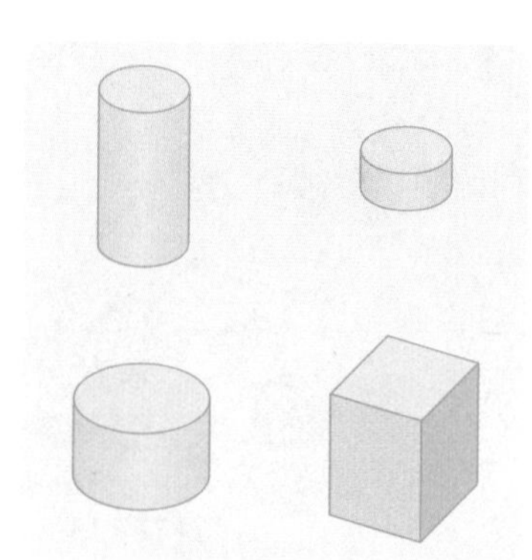

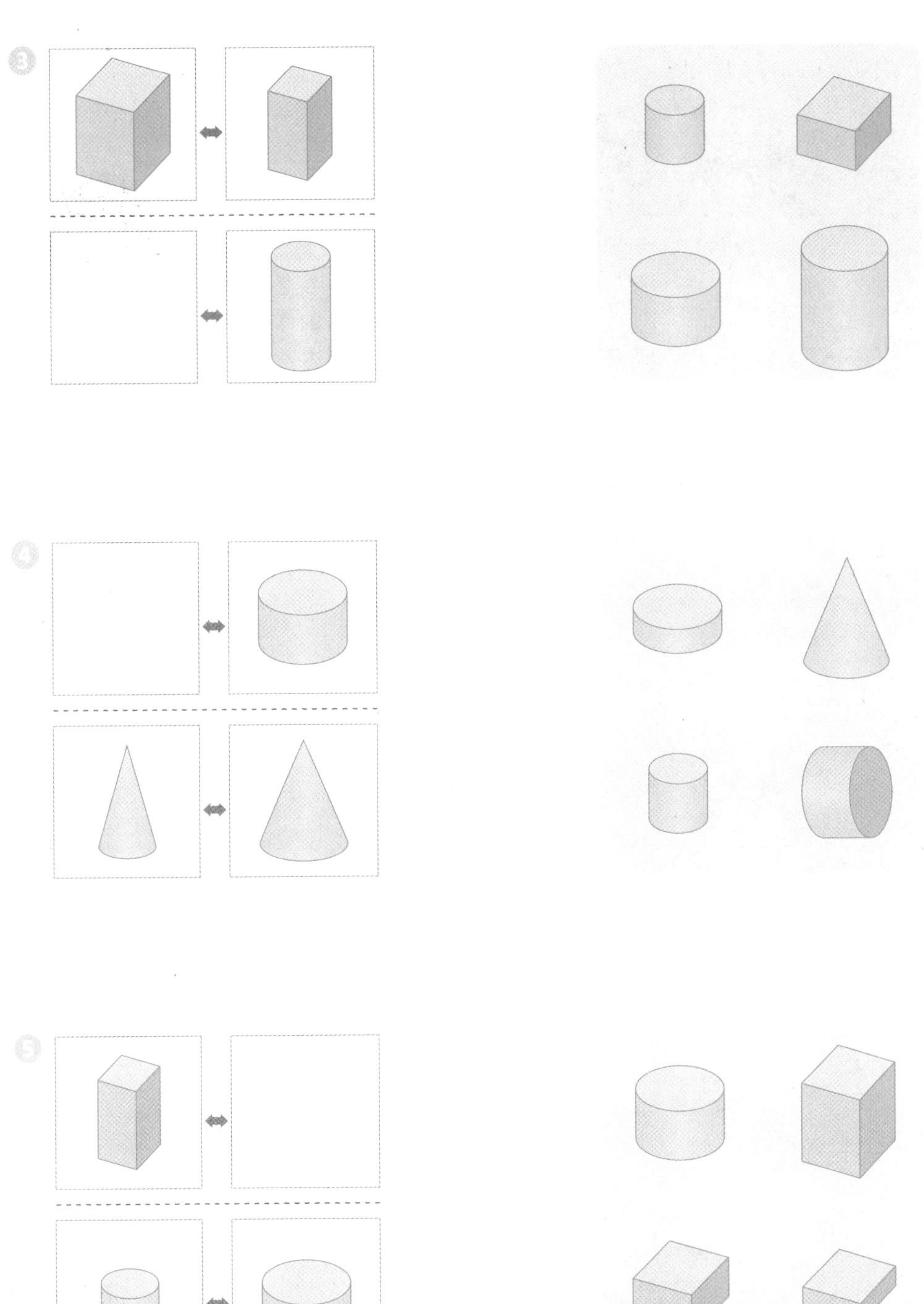

推理高度

根据规律在右边找出左边空白处的图形，并用○标出。

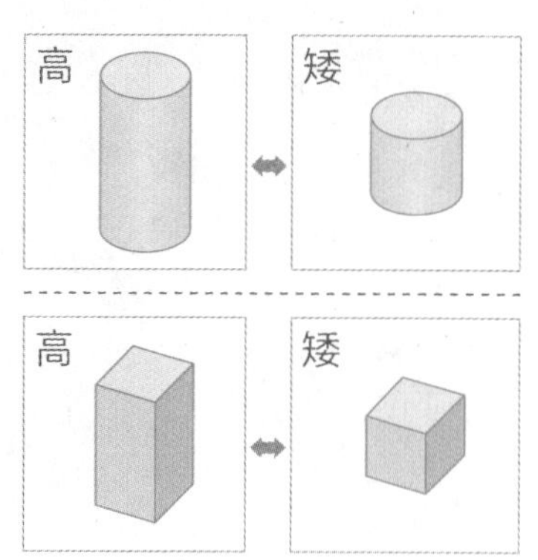

1

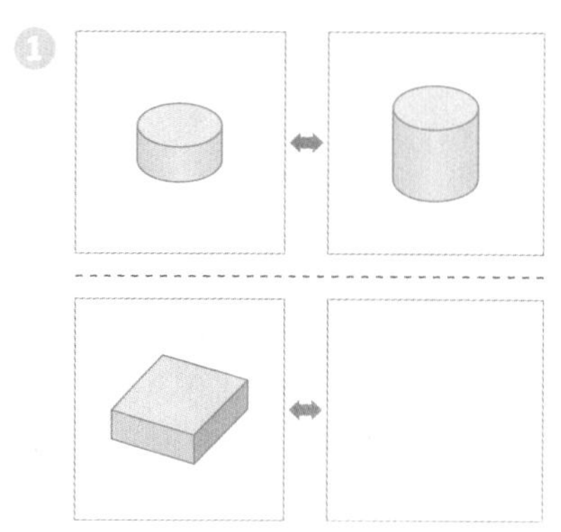

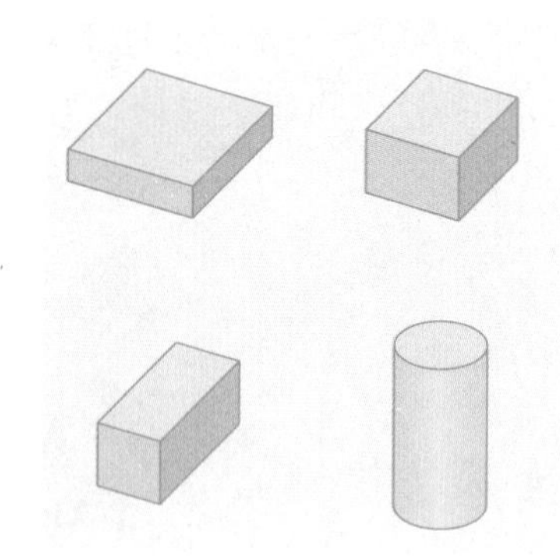

2

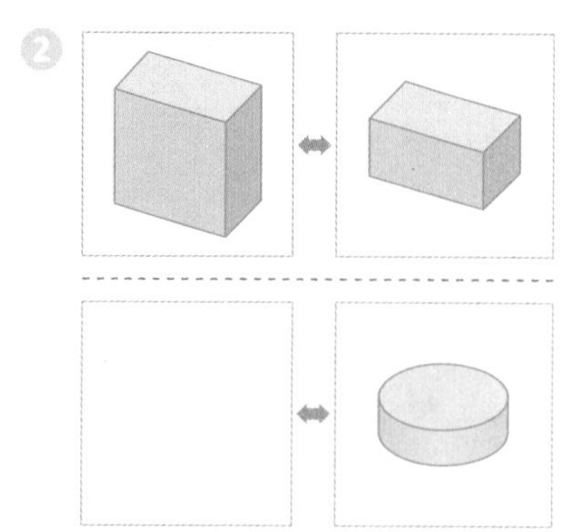

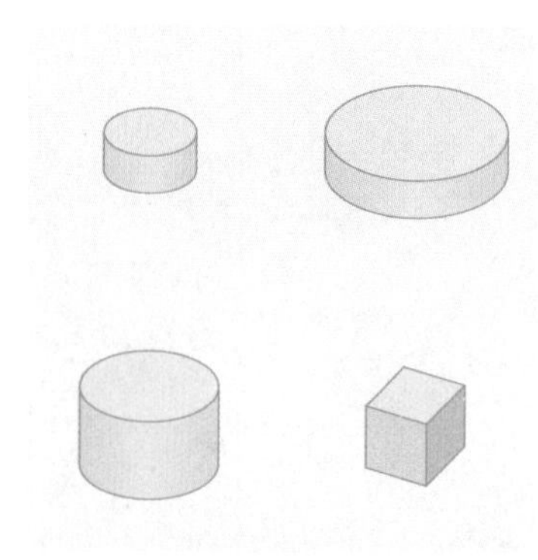

3

4

5

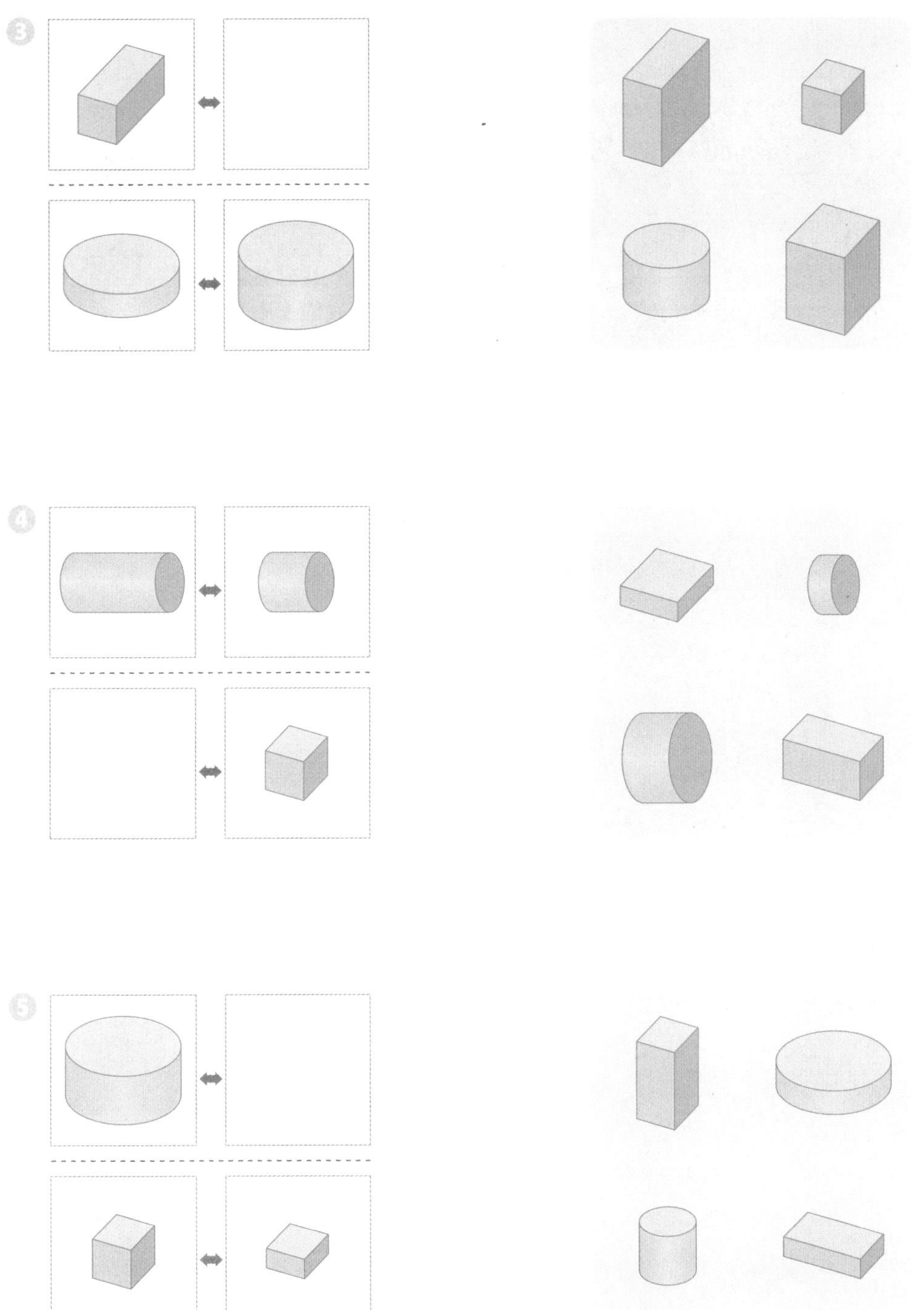

推理方向

根据规律在右边找出左边空白处的图形，并用○标出。

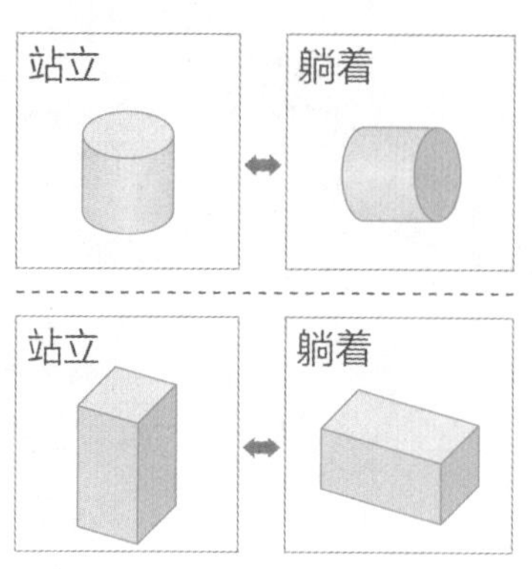

1

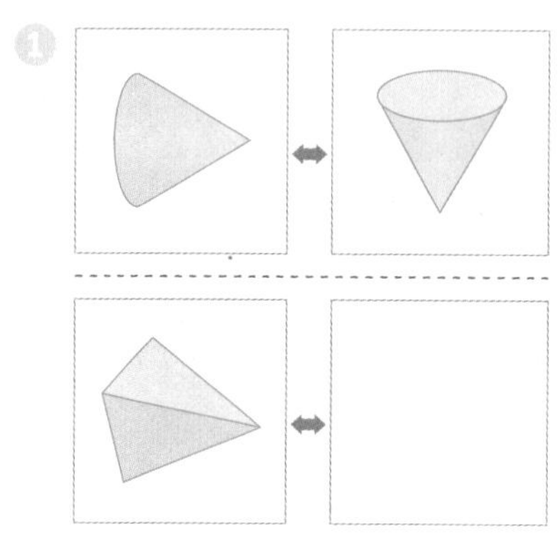

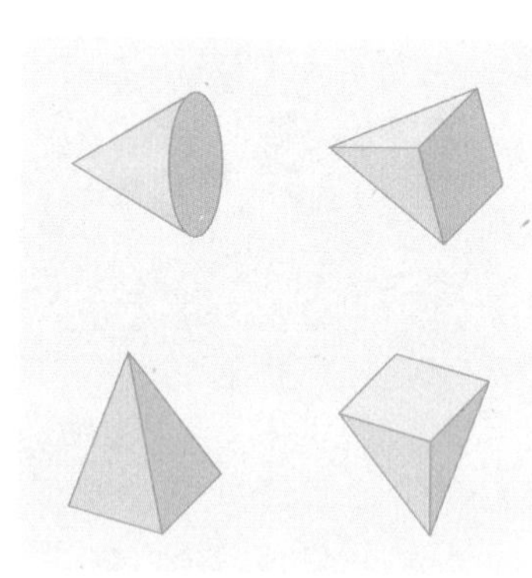

2

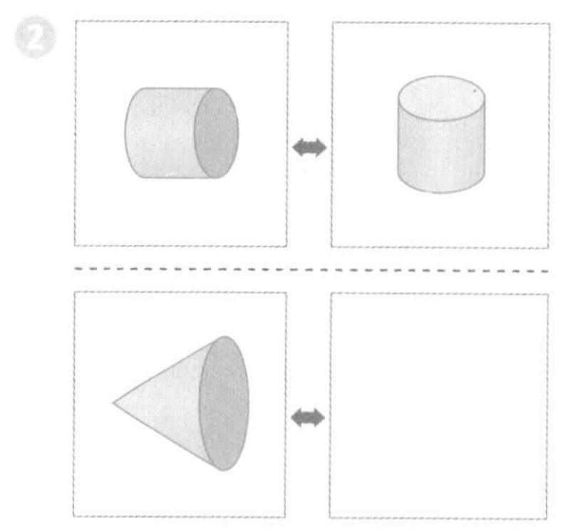

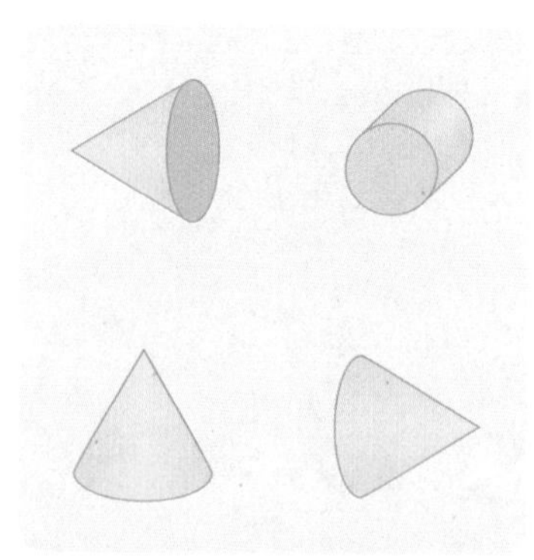

3
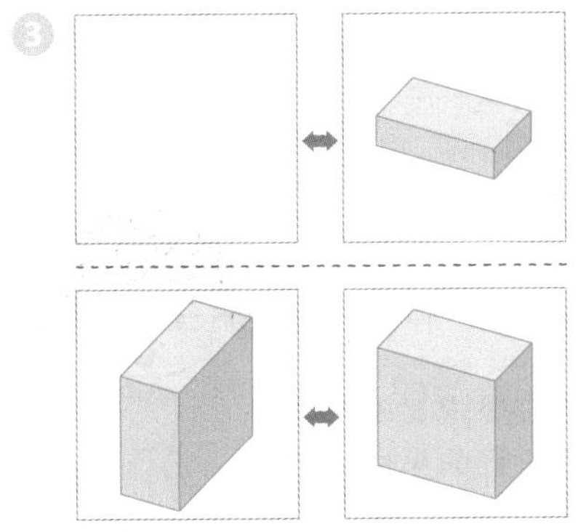
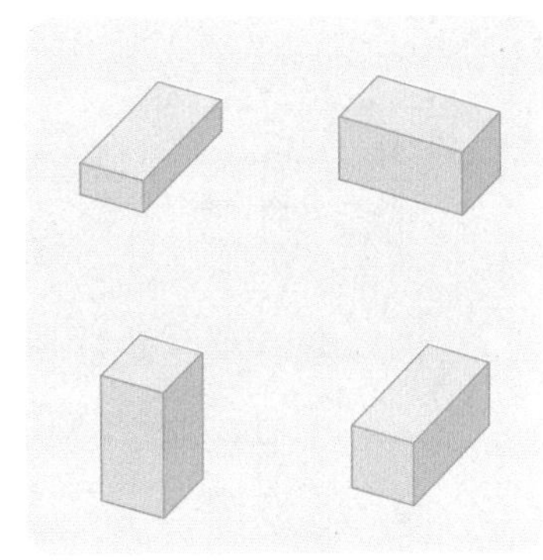

4
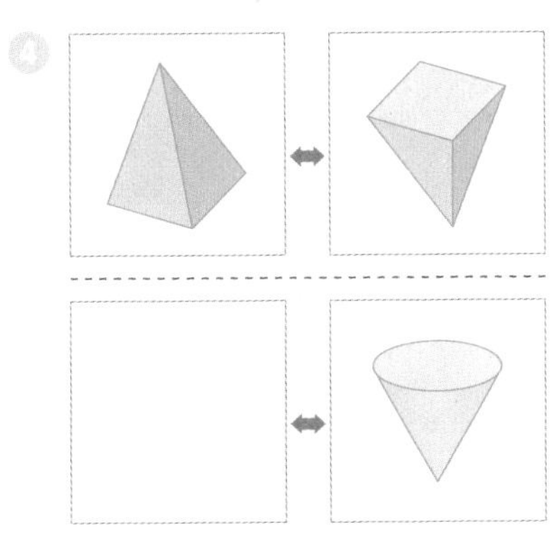
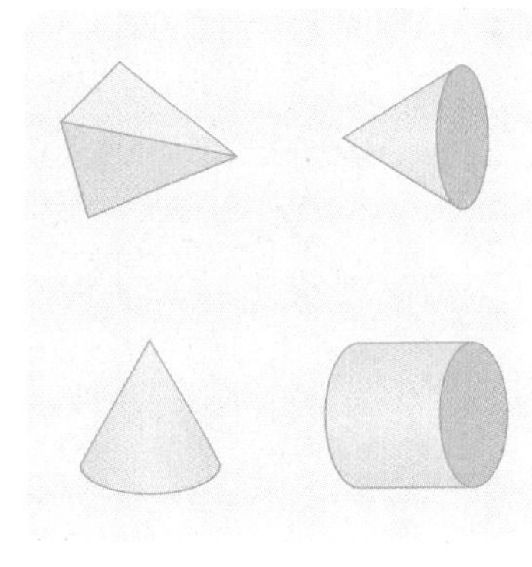

5
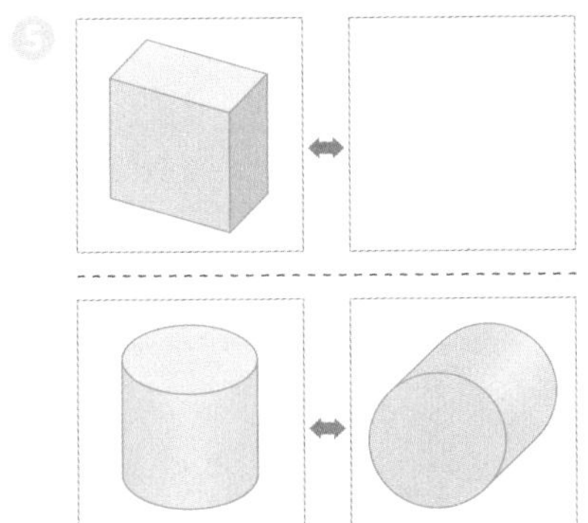
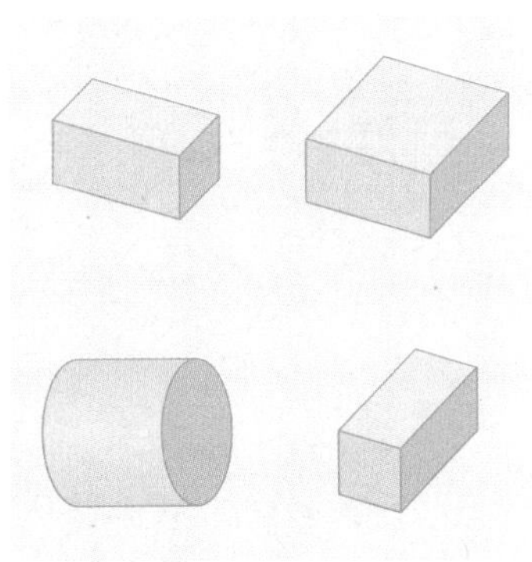

第5天 推理立体一平面

根据规律在右边找出左边空白处的图形，并用○标出。

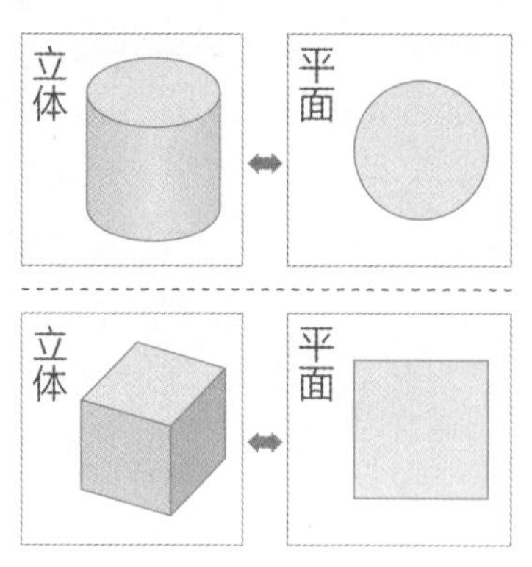

1

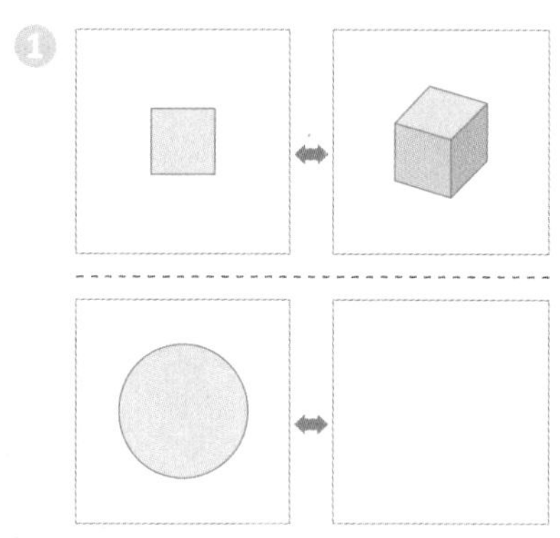

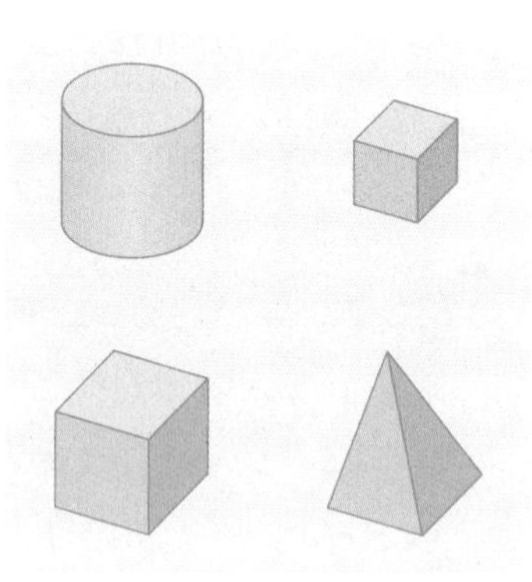

2

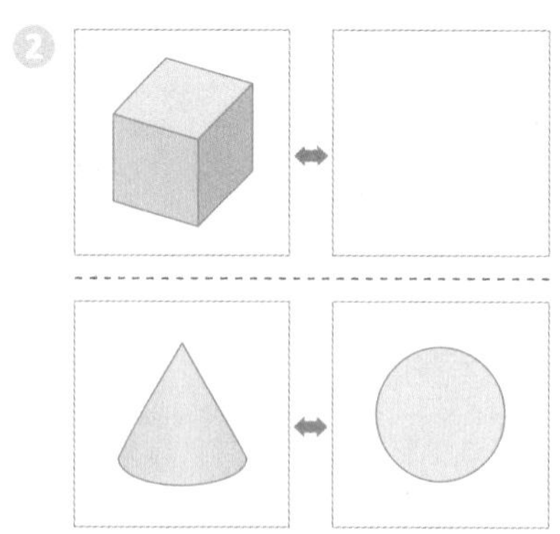

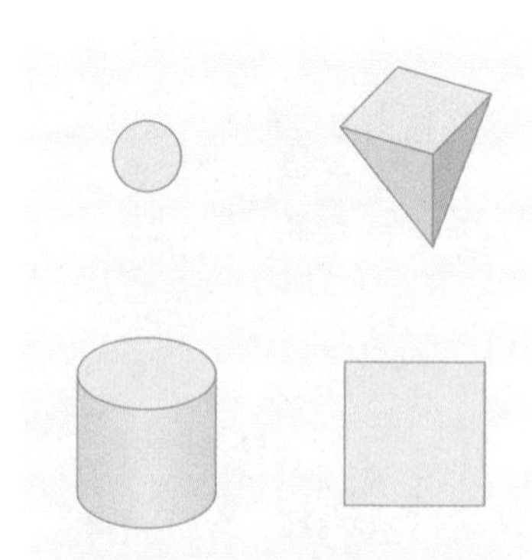

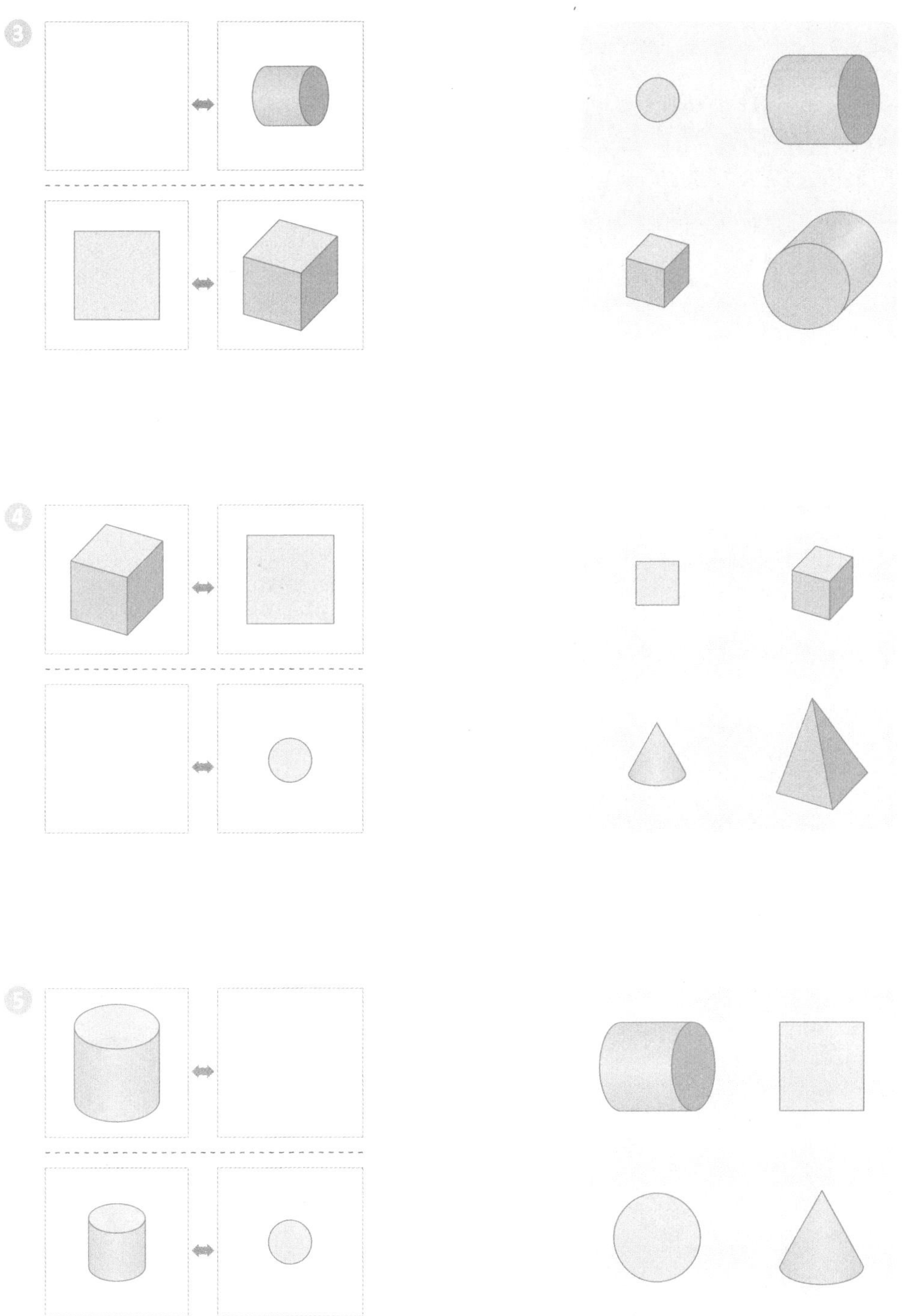

巩固练习

根据规律在右边找出左边空白处的图形，并用○标出。

1
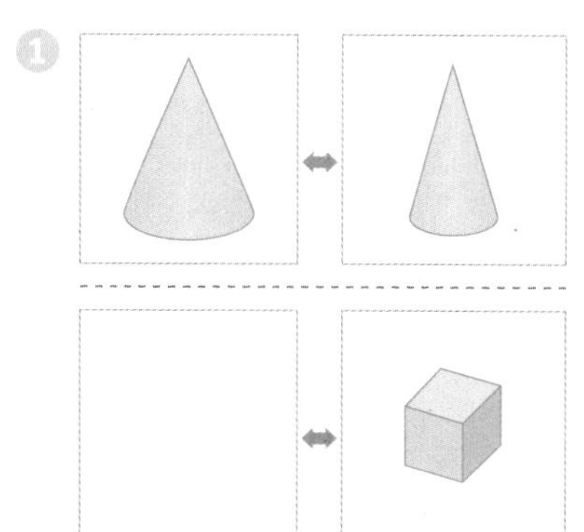
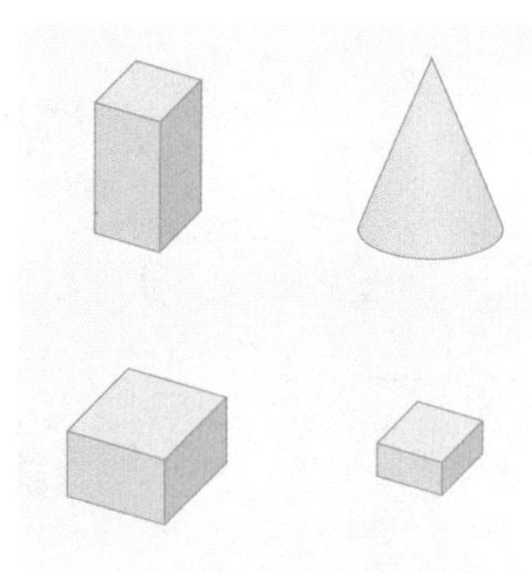

2
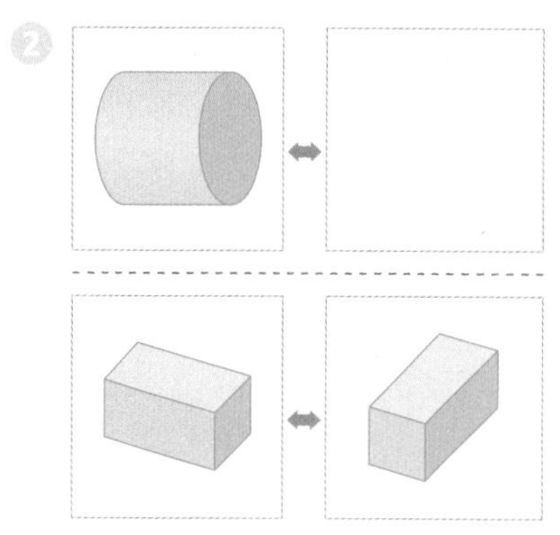
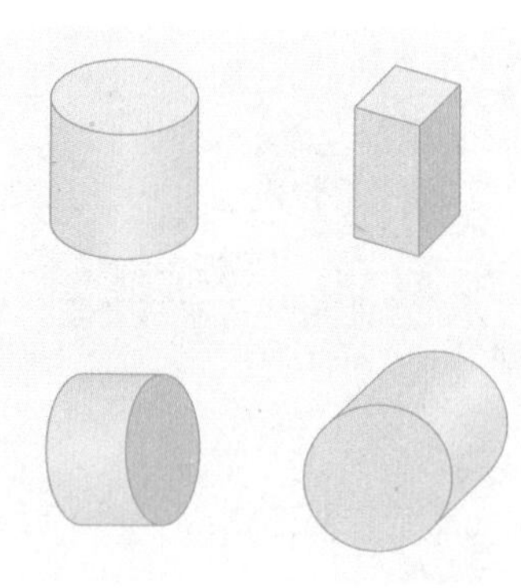

3
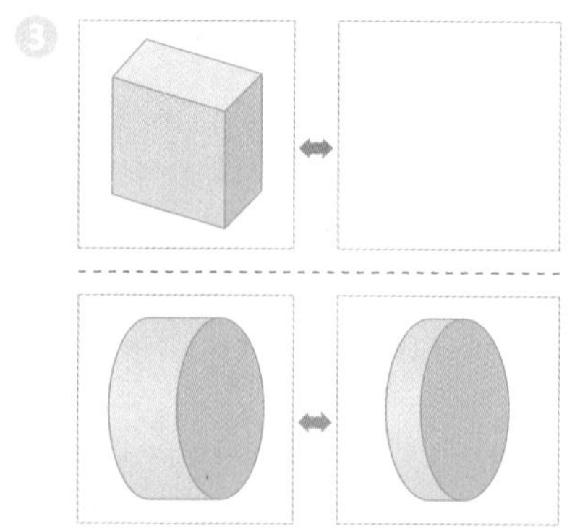
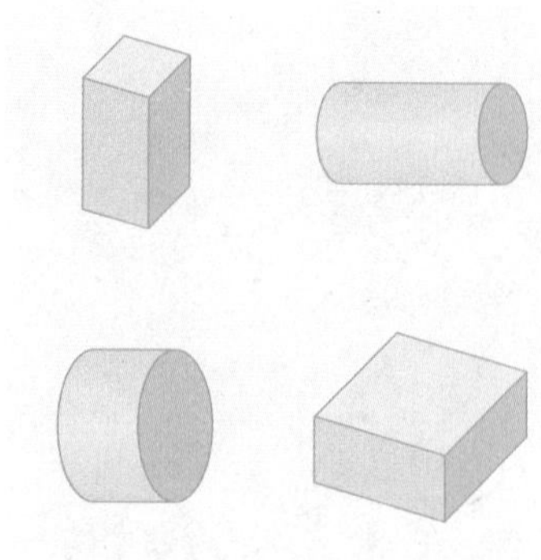

评价测试

此前4周的学习内容会出现在评价测试中。如果题目做错了，请确认是第几周的内容，并认真复习直到学会。

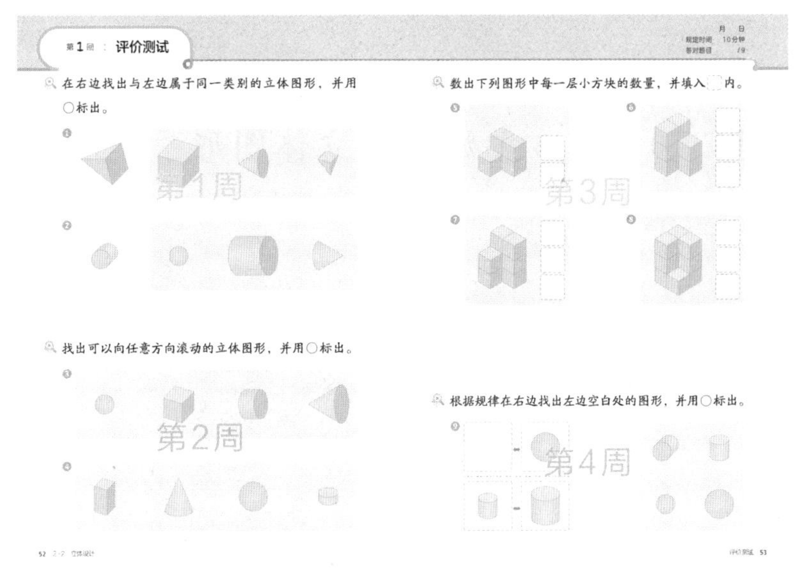

第1回：评价测试

在右边找出与左边属于同一类别的立体图形，并用○标出。

1

2

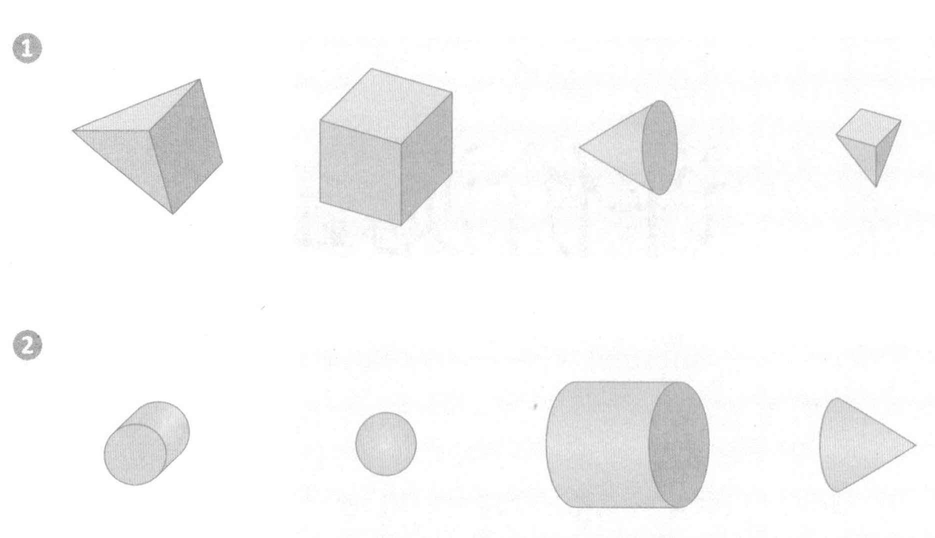

找出可以向任意方向滚动的立体图形，并用○标出。

3

4

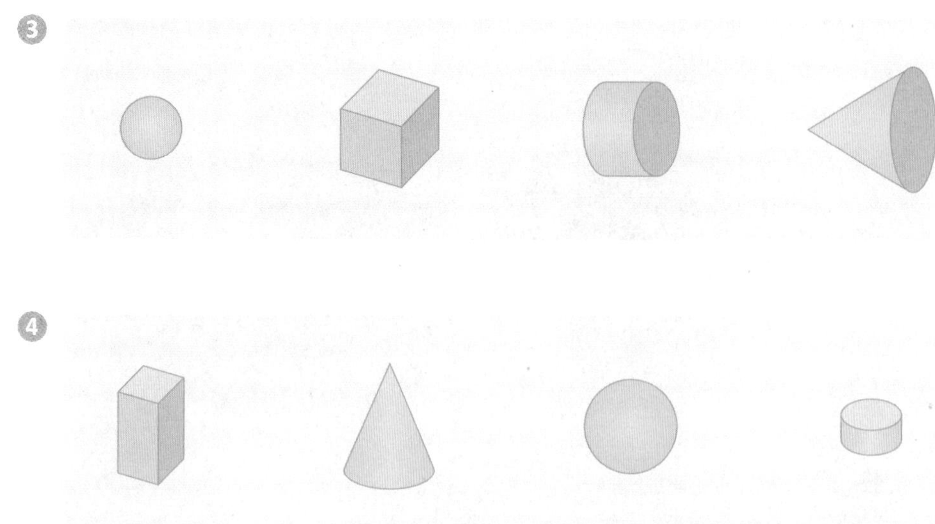

数出下列图形中每一层小方块的数量，并填入□内。

5

6

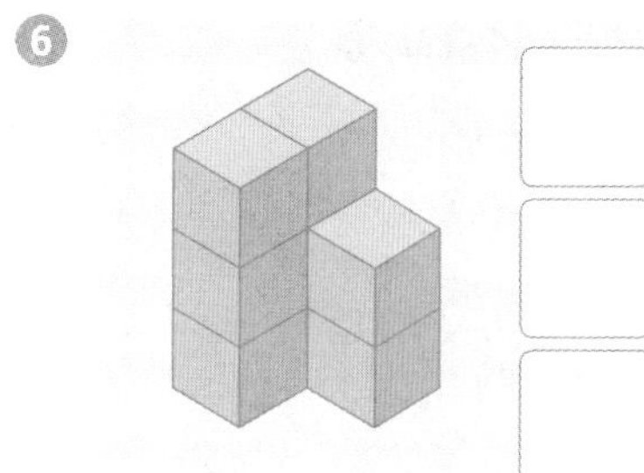

7

8

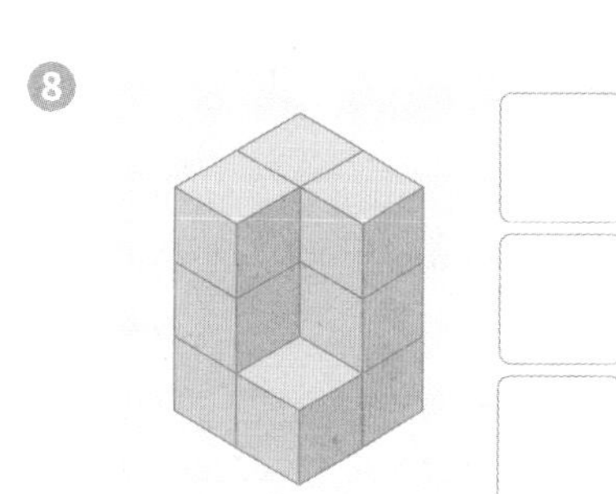

根据规律在右边找出左边空白处的图形，并用○标出。

9

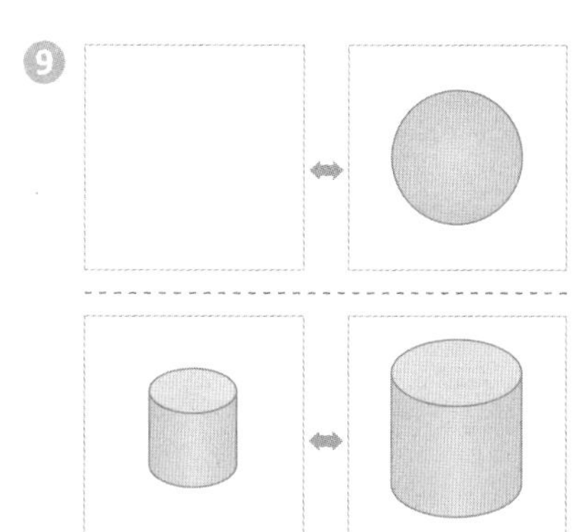

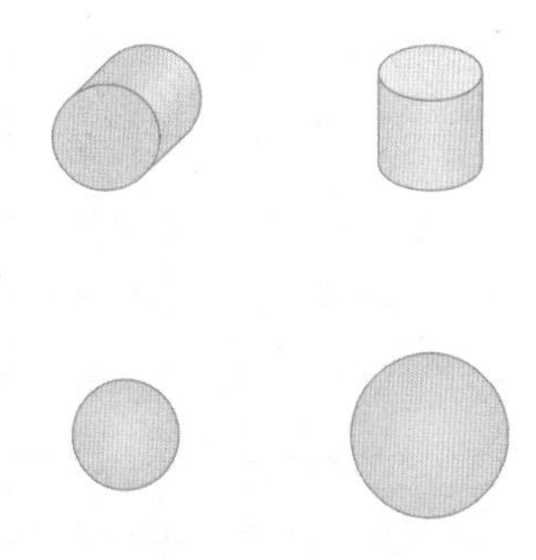

第2回：评价测试

用○标出下列立体图形的尖角，用×标出没有尖角的立体图形。

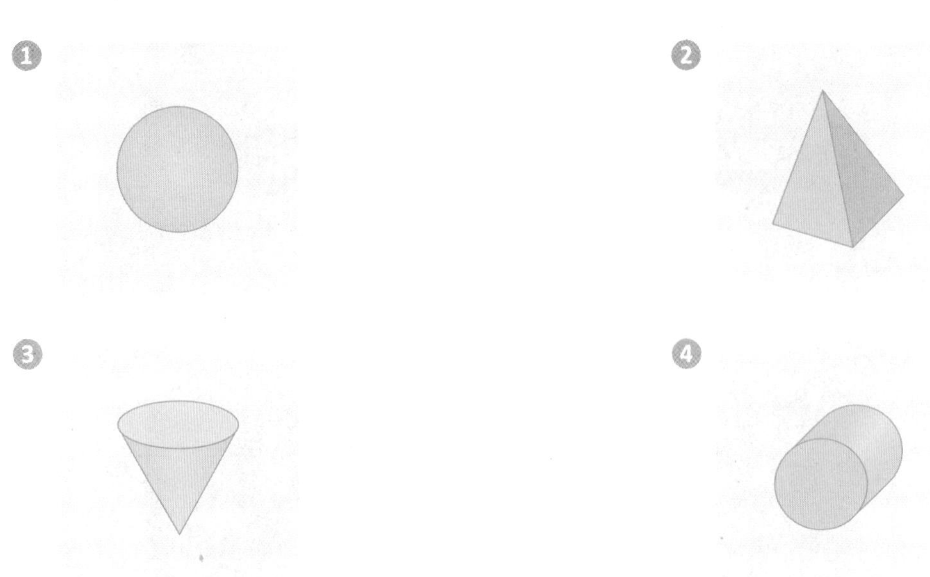

找出有2个平面且可以滚动的立体图形，并用○标出。

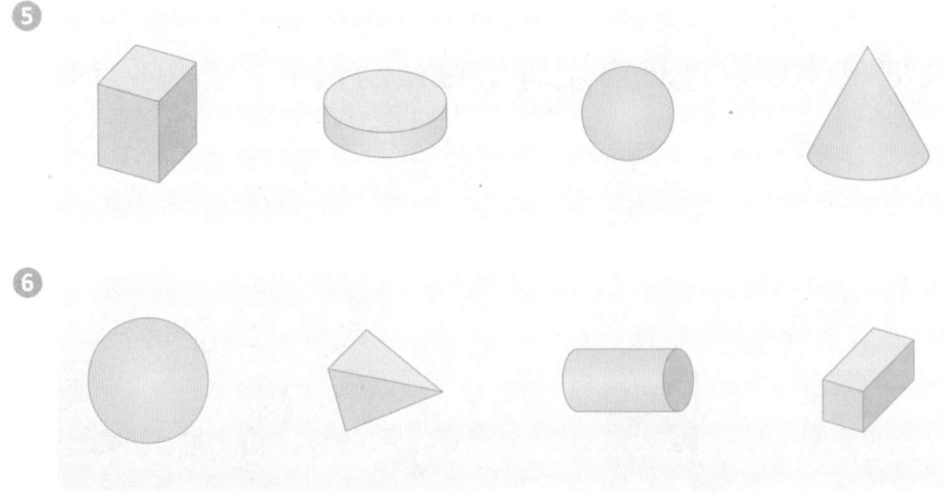

数出下列图形中所有小方块的数量，并填入□内。

⑦

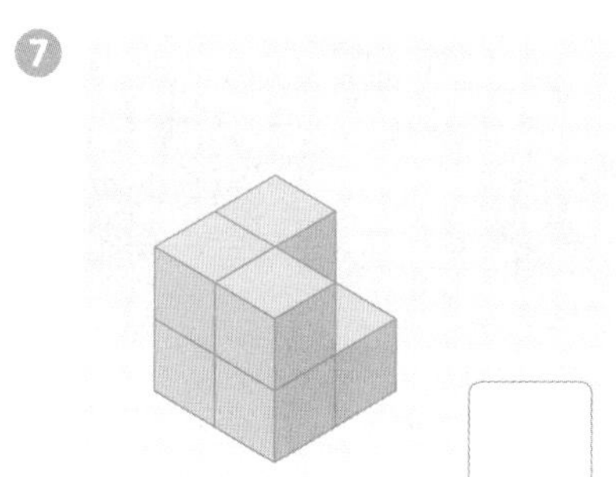

⑧

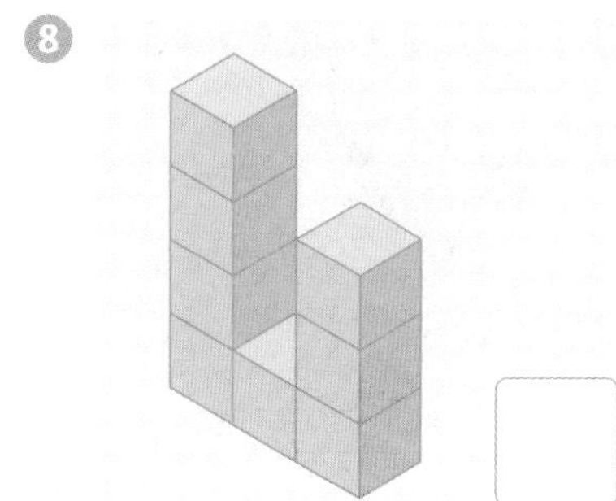

⑨

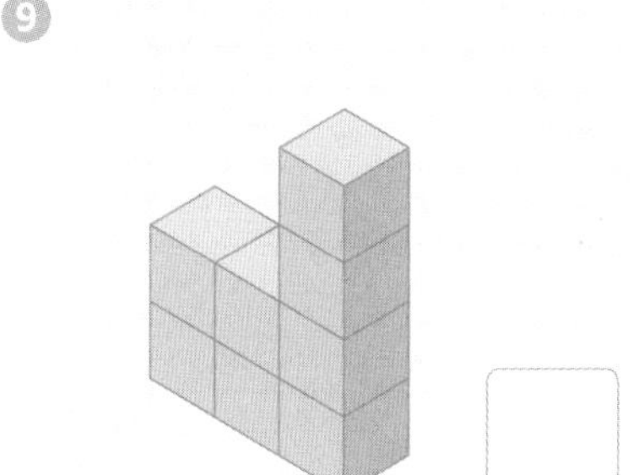

⑩

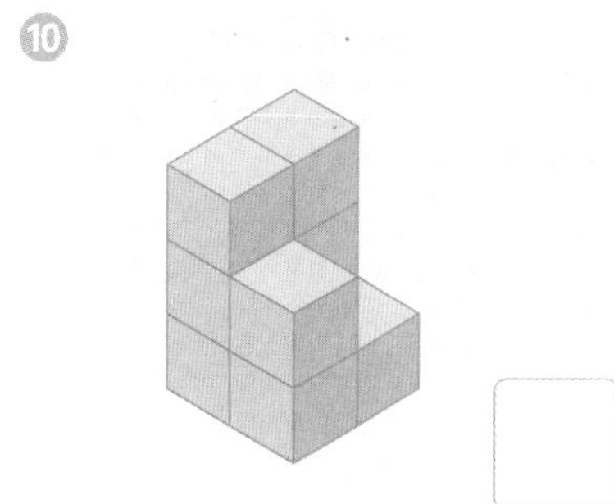

根据规律在右边找出左边空白处的图形，并用○标出。

⑪

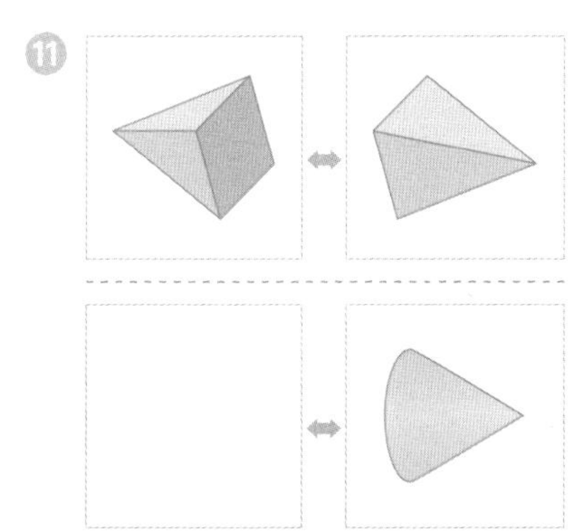

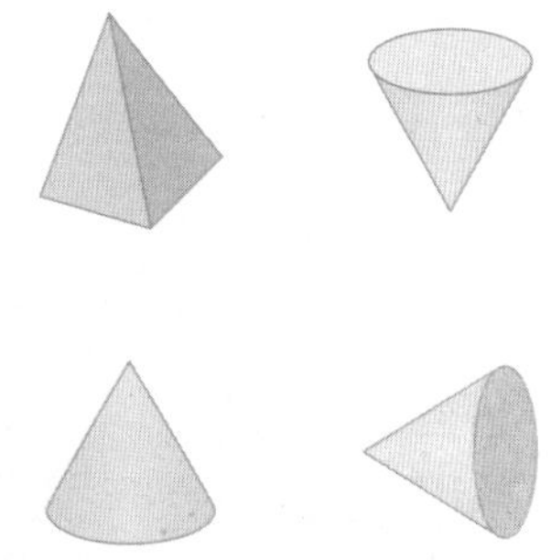

第3回：评价测试

找出不属于同一类别的立体图形，并用 × 标出。

1

2

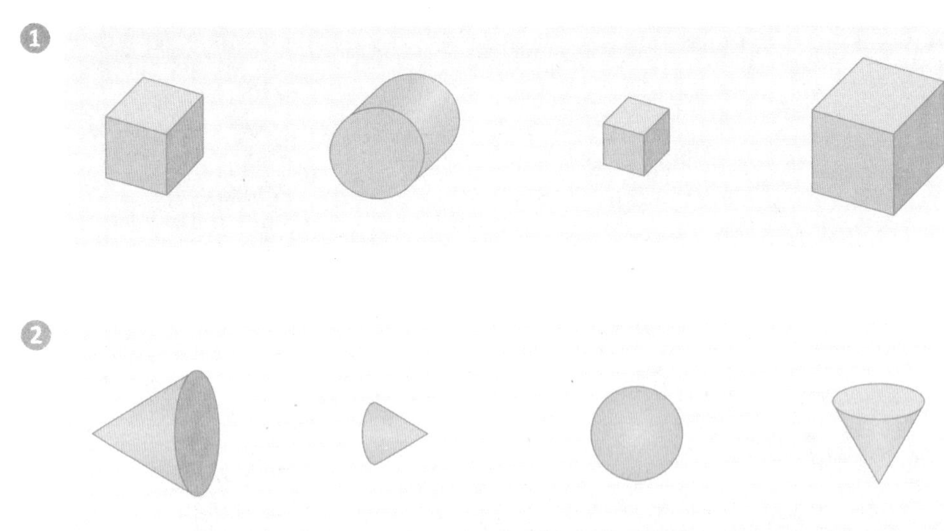

找出有6个平面的立体图形，并用○标出。

3

4

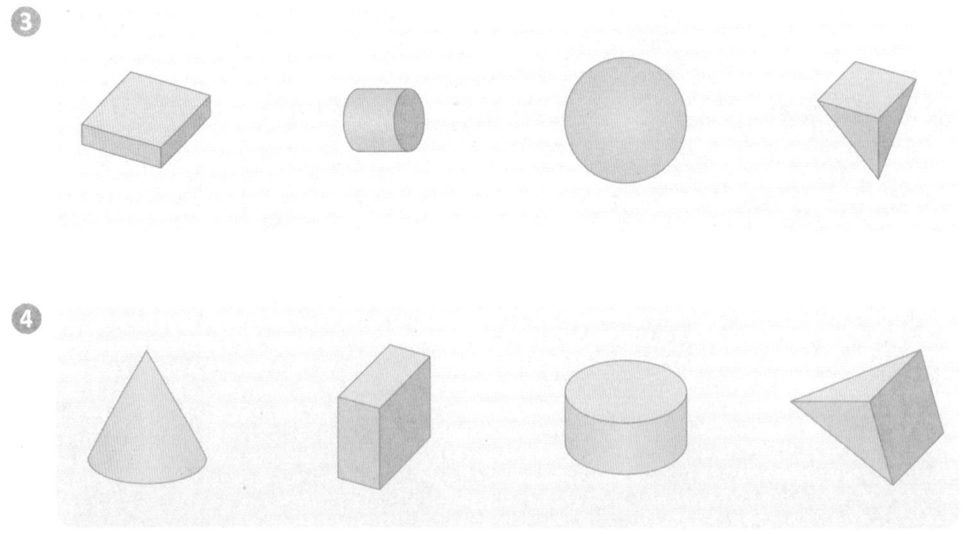

数出下列图形中每一列小方块的数量，并填入□内。

5
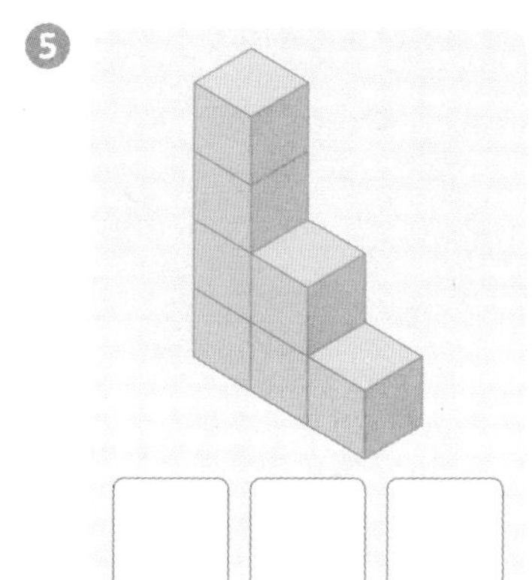

6
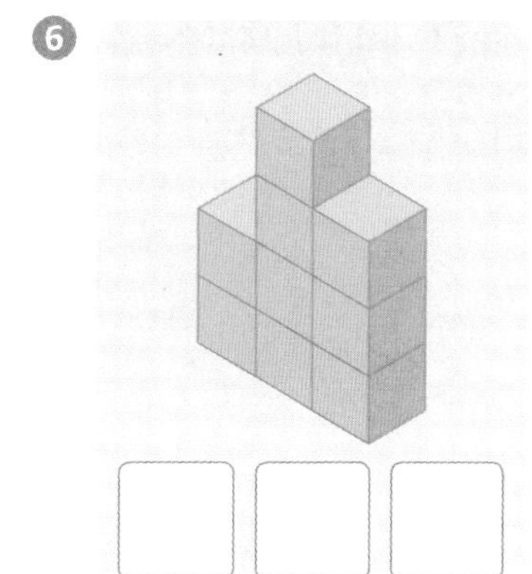

根据规律在右边找出左边空白处的图形，并用○标出。

7
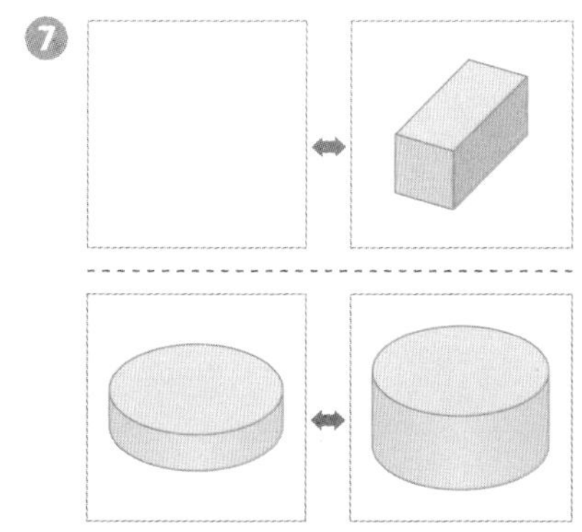

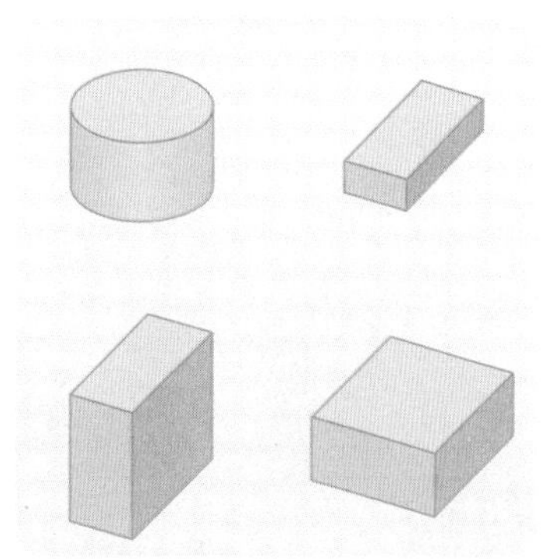

第4回 ： 评价测试

用○标出下列立体图形中所有的平面，用×标出没有平面的立体图形。

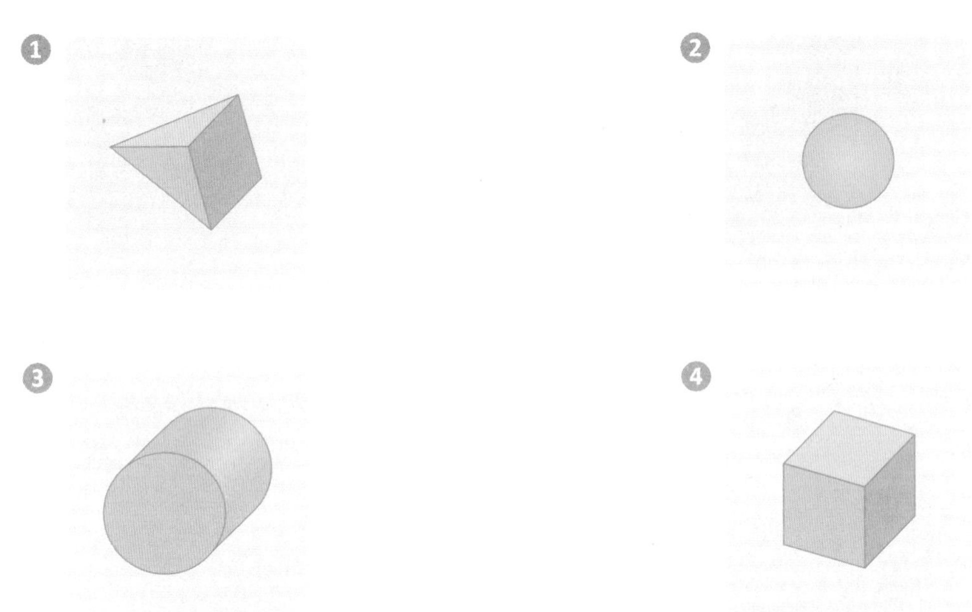

找出与其他图形不属于同一类别的立体图形，并用×标出。

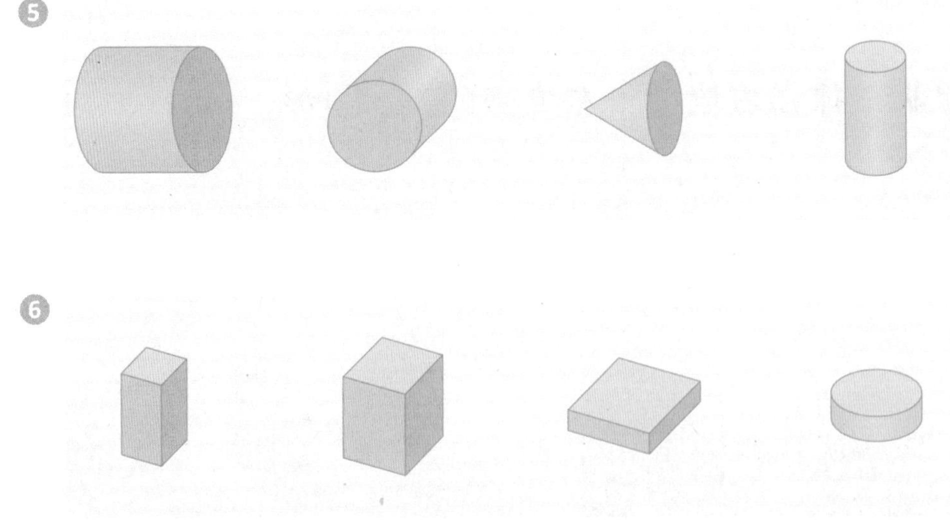

数出下列图形中所有小方块的数量，并填入□内。

❼

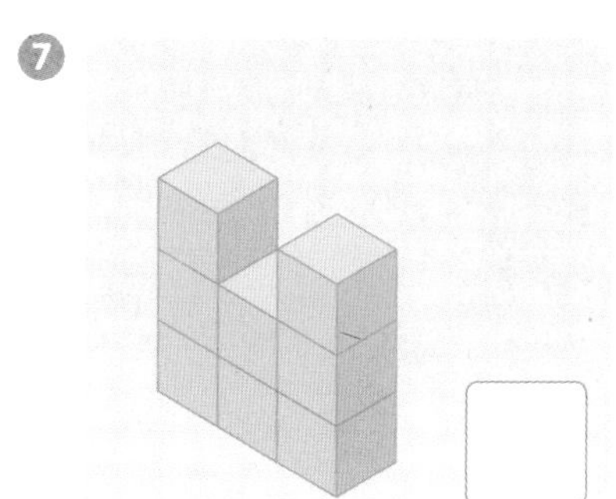

❽

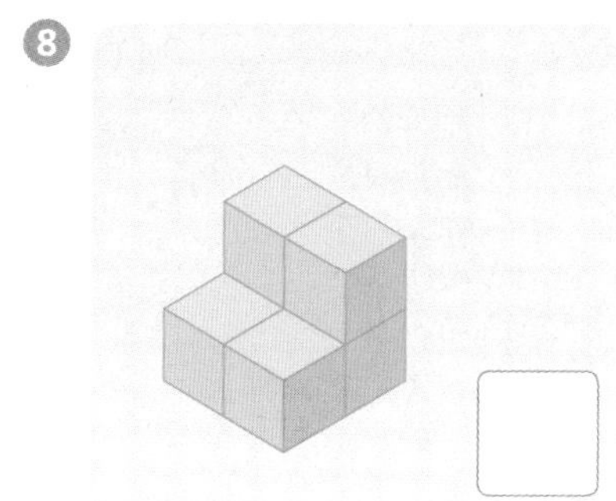

❾

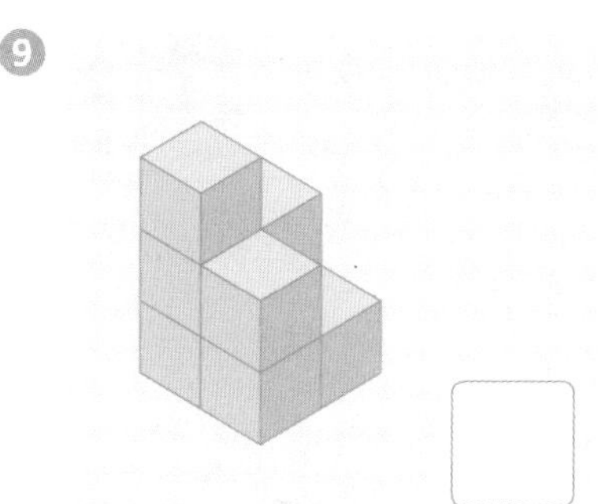

❿

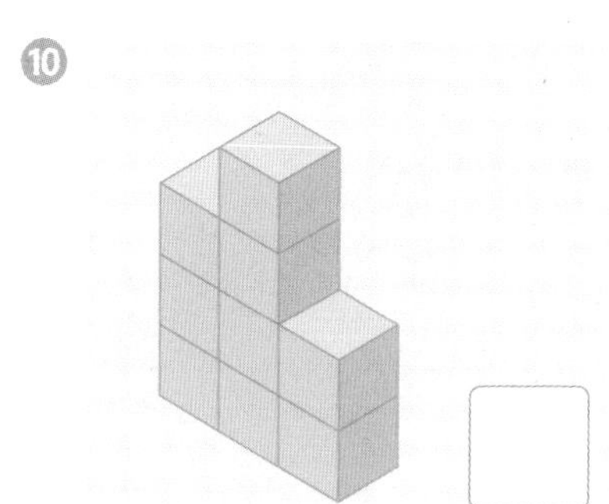

根据规律在右边找出左边空白处的图形，并用○标出。

⓫

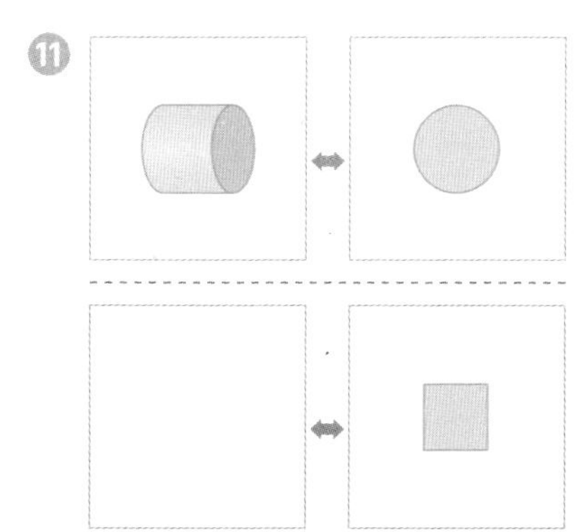

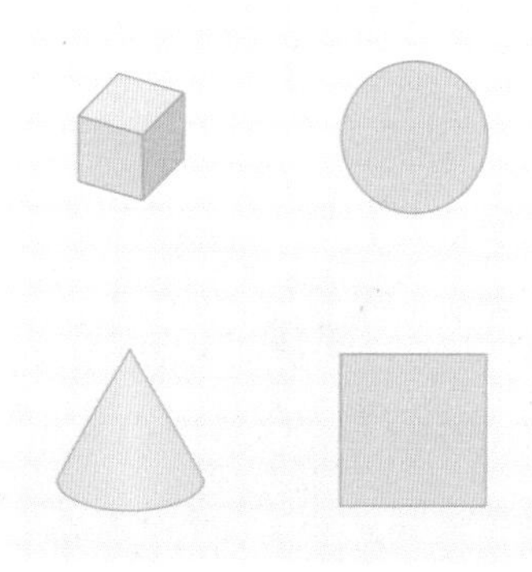

第5回：评价测试

找出有曲面的立体图形，并用○标出。

❶

❷

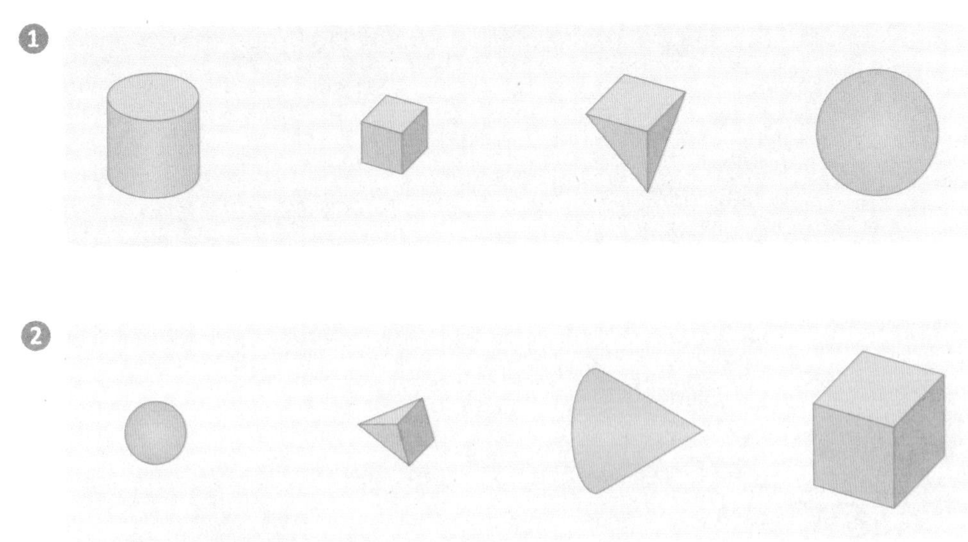

找出与其他图形不属于同一类别的立体图形，并用×标出。

❸

❹

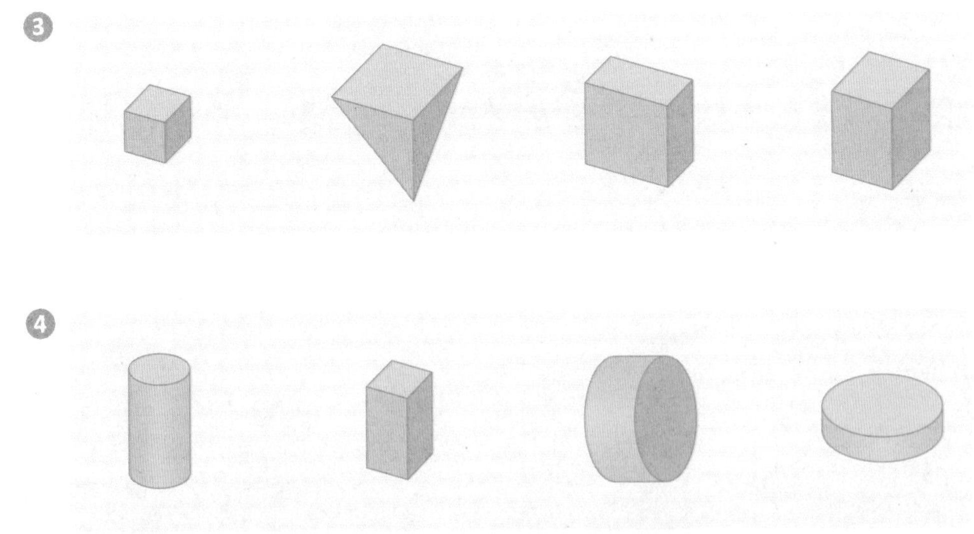

数出下列图形中所有小方块的数量，并填入□内。

5
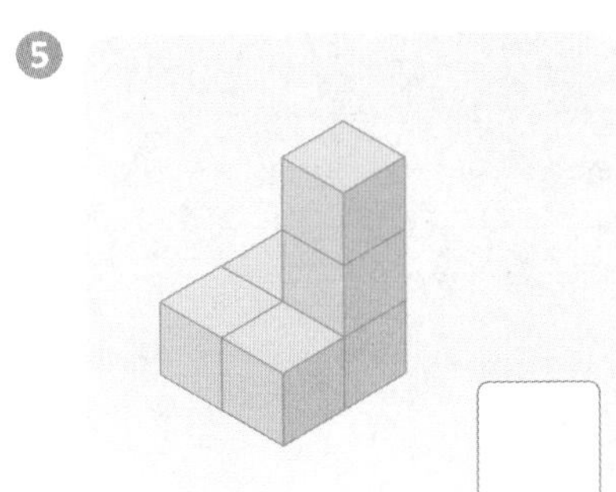

6
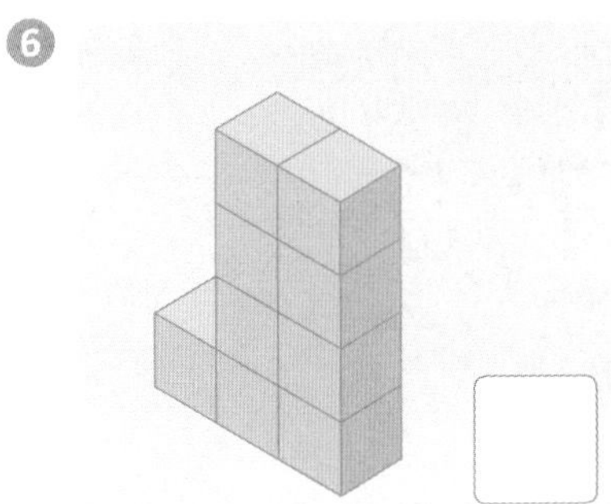

7
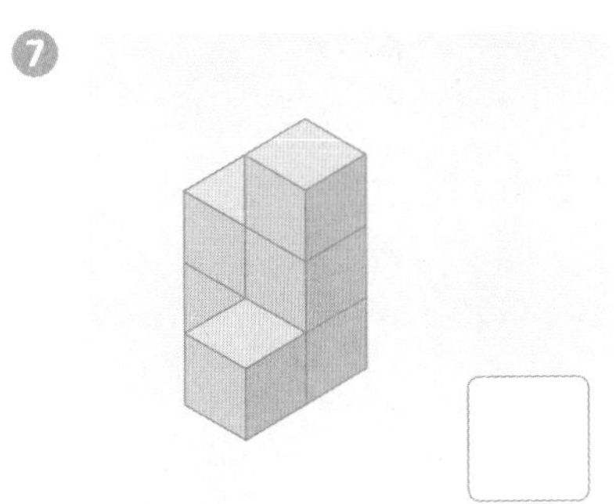

8
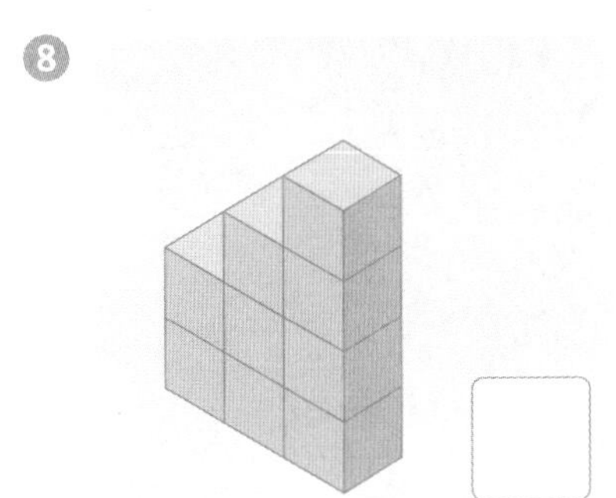

根据规律在右边找出左边空白处的图形，并用○标出。

9
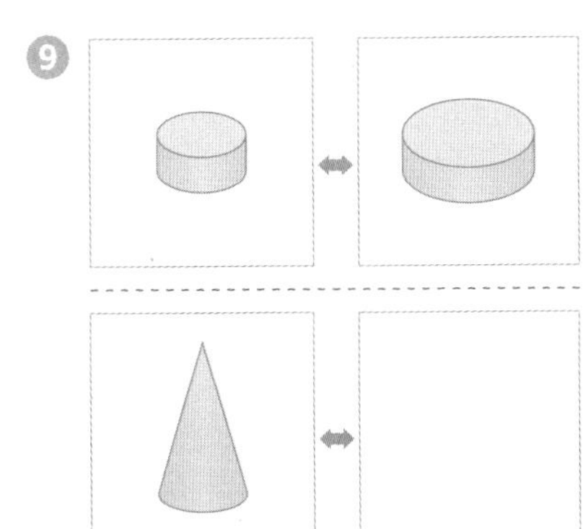

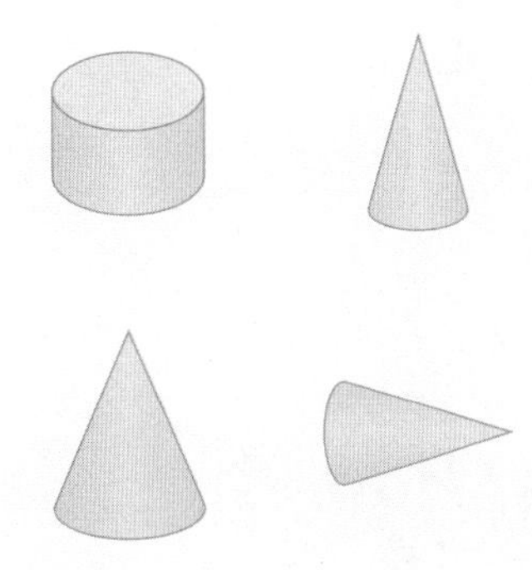

2级

空间思维培养全书

2-2 空间认知

《空间思维培养全书》的结构与学习方法

· 每天花10分钟完成2页图形练习，轻松无负担！
· 每周5天进行每日练习，第5天再对每周重点图形进行巩固练习。
· 共5回评价测试，逐步提升空间能力！

每周学习内容

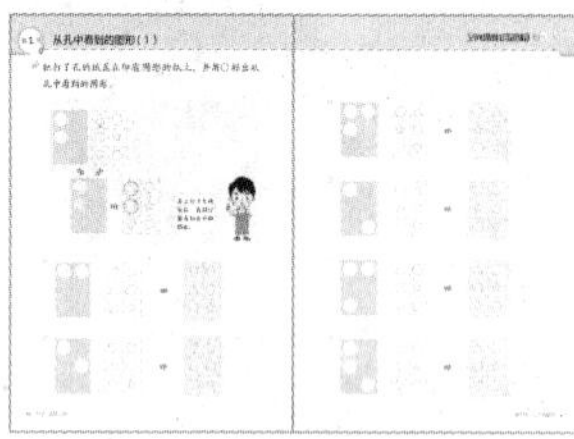

每日练习：
“小数学家”们的重点练习，通过给出的提示完成阶段性学习。

巩固练习：
复习重点内容，完成一周的学习。

	第1天	第2天	第3天	第4天	第5天/巩固练习
第1周	第66~67页	第68~69页	第70~71页	第72~73页	第74~76页
第2周	第78~79页	第80~81页	第82~83页	第84~85页	第86~88页
第3周	第90~91页	第92~93页	第94~95页	第96~97页	第98~100页
第4周	第102~103页	第104~105页	第106~107页	第108~109页	第110~112页

评价测试内容

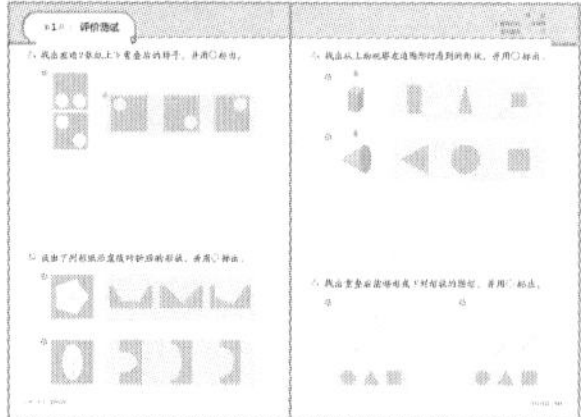

评价测试：
对4周的学习内容进行评价，看看自己在哪一方面还存在不足。

评价测试

第1回	第2回	第3回	第4回	第5回
第114~115页	第116~117页	第118~119页	第120~121页	第122~123页

第1周

打了孔的纸

第1天：从孔中看到的图形（1）…… 66
第2天：纸上打孔 …… 68
第3天：叠一叠（1）…… 70
第4天：叠一叠（2）…… 72
第5天：从孔中看到的图形（2）…… 74
巩固练习 …… 76

第1天

从孔中看到的图形（1）

把打了孔的纸盖在印有图形的纸上，并用○标出从孔中看到的图形。

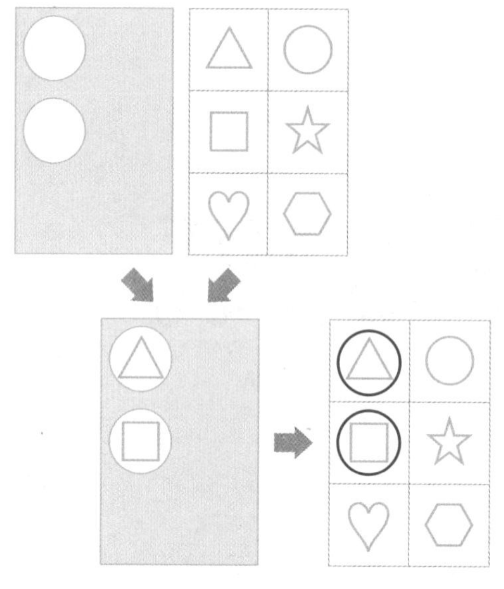

❶

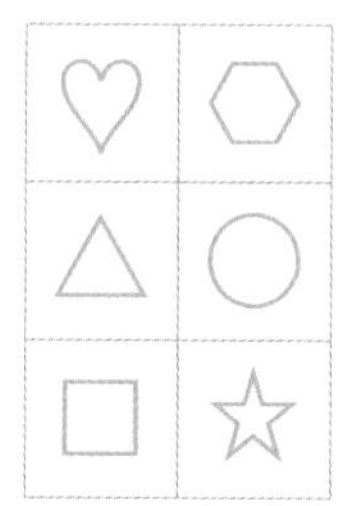

❷

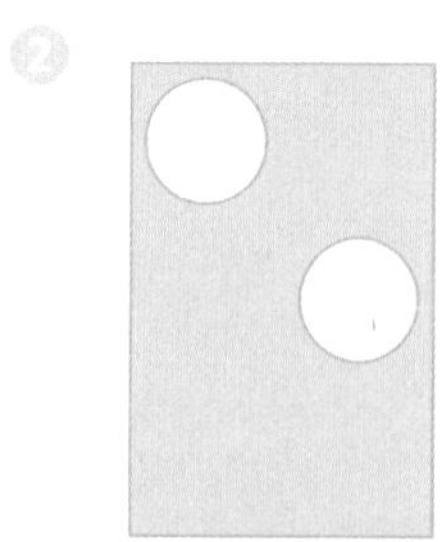

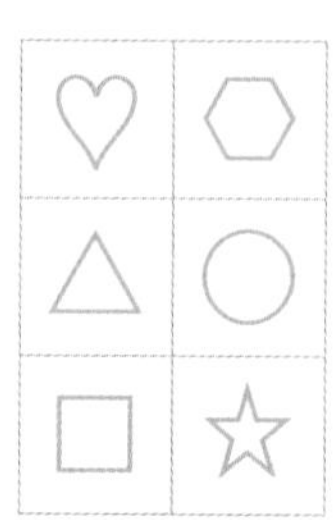

3

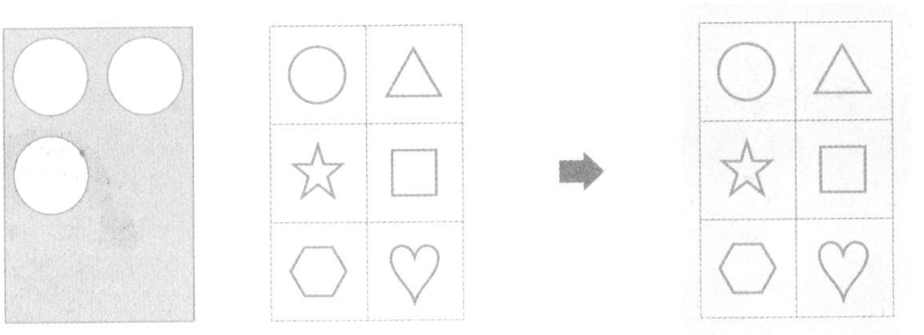

4

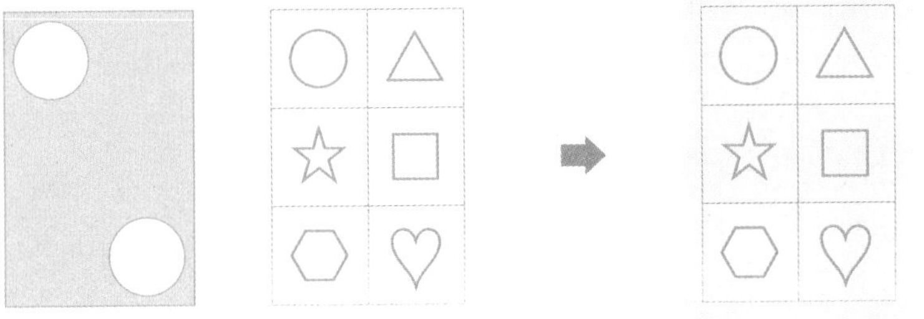

5

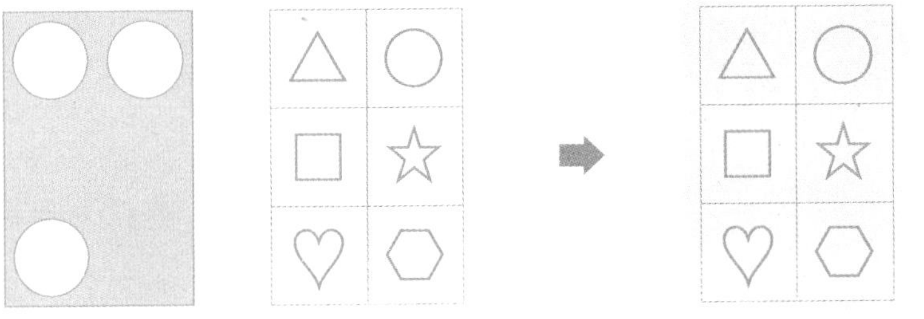

6

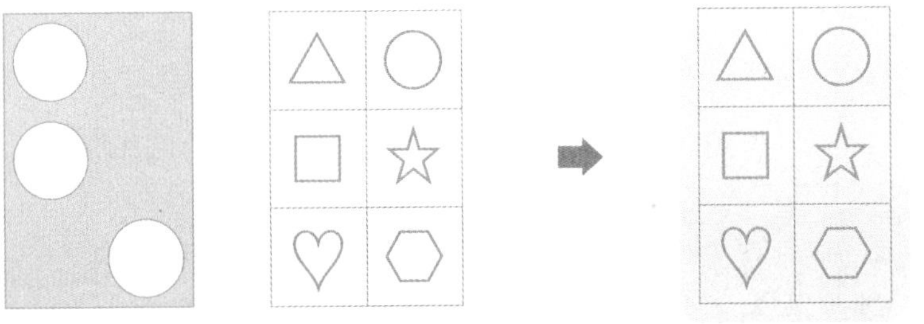

纸上打孔

在左边的纸上标出需要打孔的位置，使其在盖住右边印有图形的纸后只能看到△、□、○。

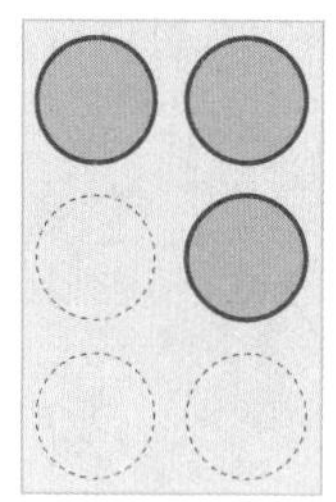
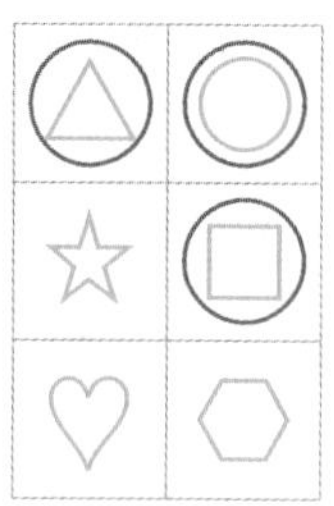

①

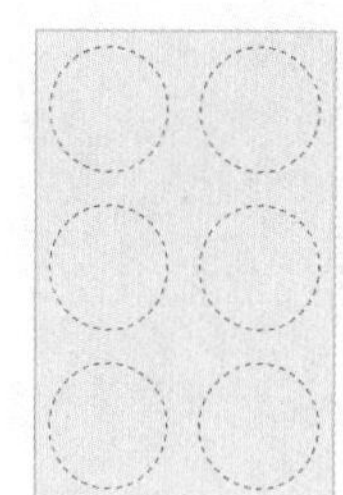

②

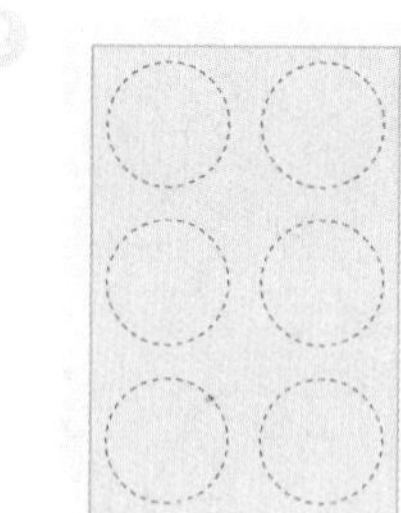

③

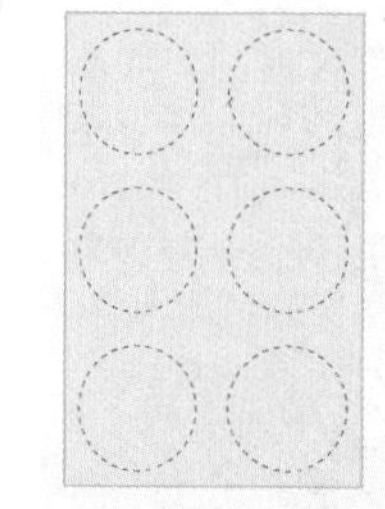

④

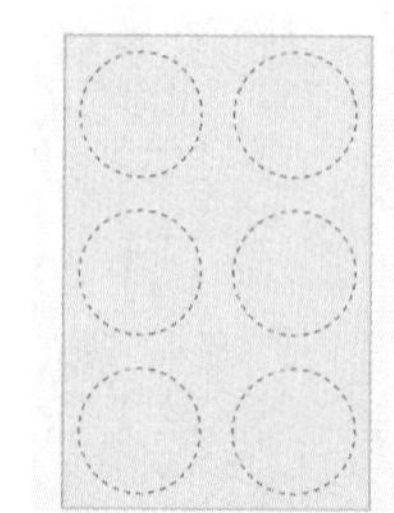

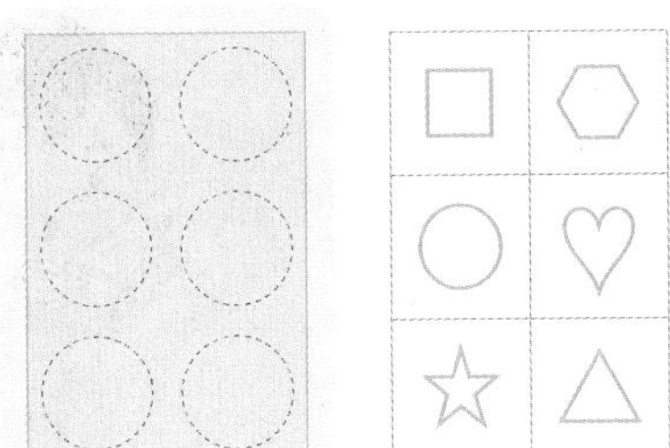
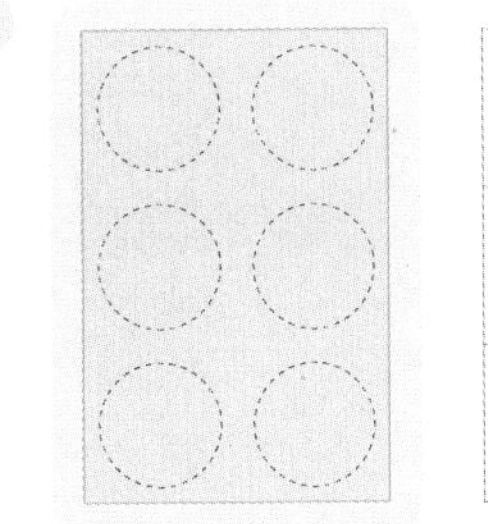

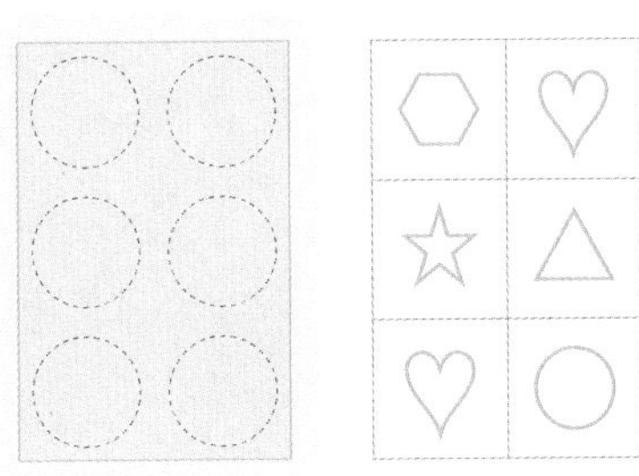
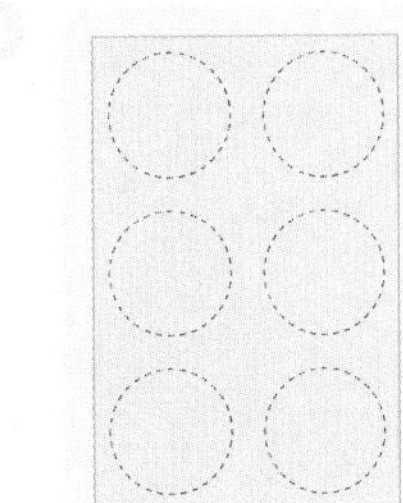
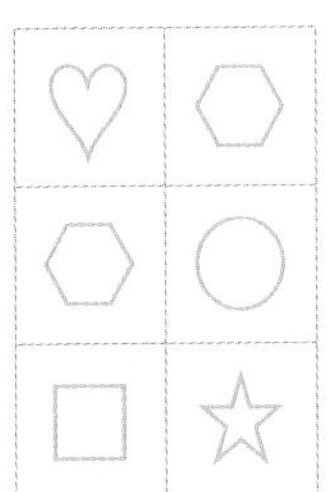

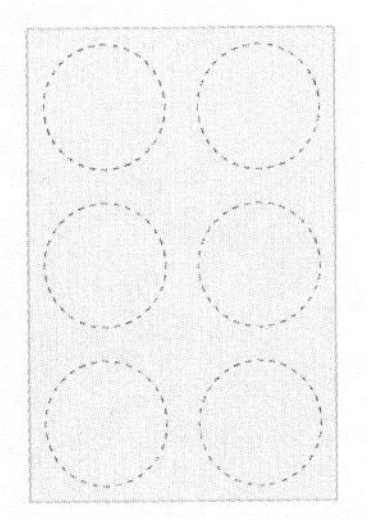

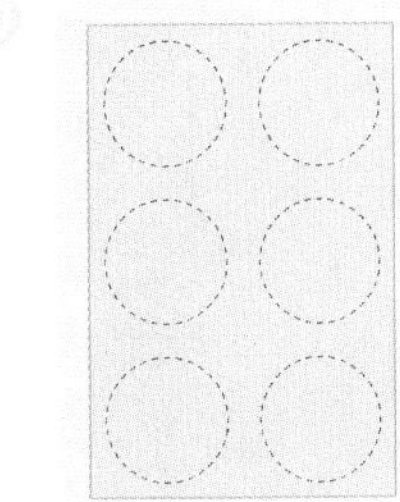

叠一叠（1）

找出左边2张纸上下重叠后的样子，并用○标出。

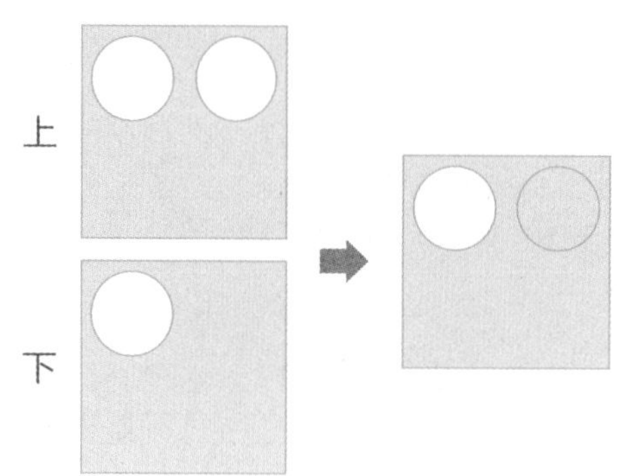

如果2张纸在相同位置都有孔，重叠后还能看到这个孔；如果只有1张纸有孔的话，孔就被遮住了。

1

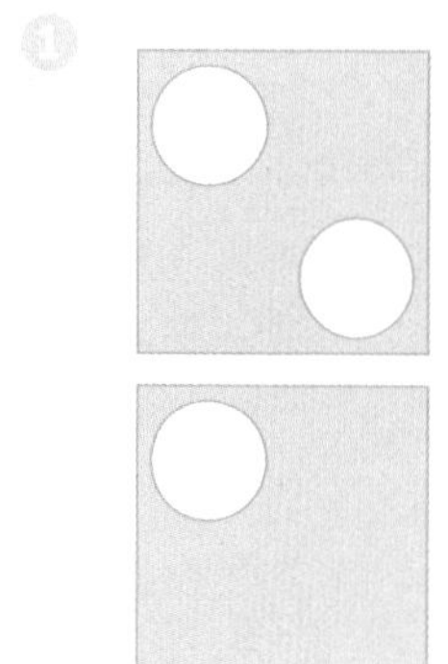

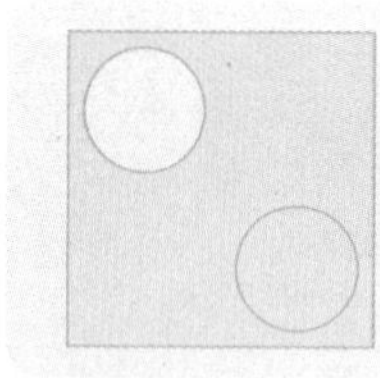

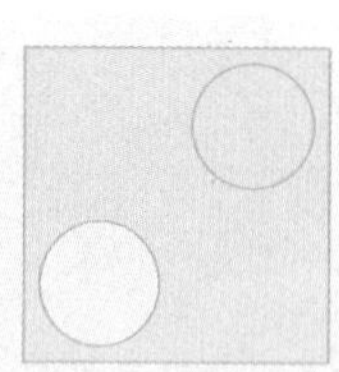

2

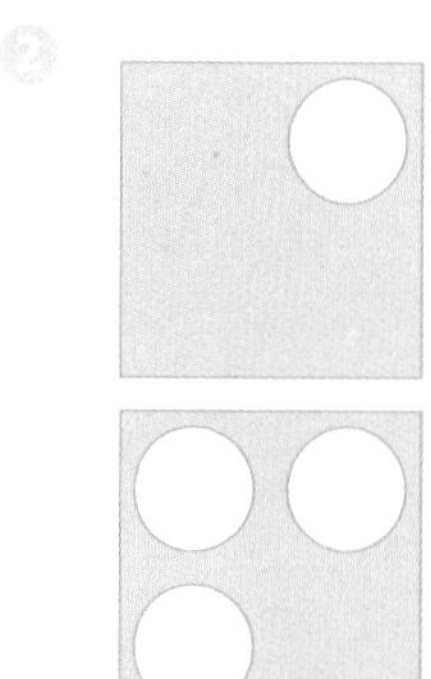

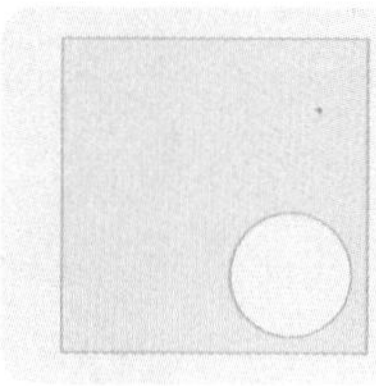

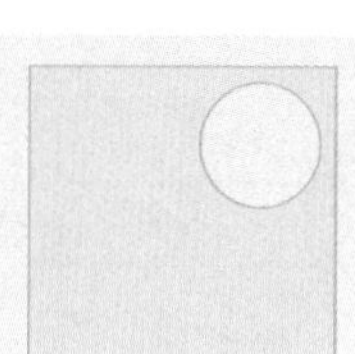

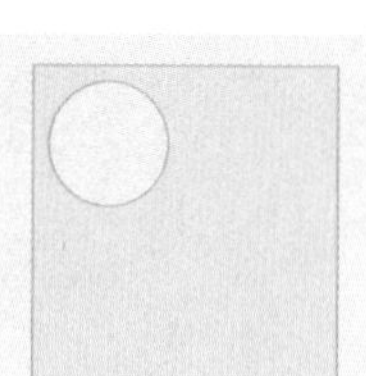

第4天 # 叠一叠(2)

用左边的纸盖住右边的纸，标出能看到的孔的位置。

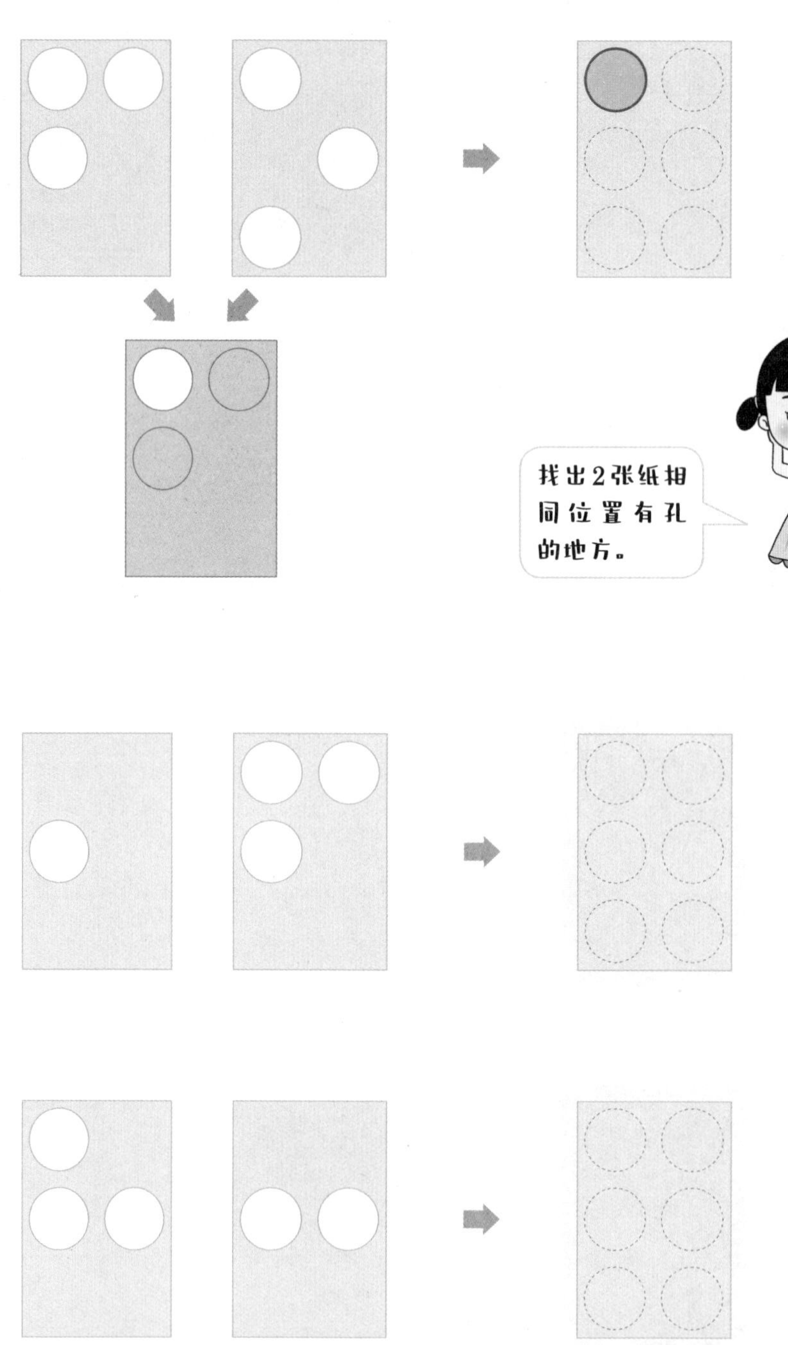

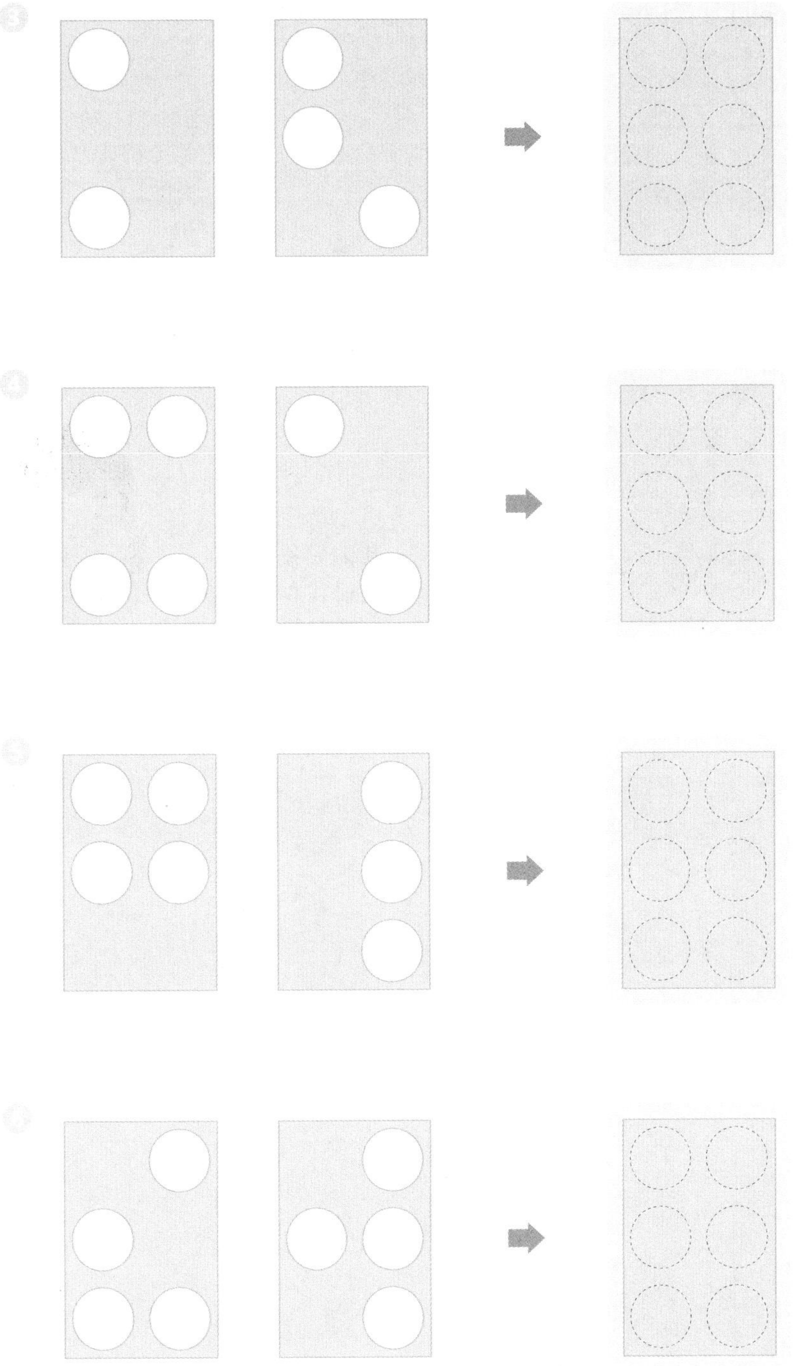

第5天 从孔中看到的图形（2）

把2张打了孔的纸盖在印有图形的纸上，并用○标出从孔中看到的图形。

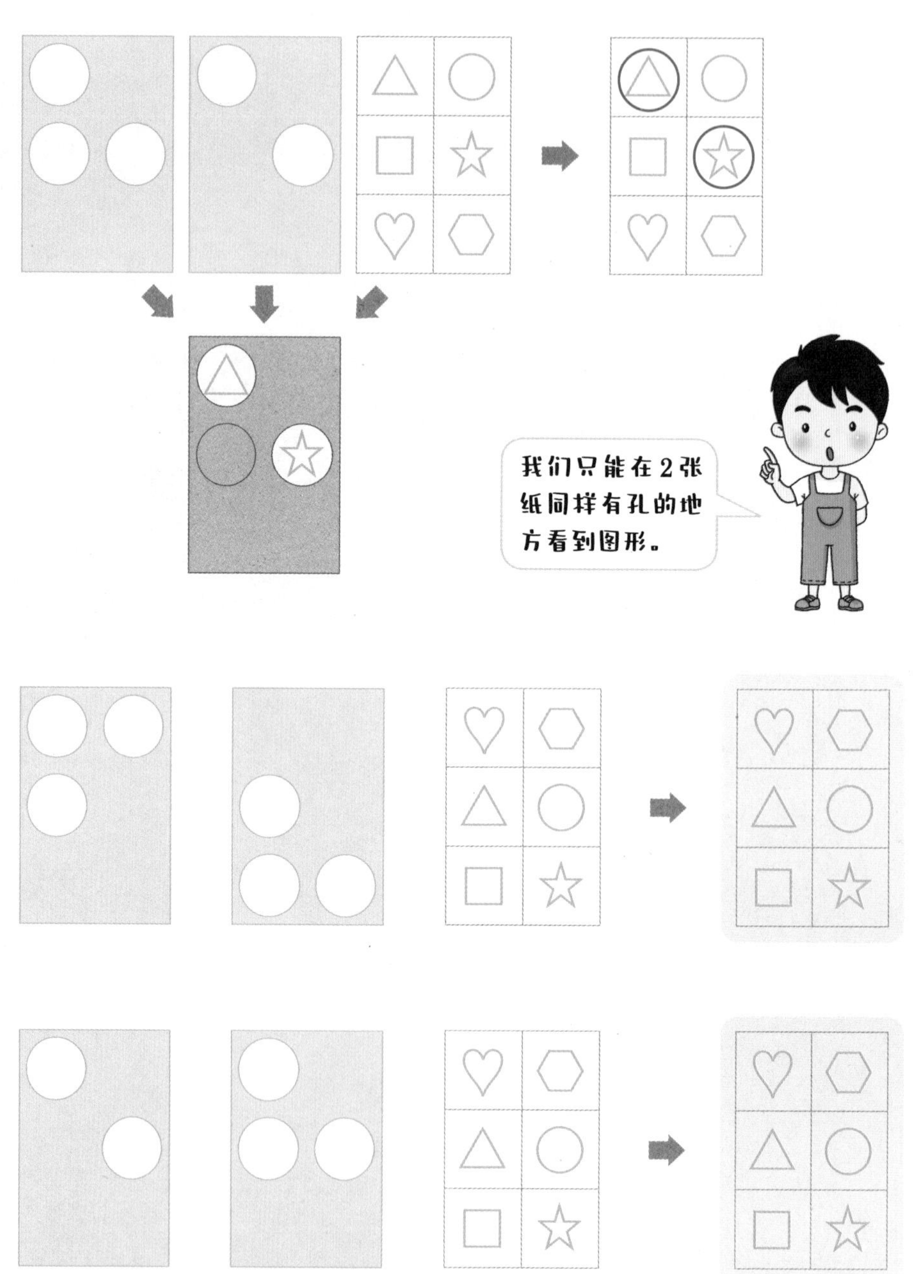

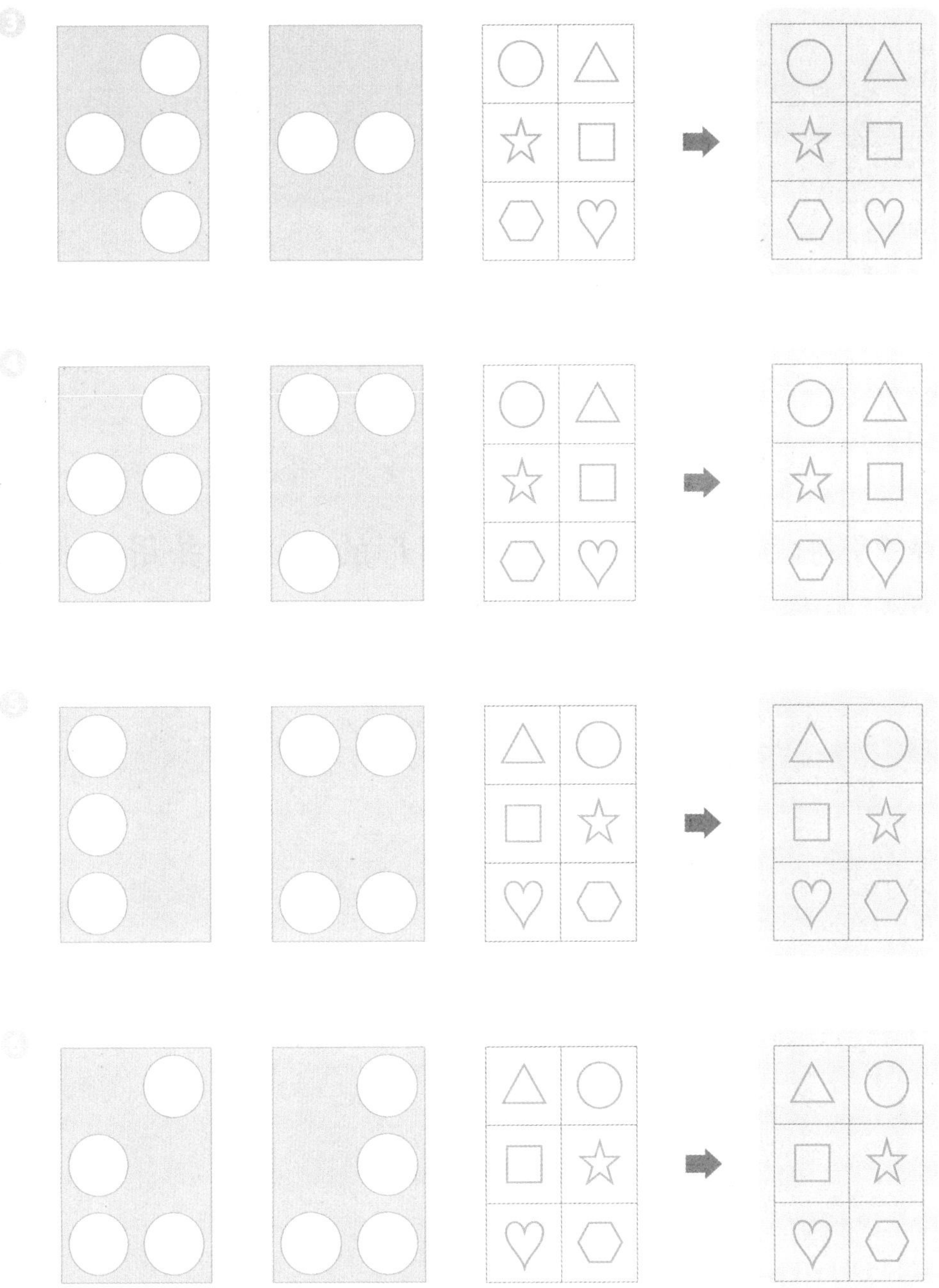

巩固练习

找出左边2张纸上下重叠后的样子，并用○标出。

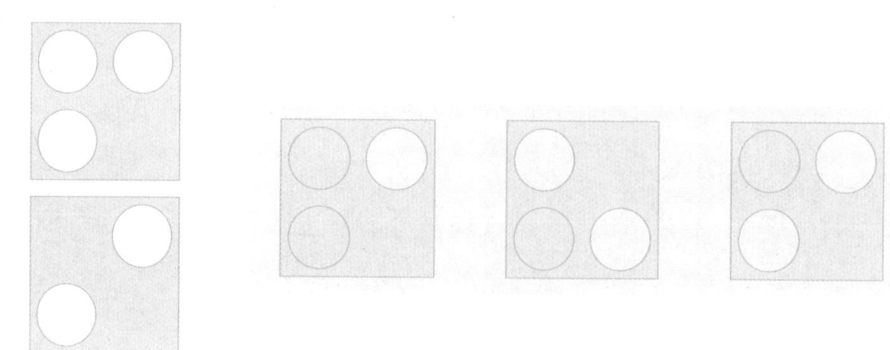

把2张打了孔的纸盖在印有图形的纸上，并用○标出从孔中看到的图形。

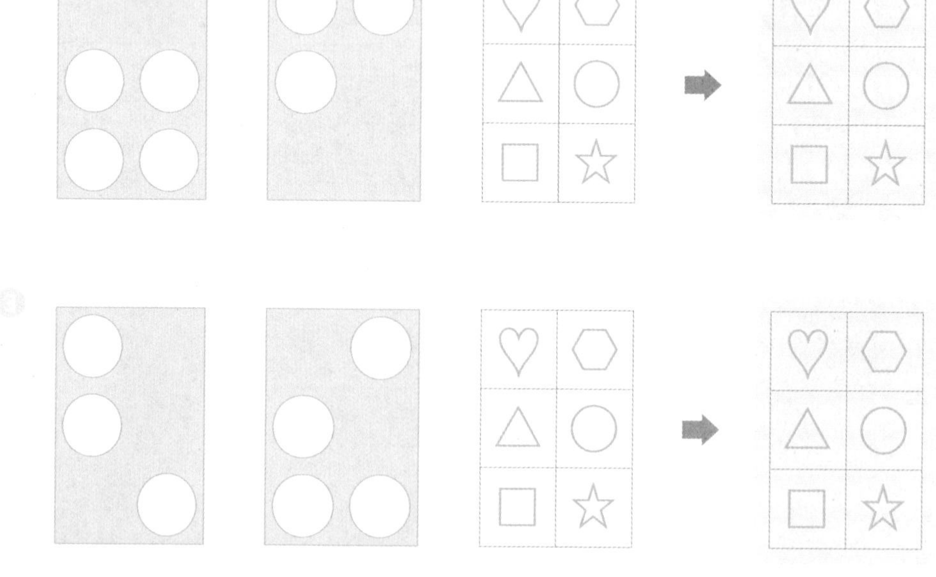

第2周

折一折，裁一裁

第1天：找出对折后的形状 ………… 78

第2天：找一找，连一连 ………… 80

第3天：剪裁再展开的形状 ………… 82

第4天：画出展开的形状 ………… 84

第5天：画出剪裁线 ………… 86

巩固练习 ………… 88

找出对折后的形状

找出下列彩纸沿虚线对折后的形状，并用○标出。

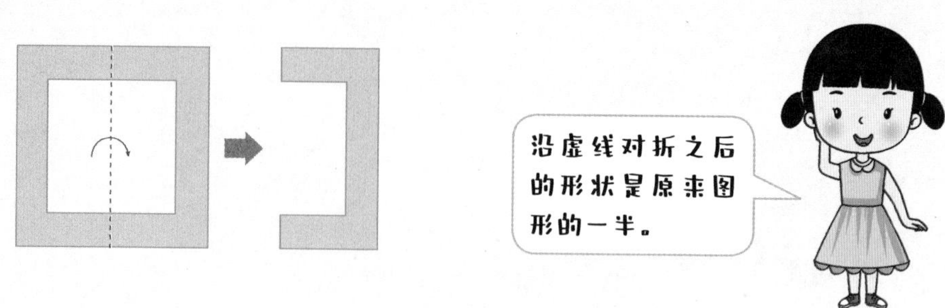

1

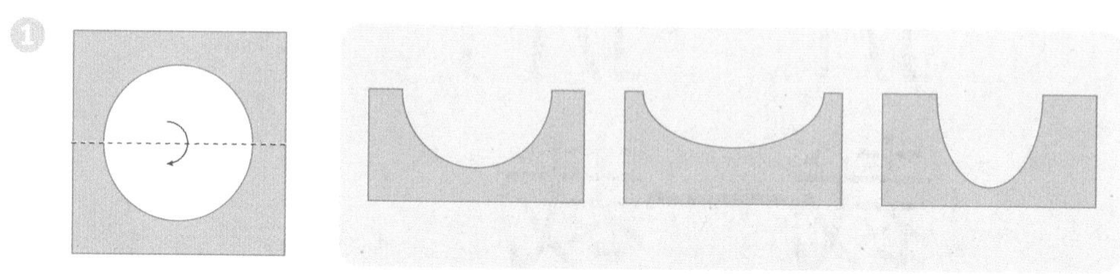

2

3

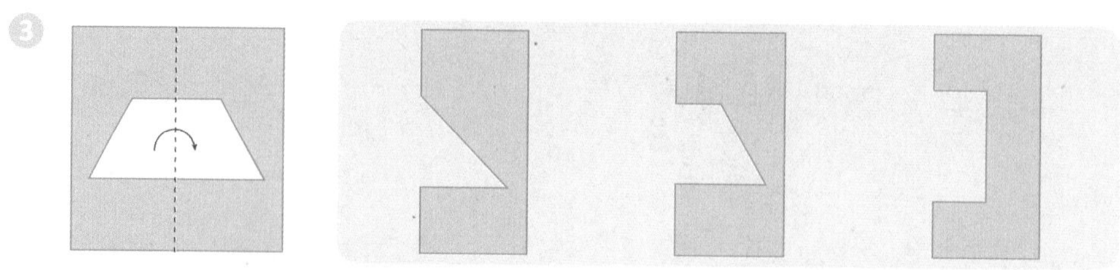

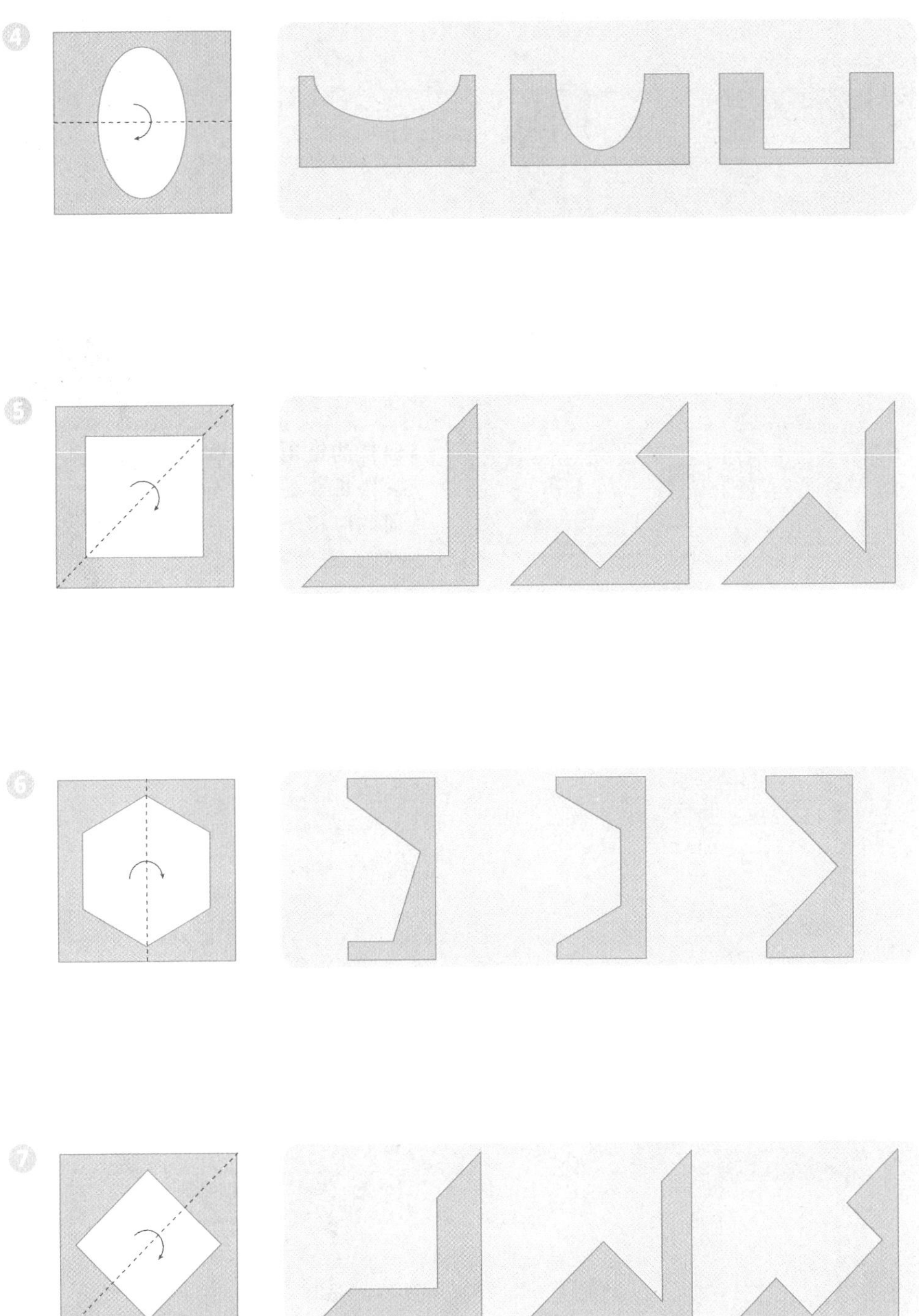

找一找，连一连

找出不同折叠方法对应的形状，并连在一起。

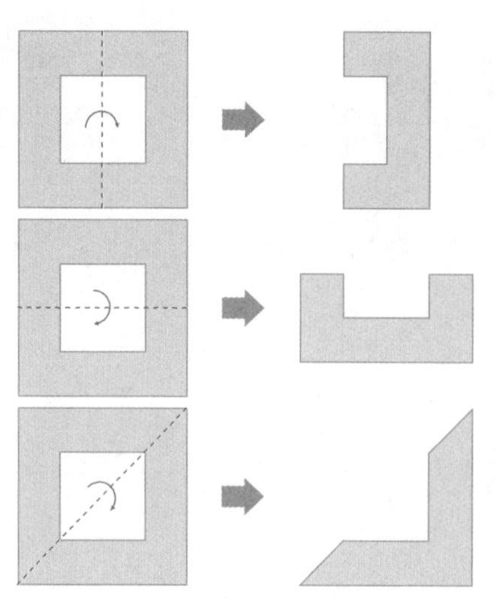

同样的纸用不同的方法折叠会出现不同的形状！

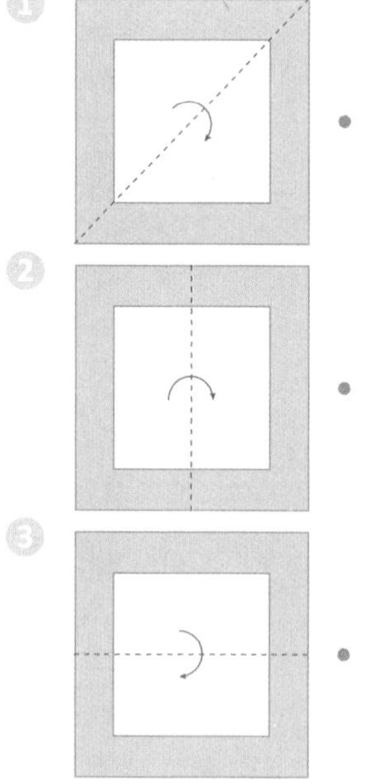

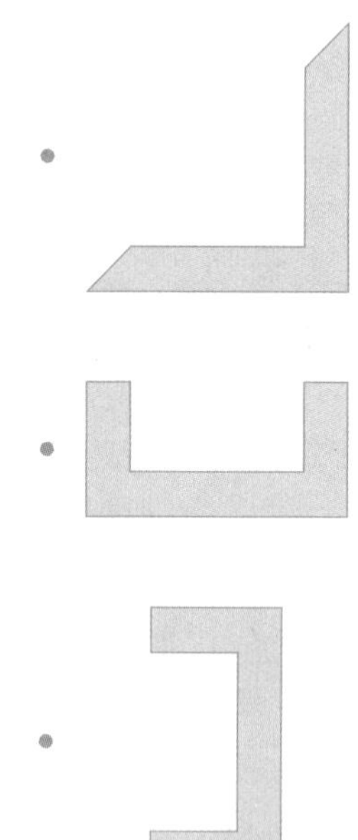

4

5

6

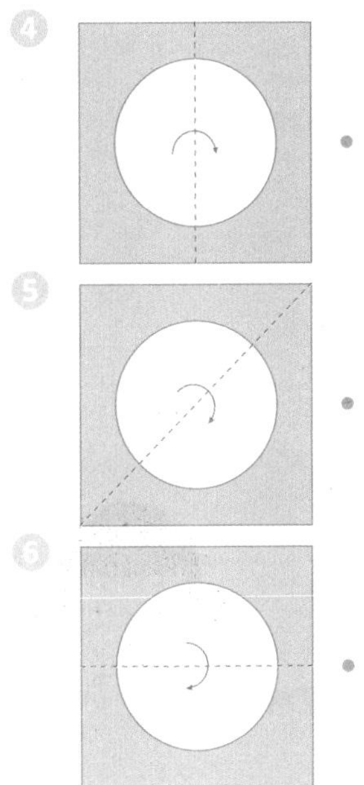

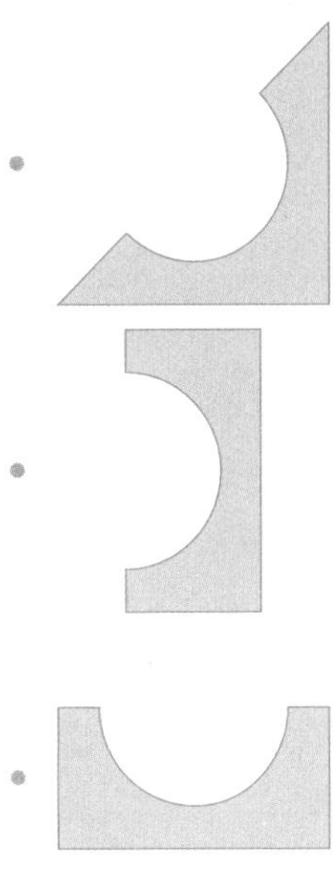

7

8

9

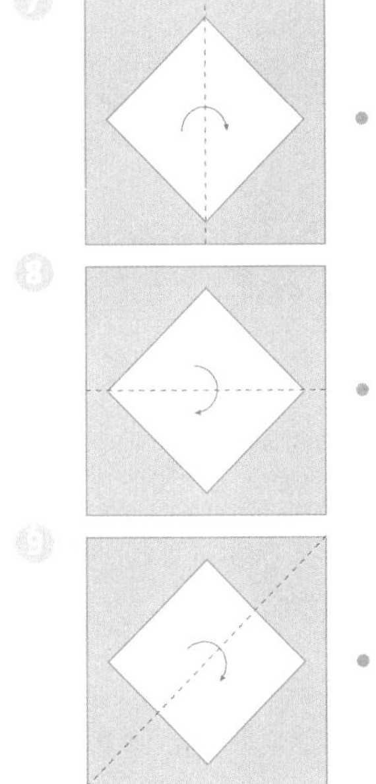

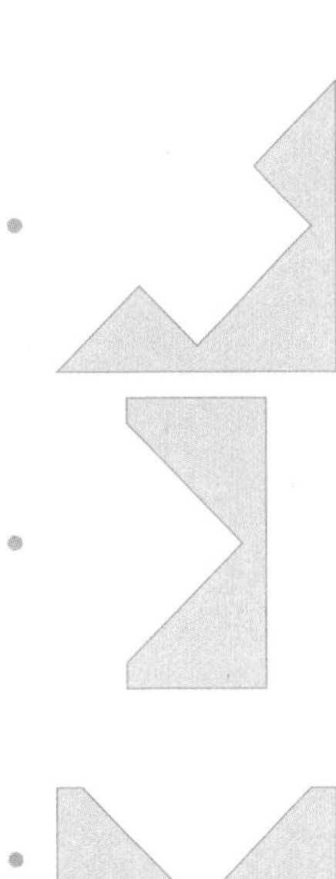

第3天 剪裁再展开的形状

找出下列彩纸沿黑实线剪裁后再展开出现的形状，并用○标出。

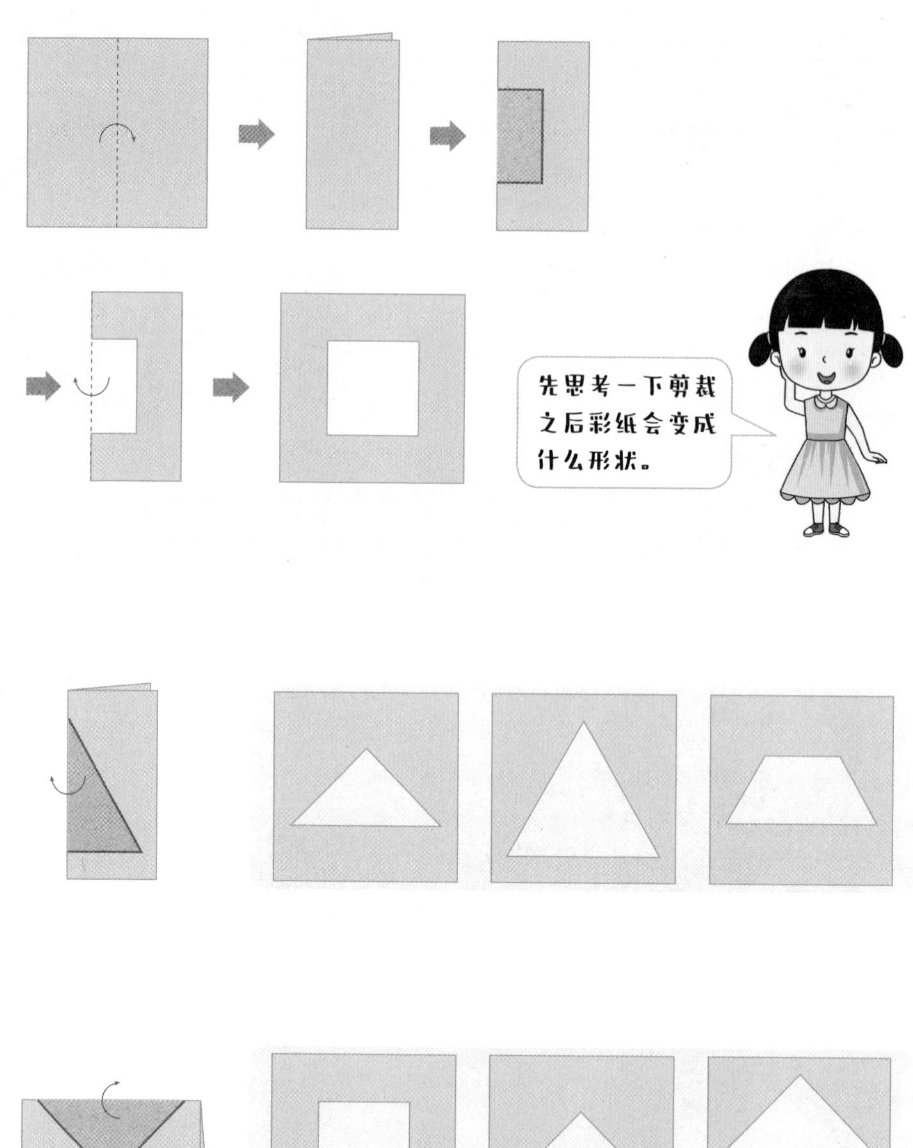

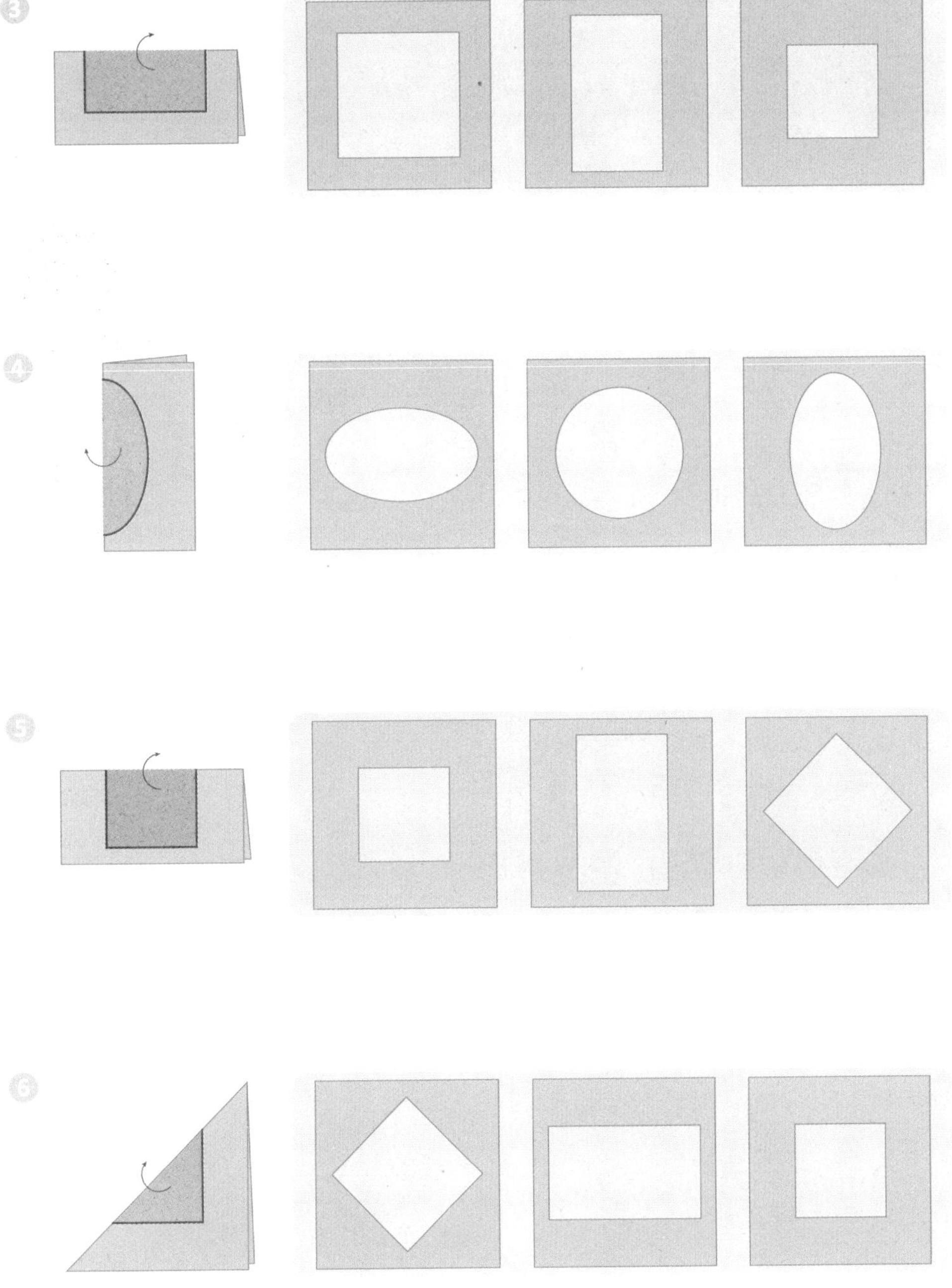

画出展开的形状

画出下列彩纸沿黑实线剪裁后再展开出现的形状。

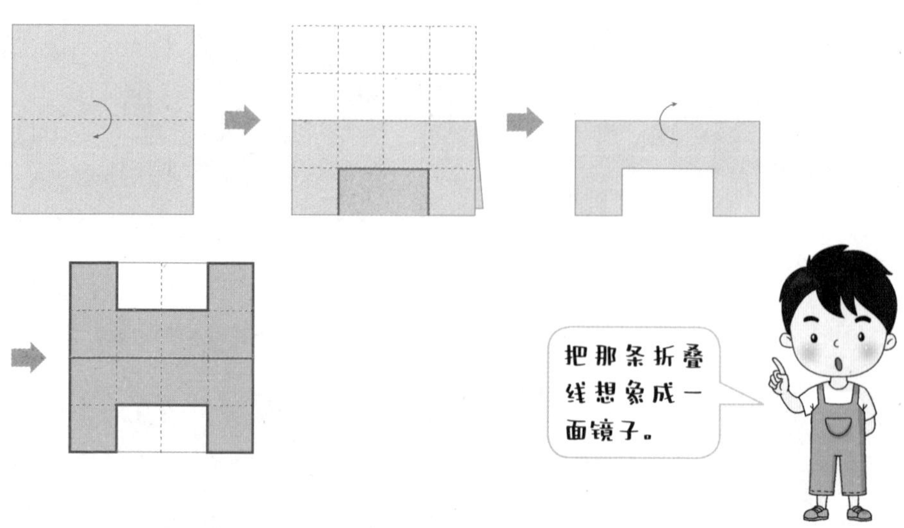

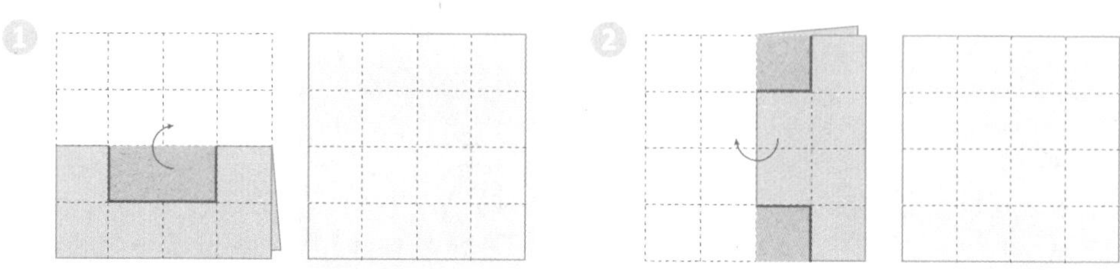

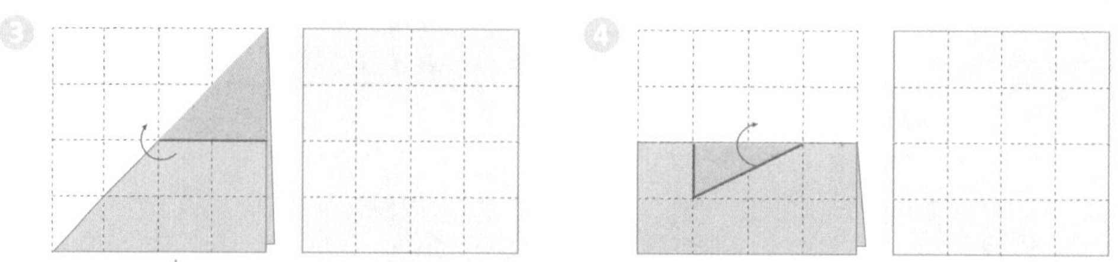

5
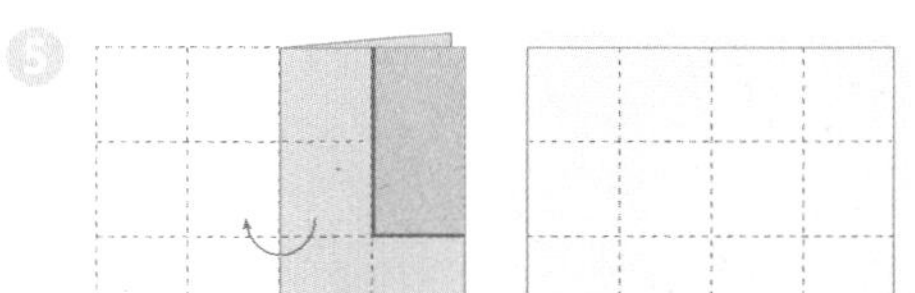

6
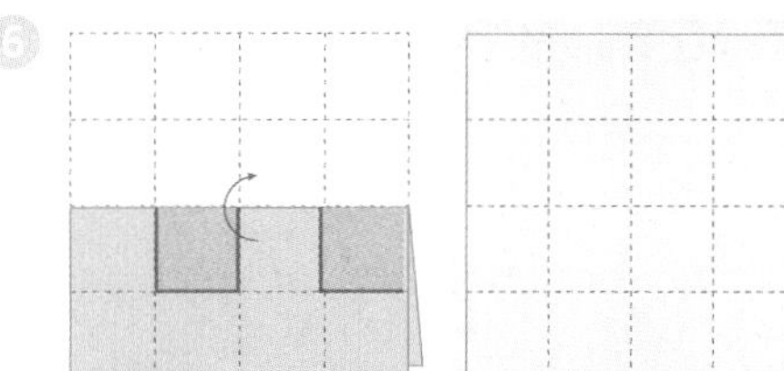

7
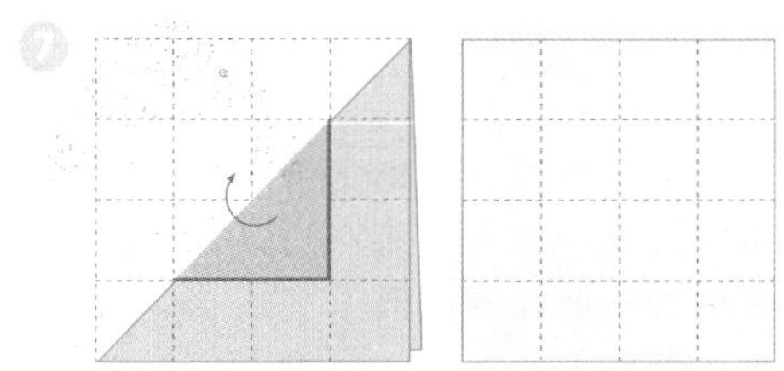

8
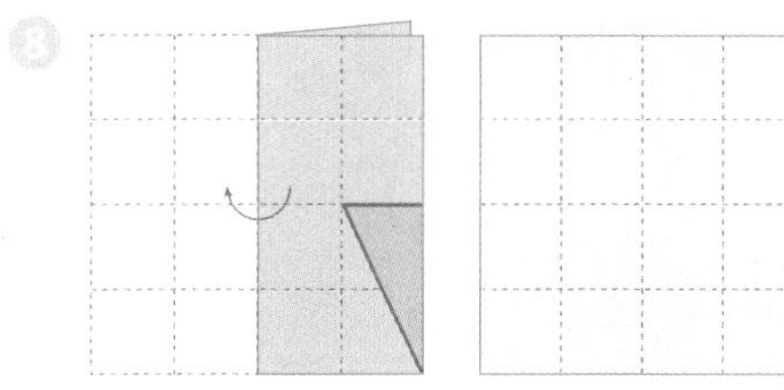

9
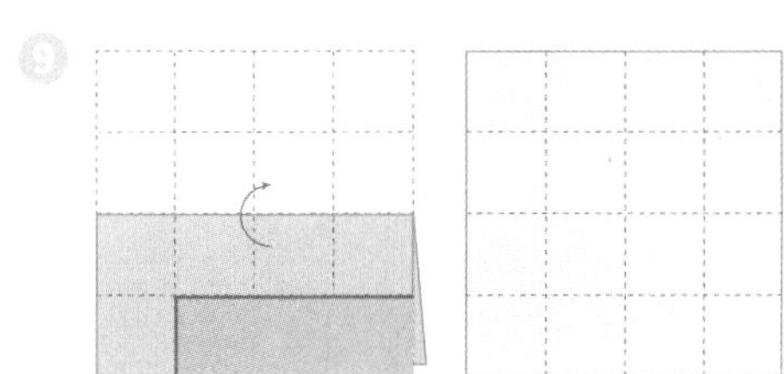

10
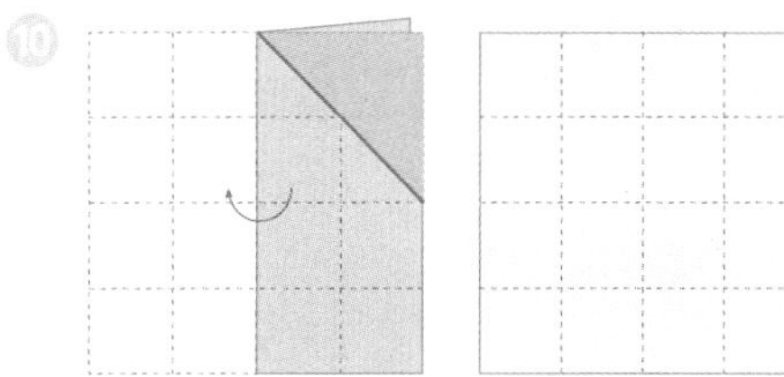

11
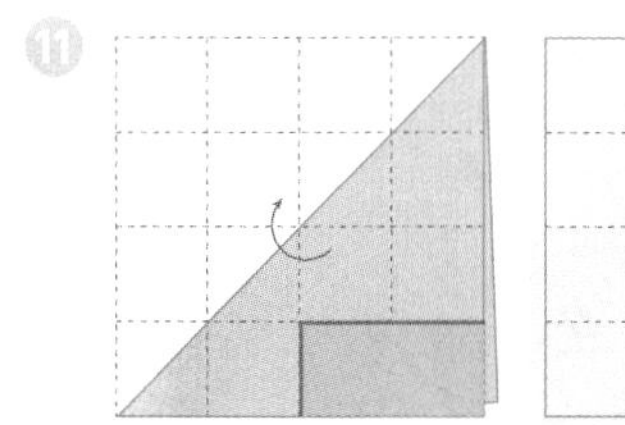

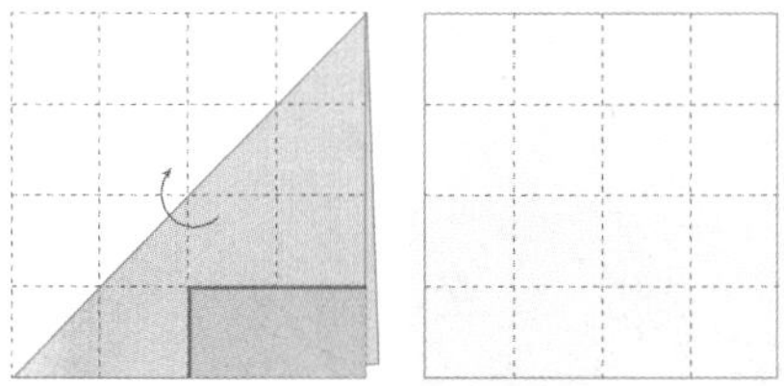

12
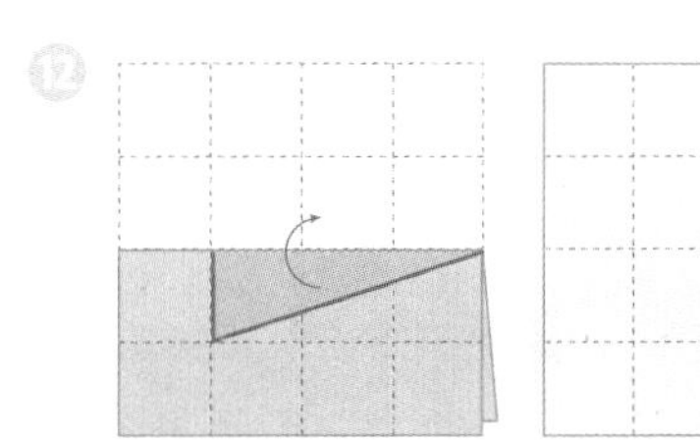

画出剪裁线

在图中画出线条，使彩纸在沿着线条剪裁后能够形成右边的形状。

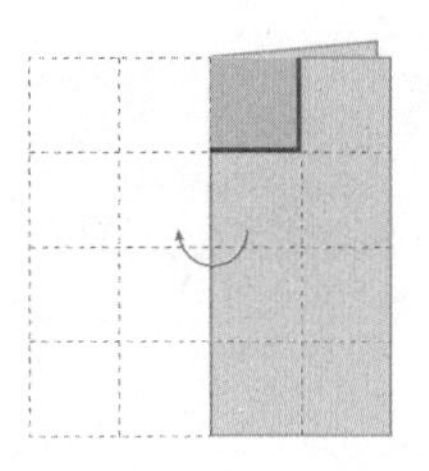
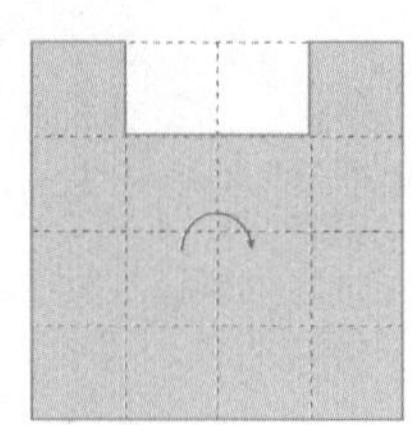
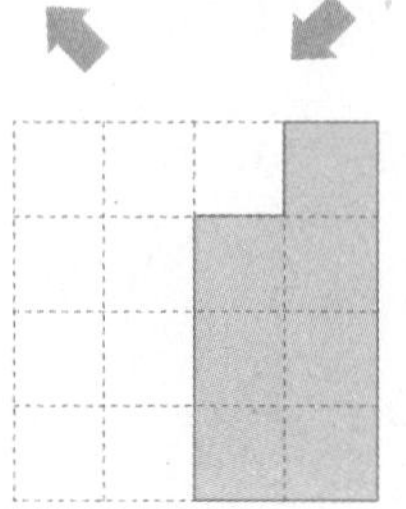

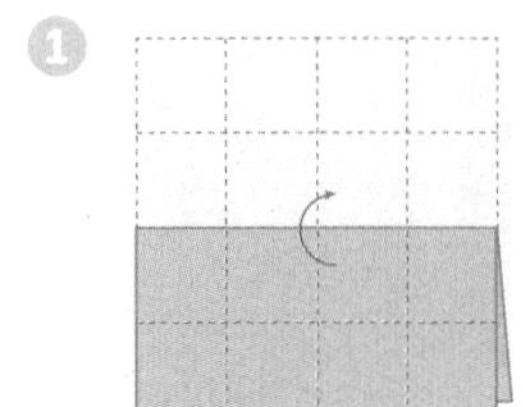
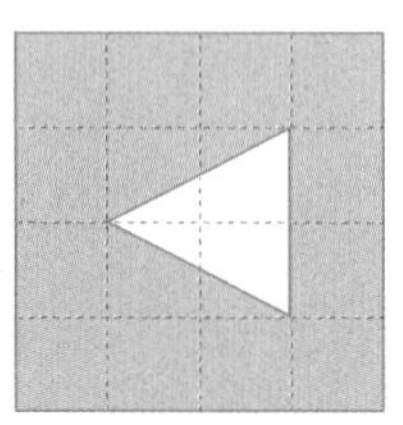
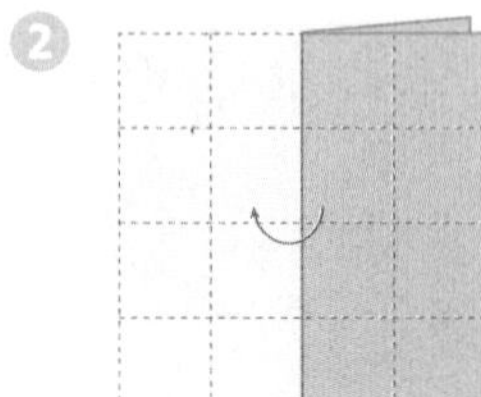
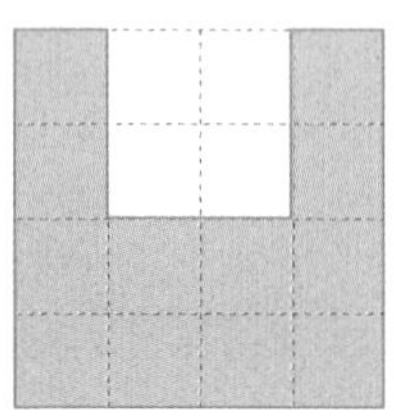

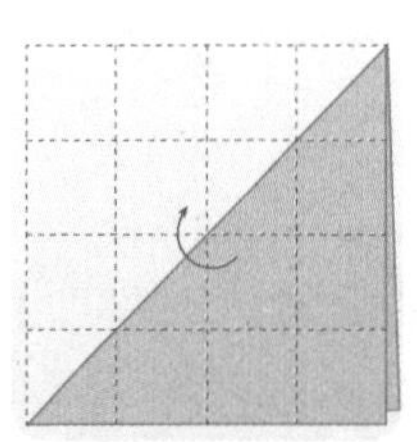
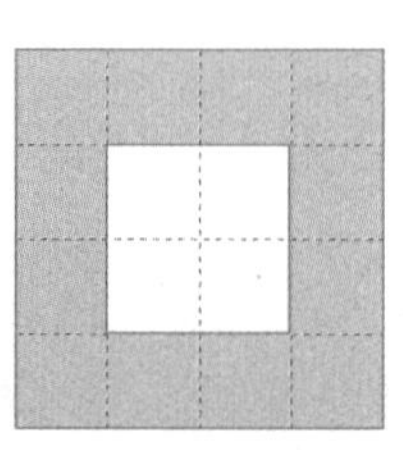

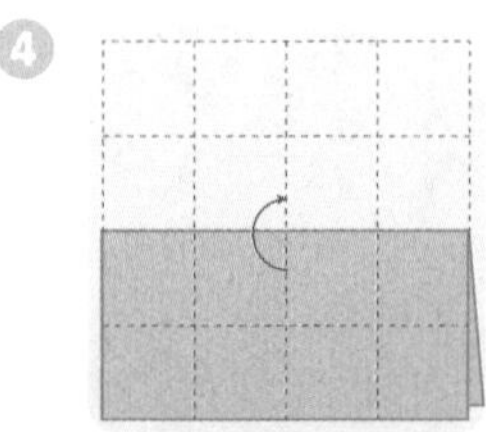
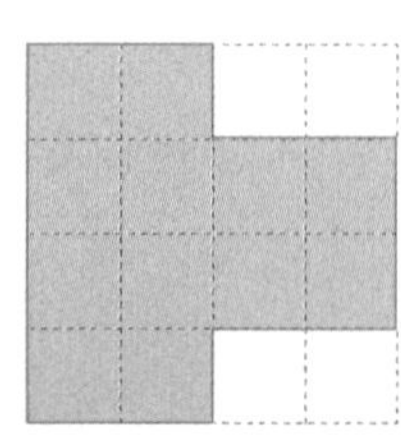

5
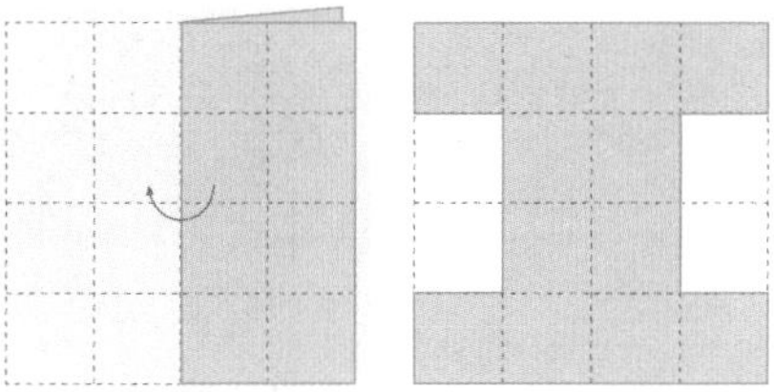

6
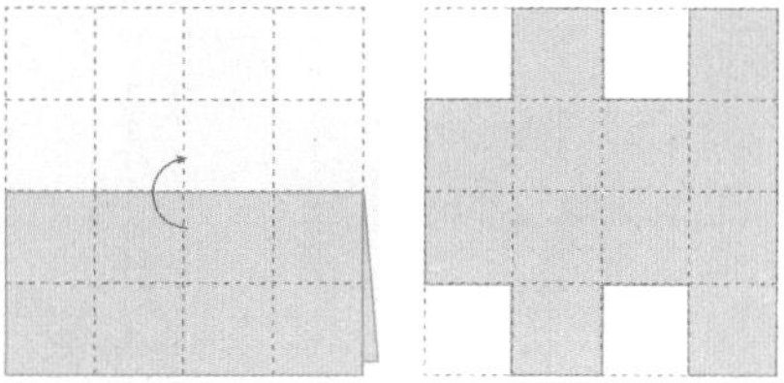

7
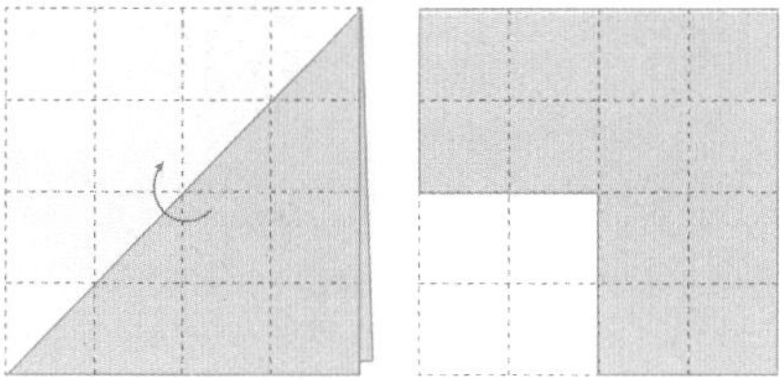

8
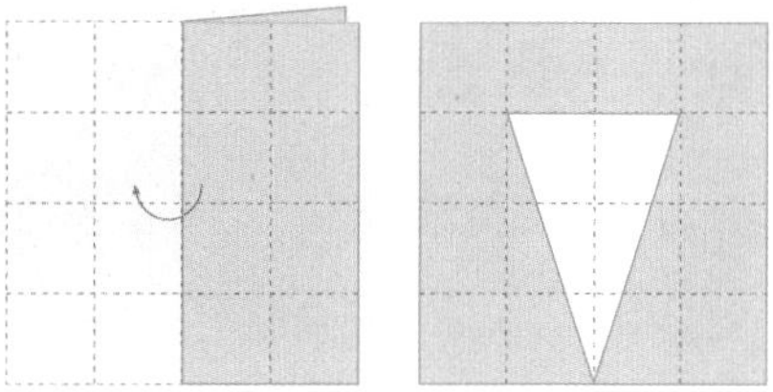

9
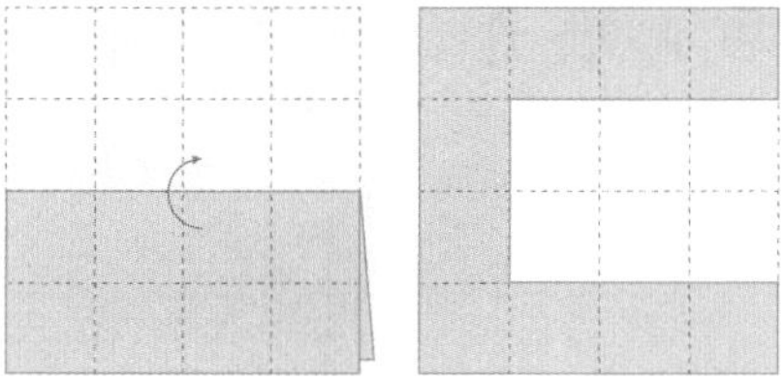

10
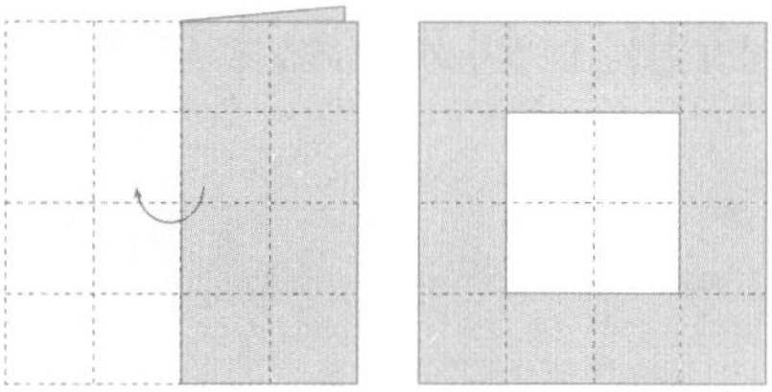

11
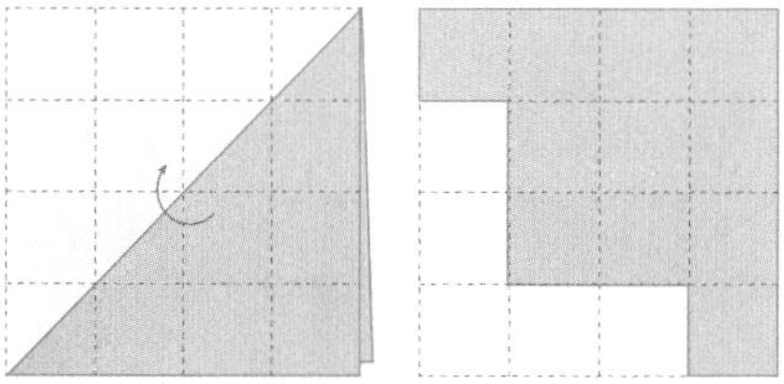

12
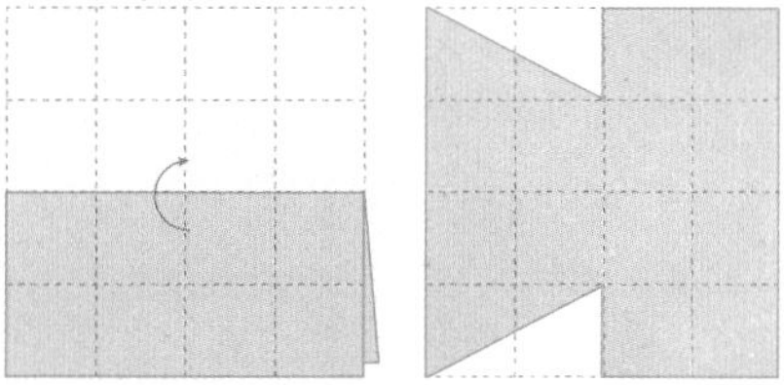

巩固练习

找出下列彩纸沿黑实线剪裁后再展开出现的形状，并用○标出。

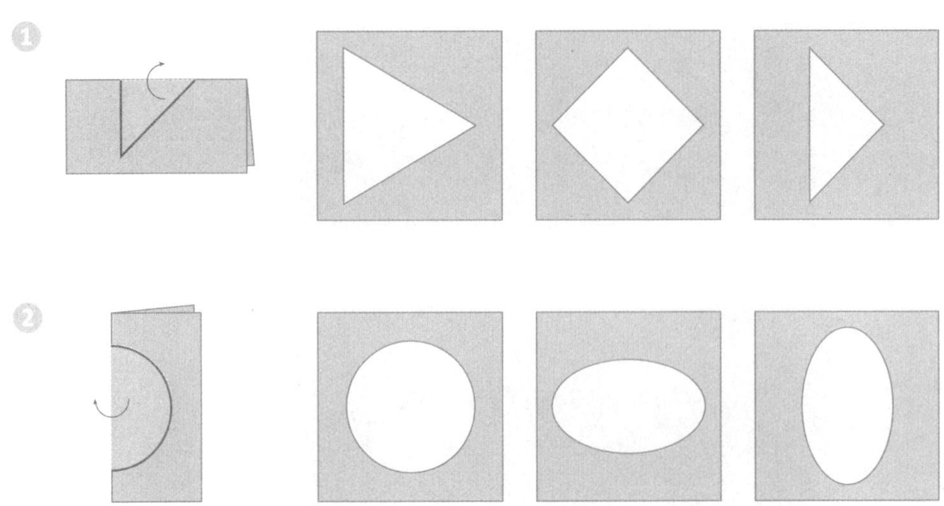

画出下列彩纸沿黑实线剪裁后再展开出现的形状。

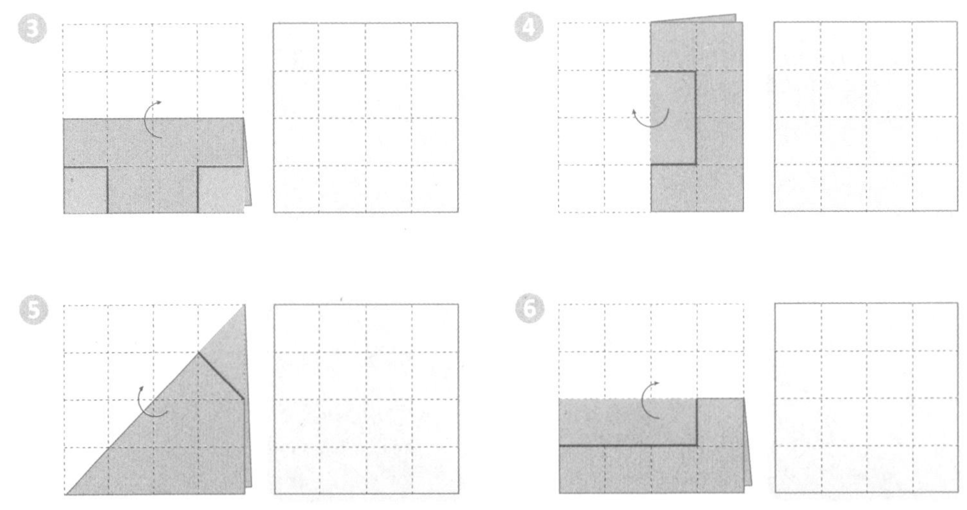

第3周

从不同方向观察

第1天：从上面看到的形状（1）…… 90
第2天：从上面看到的形状（2）…… 92
第3天：从前面看到的形状（1）…… 94
第4天：从前面看到的形状（2）…… 96
第5天：看形状，推理图形 …… 98
巩固练习 …… 100

第1天

从上面看到的形状（1）

找出从上面观察左边图形时看到的形状，并用○标出。

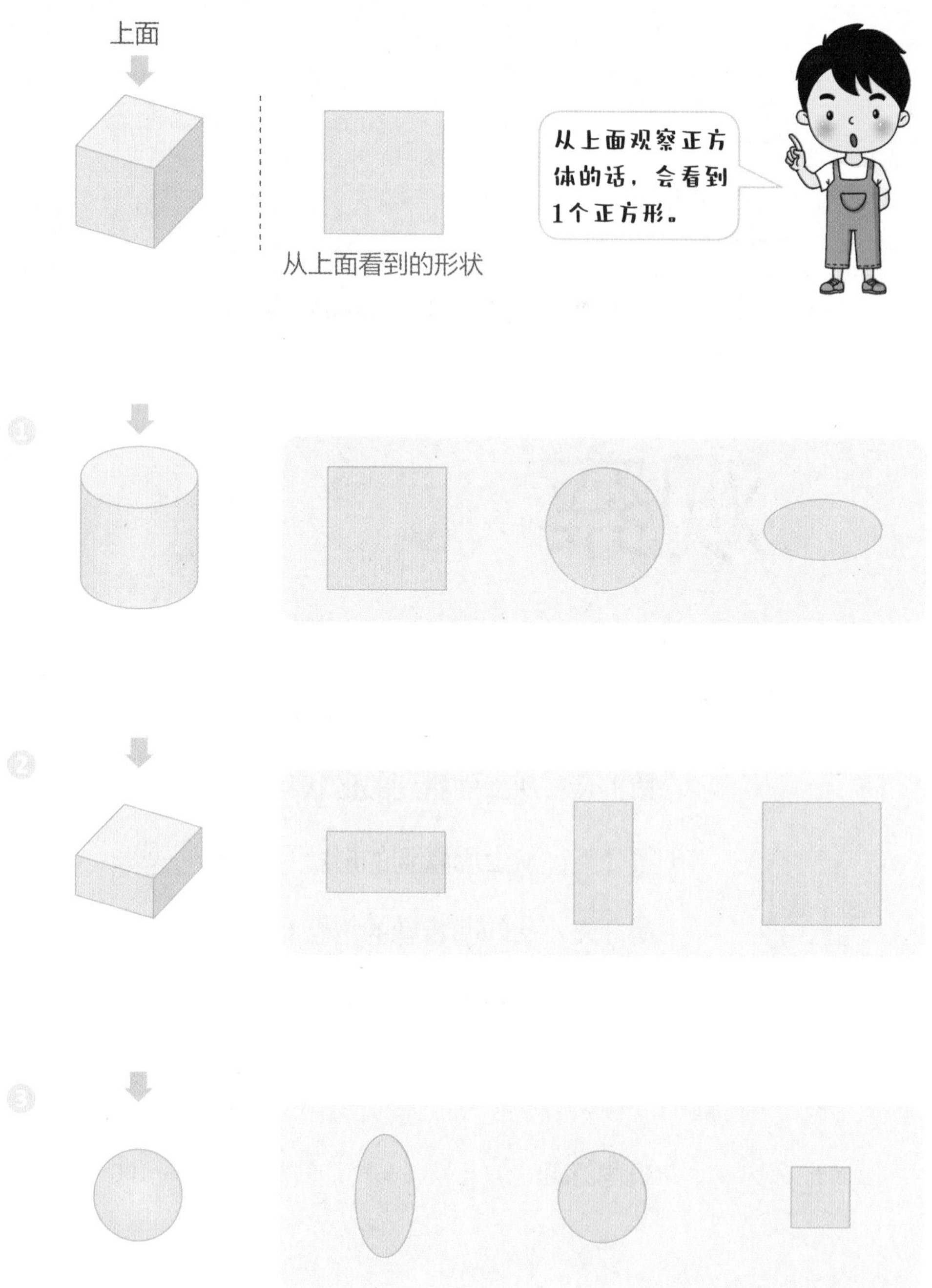

4
5
6
7

第2天 从上面看到的形状(2)

找出从上面观察时看到的形状与其他3个不同的立体图形，并用×标出。

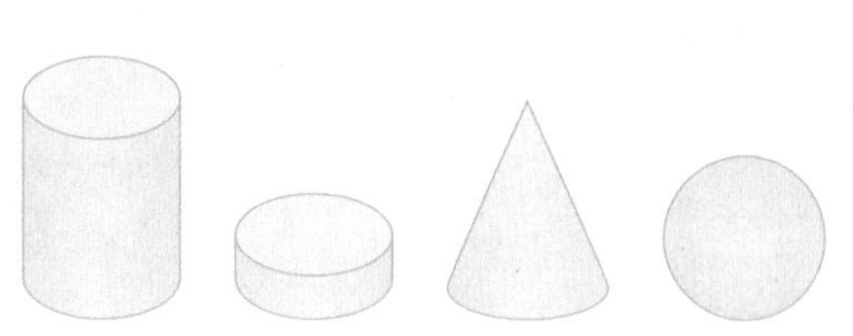

①
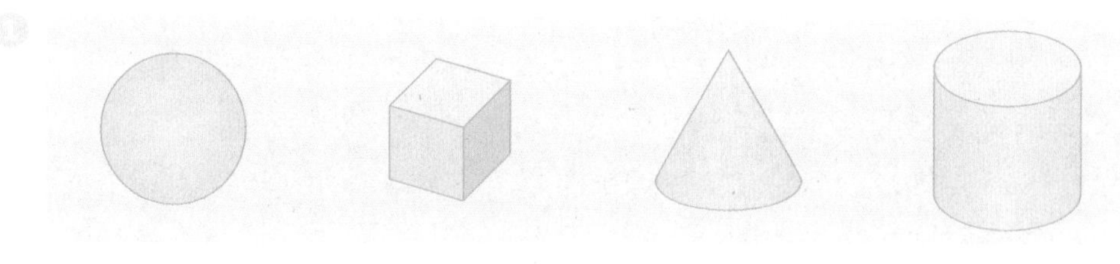

②
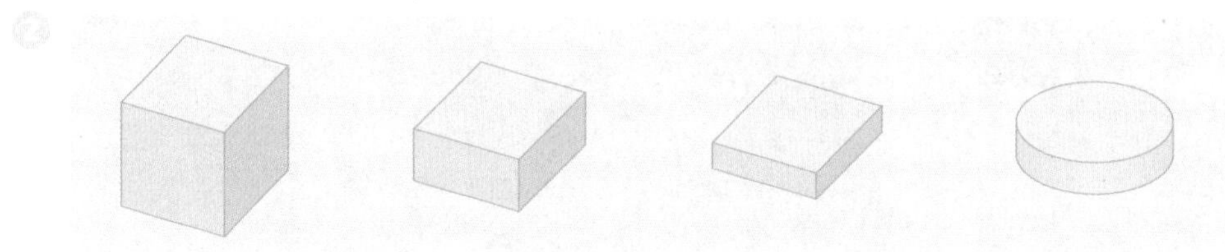

③

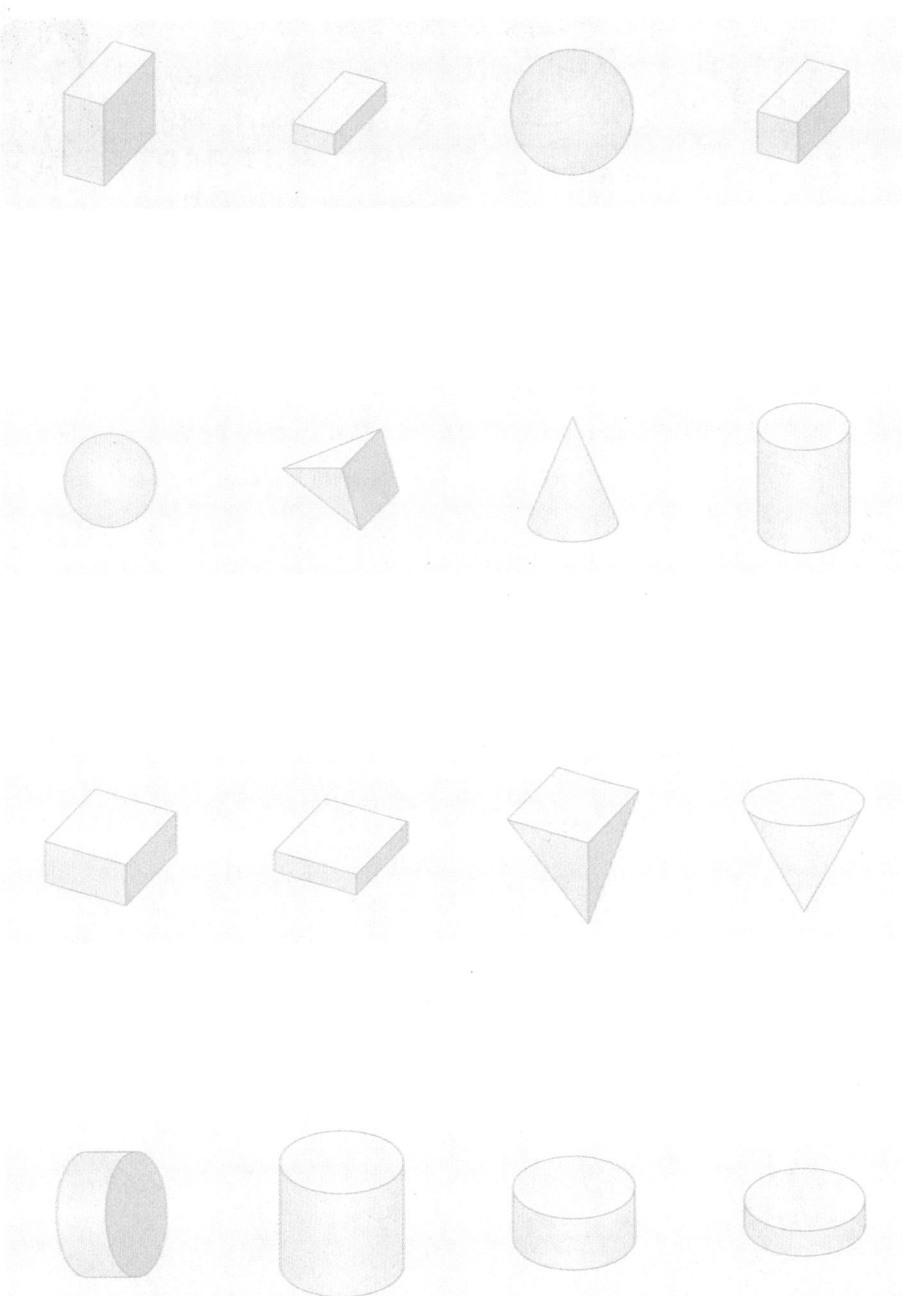

从前面看到的形状(1)

找出从前面观察左边图形时看到的形状，并用○标出。

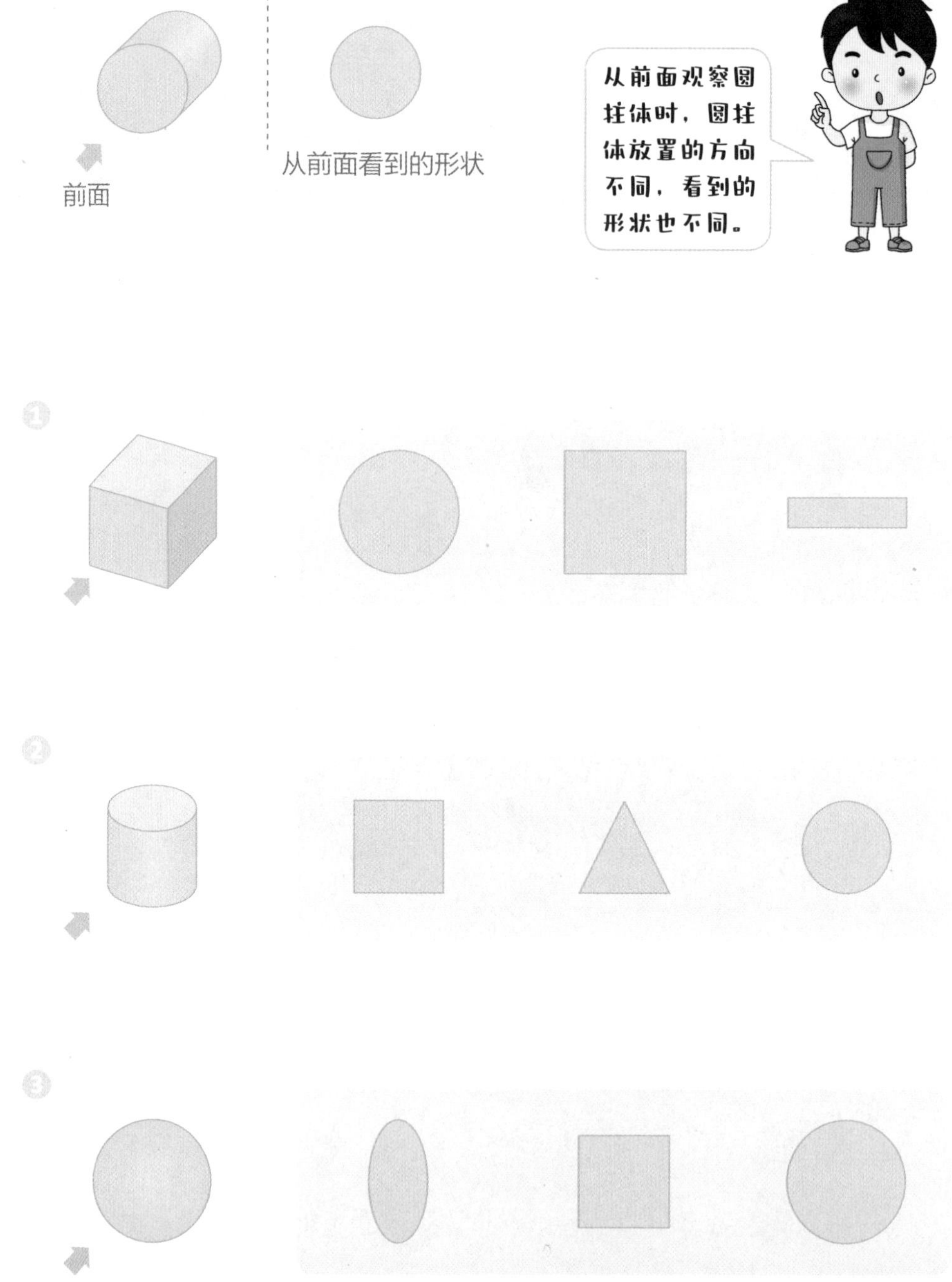

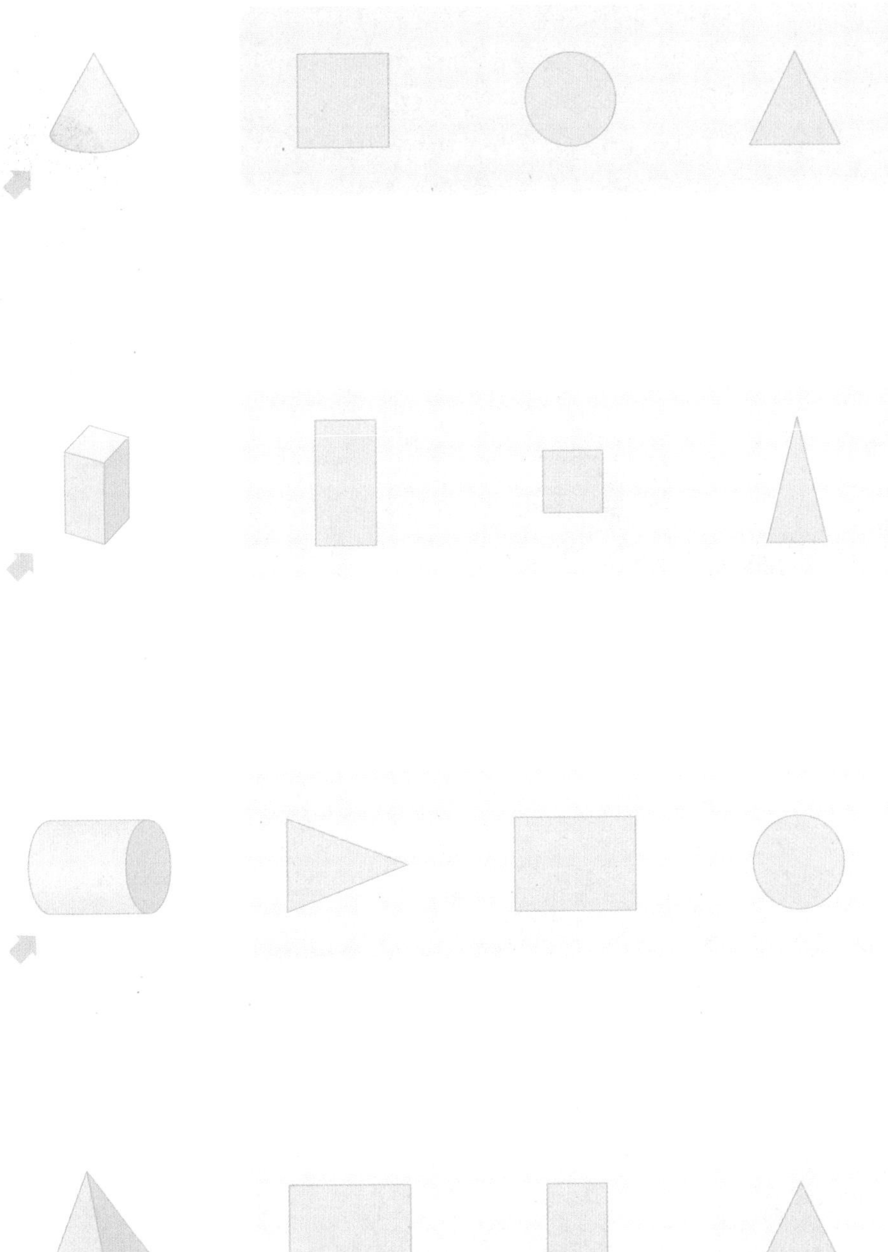

从前面看到的形状（2）

找出从前面观察时看到的形状与其他3个不同的立体图形，并用 × 标出。

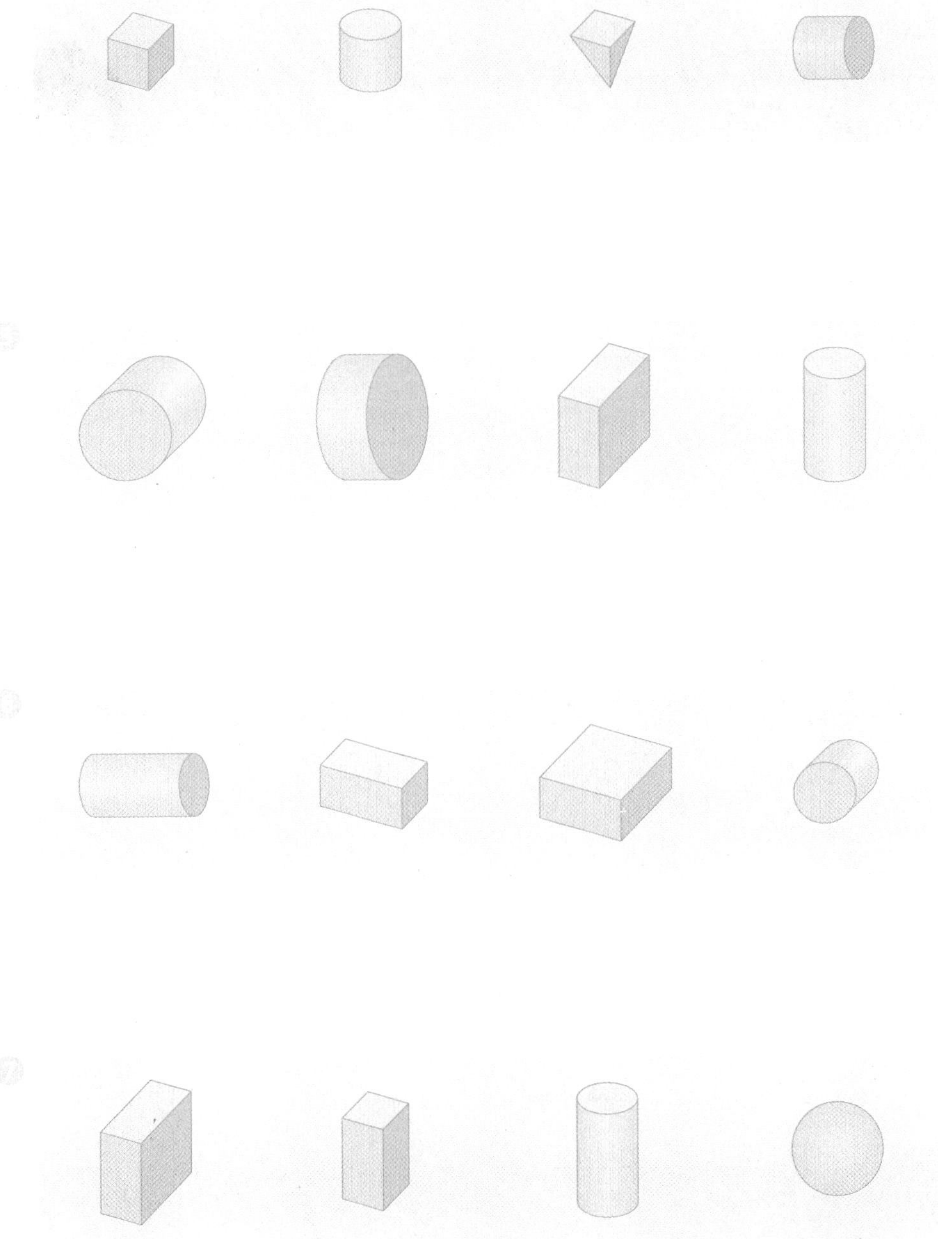

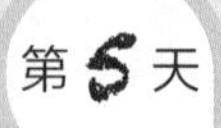

看形状，推理图形

根据从上面、前面观察时看到的形状，找出对应的立体图形，并用○标出。

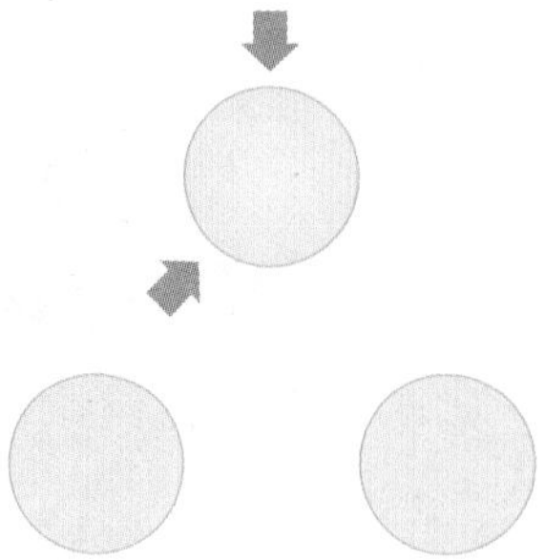

<上面> <前面>

1

<上面>

<前面>

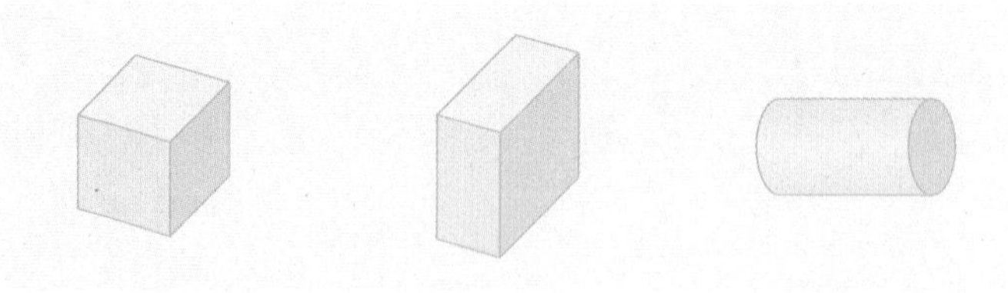

2

<上面>

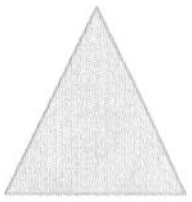

<前面>

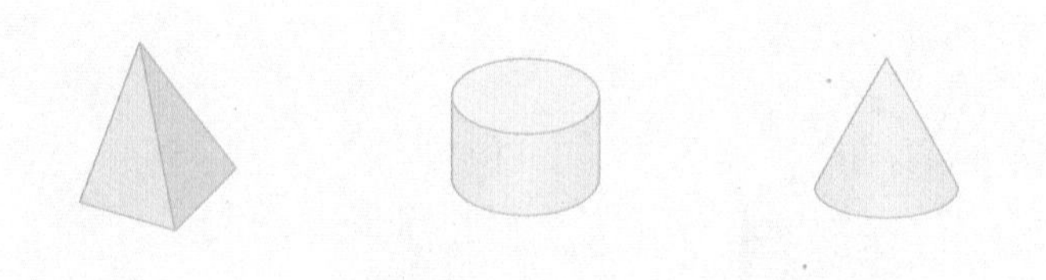

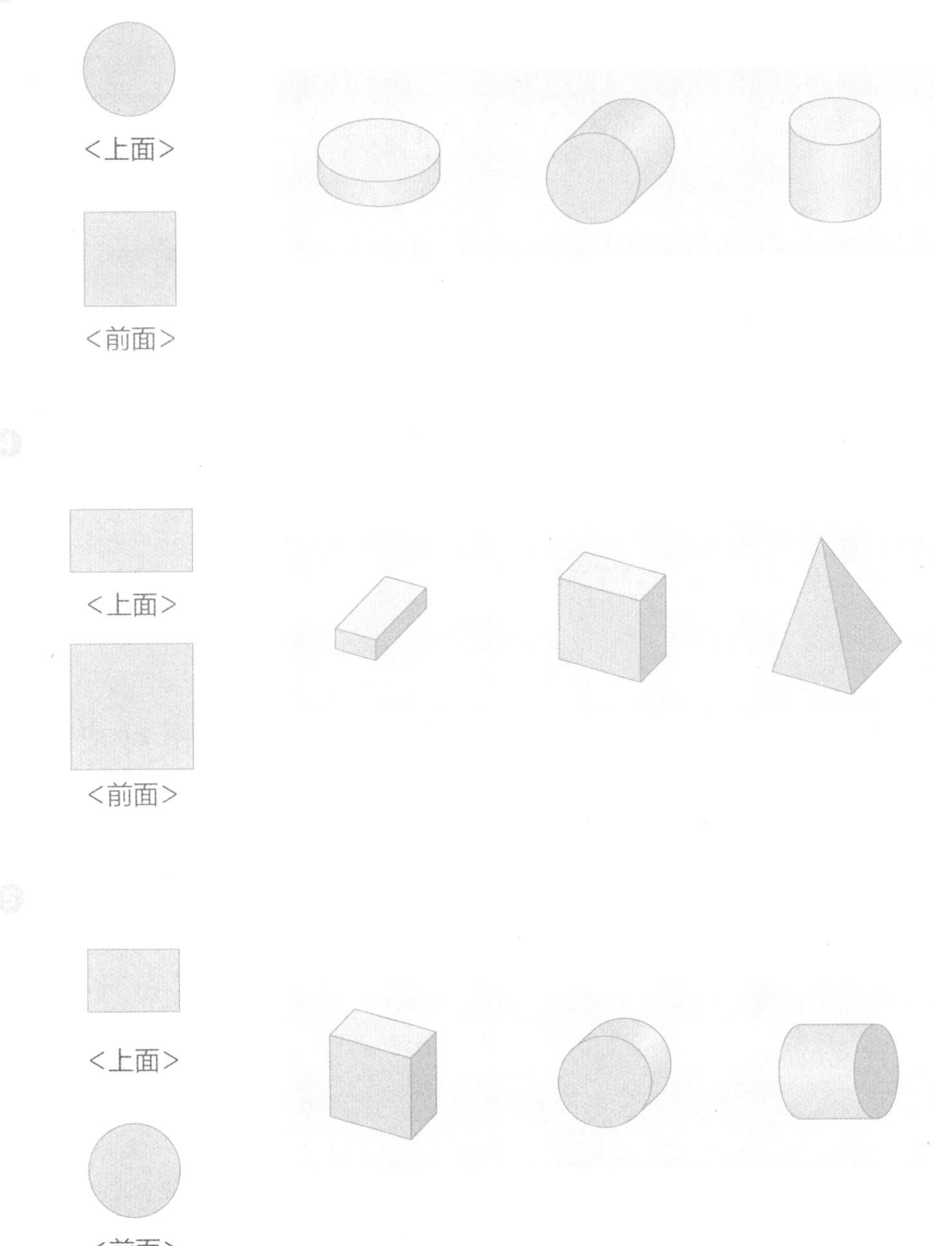
③
<上面>
<前面>
④
<上面>
<前面>
⑤
<上面>
<前面>

巩固练习

找出从上面观察时看到的形状与其他3个不同的立体图形，并用 × 标出。

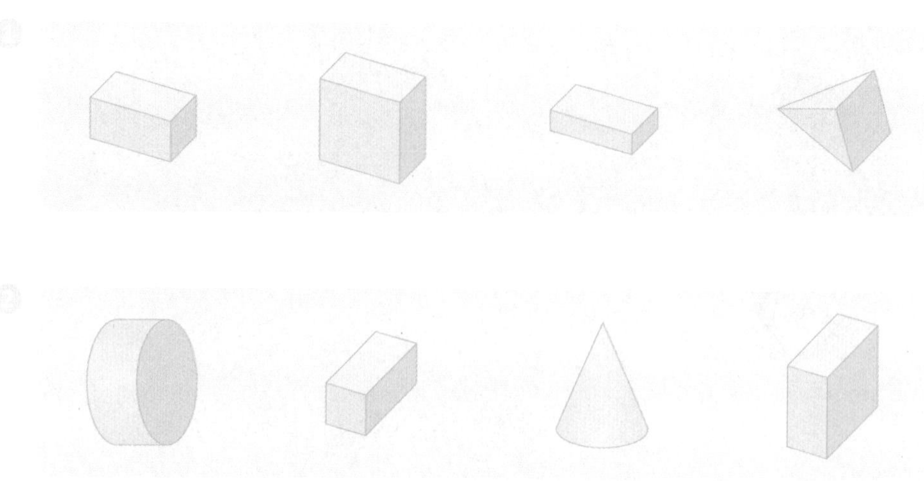

根据从上面、前面观察时看到的形状，找出对应的立体图形，并用○标出。

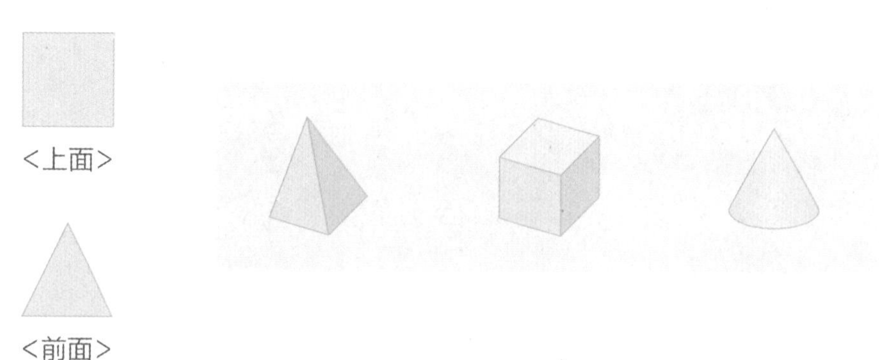

第4周

图形的重叠

第1天：找出重叠的图形 102

第2天：找出没有重叠的图形 104

第3天：数圆形 106

第4天：数三角形 108

第5天：数正方形 110

巩固练习 112

找出重叠的图形

找出重叠后能够形成下列形状的图形，并用○标出。

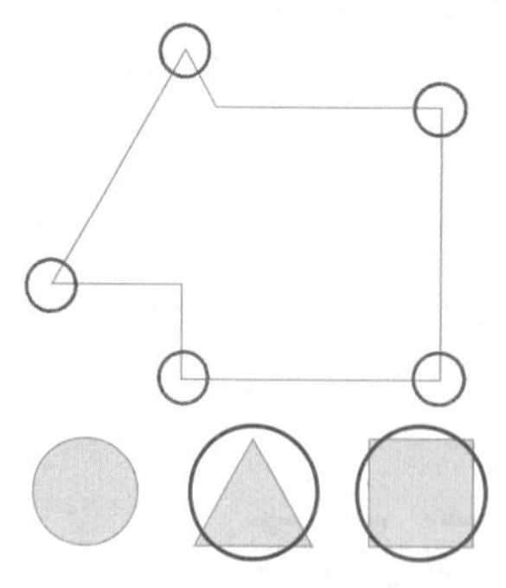

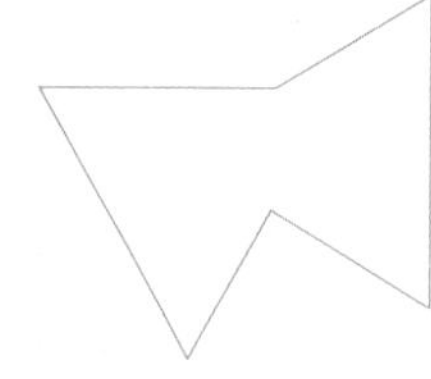

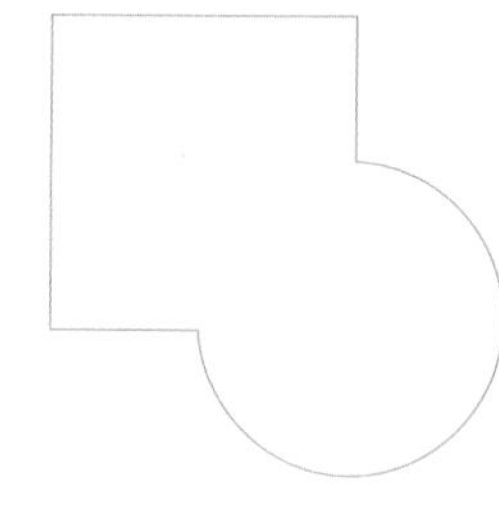

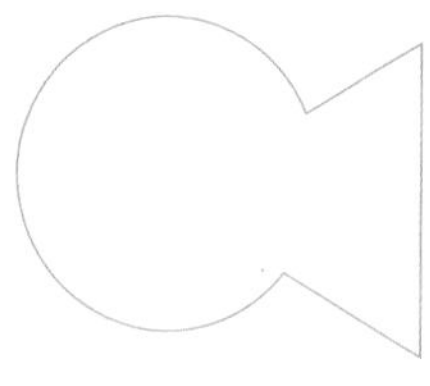

 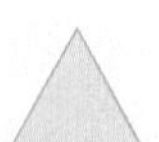 

 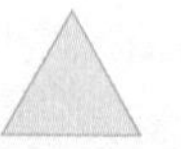 

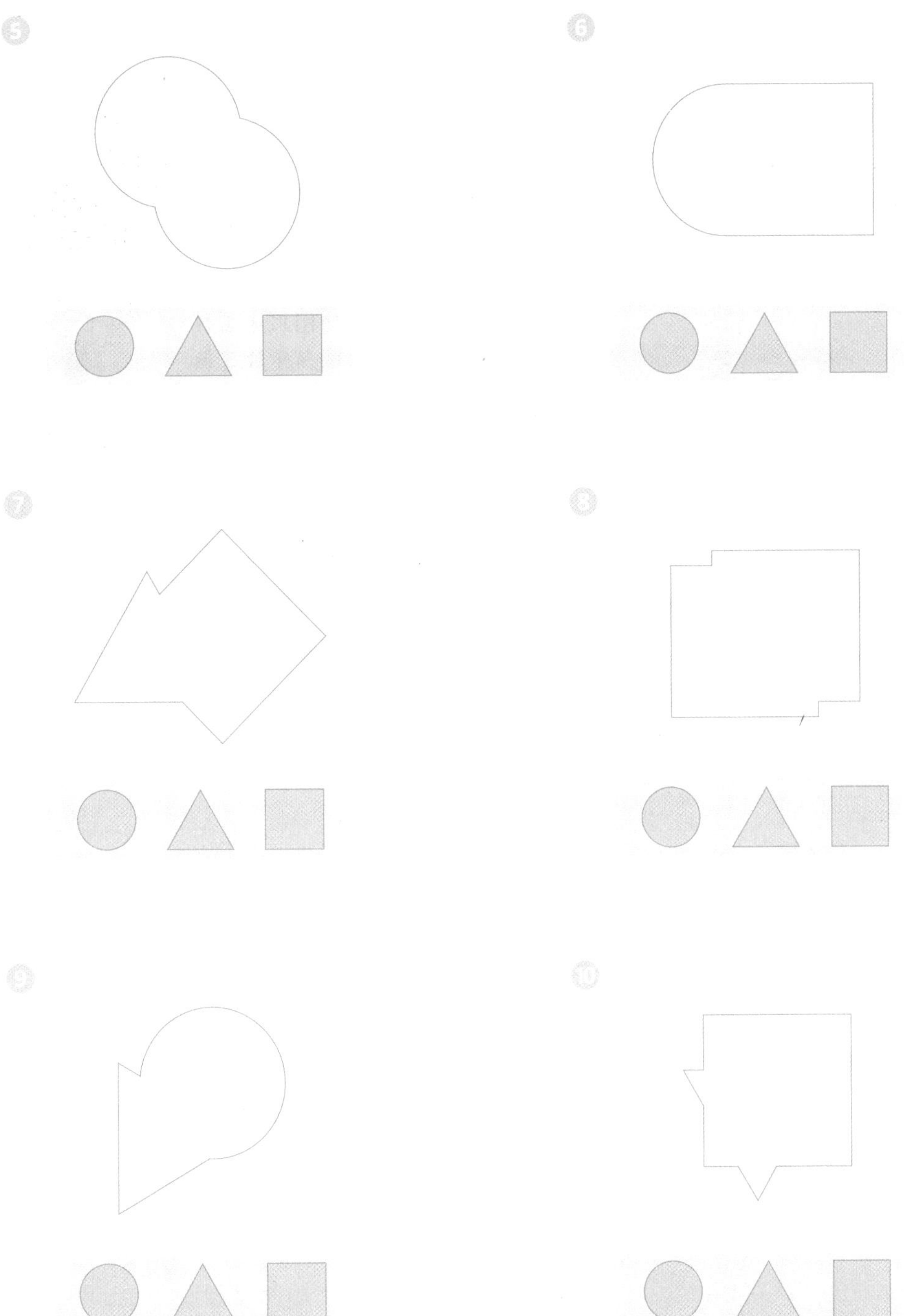
5
6
7
8
9
10

第2天 找出没有重叠的图形

观察图形重叠后形成的形状，找出没用到的图形，并用 × 标出。

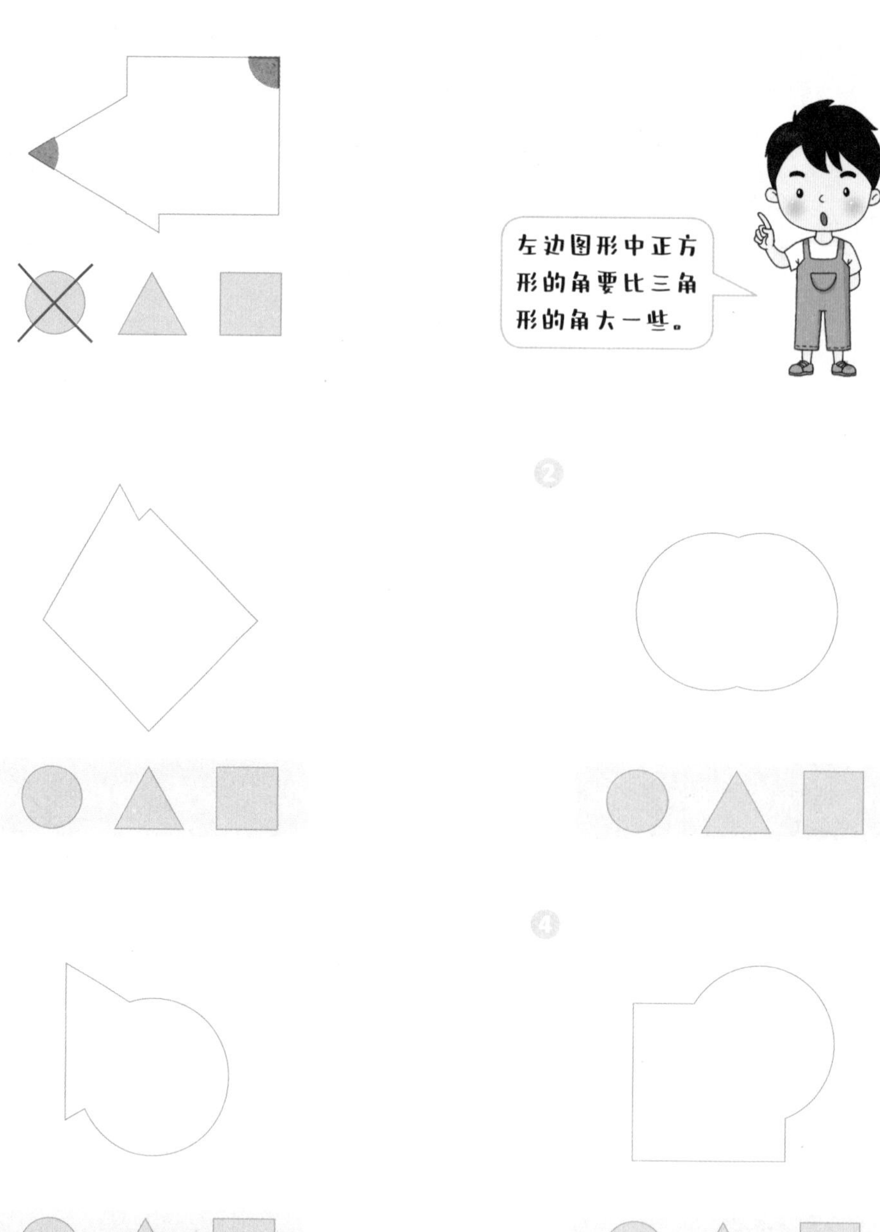

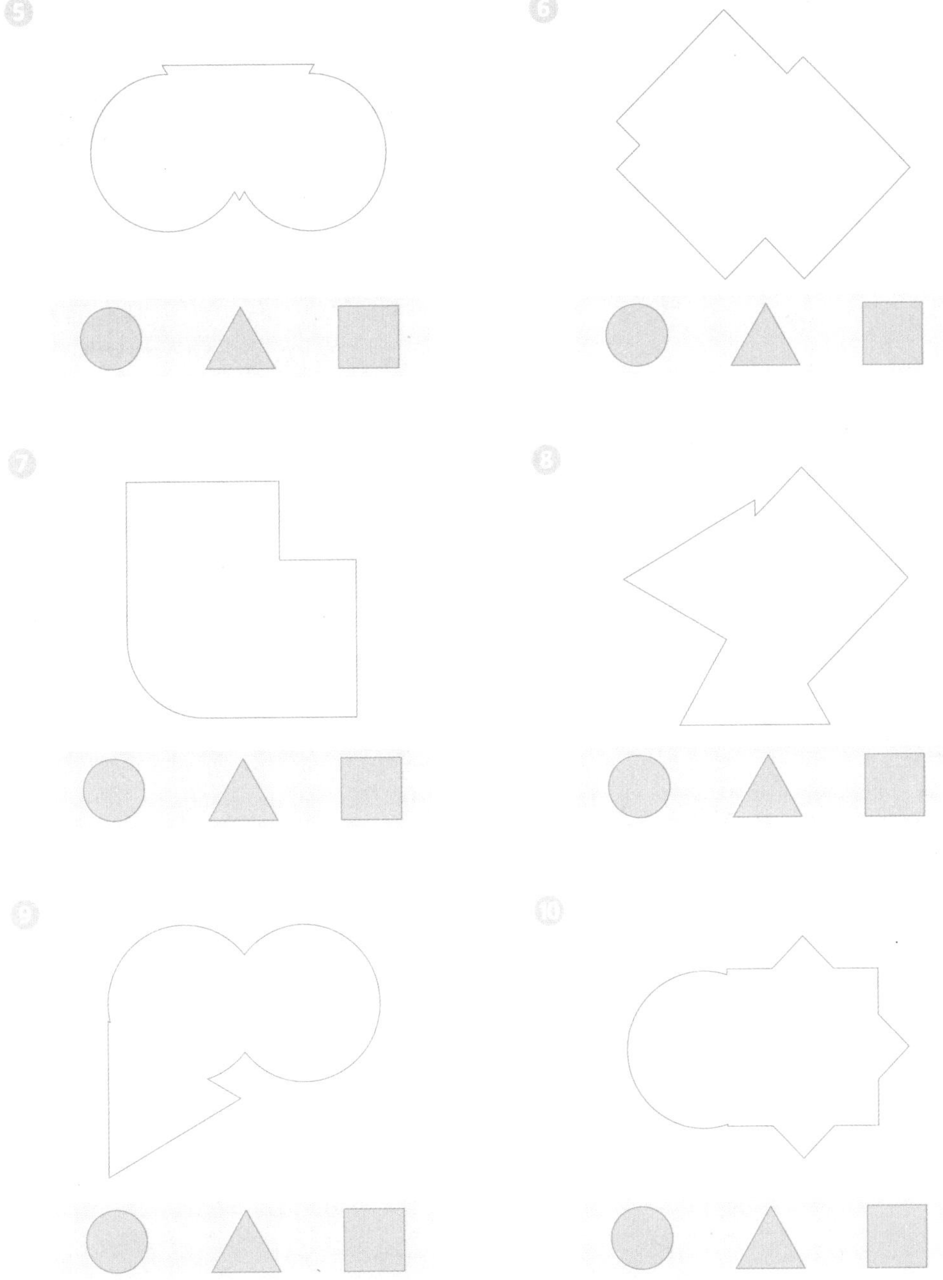

数圆形

数出下列重叠的形状中大小相同的圆形的数量，并填入□内。

5
6
7
8
9
10

第4天 数三角形

数出下列重叠的形状中大小相同的三角形的数量，并填入□内。

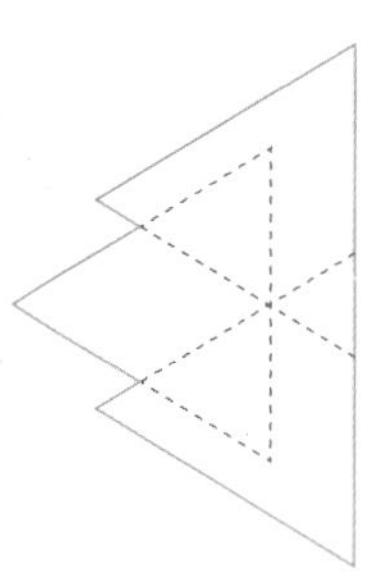

3

①

②

③

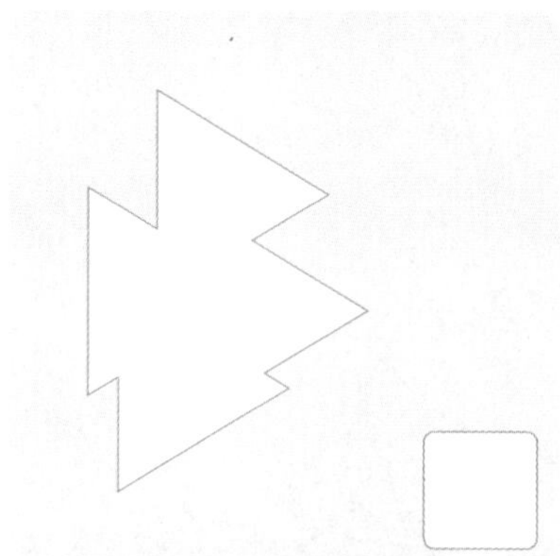

④

数正方形

数出下列重叠的形状中大小相同的正方形的数量，并填入□内。

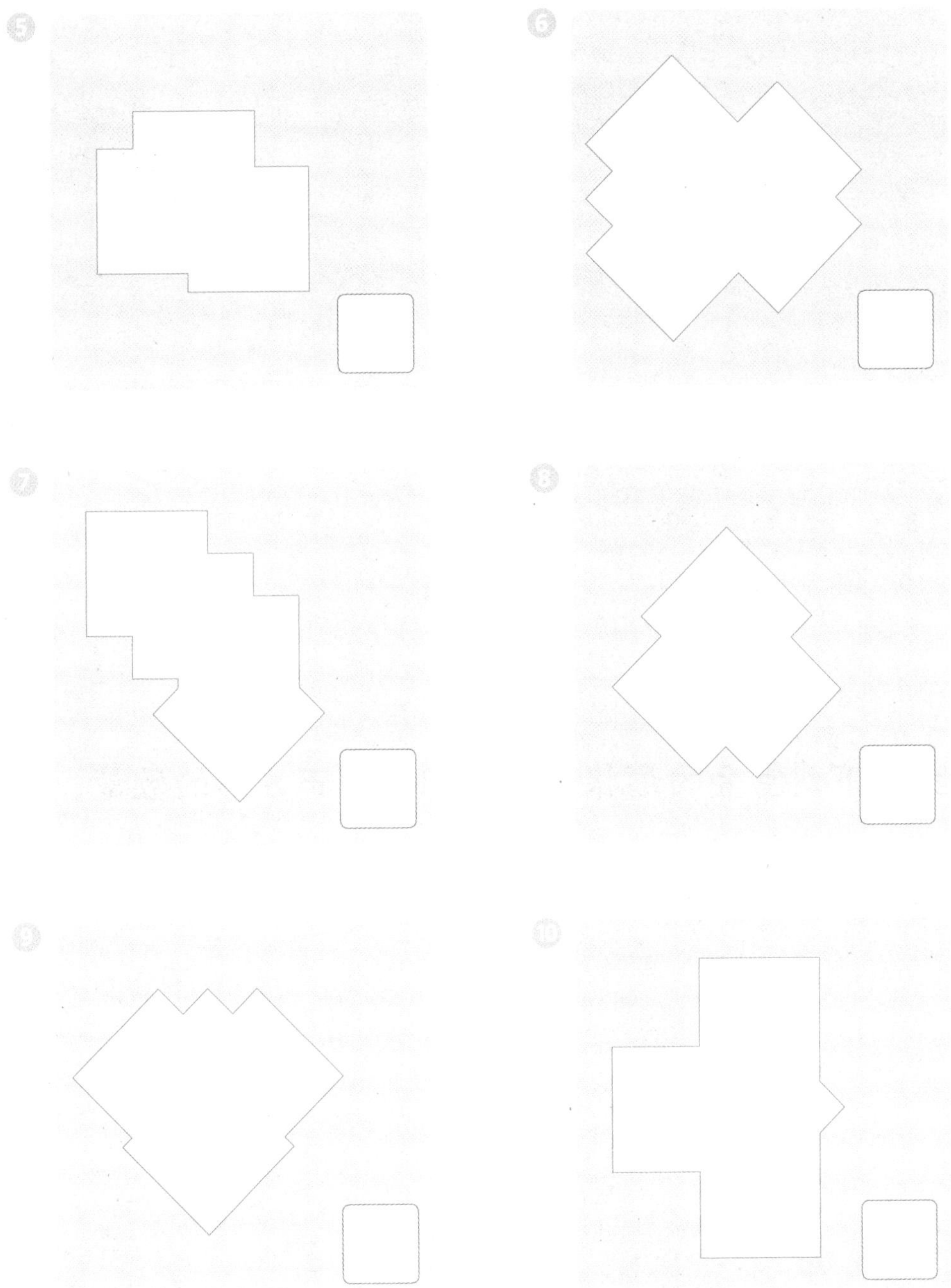

巩固练习

数出下列重叠的形状中大小相同的三角形的数量，并填入□内。

①
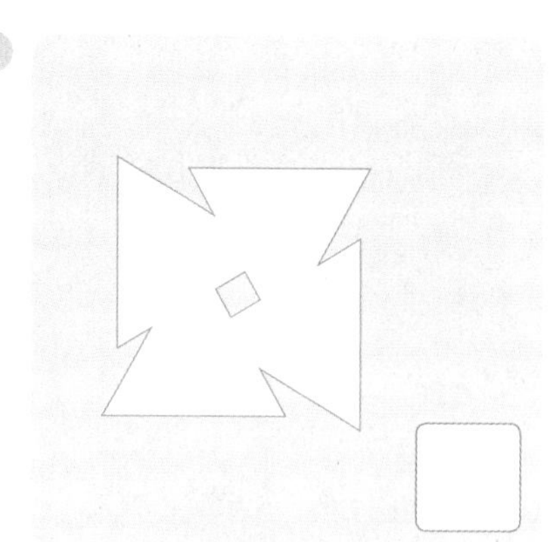

②

数出下列重叠的形状中大小相同的正方形的数量，并填入□内。

③
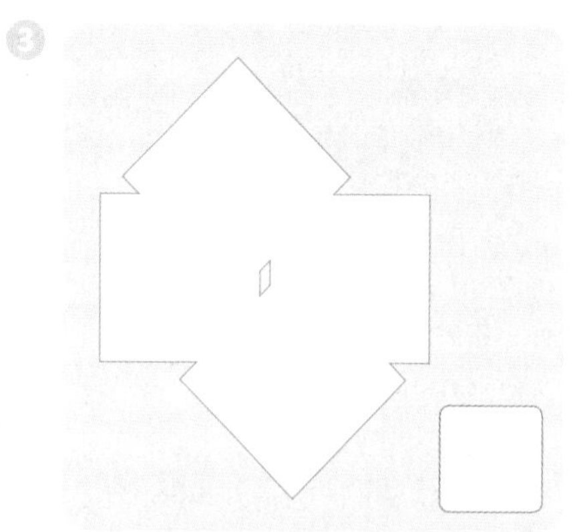

④

评价测试

此前4周的学习内容会出现在评价测试中。如果题目做错了，请确认是第几周的内容，并认真复习直到学会。

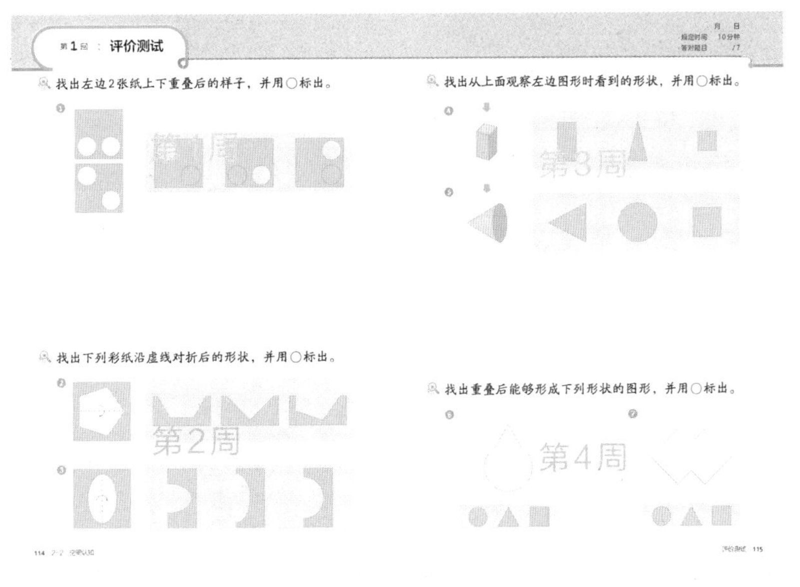

第1回：评价测试

找出左边2张纸上下重叠后的样子，并用○标出。

1

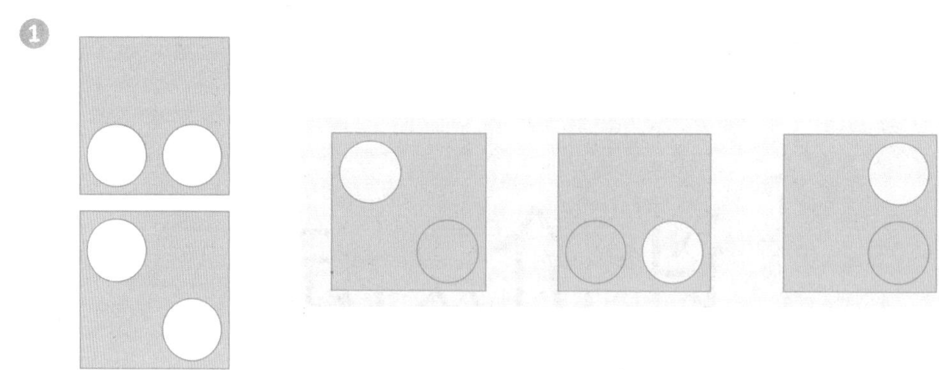

找出下列彩纸沿虚线对折后的形状，并用○标出。

2

3

找出从上面观察左边图形时看到的形状，并用○标出。

4
5

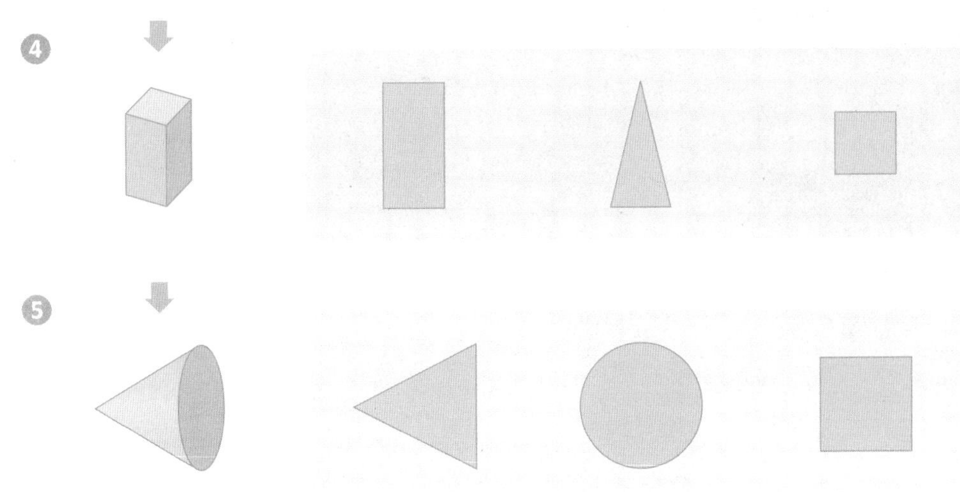

找出重叠后能够形成下列形状的图形，并用○标出。

6
7

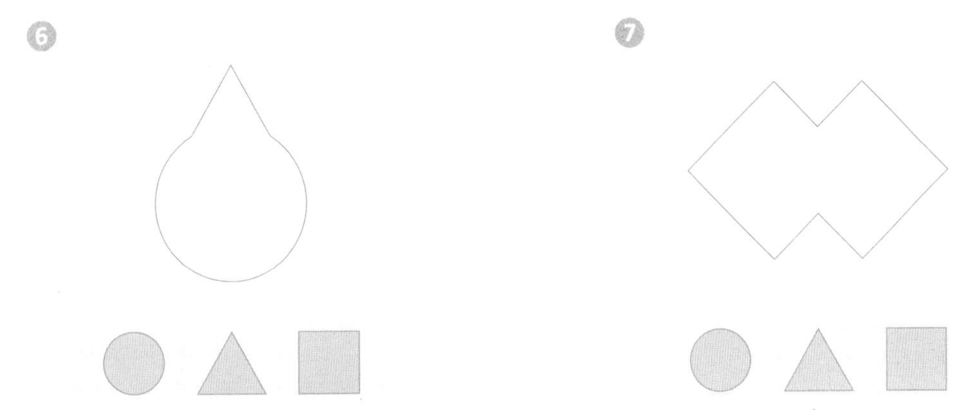

第2回：评价测试

把2张打了孔的纸盖在印有图形的纸上，并用○标出从孔中看到的图形。

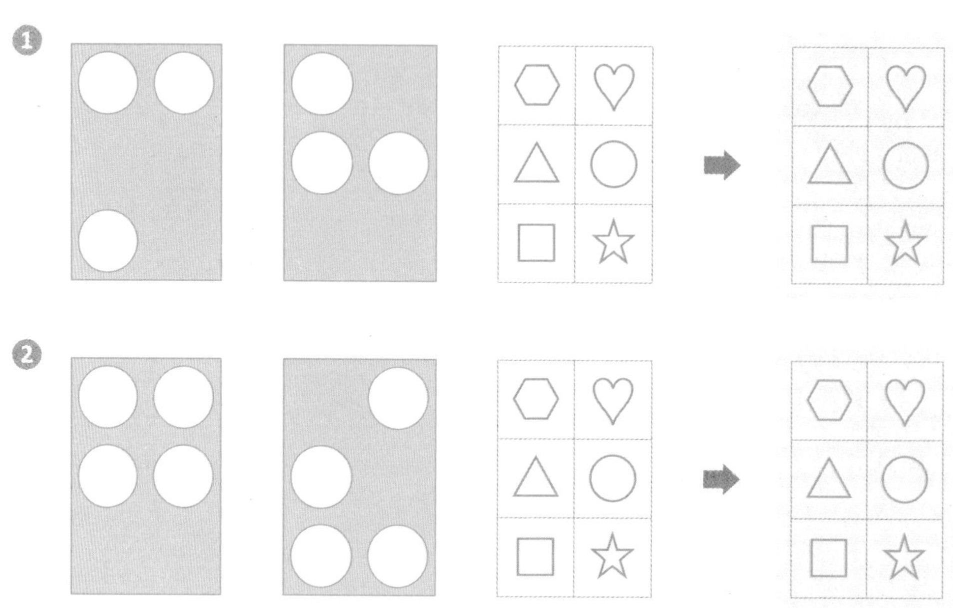

找出下列彩纸沿黑实线剪裁后再展开出现的形状，并用○标出。

找出从上面观察时看到的形状与其他3个不同的立体图形，并用×标出。

5

6

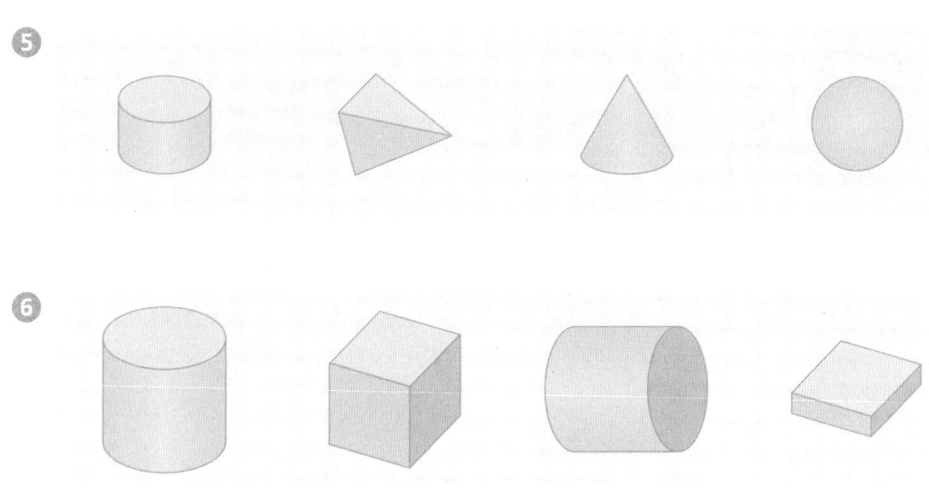

观察图形重叠后形成的形状，找出没用到的图形，并用×标出。

7　　8

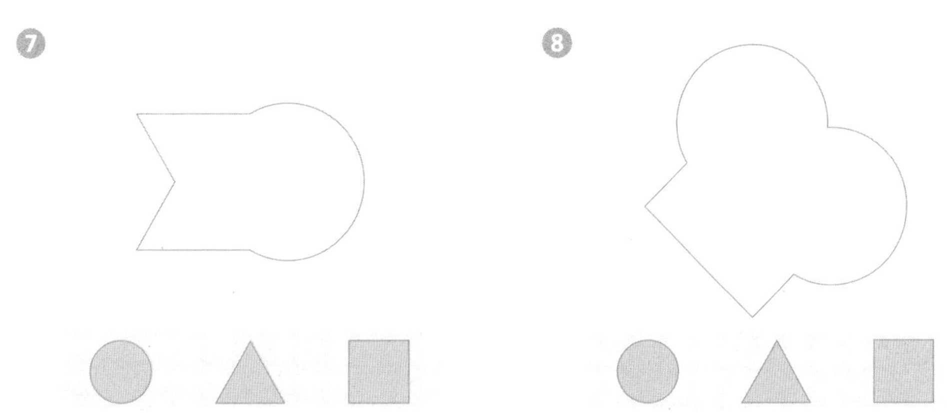

第3回：评价测试

用左边的纸盖住右边的纸，标出能看到的孔的位置。

1

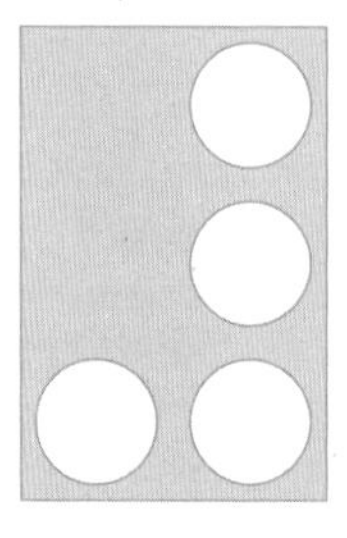

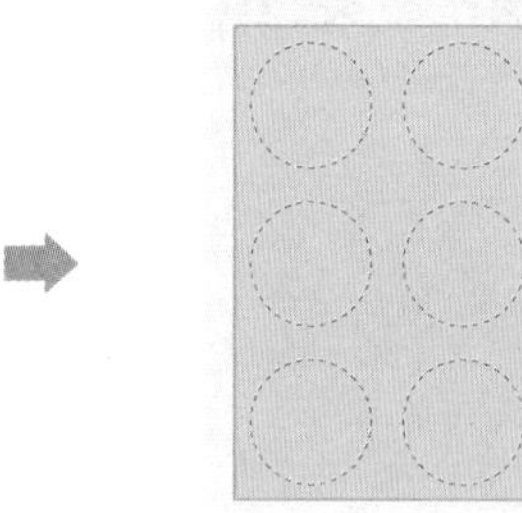

2

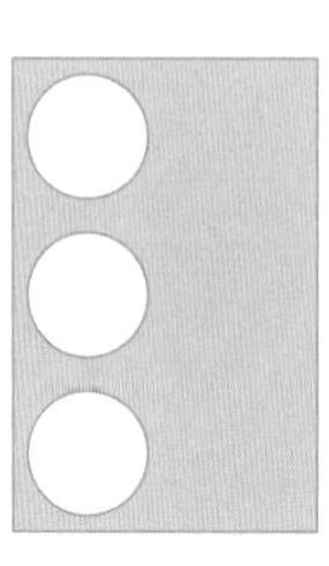

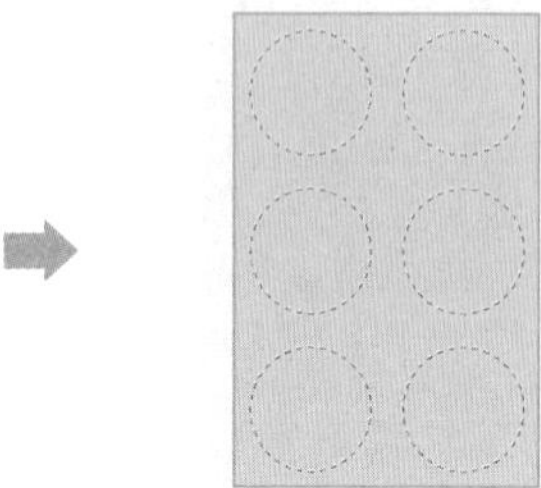

画出下列彩纸沿黑实线剪裁后再展开出现的形状。

3

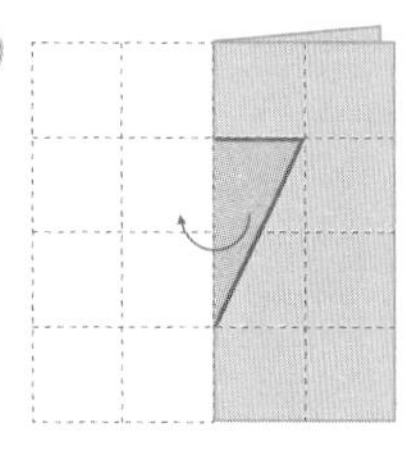

4

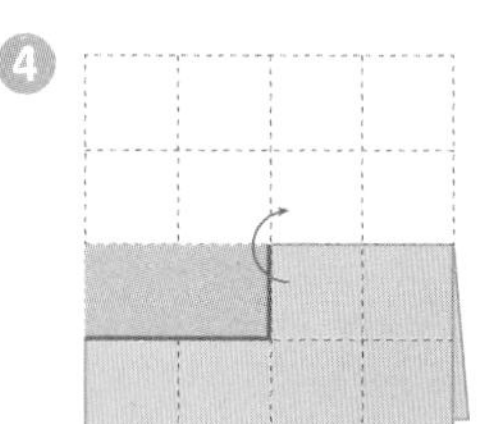

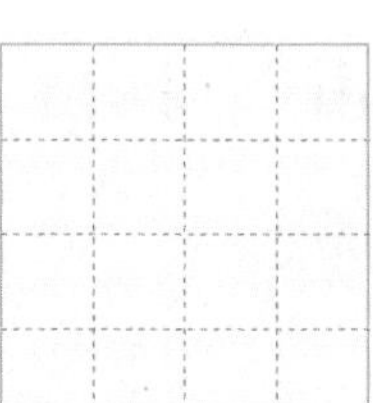

5

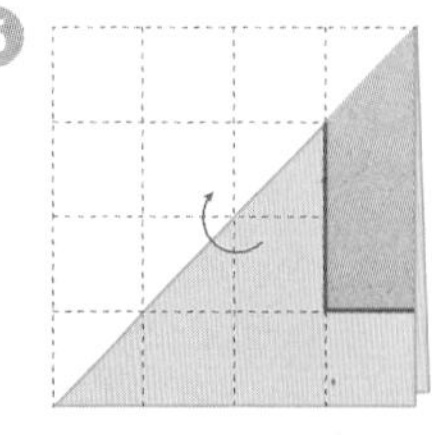

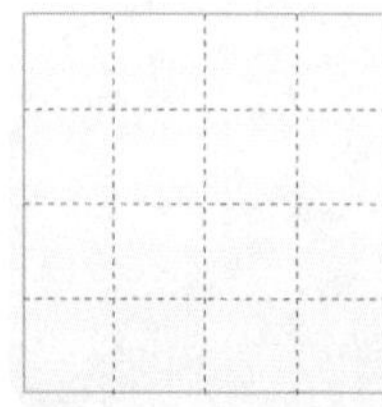

6

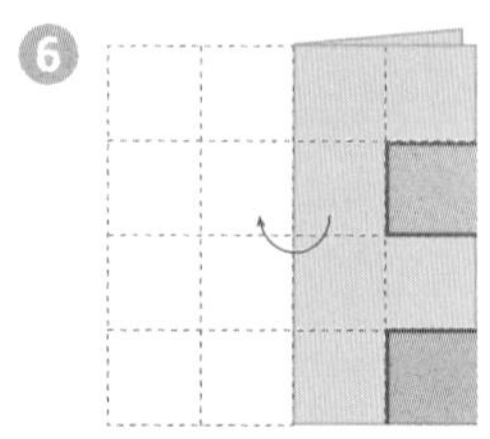

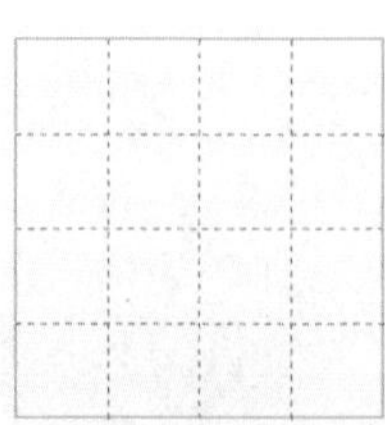

找出从前面观察左边图形时看到的形状，并用○标出。

7

8

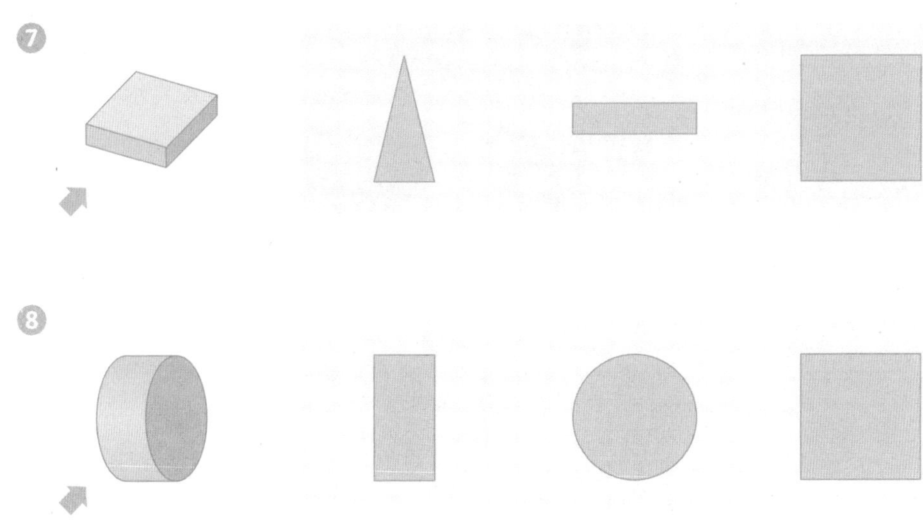

数出下列重叠的形状中大小相同的圆形的数量，并填入□内。

9

10

第4回 ： 评价测试

找出左边2张纸上下重叠后的样子，并用○标出。

❶

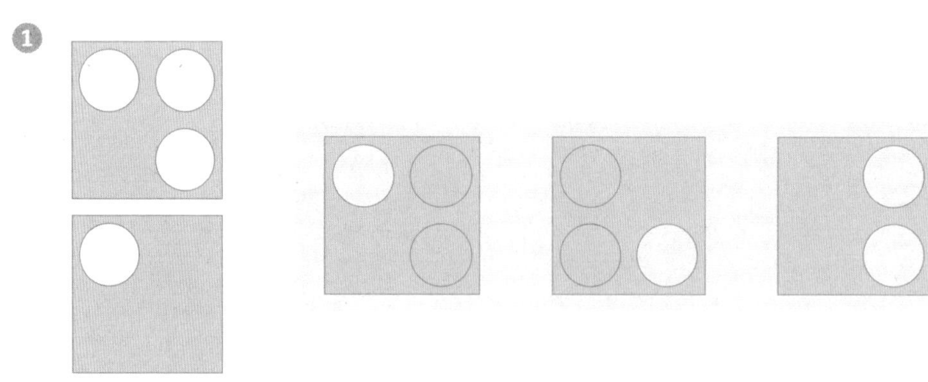

找出下列彩纸沿黑实线剪裁后再展开出现的形状，并用○标出。

❷

❸

找出从前面观察时看到的形状与其他3个不同的立体图形，并用 × 标出。

4

5

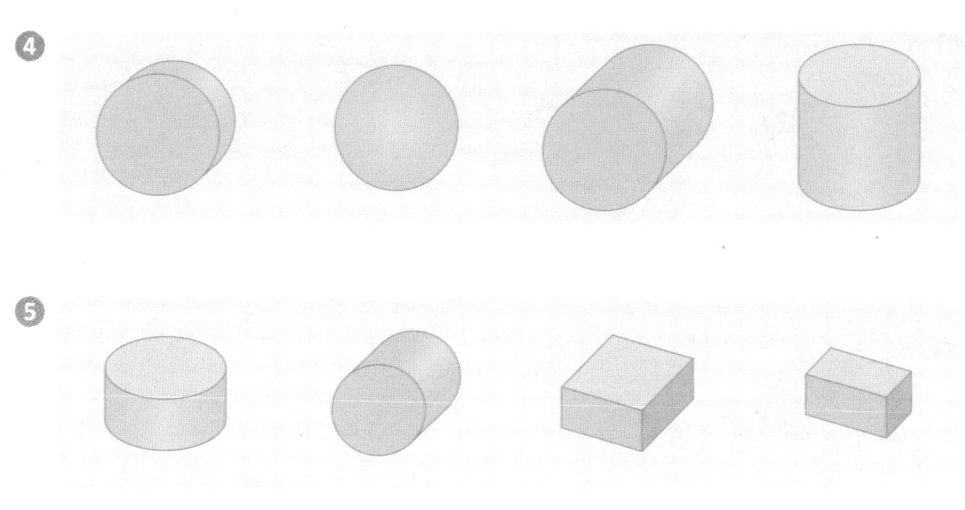

数出下列重叠的形状中大小相同的三角形的数量，并填入□内。

6

7

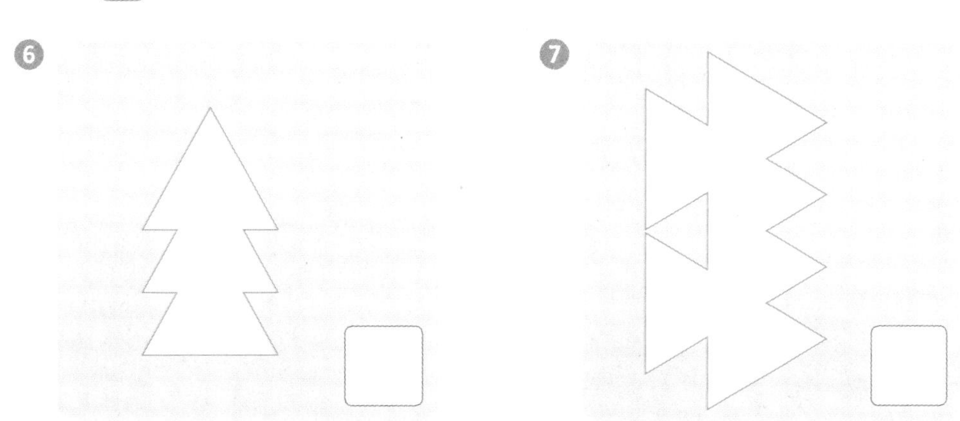

第5回：评价测试

把2张打了孔的纸盖在印有图形的纸上，并用○标出从孔中看到的图形。

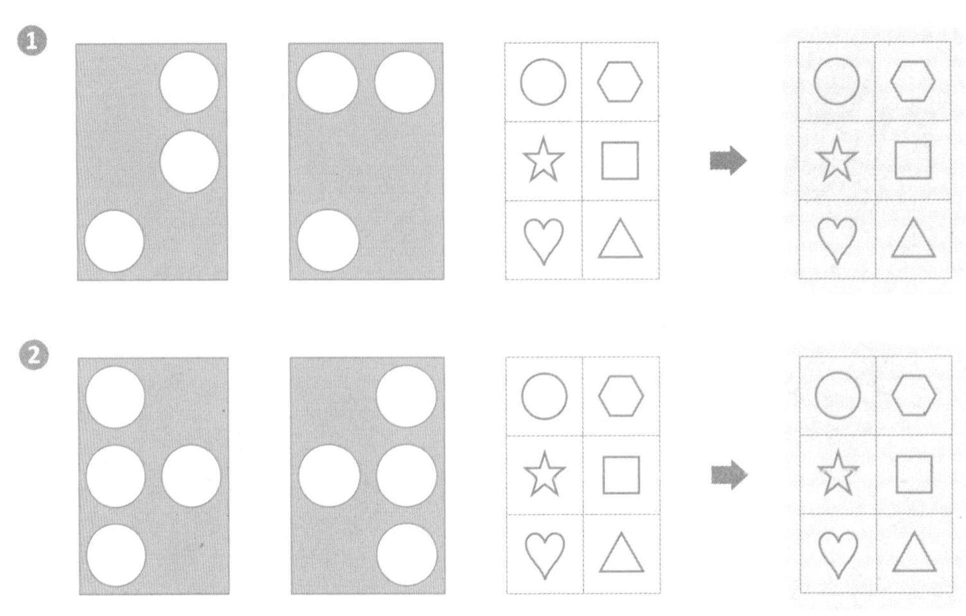

在图中画出线条，使彩纸在沿着线条剪裁后能够形成右边的形状。

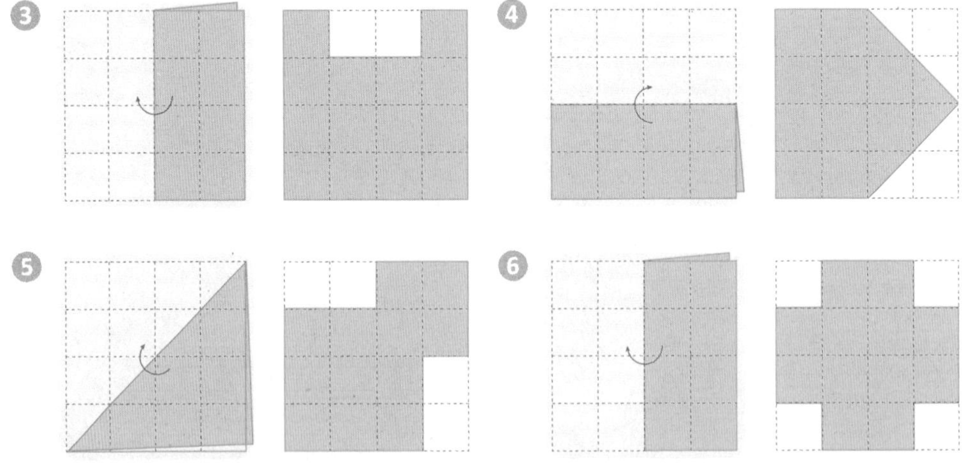

根据从上面、前面观察时看到的形状，找出对应的立体图形，并用○标出。

7

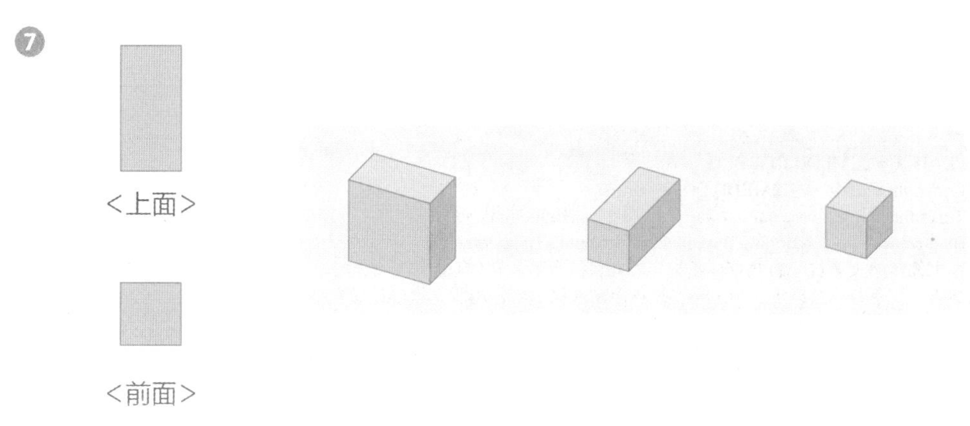

数出下列重叠的形状中大小相同的正方形的数量，并填入□内。

8　　9

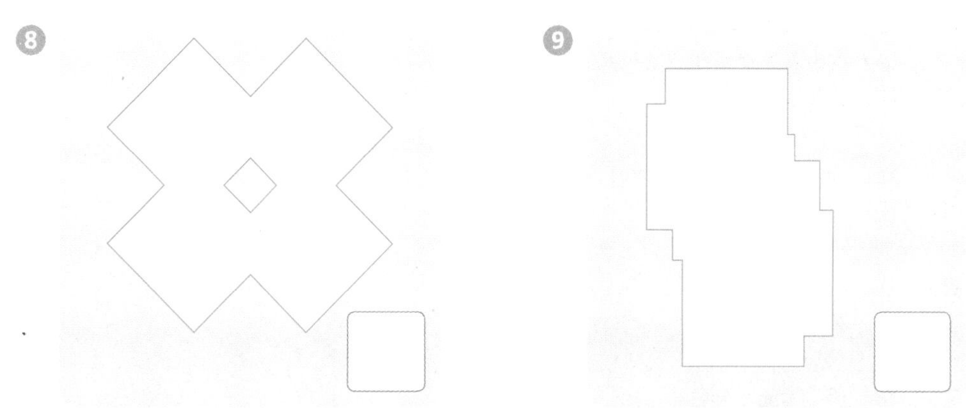

图书在版编目（CIP）数据

空间思维培养全书.2级/韩国C2M教育研究所编;(韩)赵润雨译.--济南：山东人民出版社，2022.11
ISBN 978-7-209-14016-4

Ⅰ.①空… Ⅱ.①韩… ②赵… Ⅲ.①数学-少儿读物
Ⅳ.①O1-49

中国版本图书馆CIP数据核字(2022)第158240号

空间思维培养全书·2级
KONGJIAN SIWEI PEIYANG QUANSHU 2 JI
[韩]C2M教育研究所 编 [韩]赵润雨 译

主管单位 山东出版传媒股份有限公司
出版发行 山东人民出版社
出 版 人 胡长青
社　　址 济南市市中区舜耕路517号
邮　　编 250003
电　　话 总编室（0531）82098914
　　　　 市场部（0531）82098027
网　　址 http://www.sd-book.com.cn
印　　装 济南新先锋彩印有限公司
经　　销 新华书店

规　　格 16开（170mm×240mm）
印　　张 32
字　　数 230千字
版　　次 2022年11月第1版
印　　次 2022年11月第1次
ISBN 978-7-209-14016-4
定　　价 164.00元（4册）
如有印装质量问题，请与出版社总编室联系调换。

2级

空间思维培养全书

答案

2-2 立体设计 空间认知

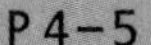

第1天 找相同的图形

在右边找出与左边属于同一类别的立体图形，并用○标出。

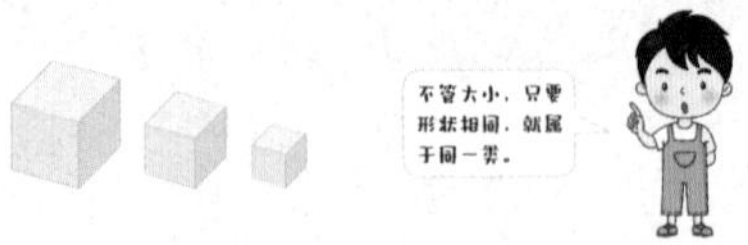

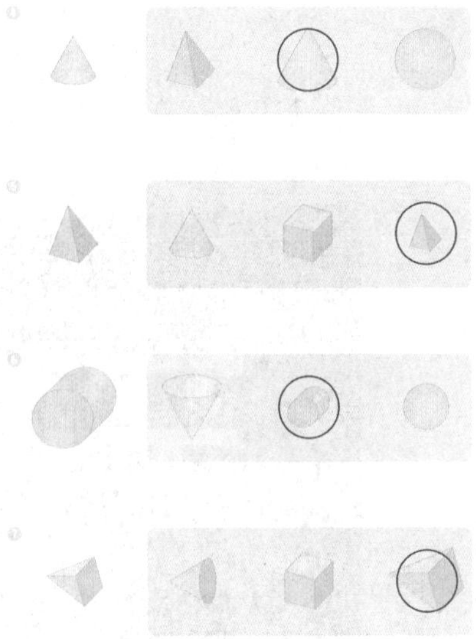

P 6-7

第2天 找不同的图形

找出与其他图形不属于同一类别的立体图形，并用×标出。

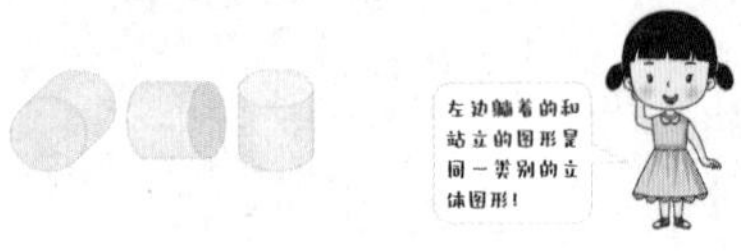

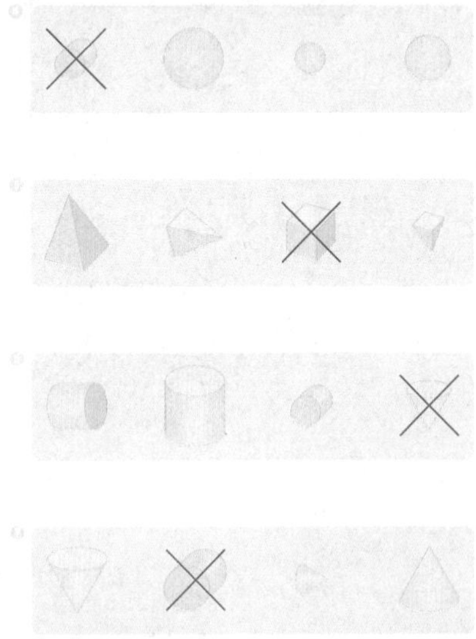

P 8-9

第3天 找尖角

空间思维培养全书 2级

用○标出下列立体图形的尖角，并用×标出没有尖角的立体图形。

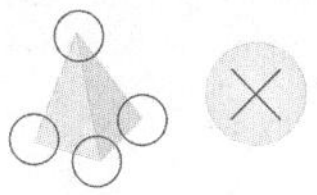

立体图形背面的尖角看不到，可以不标注。

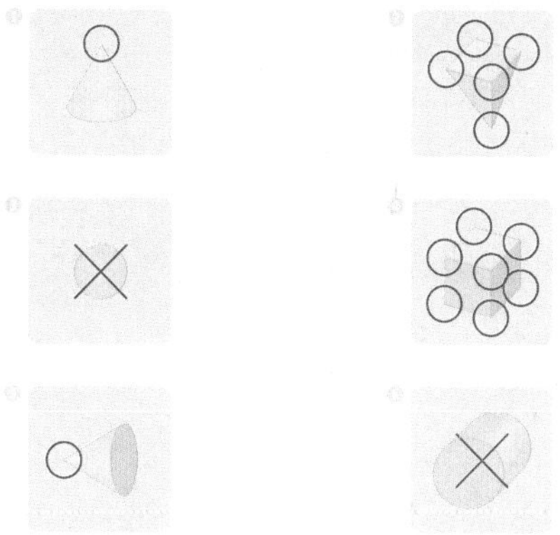

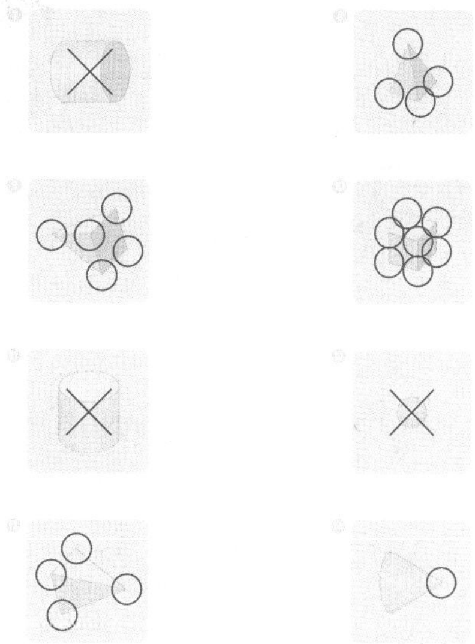

8 2-2 立体设计

第1周：立体图形研究 9

P 10-11

第4天 找平面

空间思维培养全书 2级

用○标出下列立体图形中所有的平面，并用×标出没有平面的立体图形。

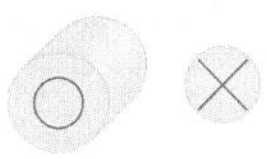

如果把平面放在地上，这个立体图形就不容易滚动了。

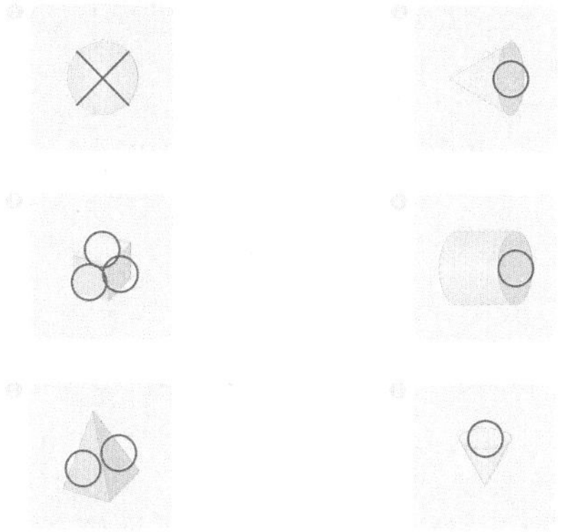

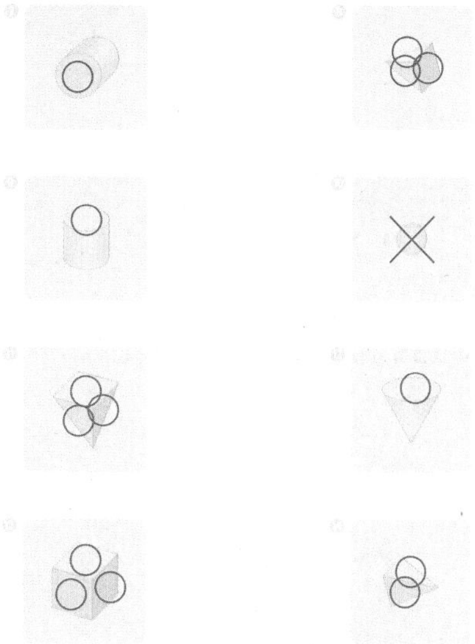

10 2-2 立体设计

第1周：立体图形研究 11

P 12-13

第5天 找曲面

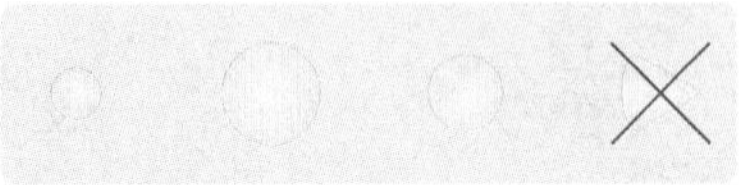

找出有曲面的立体图形，并用○标出。

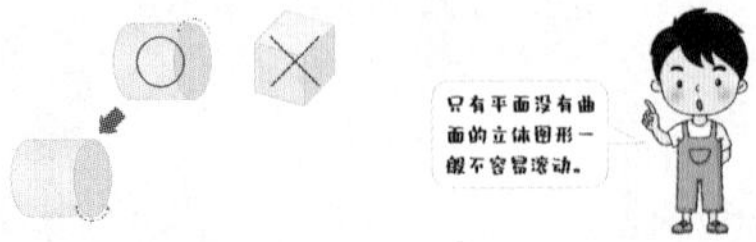

只有平面没有曲面的立体图形一般不容易滚动。

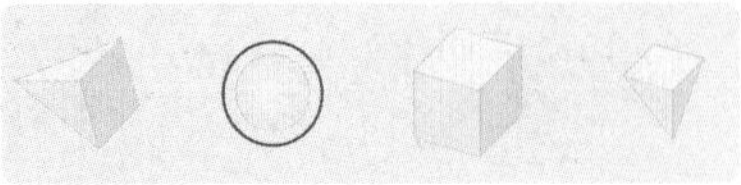

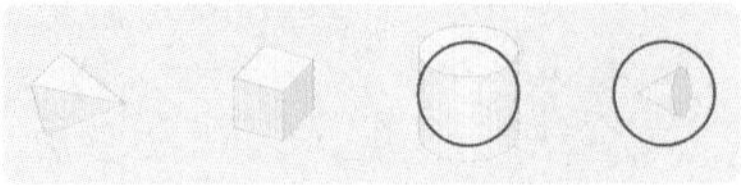

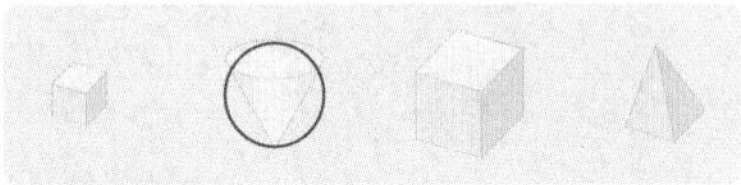

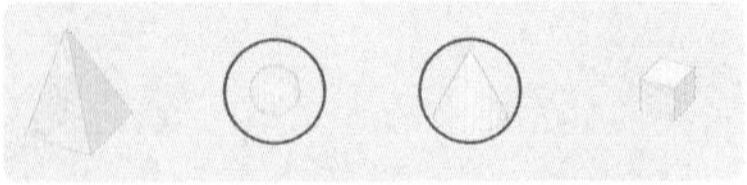

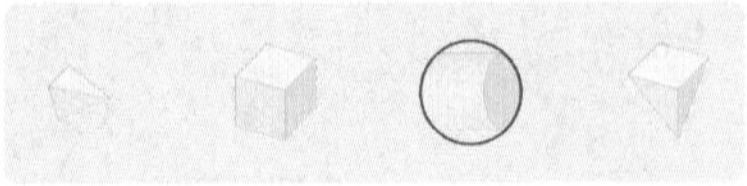

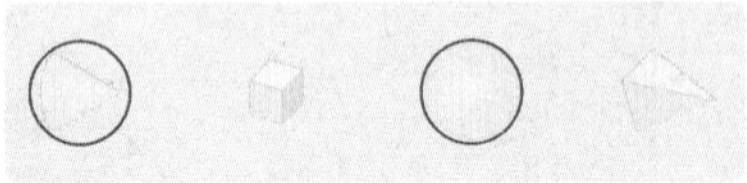

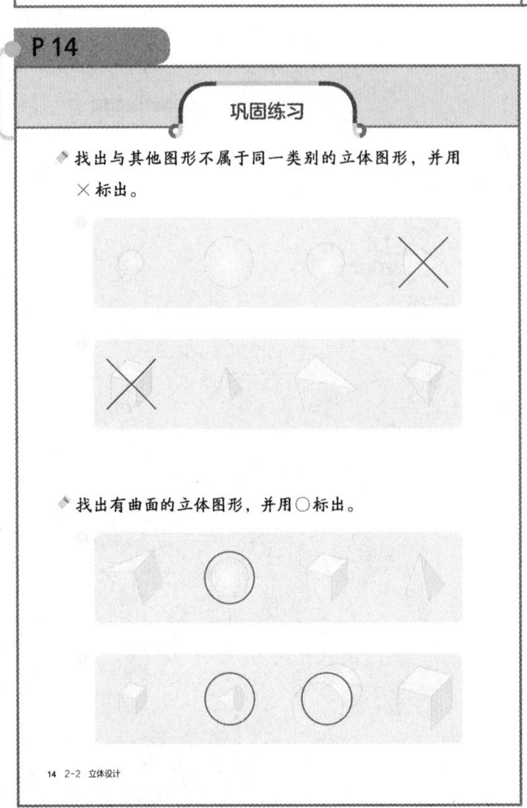

P 16－17

第1天 球体

空间思维培养全书 2级

找出可以向任意方向滚动的立体图形，并用○标出。

球体没有尖角与平面，可以向任意方向滚动。

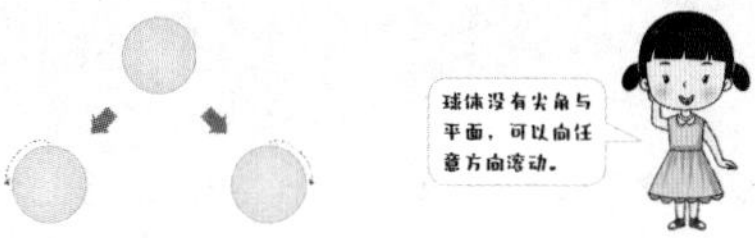

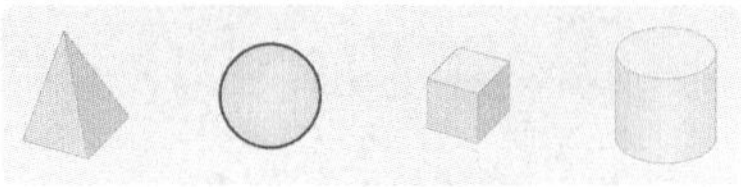

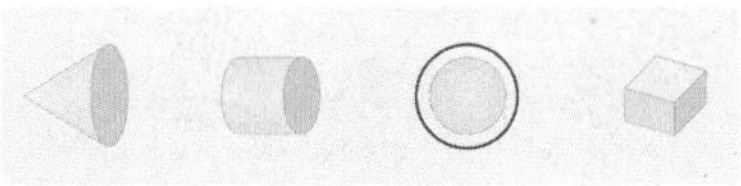

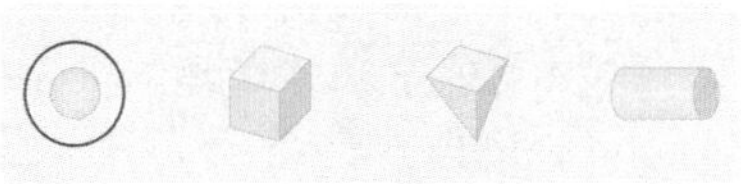

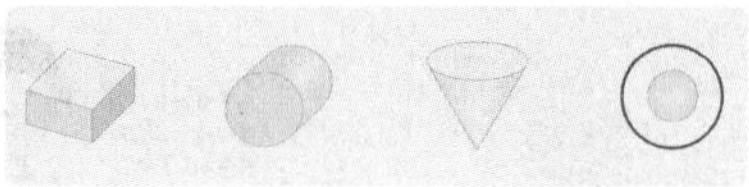

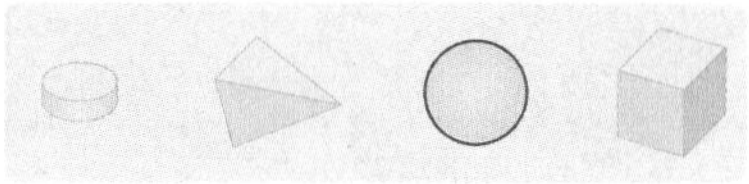

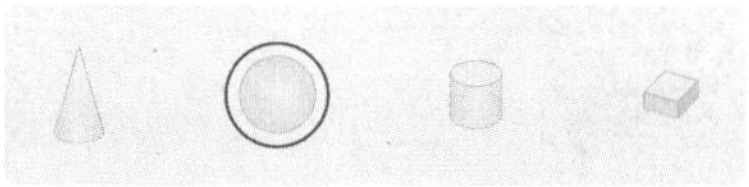

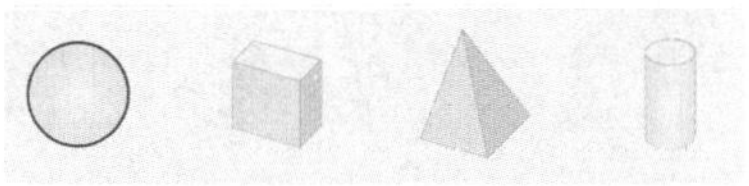

P 18－19

第2天 圆柱体

空间思维培养全书 2级

找出有2个平面且可以滚动的立体图形，并用○标出。

可以滚动

不会滚动

圆柱体的曲面与地面接触时才会滚动哦！

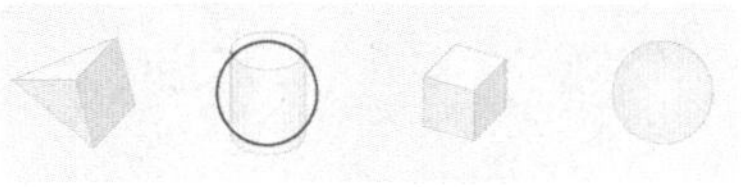

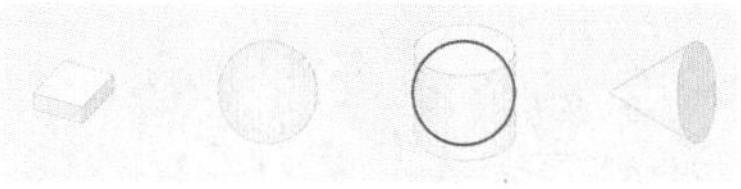

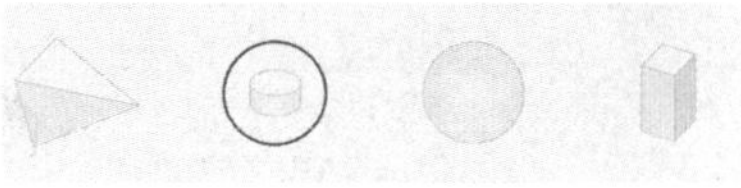

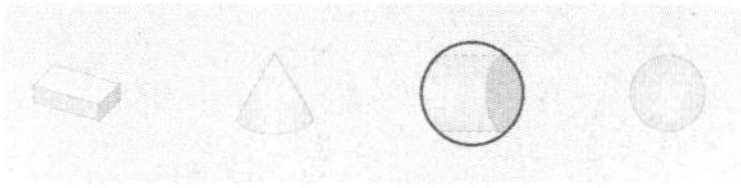

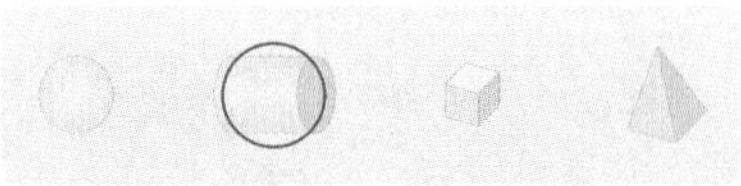

P 20－21

第3天 长方体

找出有6个平面的立体图形，并用○标出。

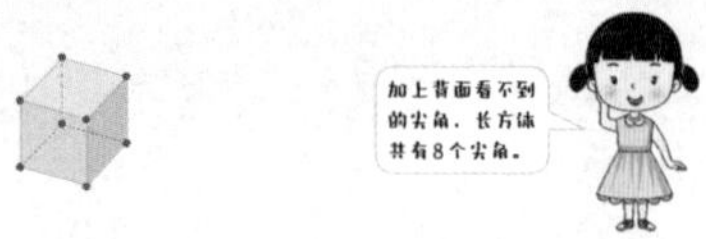

加上背面看不到的尖角，长方体共有8个尖角。

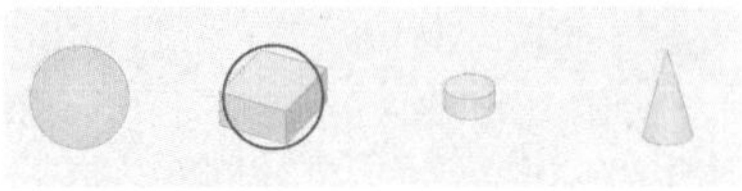

❶

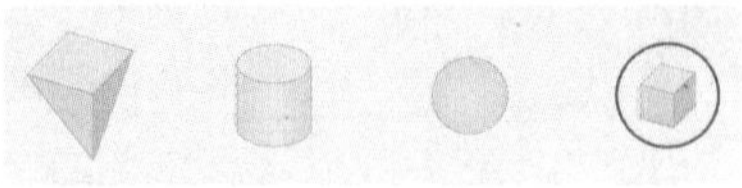

❷

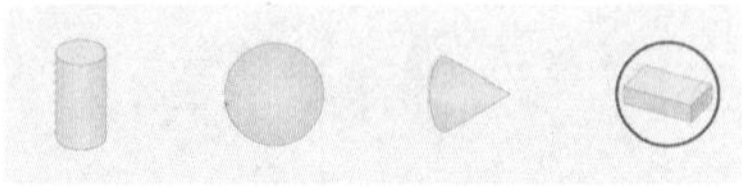

❸

❹

❺

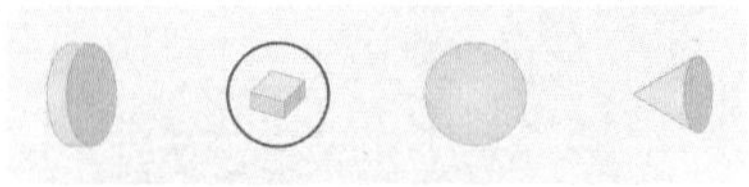

❻

❼

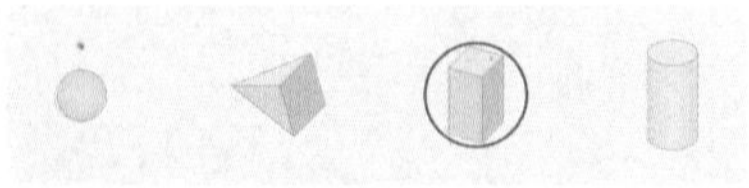

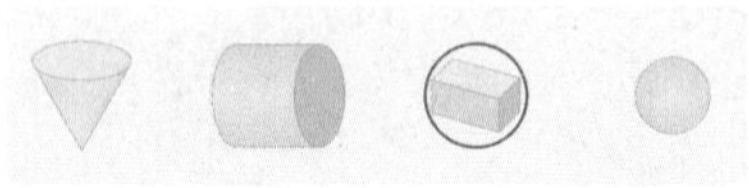

P 22－23

第4天 找不同的图形

找出与其他图形不属于同一类别的立体图形，并用×标出。

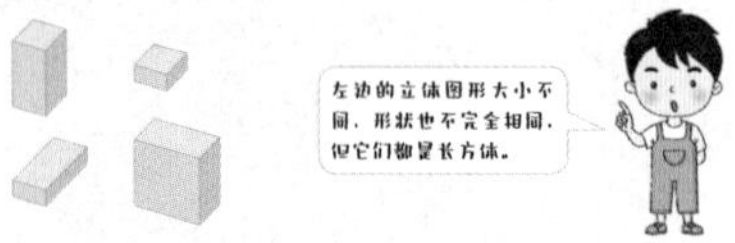

左边的立体图形大小不同，形状也不完全相同，但它们都是长方体。

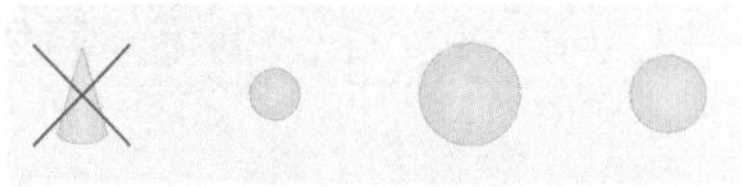

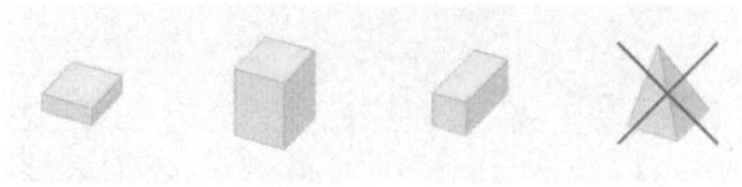

❶

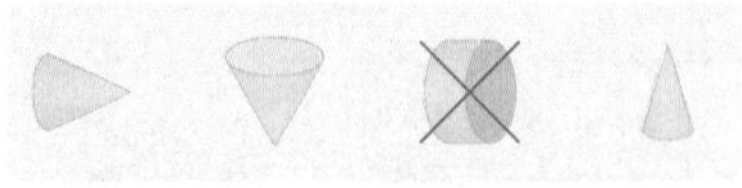

❷

❸

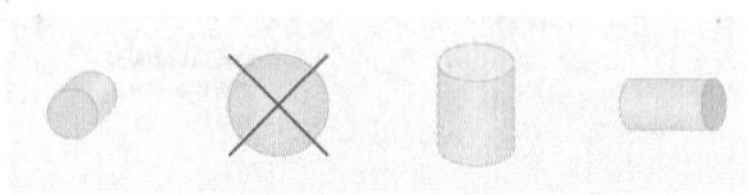

❹

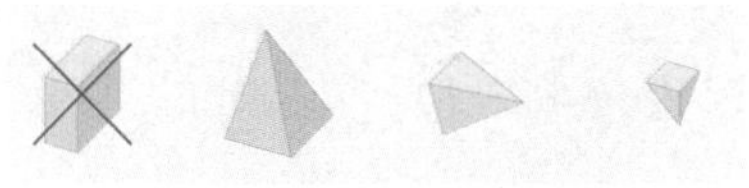

❺

❻

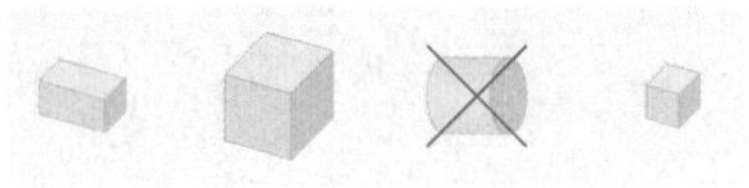

❼

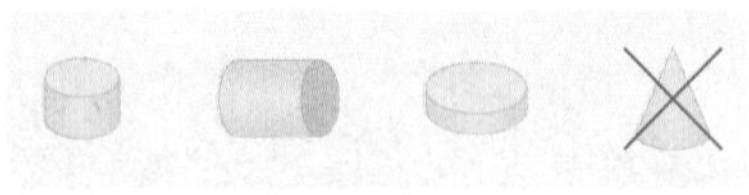

P 24-25

第5天 无法拼搭的形状

找出无法拼搭在一起的立体图形组合，并用 × 标出。

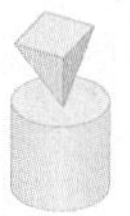

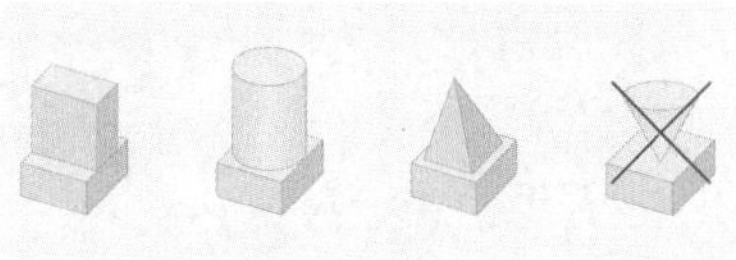

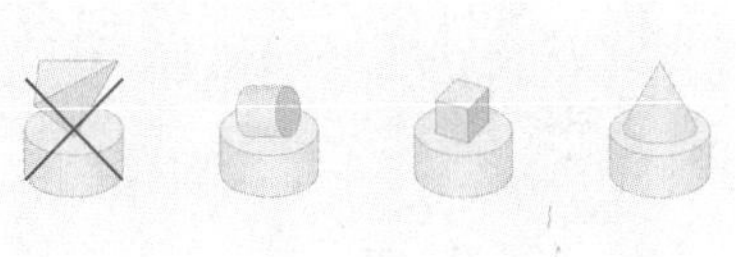

将尖角拼搭在立体图形的平面上是很困难的事情!

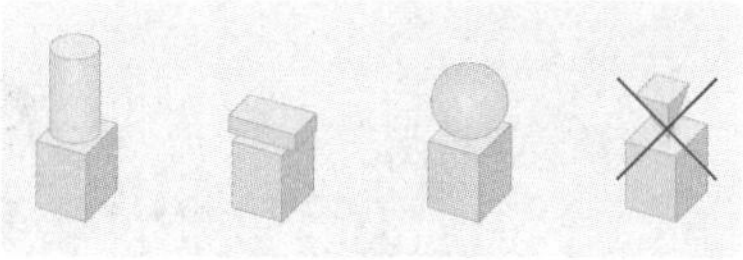

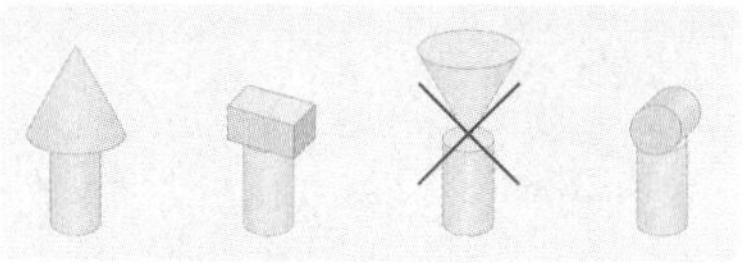

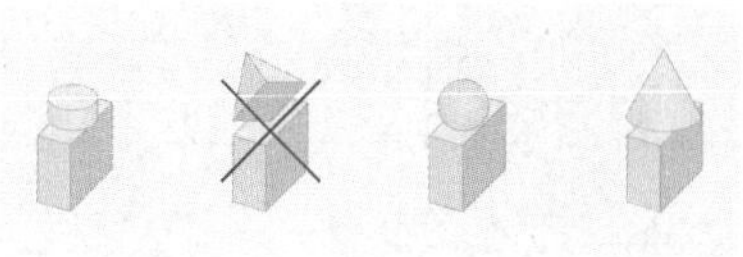

P 26

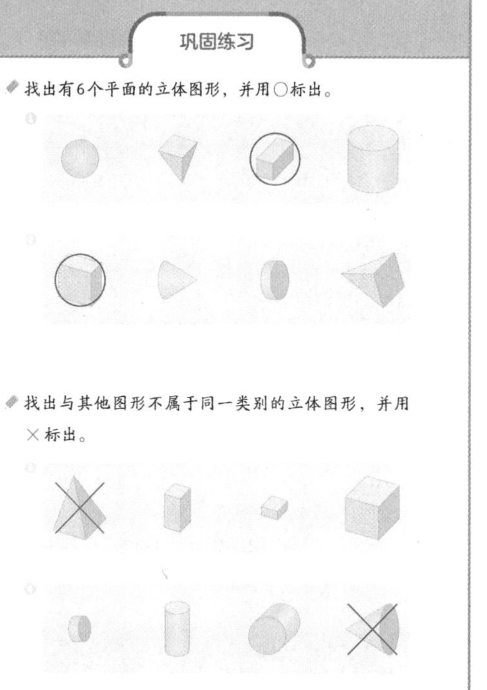

巩固练习

找出有6个平面的立体图形，并用○标出。

找出与其他图形不属于同一类别的立体图形，并用 × 标出。

P 28－29

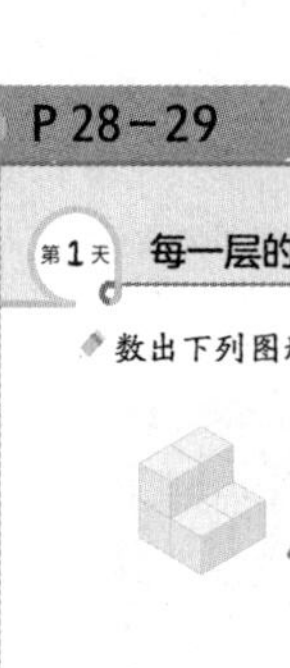

第1天 每一层的数量

数出下列图形中每一层小方块的数量，并填入□内。

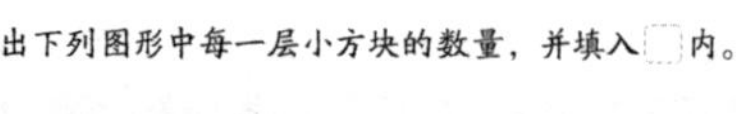

2
4

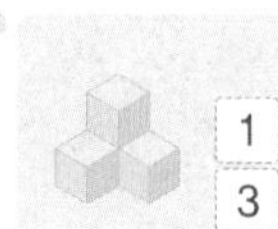
1
3

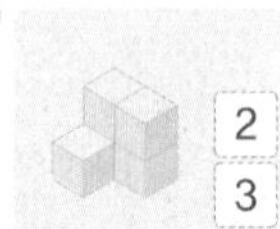
2
3

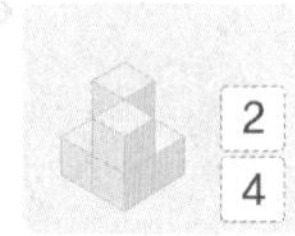
2
4

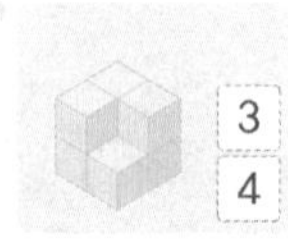
3
4

1 2 3

1 2 4

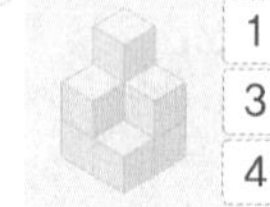
2 2 4

1 3 4

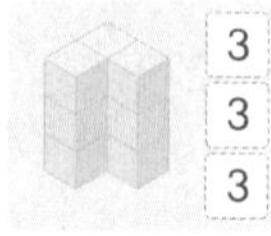
2 3 4

3 3 3

P 30－31

第2天 数小方块（1）

数出下列图形中所有小方块的数量，并填入□内。

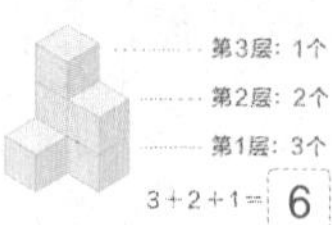

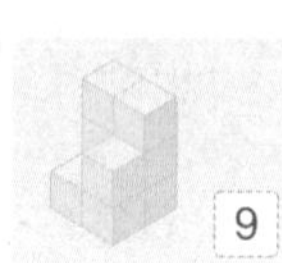
9

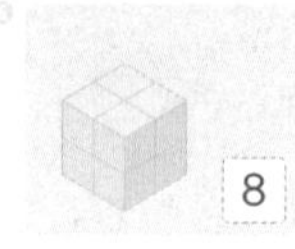
8

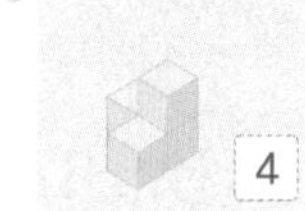
4

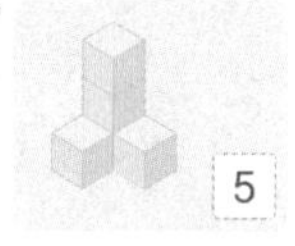
5

9 8

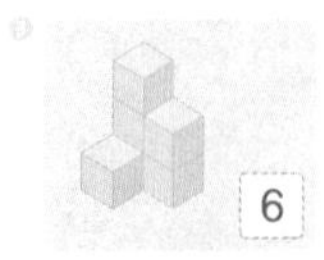
6

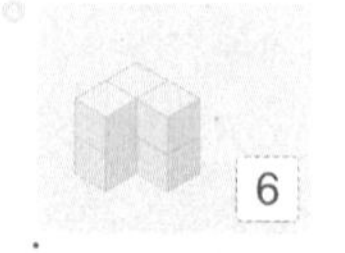
6

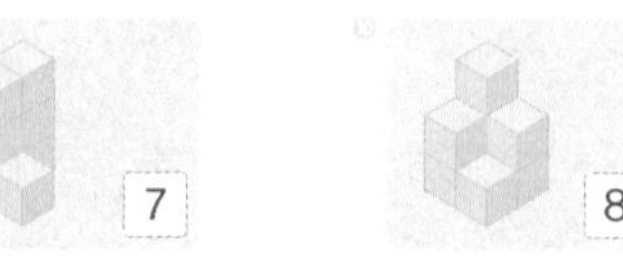
7 8

P 32-33

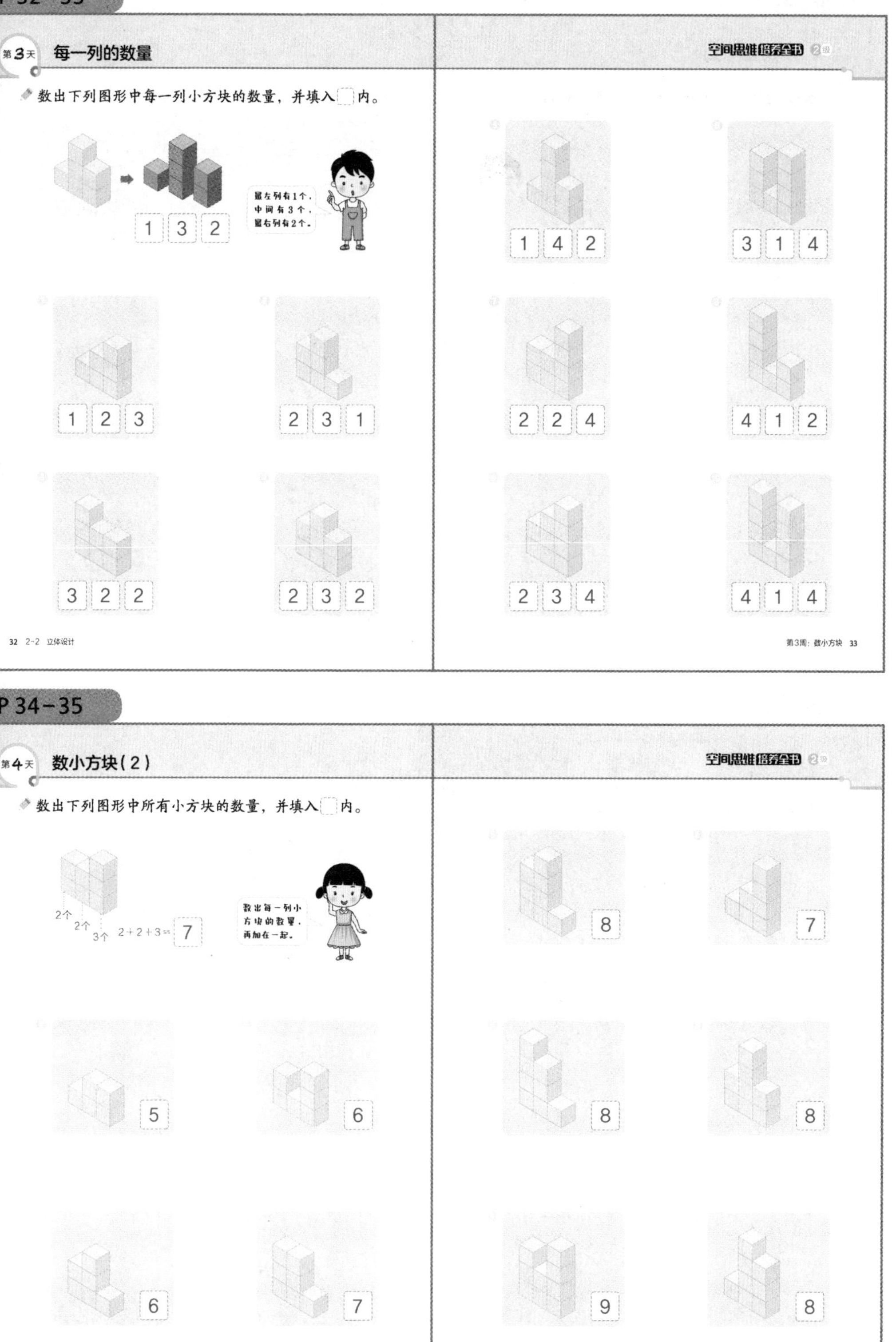

第3天 每一列的数量
空间思维培养全书 2级
数出下列图形中每一列小方块的数量，并填入□内。
1 3 2
最左列有1个，中间有3个，最右列有2个。
1 2 3
2 3 1
3 2 2
2 3 2
1 4 2
3 1 4
2 2 4
4 1 2
2 3 4
4 1 4
32 2-2 立体设计
第3周：数小方块 33
第4天 数小方块(2)
空间思维培养全书 2级
数出下列图形中所有小方块的数量，并填入□内。
2个
2个
3个
2+2+3= 7
数出每一列小方块的数量，再加在一起。
5
6
6
7
8
7
8
8
9
8
34 2-2 立体设计
第3周：数小方块 35

P 34-35

P 36－37

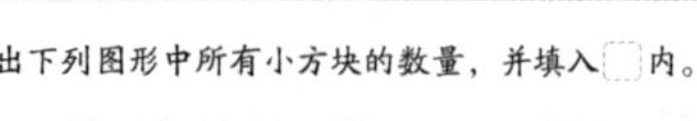

第5天 数小方块（3）

数出下列图形中所有小方块的数量，并填入□内。

数每层小方块的数量

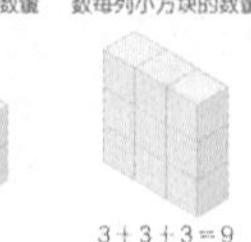

4＋4＝8

数每列小方块的数量

3＋3＋3＝9

数之前，先想一想用什么方式，是按层数还是按列数。

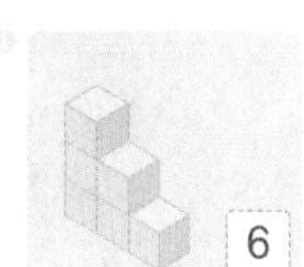

6

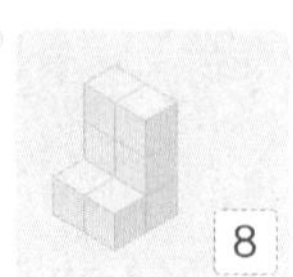

8

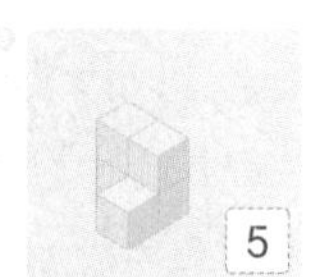

5

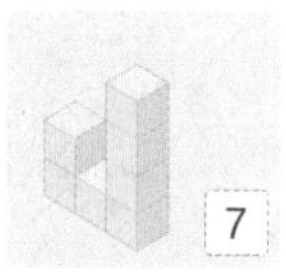

7

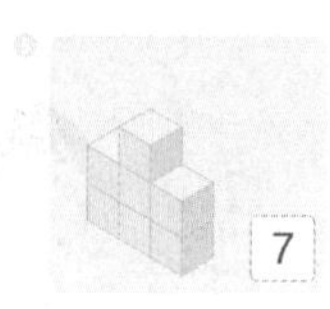

7

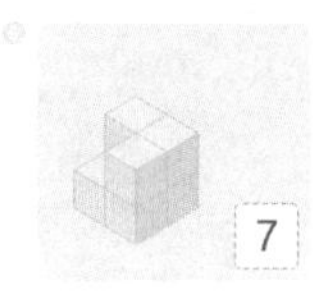

7

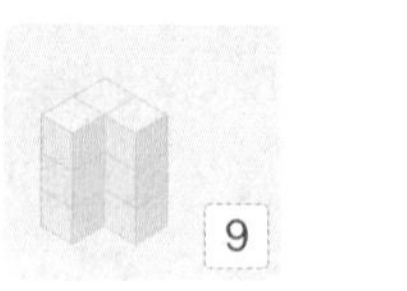

9

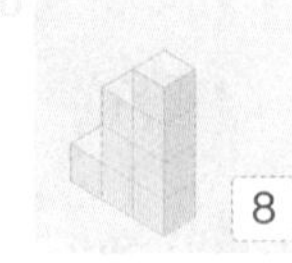

8

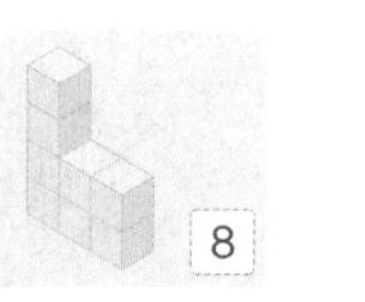

8

9

P 38

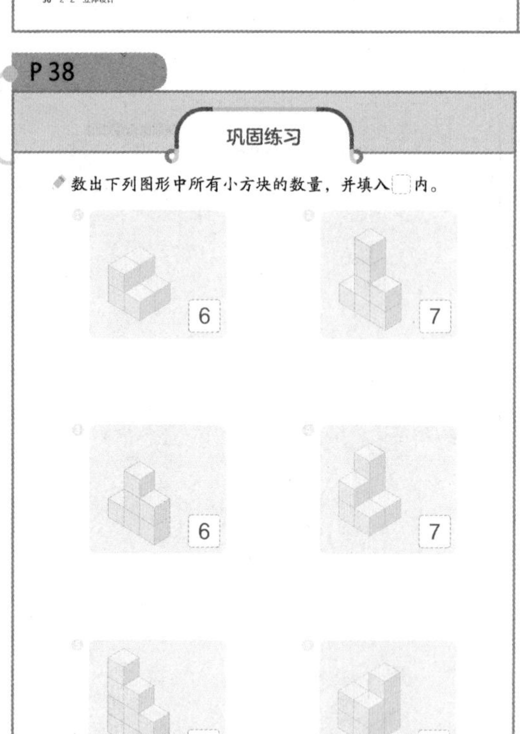

巩固练习

数出下列图形中所有小方块的数量，并填入□内。

6

7

6

7

9

9

P 40-41

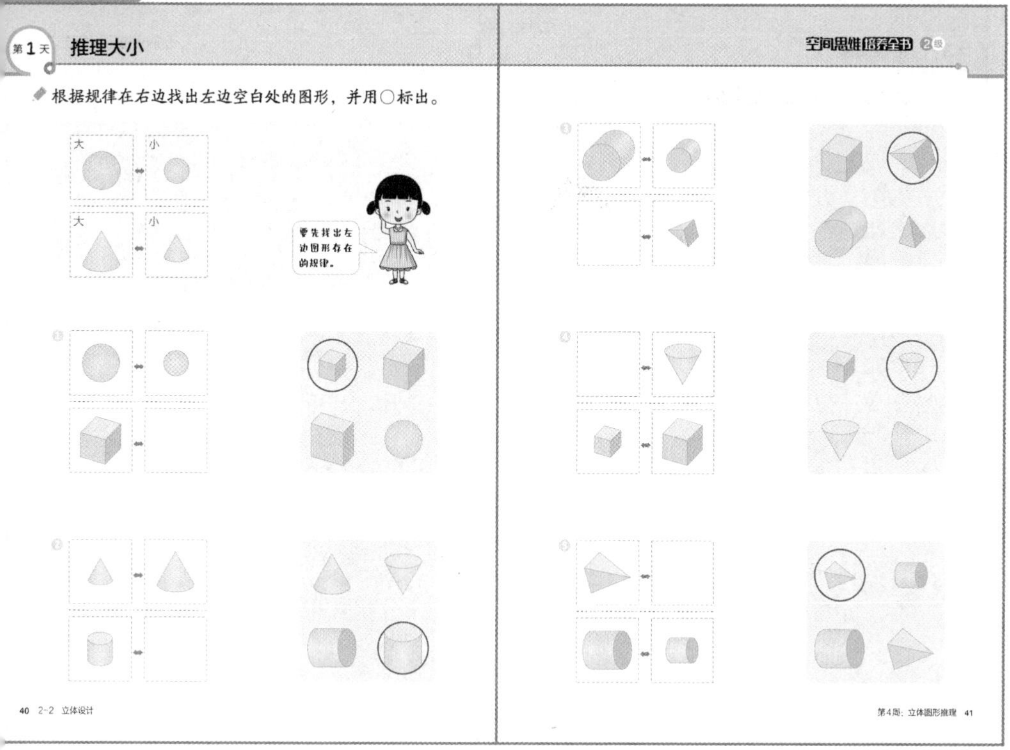

第1天 推理大小

空间思维培养全书 2级

根据规律在右边找出左边空白处的图形，并用○标出。

大 小

大 小

要先找出左边图形存在的规律。

P 42-43

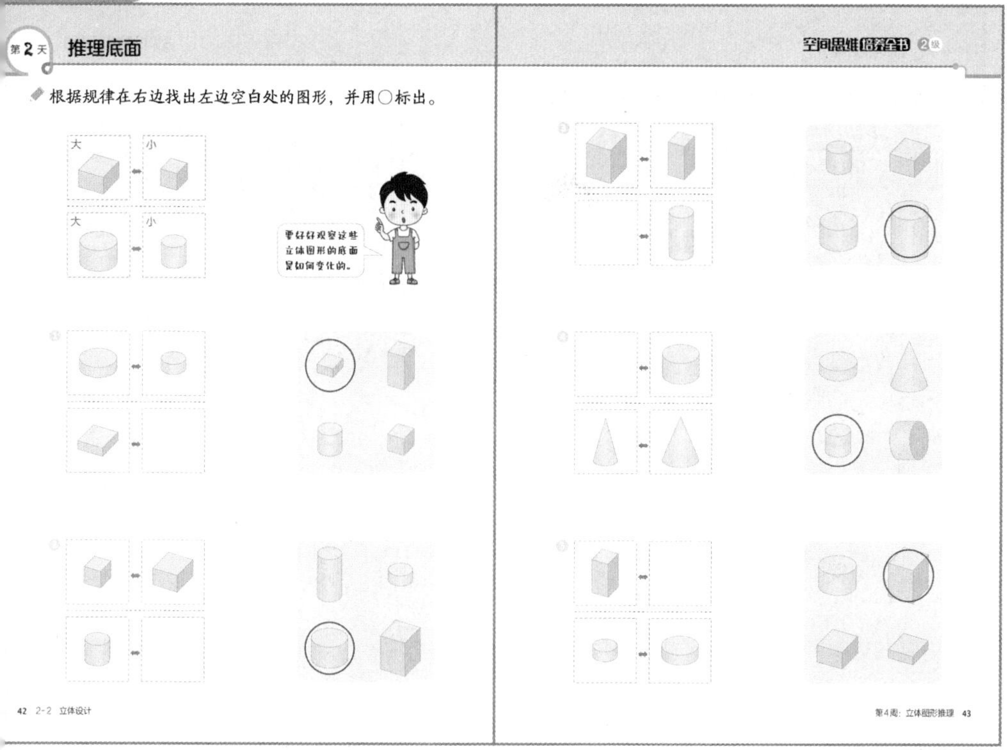

第2天 推理底面

空间思维培养全书 2级

根据规律在右边找出左边空白处的图形，并用○标出。

大 小

大 小

要好好观察这些立体图形的底面是如何变化的。

P 44-45

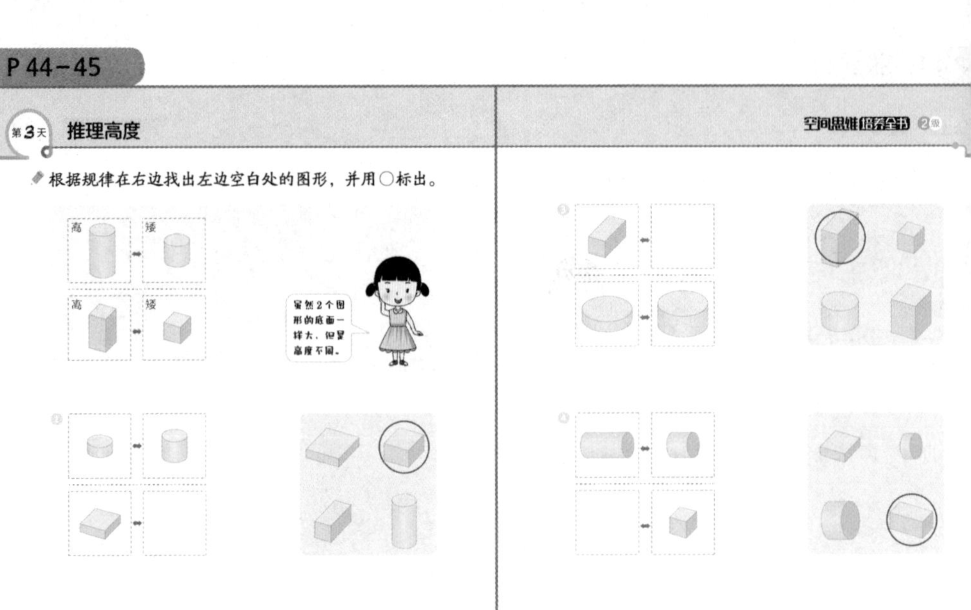

第3天 推理高度

空间思维培养全书 2级

✎ 根据规律在右边找出左边空白处的图形，并用○标出。

44 2-2 立体设计

第4周：立体图形推理 45

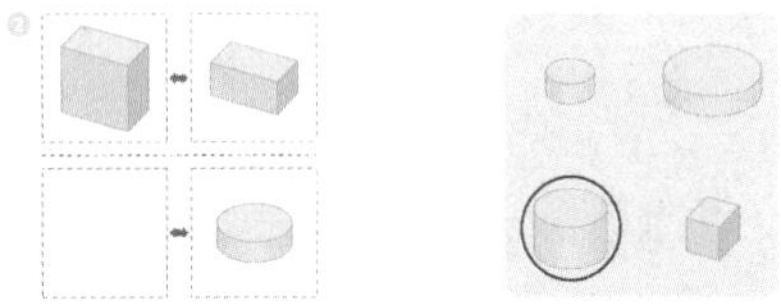

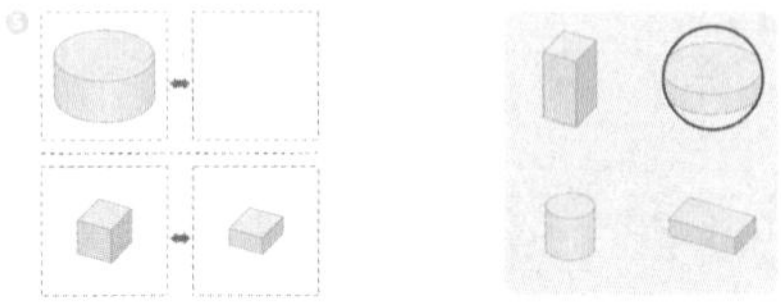

P 46-47

第4天 推理方向

空间思维培养全书 2级

✎ 根据规律在右边找出左边空白处的图形，并用○标出。

站立
躺着
站立
躺着

找一找这些图形在方向上有什么不同。

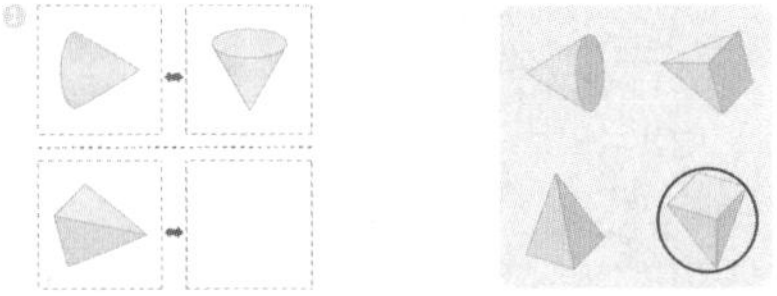

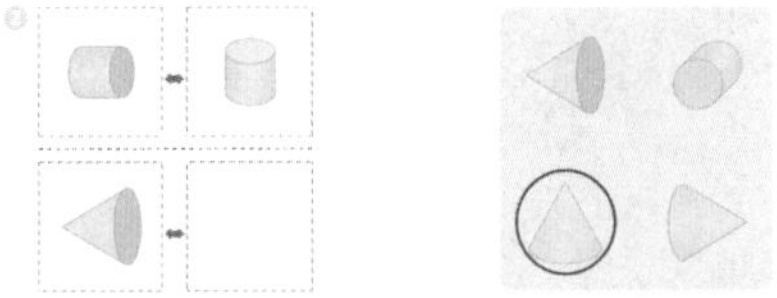

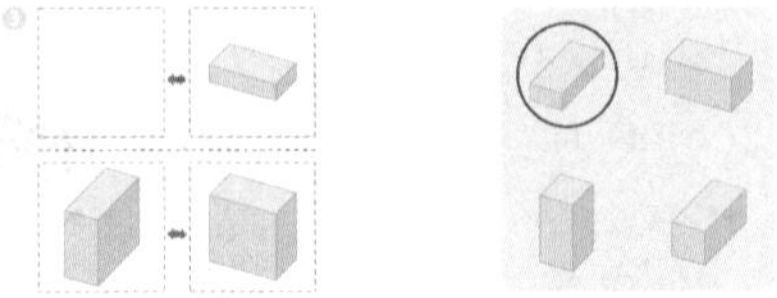

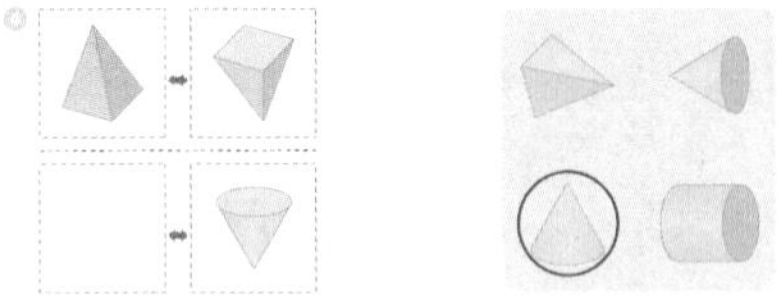

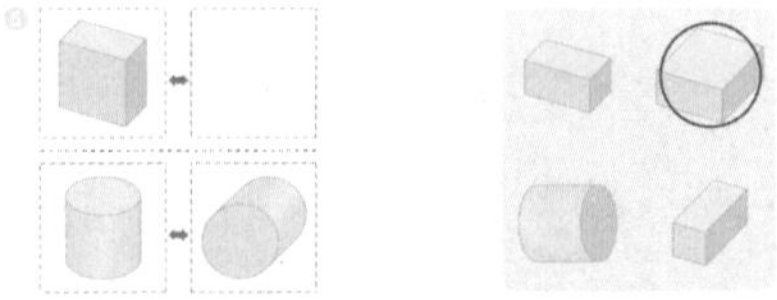

46 2-2 立体设计

第4周：立体图形推理 47

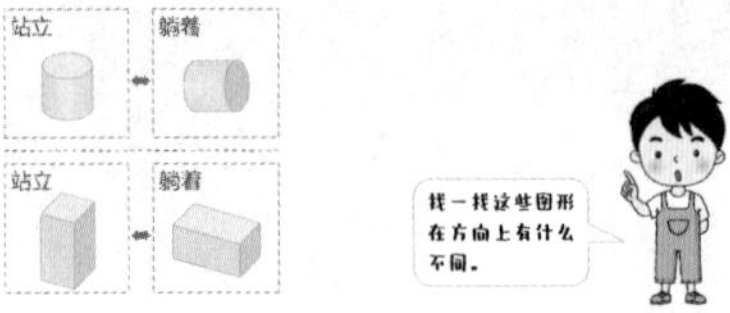

P 48-49

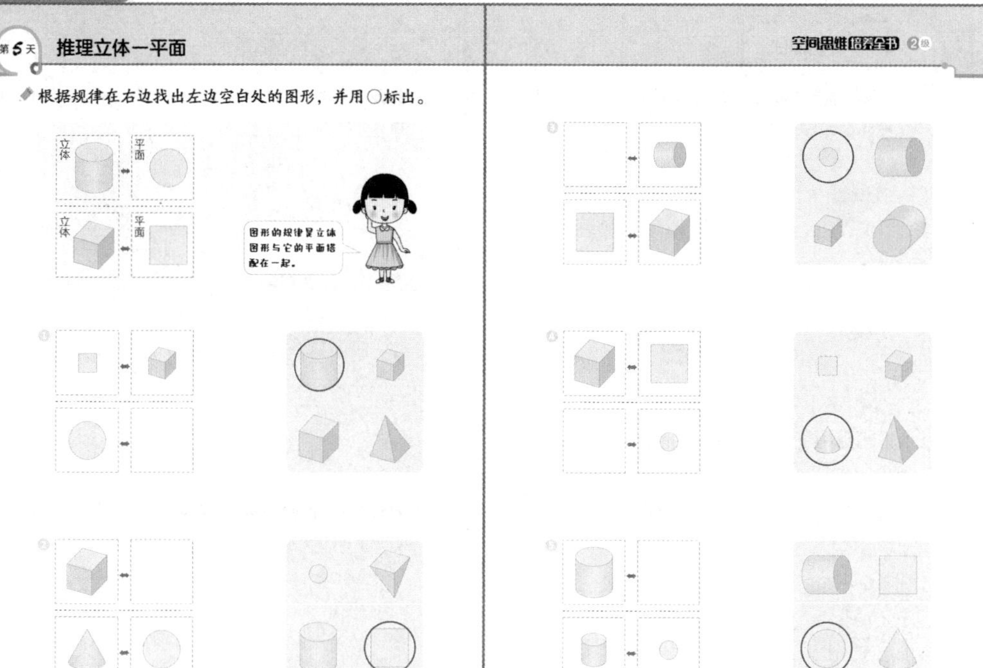
第5天
推理立体—平面
空间思维培养全书 2级
根据规律在右边找出左边空白处的图形，并用○标出。
立体
平面
立体
平面
图形的规律是立体图形与它的平面搭配在一起。
48 2-2 立体设计
第4周：立体图形推理 49

P 50

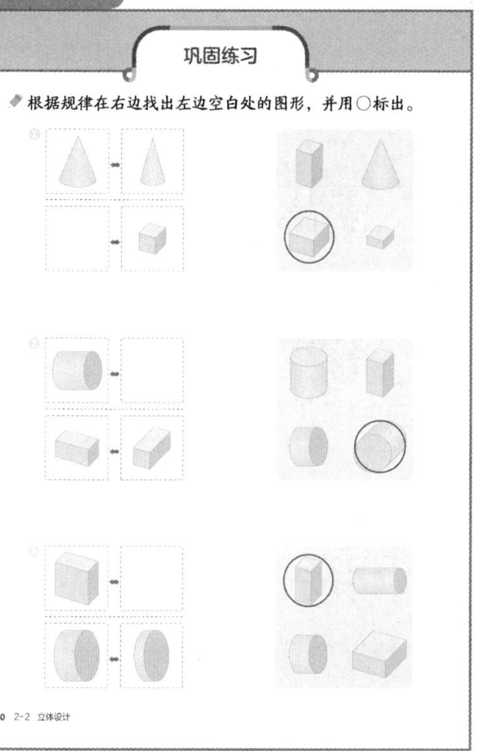
巩固练习
根据规律在右边找出左边空白处的图形，并用○标出。
50 2-2 立体设计

P 52-53

第1回 评价测试

月 日
规定时间 10分钟
答对题目 /9

在右边找出与左边属于同一类别的立体图形，并用〇标出。

❶

❷

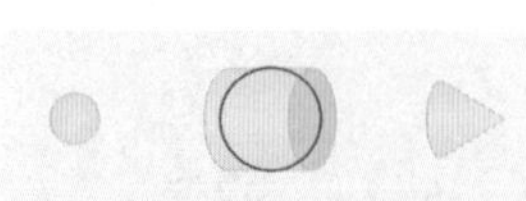

找出可以向任意方向滚动的立体图形，并用〇标出。

❸ ❹
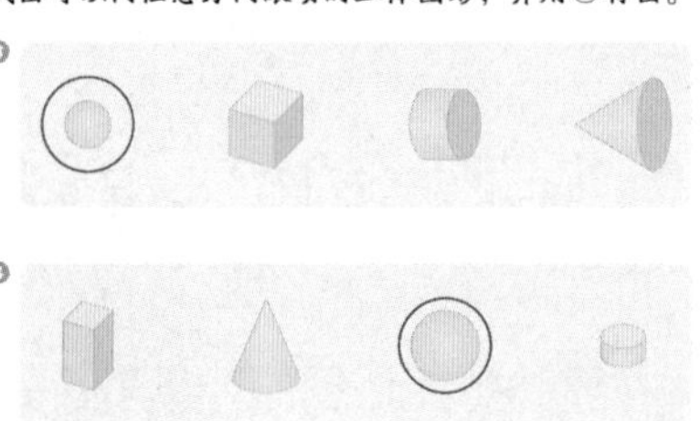

数出下列图形中每一层小方块的数量，并填入□内。

❺
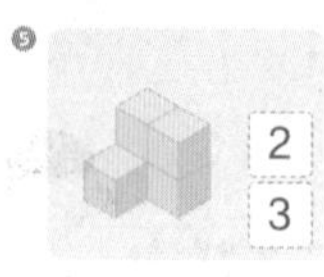

❻
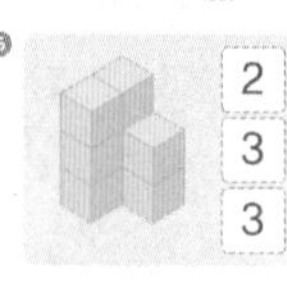

❼
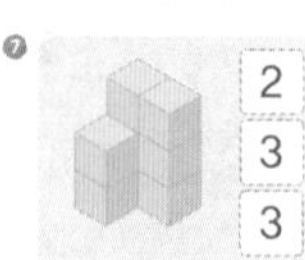

❽
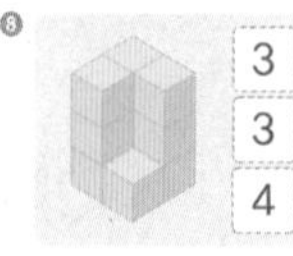

根据规律在右边找出左边空白处的图形，并用〇标出。

❾
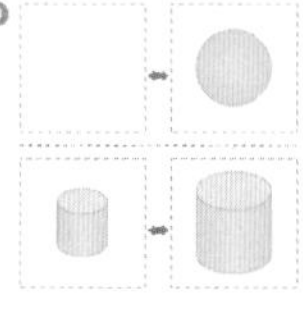
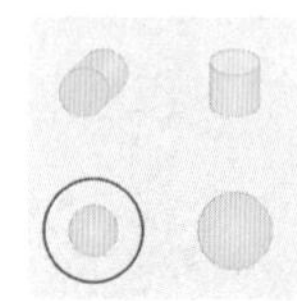

52 2-2 立体设计　　评价测试 53

P 54-55

第2回 评价测试

月 日
规定时间 10分钟
答对题目 /11

用〇标出下列立体图形的尖角，用×标出没有尖角的立体图形。

❶

❷
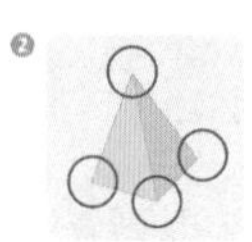

❸
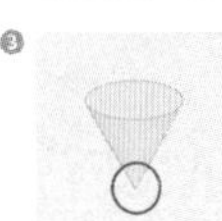

❹

数出下列图形中所有小方块的数量，并填入□内。

❼
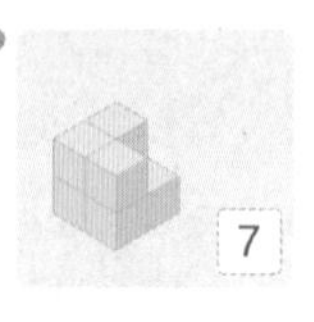

❽
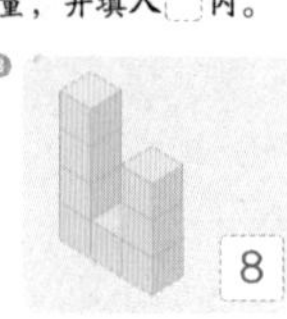

❾
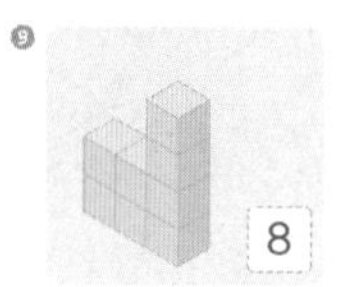

❿
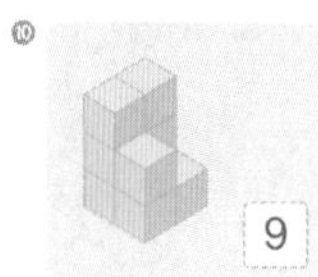

找出有2个平面且可以滚动的立体图形，并用〇标出。

❺ ❻
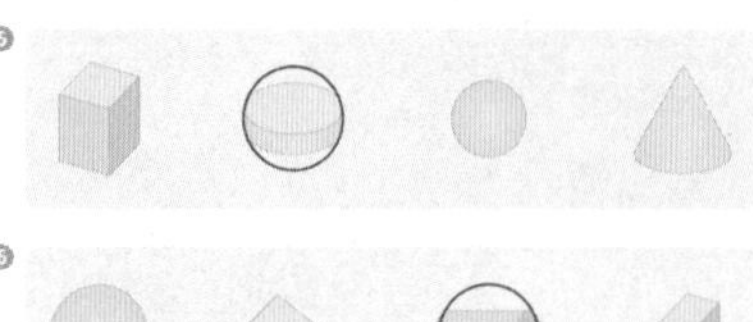

根据规律在右边找出左边空白处的图形，并用〇标出。

⓫
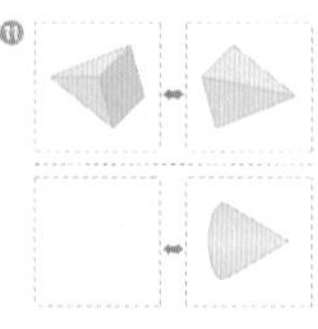
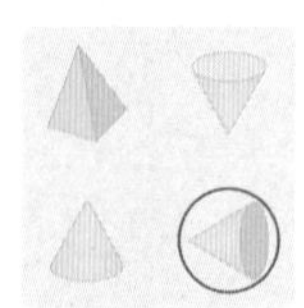

54 2-2 立体设计　　评价测试 55

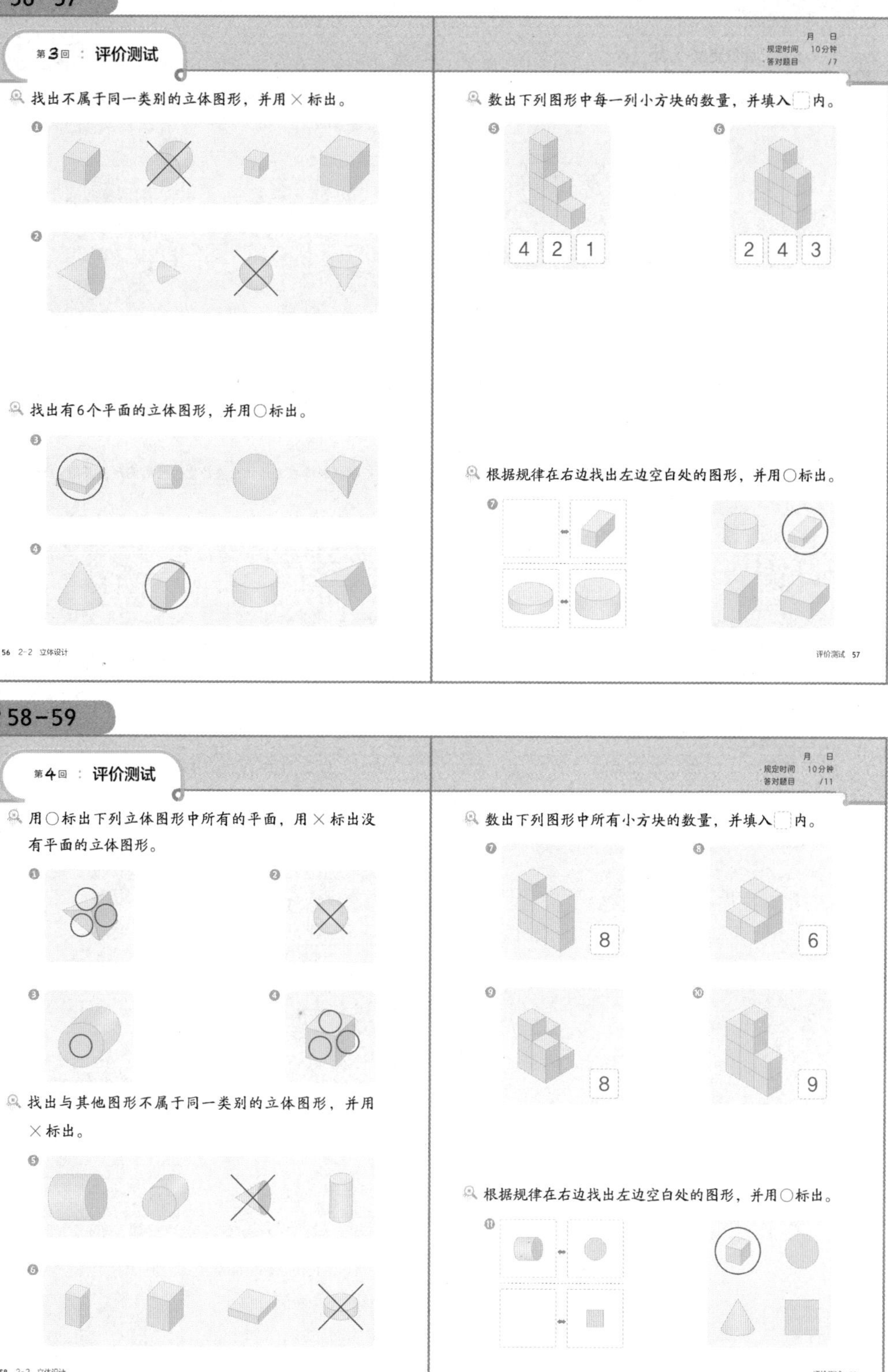
P 56-57

第3回 : 评价测试

月 日
规定时间 10分钟
答对题目 /7

找出不属于同一类别的立体图形，并用×标出。

❶

❷

找出有6个平面的立体图形，并用○标出。

❸

❹

56 2-2 立体设计

数出下列图形中每一列小方块的数量，并填入□内。

❺ 4 2 1

❻ 2 4 3

根据规律在右边找出左边空白处的图形，并用○标出。

❼

评价测试 57

P 58-59

第4回 : 评价测试

月 日
规定时间 10分钟
答对题目 /11

用○标出下列立体图形中所有的平面，用×标出没有平面的立体图形。

❶ ❷

❸ ❹

找出与其他图形不属于同一类别的立体图形，并用×标出。

❺

❻

58 2-2 立体设计

数出下列图形中所有小方块的数量，并填入□内。

❼ 8

❽ 6

❾ 8

❿ 9

根据规律在右边找出左边空白处的图形，并用○标出。

⓫

评价测试 59

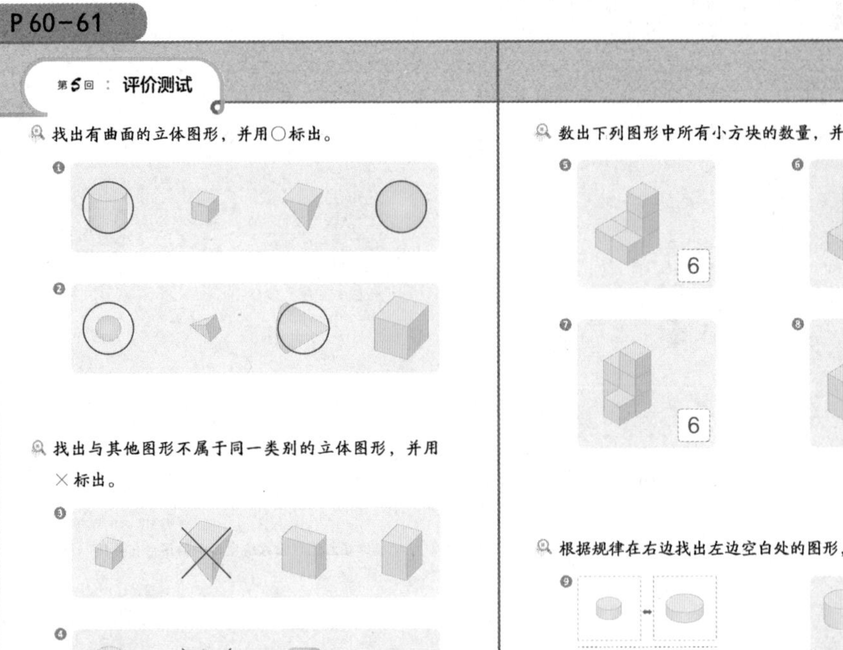
P 60－61

第5回 ： 评价测试

月 日
规定时间 10分钟
答对题目 /9

找出有曲面的立体图形，并用○标出。

❶

❷

找出与其他图形不属于同一类别的立体图形，并用×标出。

❸

❹

数出下列图形中所有小方块的数量，并填入□内。

❺ 6

❻ 9

❼ 6

❽ 9

根据规律在右边找出左边空白处的图形，并用○标出。

❾

60 2-2 立体设计

评价测试 61

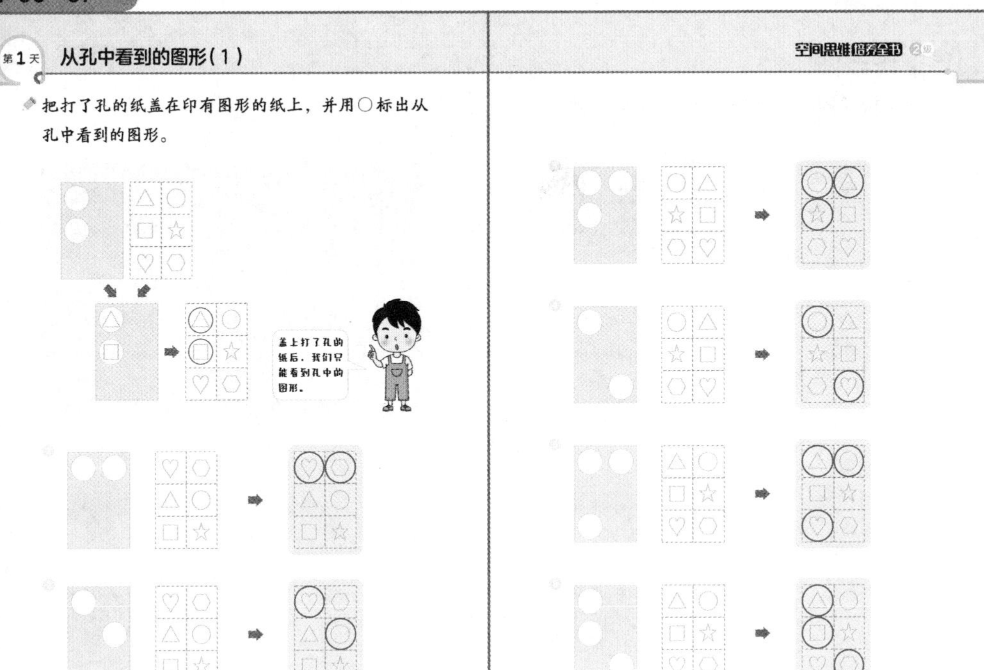
P 66-67

第1天 从孔中看到的图形(1)

空间思维培养全书 2级

把打了孔的纸盖在印有图形的纸上，并用○标出从孔中看到的图形。

P 68-69

第2天 纸上打孔

在左边的纸上标出需要打孔的位置，使其在盖住右边印有图形的纸后只能看到△、□、○。

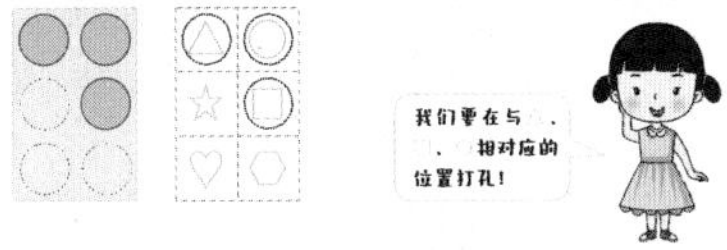

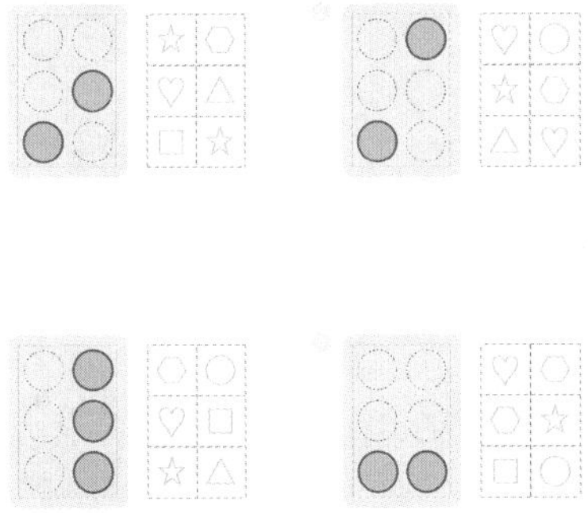

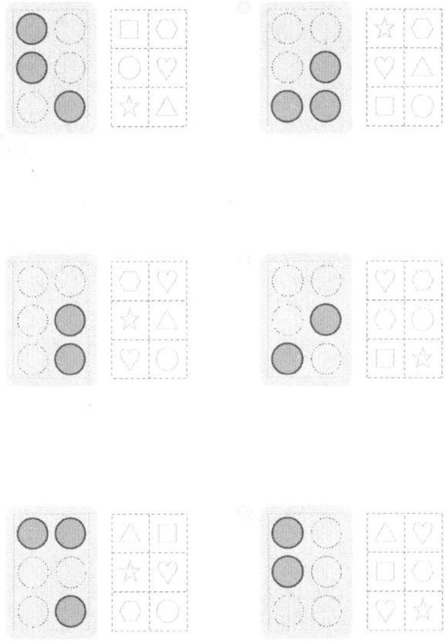

P 70-71

第3天 叠一叠(1)

空间思维培养全书 2册

找出左边2张纸上下重叠后的样子，并用○标出。

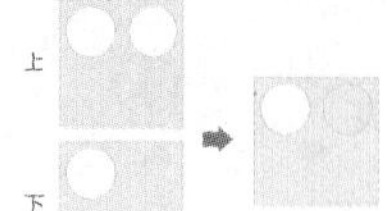

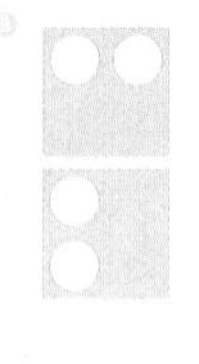

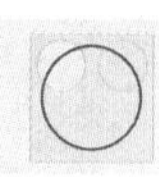

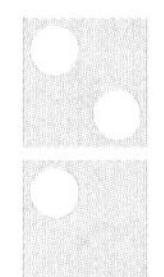

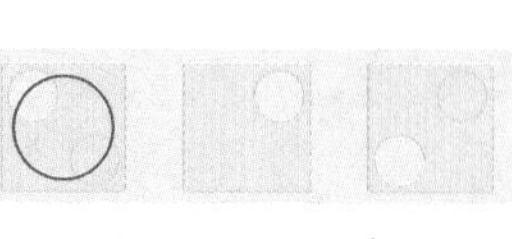

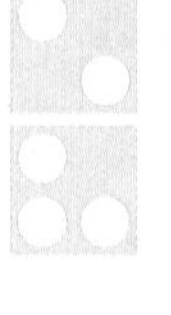

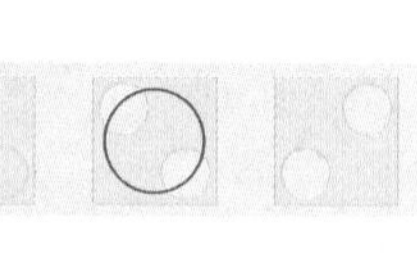

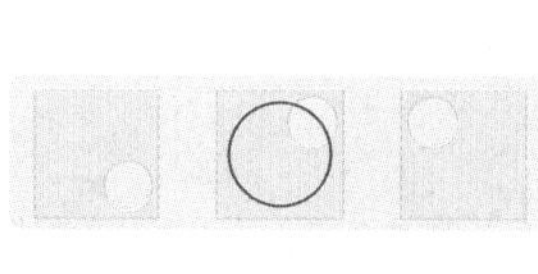

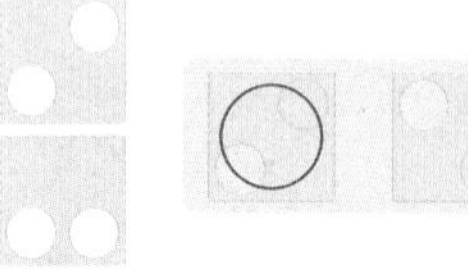

P 72-73

第4天 叠一叠(2)

空间思维培养全书 2级

用左边的纸盖住右边的纸，标出能看到的孔的位置。

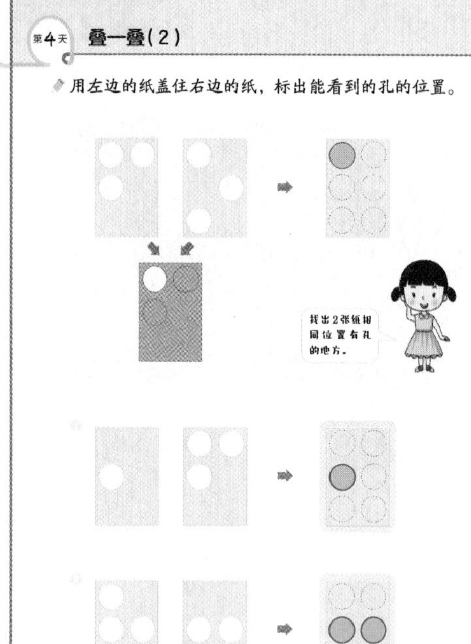

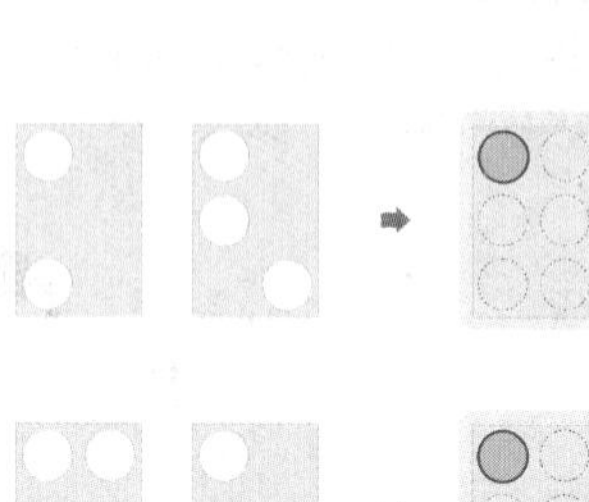

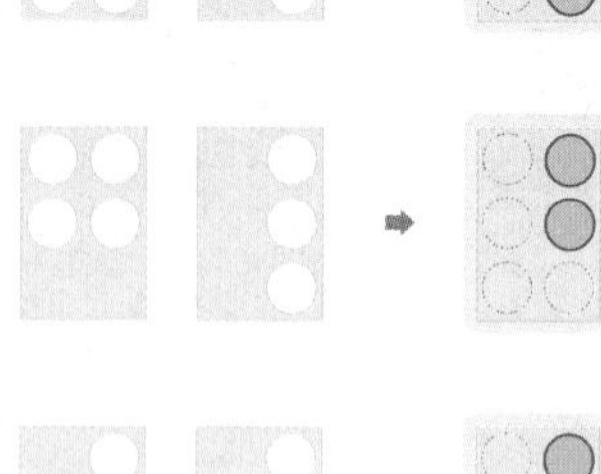

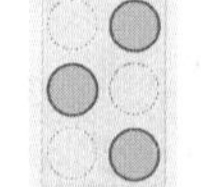

P 74-75

第5天 从孔中看到的图形(2)

把2张打了孔的纸盖在印有图形的纸上，并用○标出从孔中看到的图形。

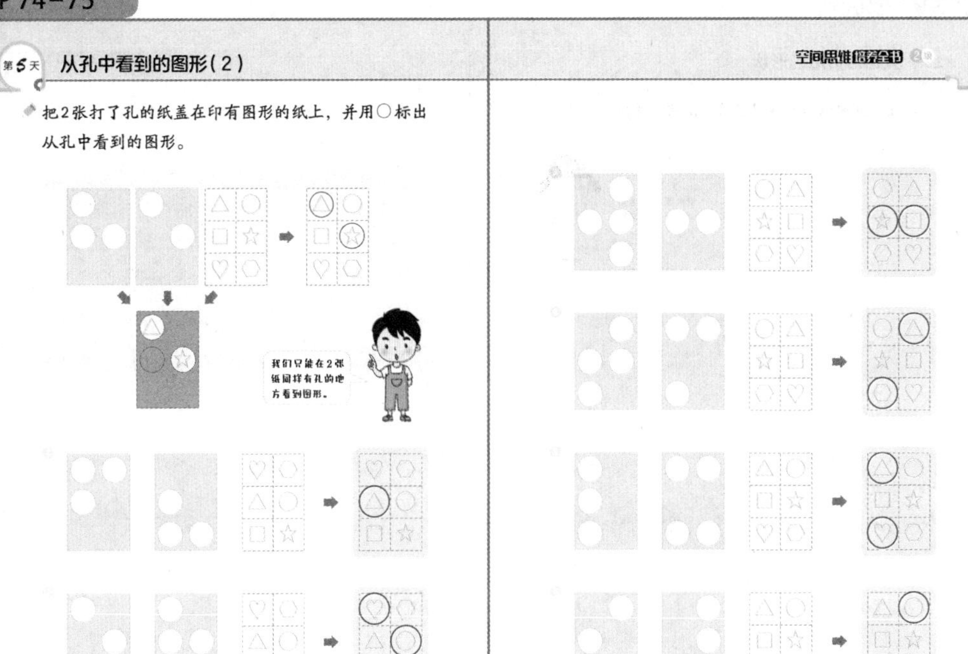

P 76

巩固练习

找出左边2张纸上下重叠后的样子，并用○标出。

把2张打了孔的纸盖在印有图形的纸上，并用○标出从孔中看到的图形。

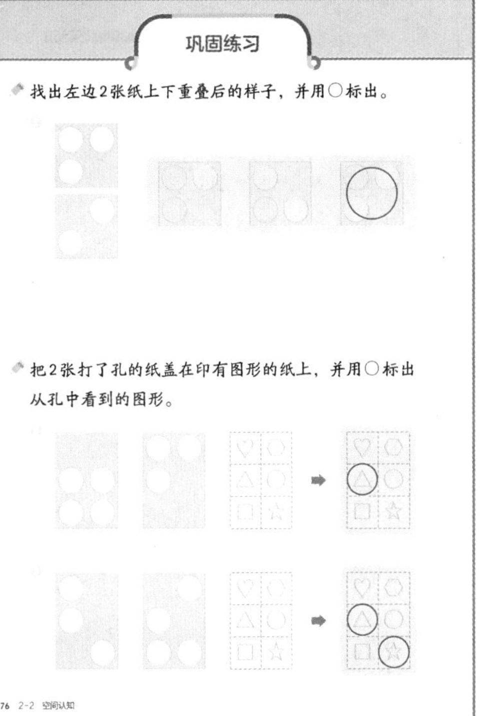

P 78－79

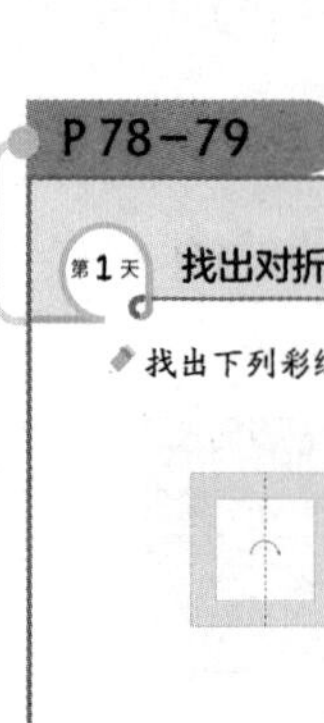

第1天 找出对折后的形状

空间思维培养全书 2级

找出下列彩纸沿虚线对折后的形状，并用○标出。

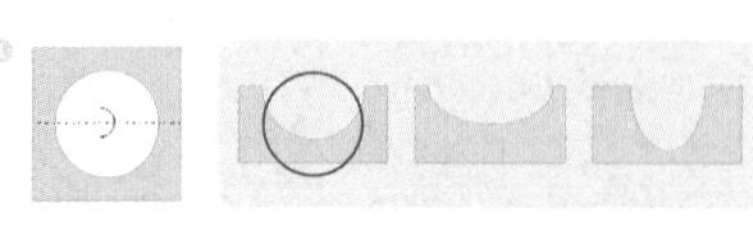

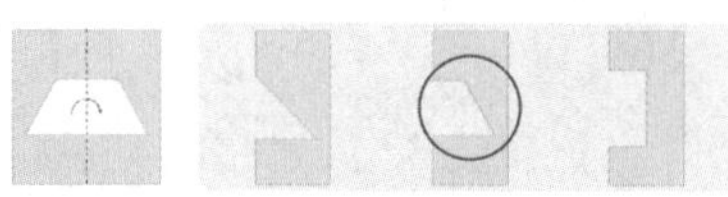

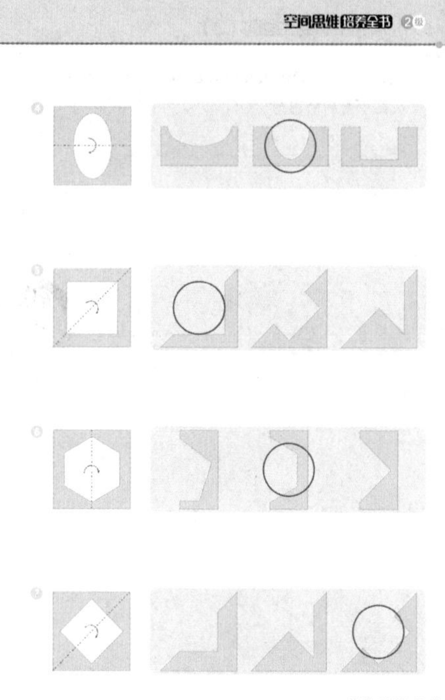

P 80－81

第2天 找一找，连一连

空间思维培养全书 2级

找出不同折叠方法对应的形状，并连在一起。

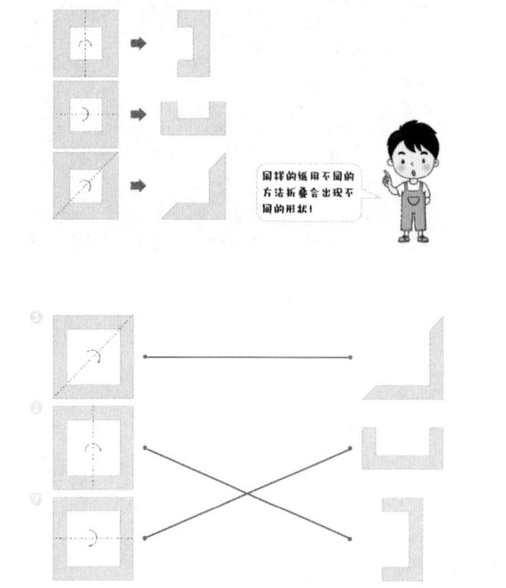

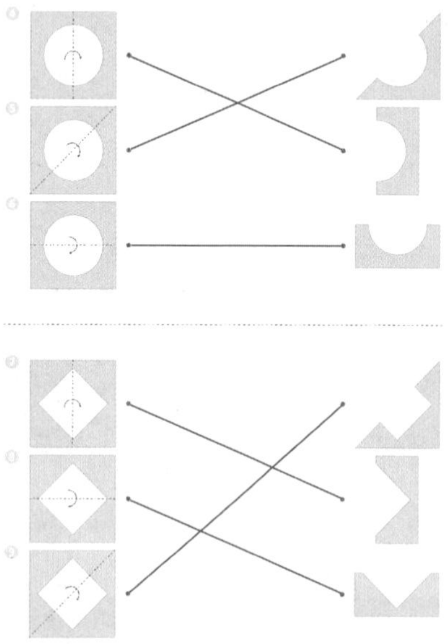

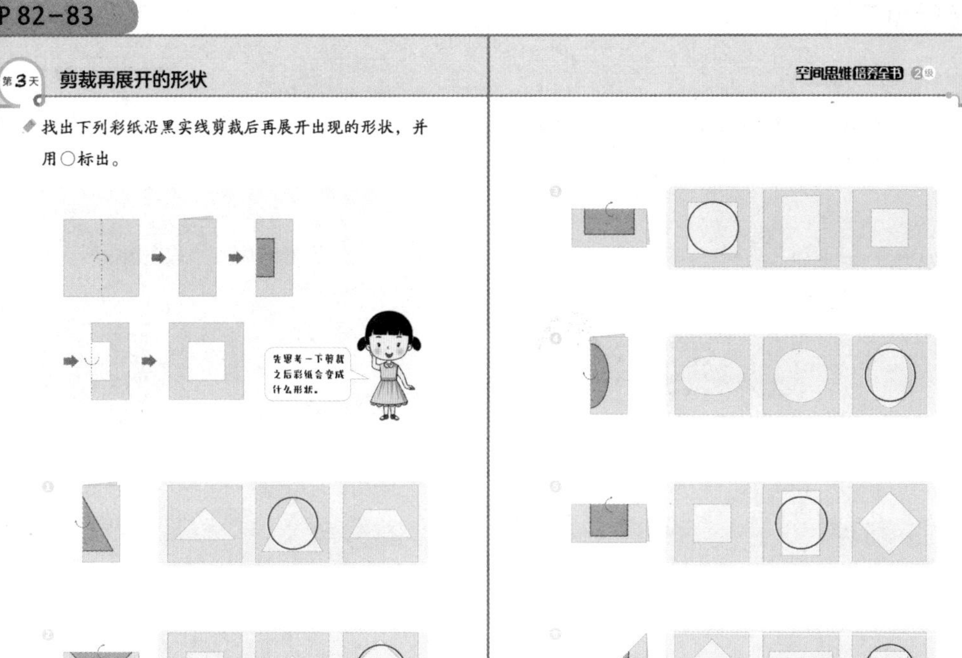

P 84-85

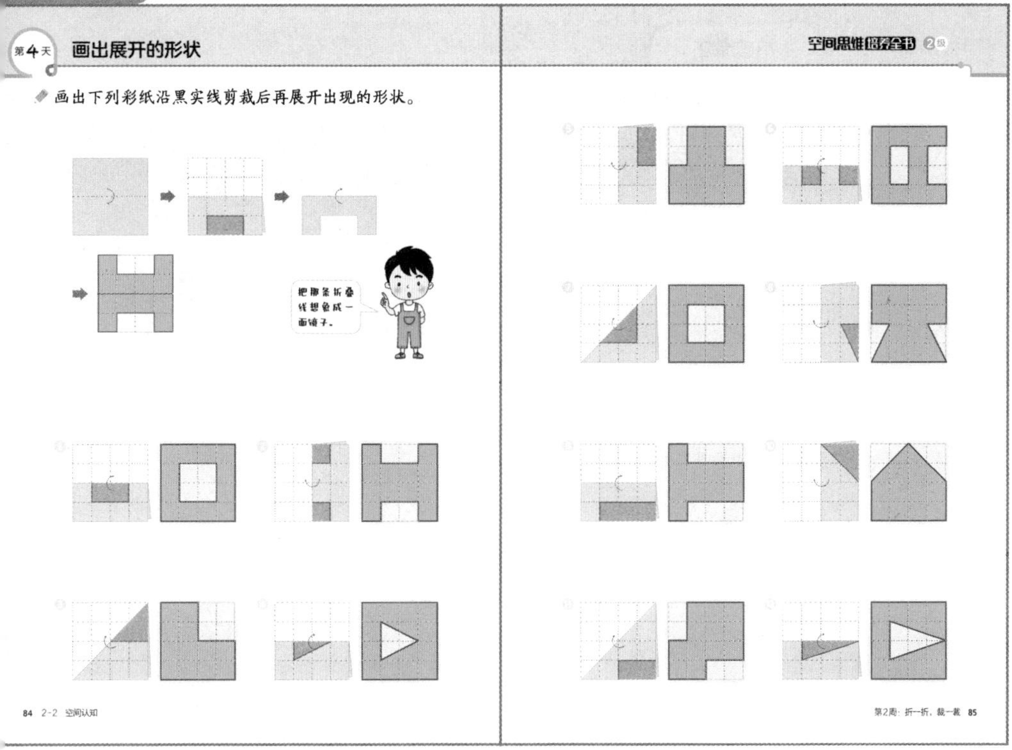

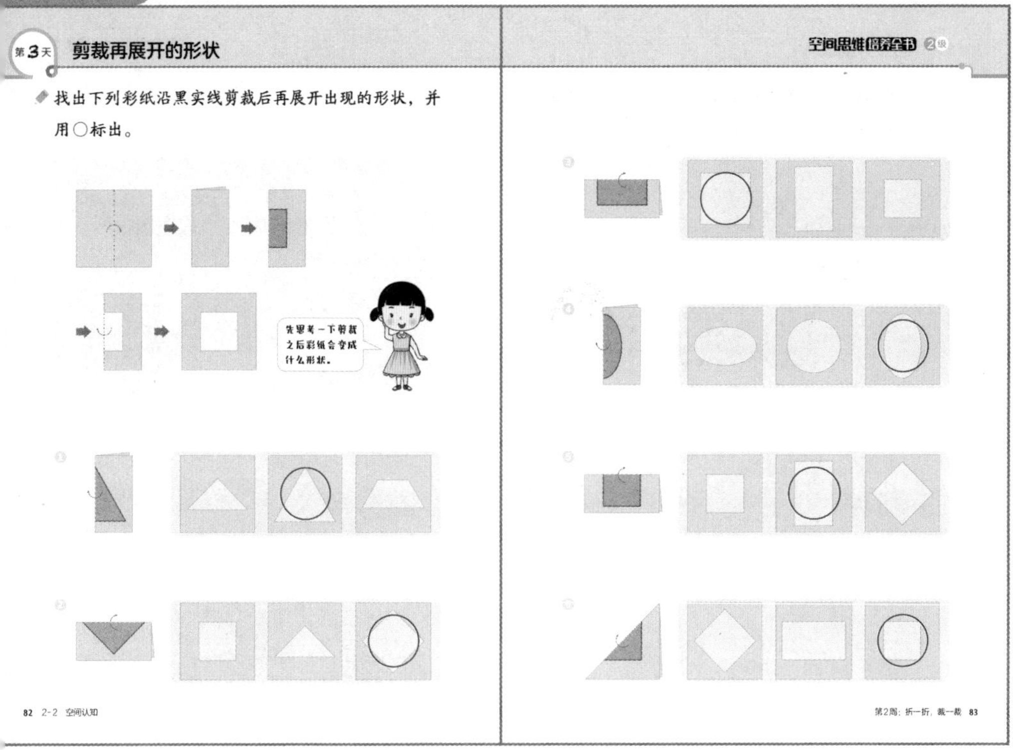

第4天 画出展开的形状

画出下列彩纸沿黑实线剪裁后再展开出现的形状。

把那条折叠线想象成一面镜子。

P 86－87

第5天 画出剪裁线

在图中画出线条，使彩纸在沿着线条剪裁后能够形成右边的形状。

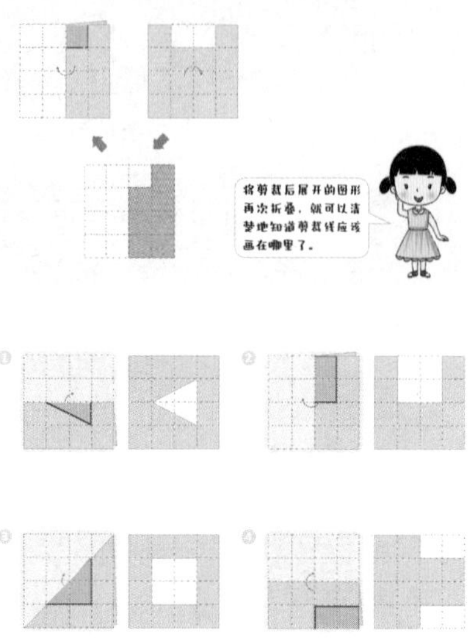

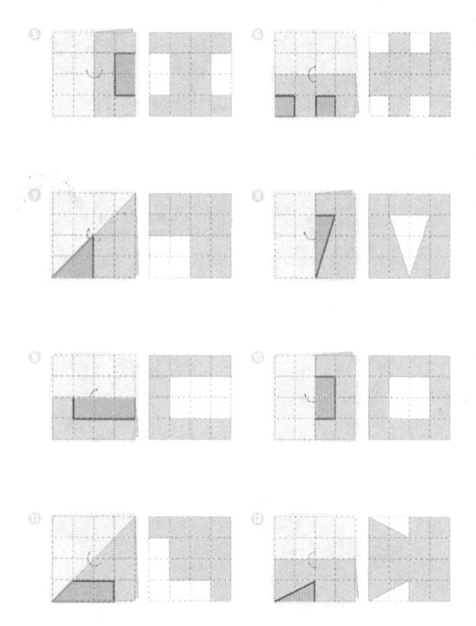

P 88

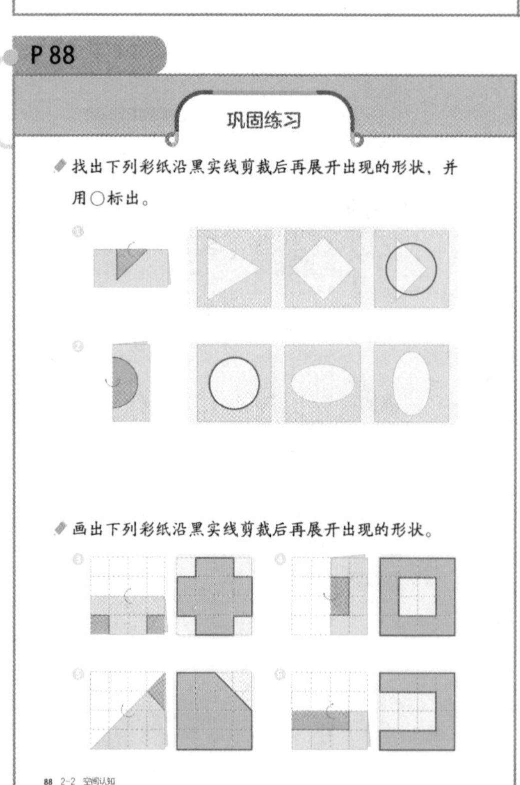

巩固练习

找出下列彩纸沿黑实线剪裁后再展开出现的形状，并用○标出。

画出下列彩纸沿黑实线剪裁后再展开出现的形状。

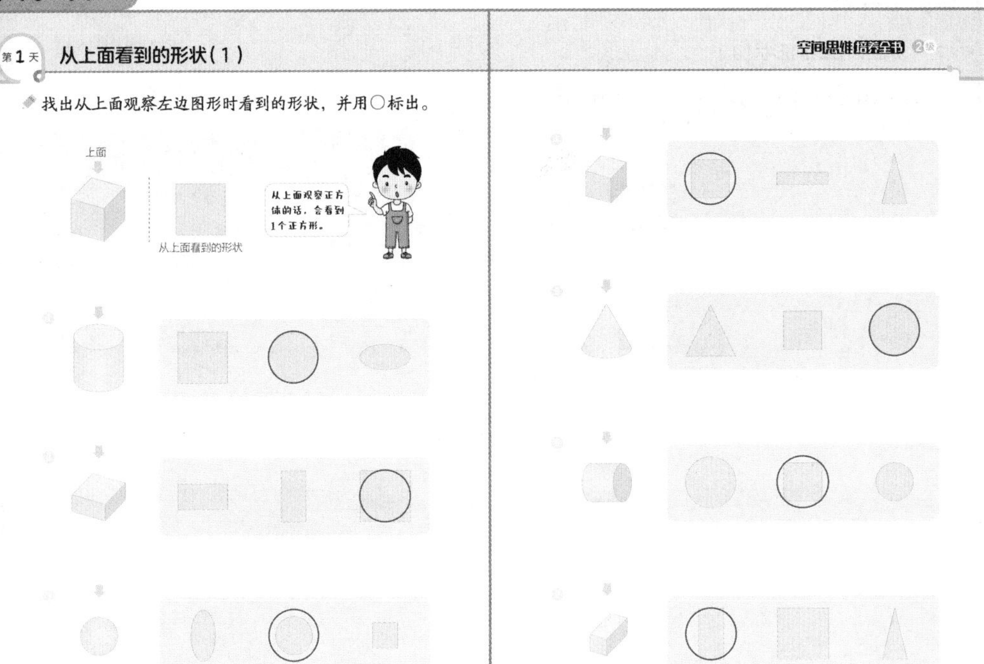

P 90-91

第1天 从上面看到的形状(1)

空间思维培养全书 2级

找出从上面观察左边图形时看到的形状，并用○标出。

上面

从上面看到的形状

从上面观察正方体的话，会看到1个正方形。

90 2-2 空间认知

第3周：从不同方向观察 91

P 92-93

第2天 从上面看到的形状(2)

空间思维培养全书 2级

找出从上面观察时看到的形状与其他3个不同的立体图形，并用×标出。

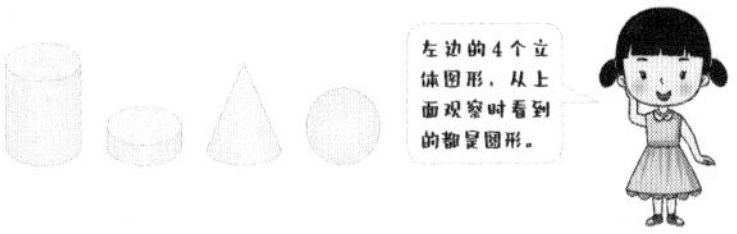

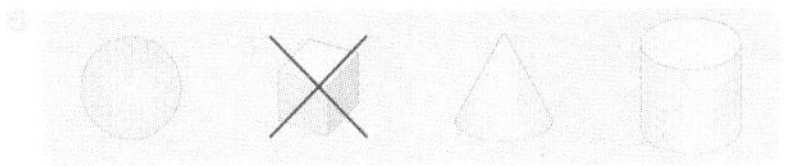

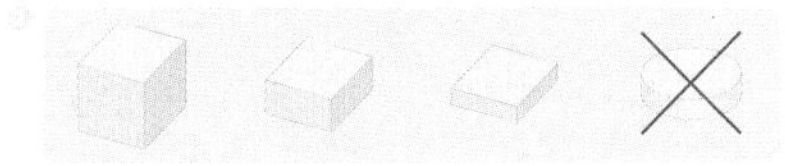

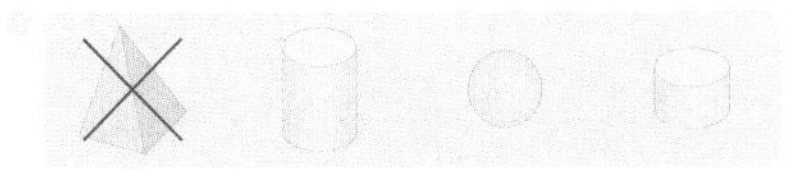

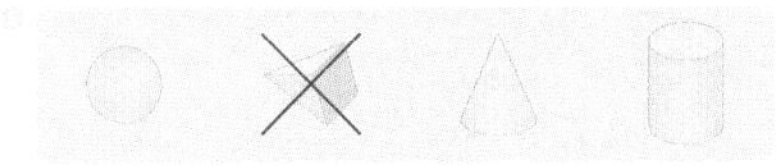

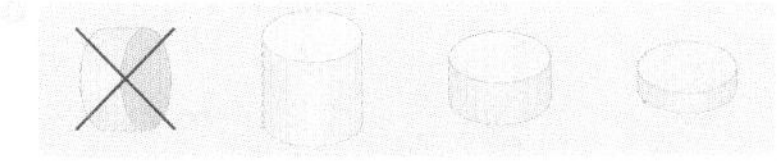

92 2-2 空间认知

第3周：从不同方向观察 93

P 94－95

第3天 从前面看到的形状（1）

空间思维培养全书 2级

找出从前面观察左边图形时看到的形状，并用○标出。

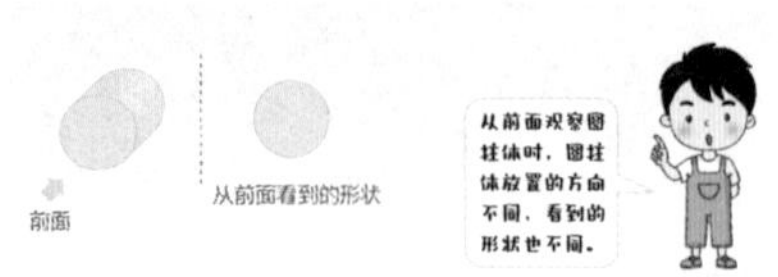

前面

从前面看到的形状

从前面观察圆柱体时，圆柱体放置的方向不同，看到的形状也不同。

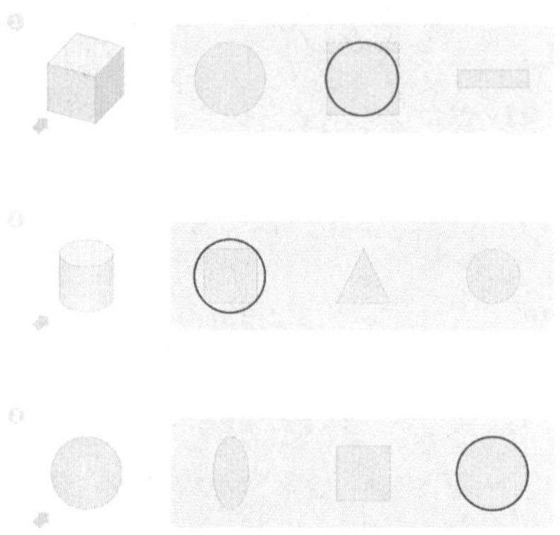

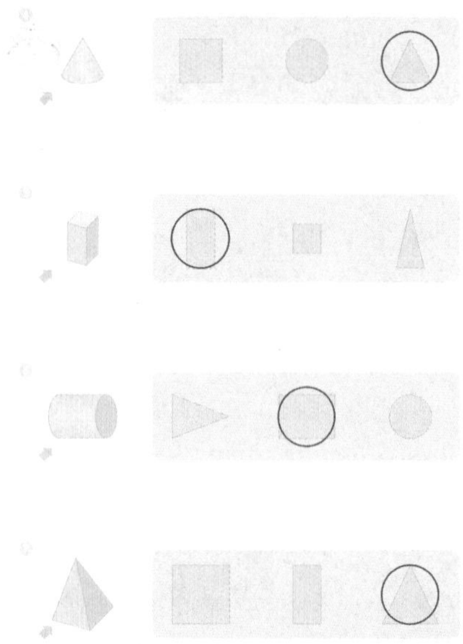

94 2-2 空间认知

第3周：从不同方向观察 95

P 96－97

第4天 从前面看到的形状（2）

空间思维培养全书 2级

找出从前面观察时看到的形状与其他3个不同的立体图形，并用×标出。

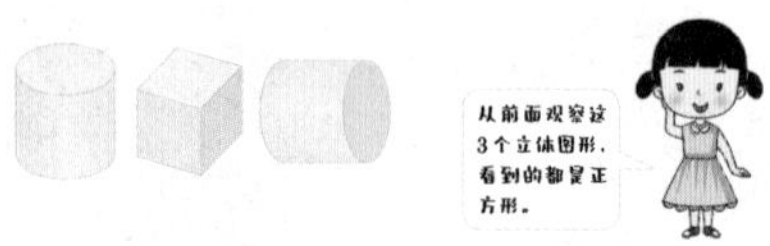

从前面观察这3个立体图形，看到的都是正方形。

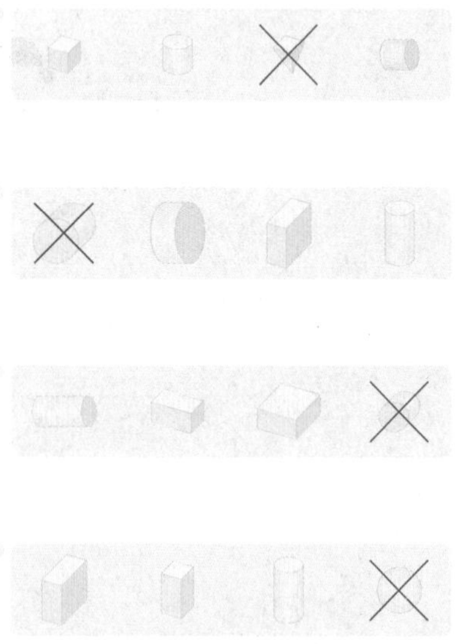

96 2-2 空间认知

第3周：从不同方向观察 97

P 98-99

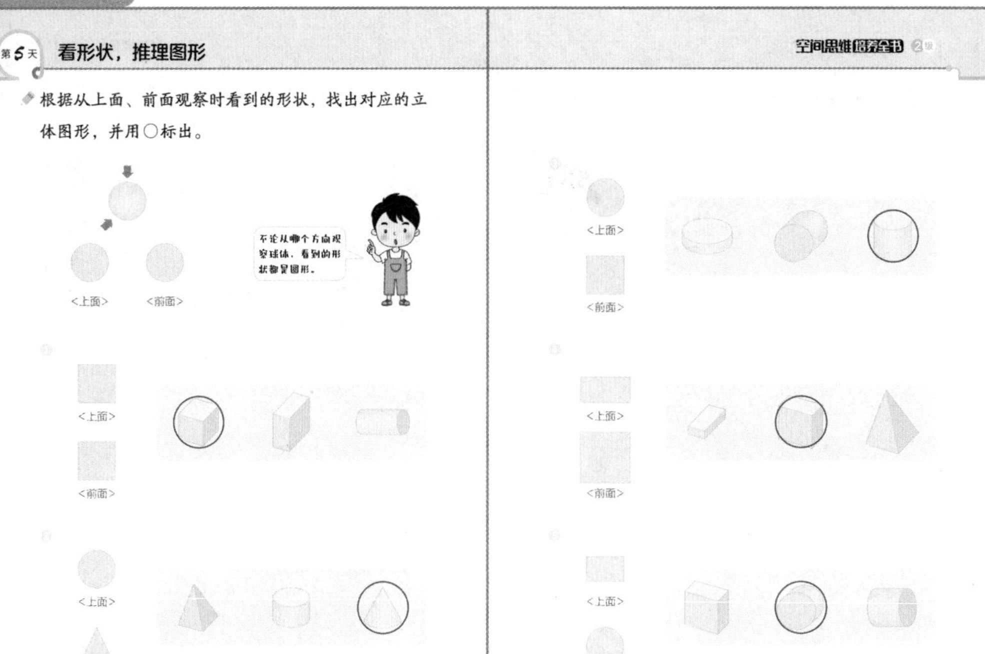
第5天 看形状，推理图形
空间思维培养全书 2级
根据从上面、前面观察时看到的形状，找出对应的立体图形，并用○标出。
<上面>
<前面>
不论从哪个方向观察球体，看到的形状都是圆形。
98 2-2 空间认知
第3周：从不同方向观察 99

P 100

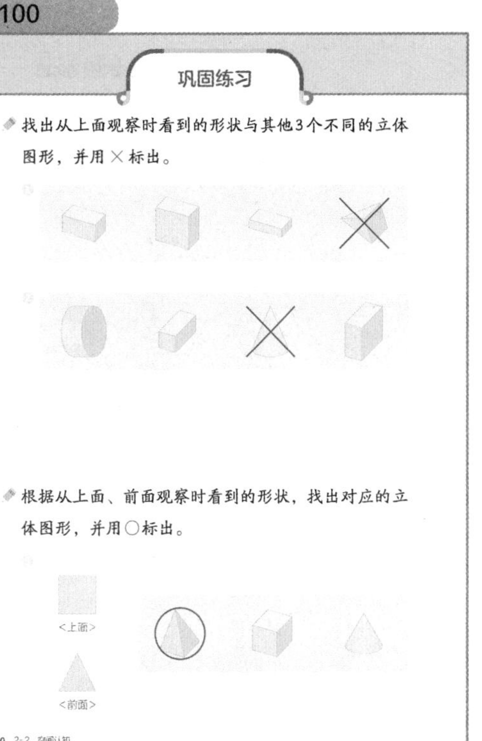
巩固练习
找出从上面观察时看到的形状与其他3个不同的立体图形，并用×标出。
根据从上面、前面观察时看到的形状，找出对应的立体图形，并用○标出。
<上面>
<前面>
100 2-2 空间认知

P 102－103

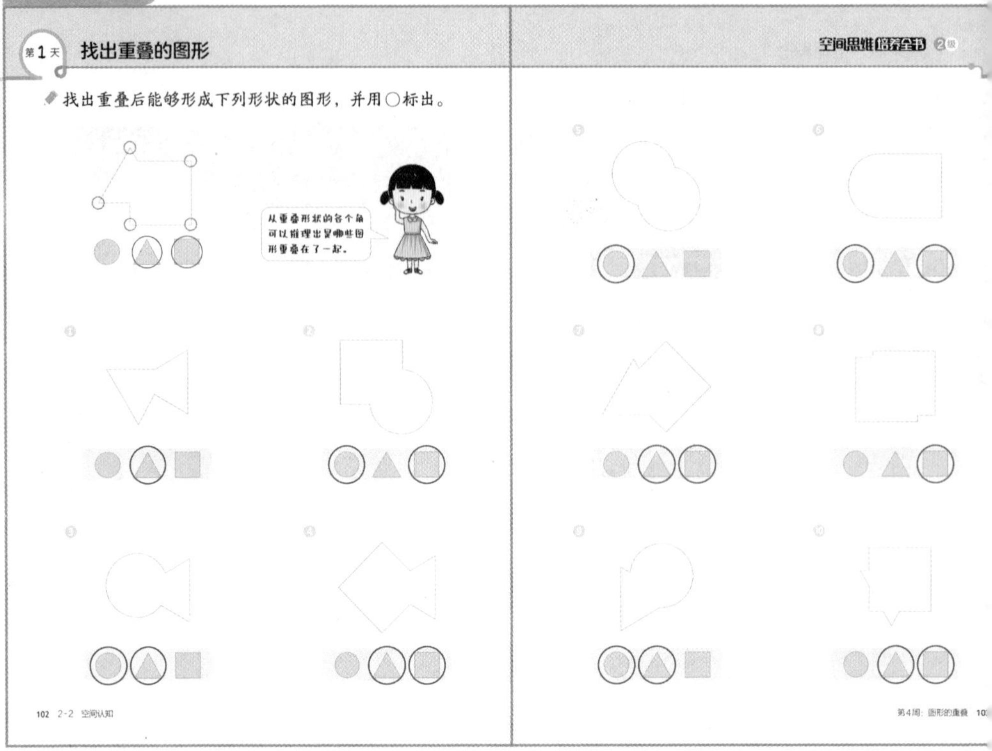
第1天 找出重叠的图形

空间思维培养全书 2级

找出重叠后能够形成下列形状的图形，并用○标出。

从重叠形状的各个角可以推理出是哪些图形重叠在了一起。

102 2-2 空间认知

第4周：图形的重叠 10

P 104－105

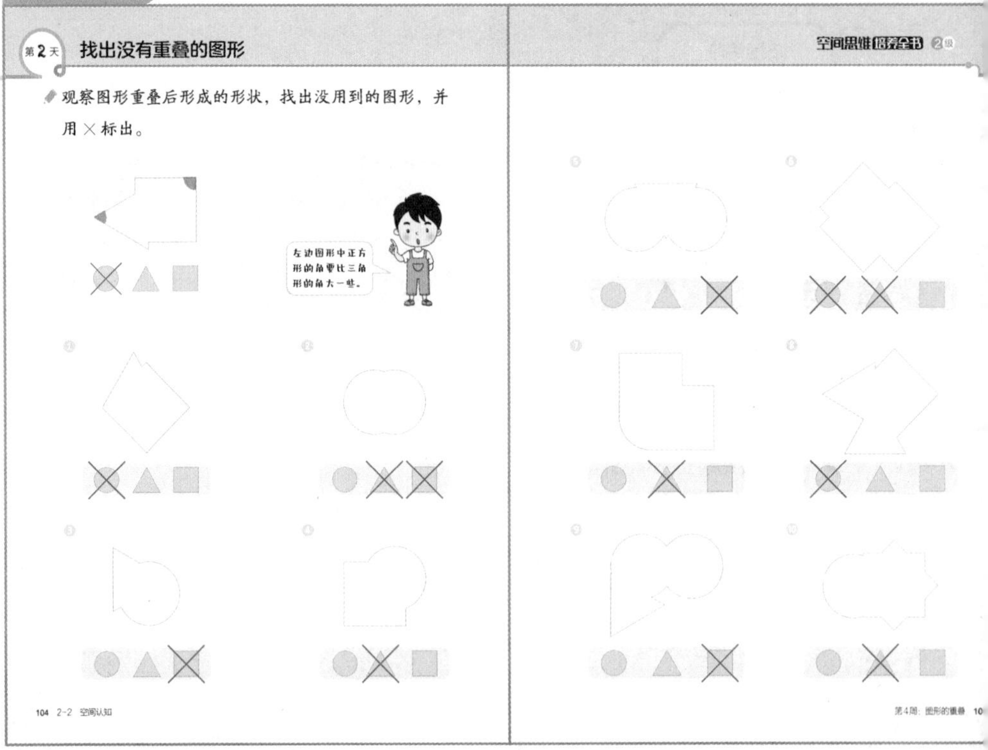
第2天 找出没有重叠的图形

空间思维培养全书 2级

观察图形重叠后形成的形状，找出没用到的图形，并用×标出。

左边图形中正方形的角要比三角形的角大一些。

104 2-2 空间认知

第4周：图形的重叠 10

P 106－107

第3天 数圆形

空间思维培养全书 2级

数出下列重叠的形状中大小相同的圆形的数量，并填入☐内。

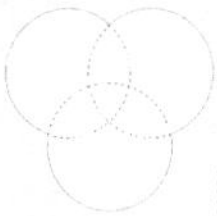

3

想象一下重叠部分的形状并画出来，就能知道有几个圆形了。

① 3
② 4
③ 4
④ 5
⑤ 3
⑥ 5
⑦ 6
⑧ 4
⑨ 5
⑩ 6

P 108－109

第4天 数三角形

空间思维培养全书 2级

数出下列重叠的形状中大小相同的三角形的数量，并填入☐内。

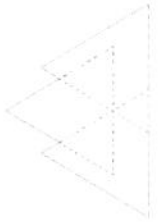

3

延长三角形的边，画出重叠的部分，就能看出有几个三角形了。

① 3
② 4
③ 4
④ 5 
⑤ 3
⑥ 4
⑦ 4
⑧ 4
⑨ 5
⑩ 4

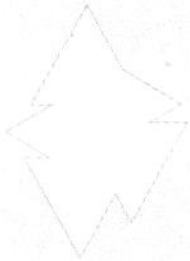

P 110－111

P 112

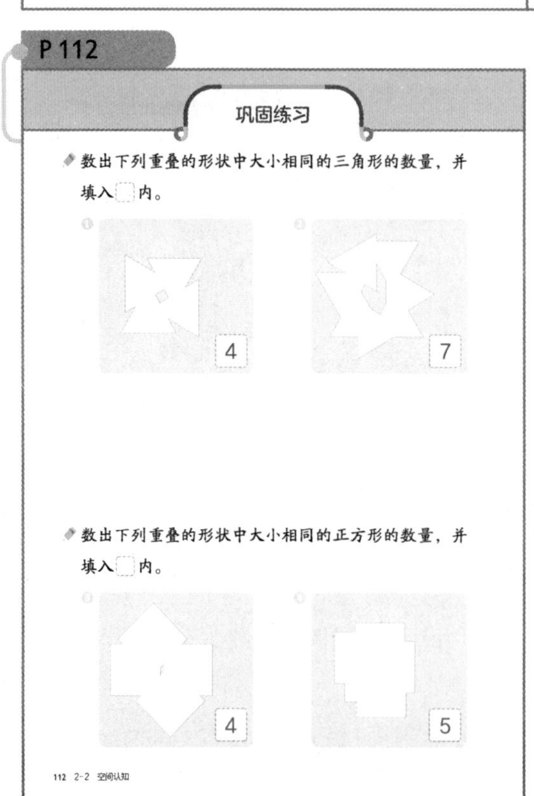

P 114-115

第1回 ： 评价测试

月 日
规定时间 10分钟
答对题目 /7

找出左边2张纸上下重叠后的样子，并用○标出。

❶

找出下列彩纸沿虚线对折后的形状，并用○标出。

❷

❸

找出从上面观察左边图形时看到的形状，并用○标出。

❹

❺

找出重叠后能够形成下列形状的图形，并用○标出。

❻ ❼

P 116-117

第2回 ： 评价测试

月 日
规定时间 10分钟
答对题目 /8

把2张打了孔的纸盖在印有图形的纸上，并用○标出从孔中看到的图形。

❶

❷

找出下列彩纸沿黑实线剪裁后再展开出现的形状，并用○标出。

❸

❹

找出从上面观察时看到的形状与其他3个不同的立体图形，并用×标出。

❺

❻

观察图形重叠后形成的形状，找出没用到的图形，并用×标出。

❼ ❽

P 118－119

第3回 ： 评价测试

月 日
规定时间 10分钟
答对题目 /10

用左边的纸盖住右边的纸，标出能看到的孔的位置。

❶

❷
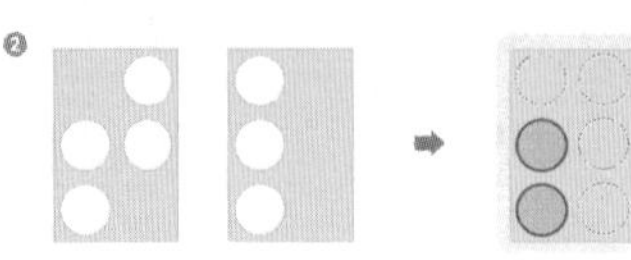

画出下列彩纸沿黑实线剪裁后再展开出现的形状。

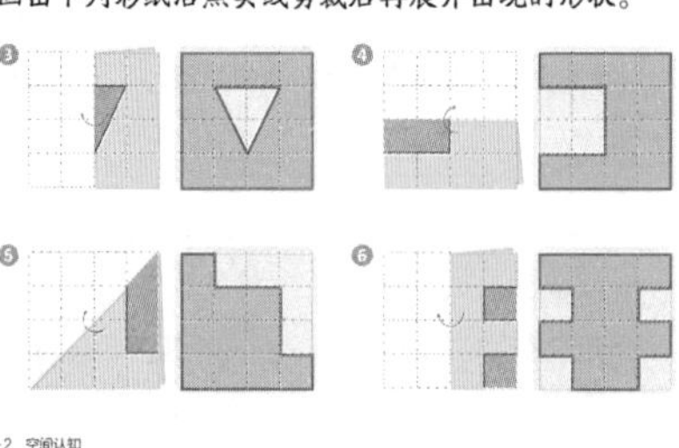

找出从前面观察左边图形时看到的形状，并用○标出。

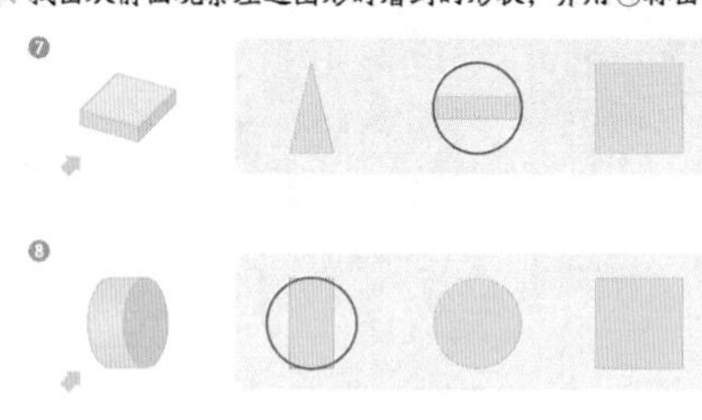

数出下列重叠的形状中大小相同的圆形的数量，并填入□内。

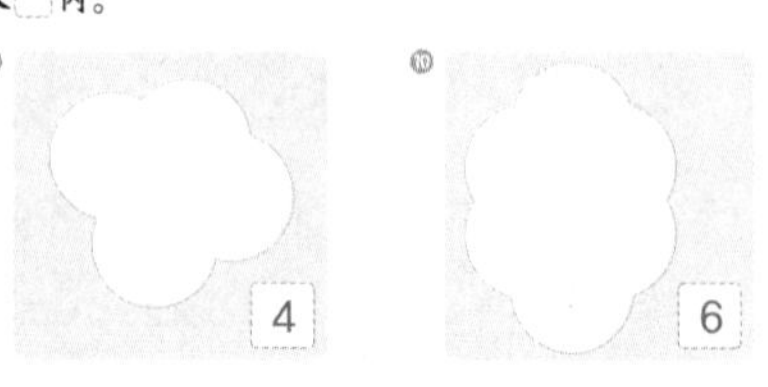

P 120－121

第4回 ： 评价测试

月 日
规定时间 10分钟
答对题目 /7

找出左边2张纸上下重叠后的样子，并用○标出。

❶
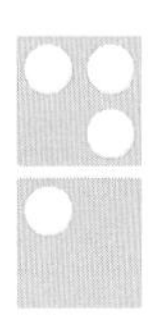

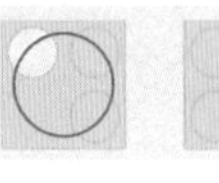

找出从前面观察时看到的形状与其他3个不同的立体图形，并用×标出。

找出下列彩纸沿黑实线剪裁后再展开出现的形状，并用○标出。

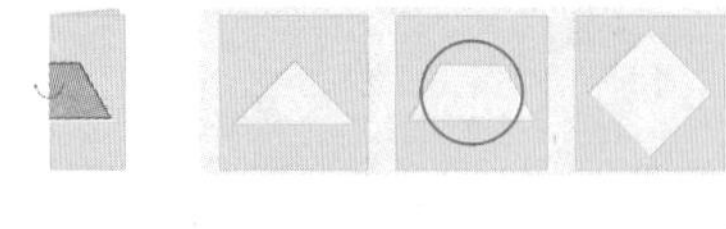

数出下列重叠的形状中大小相同的三角形的数量，并填入□内。

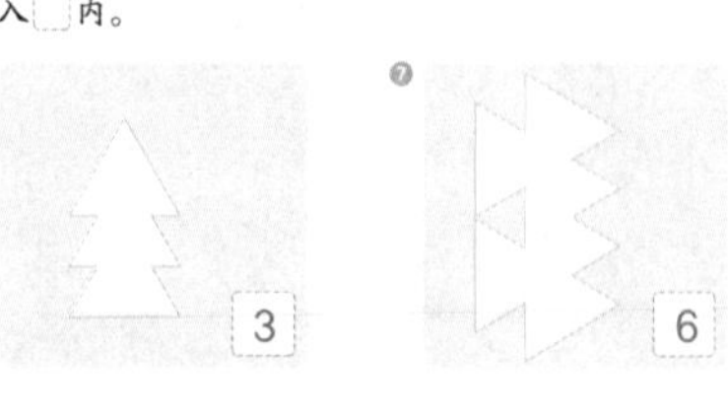

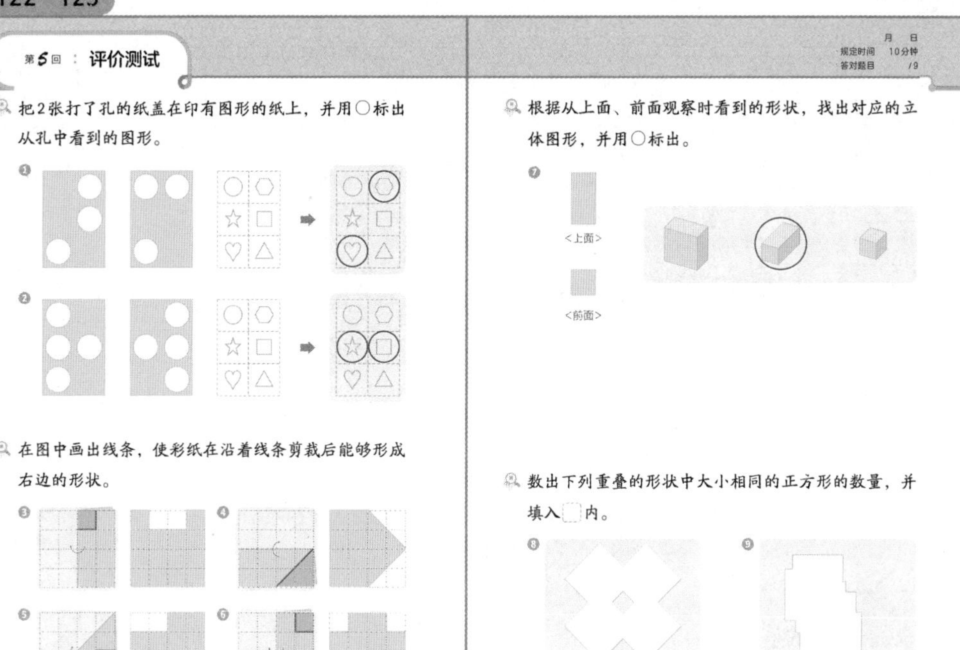
第5回 : 评价测试
月 日
规定时间 10分钟
答对题目 /9
把2张打了孔的纸盖在印有图形的纸上，并用〇标出从孔中看到的图形。
在图中画出线条，使彩纸在沿着线条剪裁后能够形成右边的形状。
根据从上面、前面观察时看到的形状，找出对应的立体图形，并用〇标出。
<上面>
<前面>
数出下列重叠的形状中大小相同的正方形的数量，并填入□内。
4
6
122 2-2 空间认知
评价测试 123

［韩］C2M教育研究所/编　［韩］赵润雨/译

空间思维培养全书

2-3 平面规则 图形制作

己级

山东人民出版社·济南
国家一级出版社　全国百佳图书出版单位

《空间思维培养全书》

图形学习法

追求快速而准确的运算、对公式死记硬背与“套用”，将这样的学习方法作为重中之重的数学教育时代似乎正接近尾声。当下，只要掌握了最基础的数学原理以及搜索引擎的使用方法，我们就可以比以往任何时候都更加轻松、简单地求解一些数学问题。尽管如此，在数学领域中仍然有很多只能依靠人类的亲身经验与独立思考，而不是通过计算器或简单的搜索才能解决的问题。

相较于数理能力或语言能力，孩子们掌握的空间能力与他们在未来的创造力、革新能力方面的关系更加紧密。这里所说的空间能力，是指对二维或三维物体进行视觉化或操作的能力。但最大的问题在于，相比其他能力来说，空间能力的学习很难在短时间内得到有效提高。

2022年版义务教育数学课程标准确立了数学课程核心素养，其中，空间观念是数学核心素养的主要表现之一。空间观念有助于孩子们理解现实生活中空间物体的形态与结构，是形成空间想象力的经验基础。不过，不同的先天能力以及婴幼儿时期相异的学习经历，自然会导致孩子们在空间能力的掌握方面出现巨大的差距。而目前的现实是，关于空间能力的学习大多只是对不同图形或空间的简单体验，没有进一步提供解决空间问题所需的方法论或更多的实践。

这种情况带来的后果，就是在掌握空间能力方面，不同学生之间的差距越来越大，最终导致一些孩子因不熟悉图形而出现惧怕学习数学的现象。

基于这样的问题意识，我们在孩子们认识、学习图形的三个阶段中，选取了培养空间能力最为关键的学前、小学阶段，针对性地研发了新型图形练习书《空间思维培养全书》。编写团队以儿童的年龄特点以及学前教育、小学课程中的核心图形原理为基础，设计了更加科学、系统的图形学习方法，将图形细分为“平面规则”“图形制作”“立体设计”“空间认知”四大类别，循序渐进地提升孩子的空间智能，帮助孩子轻松打好数学学习的基础。

由于20世纪的人们在解决数学问题时更多地需要亲自计算，因此之前的数学教育更加侧重数理能力的学习。与此相反，在当今社会，利用空间能力来设计可知的未来将成为之后数学教育的新目标。然而，对于没有既定公式或指定解题方法的图形学习来说，许多孩子感到不知所措。我们期待《空间思维培养全书》图形练习书可以在空间能力提升方面为这些孩子提供学习指南。

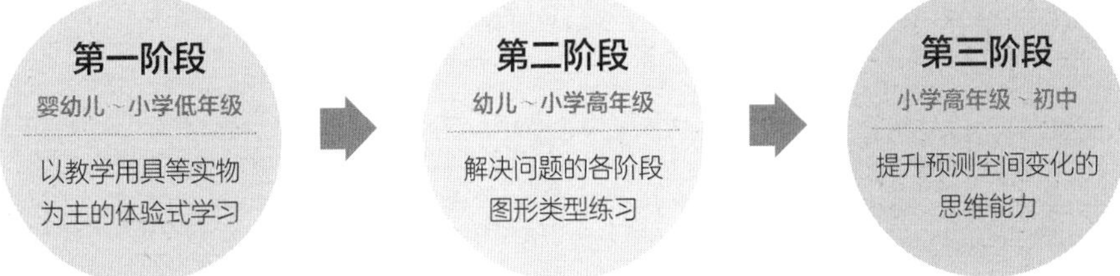

目录

2-3　平面规则

第1周：圆形与多边形　3

第2周：画一画　15

第3周：数一数　27

第4周：画图形　39

评价测试　51

2-3　图形制作

第1周：量长度　65

第2周：七巧板　77

第3周：长度的和与差　89

第4周：制作图形　101

评价测试　113

2级

空间思维培养全书

2-3 平面规则

《空间思维培养全书》的结构与学习方法

· 每天花10分钟完成2页图形练习，轻松无负担！
· 每周5天进行每日练习，第5天再对每周重点图形进行巩固练习。
· 共5回评价测试，逐步提升空间能力！

每周学习内容

每日练习：
“小数学家”们的重点练习，通过给出的提示完成阶段性学习。

巩固练习：
复习重点内容，完成一周的学习。

周	第1天	第2天	第3天	第4天	第5天/巩固练习
第1周	第4～5页	第6～7页	第8～9页	第10～11页	第12～14页
第2周	第16～17页	第18～19页	第20～21页	第22～23页	第24～26页
第3周	第28～29页	第30～31页	第32～33页	第34～35页	第36～38页
第4周	第40～41页	第42～43页	第44～45页	第46～47页	第48～50页

评价测试内容

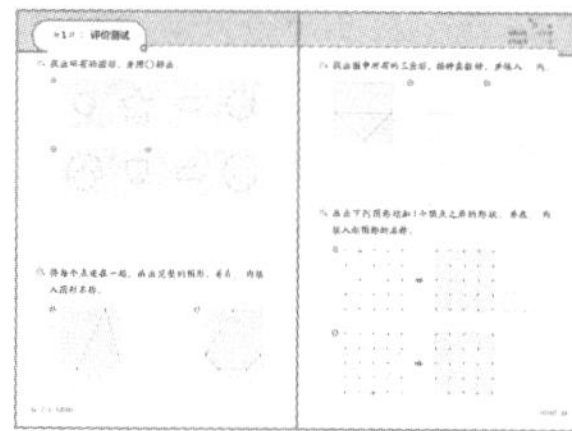

评价测试：
对4周的学习内容进行评价，看看自己在哪一方面还存在不足。

评价测试

第1回	第2回	第3回	第4回	第5回
第52～53页	第54～55页	第56～57页	第58～59页	第60～61页

第1周

圆形与多边形

第1天：找圆形 …… 4

第2天：边与顶点 …… 6

第3天：找三角形 …… 8

第4天：找四边形 …… 10

第5天：找相同，连一连 …… 12

巩固练习 …… 14

第1天 找圆形

找出所有的圆形，并用○标出。

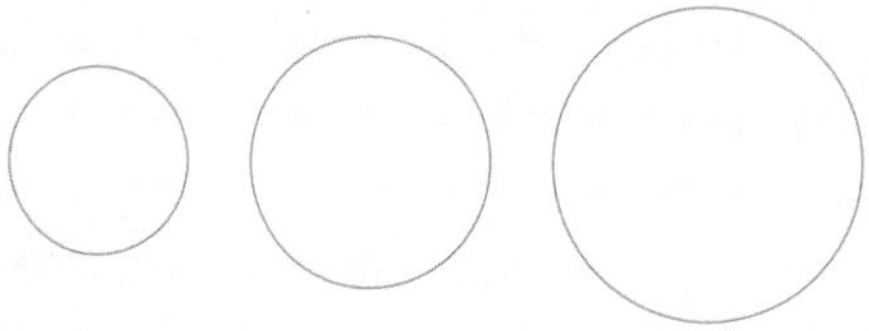

不论从哪个方向看都一样圆滚滚的图形是圆形！

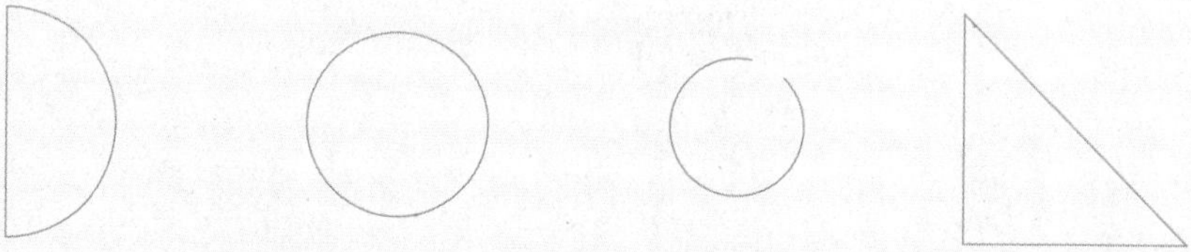

❶

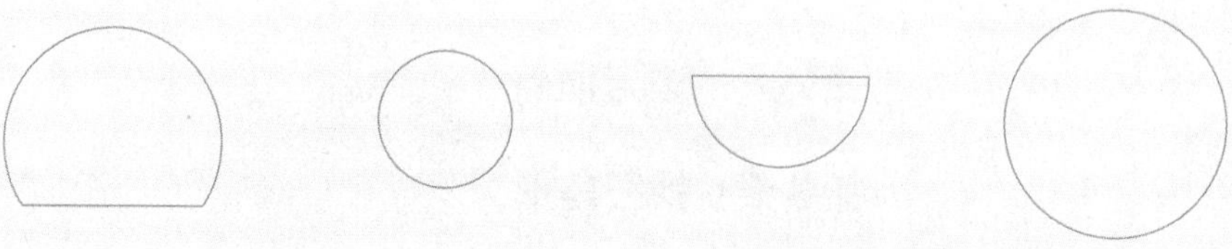

❷

❸

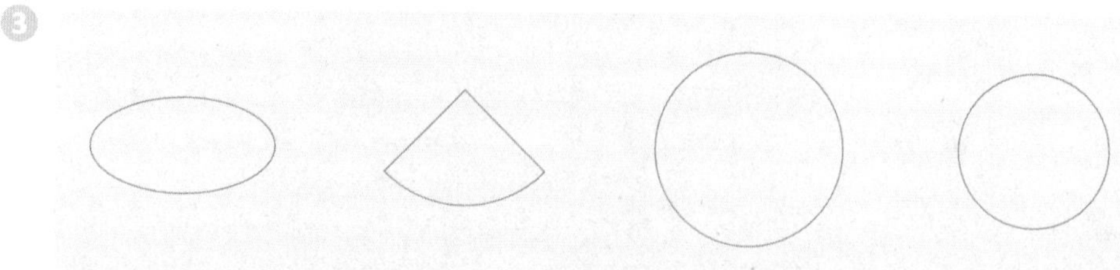

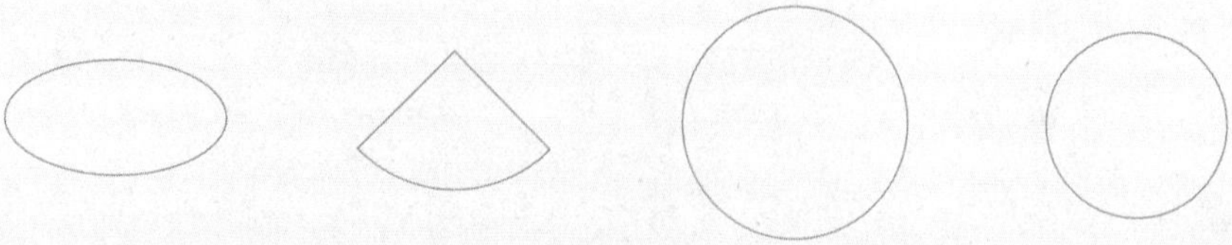

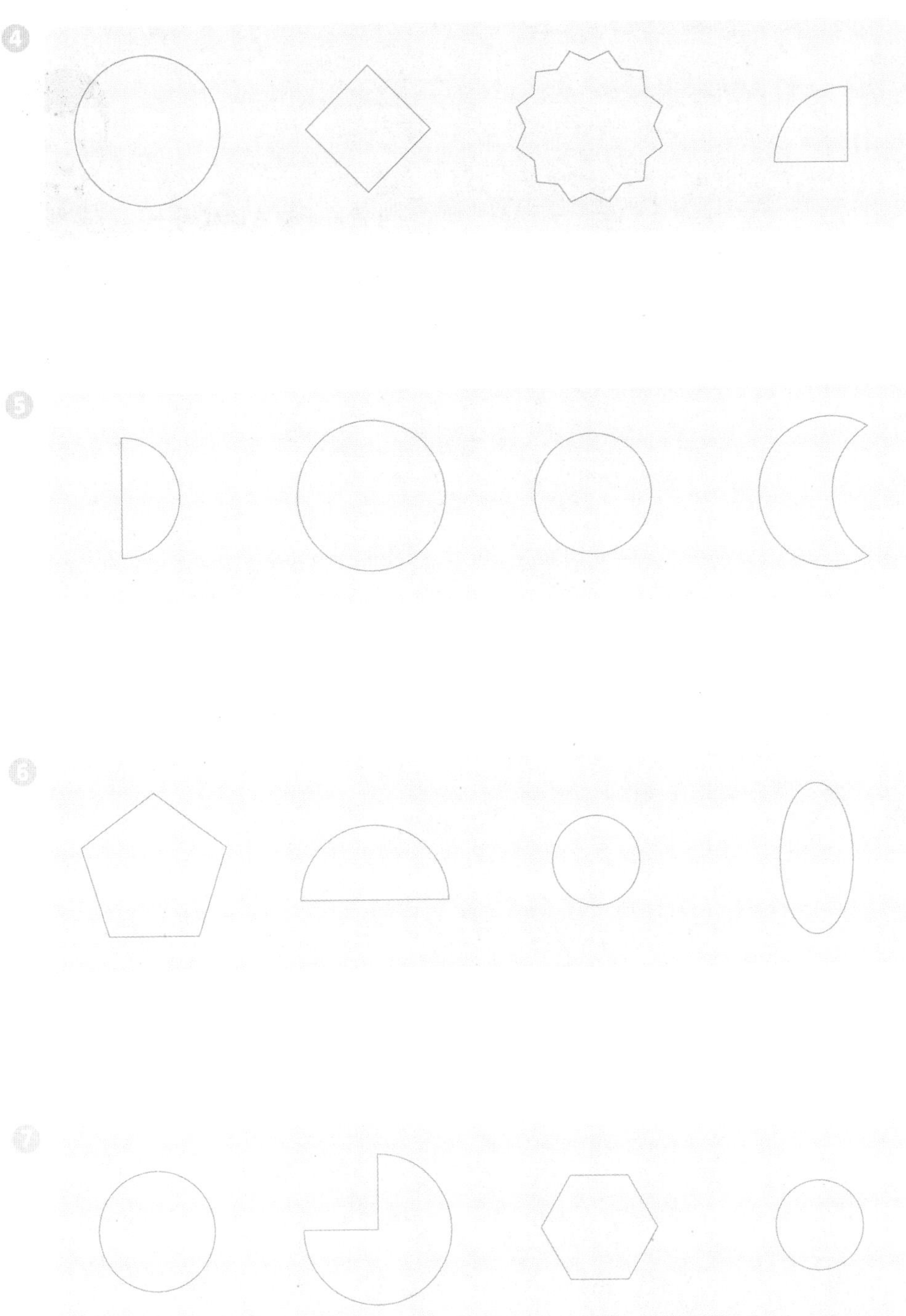

边与顶点

数出图形的边与顶点的个数，并填入□内。

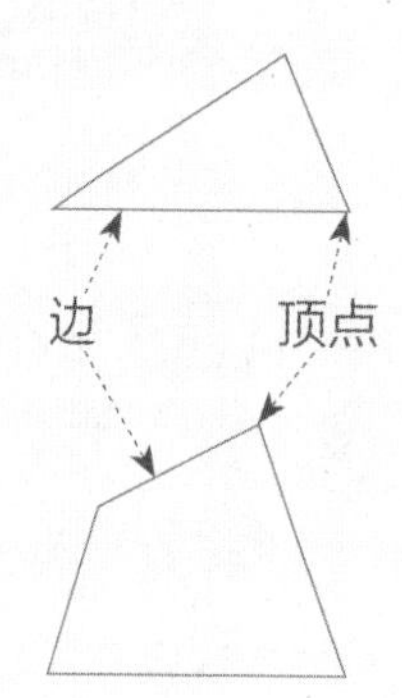

1

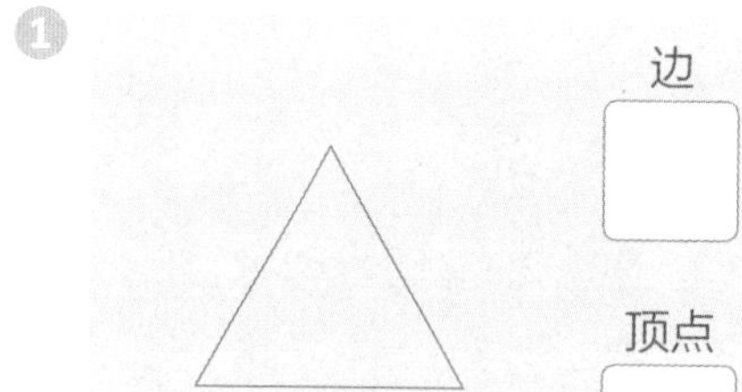

2

3

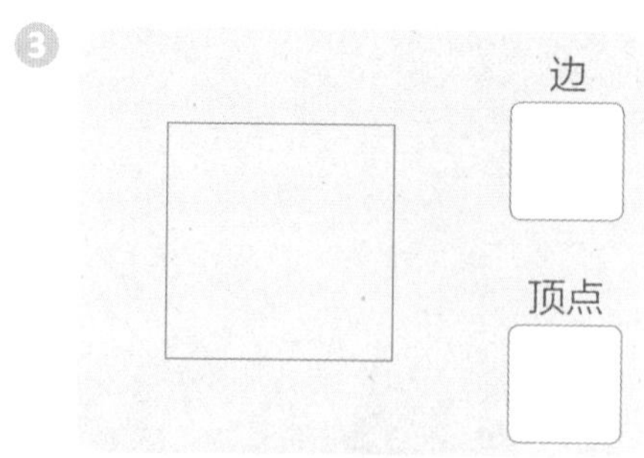

4

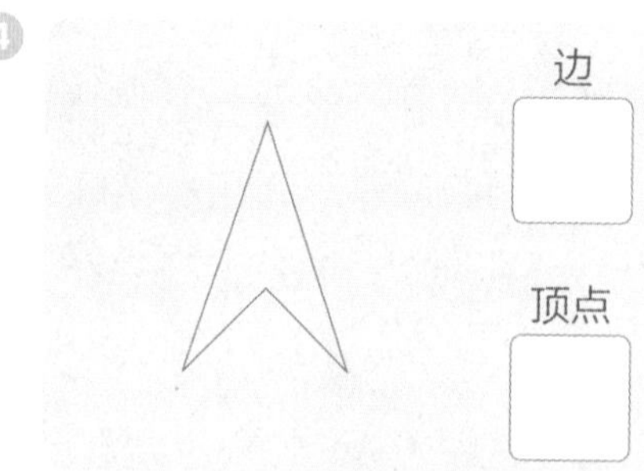

5
边
顶点

6
边
顶点

7
边
顶点

8
边
顶点

9
边
顶点

10
边
顶点

找三角形

找出所有的三角形，并用○标出。

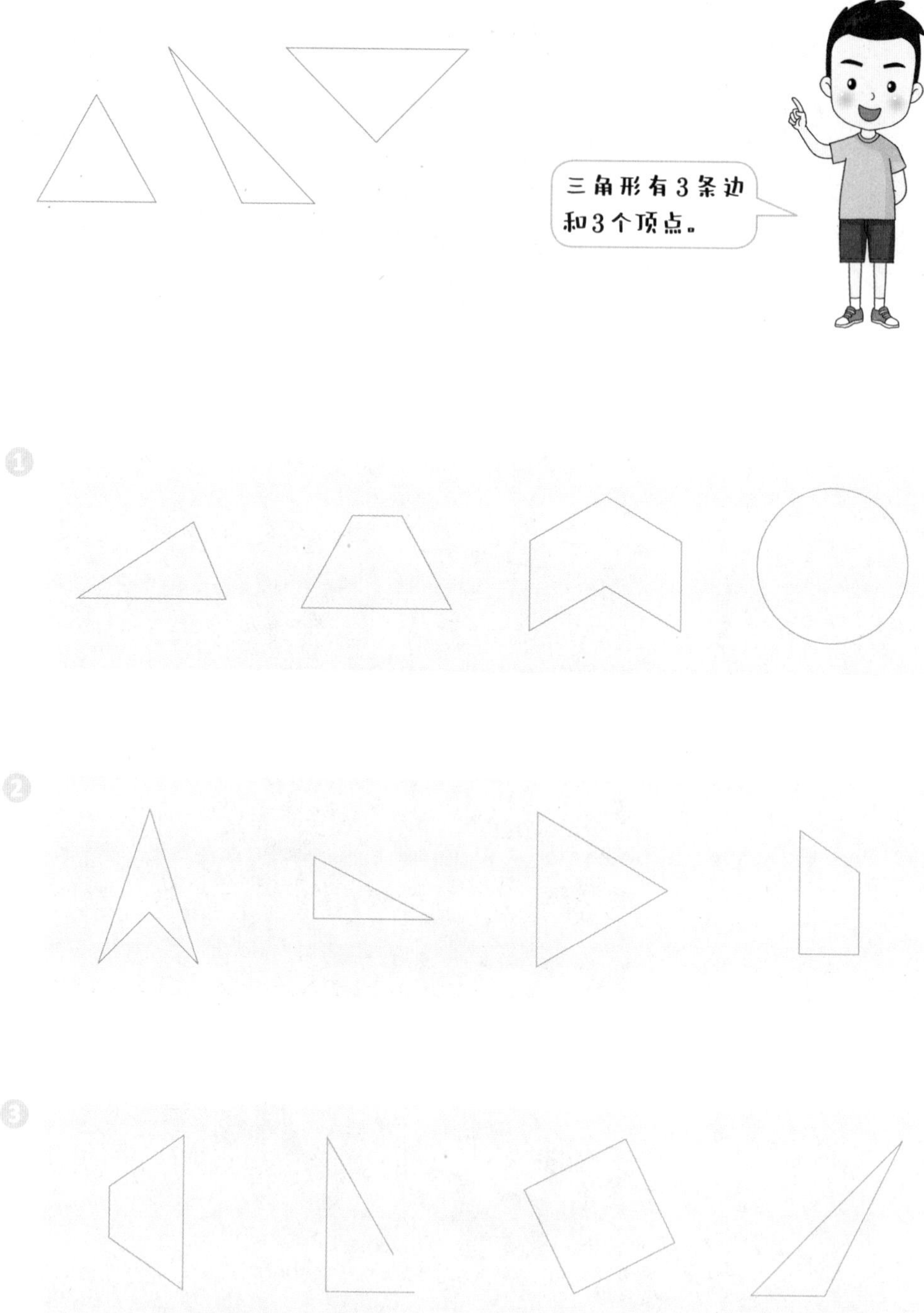

4
5
6
7

找四边形

找出所有的四边形，并用○标出。

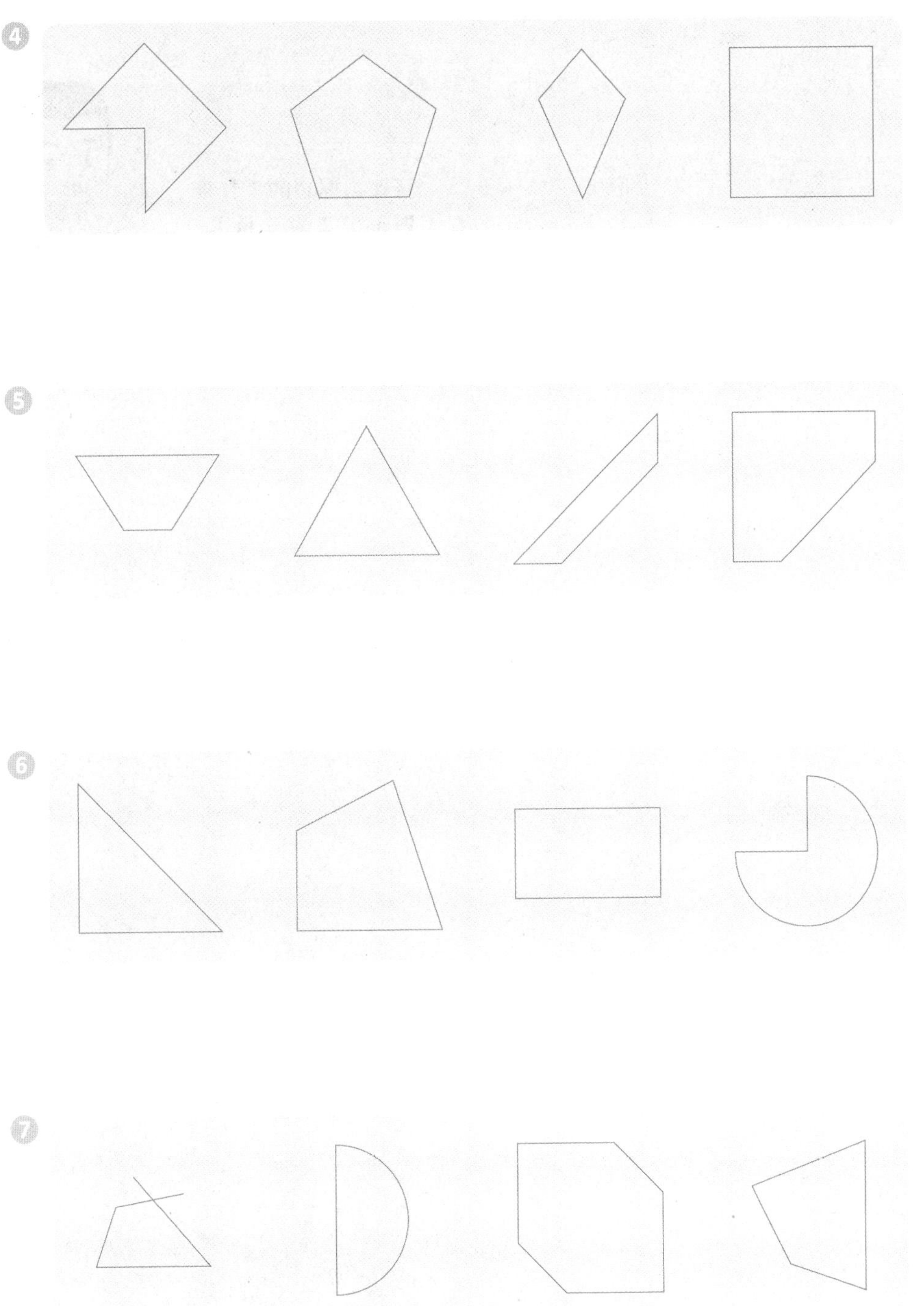
4
5
6
7

第5天 找相同，连一连

找出同类的图形，并将它们连在一起。

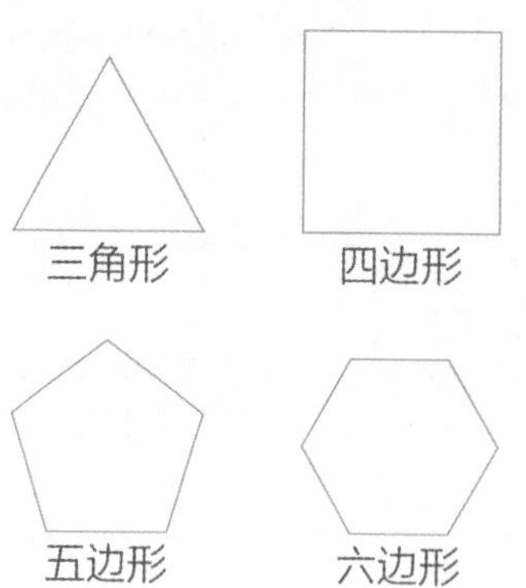

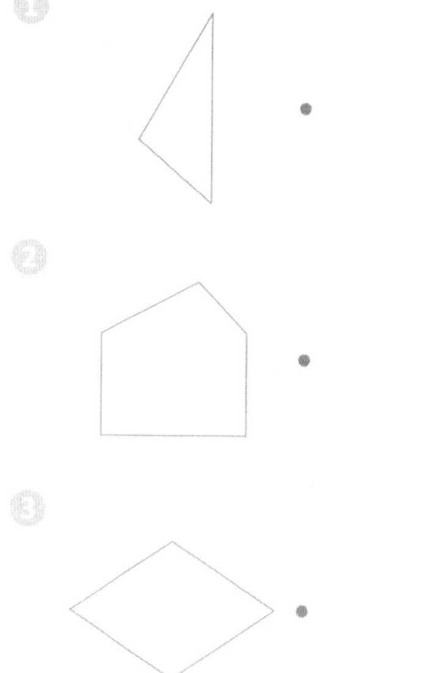

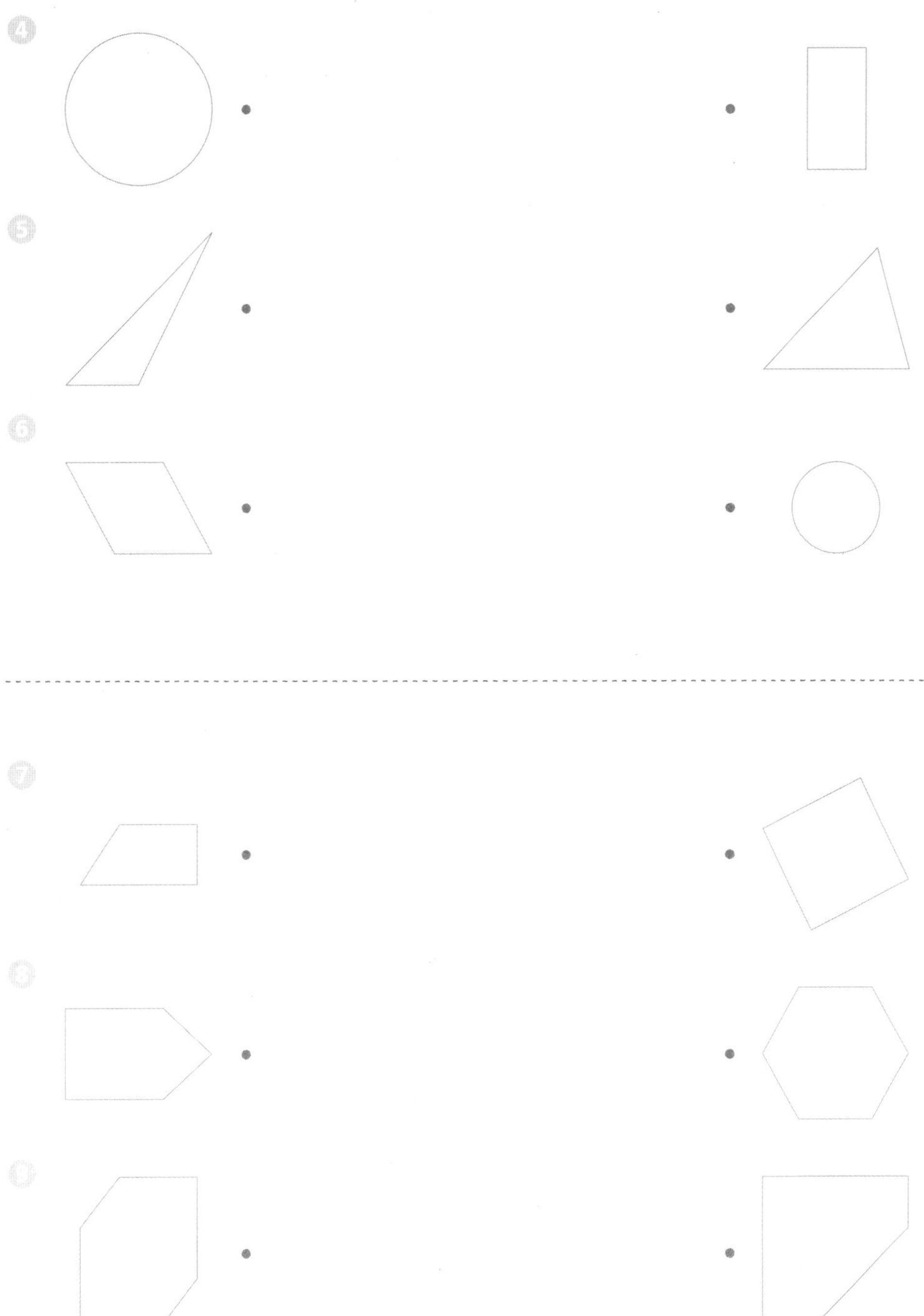

巩固练习

找出所有的三角形，并用○标出。

找出所有的四边形，并用○标出。

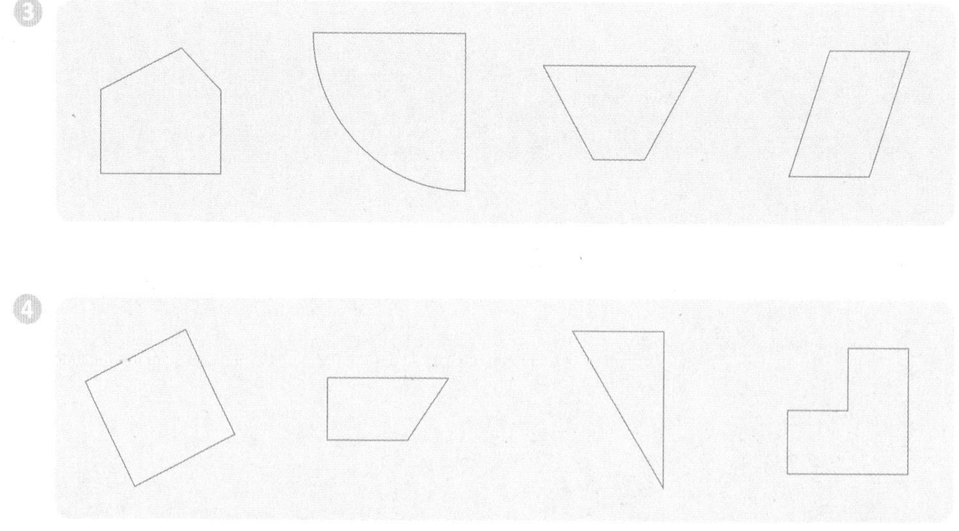

第2周

画一画

第1天：画圆形 16
第2天：连一连，画一画（1） 18
第3天：连一连，画一画（2） 20
第4天：连一连，画一画（3） 22
第5天：延长线段，完成图形 24
巩固练习 26

第1天 画圆形

画出完整的圆形。

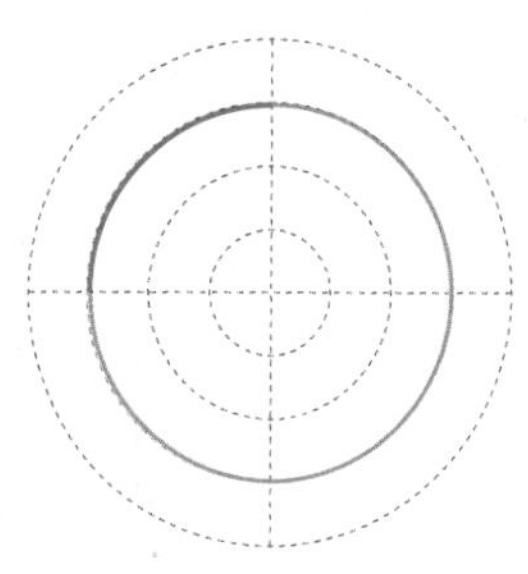

1

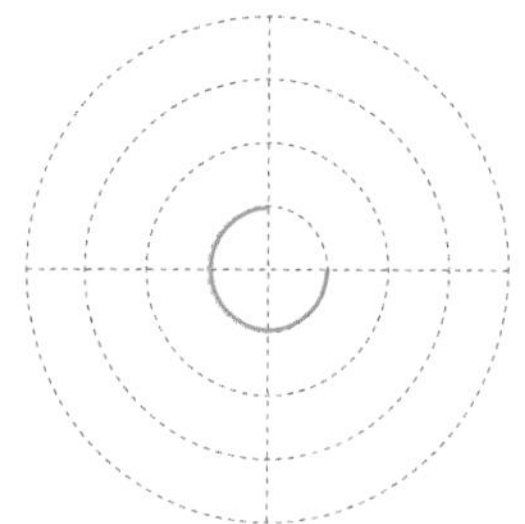

2

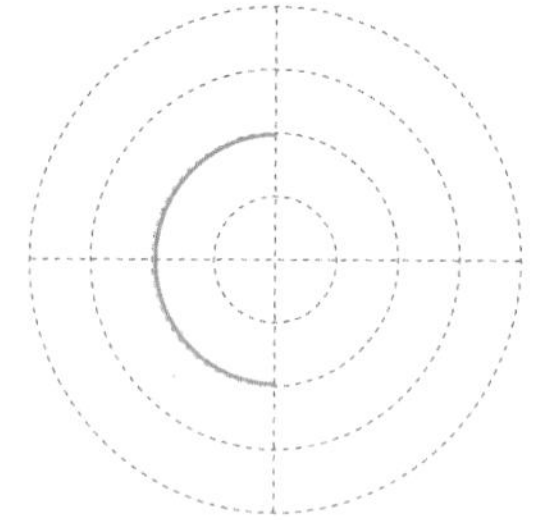

3

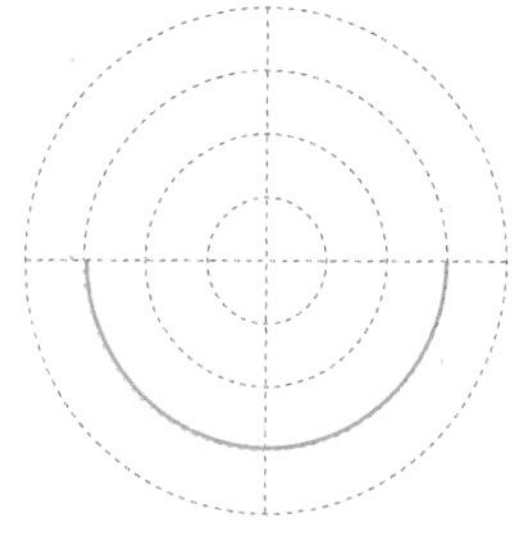

4

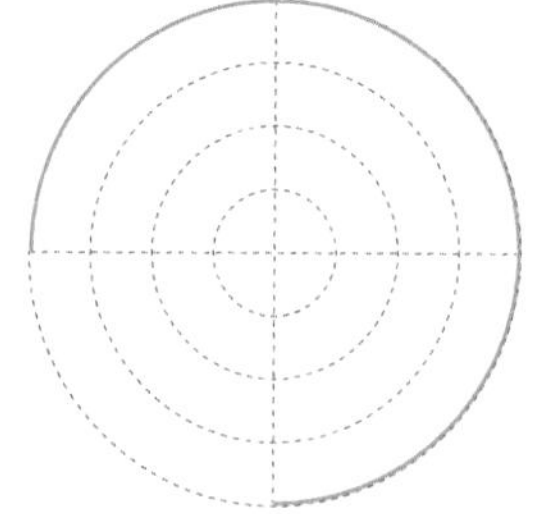

⑤

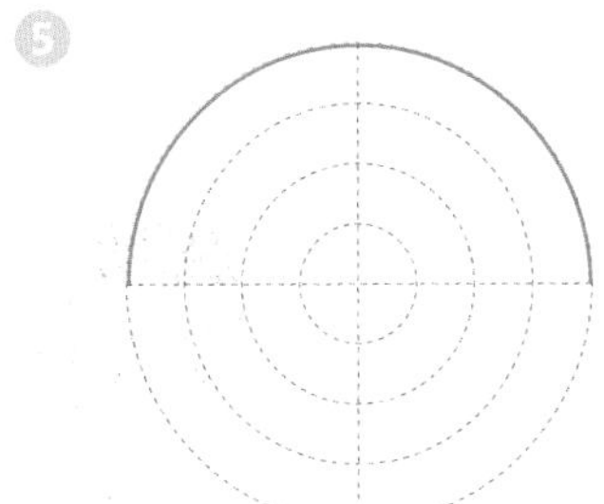

⑥

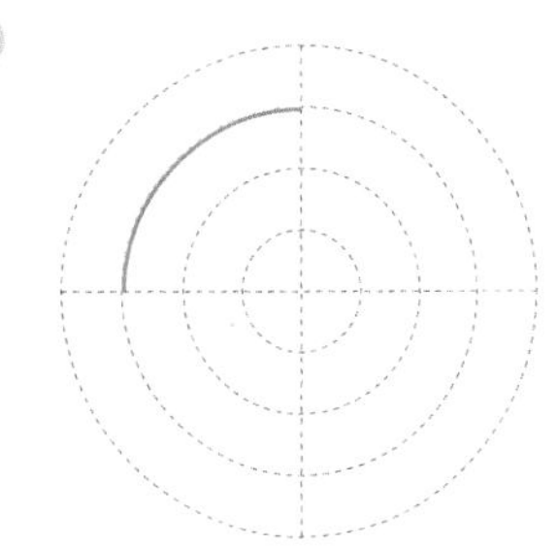

⑦

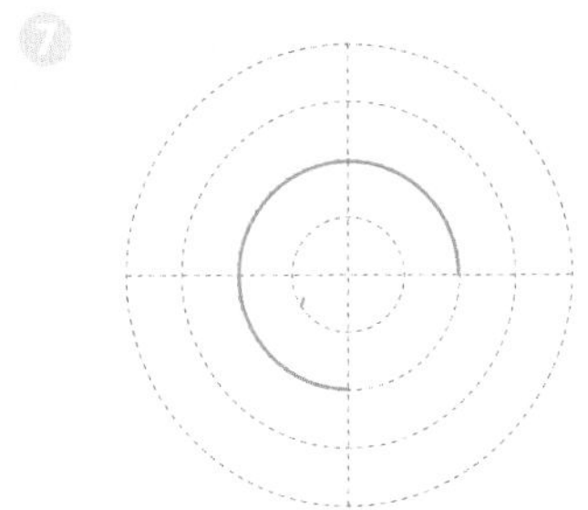

⑧

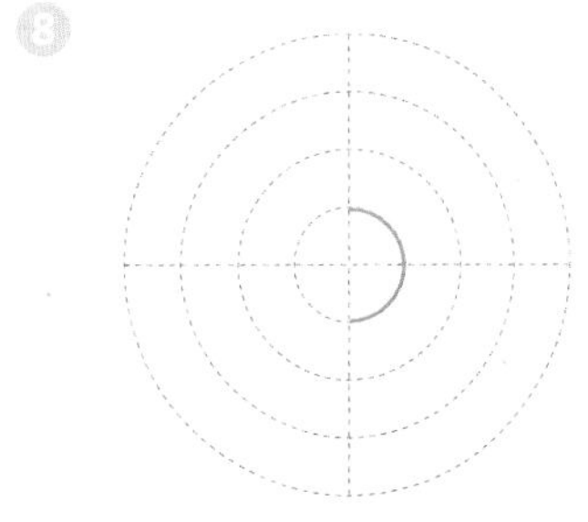

⑨

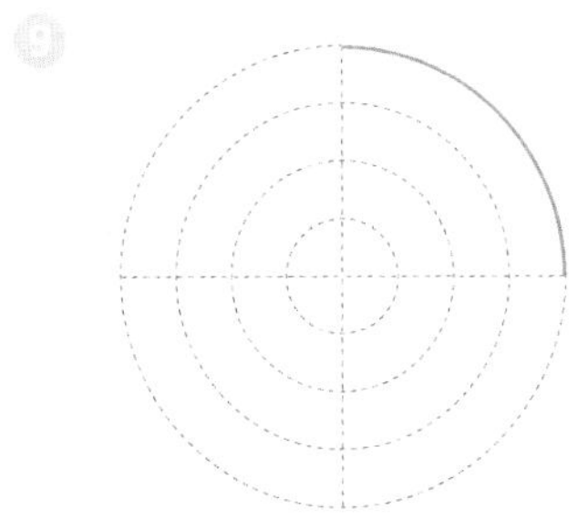

⑩

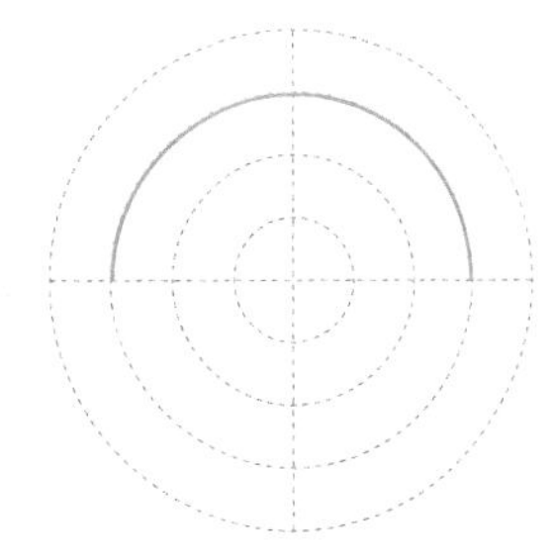

第2天 连一连，画一画(1)

将每个点连在一起，画出完整的图形，并在□内填入图形名称。

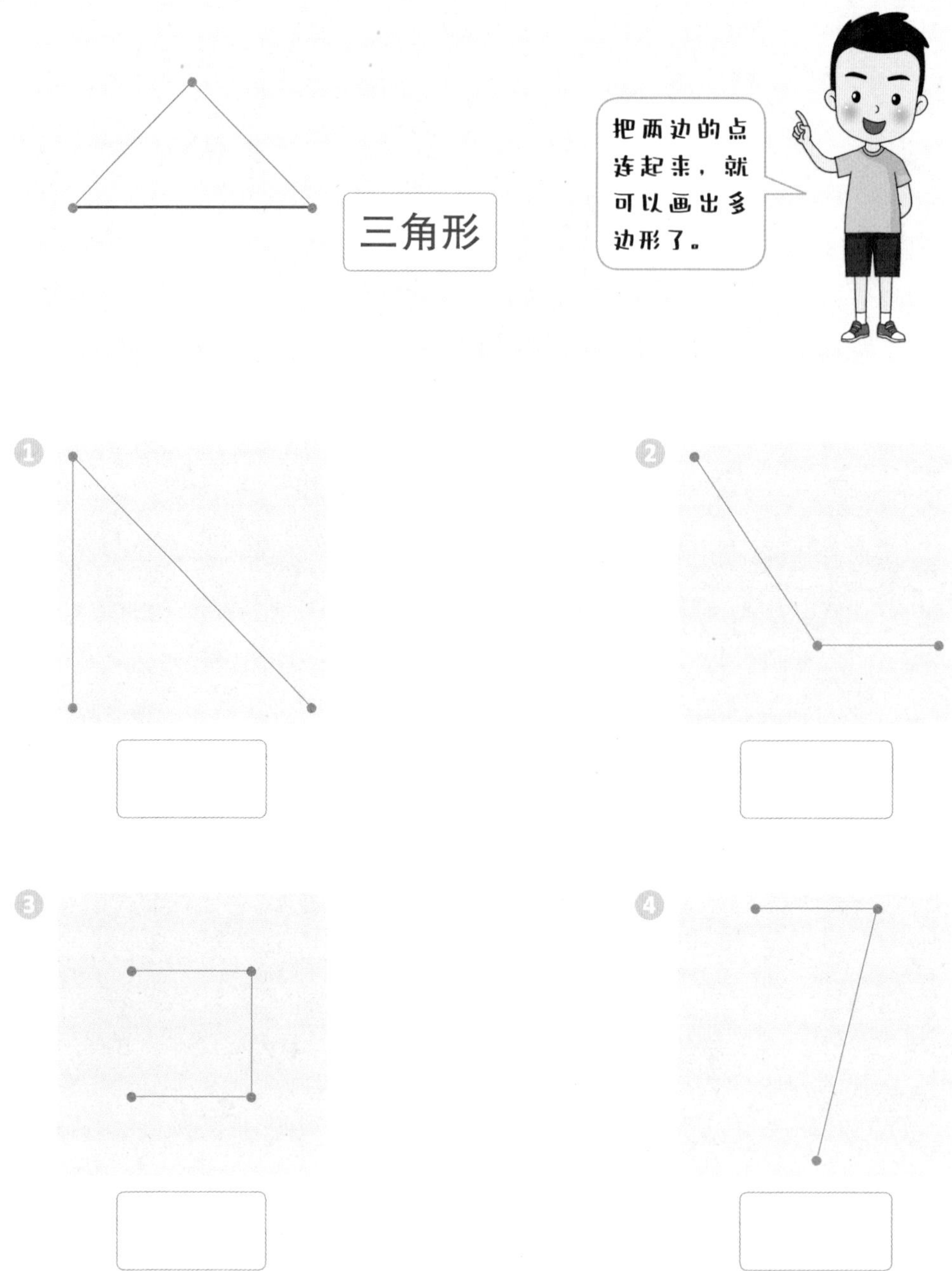

5

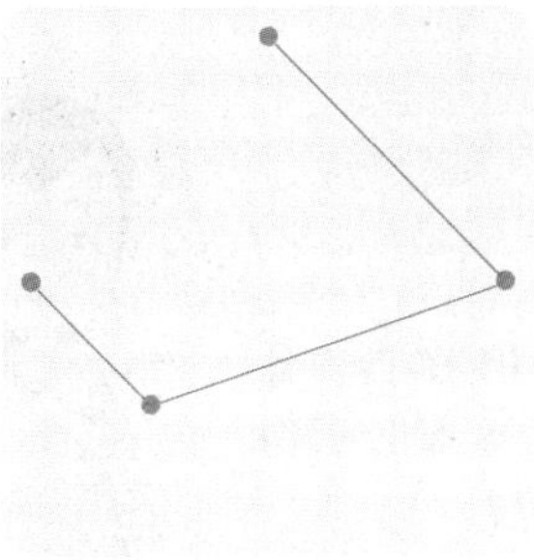

6

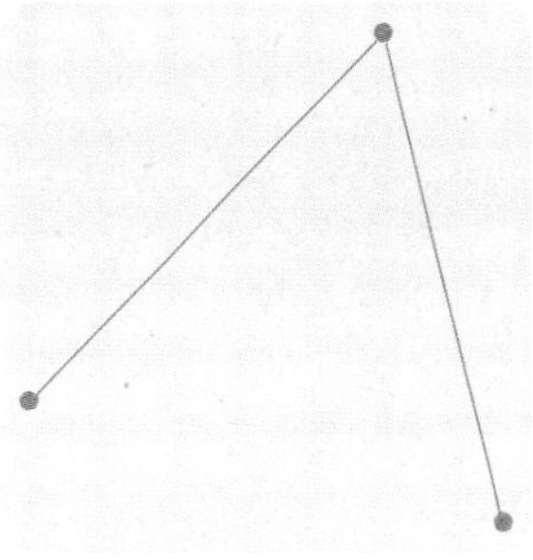

7

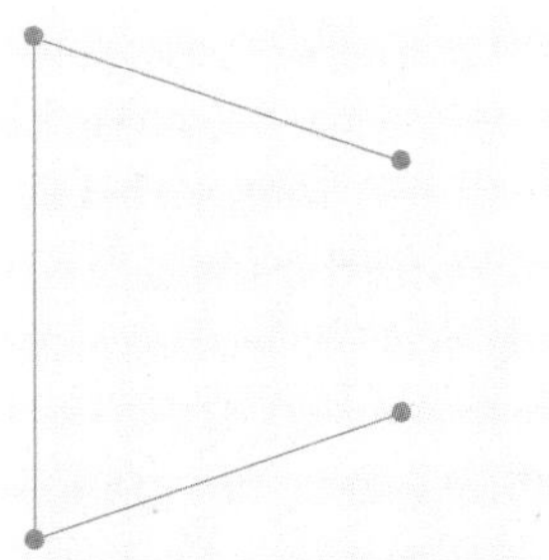

8

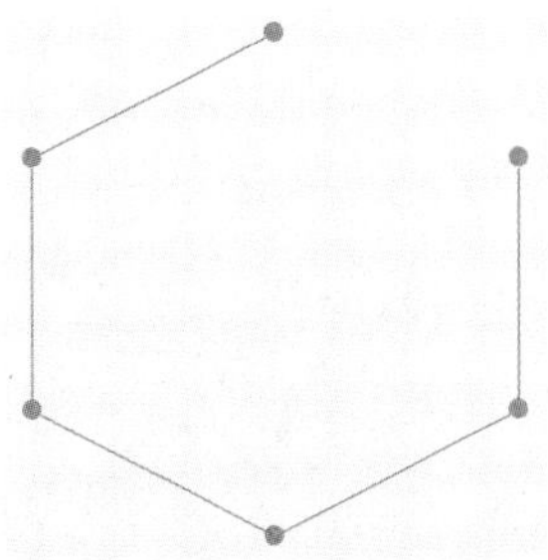

9

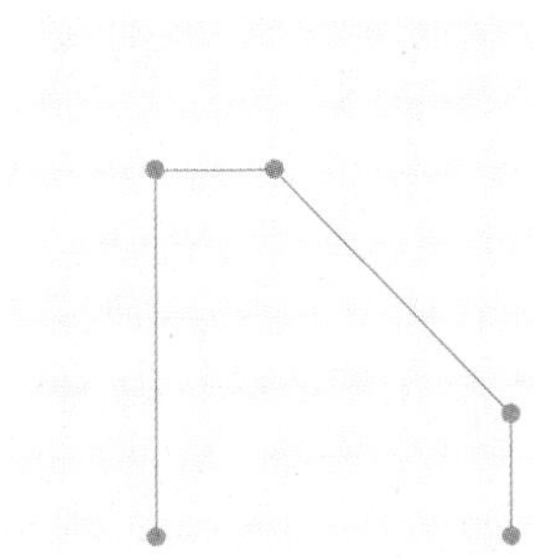

10

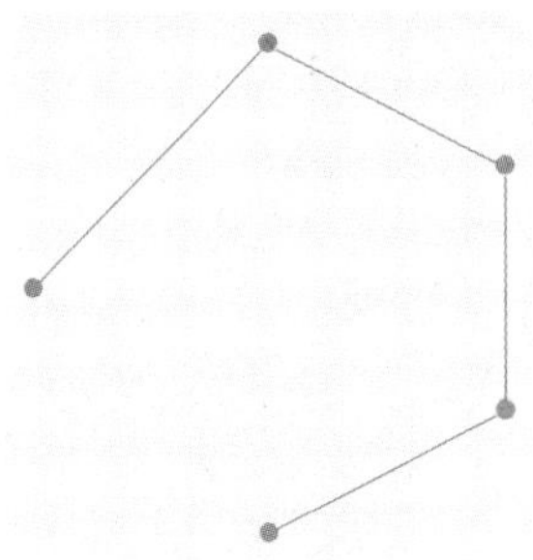

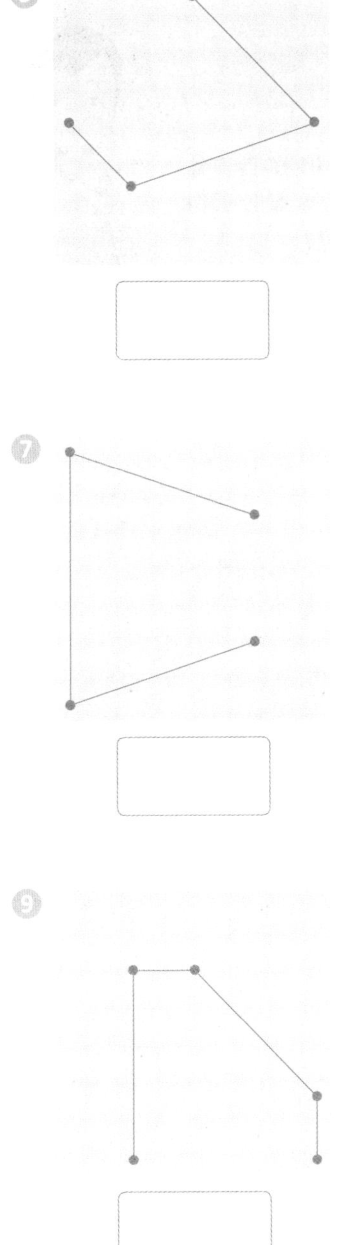

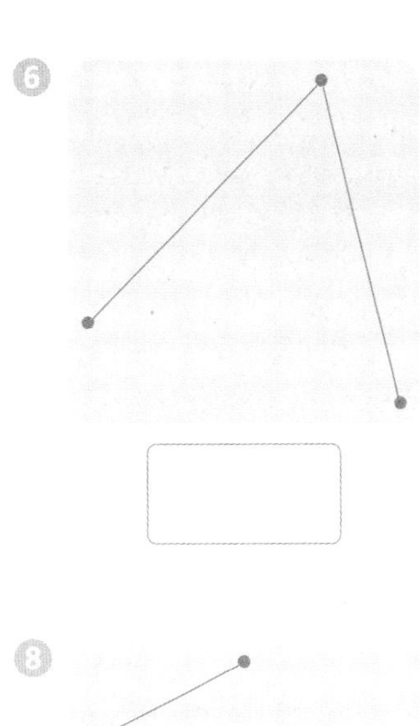

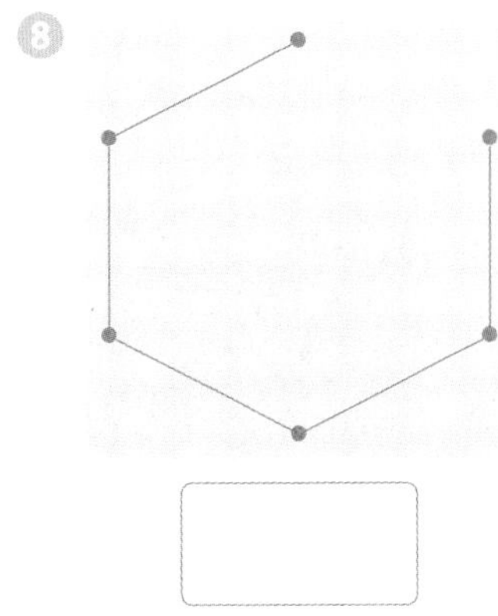

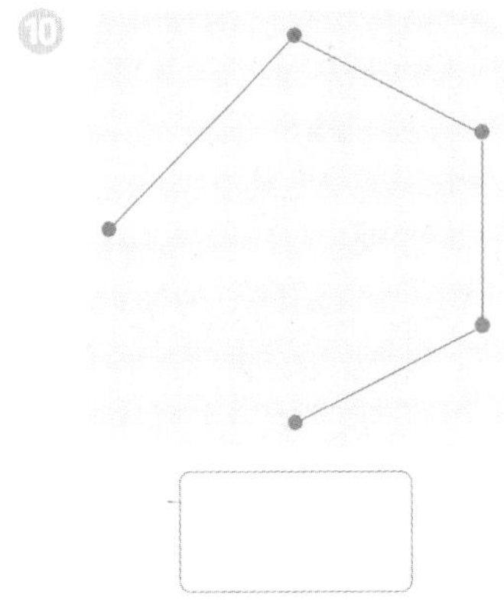

连一连，画一画(2)

将每个点连在一起，画出完整的图形，并在□内填入图形名称。

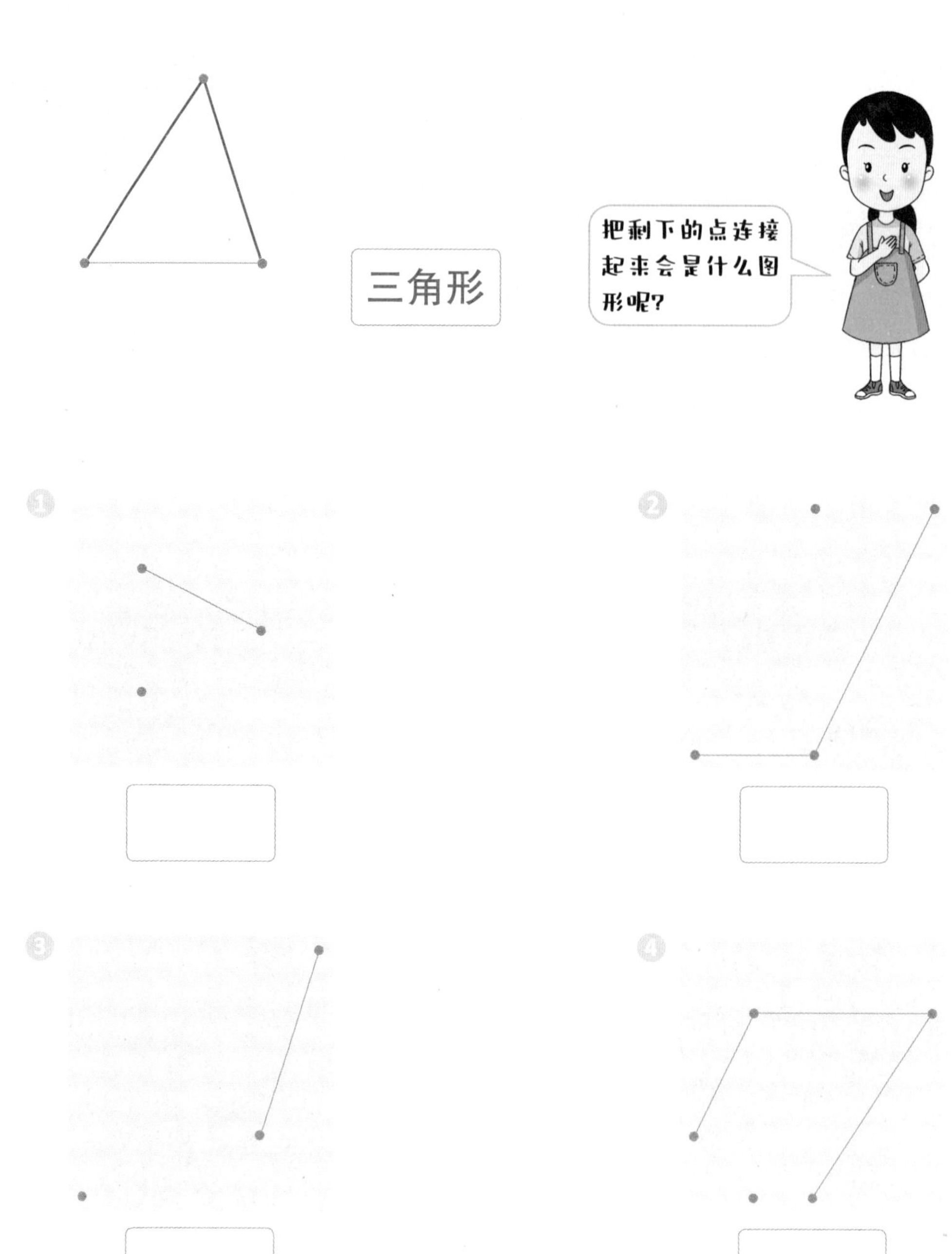

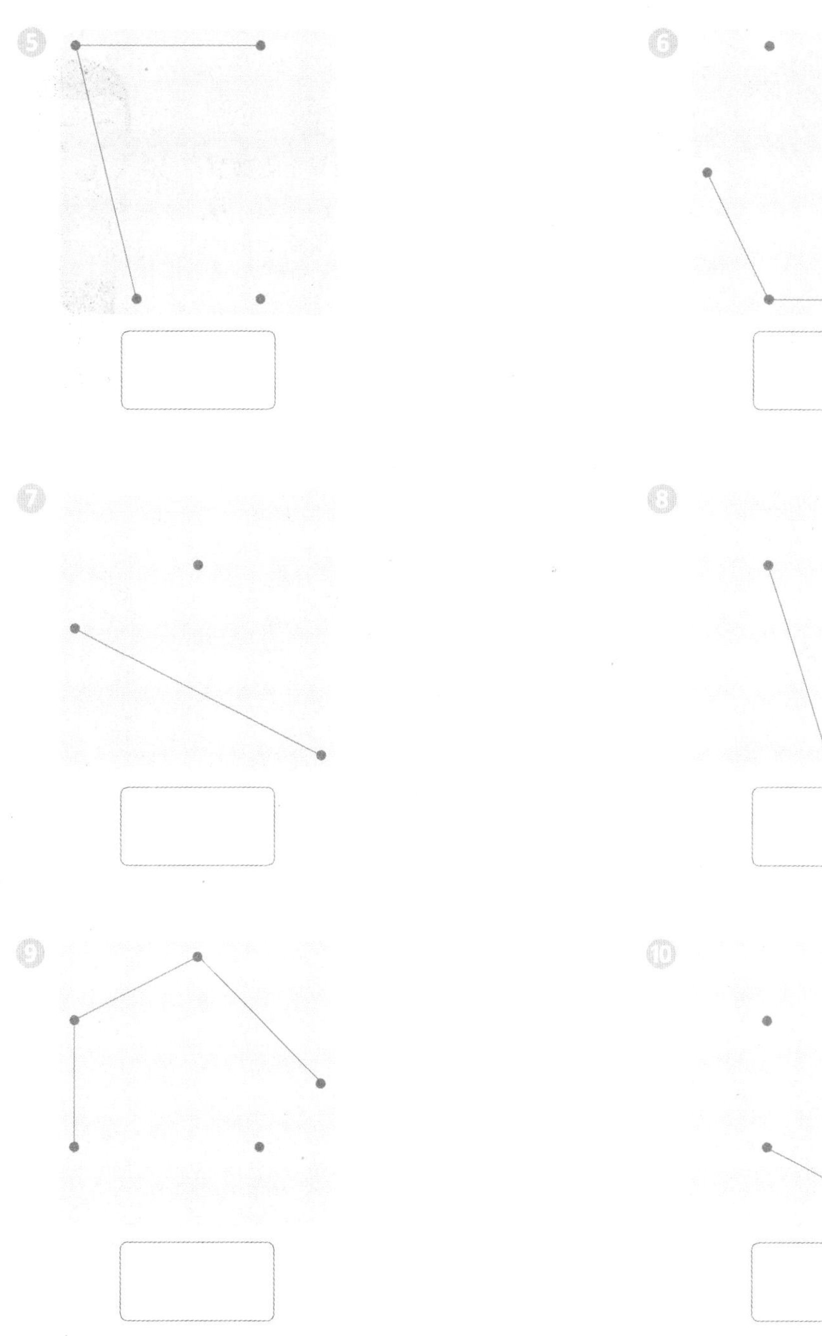
5
6
7
8
9
10

连一连，画一画(3)

将每个点连在一起，画出完整的图形，并在□内填入图形名称。

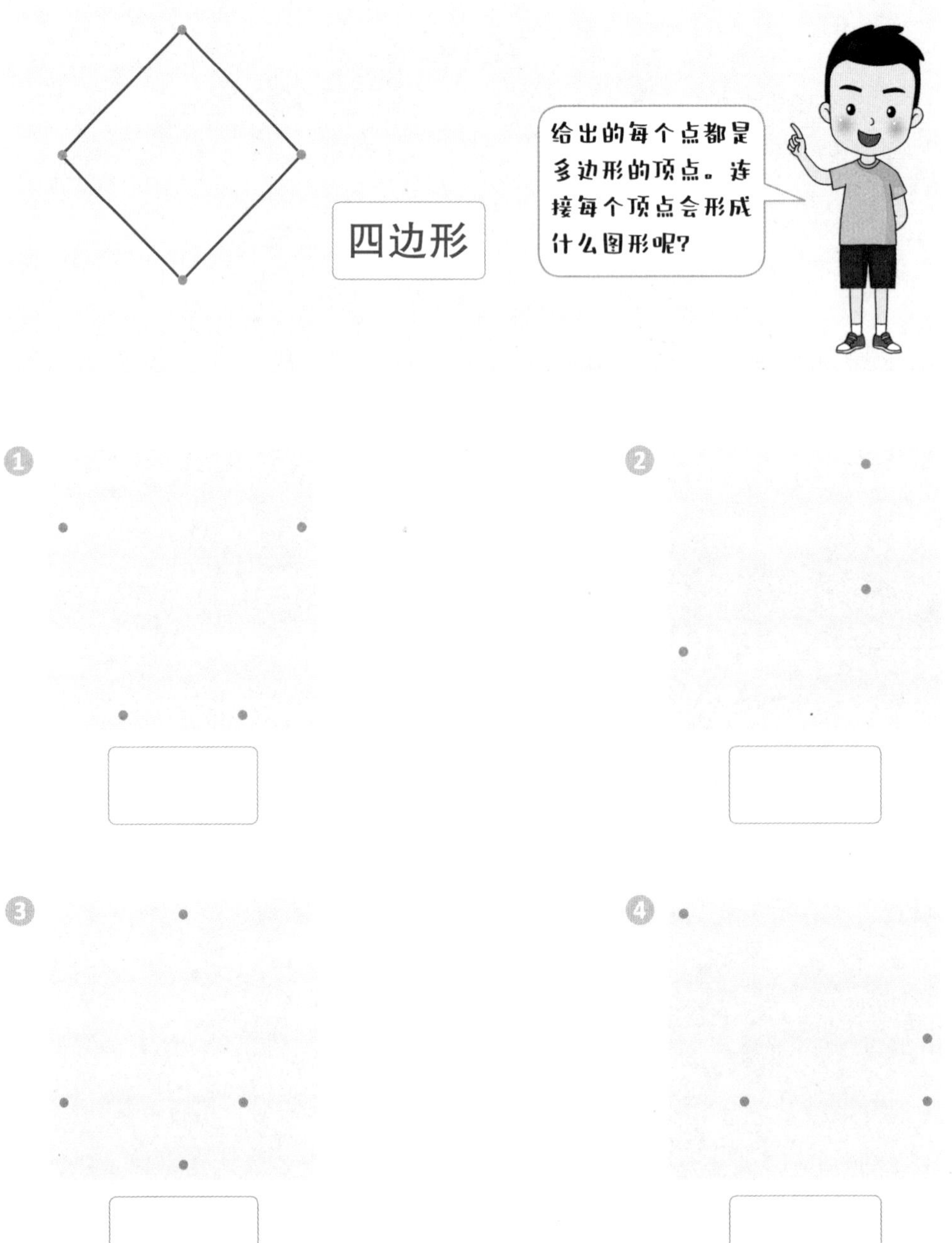

⑤

⑥

⑦

⑧

⑨

⑩

延长线段，完成图形

延长图形中的线段，画出完整的图形，并在□内填入图形名称。

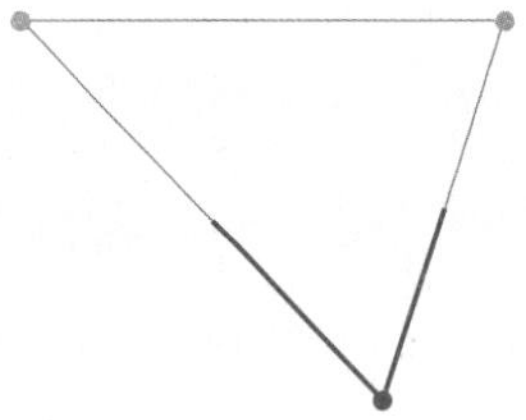

三角形

延长那些断开的线段，看看原来是什么图形吧！

①

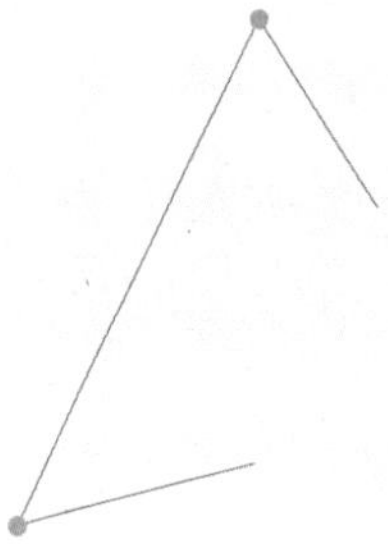

②

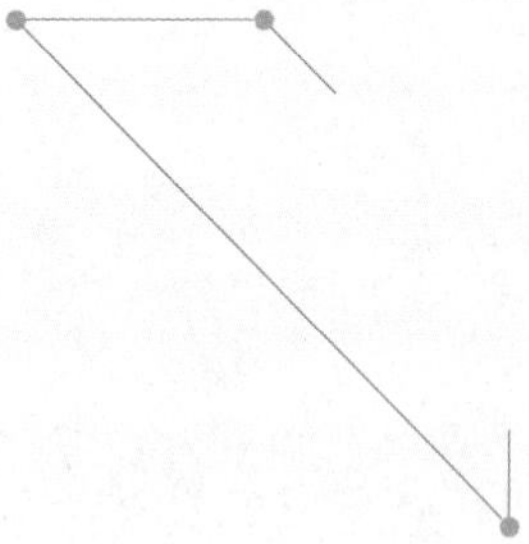

③

④

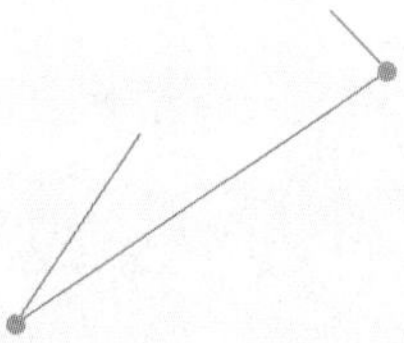

5

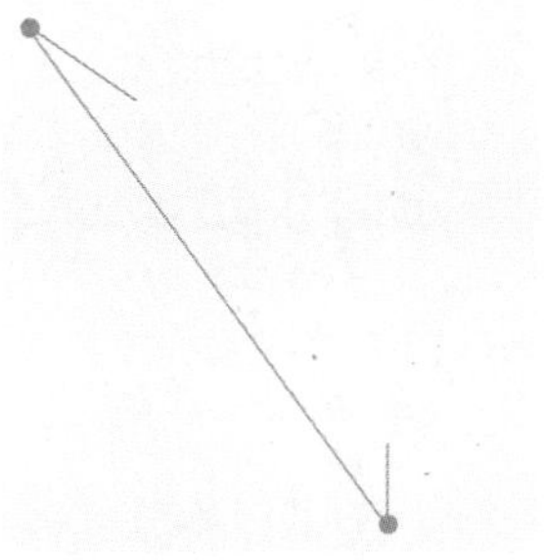

6

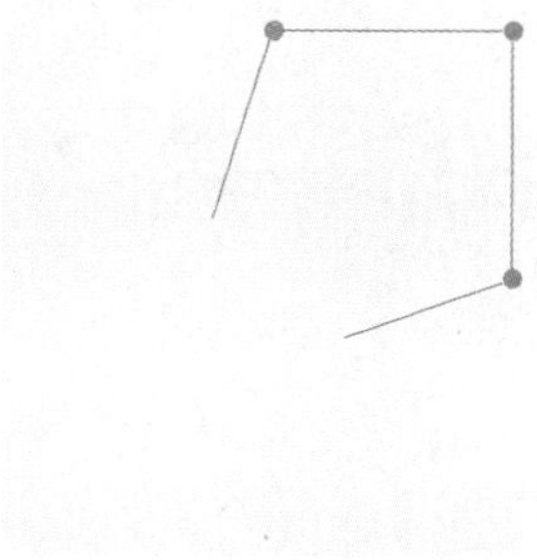

7

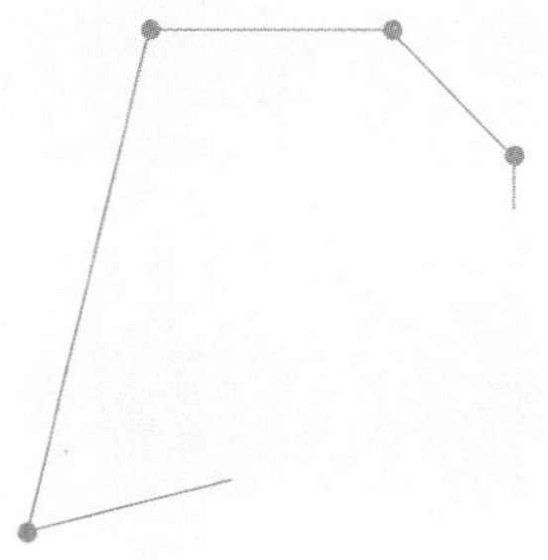

8

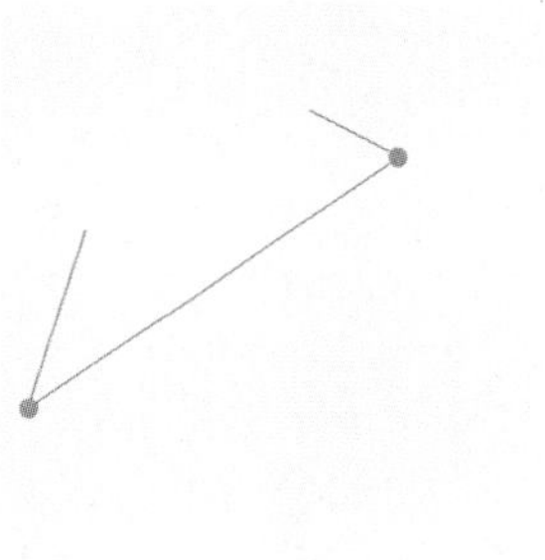

9

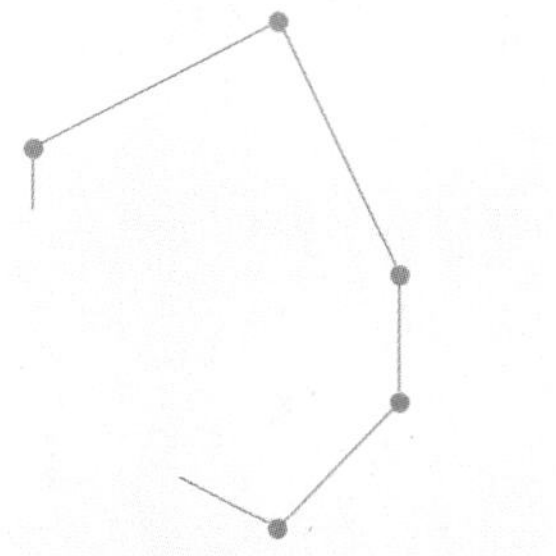

10

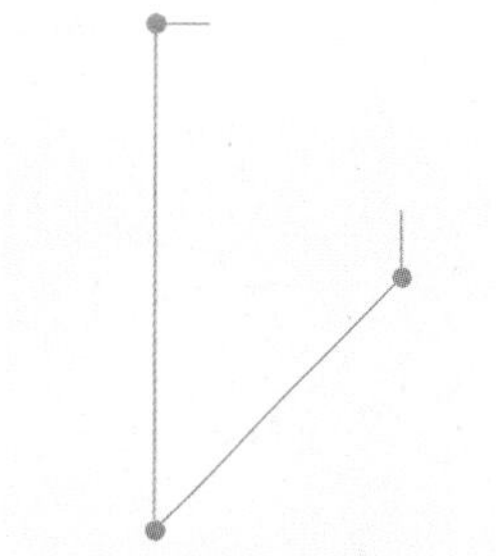

巩固练习

将每个点连在一起，画出完整的图形，并在□内填入图形名称。

① 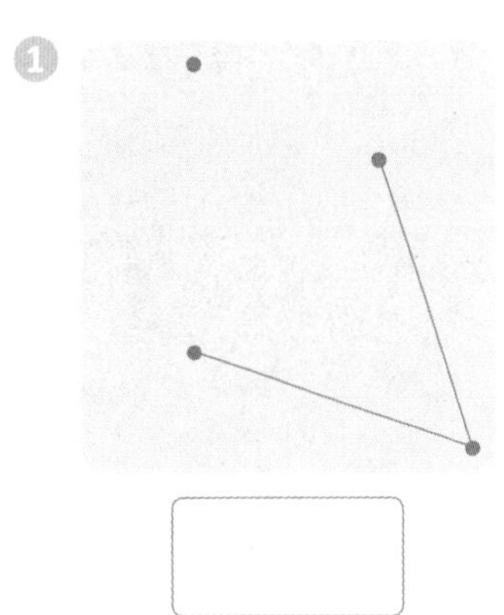

② 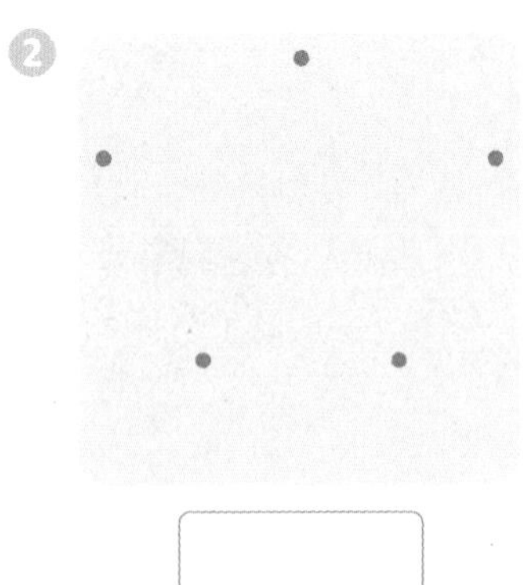

延长图形中的线段，画出完整的图形，并在□内填入图形名称。

③ 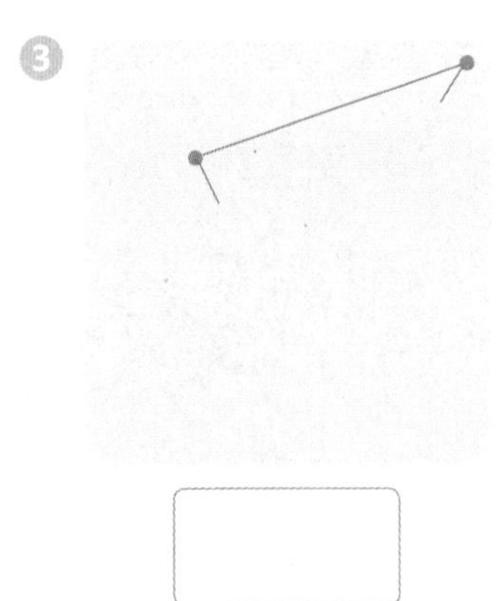

④ 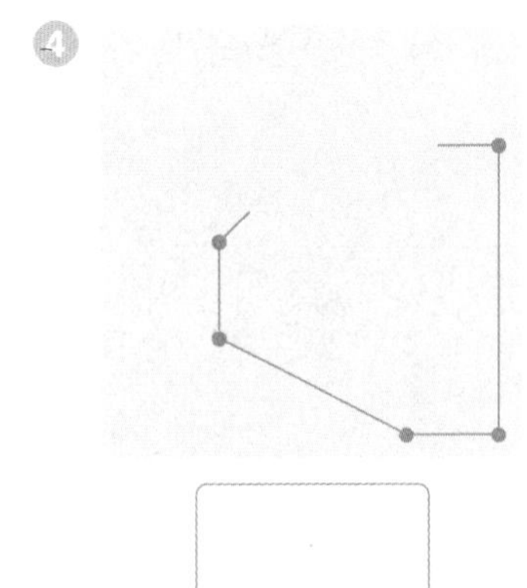

第3周

数一数

第1天：数图形 …… 28

第2天：数三角形（1） …… 30

第3天：数三角形（2） …… 32

第4天：数四边形（1） …… 34

第5天：数四边形（2） …… 36

巩固练习 …… 38

第1天 数图形

把沿直线剪切形成的图形名称及数量填入☐内。

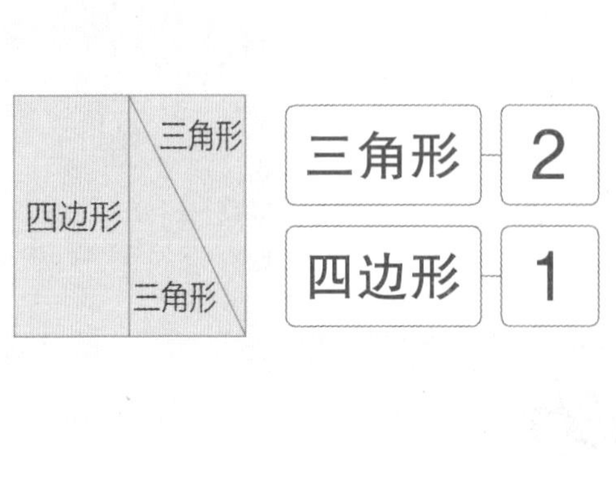

沿着线裁开左边的图形会得到2个三角形和1个四边形。

①

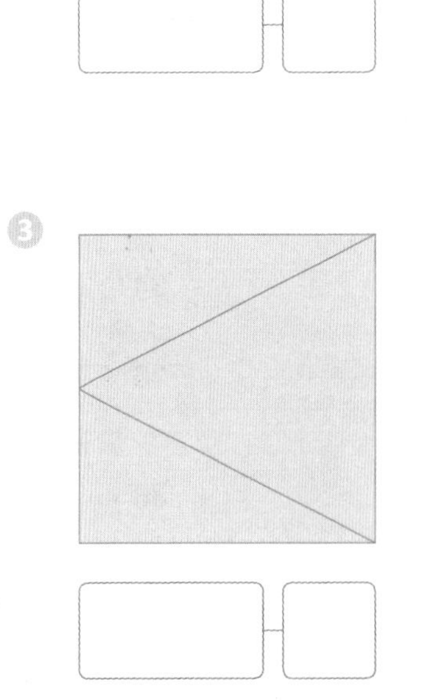

②

③

④

5

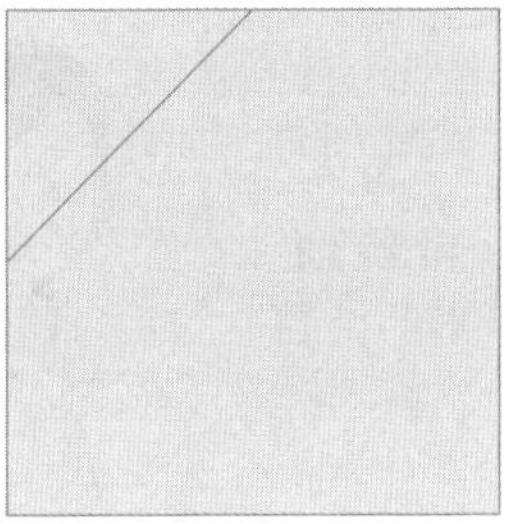

6

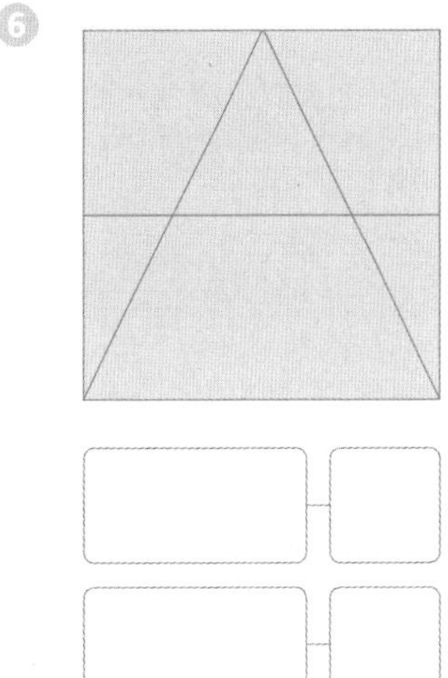

7

8

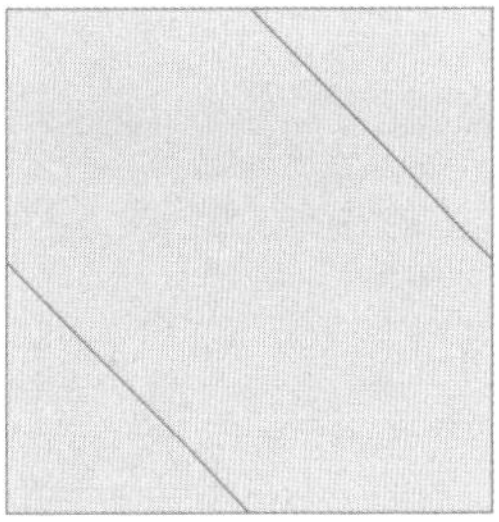

第2天 数三角形(1)

找出图中所有的三角形，按种类数好，并填入□内。

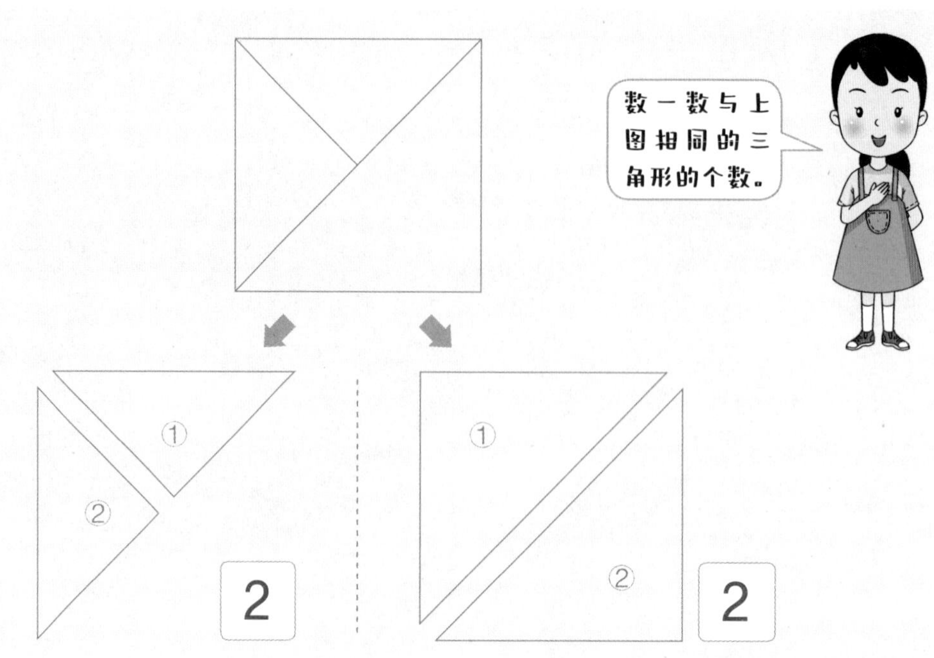

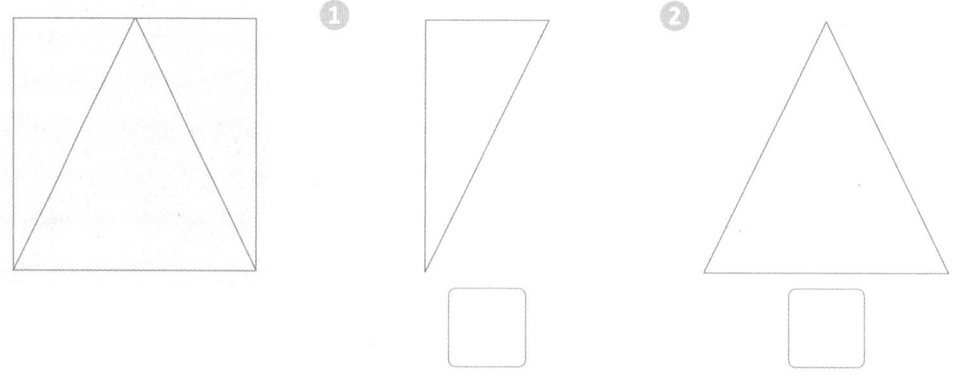

3
4
5
6
7
8

第3天 数三角形（2）

找出所有的三角形，并把数量填入□内。

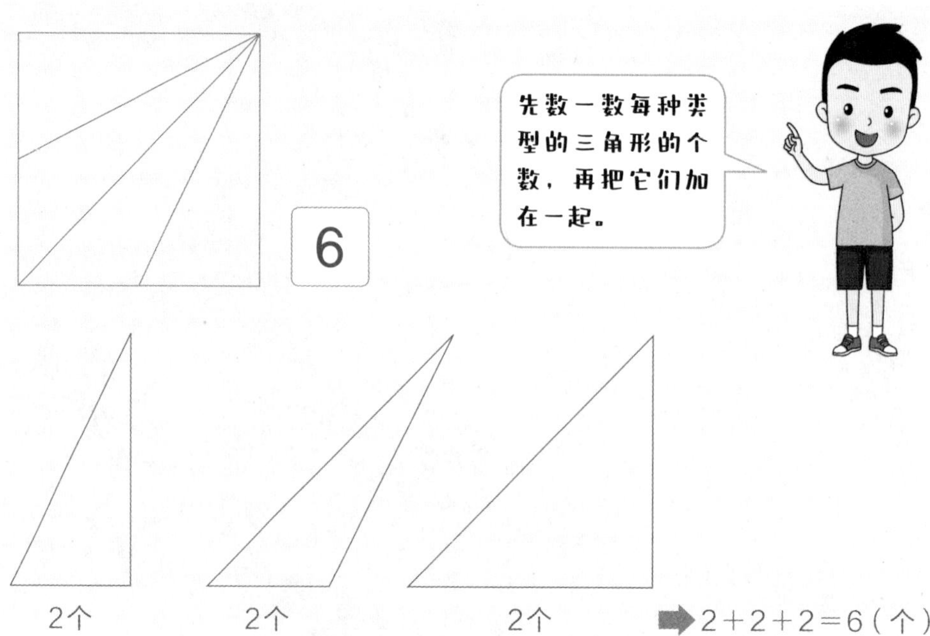

①

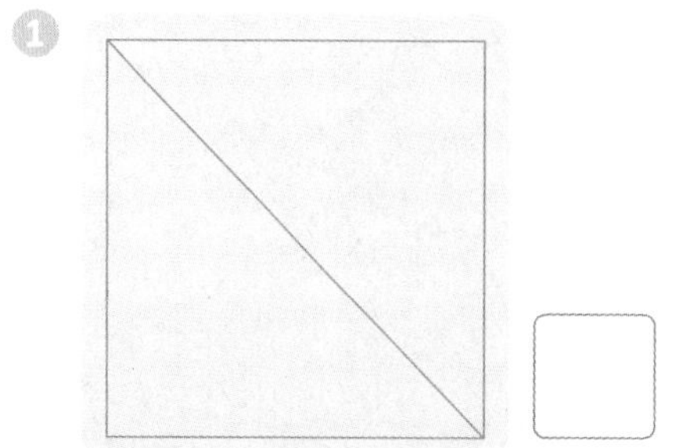

②

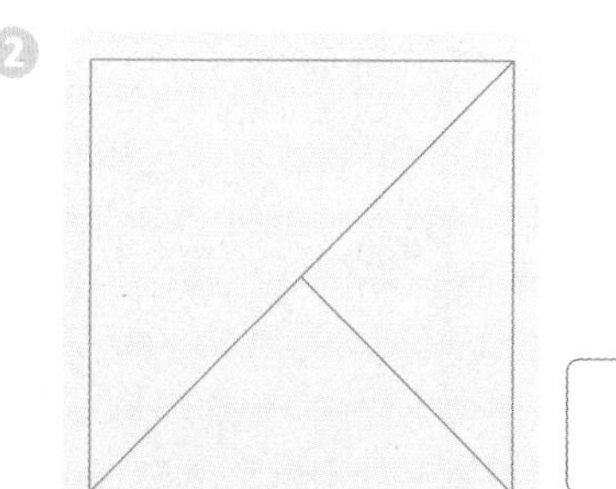

3
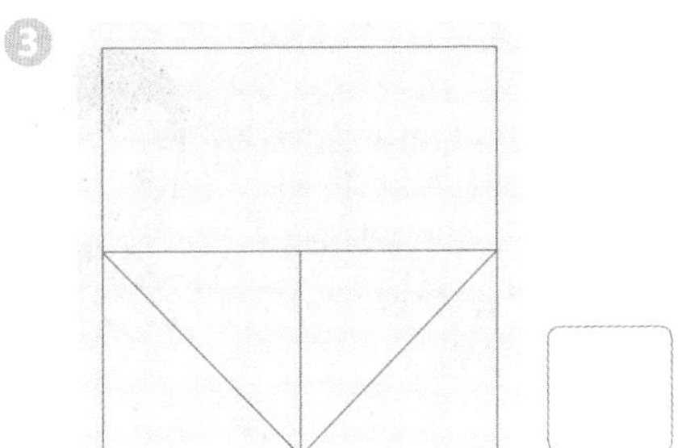

4
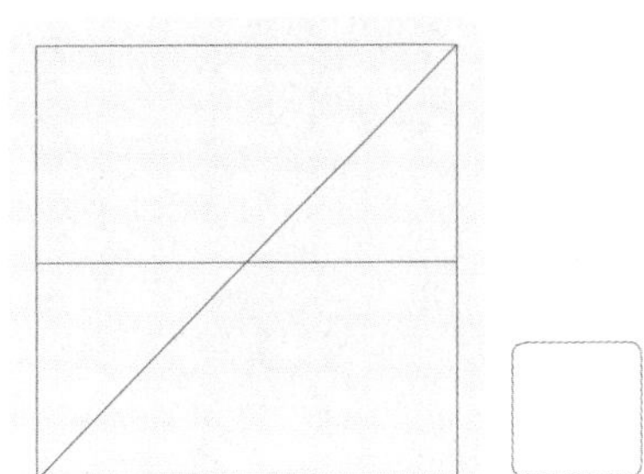

5
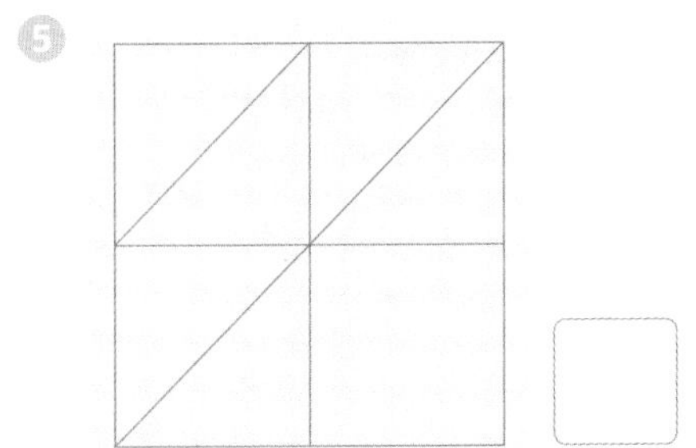

6
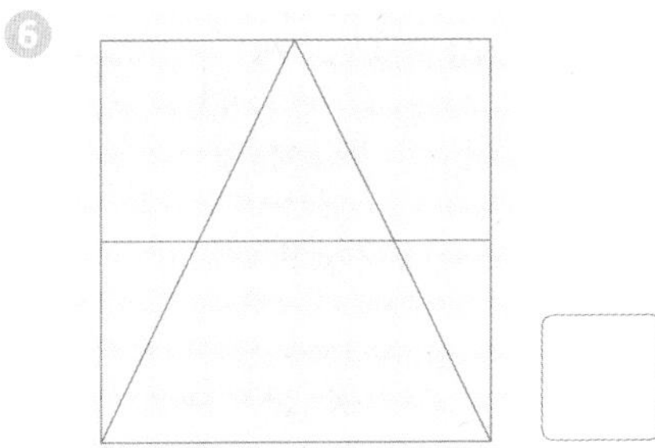

7
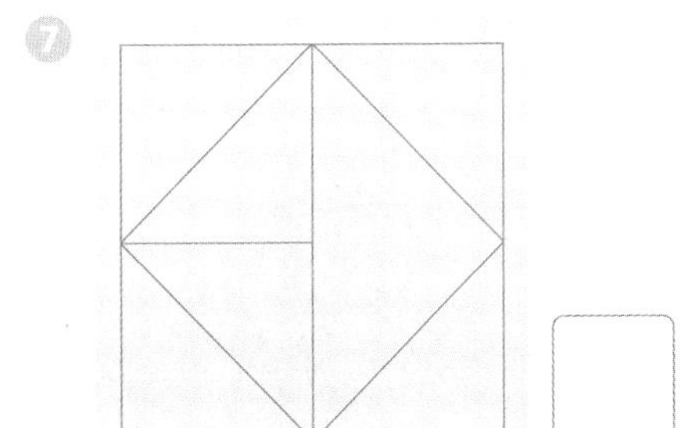

8
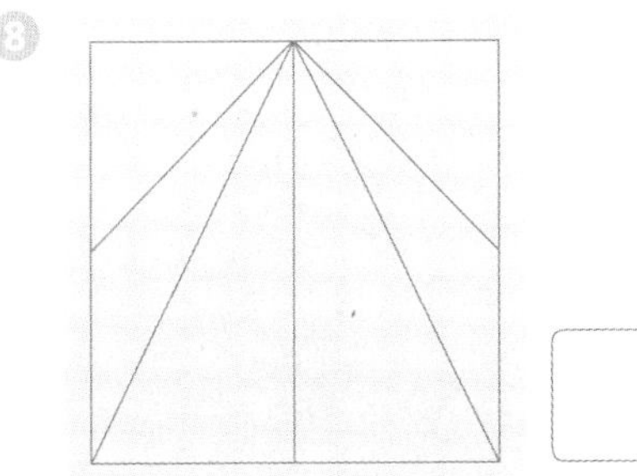

数四边形（1）

找出所有的四边形，并把数量填入□内。

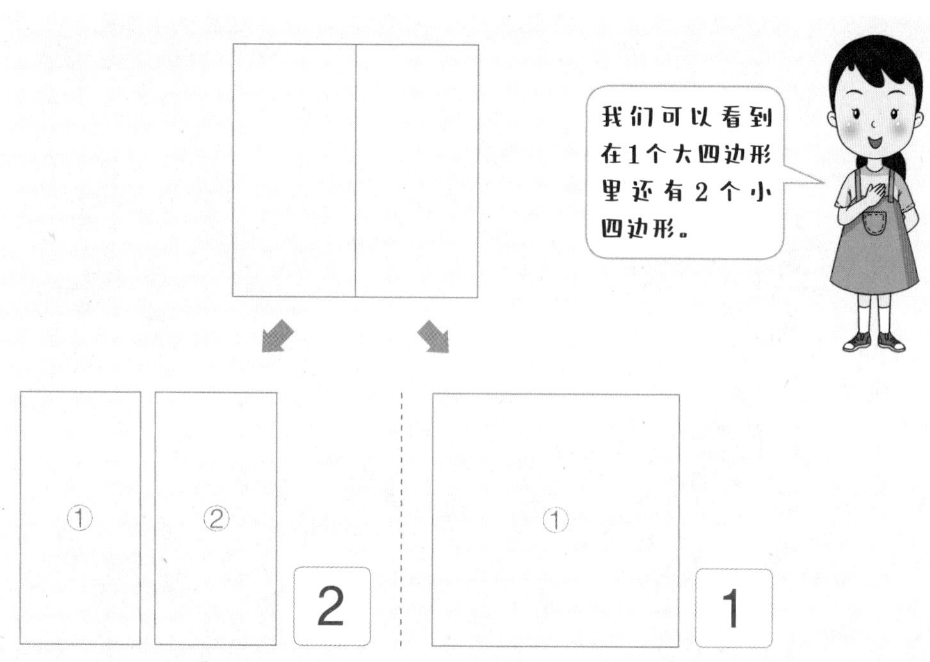

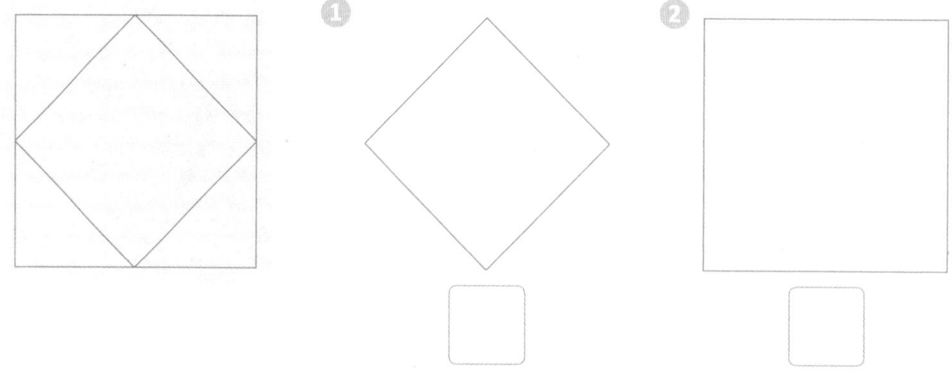

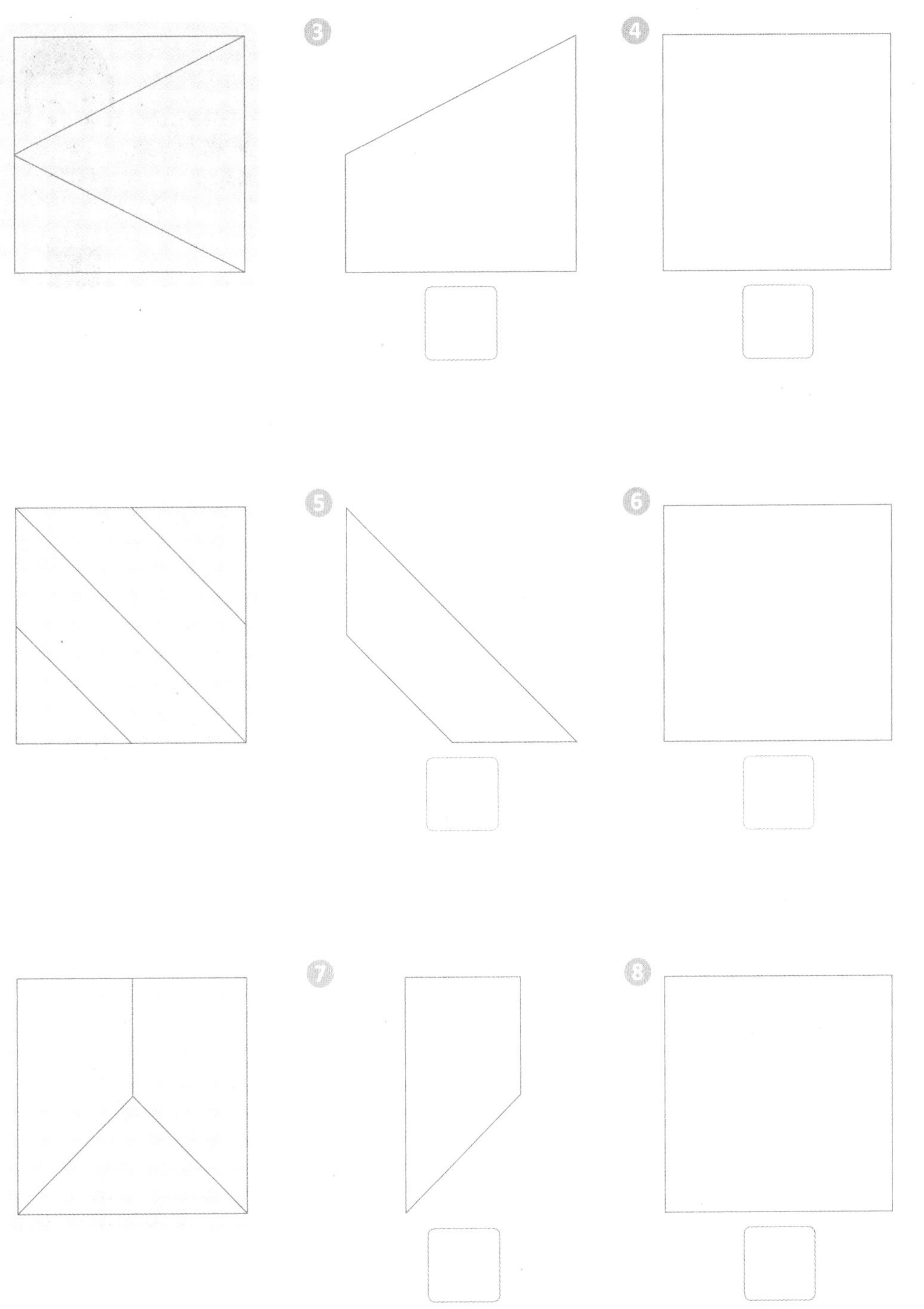
3
4
5
6
7
8

数四边形(2)

找出所有的四边形，并把数量填入□内。

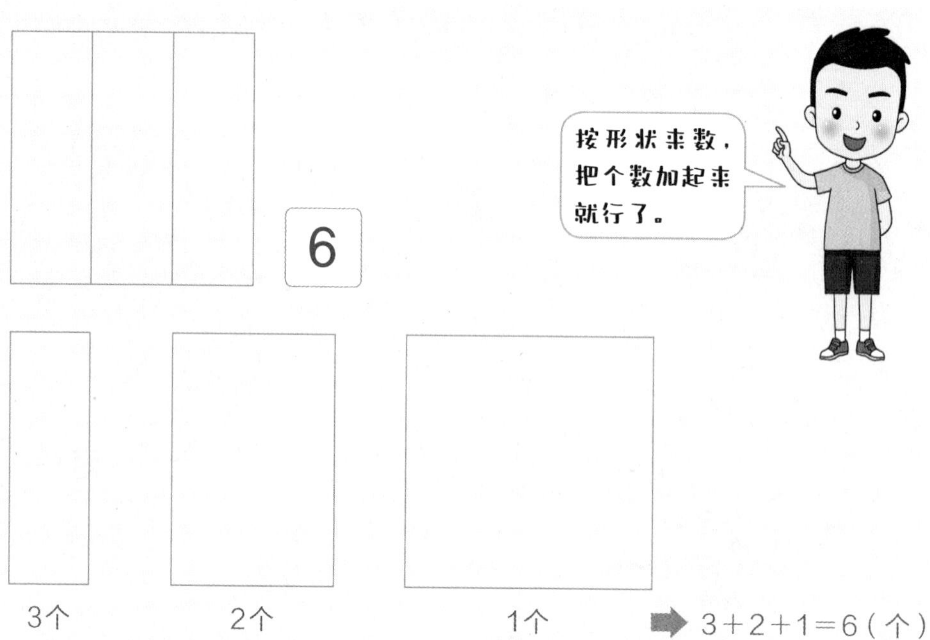

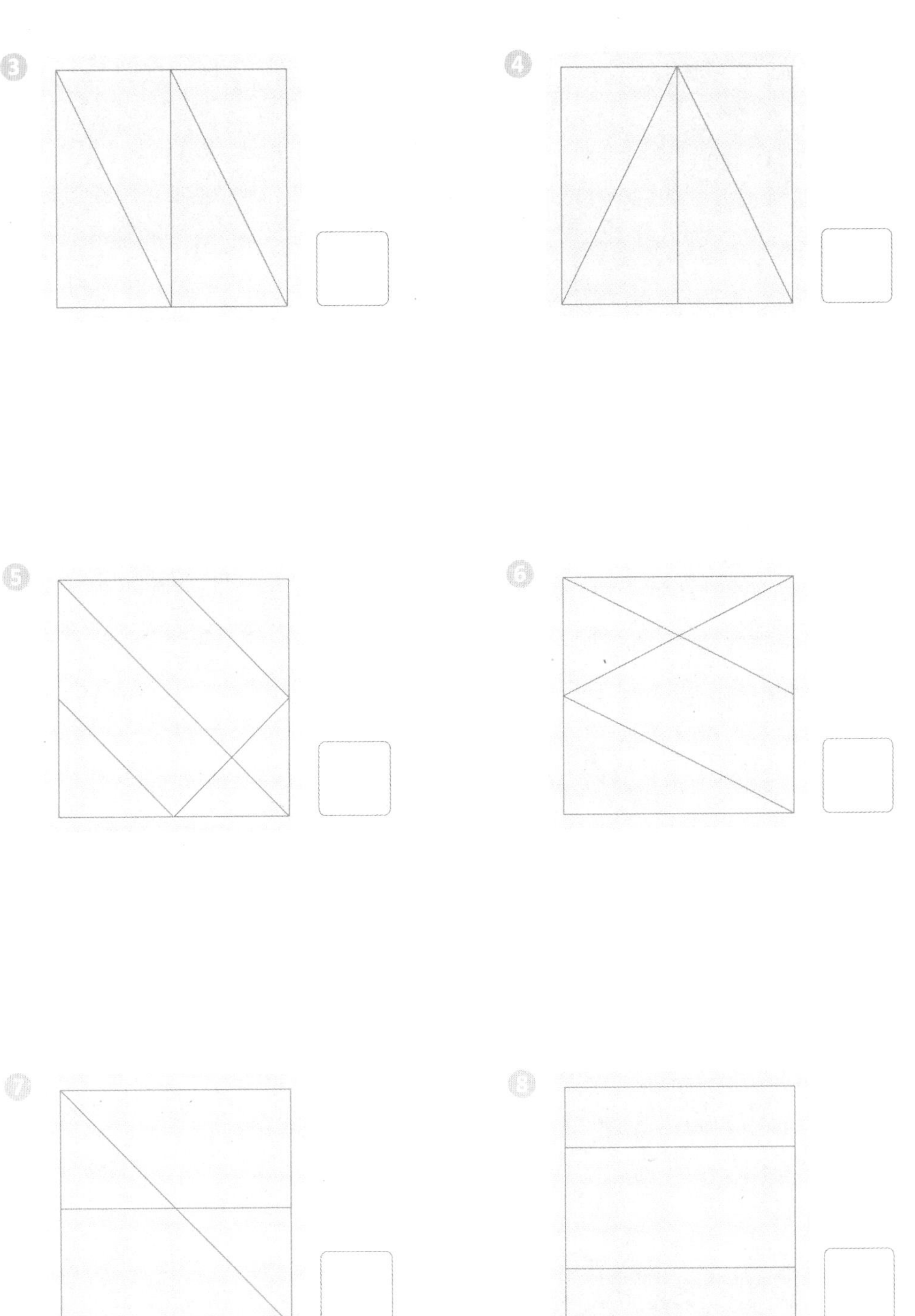

巩固练习

找出所有的三角形，并把数量填入□内。

1 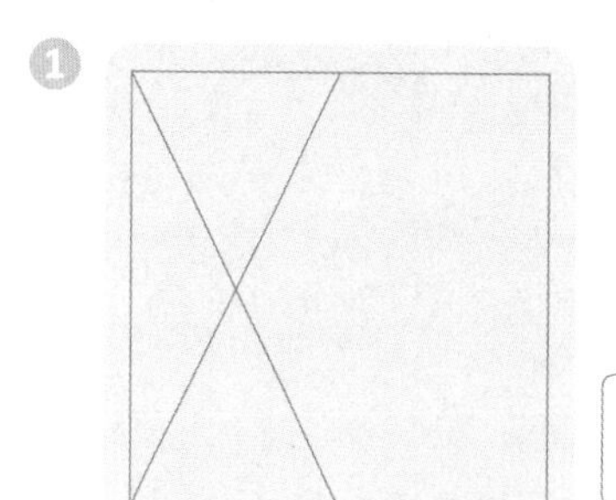

□

2 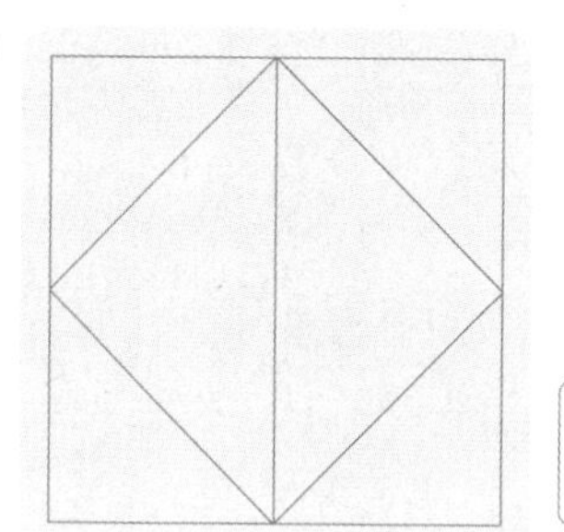

□

3 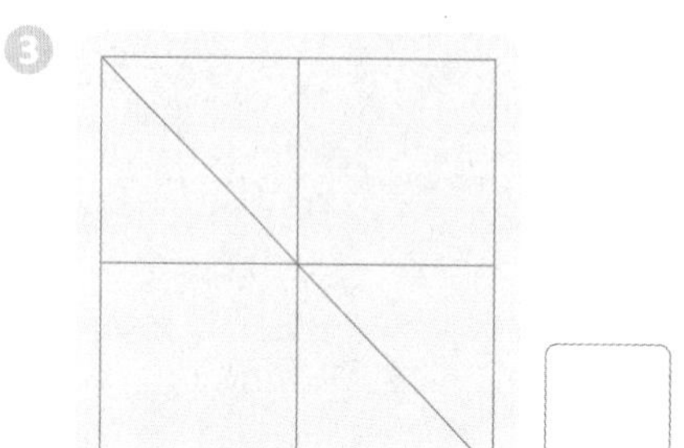

□

4 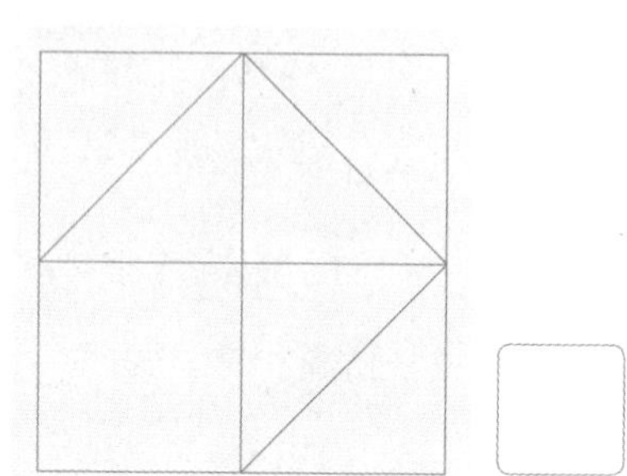

□

找出所有的四边形，并把数量填入□内。

5 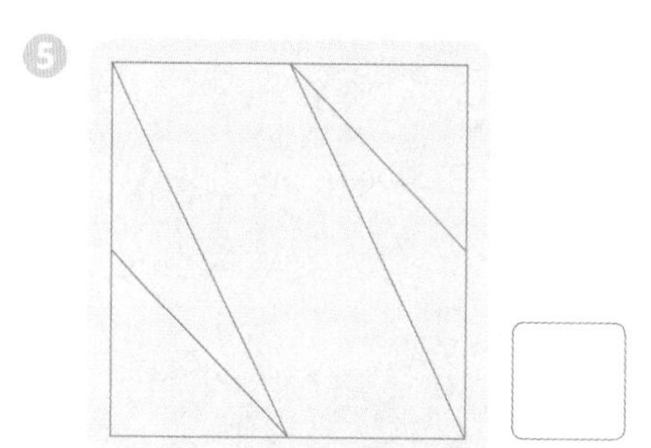

□

6 

□

第4周

画图形

第 1 天：画出相同的图形 40

第 2 天：增加一个顶点 42

第 3 天：减去一个顶点 44

第 4 天：移动顶点 46

第 5 天：找出移动的顶点 48

巩固练习 50

画出相同的图形

画出与左边相同的图形，并在□内填入这个图形的名称。

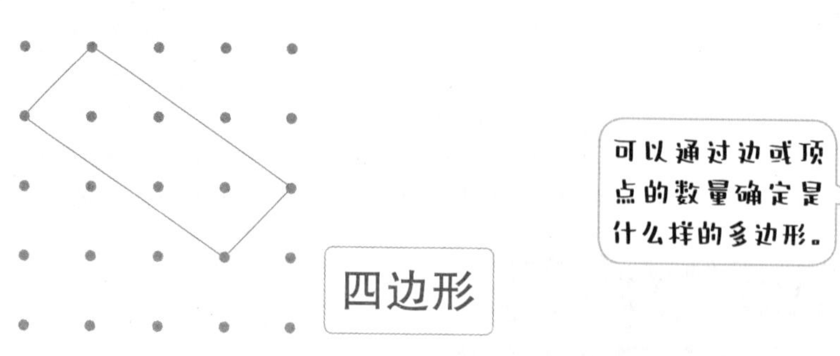

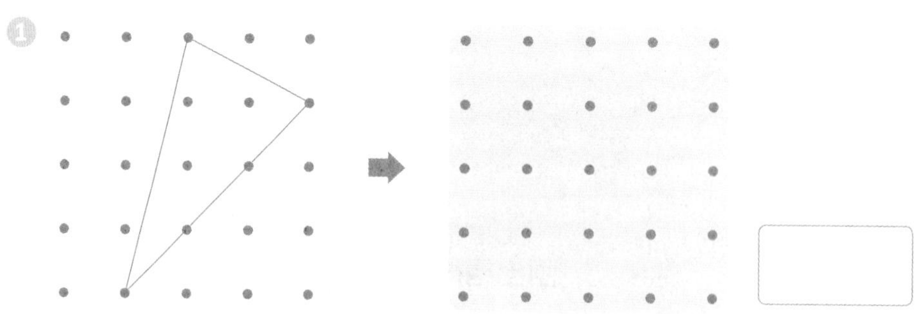

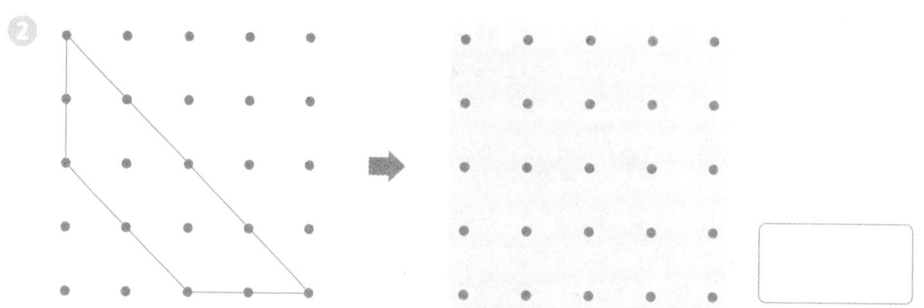

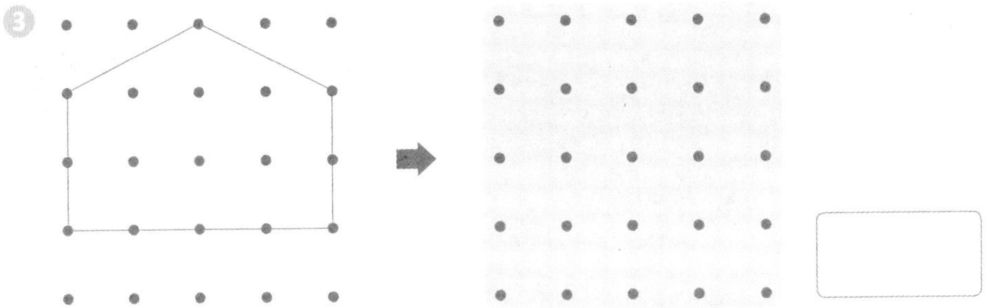

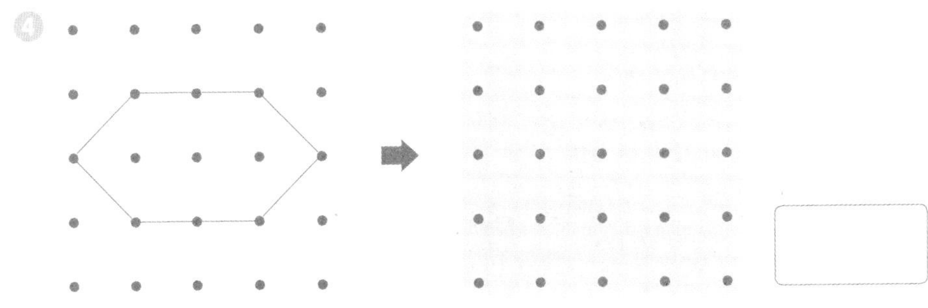

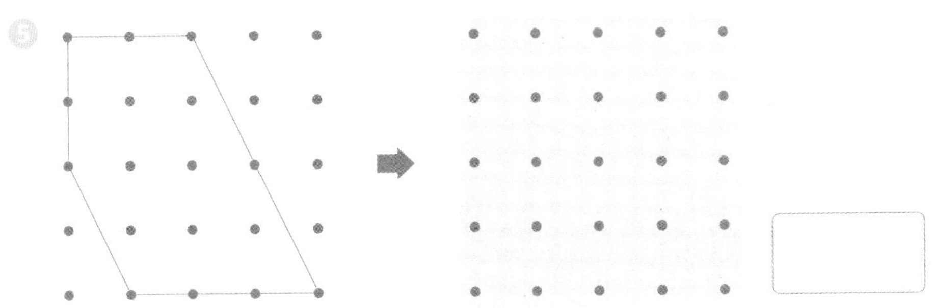

第2天 增加一个顶点

画出下列图形增加1个顶点之后的形状，并在□内填入新图形的名称。

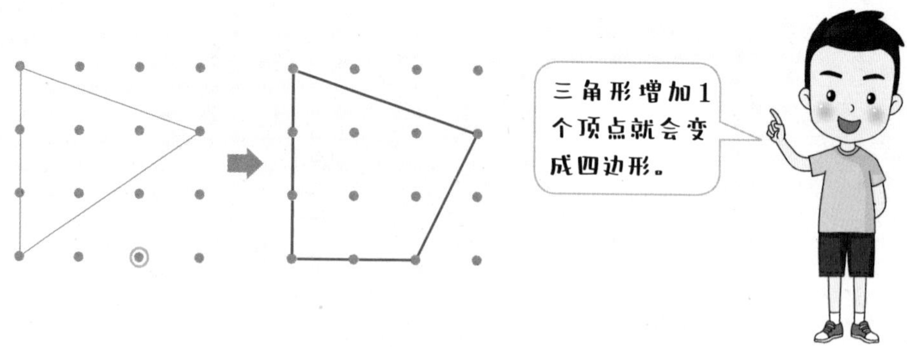

1

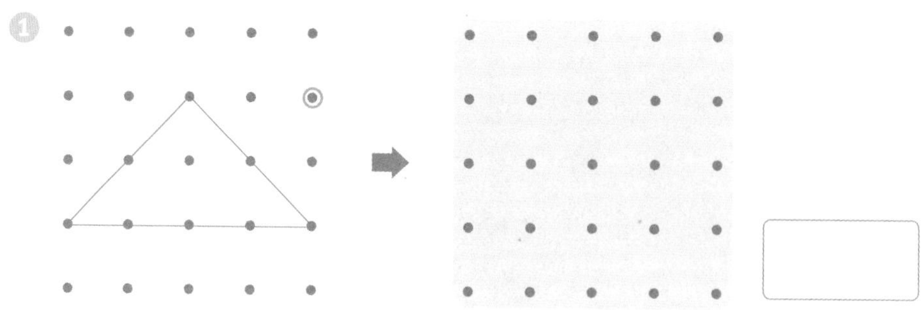

2

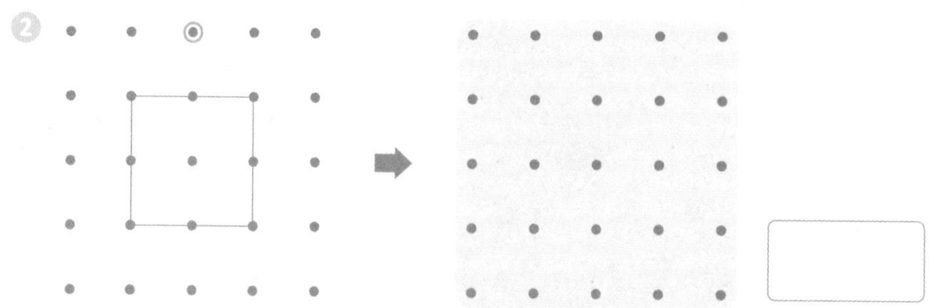

③

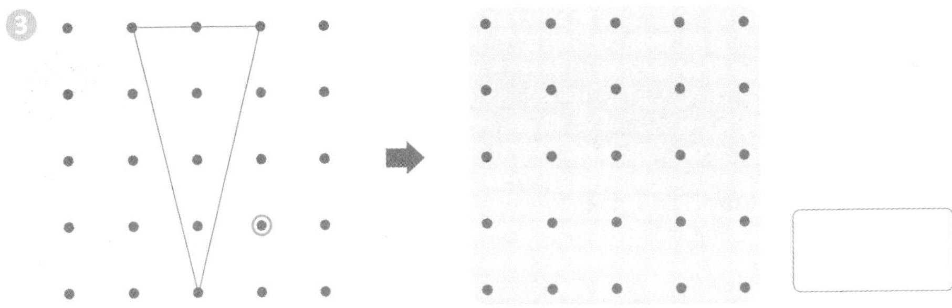

④

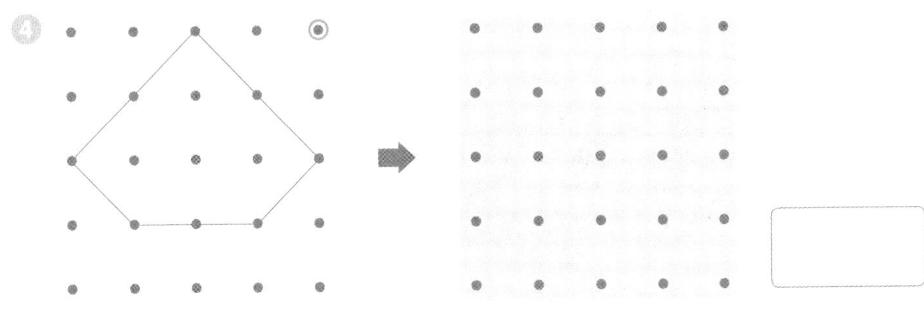

⑤

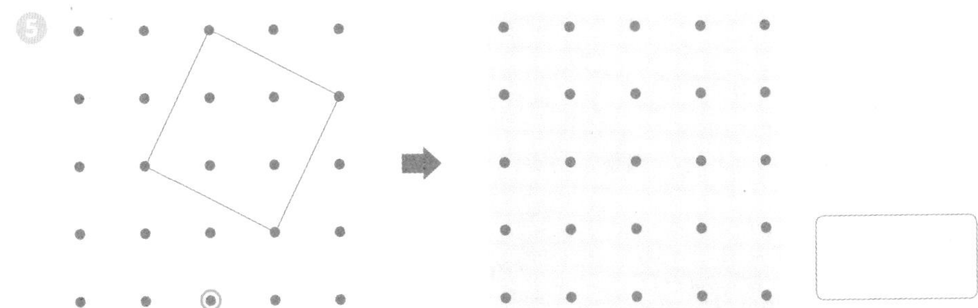

第3天 减去一个顶点

画出下列图形减去1个顶点之后的形状，并在□内填入新图形的名称。

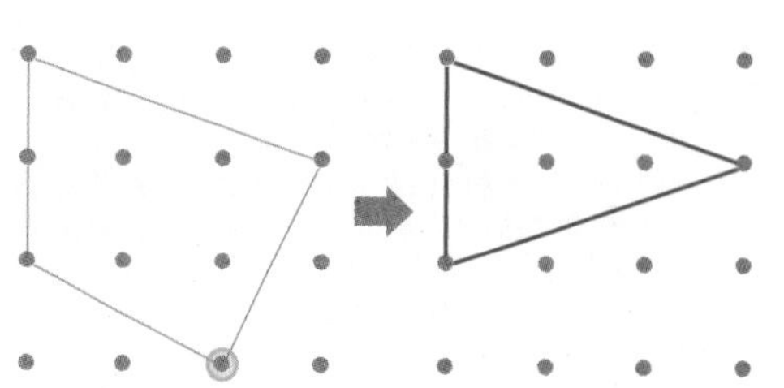

1

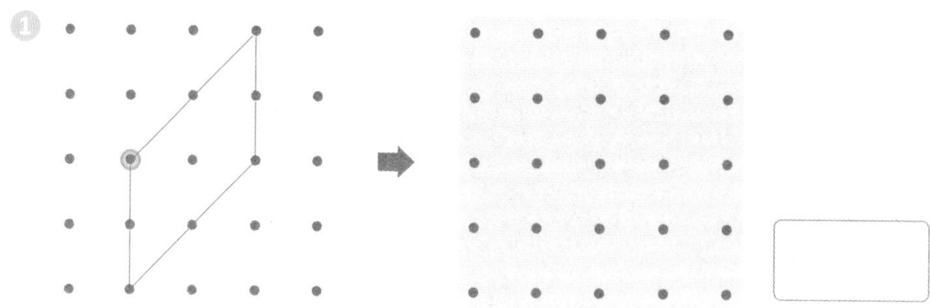

2

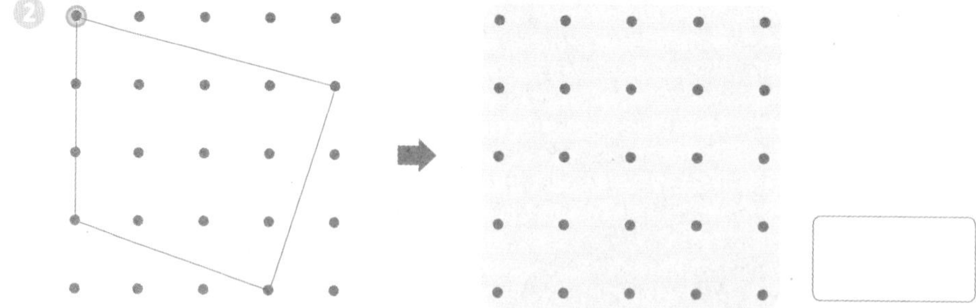

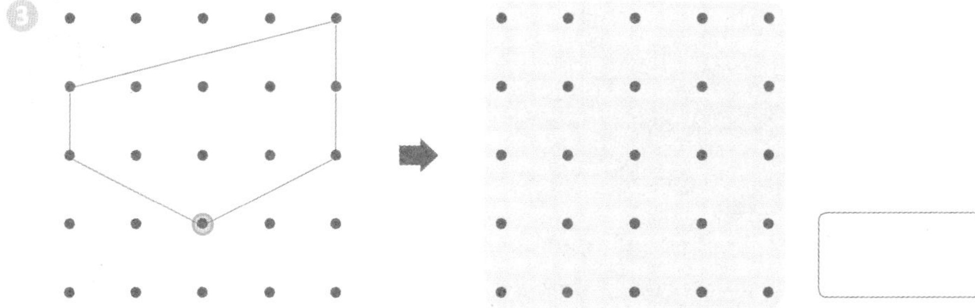

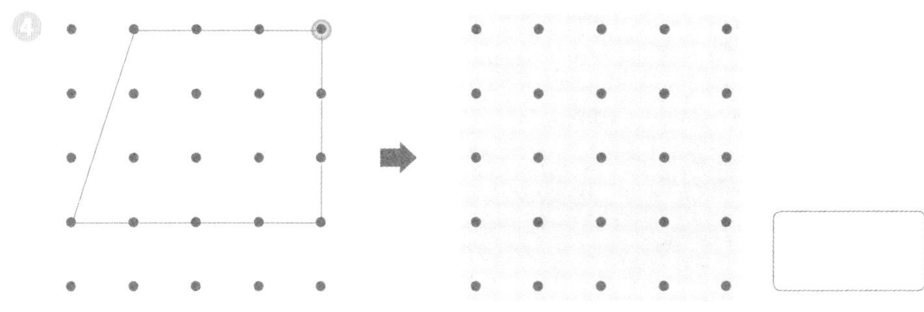

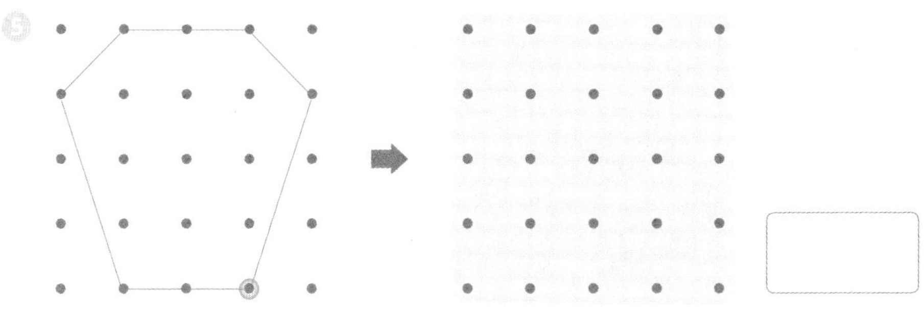

移动顶点

画出下列图形移动了1个顶点之后的形状，并在☐内填入新图形的名称。

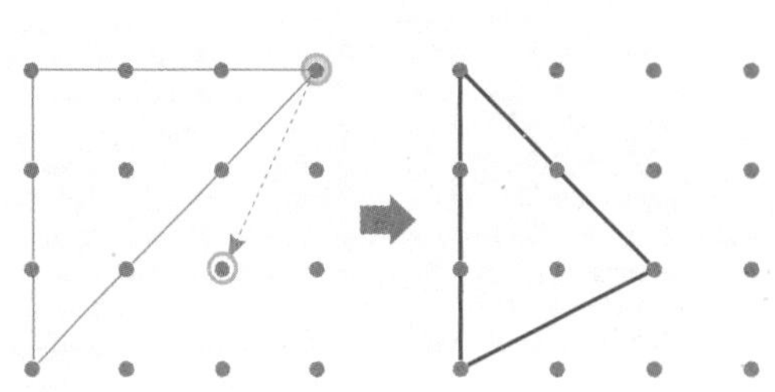

1

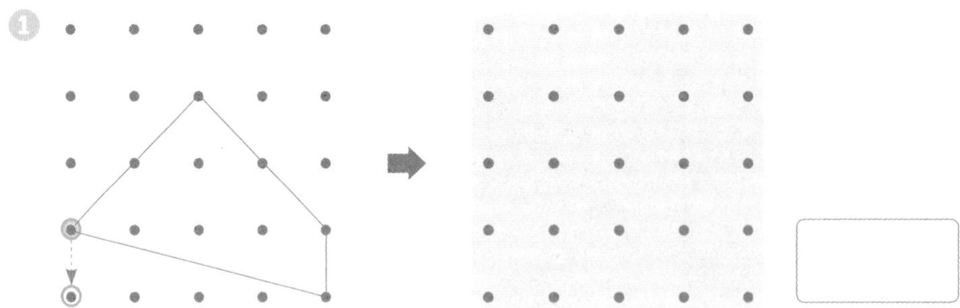

2

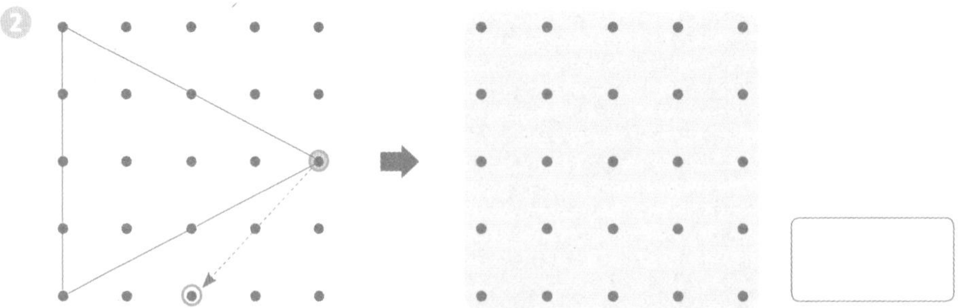

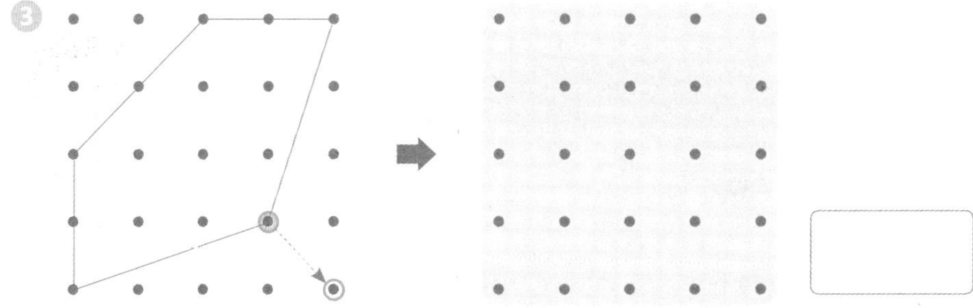
3

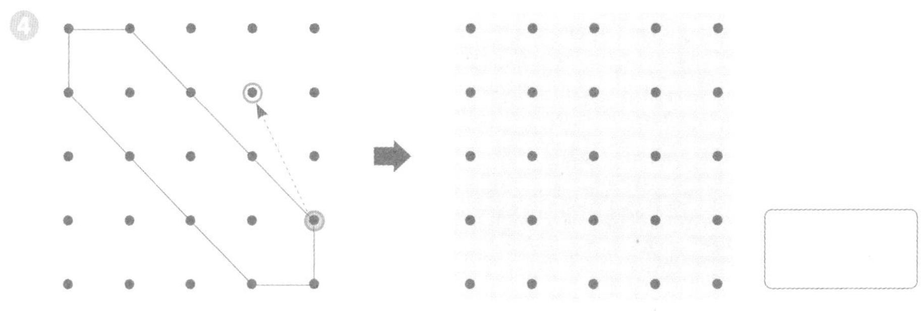
4

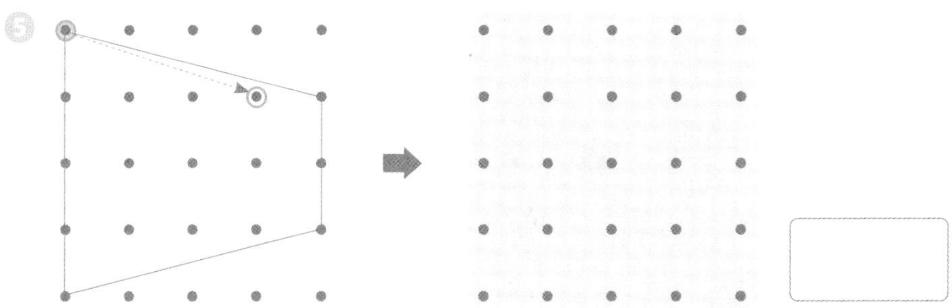
5

找出移动的顶点

在下列图形中标出被移动过的顶点，并同时用箭头标出顶点移动的方向。

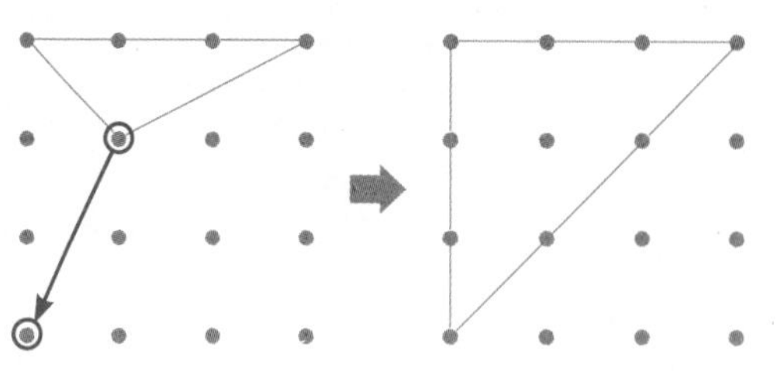

1 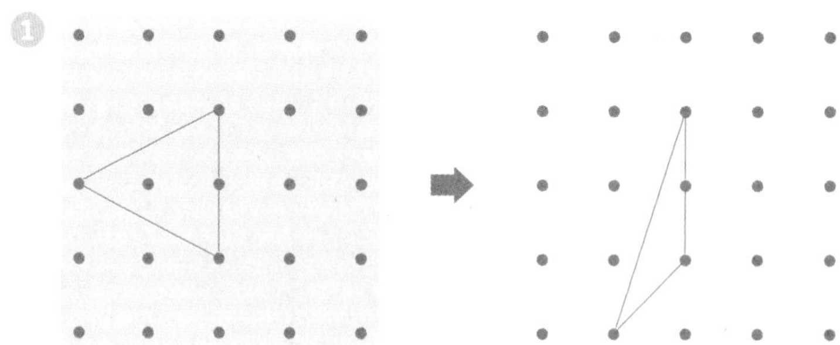

2 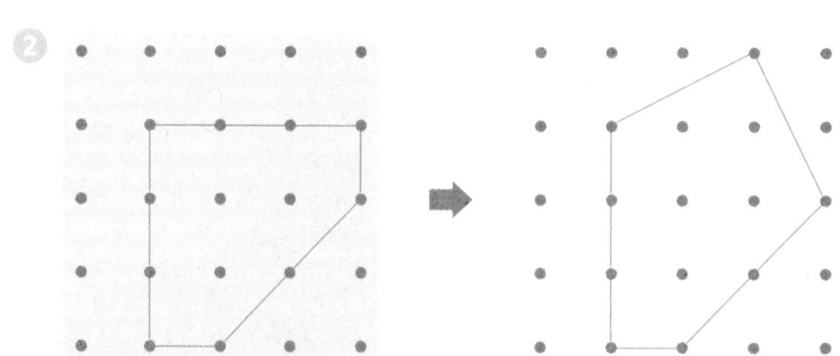

3
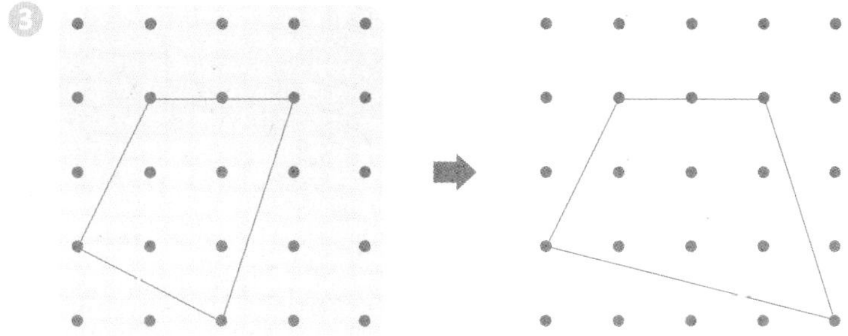

4
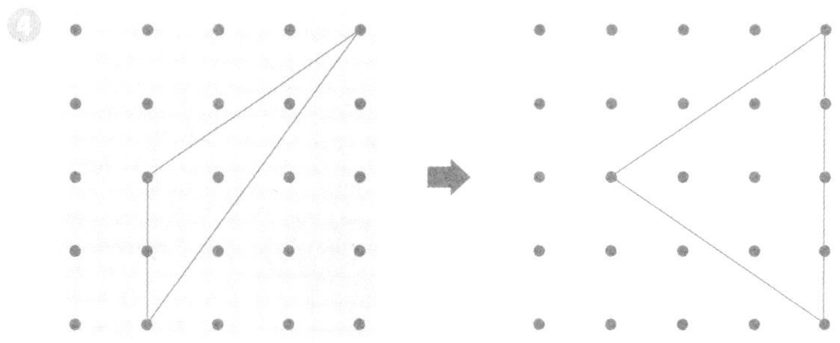

5
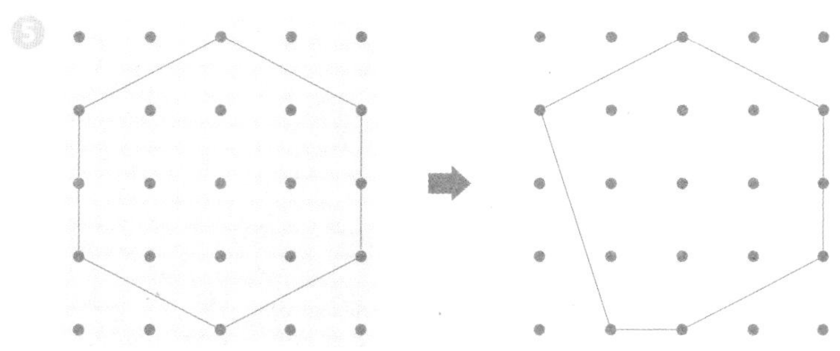

巩固练习

画出下列图形增加1个顶点之后的形状，并在☐内填入新图形的名称。

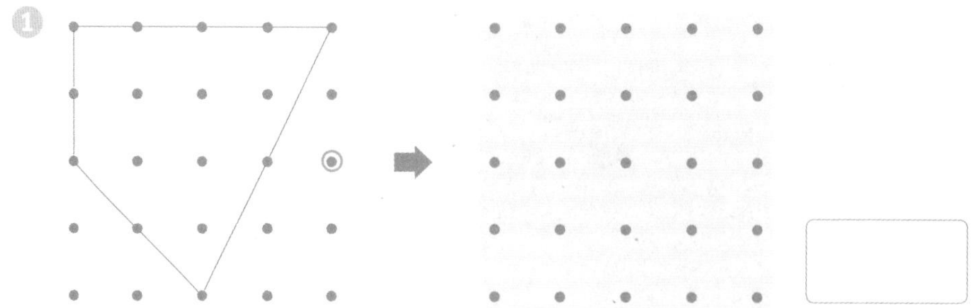

画出下列图形减去1个顶点之后的形状，并在☐内填入新图形的名称。

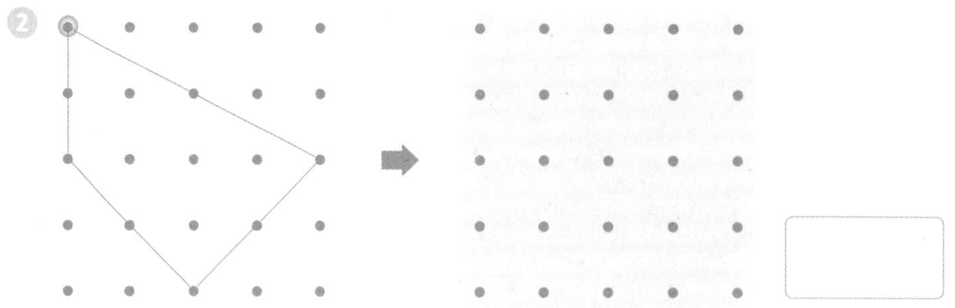

画出下列图形移动了1个顶点之后的形状，并在☐内填入新图形的名称。

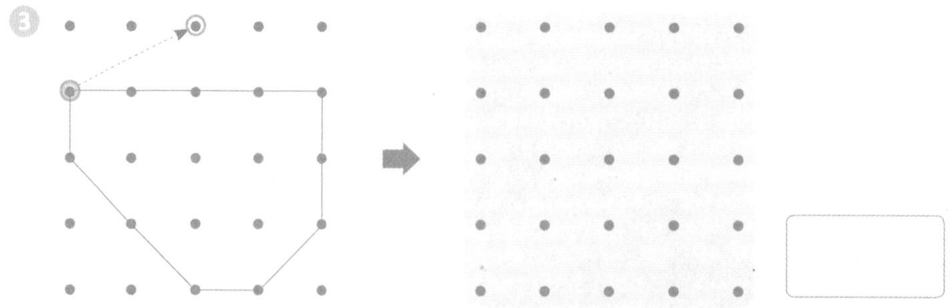

评价测试

此前4周的学习内容会出现在评价测试中。如果题目做错了，请确认是第几周的内容，并认真复习直到学会。

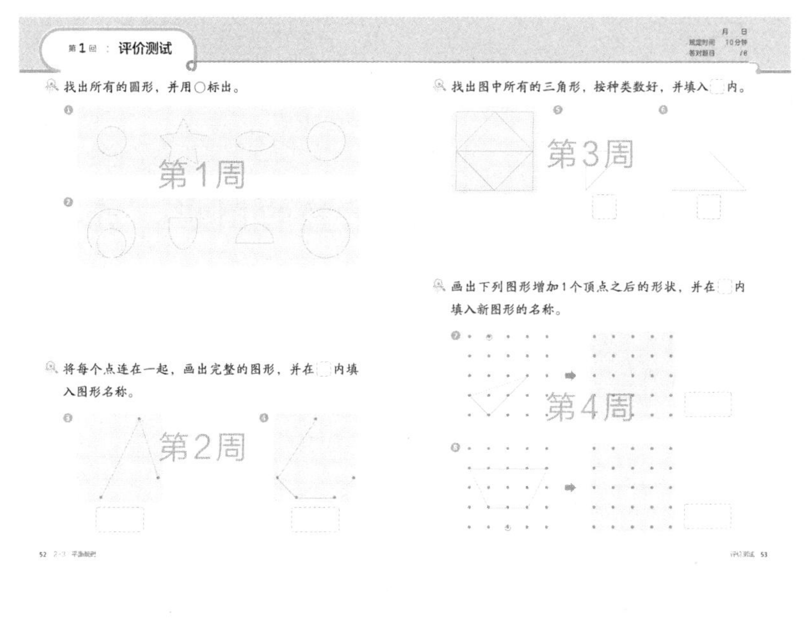

找出所有的圆形，并用○标出。

❶

❷

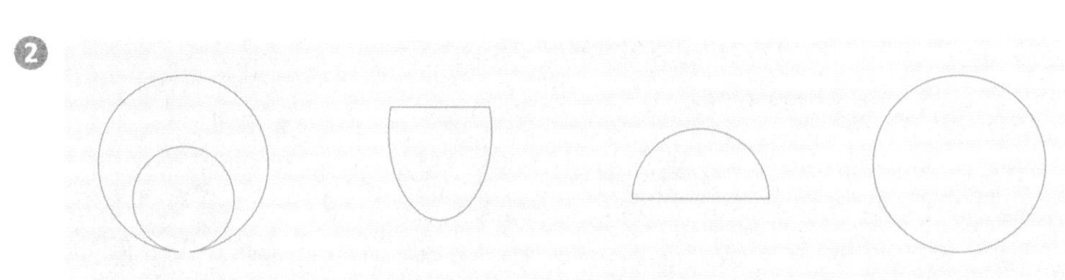

将每个点连在一起，画出完整的图形，并在□内填入图形名称。

❸

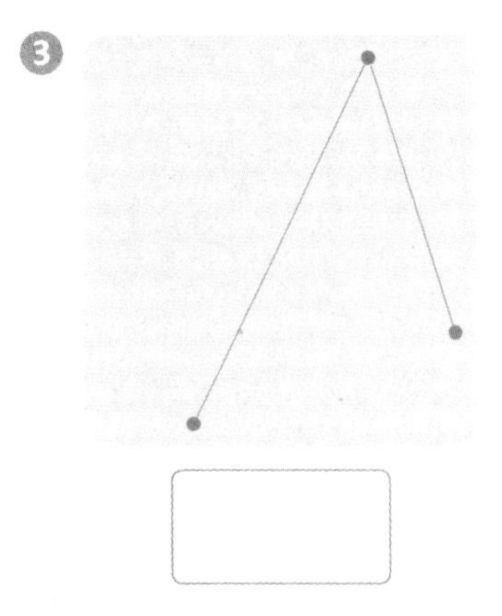

❹

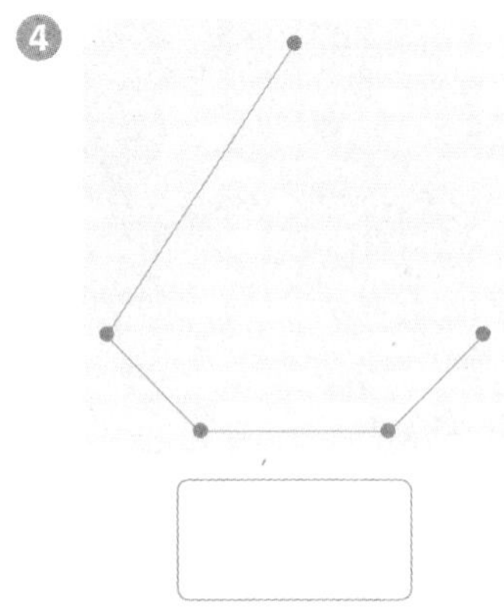

找出图中所有的三角形，按种类数好，并填入☐内。

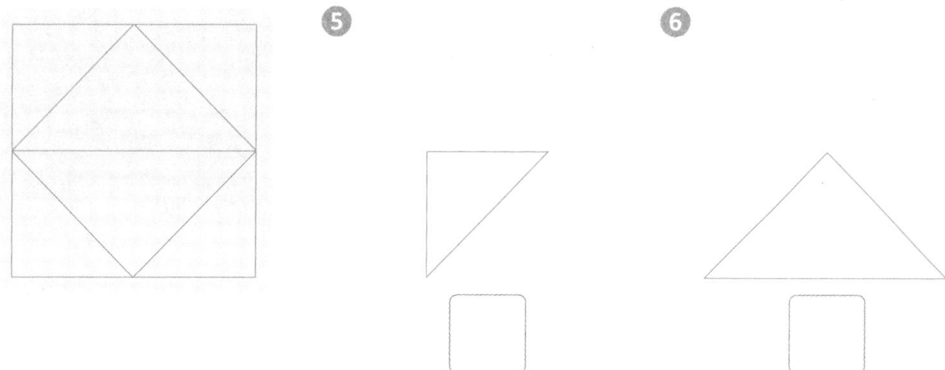

画出下列图形增加1个顶点之后的形状，并在☐内填入新图形的名称。

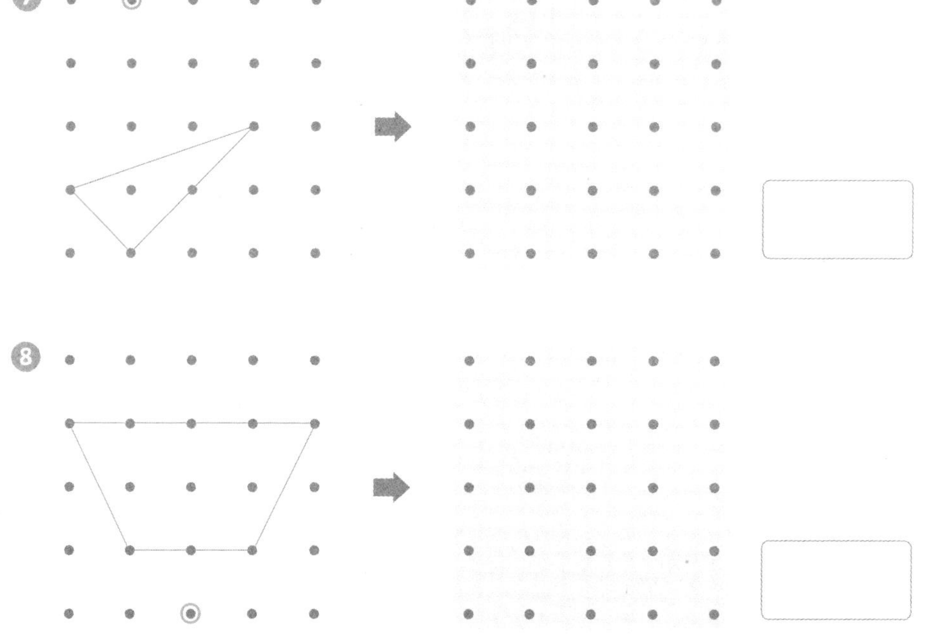

第2回：评价测试

数出图形的边与顶点的个数，并填入□内。

❶
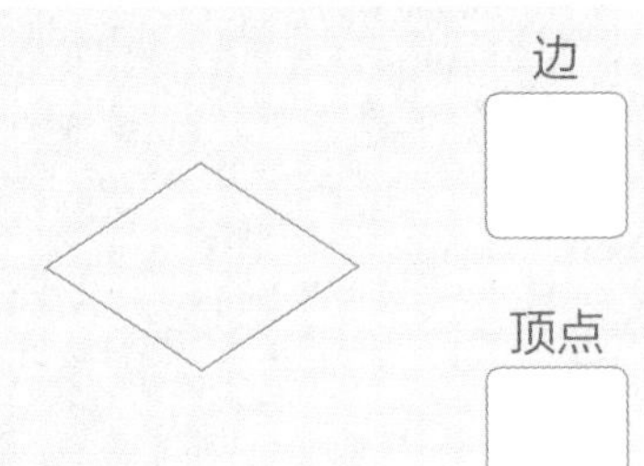

❷
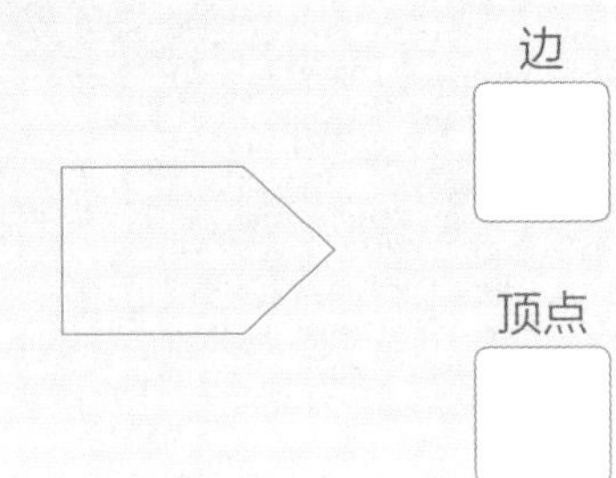

❸
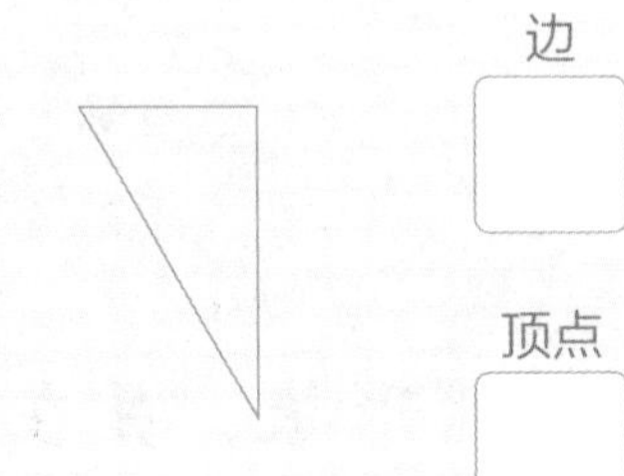

❹
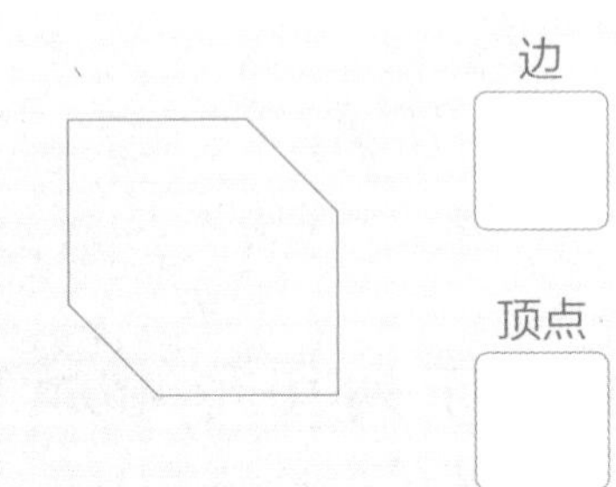

画出完整的圆形。

❺
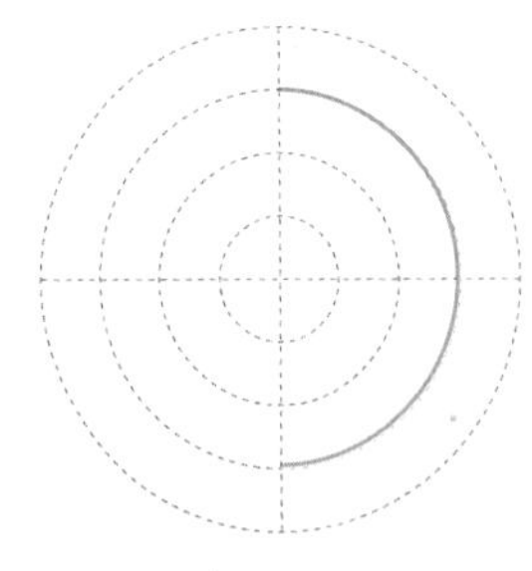

❻
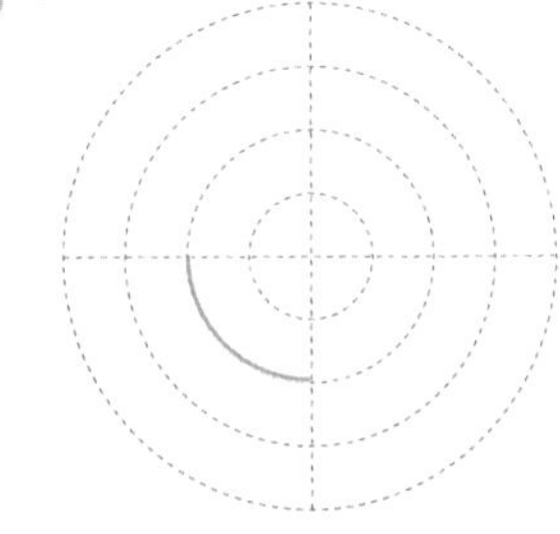

找出所有的四边形，并把数量填入□内。

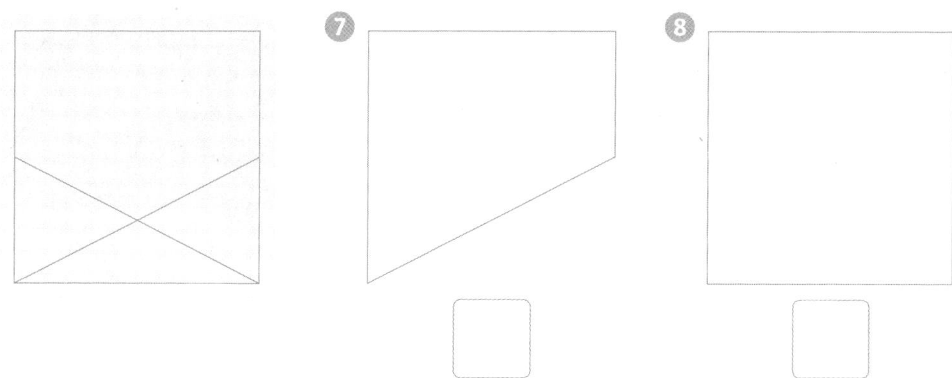

画出下列图形减去1个顶点之后的形状，并在□内填入新图形的名称。

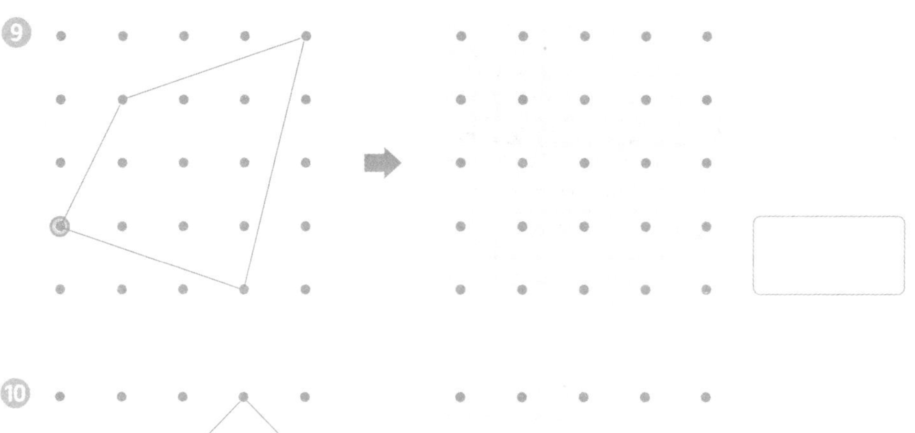

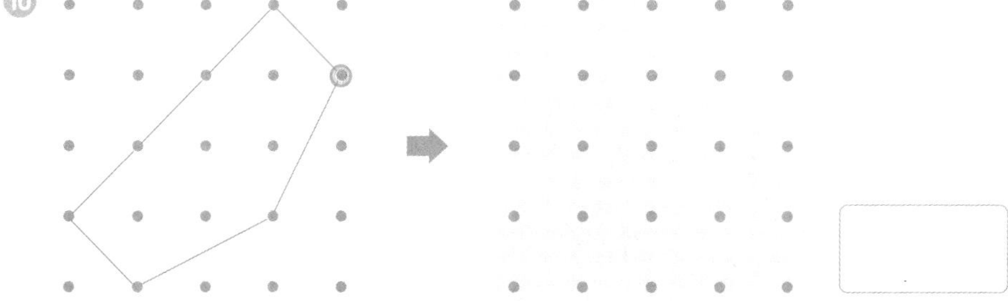

第3回：评价测试

找出所有的三角形，并用○标出。

1

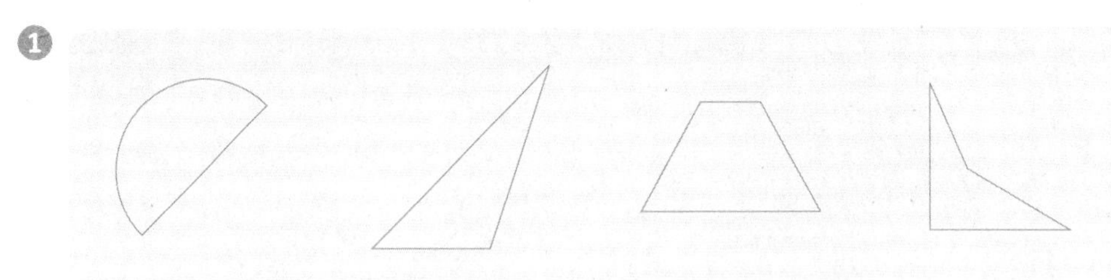

2

将每个点连在一起，画出完整的图形，并在□内填入图形名称。

3 4

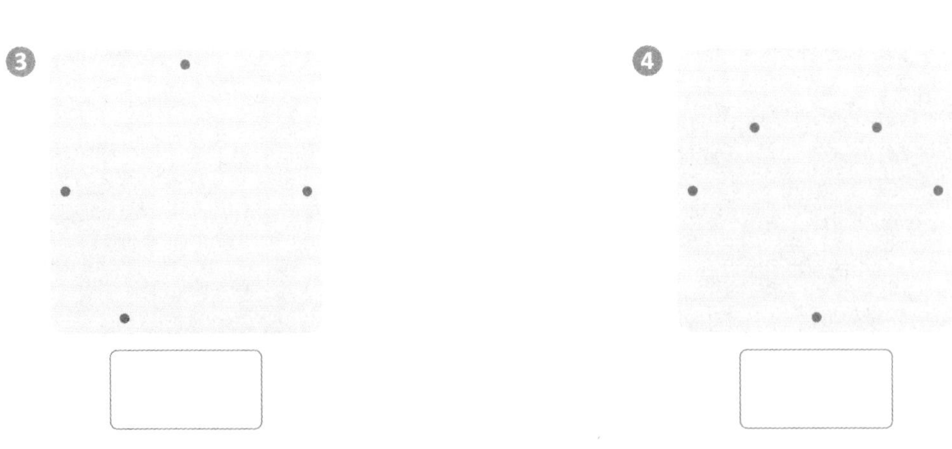

把沿直线剪切形成的图形名称及数量填入□内。

5

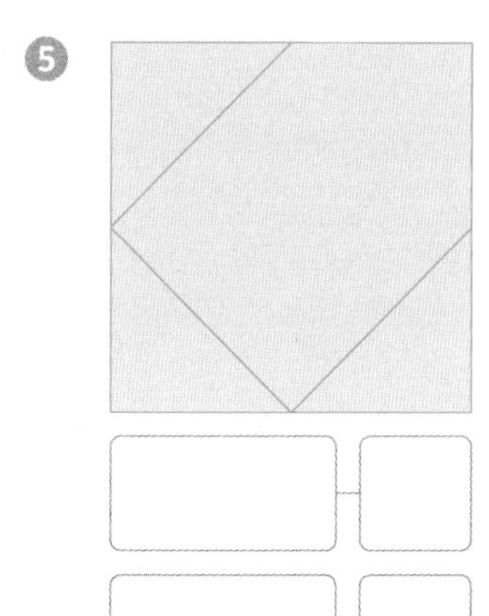

6

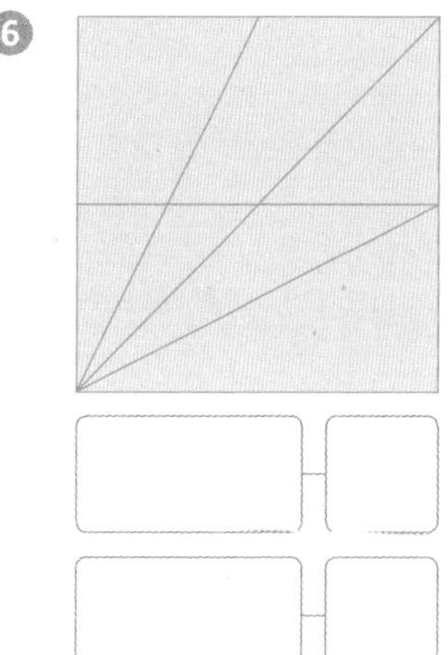

画出下列图形移动了1个顶点之后的形状，并在□内填入新图形的名称。

7

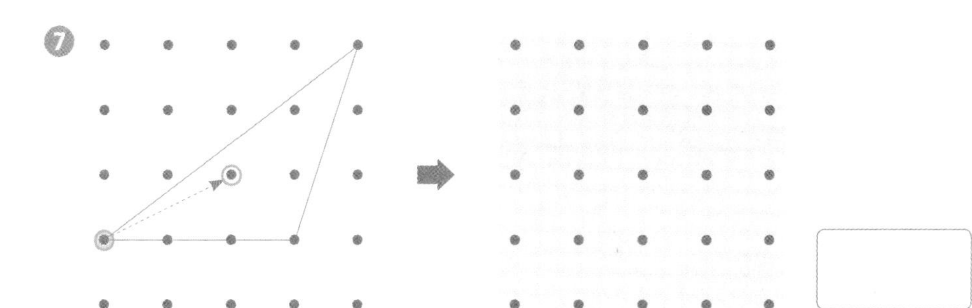

8

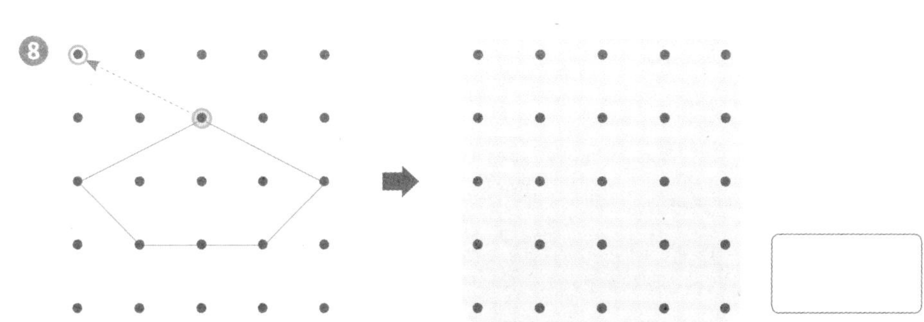

第4回 ： 评价测试

找出所有的四边形，并用○标出。

❶

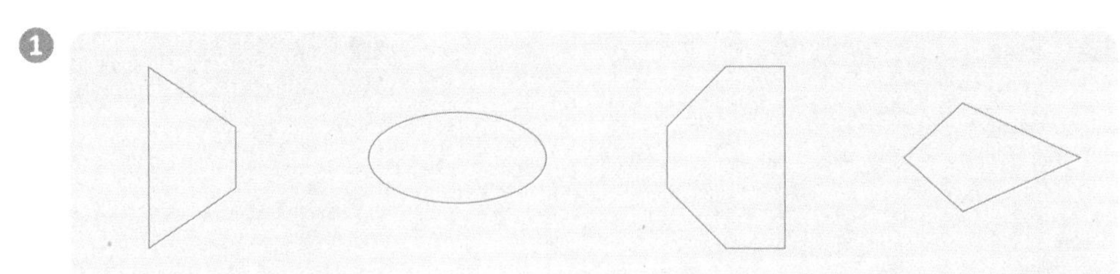

❷

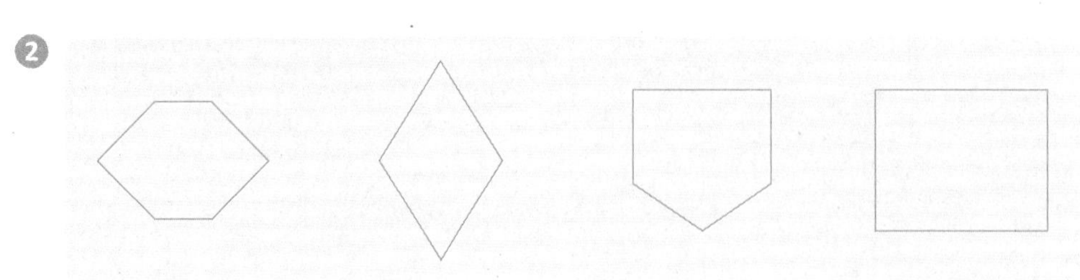

将每个点连在一起，画出完整的图形，并在□内填入图形名称。

❸

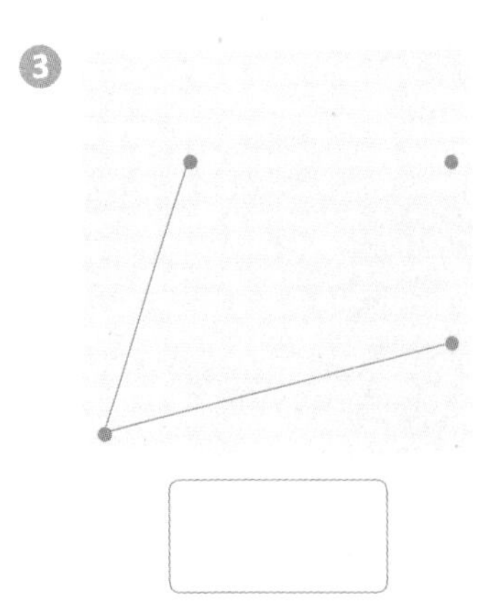

❹

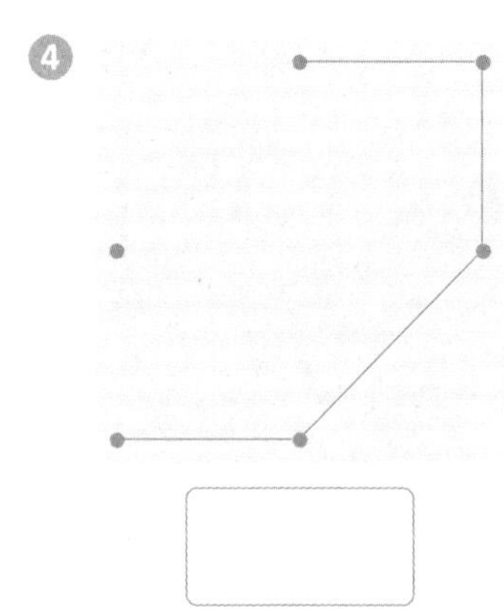

找出所有的三角形，并把数量填入☐内。

5

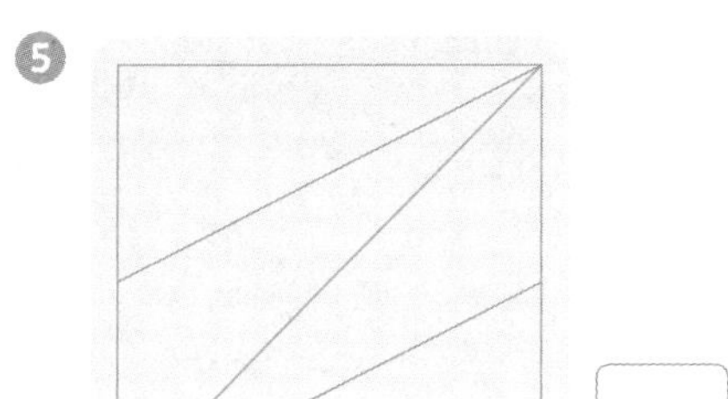

☐

6

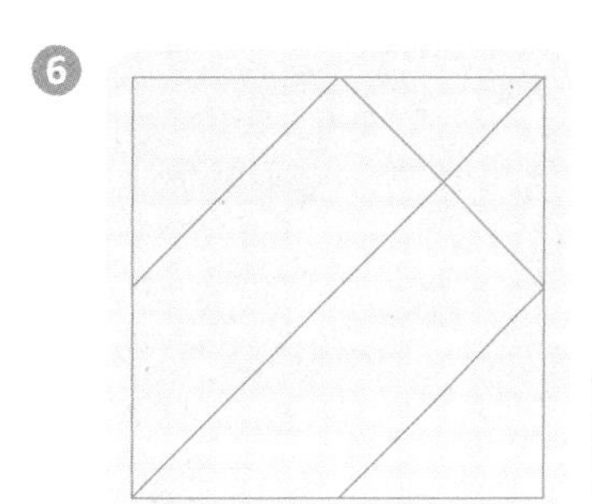

☐

在下列图形中标出被移动过的顶点，并同时用箭头标出顶点移动的方向。

7

8

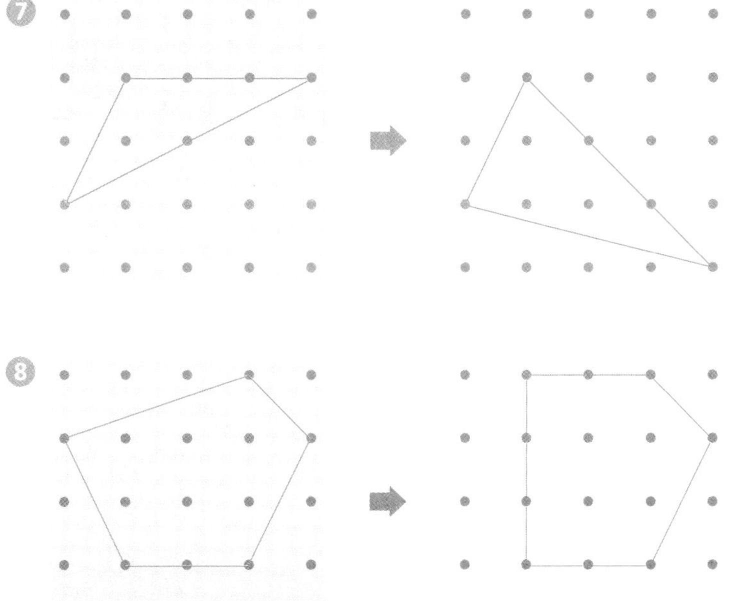

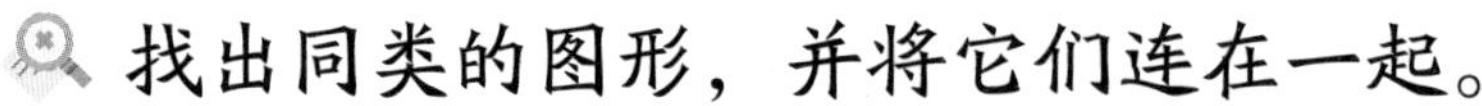

第5回：评价测试

 找出同类的图形，并将它们连在一起。

1

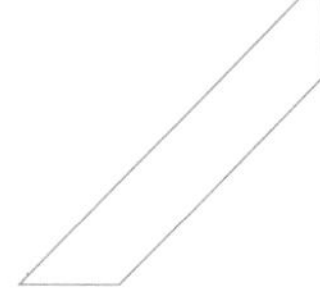

2

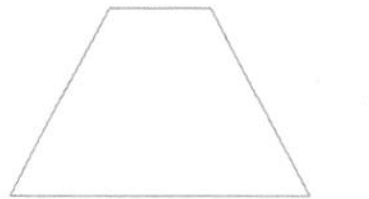

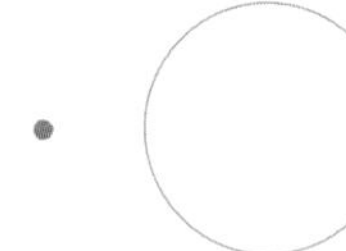

3

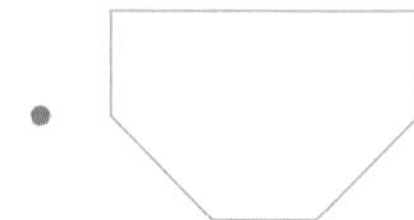

延长图形中的线段，画出完整的图形，并在内填入图形名称。

4

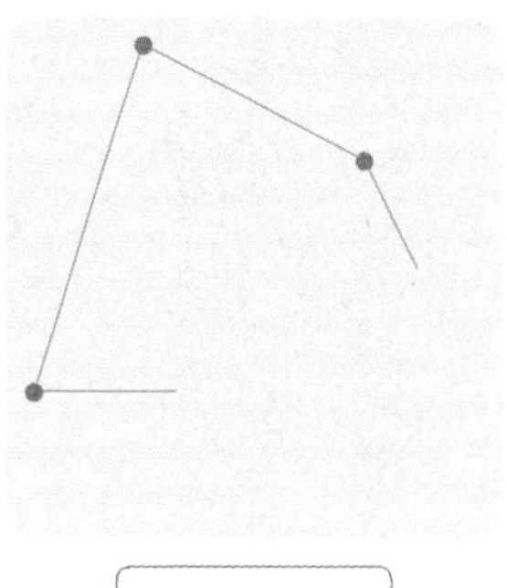

5

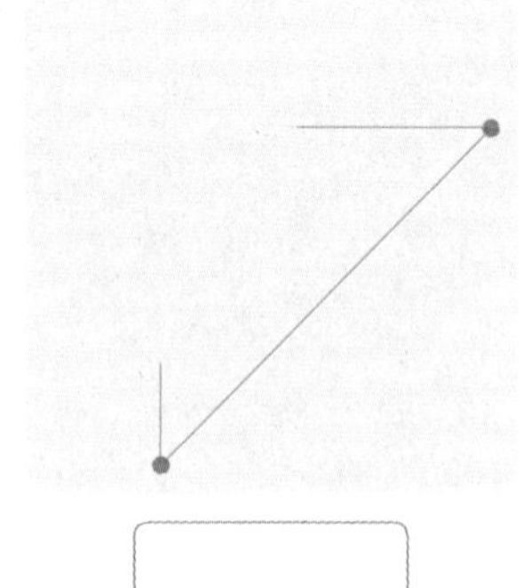

找出所有的四边形，并把数量填入□内。

❻ 

❼ 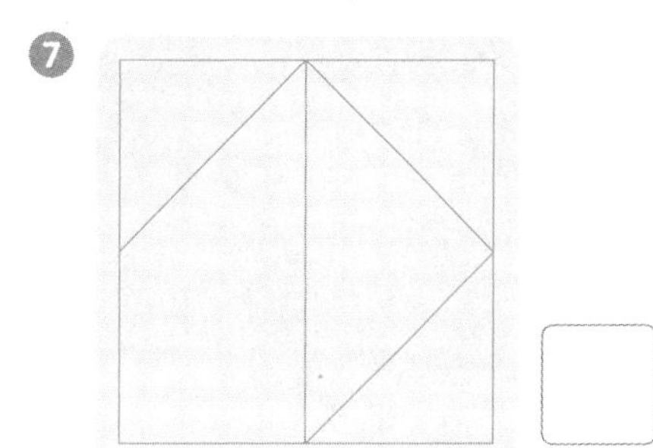

画出与左边相同的图形，并在□内填入这个图形的名称。

❽ ❾ 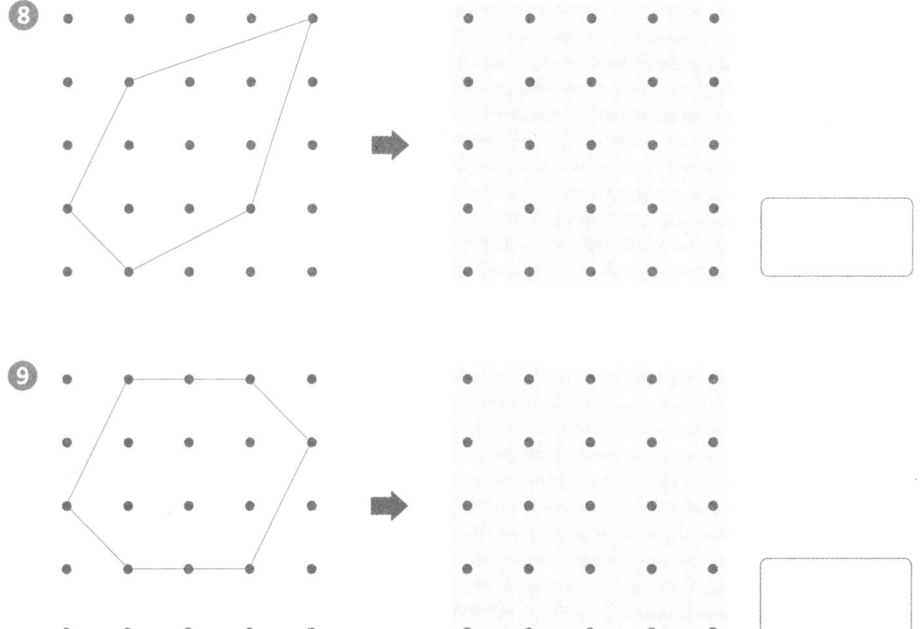

2级

空间思维培养全书

2-3 图形制作

《空间思维培养全书》的结构与学习方法

· 每天花10分钟完成2页图形练习，轻松无负担！
· 每周5天进行每日练习，第5天再对每周重点图形进行巩固练习。
· 共5回评价测试，逐步提升空间能力！

每周学习内容

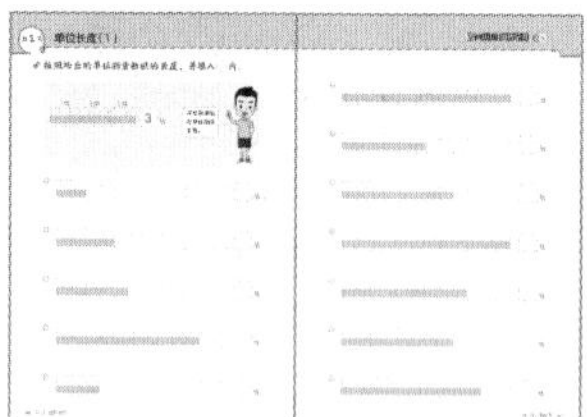

每日练习：
“小数学家”们的重点练习，通过给出的提示完成阶段性学习。

巩固练习：
复习重点内容，完成一周的学习。

	第1天	第2天	第3天	第4天	第5天/巩固练习
第1周	第66～67页	第68～69页	第70～71页	第72～73页	第74～76页
第2周	第78～79页	第80～81页	第82～83页	第84～85页	第86～88页
第3周	第90～91页	第92～93页	第94～95页	第96～97页	第98～100页
第4周	第102～103页	第104～105页	第106～107页	第108～109页	第110～112页

评价测试内容

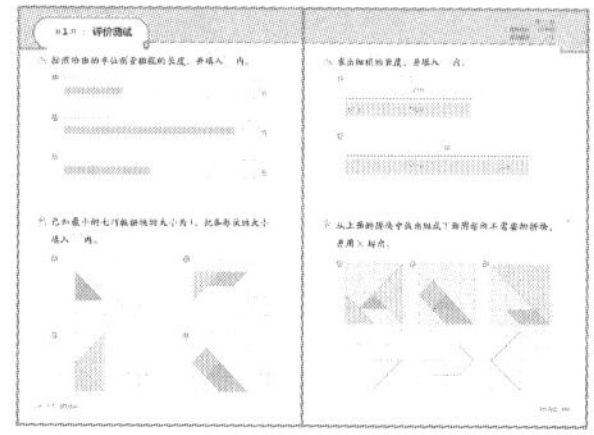

评价测试：
对4周的学习内容进行评价，看看自己在哪一方面还存在不足。

评价测试

第1回	第2回	第3回	第4回	第5回
第114～115页	第116～117页	第118～119页	第120～121页	第122～123页

第1周

量长度

第1天：单位长度（1）…… 66

第2天：单位长度（2）…… 68

第3天：用尺子量长度（1）…… 70

第4天：用尺子量长度（2）…… 72

第5天：画出长度相同的粗棍 …… 74

巩固练习 …… 76

单位长度(1)

按照给出的单位测量粗棍的长度，并填入□内。

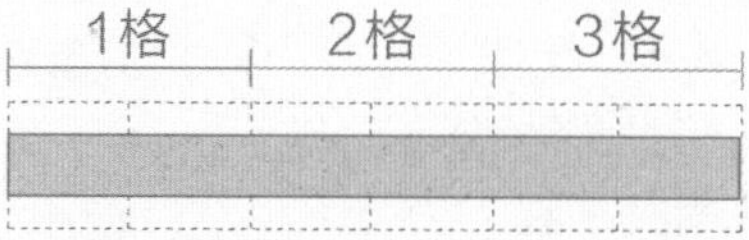

1格　2格　3格

3 格

1. □格

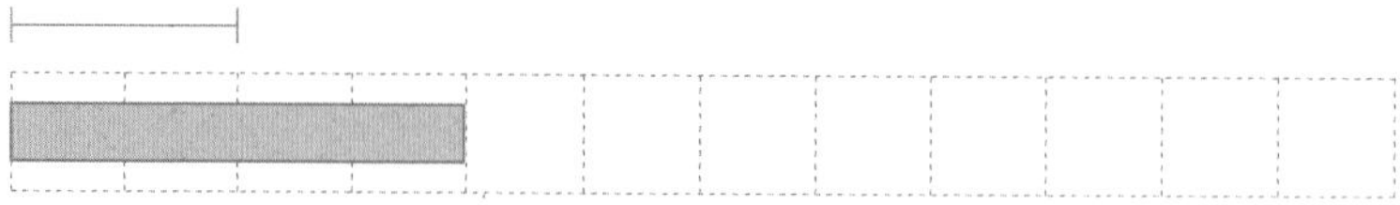

2. □格

3. □格

4. □格

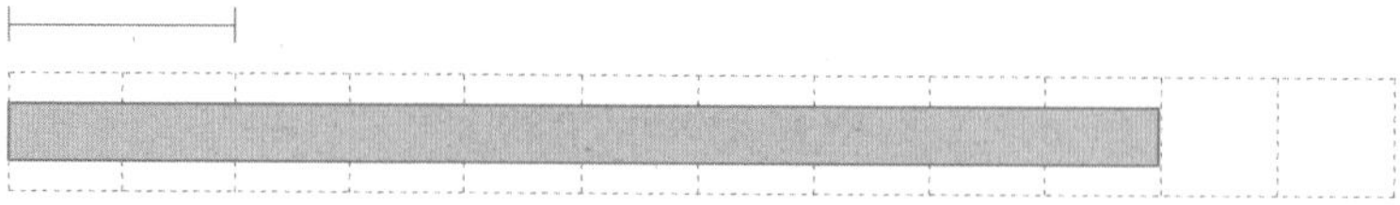

5. □格

6

格

7

格

8

格

9

格

10

格

11

格

12

格

单位长度(2)

按照给出的单位和长度画出粗棍。

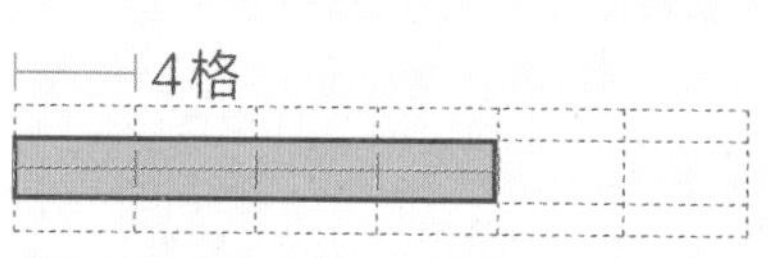

按照给出的格子数，从左往右画出正确长度的粗棍。

1 3格

2 1格

3

4

5

⑥ 7格

⑦ 5格

⑧ 2格

⑨ 2格

⑩ 3格

⑪ 3格

⑫ 2格

第3天 用尺子量长度(1)

利用尺子测量粗棍的长度。

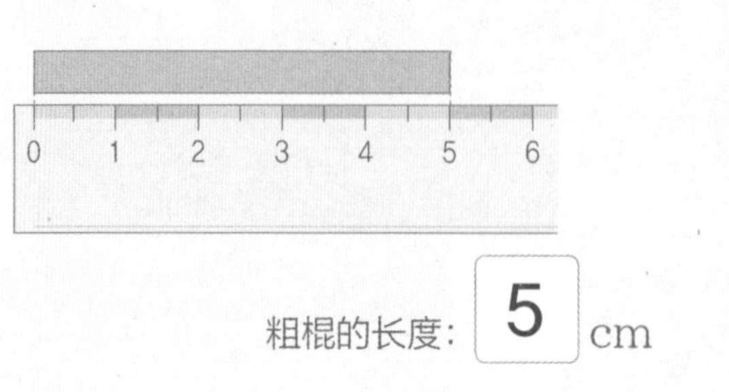

先将尺子的0刻度线对准粗棍的一端，再看看粗棍的另一端对应的刻度线。

❶

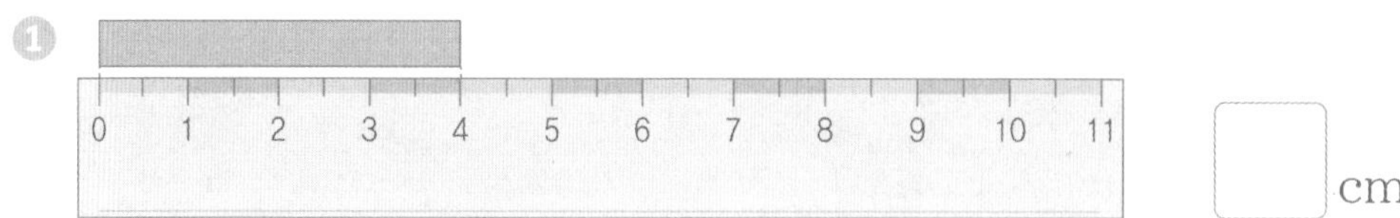

❷

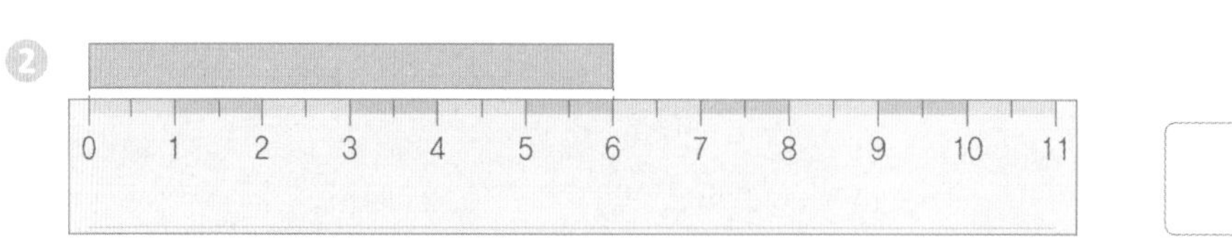

cm

❸

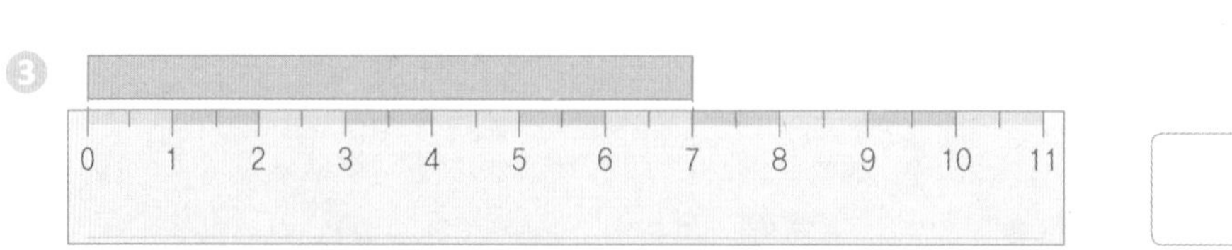

cm

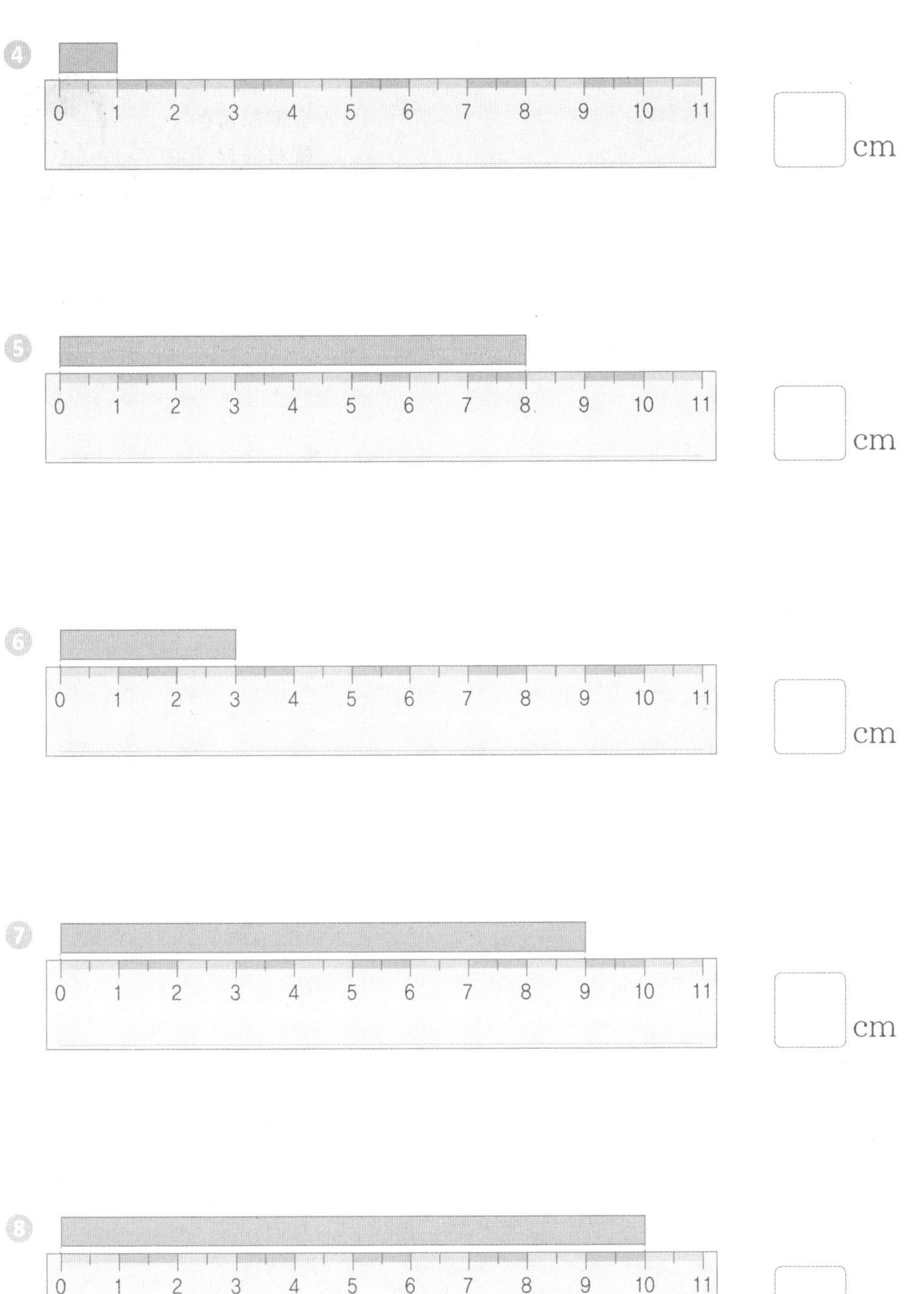
4
0 1 2 3 4 5 6 7 8 9 10 11
cm
5
0 1 2 3 4 5 6 7 8 9 10 11
cm
6
0 1 2 3 4 5 6 7 8 9 10 11
cm
7
0 1 2 3 4 5 6 7 8 9 10 11
cm
8
0 1 2 3 4 5 6 7 8 9 10 11
cm

第4天 用尺子量长度(2)

利用尺子测量粗棍的长度。

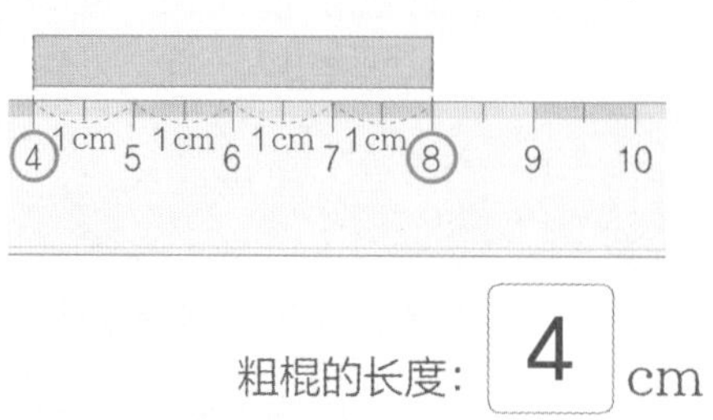

粗棍的长度: 4 cm

1
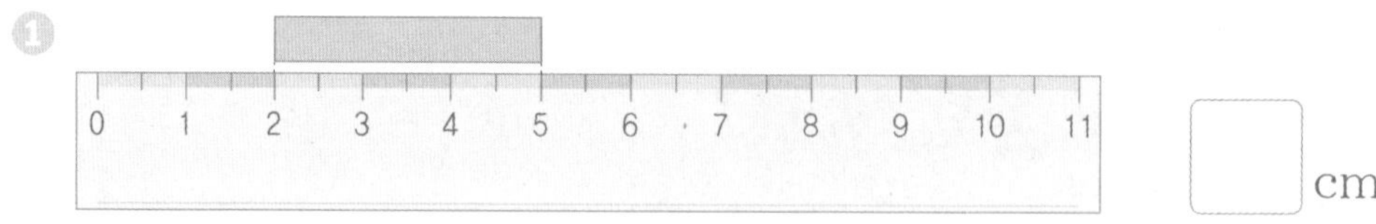

□ cm

2
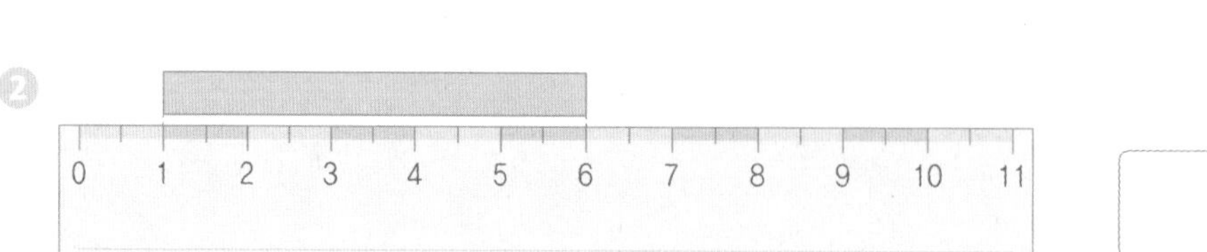

□ cm

3
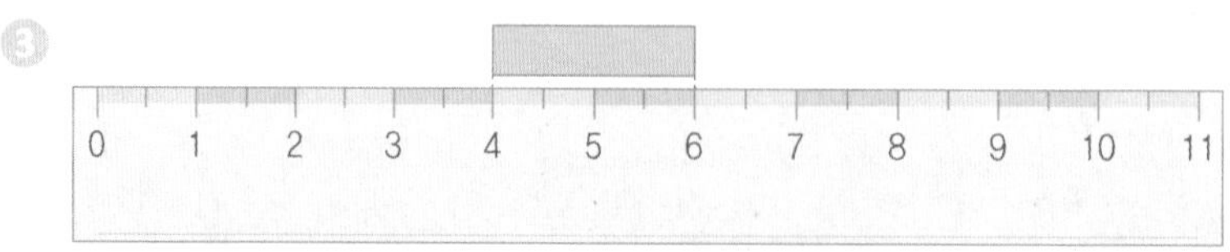

□ cm

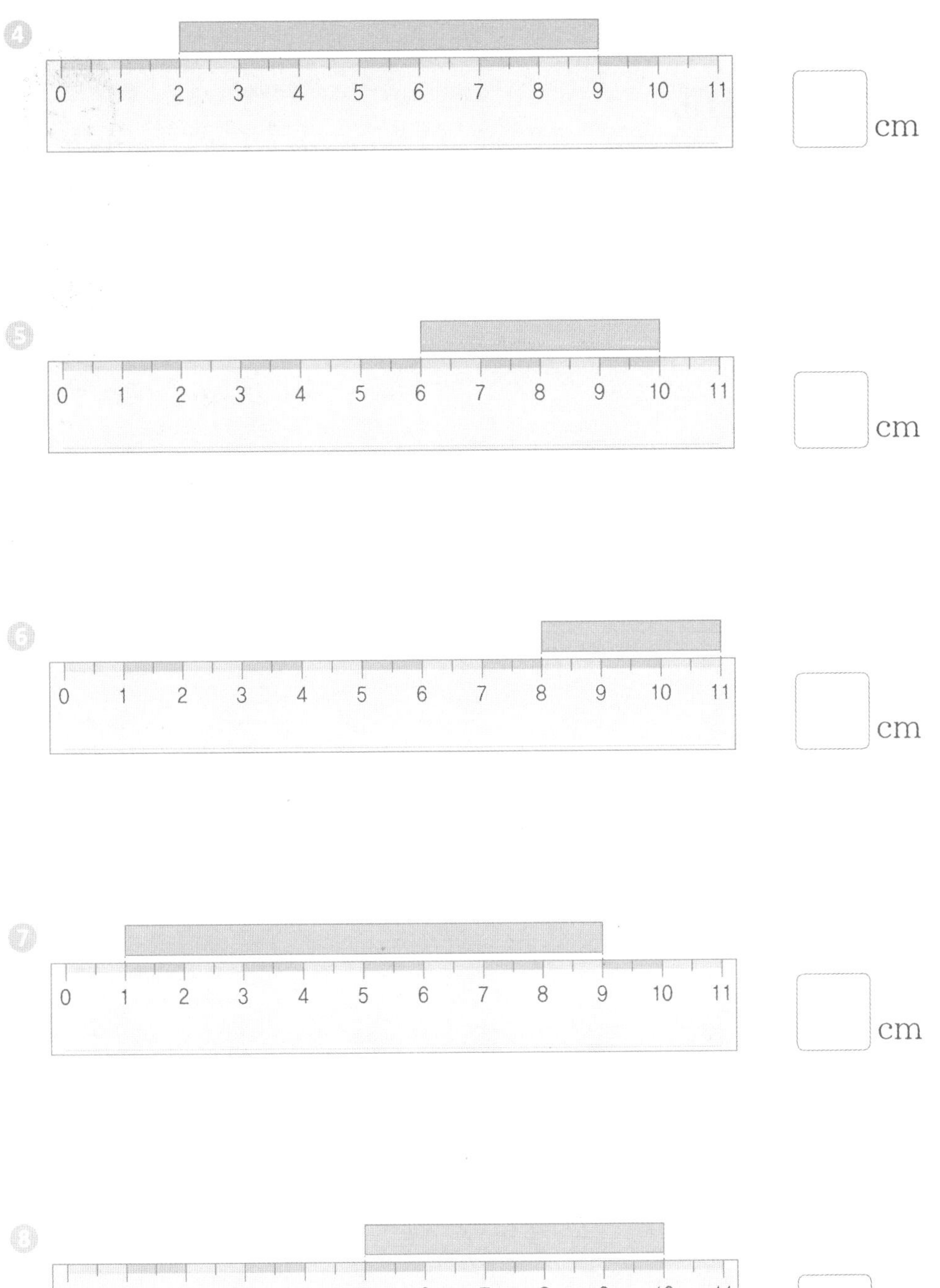
4
0 1 2 3 4 5 6 7 8 9 10 11
cm
5
0 1 2 3 4 5 6 7 8 9 10 11
cm
6
0 1 2 3 4 5 6 7 8 9 10 11
cm
7
0 1 2 3 4 5 6 7 8 9 10 11
cm
8
0 1 2 3 4 5 6 7 8 9 10 11
cm

第5天 画出长度相同的粗棍

按照给定的长度和起点，画出粗棍的长度。

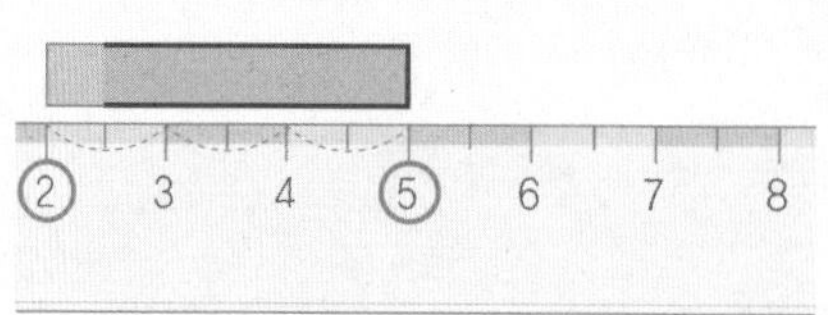

长度：3 cm

1 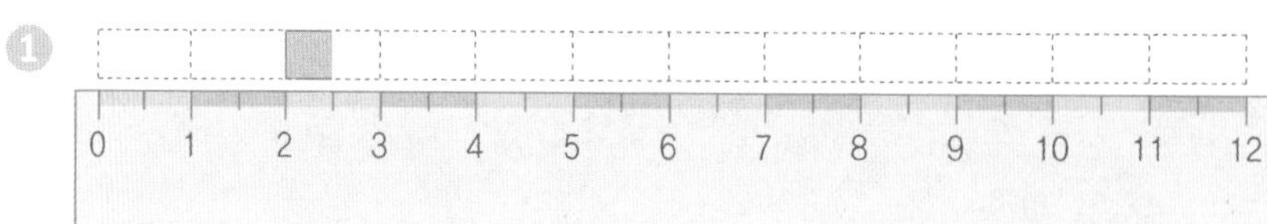

长度：2 cm

2 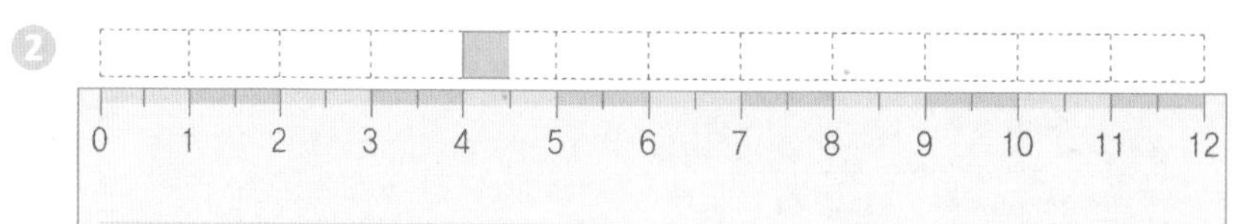

长度：5 cm

3 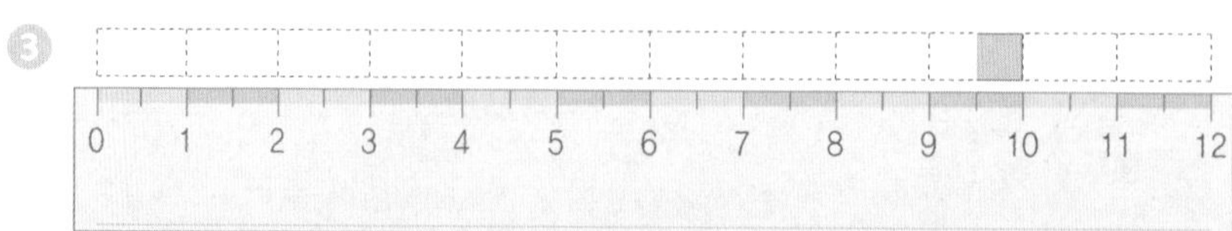

长度：6 cm

4
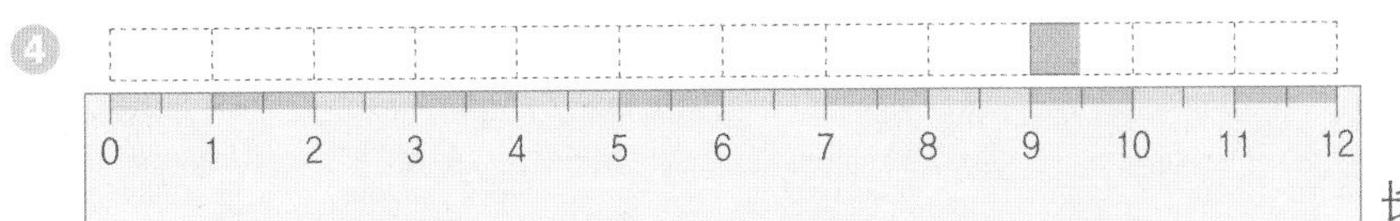

长度：1cm

5
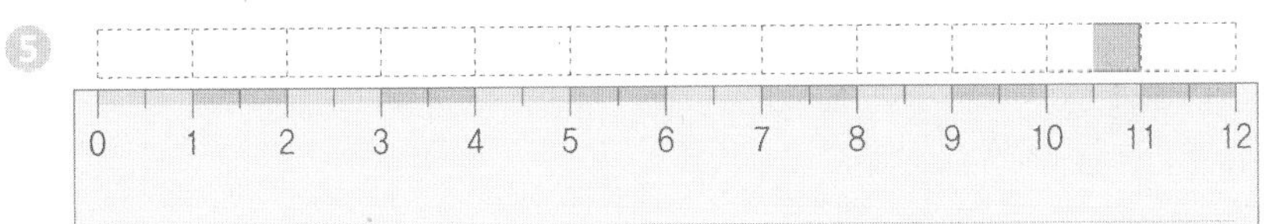

长度：7cm

6
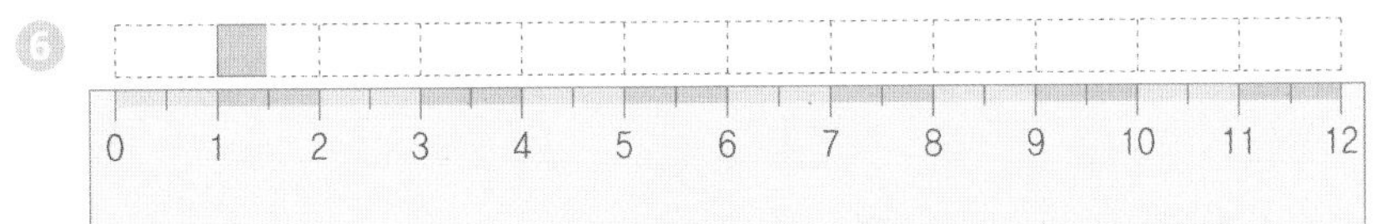

长度：4cm

7
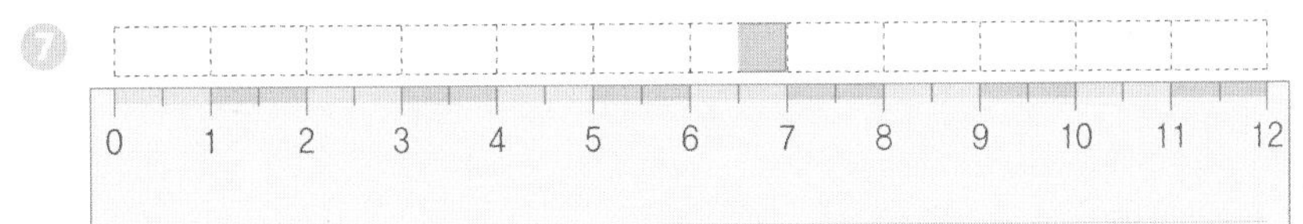

长度：3cm

8
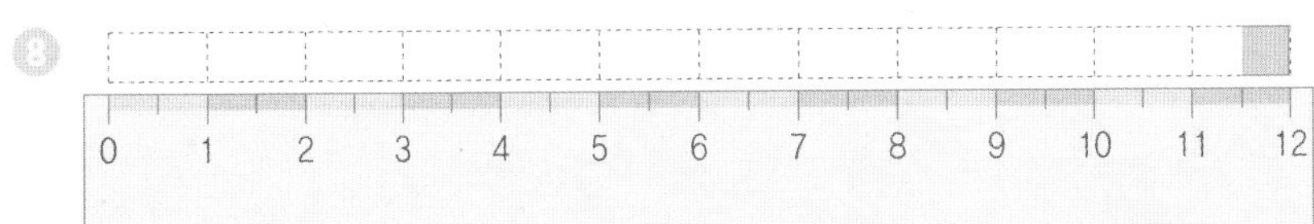

长度：9cm

巩固练习

按照给出的单位和长度画出粗棍。

1 4格

2 1格

3 3格

利用尺子测量粗棍的长度。

4
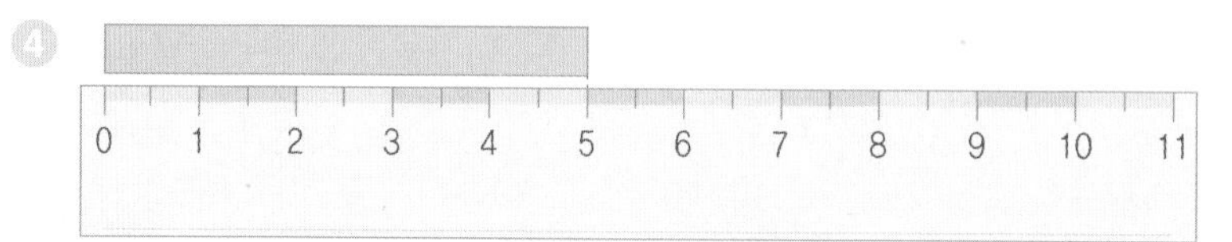

□ cm

5
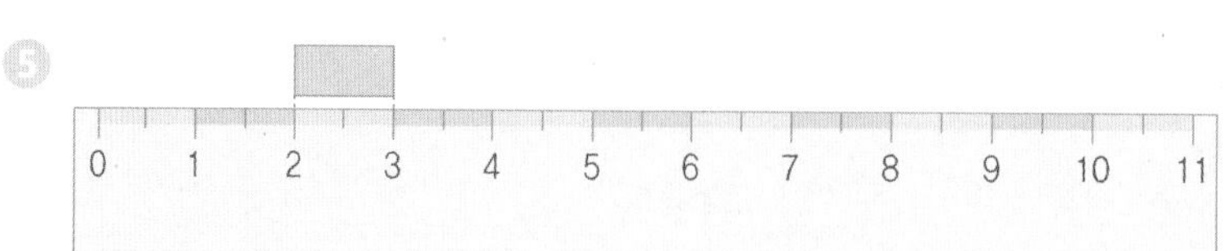

□ cm

6
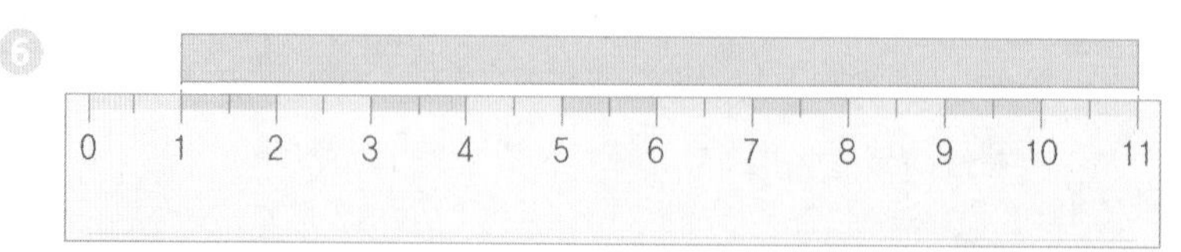

□ cm

第2周

七巧板

第1天：画七巧板 78

第2天：画七巧板的轮廓 80

第3天：拼接七巧板 82

第4天：找一找 84

第5天：七巧板的大小 86

巩固练习 88

第1天 画七巧板

把给出的七巧板拼块画在下面的相同位置上。

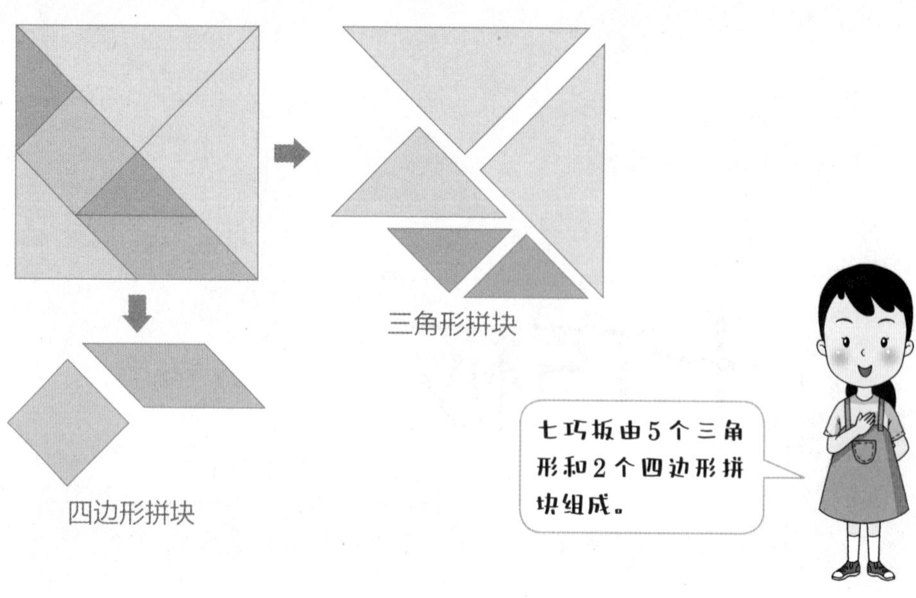

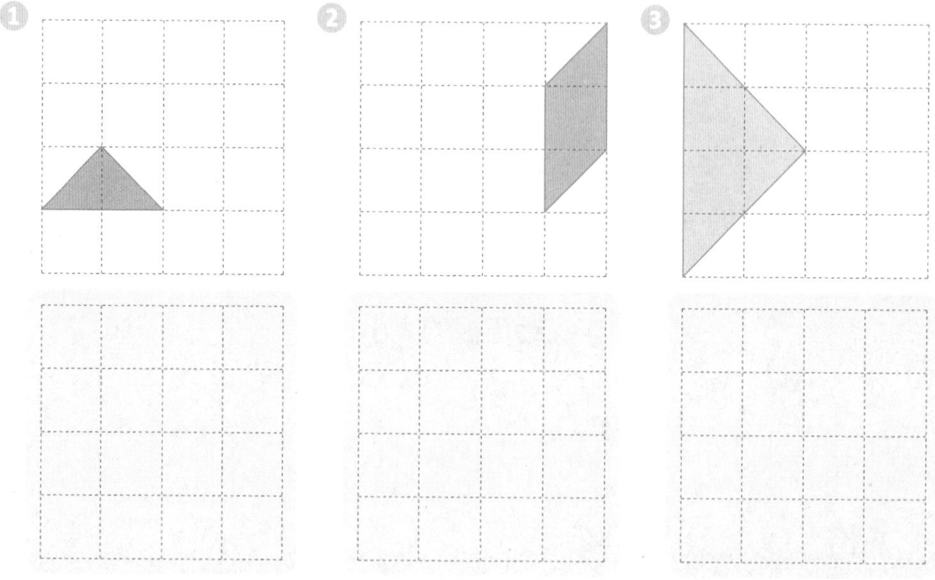

④
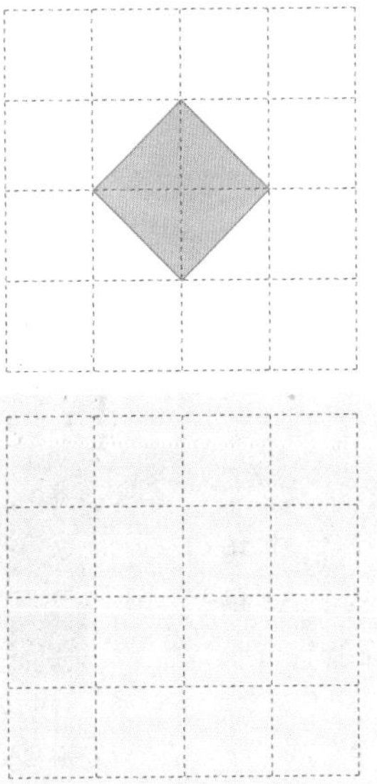

⑤
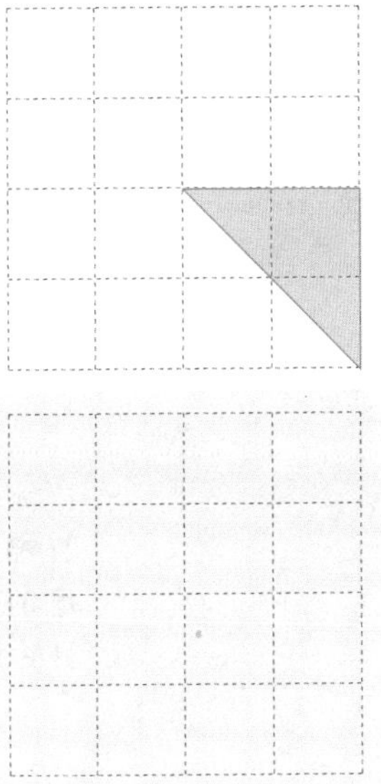

⑥

⑦
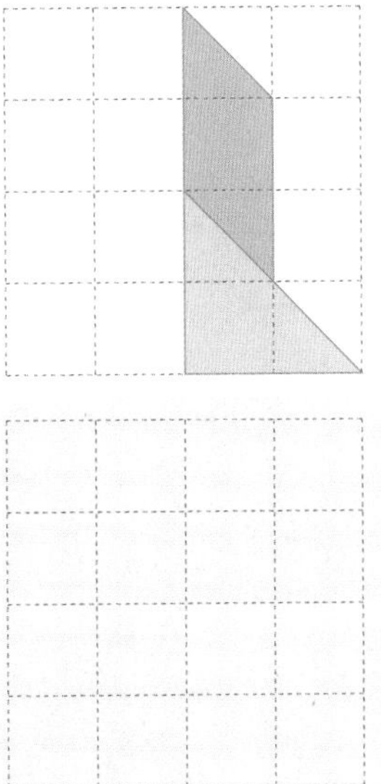

⑧
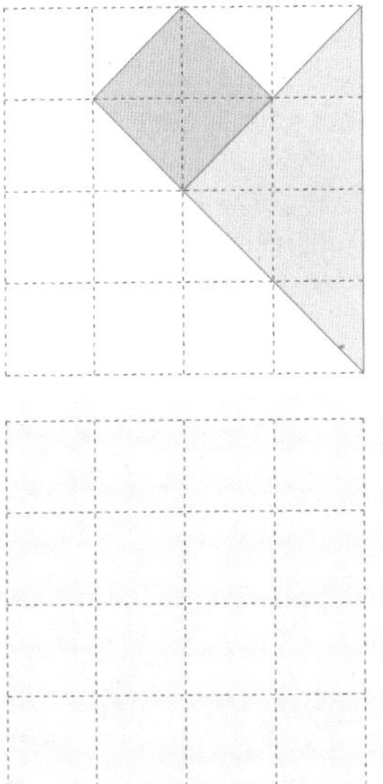

⑨
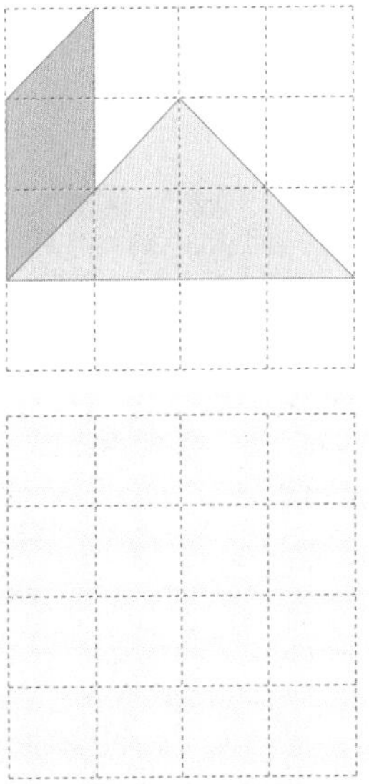

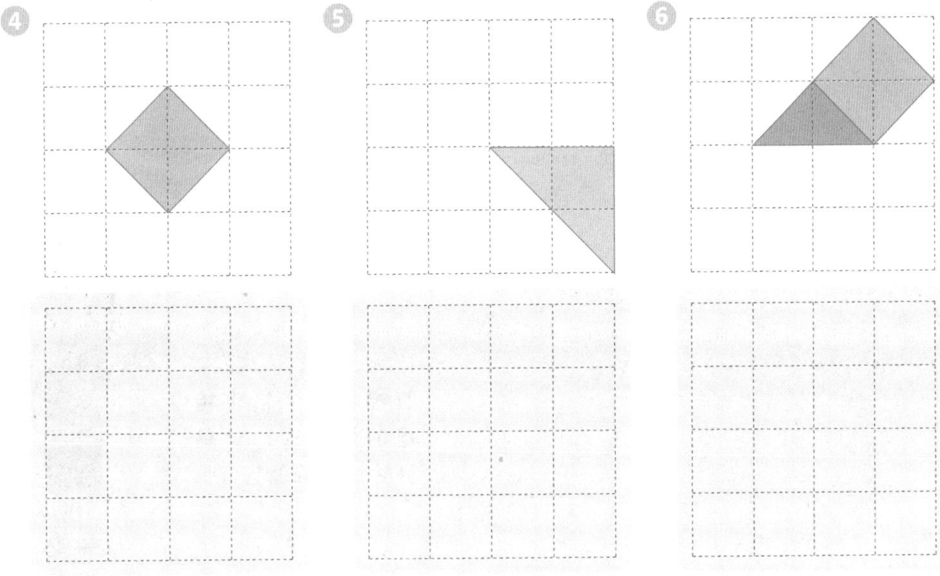

第2天 画七巧板的轮廓

在方格纸的相同位置上画出七巧板的轮廓。

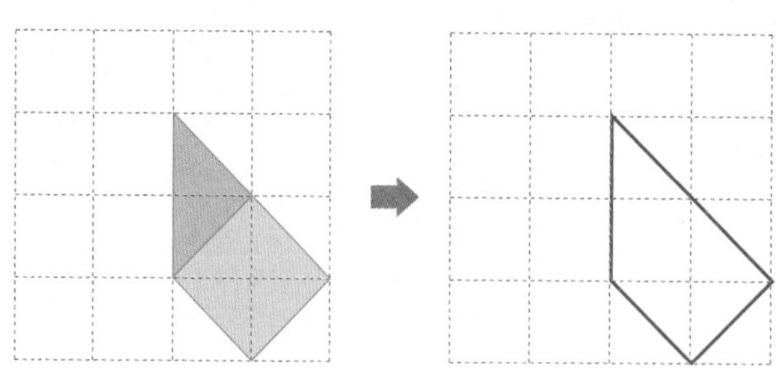

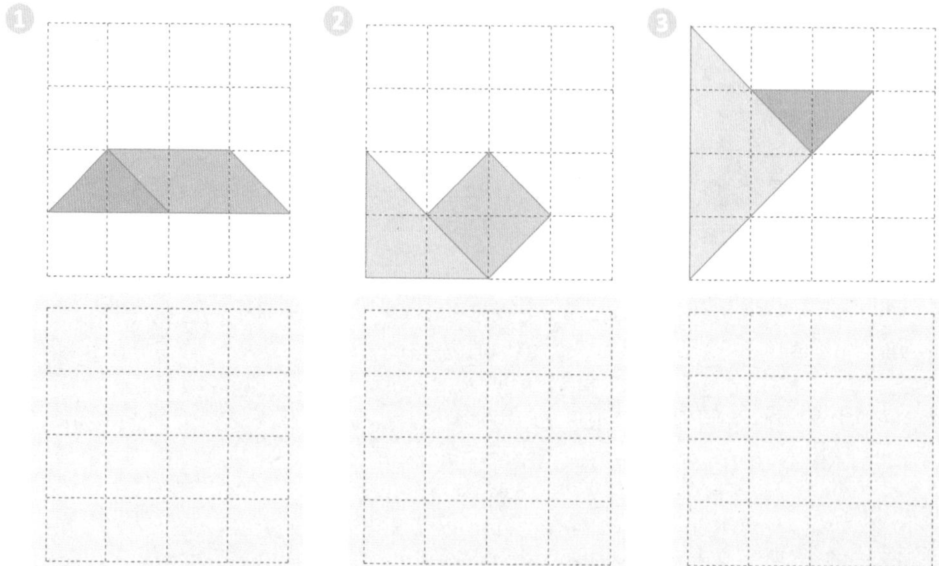

4

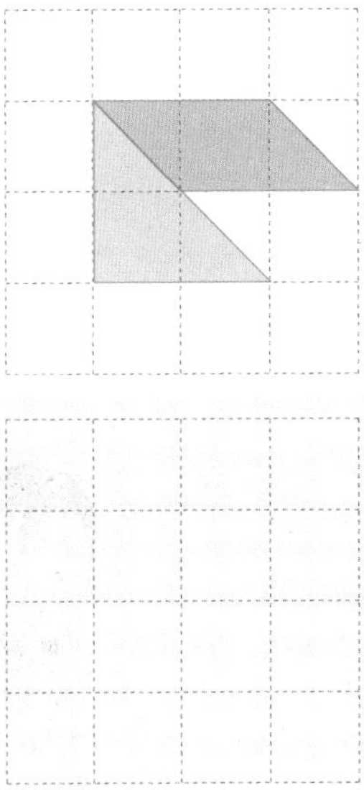

5

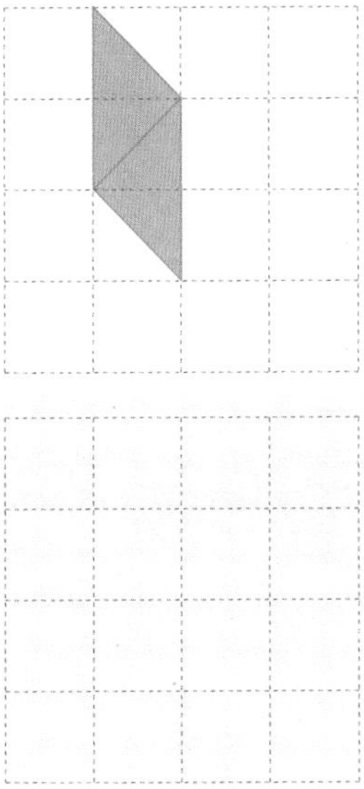

6

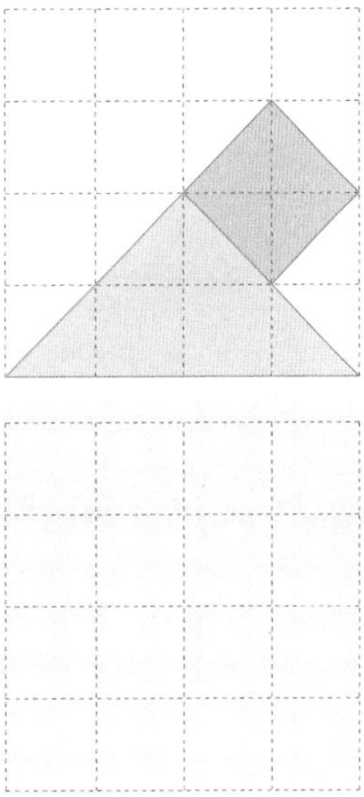

7

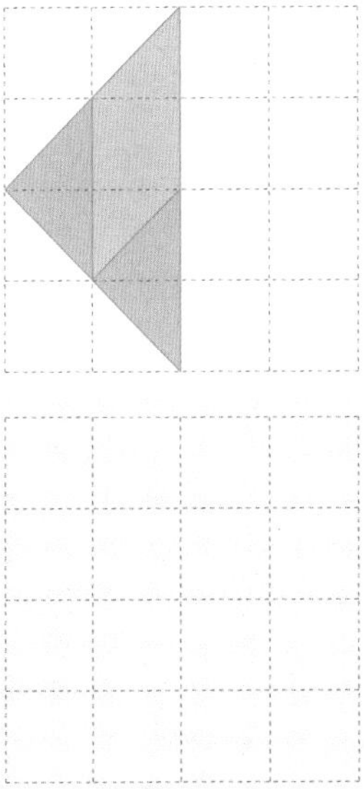

8

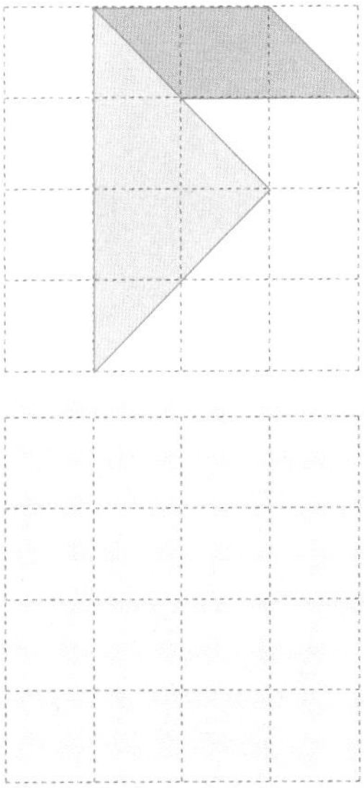

9

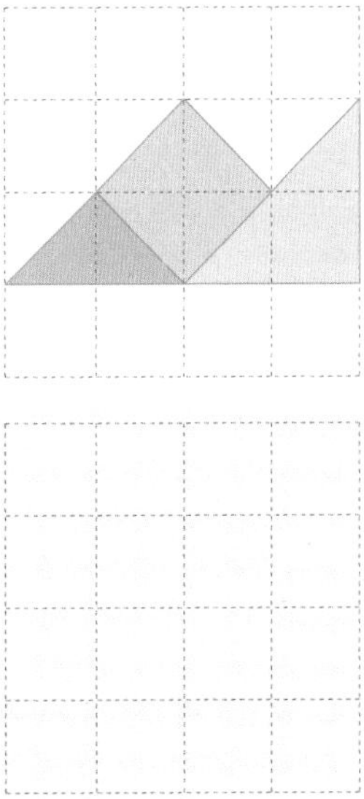

拼接七巧板

在右侧方格纸上画出左侧两个拼块拼接后形成的形状的轮廓。

③
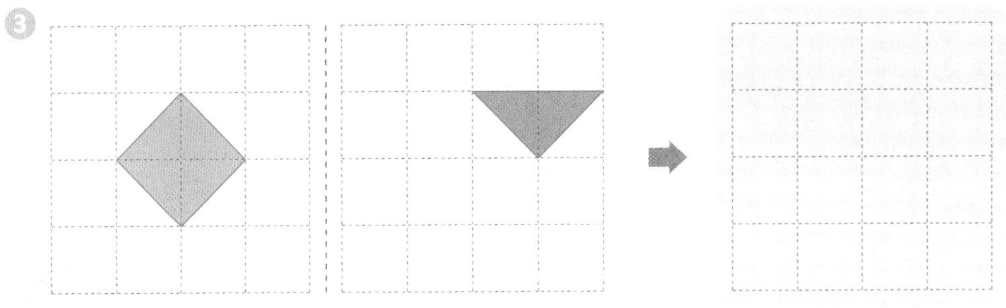

④
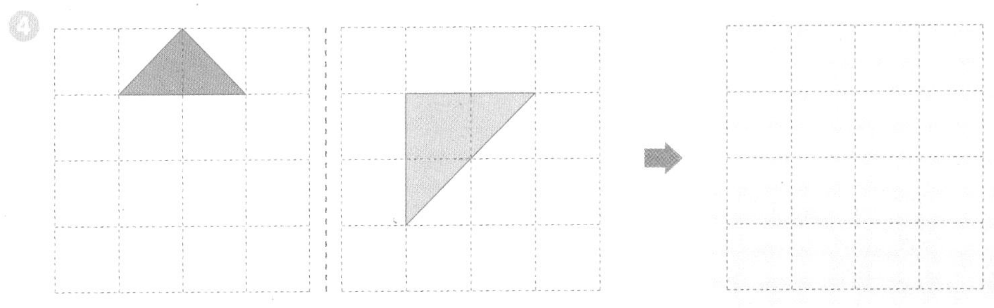

⑤
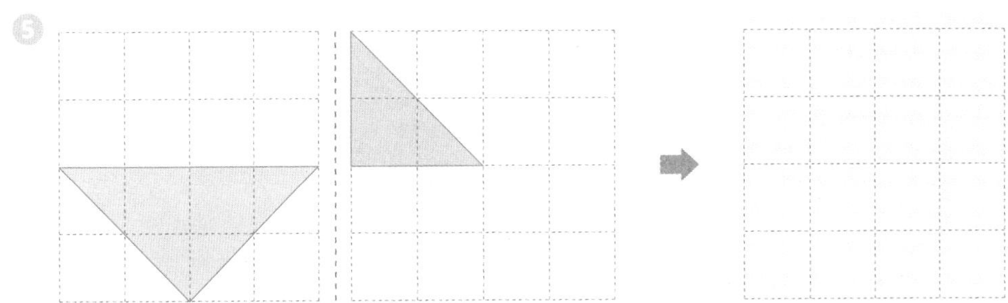

第4天 找一找

找出可以拼成右侧图形的另一个拼块，并画在左侧方格纸上。

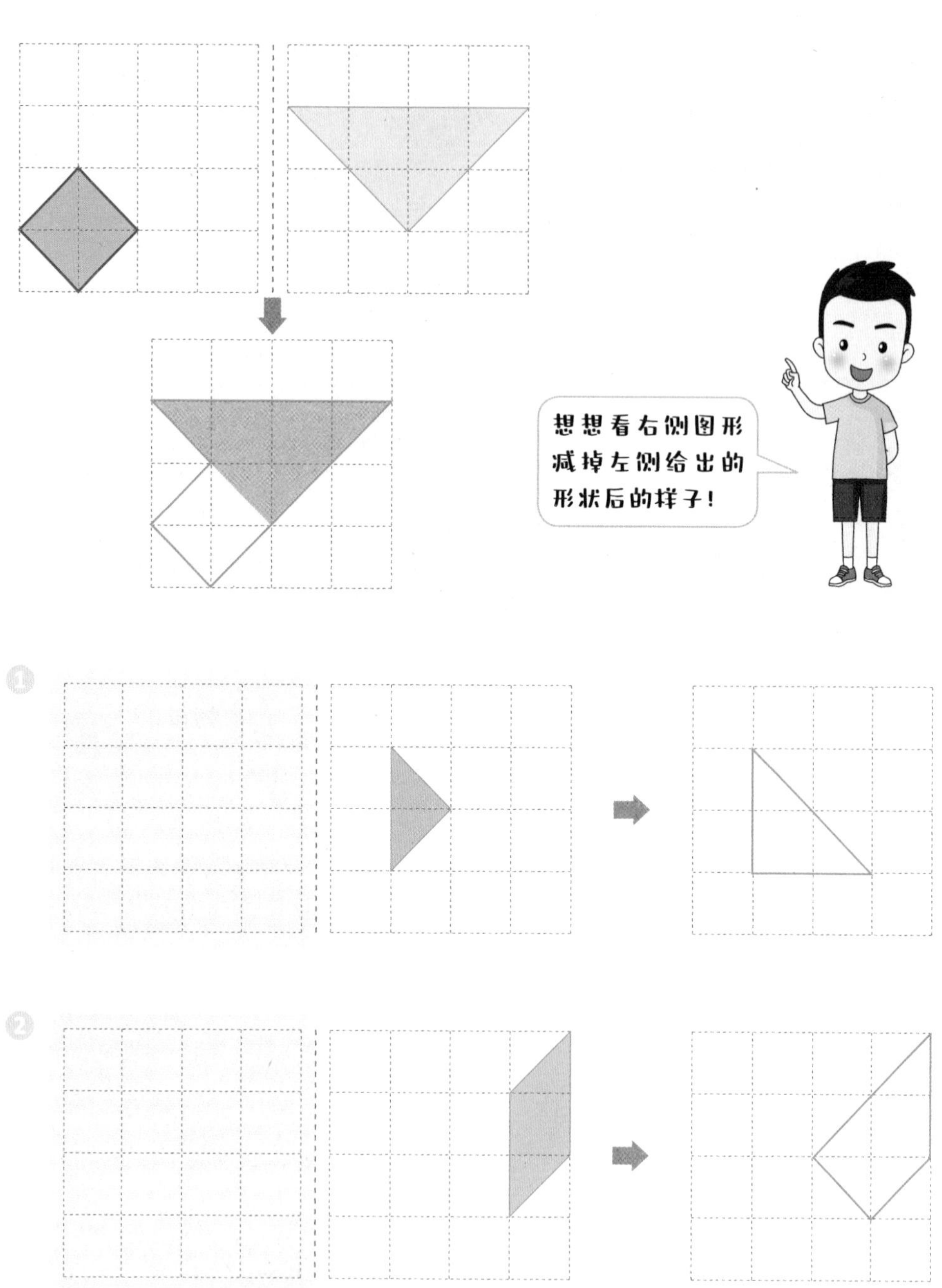

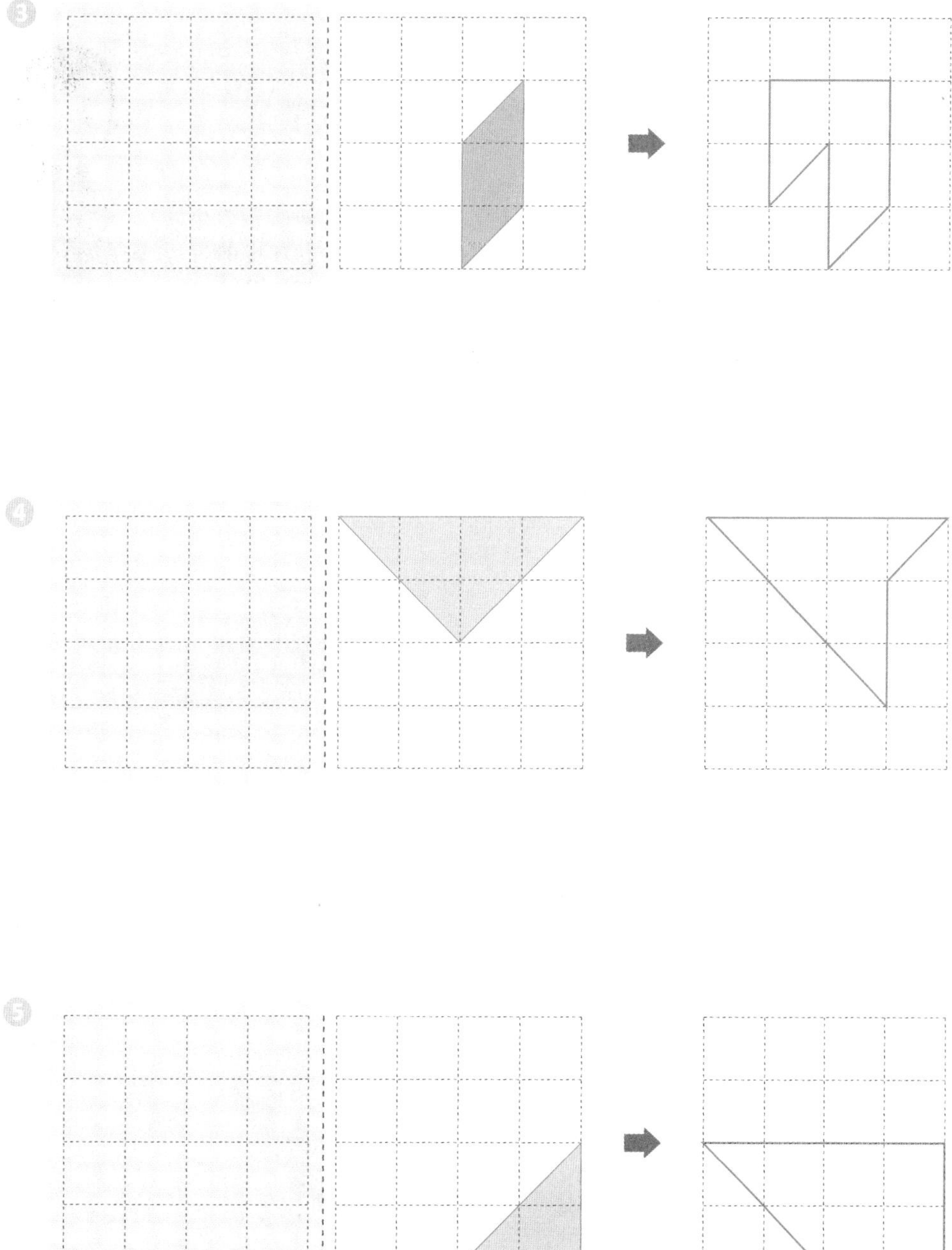

第5天 七巧板的大小

已知最小的七巧板拼块的大小为1，把各形状的大小填入□内。

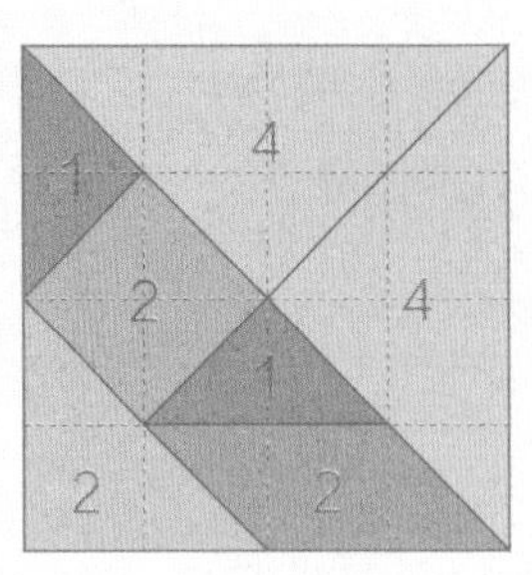

❶

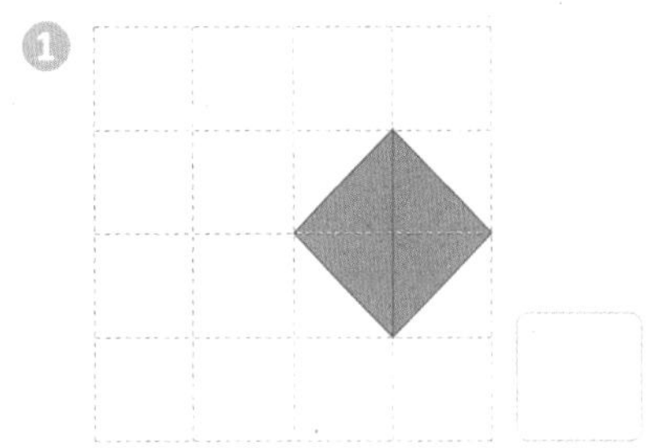

❷

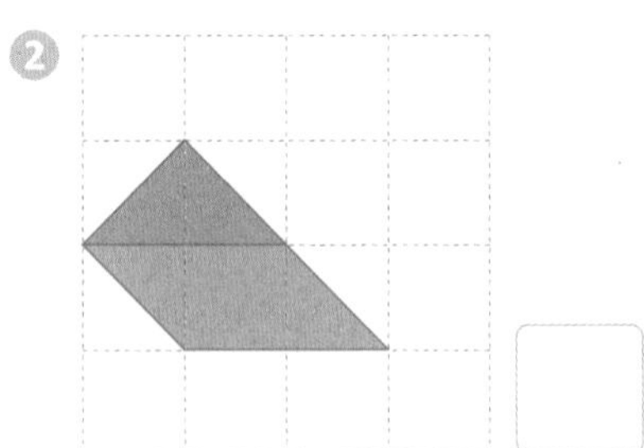

❸

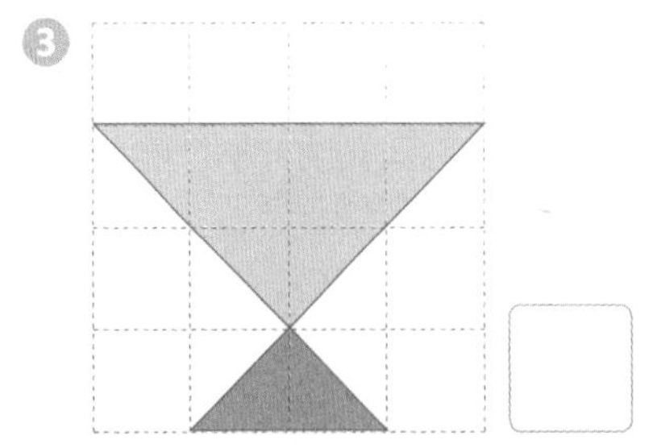

❹

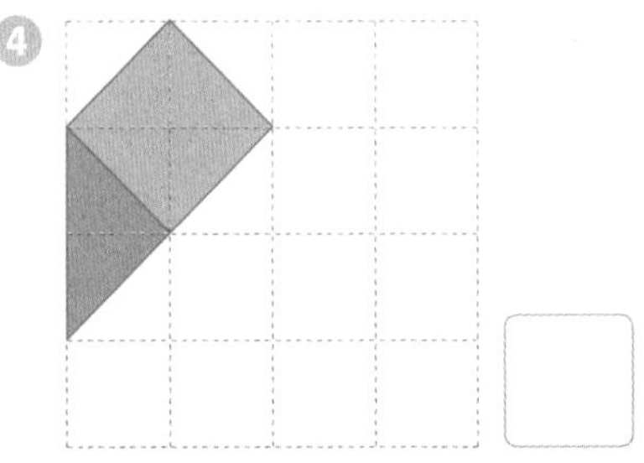

5
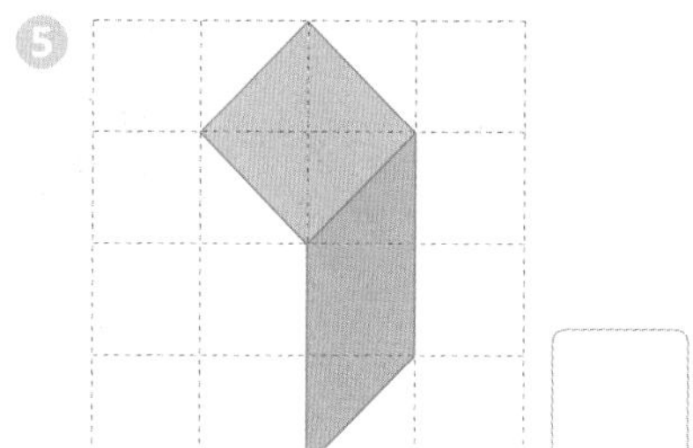

6
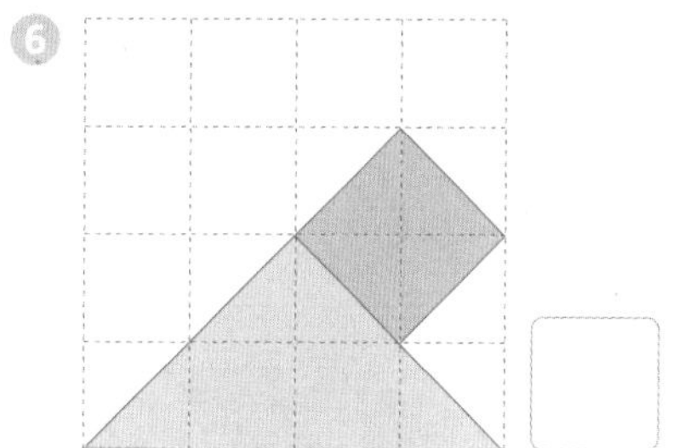

7
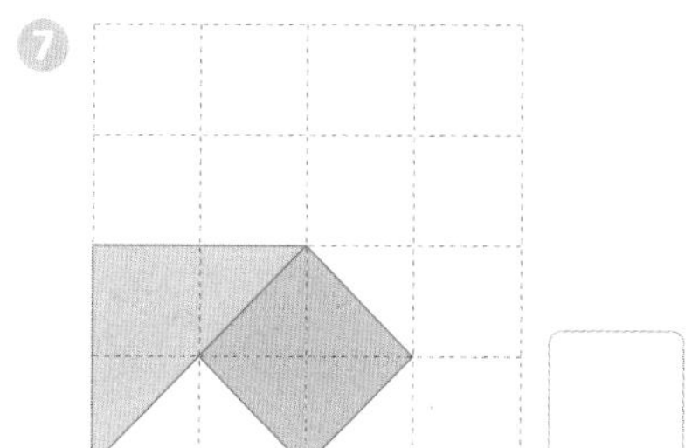

8
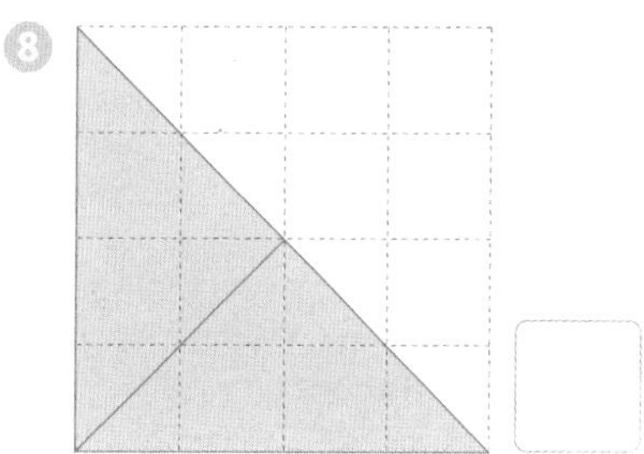

9
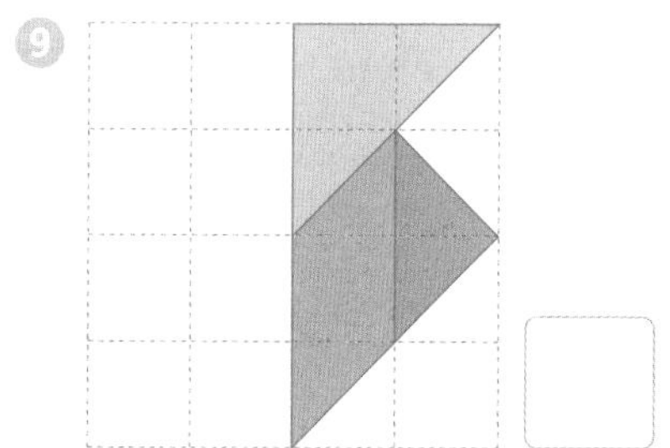

10
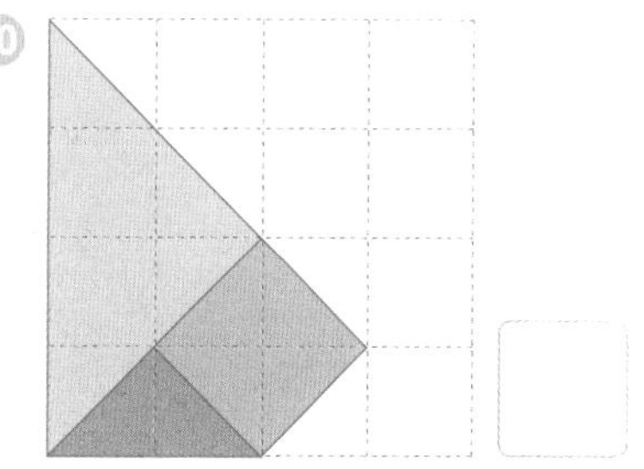

巩固练习

在右侧方格纸上画出左侧两个拼块拼接后形成的形状的轮廓。

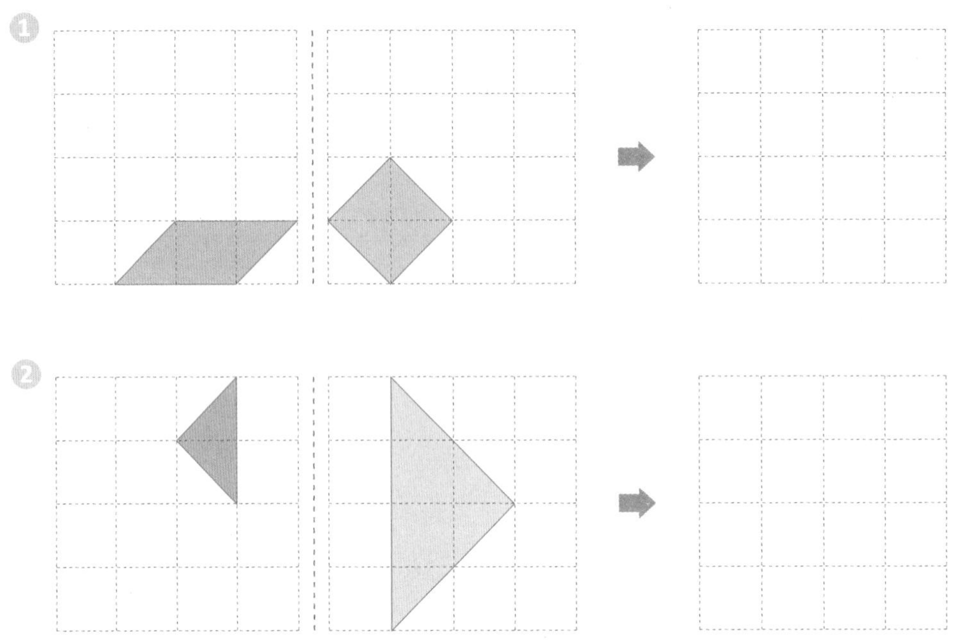

已知最小的七巧板拼块的大小为1，把各形状的大小填入□内。

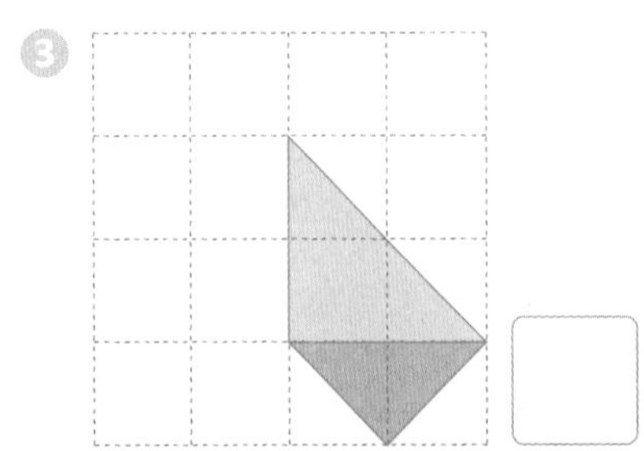

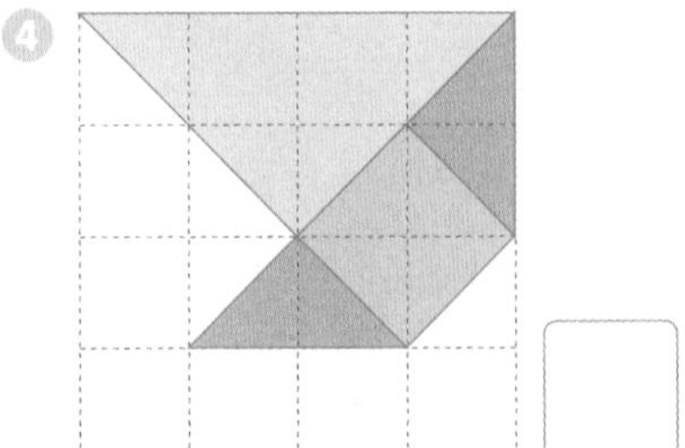

第3周

长度的和与差

第1天：长度之和 …… 90
第2天：长度之差 …… 92
第3天：能量出的长度 …… 94
第4天：长度的和与差 …… 96
第5天：不能量出的长度 …… 98
巩固练习 …… 100

长度之和

求出细棍的长度，并填入□内。

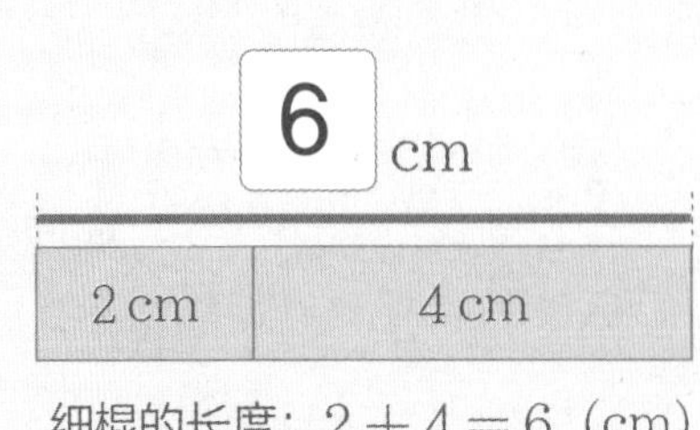

细棍的长度：2＋4＝6（cm）

1

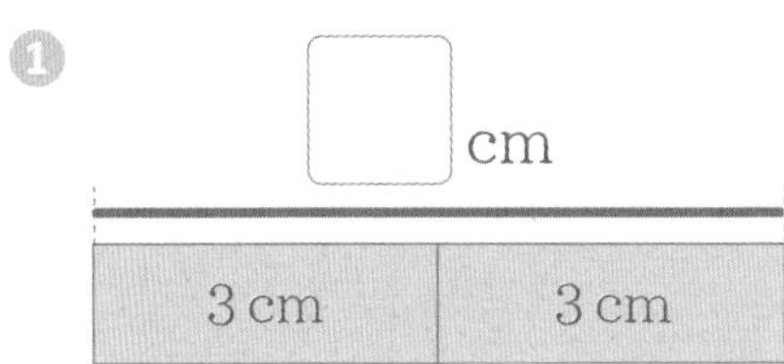

2

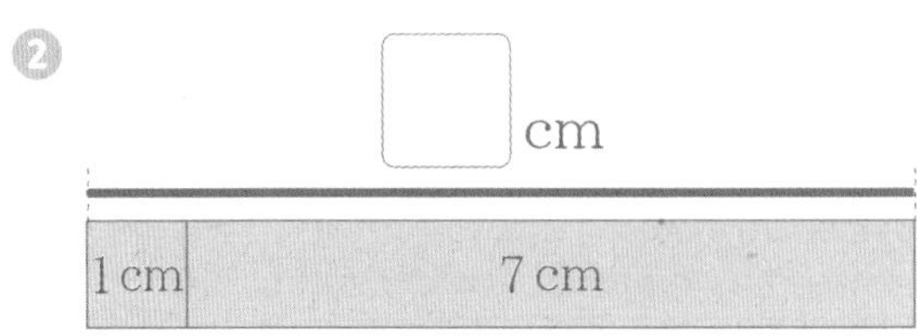

3

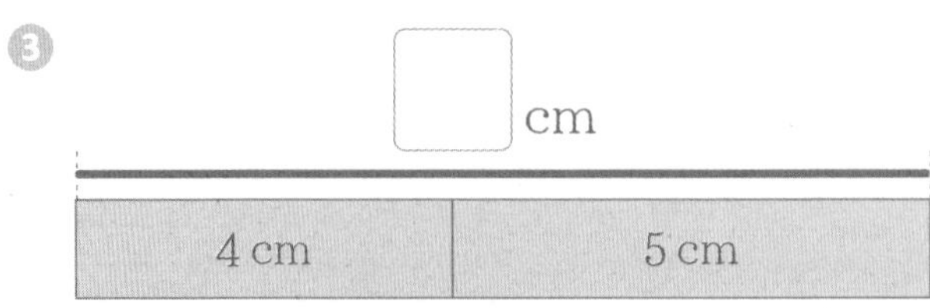

4

□ cm

5 cm	7 cm

5

□ cm

6 cm	1 cm

6

□ cm

8 cm	2 cm

7

□ cm

3 cm	8 cm

8

□ cm

5 cm	9 cm

第2天 长度之差

求出细棍的长度，并填入□内。

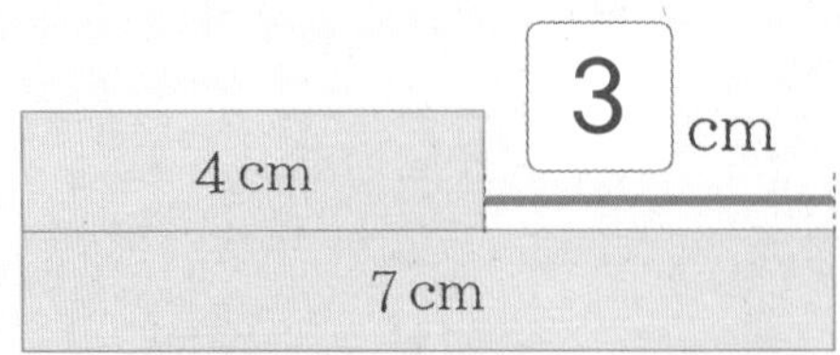

细棍的长度：7－4＝3（cm）

两根粗棍上下并排放在一起，其长度差就是细棍的长度。

1

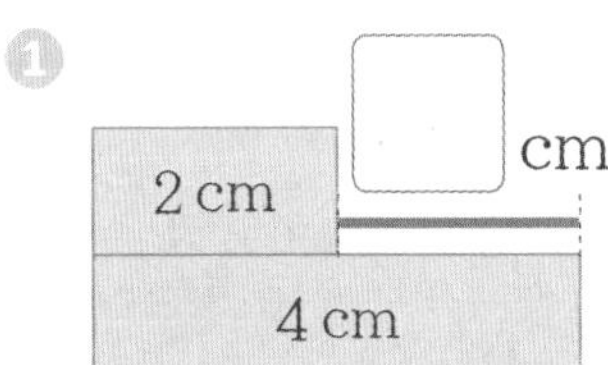

2

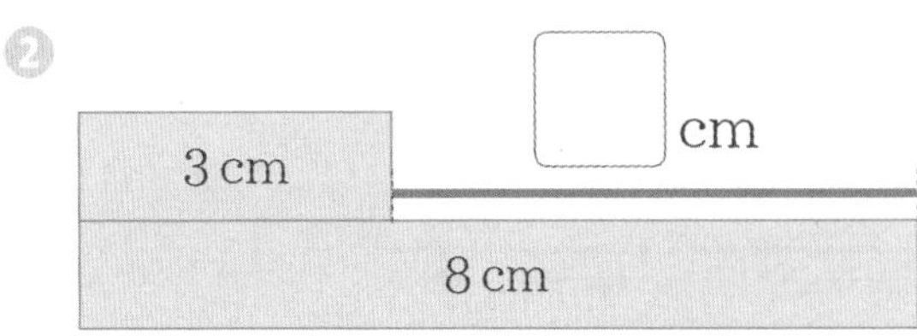

3

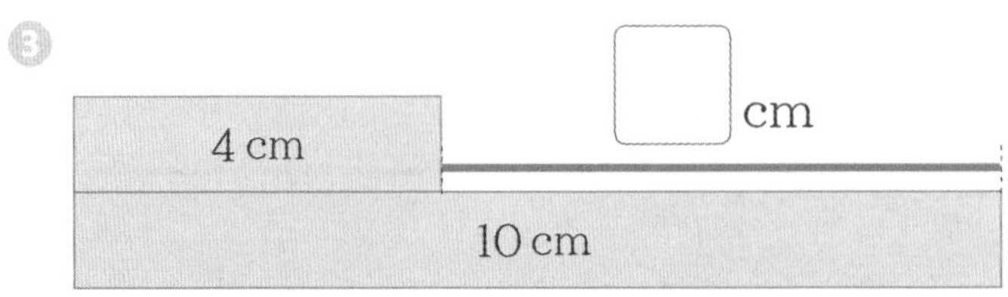

4
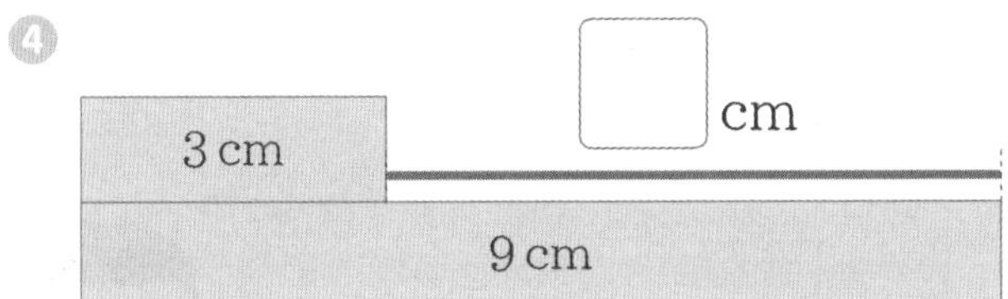

5
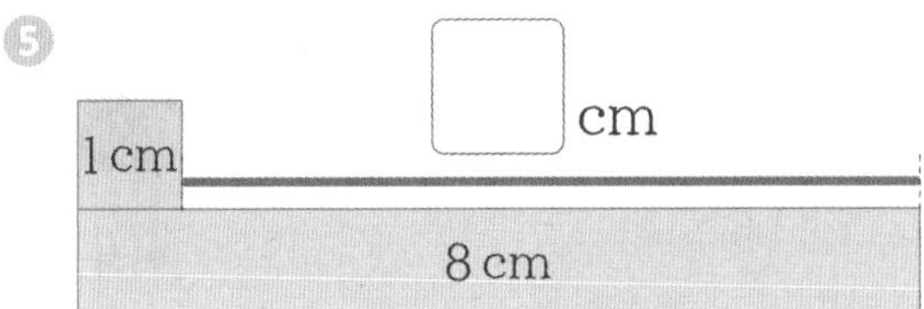

6
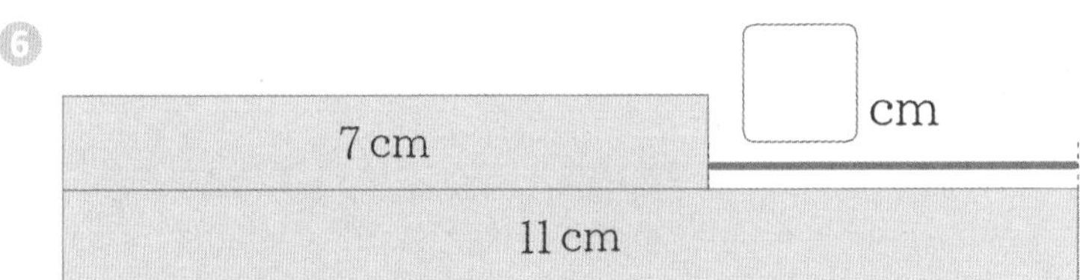

7
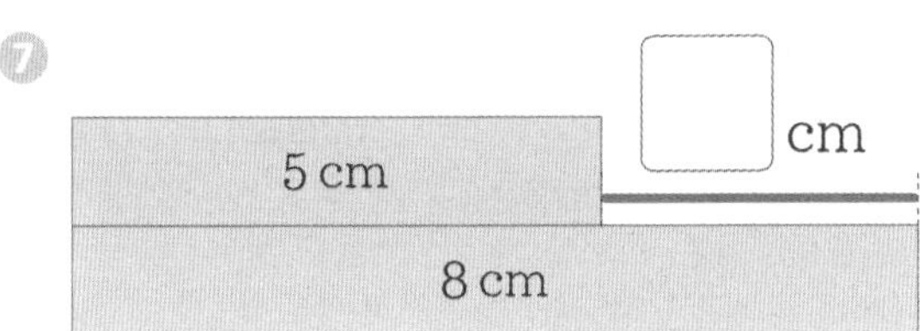

8
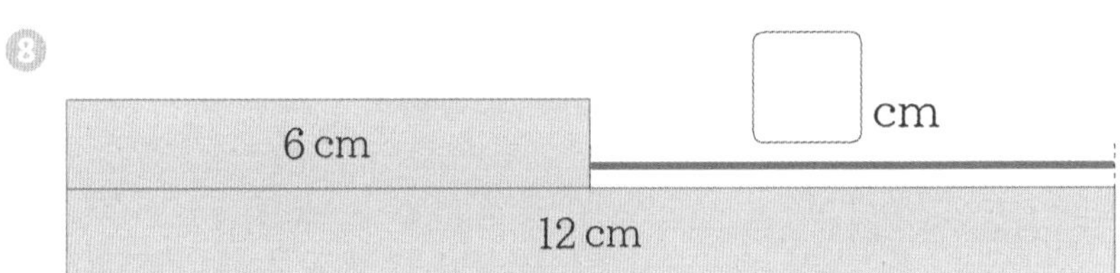

第3天 能量出的长度

利用给出的两根粗棍，求出所有能够量出的长度。

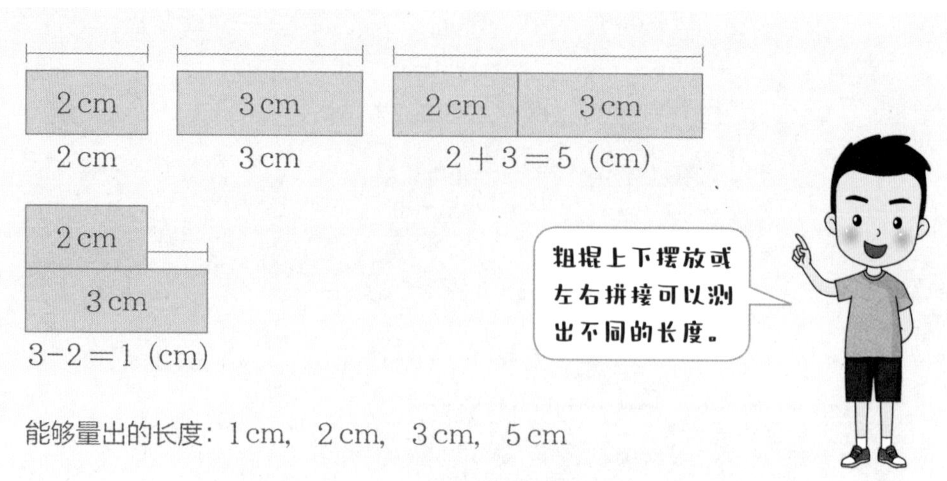

❶

1 cm

3 cm

□ cm □ cm

□ cm □ cm

❷

2 cm

5 cm

□ cm □ cm

□ cm □ cm

③

4 cm

8 cm

□ cm □ cm

□ cm

④

1 cm

7 cm

□ cm □ cm

□ cm □ cm

⑤

3 cm

9 cm

□ cm □ cm

□ cm □ cm

⑥

5 cm

6 cm

□ cm □ cm

□ cm □ cm

第4天 长度的和与差

求出细棍的长度，并填入□内。

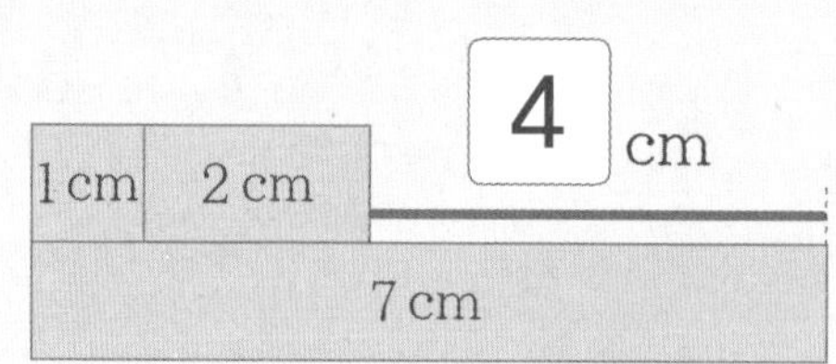

细棍的长度：7−1−2＝4（cm）

❶

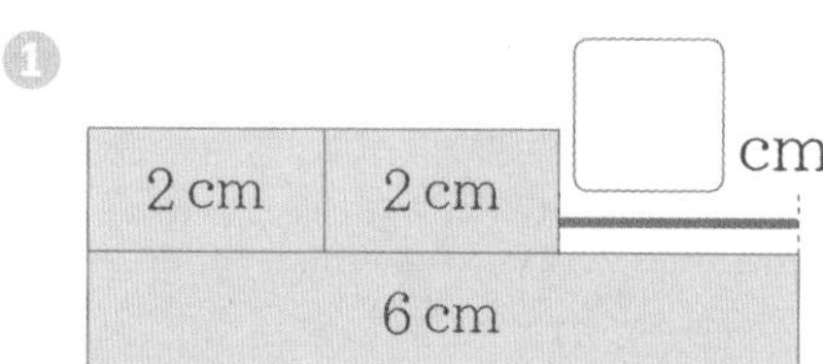

❷

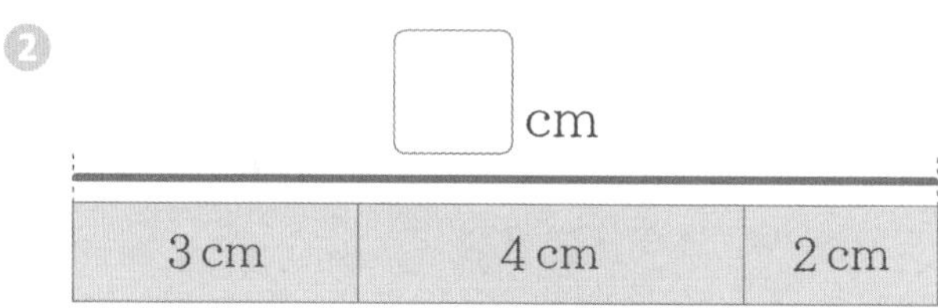

❸

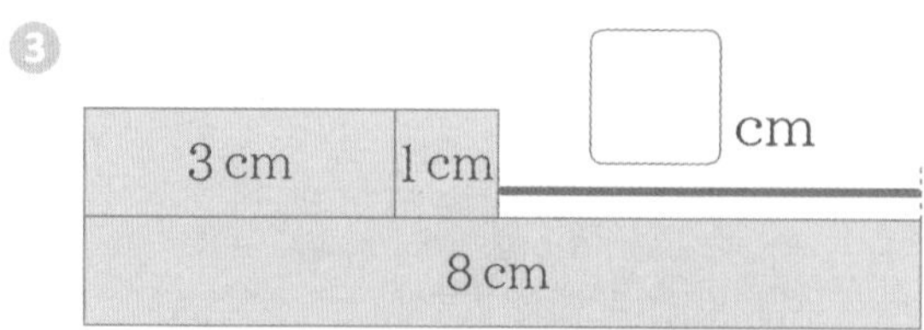

4

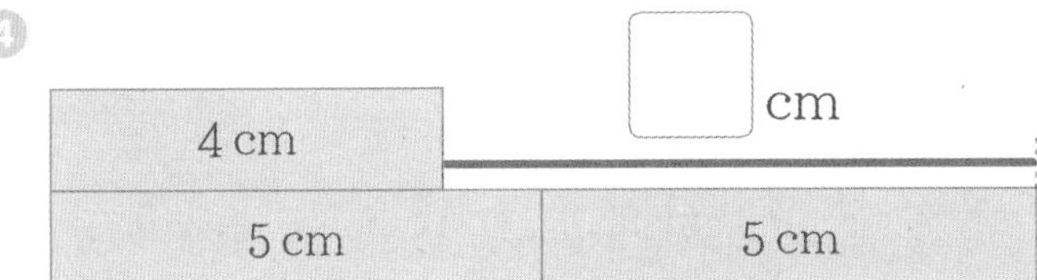
□ cm
4 cm
5 cm
5 cm

5

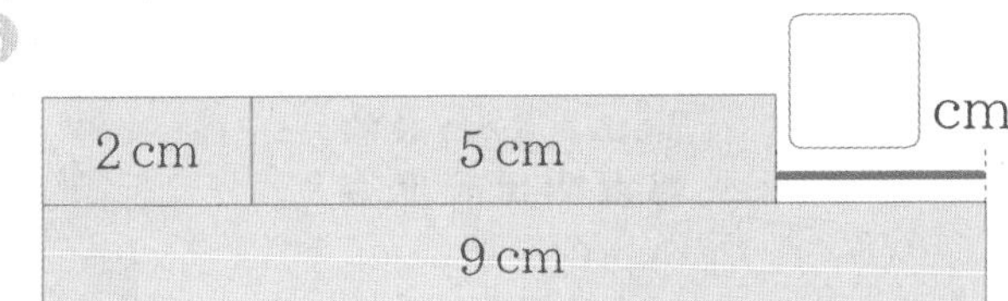
□ cm
2 cm
5 cm
9 cm

6

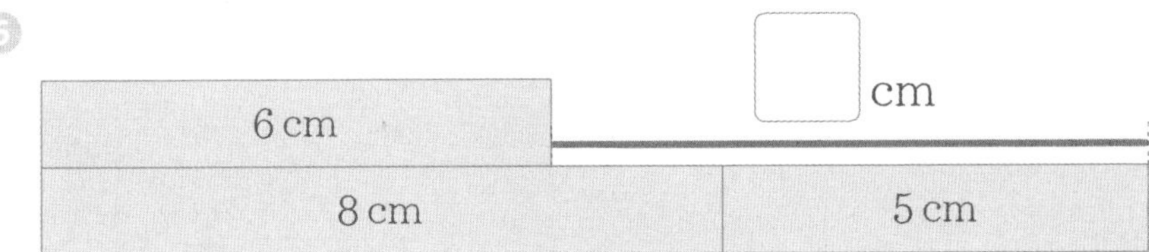
□ cm
6 cm
8 cm
5 cm

7

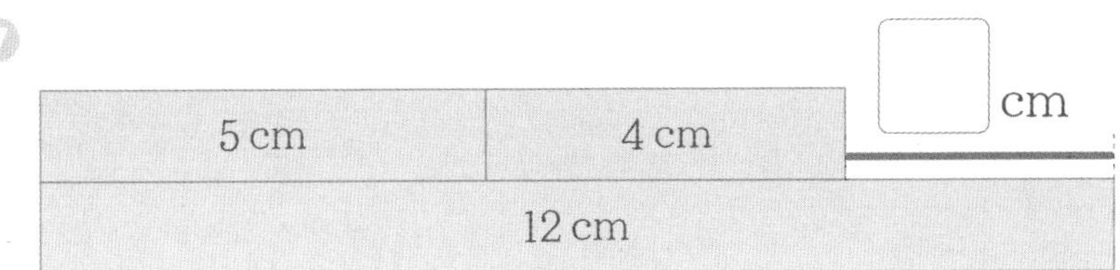
□ cm
5 cm
4 cm
12 cm

8

□ cm
9 cm
6 cm
8 cm

不能量出的长度

找出无法利用粗棍测出的长度，并用 × 标出。

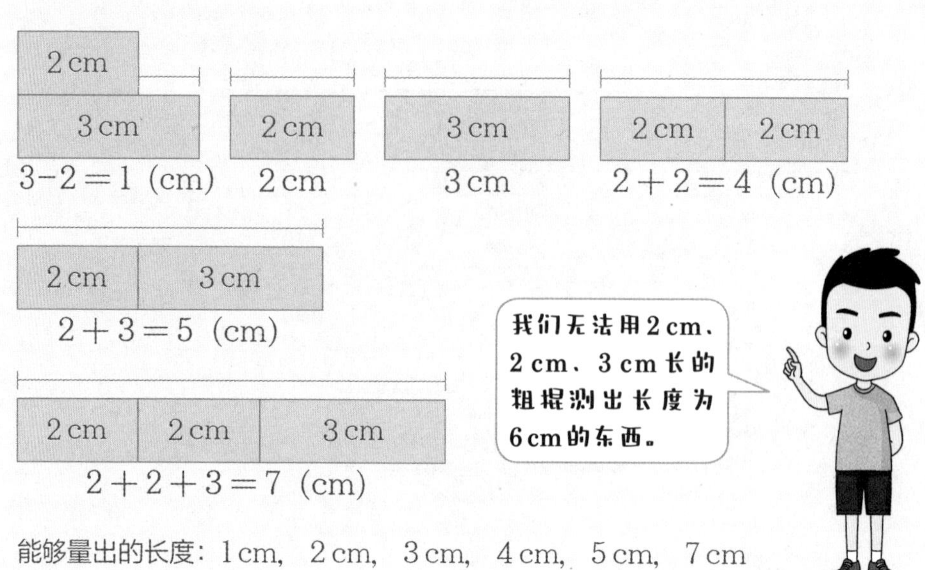

❶

2 cm

4 cm

1 cm	2 cm
4 cm	6 cm

❷

5 cm

8 cm

3 cm	5 cm
8 cm	12 cm

3

1 cm 1 cm

6 cm

1 cm 2 cm

3 cm 6 cm

4

1 cm 2 cm

8 cm

2 cm 4 cm

5 cm 8 cm

5

2 cm 2 cm

7 cm

3 cm 5 cm

10 cm 11 cm

6

2 cm 3 cm

5 cm

1 cm 4 cm

6 cm 9 cm

巩固练习

利用给出的两根粗棍，求出所有能够量出的长度。

1

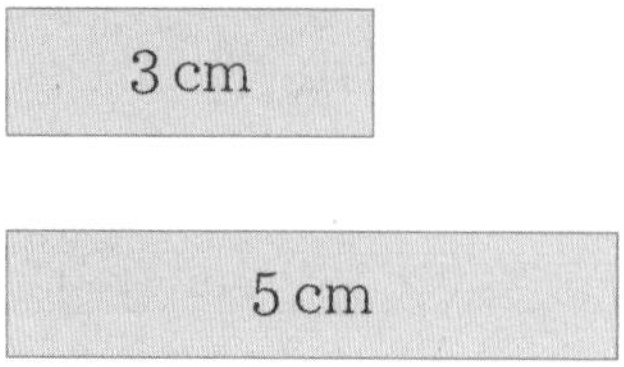

3 cm

5 cm

□ cm □ cm
□ cm □ cm

2

6 cm

6 cm

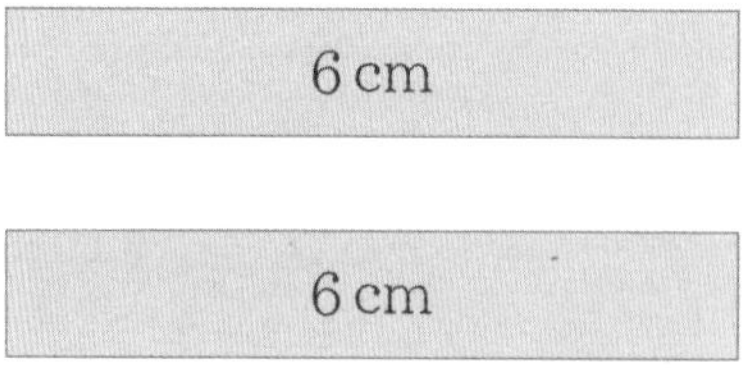

□ cm □ cm

求出细棍的长度，并填入□内。

3

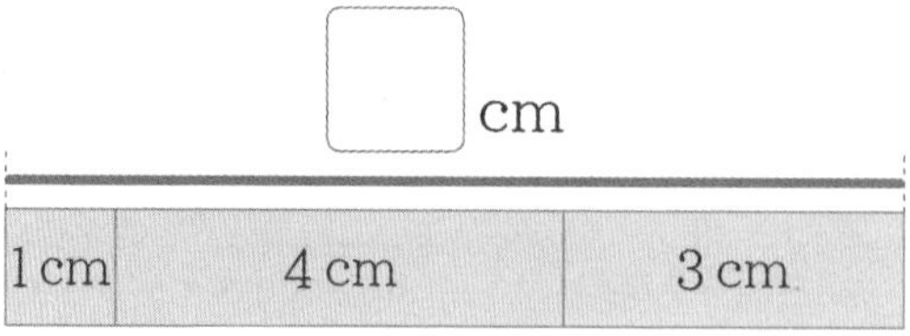

□ cm

1 cm	4 cm	3 cm

4

□ cm

6 cm	
7 cm	3 cm

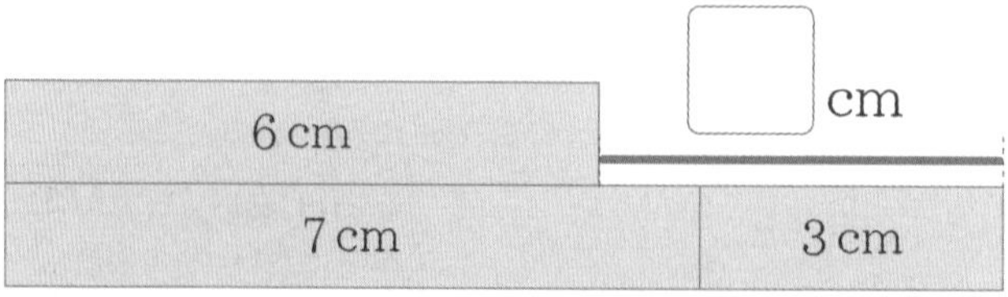

第4周

制作图形

第1天：图形的大小 102

第2天：制作图形 104

第3天：不需要的拼块（1） 106

第4天：不需要的拼块（2） 108

第5天：无法制作的形状 110

巩固练习 112

第1天 图形的大小

已知最小的七巧板拼块的面积为1，求图形的面积。

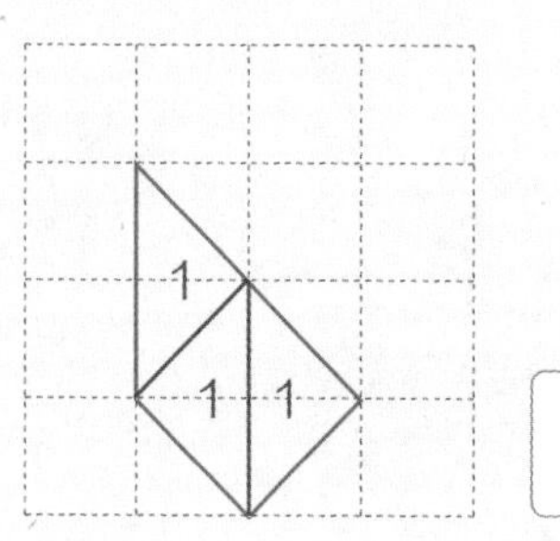

3

❶

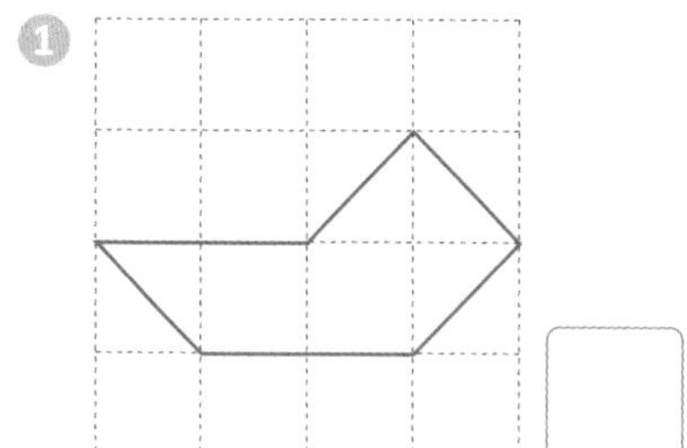

❷

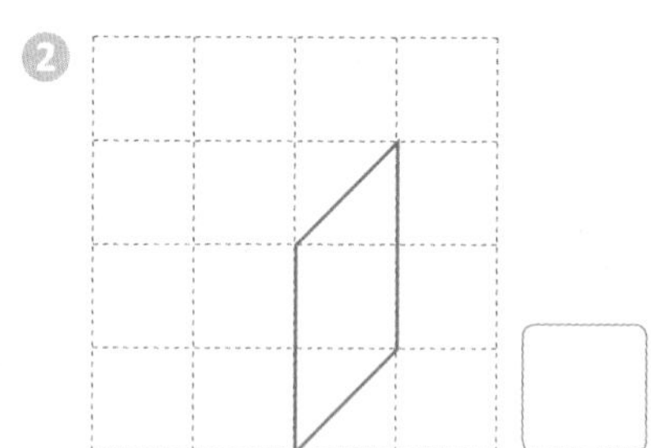

❸

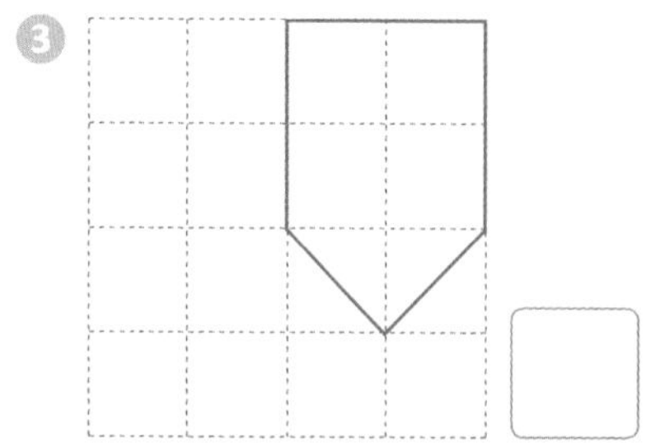

❹

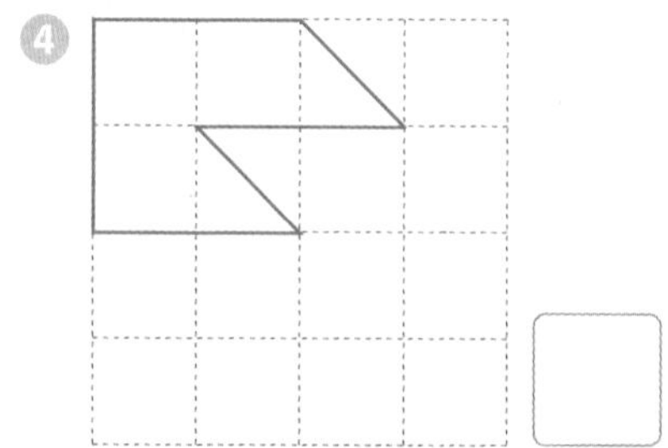

5
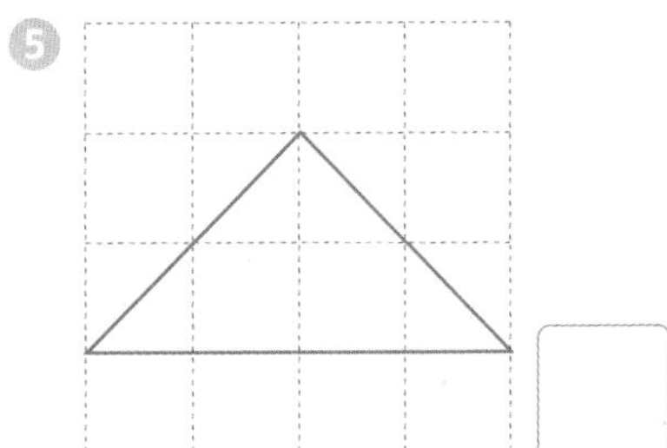

6
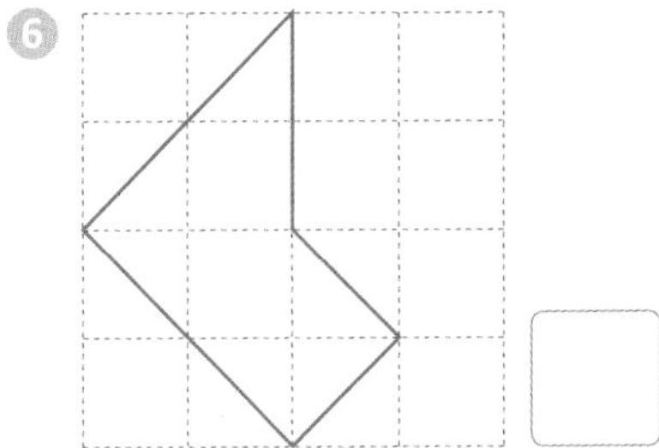

7
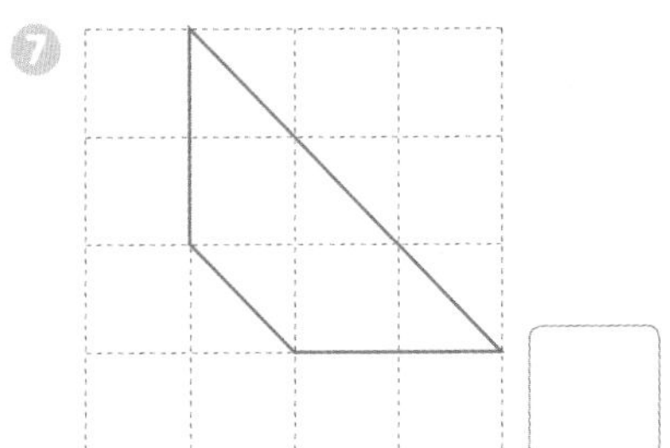

8
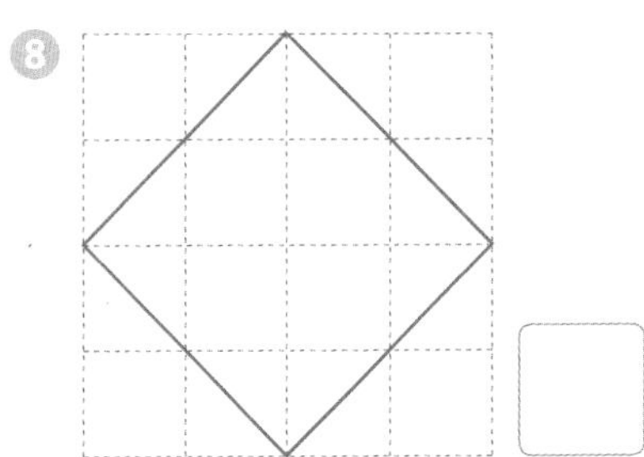

9
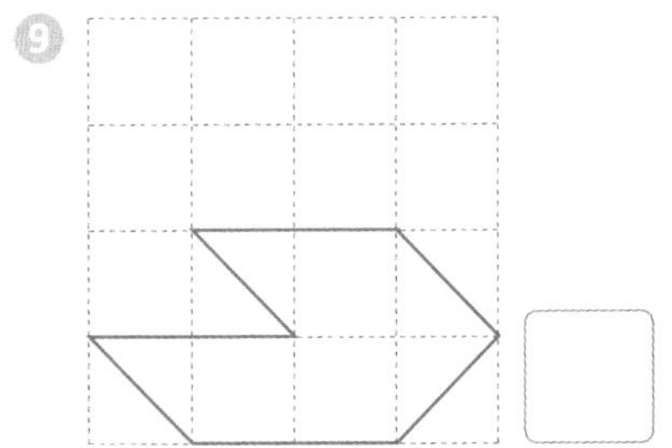

10
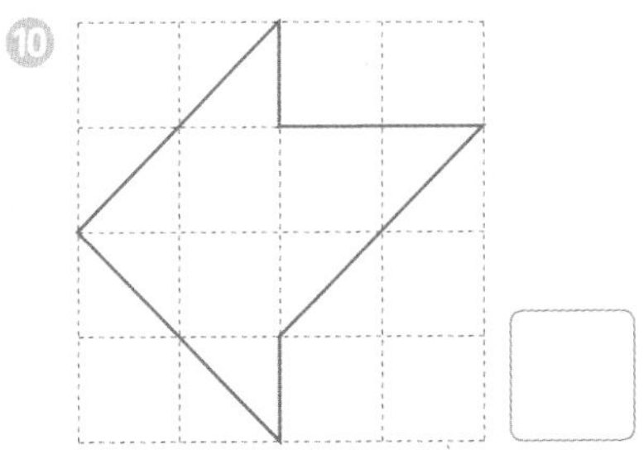

制作图形

利用给出的拼块拼出下列图形。

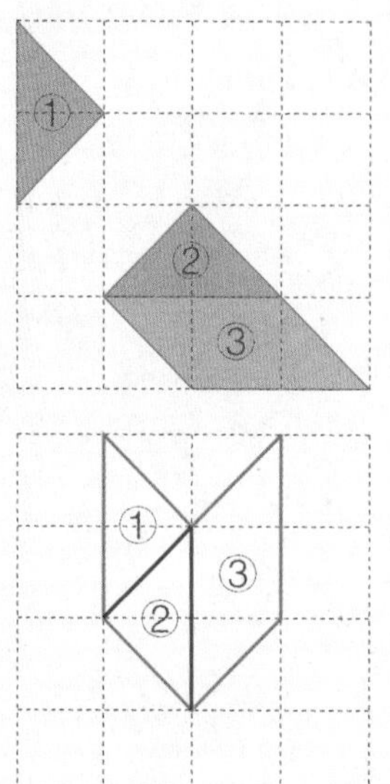

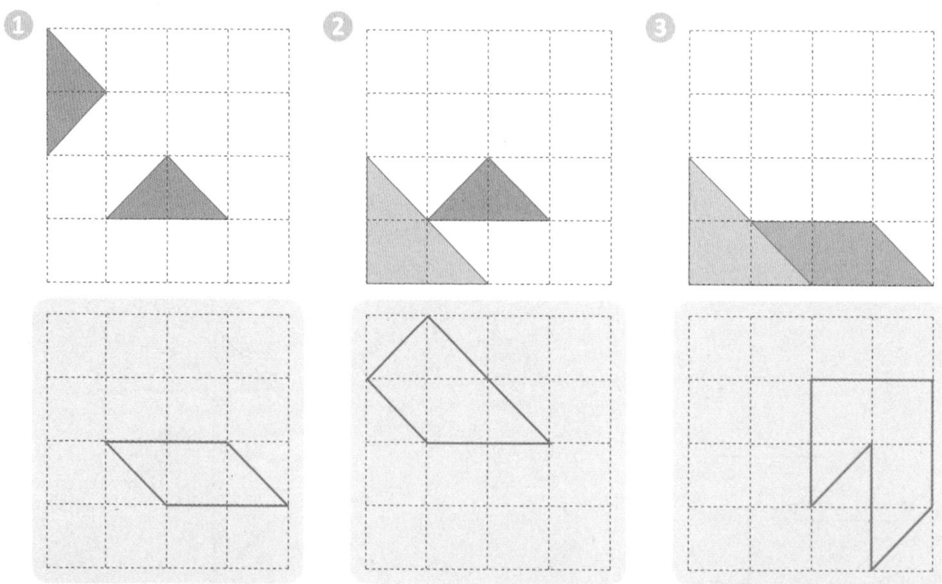

4
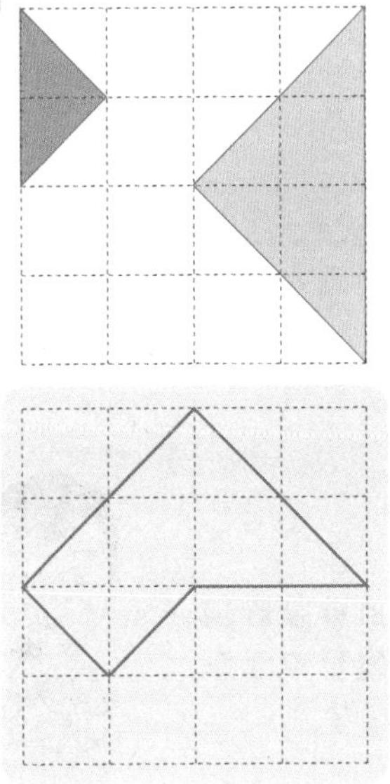

5
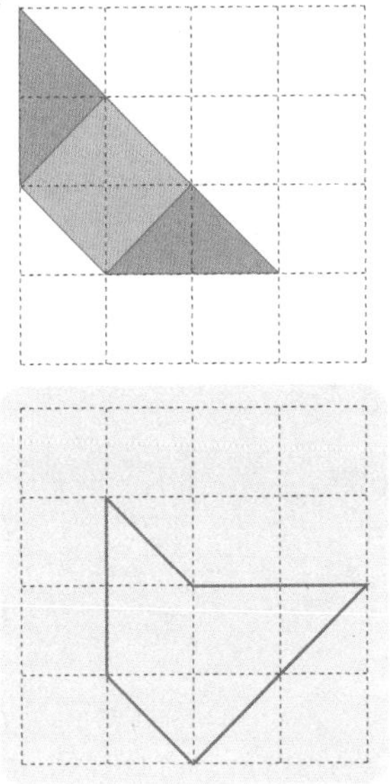

6
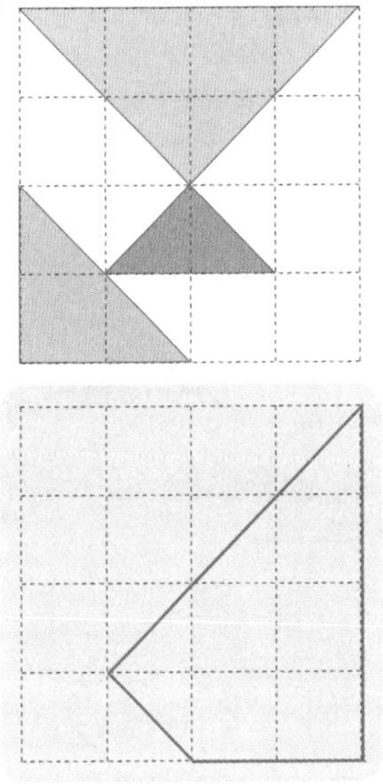

7
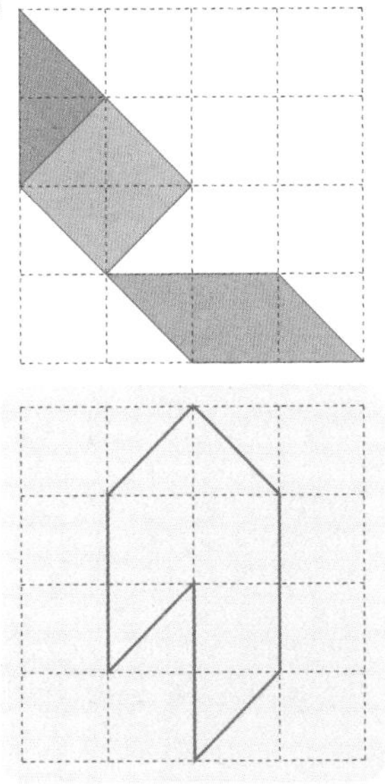

8
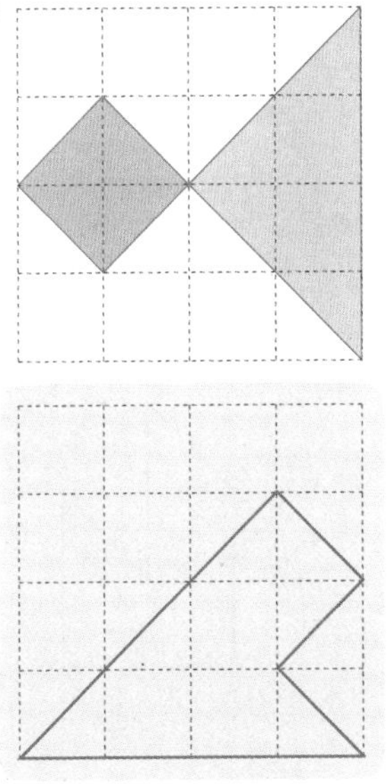

9
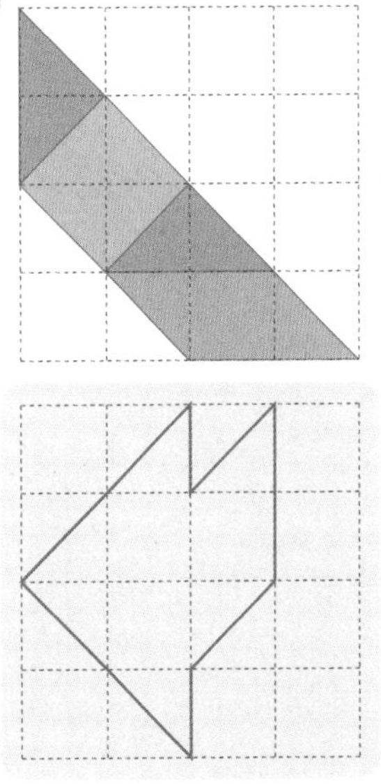

不需要的拼块(1)

从上面的拼块中找出组成下面图形所不需要的拼块，并用×标出。

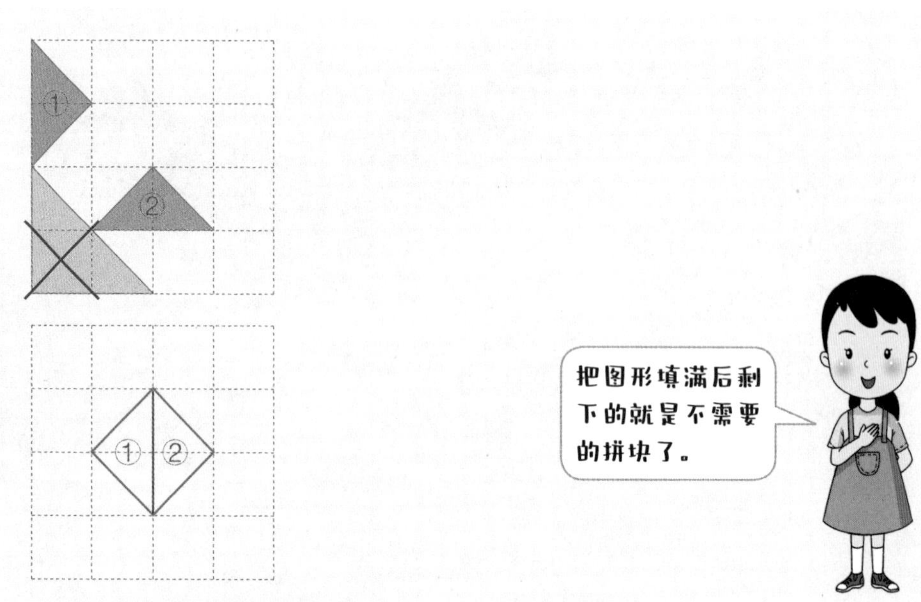

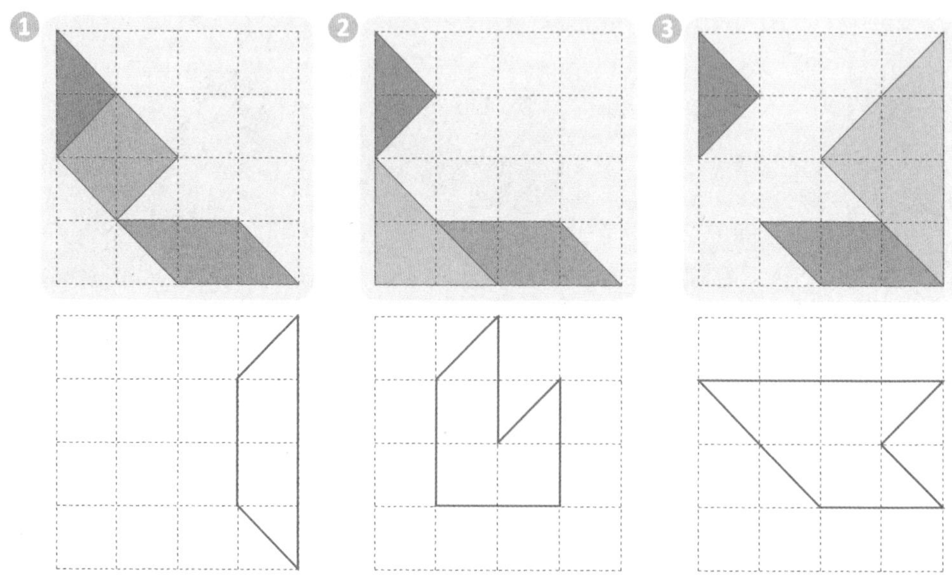

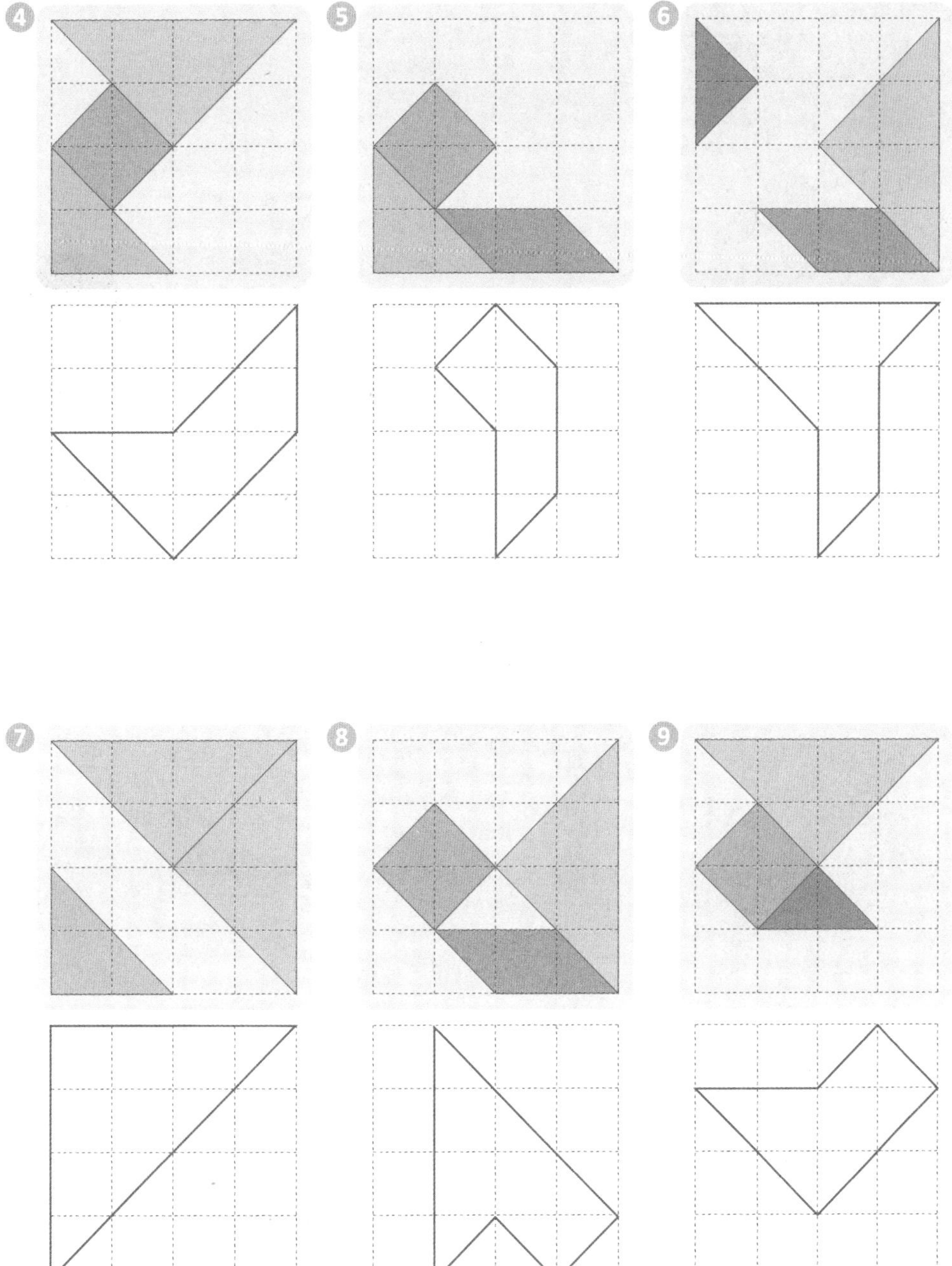
4
5
6
7
8
9

不需要的拼块（2）

从上面的拼块中找出组成下面图形所不需要的拼块，并用×标出。

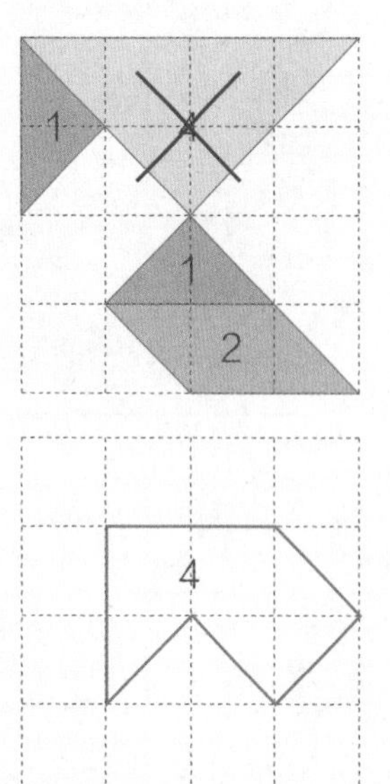

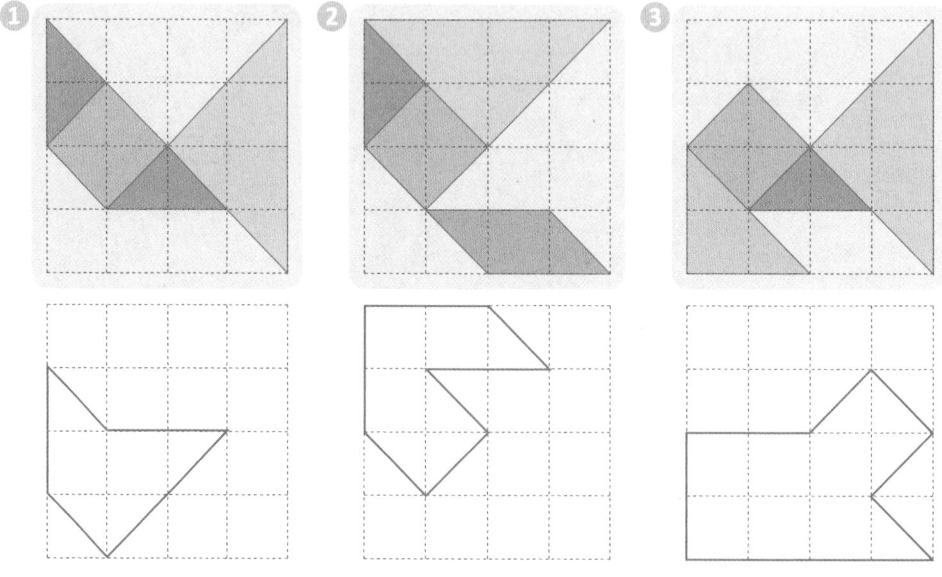

4

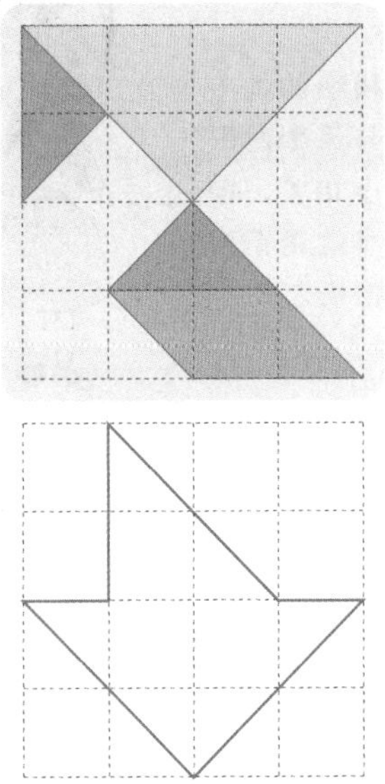

5

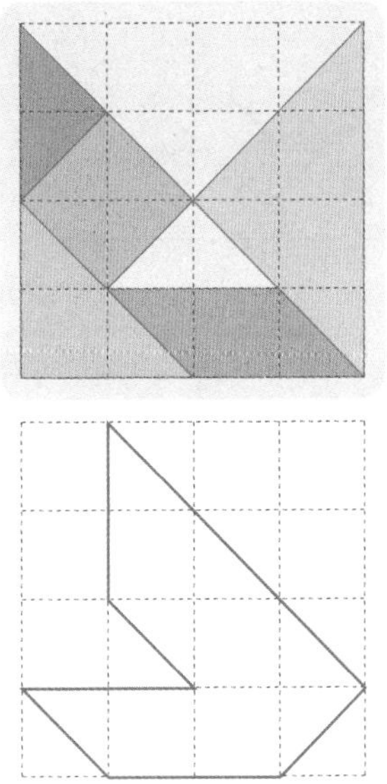

6

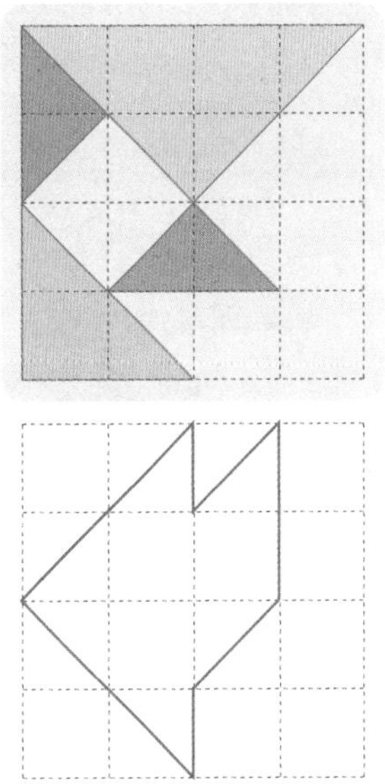

7

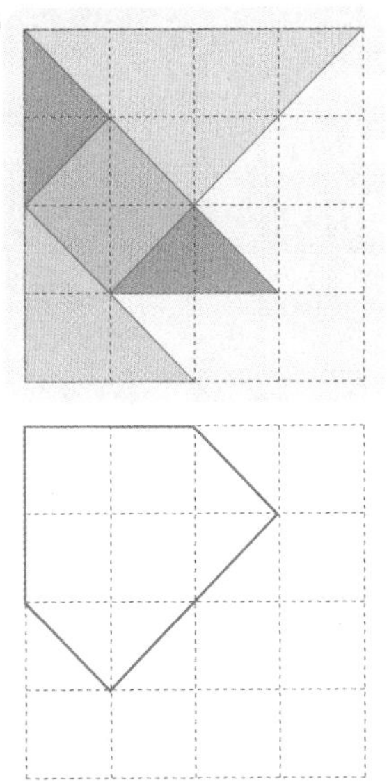

8

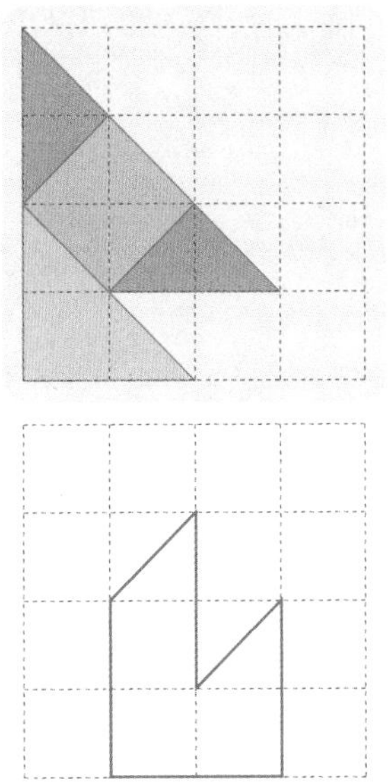

9

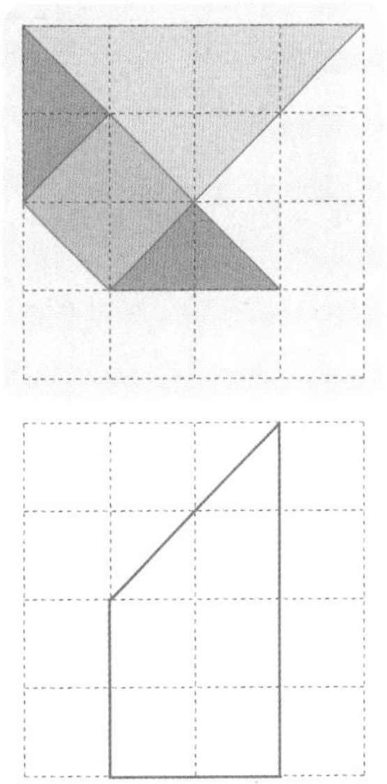

第5天 无法制作的形状

找出无法用左边拼块拼出的图形，并用×标出。

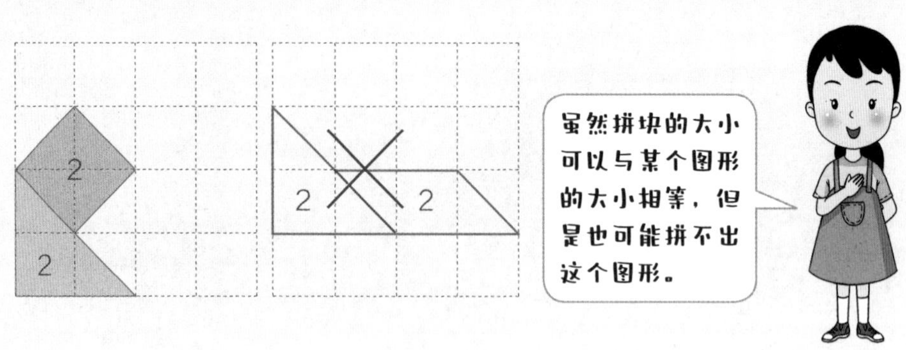

1

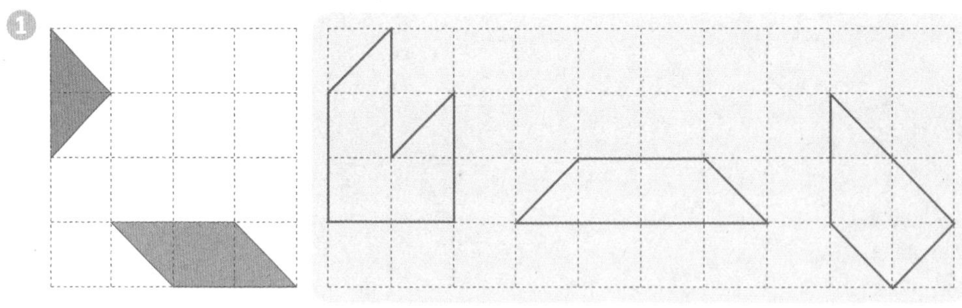

2

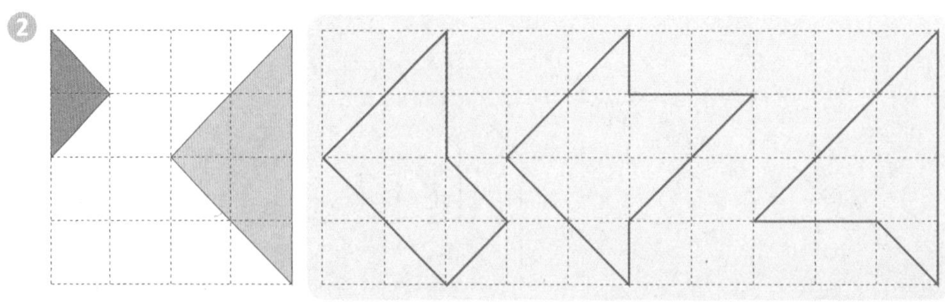

3

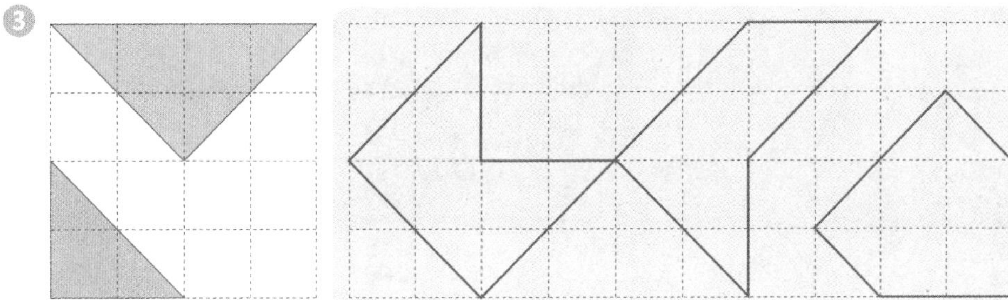

4

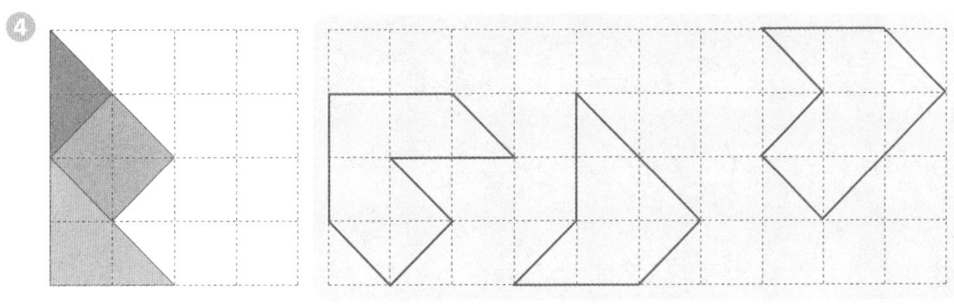

5

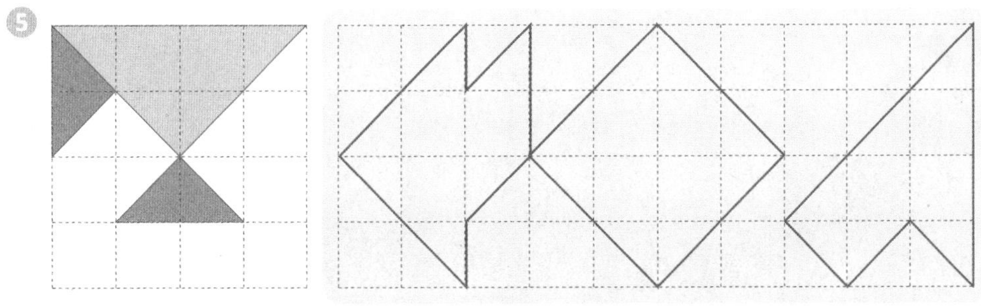

巩固练习

利用给出的拼块拼出下列图形。

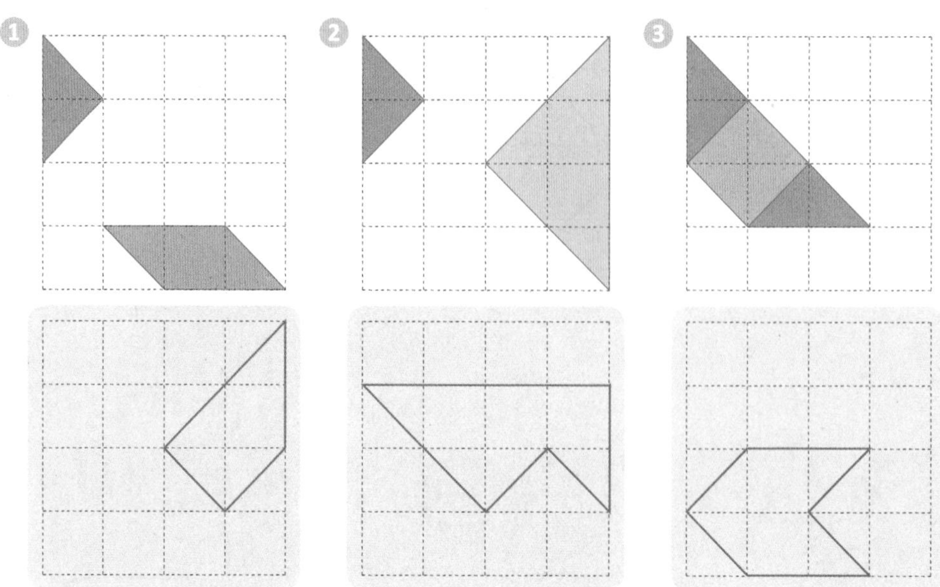

找出无法用左边拼块拼出的图形，并用 × 标出。

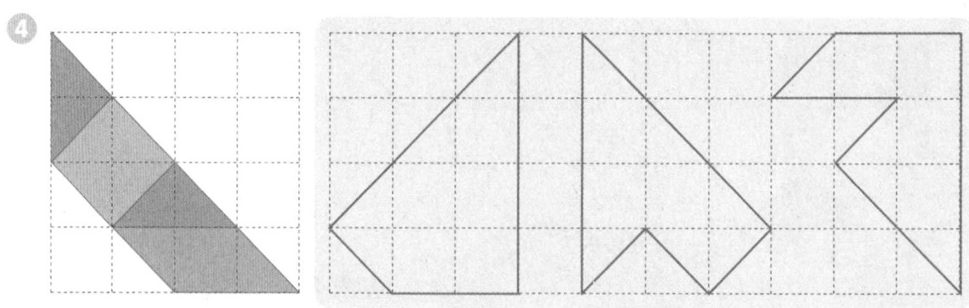

评价测试

此前4周的学习内容会出现在评价测试中。如果题目做错了，请确认是第几周的内容，并认真复习直到学会。

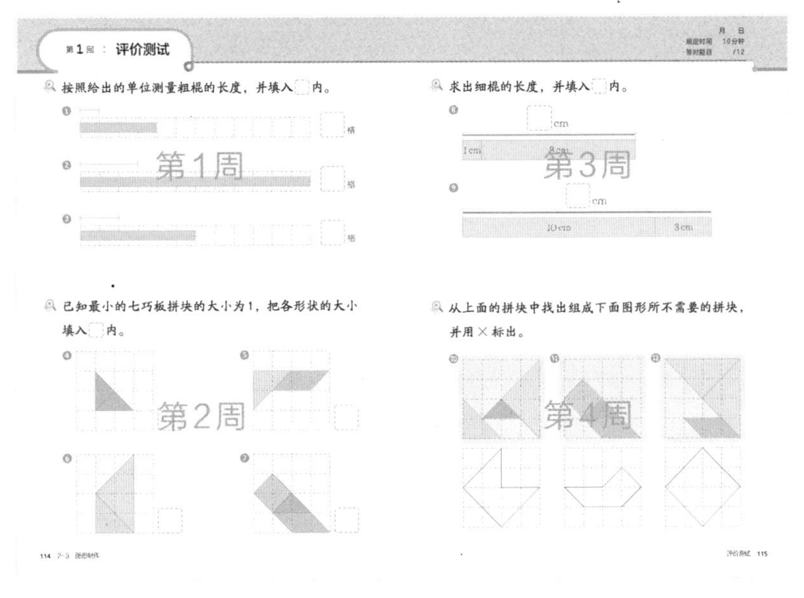

第1回：评价测试

按照给出的单位测量粗棍的长度，并填入□内。

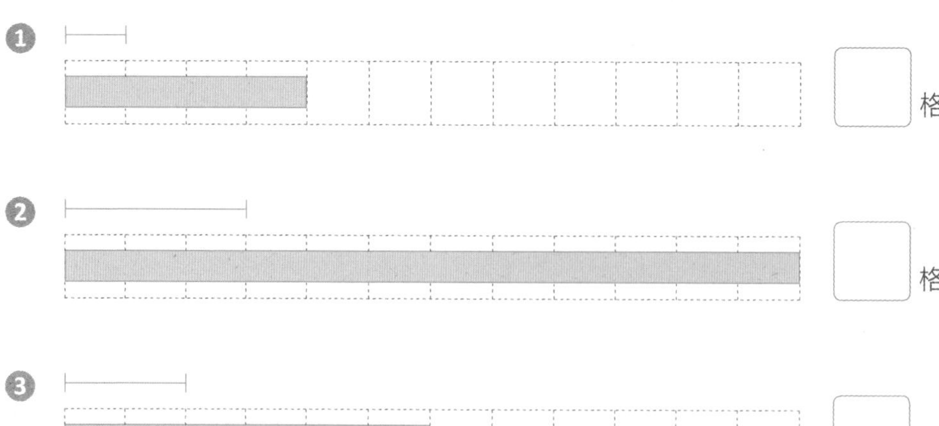

已知最小的七巧板拼块的大小为1，把各形状的大小填入□内。

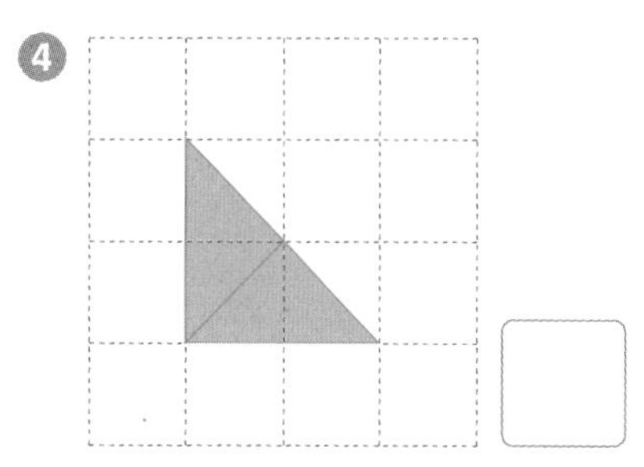

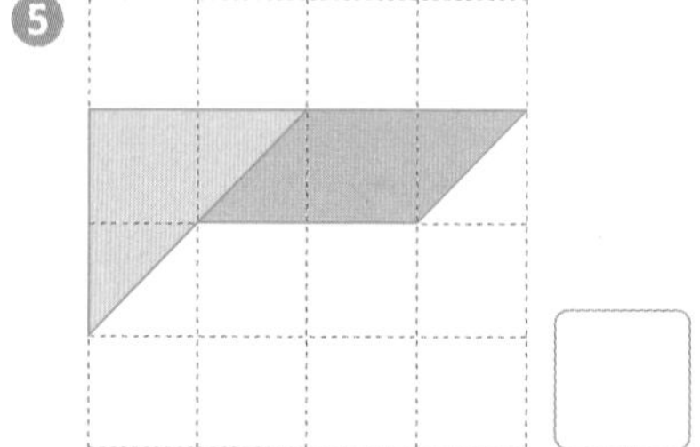

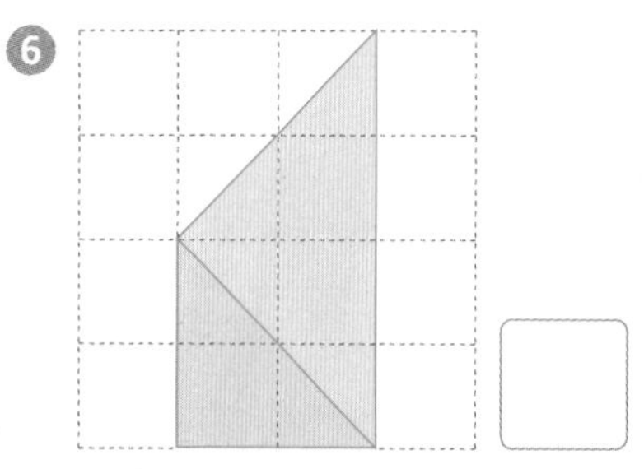

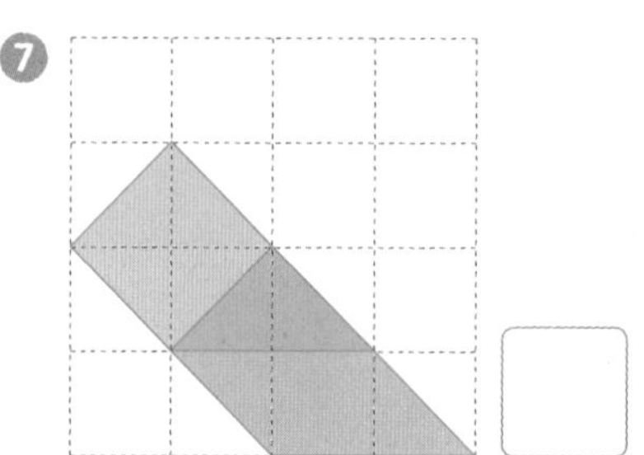

求出细棍的长度，并填入□内。

❽

❾

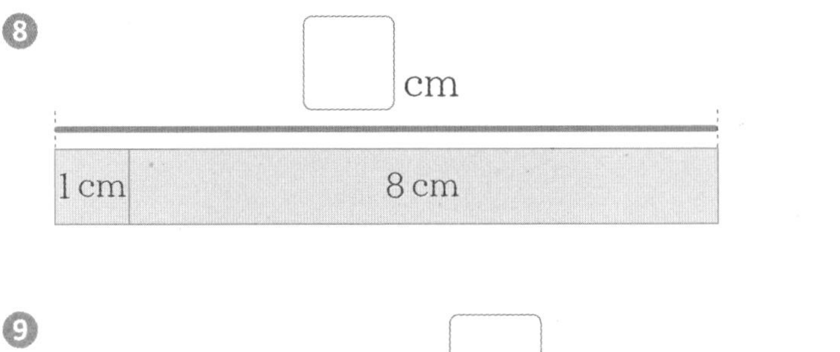

从上面的拼块中找出组成下面图形所不需要的拼块，并用 × 标出。

❿ ⓫ ⓬

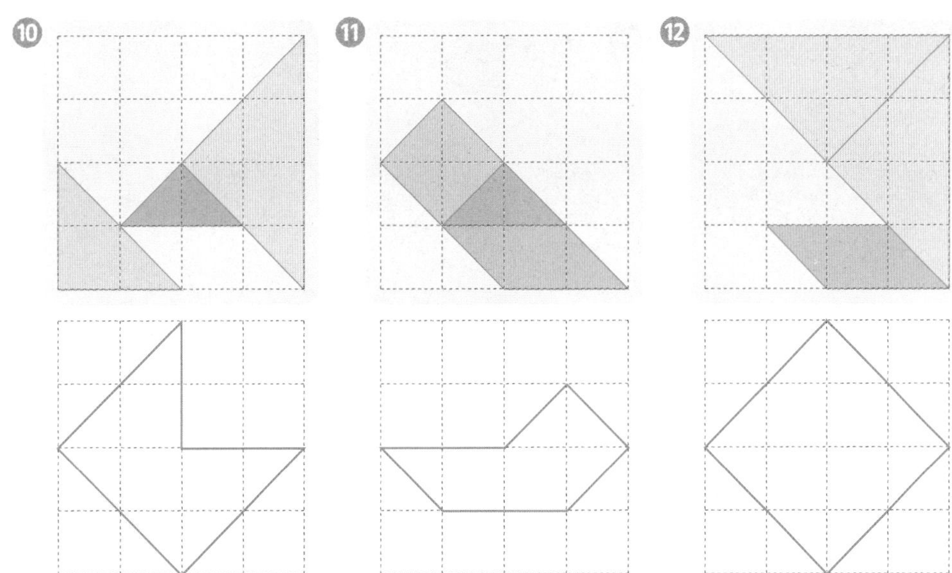

第2回 ： 评价测试

利用尺子测量粗棍的长度。

❶

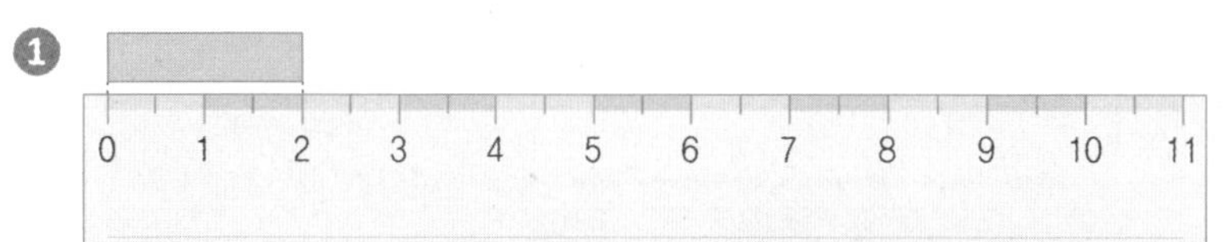

□ cm

❷

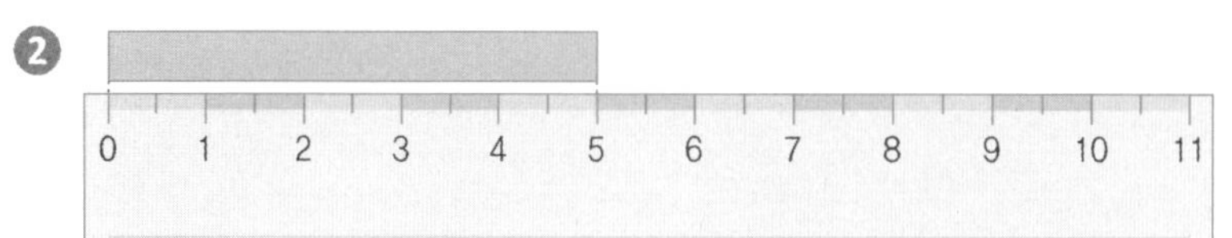

□ cm

❸

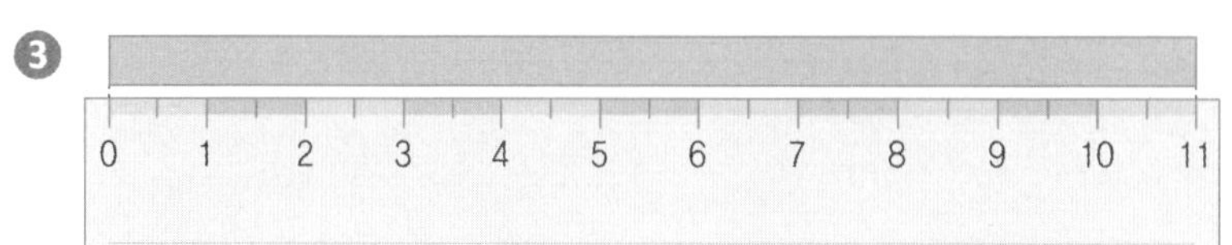

□ cm

在方格纸的相同位置上画出七巧板的轮廓。

❹

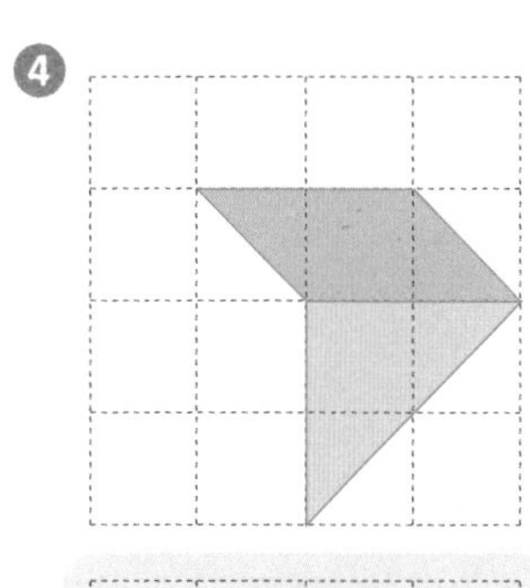

❺

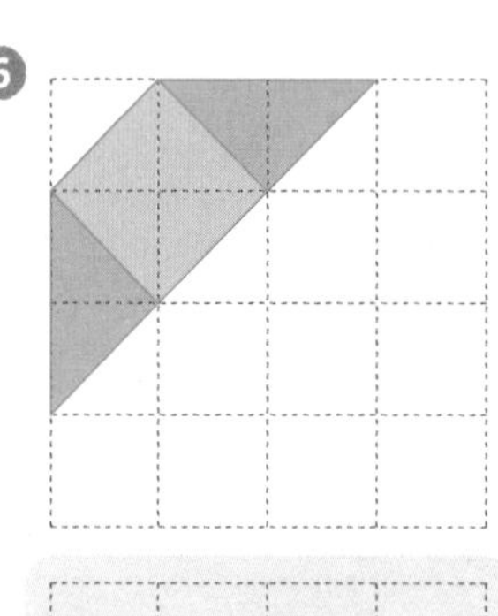

❻

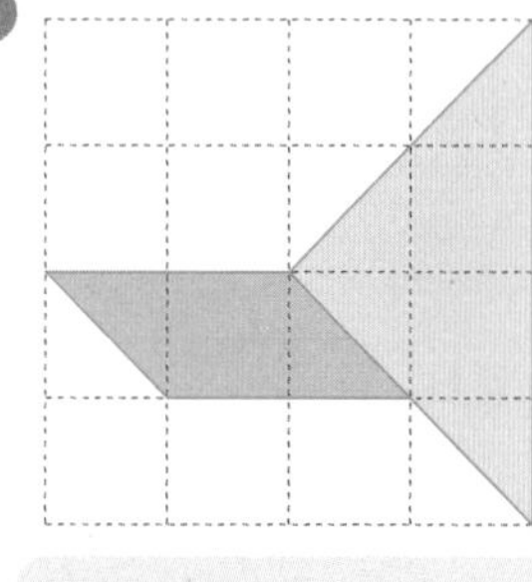

求出细棍的长度，并填入□内。

7

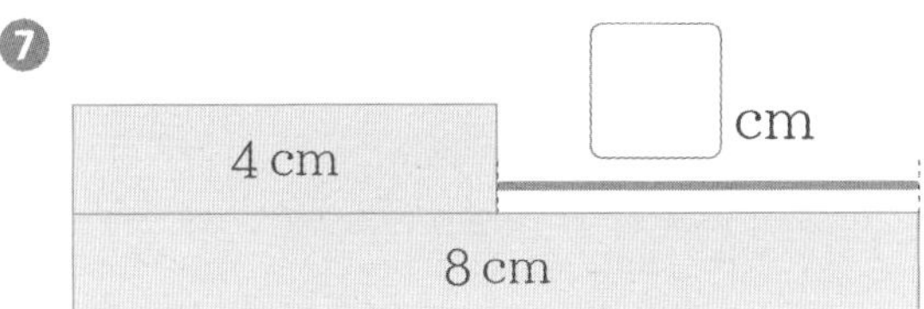

8

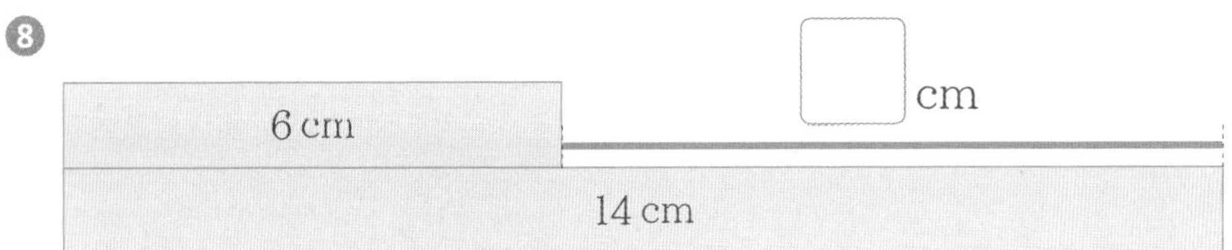

从上面的拼块中找出组成下面图形所不需要的拼块，并用 × 标出。

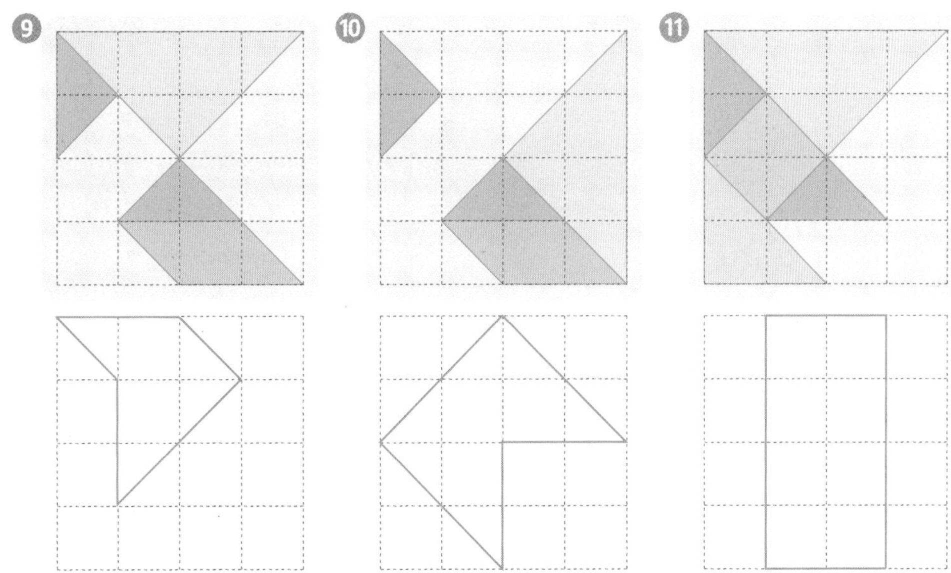

第3回 ： 评价测试

按照给出的单位和长度画出粗棍。

❶

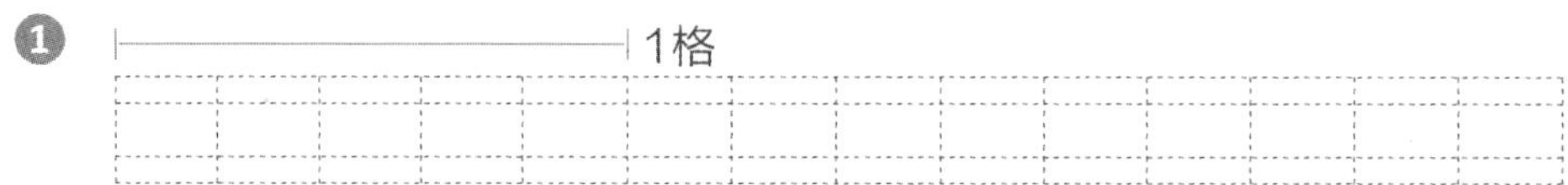

❷

❸

把给出的七巧板拼块画在下面的相同位置上。

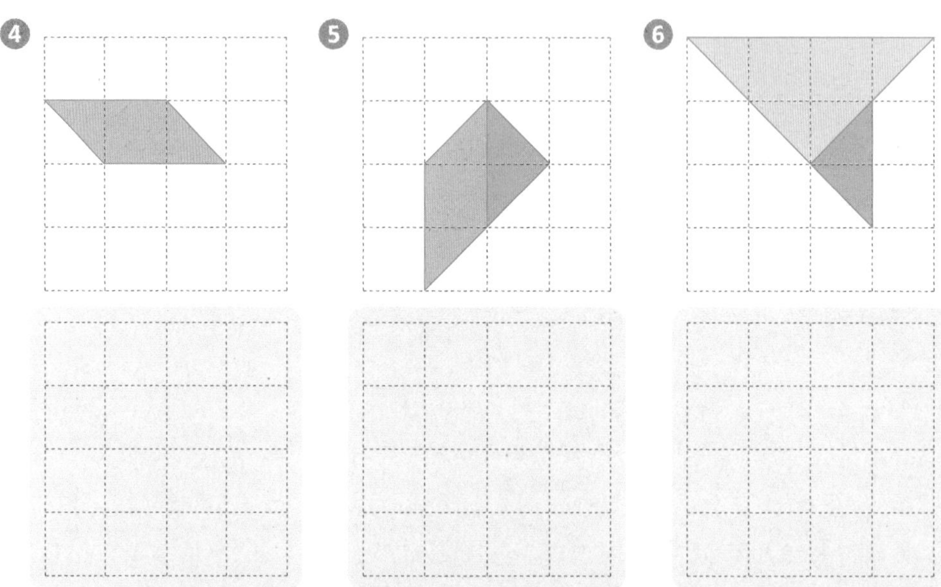

求出细棍的长度，并填入□内。

7

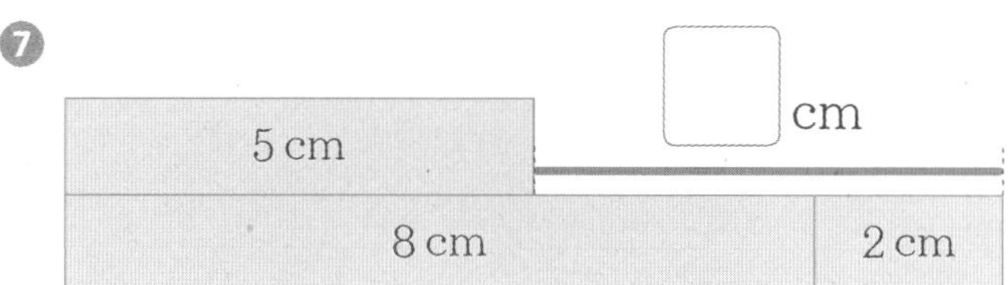

8

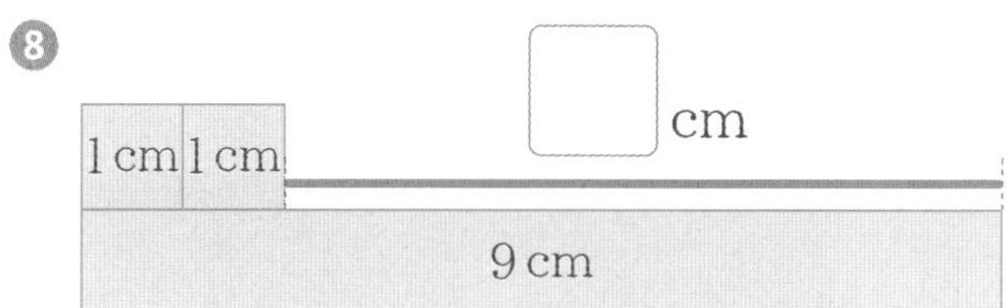

已知最小的七巧板拼块的面积为1，求图形的面积。

9

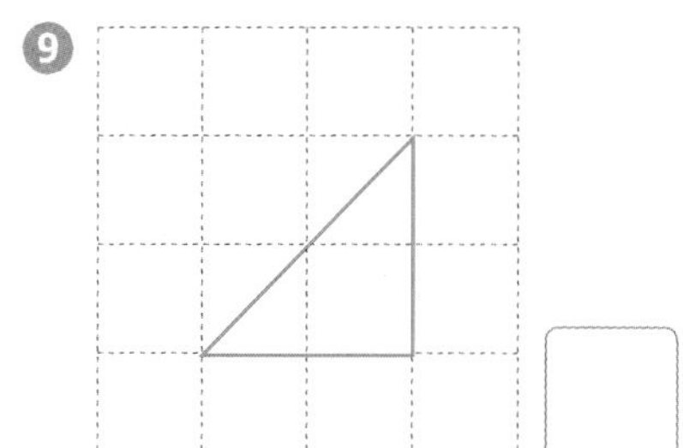

10

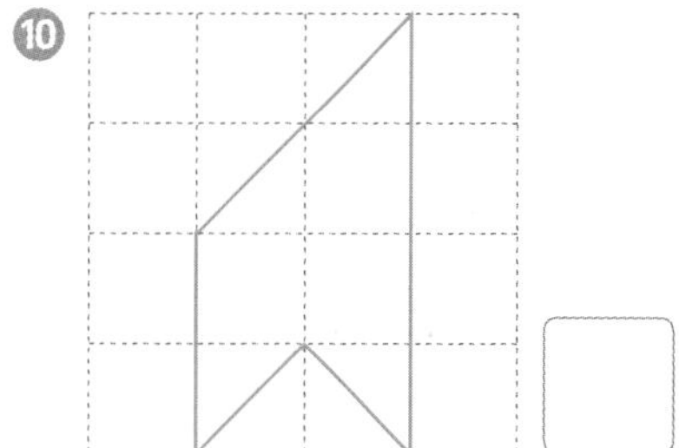

11

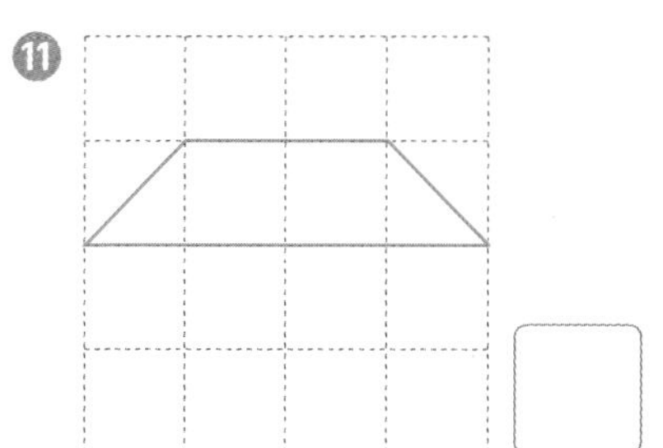

12

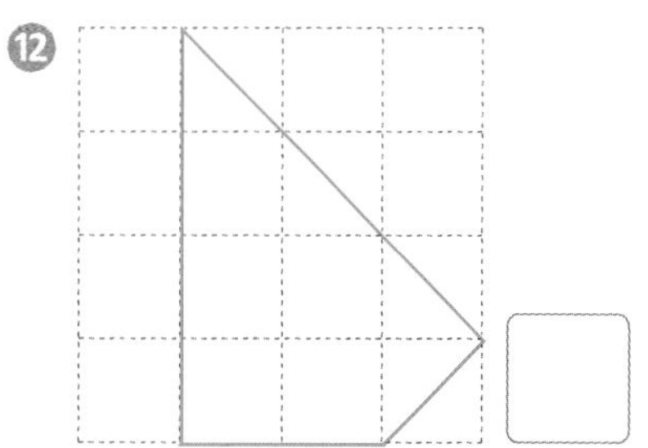

第4回 ：评价测试

利用尺子测量粗棍的长度。

❶

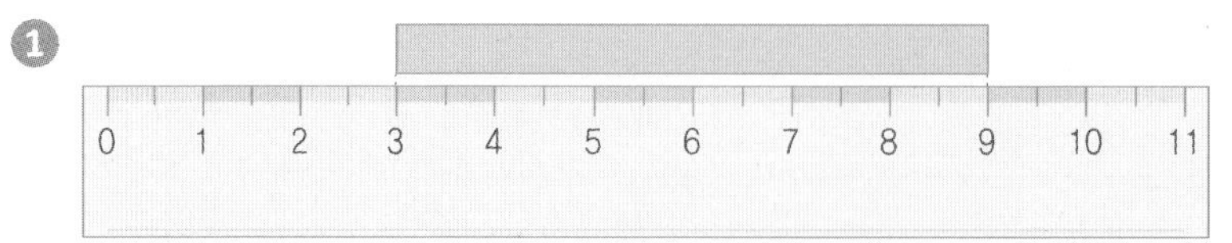

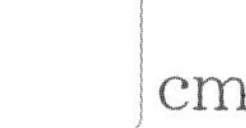 cm

❷

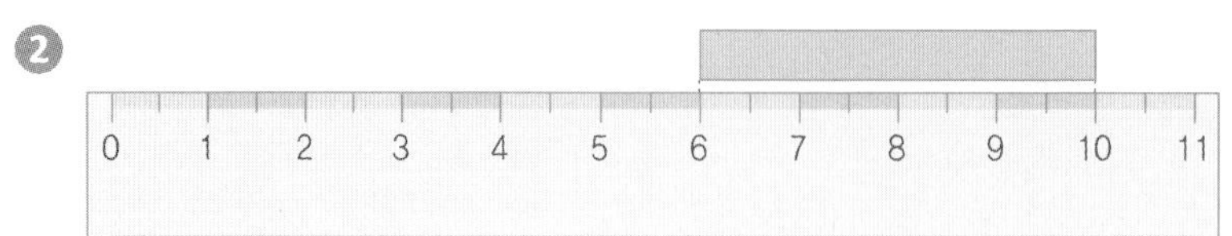

 cm

❸

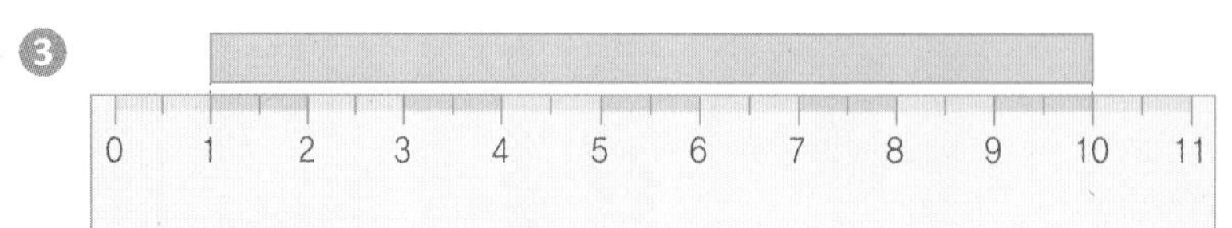

 cm

在方格纸的相同位置上画出七巧板的轮廓。

❹

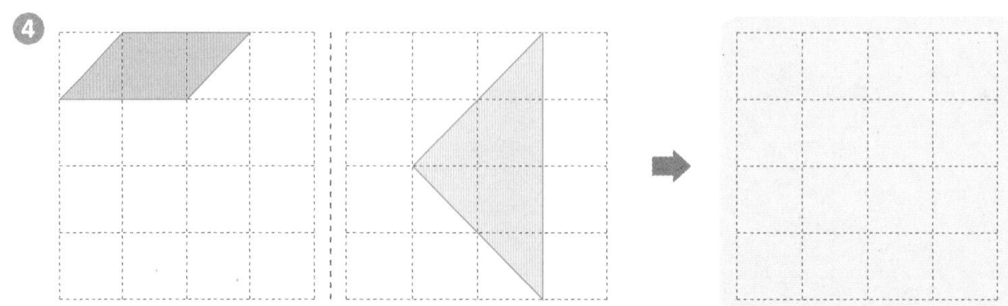

❺

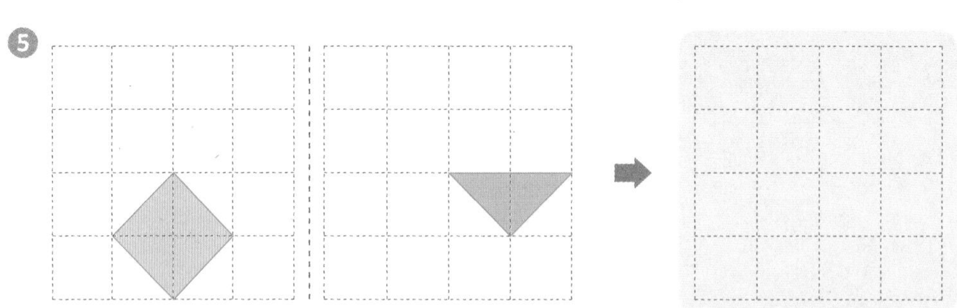

利用给出的两根粗棍，求出所有能够量出的长度。

❻ 3 cm　6 cm

□ cm　□ cm
□ cm

❼ 5 cm　9 cm

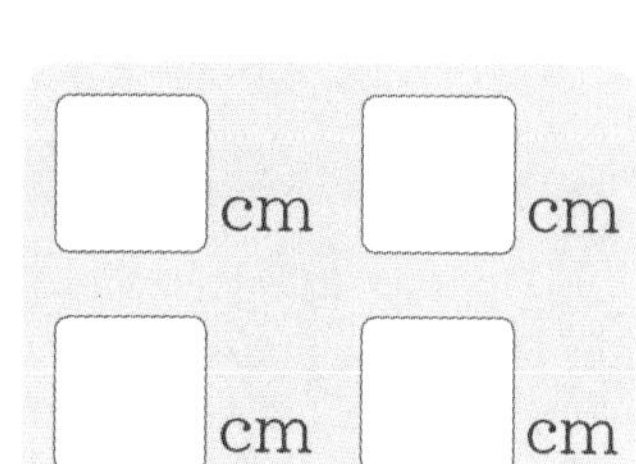

□ cm　□ cm
□ cm　□ cm

利用给出的拼块拼出下列图形。

❽ ❾ ❿

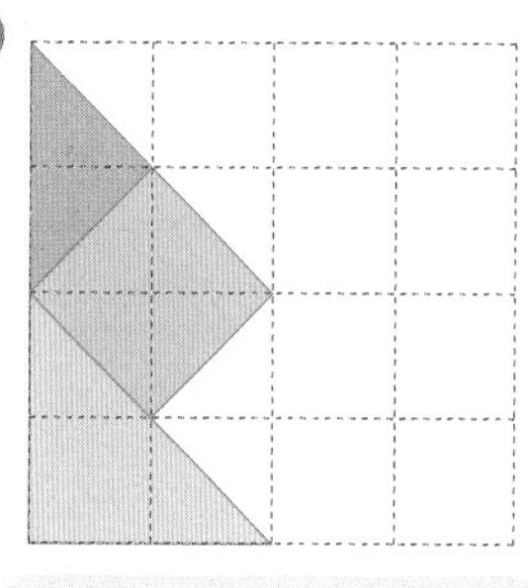
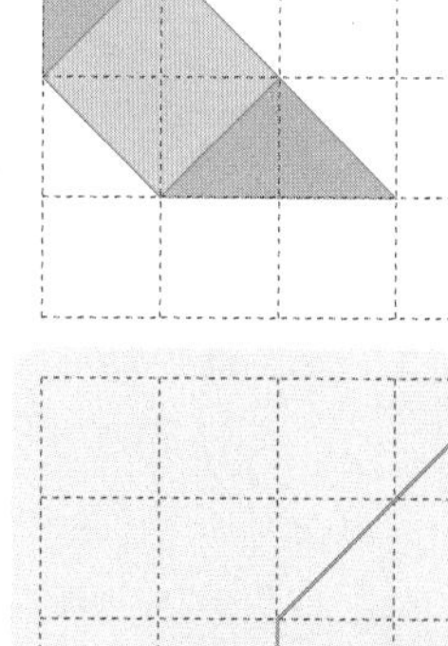

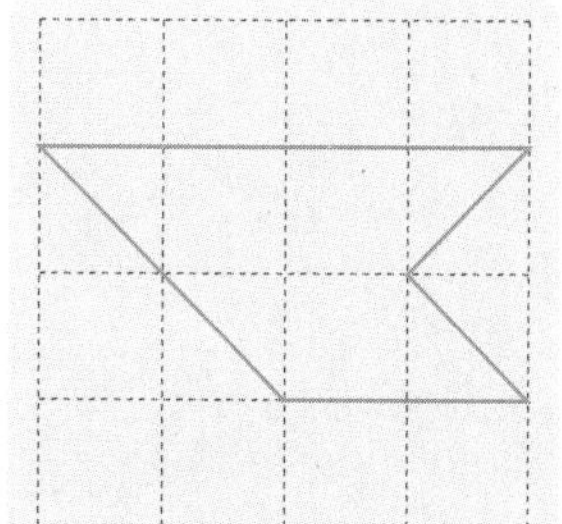
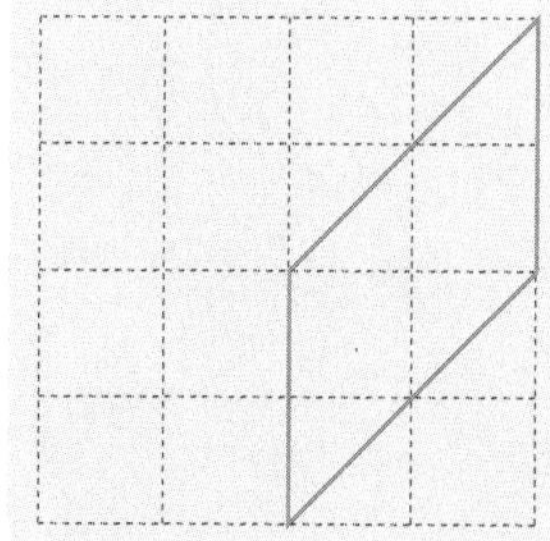
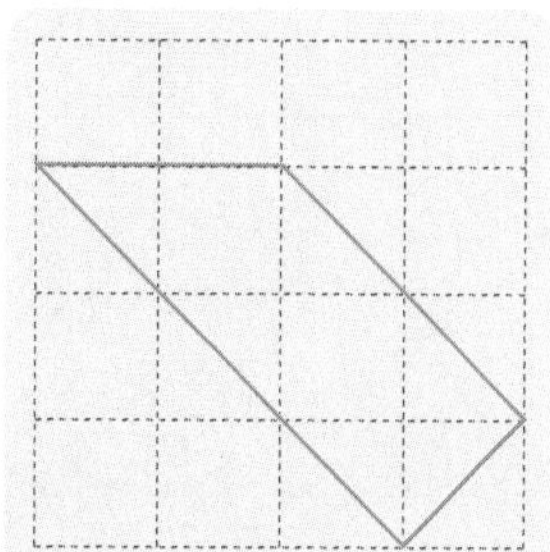

第5回：评价测试

按照给定的长度和起点，画出粗棍的长度。

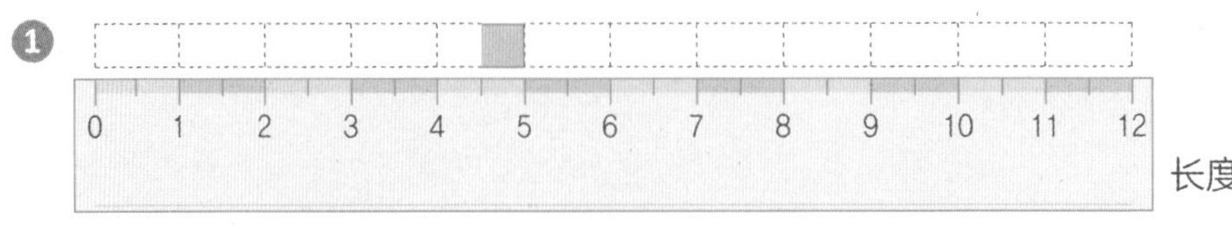

长度：5cm

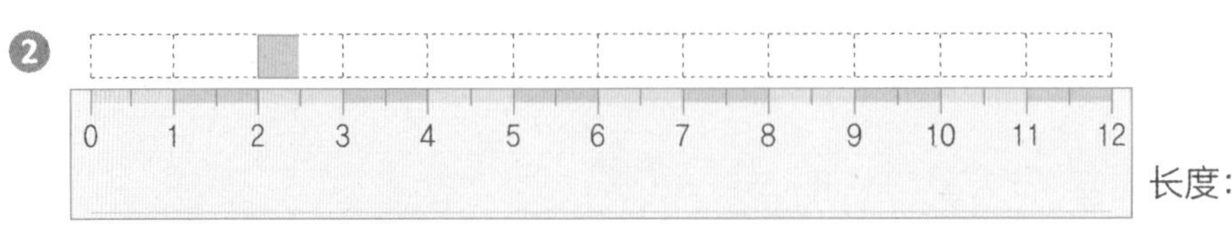

长度：8cm

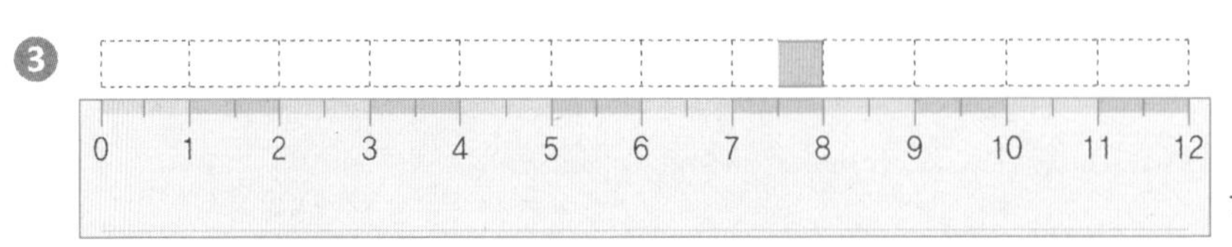

长度：4cm

找出可以拼成右侧图形的另一个拼块，并画在左侧方格纸上。

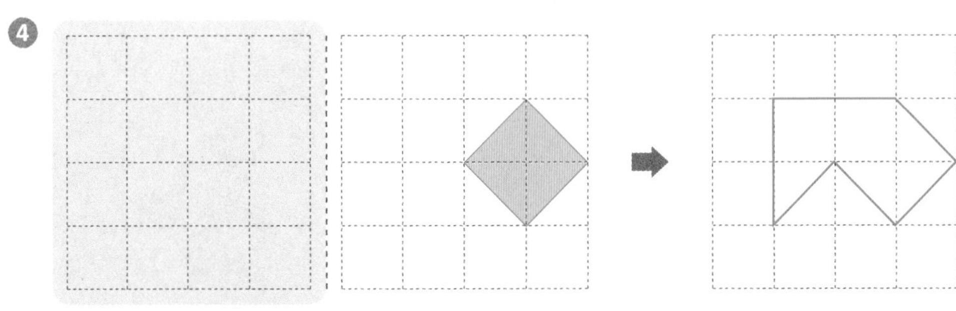

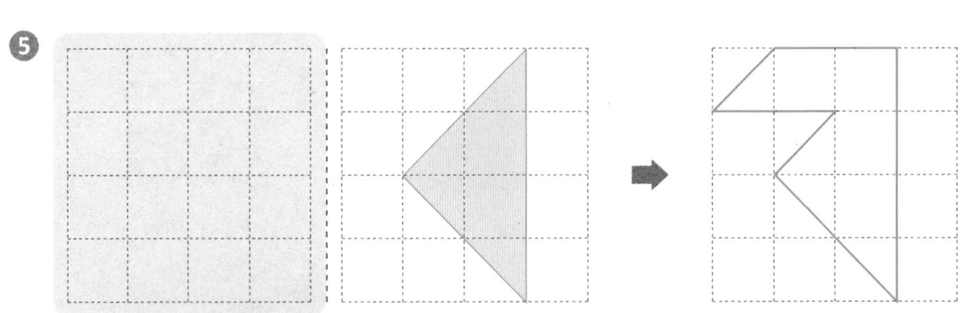

找出无法利用粗棍测出的长度，并用 × 标出。

❻ 1 cm　3 cm　7 cm

4 cm　5 cm　9 cm　12 cm

❼ 2 cm　4 cm　9 cm

3 cm　6 cm　8 cm　11 cm

利用给出的拼块拼出下列图形。

❽ ❾ ❿

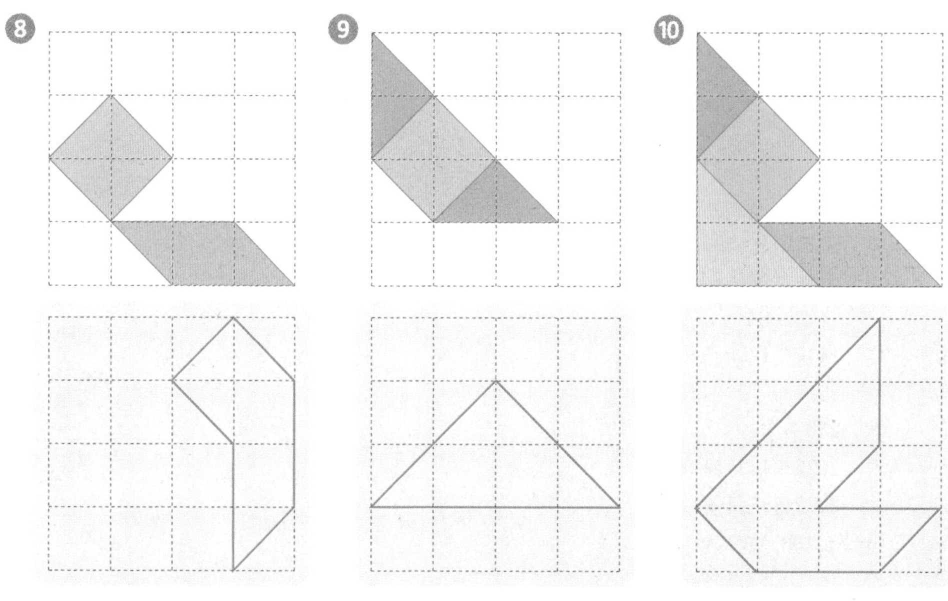

图书在版编目（CIP）数据

空间思维培养全书．2级／韩国C2M教育研究所编；(韩)赵润雨译．--济南：山东人民出版社，2022．11
ISBN 978-7-209-14016-4

Ⅰ．①空… Ⅱ．①韩… ②赵… Ⅲ．①数学－少儿读物
Ⅳ．①O1-49

中国版本图书馆CIP数据核字(2022)第158240号

山东省版权局著作权合同登记号　图字：15-2022-129

空间思维培养全书·2级
KONGJIAN SIWEI PEIYANG QUANSHU　2 JI
[韩]C2M教育研究所　编　[韩]赵润雨　译

主管单位　山东出版传媒股份有限公司
出版发行　山东人民出版社
出 版 人　胡长青
社　　址　济南市市中区舜耕路517号
邮　　编　250003
电　　话　总编室（0531）82098914
　　　　　市场部（0531）82098027
网　　址　http://www.sd-book.com.cn
印　　装　济南新先锋彩印有限公司
经　　销　新华书店

规　　格　16开（170mm×240mm）
印　　张　32
字　　数　230千字
版　　次　2022年11月第1版
印　　次　2022年11月第1次
ISBN 978-7-209-14016-4
定　　价　164.00元（4册）
　　　　　如有印装质量问题，请与出版社总编室联系调换。

2级

空间思维

培养全书

答案

2-3 平面规则 图形制作

P 4-5

第1天 找圆形

空间思维培养全书 2级

找出所有的圆形，并用○标出。

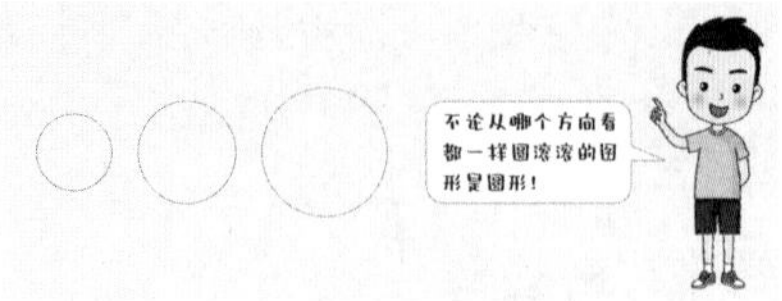

不论从哪个方向看都一样圆滚滚的图形是圆形！

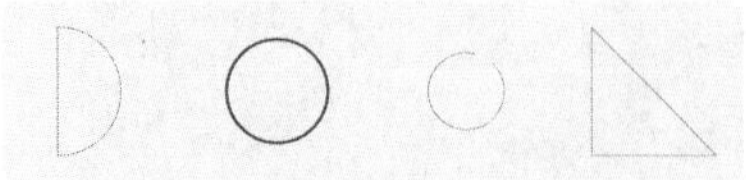

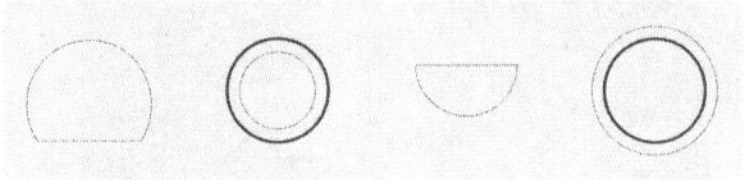

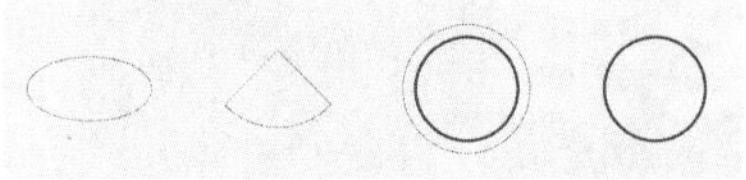

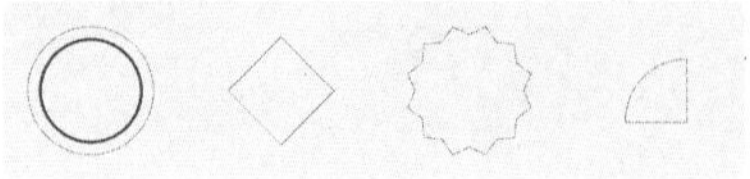

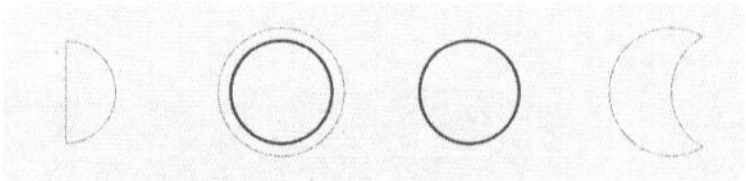

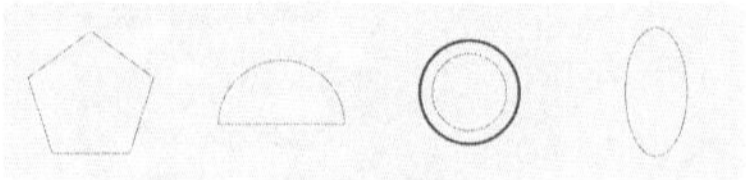

4 2-3 平面规则

第1周：圆形与多边形 5

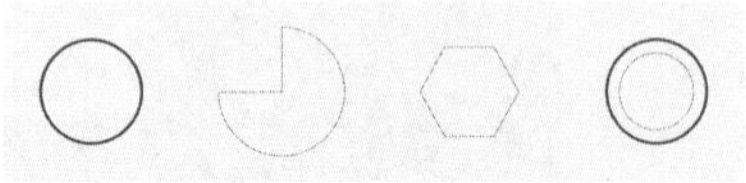

P 6-7

第2天 边与顶点

空间思维培养全书 2级

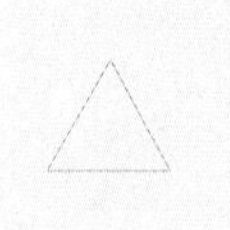

数出图形的边与顶点的个数，并填入□内。

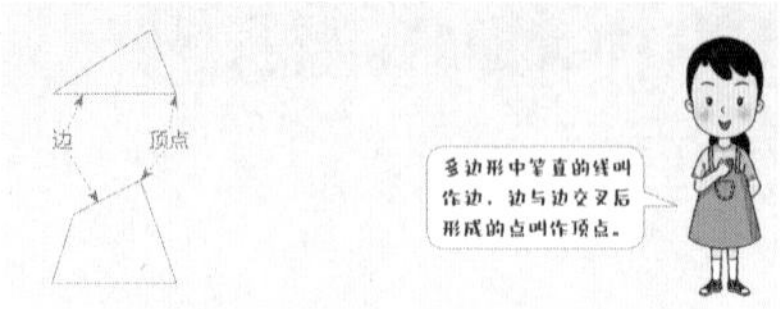

边 顶点

多边形中笔直的线叫作边，边与边交叉后形成的点叫作顶点。

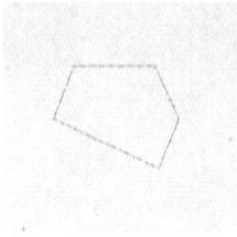

	边	顶点
①	3	3
②	4	4
③	4	4
④	4	4
⑤	5	5
⑥	3	3
⑦	4	4
⑧	5	5
⑨	6	6
⑩	4	4

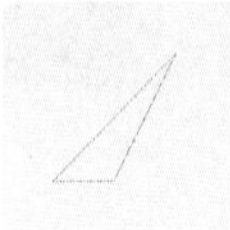

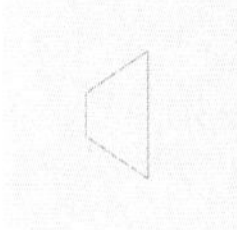

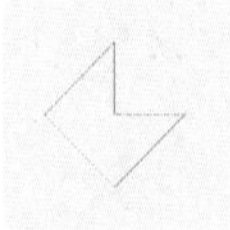

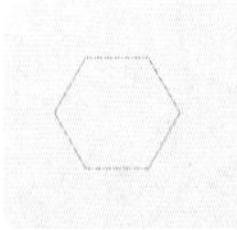

6 2-3 平面规则

第1周：圆形与多边形

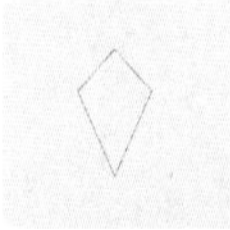

P 8-9

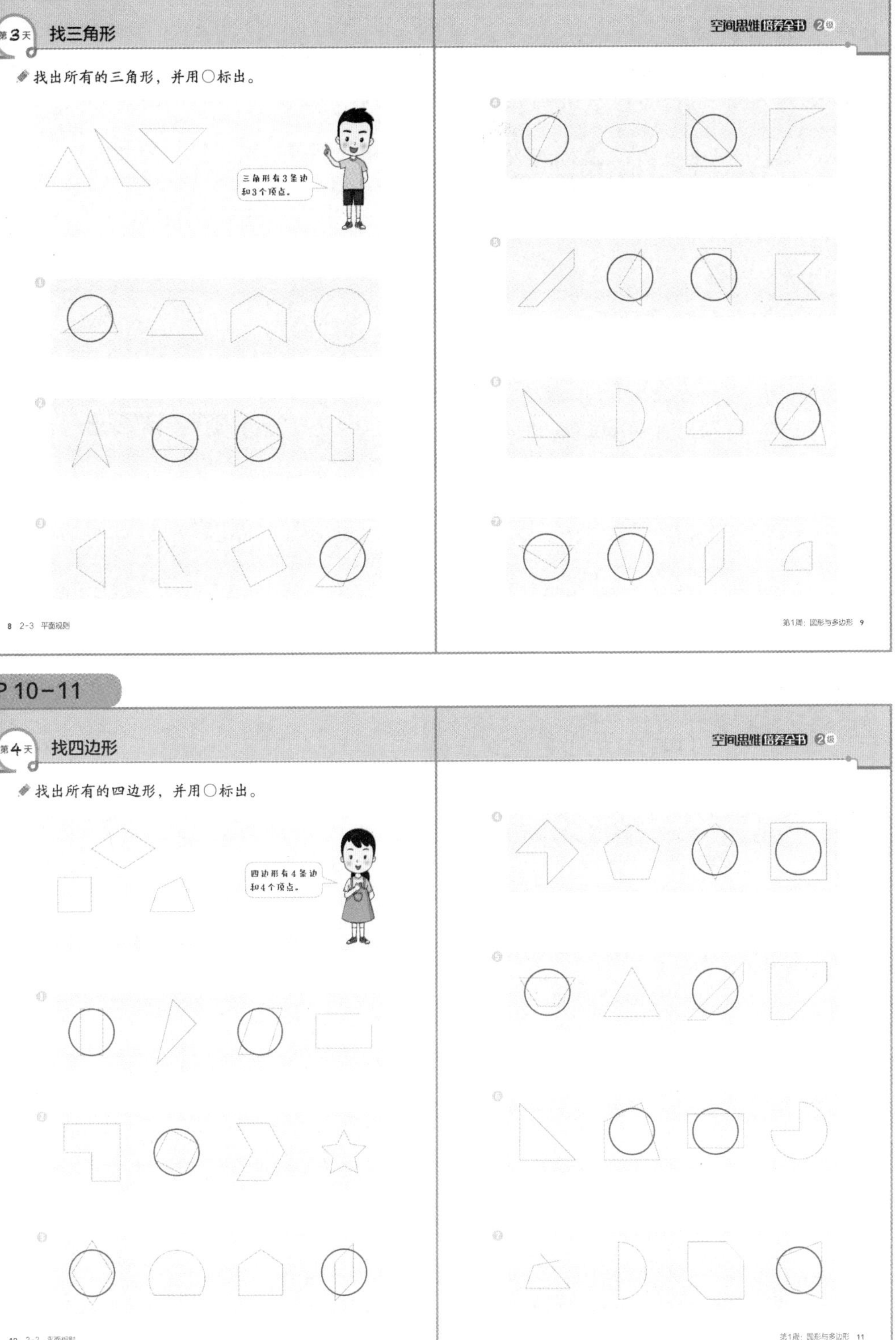

第3天 找三角形
空间思维培养全书 2级
找出所有的三角形，并用○标出。
三角形有3条边和3个顶点。
8 2-3 平面规则
第1周：圆形与多边形 9

P 10-11

第4天 找四边形
空间思维培养全书 2级
找出所有的四边形，并用○标出。
四边形有4条边和4个顶点。
10 2-3 平面规则
第1周：圆形与多边形 11

P 12-13

第5天 找相同，连一连

找出同类的图形，并将它们连在一起。

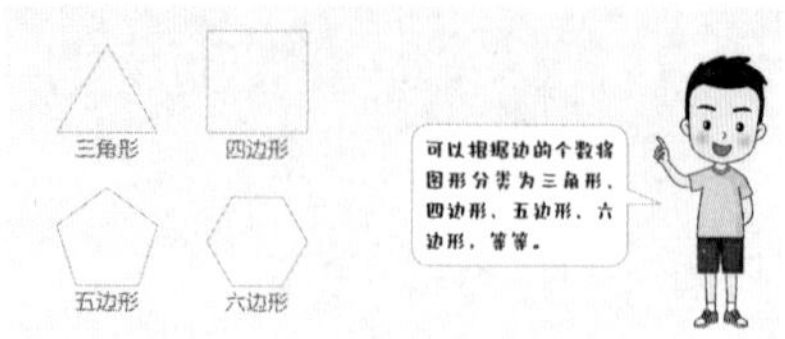

三角形　四边形　五边形　六边形

可以根据边的个数将图形分类为三角形、四边形、五边形、六边形，等等。

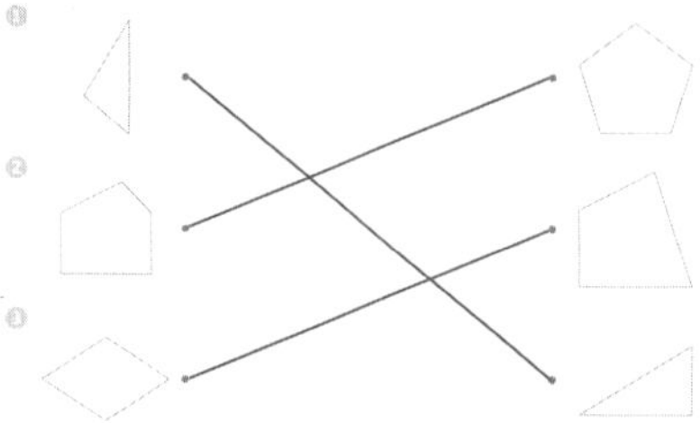

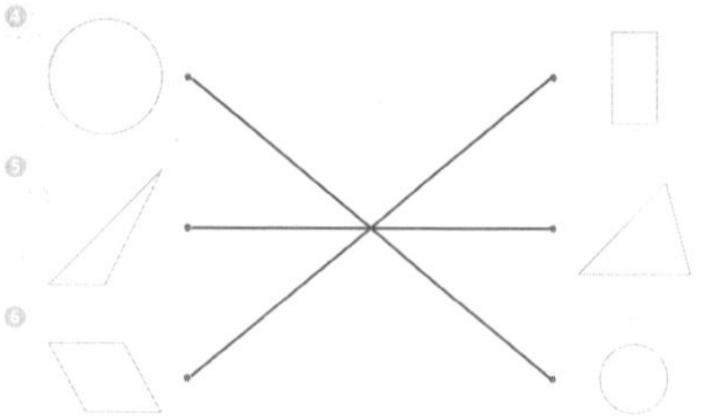

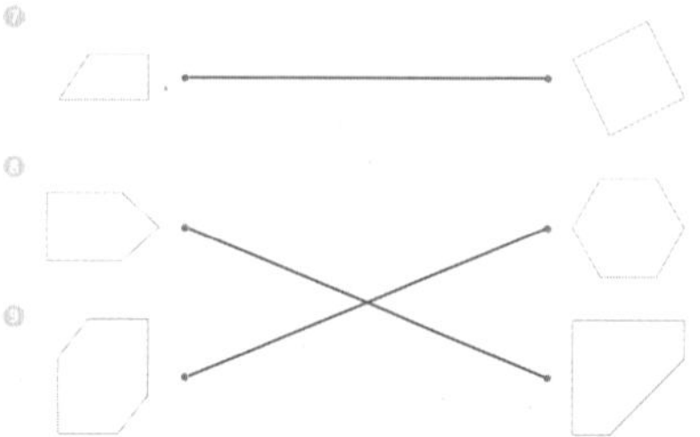

P 14

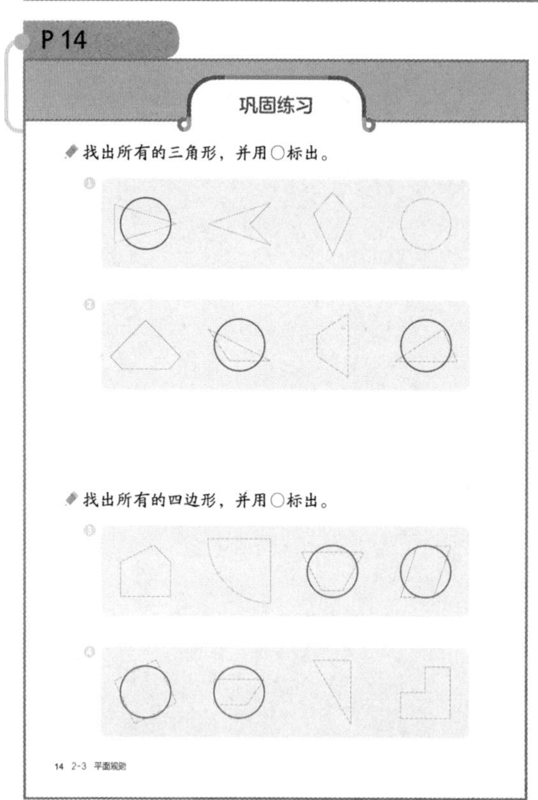

P 16-17

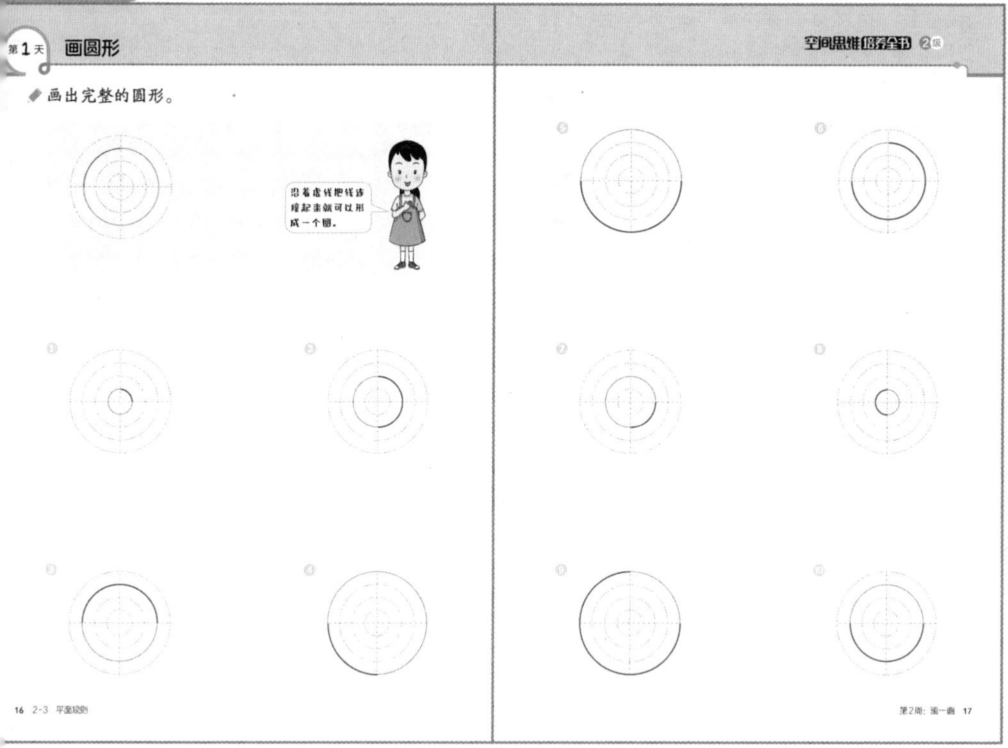

第1天 画圆形

空间思维培养全书 2级

画出完整的圆形。

沿着虚线把线连接起来就可以形成一个圆。

16 2-3 平面规则

第2周：画一画 17

P 18-19

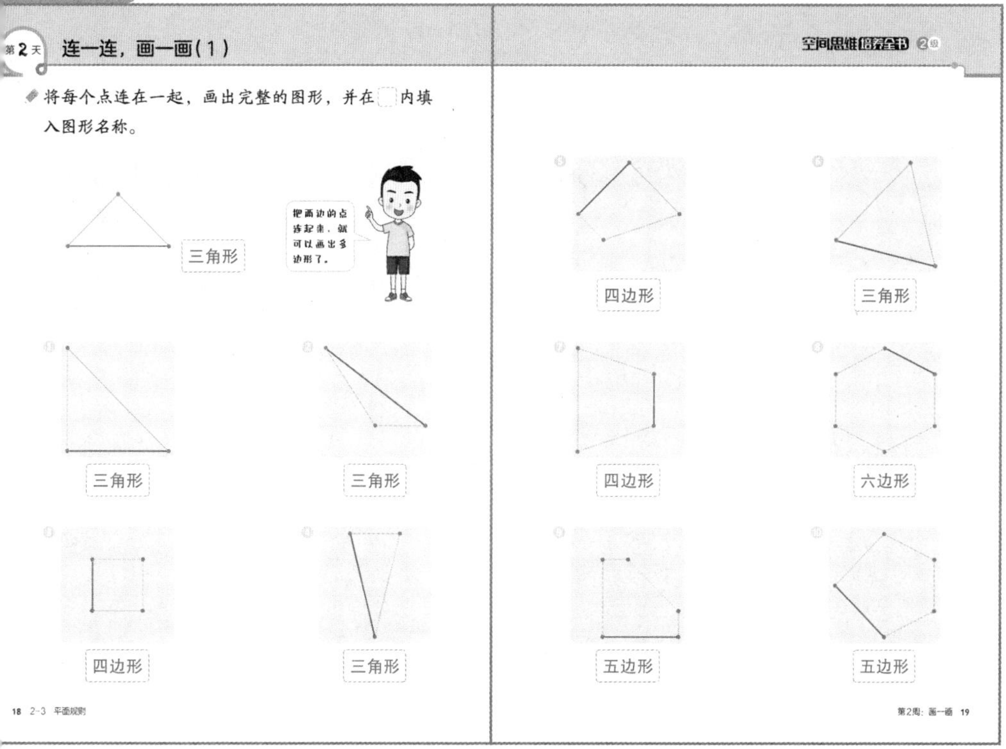

第2天 连一连，画一画（1）

空间思维培养全书 2级

将每个点连在一起，画出完整的图形，并在□内填入图形名称。

把画边的点连起来，就可以画出多边形了。

三角形

① 三角形
② 三角形
③ 四边形
④ 三角形
⑤ 四边形
⑥ 三角形
⑦ 四边形
⑧ 六边形
⑨ 五边形
⑩ 五边形

18 2-3 平面规则

第2周：画一画 19

P 20-21

第3天 连一连，画一画(2)

将每个点连在一起，画出完整的图形，并在 内填入图形名称。

三角形

1 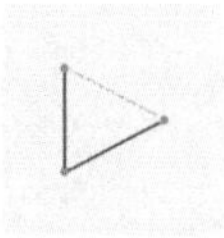 三角形 2 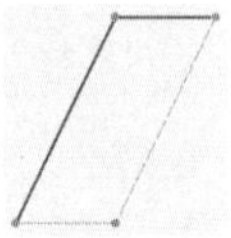 四边形

3 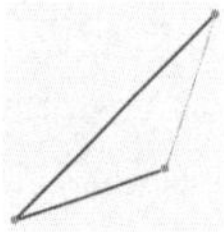 三角形 4 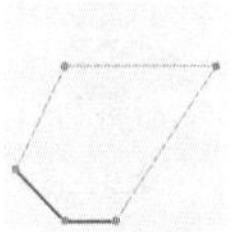 五边形

5 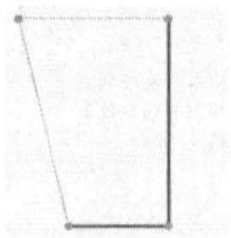 四边形 6 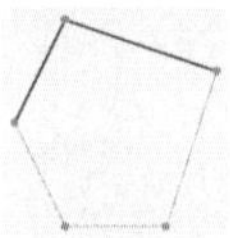 五边形

7 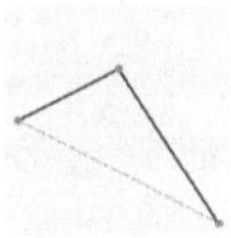 三角形 8 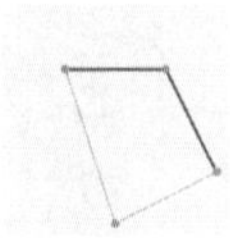 四边形

9 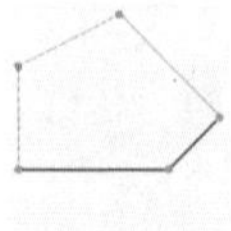 五边形 10 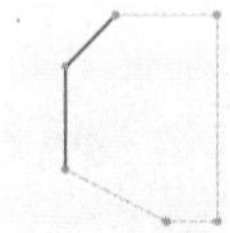 六边形

P 22-23

第4天 连一连，画一画(3)

将每个点连在一起，画出完整的图形，并在 内填入图形名称。

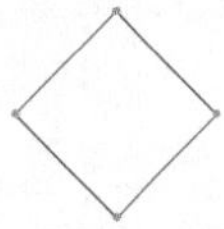

四边形

1 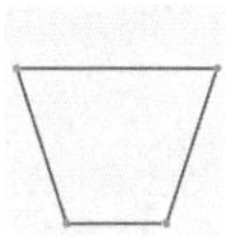 四边形 2 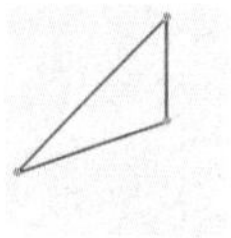 三角形

3 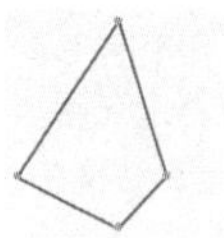 四边形 4 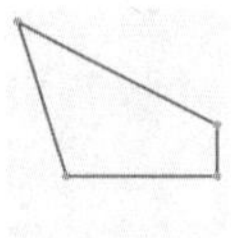 四边形

5 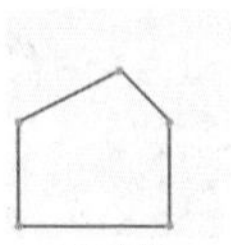 五边形 6 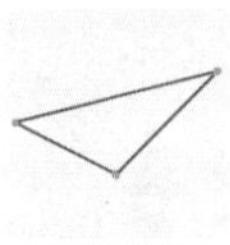 三角形

7 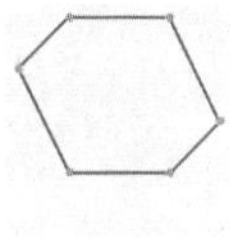 六边形 8 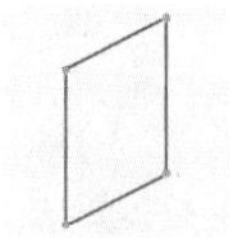 四边形

9 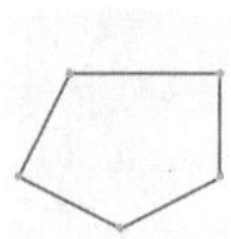 五边形 10 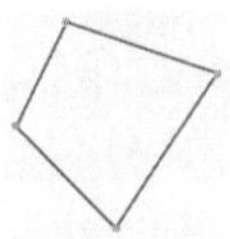 四边形

P 24-25

第5天 延长线段，完成图形

延长图形中的线段，画出完整的图形，并在□内填入图形名称。

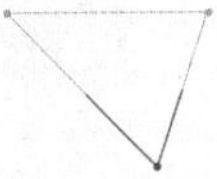

三角形

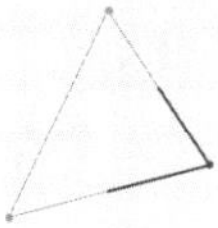

① 三角形 ② 四边形

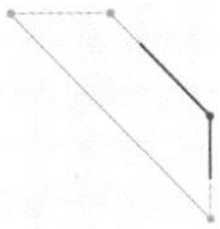

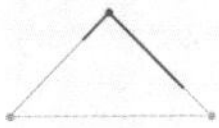

③ 三角形 ④ 三角形

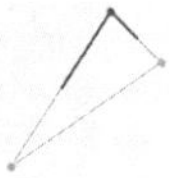

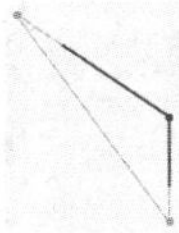

⑤ 三角形 ⑥ 四边形

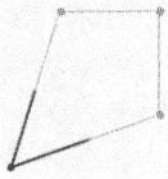

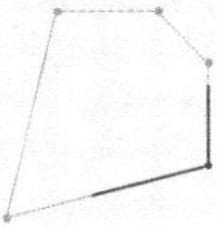

⑦ 五边形 ⑧ 三角形

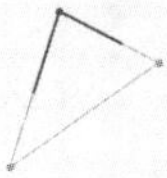

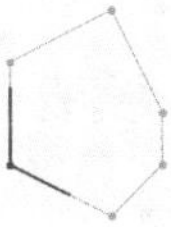

⑨ 六边形 ⑩ 四边形

P 26

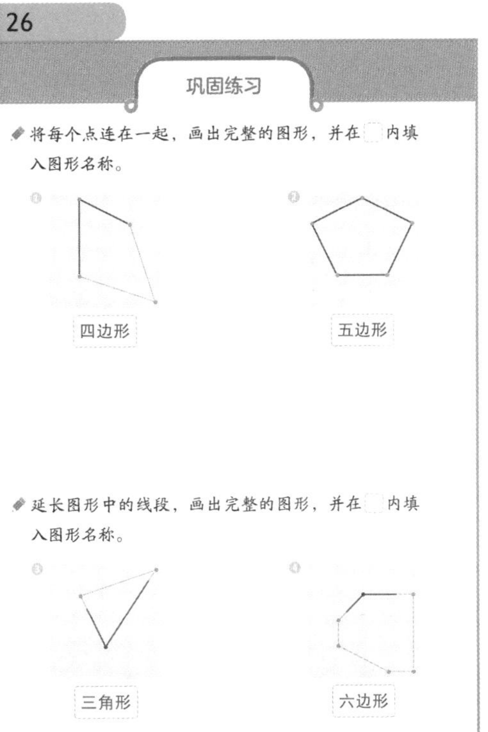

巩固练习

将每个点连在一起，画出完整的图形，并在□内填入图形名称。

① 四边形 ② 五边形

延长图形中的线段，画出完整的图形，并在□内填入图形名称。

③ 三角形 ④ 六边形

P 28-29

第1天 数图形

把沿直线剪切形成的图形名称及数量填入□内。

三角形 2
四边形 1

沿着线裁开左边的图形会得到2个三角形和1个四边形。

① 长方形 2

② 三角形 2

③ 三角形 3

④ 长方形 4

⑤ 三角形 1
五边形 1

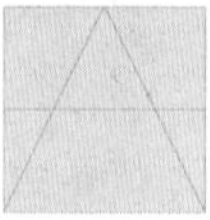

⑥ 三角形 3
四边形 3

⑦ 三角形 4
四边形 2

⑧ 三角形 2
六边形 1

P 30-31

第2天 数三角形(1)

找出图中所有的三角形，按种类数好，并填入□内。

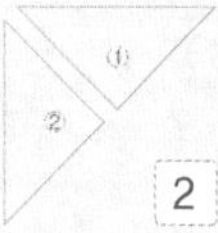

数一数与上图相同的三角形的个数。

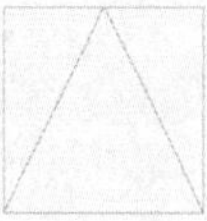

2 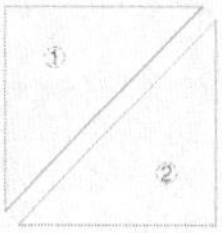 2

① 2

② 1

③ 2

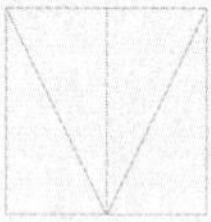

④ 2

⑤ 4

⑥ 1

⑦ 4

⑧ 4

P 32–33

第3天 数三角形（2）

找出所有的三角形，并把数量填入□内。

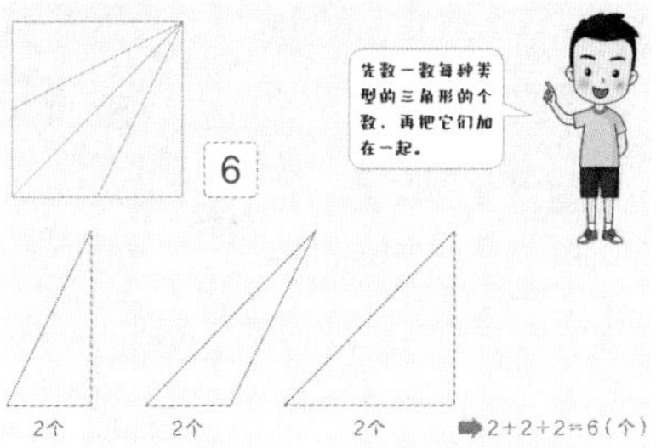

6

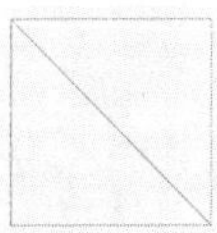

2个 2个 2个 ➡ 2+2+2=6（个）

① 2

② 4

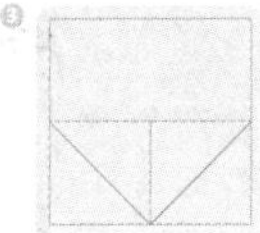

③ 5

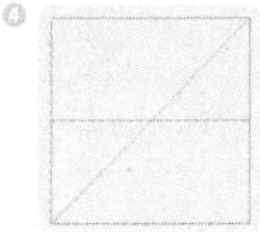

④ 4

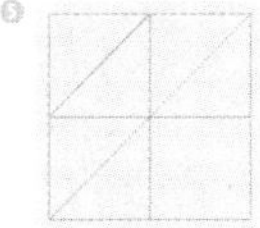

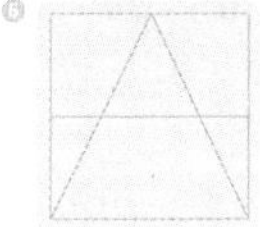

⑤ 8

⑥ 6

⑦ 8

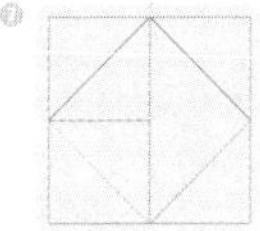

⑧ 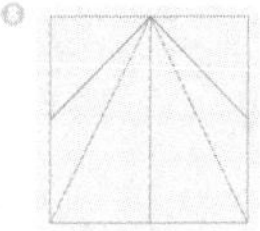 9

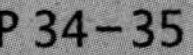

P 34–35

第4天 数四边形（1）

找出所有的四边形，并把数量填入□内。

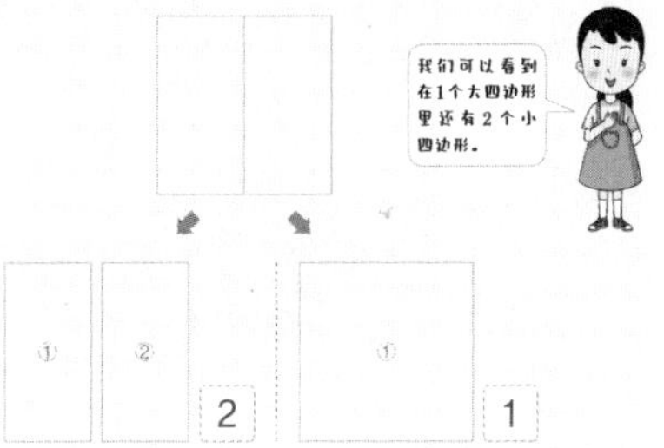

① ② 2

① 1

① 1 ② 1

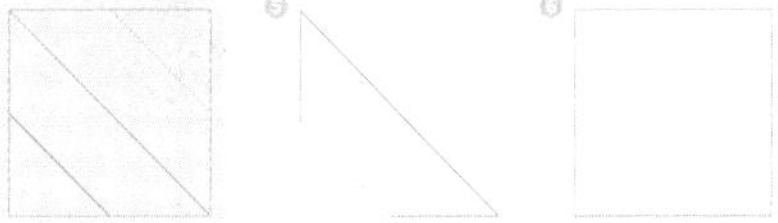

③ 2 ④ 1

⑤ 2 ⑥ 1

⑦ 2 ⑧ 1

P 36－37

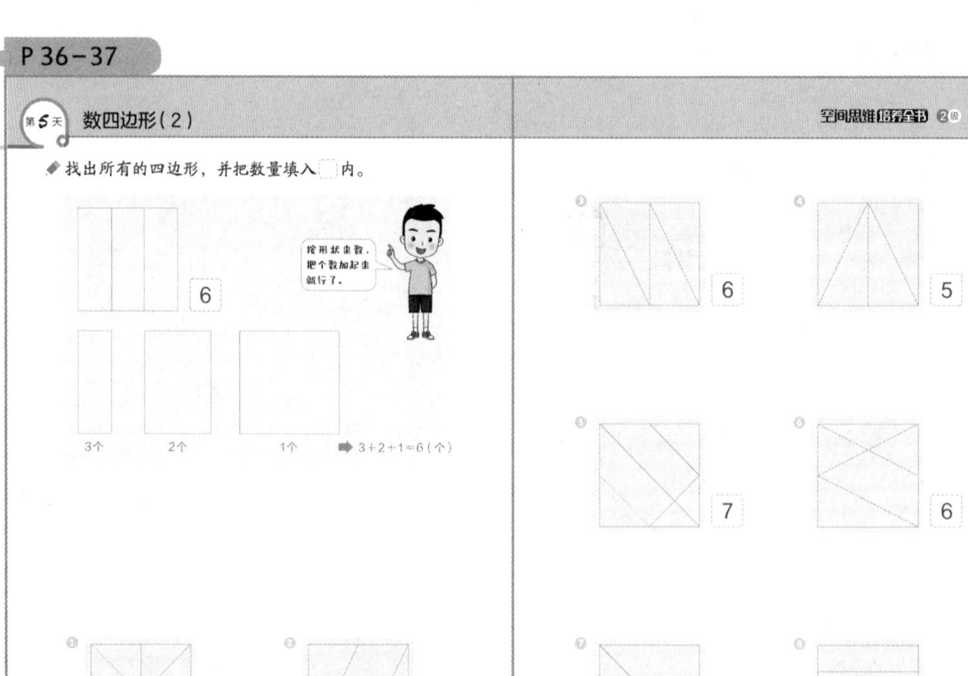
第5天 数四边形(2)
空间思维培养全书 2级
找出所有的四边形，并把数量填入□内。
6
按形状来数，把个数加起来就行了。
3个
2个
1个
3+2+1=6(个)
5
4
6
5
7
6
5
6
36 2-3 平面规则
第3周：数一数 37

P 38

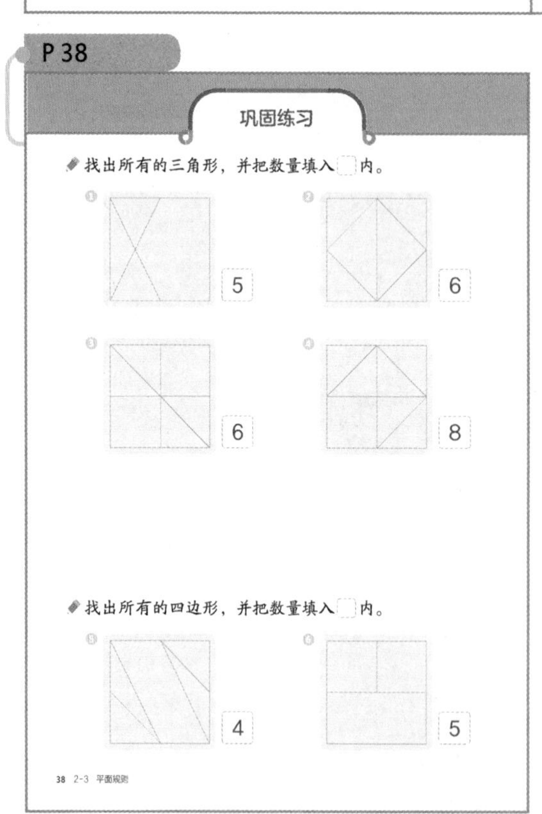
巩固练习
找出所有的三角形，并把数量填入□内。
5
6
6
8
找出所有的四边形，并把数量填入□内。
4
5
38 2-3 平面规则

P 40-41

第1天 画出相同的图形

画出与左边相同的图形，并在□内填入这个图形的名称。

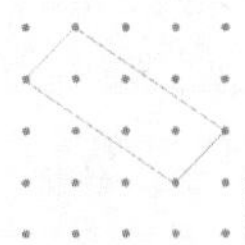

四边形

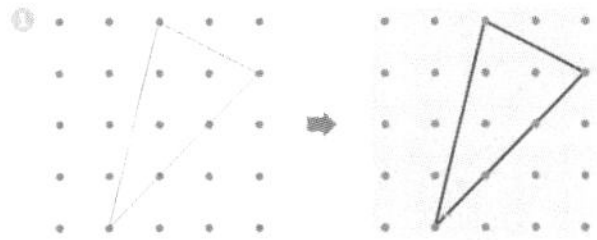

① 三角形

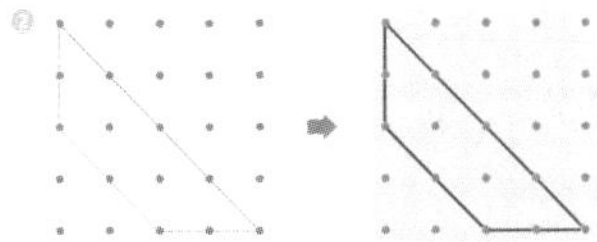

② 四边形

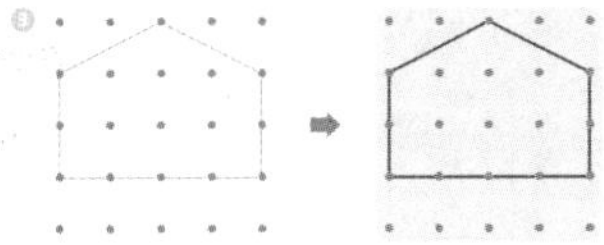

③ 五边形

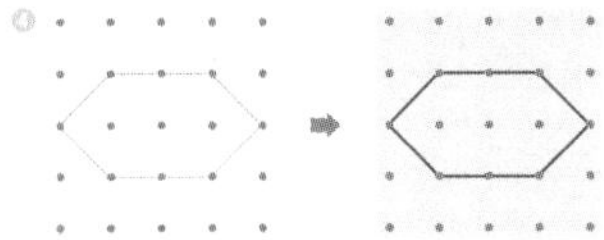

④ 六边形

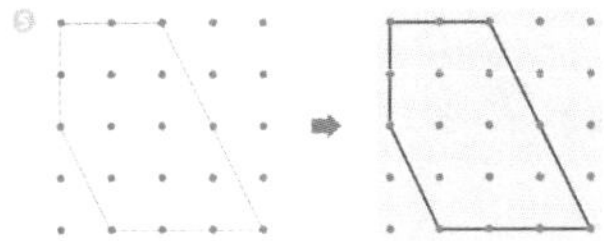

⑤ 五边形

P 42-43

第2天 增加一个顶点

画出下列图形增加1个顶点之后的形状，并在□内填入新图形的名称。

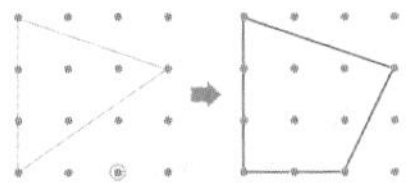

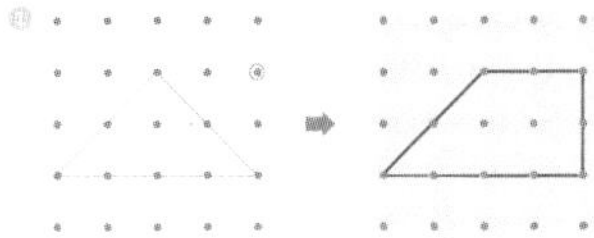

① 四边形

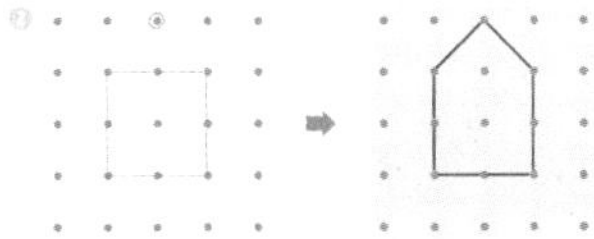

② 五边形

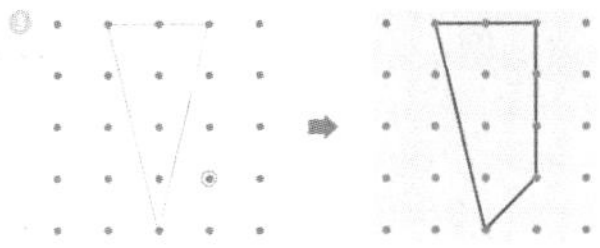

③ 四边形

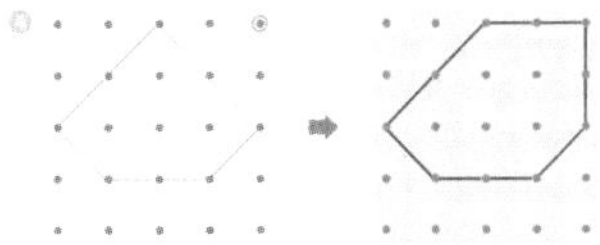

④ 六边形

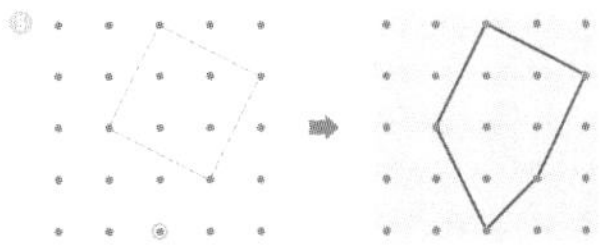

⑤ 五边形

P 44-45

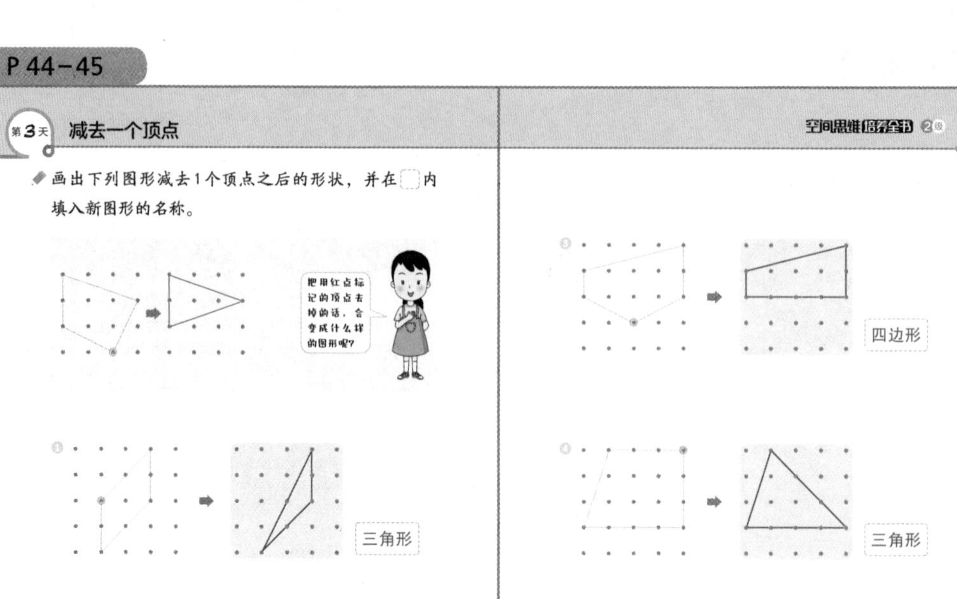

三角形

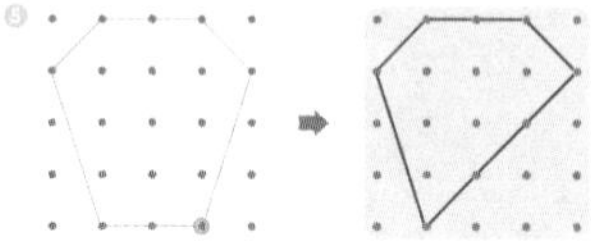

五边形

P 46-47

第4天 移动顶点

画出下列图形移动了1个顶点之后的形状，并在内填入新图形的名称。

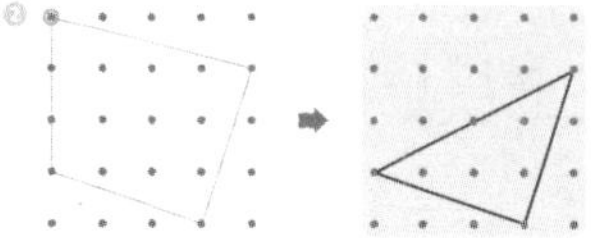

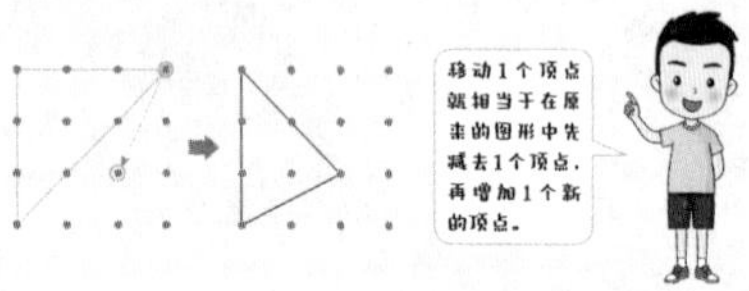

移动1个顶点就相当于在原来的图形中先减去1个顶点，再增加1个新的顶点。

① 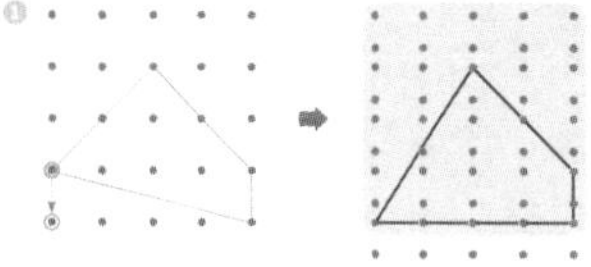 四边形

② 三角形

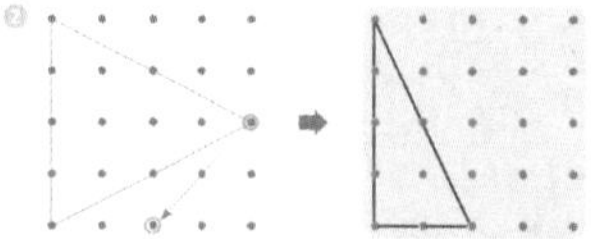

③ 五边形

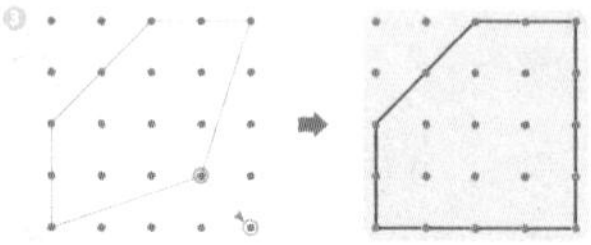

④ 六边形

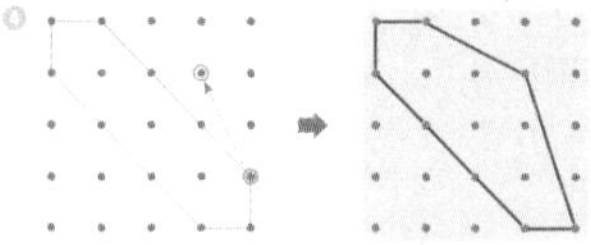

⑤ 四边形

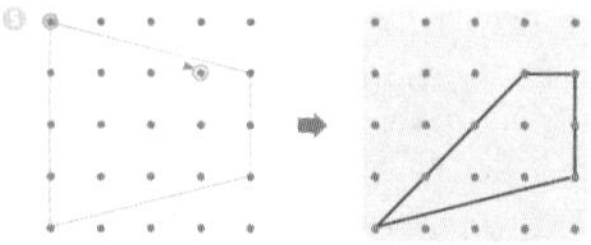

P 48-49

第5天 找出移动的顶点

在下列图形中标出被移动过的顶点，并同时用箭头标出顶点移动的方向。

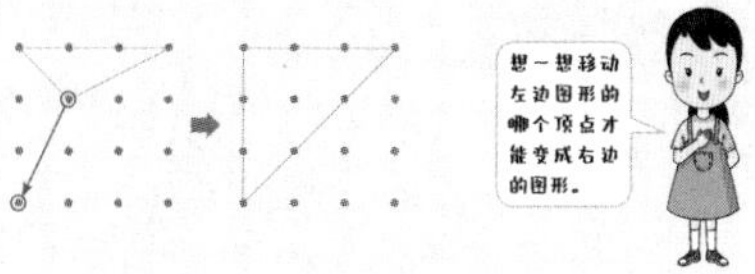

想一想移动左边图形的哪个顶点才能变成右边的图形。

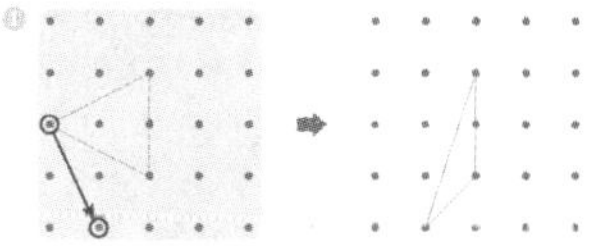

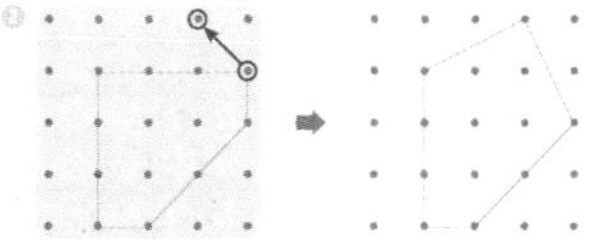

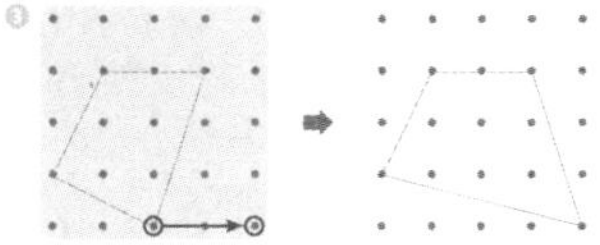

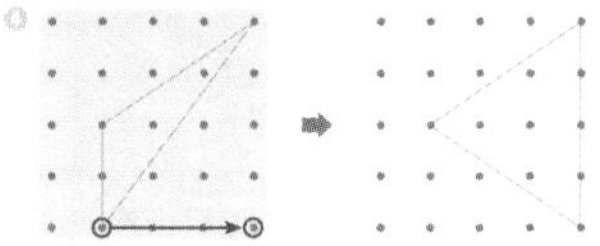

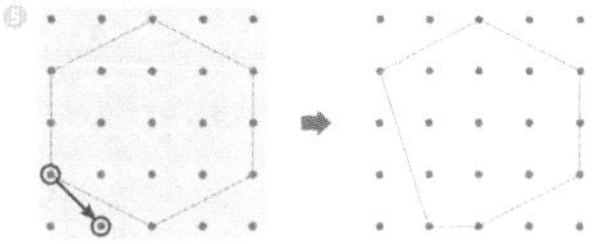

P 50

巩固练习

画出下列图形增加1个顶点之后的形状，并在 内填入新图形的名称。

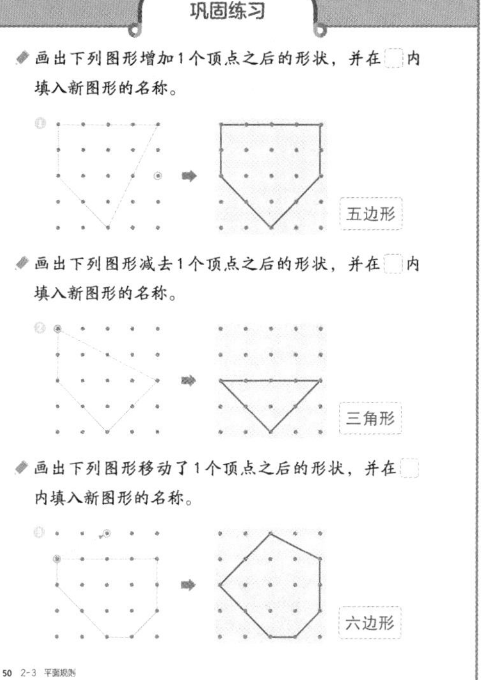

画出下列图形减去1个顶点之后的形状，并在 内填入新图形的名称。

三角形

画出下列图形移动了1个顶点之后的形状，并在 内填入新图形的名称。

六边形

P 52-53

第1回：评价测试

月 日
规定时间 10分钟
答对题目 /8

找出所有的圆形，并用○标出。

❶

❷

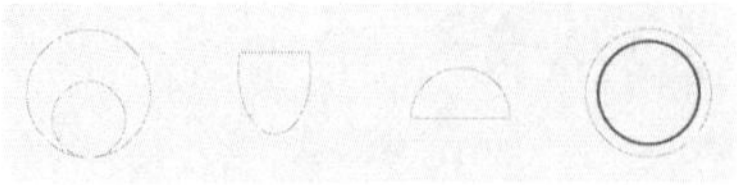

将每个点连在一起，画出完整的图形，并在□内填入图形名称。

❸ 三角形

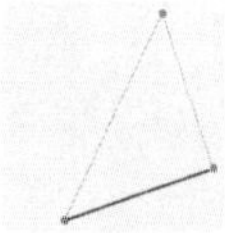

❹ 五边形

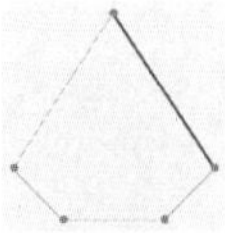

找出图中所有的三角形，按种类数好，并填入□内。

❺ 4

❻ 2

画出下列图形增加1个顶点之后的形状，并在□内填入新图形的名称。

❼ 四边形

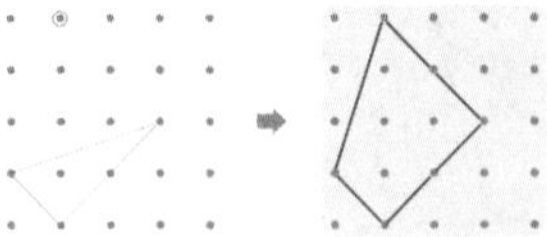

❽ 五边形

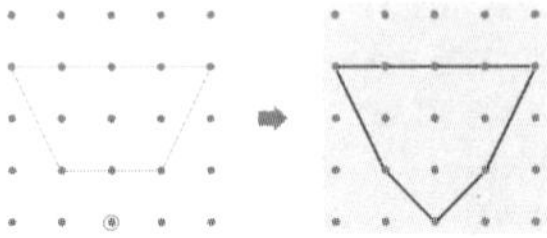

P 54-55

第2回：评价测试

月 日
规定时间 10分钟
答对题目 /10

数出图形的边与顶点的个数，并填入□内。

❶ 边 4 顶点 4

❷ 边 5 顶点 5

❸ 边 3 顶点 3

❹ 边 6 顶点 6

画出完整的圆形。

❺

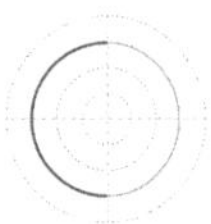

❻

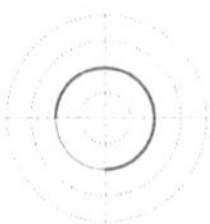

找出所有的四边形，并把数量填入□内。

❼ 2

❽ 1

画出下列图形减去1个顶点之后的形状，并在□内填入新图形的名称。

❾ 三角形

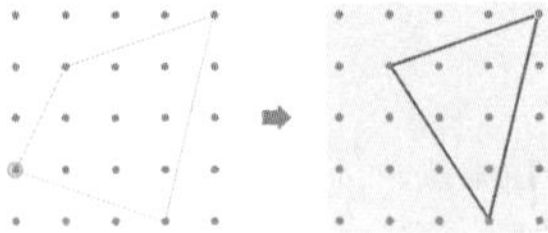

❿ 四边形

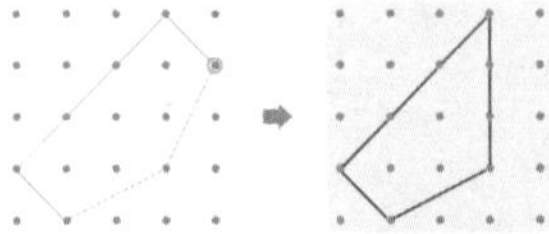

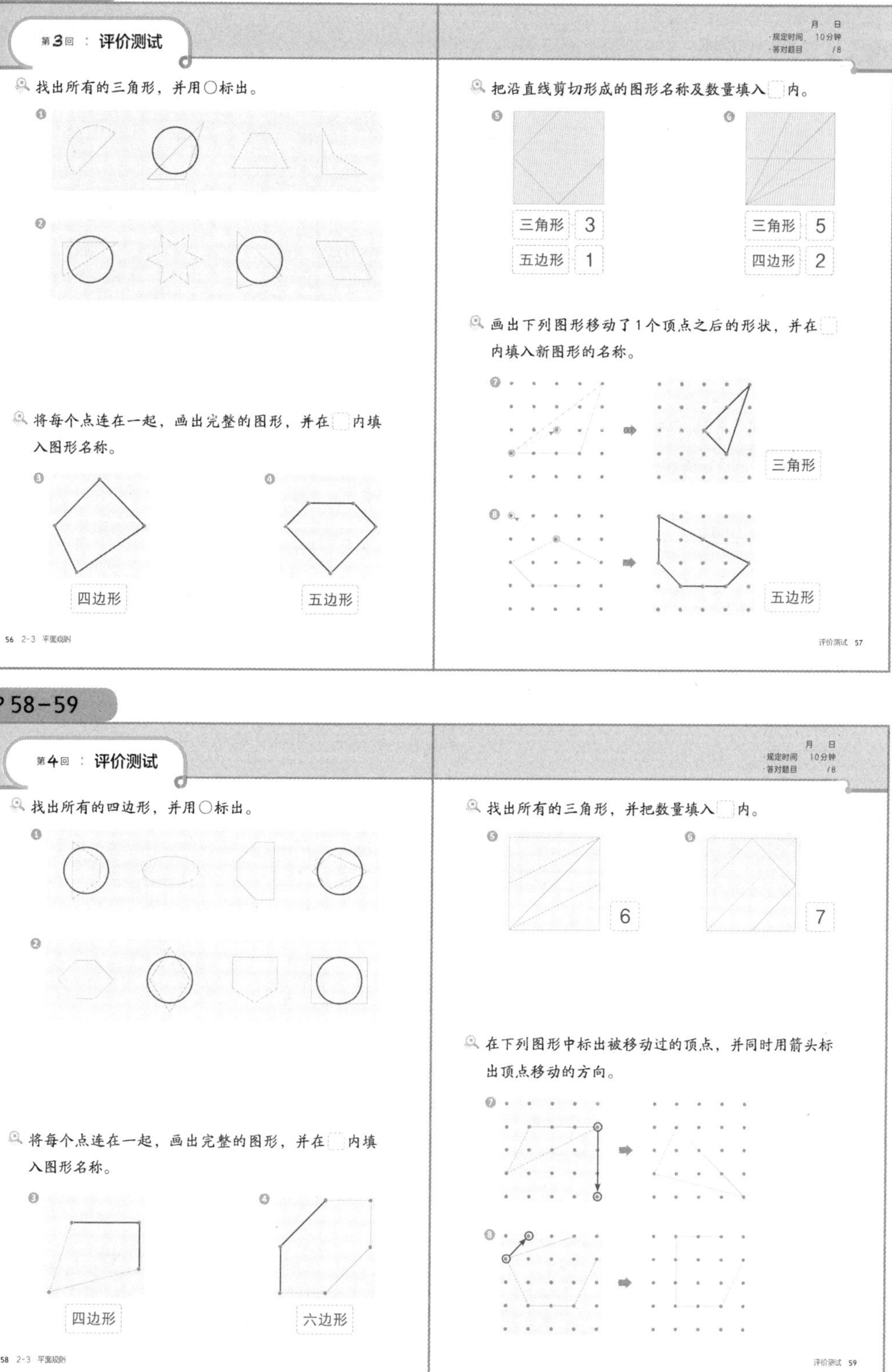
P 56-57

第3回 ： 评价测试

月 日
·规定时间 10分钟
·答对题目 /8

找出所有的三角形，并用○标出。

❶

❷

将每个点连在一起，画出完整的图形，并在 内填入图形名称。

❸ 四边形

❹ 五边形

56 2-3 平面规则

把沿直线剪切形成的图形名称及数量填入 内。

❺ 三角形 3 五边形 1

❻ 三角形 5 四边形 2

画出下列图形移动了1个顶点之后的形状，并在 内填入新图形的名称。

❼ 三角形

❽ 五边形

评价测试 57

P 58-59

第4回 ： 评价测试

月 日
·规定时间 10分钟
·答对题目 /8

找出所有的四边形，并用○标出。

❶

❷

将每个点连在一起，画出完整的图形，并在 内填入图形名称。

❸ 四边形

❹ 六边形

58 2-3 平面规则

找出所有的三角形，并把数量填入 内。

❺ 6

❻ 7

在下列图形中标出被移动过的顶点，并同时用箭头标出顶点移动的方向。

❼

❽

评价测试 59

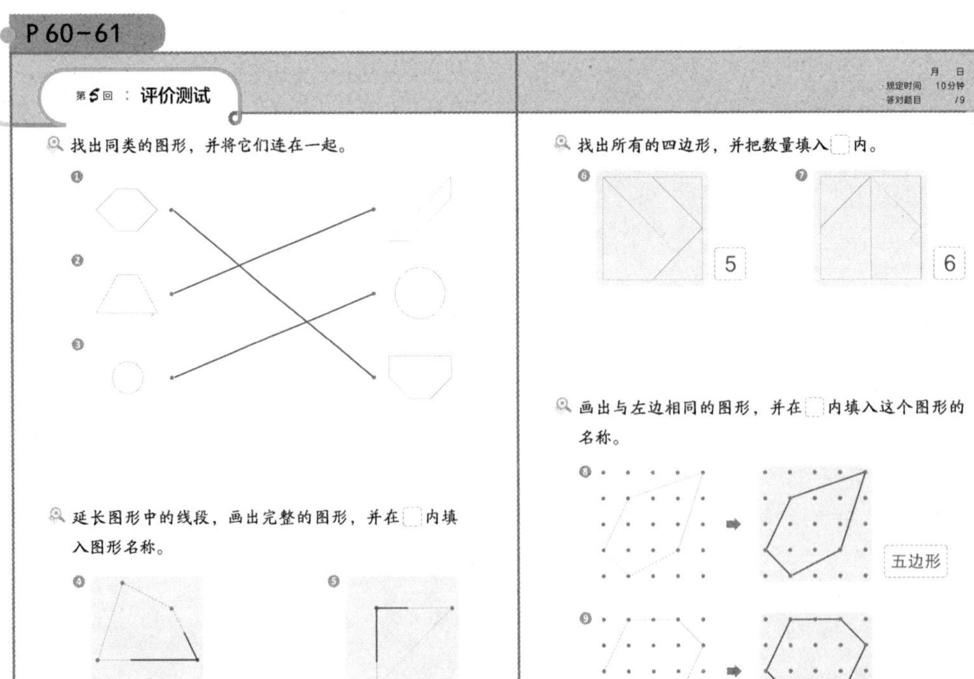
第5回 ： 评价测试
月 日
规定时间 10分钟
答对题目 /9
找出同类的图形，并将它们连在一起。
延长图形中的线段，画出完整的图形，并在内填入图形名称。
四边形
三角形
找出所有的四边形，并把数量填入内。
5
6
画出与左边相同的图形，并在内填入这个图形的名称。
五边形
六边形
60 2-3 平面规则
评价测试 61

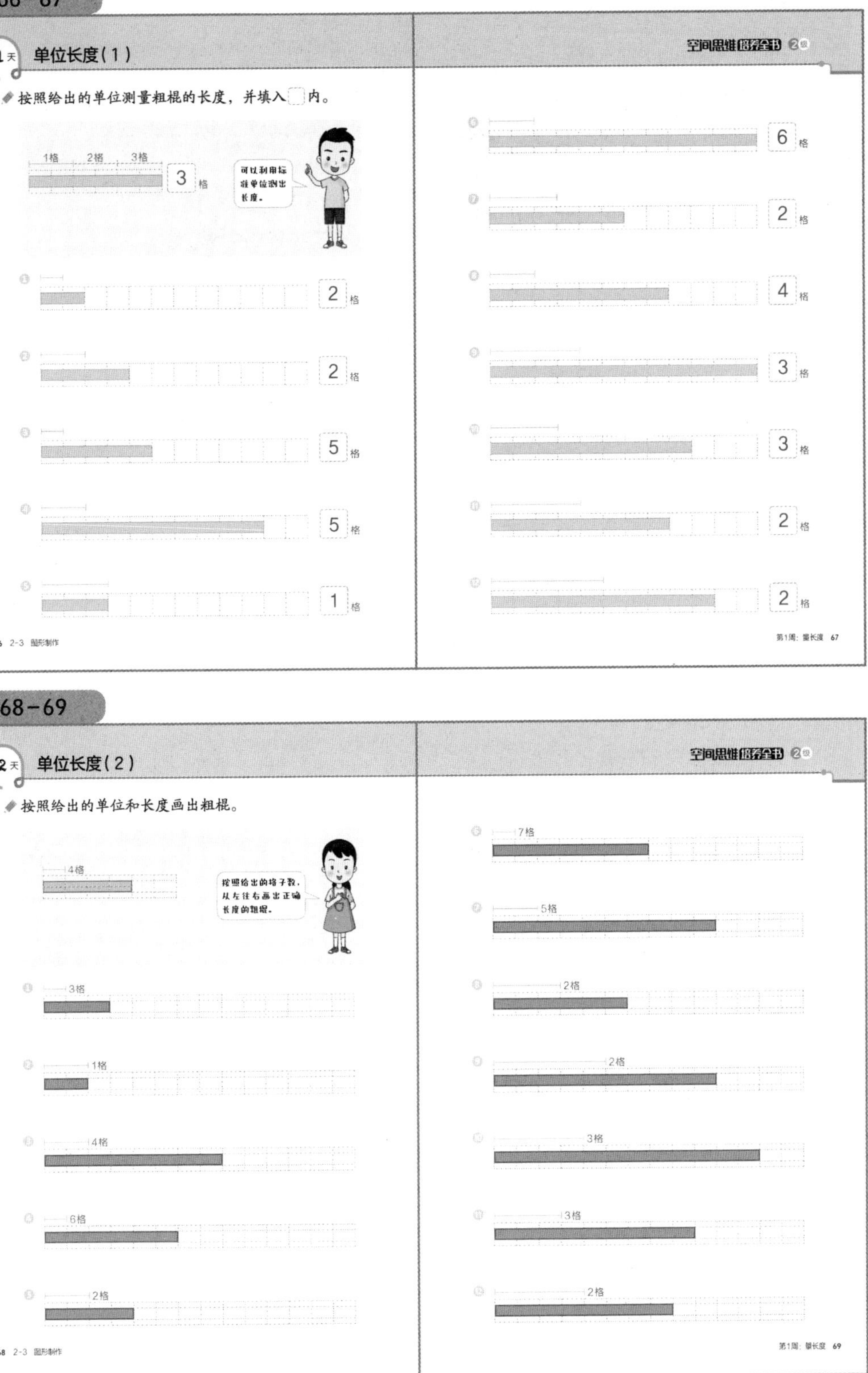
P 66-67
第1天 单位长度(1)
空间思维培养全书 2级
按照给出的单位测量粗棍的长度，并填入 内。
1格 2格 3格
3 格
可以利用标准单位测出长度。
① 2 格
② 2 格
③ 5 格
④ 5 格
⑤ 1 格
⑥ 6 格
⑦ 2 格
⑧ 4 格
⑨ 3 格
⑩ 3 格
⑪ 2 格
⑫ 2 格
66 2-3 图形制作
第1周：量长度 67
P 68-69
第2天 单位长度(2)
空间思维培养全书 2级
按照给出的单位和长度画出粗棍。
4格
按照给出的格子数，从左往右画出正确长度的粗棍。
① 3格
② 1格
③ 4格
④ 6格
⑤ 2格
⑥ 7格
⑦ 5格
⑧ 2格
⑨ 2格
⑩ 3格
⑪ 3格
⑫ 2格
68 2-3 图形制作
第1周：量长度 69

P 70-71

第3天 用尺子量长度(1)

利用尺子测量粗棍的长度。

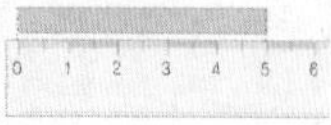

粗棍的长度: 5 cm

❶ 4 cm

❷ 6 cm

❸ 7 cm

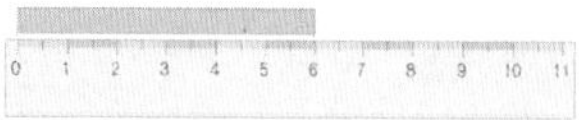

❹ 1 cm

❺ 8 cm

❻ 3 cm

❼ 9 cm

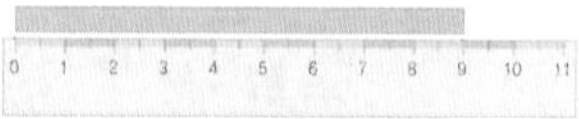

❽ 10 cm

P 72-73

第4天 用尺子量长度(2)

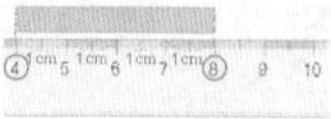

利用尺子测量粗棍的长度。

粗棍的长度: 4 cm

❶ 3 cm

❷ 5 cm

❸ 2 cm

❹ 7 cm

❺ 4 cm

❻ 3 cm

❼ 8 cm

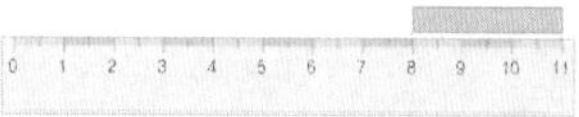

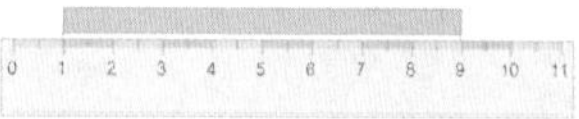

❽ 5 cm

P 74-75

第5天 画出长度相同的粗棍

按照给定的长度和起点，画出粗棍的长度。

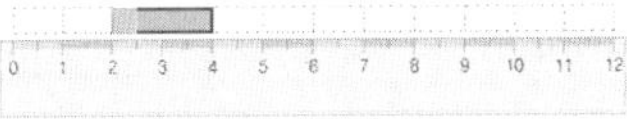

长度：3cm

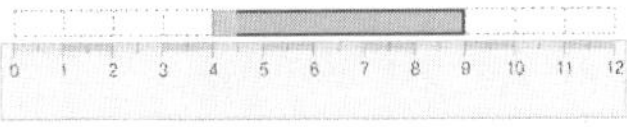

对准相应的刻度线，按照给出的长度，向左或向右画出粗棍吧！

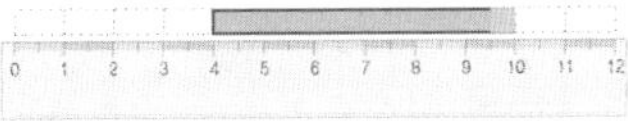

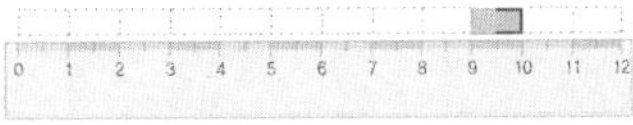

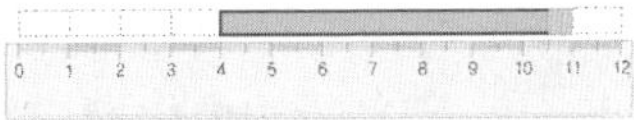

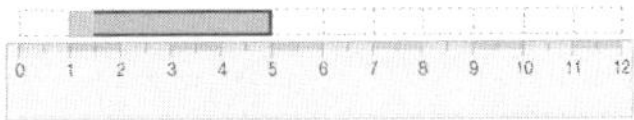

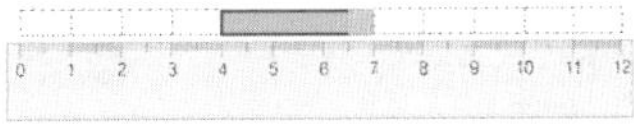

❶ 长度：2cm

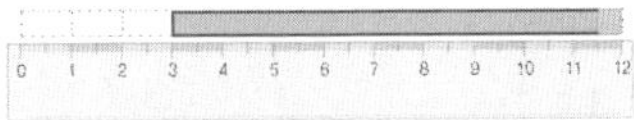

❷ 长度：5cm

❸ 长度：6cm

❹ 长度：1cm

❺ 长度：7cm

❻ 长度：4cm

❼ 长度：3cm

❽ 长度：9cm

P 76

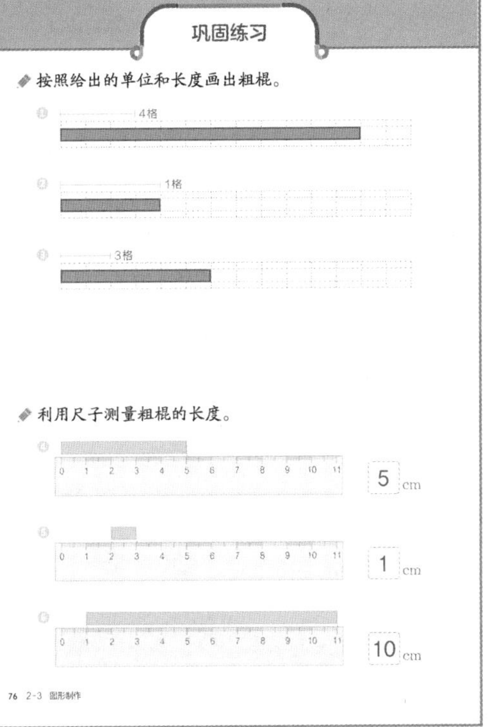

第1天 画七巧板

把给出的七巧板拼块画在下面的相同位置上。

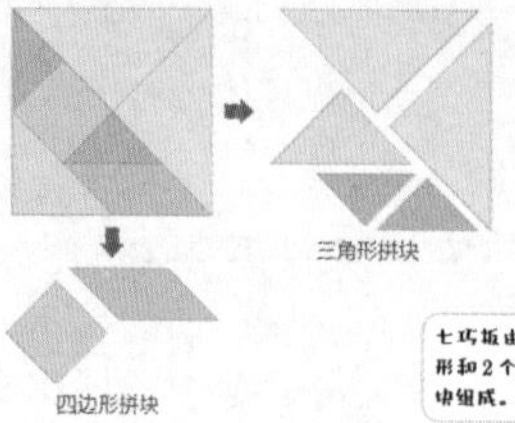

三角形拼块

四边形拼块

七巧板由5个三角形和2个四边形拼块组成。

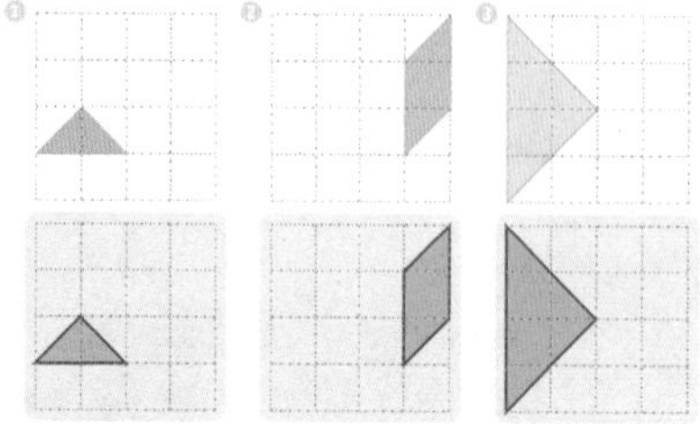

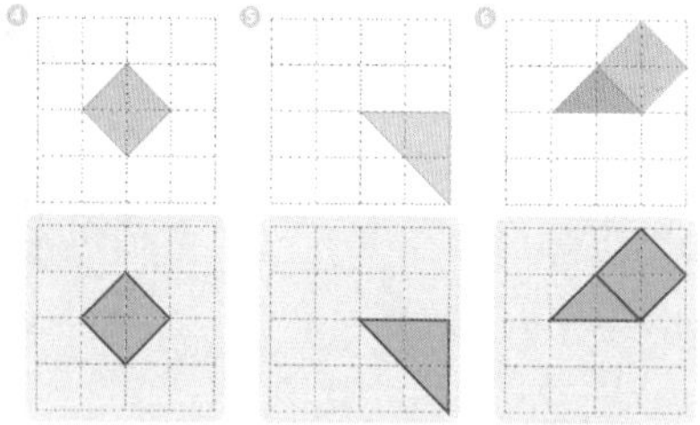

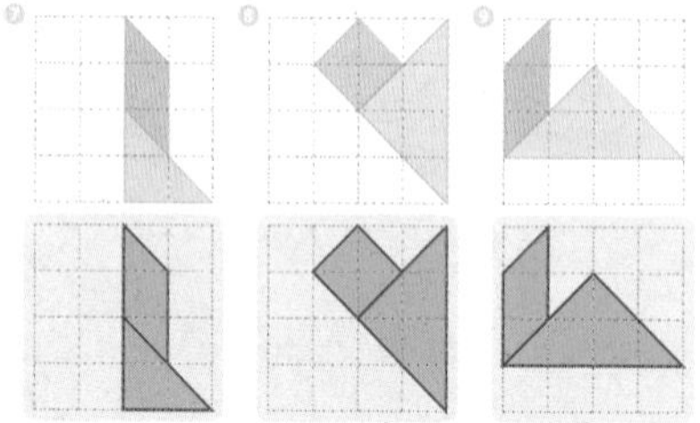

①②③④⑤⑥⑦⑧⑨

P 80-81

第2天 画七巧板的轮廓

在方格纸的相同位置上画出七巧板的轮廓。

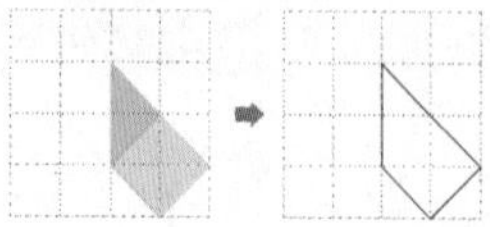

忽略掉每个拼块相接的那条线，只画外边的轮廓就行了。

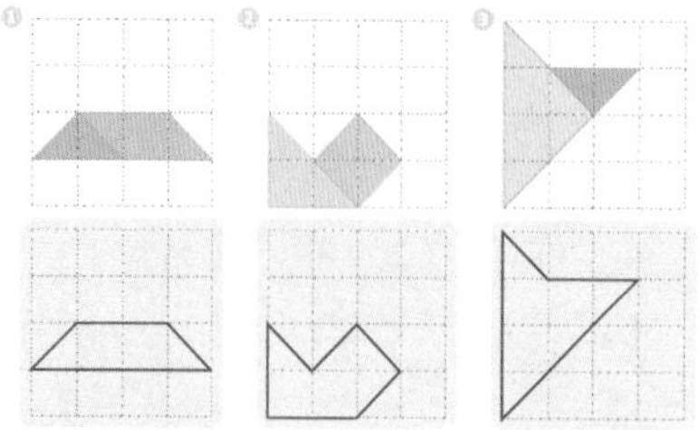

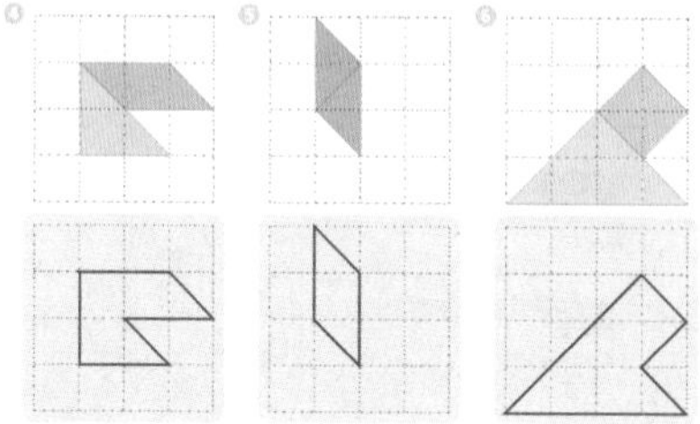

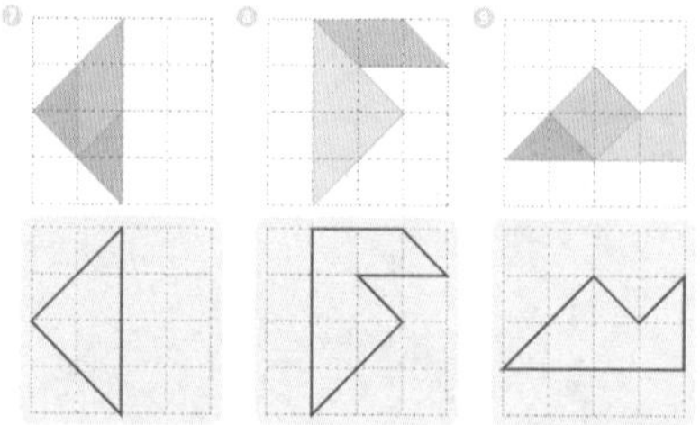

①②③④⑤⑥⑦⑧⑨

P 82－83

拼接七巧板

◆ 在右侧方格纸上画出左侧两个拼块拼接后形成的形状的轮廓。

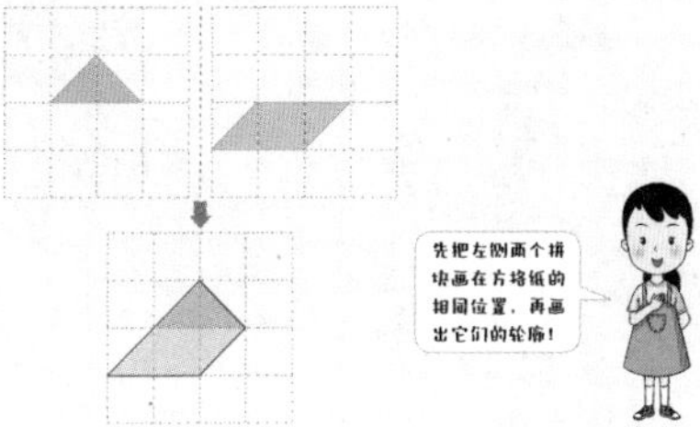

先把左侧两个拼块画在方格纸的相同位置，再画出它们的轮廓！

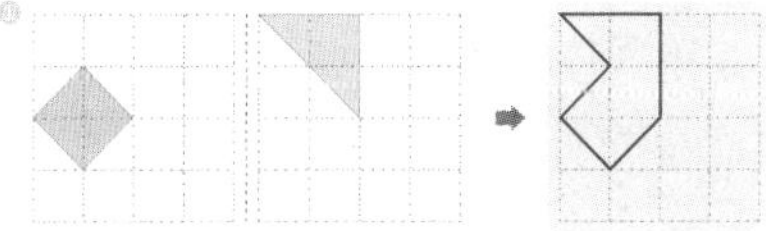

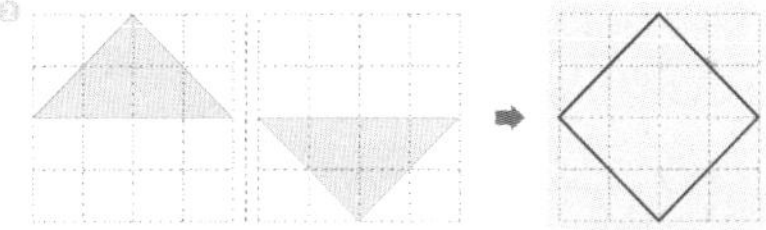

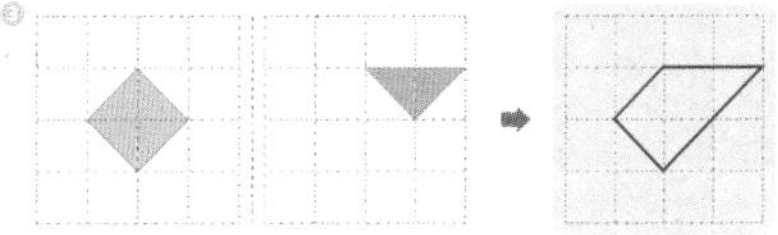

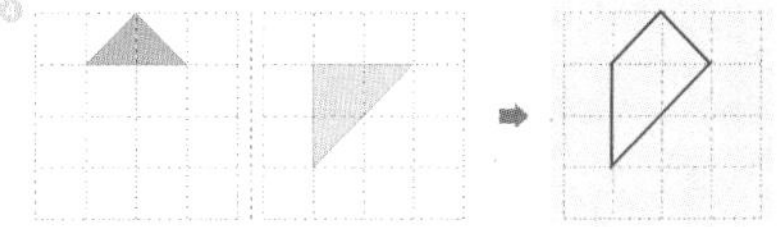

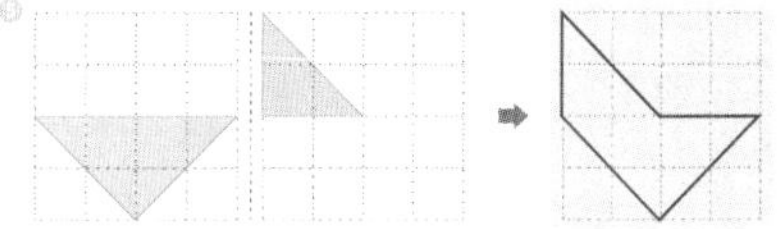

①

②

③

④

⑤

P 84－85

找一找

◆ 找出可以拼成右侧图形的另一个拼块，并画在左侧方格纸上。

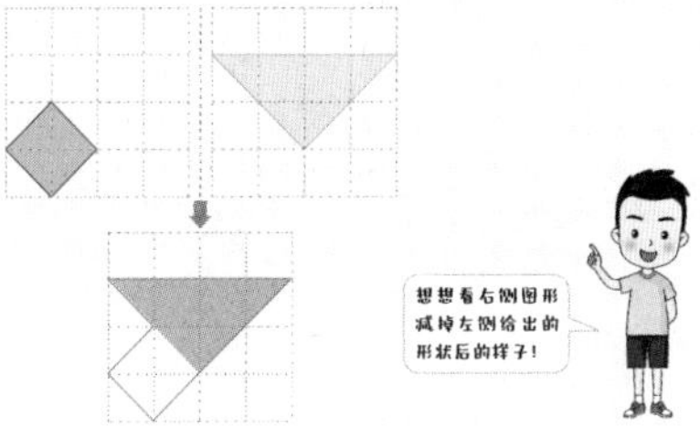

想想看右侧图形减掉左侧给出的形状后的样子！

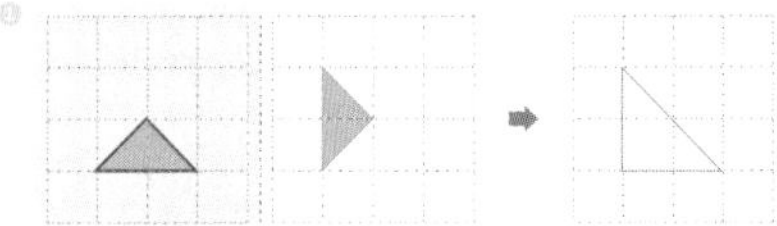

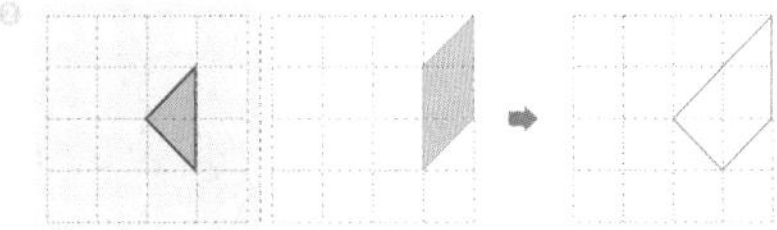

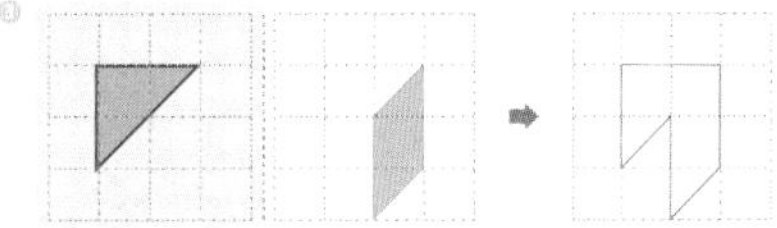

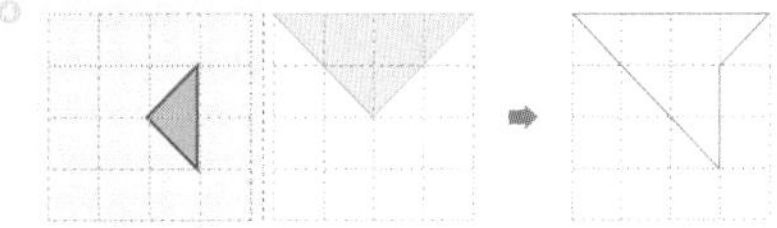

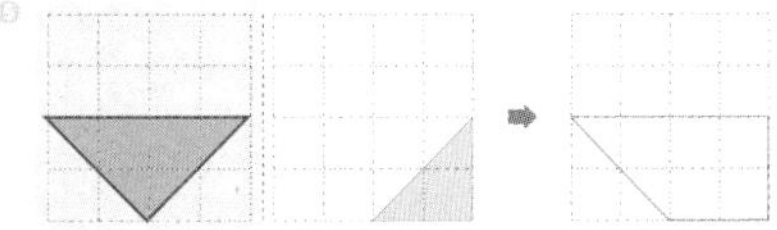

①

②

③

④

⑤

P 86-87

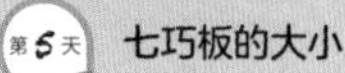

七巧板的大小

◆ 已知最小的七巧板拼块的大小为1，把各形状的大小填入□内。

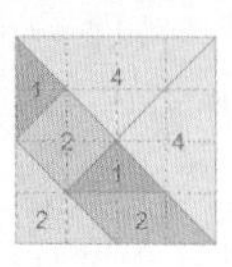

❶ 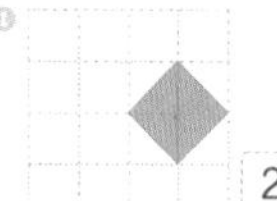 2

❷ 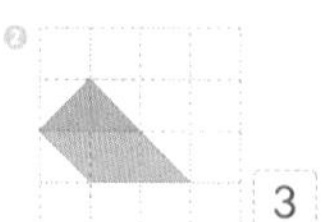 3

❸ 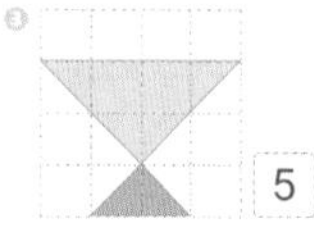 5

❹  3

❺ 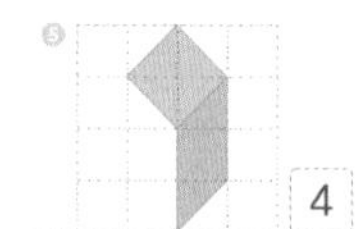 4

❻ 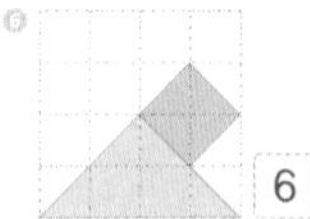 6

❼ 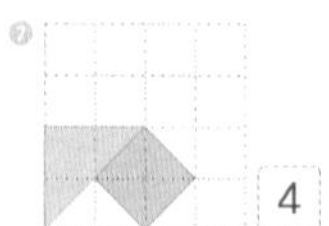 4

❽ 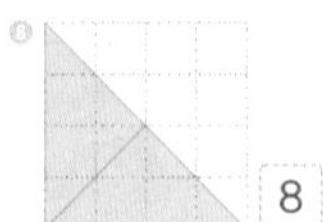 8

❾ 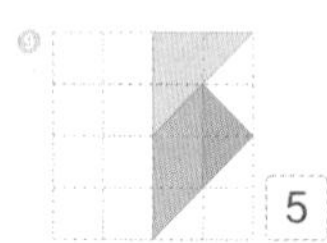 5

❿ 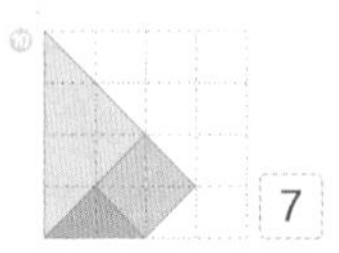 7

P 88

巩固练习

◆ 在右侧方格纸上画出左侧两个拼块拼接后形成的形状的轮廓。

❶ ❷
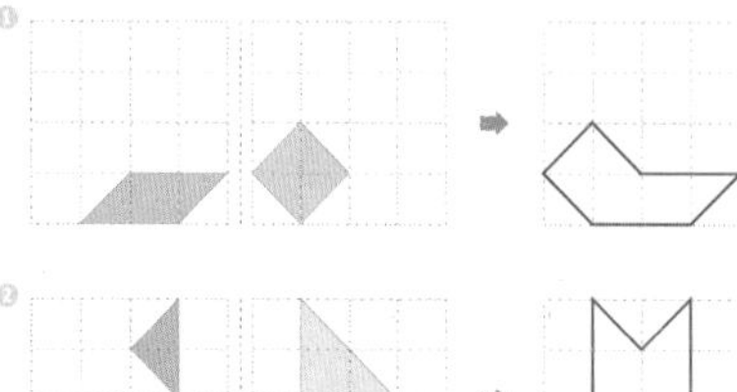

◆ 已知最小的七巧板拼块的大小为1，把各形状的大小填入□内。

❸ 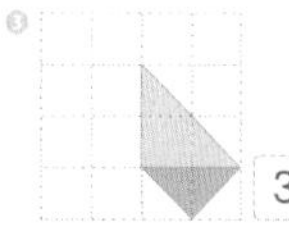 3

❹ 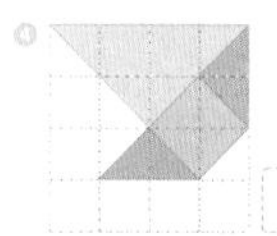 8

P 90－91

✎ 求出细棍的长度，并填入□内。

6 cm

2 cm　4 cm

细棍的长度：2＋4＝6 (cm)

细棍的长度等于两根粗棍的长度之和。

1. 6 cm（3 cm　3 cm）
2. 8 cm（1 cm　7 cm）
3. 9 cm（4 cm　5 cm）
4. 12 cm（5 cm　7 cm）
5. 7 cm（6 cm　1 cm）
6. 10 cm（8 cm　2 cm）
7. 11 cm（3 cm　8 cm）
8. 14 cm（5 cm　9 cm）

P 92－93

✎ 求出细棍的长度，并填入□内。

4 cm　3 cm

7 cm

细棍的长度：7－4＝3 (cm)

两根粗棍上下并排放在一起，其长度差就是细棍的长度。

1. 2 cm（2 cm，4 cm）
2. 5 cm（3 cm，8 cm）
3. 6 cm（4 cm，10 cm）
4. 6 cm（3 cm，9 cm）
5. 7 cm（1 cm，8 cm）
6. 4 cm（7 cm，11 cm）
7. 3 cm（5 cm，8 cm）
8. 6 cm（6 cm，12 cm）

P 94－95

第3天 能量出的长度

利用给出的两根粗棍，求出所有能够量出的长度。

2cm　3cm　2cm 3cm

2cm　3cm　2＋3＝5（cm）

2cm
3cm
3－2＝1（cm）

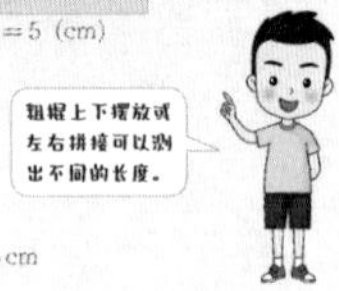

粗棍上下摆放或左右排接可以测出不同的长度。

能够量出的长度：1cm，2cm，3cm，5cm

❶ 1cm　3cm　答：1 cm　2 cm　3 cm　4 cm

❷ 2cm　5cm　答：2 cm　3 cm　5 cm　7 cm

❸ 4cm　8cm　答：4 cm　8 cm　12 cm

❹ 1cm　7cm　答：1 cm　6 cm　7 cm　8 cm

❺ 3cm　9cm　答：3 cm　6 cm　9 cm　12 cm

❻ 5cm　6cm　答：1 cm　5 cm　6 cm　11 cm

P 96－97

第4天 长度的和与差

求出细棍的长度，并填入□内。

1cm 2cm　4 cm
7cm

细棍的长度：7－1－2＝4（cm）

可以利用粗棍长度的和或差来求细棍的长度。

❶ 2cm 2cm；6cm　答：2 cm

❷ 3cm 4cm 2cm　答：9 cm

❸ 3cm 1cm；8cm　答：4 cm

❹ 4cm；5cm 5cm　答：6 cm

❺ 2cm 5cm；9cm　答：2 cm

❻ 6cm；8cm 5cm　答：7 cm

❼ 5cm 4cm；12cm　答：3 cm

❽ 9cm；6cm 8cm　答：5 cm

P 98－99

第5天 **不能量出的长度**

✎ 找出无法利用粗棍测出的长度，并用 × 标出。

2 cm / 3 cm：3－2＝1 (cm)　2 cm　3 cm　2 cm 2 cm：2＋2＝4 (cm)

2 cm 3 cm：2＋3＝5 (cm)

2 cm 2 cm 3 cm：2＋2＋3＝7 (cm)

能够量出的长度：1 cm，2 cm，3 cm，4 cm，5 cm，7 cm

我们无法用2 cm，2 cm，3 cm长的粗棍测出长度为6 cm的东西。

① 2 cm，4 cm ——（1 cm ×）　2 cm　4 cm　6 cm

② 5 cm，8 cm —— 3 cm　5 cm　8 cm　（12 cm ×）

③ 1 cm，1 cm，6 cm —— 1 cm　2 cm　（3 cm ×）　6 cm

④ 1 cm，2 cm，8 cm —— 2 cm　（4 cm ×）　5 cm　8 cm

⑤ 2 cm，2 cm，7 cm —— 3 cm　5 cm　（10 cm ×）　11 cm

⑥ 2 cm，3 cm，5 cm —— 1 cm　4 cm　6 cm　（9 cm ×）

P 100

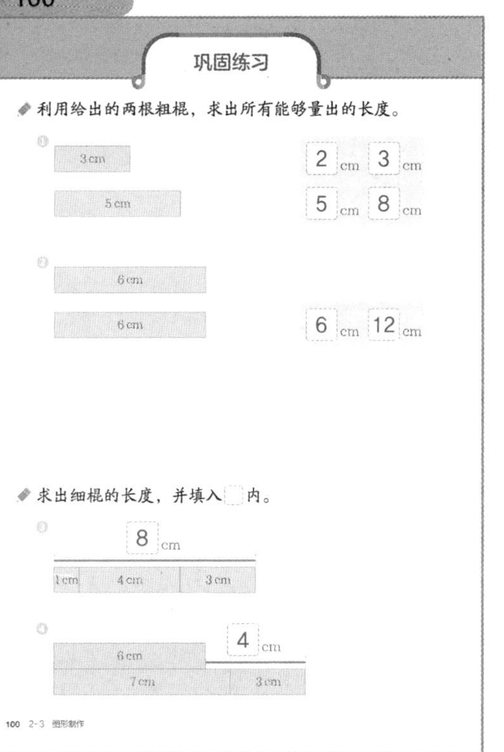

巩固练习

✎ 利用给出的两根粗棍，求出所有能够量出的长度。

① 3 cm，5 cm —— 2 cm　3 cm　5 cm　8 cm

② 6 cm，6 cm —— 6 cm　12 cm

✎ 求出细棍的长度，并填入 □ 内。

③ 8 cm（1 cm　4 cm　3 cm）

④ 4 cm（6 cm；7 cm　3 cm）

P 102－103

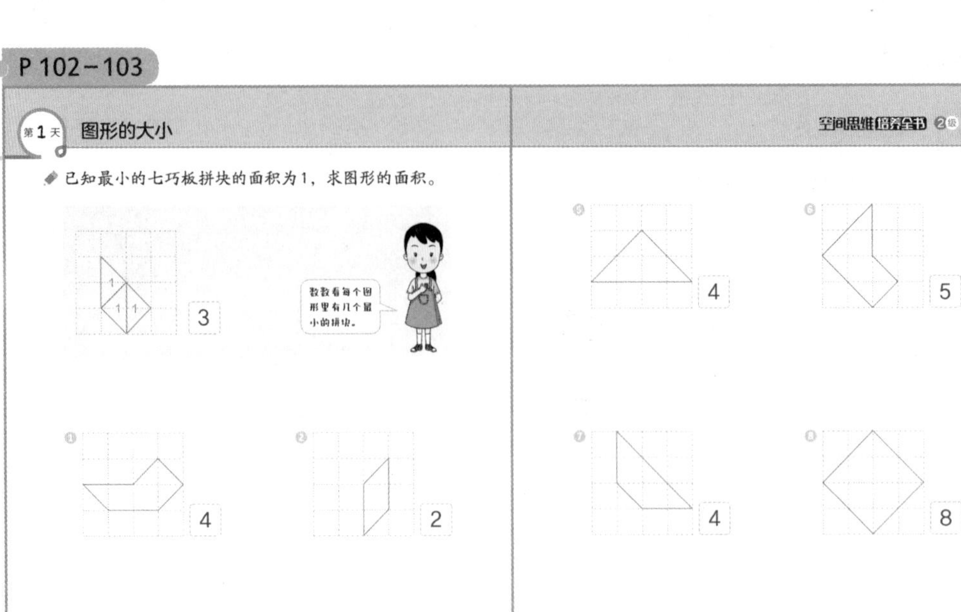

P 104－105

第2天 制作图形

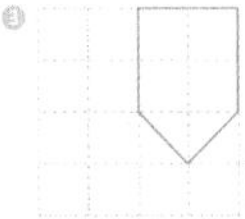

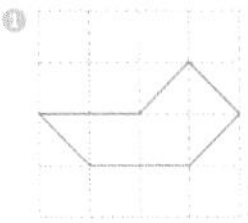

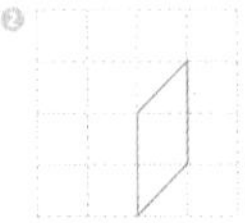

利用给出的拼块拼出下列图形。

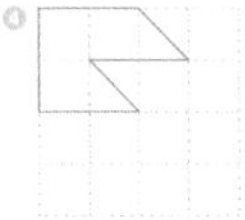

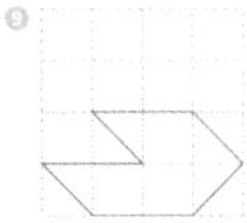

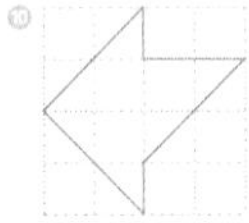

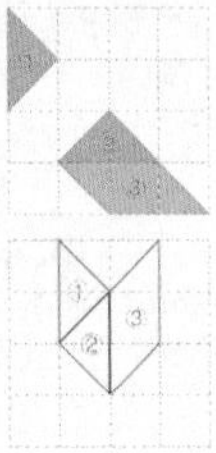

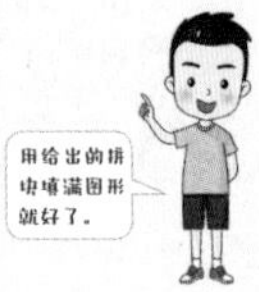

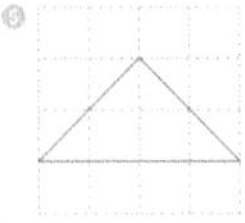

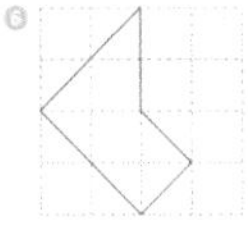

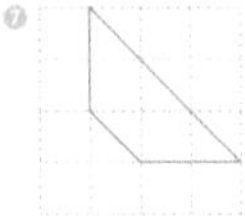

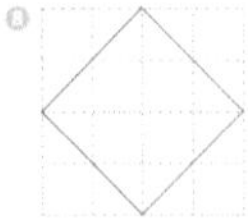

用给出的拼块填满图形就好了。

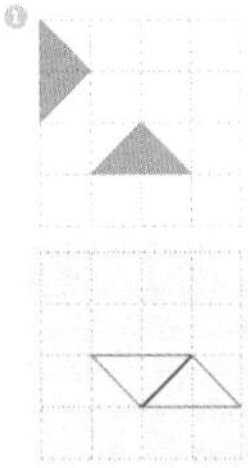

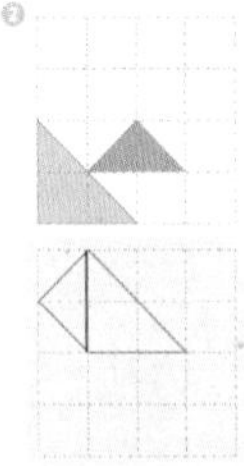

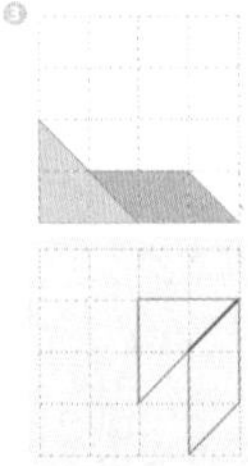

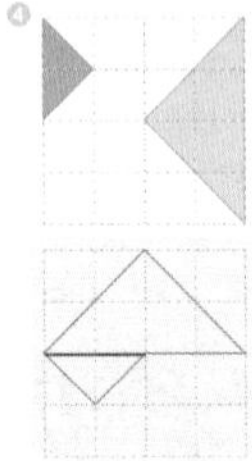

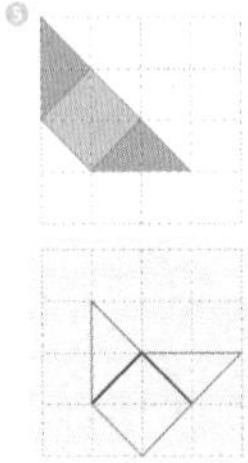

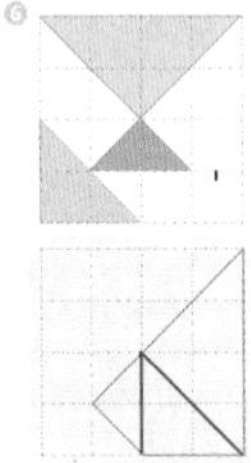

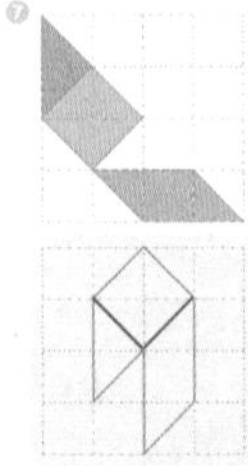

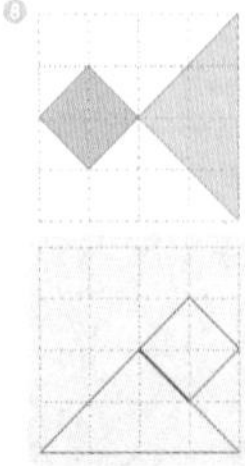

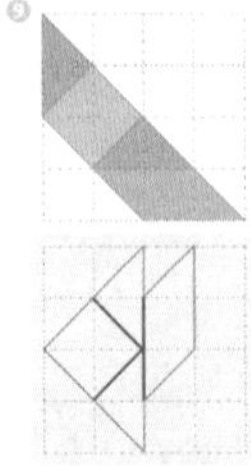

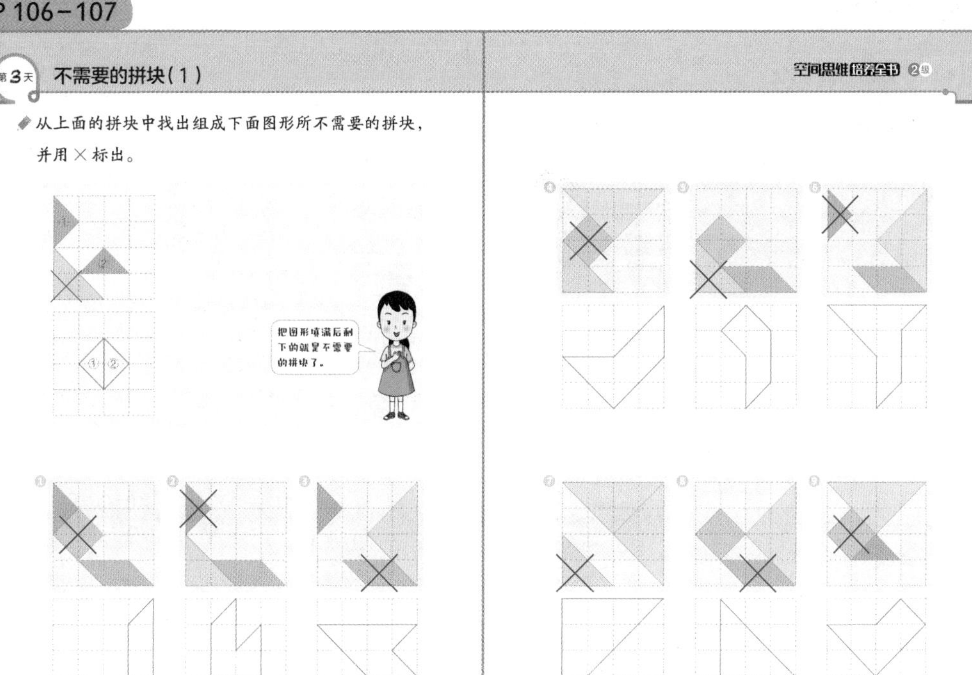
P 106-107

第3天 不需要的拼块(1)

空间思维培养全书 2级

从上面的拼块中找出组成下面图形所不需要的拼块，并用×标出。

106 2-3 图形制作

第4周：制作图形 107

P 108-109

第4天 不需要的拼块(2)

空间思维培养全书 2级

从上面的拼块中找出组成下面图形所不需要的拼块，并用×标出。

数数图形的宽度是多少格就能找到不需要的拼块了。

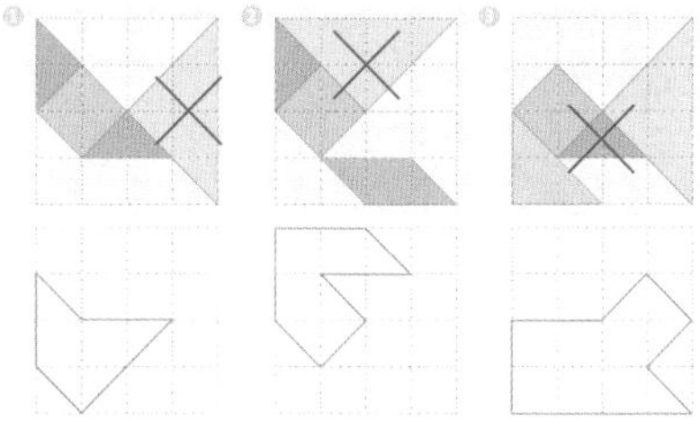

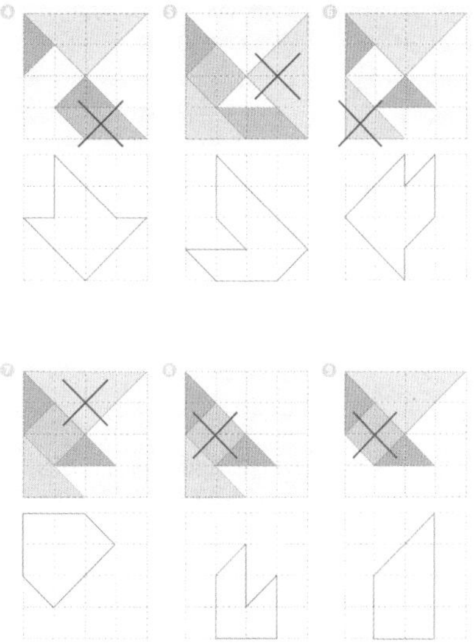

108 2-3 图形制作

第4周：制作图形 109

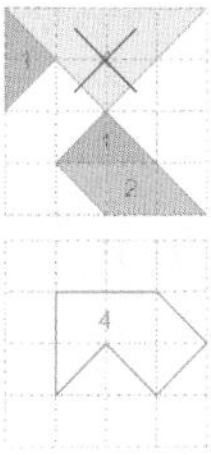

P 110-111

第5天 无法制作的形状

空间思维培养全书 2级

找出无法用左边拼块拼出的图形，并用×标出。

虽然拼块的大小可以与某个图形的大小相等，但是也可能拼不出这个图形。

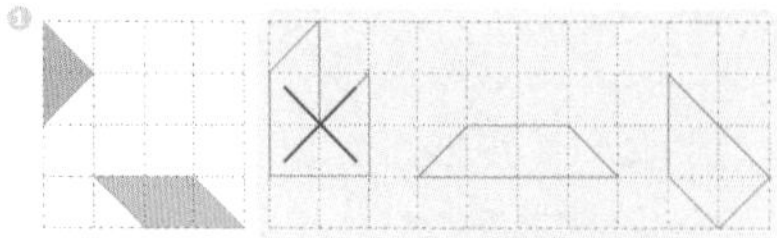

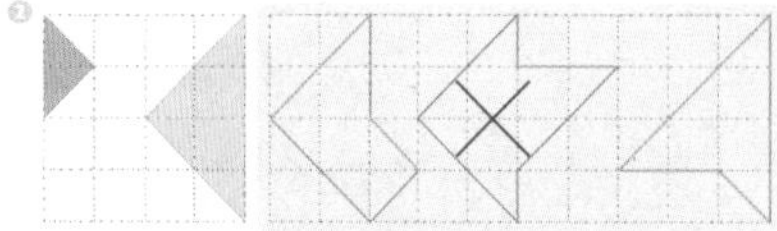

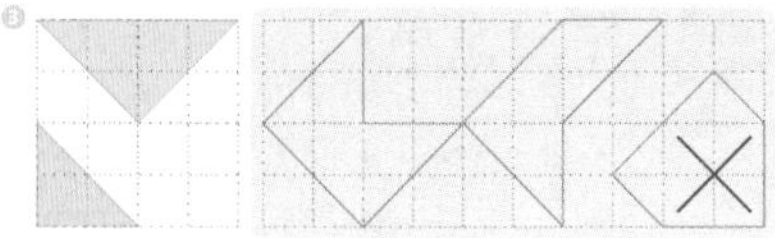

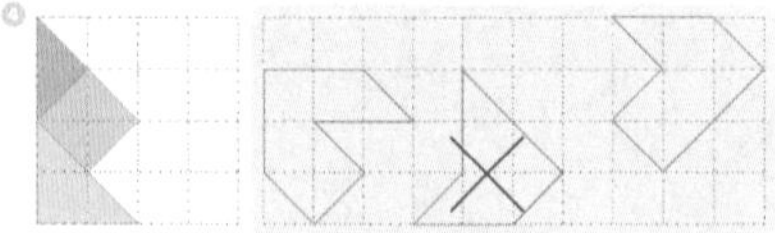

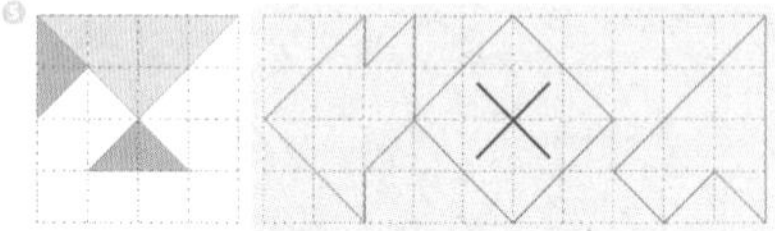

110 2-3 图形制作

第4周：制作图形 111

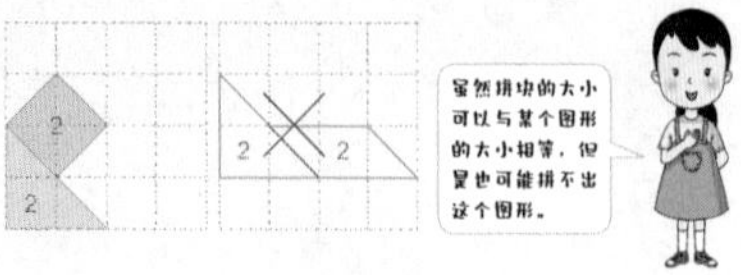

P 112

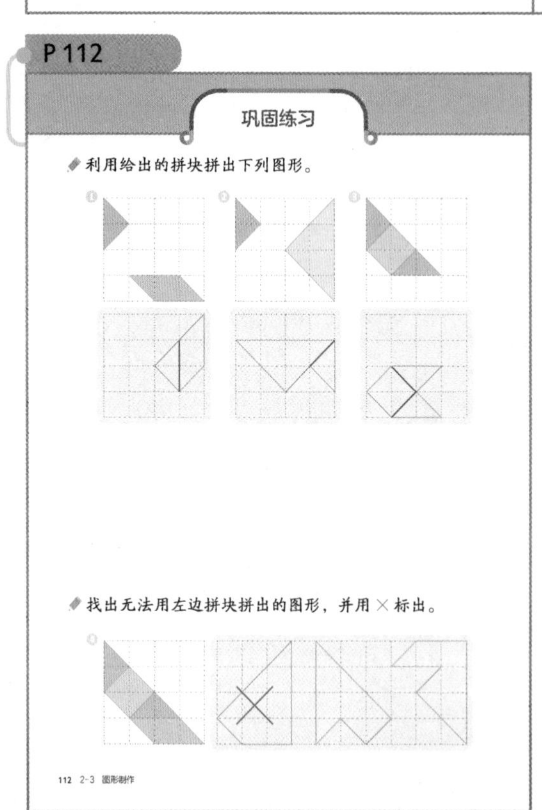

巩固练习

利用给出的拼块拼出下列图形。

找出无法用左边拼块拼出的图形，并用×标出。

112 2-3 图形制作

P 114-115

第1回 ： 评价测试

月　日
规定时间　10分钟
答对题目　/12

按照给出的单位测量粗棍的长度，并填入□内。

❶ 4 格

❷ 4 格

❸ 3 格

已知最小的七巧板拼块的大小为1，把各形状的大小填入□内。

❹ 2　❺ 4

❻ 6　❼ 5

求出细棍的长度，并填入□内。

❽ 9 cm（1 cm　8 cm）

❾ 13 cm（10 cm　3 cm）

从上面的拼块中找出组成下面图形所不需要的拼块，并用×标出。

❿ ⓫ ⓬

P 116-117

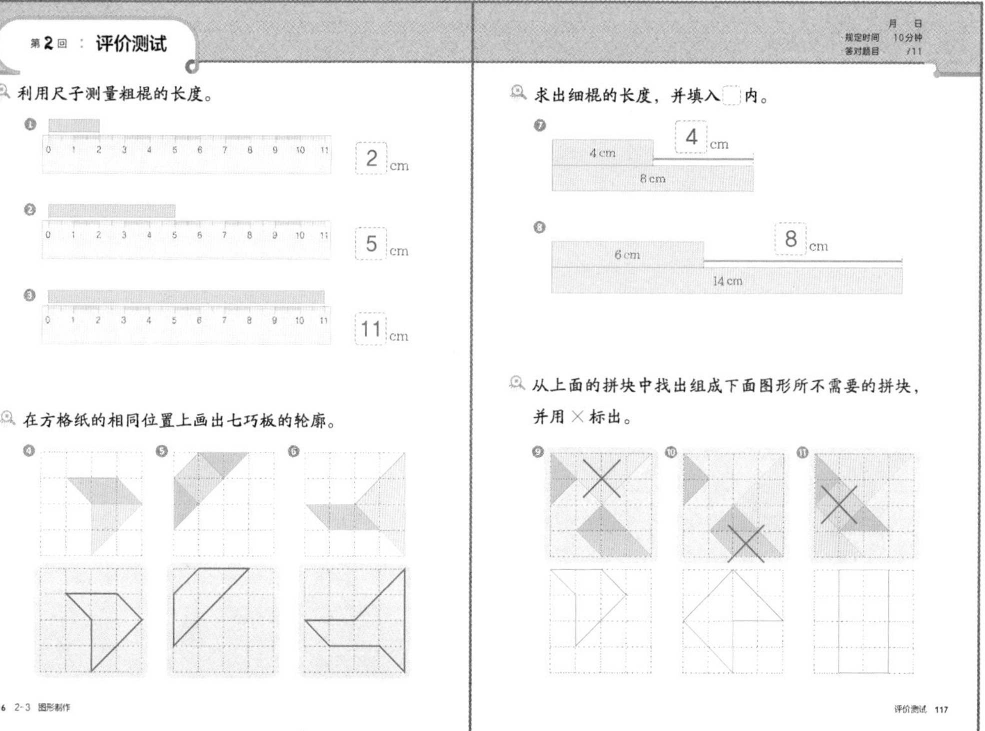

P 118-119

第3回 ：评价测试

月　日
规定时间　10分钟
答对题目　/12

按照给出的单位和长度画出粗棍。

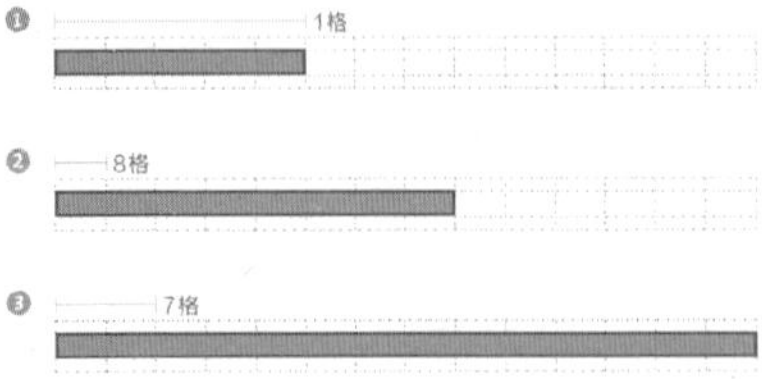

❶ 1格

❷ 8格

❸ 7格

把给出的七巧板拼块画在下面的相同位置上。

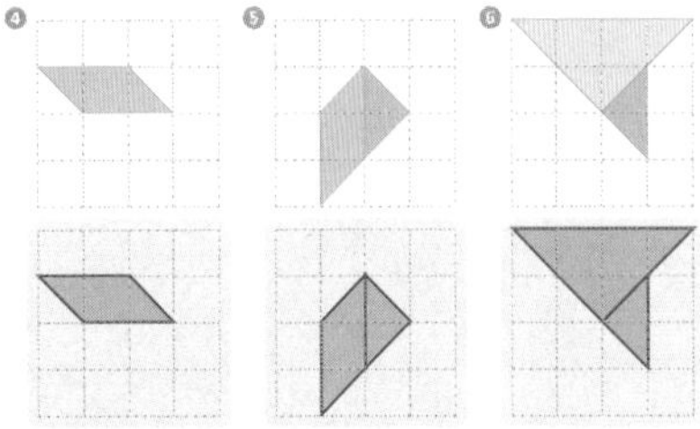

❹ ❺ ❻

求出细棍的长度，并填入□内。

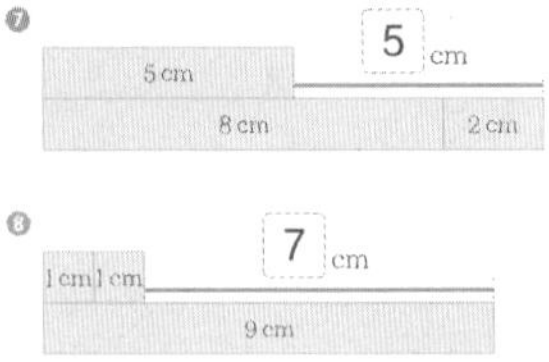

❼ 5 cm（5 cm，8 cm，2 cm）

❽ 7 cm（1 cm 1 cm，9 cm）

已知最小的七巧板拼块的面积为1，求图形的面积。

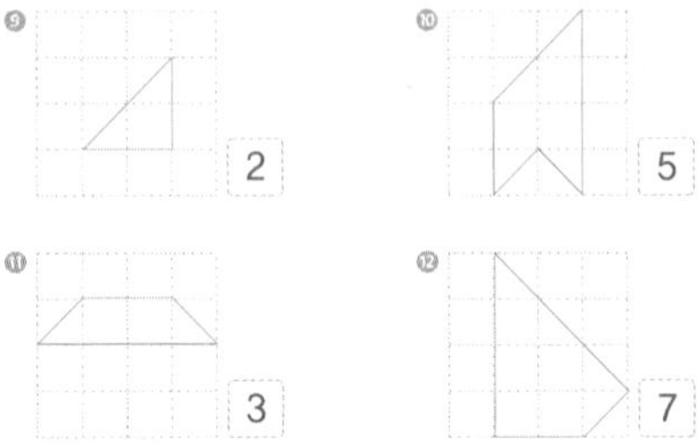

❾ 2　❿ 5

⓫ 3　⓬ 7

P 120-121

第4回 ：评价测试

月　日
规定时间　10分钟
答对题目　/10

利用尺子测量粗棍的长度。

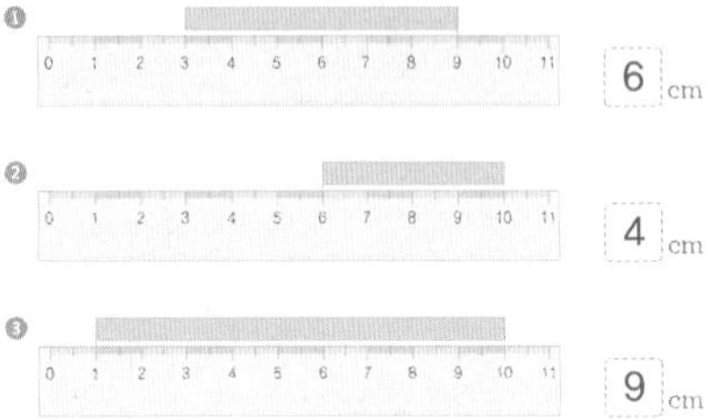

❶ 6 cm

❷ 4 cm

❸ 9 cm

在方格纸的相同位置上画出七巧板的轮廓。

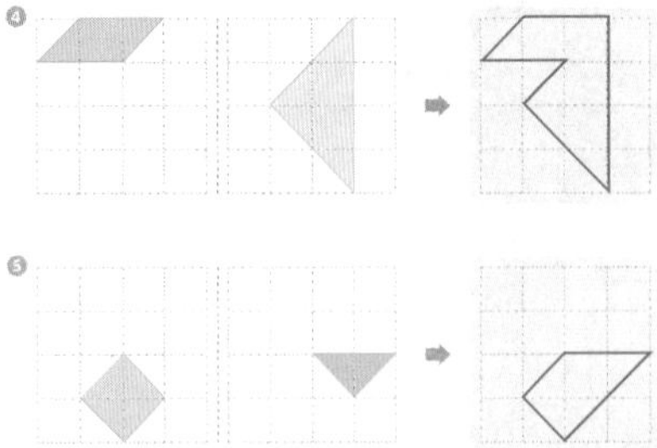

❹

❺

利用给出的两根粗棍，求出所有能够量出的长度。

❻ 3 cm　6 cm
6 cm
3 cm　6 cm　9 cm

❼ 5 cm
9 cm
4 cm　5 cm　9 cm　14 cm

利用给出的拼块拼出下列图形。

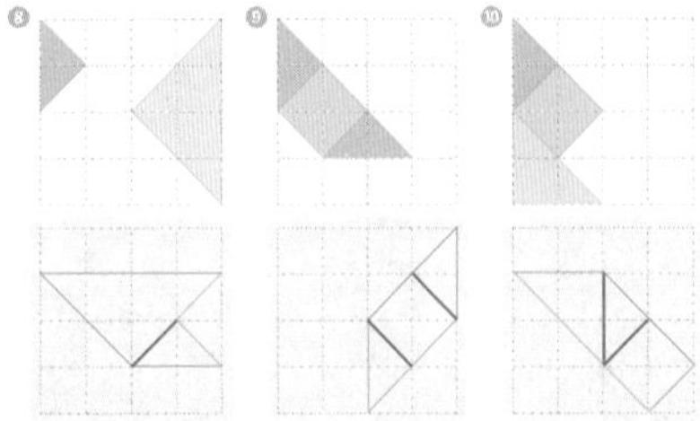

❽ ❾ ❿

第5回：评价测试

月 日
规定时间 10分钟
答对题目 /10

按照给定的长度和起点，画出粗棍的长度。

❶ 0 1 2 3 4 5 6 7 8 9 10 11 12 长度：5 cm

❷ 0 1 2 3 4 5 6 7 8 9 10 11 12 长度：8 cm

❸ 0 1 2 3 4 5 6 7 8 9 10 11 12 长度：4 cm

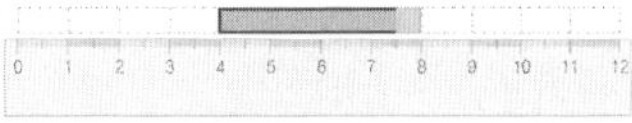

找出可以拼成右侧图形的另一个拼块，并画在左侧方格纸上。

❹

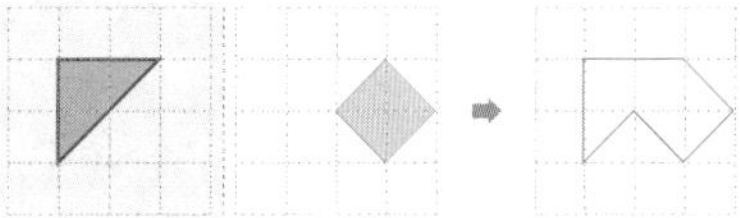

❺

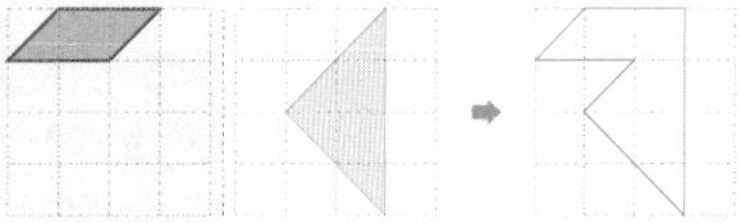

找出无法利用粗棍测出的长度，并用×标出。

❻ 1 cm 3 cm 7 cm

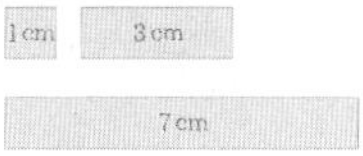

4 cm 5 cm
9 cm 12 cm

❼ 2 cm 4 cm 9 cm

3 cm 6 cm
8 cm 11 cm

利用给出的拼块拼出下列图形。

❽ ❾ 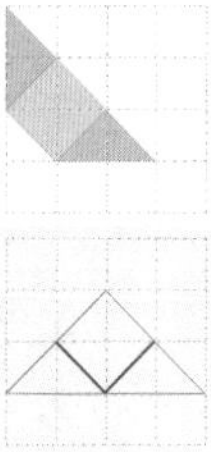 ❿

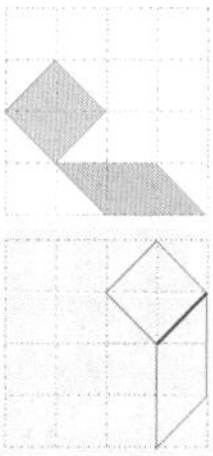

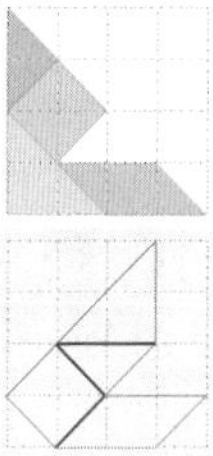

［韩］C2M教育研究所/编　［韩］赵润雨/译

空间思维培养全书

2-4 立体设计 空间认知

己级

山东人民出版社·济南
国家一级出版社 全国百佳图书出版单位

《空间思维培养全书》

图形学习法

追求快速而准确的运算、对公式死记硬背与“套用”，将这样的学习方法作为重中之重的数学教育时代似乎正接近尾声。当下，只要掌握了最基础的数学原理以及搜索引擎的使用方法，我们就可以比以往任何时候都更加轻松、简单地求解一些数学问题。尽管如此，在数学领域中仍然有很多只能依靠人类的亲身经验与独立思考，而不是通过计算器或简单的搜索才能解决的问题。

相较于数理能力或语言能力，孩子们掌握的空间能力与他们在未来的创造力、革新能力方面的关系更加紧密。这里所说的空间能力，是指对二维或三维物体进行视觉化或操作的能力。但最大的问题在于，相比其他能力来说，空间能力的学习很难在短时间内得到有效提高。

2022年版义务教育数学课程标准确立了数学课程核心素养，其中，空间观念是数学核心素养的主要表现之一。空间观念有助于孩子们理解现实生活中空间物体的形态与结构，是形成空间想象力的经验基础。不过，不同的先天能力以及婴幼儿时期相异的学习经历，自然会导致孩子们在空间能力的掌握方面出现巨大的差距。而目前的现实是，关于空间能力的学习大多只是对不同图形或空间的简单体验，没有进一步提供解决空间问题所需的方法论或更多的实践。

这种情况带来的后果，就是在掌握空间能力方面，不同学生之间的差距越来越大，最终导致一些孩子因不熟悉图形而出现惧怕学习数学的现象。

基于这样的问题意识，我们在孩子们认识、学习图形的三个阶段中，选取了培养空间能力最为关键的学前、小学阶段，针对性地研发了新型图形练习书《空间思维培养全书》。编写团队以儿童的年龄特点以及学前教育、小学课程中的核心图形原理为基础，设计了更加科学、系统的图形学习方法，将图形细分为“平面规则”“图形制作”“立体设计”“空间认知”四大类别，循序渐进地提升孩子的空间智能，帮助孩子轻松打好数学学习的基础。

由于20世纪的人们在解决数学问题时更多地需要亲自计算，因此之前的数学教育更加侧重数理能力的学习。与此相反，在当今社会，利用空间能力来设计可知的未来将成为之后数学教育的新目标。然而，对于没有既定公式或指定解题方法的图形学习来说，许多孩子感到不知所措。我们期待《空间思维培养全书》图形练习书可以在空间能力提升方面为这些孩子提供学习指南。

目录

2-4 立体设计

第1周：立体图形研究 3

第2周：立体图形面的形状 15

第3周：底面形状 27

第4周：小方块的数量 39

评价测试 51

2-4 空间认知

第1周：折叠 65

第2周：不同方向拼搭 77

第3周：透明纸的重叠 89

第4周：影子推理 101

评价测试 113

2级

空间思维培养全书

2-4 立体设计

《空间思维培养全书》的结构与学习方法

· 每天花10分钟完成2页图形练习，轻松无负担!
· 每周5天进行每日练习，第5天再对每周重点图形进行巩固练习。
· 共5回评价测试，逐步提升空间能力!

每周学习内容

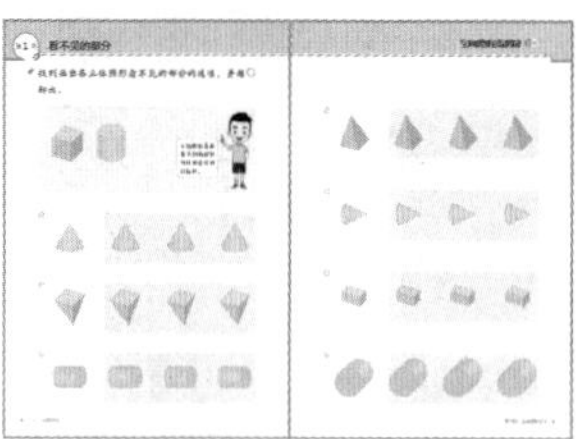

每日练习:
“小数学家”们的重点练习，通过给出的提示完成阶段性学习。

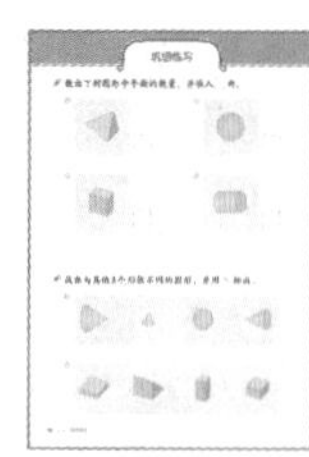

巩固练习:
复习重点内容，完成一周的学习。

	第1天	第2天	第3天	第4天	第5天/巩固练习
第1周	第4~5页	第6~7页	第8~9页	第10~11页	第12~14页
第2周	第16~17页	第18~19页	第20~21页	第22~23页	第24~26页
第3周	第28~29页	第30~31页	第32~33页	第34~35页	第36~38页
第4周	第40~41页	第42~43页	第44~45页	第46~47页	第48~50页

评价测试内容

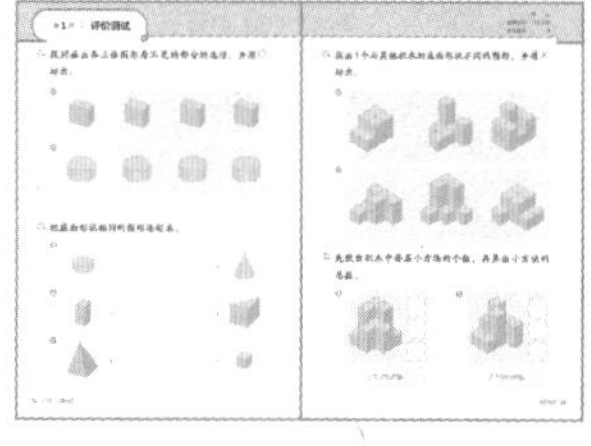

评价测试:
对4周的学习内容进行评价，看看自己在哪一方面还存在不足。

评价测试	第1回	第2回	第3回	第4回	第5回
	第52~53页	第54~55页	第56~57页	第58~59页	第60~61页

第1周

立体图形研究

第1天：看不见的部分 …… 4

第2天：数顶点 …… 6

第3天：数平面 …… 8

第4天：数线段 …… 10

第5天：找出不同的图形 …… 12

巩固练习 …… 14

第1天 看不见的部分

找到画出各立体图形看不见的部分的选项，并用○标出。

4

5

6

7

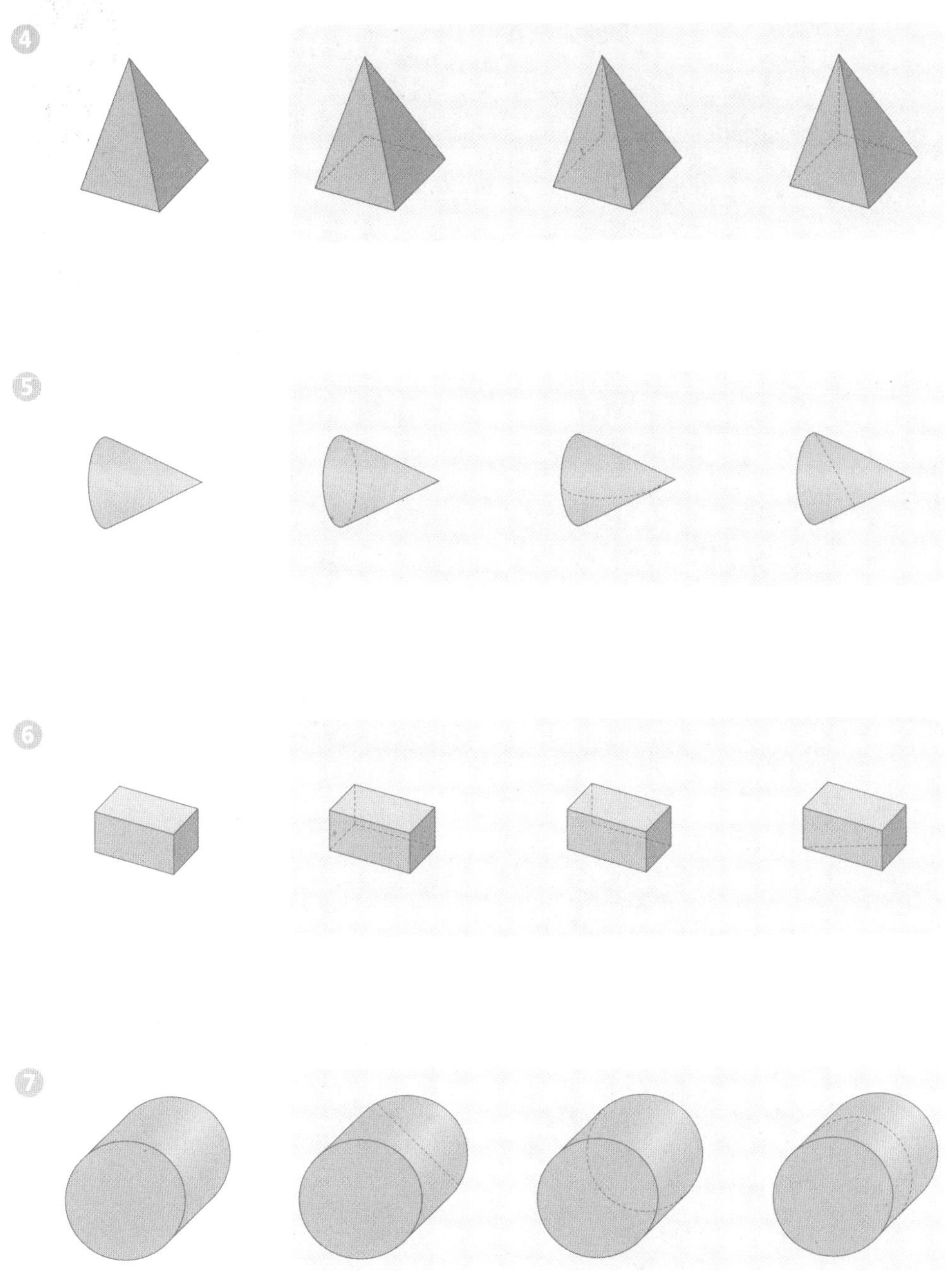

第2天 数顶点

数出图形顶点的数量，并填入□内。

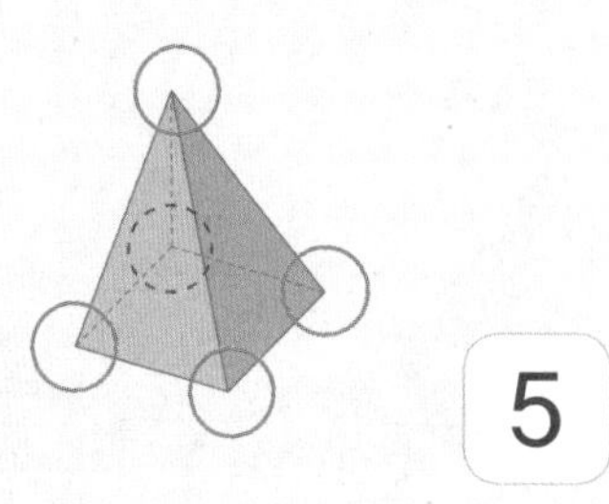

5

①

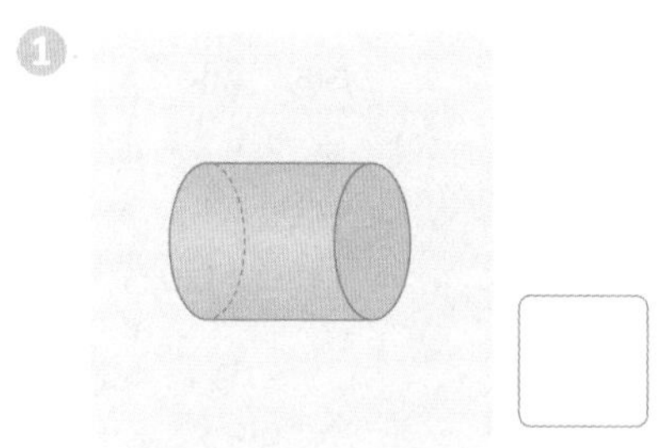

□

②

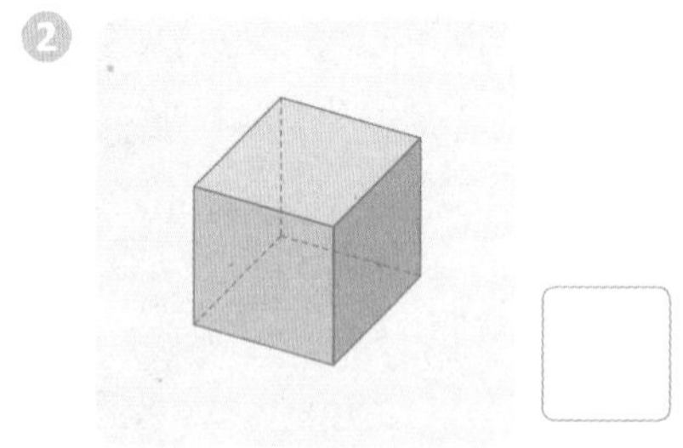

□

③

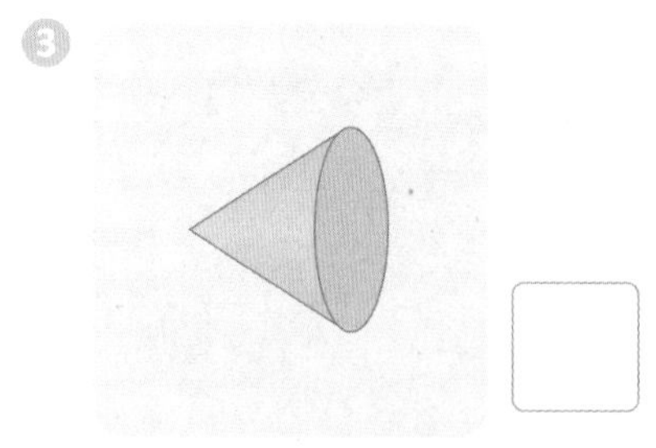

□

④

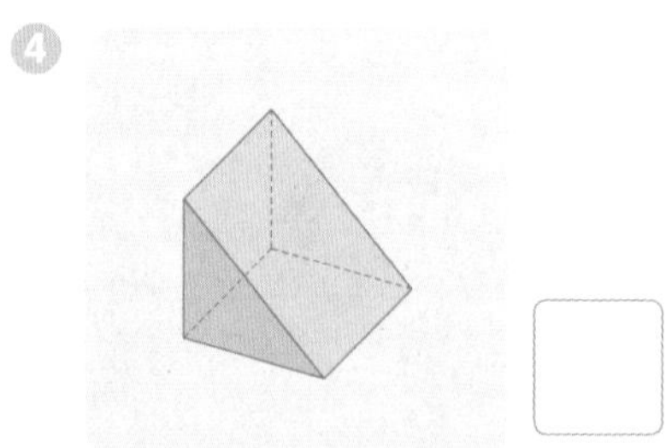

□

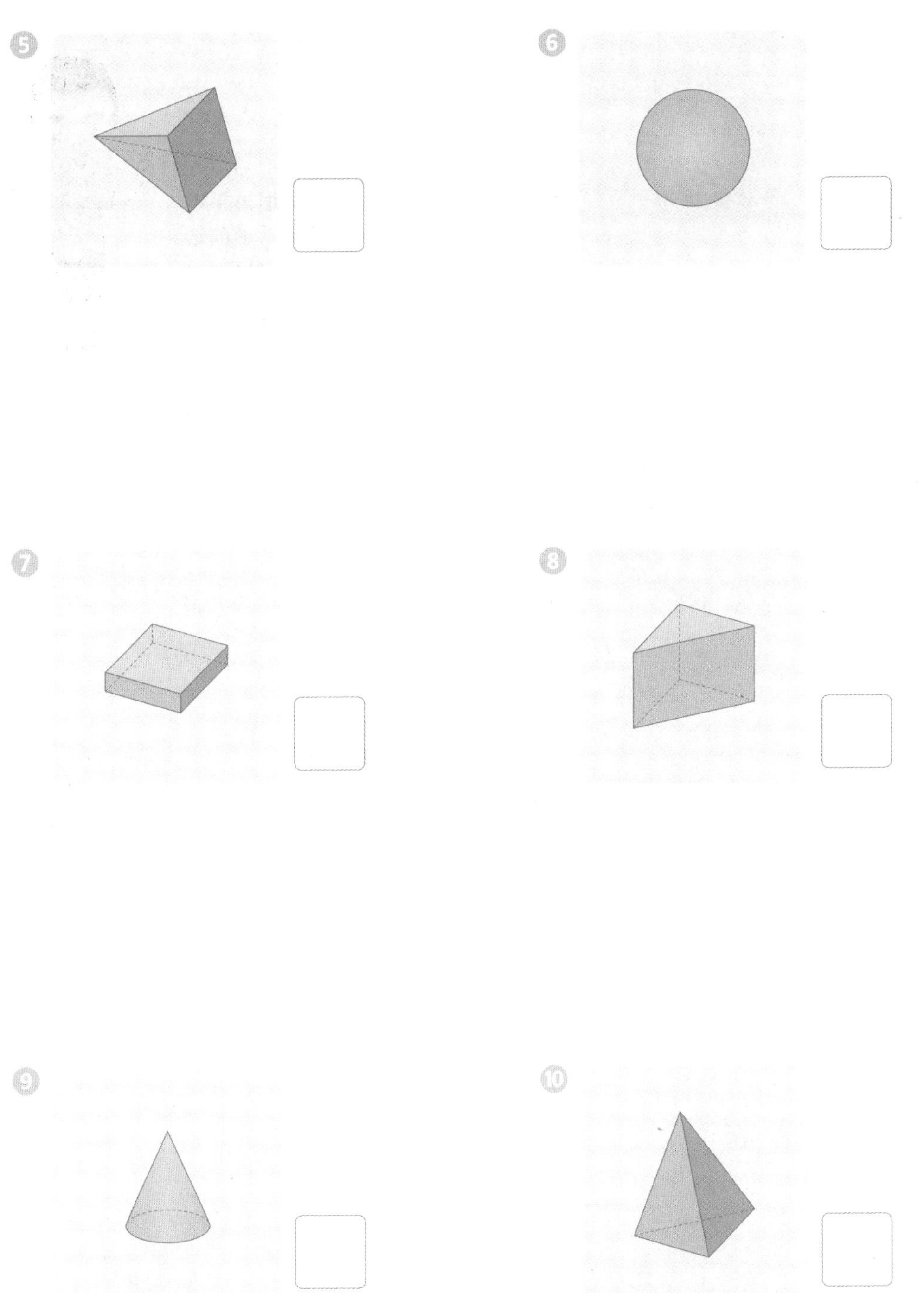

第3天 数平面

数出下列图形中平面的数量，并填入□内。

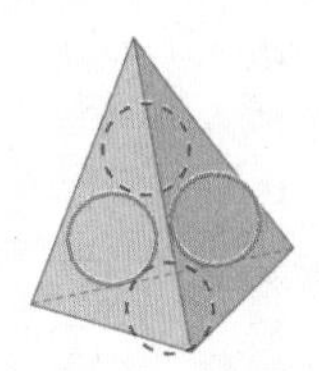

4

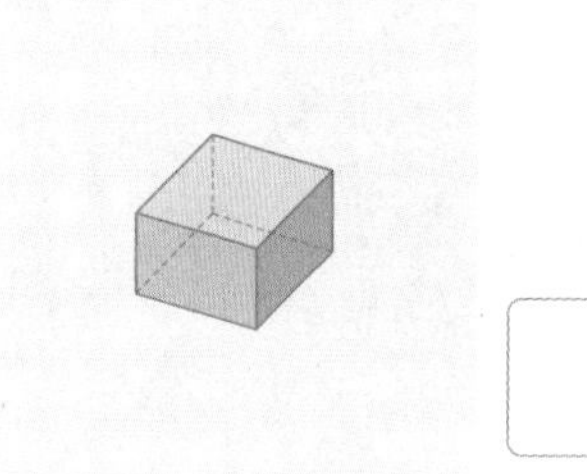

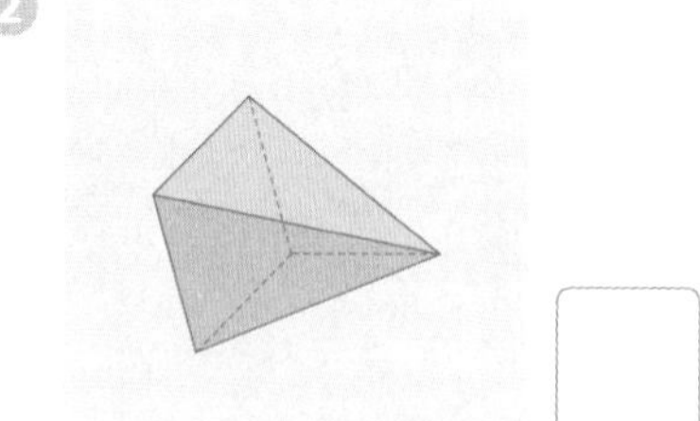

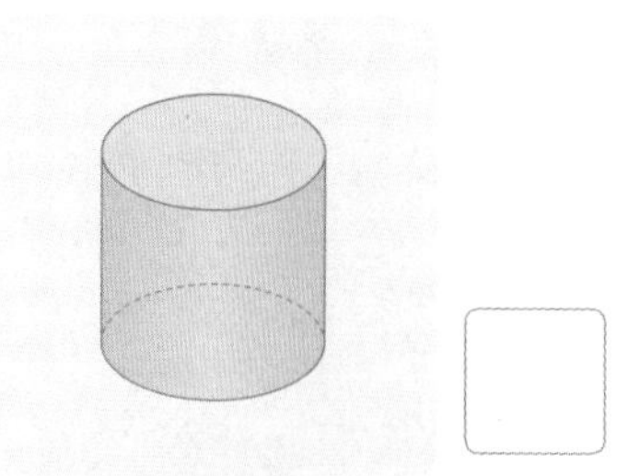

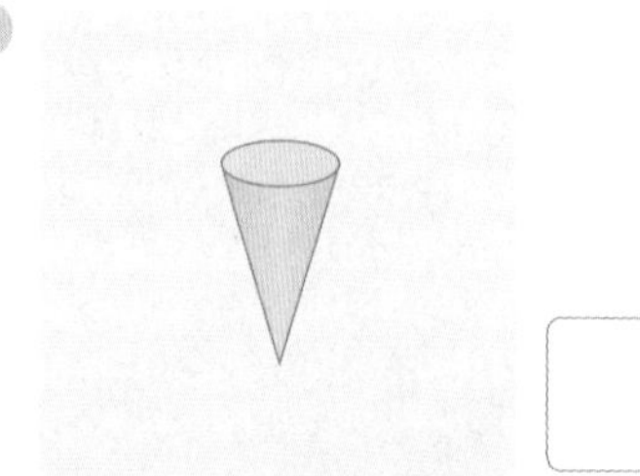

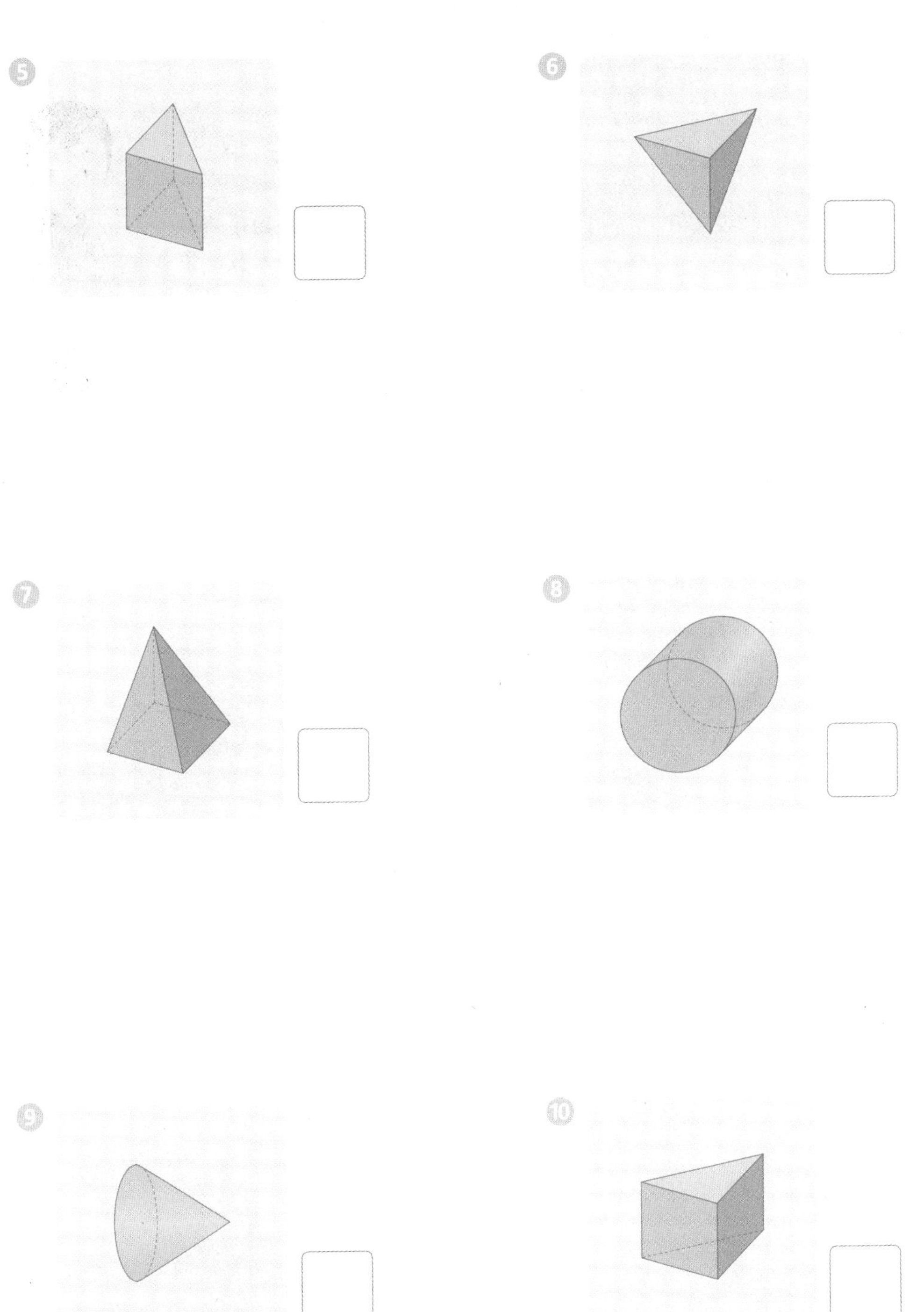
5
6
7
8
9
10

数线段

数出下列图形中线段的数量，并填入☐内。

5
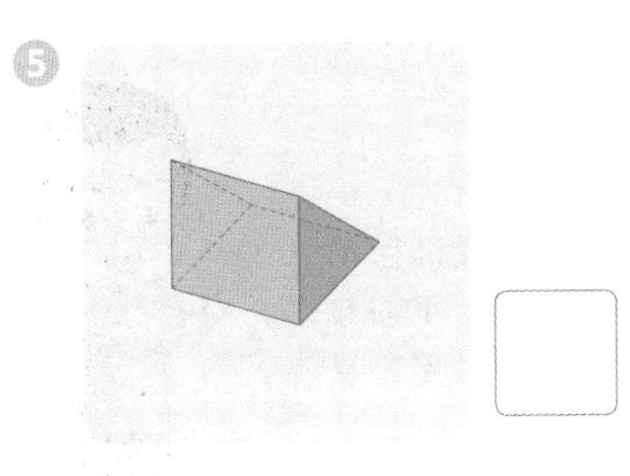

6
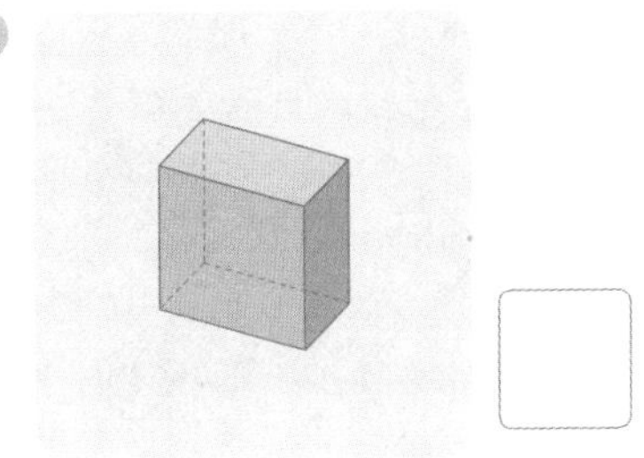

7

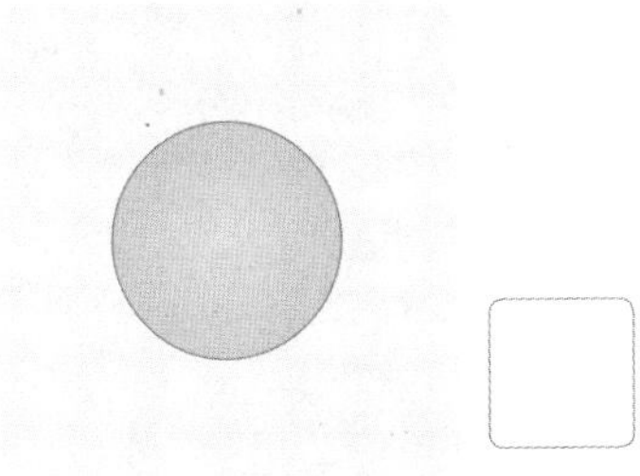

8
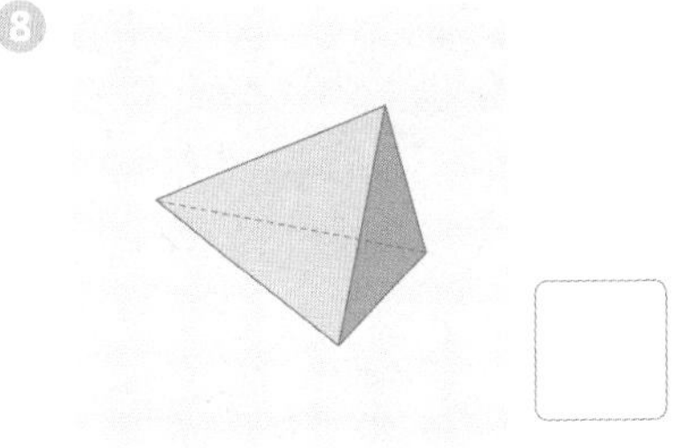

9
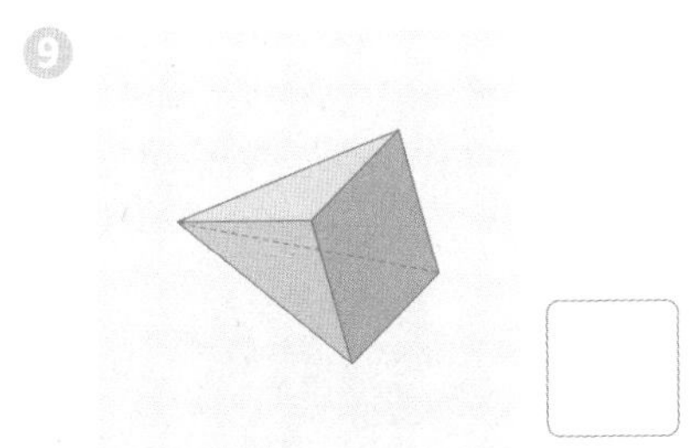

10
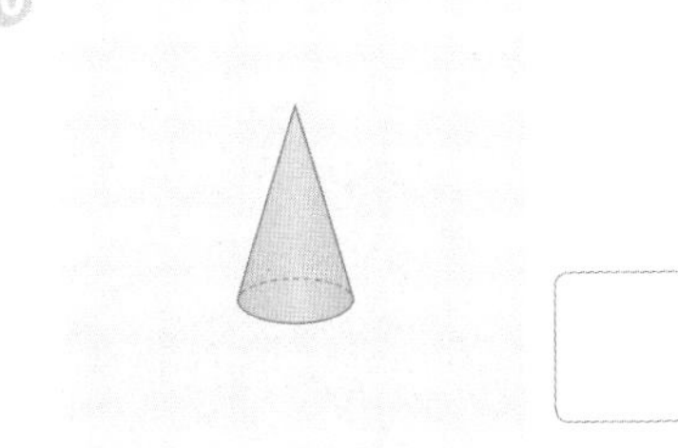

找出不同的图形

找出与其他3个形状不同的图形，并用 × 标出。

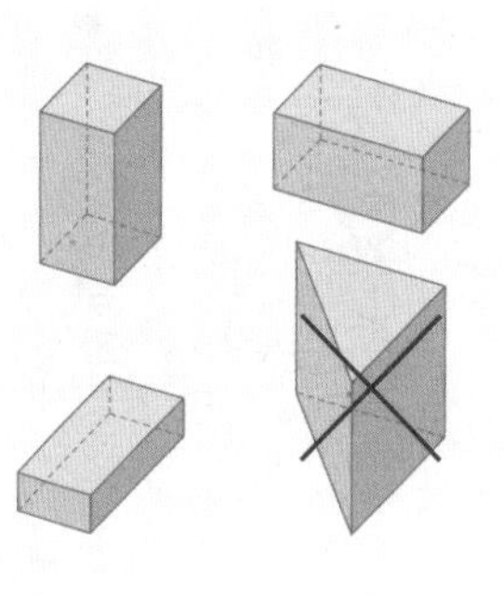

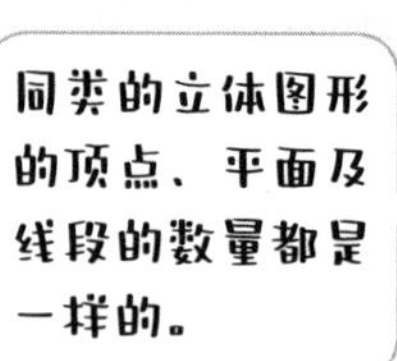

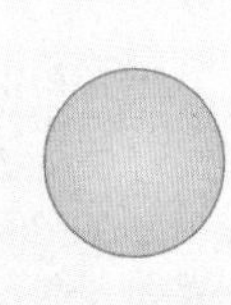

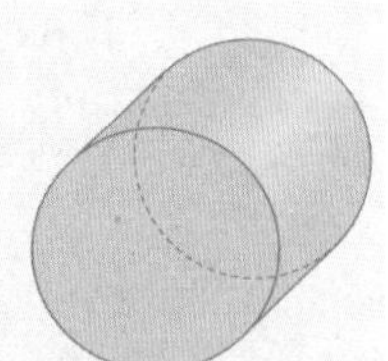

2

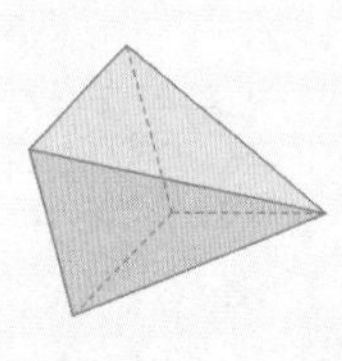
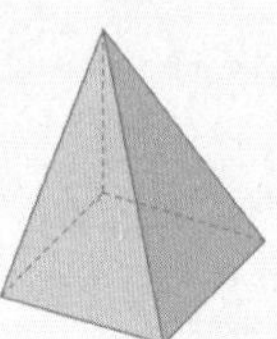
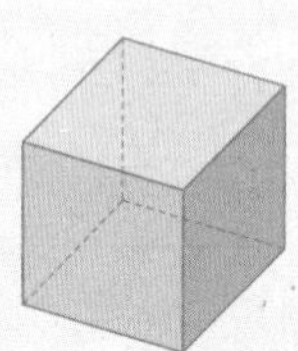
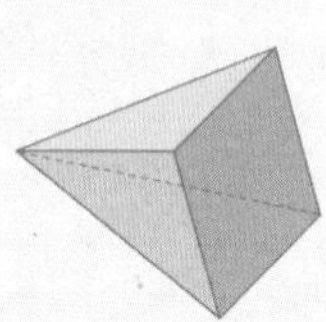

3

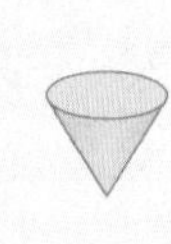
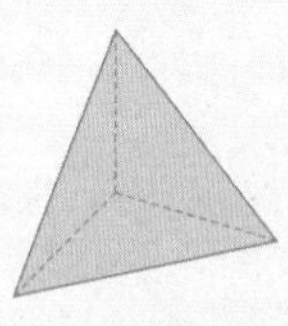
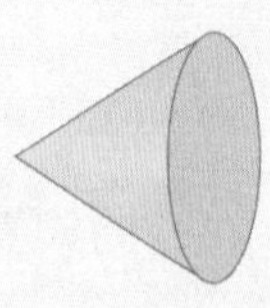
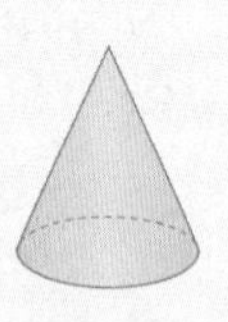

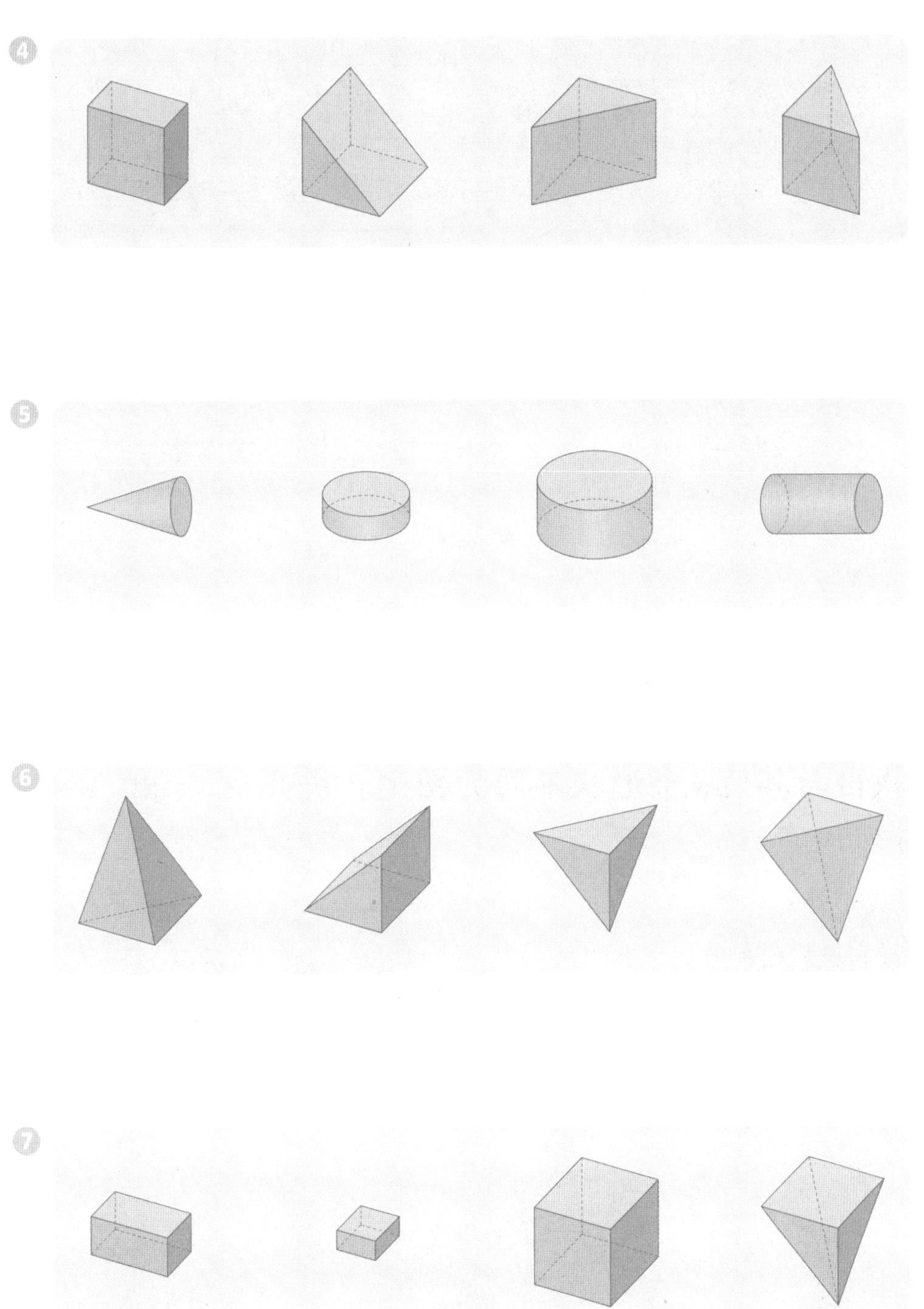

4
5
6
7

巩固练习

数出下列图形中平面的数量，并填入□内。

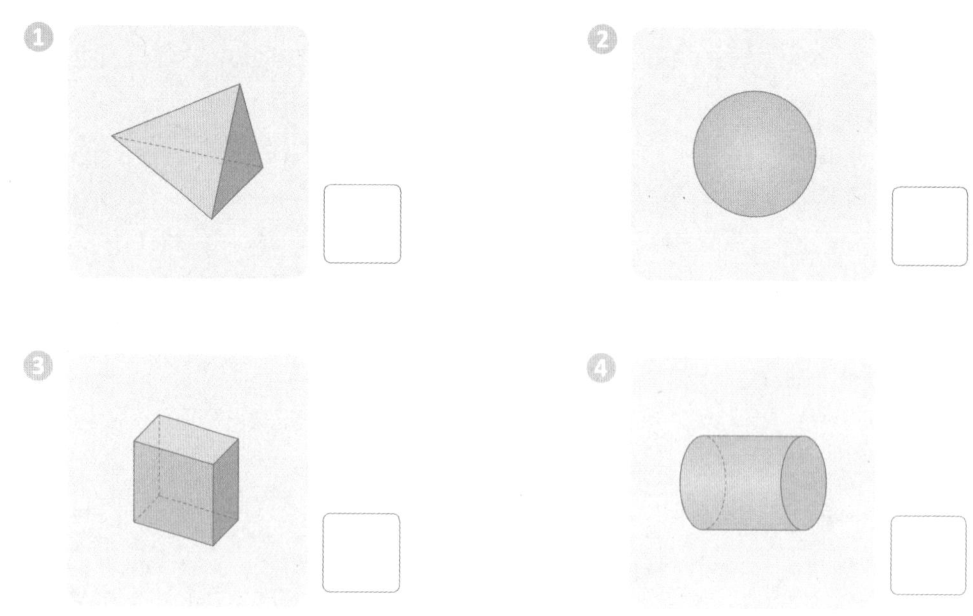

找出与其他3个形状不同的图形，并用×标出。

第2周

立体图形面的形状

第1天：描出底面形状 16
第2天：相同的形状 18
第3天：连一连 20
第4天：找出面的形状 22
第5天：利用形状推理图形 24
巩固练习 26

第1天 # 描出底面形状

找出左侧图形的底面形状，并用○标出。

4

5

6

7

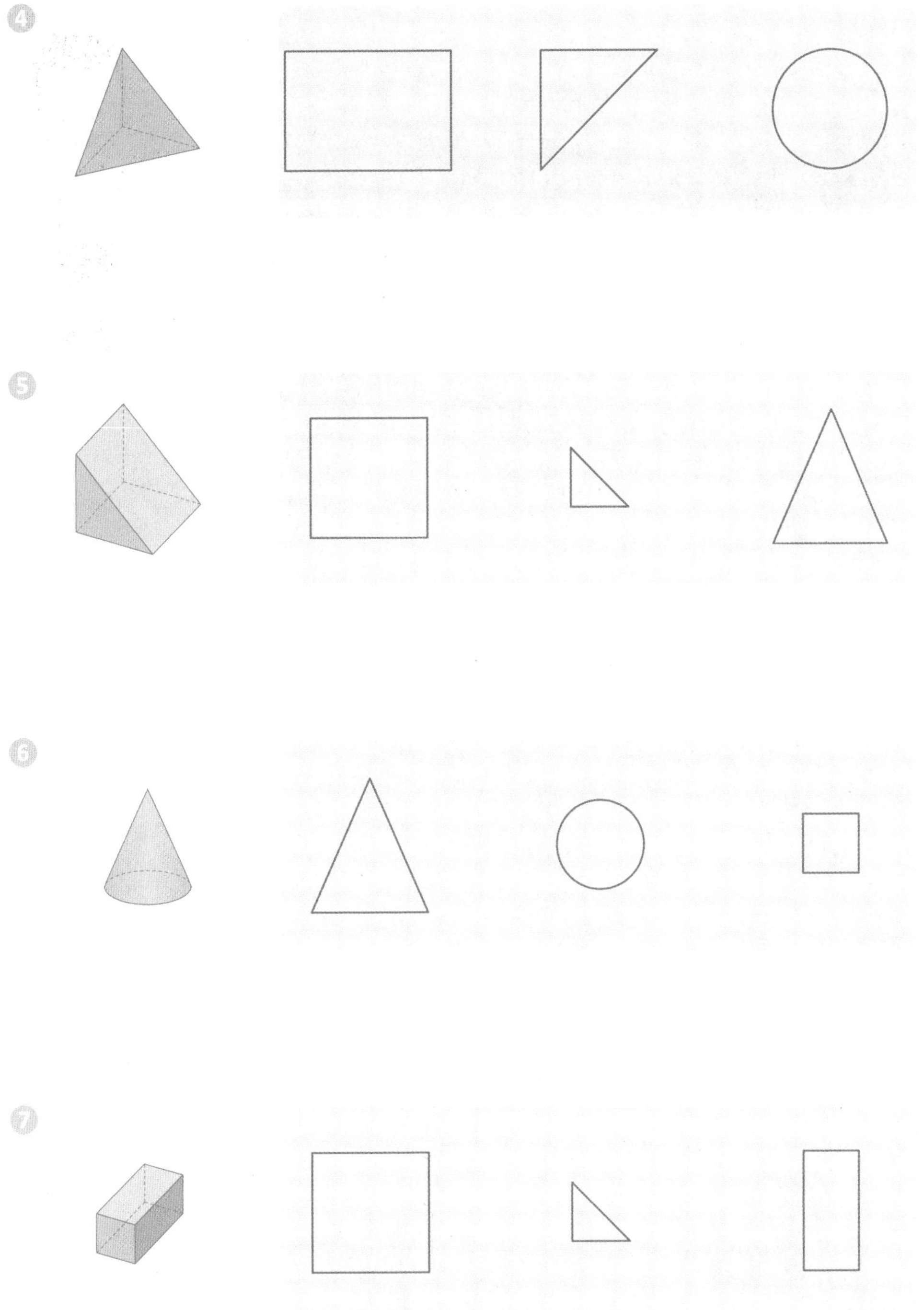

相同的形状

把底面形状相同的图形连起来。

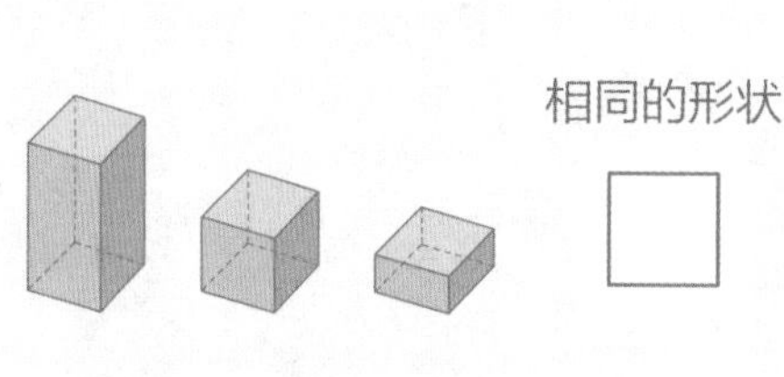

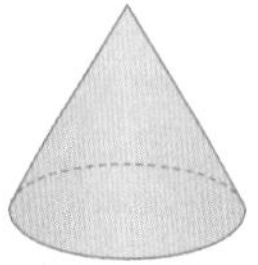

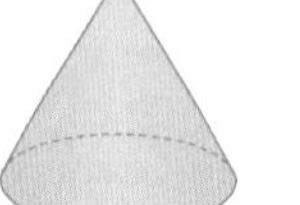

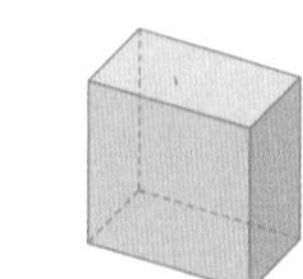

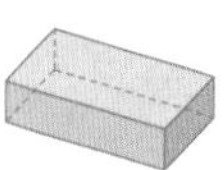

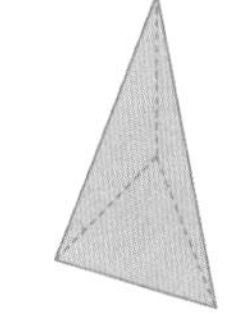

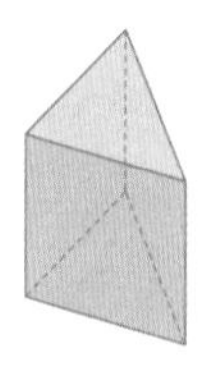

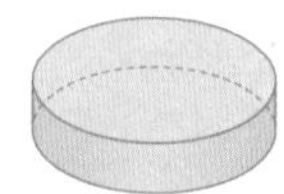

4

5

6

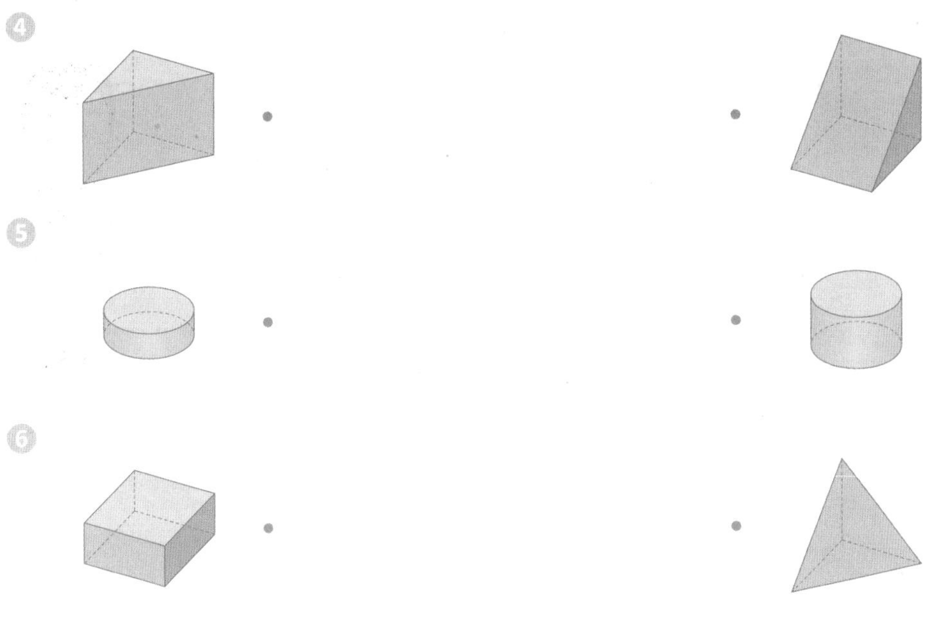

7

8

9

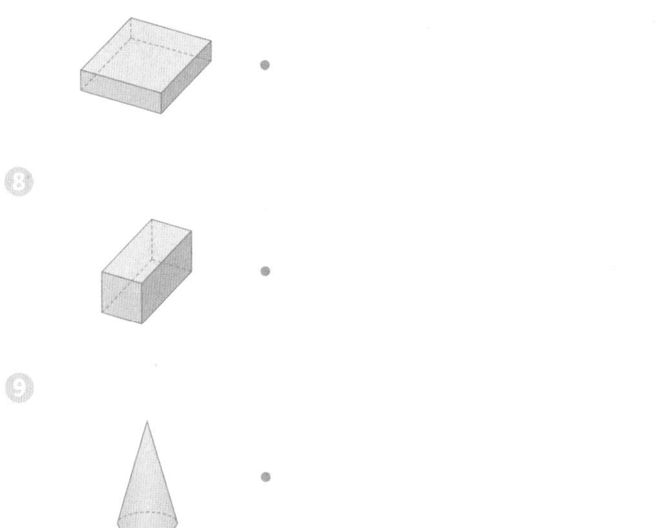

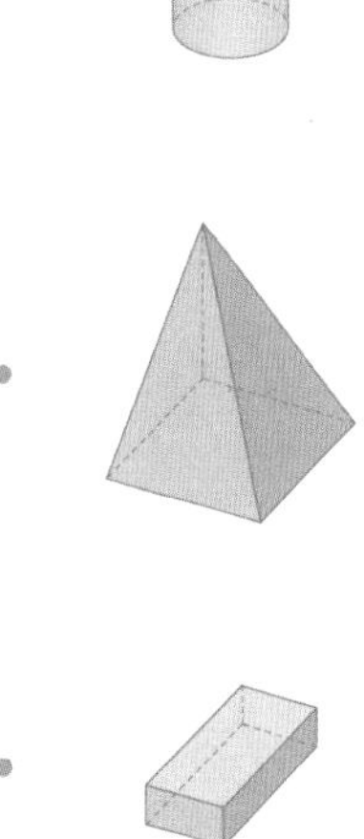

连一连

✎ 把立体图形与对应的底面形状连起来。

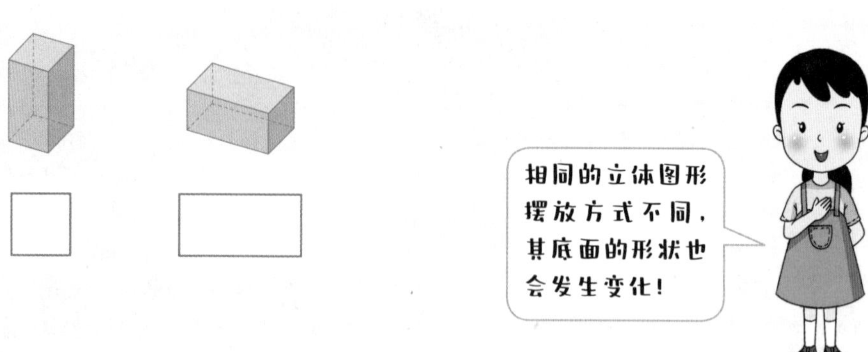

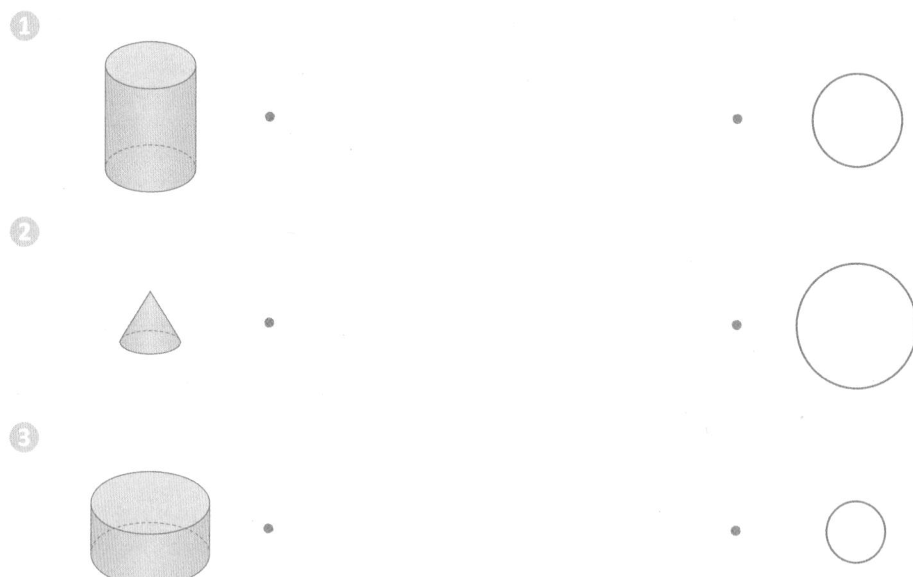

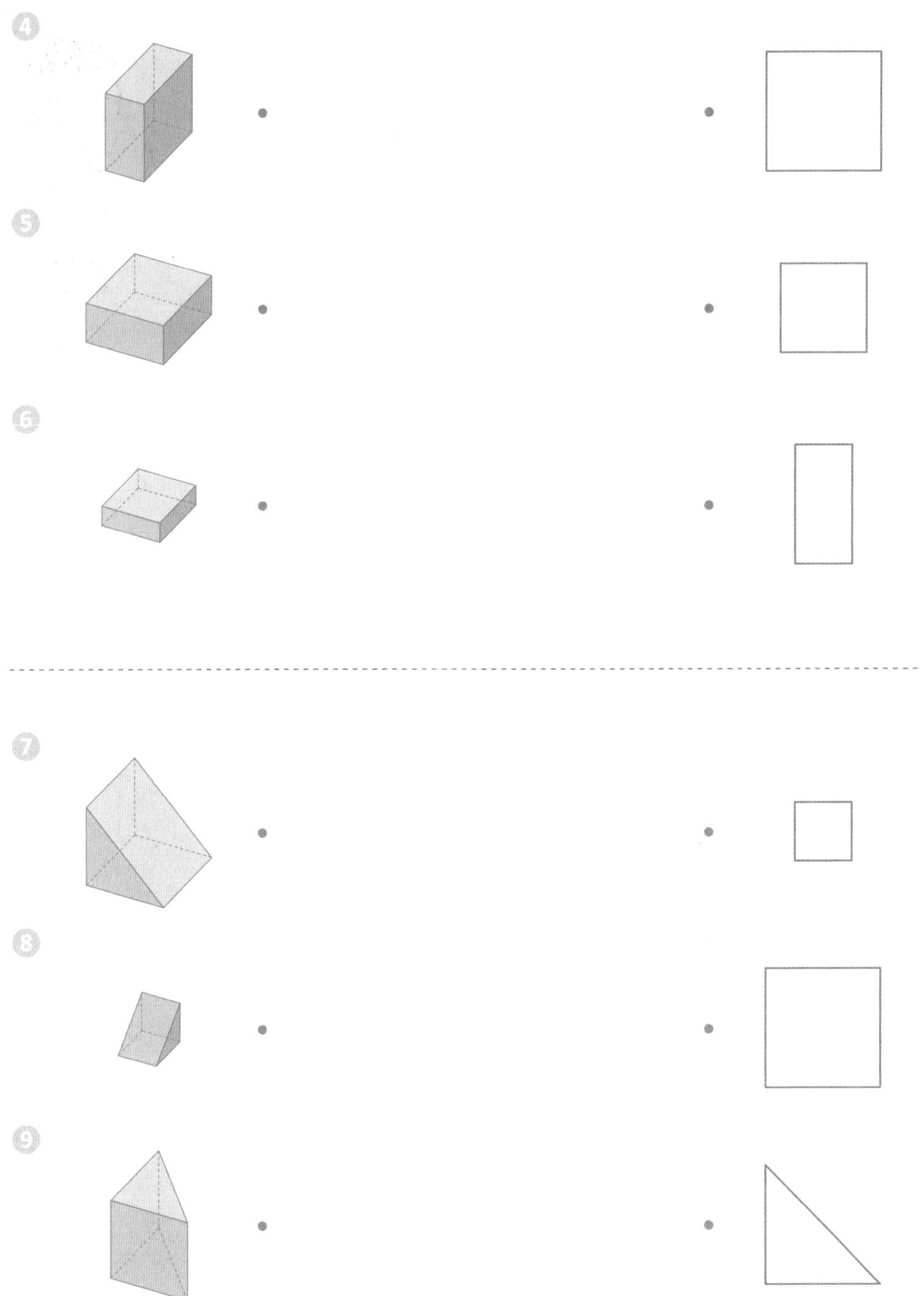
4
5
6
7
8
9

找出面的形状

找出能够从左侧立体图形中看到的形状，并用○标出。

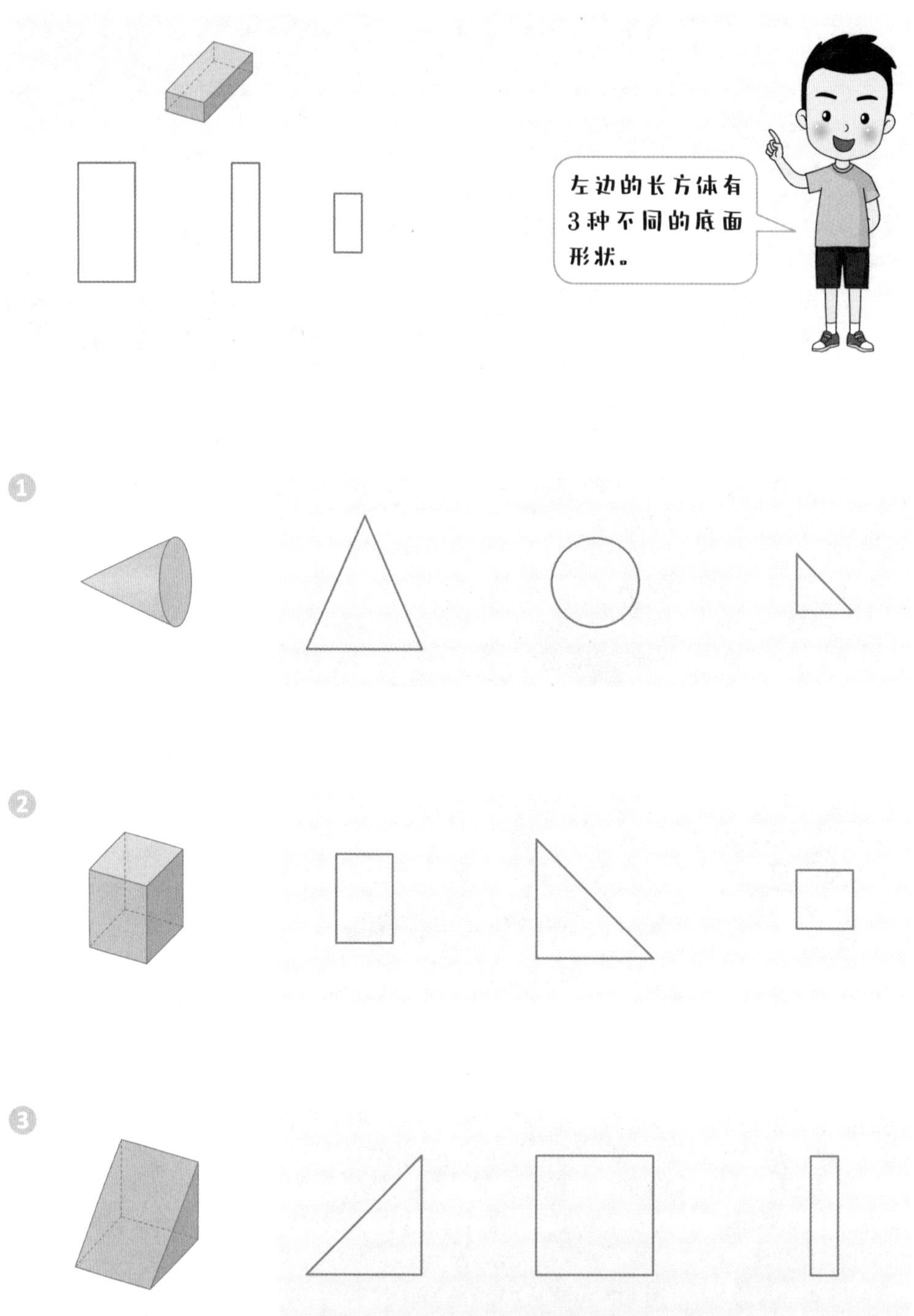

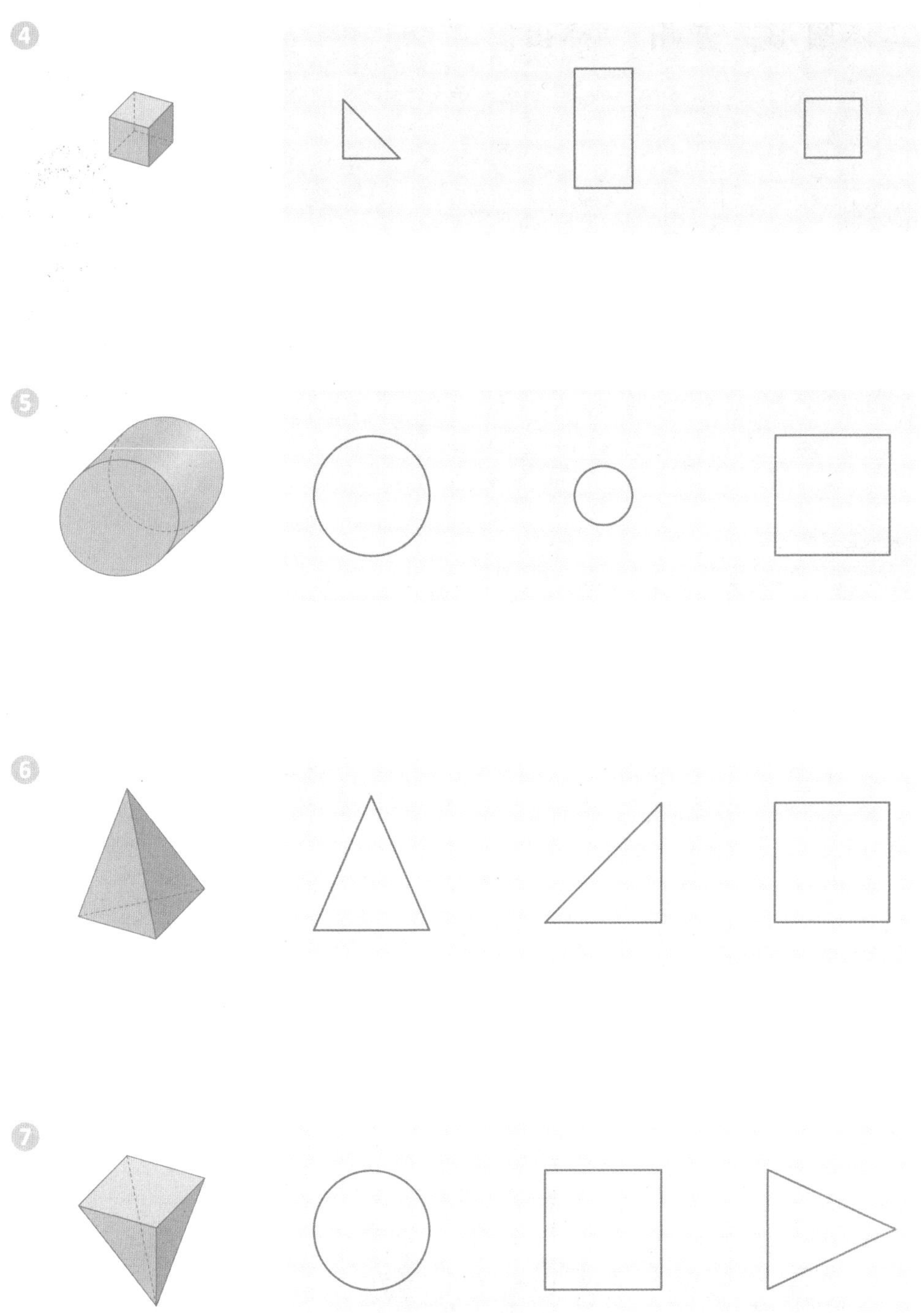
4
5
6
7

利用形状推理图形

根据左侧从不同方向看到的形状，在右侧找到相应的立体图形，并用○标出。

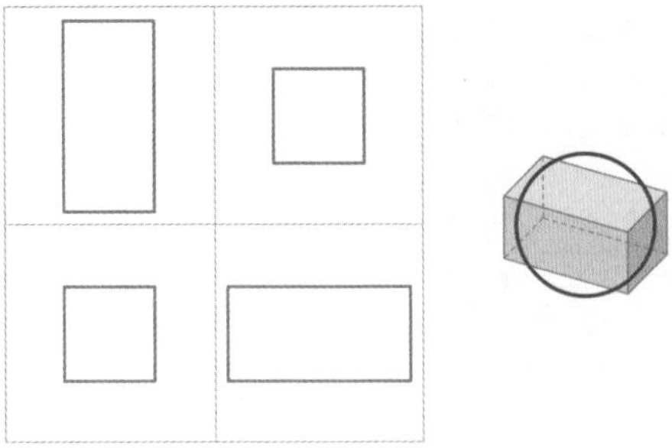

找一找能出现左侧4个图形的立体图形。

1

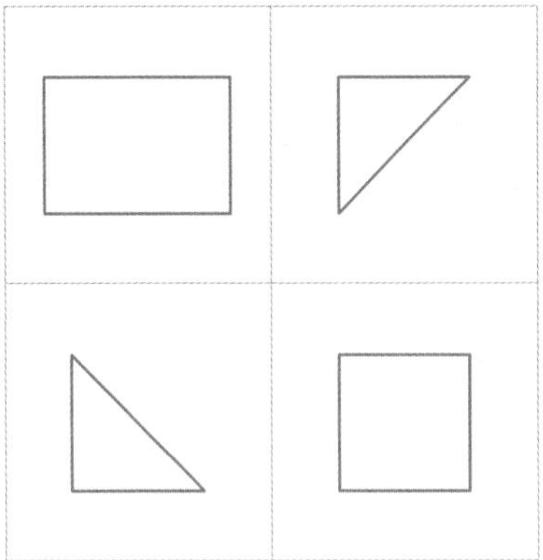

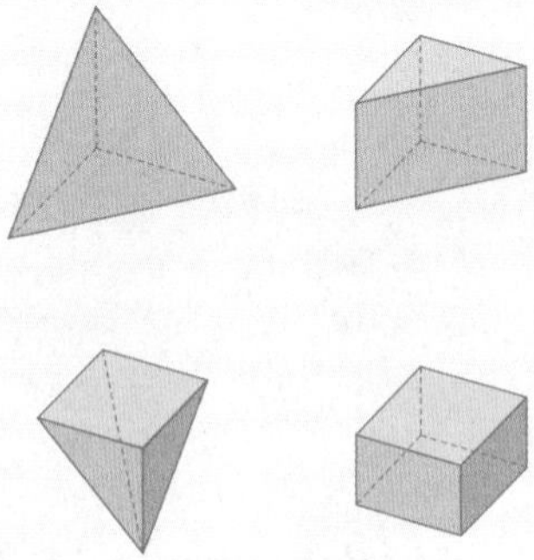

2

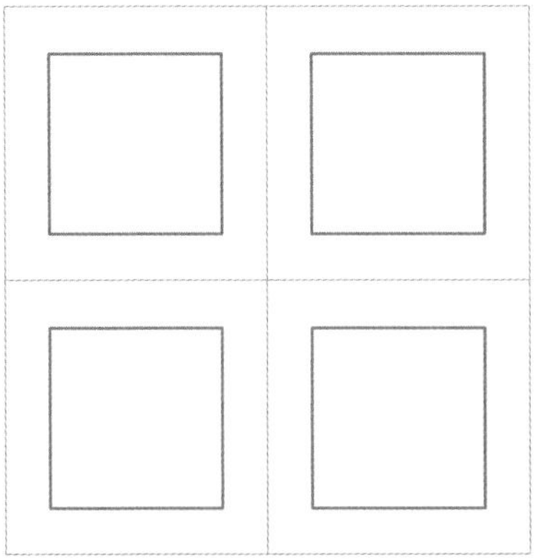

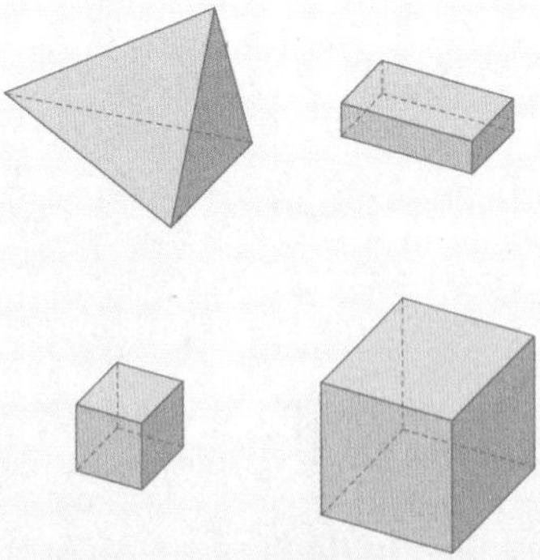

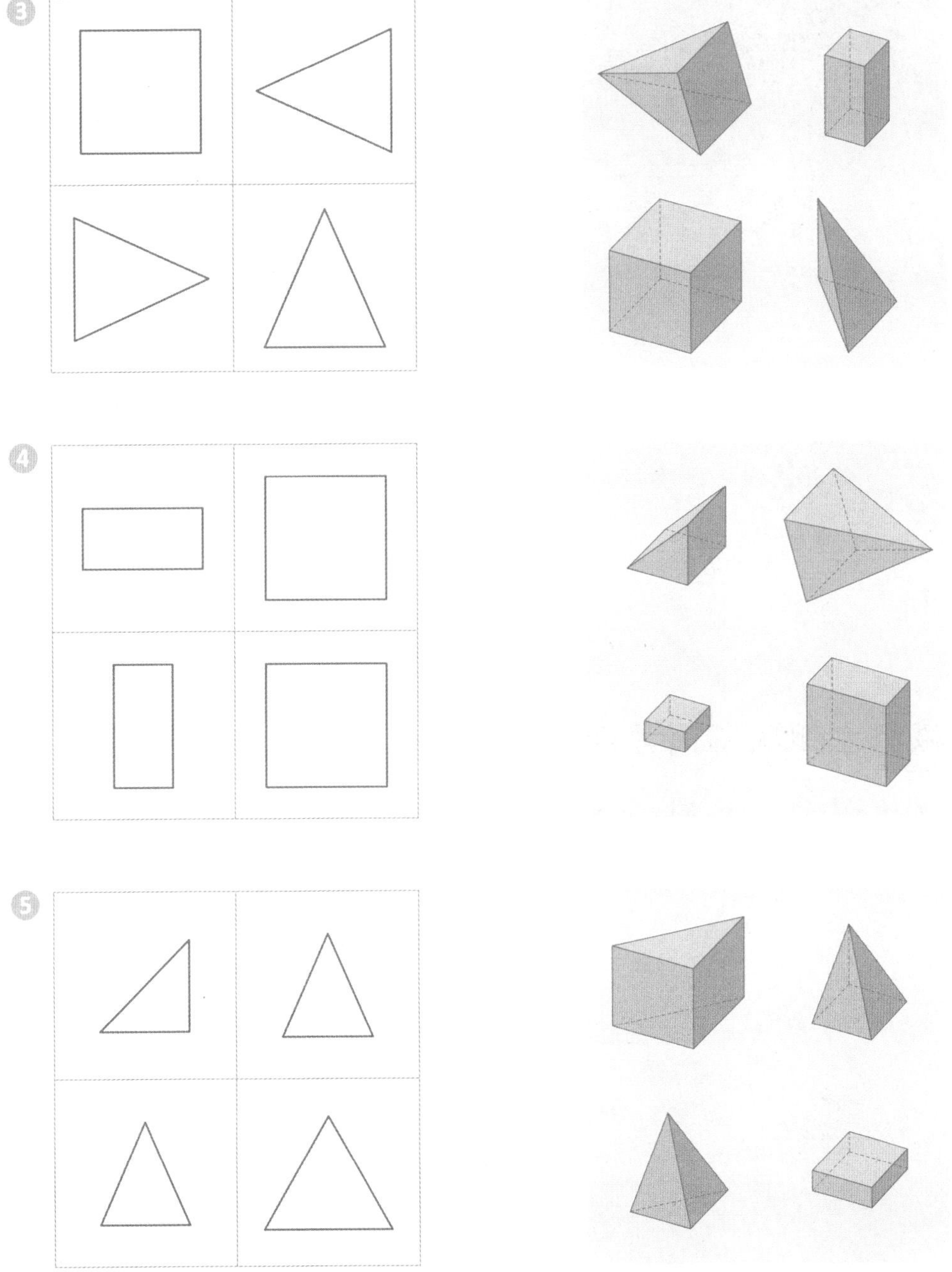

巩固练习

把底面形状相同的图形连起来。

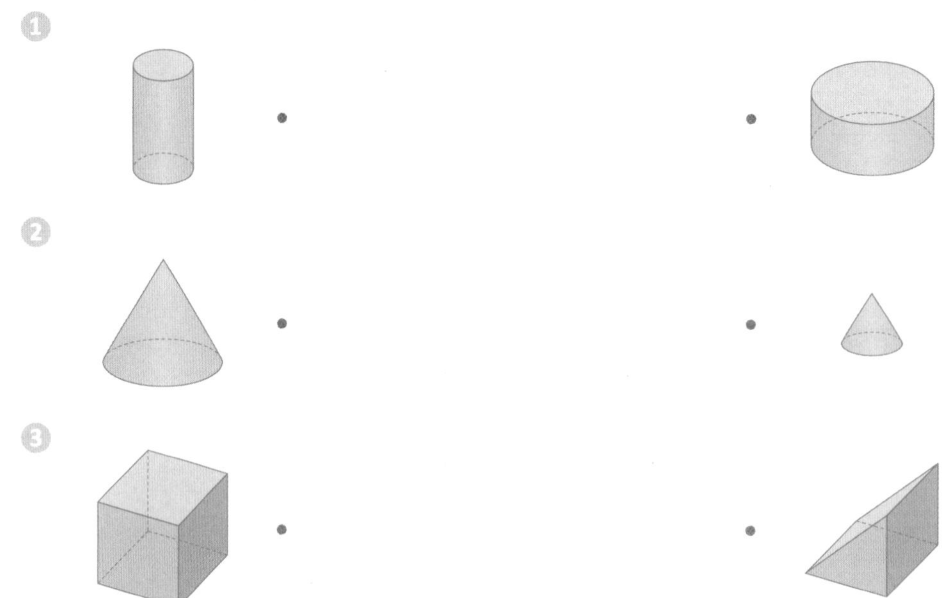

根据左侧从不同方向看到的形状，在右侧找到相应的立体图形，并用○标出。

④

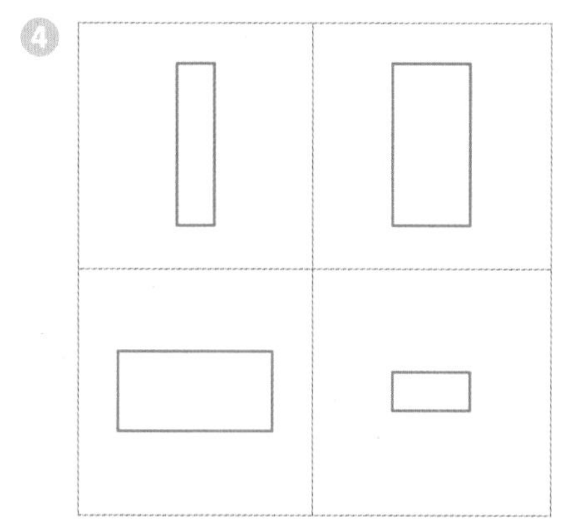

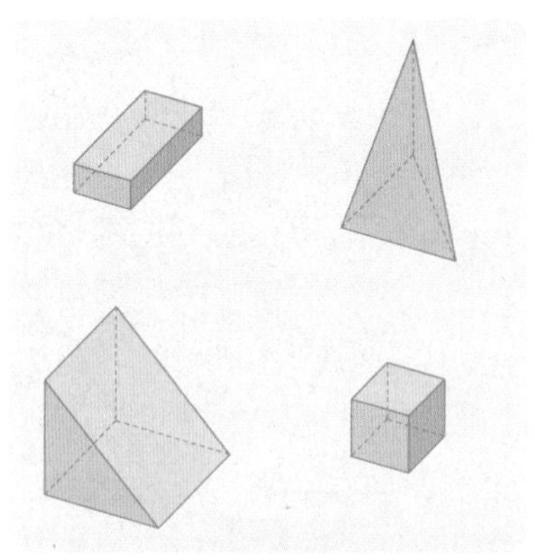

第3周

底面形状

第1天：画出积木的底面形状 ········ 28

第2天：连一连 ········ 30

第3天：找出不同的图形 ········ 32

第4天：制作层数表 ········ 34

第5天：找出相应的积木 ········ 36

巩固练习 ········ 38

画出积木的底面形状

将积木底面的形状涂画在方格纸上。

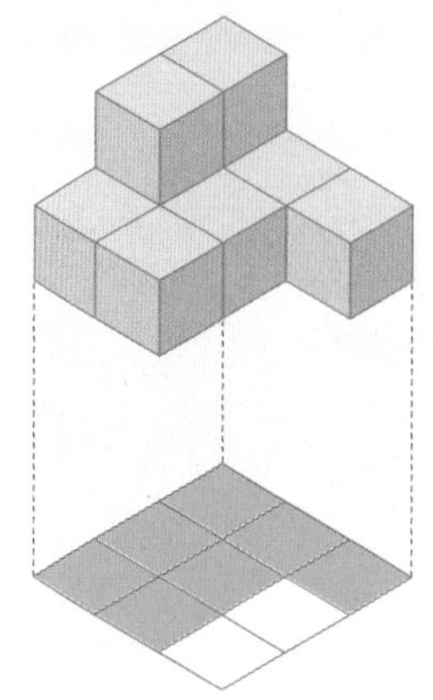

1

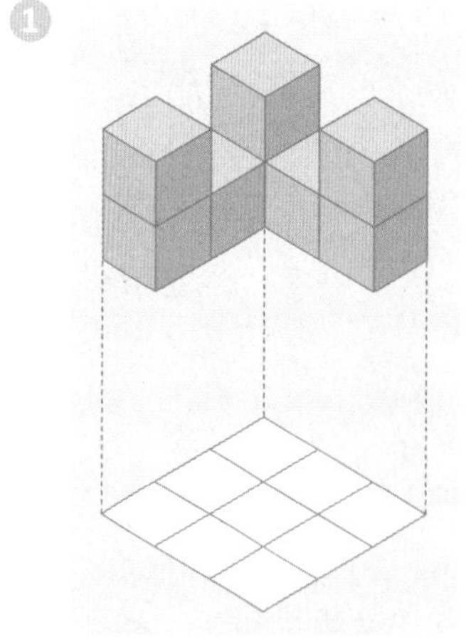

2

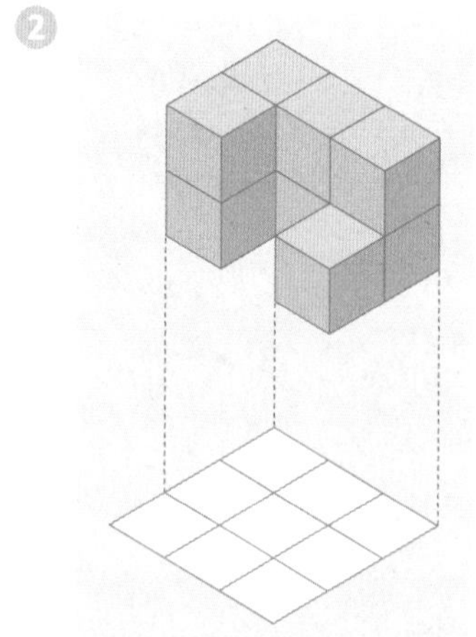

3

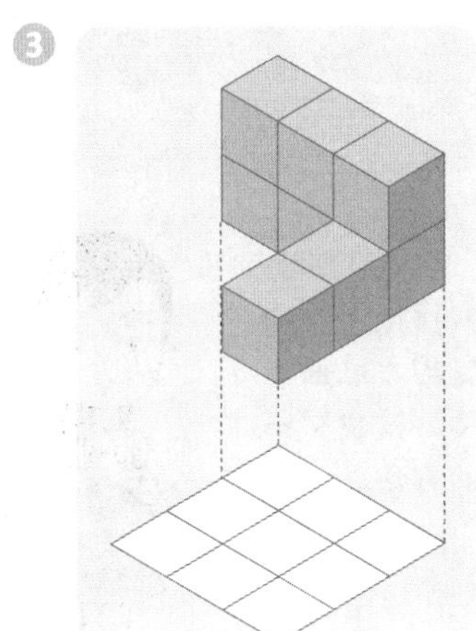

4

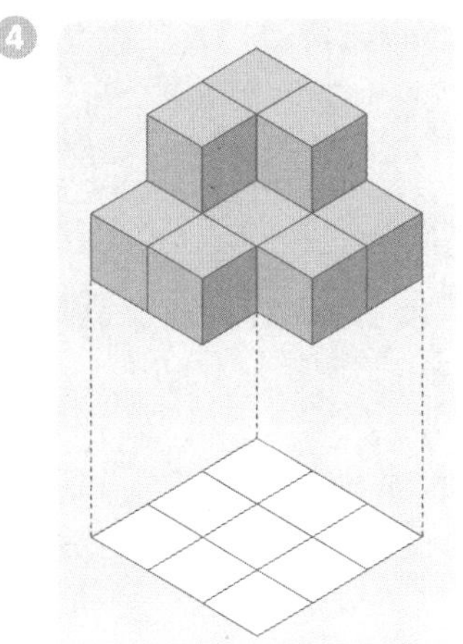

5

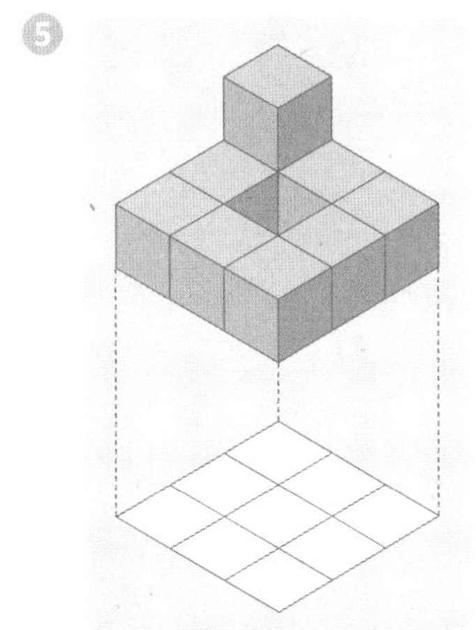

6

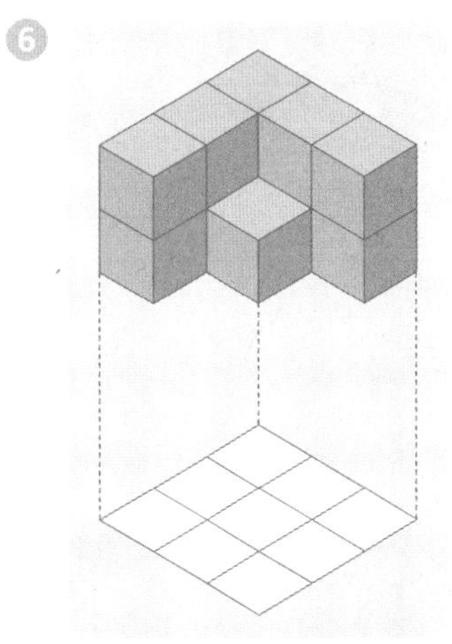

连一连

将积木与对应的底面形状连在一起。

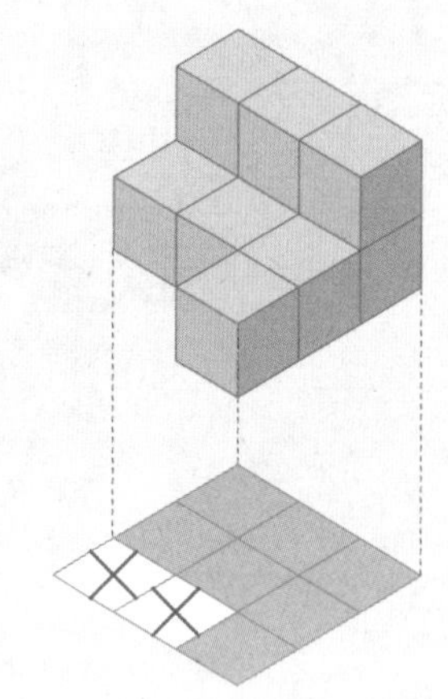

①

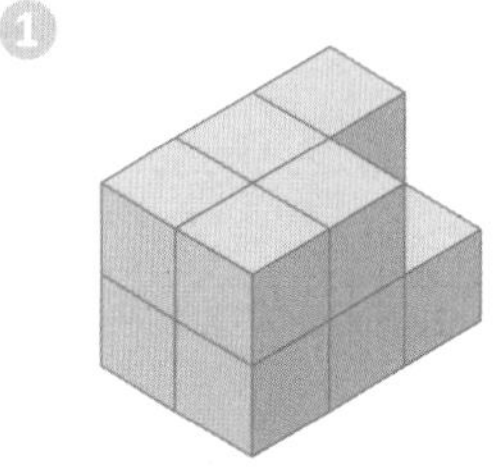

②

③

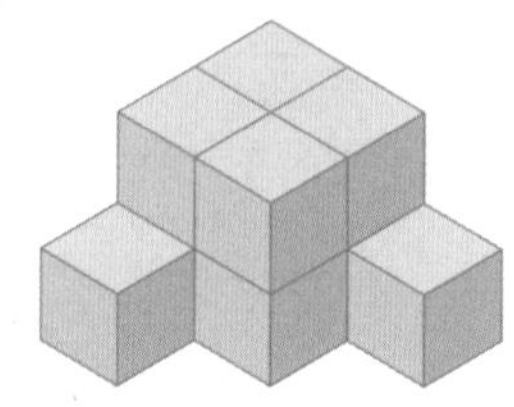

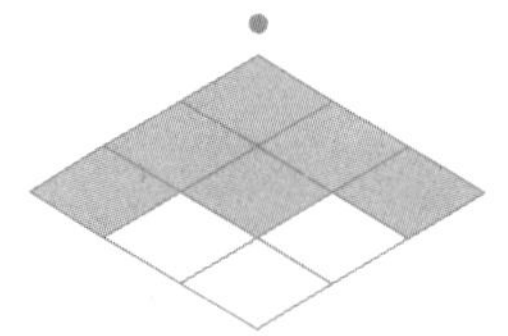

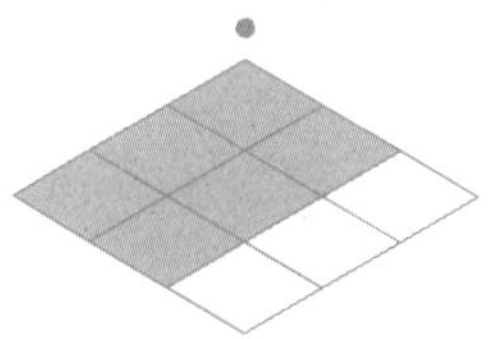

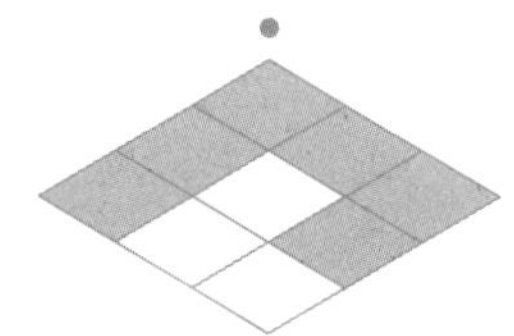

4

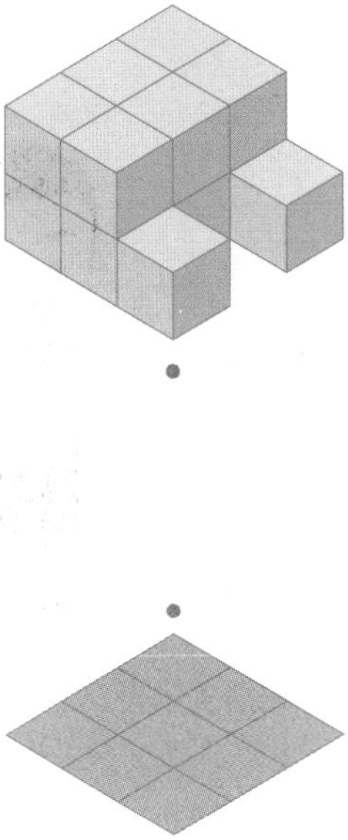

5

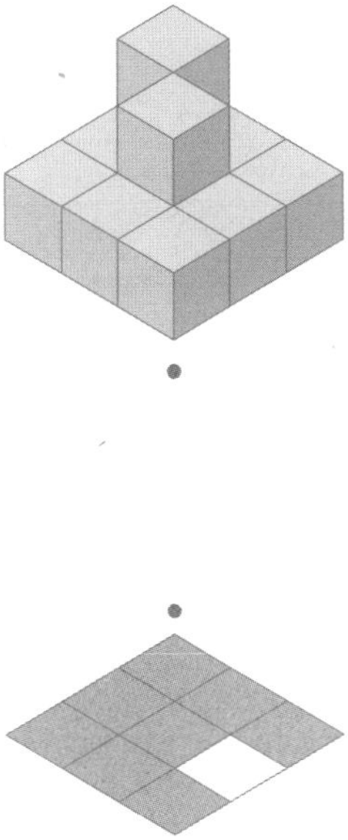

6

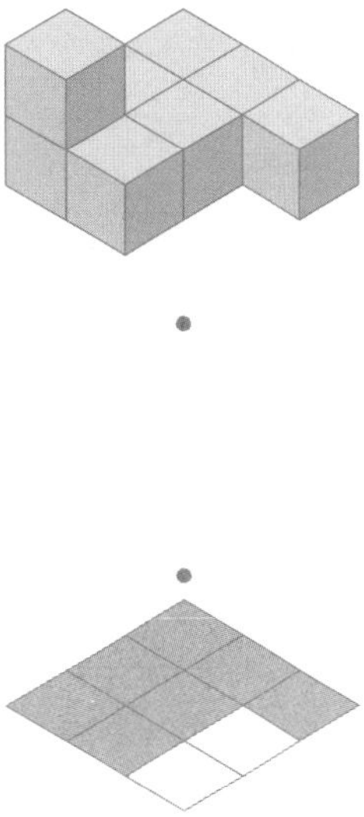

7

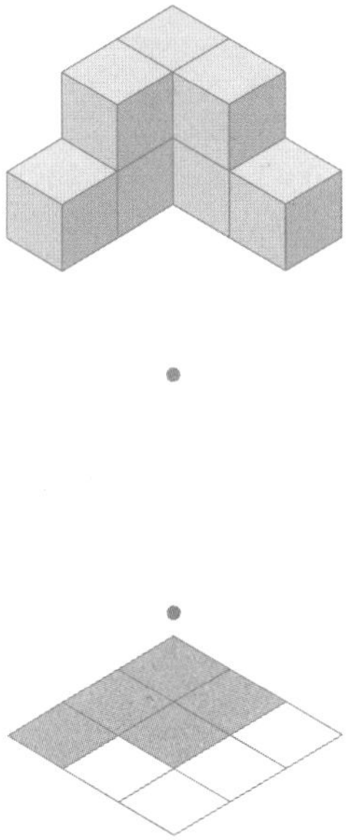

8

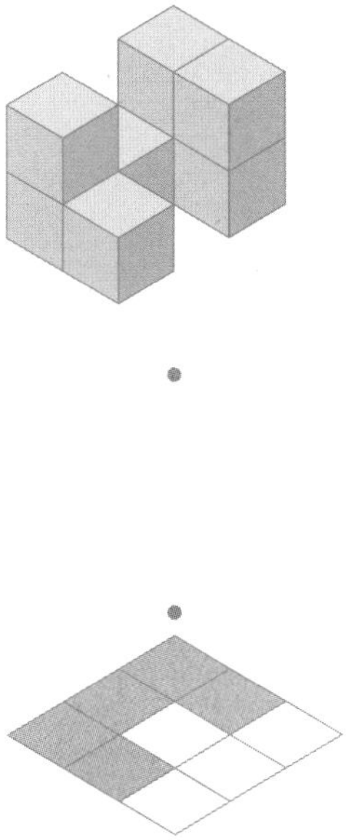

9

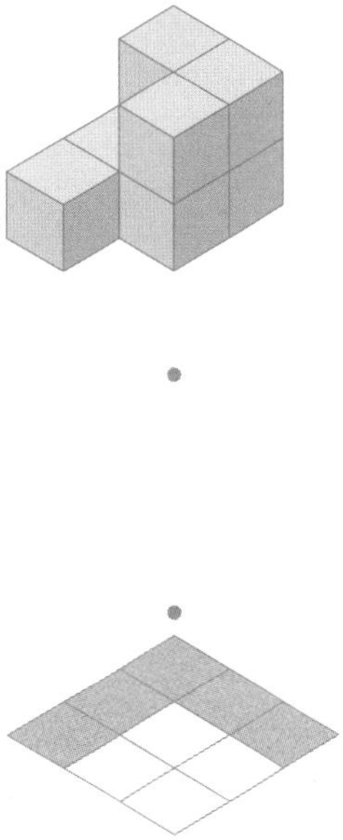

找出不同的图形

找出1个与其他积木的底面形状不同的图形，并用 × 标出。

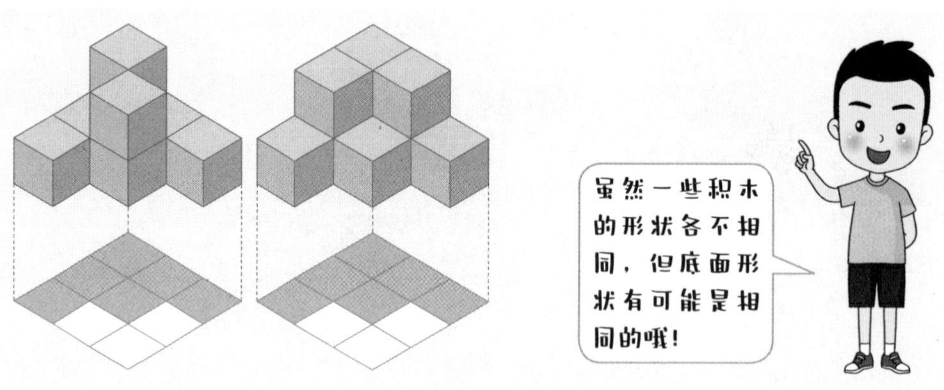

①

②

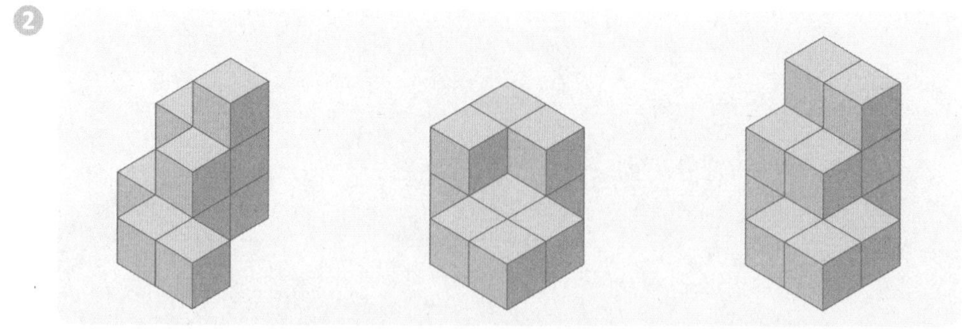

3
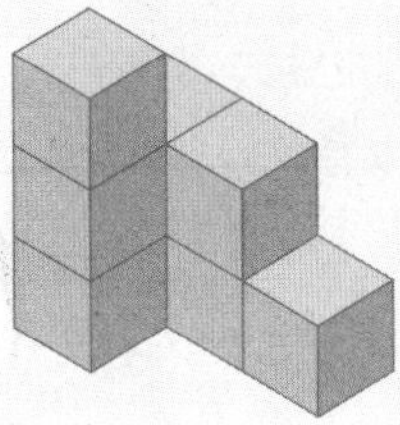
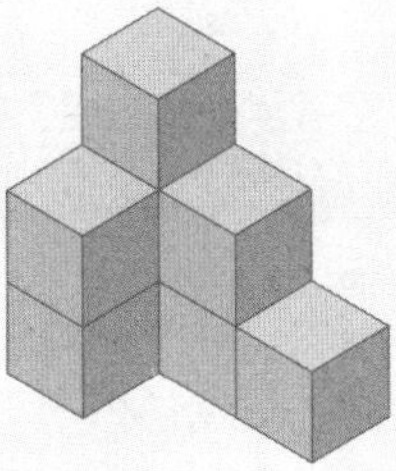
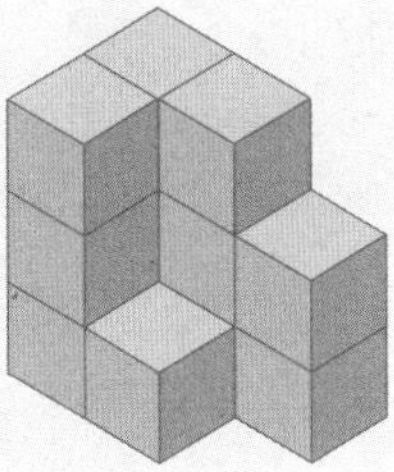

4
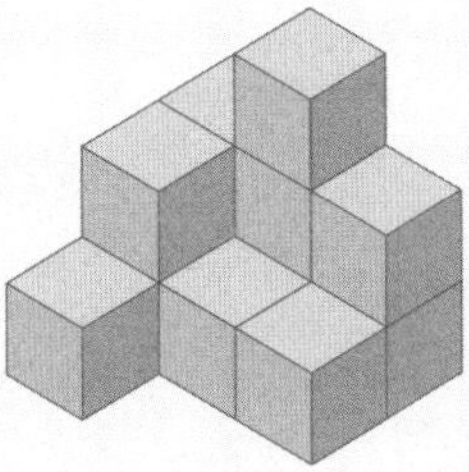
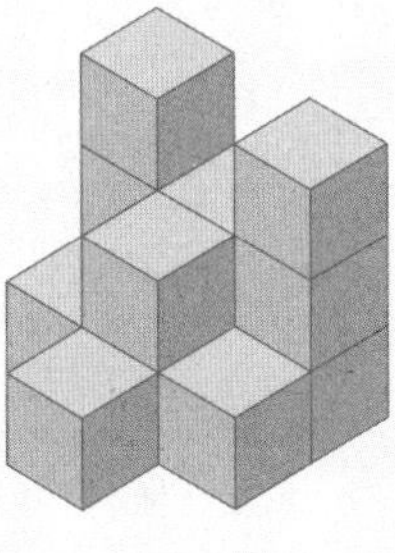
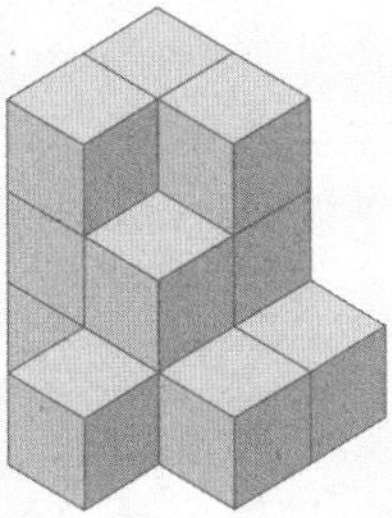

5
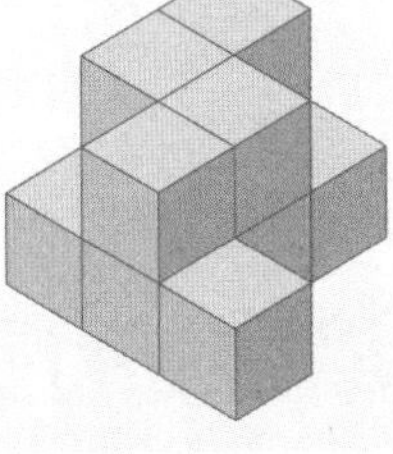
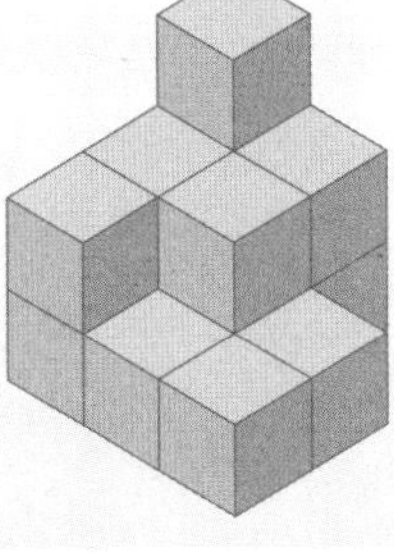
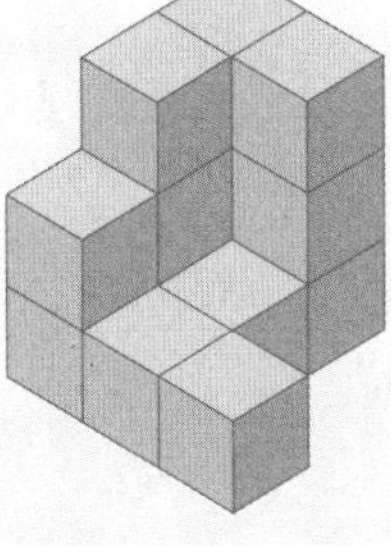

第4天 制作层数表

将积木每个位置的层数填在下方的表格内。

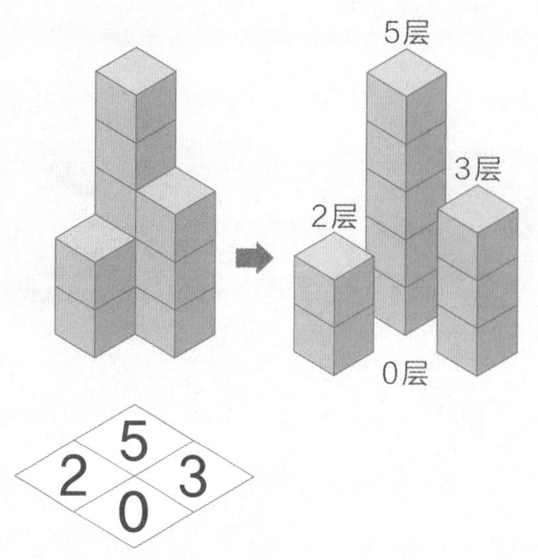

1

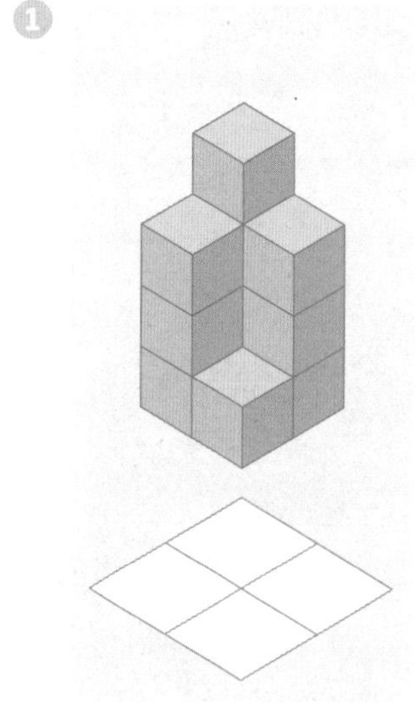

2

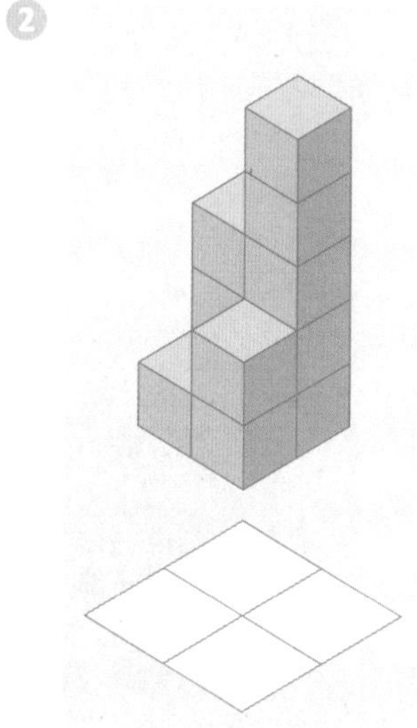

3

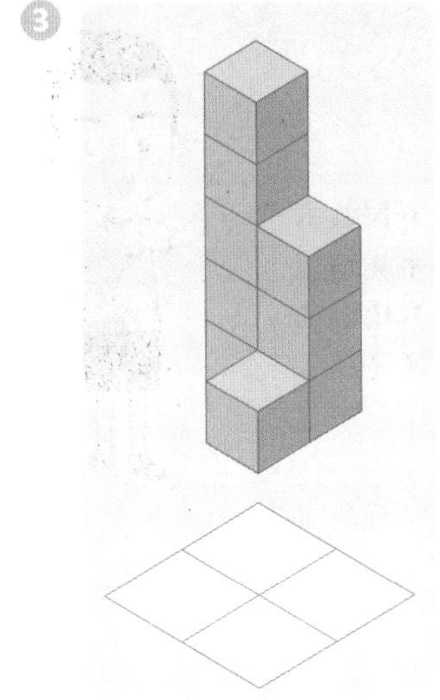

4

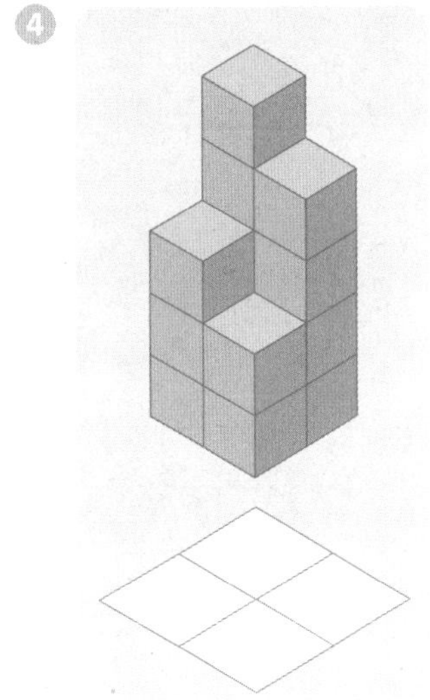

5

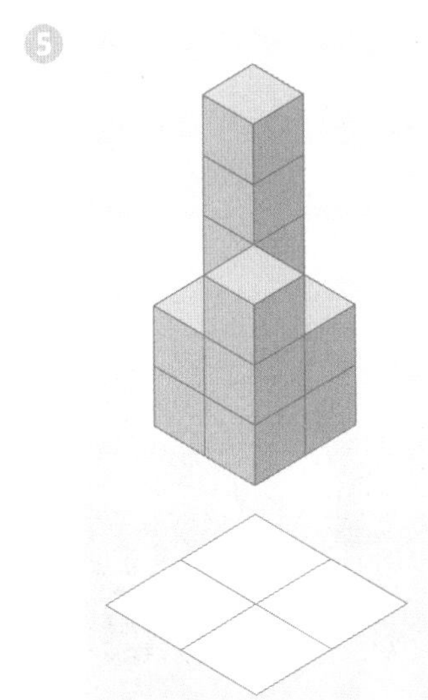

6

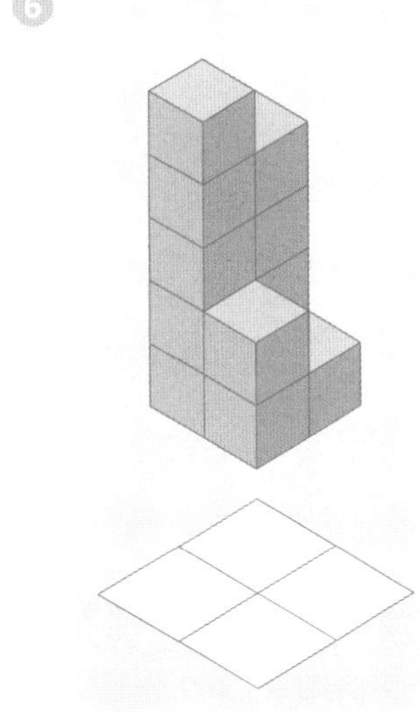

找出相应的积木

根据层数表在右边找出匹配的积木，并用○标出。

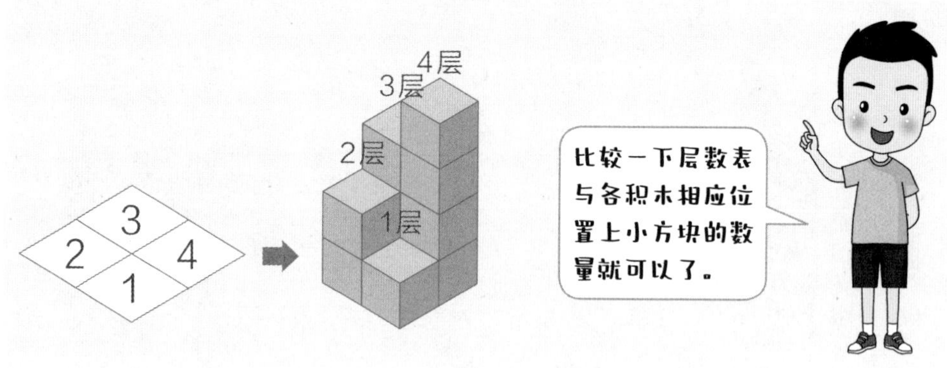

❶

❷

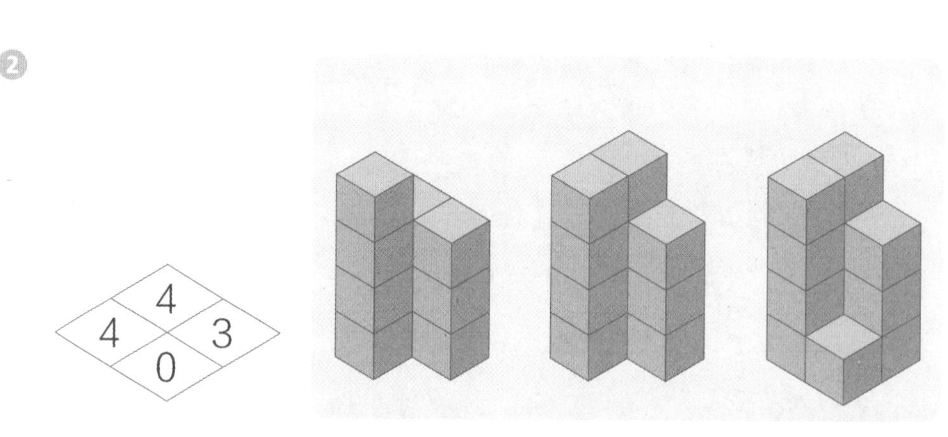

③

5
2 4
2

④

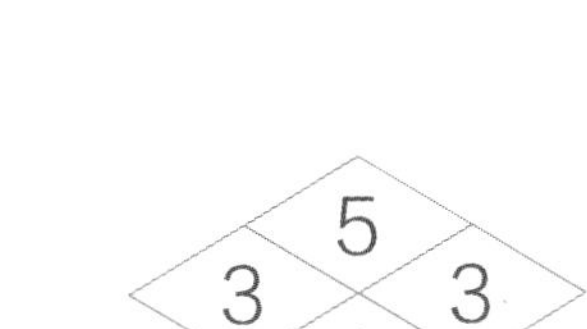

⑤

巩固练习

✎ 找出1个与其他积木的底面形状不同的图形，并用×标出。

✎ 根据层数表在右边找出匹配的积木，并用○标出。

第4周

小方块的数量

第1天：每层的数量 40

第2天：制作层数表 42

第3天：每层小方块数×层数 44

第4天：动一动，乘一乘 46

第5天：小方块的数量 48

巩固练习 50

每层的数量

先数出积木中每层小方块的个数，再算出小方块的总数。

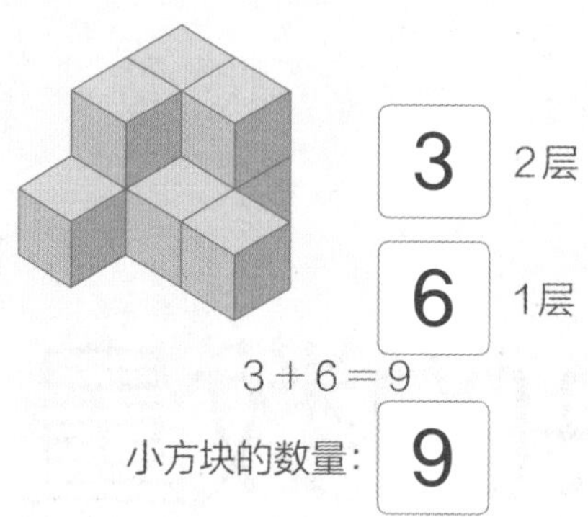

1

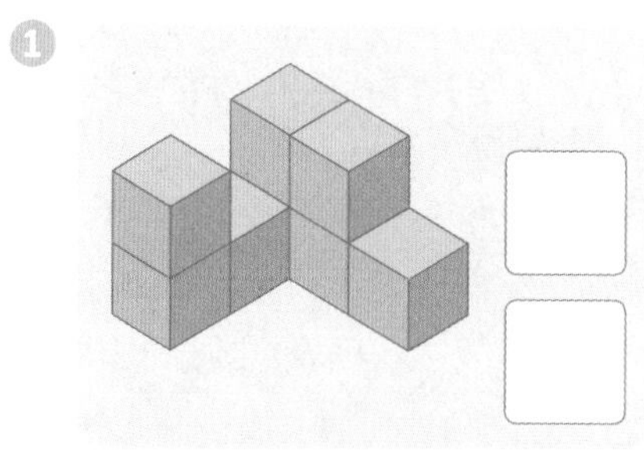

小方块的数量:

2

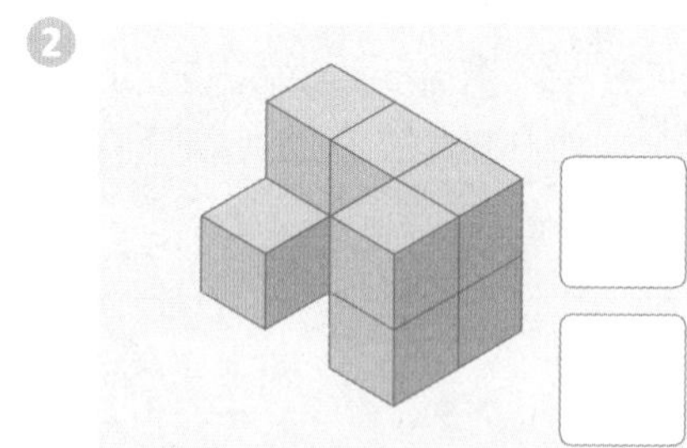

小方块的数量:

3

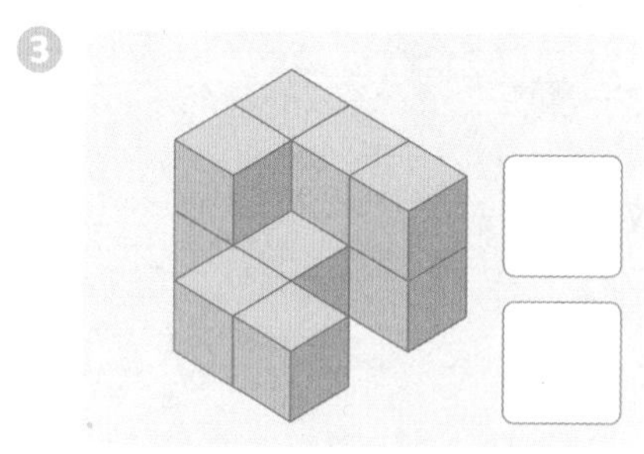

小方块的数量:

4

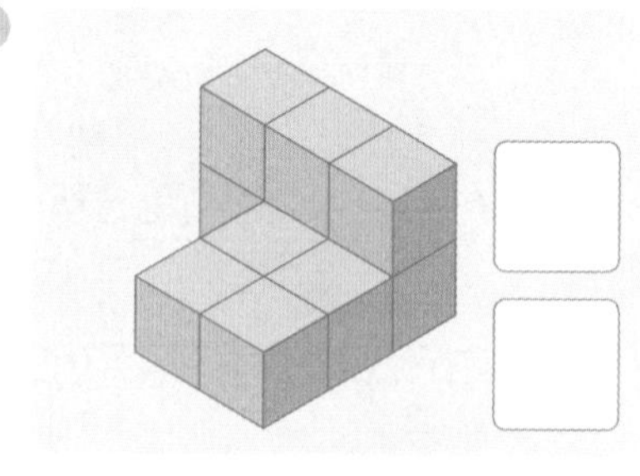

小方块的数量:

5

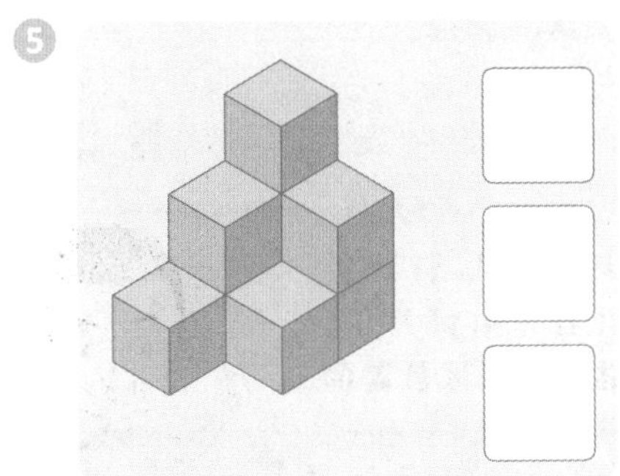

小方块的数量：

6

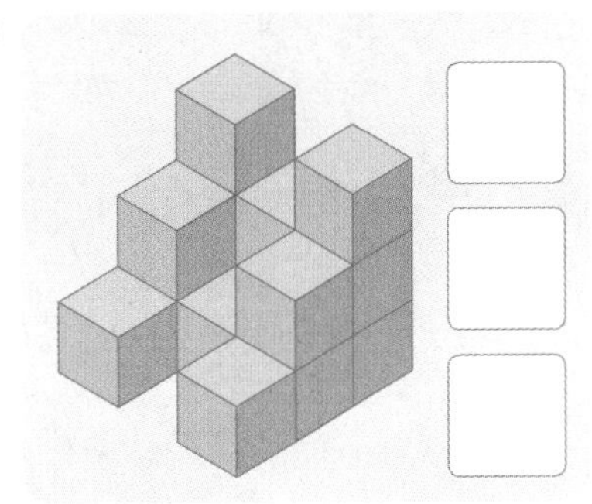

小方块的数量：

7

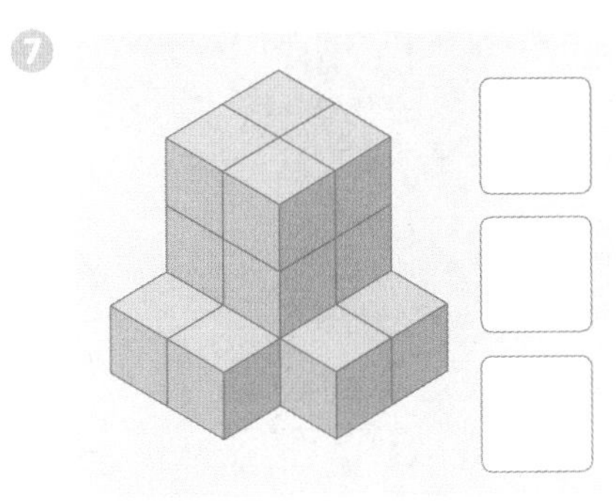

小方块的数量：

8

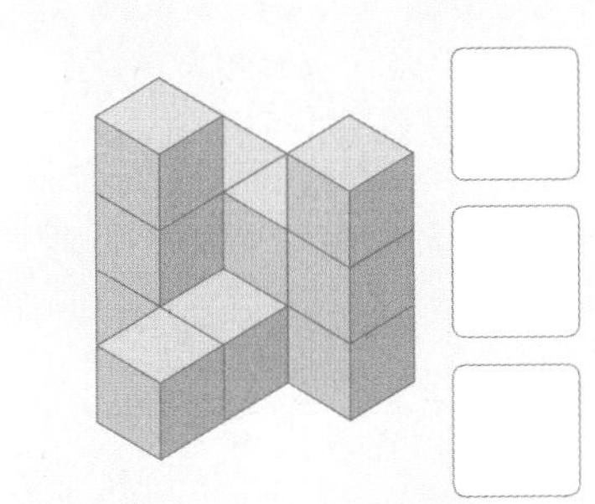

小方块的数量：

第2天 制作层数表

先做出积木的层数表，再求出小方块的总数。

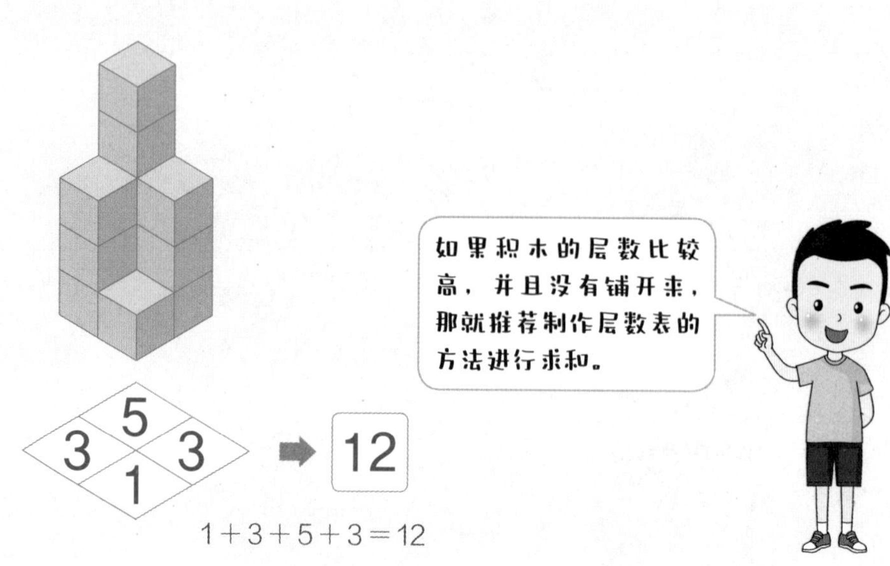

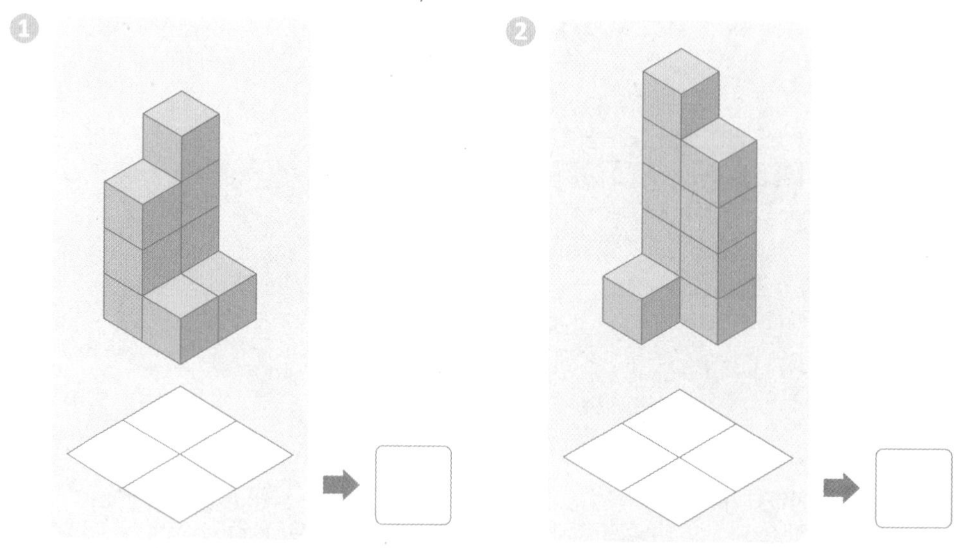

③

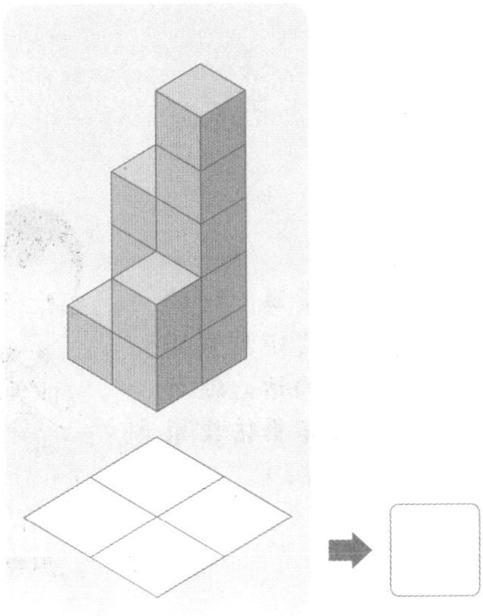

④

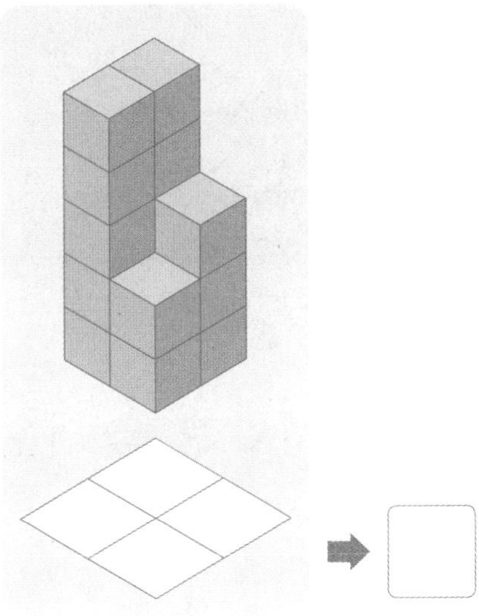

⑤

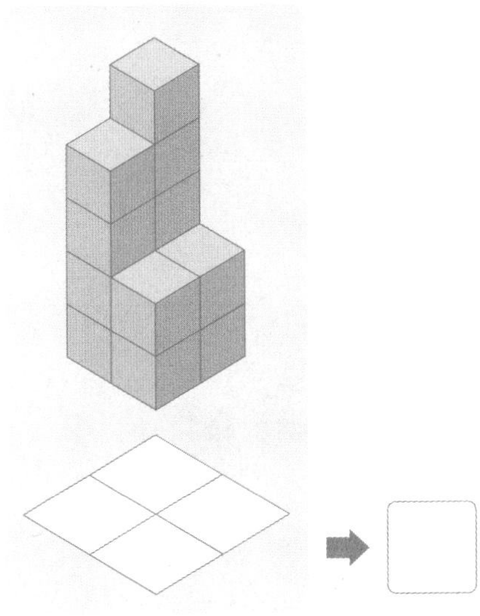

⑥

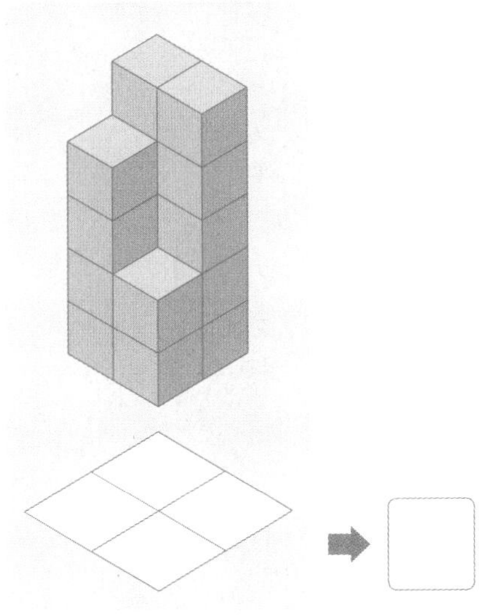

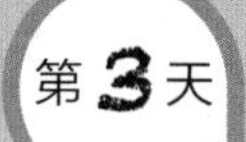

每层小方块数 × 层数

积木每一层的小方块数量相同，求小方块的总数。

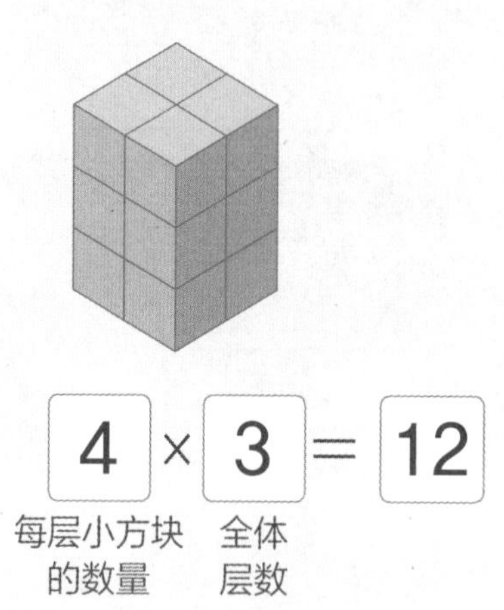

❶

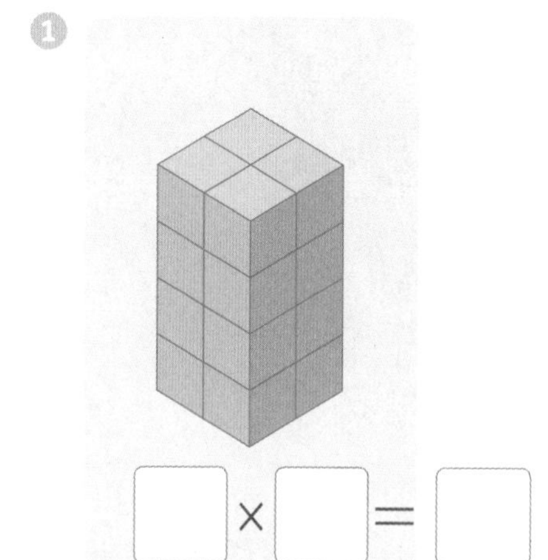

❷

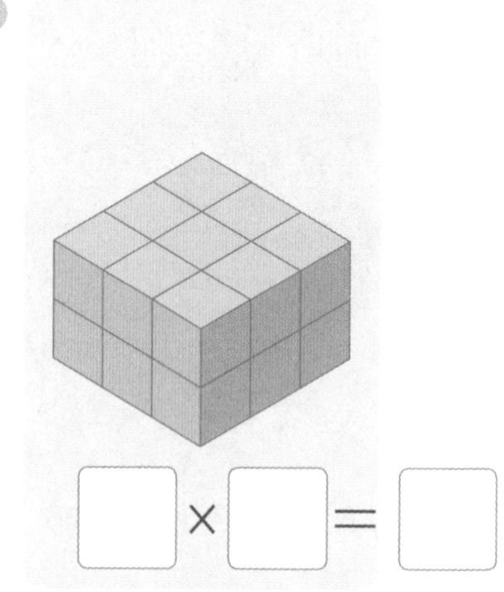

③

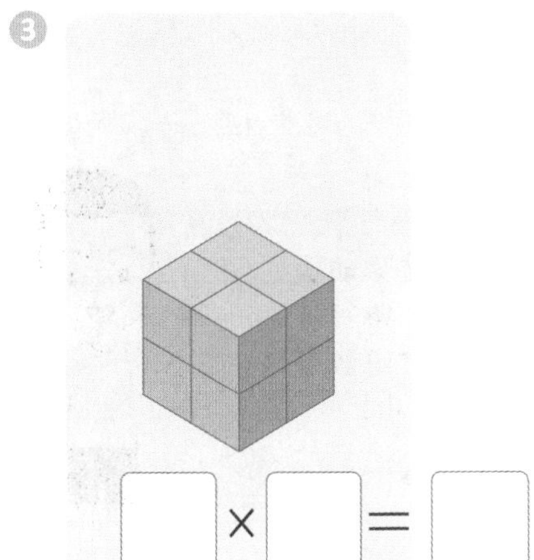

④

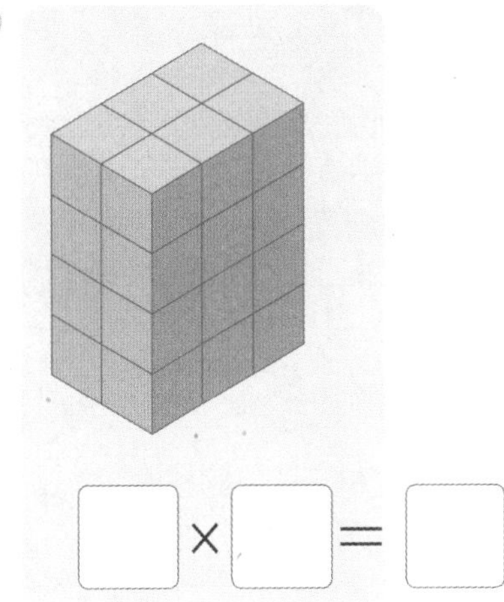

⑤

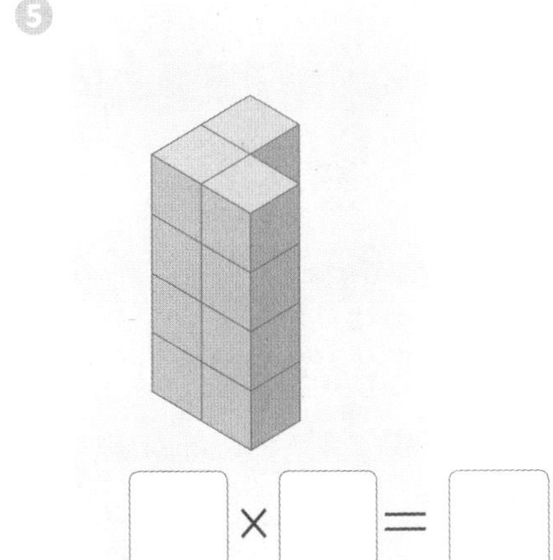

⑥

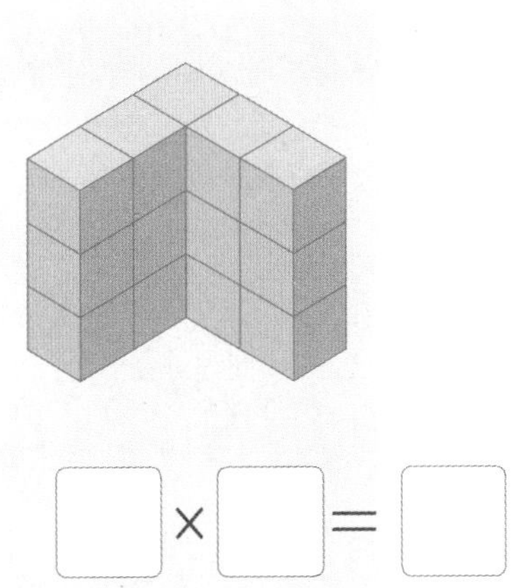

动一动，乘一乘

✎ 先适当地移动小方块，再使用乘法求出小方块的总数。

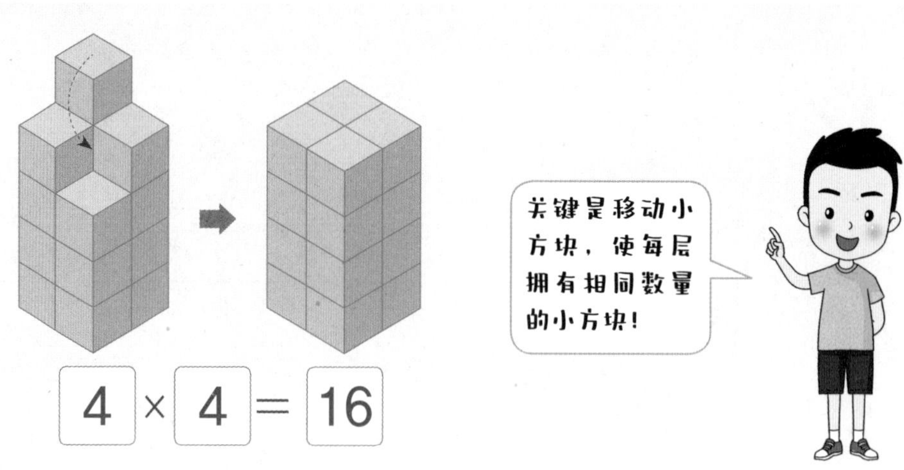

❶

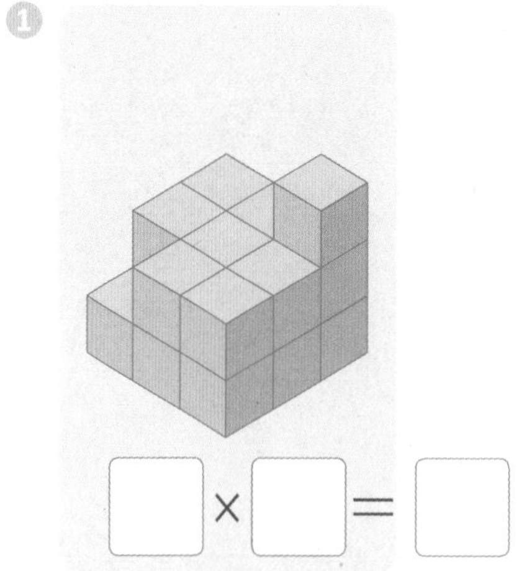

❷

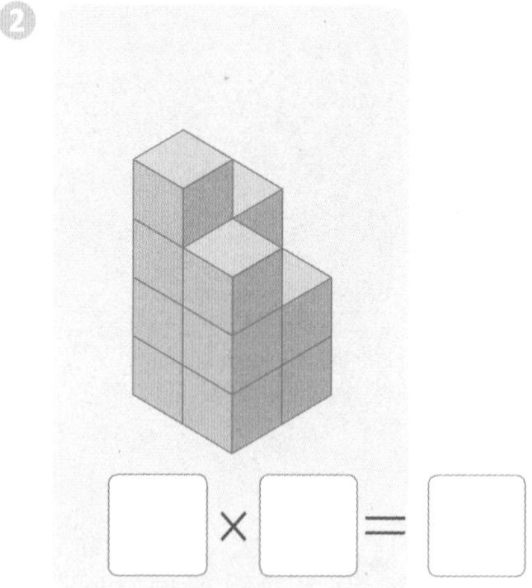

③

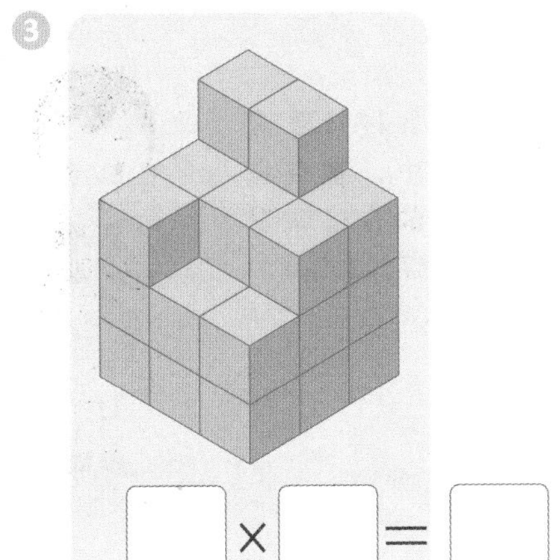

④

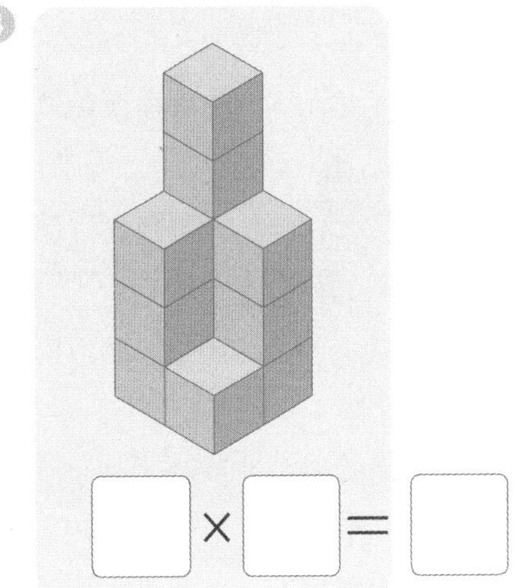

⑤

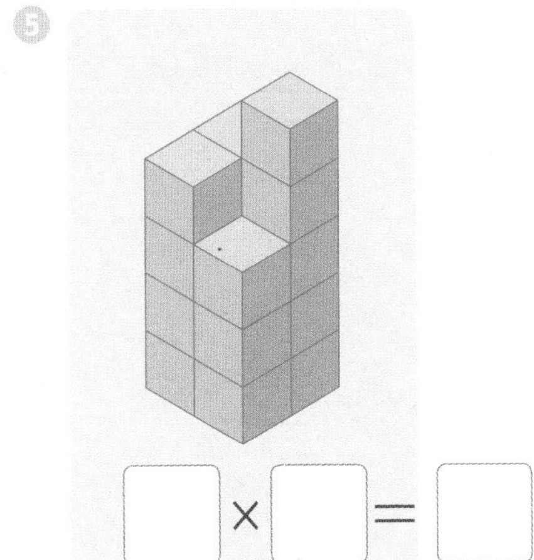

⑥

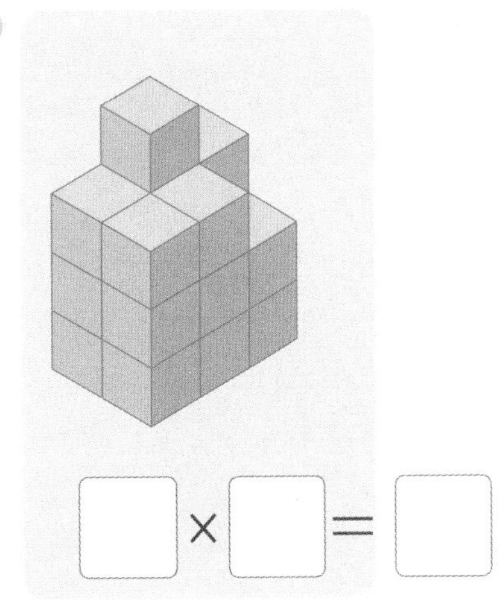

第5天 小方块的数量

求出小方块的总数。

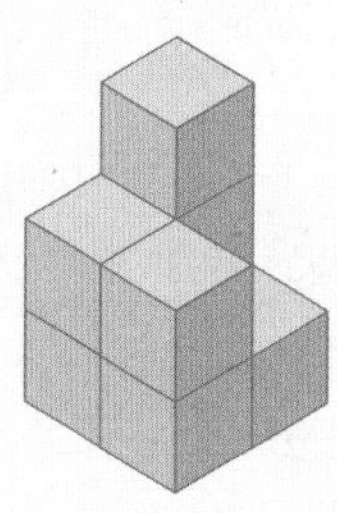

①层层计算法
1＋3＋4＝8

②层数表计算法
2＋2＋3＋1＝8

③先移动再相乘计算法
4×2＝8

①

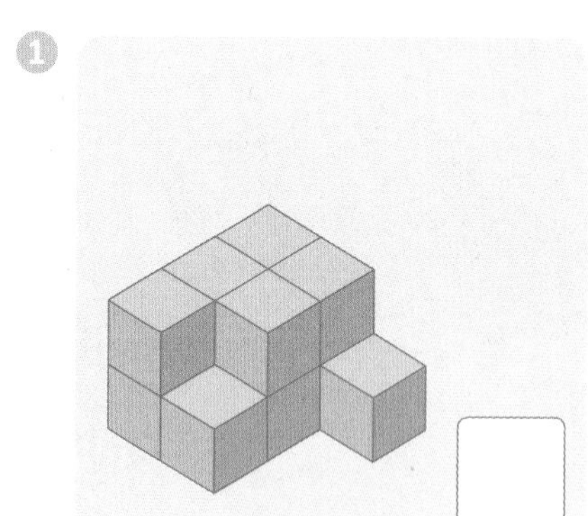

②

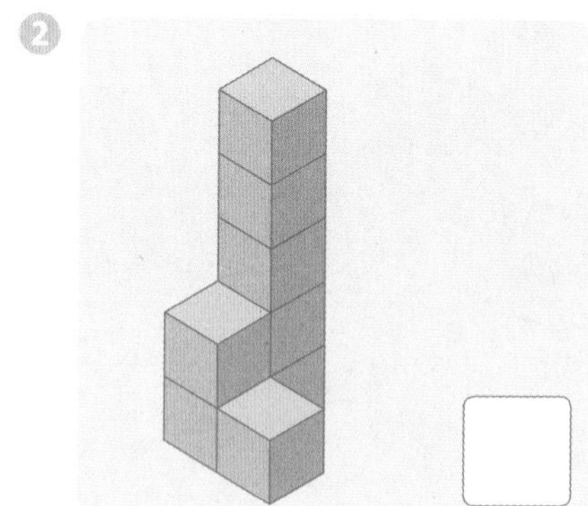

③

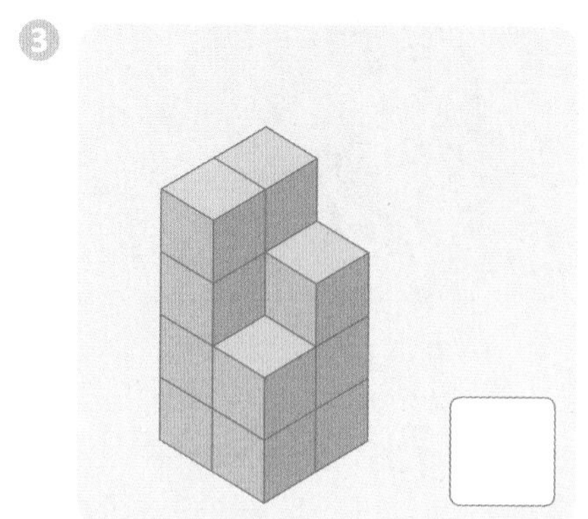

④

5

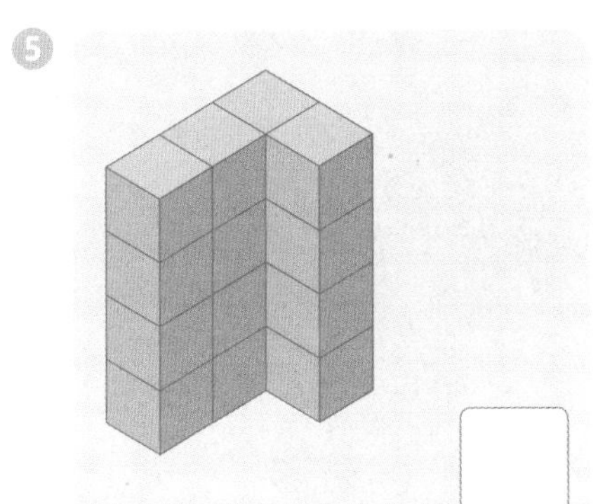

6

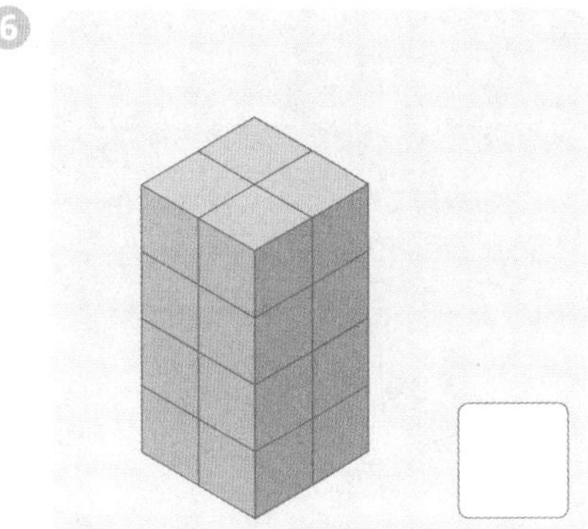

7

8

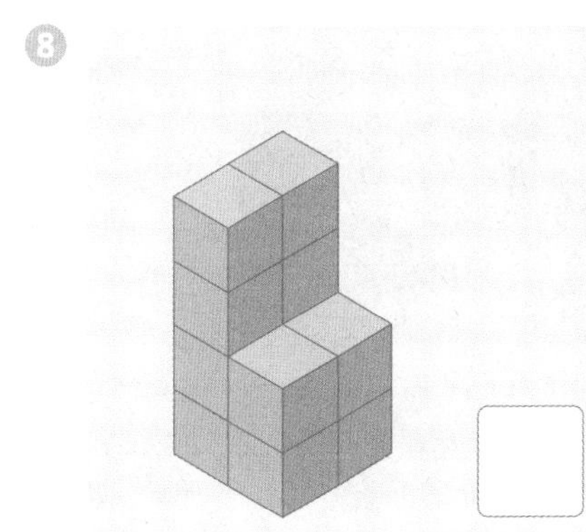

9

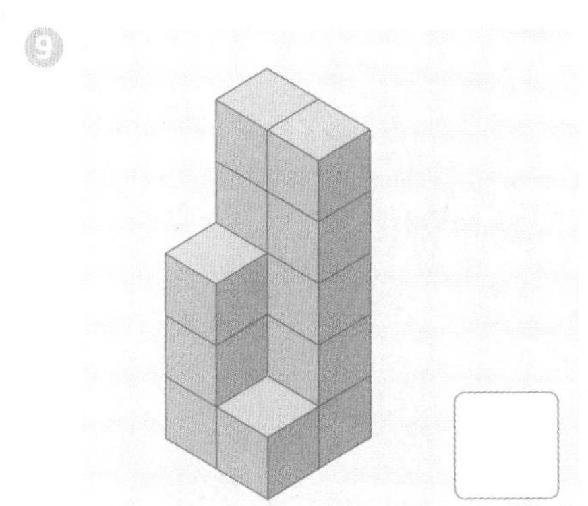

10

巩固练习

求出小方块的总数。

❶
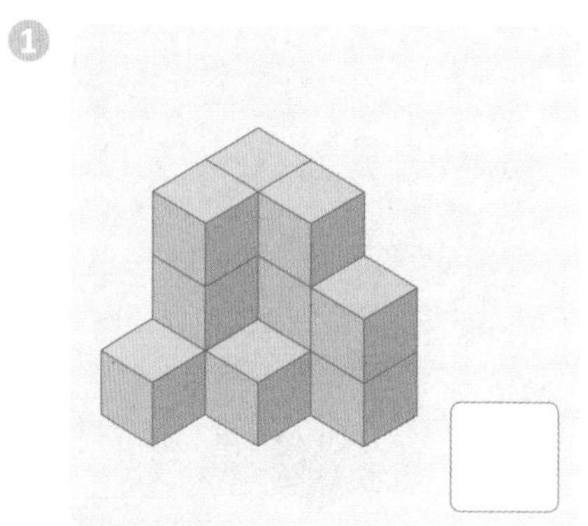

❷
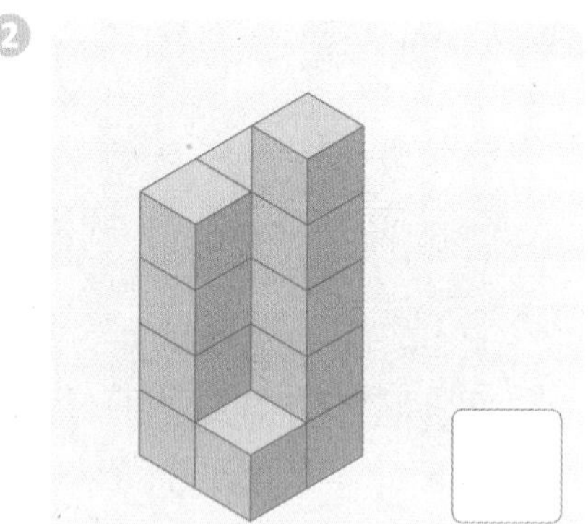

❸
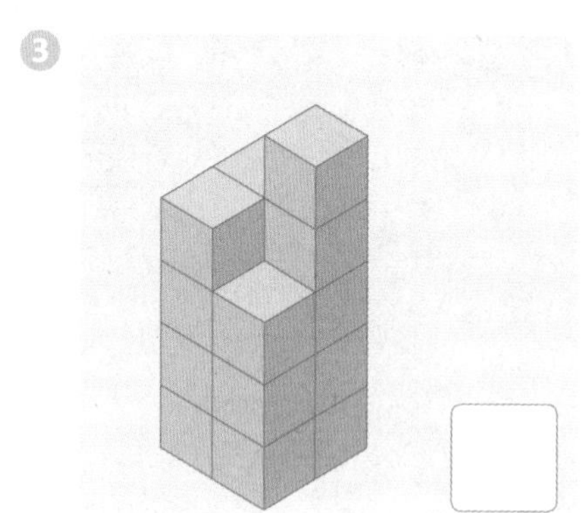

❹
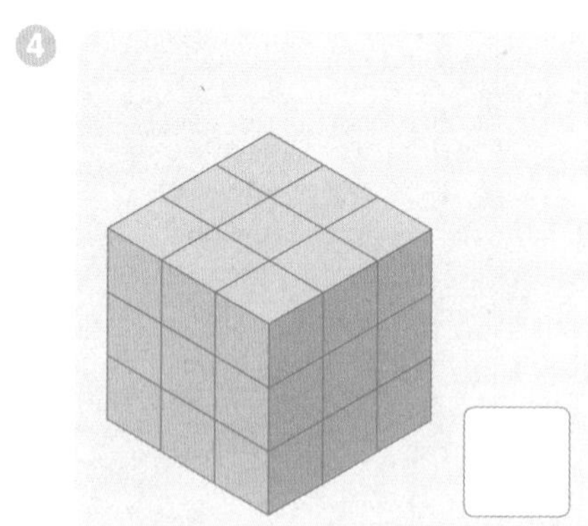

❺

❻
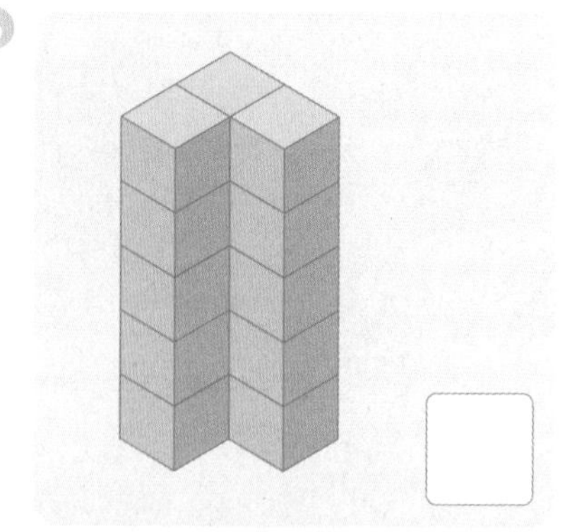

评价测试

此前4周的学习内容会出现在评价测试中。如果题目做错了，请确认是第几周的内容，并认真复习直到学会。

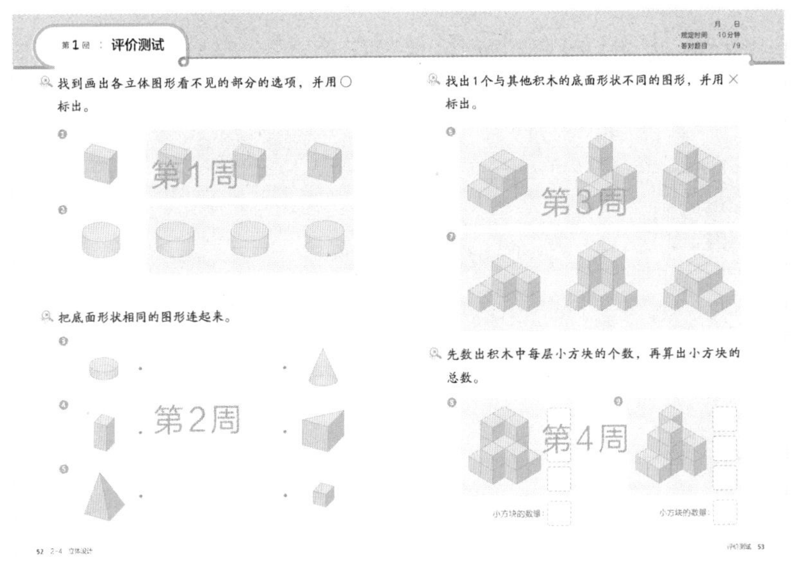

第1回：评价测试

找到画出各立体图形看不见的部分的选项，并用○标出。

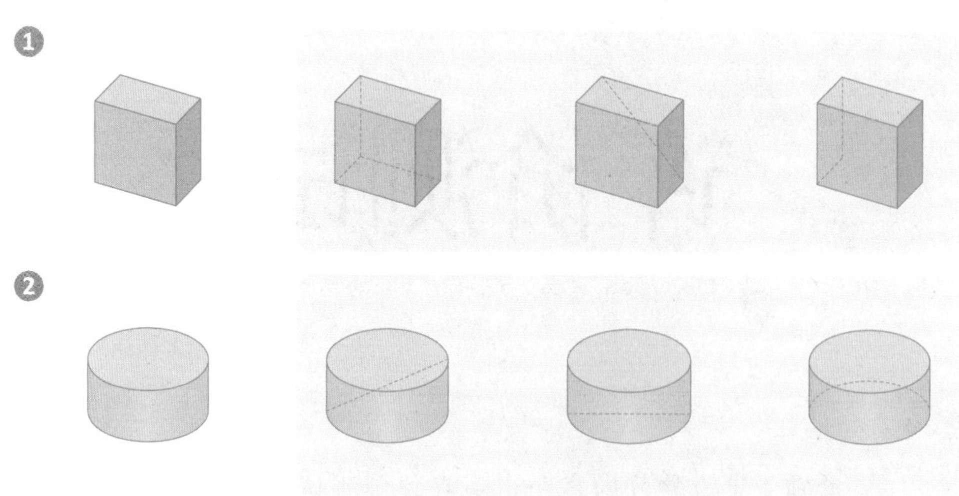

把底面形状相同的图形连起来。

找出1个与其他积木的底面形状不同的图形，并用 × 标出。

6

7

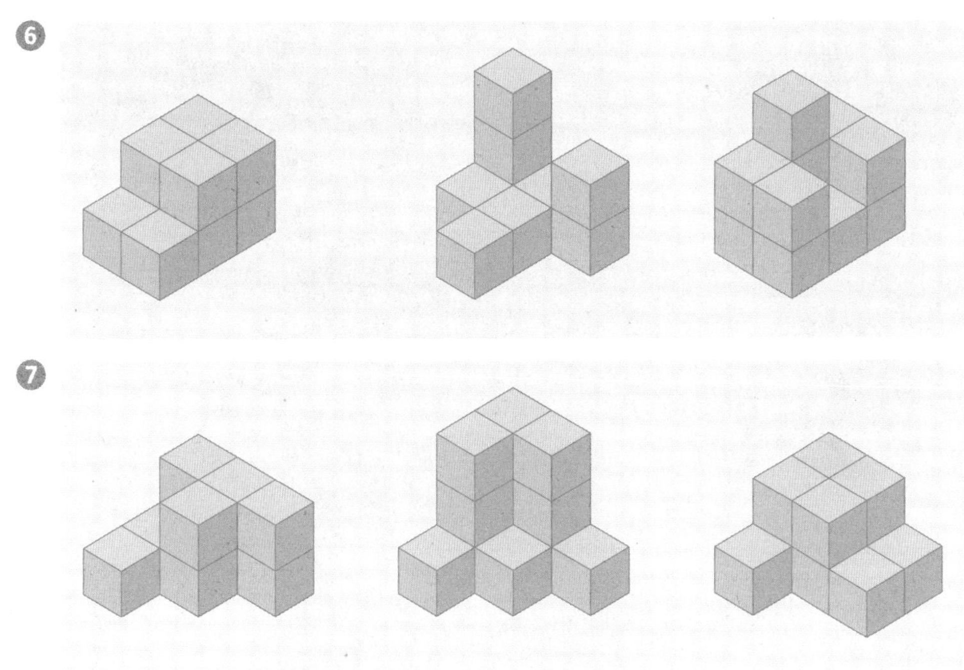

先数出积木中每层小方块的个数，再算出小方块的总数。

8

9

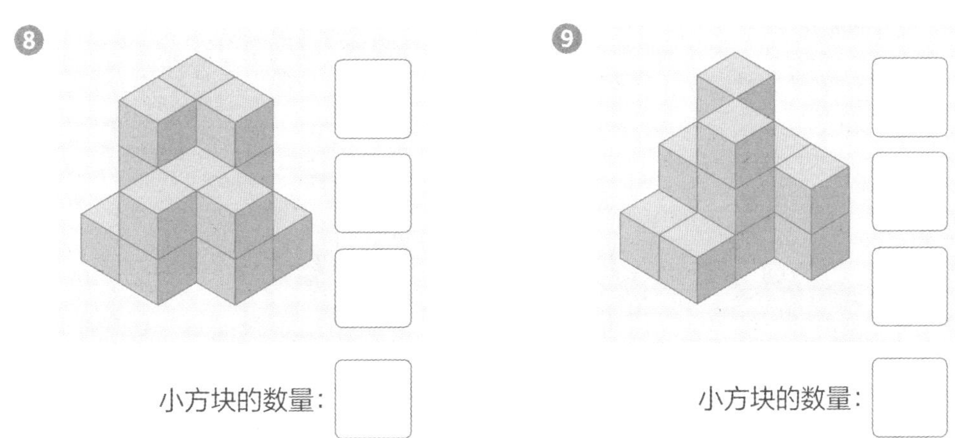

小方块的数量：

小方块的数量：

第2回：评价测试

数出图形顶点的数量，并填入□内。

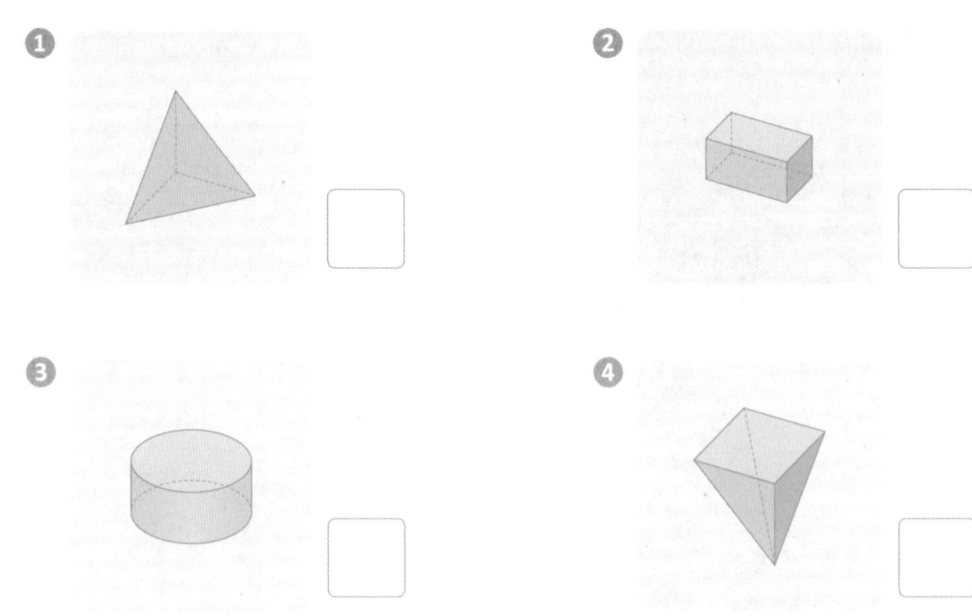

找出左侧图形的底面形状，并用○标出。

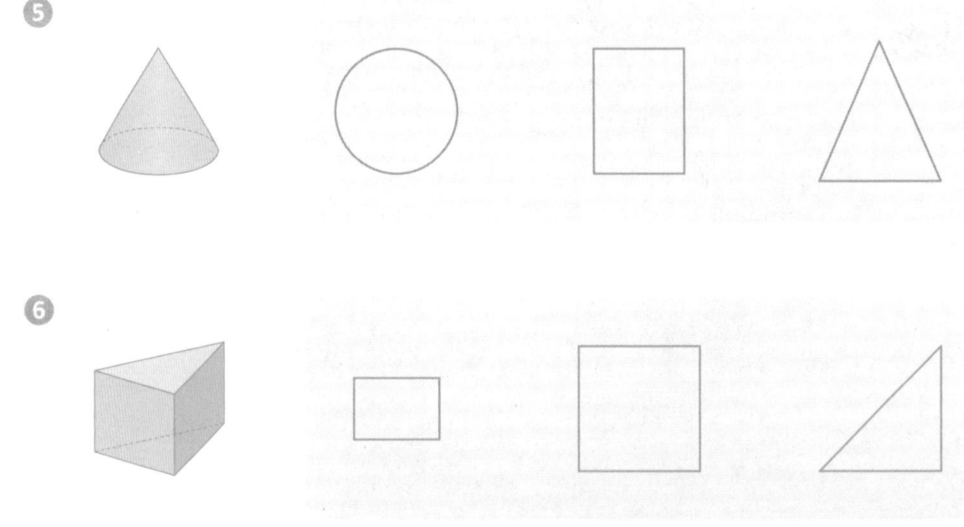

将积木底面的形状涂画在方格纸上。

7
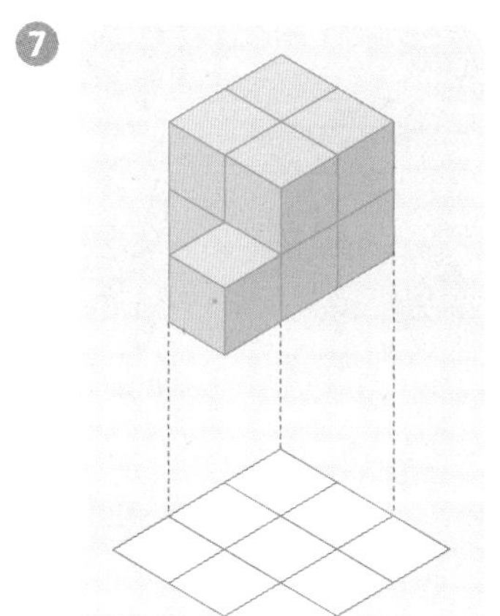

8
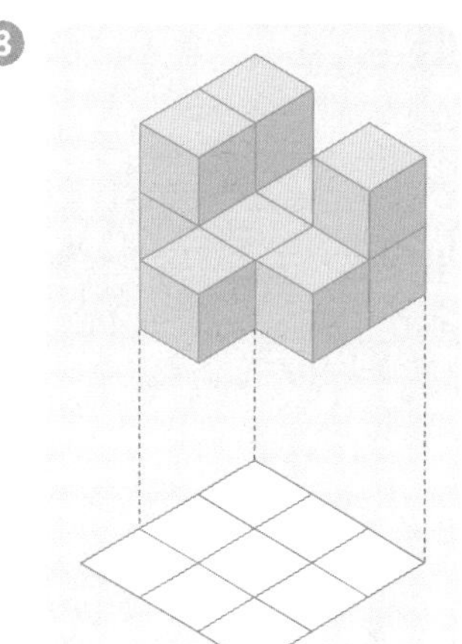

先做出积木的层数表，再求出小方块的总数。

9 10
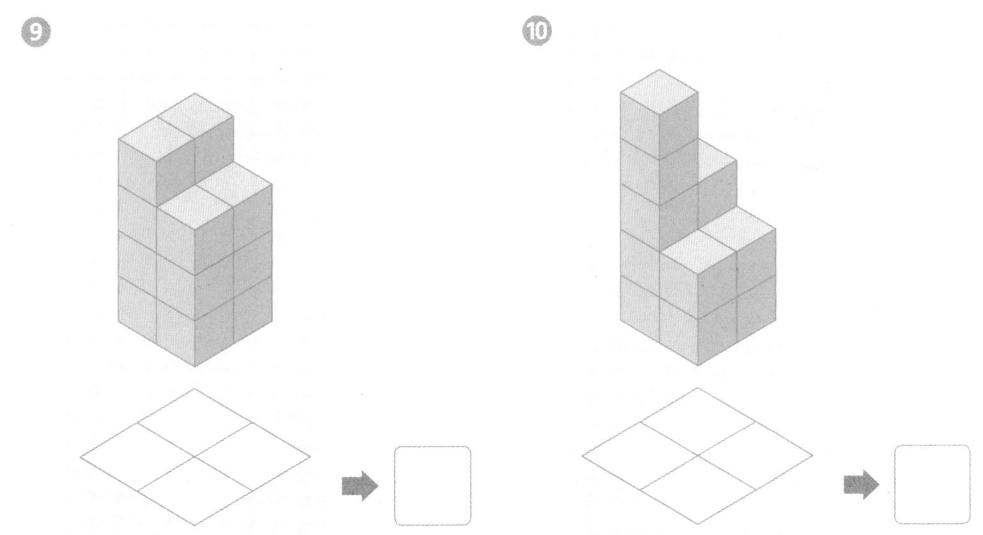

第3回：评价测试

数出下列图形中平面的数量，并填入□内。

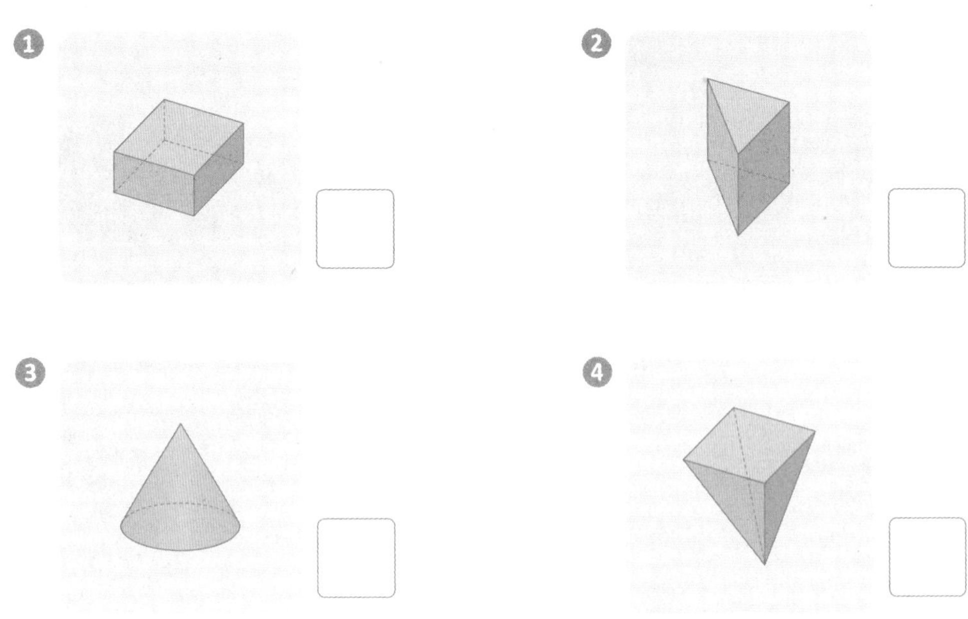

找出能够从左侧立体图形中看到的形状，并用○标出。

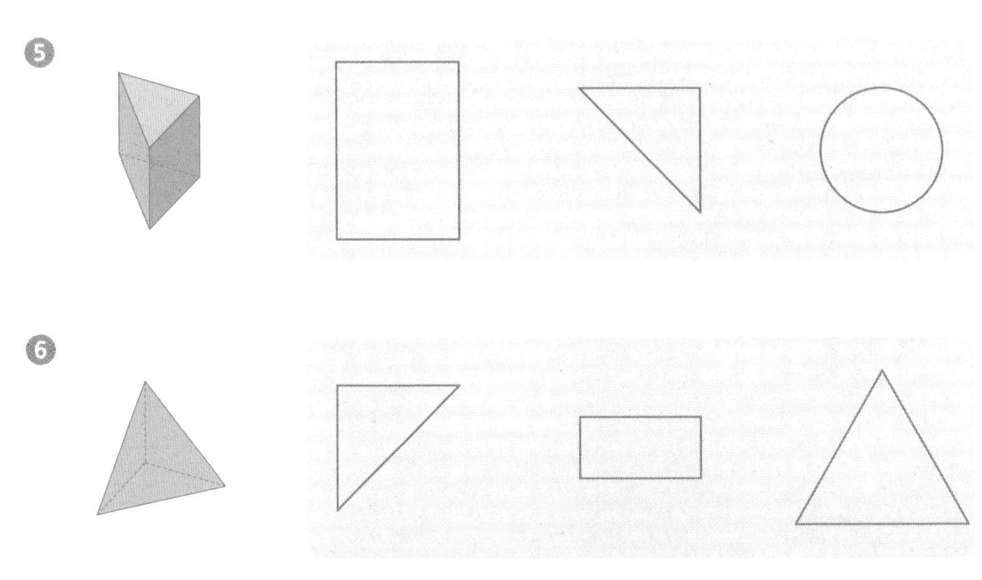

将积木每个位置的层数填在下方的表格内。

7
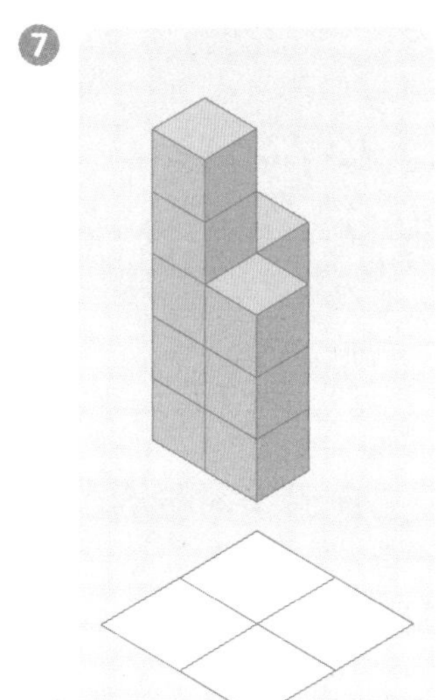

8
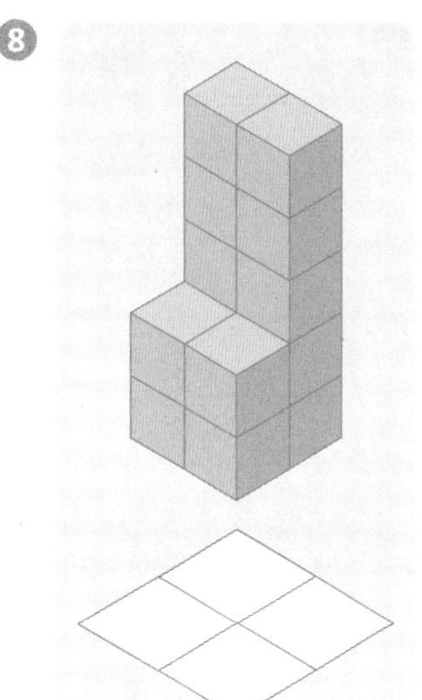

积木每一层的小方块数量相同，求小方块的总数。

9
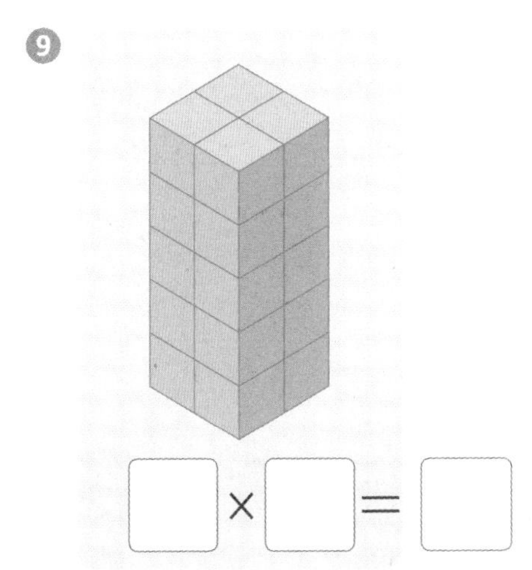

□ × □ = □

10
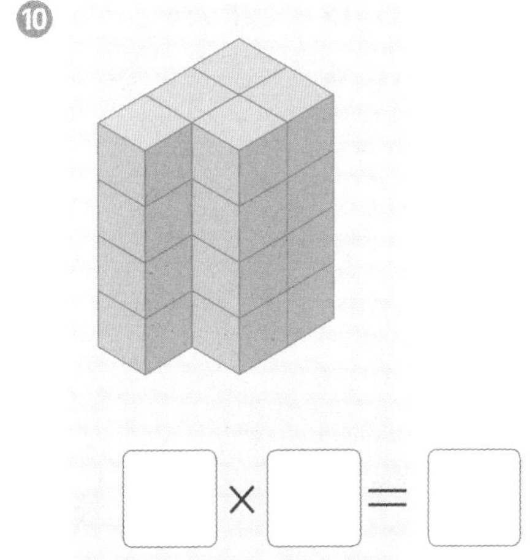

□ × □ = □

第4回：评价测试

数出下列图形中线段的数量，并填入□内。

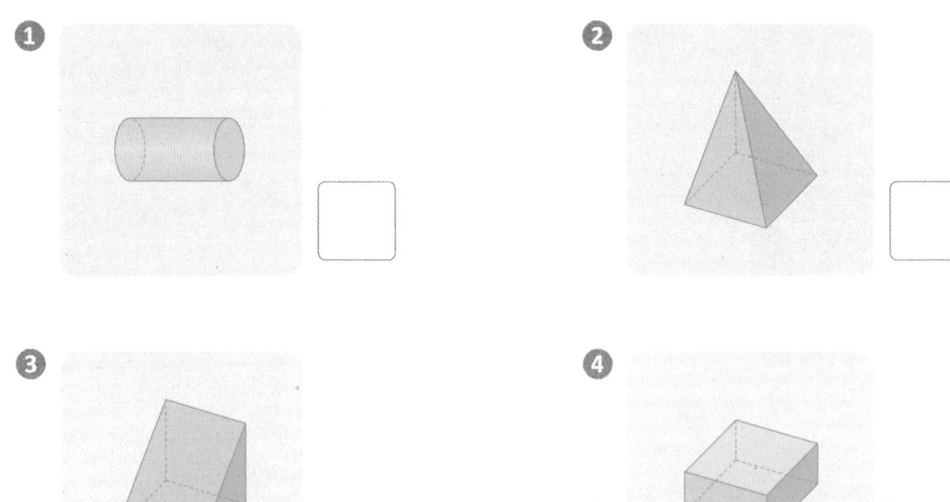

根据左侧从不同方向看到的形状，在右侧找到相应的立体图形，并用○标出。

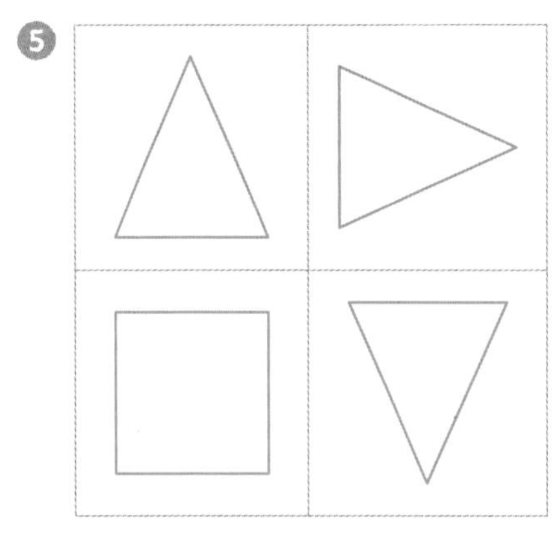

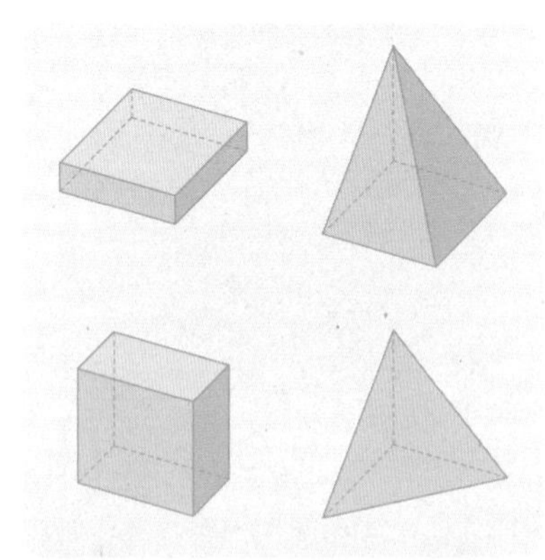

将积木与对应的底面形状连在一起。

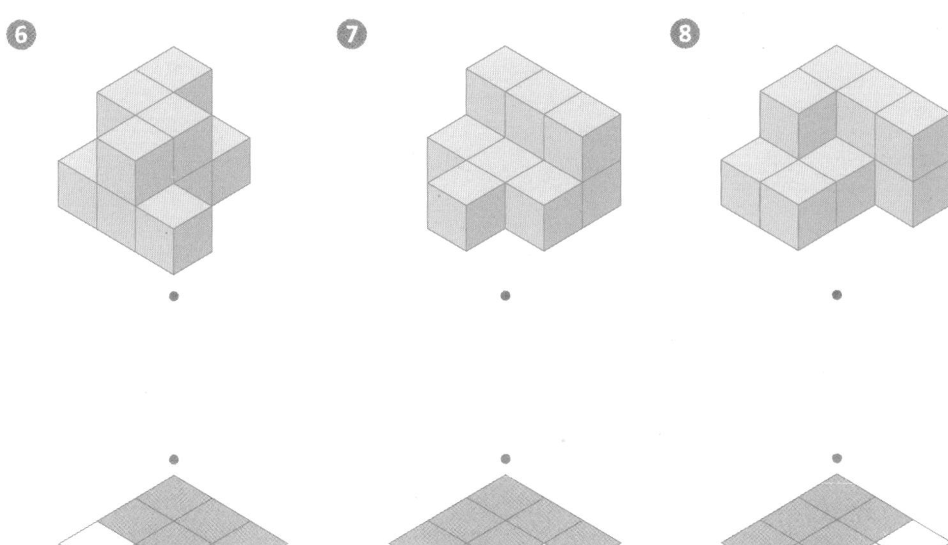

先适当地移动小方块，再使用乘法求出小方块的总数。

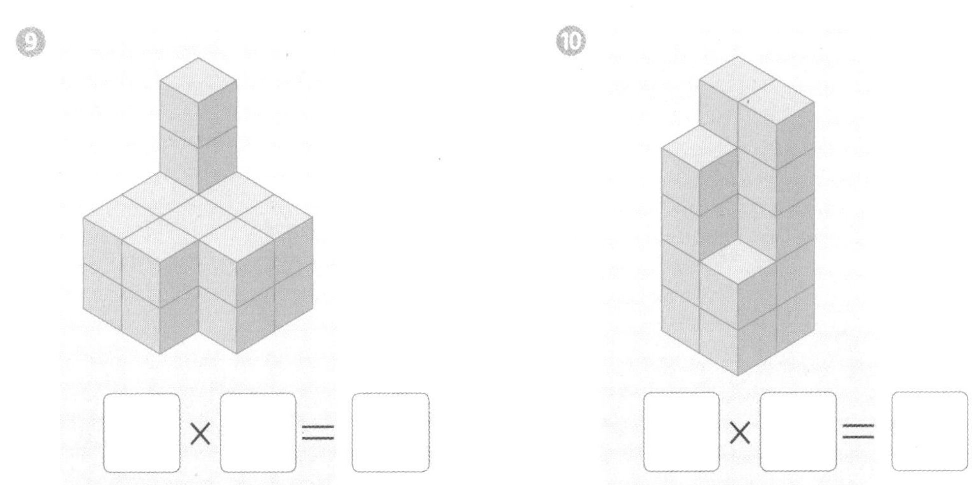

第5回 ：评价测试

找出与其他3个形状不同的图形，并用 × 标出。

❶

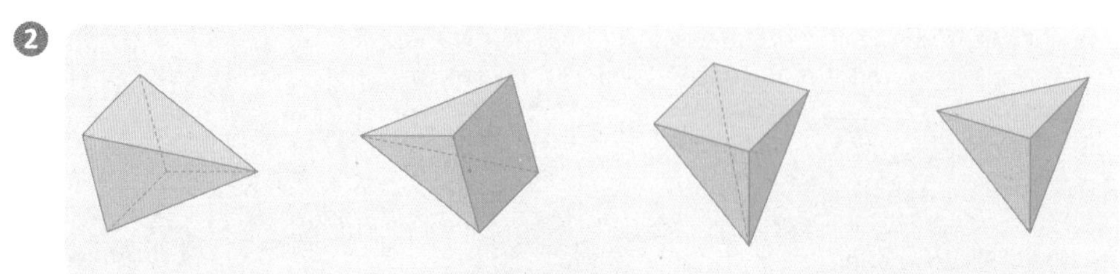

❷

把立体图形与对应的底面形状连起来。

❸

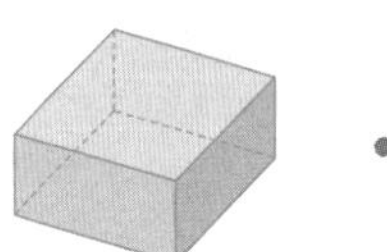 • • 

❹

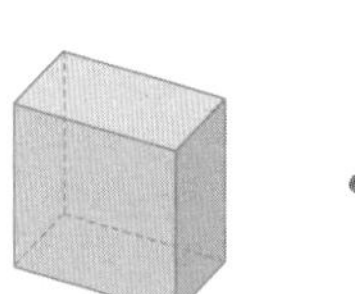 • • 

❺

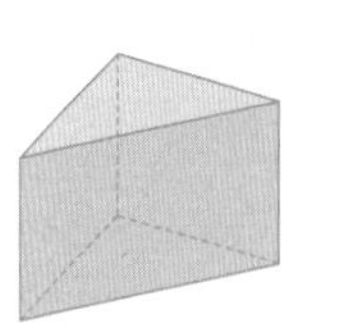 • • 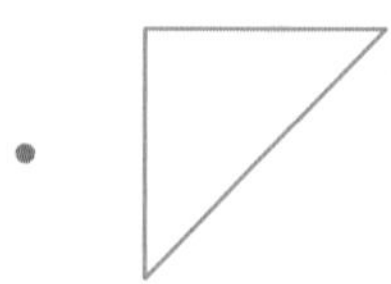

根据层数表在右边找出匹配的积木，并用○标出。

❻

4
0　2
1

❼

求出小方块的总数。

❽　❾

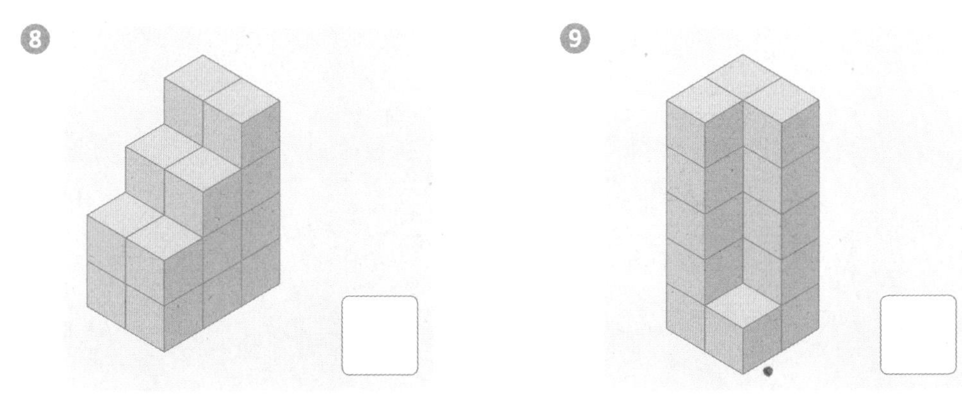

2级

空间思维培养全书

2-4 空间认知

《空间思维培养全书》的结构与学习方法

· 每天花10分钟完成2页图形练习，轻松无负担！
· 每周5天进行每日练习，第5天再对每周重点图形进行巩固练习。
· 共5回评价测试，逐步提升空间能力！

每周学习内容

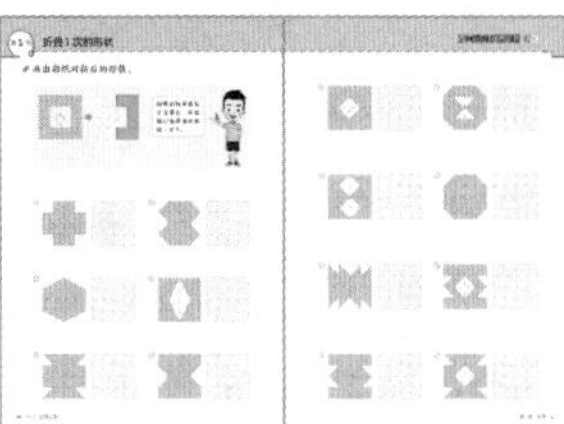

每日练习： “小数学家”们的重点练习，通过给出的提示完成阶段性学习。

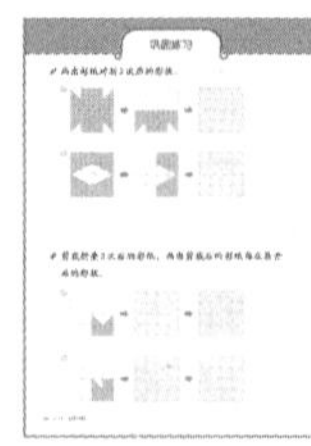

巩固练习： 复习重点内容，完成一周的学习。

第1周	第1天	第2天	第3天	第4天	第5天/巩固练习
	第66～67页	第68～69页	第70～71页	第72～73页	第74～76页

第2周	第1天	第2天	第3天	第4天	第5天/巩固练习
	第78～79页	第80～81页	第82～83页	第84～85页	第86～88页

第3周	第1天	第2天	第3天	第4天	第5天/巩固练习
	第90～91页	第92～93页	第94～95页	第96～97页	第98～100页

第4周	第1天	第2天	第3天	第4天	第5天/巩固练习
	第102～103页	第104～105页	第106～107页	第108～109页	第110～112页

评价测试内容

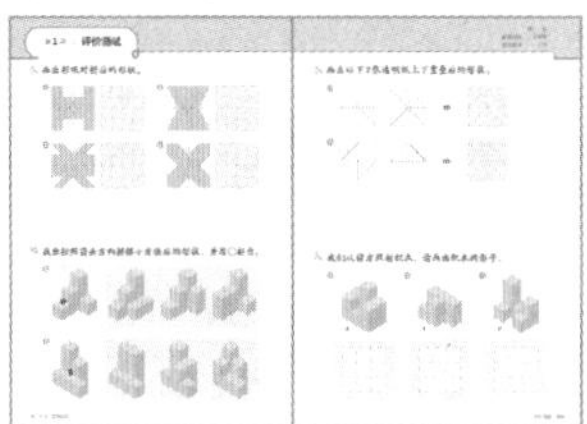

评价测试： 对4周的学习内容进行评价，看看自己在哪一方面还存在不足。

评价测试

第1回	第2回	第3回	第4回	第5回
第114～115页	第116～117页	第118～119页	第120～121页	第122～123页

第1周

折叠

第1天：折叠1次的形状 66
第2天：折叠2次的形状 68
第3天：展开1次的形状 70
第4天：展开2次的形状 72
第5天：每次展开的形状 74

巩固练习 76

第1天 折叠1次的形状

画出彩纸对折后的形状。

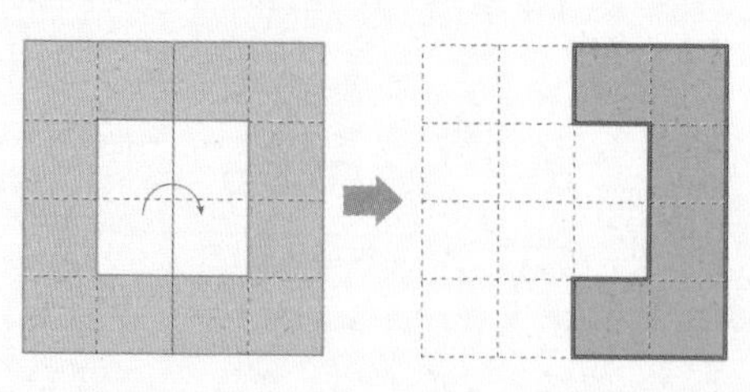

1

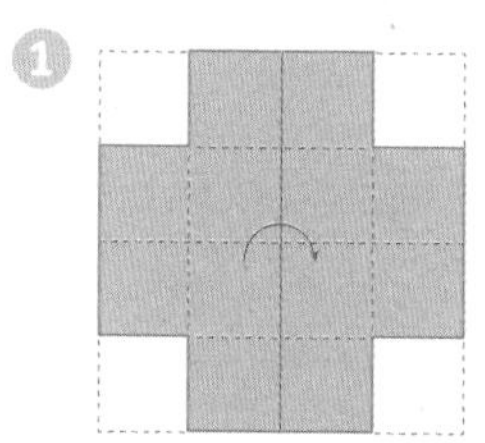

2

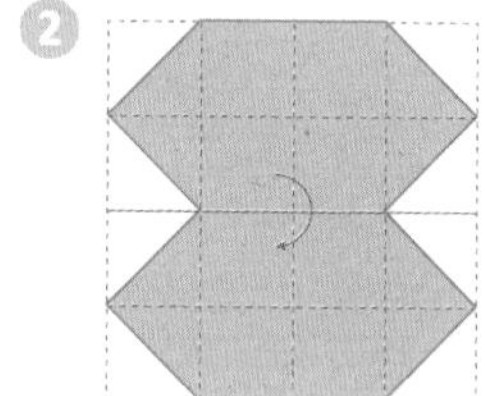

3

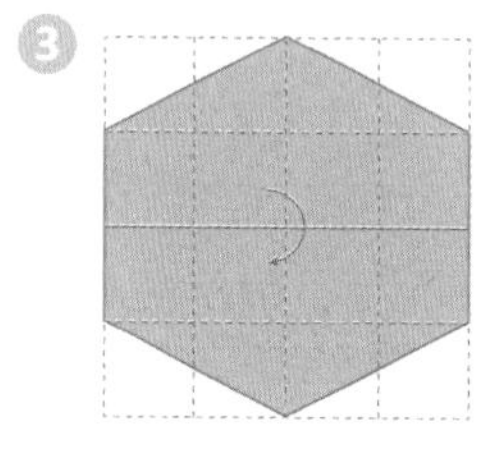

4

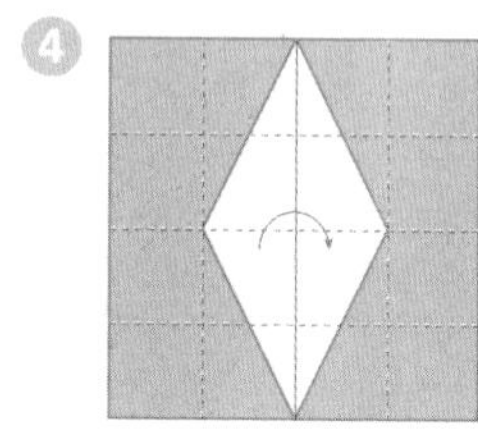

5

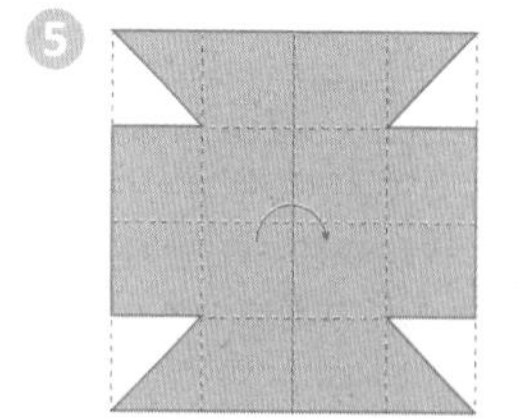

6

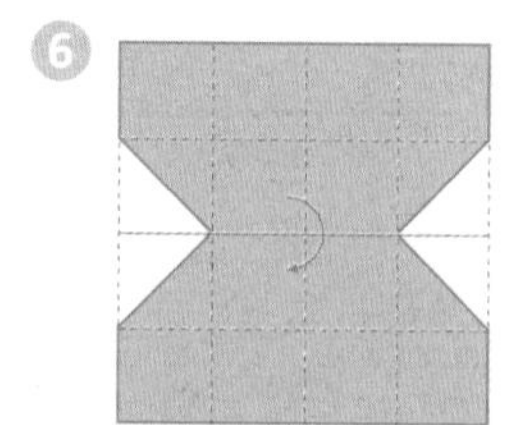

7
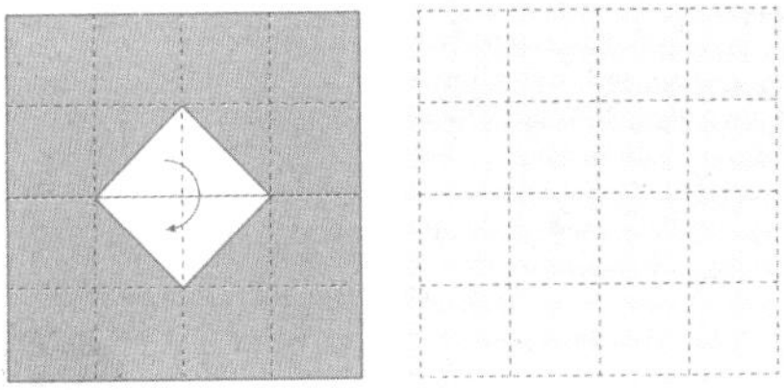

8
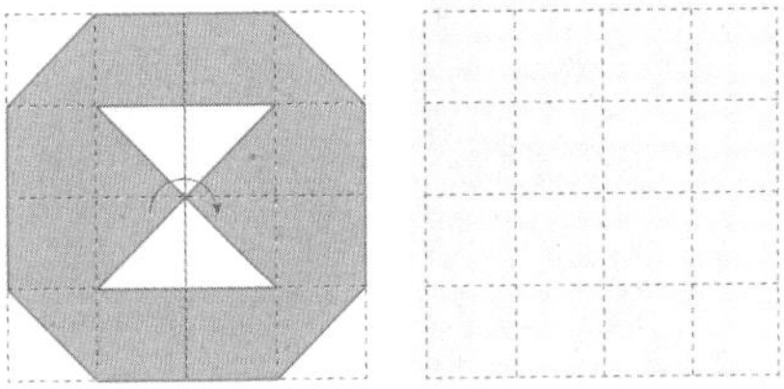

9
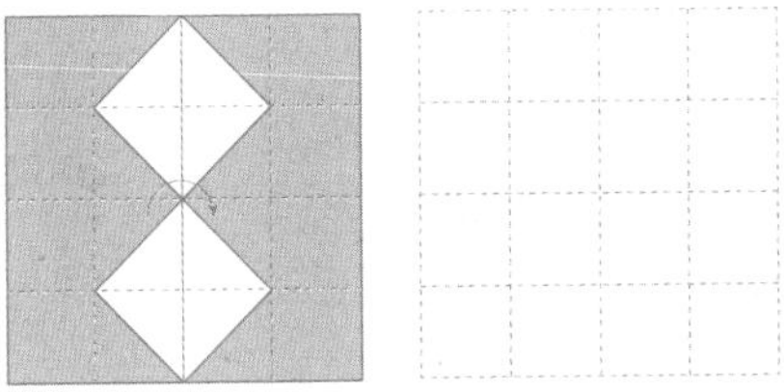

10
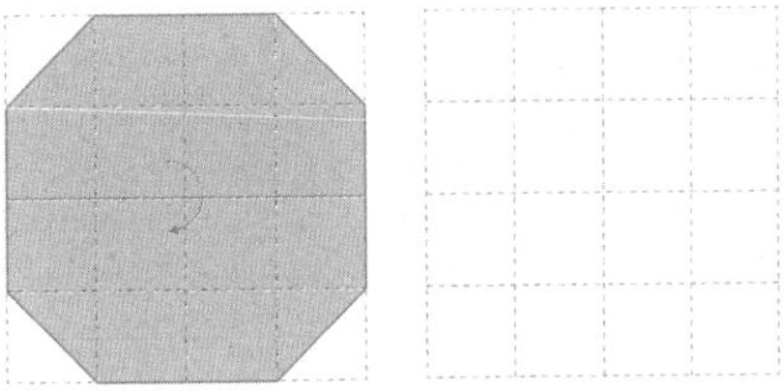

11
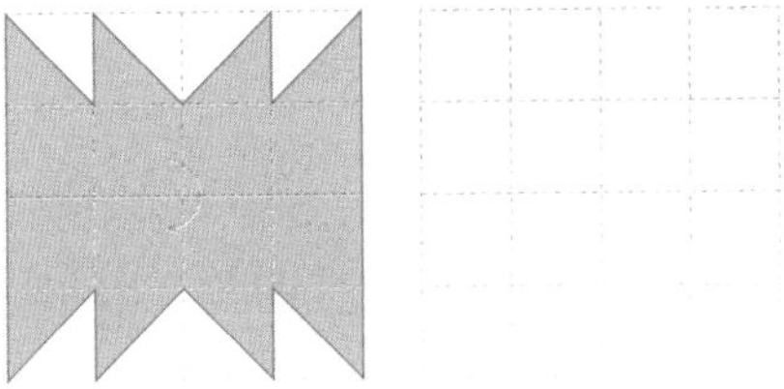

12
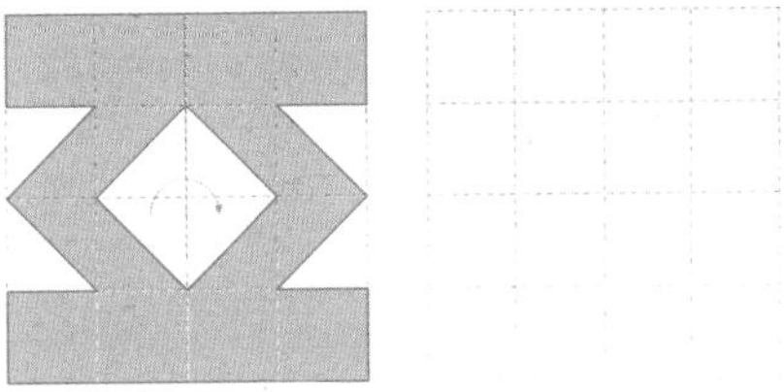

13
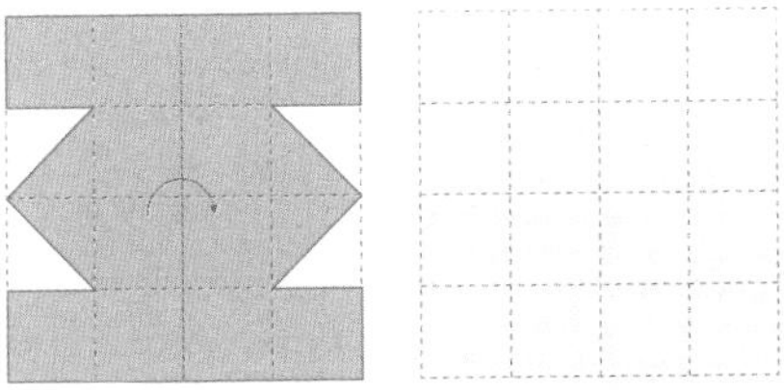

14
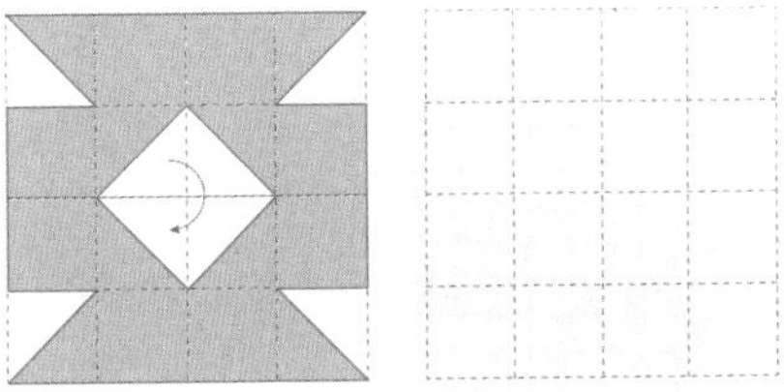

折叠2次的形状

画出彩纸对折2次后的形状。

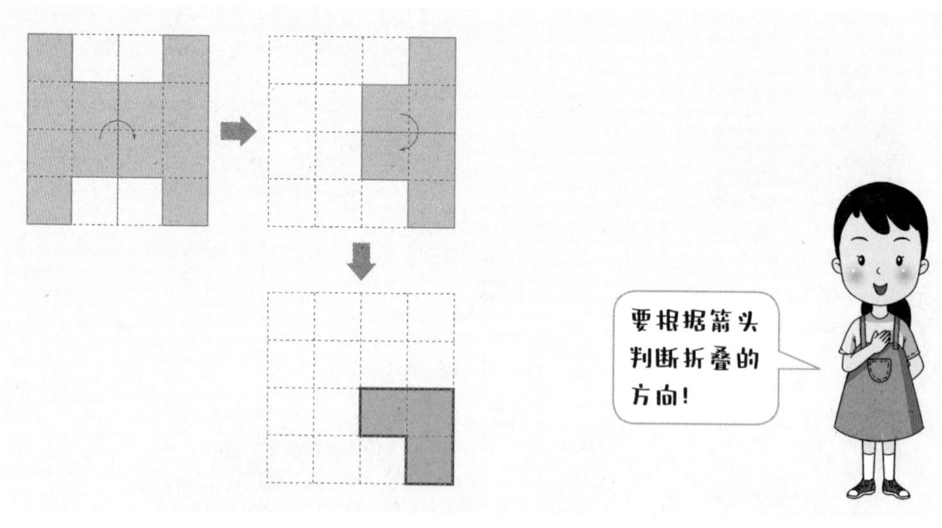

1

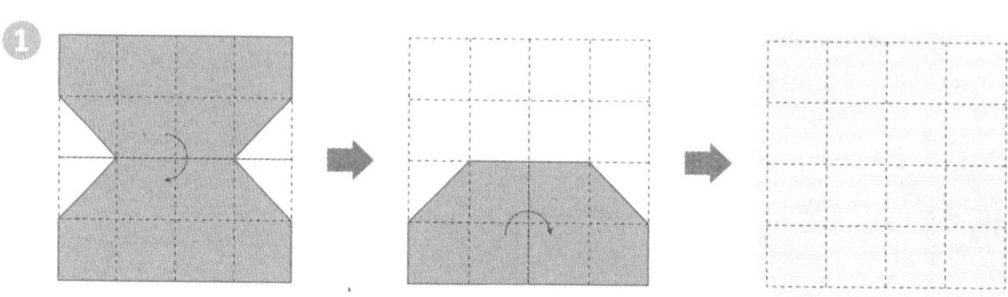

2

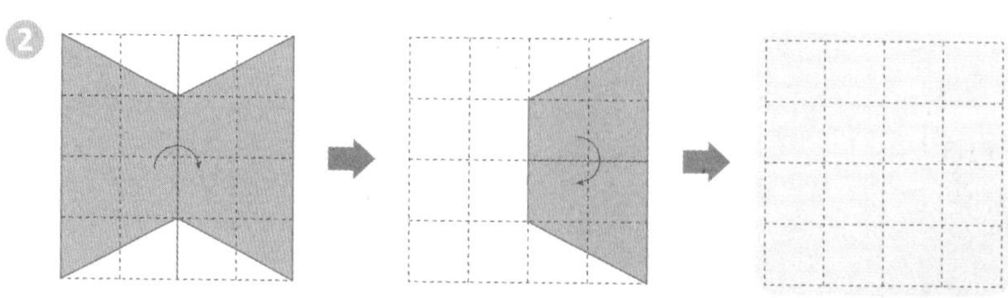

3
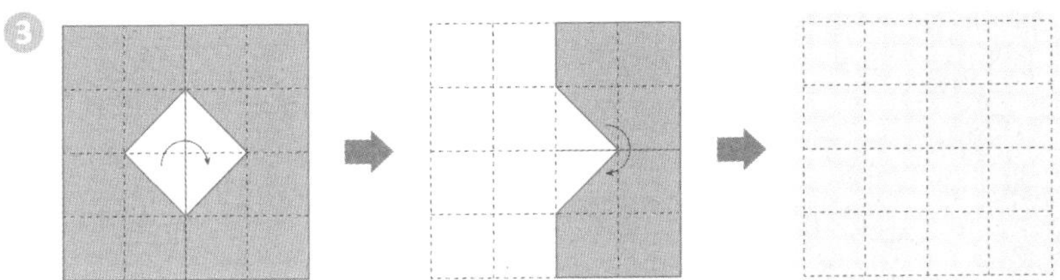

4
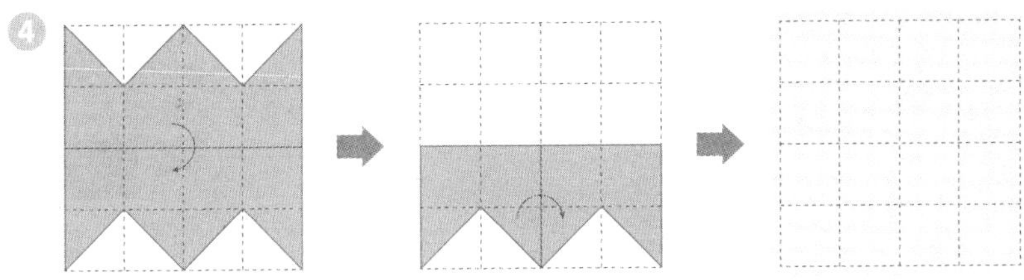

5
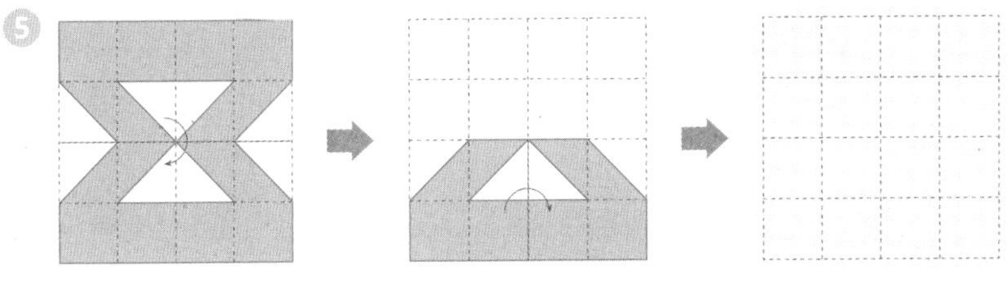

6
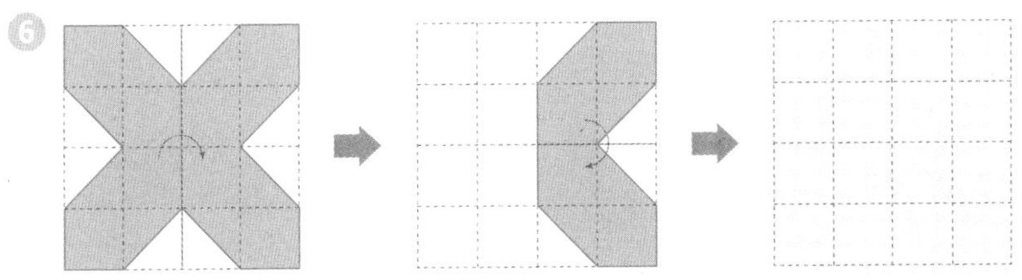

展开1次的形状

剪裁折叠2次后的彩纸，画出剪裁后的彩纸展开1次后的形状。

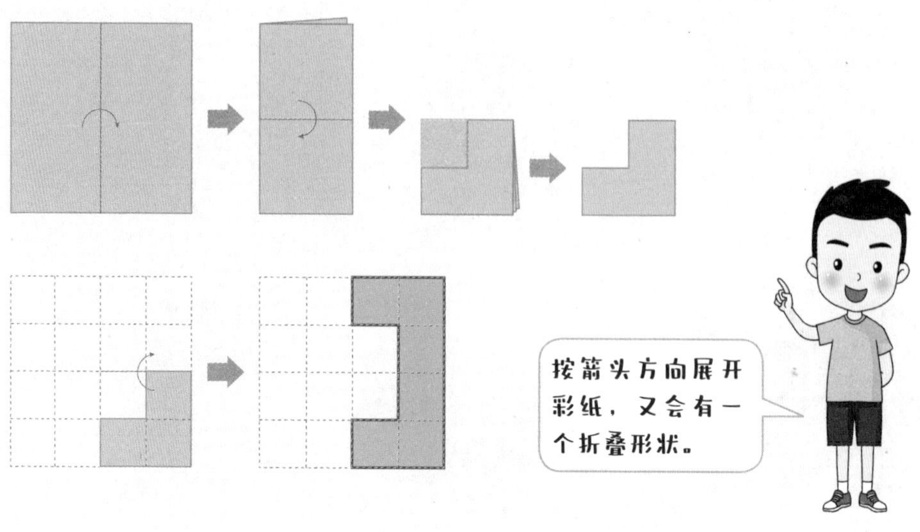

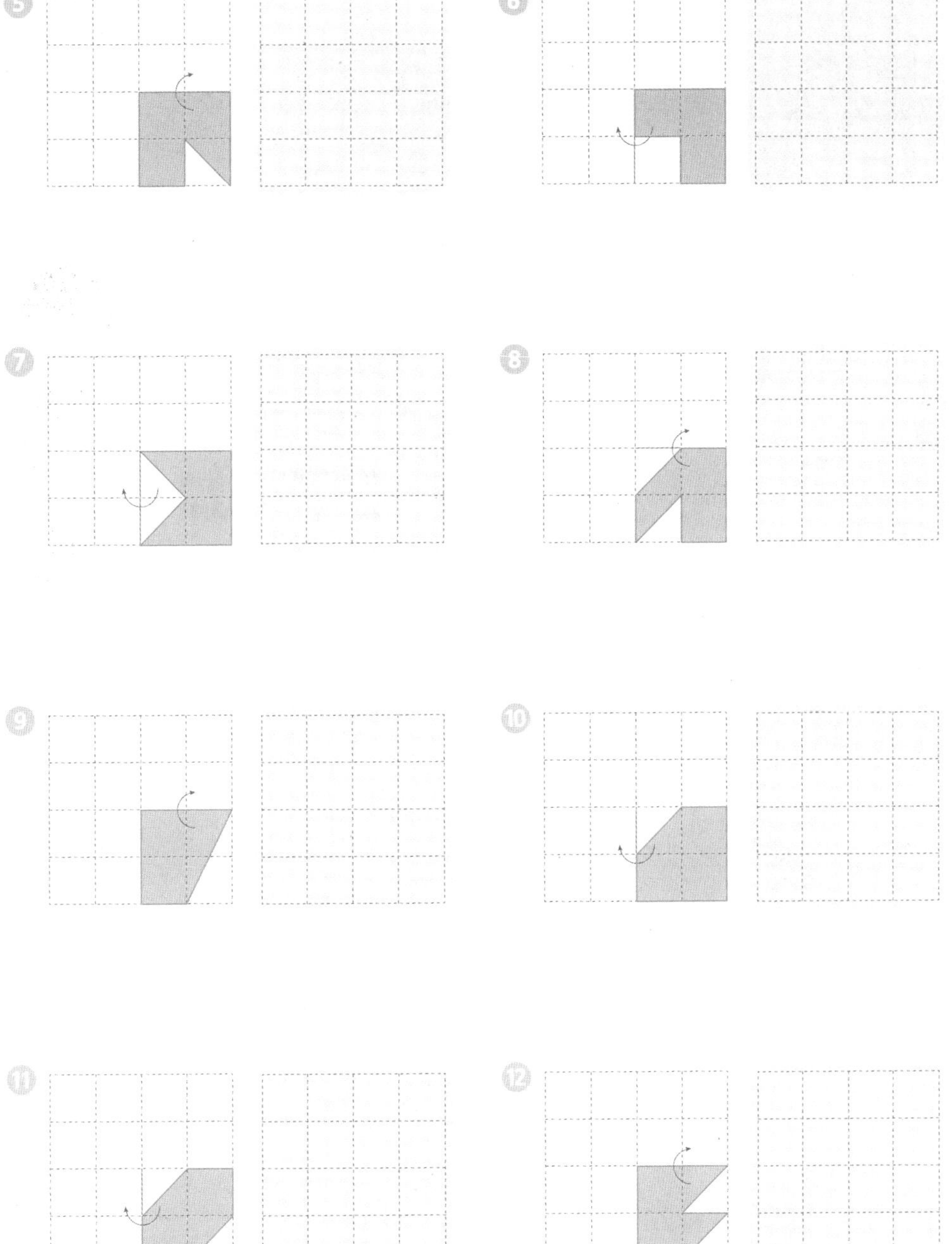
5
6
7
8
9
10
11
12

第4天

展开2次的形状

剪裁折叠2次后的彩纸，画出剪裁后的彩纸展开2次后的形状。

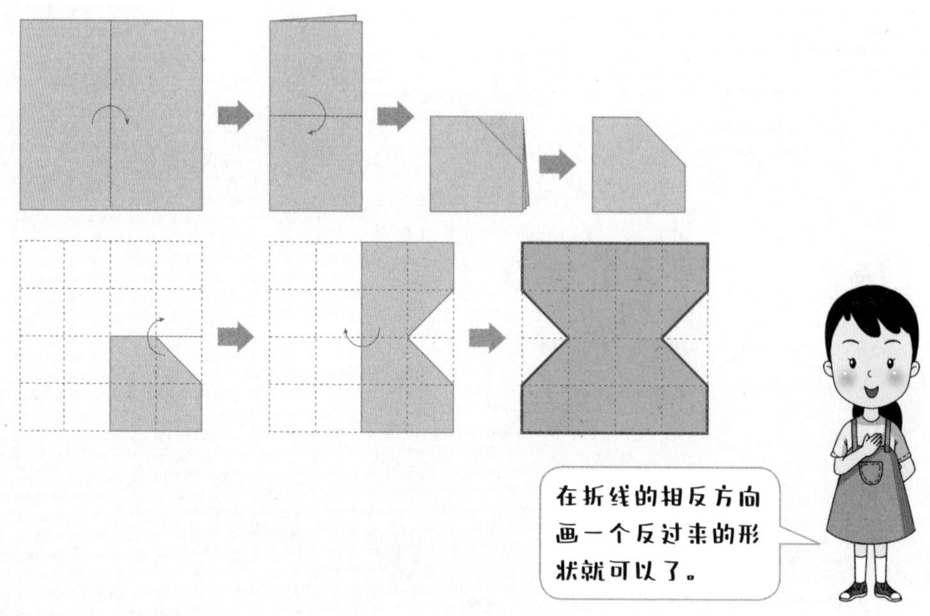

1

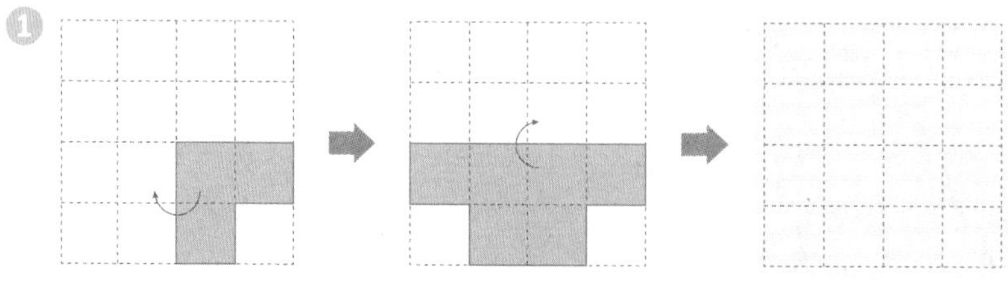

2

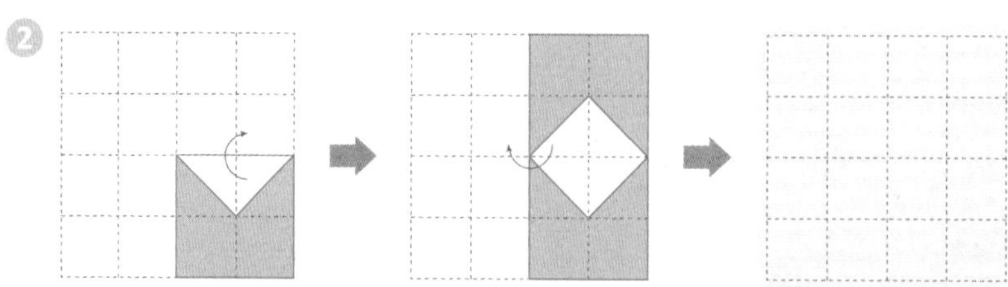

3

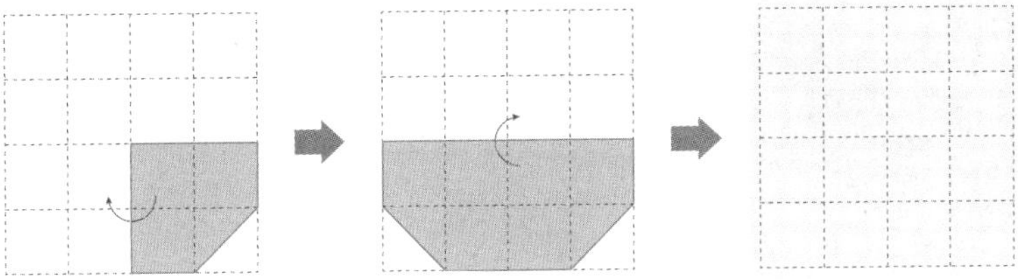

4

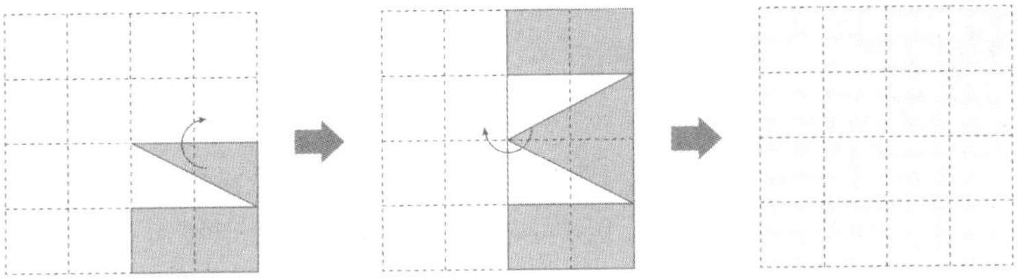

5

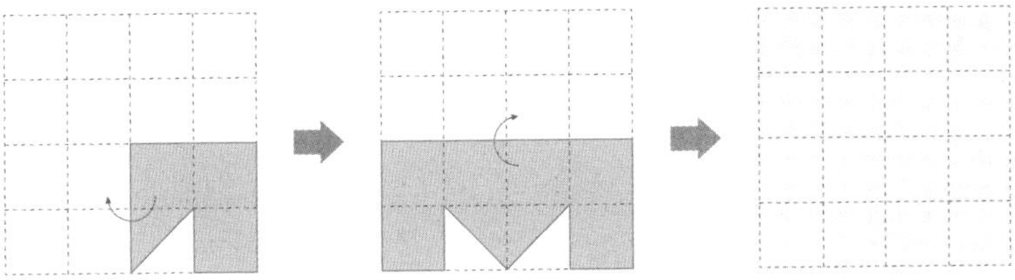

6

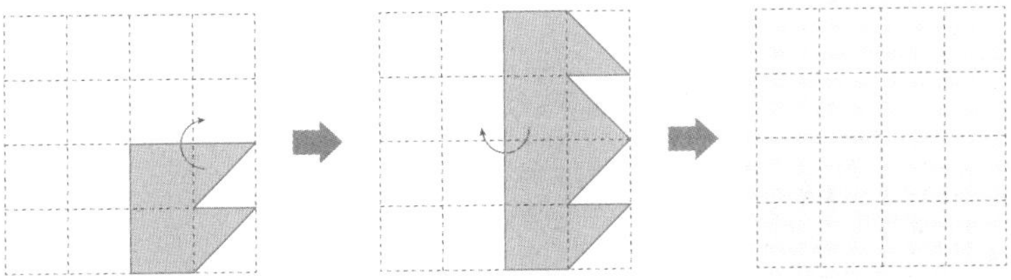

每次展开的形状

剪裁折叠2次后的彩纸，画出剪裁后的彩纸每次展开后的形状。

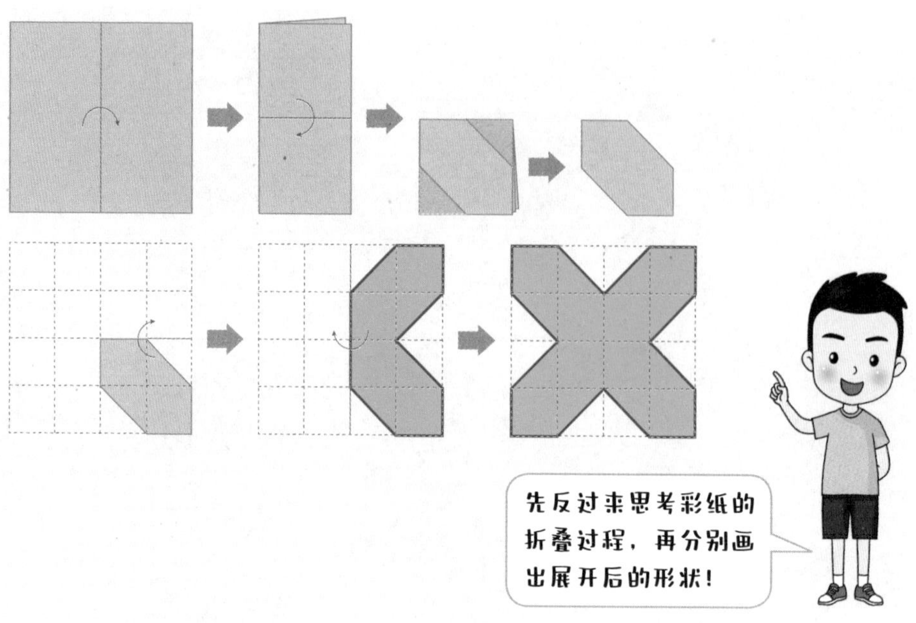

1
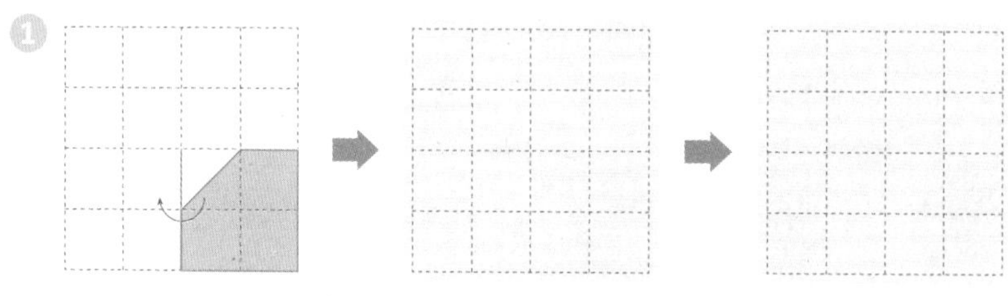

2

3

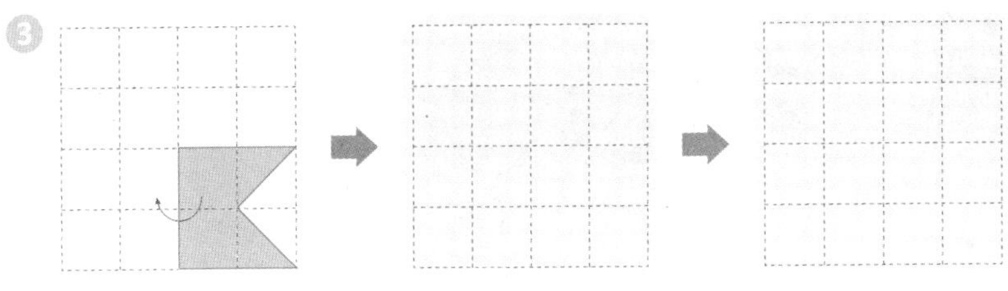

4

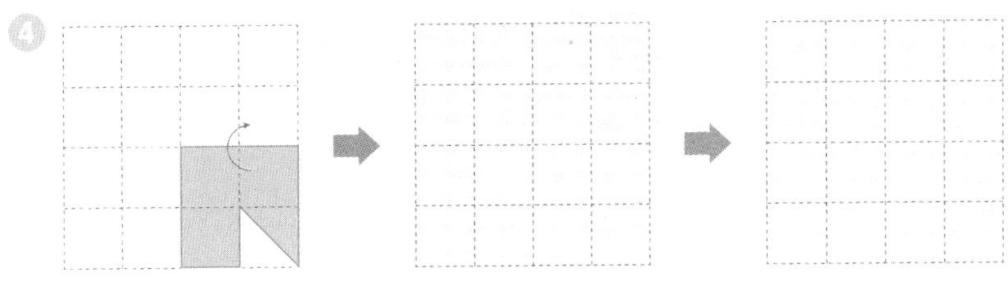

5

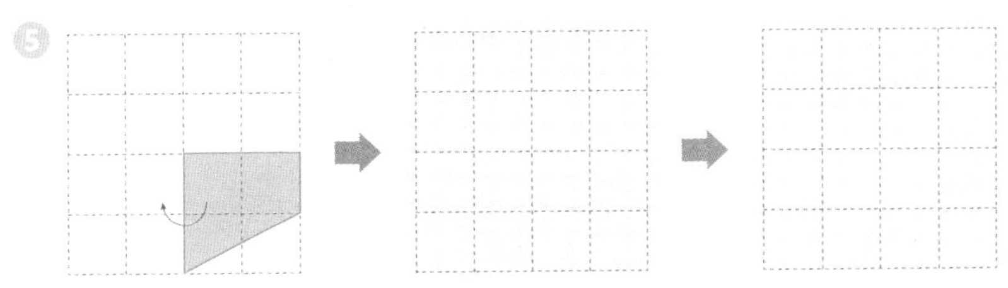

6

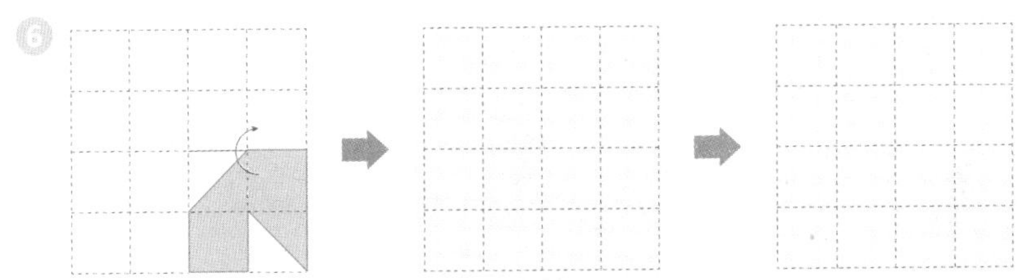

巩固练习

画出彩纸对折2次后的形状。

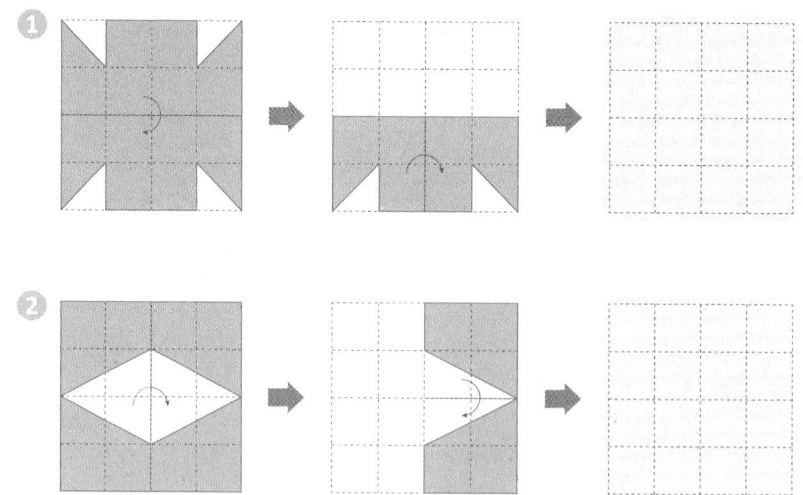

剪裁折叠2次后的彩纸，画出剪裁后的彩纸每次展开后的形状。

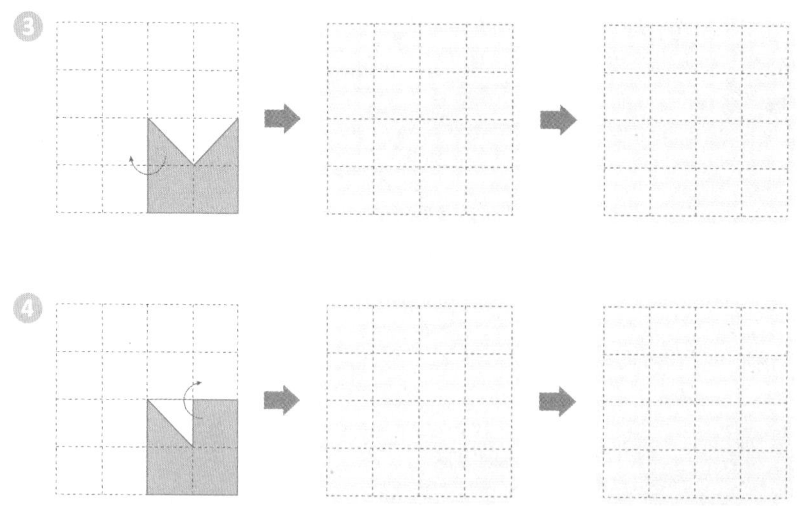

第2周

不同方向拼搭

第1天：上与下 78

第2天：前与后 80

第3天：左与右 82

第4天：按箭头拼搭后的形状（1） 84

第5天：按箭头拼搭后的形状（2） 86

巩固练习 88

上与下

积木中有1个小方块被涂上了颜色，请将其上下相邻的小方块涂上颜色。

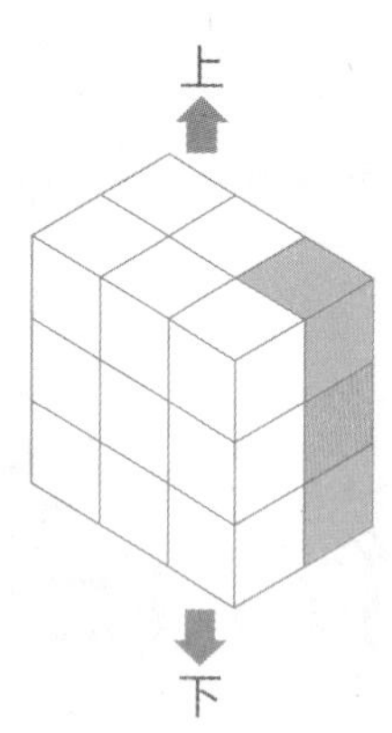

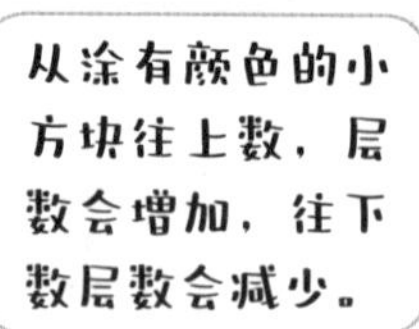

1
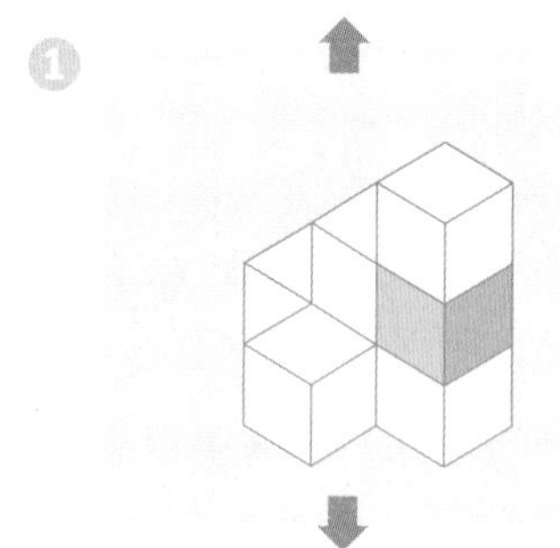

2
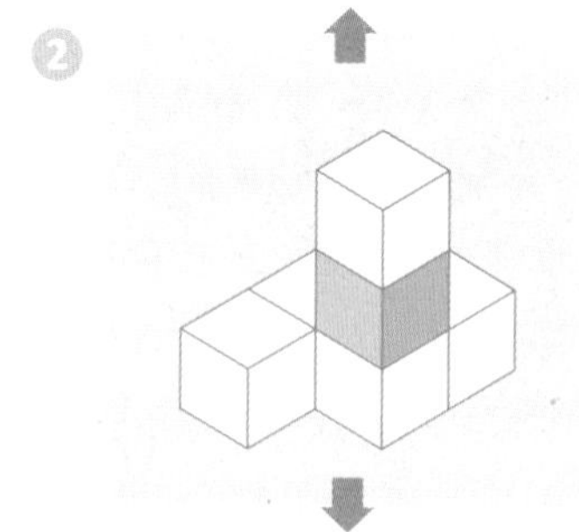

3
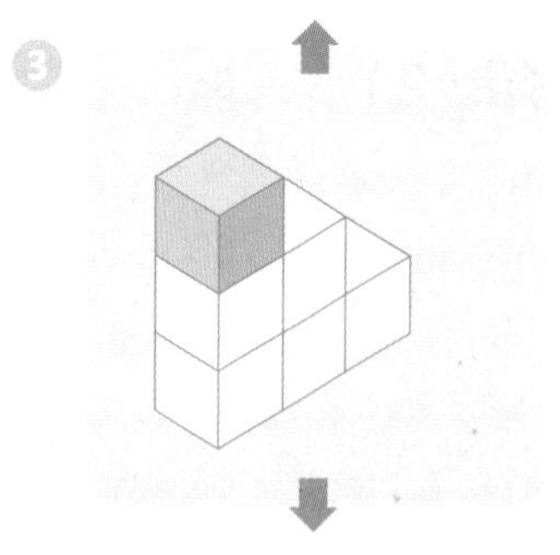

4
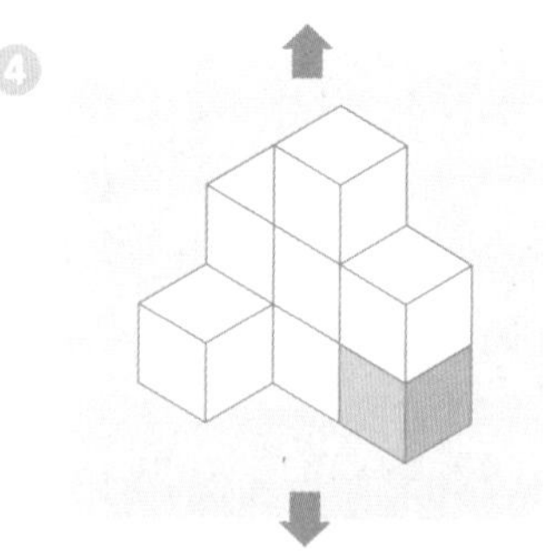

⑤
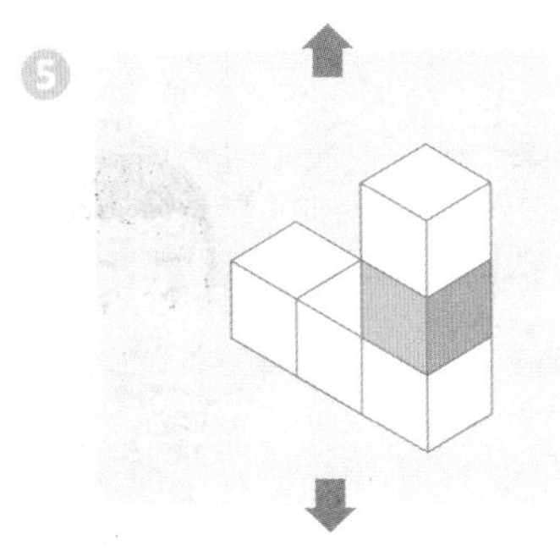

⑥
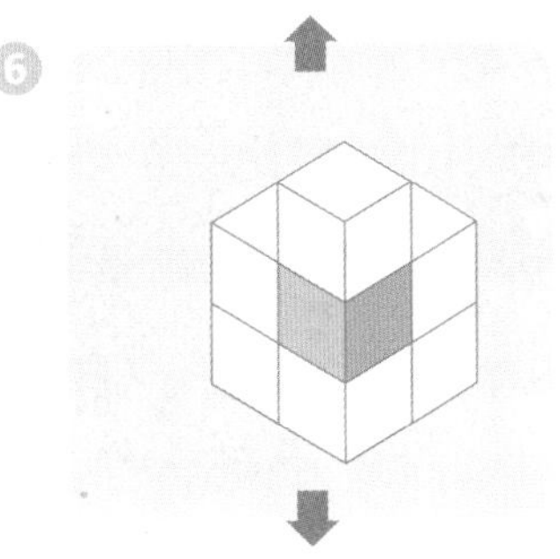

⑦
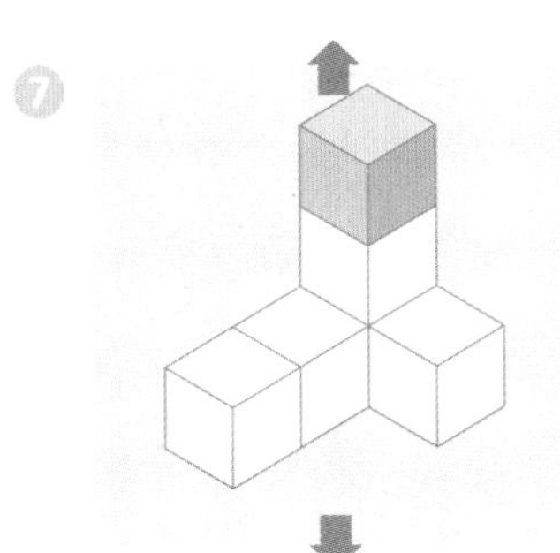

⑧
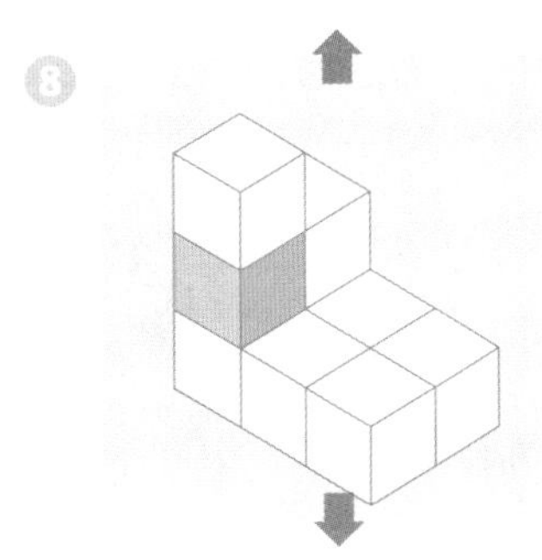

⑨
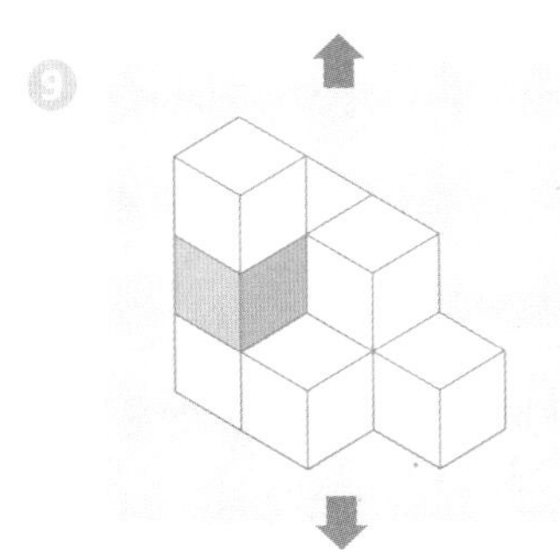

⑩
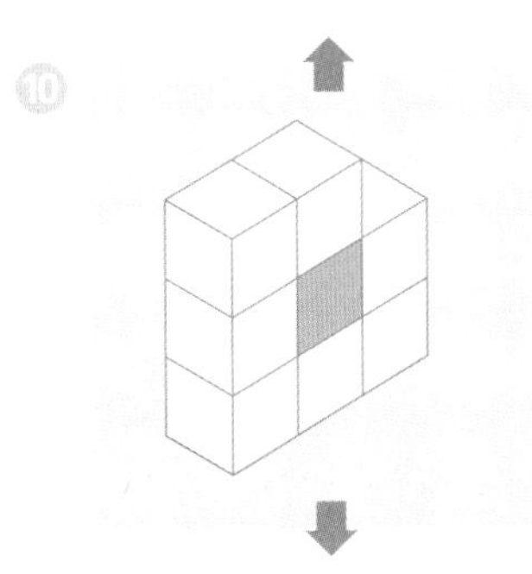

前与后

积木中有1个小方块被涂上了颜色，请将其前后相邻的小方块涂上颜色。

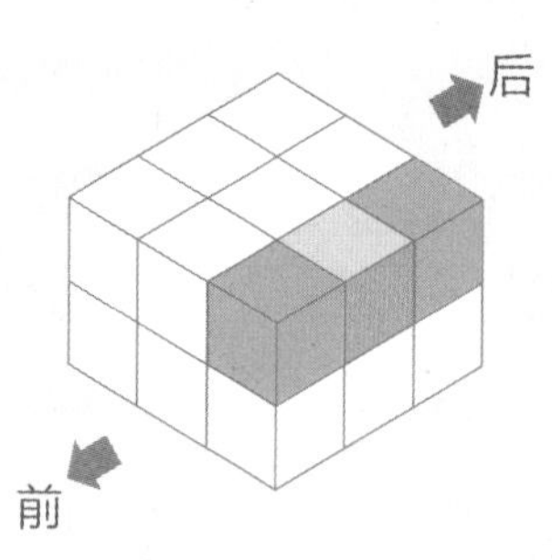

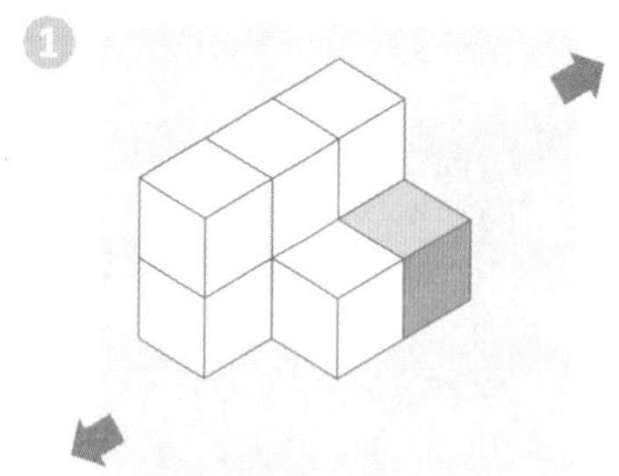

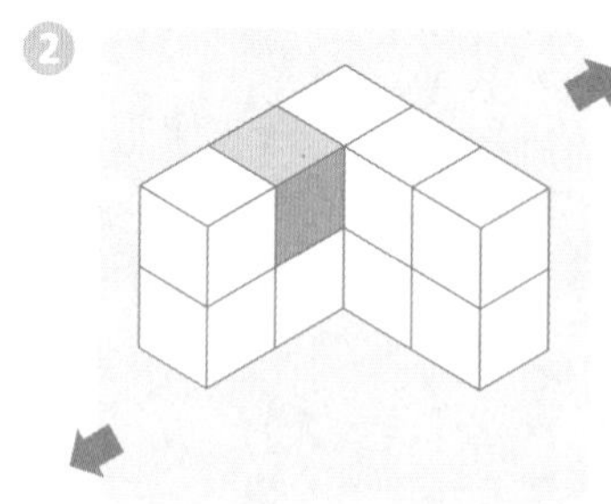

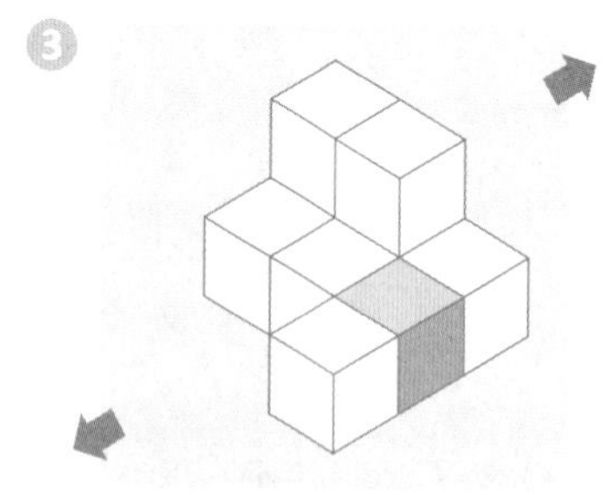

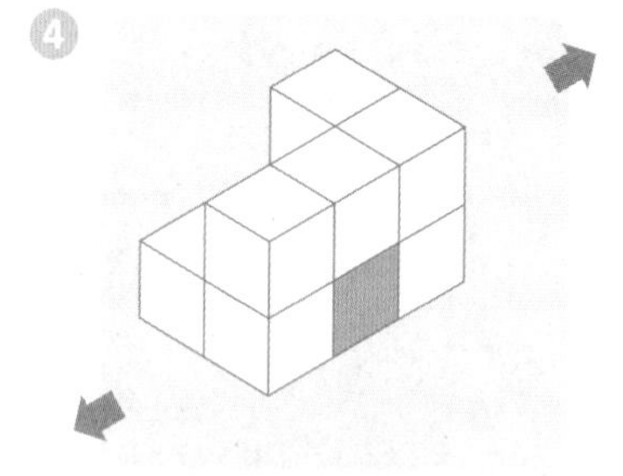

5
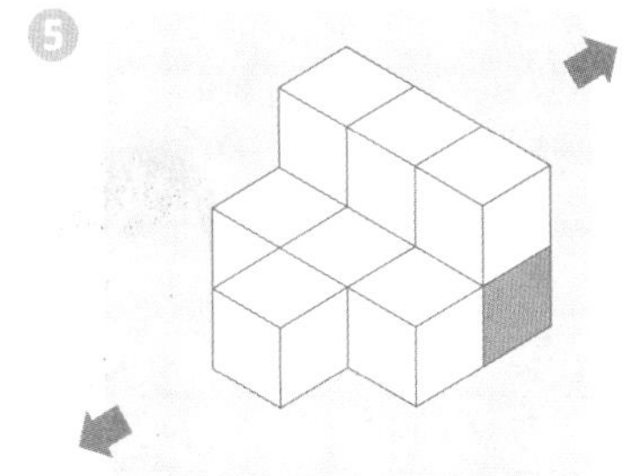

6
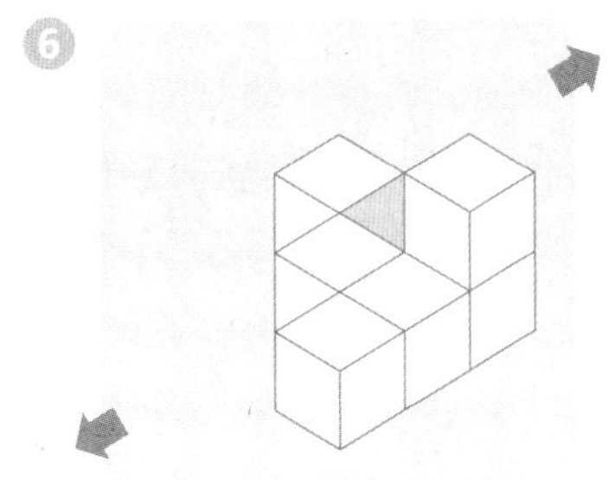

7
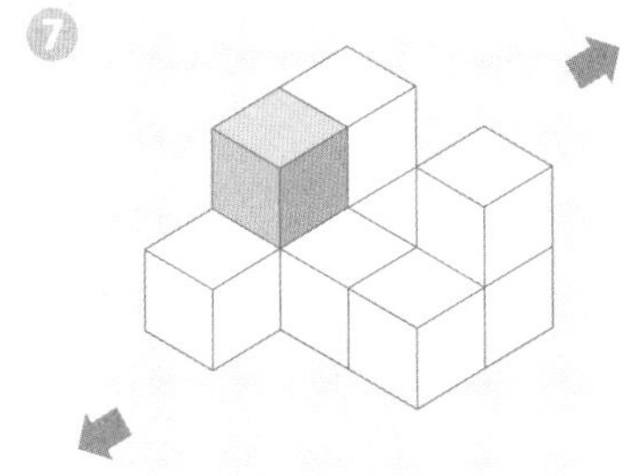

8
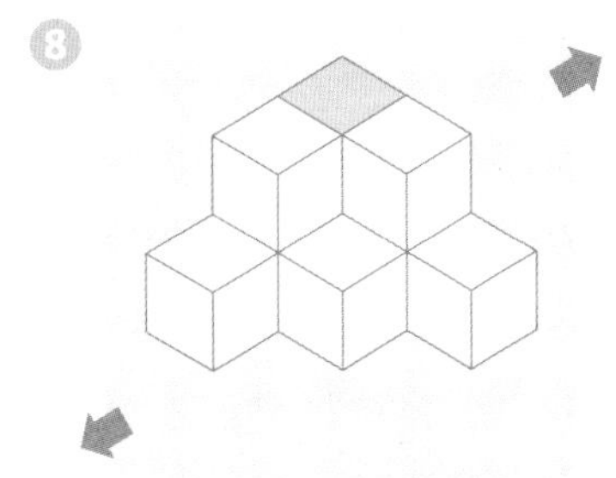

9
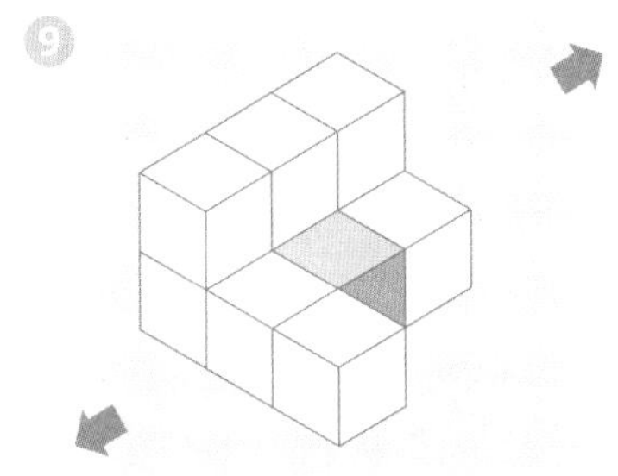

10
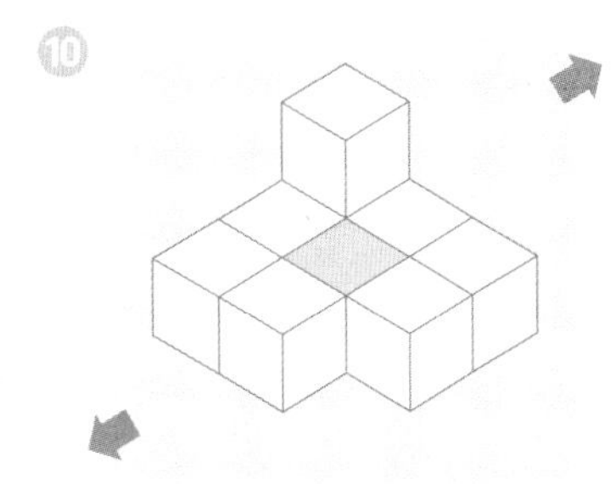

第3天 左与右

积木中有1个小方块被涂上了颜色，请将其左右相邻的小方块涂上颜色。

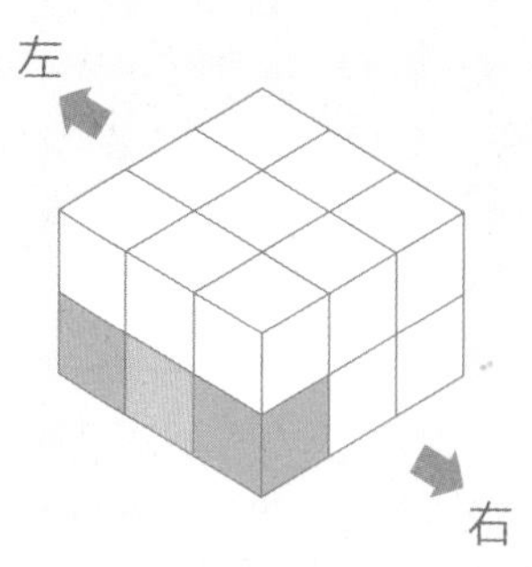

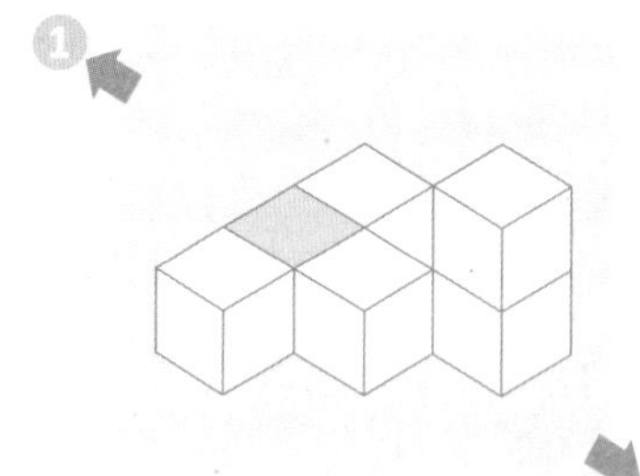

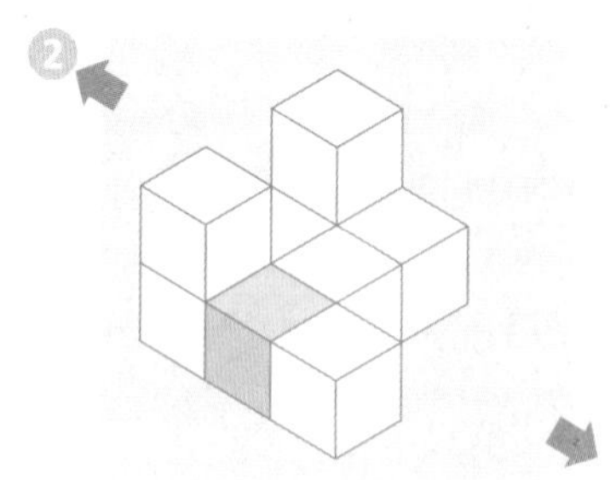

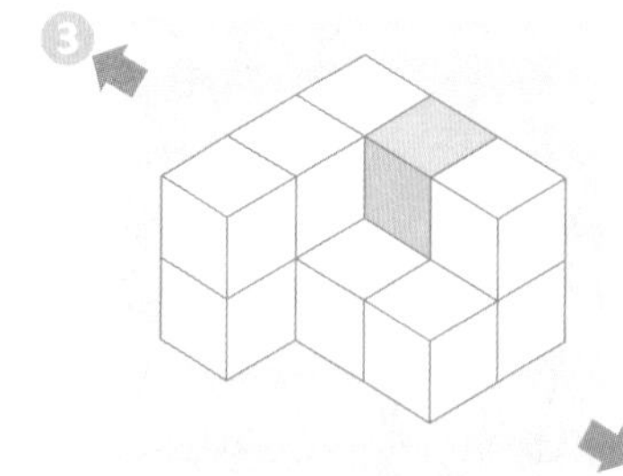

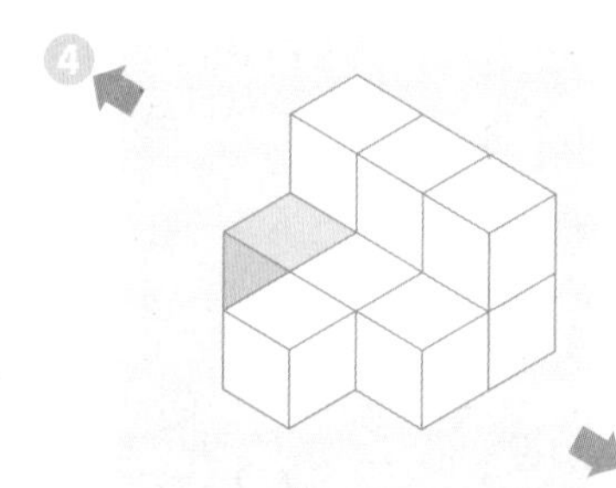

5
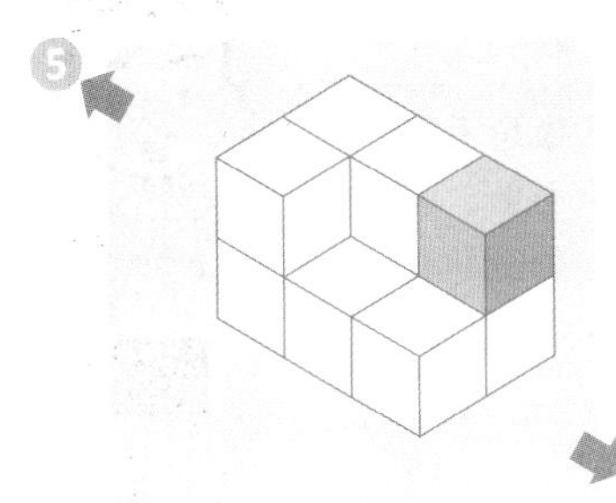

6
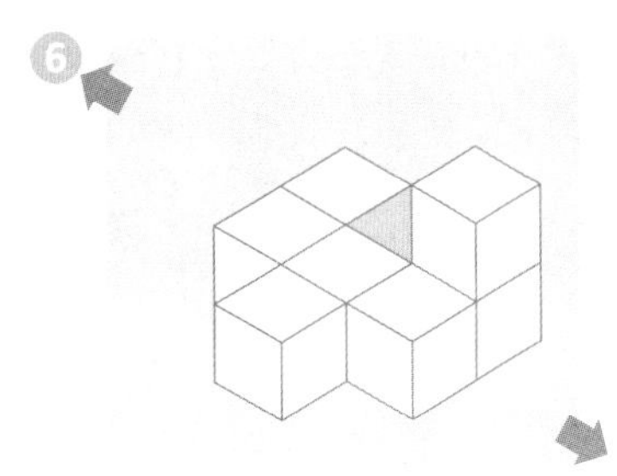

7
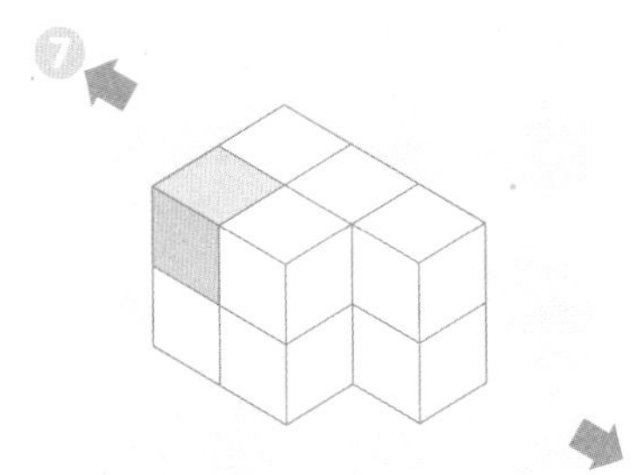

8
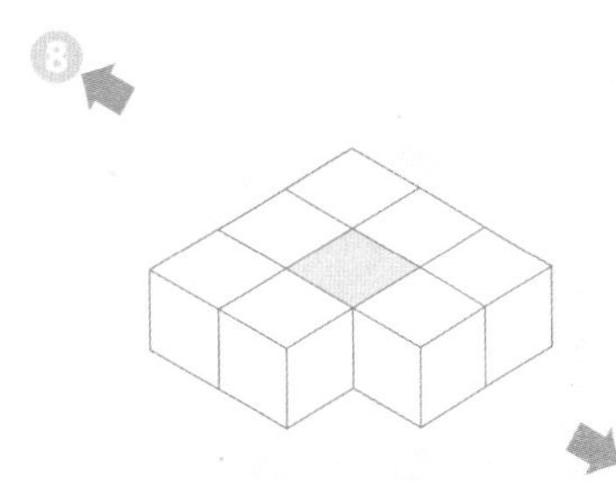

9
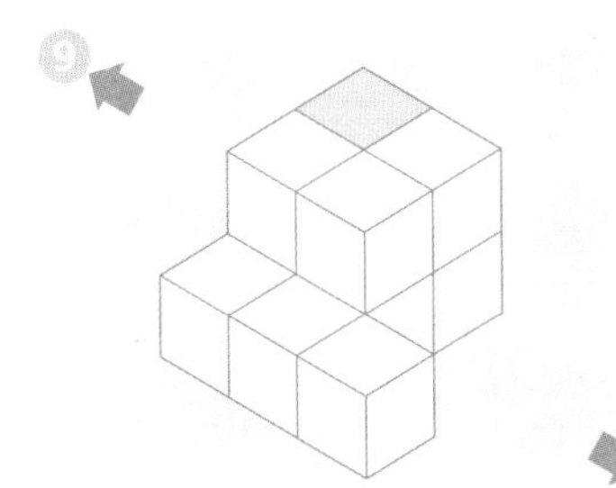

10
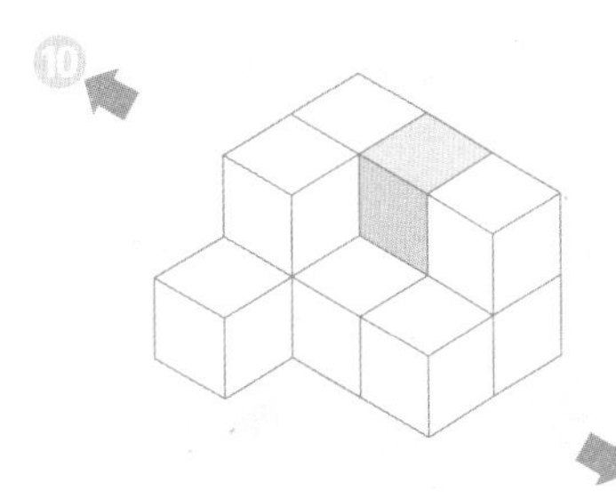

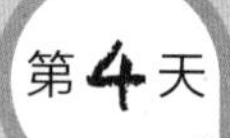

按箭头拼搭后的形状（1）

✎ 找出按照箭头方向拼搭小方块后的形状，并用○标出。

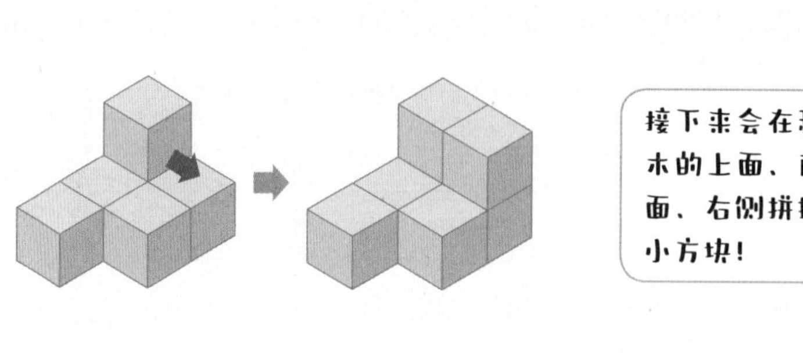

1

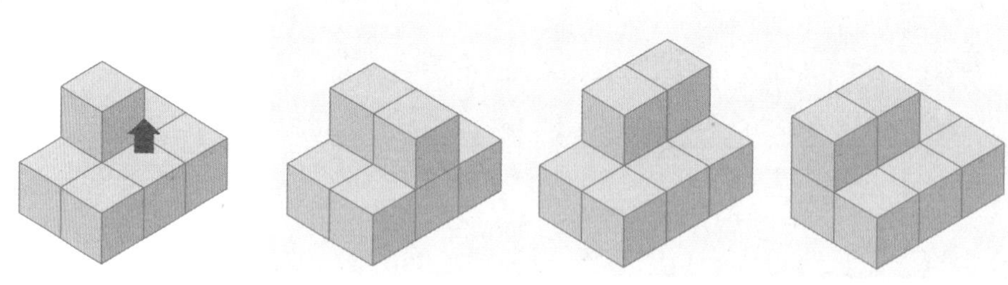

2

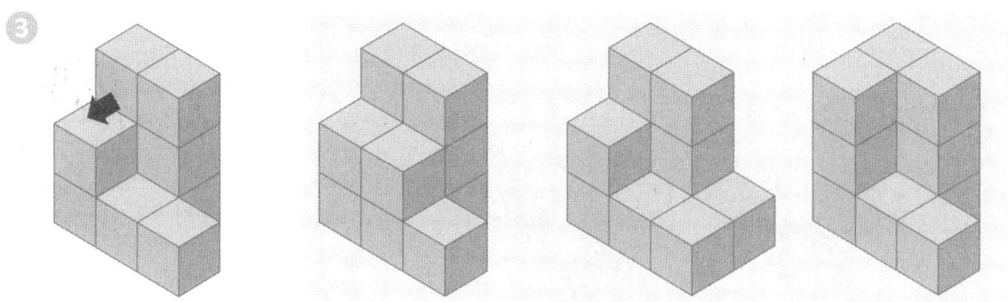

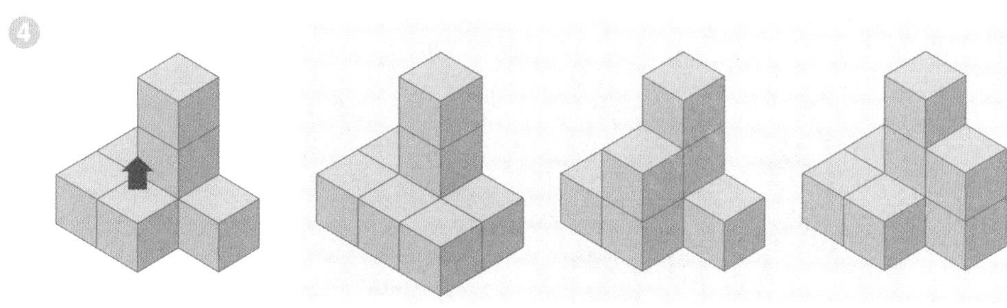

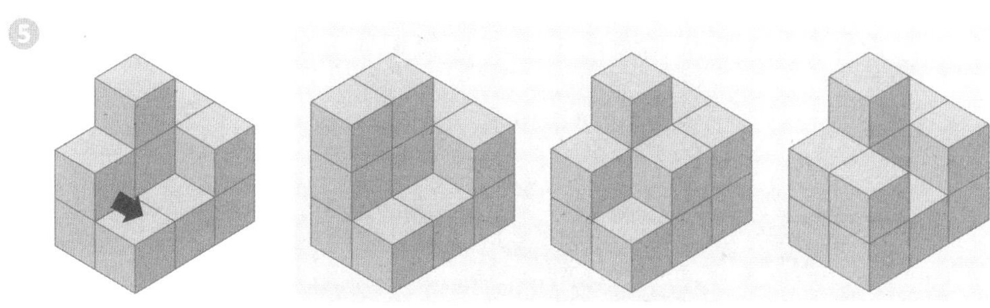

按箭头拼搭后的形状（2）

找出按照箭头方向拼搭小方块后的形状，并用○标出。

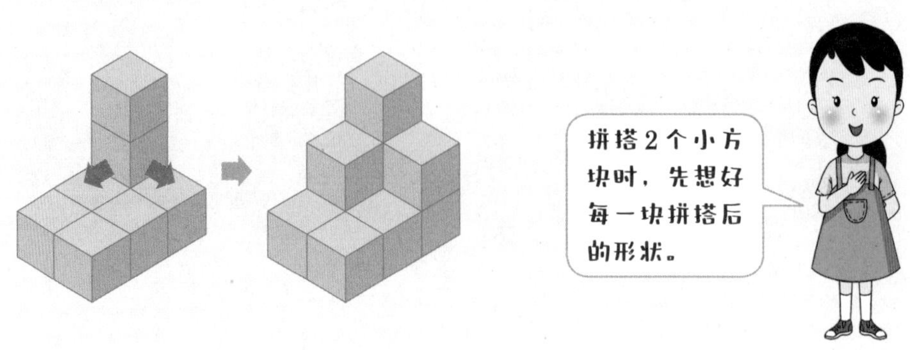

1

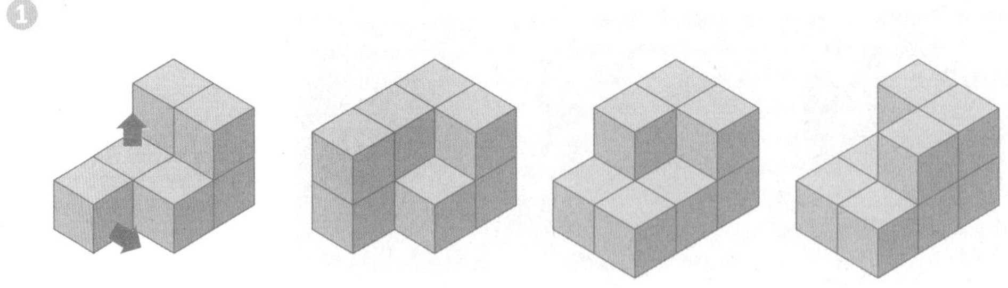

2

3

4

5

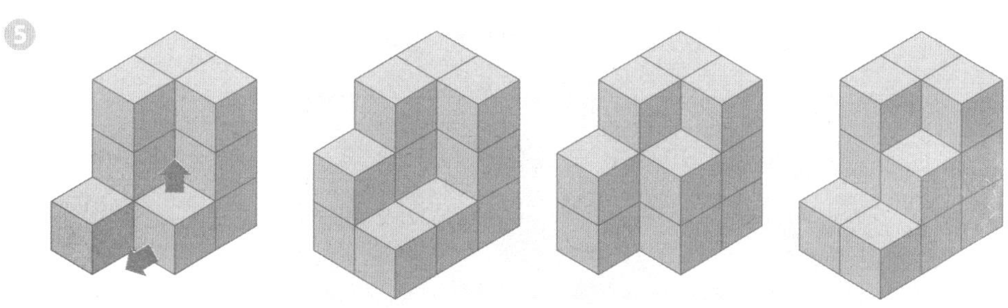

巩固练习

积木中有1个小方块被涂上了颜色，请将其上下相邻的小方块涂上颜色。

❶
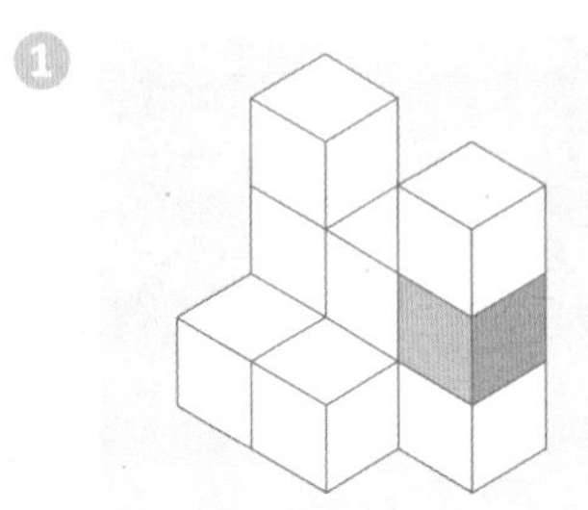

❷

❸
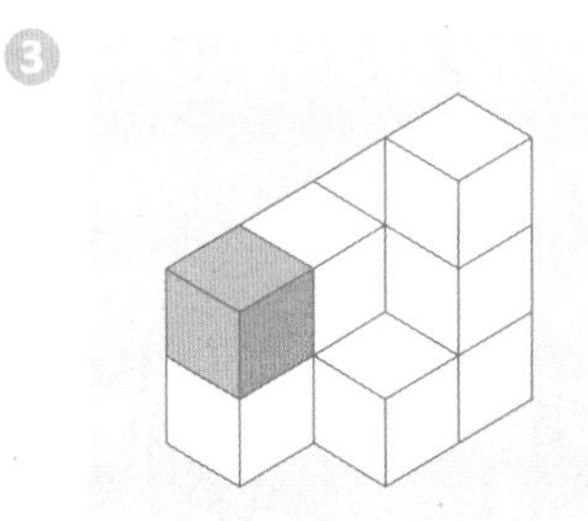

❹
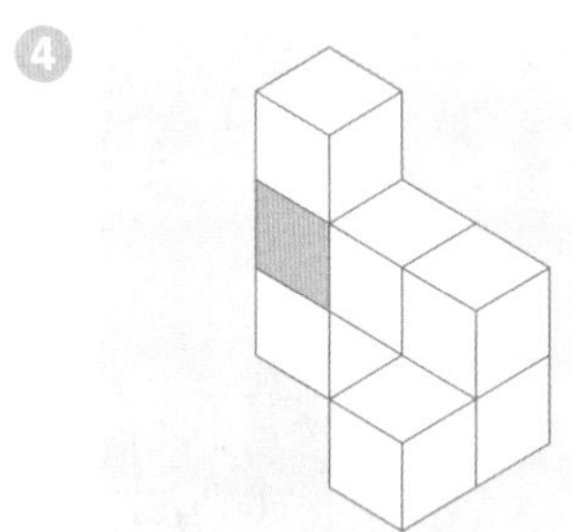

找出按照箭头方向拼搭小方块后的形状，并用○标出。

❺
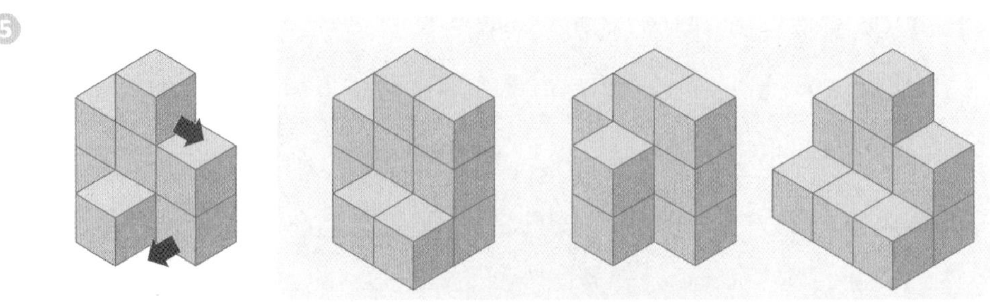

第3周

透明纸的重叠

第1天：透明纸的重叠 90

第2天：不需要的透明纸 92

第3天：旋转透明纸 94

第4天：转一转，叠一叠 96

第5天：无法制作的形状 98

巩固练习 100

透明纸的重叠

画出以下2张透明纸上下重叠后的形状。

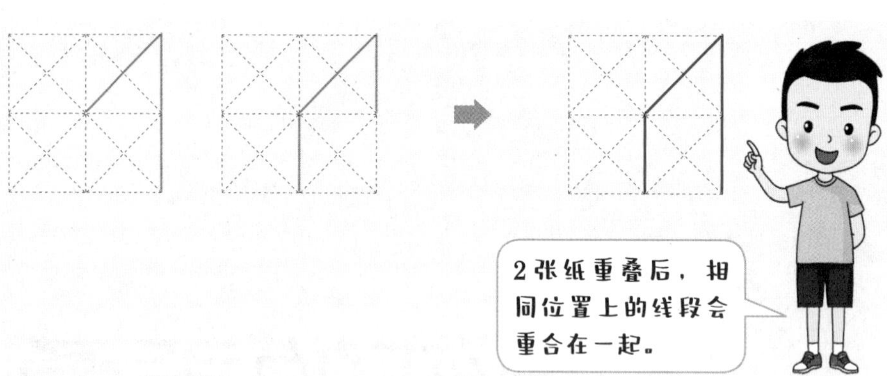

1

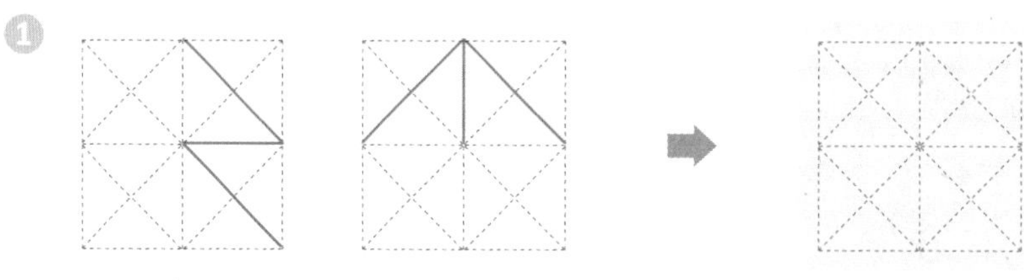

2

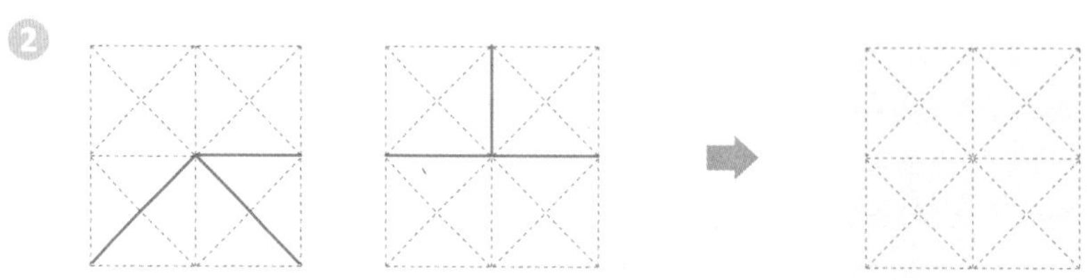

3

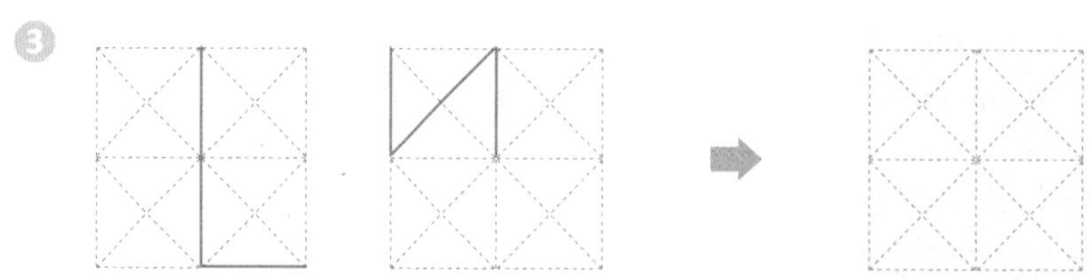

4

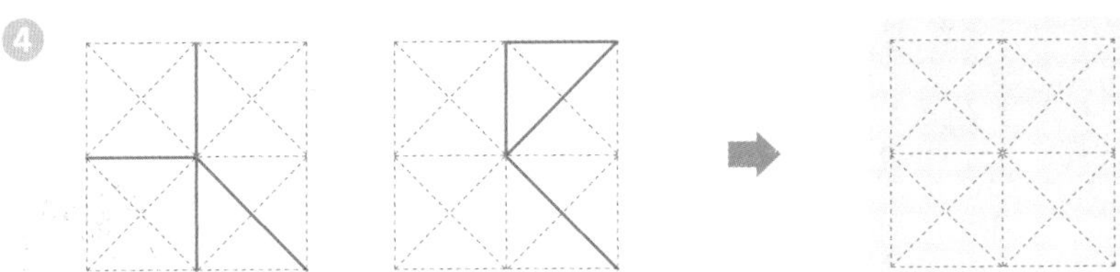

5

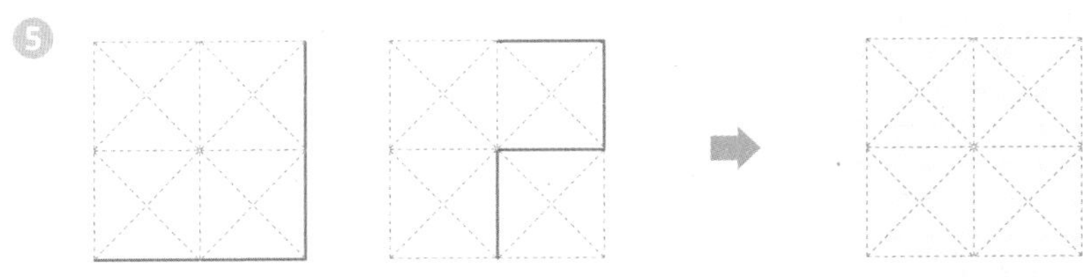

6

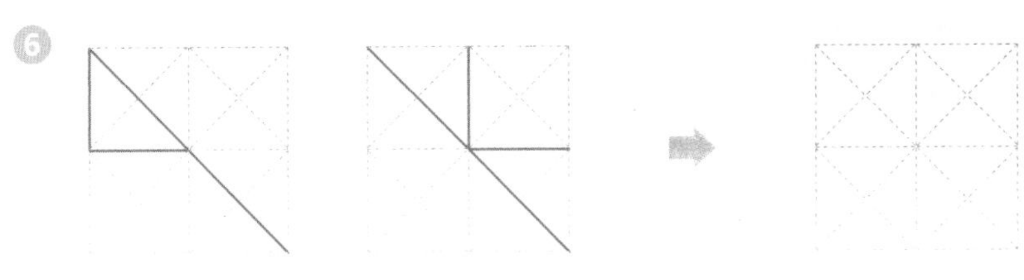

7

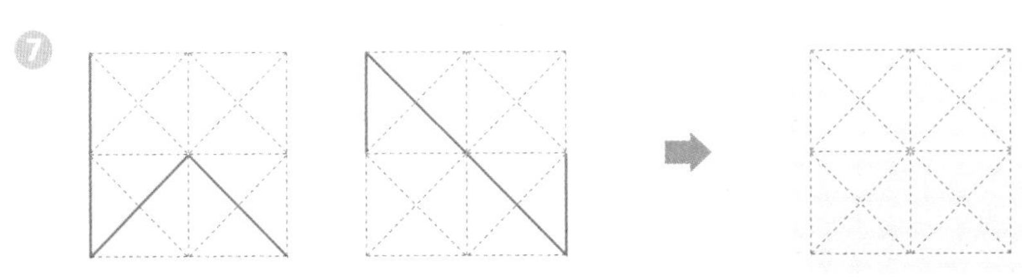

不需要的透明纸

找出重叠成右边形状用不到的透明纸，并用 × 标出。

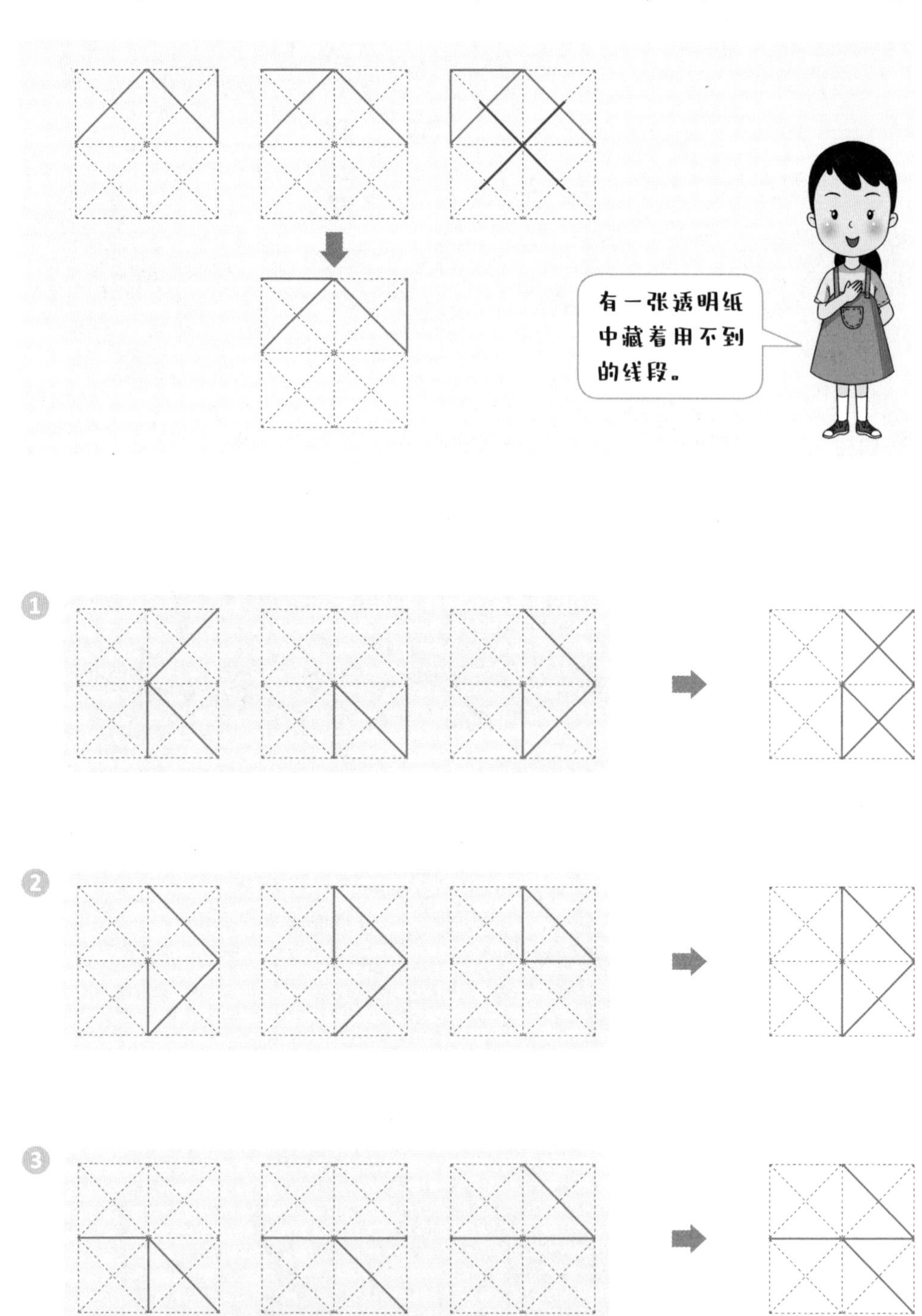

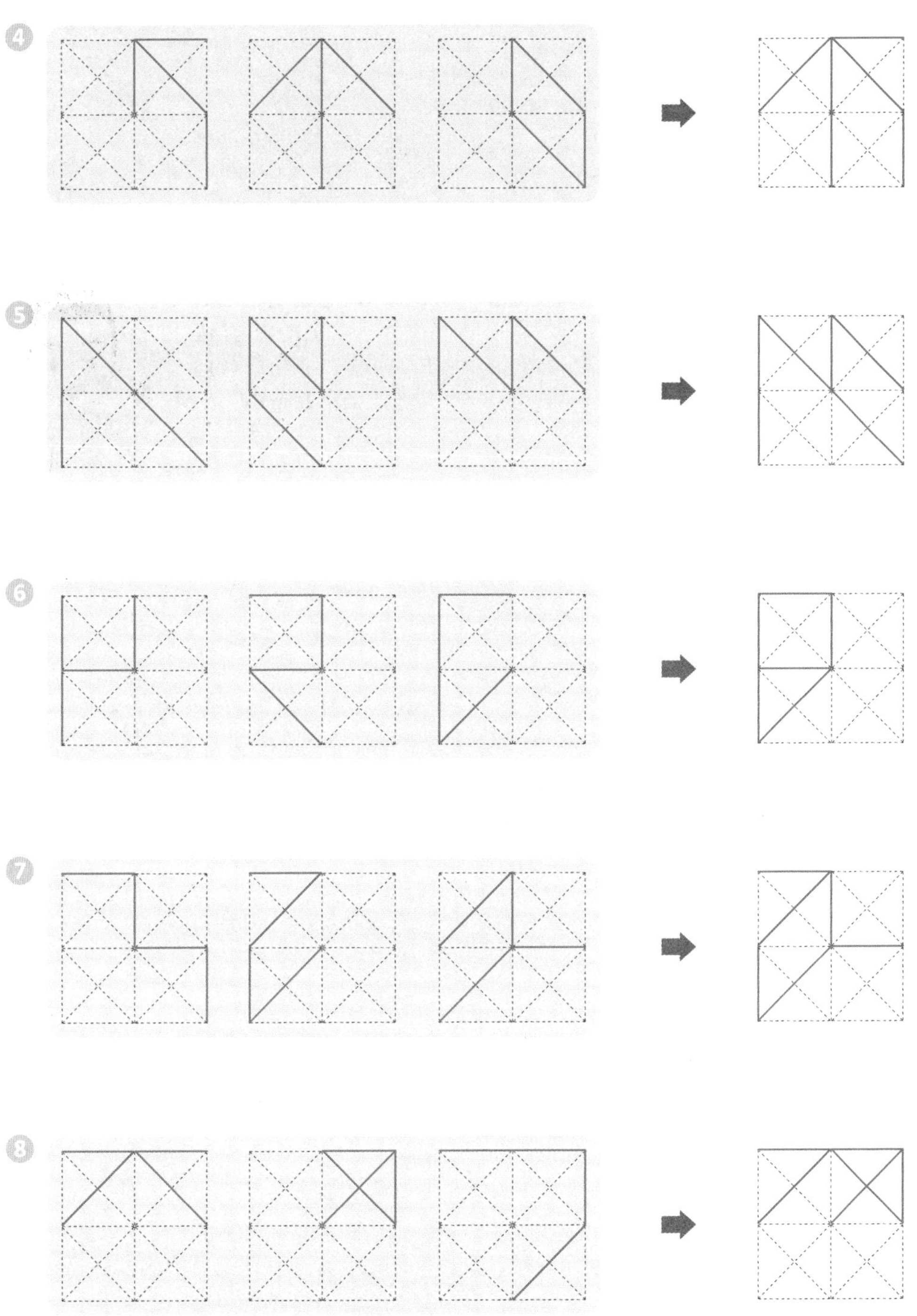

旋转透明纸

画出透明纸顺时针旋转90°后的形状。

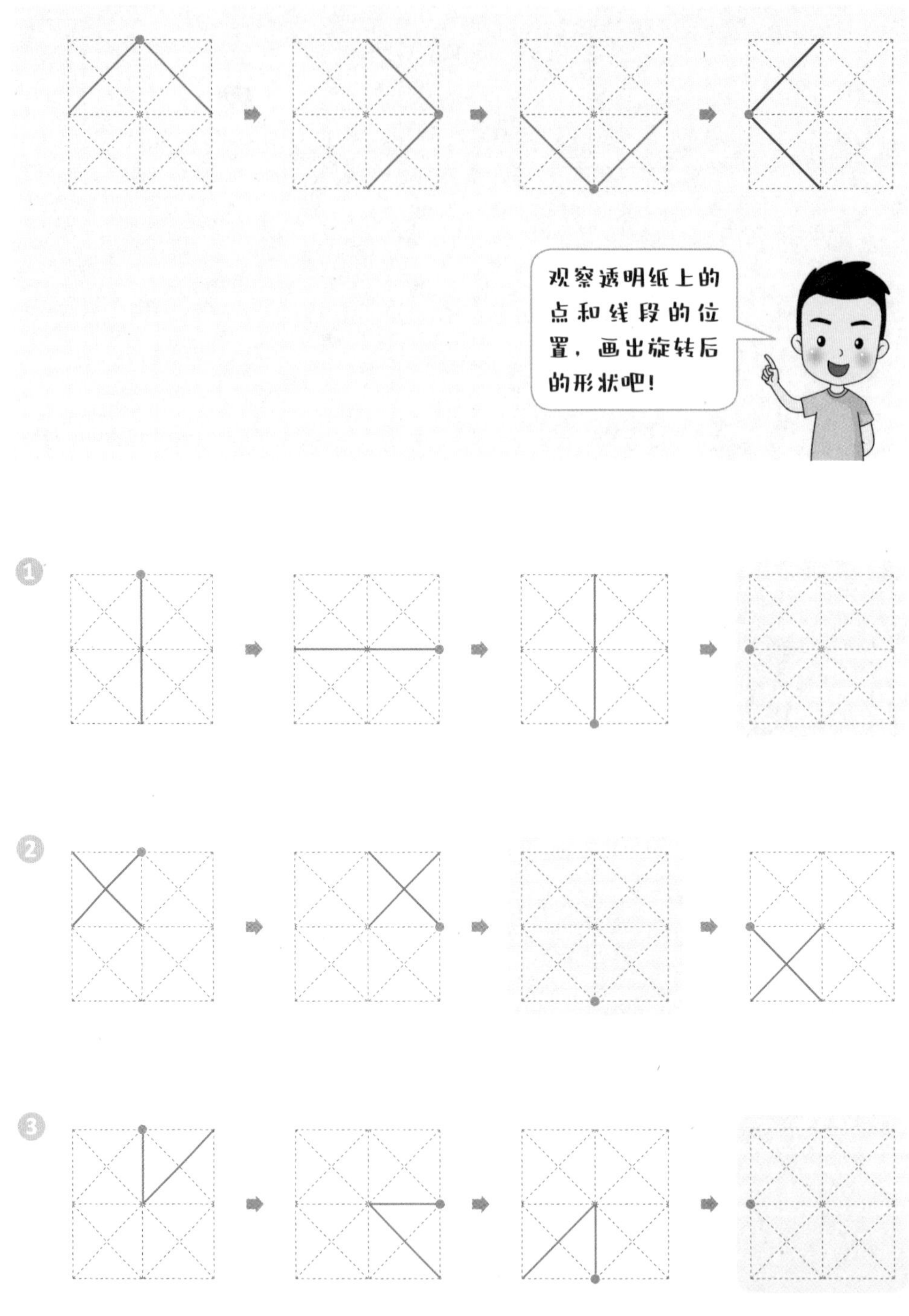

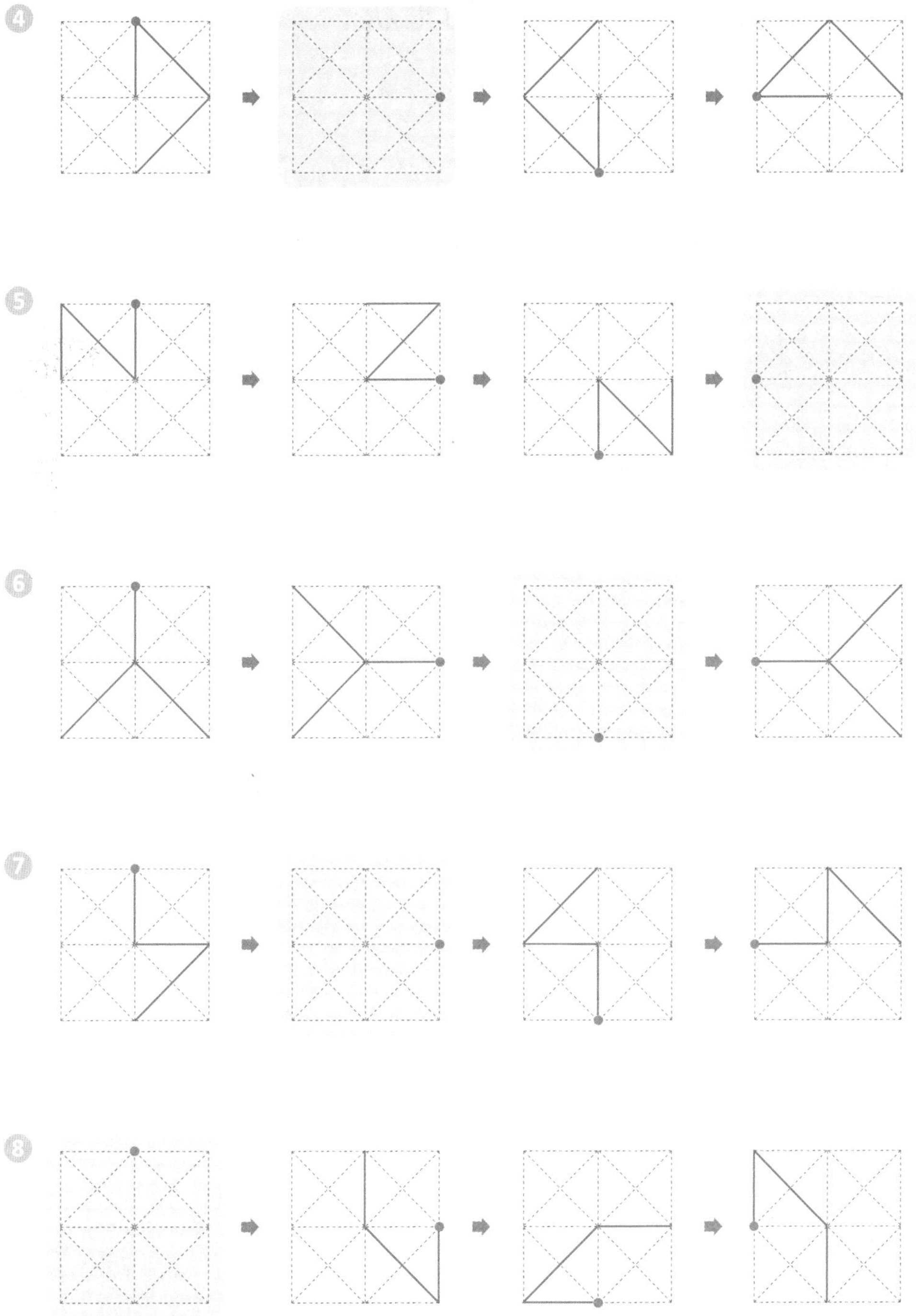

转一转，叠一叠

下方的透明纸将依次顺时针旋转90°，请分别画出上下两张透明纸重叠后形成的形状。

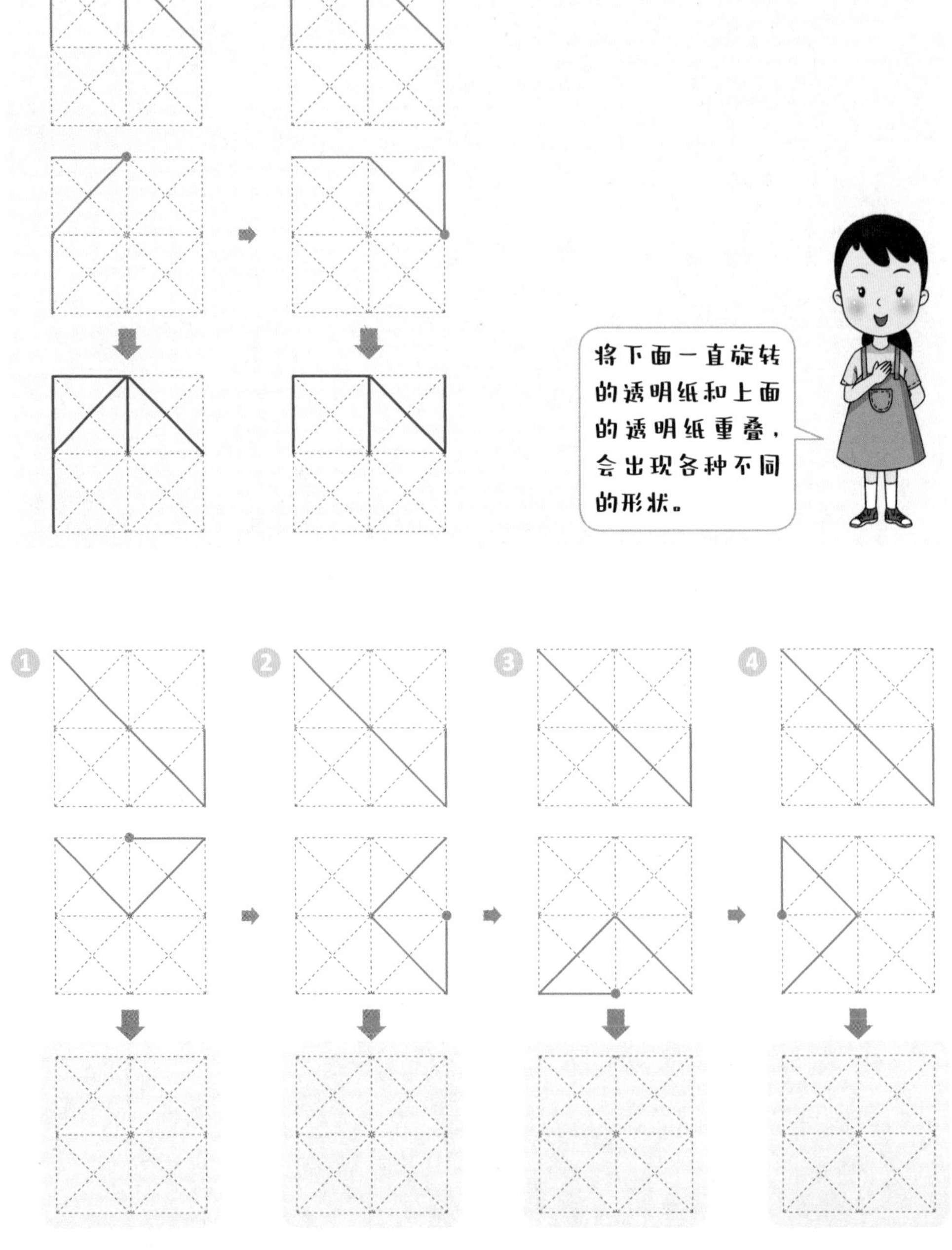

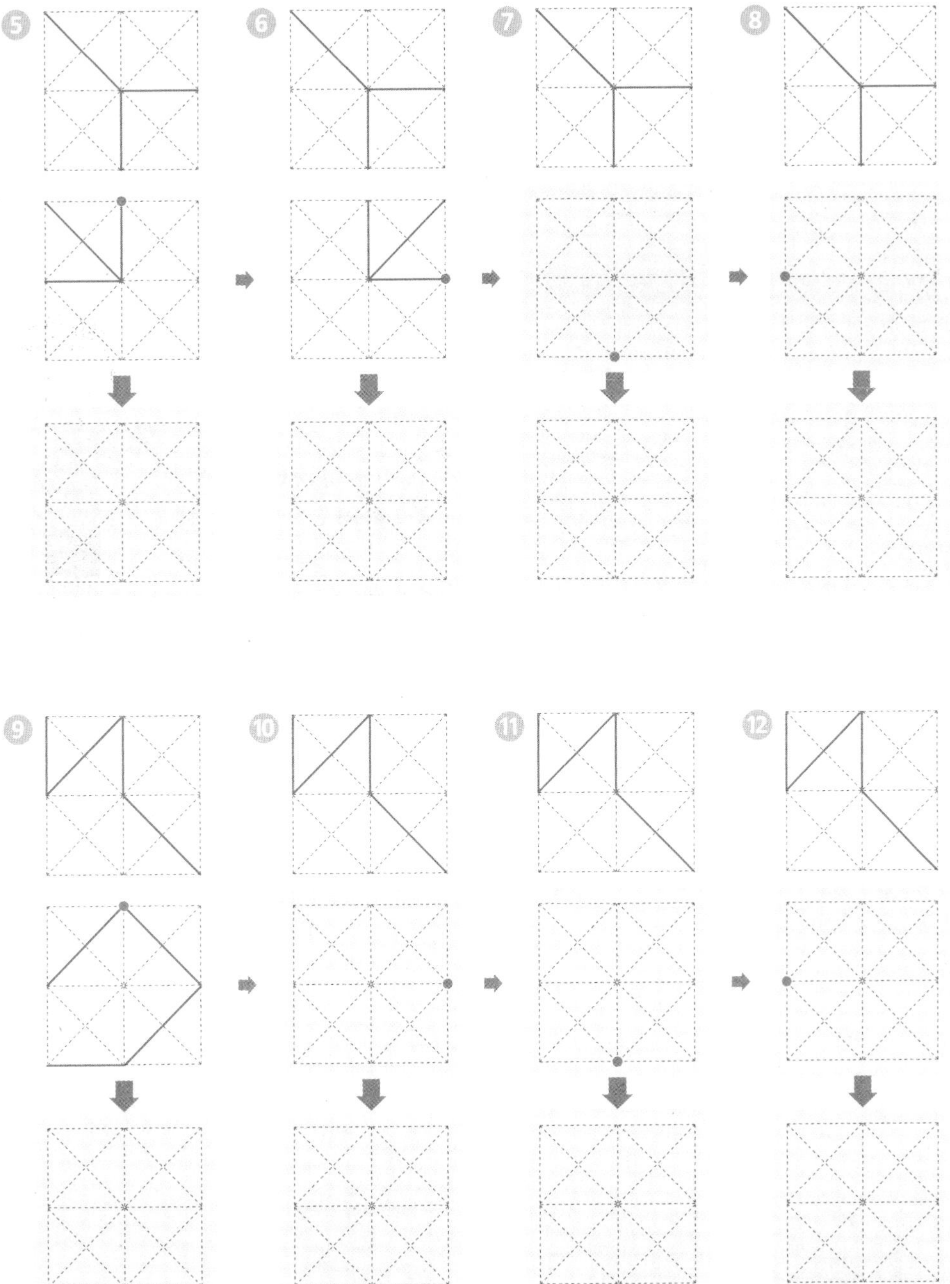
5
6
7
8
9
10
11
12

无法制作的形状

找出左侧下方转动的透明纸与上方的透明纸重叠后不会出现的形状，并用 × 标出。

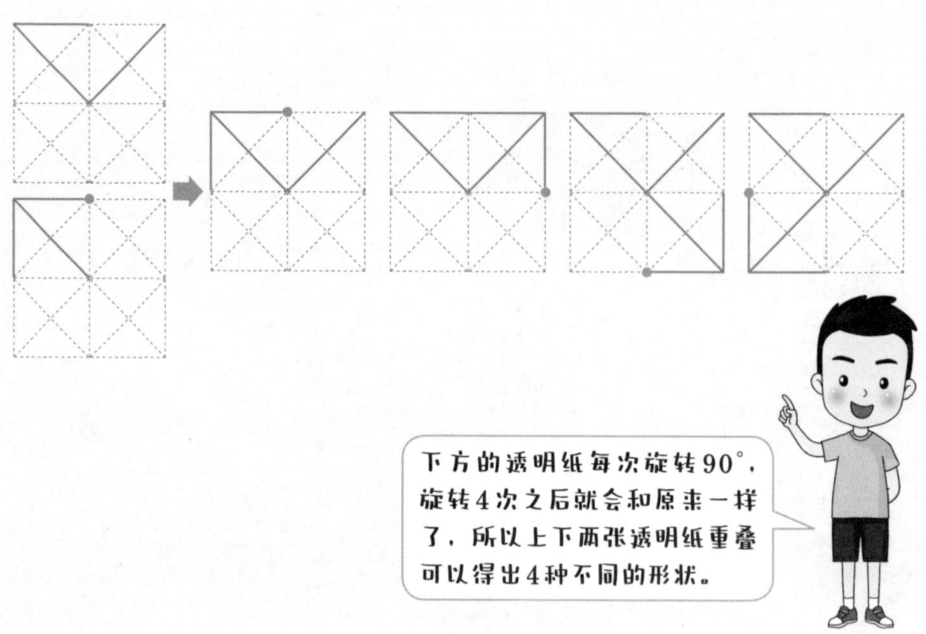

1

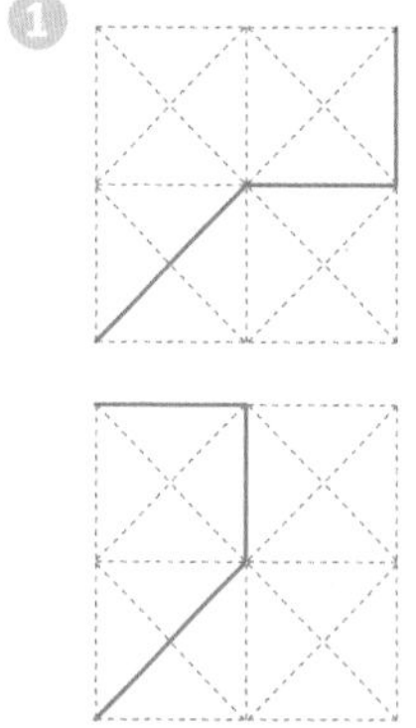

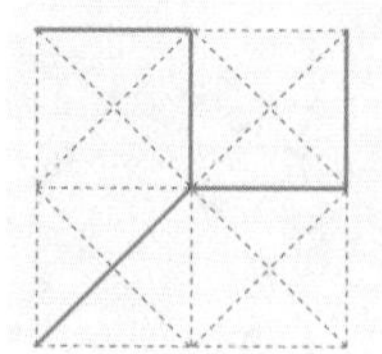

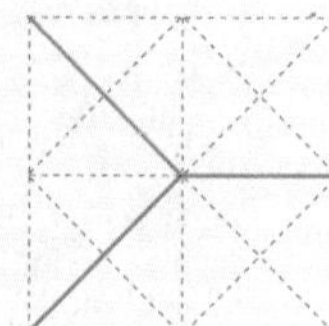

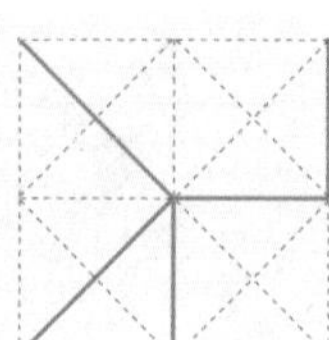

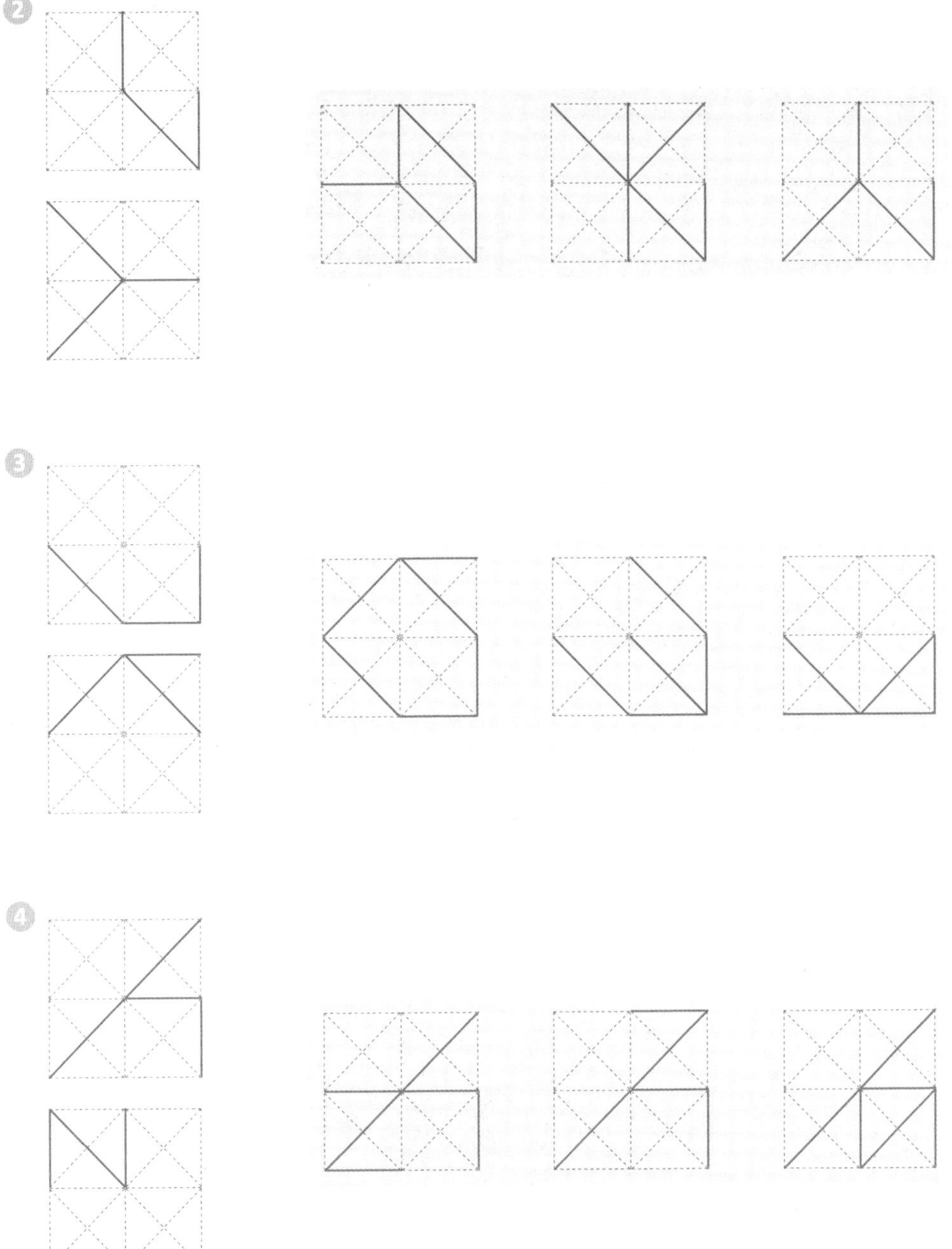

巩固练习

画出透明纸顺时针旋转90°后的形状。

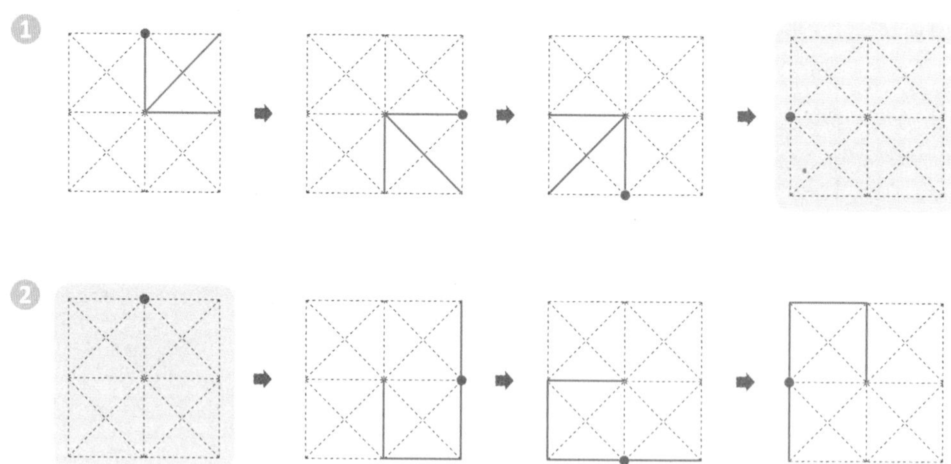

找出左侧下方转动的透明纸与上方的透明纸重叠后不会出现的形状，并用 × 标出。

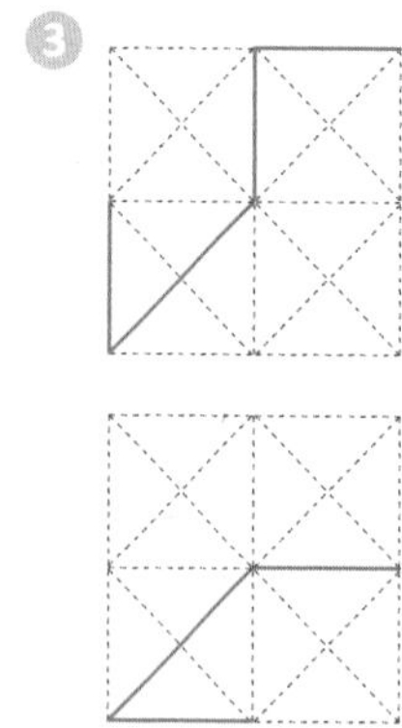

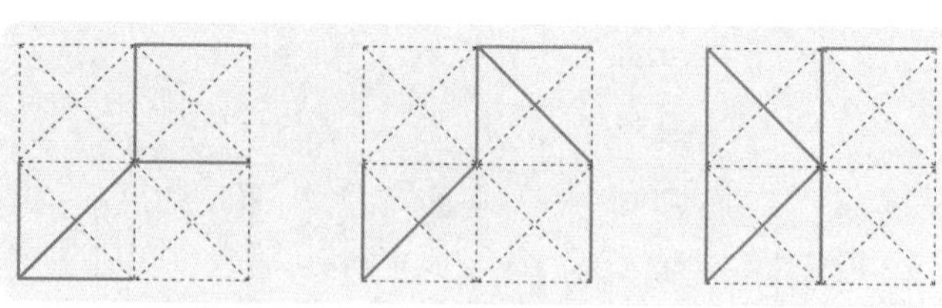

第4周

影子推理

第1天：前方照射形成的影子 ………… 102

第2天：影子不同的积木（1） ………… 104

第3天：侧方照射形成的影子 ………… 106

第4天：影子不同的积木（2） ………… 108

第5天：推理积木的影子 ………… 110

巩固练习 ………… 112

前方照射形成的影子

我们从前方照射积木，请画出积木的影子。

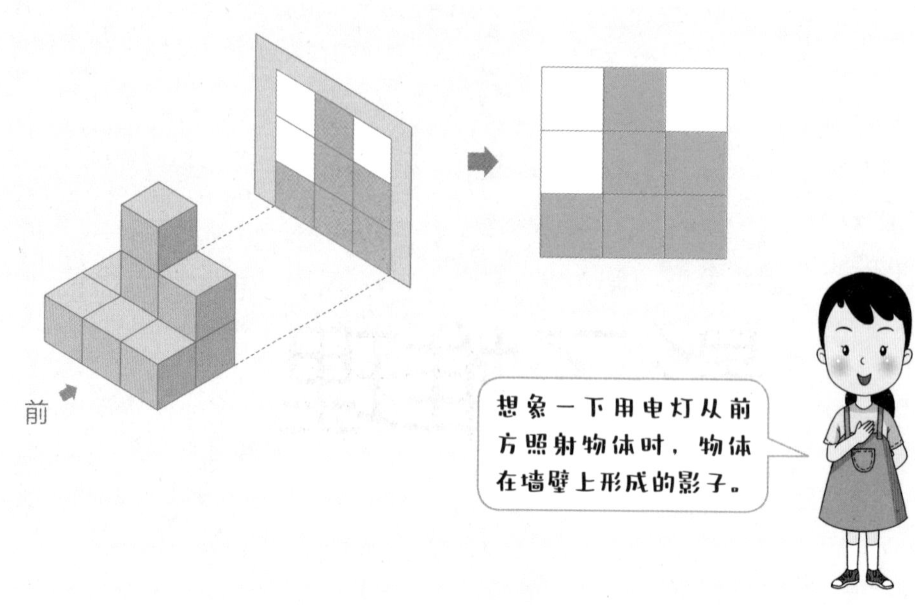

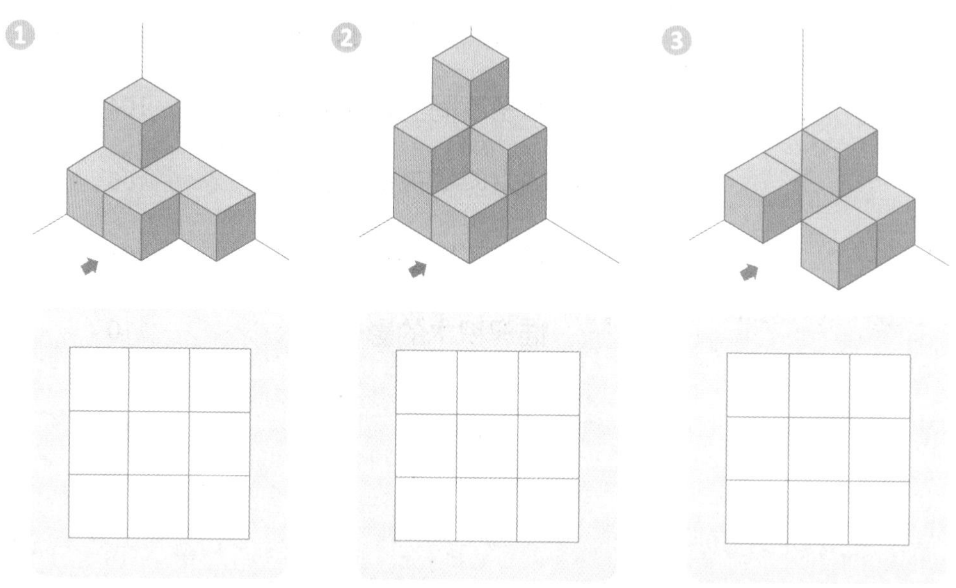

④
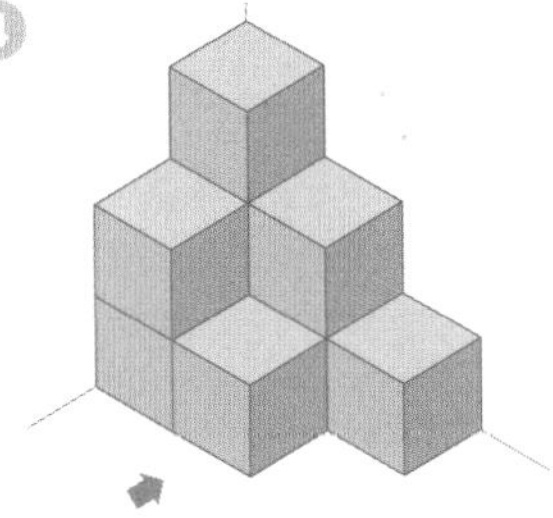

⑤
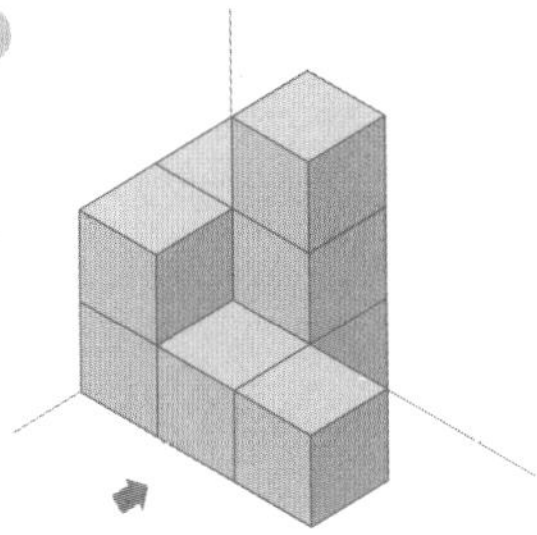

⑥
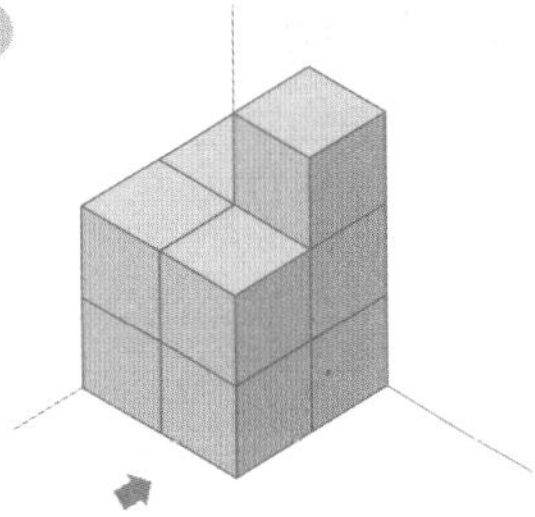

⑦
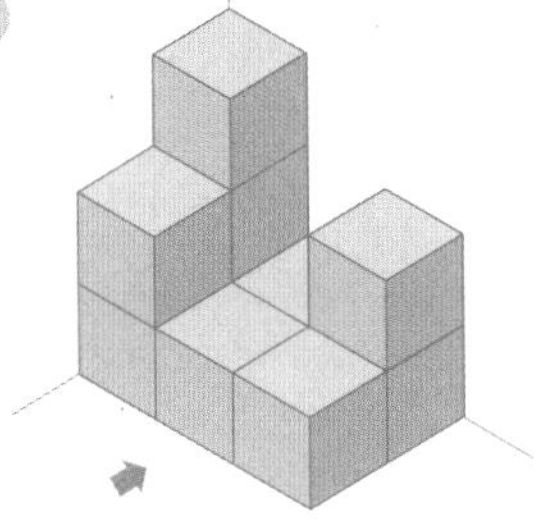

⑧
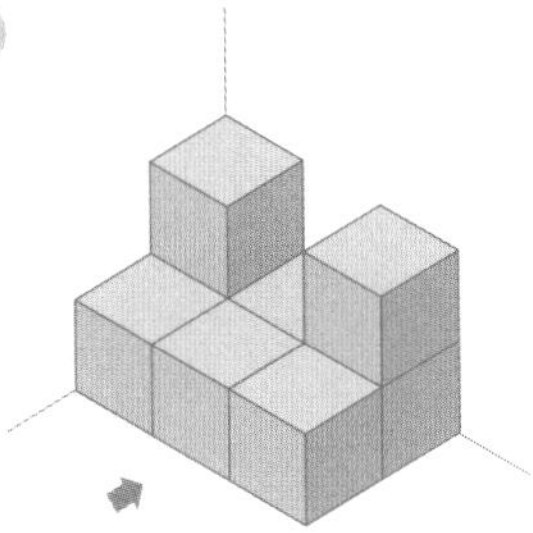

⑨
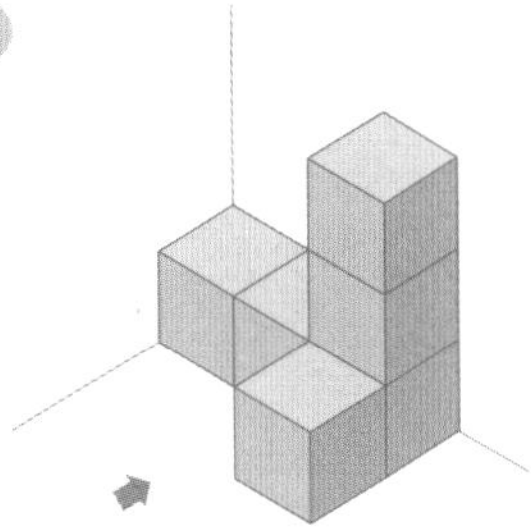

影子不同的积木（1）

我们从前方照射积木，请找出影子不同的选项，并用 × 标出。

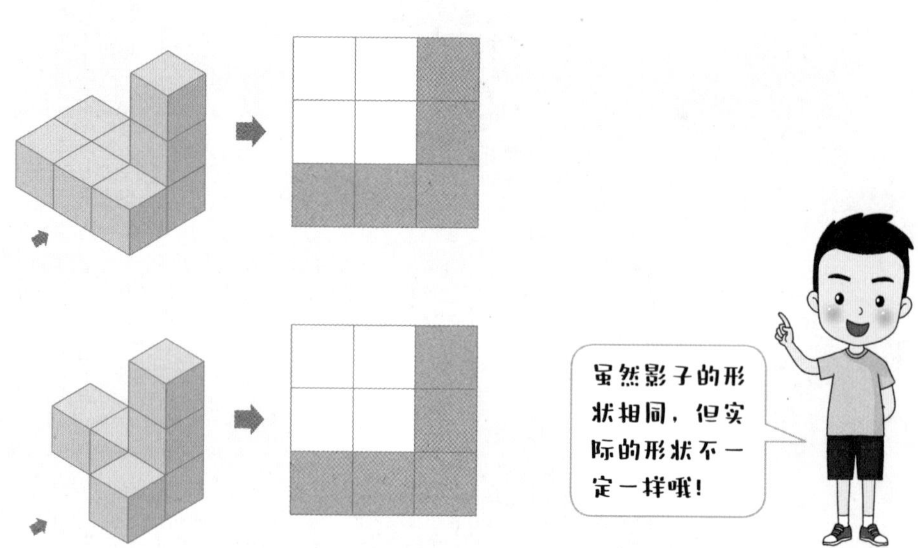

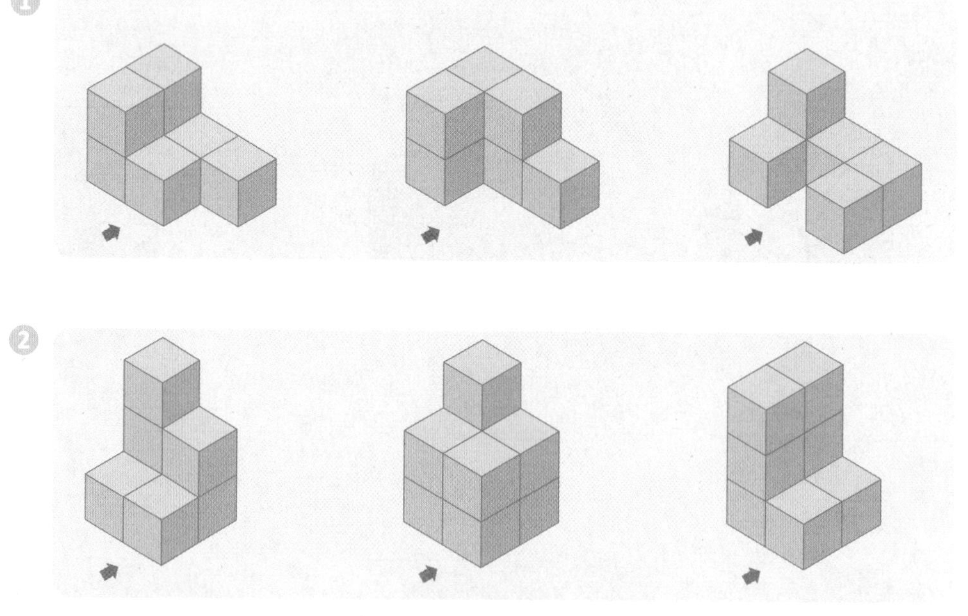

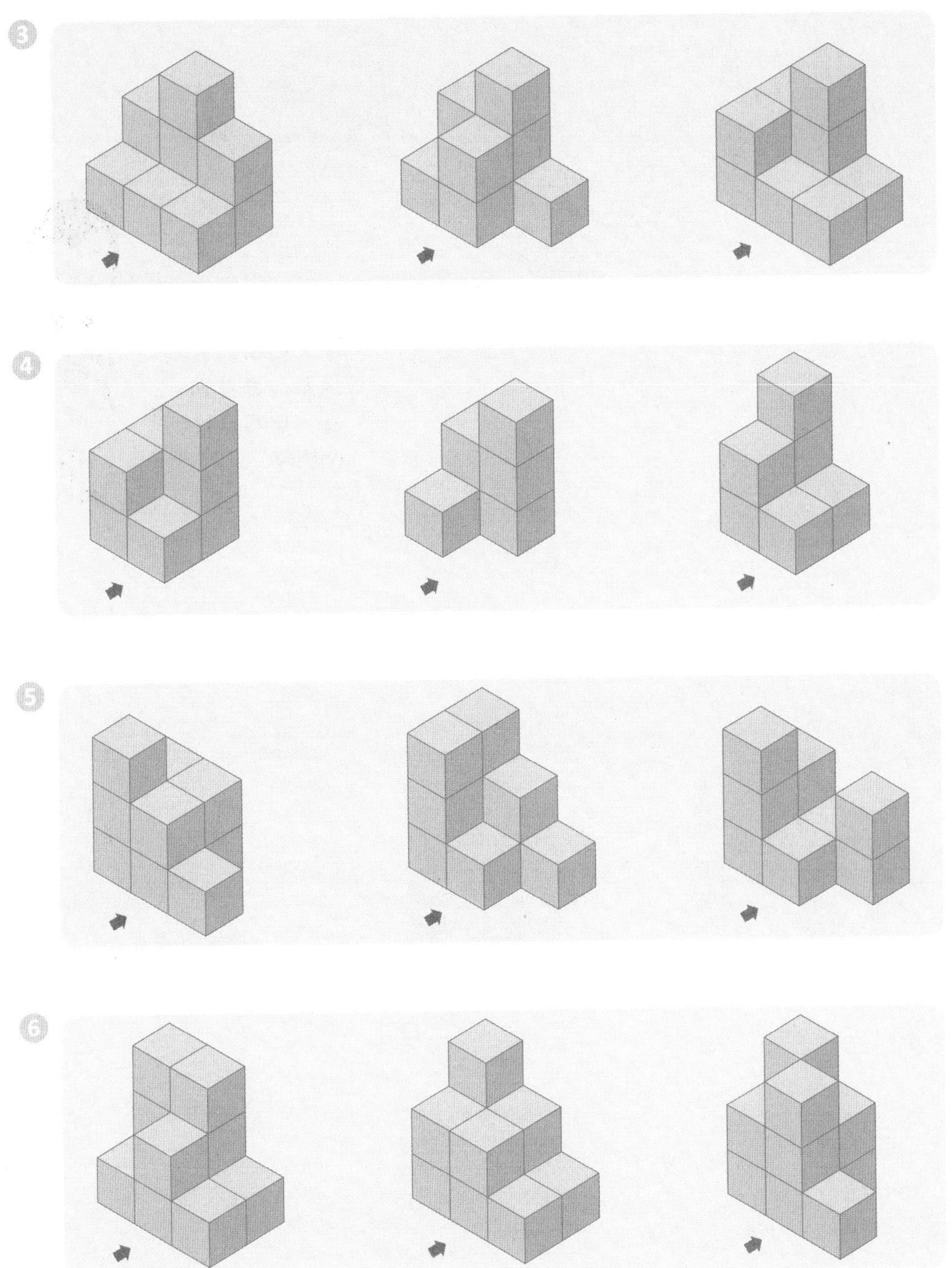

侧方照射形成的影子

我们从右侧照射积木，请画出积木的影子。

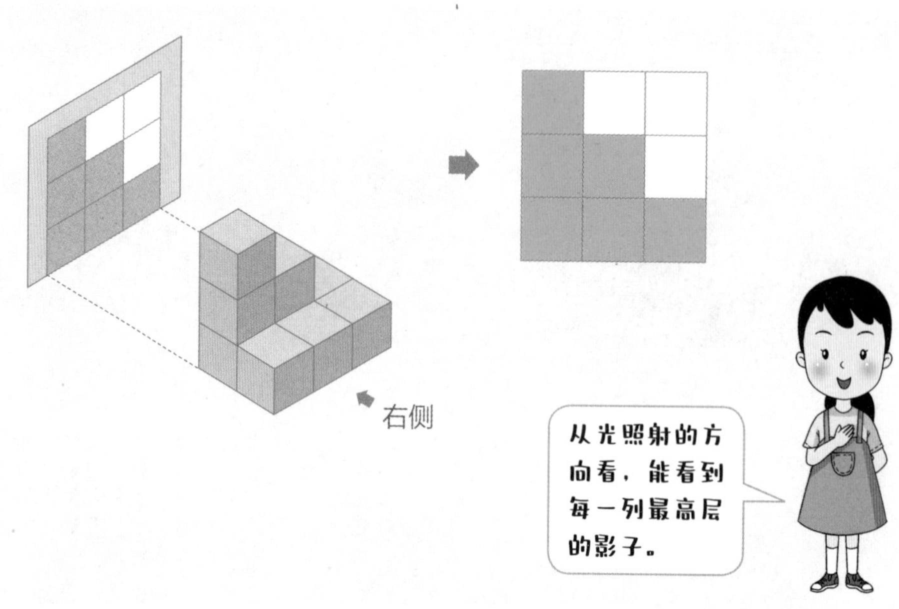

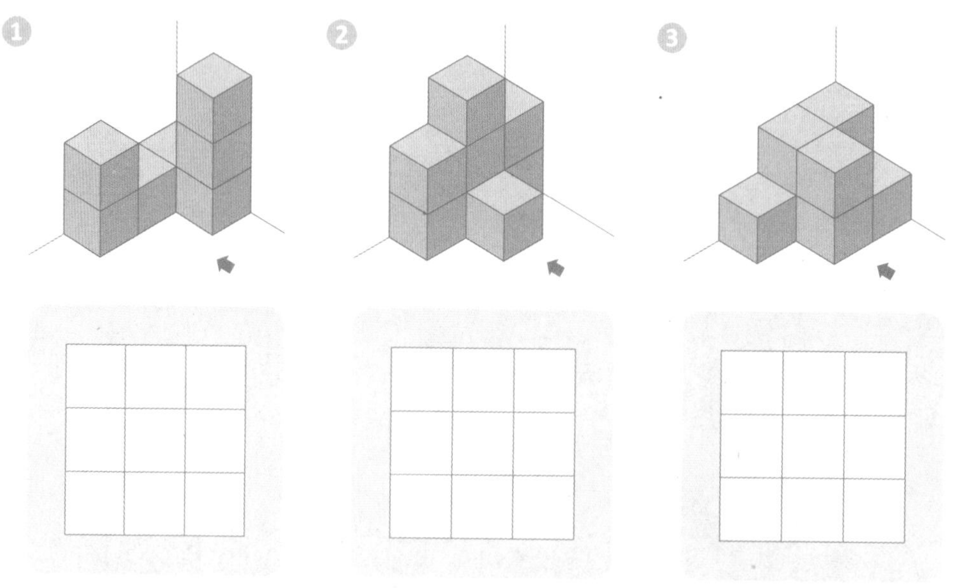

4

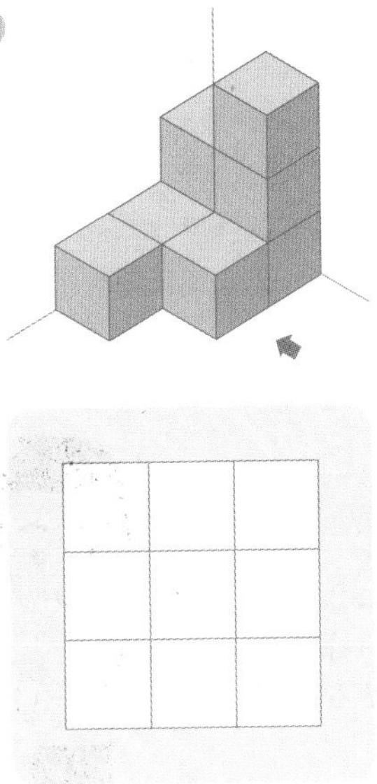

5

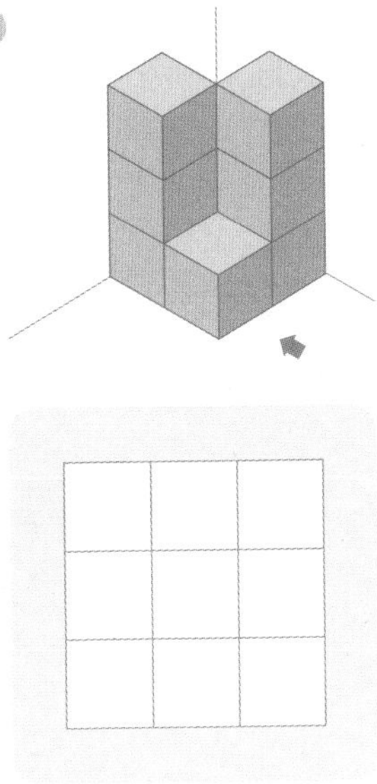

6

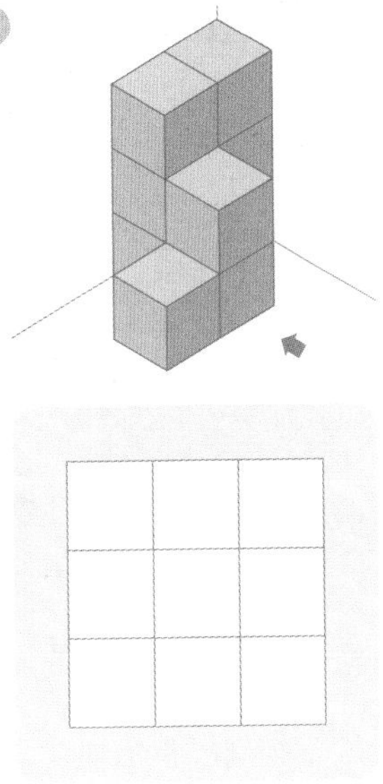

7

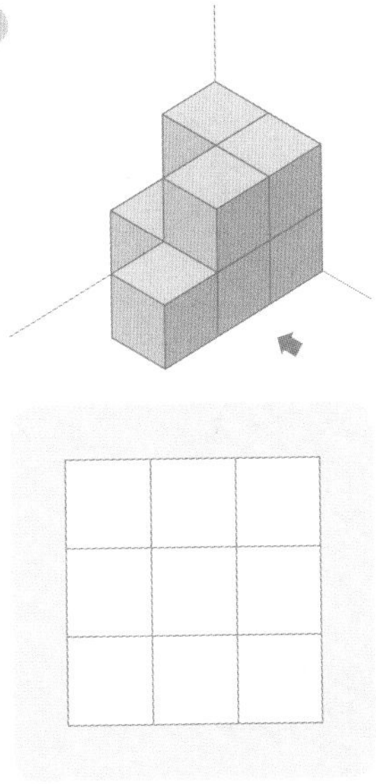

8

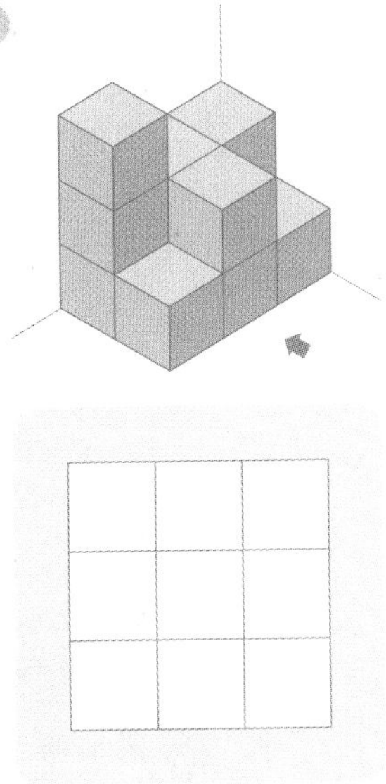

9

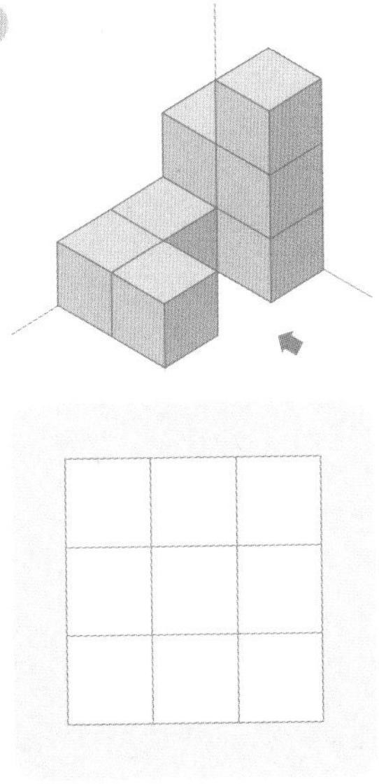

影子不同的积木（2）

我们从右侧照射积木，请找出影子不同的选项，并用 × 标出。

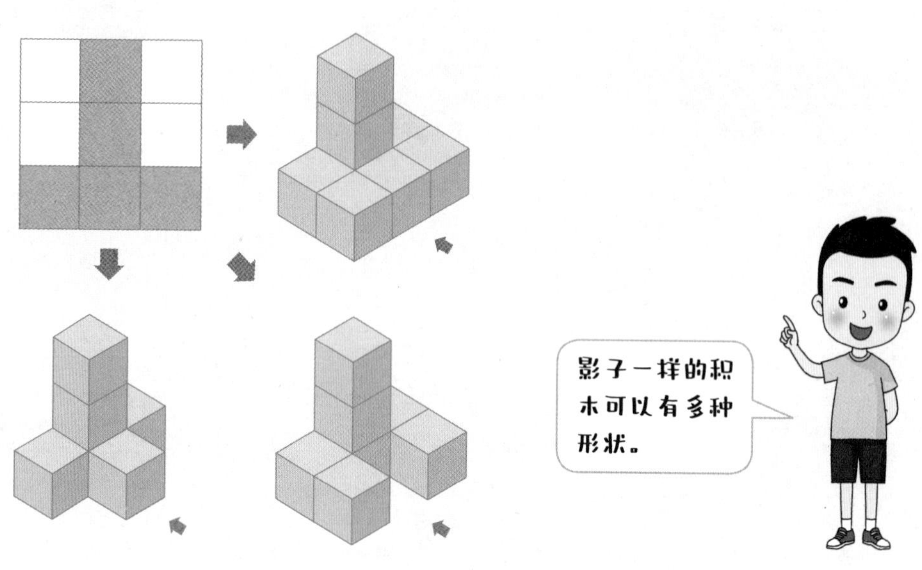

1

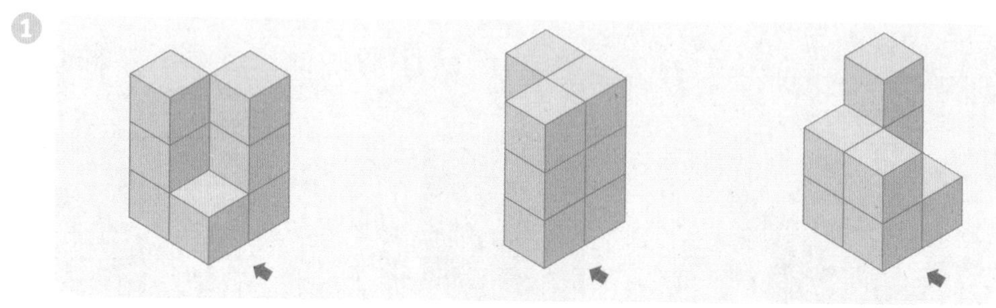

2

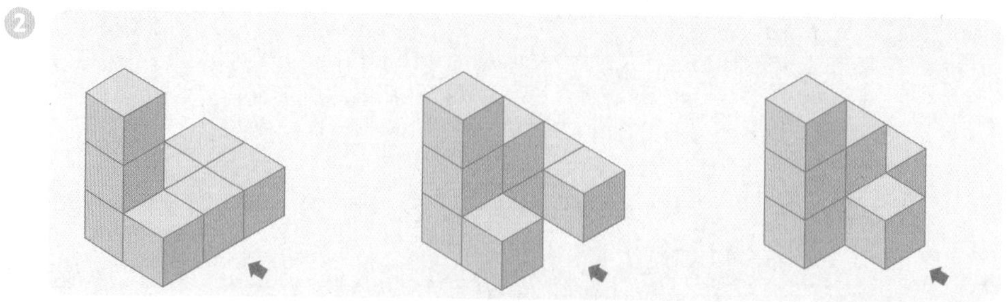

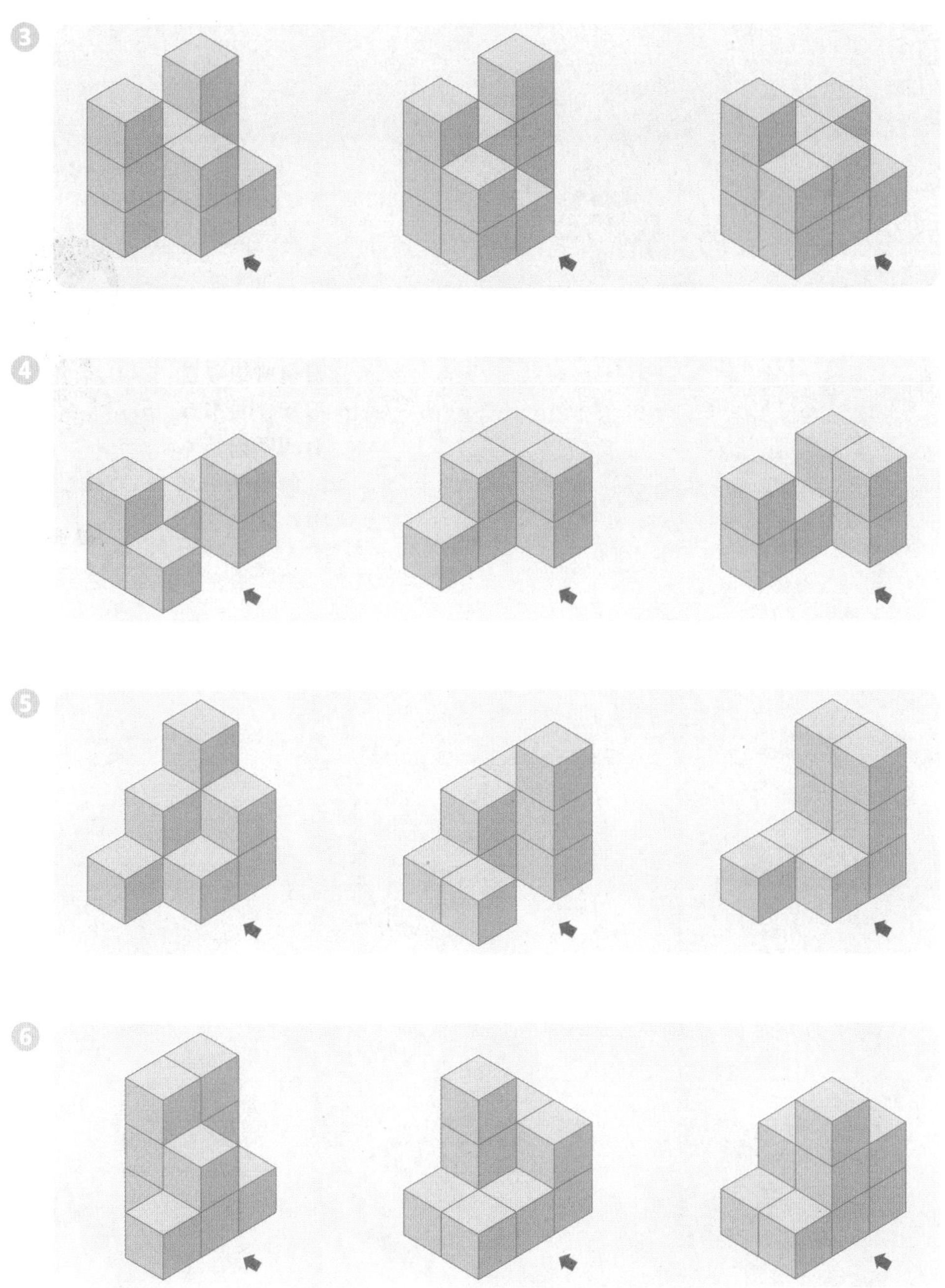
3
4
5
6

推理积木的影子

根据从前方与右侧照射积木后形成的影子，在右图中找出正确的积木，并用○标出。

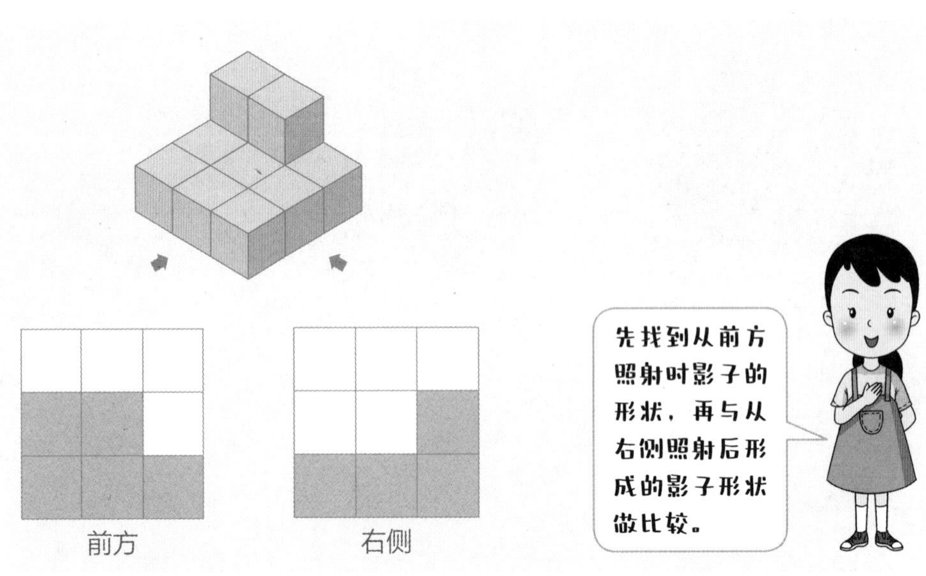

1

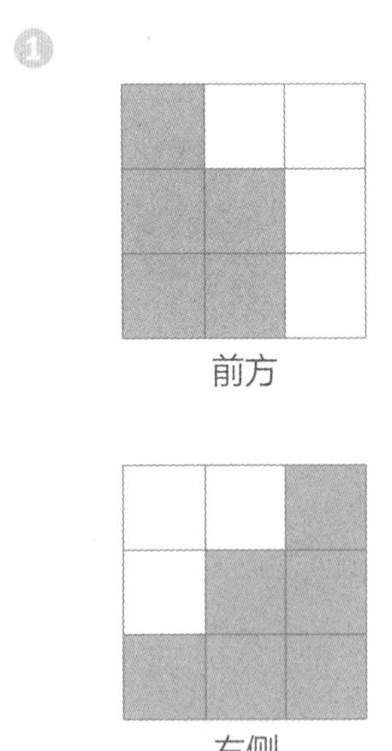

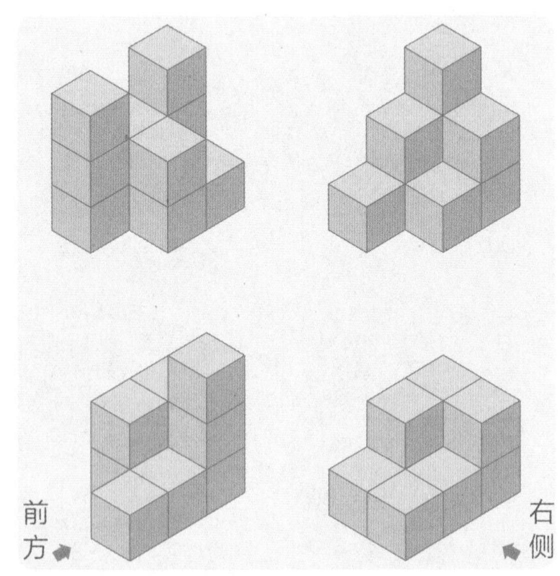

2

前方

右侧

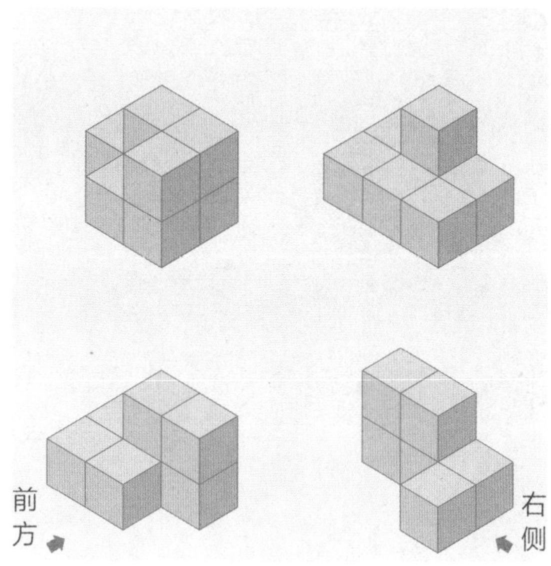

3

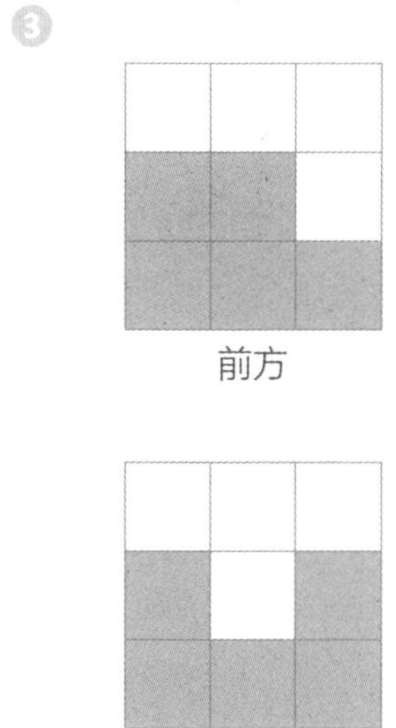

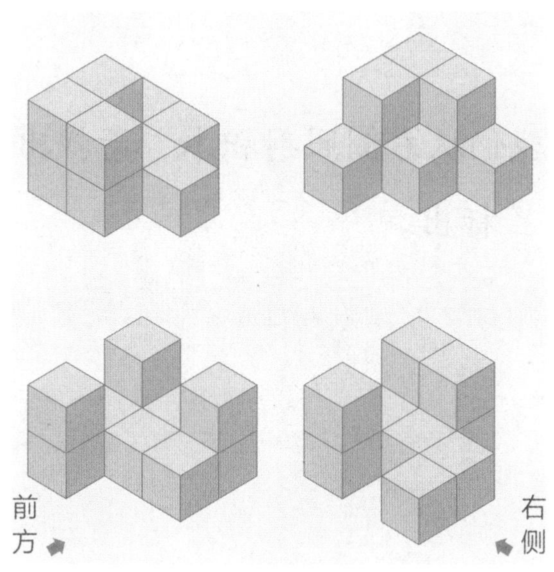

巩固练习

我们从前方照射积木，请找出影子不同的选项，并用×标出。

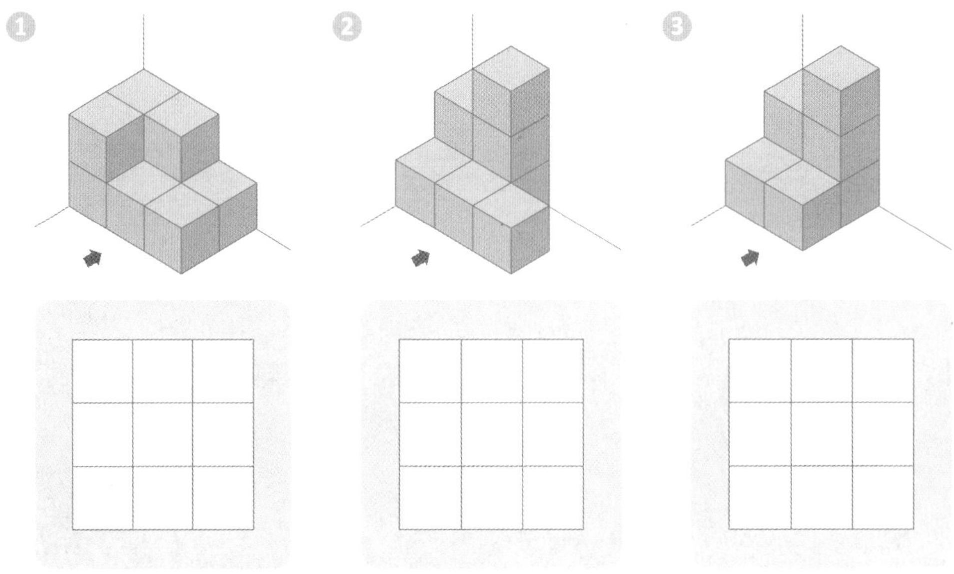

我们从右侧照射积木，请找出影子不同的选项，并用×标出。

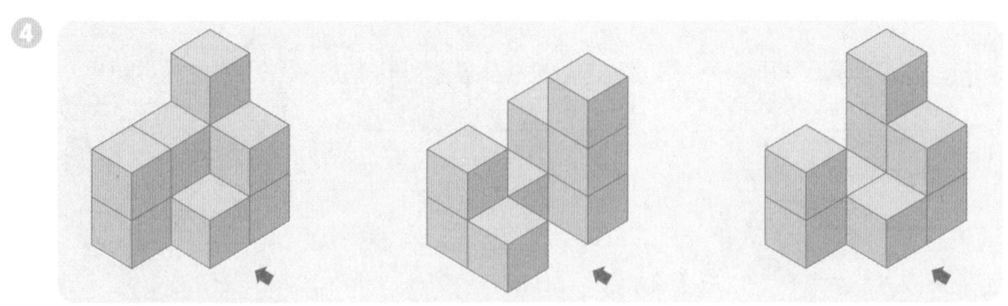

评价测试

此前4周的学习内容会出现在评价测试中。如果题目做错了，请确认是第几周的内容，并认真复习直到学会。

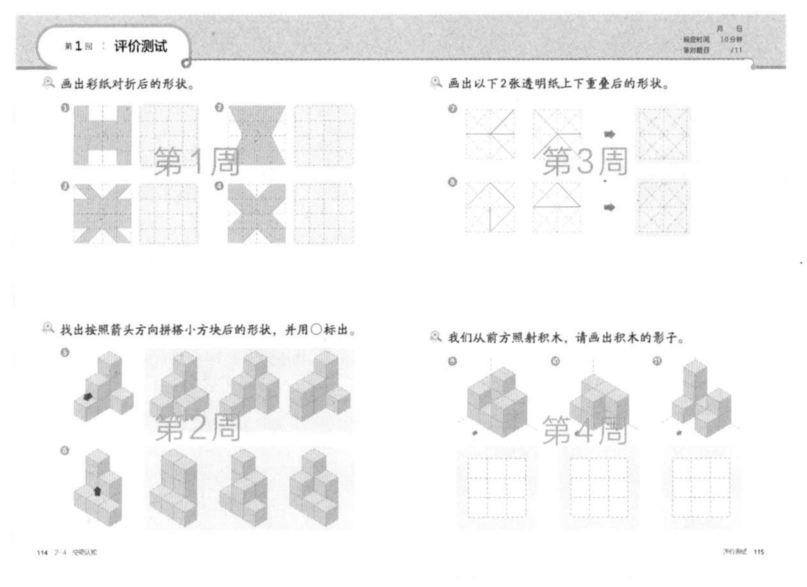

第1回：评价测试

画出彩纸对折后的形状。

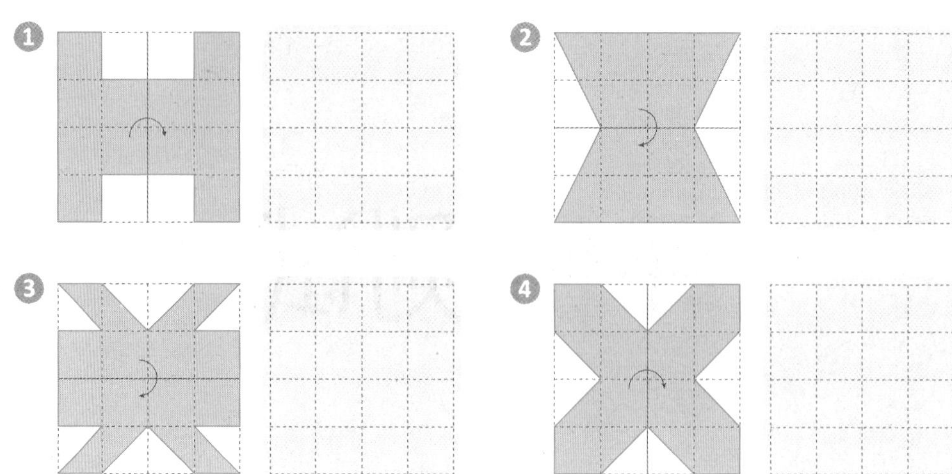

找出按照箭头方向拼搭小方块后的形状，并用○标出。

画出以下2张透明纸上下重叠后的形状。

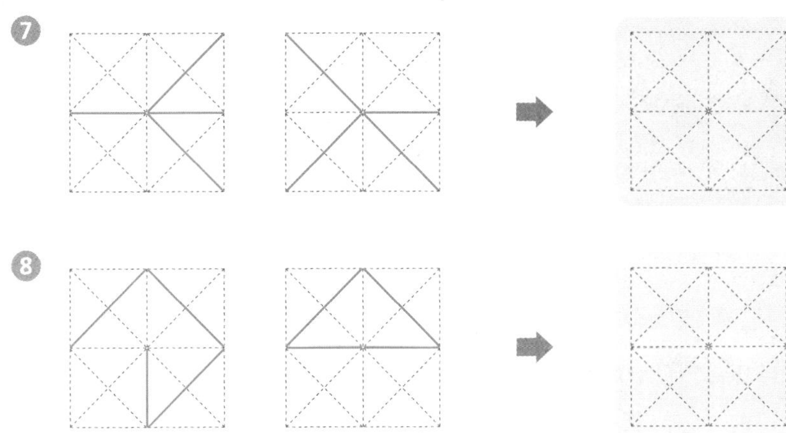

我们从前方照射积木，请画出积木的影子。

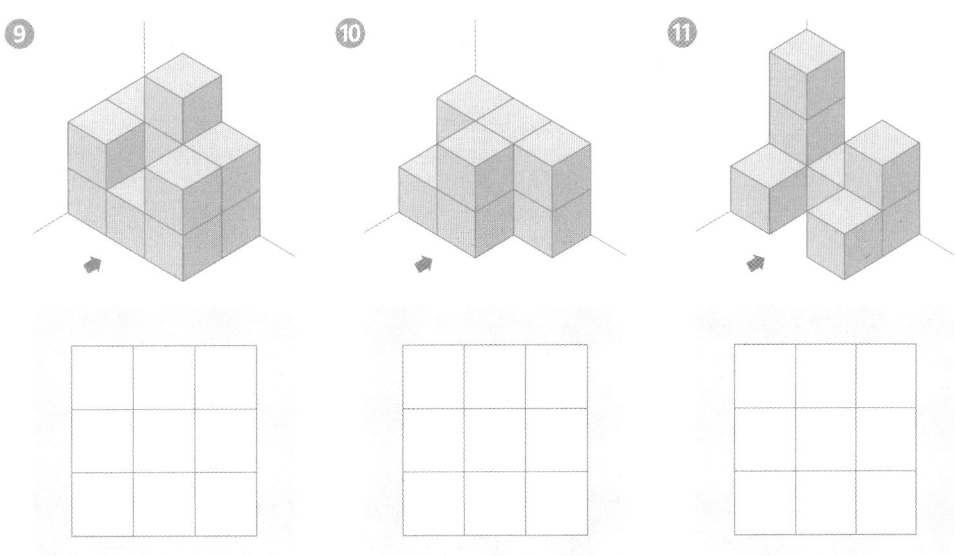

第2回：评价测试

画出彩纸对折2次后的形状。

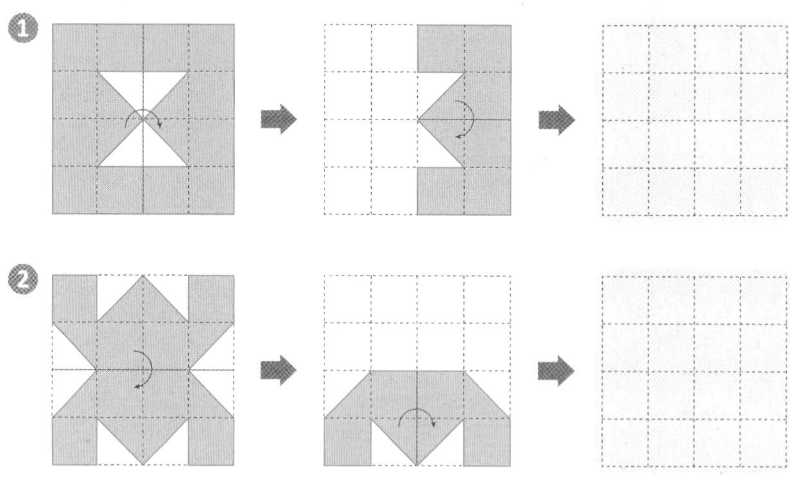

积木中有1个小方块被涂上了颜色，请将其上下相邻的小方块涂上颜色。

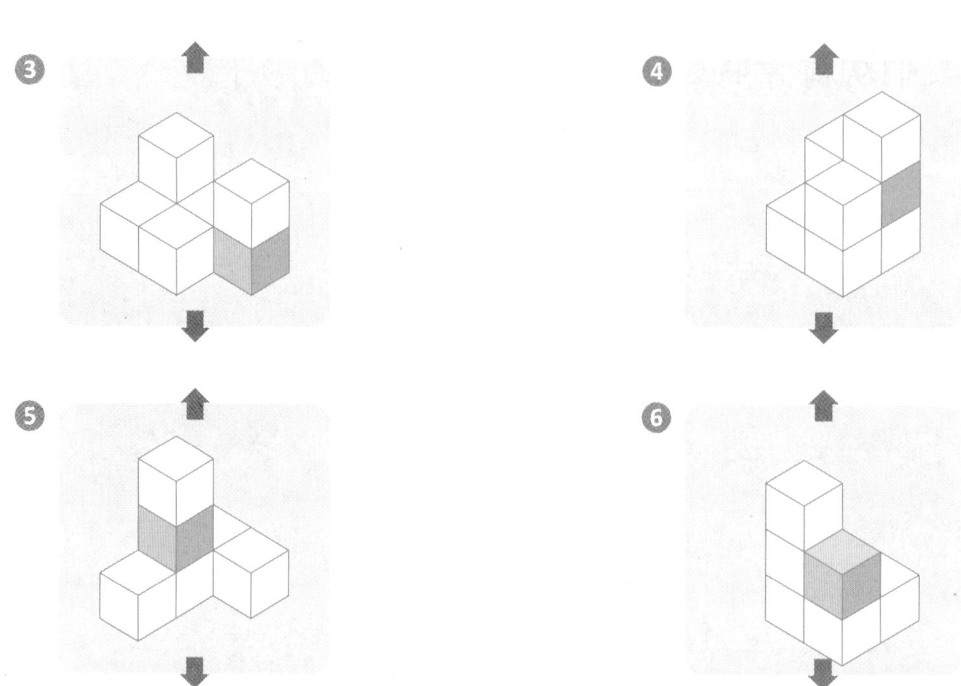

画出透明纸顺时针旋转90°后的形状。

7
8

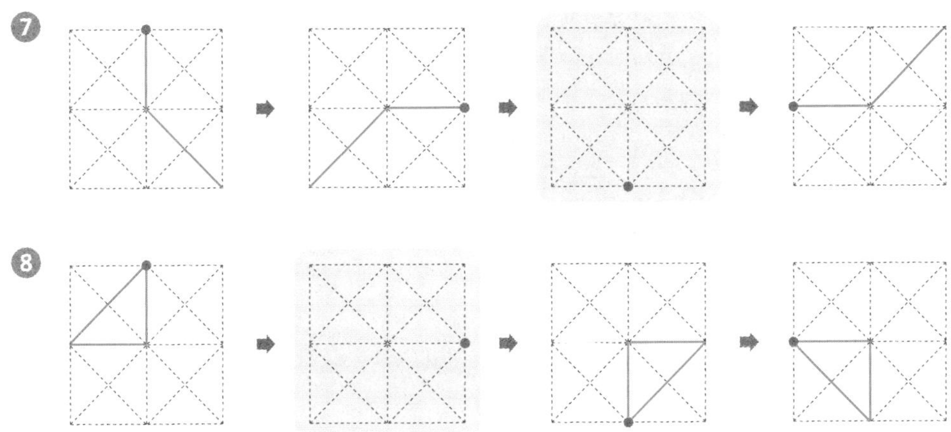

我们从前方照射积木，请找出影子不同的选项，并用×标出。

9
10

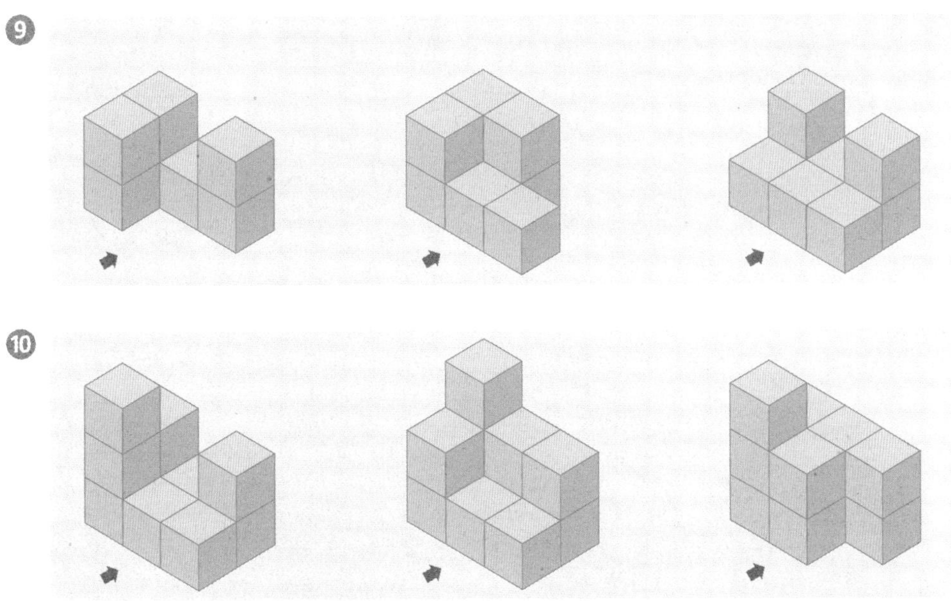

第3回：评价测试

剪裁折叠2次后的彩纸，画出剪裁后的彩纸展开1次后的形状。

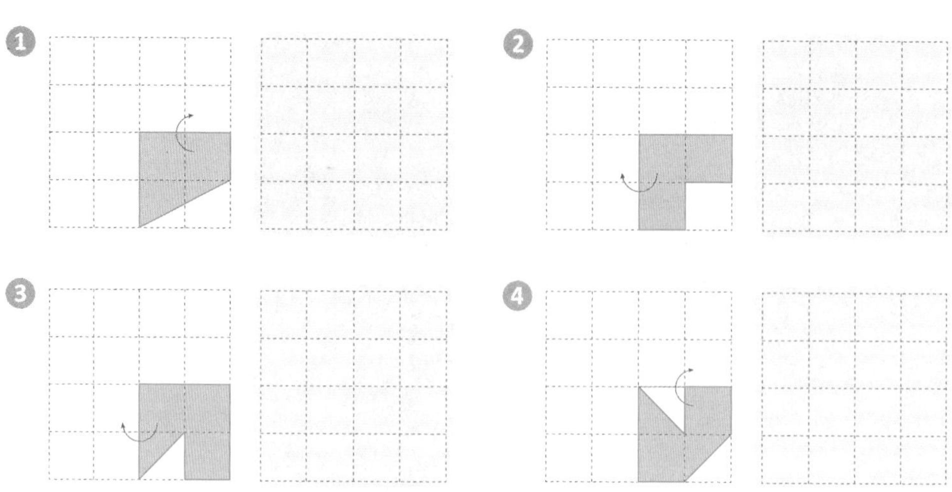

找出按照箭头方向拼搭小方块后的形状，并用○标出。

找出重叠成右边形状用不到的透明纸，并用 × 标出。

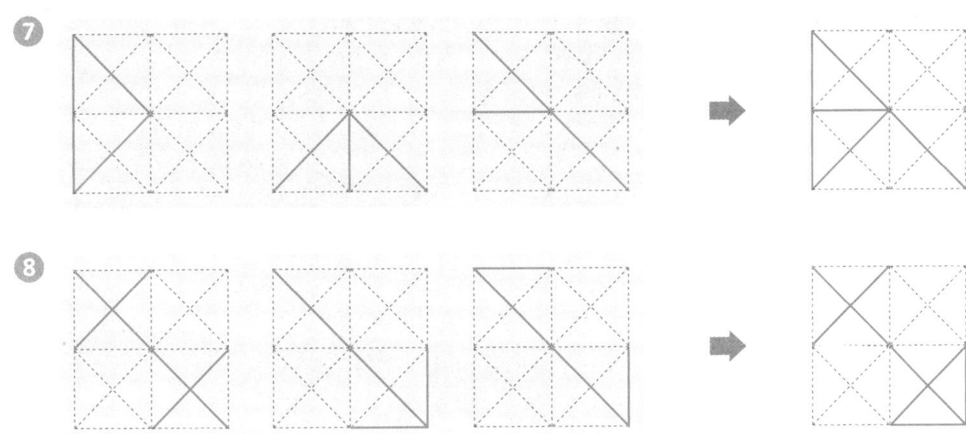

根据从前方与右侧照射积木后形成的影子，在右图中找出正确的积木，并用○标出。

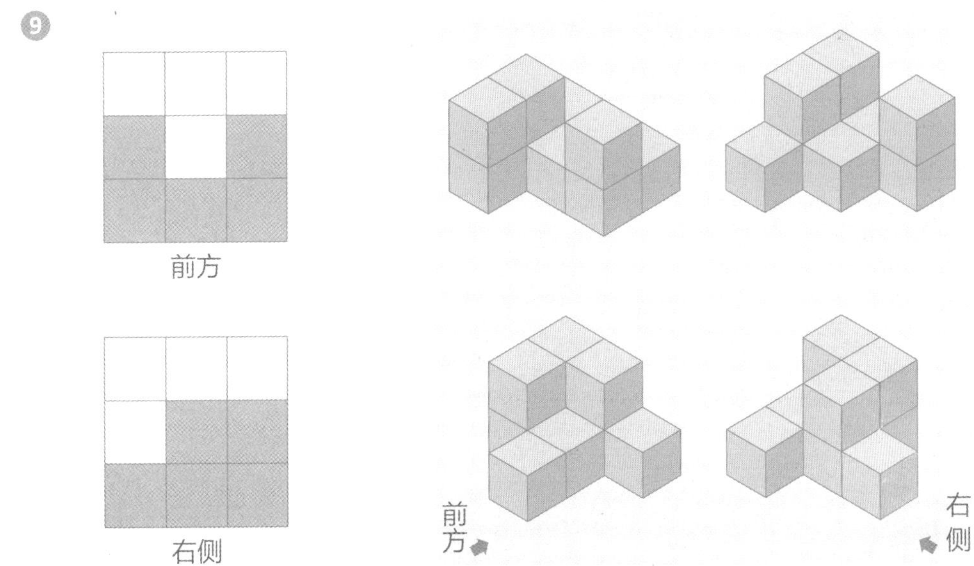

第4回 ： 评价测试

剪裁折叠2次后的彩纸，画出剪裁后的彩纸展开2次后的形状。

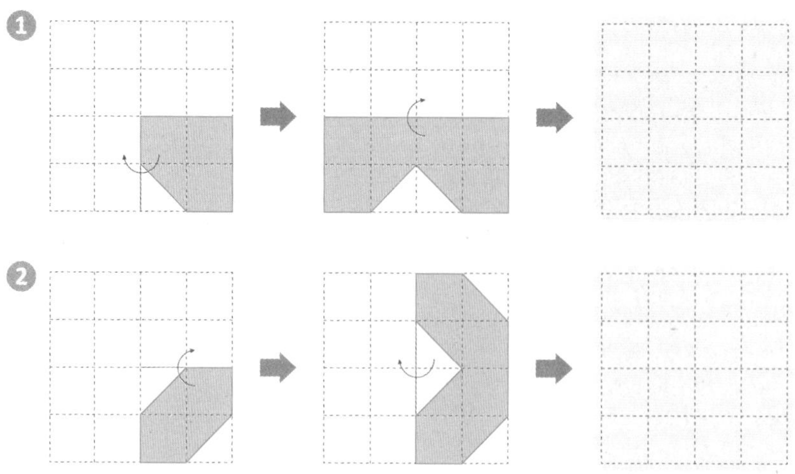

积木中有1个小方块被涂上了颜色，请将其前后相邻的小方块涂上颜色。

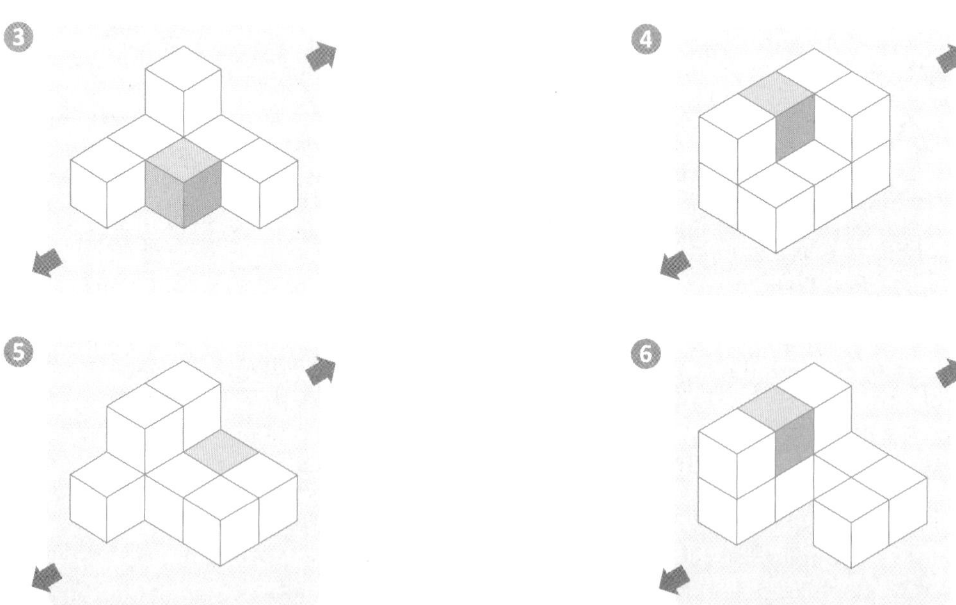

下方的透明纸将依次顺时针旋转90°，请分别画出上下两张透明纸重叠后形成的形状。

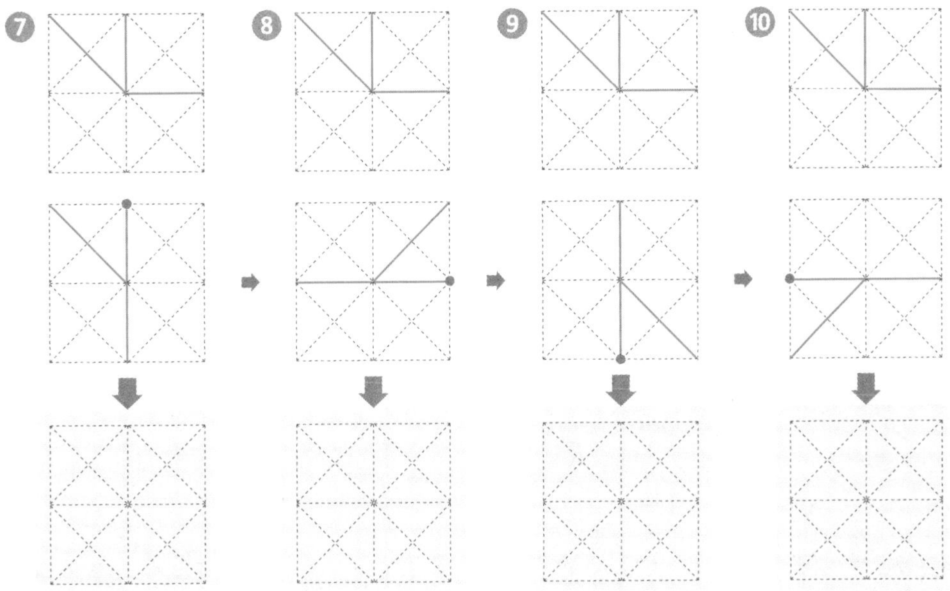

我们从右侧照射积木，请找出影子不同的选项，并用×标出。

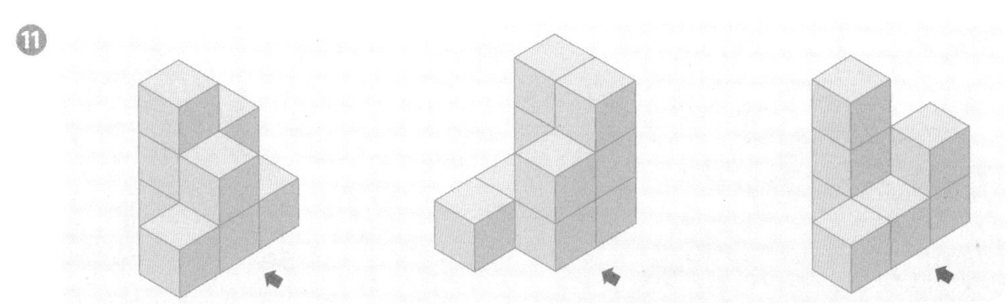

第5回：评价测试

剪裁折叠2次后的彩纸，画出剪裁后的彩纸每次展开后的形状。

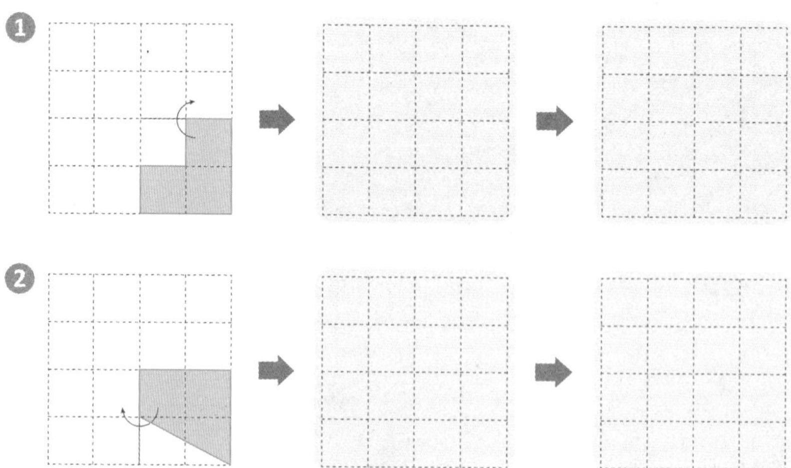

积木中有1个小方块被涂上了颜色，请将其左右相邻的小方块涂上颜色。

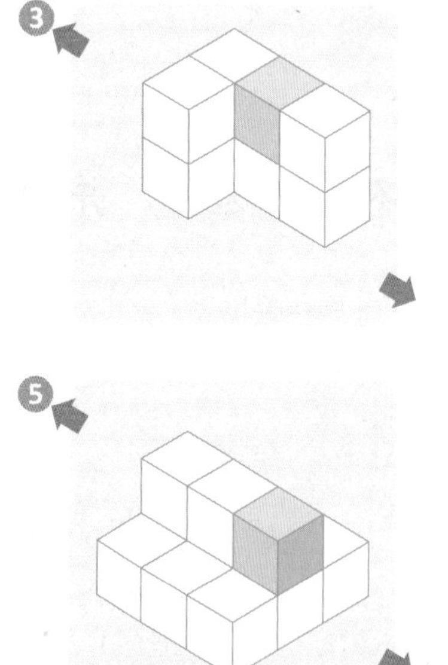

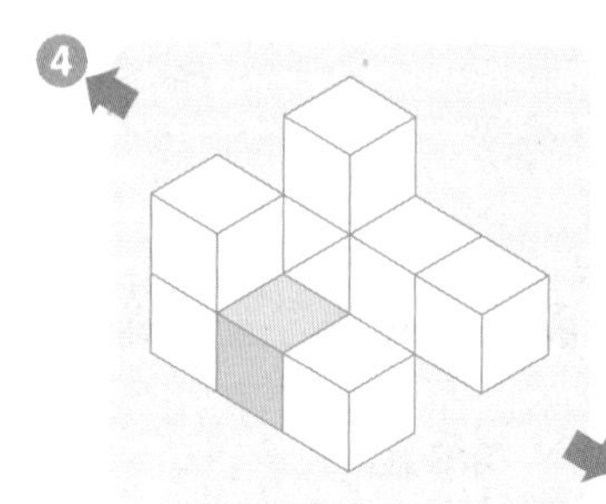

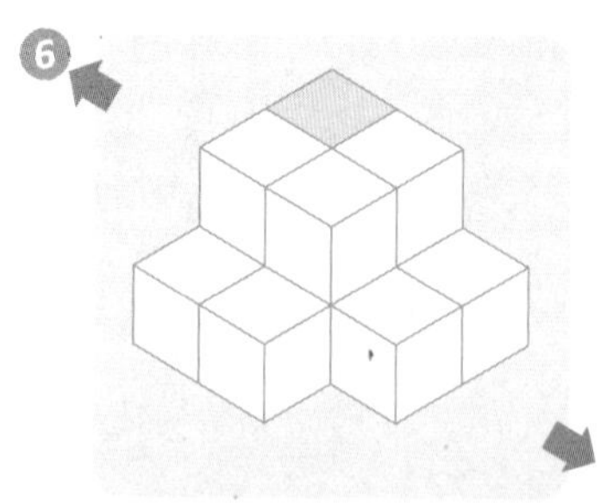

找出左侧下方转动的透明纸与上方的透明纸重叠后不会出现的形状，并用 × 标出。

7

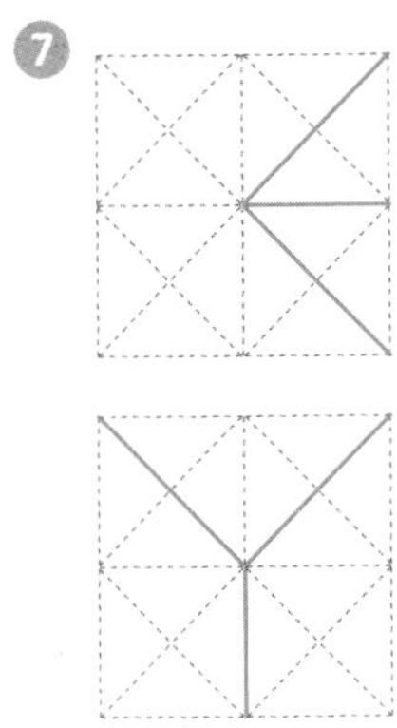

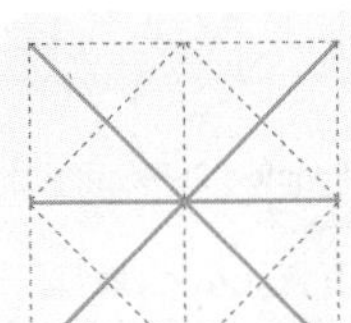

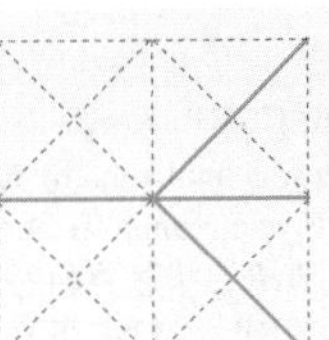

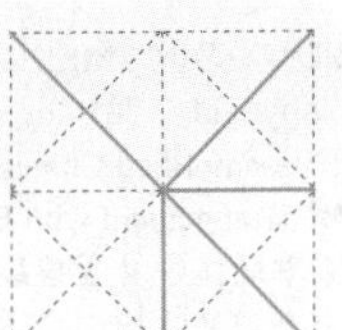

我们从右侧照射积木，请画出积木的影子。

8

9

10

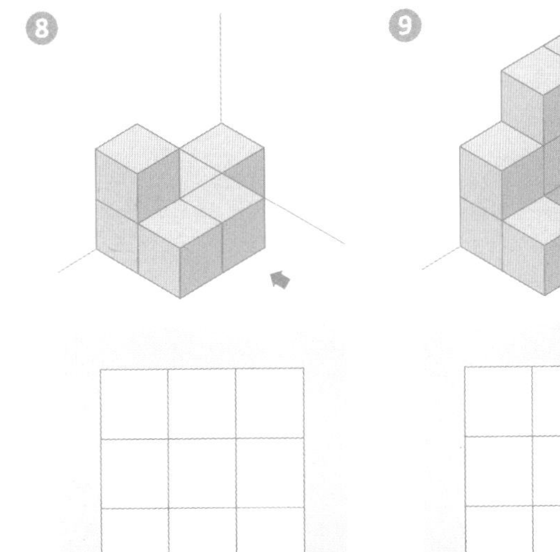

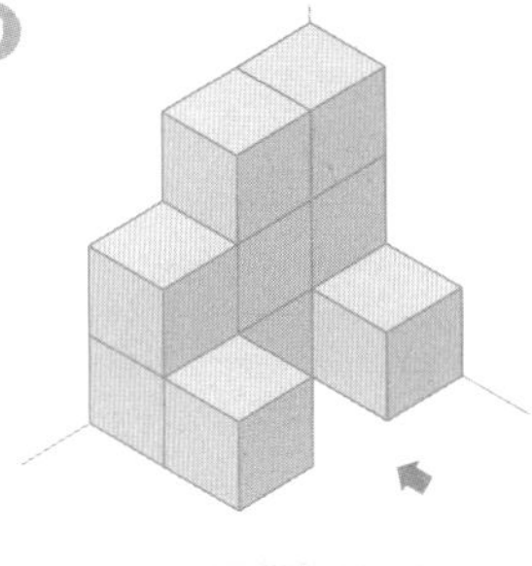

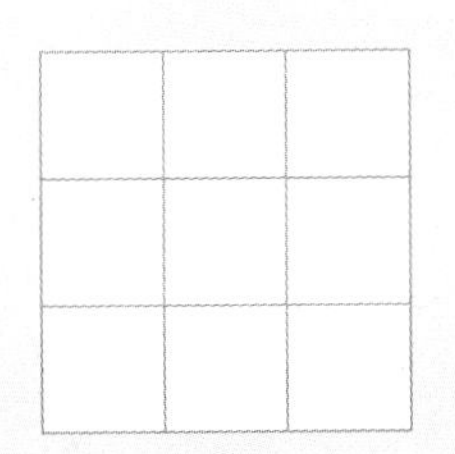

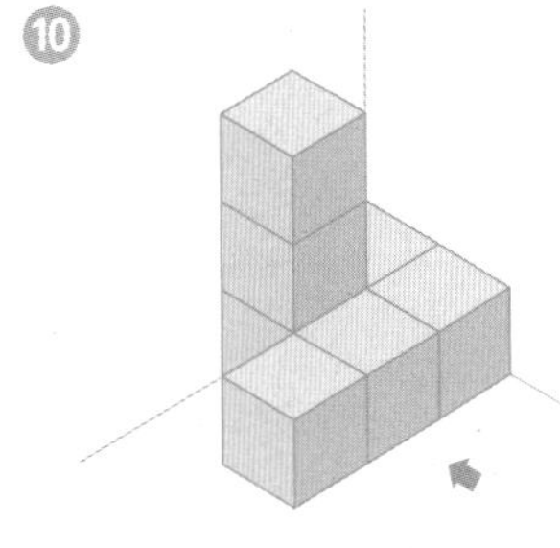

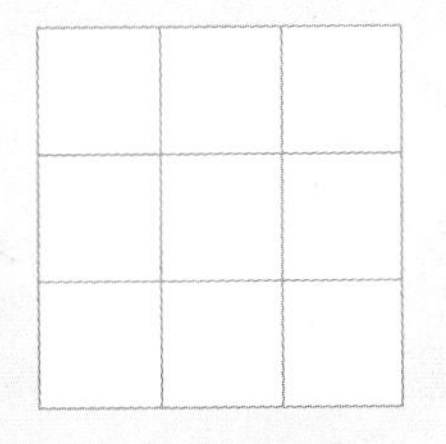

图书在版编目（CIP）数据

空间思维培养全书.2级/韩国C2M教育研究所编;(韩)赵润雨译.--济南：山东人民出版社，2022.11
ISBN 978-7-209-14016-4

Ⅰ.①空… Ⅱ.①韩… ②赵… Ⅲ.①数学－少儿读物
Ⅳ.①O1-49

中国版本图书馆CIP数据核字(2022)第158240号

空间思维培养全书·2级
KONGJIAN SIWEI PEIYANG QUANSHU 2 JI
[韩]C2M教育研究所 编 [韩]赵润雨 译

主管单位 山东出版传媒股份有限公司
出版发行 山东人民出版社
出 版 人 胡长青
社 址 济南市市中区舜耕路517号
邮 编 250003
电 话 总编室（0531）82098914
市场部（0531）82098027
网 址 http://www.sd-book.com.cn
印 装 济南新先锋彩印有限公司
经 销 新华书店

规 格 16开（170mm×240mm）
印 张 32
字 数 230千字
版 次 2022年11月第1版
印 次 2022年11月第1次
ISBN 978-7-209-14016-4
定 价 164.00元（4册）
如有印装质量问题，请与出版社总编室联系调换。

2级

空间思维培养全书

答案

2-4 立体设计 空间认知

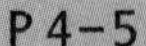

P 4-5

第1天 看不见的部分

空间思维培养全书 2级

找到画出各立体图形看不见的部分的选项，并用○标出。

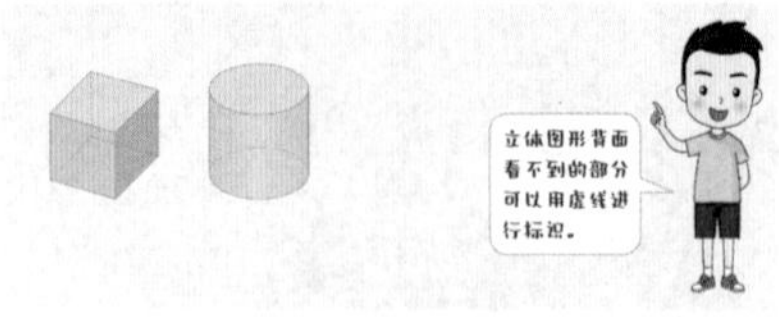

①

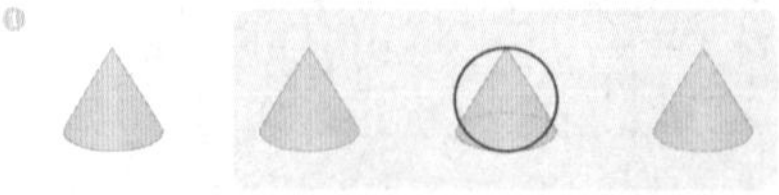

②

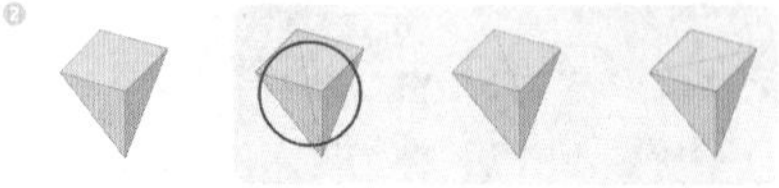

③

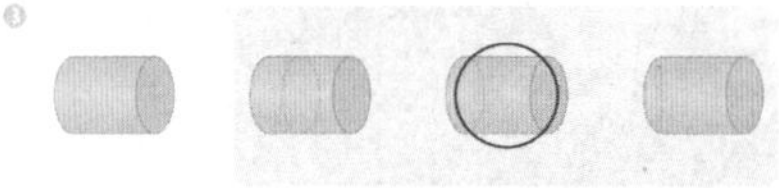

④

⑤

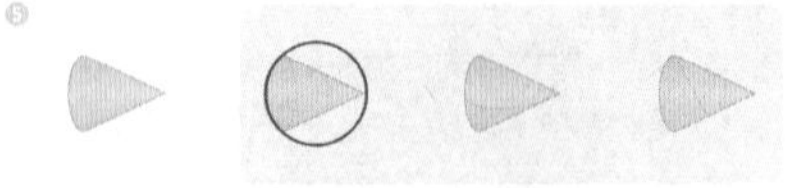

⑥

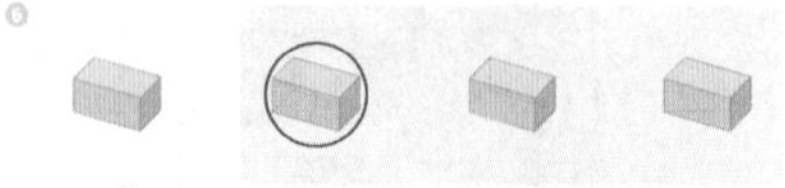

⑦

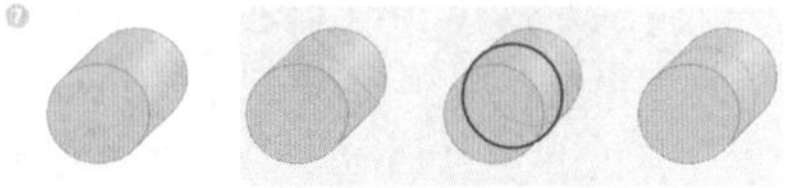

4 2-4 立体设计

第1周：立体图形研究 5

P 6-7

第2天 数顶点

空间思维培养全书 2级

数出图形顶点的数量，并填入□内。

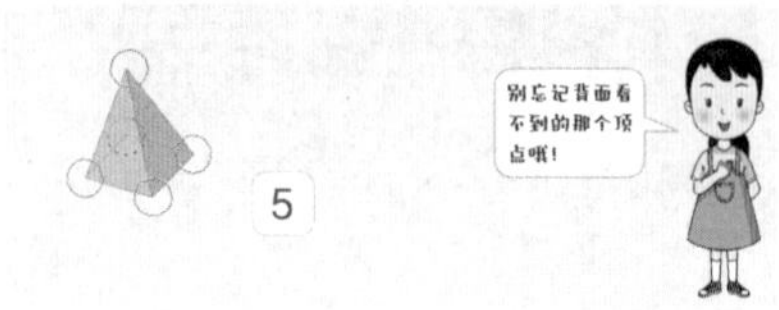

5

① 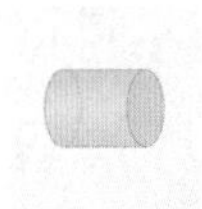 0

②  8

③  1

④ 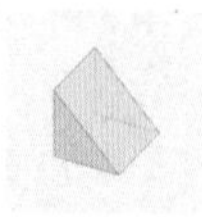 6

⑤  5

⑥ 0

⑦  8

⑧ 6

⑨ 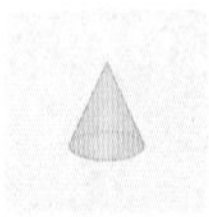 1

⑩ 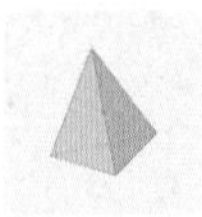 4

6 2-4 立体设计

第1周：立体图形研究 7

P 8-9

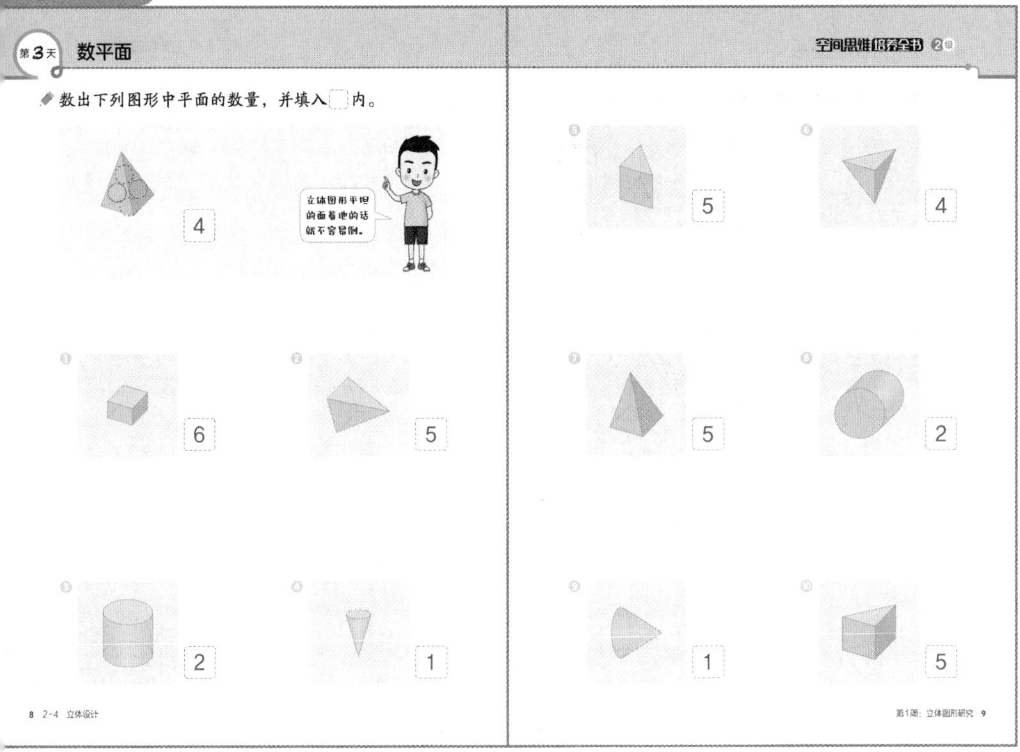

第3天 数平面

数出下列图形中平面的数量，并填入□内。

4

① 6 ② 5

③ 2 ④ 1

⑤ 5 ⑥ 4

⑦ 5 ⑧ 2

⑨ 1 ⑩ 5

P 10-11

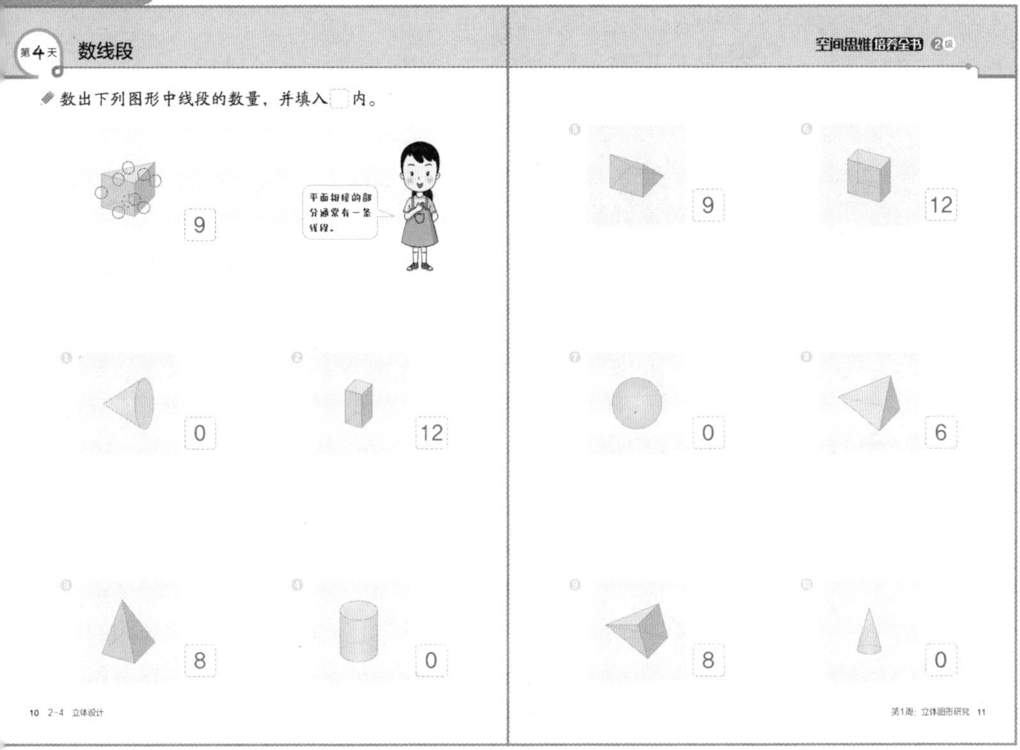

第4天 数线段

数出下列图形中线段的数量，并填入□内。

9

① 0 ② 12

③ 8 ④ 0

⑤ 9 ⑥ 12

⑦ 0 ⑧ 6

⑨ 8 ⑩ 0

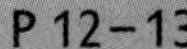

P 12－13

第5天 找出不同的图形

空间思维培养全书 2级

找出与其他3个形状不同的图形，并用×标出。

①

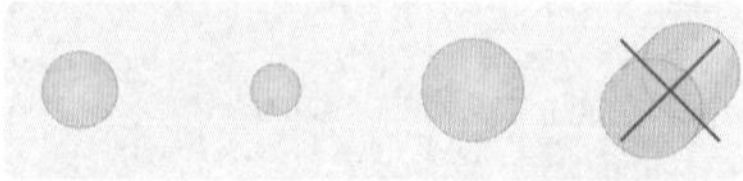

②

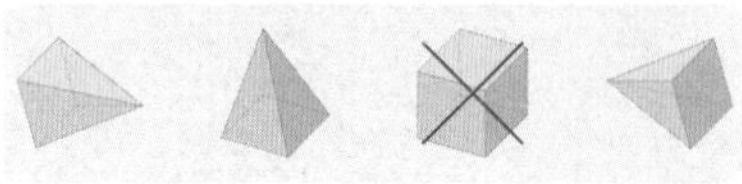

③

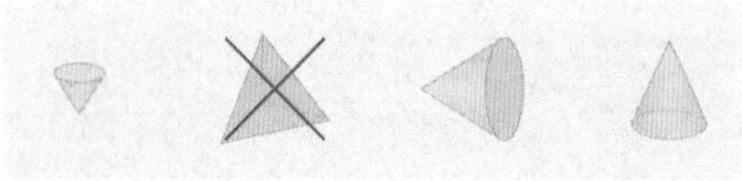

④

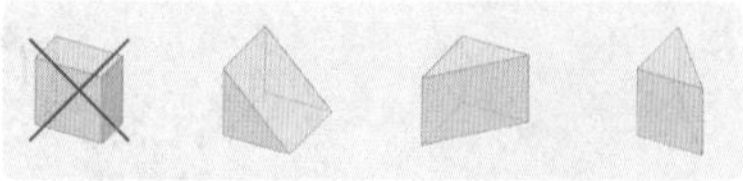

⑤

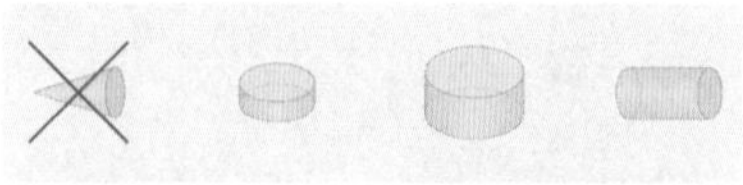

⑥

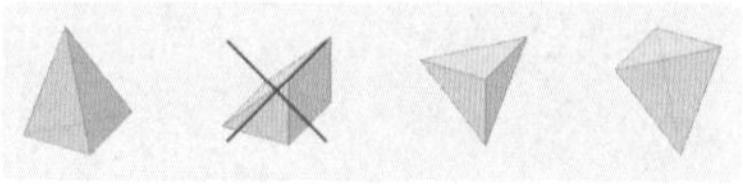

⑦

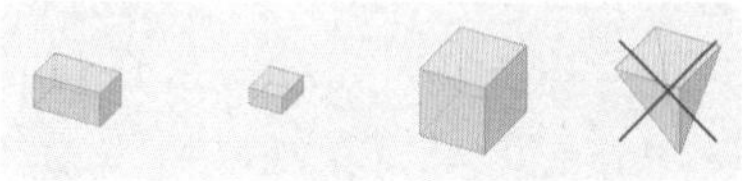

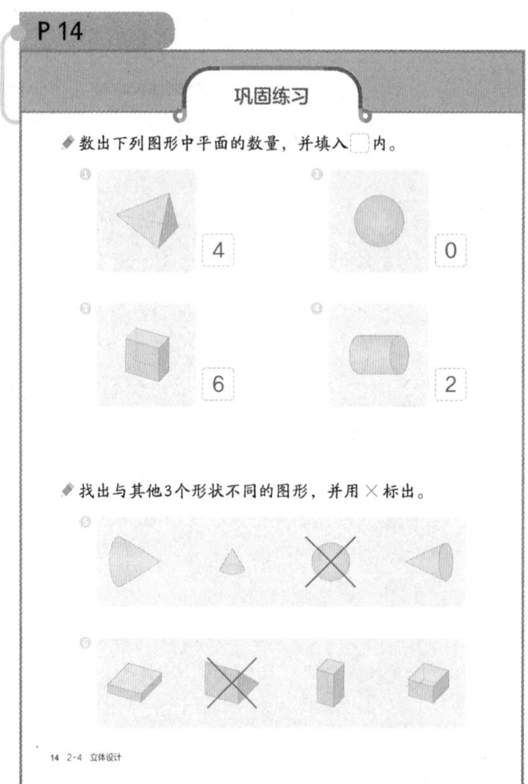

P 14

巩固练习

数出下列图形中平面的数量，并填入□内。

① 4

② 0

③ 6

④ 2

找出与其他3个形状不同的图形，并用×标出。

⑤

⑥

14 2-4 立体设计

P 16－17

第1天 描出底面形状

找出左侧图形的底面形状，并用○标出。

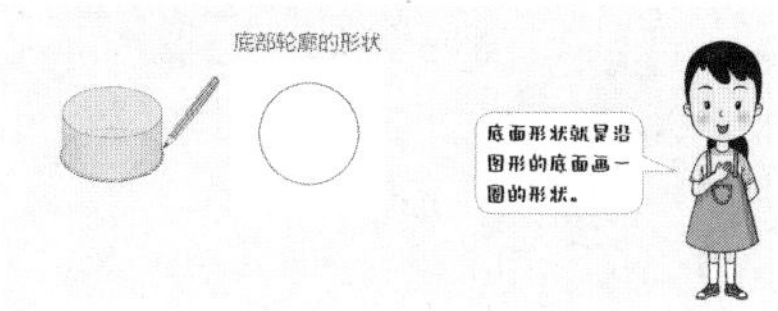

底部轮廓的形状

底面形状就是沿图形的底面画一圈的形状。

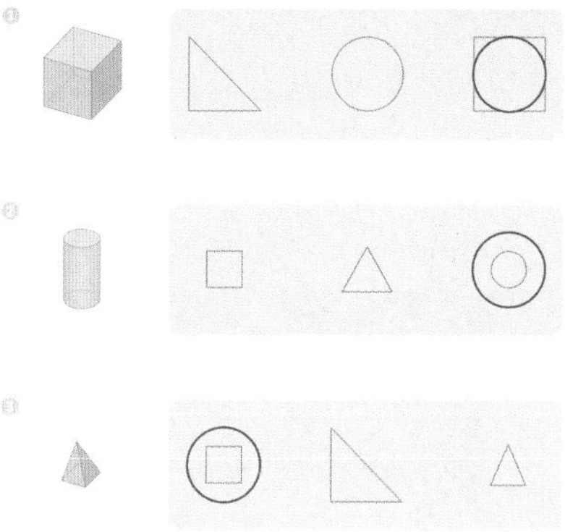

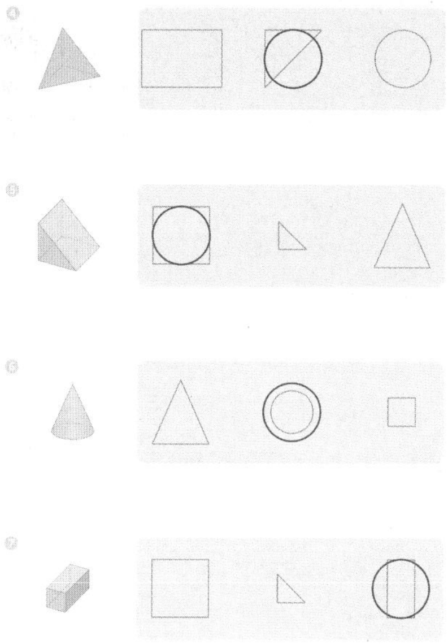

①

②

③

④

⑤

⑥

⑦

P 18－19

第2天 相同的形状

把底面形状相同的图形连起来。

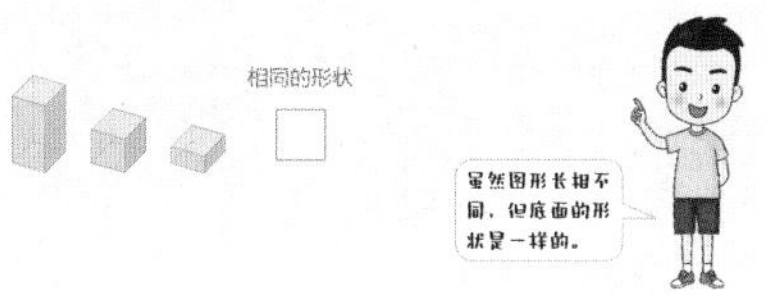

相同的形状

虽然图形长相不同，但底面的形状是一样的。

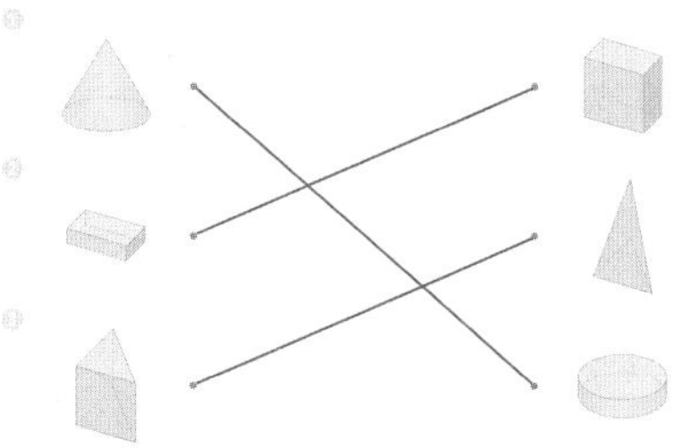

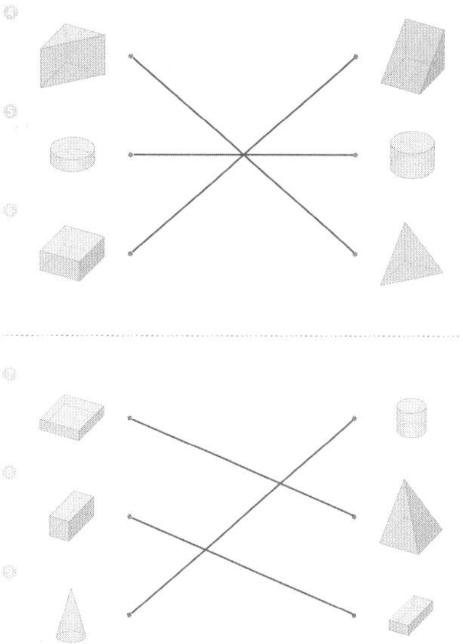

①

②

③

④

⑤

⑥

⑦

⑧

⑨

P 20－21

第3天 连一连

把立体图形与对应的底面形状连起来。

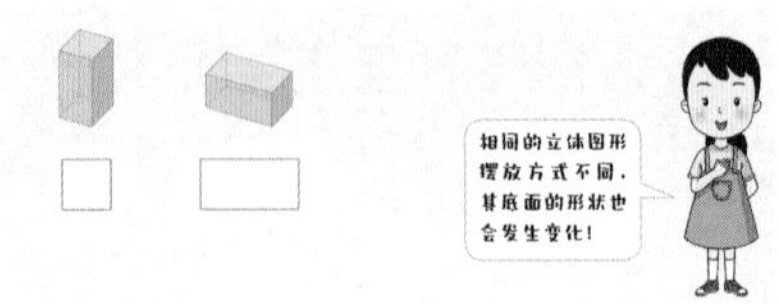

相同的立体图形摆放方式不同，其底面的形状也会发生变化！

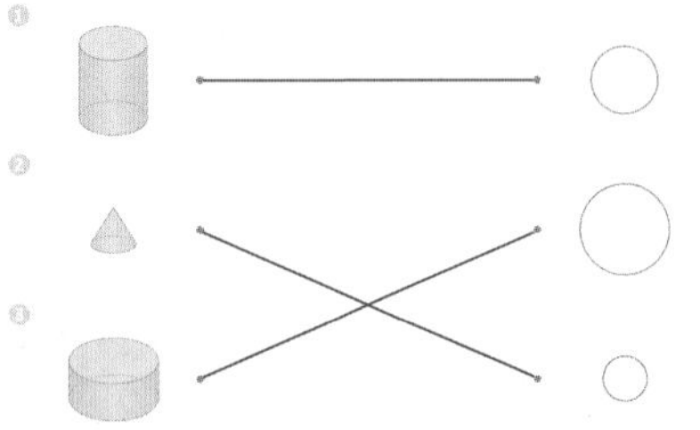

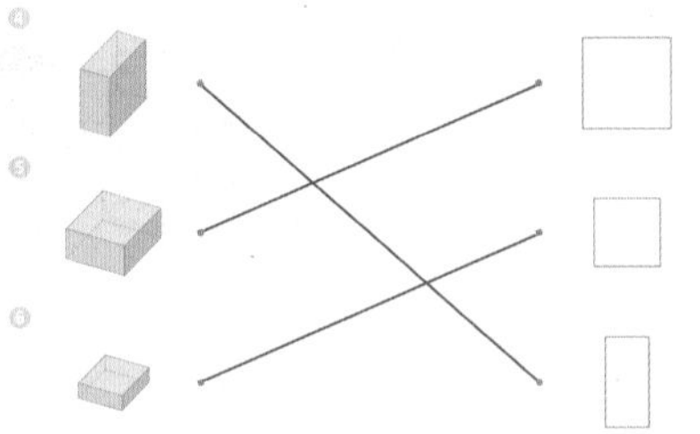

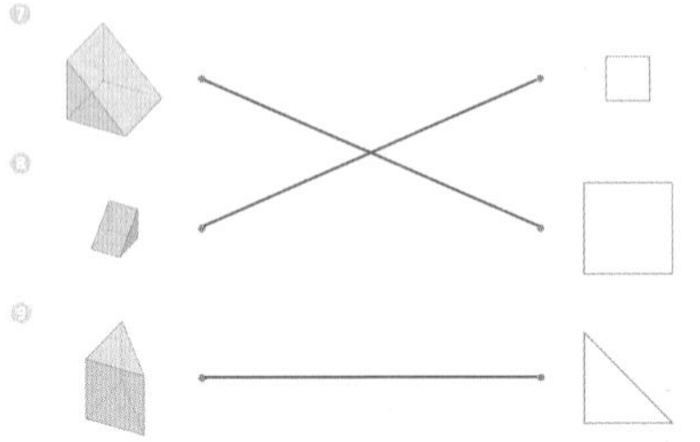

①
②
③

④
⑤
⑥

⑦
⑧
⑨

P 22－23

第4天 找出面的形状

找出能够从左侧立体图形中看到的形状，并用○标出。

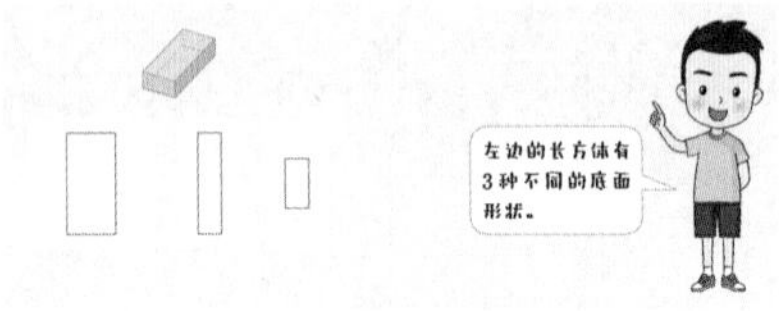

左边的长方体有3种不同的底面形状。

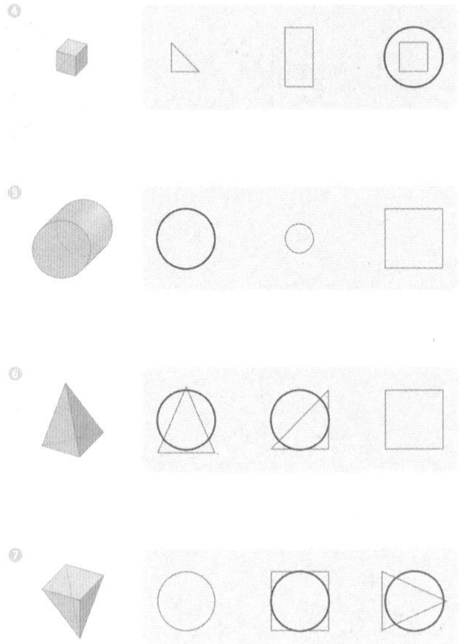

①
②
③

④
⑤
⑥
⑦

P 24-25

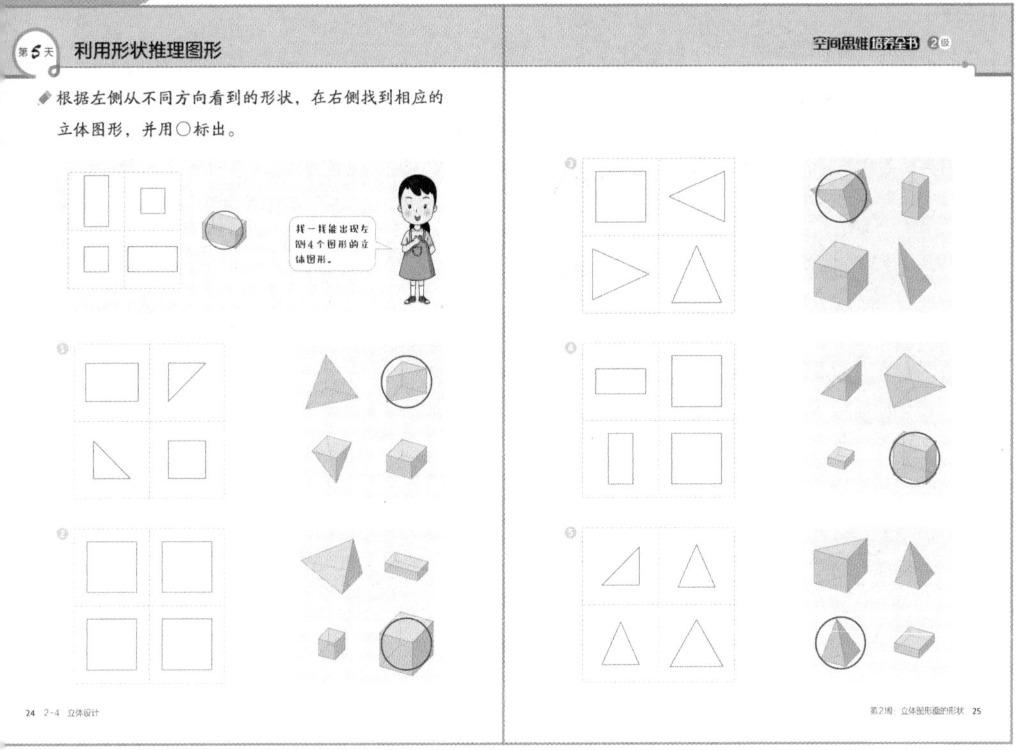

第5天 利用形状推理图形

空间思维培养全书 2级

根据左侧从不同方向看到的形状，在右侧找到相应的立体图形，并用○标出。

24 2-4 立体设计

第2周：立体图形面的形状 25

P 26

巩固练习

把底面形状相同的图形连起来。

根据左侧从不同方向看到的形状，在右侧找到相应的立体图形，并用○标出。

26 2-4 立体设计

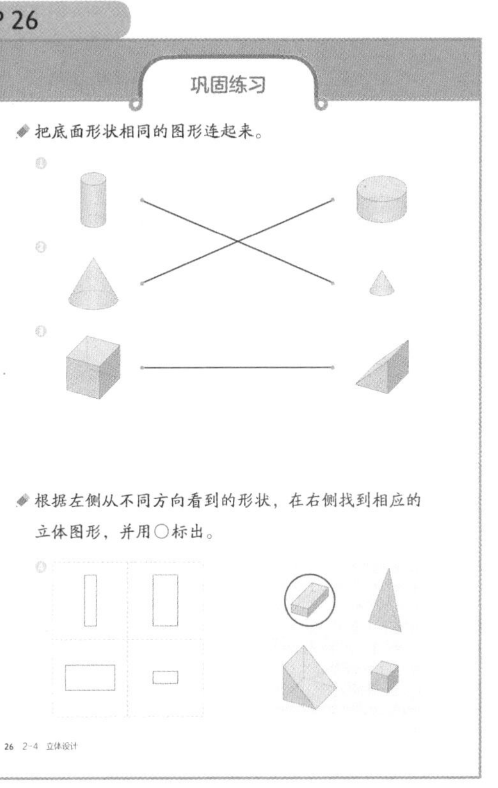

P 28-29

第1天 画出积木的底面形状

将积木底面的形状涂画在方格纸上。

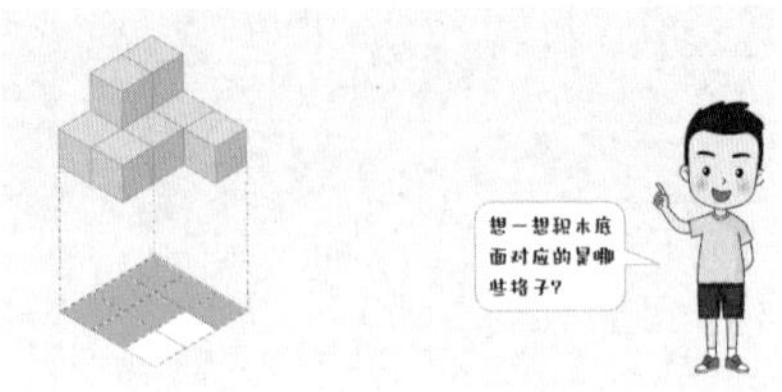

想一想积木底面对应的是哪些格子？

① 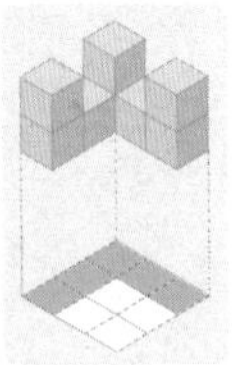
② 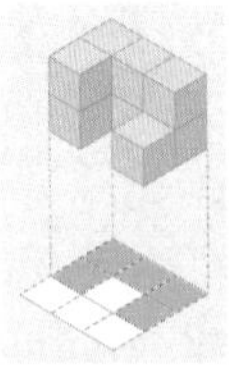
③ 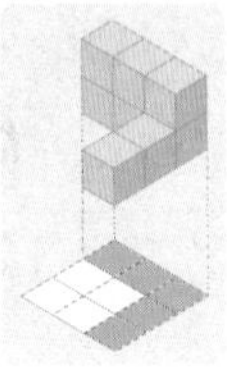
④ 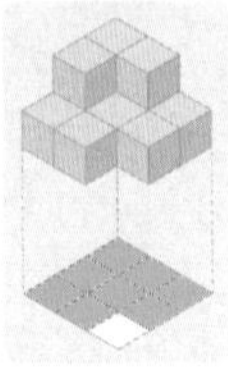
⑤ 
⑥

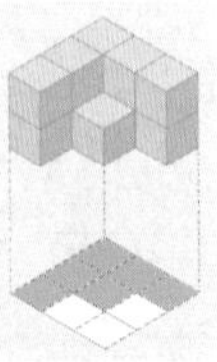

P 30-31

第2天 连一连

将积木与对应的底面形状连在一起。

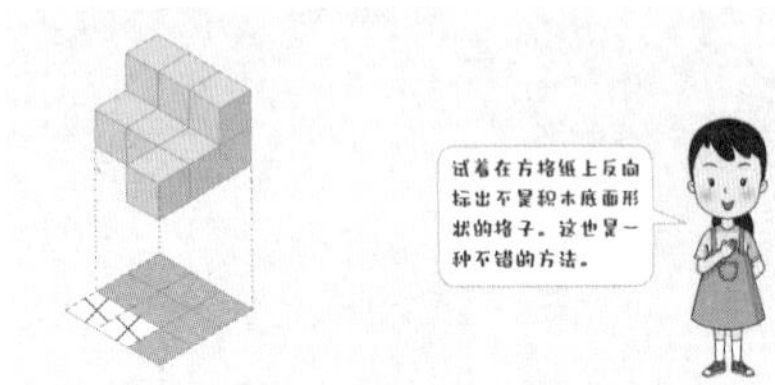

试着在方格纸上反向标出不是积木底面形状的格子。这也是一种不错的方法。

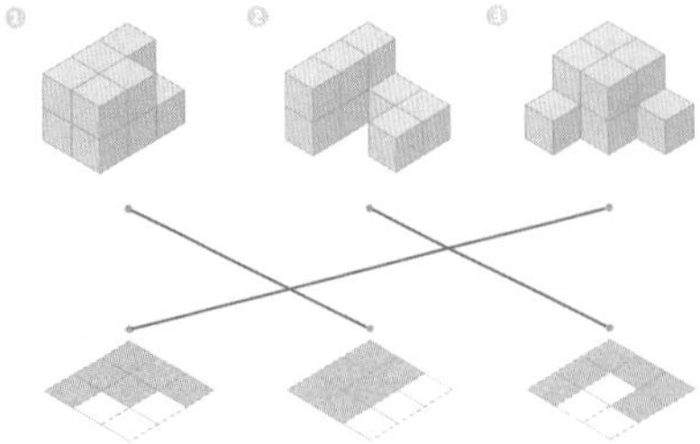

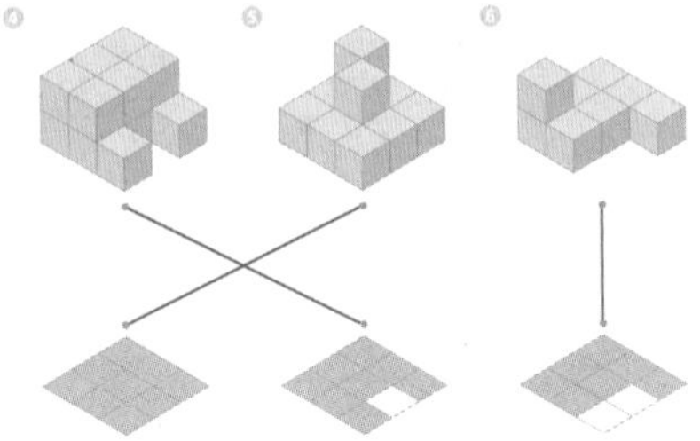

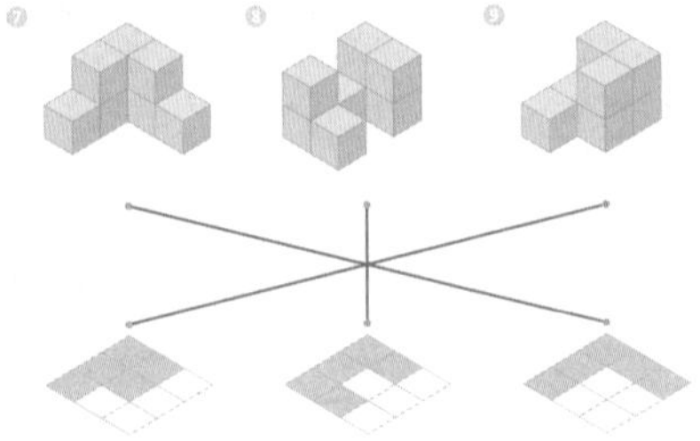

①
②
③
④
⑤
⑥
⑦
⑧
⑨

P 32-33

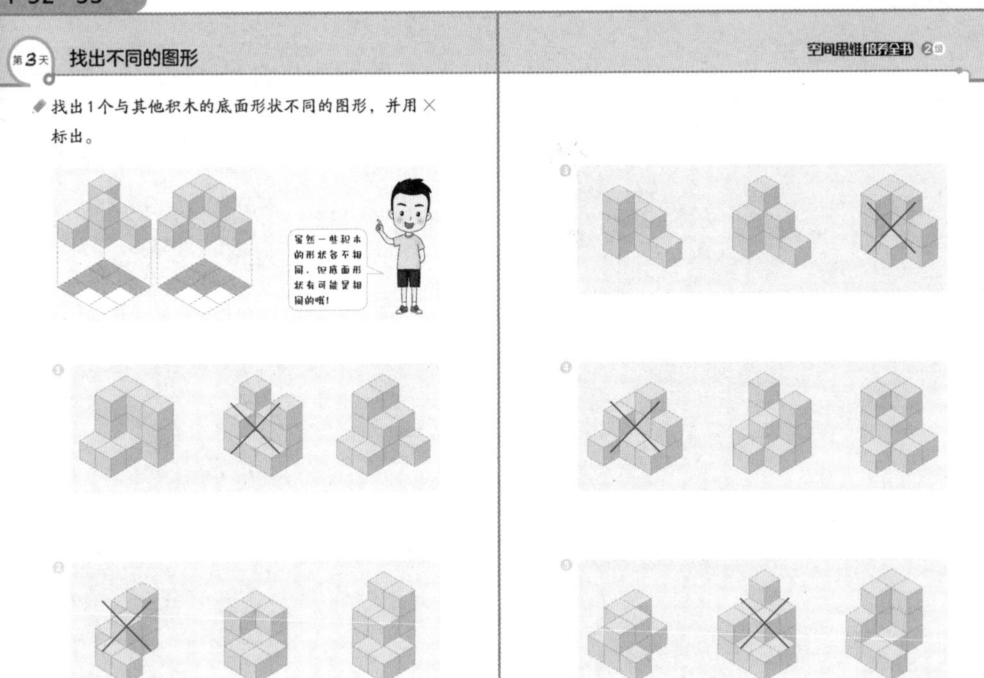

P 34-35

第4天 制作层数表

空间思维培养全书 2级

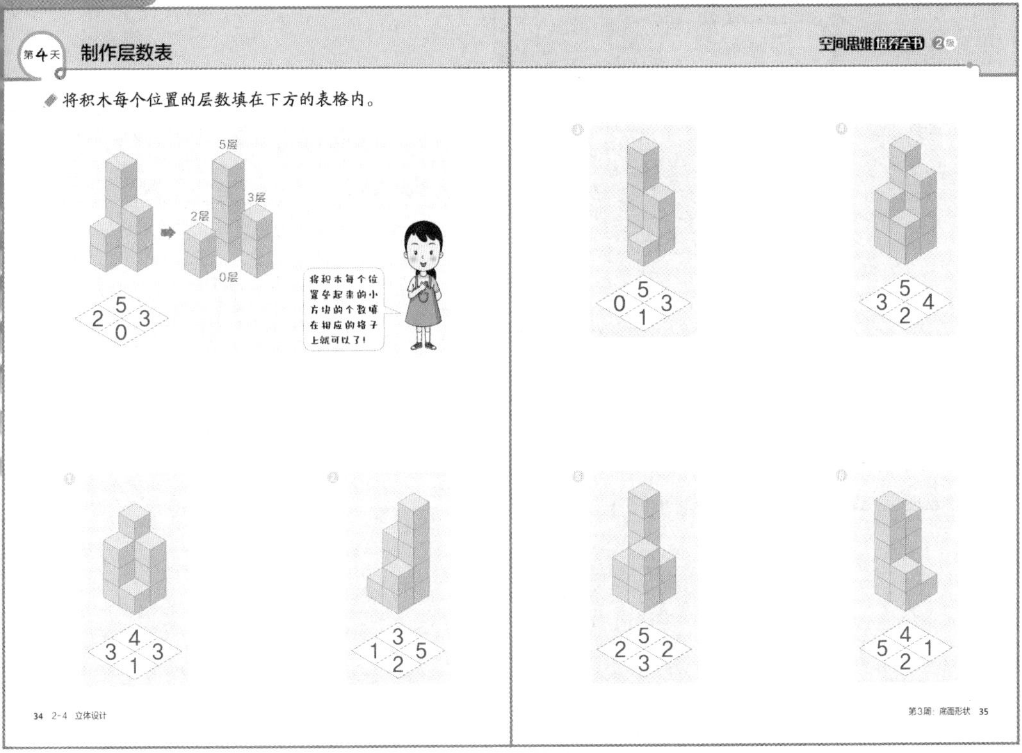

将积木每个位置的层数填在下方的表格内。

5层 3层 2层 0层

5 2 3 0

将积木每个位置叠起来的小方块的个数填在相应的格子上就可以了！

③ 5 0 3 1

④ 5 3 4 2

① 4 3 3 1

② 3 1 5 2

⑤ 5 2 2 3

⑥ 4 5 1 2

34 2-4 立体设计

第3周：底面形状 35

P 36-37

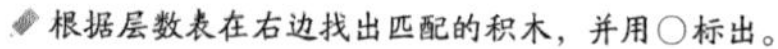

第5天 找出相应的积木

根据层数表在右边找出匹配的积木，并用○标出。

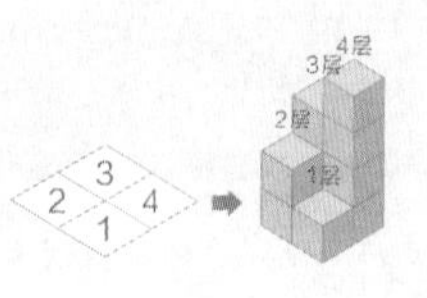

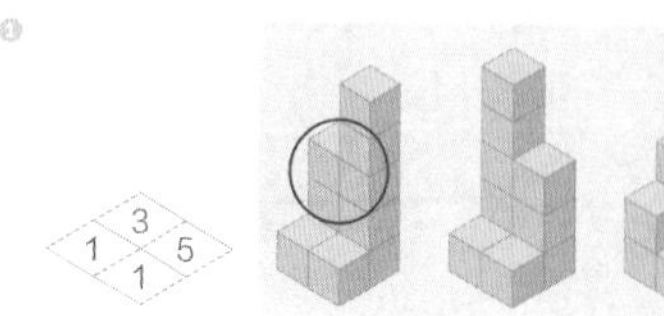

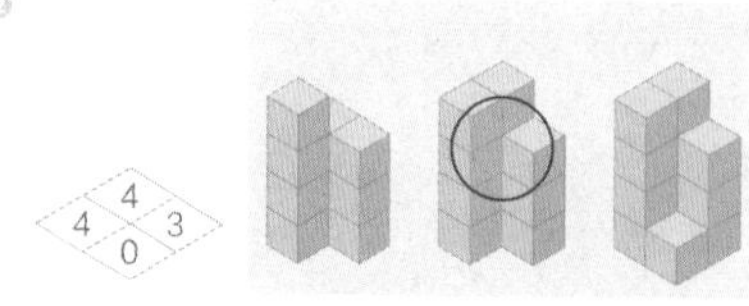

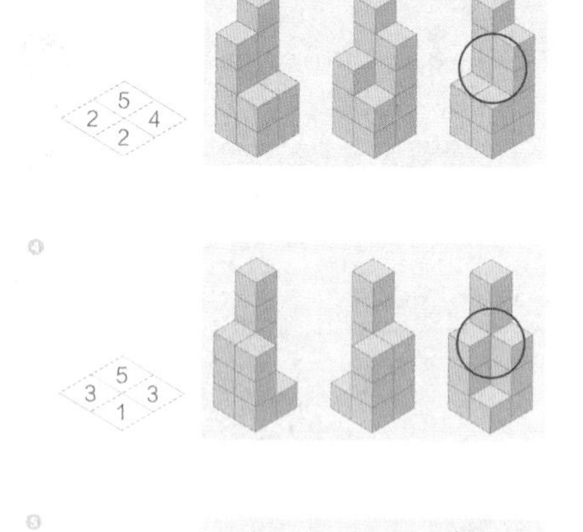

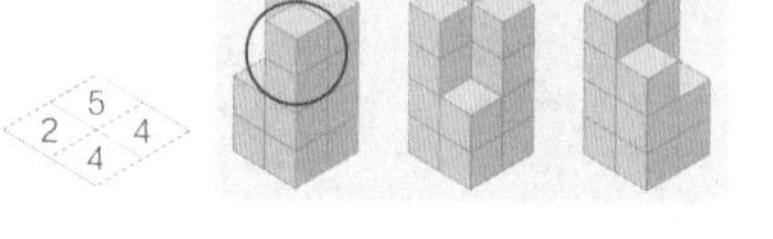

P 38

巩固练习

找出1个与其他积木的底面形状不同的图形，并用×标出。

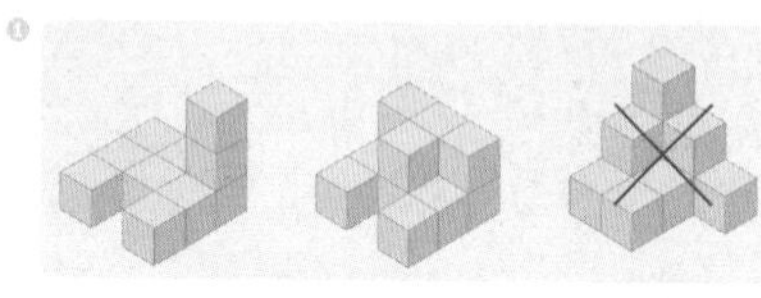

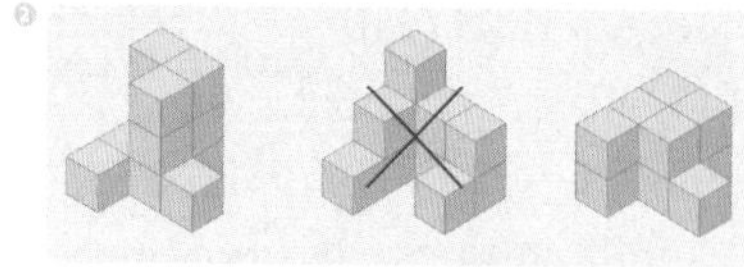

根据层数表在右边找出匹配的积木，并用○标出。

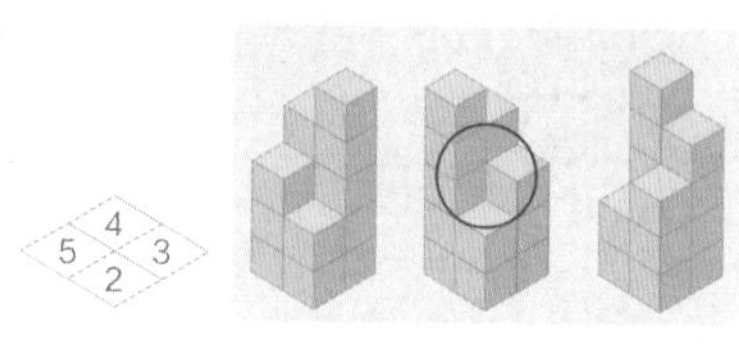

P 40－41

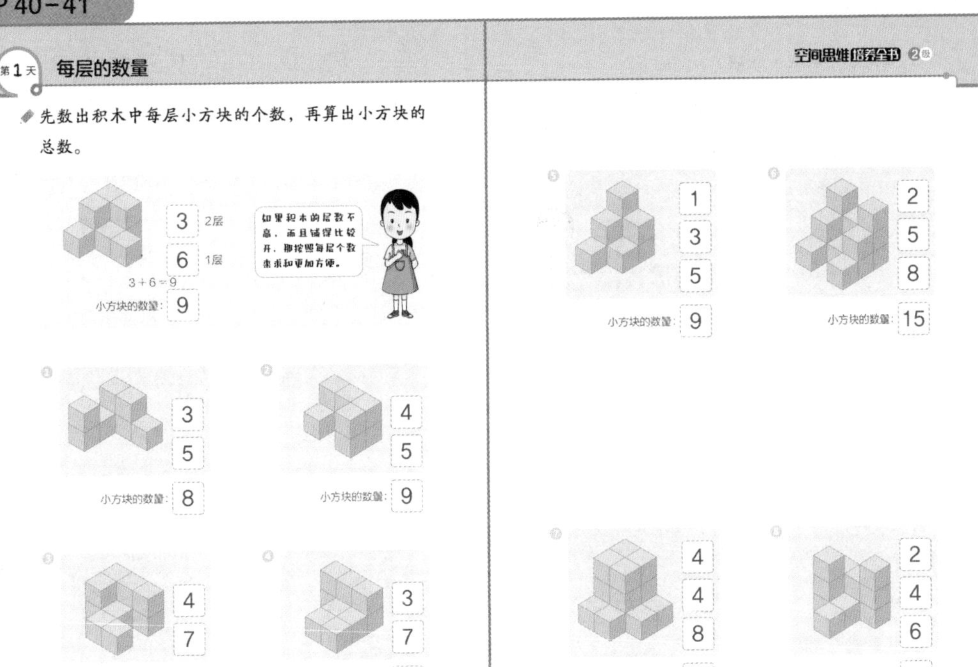

第1天 每层的数量

空间思维培养全书 2级

先数出积木中每层小方块的个数，再算出小方块的总数。

3 2层

6 1层

3＋6＝9

小方块的数量：9

如果积木的层数不高，而且铺得比较开，那按照每层个数来求和更加方便。

① 3 5 小方块的数量：8

② 4 5 小方块的数量：9

③ 4 7 小方块的数量：11

④ 3 7 小方块的数量：10

⑤ 1 3 5 小方块的数量：9

⑥ 2 5 8 小方块的数量：15

⑦ 4 4 8 小方块的数量：16

⑧ 2 4 6 小方块的数量：12

40 2-4 立体设计

第4周：小方块的数量 41

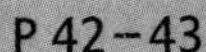

P 42－43

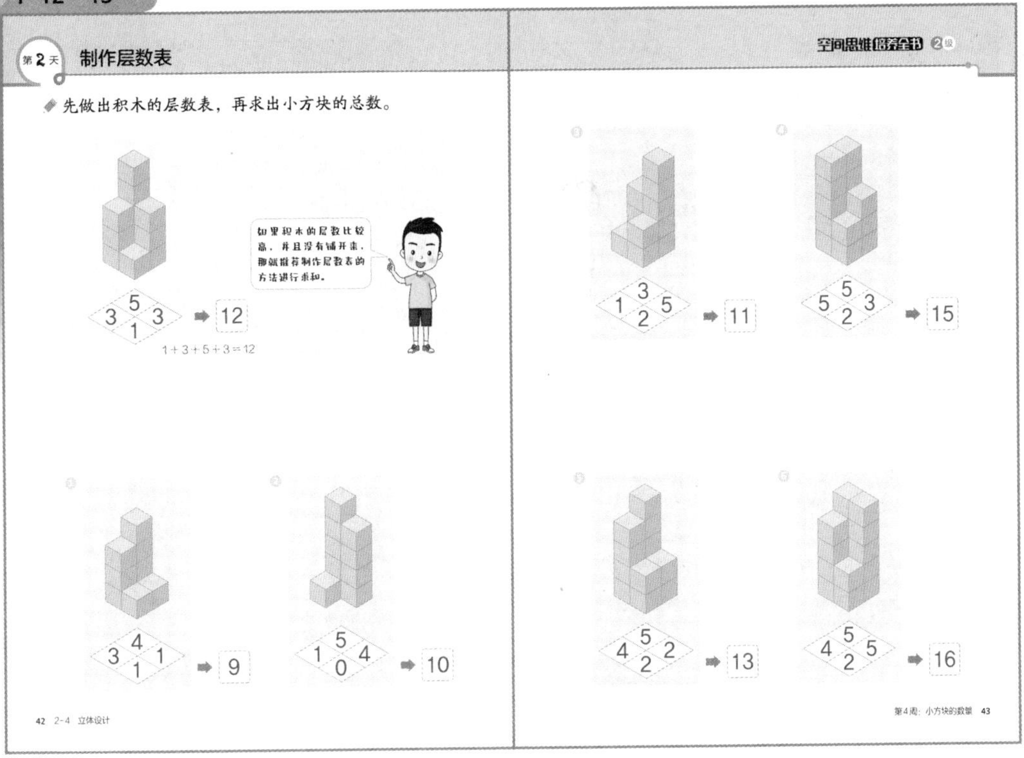

第2天 制作层数表

空间思维培养全书 2级

先做出积木的层数表，再求出小方块的总数。

层数表：5，3，3，1 ➡ 12

1＋3＋5＋3＝12

如果积木的层数比较高，并且没有铺开来，那就推荐制作层数表的方法进行求和。

① 4，3，1，1 ➡ 9

② 5，1，4，0 ➡ 10

③ 3，1，5，2 ➡ 11

④ 5，5，3，2 ➡ 15

⑤ 5，4，2，2 ➡ 13

⑥ 5，4，5，2 ➡ 16

42 2-4 立体设计

第4周：小方块的数量 43

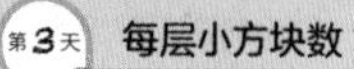

P 44-45

第3天 每层小方块数×层数

积木每一层的小方块数量相同，求小方块的总数。

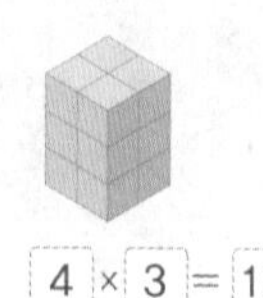

4 × 3 = 12

每层小方块的数量 全体层数

③
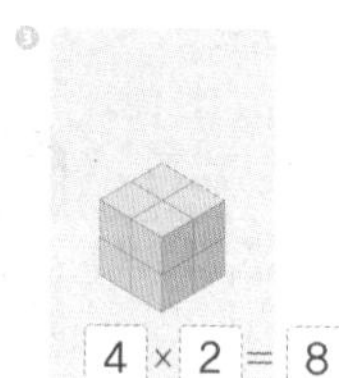

4 × 2 = 8

④
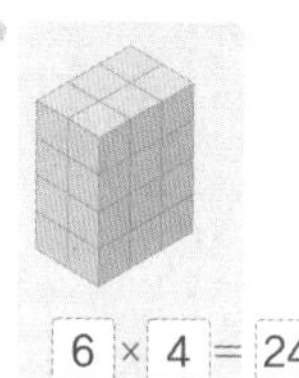

6 × 4 = 24

①
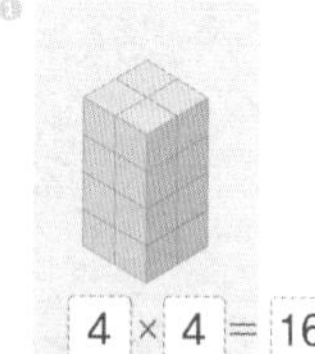

4 × 4 = 16

②
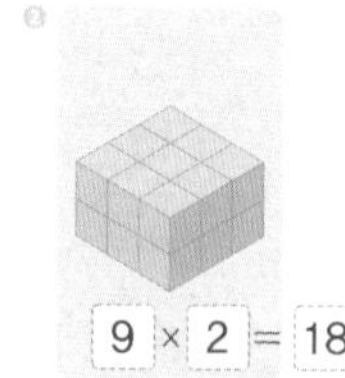

9 × 2 = 18

⑤

3 × 4 = 12

⑥
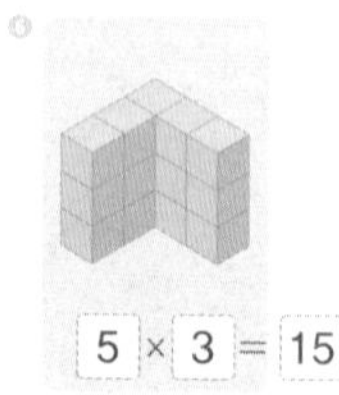

5 × 3 = 15

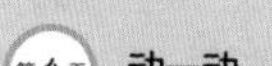

P 46-47

第4天 动一动，乘一乘

先适当地移动小方块，再使用乘法求出小方块的总数。

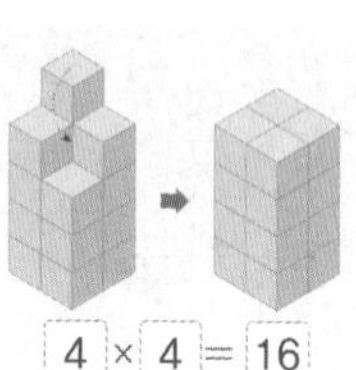

4 × 4 = 16

③
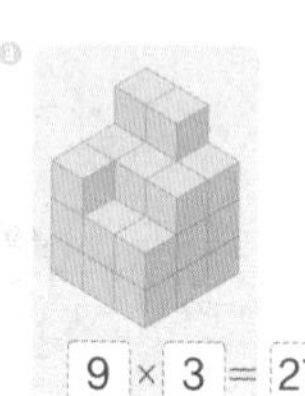

9 × 3 = 27

④
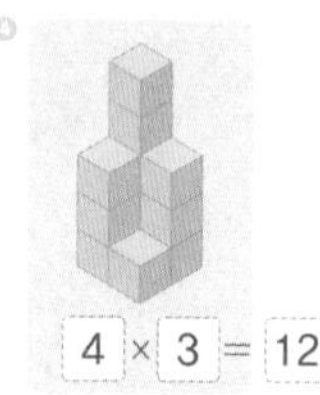

4 × 3 = 12

①
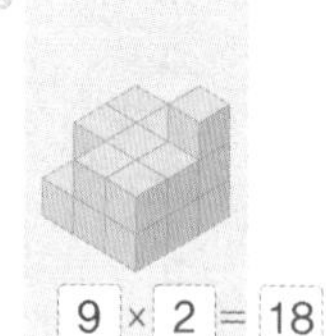

9 × 2 = 18

②
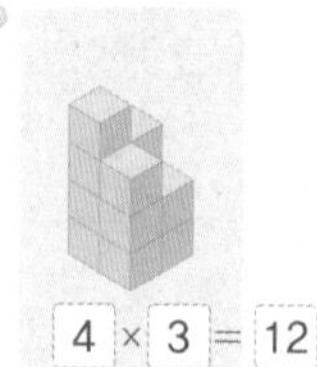

4 × 3 = 12

⑤
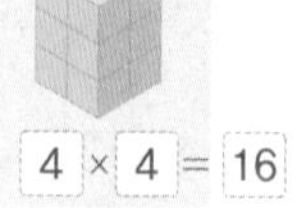

4 × 4 = 16

⑥
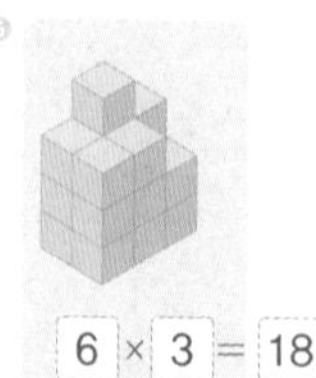

6 × 3 = 18

P 48-49

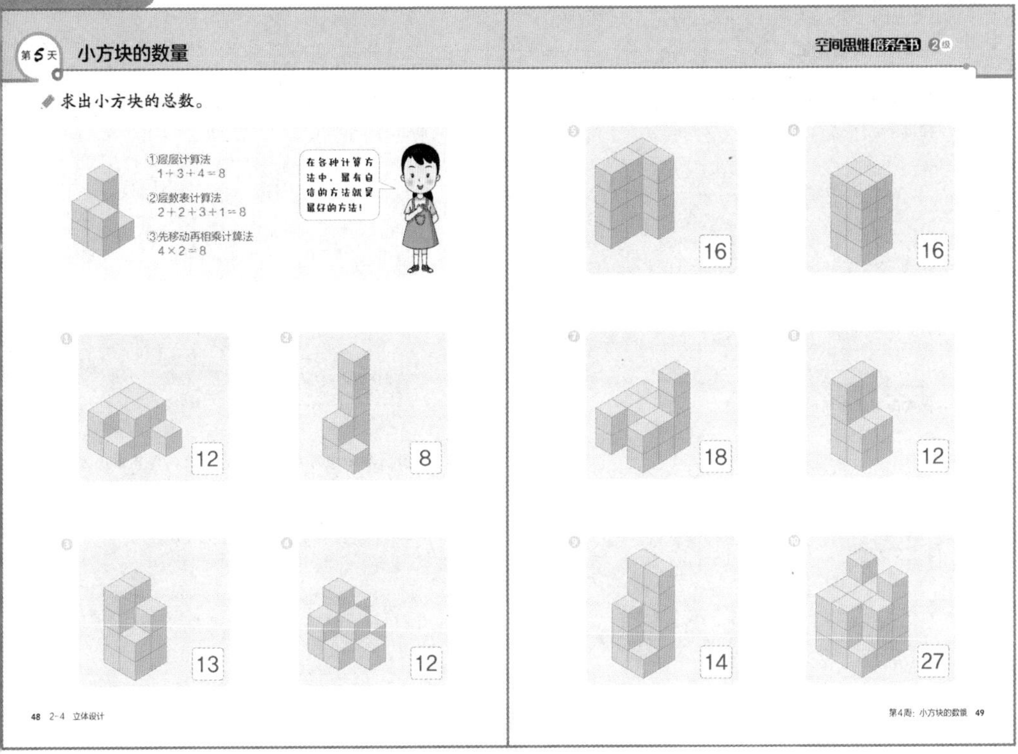

第5天 小方块的数量

空间思维培养全书 2级

求出小方块的总数。

①层层计算法
1+3+4=8

②层数表计算法
2+2+3+1=8

③先移动再相乘计算法
4×2=8

在各种计算方法中，最有自信的方法就是最好的方法！

① 12
② 8
③ 13
④ 12
⑤ 16
⑥ 16
⑦ 18
⑧ 12
⑨ 14
⑩ 27

48 2-4 立体设计

第4周：小方块的数量 49

P 50

巩固练习

求出小方块的总数。

① 13
② 14
③ 16
④ 27
⑤ 18
⑥ 15

50 2-4 立体设计

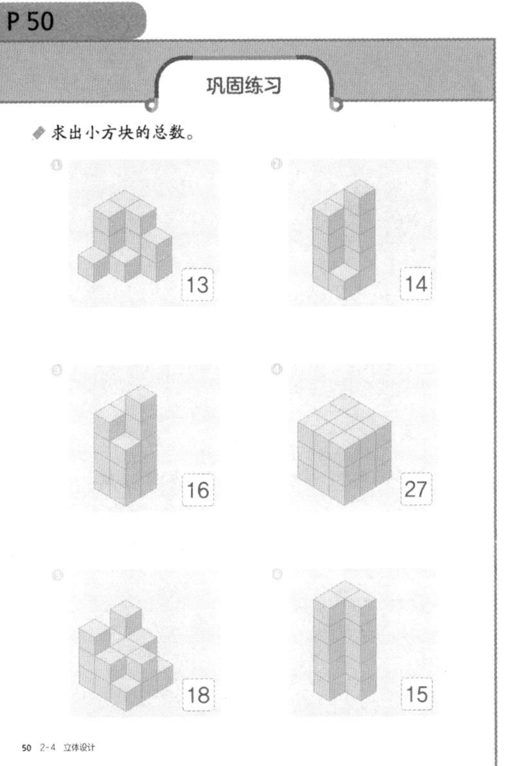

P 52-53

第1回：评价测试

月 日
规定时间 10分钟
答对题目 /9

找到画出各立体图形看不见的部分的选项，并用○标出。

❶

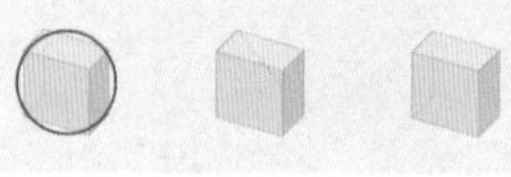

❷

把底面形状相同的图形连起来。

❸

❹

❺

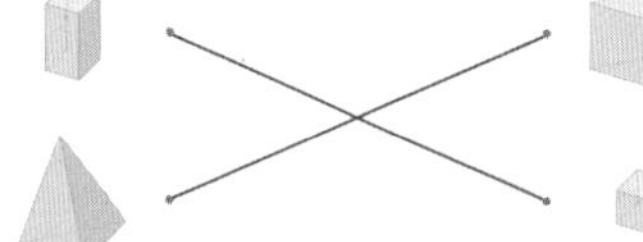

找出1个与其他积木的底面形状不同的图形，并用×标出。

❻

❼

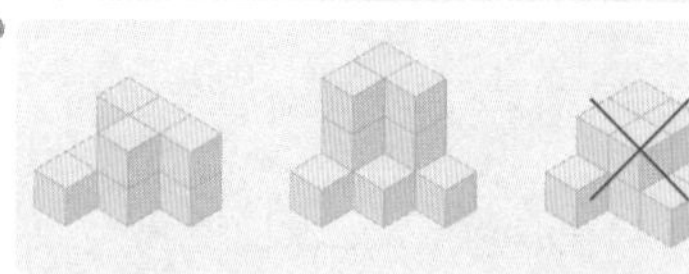

先数出积木中每层小方块的个数，再算出小方块的总数。

❽

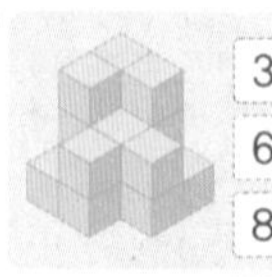

3
6
8

小方块的数量：17

❾

2
5
7

小方块的数量：14

P 54-55

第2回：评价测试

月 日
规定时间 10分钟
答对题目 /10

数出图形顶点的数量，并填入□内。

❶

4

❷

8

❸

0

❹

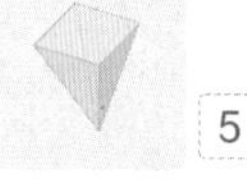

5

找出左侧图形的底面形状，并用○标出。

❺

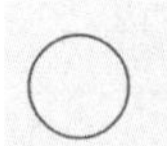

❻

将积木底面的形状涂画在方格纸上。

❼

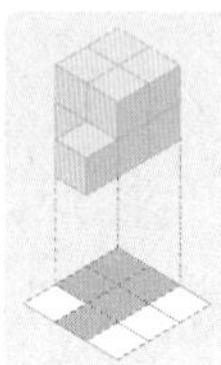

❽

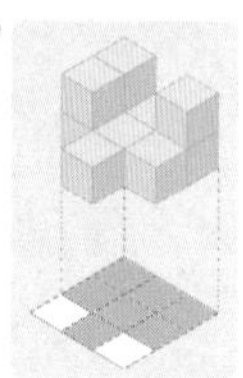

先做出积木的层数表，再求出小方块的总数。

❾

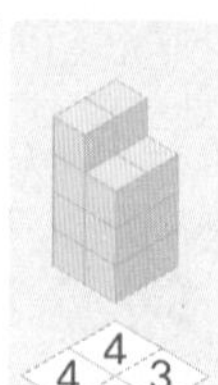

➡ 14

❿

➡ 12

P 56-57

第3回 ： 评价测试

数出下列图形中平面的数量，并填入□内。

❶  6

❷ 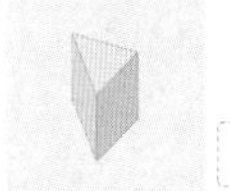 5

❸ 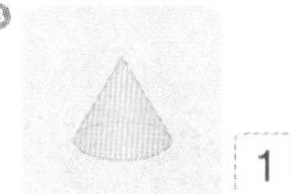 1

❹ 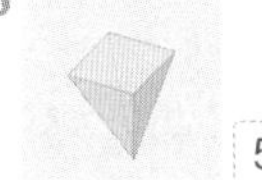 5

找出能够从左侧立体图形中看到的形状，并用○标出。

❺  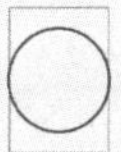  

❻ 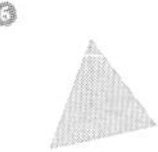 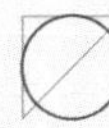  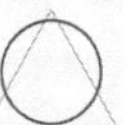

将积木每个位置的层数填在下方的表格内。

❼ 

❽ 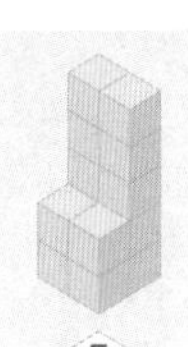

积木每一层的小方块数量相同，求小方块的总数。

❾ 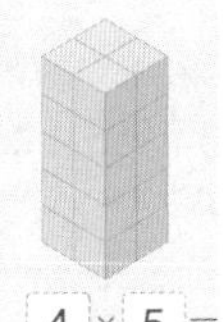

4 × 5 = 20

❿ 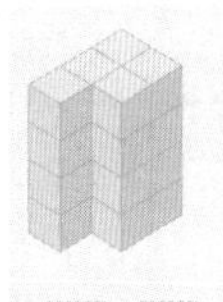

5 × 4 = 20

P 58-59

第4回 ： 评价测试

数出下列图形中线段的数量，并填入□内。

❶  0

❷ 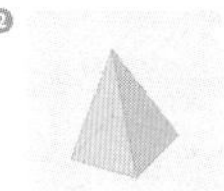 8

❸  9

❹  12

根据左侧从不同方向看到的形状，在右侧找到相应的立体图形，并用○标出。

❺ 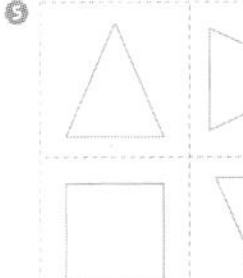  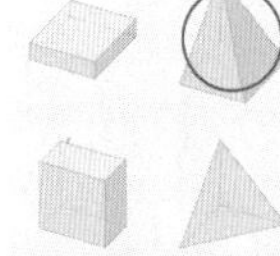 

将积木与对应的底面形状连在一起。

❻ 

❼ 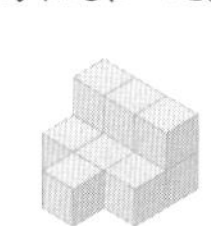

❽ 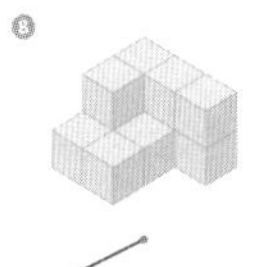

先适当地移动小方块，再使用乘法求出小方块的总数。

❾ 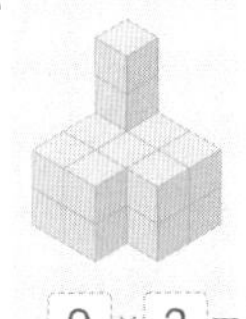

9 × 2 = 18

❿ 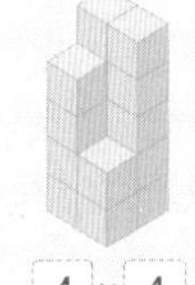

4 × 4 = 16

P 60－61

第5回：评价测试

月 日
规定时间 10分钟
答对题目 /9

找出与其他3个形状不同的图形，并用×标出。

❶

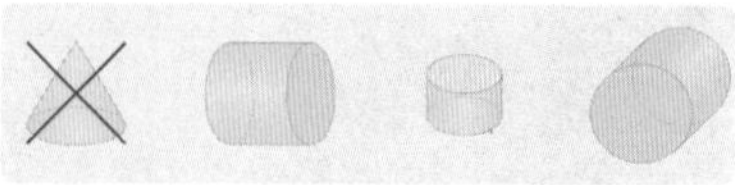

❷

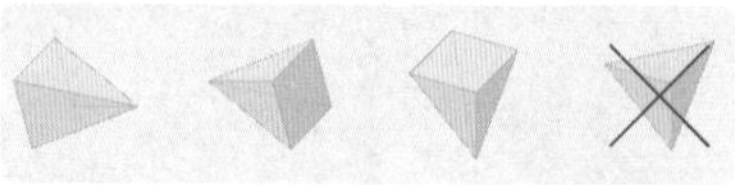

把立体图形与对应的底面形状连起来。

❸

❹

❺

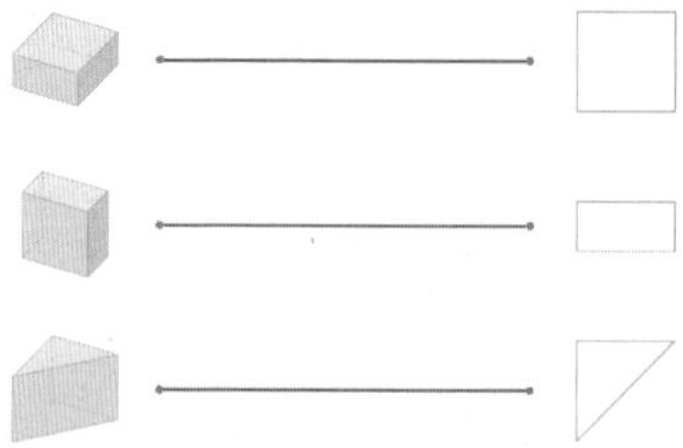

根据层数表在右边找出匹配的积木，并用○标出。

❻

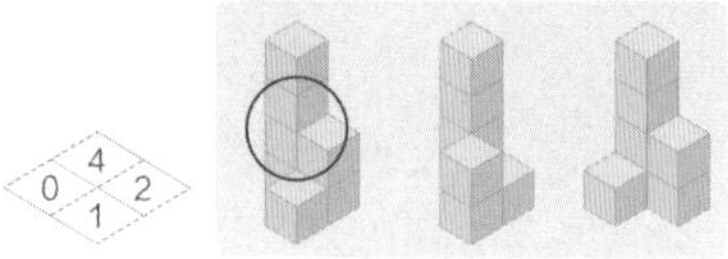

0 4 2 1

❼

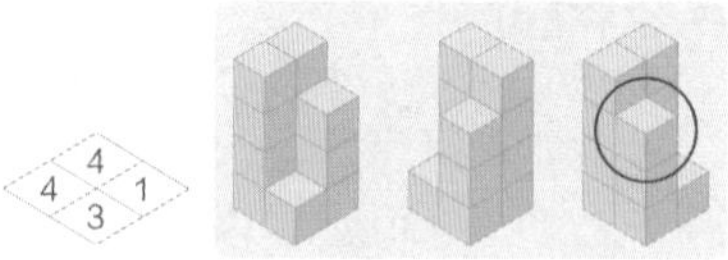

4 4 1 3

求出小方块的总数。

❽ 18

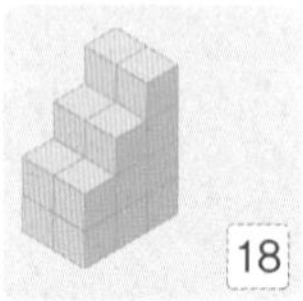

❾ 16

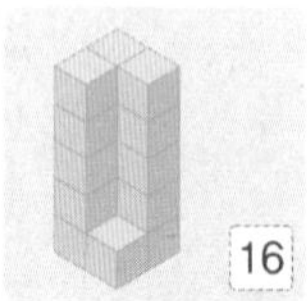

P 66-67

第1天 折叠1次的形状

画出彩纸对折后的形状。

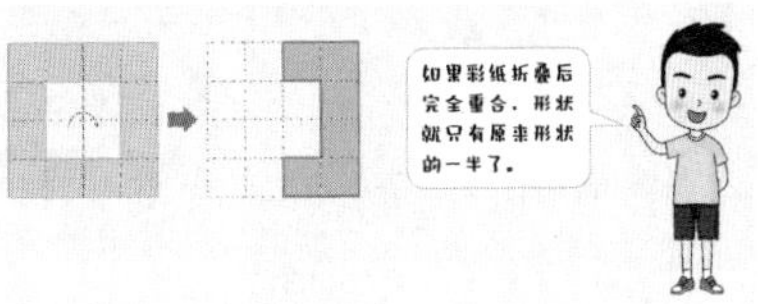

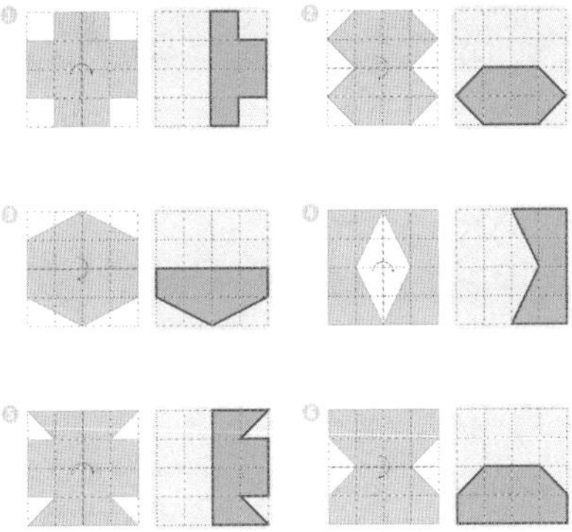

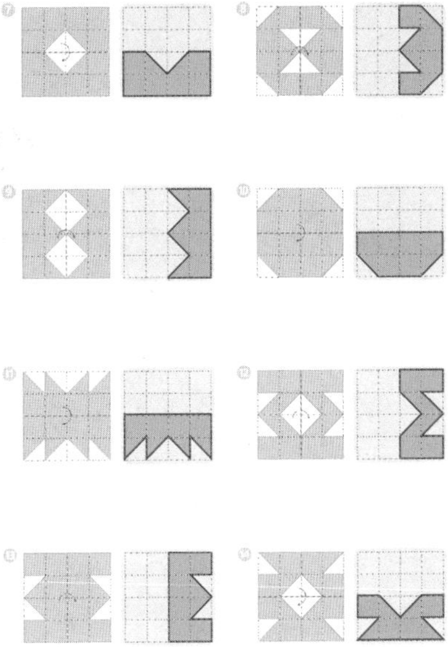

P 68-69

第2天 折叠2次的形状

画出彩纸对折2次后的形状。

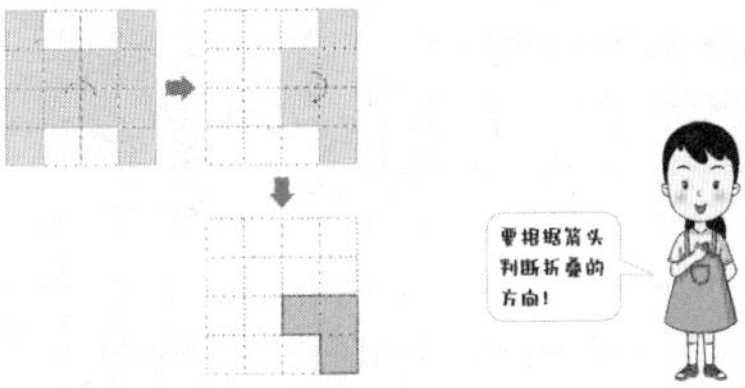

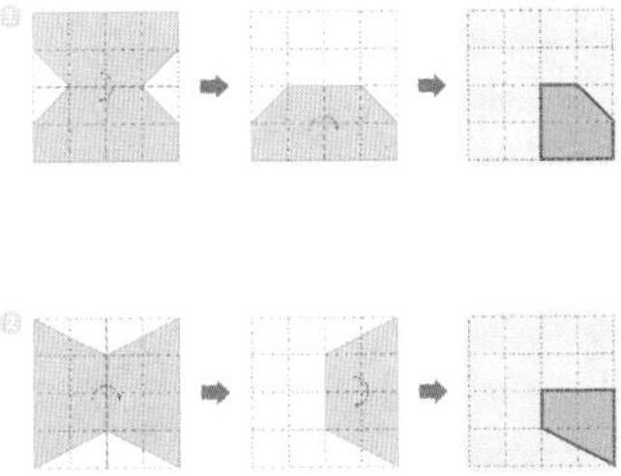

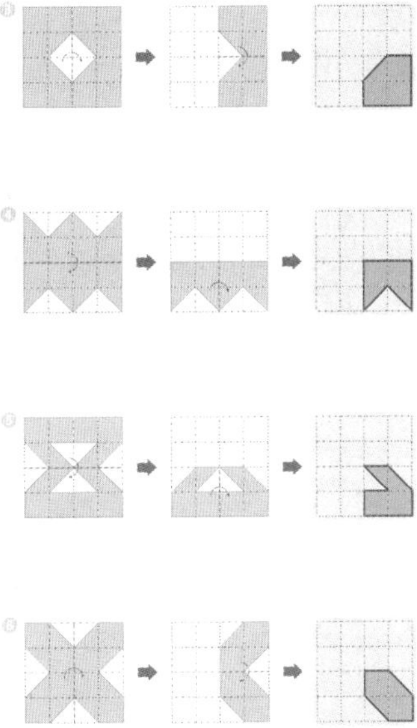

P 70–71

第3天 展开1次的形状

空间思维培养全书 2级

剪裁折叠2次后的彩纸，画出剪裁后的彩纸展开1次后的形状。

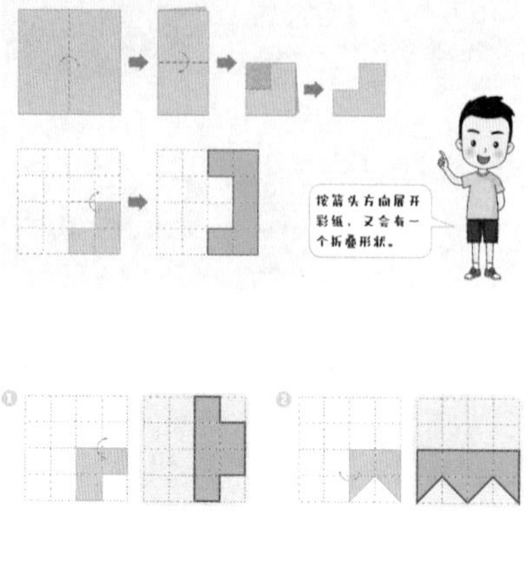

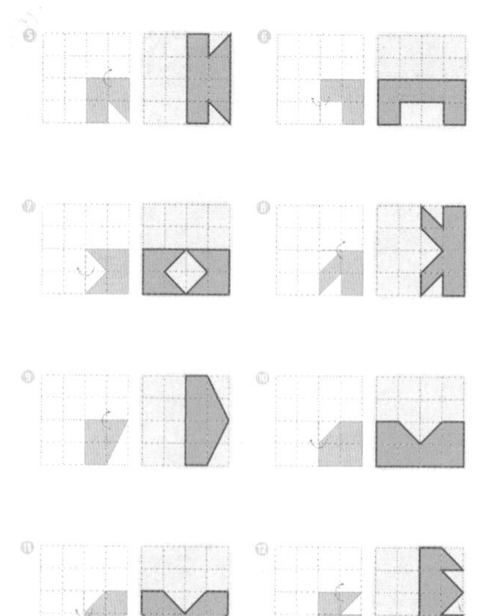

P 72–73

第4天 展开2次的形状

空间思维培养全书 2级

剪裁折叠2次后的彩纸，画出剪裁后的彩纸展开2次后的形状。

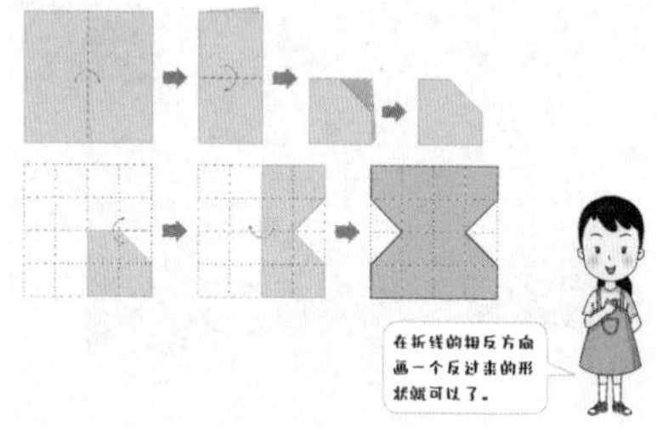

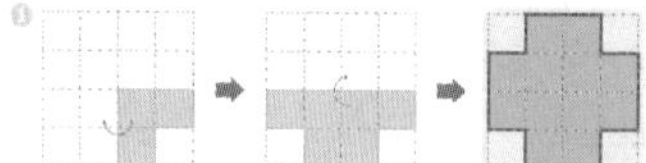

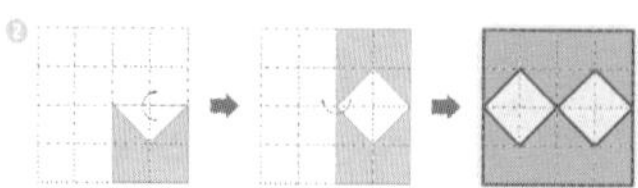

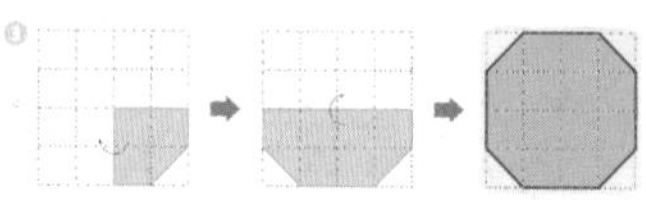

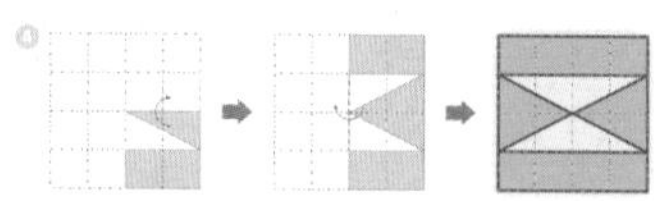

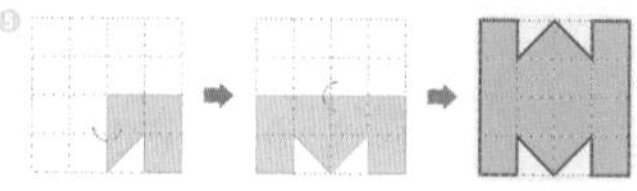

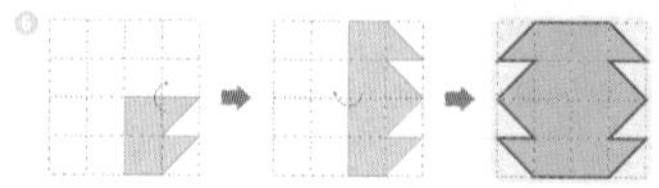

P 74-75

第5天 每次展开的形状

剪裁折叠2次后的彩纸，画出剪裁后的彩纸每次展开后的形状。

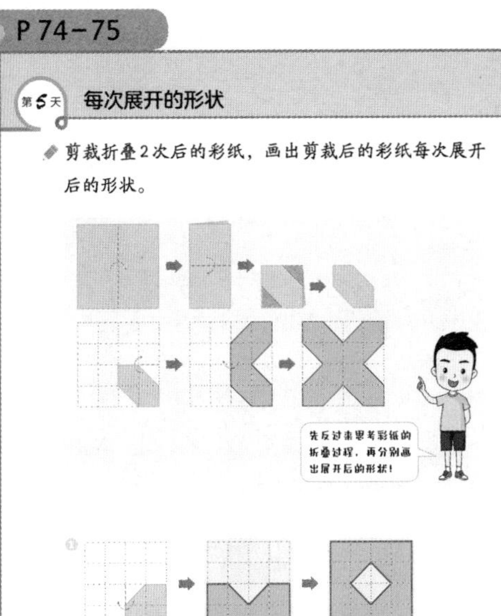

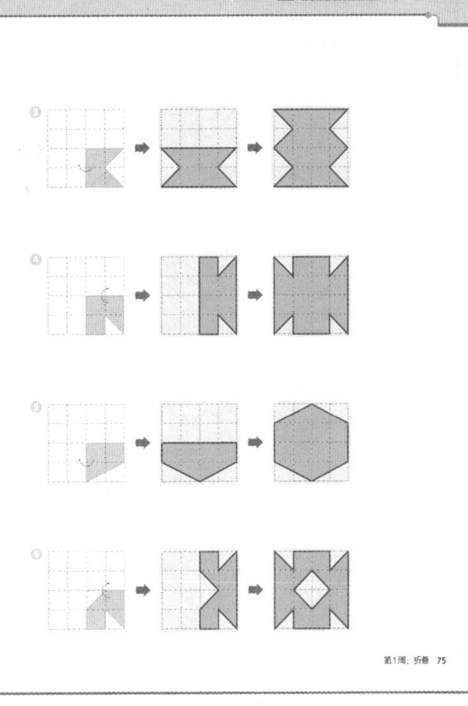

P 76

巩固练习

画出彩纸对折2次后的形状。

剪裁折叠2次后的彩纸，画出剪裁后的彩纸每次展开后的形状。

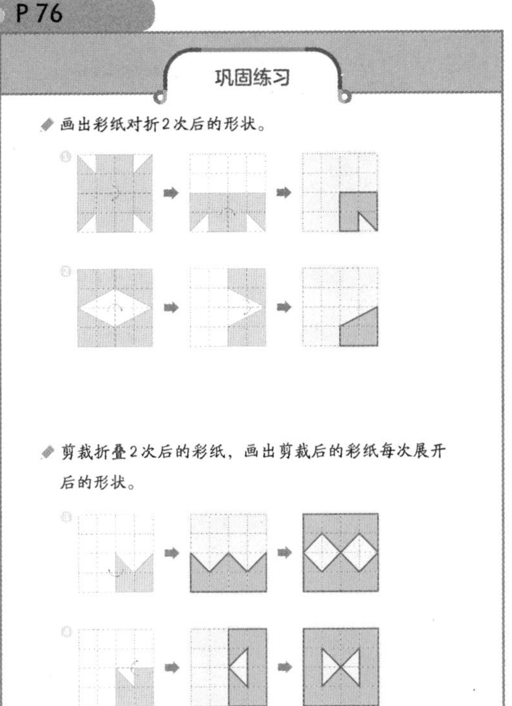

P 78-79

第1天 上与下

积木中有1个小方块被涂上了颜色，请将其上下相邻的小方块涂上颜色。

上

下

从涂有颜色的小方块往上数，层数会增加，往下数层数会减少。

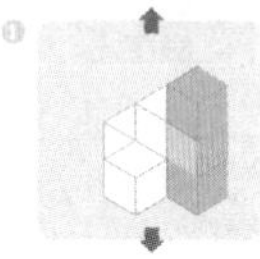

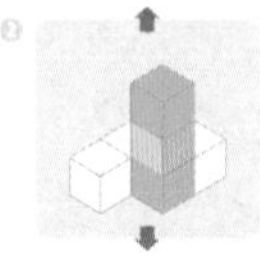

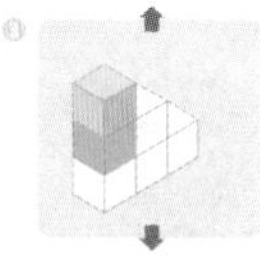

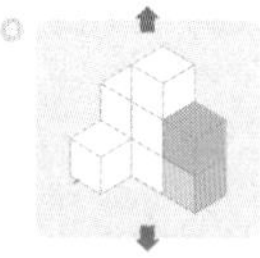

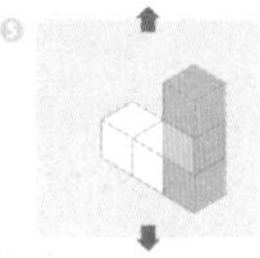

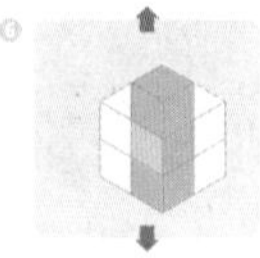

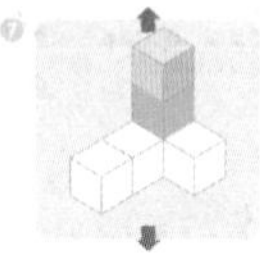

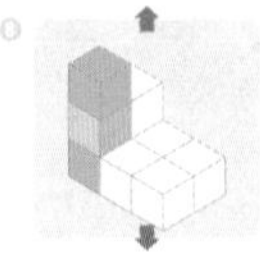

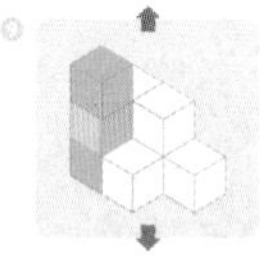

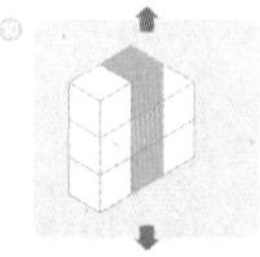

① ② ③ ④ ⑤ ⑥ ⑦ ⑧ ⑨ ⑩

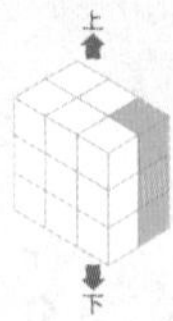

P 80-81

第2天 前与后

积木中有1个小方块被涂上了颜色，请将其前后相邻的小方块涂上颜色。

后

前

与上下方向一样，前后方向也是相反的关系！

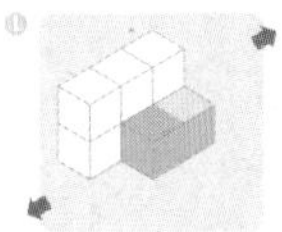

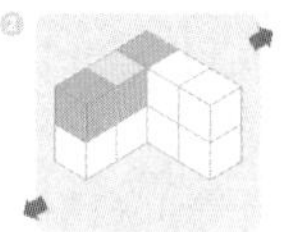

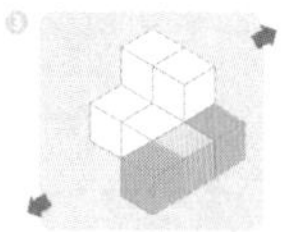

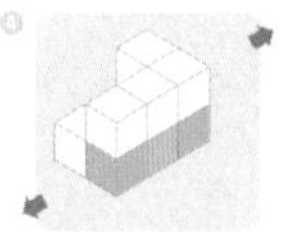

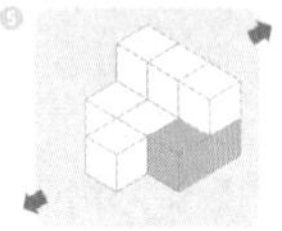

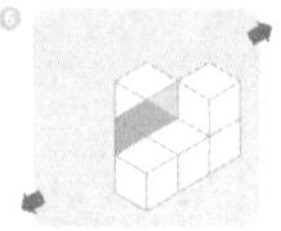

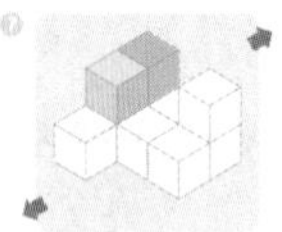

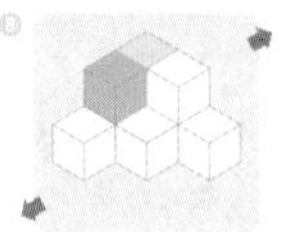

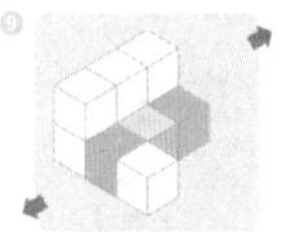

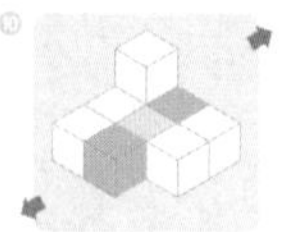

① ② ③ ④ ⑤ ⑥ ⑦ ⑧ ⑨ ⑩

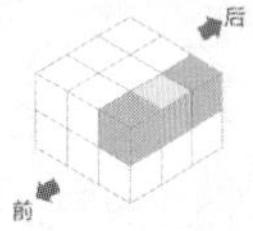

P 82-83

第3天 左与右

空间思维培养全书 2级

积木中有1个小方块被涂上了颜色，请将其左右相邻的小方块涂上颜色。

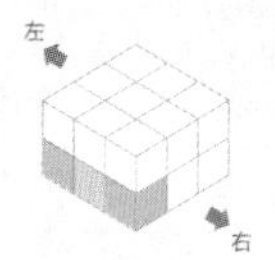

左

右

站在积木的前面，右手的方向就是右边。

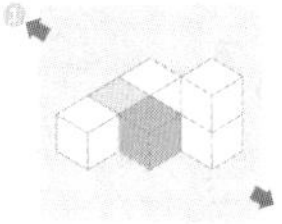

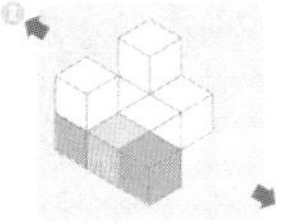

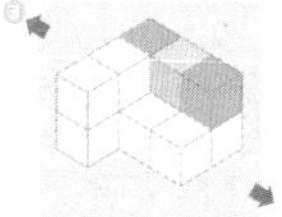

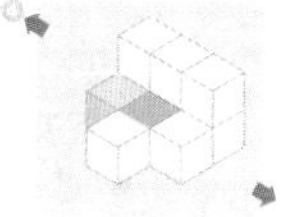

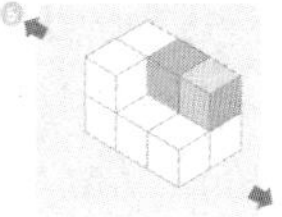

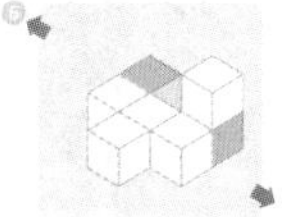

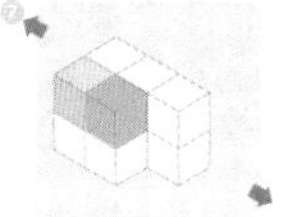

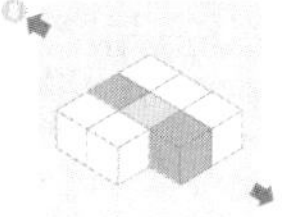

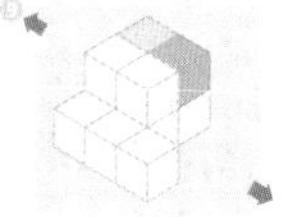

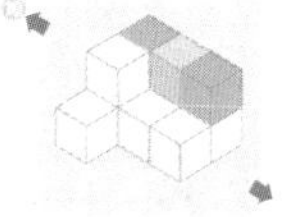

P 84-85

第4天 按箭头拼搭后的形状(1)

空间思维培养全书 2级

找出按照箭头方向拼搭小方块后的形状，并用○标出。

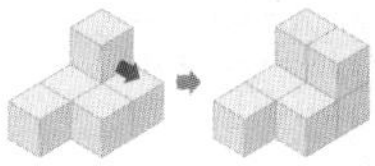

接下来会在积木的上面、前面、右侧拼搭小方块！

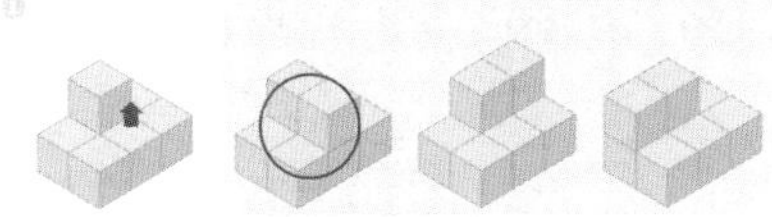

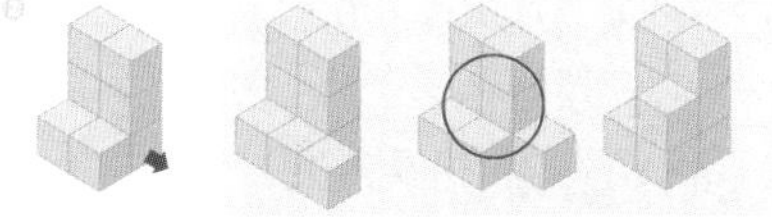

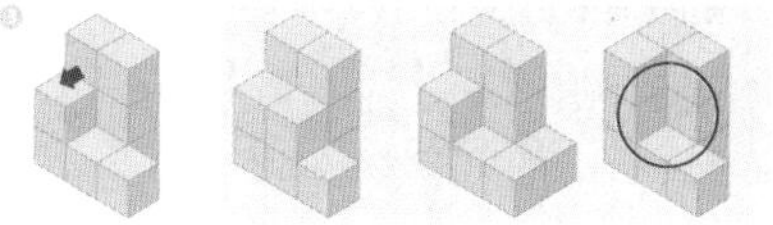

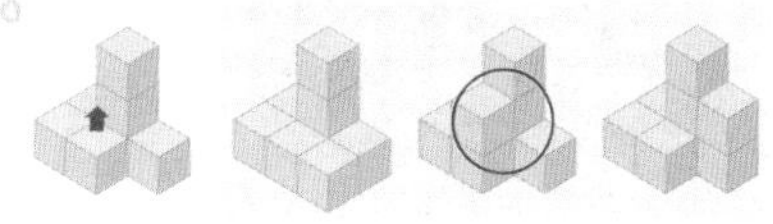

P 86-87

第5天 按箭头拼搭后的形状(2)

找出按照箭头方向拼搭小方块后的形状，并用○标出。

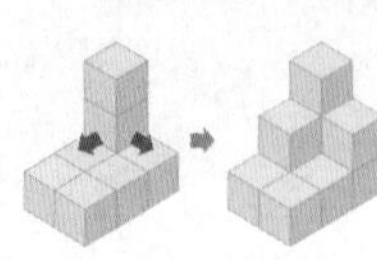

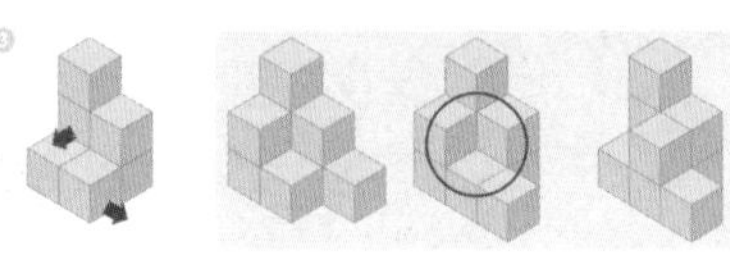

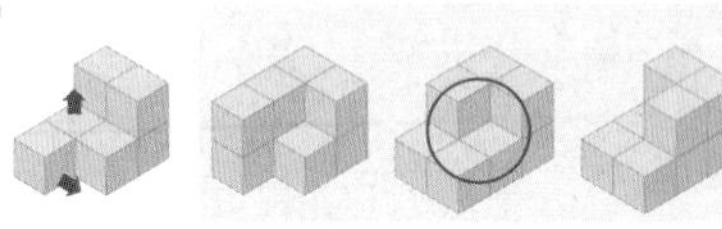

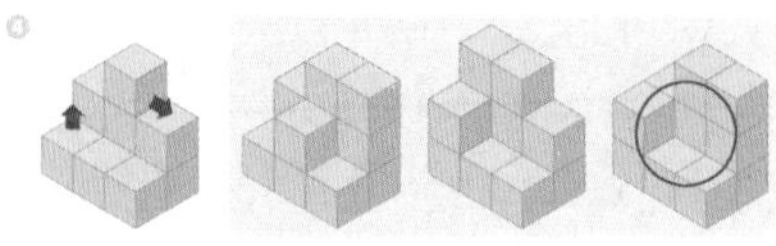

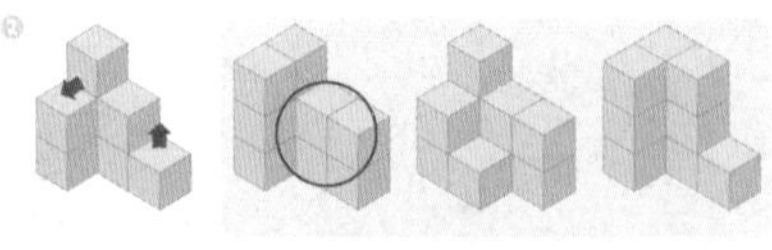

P 88

巩固练习

积木中有1个小方块被涂上了颜色，请将其上下相邻的小方块涂上颜色。

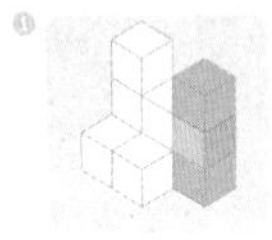
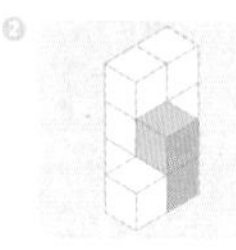
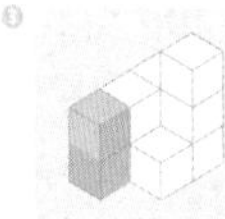
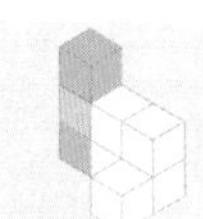

找出按照箭头方向拼搭小方块后的形状，并用○标出。

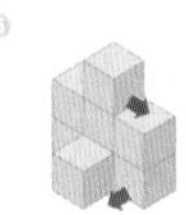
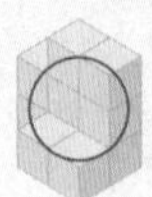

P 90－91

第1天 透明纸的重叠

空间思维培养全书 2级

画出以下2张透明纸上下重叠后的形状。

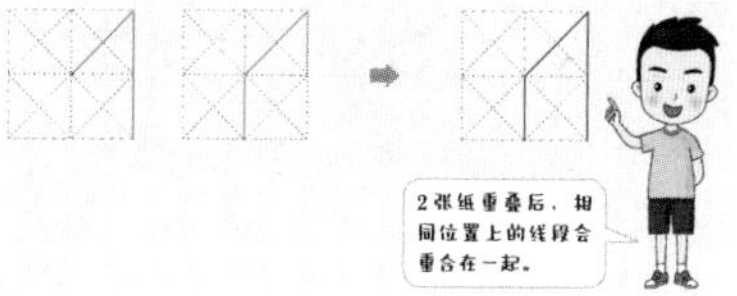

2张纸重叠后，相同位置上的线段会重合在一起。

①

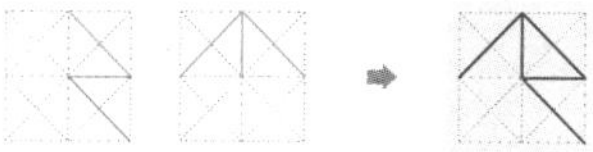

②

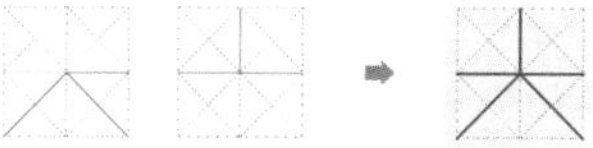

③

④

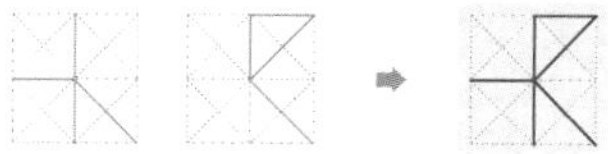

⑤

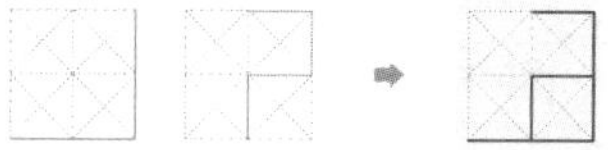

⑥

⑦

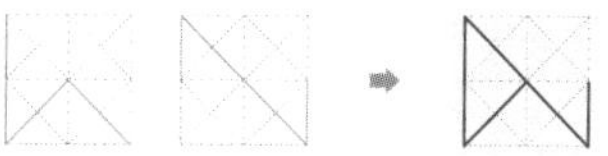

90 2-4 空间认知

第3周：透明纸的重叠 91

P 92－93

第2天 不需要的透明纸

空间思维培养全书 2级

找出重叠成右边形状用不到的透明纸，并用×标出。

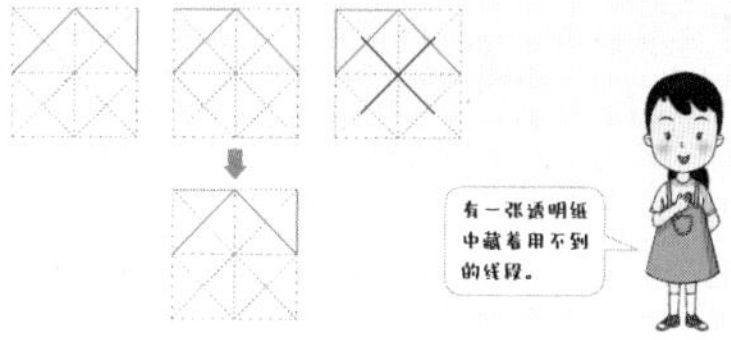

有一张透明纸中藏着用不到的线段。

①

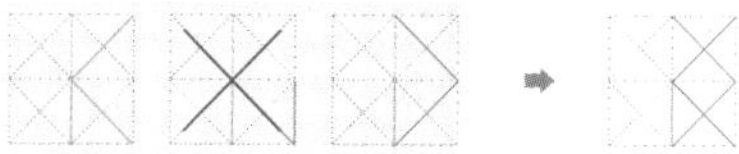

②

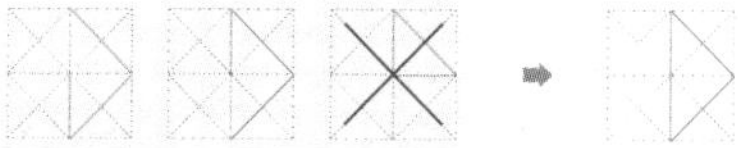

③

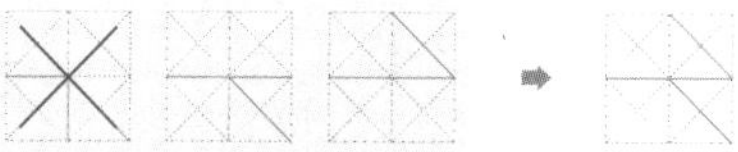

④

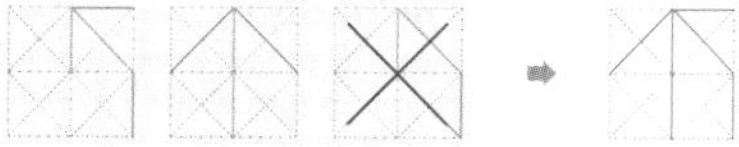

⑤

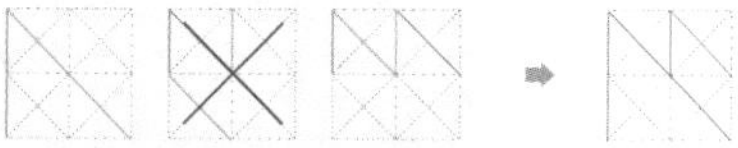

⑥

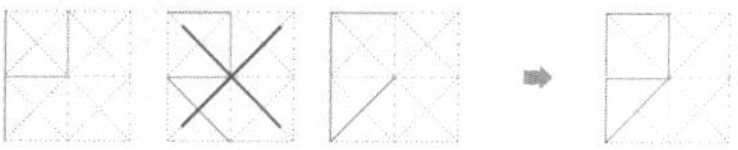

⑦

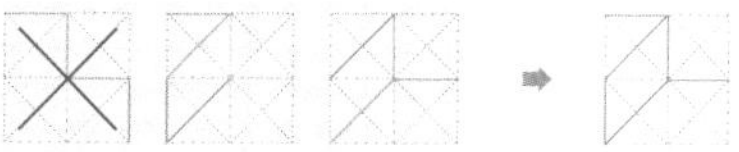

⑧

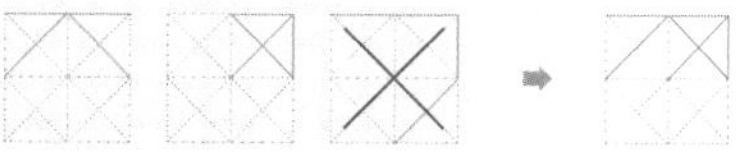

92 2-4 空间认知

第3周：透明纸的重叠 93

P 94-95

第3天 旋转透明纸

画出透明纸顺时针旋转90°后的形状。

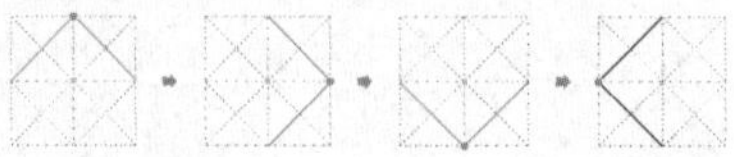

观察透明纸上的点和线段的位置，画出旋转后的形状吧！

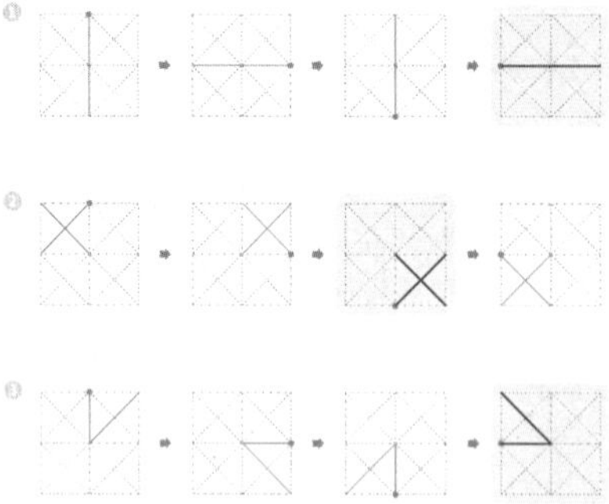

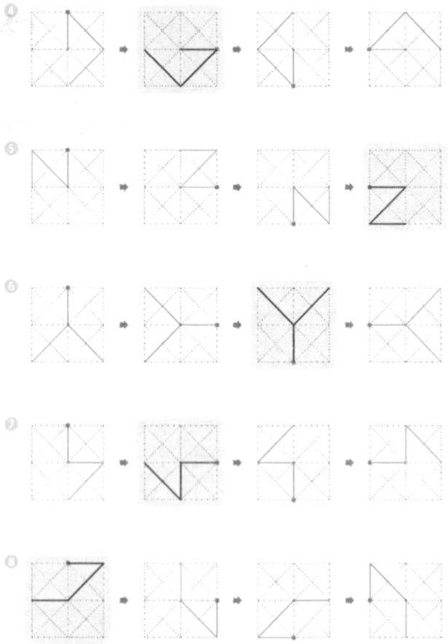

P 96-97

第4天 转一转，叠一叠

空间思维培养全书 2级

下方的透明纸将依次顺时针旋转90°，请分别画出上下两张透明纸重叠后形成的形状。

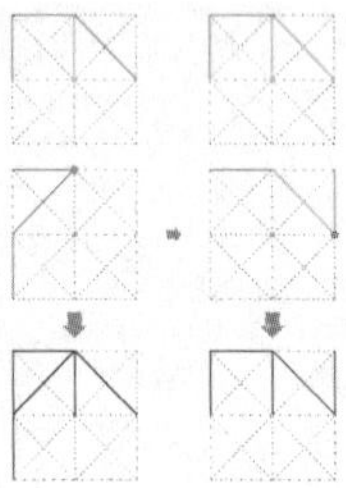

将下面一直旋转的透明纸和上面的透明纸重叠，会出现各种不同的形状。

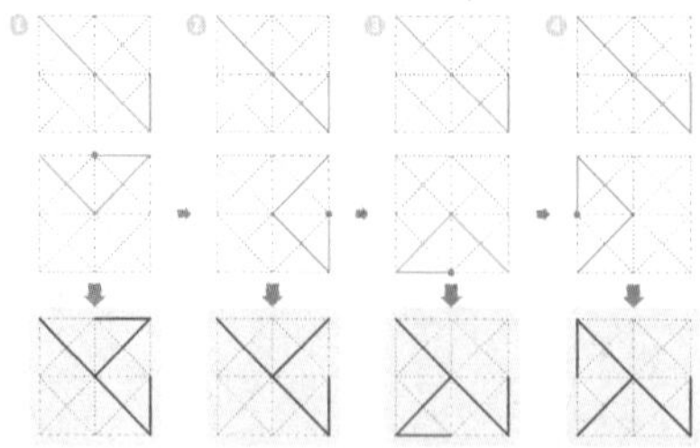

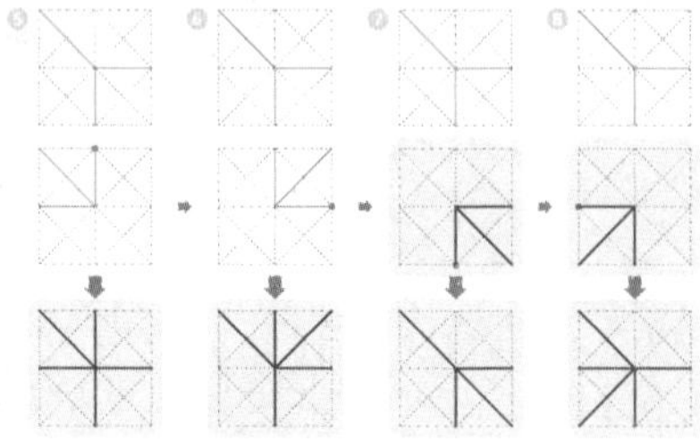

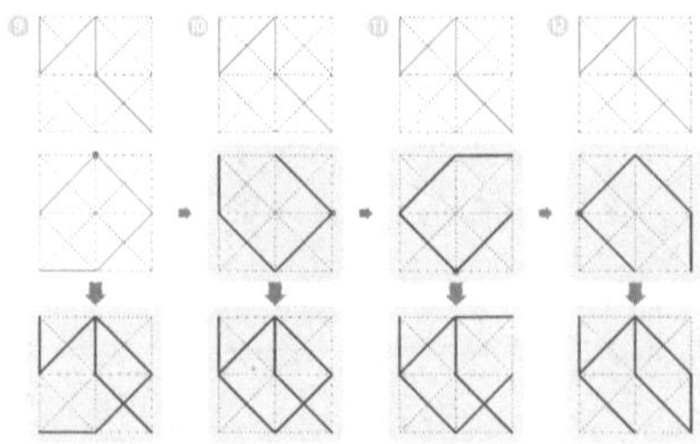

P 98－99

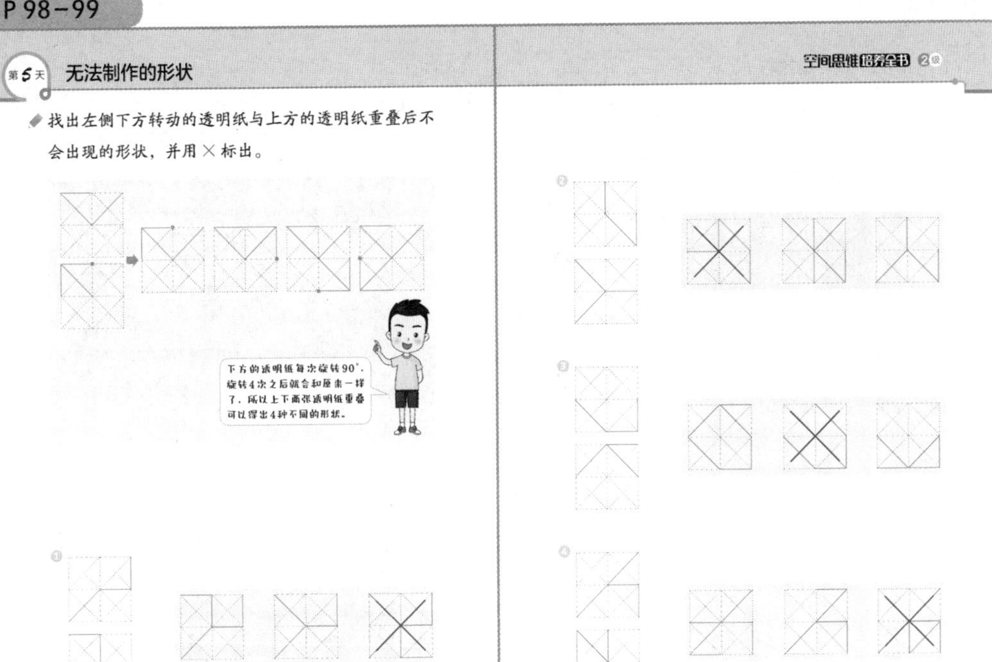
第5天 无法制作的形状
空间思维培养全书 2级
找出左侧下方转动的透明纸与上方的透明纸重叠后不会出现的形状，并用×标出。
下方的透明纸每次旋转90°，旋转4次之后就会和原来一样了，所以上下两张透明纸重叠可以摆出4种不同的形状。
98 2-4 空间认知
第3周：透明纸的重叠 99

P 100

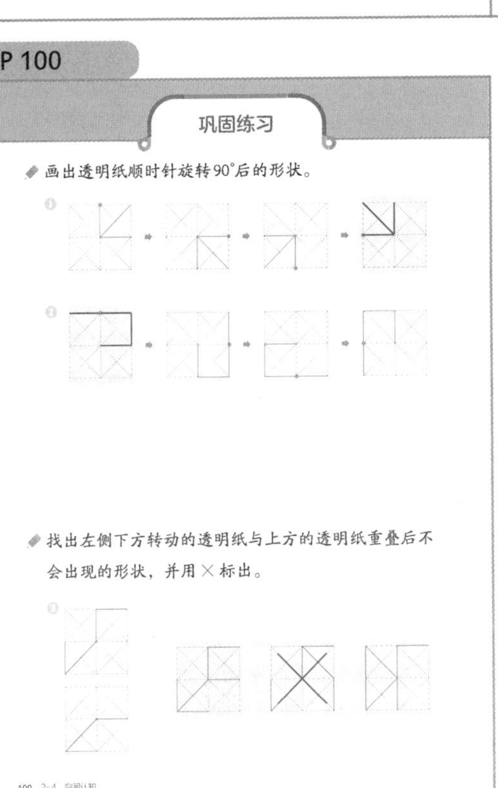
巩固练习
画出透明纸顺时针旋转90°后的形状。
找出左侧下方转动的透明纸与上方的透明纸重叠后不会出现的形状，并用×标出。
100 2-4 空间认知

P 102－103

第1天 前方照射形成的影子

✎ 我们从前方照射积木，请画出积木的影子。

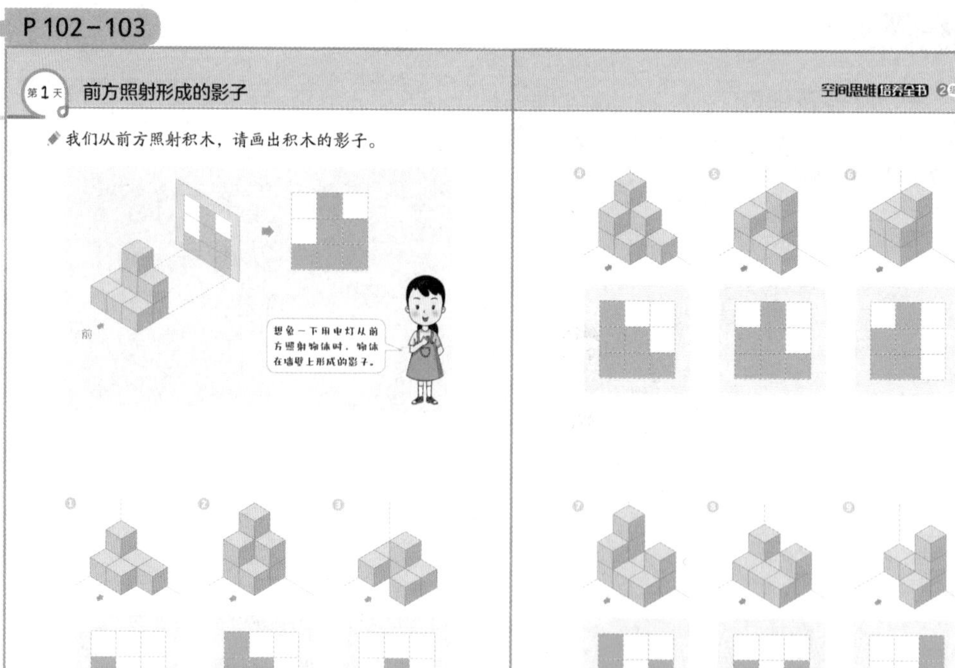

P 104－105

第2天 影子不同的积木（1）

✎ 我们从前方照射积木，请找出影子不同的选项，并用×标出。

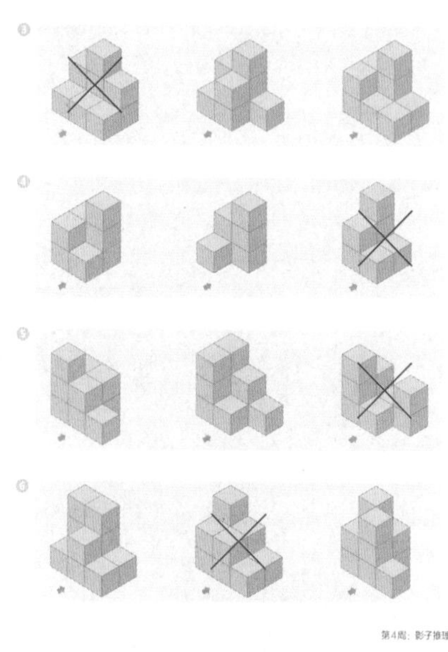

P 106－107

第3天 侧方照射形成的影子

我们从右侧照射积木，请画出积木的影子。

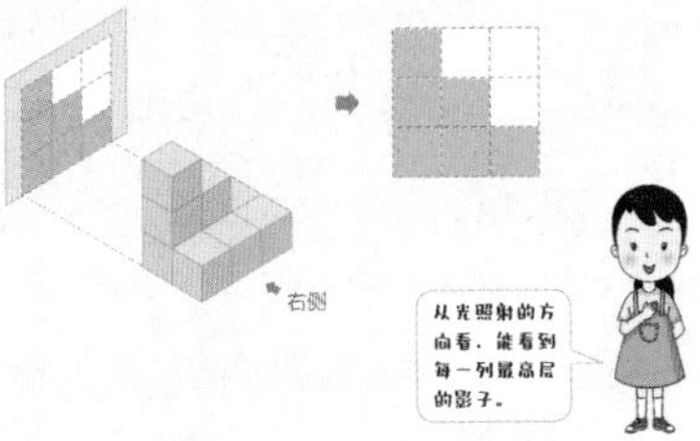

右侧

从光照射的方向看，能看到每一列最高层的影子。

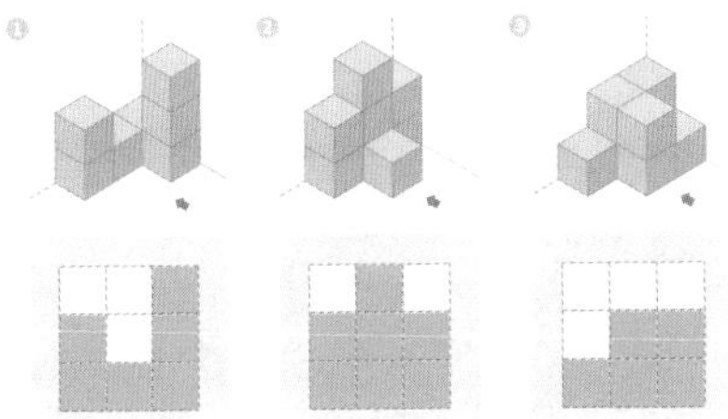

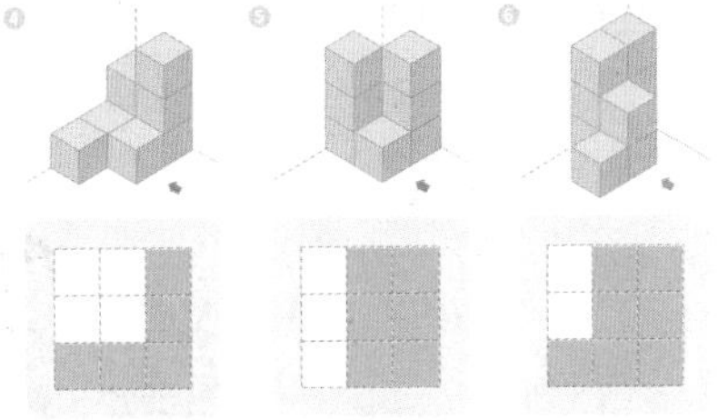

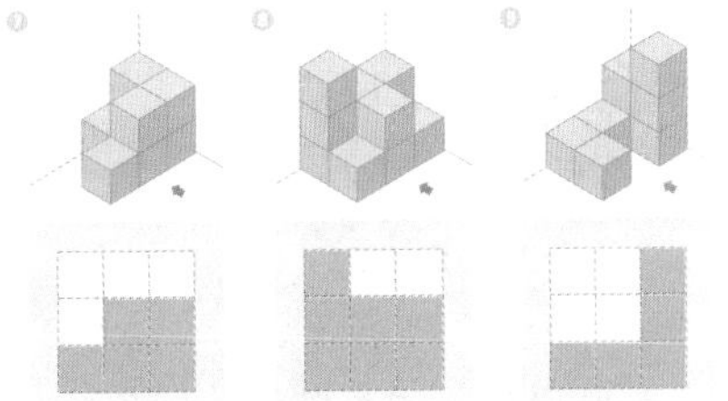

P 108－109

空间思维培养全书 2级

第4天 影子不同的积木(2)

我们从右侧照射积木，请找出影子不同的选项，并用×标出。

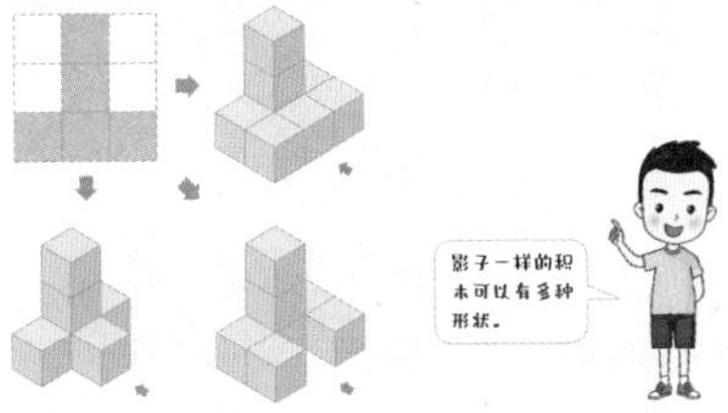

影子一样的积木可以有多种形状。

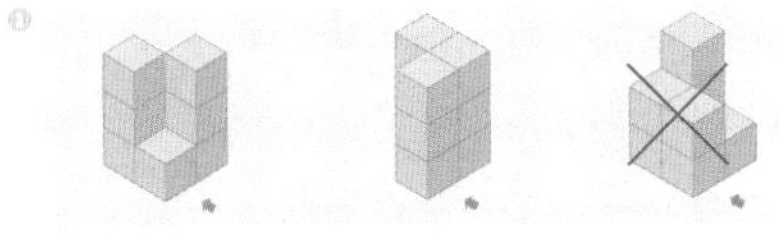

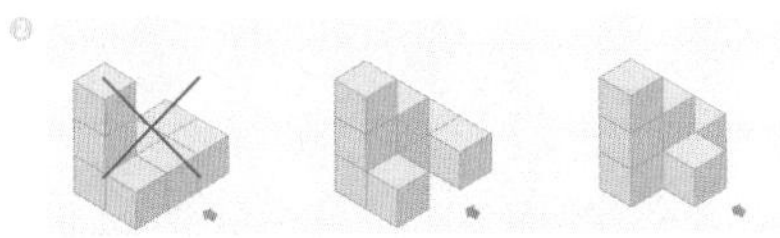

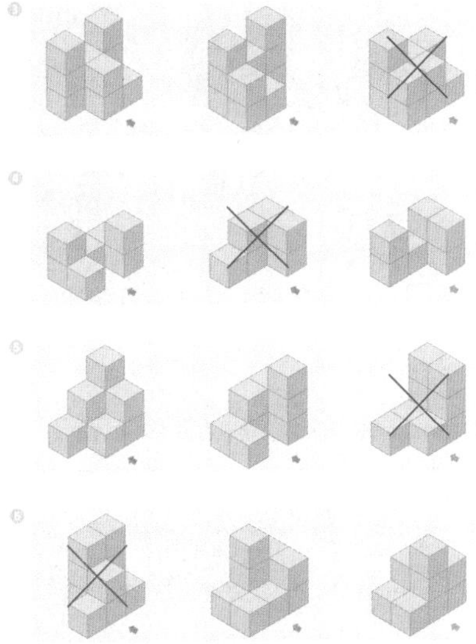

P 110-111

第5天 推理积木的影子

空间思维培养全书 2级

根据从前方与右侧照射积木后形成的影子，在右图中找出正确的积木，并用○标出。

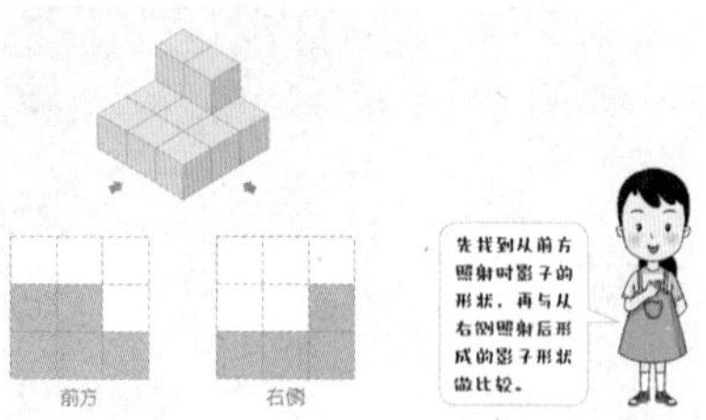

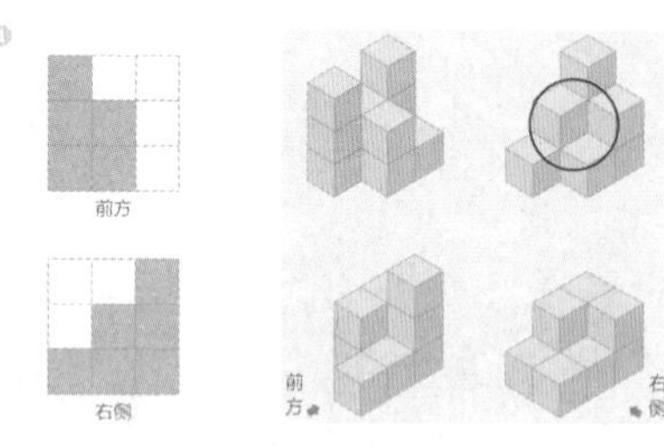

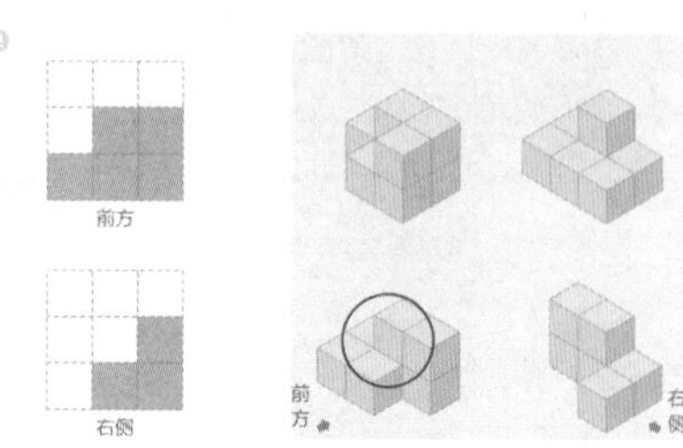

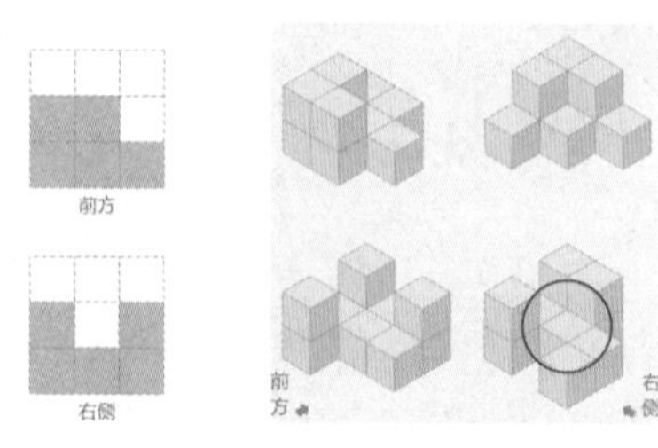

110 2-4 空间认知

第4周：影子推理 111

P 112

巩固练习

我们从前方照射积木，请找出影子不同的选项，并用×标出。

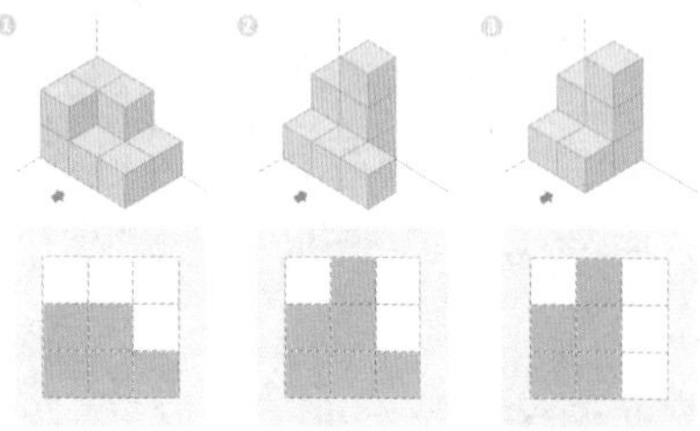

我们从右侧照射积木，请找出影子不同的选项，并用×标出。

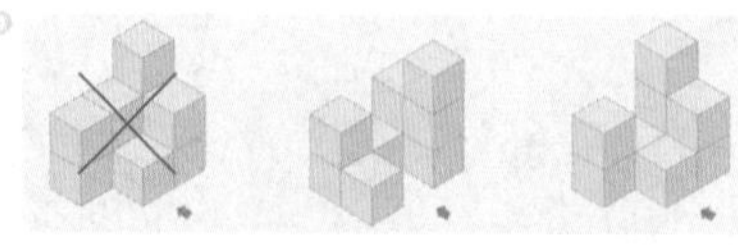

112 2-4 空间认知

P 114-115

第1回：评价测试

月 日
规定时间 10分钟
答对题目 /11

画出彩纸对折后的形状。

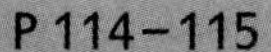

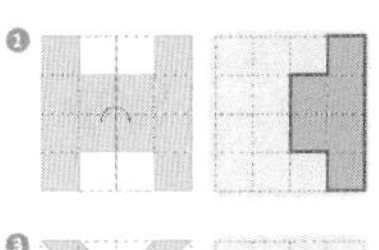
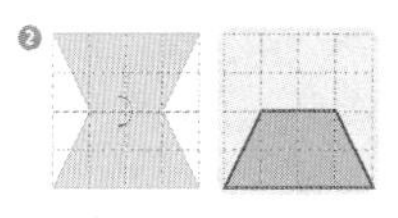
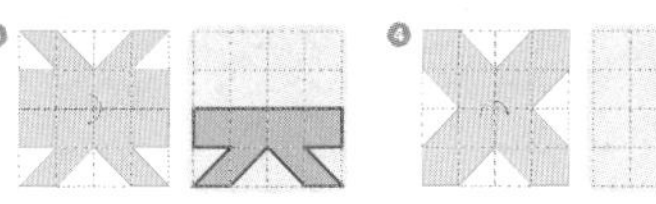

画出以下2张透明纸上下重叠后的形状。

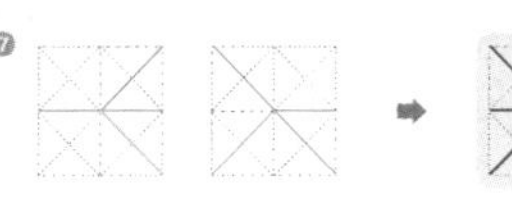
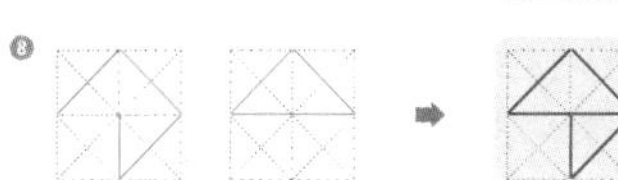

找出按照箭头方向拼搭小方块后的形状，并用○标出。

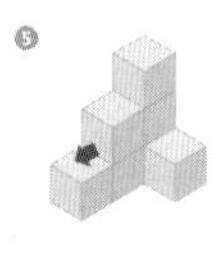

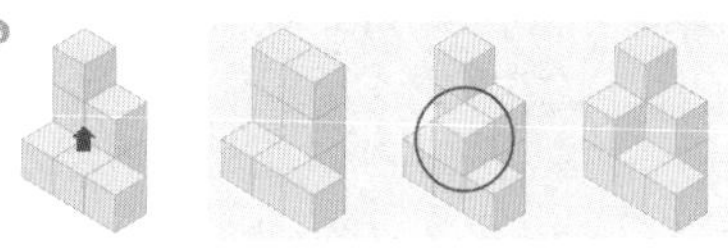

我们从前方照射积木，请画出积木的影子。

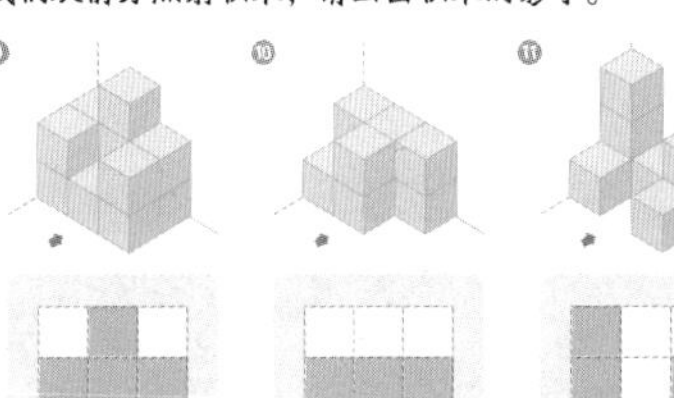

P 116-117

第2回：评价测试

月 日
规定时间 10分钟
答对题目 /10

画出彩纸对折2次后的形状。

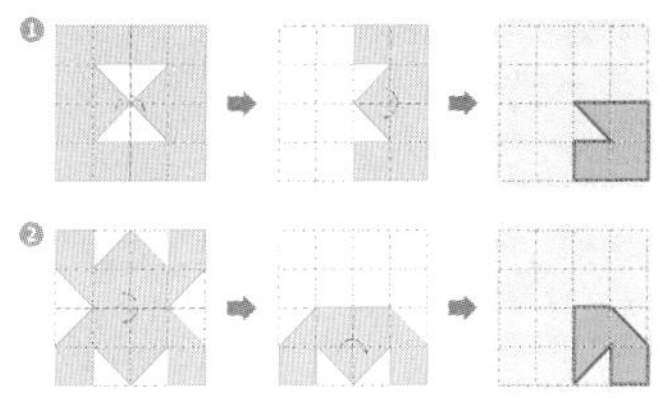

积木中有1个小方块被涂上了颜色，请将其上下相邻的小方块涂上颜色。

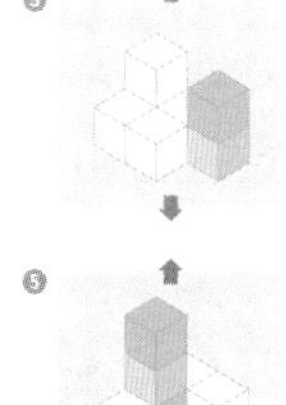
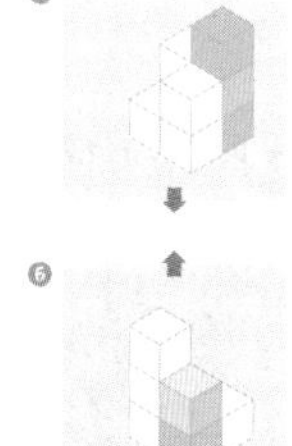

画出透明纸顺时针旋转90°后的形状。

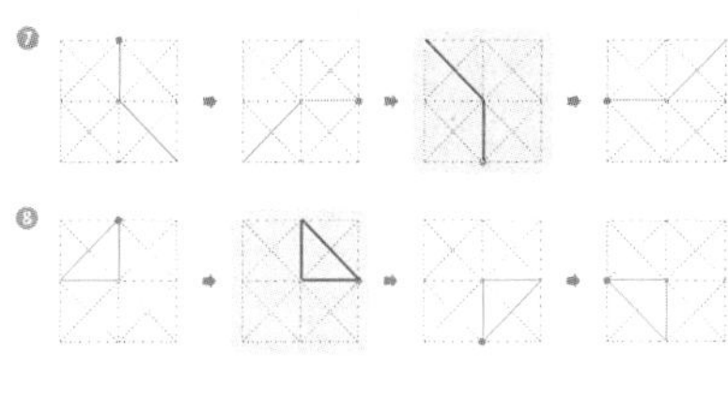

我们从前方照射积木，请找出影子不同的选项，并用×标出。

P 118－119

第3回 ： 评价测试

月 日
规定时间 10分钟
答对题目 /9

剪裁折叠2次后的彩纸，画出剪裁后的彩纸展开1次后的形状。

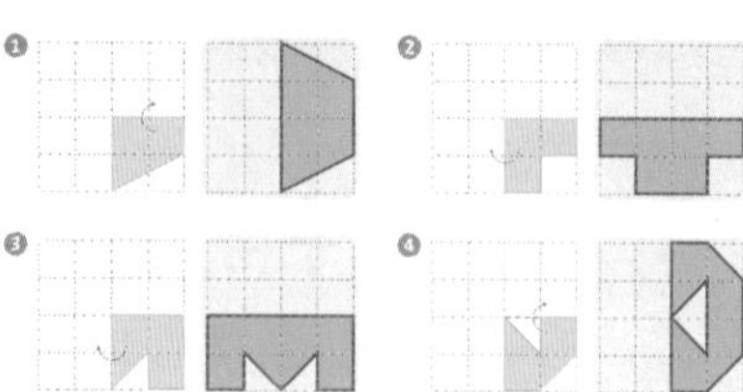

找出按照箭头方向拼搭小方块后的形状，并用○标出。

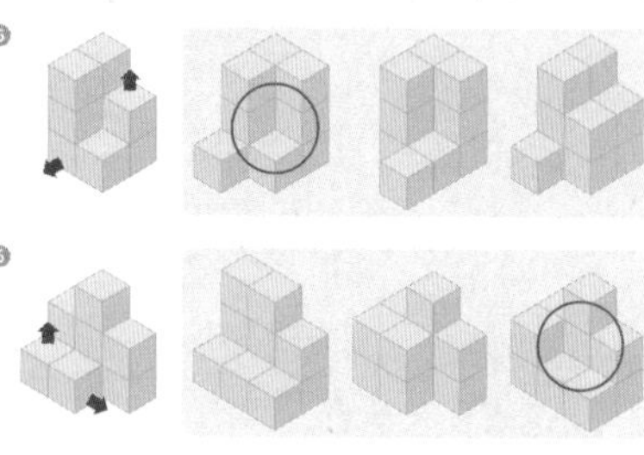

找出重叠成右边形状用不到的透明纸，并用×标出。

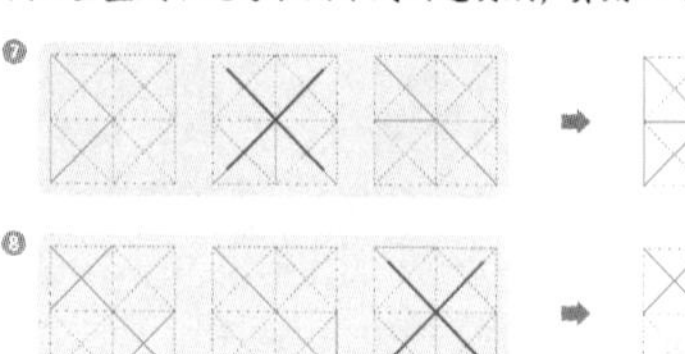

根据从前方与右侧照射积木后形成的影子，在右图中找出正确的积木，并用○标出。

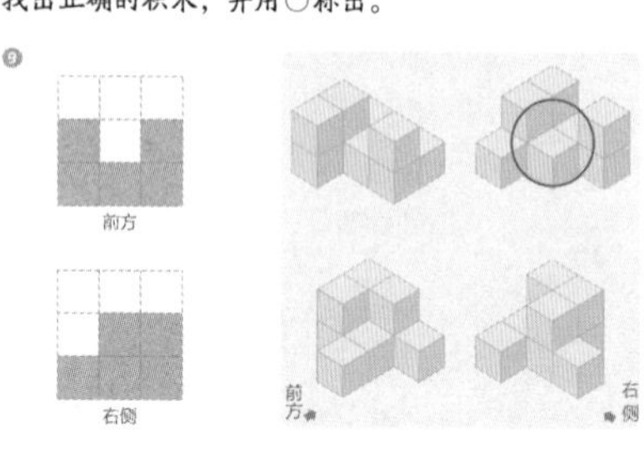

P 120－121

第4回 ： 评价测试

月 日
规定时间 10分钟
答对题目 /11

剪裁折叠2次后的彩纸，画出剪裁后的彩纸展开2次后的形状。

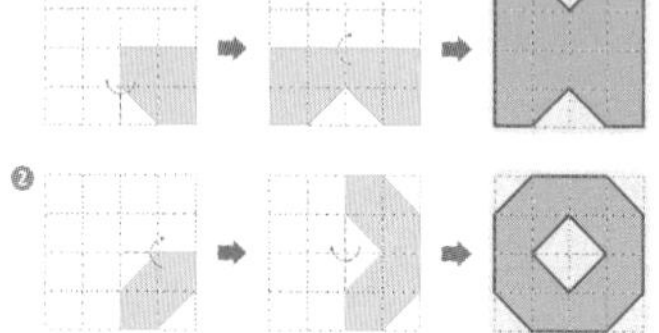

积木中有1个小方块被涂上了颜色，请将其前后相邻的小方块涂上颜色。

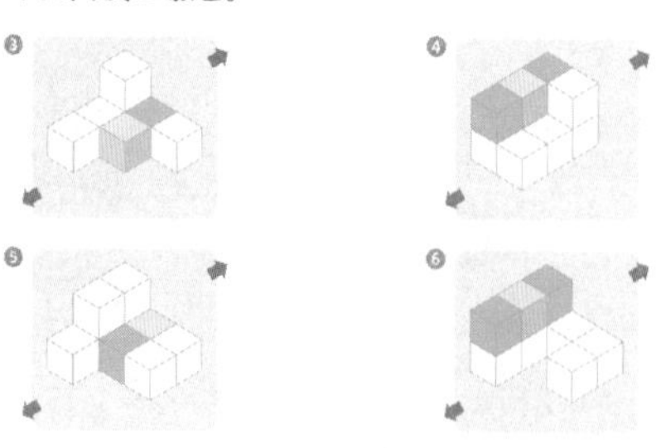

下方的透明纸将依次顺时针旋转90°，请分别画出上下两张透明纸重叠后形成的形状。

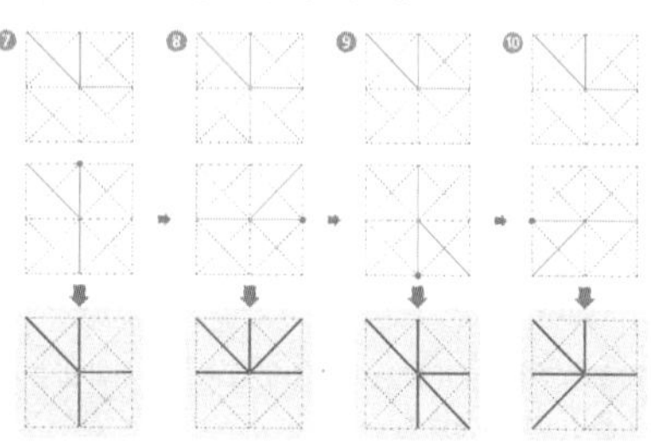

我们从右侧照射积木，请找出影子不同的选项，并用×标出。

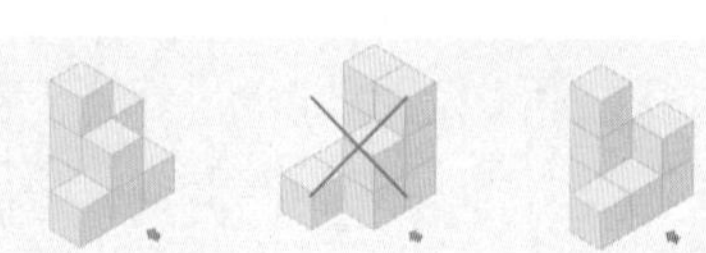

第5回：评价测试

月 日
规定时间 10分钟
答对题目 /10

剪裁折叠2次后的彩纸，画出剪裁后的彩纸每次展开后的形状。

❶

❷

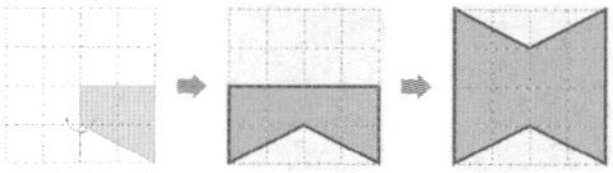

积木中有1个小方块被涂上了颜色，请将其左右相邻的小方块涂上颜色。

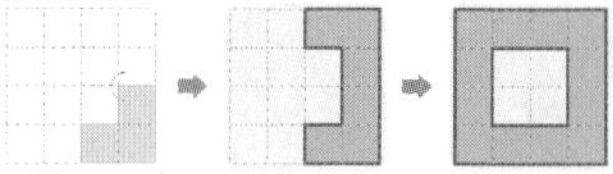

❸ ❹ ❺ ❻

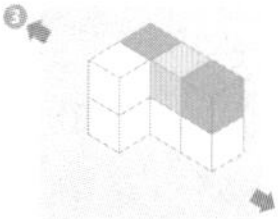

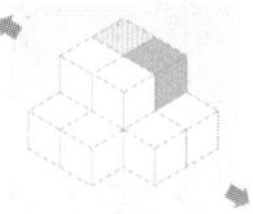

找出左侧下方转动的透明纸与上方的透明纸重叠后不会出现的形状，并用×标出。

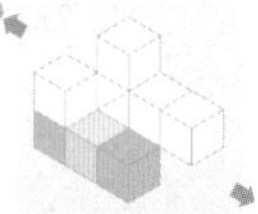

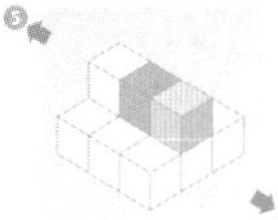

❼

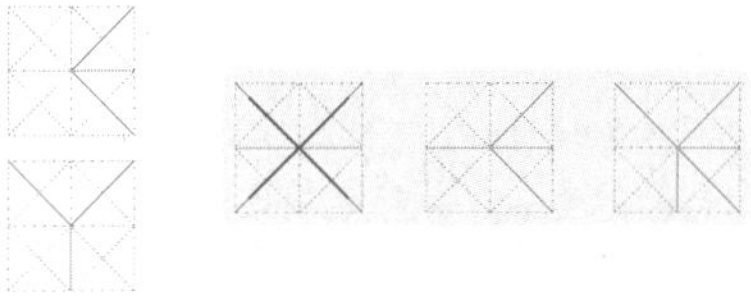

我们从右侧照射积木，请画出积木的影子。

❽ ❾ ❿

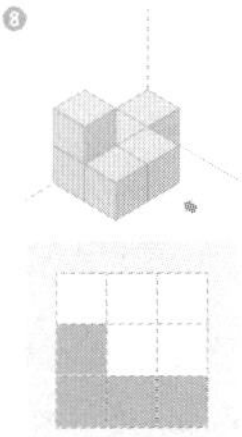

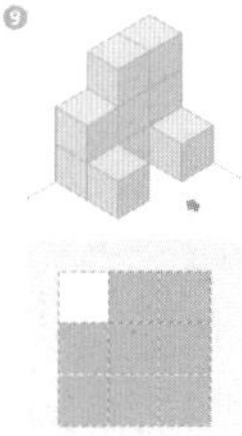

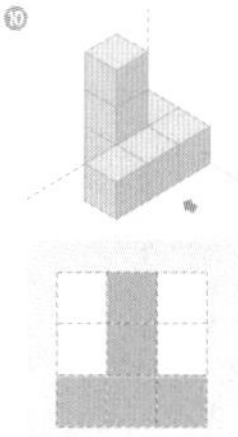